가스
산업기사 필기

예문사

머리말

    가스의 종류에는 가연성 가스, 독성가스, 액화가스, 압축가스, 도시가스, 특수고압가스, LPG, LNG 등 여러 가지가 있으며 사용량도 많고 쓰임새도 다양하다. 가스산업기사는 이러한 가스의 특성으로 인한 각종 사고로부터 국민을 보호하고 안전관리를 실시하기 위한 전문인력을 양성하기 위해 만들어진 자격제도이다.

    본서는 가스에 관한 수험서를 저술하여 독자들에게 호평을 받은 경험을 바탕으로, 가스산업기사에 응시하는 수험생이라면 무난히 1차 필기시험에서 합격할 수 있도록 내용을 보완하여 다음과 같이 구성하였다.

> 제1편 ┃ 연소공학
> 제2편 ┃ 가스설비
> 제3편 ┃ 가스 계측기기
> 제4편 ┃ 안전관리(고압가스 관계법규)
> 부록 1 ┃ 과년도 기출문제
> 부록 2 ┃ CBT 실전모의고사

    각 장마다 연습문제를 충분히 수록하여 공부하는 데 도움이 되도록 하였으며, 실전모의고사 문제는 앞으로도 계속 보충해나갈 계획이다.

    최선을 다했으나 도서에서 발생되는 오류에 대해서는 독자들의 의견을 수렴하여 추후 보완해 갈 것을 약속드리며, 이 책이 출간되기까지 도움을 주신 도서출판 예문사 정용수 사장님과 직원분들께 고마움을 전한다.

저자 일동

출 제 기 준

직무 분야	안전관리	중직무 분야	안전관리	자격 종목	가스산업기사	적용 기간	2024.1.1~2027.12.31

직무내용

가스 및 용기제조의 공정관리, 가스의 사용방법 및 취급요령 등을 위해 예방을 위한 지도 및 감독업무와 저장, 판매, 공급 등의 과정에서 안전관리를 위한 지도 및 감독 업무를 수행하는 직무이다.

필기검정방법	객관식	문제수	80	시험시간	2시간

필기 과목명	문제수	주요항목	세부항목	세세항목
연소 공학	20	1. 연소이론	1. 연소의 기초	1. 연소의 정의 2. 열역학 법칙 3. 열전달 4. 열역학의 관계식 5. 연소속도 6. 연소의 종류와 특성
			2. 연소의 계산	1. 연소현상 이론 2. 이론 및 실제 공기량 3. 공기비 및 완전연소 조건 4. 발열량 및 열효율 5. 화염온도 6. 화염전파 이론
		2. 가스의 특성	1. 가스의 폭발	1. 폭발 범위 2. 폭발 및 확산 이론 3. 폭발의 종류
		3. 가스안전	1. 가스화재 및 폭발방 지 대책	1. 가스폭발의 예방 및 방호 2. 가스화재 소화이론 3. 방폭구조의 종류 4. 정전기 발생 및 방지대책
가스 설비	20	1. 가스설비	1. 가스설비	1. 가스제조 및 충전설비 2. 가스기화장치 3. 저장설비 및 공급방식 4. 내진설비 및 기술사항

필기 과목명	문제수	주요항목	세부항목	세세항목
가스 설비	20	1. 가스설비	2. 조정기와 정압기	1. 조정기 및 정압기의 설치 2. 정압기의 특성 및 구조 3. 부속설비 및 유지관리
			3. 압축기 및 펌프	1. 압축기의 종류 및 특성 2. 펌프의 분류 및 각종 현상 3. 고장원인과 대책 4. 압축기 및 펌프의 유지관리
			4. 저온장치	1. 저온생성 및 냉동사이클, 냉동장치 2. 공기액화사이클 및 액화 분리장치
			5. 배관의 부식과 방식	1. 부식의 종류 및 원리 2. 방식의 원리 3. 방식시설의 설계, 유지관리 및 측정
			6. 배관재료 및 배관 설계	1. 배관설비, 관이음 및 가공법 2. 가스관의 용접·융착 3. 관경 및 두께계산 4. 재료의 강도 및 기계적 성질 5. 유량 및 압력손실 계산 6. 밸브의 종류 및 기능
		2. 재료의 선정 및 시험	1. 재료의 선정	1. 금속재료의 강도 및 기계적 성질 2. 고압장치 및 저압장치재료
			2. 재료의 시험	1. 금속재료의 시험 2. 비파괴 검사
		3. 가스용기기	1. 가스사용기기	1. 용기 및 용기밸브 2. 연소기 3. 콕크 및 호스 4. 특정설비 5. 안전장치 6. 차단용밸브 7. 가스누출경보/차단장치

필기 과목명	문제수	주요항목	세부항목	세세항목
가스 안전 관리	20	1. 가스에 대한 안전	1. 가스제조 및 공급, 충 전 등에 관한 안전	1. 고압가스 제조 및 공급·충전 2. 액화석유가스 제조 및 공급·충전 3. 도시가스 제조 및 공급·충전 4. 수소 제조 및 공급·충전
		2. 가스사용시 설 관리 및 검사	1. 가스저장 및 사용 등에 관한 안전	1. 저장 탱크 2. 탱크로리 3. 용기 4. 저장 및 사용시설
		3. 가스사용 및 취급	1. 용기, 냉동기, 가스 용품, 특정설비 등 제조 및 수리 등에 관한 안전	1. 고압가스 용기제조 수리 검사 2. 냉동기기제조, 특정설비 제조 수리 3. 가스용품 제조
			2. 가스사용·운반·취 급 등에 관한 안전	1. 고압가스 2. 액화석유가스 3. 도시가스 4. 수소
			3. 가스의 성질에 관한 안전	1. 가연성가스 2. 독성가스 3. 기타 가스
		4. 가스사고 원 인 및 조사, 대책수립	1. 가스안전사고 원인 조사 분석 및 대책	1. 화재사고 2. 가스폭발 3. 누출사고 4. 질식사고 등 5. 안전관리 이론, 안전교육 및 자체검사
가스 계측	20	1. 계측기기	1. 계측기기의 개요	1. 계측기 원리 및 특성 2. 제어의 종류 3. 측정과 오차
			2. 가스계측기기	1. 압력계측 2. 유량계측 3. 온도계측 4. 액면 및 습도계측 5. 밀도 및 비중의 계측 6. 열량계측

필기 과목명	문제수	주요항목	세부항목	세세항목
가스 계측	20	2. 가스분석	1. 가스분석	1. 가스 검지 및 분석 2. 가스 기기분석
		3. 가스미터	1. 가스미터의 기능	1. 가스미터의 종류 및 계량 원리 2. 가스미터의 크기선정 3. 가스미터의 고장처리
		4. 가스시설의 원격감시	1. 원격감시장치	1. 원격감시장치의 원리 2. 원격감시장치의 이용 3. 원격감시 설비의 설치·유지

한국산업인력공단(www.q-net.or.kr)에서는 실제 컴퓨터 필기시험 환경과 동일하게 구성된 자격검정 CBT 웹 체험을 제공하고 있습니다. 또한, 예문사 홈페이지(http://yeamoonsa.com)에서도 CBT 형태의 모의고사를 풀어볼 수 있으니 참고하여 활용하시기 바랍니다.

🖥 수험자 정보 확인

시험장 감독위원이 컴퓨터에 나온 수험자 정보와 신분증이 일치하는지를 확인하는 단계입니다.
수험번호, 성명, 주민등록번호, 응시종목, 좌석번호를 확인합니다.

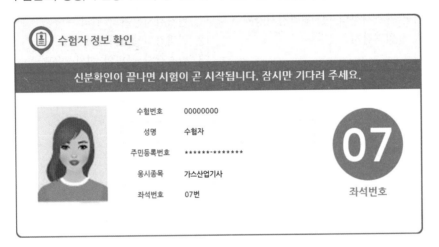

🖥 안내사항

시험에 관련된 안내사항이므로 꼼꼼히 읽어보시기 바랍니다.

1. 안내사항	2. 유의사항	3. 메뉴설명	4. 문제풀이 연습	5. 시험준비완료

 안내사항

- ✔ 시험은 총 100 문제로 구성되어 있으며, 150 분간 진행됩니다.
- ✔ 시험도중 수험자 PC 장애발생시 손을 들어 시험감독관에게 알리면 긴급 장애 조치 또는 자리이동을 할 수 있습니다.
- ✔ 시험이 끝나면 합격여부를 바로 확인할 수 있습니다.

유의사항

부정행위는 절대 안 된다는 점, 잊지 마세요!

📢 유의사항 - [1/3]

- 다음과 같은 부정행위가 발각될 경우 감독관의 지시에 따라 퇴실 조치되고, 시험은 무효로 처리되며, 3년간 국가기술자격검정에 응시할 자격이 정지됩니다.

  - ✔ 시험 중 다른 수험자와 시험에 관련한 대화를 하는 행위
  - ✔ 시험 중에 다른 수험자의 문제 및 답안을 엿보고 답안지를 작성하는 행위
  - ✔ 다른 수험자를 위하여 답안을 알려주거나, 엿보게 하는 행위
  - ✔ 시험 중 시험문제 내용과 관련된 물건을 휴대하여 사용하거나 이를 주고받는 행위

> 다음 유의사항 보기 ▶

문제풀이 메뉴 설명

문제풀이 메뉴에 대한 주요 설명입니다. CBT에 익숙하지 않다면 꼼꼼한 확인이 필요합니다. (글자크기/화면배치, 전체/안 푼 문제 수 조회, 남은 시간 표시, 답안 표기 영역, 계산기 도구, 페이지 이동, 안 푼 문제 번호 보기/답안 제출)

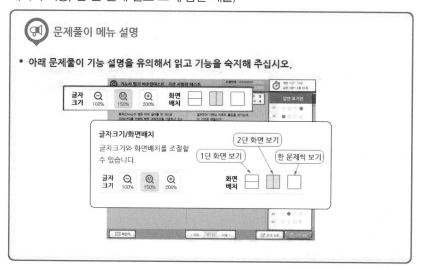

🖥 시험준비 완료!

이제 시험에 응시할 준비를 완료합니다.

1. 안내사항	2. 유의사항	3. 메뉴설명	4. 문제풀이 연습	5. 시험준비완료

📢 시험 준비 완료

✔ 아래의 시험 준비 완료 버튼을 클릭해주세요.
✔ 잠시 후 시험감독관의 지시에 따라 시험이 자동으로 시작됩니다.

(시험 준비 완료)

🖥 시험화면

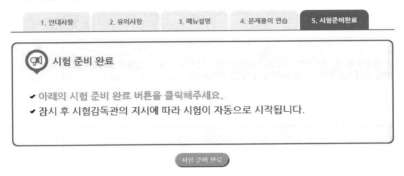

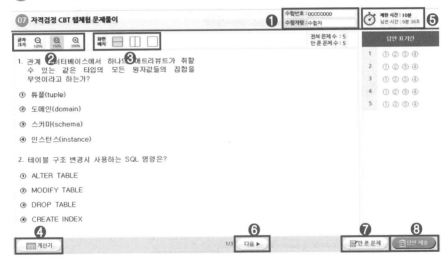

❶ 수험번호, 수험자명 : 본인이 맞는지 확인합니다.
❷ 글자크기 : 100%, 150%, 200%로 조정 가능합니다.
❸ 화면배치 : 2단 구성, 1단 구성으로 변경합니다.
❹ 계산기 : 계산이 필요할 경우 사용합니다.
❺ 제한 시간, 남은 시간 : 시험시간을 표시합니다.
❻ 다음 : 다음 페이지로 넘어갑니다.
❼ 안 푼 문제 : 답안 표기가 되지 않은 문제를 확인합니다.
❽ 답안 제출 : 최종답안을 제출합니다.

🖥 답안 제출

문제를 다 푼 후 답안 제출을 클릭하면 다음과 같은 메시지가 출력됩니다.
여기서 '예'를 누르면 답안 제출이 완료되며 시험을 마칩니다.

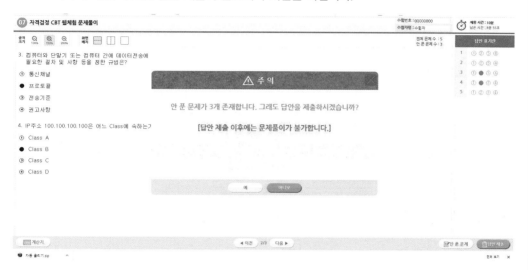

🖥 알고 가면 쉬운 CBT 4가지 팁

1. 시험에 집중하자.
   기존 시험과 달리 CBT 시험에서는 같은 고사장이라도 각기 다른 시험에 응시할 수 있습니다. 옆 사람은 다른 시험을 응시하고 있으니, 자신의 시험에 집중하면 됩니다.

2. 필요하면 연습지를 요청하자.
   응시자의 요청에 한해 시험장에서는 연습지를 제공하고 있습니다. 연습지는 시험이 종료되면 회수되므로 필요에 따라 요청하시기 바랍니다.

3. 이상이 있으면 주저하지 말고 손을 들자.
   갑작스럽게 프로그램 문제가 발생할 수 있습니다. 이때는 주저하며 시간을 허비하지 말고, 즉시 손을 들어 감독관에게 문제점을 알려주시기 바랍니다.

4. 제출 전에 한 번 더 확인하자.
   시험 종료 이전에는 언제든지 제출할 수 있지만, 한 번 제출하고 나면 수정할 수 없습니다. 맞게 표기하였는지 다시 확인해보시기 바랍니다.

- 인터넷에서 [예문사]를 검색하여 홈페이지에 접속합니다.
- PC, 휴대폰, 태블릿 등을 이용해 사용이 가능합니다.

STEP 1 회원가입 하기

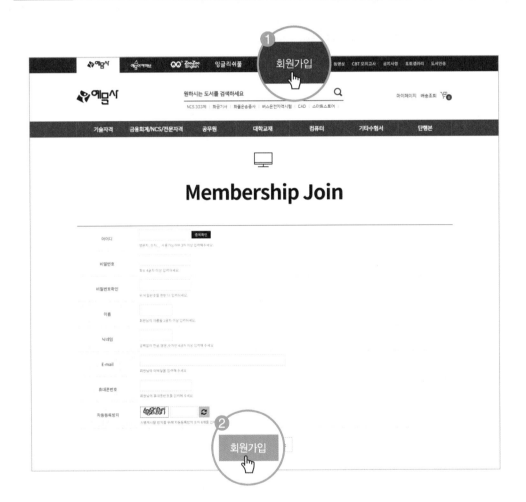

1. 메인 화면 상단의 [회원가입] 버튼을 누르면 가입 화면으로 이동합니다.
2. 입력을 완료하고 아래의 [회원가입] 버튼을 누르면 **인증절차 없이 바로 가입**이 됩니다.

STEP 2 ▶ 시리얼 번호 확인 및 등록

시리얼번호			
D104	4V71	YE02	70P1

1. 로그인 후 메인 화면 상단의 [CBT 모의고사]를 누른 다음 **수강할 강좌를 선택**합니다.
2. 시리얼 등록 안내 팝업창이 뜨면 [확인]을 누른 뒤 **시리얼 번호를 입력**합니다.

STEP 3 ▶ 등록 후 사용하기

1. 시리얼 번호 입력 후 [마이페이지]를 클릭합니다.
2. 등록된 CBT 모의고사는 [모의고사]에서 확인할 수 있습니다.

이 책의 차례

Part II 가스설비

제1장·일반가스설비

제2장·LP 가스설비(액화석유가스)

제3장·도시가스

이 책의 차례

이 책의 차례

※ 가스산업기사는 2020년 4회 시험부터 CBT(Computer – Based Test)로 전면 시행됩니다.

PART I

연소공학

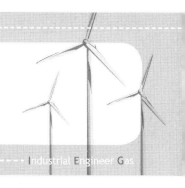

1-1 기초 단위 및 열역학

1. 기초 단위

1) 기본 단위

국제단위(Systeme international Unites)의 통일단위계를 말한다.

〈기본 단위기호〉

단위 명칭	표시 기호	단위 명칭	표시 기호
길이(Length)	M(meter)	전류(Ampere)	A(Ampere)
질량(Mass)	kg(kilogram)	광도(Candela)	Cd(Candela)
시간(Time)	S(sec)	물질량(mole)	n(mol)
온도(Temperature)	K(kelvin)		

2) 절대 단위

(1) CGS 단위계

길이(Length), 질량(Mass), 시간(Time) 단위를 cm. g. s 계열로 표현한다.

$$1dyn = 1g \times 1cm/sec^2 = C. \ G. \ S^{-2}$$

(2) MKS 단위계

길이(Length), 질량(Mass), 시간(Time) 단위를 m. kg. s 계열로 표현한다.

$$1N = 1kg \times 1m/sec^2 = M.K.S^{-2} = 10^5 dyn$$

(3) 공학단위(중량단위)

질량 1kg인 물체가 $9.8m/s^2$의 중력가속도를 받았을 때의 힘으로 kgf로 표시한다.

$$1kgf=1kg\times9.8m/s^2=9.8kg \cdot m/s^2=9.8N$$

(4) 유도단위

기본 단위에서 단위군으로 유도된 단위로 힘, 동력, 압력 등이 이에 해당한다.

〈유도단위의 예〉

물리적 양	단위 명칭	기호	단위의 이해	MKS 차원
힘	뉴턴(Newton)	N	$1N=1kg \cdot m/s^2$	$M \cdot K \cdot S^{-2}$
일, 에너지, 열량	줄(Joule)	J	$1J=1N \cdot m=1kg \cdot m^2/s^2$	$M^2 \cdot K \cdot S^{-2}$
동력	와트(Watt)	W	$1W=1J/s=1kg \cdot m^2/s^3$	$M^2 \cdot K \cdot S^{-3}$
압력	파스칼(Pascal)	Pa	$1Pa=1N/m^2$	$M^{-1} \cdot K \cdot S^{-2}$

(5) 기초단위 비교

① 길이 : $1m=100cm=3.28084ft=39.37inch$

② 질량 : $1kg=1,000g=2.20462lb$

③ 힘 : $1N=1kg \cdot m/s^2=10^5dyne=0.224lbm/s^2$

④ 압력 : $1bar=0.986923atm=10^5Nm^{-2}=10^5Pa=10^2kPa=10^6dyne \cdot cm^{-2}=14.5038psi$
$=750.06mmHg$

⑤ 에너지 : $1Jul=1Nm=10^7dyne \cdot cm(erg)=0.239006cal=9.478\times10^{-4}BTU$

⑥ 동력 : $1kW=10^3J/s=239.006cal/s=737.562ft \cdot lb/s=0.94783BTU/s=1.34102HP$
$=860kcal/h=3,600kJ/h$

> 참고
> 1. 초(S) : 세슘의 전이에 의해 발생한 방사선이 9,192,631,770주기 동안 지속시간
> 2. M : 진공에서 빛이 1초에 1/299,792,458 거리
> 3. kg : 프랑스 Servès 백금/이리듐 실린더의 무게

2. 기초 열역학

1) 압력(pressure)

단위 면적당 수직방향으로 작용하는 힘의 크기를 말한다.

■ 압력의 단위 및 종류

① 표준 대기압(atm) : 지구상의 표면에 작용하는 압력(토리첼리의 진공 수은 76cm)을 말한다.

$$1기압(atm)=760mmHg=76cmHg=10.332mH_2O=30inHg$$
$$=14.7Lb/in^2(PSI)=1.0332kg/cm^2=1.013bar$$
$$=0.101325MPa=101.325kPa$$

② **게이지압력**(Gauge Pressure) : 대기압을 0으로 측정한 압력(예 kg/cm² · G)을 말한다.

③ **절대압력**(Absolute Pressure) : 완전 진공상태의 압력(예 kg/cm² · abs, kg/cm² · a)을 말한다.

$$\begin{cases} 절대압력 = 대기압 + 게이지압력 \\ 절대압력 = 대기압 - 진공압 \end{cases}$$

④ **진공도** : $\dfrac{진공압력}{대기압} \times 100(\%)$, 표준대기압 진공도 0(%), 완전 진공의 진공도 100(%)

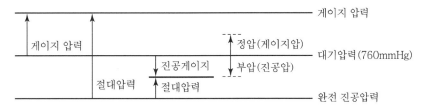

▲ 게이지압력과 절대압력

> **참고** 1. 절대압력 단위 뒤에는 abs(absolute) 또는 a를 표시한다.
> 2. 절대압력 기호의 표시가 없으면 게이지압력으로 본다.

⑤ **진공압** : 대기압보다 낮은 압력(cmHgV)

진공 절대압 = 대기압 - 진공압

㉠ cmHgV에서 kg/cm²a로 구할 때

$$P = \left(1 - \frac{h}{76}\right) \times 1.0332$$

여기서, P : 절대압력

h : 진공압력

㉡ cmHgV에서 Lb/in²a로 구할 때

$$P = \left(1 - \frac{h}{76}\right) \times 14.7$$

㉢ inHgV에서 kg/cm²a로 구할 때

$$P = \left(1 - \frac{h}{30}\right) \times 1.0332$$

㉣ inHgV에서 Lb/in²a로 구할 때

$$P = \left(1 - \frac{h}{30}\right) \times 14.7$$

2) 온도

(1) 섭씨온도(Celsius : ℃)

물의 어는점을 0℃, 끓는점을 100℃로 100등분하여 사용하는 온도를 말한다.

(2) 화씨온도(Fahrenheit : ℉)

물의 어는점을 32℉, 끓는점을 212℉로 180등분하여 사용하는 온도를 말한다.

$$t℃ = \frac{5}{9}(℉ - 32)$$

$$t℉ = \frac{9}{5}t℃ + 32$$

(3) 절대온도(Absolute temperature)

역학적으로 분자의 운동에너지가 정지(0)상태의 온도를 말한다.

켈빈 : K(Kelvin) = 273 + t℃
랭킨 : ℉R(Rankine) = 460 + t℉

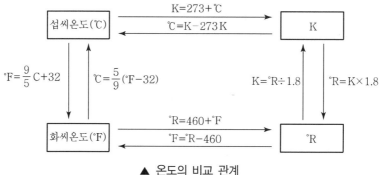

▲ 온도의 비교 관계

참고 물의 빙점 온도 : 273° = 0℃ = 32℉ = 492°R

3) 열량(Heat quantity)

(1) 열량 단위

① 1[kcal] : 대기압에서 물 1[kg]의 온도를 1[℃] 올리는 데 필요한 열량
② 1[B.T.U] : 대기압에서 물 1[Lb]의 온도를 1[℉] 올리는 데 필요한 열량
③ 1[C.H.U] : 대기압에서 물 1[Lb]의 온도를 1[℃] 올리는 데 필요한 열량

〈열량단위의 비교〉

[kcal]	[B.T.U]	[C.H.U]	kJ
1	3.968	2.205	4.1868
0.252	1	0.556	1.055
0.4536	1.8	1	1.899

(2) 열용량(Heat capacity thermal)

어떤 물질의 온도를 1[℃] 올리는 데 필요한 열량을 말한다.

열용량(H) = 물질의 질량(G) × 비열(kcal/kg℃)

(3) 비열(Specific heat)

어떤 물질 1kg의 온도를 1[℃] 올리는 데 필요한 열량(kcal/kg℃)을 말한다.

〈물질의 비열〉

물질명	비열(kcal/kg℃)	물질명	비열(kcal/kg℃)
물	1	알루미늄	0.24
얼음	0.5	구리	0.094
공기	0.24	바닷물	0.94
수증기	0.44	중유	0.45

① 정압비열(C_p) : 기체의 압력을 일정하게 유지하고 측정한 비열

② 정적비열(C_V) : 기체의 체적을 일정하게 유지하고 측정한 비열

③ 비열비(K) : 기체에만 적용되며 정적비열에 대한 정압비열의 비로 항상 1보다 크다.

$$K = \frac{C_p}{C_v} > 1, \ \ C_p - C_v = AR, \ \ C_p = \frac{K}{K-1}AR, \ \ C_v = \frac{1}{K-1}AR$$

(4) 현열과 잠열

① **현열(감열, Sensible heat)** : 어떤 물질이 상태변화가 생기지 않고 온도변화만 일으키는 열

$$Q_s = G \cdot C \cdot \Delta t$$

여기서, Q_s : 현열량(kcal) $\qquad G$: 물질의 무게(kg)

$\qquad\quad C$: 물질의 비열(kcal/kg℃) $\qquad \Delta t$: 온도차(℃)

② 잠열(Latent heat) : 어떤 물질이 온도 변화가 생기지 않고 상태만 변화를 일으키는 열

$$Q_L = G \cdot r$$

여기서, Q_L : 잠열량(kcal)

G : 물질의 무게(kg)

r : 물질의 잠열(kcal/kg)

참고 1. 얼음의 융해 잠열 : 79.68kcal/kg≒80kcal/kg
2. 물의 증발 잠열 : 539kcal/kg

③ 물의 상태변화에 의한 현열과 잠열

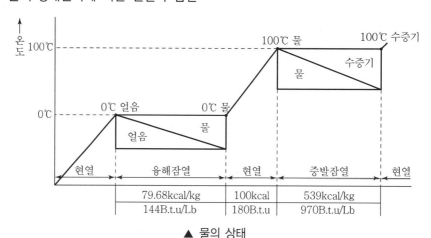

▲ 물의 상태

(5) 열효율 산출방법

$$열효율(\%) = \frac{유효하게\ 사용된\ 열량(output)}{전소비열량(input)} \times 100 = \frac{CG\Delta t}{Q \times W} \times 100$$

여기서, C : 물질의 비열(kcal/kg℃)

G : 물질의 질량(kg)

Δt : 온도차(℃)

Q : 연료가스 발열량(kcal/m³, kcal/kg)

W : 연료가스 소비량(m³, kg)

참고 1. input이란 가스기구가 단위시간에 소비하는 열량을 input(kcal/hr)이라 한다.
2. output이란 가스기구가 가열하는 목적물에 유효하게 주어진 열량을 output(kcal/hr)이라 한다.

4) 일과 동력

(1) 일(Work)

물체가 힘의 방향으로 이동한 거리를 말한다.(단위 : kgf·m)

① 1erg(에로그) : 1dyne의 힘이 작용물체에 1cm의 변위에 해당하는 일

$$\therefore \ 1erg = 1dyne \times 1cm$$

② 1Joule(줄) : 1N(뉴턴)의 힘이 작용물체에 1m의 변위에 해당하는 일

$$\therefore \ 1Joule = 1N \times 1m = 10^5 dyne \times 10^2 cm = 10^7 erg$$
$$\therefore \ 1kgf \cdot m = 1kg \times 9.807m/sec^2 \times 1m = 9.807N$$

> 참고 1Joule(줄)=1W/sec, 1Watt : 1Ω의 저항에 1A(암페어)가 흘러서 소비되는 전류

(2) 동력(Power)

단위시간당 일의 양을 말한다.(kgf·m/s)

$$\therefore \ 동력 = 힘 \times 속도 = \frac{일}{시간} = \frac{힘 \times 거리}{시간}$$

① 1Ps(국제마력, 미터마력) : 75kg·m/s

$$= 75kgf \cdot m/s \times 3,600 \times \frac{1}{427} kcal/kg \cdot m = 632kcal/hr = 0.736kW = 2,646kJ/h$$

② 1HP(영국마력) : 76kg·m/s

$$= 76kgf \cdot m/s \times 3,600 \times \frac{1}{427} kcal/kg \cdot m = 641kcal/hr = 0.746kW = 2,685kJ/h$$

③ 1kW : 102kg·m/s

$$= 102kgf \cdot m/s \times 3,600 \times \frac{1}{427} kcal/kg \cdot m = 860kcal/hr = 1.36Ps = 1.34HP = 3,600kJ/h$$

〈일과 동력의 환산표〉

kW	영국마력(HP)	미터마력(Ps)	kg·m/s	kcal/hr
1	1.34	1.36	102	860
0.746	1	1.0144	76	641
0.736	0.986	1	75	632

5) 열역학법칙

(1) 열역학 제0법칙(열평형법칙)

물체의 고온과 저온에서 마침내 열평형을 이룬다는 법칙이다.

$$평균온도(℃) = \frac{G_1 \cdot C_1 \cdot \Delta t_1 + G_2 \cdot C_2 \cdot \Delta t_2}{G_1 \cdot C_1 + G_2 \cdot C_2}$$

여기서, $G_1 \cdot G_2$: 물질의 무게(kg)

$C_1 \cdot C_2$: 물질의 비열(kcal/kg℃)

$\Delta t_1, \Delta t_2$: 온도차(℃)

(2) 열역학 제1법칙(에너지보존법칙)

일은 열로, 열은 일로 교환할 수 있다는 법칙이다.

$$Q = A \cdot W \ (A(일의 \ 열당량) = \frac{1}{427} kcal/kg \cdot m)$$

$$W = J \cdot Q \ (J(열의 \ 일당량) = 427kg \cdot m/kcal)$$

참고 일과 열량 관계 : $1kW = 102kg \cdot m/s \times 1/427 \ kcal/kg \cdot m \times 3600s/h = 860kcal/h$

(3) 열역학 제2법칙(에너지흐름법칙)

일은 열로 바꿀 수 있지만 열은 일로 변하기 어렵다는 법칙이다.

① 클라우지우스(Clausius) 표현 : 저온에서 고온으로 이동할 수 없다.

② 켈빈 - 플랭크(Kelvin - Planck) 표현 : 마찰 등의 손실은 회수하기 어렵다.(저온의 물체 필요)

(4) 열역학 제3법칙

절대온도 0도에 이르게 할 수 없다는 법칙이다.

6) 밀도, 비중량, 비체적, 비중

(1) 밀도(density : ρ)

단위 체적이 갖는 질량을 말한다.(단위 : kg/m³)

$$\rho(밀도) = \frac{m(질량)}{V(체적)}$$

$$\therefore 기체의 \ 밀도(\rho) = \frac{기체 \ 분자량(M)}{22.4L}$$

(2) 비중량(Specific weight : γ)

단위 체적이 갖는 중량을 말한다.(단위 : kg/m³)

$$\gamma(비중량) = \frac{G(중량)}{V(체적)}$$

> **참고** 1atm(기압) 4℃ 때의 순수한 물의 비중량은 절대단위로 $\gamma=9{,}800\text{N/m}$, 중력단위로 $\gamma=1{,}000\text{kgf/m}^3$, 즉 물 1,000kg/m³=1ton/m³

(3) 비체적(Specific Volume : V)

밀도의 역수로 단위중량 또는 질량이 차지하는 체적을 말한다.(단위 : m³/kg)

$$V(비체적) = \frac{체적}{중량} = \frac{1}{\gamma}$$

$$\therefore \ 기체의\ 비체적 V = \frac{22.4\text{L}}{M(분자량)}(\text{L/g})$$

(4) 비중(Specific Gravity)

물 4℃의 무게와 같은 체적을 갖는 어떤 물질의 무게비로 무차원이다.

$$S(비중) = 물질의\ 밀도/4℃\ 때의\ 물의\ 밀도$$
$$\therefore 기체의\ 비중 = 분자량/29(공기분자량)$$

> **참고** 1. 물의 비중량 1로 본다. (Sw(물비중)=1)
> 2. 수은 비중=13.6
> 3. **경금속** : 비중이 4 이하인 금속 K, Mg, Ca 등
> 4. **중금속** : 비중이 4 이상인 금속 Cu, Pb 등

7) 엔탈피와 엔트로피

(1) 엔탈피(enthalpy : kcal/kg)

자연계의 내부에너지와 외부에너지의 합을 말한다.(총에너지)

$$H = u + APV \ (\text{SI 단위} : H = u + PV)$$

여기서, H : 엔탈피(kcal/kg)

  u : 내부 에너지(kcal/kg)

  A : 일의 열당량(kcal/kg.m)

  P : 압력(kg/cm²)

  V : 비체적(m³/kg)

(2) 엔트로피(entropy : kcal/kg)

총에너지를 그때의 절대온도로 나눈 값을 말한다.

$$ds = \frac{dQ}{T}$$

여기서, ds : 엔트로피(kcal/kgK)

dQ : 변화된 총열량(kcal/kg)

T : 절대온도(K)

 1. 0℃의 포화액의 엔트로피는 1kcal/kgK이다.
2. 열출입이 없는 단열변화의 경우 엔트로피의 증감은 없다.
3. 엔트로피는 가역과정에서는 불변이고 비가역과정에서는 증가한다.

8) 계의 변화

(1) 단열변화

기체를 압축, 팽창될 때 외부에서 전혀 열출입이 없도록 한 변화를 말한다.

$$Q = \Delta U + P\Delta V (= W)$$

여기서, ($Q=0$, 이므로)

$$0 = \Delta U + P\Delta V (= W)$$
$$\therefore \Delta U = - W$$

(2) 등온변화

기체를 압축, 팽창시 언제나 기체의 온도를 일정하게 유지하면서 압축하거나 팽창시키는 변화를 말한다.

$$Q = \Delta U + P\Delta V (= W)$$

여기서, ($\Delta U=0$)

$$Q = P\Delta V (= W)$$
$$\therefore \text{ 흡수 방출한 열은 모두 외부에 일한 것이다.}$$

(3) 폴리트로픽 변화

실린더 내에서 압축시 단열변화도 아니고 등온변화도 아닌 중간의 변화, 즉 실제와 가장 가까운 압축변화를 말한다.($PV^n = C$, n은 폴리트로픽 지수로 $-\infty < n < +\infty$ 의 값을 갖는다.)

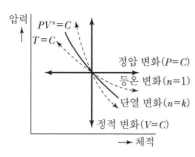

▲ P-V 변화 선도

〈폴리트로픽 지수관계〉

n관계	변화구분
$n = 0$	정압변화
$n = 1$	등온변화
$n = k$	단열변화
$n = \infty$	정적변화
$-\infty < n < +\infty$	폴리트로픽변화

(4) 열효율과 성적계수

① **열효율** : 열 입출기관에서 공급에너지와 유효에너지의 비를 말한다.

$$열효율(\eta) = \frac{유효일}{공급열량} = \frac{W}{Q} = \frac{Q_2 - Q_1}{Q_2} = 1 - \frac{Q_1}{Q_2} = 1 - \frac{T_1}{T_2}$$

② **성적계수** : 저온체에서 고온체로 열이동하는 능력을 성적계수라 하며, 보통 1냉동톤 (RT)이란 0℃의 물 1ton을 24시간에 0℃ 얼음으로 만드는 능력이다.
증기압축식 냉동기(1RT＝3,320kcal)

$$성적계수(c.o.p) = \frac{Q}{W} = \frac{Q_2}{Q_1 - Q_2} = \frac{T_2}{T_1 - T_2}$$

(5) Carnot Cycle(이상적 가역 사이클)

냉동사이클의 기본이 되는 것으로, 단열변화와 등온변화를 교축함으로 이상기체 작업 물질의 이상적인 가역 사이클이다.

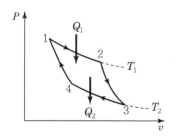

▲ 카르노 사이클의 P-V 선도

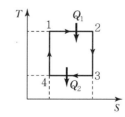

- 1→2과정 : 등온팽창
- 2→3과정 : 단열팽창
- 3→4과정 : 등온압축
- 4→1과정 : 단열압축

▲ 카르노 사이클의 T-S 선도

(6) 가스 동력 사이클(Otto Cycle)

내연기관의 동작유체를 이용하여 보일러, 내연기관의 열공급과 방열이 정적으로 이루어져 전기점화기관의 설명에 이용하는 가솔린 기관의 기본 사이클이다.

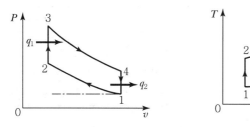

┌ 1→2 과정 : 단열압축
│ 2→3 과정 : 정적가열
│ 3→4 과정 : 단열팽창
└ 4→1 과정 : 정적방열

▲ 공기표준 오토 사이클의 P-V, T-S 선도

(7) 증기압 선도

물을 실린더에 넣은 후 열손실이 없는 이상적인 가열기관에서 가열하면 점점 피스톤은 오르고, 압력은 일정하게 유지되다가 더욱 가열하면 온도가 변하지 않고 증발이 일어나 증기로 변하며, 이때 더욱 가열하면 과포화(과열) 증기가 된다.

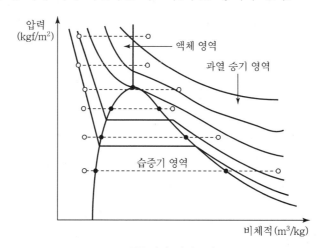

▲ 포화증기와 과열증기도

1-2 물질의 이해와 기체의 기본법칙

1. 원자와 분자

1) 원자

물질을 구성하고 있는 최소의 입자를 말한다.

① 원자의 구성 : 원자핵, 중성자, 전자로 구성되어 있다.

② 원자량 : $^{12}_{6}C$(탄소) 원자량 12로 기준하여 비교한 질량비를 말한다.

③ 질량＝원자번호(양성자수)＋중성자수

④ 듀롱프티법칙(고체물질의 원자량 측정) : 원자량은 고유의 값을 비열로 나눈 값과 같다.

$$금속\ 원자량 = \frac{6.4}{비열}$$

※ 텅스텐의 비열이 0.035cal/g 원자량＝6.4/0.035＝182.85g

⑤ 원자에 대한 기본법칙

    ㉠ 질량불변의 법칙 : 물질의 화학적 반응에서는 질량은 보존된다.

    ㉡ 일정성분비의 법칙 : 물질의 화학적 반응에서 각 원소의 비는 일정한 비가 성립한다.

    ㉢ 배수비례 법칙 : 화학적 반응에서 화합물 구성 원소비는 일정한 배수가 존재한다.

2) 분자

물질의 특성을 가진 최소의 입자로, 원자가 모여 안정화된 분자로 나타낸다.

① 분자량 : 구성 원자량의 합을 말한다.

② 분자는 고유의 화학적 성질을 가진다.

③ 분자의 구분

    ㉠ 단원자분자 - 헬륨, 네온, 알곤

    ㉡ 이원자분자 - 산소, 수소, 질소

    ㉢ 삼원자분자 - 오존, 물, 이산화탄소

3) 몰(mol) 개념

화학식량에 해당하는 값(g)으로, 물질단위 구분을 위한 단위군임

① 아보가드로 법칙 : 일정온도 압력하에서 모든 기체분자는 같은 수의 분자가 존재, 즉 0℃, 1atm 모든 기체 1mol의 부피는 22.4ℓ이고 분자수는 6.02×10^{23}개가 존재한다.

② 기체의 법칙 : 표준상태(0℃, 1atm)에서 모든 기체 1mol의 부피는 22.4 ℓ 이고, 22.4 ℓ 속에 존재하는 분자수는 6.02×10²³개가 존재한다.

$$n몰(mol) = \frac{W(질량)}{M(분자량)} = \frac{V(부피)}{22.4\,\ell} = \frac{분자수}{6.02 \times 10^{23}}(개)$$

 몰(mol)비＝부피비(V%)＝분자수비

2. 기체의 성질

1) 이상(완전) 기체의 성질

① 기체분자 상호 간에 작용하는 인력, 크기, 충돌을 무시한 완전한 탄성기체로 이루어진다.
② 보일 – 샤를 법칙에 완전 적용한다.
③ 온도에 관계없이 비열비($K = C_p/C_V$)가 일정하다.
④ 내부 에너지는 부피에 관계없이 온도에서만 결정되므로, 줄(Joule) 법칙이 성립된다.
⑤ 아보가드로 법칙에 따른다.

2) 이상기체 법칙

① 보일 법칙(Boyle Low) : 일정온도에서 압력과 부피는 서로 반비례한다.

$$P_1 V_1 = P_2 V_2$$

여기서, P_1 : 변하기 전 압력(atm)
P_2 : 변한 후의 압력(atm)
V_1 : 변하기 전 부피
V_2 : 변한 후의 부피

② 샤를의 법칙(Charle's Law) : 알정압력에서 부피는 절대온도에 서로 비례한다.

$$\frac{V_1}{T_1} = \frac{V_2}{T_2}$$

여기서, T_1 : 변하기 전의 절대온도
T_2 : 변한 후의 절대온도
V_1 : 변하기 전 부피
V_2 : 변한 후의 부피

③ 보일-샤를의 법칙 : 기체의 부피와 압력은 서로 반비례하고 절대온도에 정비례한다.

$$\frac{P_1 V_1}{T_1} = \frac{P_2 V_2}{T_2}$$

3) 이상기체 상태방정식

보일-샤를의 법칙과 아보가드로 법칙을 결합하여 온도, 압력, 부피 관계를 나타낸 상태식이다.

$$PV = nRT$$

여기서, $n = \dfrac{W}{M}$

n : 몰수

W : 질량

M : 분자량

$$PV = \frac{W}{M}RT, \quad PV = Z\frac{W}{M}RT$$

여기서, P : 절대 압력

V : 기체 부피

T : 절대 온도

R : 기체 상수(0.082L · atm/mol · K)

Z : 압축 계수

참고 기체상수 R의 값

단위의 선택방법에 따라 다음과 같이 변한다.

$PV = nRT$에서

1. $R = \dfrac{PV}{nT} = \dfrac{1[\text{atm}] \times 22.4[\text{L}]}{1[\text{mol}] \times 273[^\circ\text{K}]} = 0.08205 \left[\dfrac{\text{L} \cdot \text{atm}}{\text{mol} \cdot ^\circ\text{K}}\right]$

2. $R = \dfrac{PV}{nT} = \dfrac{1.0332 \times 10^4 [\text{kg/m}^2] \times 22.4[\text{m}^3]}{1[\text{kmol}] \times 273[^\circ\text{K}]} = 848 \left[\dfrac{\text{kg} \cdot \text{m}}{\text{kmol} \cdot ^\circ\text{K}}\right]$

3. $R = 848 \left[\dfrac{\text{kg} \cdot \text{m}}{\text{kmol} \cdot ^\circ\text{K}}\right] \times \dfrac{1[\text{kcal}]}{427[\text{kg} \cdot \text{m}]} = 1.986 \left[\dfrac{\text{kcal}}{\text{kmol} \cdot ^\circ\text{K}}\right]$

4. $R = \dfrac{PV}{nT} = \dfrac{1.01325 \times 10^6 [\text{dyne/cm}^2] \times 22.4 \times 10^3 [\text{cm}^3]}{1[\text{mol}] \times 273[^\circ\text{K}]}$

$\quad = 8.314 \times 10^7 \left[\dfrac{\text{erg}}{\text{mol} \cdot ^\circ\text{K}}\right]$

5. $R = 8.314 \left[\dfrac{\text{Joule}}{\text{mol} \cdot ^\circ\text{K}}\right]$

6. 압축계수 Z 경우 상태식 : PV = ZnRT

4) 실제 기체의 상태방정식

$$1\text{mol} = \left(P + \frac{a}{V^2}\right)(V - b) = RT$$

$$n\text{mol} = \left(P + \frac{n^2 a}{V^2}\right)(V - nb) = nRT$$

여기서, P : 압력(atm)

　　　 V : 체적(l)

　　　 a : 기체의 종류에 따른 정수로 반데르발스 정수($l^2 \cdot$ atm/mol^2)

　　　 b : 기체의 종류에 따른 정수로 반데르발스 정수(l/mol)

　　　 R : 기체상수($l \cdot$ atm/mol, °K)

　　　 T : 절대온도(°K)

　　　 $\dfrac{a}{V^2}$: 기체분자 간의 인력

　　　 b : 기체 자신이 차지하는 부피

〈반데르발스 정수〉

종류	a($l^2 \cdot$ atm/mol^2)	b(l/mol)
Ar	1.35	3.23×10^{-2}
H$_2$	0.245	2.67×10^{-2}
N$_2$	1.39	3.91×10^{-2}
O$_2$	1.36	3.19×10^{-2}
CH$_4$	2.26	4.30×10^{-2}
CO$_2$	3.60	4.28×10^{-2}
NH$_3$	4.17	3.72×10^{-2}

〈이상기체와 실제기체의 비교〉

구분	이상기체	실제기체
분자크기	질량은 있으나 부피가 없다.	기체에 따라 다르다.
분자 간의 인력	없다.(반발력도 없다.)	있다.
보일-샤를의 법칙	완전히 적용된다.	근사적으로 적용된다.
-273℃(0°K)	기체의 부피는 0이다.	응고되어 고체이다.
고압, 저온상태	액화, 응고되지 않는다.	액화, 응고된다.

 실제기체 중에서도 수소, 질소, 산소, 헬륨 등과 같이 비등점이 낮은 물질은 비교적 온도가 높고 압력이 낮은 상태에서는 이상기체에 가까운 행동을 한다.
즉, 분자의 밀도가 아주 낮은 상태이기 때문이다.

5) 돌턴(Dolton)의 분압 법칙

전체의 압력은 각 성분의 분압의 합과 같다.

$$P(전압) = Pa + Pb + Pc + + + \quad (Pa, \ Pb, \ Pc : 성분기체의\ 분압)$$

$$분압(Pa) = 전압(P) \times \frac{성분기체몰수}{전몰수}$$

> **참고** $\dfrac{성분기체몰수}{전몰수} = \dfrac{성분기체부피비}{전부피} = \dfrac{성분기체수}{전분자수}$
>
> 즉, 몰% = 부피% = 분자수%

6) 그레이엄의 기체 확산 속도 법칙

기체의 분자가 공간을 퍼져나가는 현상을 확산이라 하며, 기체확산속도는 일정한 온도와 압력하에서 그 기체의 분자량의 즉 밀도(g/l)의 제곱근에 반비례한다.

$$\frac{U_b}{U_a} = \sqrt{\frac{M_a}{M_b}} = \frac{T_a}{T_b}$$

여기서, U_a, U_b : A, B 각 성분기체 확산속도

M_a, M_b : A, B 각 성분기체 분자량

T_a, T_b : A, B 각 성분기체 확산시간

7) 헨리의 용해도(Henry의 법칙)

용해도가 크지 않은 기체의 용해도는 일정온도에서 일정 용매에 용해되는 기체의 질량은 압력에 정비례한다.(기체는 온도가 낮고 압력이 높을수록 잘 용해된다.)

> **참고** 1. 헨리법칙 적용 기체 : H_2, O_2, N_2, CO_2 등 물에 잘 녹지 않는 물질
> 2. 적용 제외 : NH_3, HCl, H_2S 등 물에 잘 녹는 물질은 제외한다.

8) 증기압 법칙(Raoult의 법칙)

휘발성분의 증기압은 용액을 구성하는 각 성분 증기압의 몰분율에 비례한다.

$$P_A = P_a \times X_a$$
$$P_B = P_b \times X_b$$
$$P = P_A + P_B$$

여기서, P_a, P_b : A, B 각 성분의 고유 증기압 $\qquad X_a, X_b$: A, B 각 성분 몰분율(V%)

P_A, P_B : A, B 각 성분 증기압 $\qquad P$: 전 증기압

참고 임계(Critical)온도, 압력
① 액화할 수 있는 최고의 온도는 임계온도, 액화할 수 있는 최저의 압력은 임계압력이다.
② 기체가 액화되기 쉬운 조건은 임계온도는 낮추고, 임계압력은 높인다.

3. 화학반응

1) 반응열(Heat of reaction)

모든 화학반응이 진행될 때 반응물질과 생성물질의 엔탈피의 차로 인하여 흡수하거나 방출하는 열량을 반응열이라 한다.

■ 화학반응열의 종류

① 반응열 : 어떤 물질 1mol이 반응할 때 발생 또는 흡수하는 열을 말함
② 생성열 : 어떤 물질 1mol이 화학반응하여 생성할 때 발생 또는 흡수하는 열을 말함
③ 연소열 : 가연 물질 1mol이 연소할 때 발생하는 열을 말함

2) 발열반응과 흡열반응

① 발열반응 : 반응물질로부터 생성물질로 변화될 때 열을 발생하는 반응

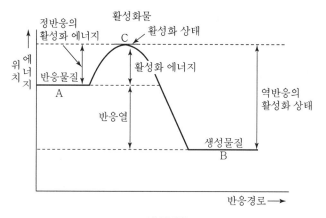

▲ 발열반응

② **흡열반응** : 반응물질로부터 생성물질로 변화될 때 열을 흡수하는 반응

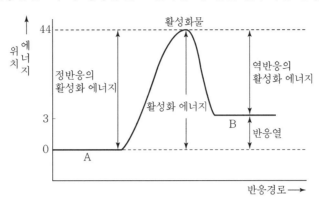

▲ 흡열반응

3) 총열량 불변의 법칙

최초의 반응물질 종류와 상태가 같고 최종의 생성물질의 종류와 상태만 결정되면 반응경로에 관계없이 출입하는 열량은 항상 같다.

① $C + O_2 \longrightarrow CO_2 + 94.1kcal$

② $C + \dfrac{1}{2}O_2 \longrightarrow CO + 26.5kcal$

③ $CO + \dfrac{1}{2}O_2 \longrightarrow CO_2 + 67.6kcal$

즉, ①=②+③의 총열량은 같다.

4) 화학 평형

화학반응에 영향을 주는 인자는 온도, 농도, 압력으로 대별된다. 또한 화학반응은 정지되지 않고 정반응과 역반응속도가 같아지도록 이루어지는 형태를 화학평형이라 한다.

(1) 평형상수

화학평형에서 반응물질과 생성물질의 농도의 비는 일정하다. 이 값을 평형상수라 한다.

$$aA + bB \quad \underset{V_1}{\overset{V_2}{\rightleftharpoons}} \quad cC + dD$$

① 정반응속도 $V_1 = K_1 (A)^a \cdot (B)^b$

② 역반응속도 $V_2 = K_2 (C)^c \cdot (D)^d$

③ 평형상태에서는 $V_1 = V_2$이므로

$$K_1(A)^a \cdot (B)^b = K_2(C)^c \cdot (D)^d$$

$$\therefore K(평형상수) = \frac{K_1}{K_2} = \frac{(C)^c \cdot (D)^d}{(A)^a \cdot (B)^b}$$

$\therefore K_1$, K_2는 온도가 변함에 따라 정해지는 비례상수이다.

(2) 평형이동의 법칙(르 샤틀리에의 법칙)

반응이 평형상태에 있을 때 농도, 온도, 압력 등의 평형조건을 변동시키면 그 변화를 없애고자 하는 방향으로 새로운 평형에 도달한다. 이것을 르 샤틀리에의 법칙이라 한다.

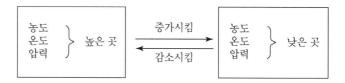

연습문제

Industrial Engineer Gas

01 어느 연소가스를 분석한 결과 질소 : 75v%, 산소 : 8v%, 이산화탄소 10v%, 일산화탄소 7v% 이었다. 이 연소가스의 평균 분자량은 약 얼마인가?

㉮ 23.81   ㉯ 26.45
㉰ 29.92   ㉱ 32.58

해설 $28 \times 0.75 + 32 \times 0.08 + 44 \times 0.1 + 28 \times 0.07 = 29.92$

02 온도 30℃, 압력 740mmHg인 어떤 기체 342mL를 표준상태(0℃, 1기압)로 하면 몇 mL가 되겠는가?

㉮ 316   ㉯ 350
㉰ 400   ㉱ 450

해설 30℃, 740mmHg=342mL
0℃, 760mmHg=xmL
$$x = 342 \times \frac{273+0}{273+30} \times \frac{760}{740} = 316\text{mL}$$

03 1기압 20L의 공기를 4L 용기에 넣었을 때 산소의 분압은? (단, 압축시 온도변화는 없고, 공기는 이상기체로 가정하며, 공기 중 산소의 백분율은 20%로 가정한다.)

㉮ 약 1기압   ㉯ 약 2기압
㉰ 약 3기압   ㉱ 약 4기압

해설 $V_2 = V_1 \times \dfrac{P_1}{P_2}$, $P_2 = P_1 \times \dfrac{V_1}{V_2}$

$P_2 = 1 \times \dfrac{20}{4} = 5$기압(공기)

산소는 공기 중 20%이므로

$5 \times \dfrac{20}{100} = 1$기압

04 다음 중 완전기체에 대한 설명으로 옳은 것은?

㉮ 체적 탄성계수가 일정한 기체이다.
㉯ 고온, 고압의 상태에 있는 기체를 말한다.
㉰ 완전 포화상태에 있는 포화증기를 말한다.
㉱ 이상기체법칙에 잘 따르는 기체이다.

해설 완전기체란 이상기체법칙에 잘 따르는 기체이다.

05 기체상수 R을 계산한 결과 1.99가 되었다. 이때 단위는?

㉮ ℓ · atm/mol · °K   ㉯ cal/mol · °K
㉰ erg/mol · °K   ㉱ Joule/mol · °K

해설 $R = 0.082 \ell$ · atm/mol · °K = 1.99cal/mol · °K

06 공기 20kg과 증기 5kg이 15m³의 용기 속에 들어 있다. 만약 이 혼합가스의 온도가 50℃라면 혼합가스의 압력은 몇 kg/cm²이겠는가? (단, 공기와 증기의 가스 정수는 각 29.5, 47.0kg · m/kg · K이다.)

㉮ 1.776kg/cm²   ㉯ 1.270kg/cm²
㉰ 0.987kg/cm²   ㉱ 0.386kg/cm²

해설 공기압력 $P = \dfrac{GRT}{V}$

$$= \frac{20 \times 29.5 \times (273+50)}{15} = 1.27$$

증기압력 $P = \dfrac{GRT}{V}$

$$= \frac{5 \times 47.0 \times (273+50)}{15} = 0.506$$

∴ $P' = 1.27 + 0.506 = 1.776\text{kg/cm}^2$

정답 01.㉰ 02.㉮ 03.㉮ 04.㉱ 05.㉯ 06.㉮

07 가로, 세로, 높이가 각각 3m, 4m, 3m인 방에 몇 L의 프로판 가스가 누출되면 폭발될 수 있는가? (단, 프로판가스의 폭발범위는 2.2~95%이다.)

㉮ 500
㉯ 600
㉰ 700
㉱ 800

해설 $V = 3 \times 4 \times 3 = 36m^3 = 36,000L$
$36,000 \times 0.022 = 792L ≒ 800L$

08 0.5atm, 10L의 기체 A와 1.0atm, 5L의 기체 B를 전체 부피 15L의 용기에 넣을 경우, 전압은 얼마인가? (단, 온도는 항상 일정하다.)

㉮ 1/3atm
㉯ 2/3atm
㉰ 1.5atm
㉱ 1atm

해설 0.5×10=5L, 1.0×5=5L
5+5=10L
15L 용기 내에 10L는 2/3atm, 즉 0.67atm이다.

09 밀폐된 용기 내에 1atm, 30℃ 프로판과 산소가 부피비로 1 : 5의 비율로 혼합되어 있다. 프로판이 다음과 같이 완전연소하여 화염의 온도가 1,000℃가 되었다면 용기 내에 발생하는 압력은 얼마가 되겠는가?

$$C_3H_8 + 5O_2 \rightarrow 3CO_2 + 4H_2O$$

㉮ 1.95atm
㉯ 2.95atm
㉰ 3.95atm
㉱ 4.9atm

해설 $C_3H_8 + 5O_2 \rightarrow 3CO_2 + 4H_2O$
$\therefore \frac{(3+4)}{(1+5)} \times 1 \times \frac{(1,000+273)}{(273+30)} = 4.9atm$

10 증기의 상태방정식이 아닌 것은?

㉮ Van Der Waals식
㉯ Lennard-Jones식
㉰ Clausius식
㉱ Berthelot식

해설 증기의 상태방정식
① Van Der Waals식
② Clausius식
③ Berthelot식

11 어떤 혼합가스가 산소 10몰, 질소 10몰, 메탄 5몰을 포함하고 있다. 산소를 제외한 이 혼합가스의 비중은 얼마인가? (단, 공기의 평균 분자량은 29이다.)

㉮ 0.52
㉯ 0.62
㉰ 0.72
㉱ 0.82

해설 산소 320g + 질소 280g + 메탄 80g = 680g
280/680 = 0.41, 80/680 = 0.11
∴ 0.41 + 0.11 = 0.52

12 상온, 표준대기압 하에서 어떤 혼합기체의 각 성분에 대한 부피백분율이 각각 CO_2, 20%, N_2 20%, O_2 40%, Ar 20%이면 이 혼합기체 중 CO_2 분압은 약 몇 mmHg인가?

㉮ 152
㉯ 252
㉰ 352
㉱ 452

해설 $CO_2 = 20\%$, 전체 = 100%
1atm = 760mmHg
$\therefore 760 \times \frac{20}{100} = 152mmHg$

정답 07.㉱ 08.㉯ 09.㉱ 10.㉯ 11.㉮ 12.㉮

13 이상기체를 일정한 부피에서 가열하면 압력과 온도의 변화는 어떻게 되는가?

㉮ 압력 증가, 온도 상승
㉯ 압력 증가, 온도 일정
㉰ 압력 일정, 온도 상승
㉱ 압력 일정, 온도 일정

해설 이상기체가 일정부피에서 가열하면 압력 증가, 온도 상승으로 이어진다.

14 1kg의 공기를 20℃, 1kg/cm²인 상태에서 일정 압력으로 가열 팽창시켜서 부피를 처음의 5배로 하려고 한다. 이때 필요한 온도 상승은 몇 ℃인가?

㉮ 1,172℃　　㉯ 1,282℃
㉰ 1,465℃　　㉱ 1,561℃

해설
$$T_2 = T_1 \times \frac{V_2}{V_1}$$
$$T_2 = (273 + 20) \times \frac{5}{1} = 1,465\text{K}$$
$$1,465 - 273 = 1,192℃$$
$$\therefore 1,192 - 20 = 1,172℃ \ 상승$$

15 과열증기의 온도와 포화증기의 온도차를 무엇이라고 하는가?

㉮ 과열도　　㉯ 포화도
㉰ 비습도　　㉱ 건조도

해설 과열도＝과열증기온도 − 포화증기온도

16 질소와 산소를 같은 질량으로 혼합했을 때 평균 분자량은 얼마인가? (단, 질소와 산소의 분자량은 각각 28, 32이다.)

㉮ 30.00　　㉯ 29.87
㉰ 28.84　　㉱ 26.47

해설 공기 중 질소와 산소는 질량비로 76.8%, 23.2%이다.

17 25℃에서 N_2, O_2, CO_2의 분압이 각각 0.71atm, 0.15atm, 0.14atm이며, 이상적으로 행동할 때 이 혼합기체의 평균 분자량은 얼마인가? (단, 전압은 1atm이다.)

㉮ 29.84　　㉯ 30.00
㉰ 30.84　　㉱ 31.24

해설 분자량(질소 28, 산소 32, 탄산가스 44)
평균 분자량 = $(28 \times 0.71) + (32 \times 0.15) + (44 \times 0.14)$
　　　　　　 $= 30.84$

18 1ata, 4L 기체 A와 2ata, 5L의 기체 B를 1L 용기 속에 충전시킬 때 전압(ata)은 얼마인가? (단, A와 B는 반응하지 않고 온도는 일정하다.)

㉮ 14　　㉯ 9
㉰ 3　　㉱ 1

해설 1×4＝4L, 2×5＝10L
4＋10＝14L
$$P_2 = P_1 \times \frac{V_2}{V_1} = 1 \times \frac{14}{1} = 14\text{ata}$$

19 압력 1atm, 온도 20℃에서 공기 1kg의 부피를 구하면 몇 m³인가? (단, 공기의 평균분자량은 29이다.)

㉮ 0.42m³　　㉯ 0.62m³
㉰ 0.75m³　　㉱ 0.83m³

해설
$$V = 22.4 \times \frac{T_2}{T_1} \times \frac{P_1}{P_2}$$
$$= 22.4 \times \frac{1}{29} \times \frac{273 + 20}{273} \times \frac{1}{1} = 0.83\text{m}^3$$

정답 13.㉮　14.㉮　15.㉮　16.㉯　17.㉰　18.㉮　19.㉱

20 대기압 760mmHg하에서 계기압력이 2atm이었다면 절대압력은 약 몇 psi인가?

㉮ 22.3psi
㉯ 33.2psi
㉰ 44.1psi
㉱ 55.1psi

해설 1atm=760mmHg=14.7psi
14.7×2=29.4psi
29.4+14.7=44.1psi(abs)

21 기체혼합물의 각 성분을 표현하는 방법으로 여러 가지가 있다. 다음은 혼합가스의 성분비를 표현하는 방법이다. 다른 값을 갖는 것은?

㉮ 몰분율
㉯ 질량분율
㉰ 압력분율
㉱ 부피분율

22 산소가 20℃에서 5m³의 탱크 속에 들어 있다. 이 탱크의 압력이 10kg/cm²이라면 산소의 중량은 몇 kg인가? (단, 산소의 가스정수는 26.5이다.)

㉮ 0.644kg
㉯ 1.55kg
㉰ 55.3kg
㉱ 64.4kg

해설 $PV=GRT$, $G=\dfrac{PV}{RT}$

$$G=\frac{10\times10^4\times5}{26.5\times(20+273)}=64.3956\text{kg}$$

23 0℃, 1기압 C_3H_8 5kg의 체적은 몇 m³인가? (단, 이상기체로 가정하고 C의 원자량은 12, H의 원자량은 1이다.)

㉮ 0.63
㉯ 1.54
㉰ 2.55
㉱ 3.67

해설 C_3H_8 44kg=22.4m³

∴ $22.4\times\dfrac{5}{44}=2.55\text{m}^3$

24 600L의 용기에 40atm abs, 27℃에서 산소(O_2)가 충전되어 있다. 이때 산소는 몇 kg이 충전되어 있는가?

㉮ 4.3kg
㉯ 15.6kg
㉰ 24.2kg
㉱ 31.2kg

해설 600×40=24,000L(절대압)
24,000−600=23,400L(게이지압)

$$\frac{\left(\dfrac{23,400}{22.4}\times\dfrac{273}{273+27}\times32\right)}{1,000}≒30.4\text{kg}$$

25 다음 중 비중이 가장 큰 물질은?

㉮ 메탄
㉯ 프로판
㉰ 염소
㉱ 이산화탄소

해설 가스의 비중(공기의 분자량 29)
① 메탄 : 16/29=0.55
② 프로판 : 44/29=1.52
③ 염소 : 71/29=2.45
④ 이산화탄소 : 44/29=1.52

26 두 물체가 열평형 상태에 있을 때 관련된 열역학법칙은?

㉮ 열역학 제0법칙
㉯ 열역학 제1법칙
㉰ 열역학 제2법칙
㉱ 열역학 제3법칙

해설 열역학 제0법칙 : 열평형의 법칙

정답 20.㉰ 21.㉯ 22.㉱ 23.㉰ 24.㉱ 25.㉰ 26.㉮

27 아래에 제시한 에탄올, 흑연 및 수소의 연소엔탈피를 이용하여 $2C(Graphite) + 2H_2(g) + H_2O \rightarrow C_2H_5OH(L)$ 반응에 대한 엔탈피 변화량은 얼마인가? (단, 25℃이다.)

$C_2H_5OH(L) + 3O_2 \rightarrow 2CO_2(g) + 3H_2O(L)$
$\qquad\qquad\qquad\qquad \Delta H = -1,366.7kJ$
$C(Graphite) + O_2(g) \rightarrow CO_2(g) \quad \Delta H = -393.5kJ$
$H_2(g) + \dfrac{1}{2}O_2(g) \rightarrow H_2O(L) \qquad \Delta H = -285.8kJ$

㉮ 8.1kJ
㉯ −8.1kJ
㉰ 687.4kJ
㉱ −687.4kJ

해설 $H_2 = 285.8 \times 3 = 857.4kJ$
$2C = 393.5 \times 2 = 787kJ$
$857.4 + 787 = 1,644.4kJ$
$1,644.4 - 1,366.7 = 277.7kJ$
$\therefore 285.8 - 277.7 = 8.1kJ$

28 상온, 표준대기압하에서 어떤 혼합기체의 각 성분에 대한 부피백분율이 각각 CO_2 : 20%, N_2 : 20%, O_2 : 40%, Ar : 20%이면 이 혼합기체 중 O_2분압은 mmHg로 얼마인가?

㉮ 304mmHg
㉯ 252mmHg
㉰ 352mmHg
㉱ 452mmHg

해설 1atm=760mmHg
O_2는 40%이므로 $760 \times 0.4 = 304mmHg$

29 가정용 연료가스는 프로판과 부탄가스를 액화한 혼합물이다. 이 액화한 혼합물이 30℃에서 프로판과 부탄의 몰비가 5 : 1로 되어있다면 이 용기 내의 압력은 약 몇 기압(atm)인가? (단, 30℃에서의 증기압은 프로판 9,000mmHg이고, 부탄이 2,400mmHg이다.)

㉮ 2.6
㉯ 5.5
㉰ 8.8
㉱ 10.4

해설 $9,000 \times \dfrac{5}{6} = 7,500mmHg$
$2,400 \times \dfrac{1}{6} = 400mmHg$
$\therefore \dfrac{7,500 + 400}{760} = 10.4atm$

30 30℃, 1기압에서 수소 0.15g, 질소 0.90g, 암모니아 0.68g로 된 혼합가스가 있다. 이 혼합가스의 부피는 약 몇 L인가? (단, 원자량은 H : 1, N : 14이다.)

㉮ 3.66
㉯ 2.97
㉰ 1.73
㉱ 0.011

해설 $H_2 \ 0.15g = 22.4 \times \dfrac{0.15}{2} = 1.68L$
$N_2 \ 0.90g = 22.4 \times \dfrac{0.90}{28} = 0.72L$
$NH_3 \ 0.68g = 22.4 \times \dfrac{0.68}{17} = 0.896L$
$V = 1.68 + 0.72 + 0.896 = 3.296L$
$\therefore V' = V \times \dfrac{T_2}{T_1} \times \dfrac{P_1}{P_2}$
$\qquad = 3.296 \times \dfrac{273 + 30}{273} = 3.66L$

31 76mmHg, 23℃에 있어서의 수증기 $100m^3$의 중량은 얼마인가? (단, 수증기는 이상기체 거동을 한다고 가정한다.)

㉮ 0.74kg
㉯ 7.4kg
㉰ 74kg
㉱ 740kg

해설 $\dfrac{100}{22.4} \times 18 \times \dfrac{273}{273 + 23} \times \dfrac{76}{760} = 7.4kg$

32 2atm, 10L의 기체 A와 4atm, 10L의 기체 B를 전체부피 40L의 용기에 넣을 경우 용기 내 압력은 얼마인가? (단, 온도는 항상 일정하고, 이상기체라고 가정한다.)

정답 27.㉮ 28.㉮ 29.㉱ 30.㉮ 31.㉯ 32.㉰

㉮ 0.5atm ㉯ 1.0atm
㉰ 1.5atm ㉱ 2.0atm

해설 $\dfrac{(2\times10+4\times10)}{40}=1.5\text{atm}$

33 기체의 임계온도에 관한 다음 사항 중 맞는 것은?

㉮ 수소는 임계온도가 높으나 상온에서는 액화가 불가능하다.
㉯ 질소는 임계온도가 낮지만 상온에서 액화가 가능하다.
㉰ 메탄은 임계온도가 낮으며 상온에서는 액화가 불가능하다.
㉱ 이산화황은 극저온에 가압하여야만 액화가 가능하다.

해설 메탄의 임계온도는 $-82.1℃$, 비점은 $-162℃$이다.

34 C_mH_n 1Nm³가 연소해서 생기는 H_2O의 양(Nm³)은 얼마인가?

㉮ $\dfrac{n}{4}$ ㉯ $\dfrac{n}{2}$
㉰ n ㉱ $2n$

해설 $C_mH_n+(m+\dfrac{n}{4})O_2\rightarrow mCO_2+\dfrac{n}{2}H_2O$

35 어떤 화합물 0.085g을 기화시킨 결과 730mmHg, 60℃에서 23.5mL의 체적을 차지한다. 이 물질의 분자량은 약 얼마인가?

㉮ 102.87g/mol ㉯ 74.75g/mol
㉰ 10.287g/mol ㉱ 7.475g/mol

해설 $1\text{L}=1,000\text{mL}$
$23.5\times\dfrac{273}{273+60}\times\dfrac{730}{760}=18.505\text{mL}$
$1\text{mol}=22.4\text{L}\times1,000\text{mL/L}=22,400\text{mL}$
$\therefore\dfrac{22,400}{18.505}\times0.085=102.87\text{g/mol}$

36 산소 64kg과 질소 14kg의 혼합가스가 나타내는 전압이 20기압이다. 이때 산소의 분압은? (단, O_2 분자량 = 32, N_2 분자량 = 28)

㉮ 10atm ㉯ 13atm
㉰ 16atm ㉱ 19atm

해설 $20\times\dfrac{\frac{64}{32}}{\frac{64}{32}+\frac{14}{28}}=16\text{atm}$

37 어떤 용기 중에 들어 있는 1kg의 기체를 압축하는 데 1,281kg의 일이 소요되었으며 도중에 3.7kcal의 열이 용기외부로 방출되었다. 이 기체 1kg당 내부 에너지의 변화량을 구하면?

㉮ 0.7kcal/kg ㉯ -0.7kcal/kg
㉰ 1.4kcal/kg ㉱ -1.4kcal/kg

해설 $1,281\times\dfrac{1}{427}=3\text{kcal}$
$\therefore 3-3.7=-0.7\text{kcal/kg}$

38 어떤 혼합가스가 산소 10몰, 질소 10몰, 메탄 5몰을 포함하고 있다. 이 혼합가스의 비중은 약 얼마인가? (단, 공기의 평균 분자량은 29이다.)

㉮ 0.94 ㉯ 0.88
㉰ 1.07 ㉱ 1.00

해설 산소=32×10=320
질소=28×10=280
메탄=16×5=80
320+280+80=680
$\therefore\dfrac{680}{29\times(10+10+5)}=0.94$

정답 33.㉰ 34.㉯ 35.㉮ 36.㉰ 37.㉯ 38.㉮

39 2kg의 기체를 0.15MPa, 15℃에서 체적이 0.1m³가 될 때까지 등온압축할 때 압축 후 압력은 몇 MPa인가? (단, 비열은 각각 $C_P=0.8$kJ/kg·K, $C_V=0.6$kJ/kg·K이다.)

㉮ 1.141   ㉯ 1.152
㉰ 1.163   ㉱ 1.174

해설 등온에서 $T_1=T_2=273+15=288$K

1kcal=4.2kJ

$P_2=P_1\times\dfrac{V_1}{V_2}$, $V_1=\dfrac{GRT_1}{P_1}$

$R=(C_P-C_V)=0.2$kJ/kg·K

$P_2=0.15\text{MPa}\times\left(\dfrac{\frac{2\times0.2\times288}{0.15\times10^3}}{0.1}\right)=1.152$MPa

40 메탄올 96g과 아세톤 116g을 함께 진공상태의 용기에 넣고 기화시켜 25℃의 혼합기체를 만들었다. 이때 전압력은? (단, 25℃에서 순수한 메탄올과 아세톤의 증기압 및 분자량은 각각 96.5mmHg, 56mmHg 및 32, 58이다.)

㉮ 76.3mmHg   ㉯ 80.3mmHg
㉰ 152.5mmHg   ㉱ 170.5mmHg

해설 $\dfrac{96}{32}=3$몰, $\dfrac{116}{58}=2$몰, $3+2=5$몰

메탄올 $96.5\times\dfrac{3}{5}=57.9$mmHg

아세톤 $56\times\dfrac{2}{5}=22.4$mmHg

∴ $57.9+22.4=80.3$mmHg

41 단원자 분자의 정용열 용량(C_V)에 대한 정압열 용량(C_P)의 비 값은?

㉮ 1.67   ㉯ 1.44
㉰ 1.33   ㉱ 1.02

해설 정압비열과 정적비열의 차는 이상기체에서는 온도에 관계없이 일정하다.
- 단원자 분자 : 1.67
- 2원자 분자 : 1.4
- 3원자 분자 : 1.33

42 CO_2 32vol%, O_2 5vol%, N_2 63vol%의 혼합기체의 평균 분자량은 얼마인가?

㉮ 29.3   ㉯ 31.3
㉰ 33.3   ㉱ 35.3

해설 $CO_2=44$, $O_2=32$, $N_2=28$
44×0.32=14.08, 32×0.05=1.6, 28×0.63=17.64
∴ 14.08+1.6+17.64=33.32

43 일산화탄소와 수소의 부피는 부피비가 3 : 7인 혼합가스의 온도 100℃, 50atm에서의 밀도는 약 몇 g/L인가? (단, 이상기체로 가정한다.)

㉮ 16   ㉯ 18
㉰ 21   ㉱ 23

해설 22.4×0.3=6.72L, 22.4×0.7=15.68L

$(6.72+15.68)\times\dfrac{273+100}{273}\times\dfrac{1}{50}=0.61$L

$28\times\dfrac{6.72}{22.4}=8.4$g, $2\times\dfrac{15.68}{22.4}=1.4$g

∴ $\rho=\dfrac{8.4+1.4}{0.61}=16$g/L

44 100℃의 수증기 1kg이 100℃의 물로 응결될 때 수증기 엔트로피 변화량은 몇 kJ/K인가? (단, 물의 증발잠열은 2,256.7kJ/kg이다.)

㉮ −4.87   ㉯ −6.05
㉰ −7.24   ㉱ −8.67

해설 $ds=\dfrac{dQ}{T}=\dfrac{-2,256.7}{100+273.15}=-6.05$kJ/K

45 물질의 상변화를 일으키지 않고 온도만 상승시키는 데 필요한 열을 무엇이라 하는가?

㉮ 잠열   ㉯ 현열
㉰ 증발열   ㉱ 융해열

해설 현열이란 물질의 상변화를 일으키지 않고 온도만 상승시키는 데 필요한 열이다.

정답 39.㉯ 40.㉯ 41.㉮ 42.㉰ 43.㉮ 44.㉯ 45.㉯

46 0℃, 1atm에서 2L의 산소와 0℃, 2atm에서 3L의 질소를 혼합하여 1L로 하면 압력은 몇 atm인가?

㉮ 1 ㉯ 2

㉰ 6 ㉱ 8

해설 $1 \times 2 = 2L$, $2 \times 3 = 6L$

$$\therefore P = \frac{2+6}{1} = 8atm$$

47 실제기체가 이상기체처럼 거동하기 위한 범위로서 맞는 것은?

㉮ 고온, 고압 ㉯ 고온, 저압

㉰ 저온, 고압 ㉱ 저온, 저압

해설 실제기체가 이상기체에 가까워지려면 고온에서 저압의 상태이어야 한다.

48 실제가스가 이상기체 상태방정식을 만족하기 위한 조건으로 옳은 것은?

㉮ 압력이 낮고, 온도가 높을 때

㉯ 압력이 높고, 온도가 낮을 때

㉰ 압력과 온도가 낮을 때

㉱ 압력과 온도가 높을 때

해설 실제가스는 압력이 낮고 온도가 높으면 이상기체에 가까워진다.

49 어느 과열증기의 온도가 350℃일 때 과열도는? (단, 이 증기의 포화온도는 573K이다.)

㉮ 23K ㉯ 30K

㉰ 40K ㉱ 50K

해설 $350 - (573 - 273) = 50K$

50 다음의 T-S 선도는 증기냉동 사이클을 표시한다. 1→ 2 과정을 무슨 과정이라고 하는가?

㉮ 등온응축 ㉯ 등온팽창

㉰ 단열팽창 ㉱ 단열압축

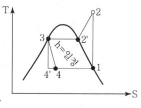

해설 ① 1→ 2 : 단열압축 (압축기)

② 2→ 2'→3 : 등온냉각(응축기)

③ 3→ 4 : 등엔탈피과정(팽창밸브)

④ 4→ 1 : 등온 등압팽창(증발기)

51 그림은 반데르발스식에 의한 실제가스의 등온곡선을 나타낸 것이다. 그림 중 임계점은 어느 것인가?

㉮ A ㉯ B

㉰ C ㉱ D

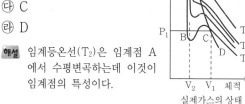

실제가스의 상태

해설 임계등온선(T_2)은 임계점 A에서 수평변곡하는데 이것이 임계점의 특성이다.

52 다음은 이상기체에 대한 설명이다. 틀린 것은?

㉮ 보일·샤를의 법칙을 만족한다.

㉯ 비열비(C_P/C_V)는 온도에 따라 변한다.

㉰ 분자 사이의 충돌은 완전 탄성체로 이루어진다.

㉱ 내부 에너지는 체적에 관계없이 온도에 의해서만 결정된다.

해설 비열비는 항상 기체에서 1보다 크며 언제나 일정하다.

정답 46.㉱ 47.㉯ 48.㉮ 49.㉱ 50.㉱ 51.㉮ 52.㉯

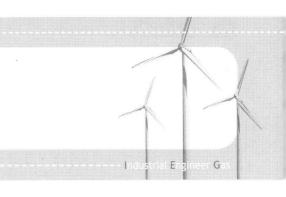

CHAPTER 02 연소의 이론

Industrial Engineer Gas

2-1 연소와 폭발

1. 연소(Burning)

1) 연소

가연성 물질이 공기 중의 산소와 결합하여 열과 빛을 발생하는 급격한 산화현상을 말한다.

2) 연소의 3요소

연소의 요인은 가연성 물질과 연소를 돕는 조연성 가스인 산소와 불씨를 말하는 점화원으로 구분할 수 있다.

> 참고 연소의 3요소 : 가연성 물질, 조연성 가스, 점화원

3) 연소의 종류

① **확산연소** : 수소, 아세틸렌 등과 같이 가연성 가스가 공기분자가 서로 확산에 의하여 혼합되면서 연소하는 형태
② **증발연소** : 알코올, 에테르 등의 가연성 액체에서 생긴 증기에 착화하여 연소하는 형태
③ **분해연소** : 종이, 석탄 등의 고체가 연소하면서 열분해 가연성 가스를 수반하여 연소하는 형태
④ **표면연소** : 숯, 석탄, 금속분 등은 고체 표면에서 공기와 접촉한 부분에서 착화되어 연소하는 형태
⑤ **자기연소** : 산화에틸렌. 에스테르 등 자체 산소가 있어 산소 없이 연소하는 형태

2. 폭발(Explosion)

1) 폭발

급격한 압력의 발생 또는 해방의 결과로 대단히 빠르게 연소를 진행하여 파열되거나 팽창의 결과로 열팽창과 동시에 매우 큰 파괴력을 일으키는 현상을 말한다.

2) 폭발의 종류

① 화학적 폭발 : 폭발성 혼합가스에 점화 등으로 화학적 반응에 의한 폭발
② 압력의 폭발 : 압력용기의 폭발 또는 보일러 팽창탱크 폭발
③ 분해폭발 : 가압에 의해서 단일가스로 분리 폭발(산화에틸렌, 아세틸렌 등)
④ 중합폭발 : 중합반응에 의한 중합열에 의해 폭발(시안화수소 등)
⑤ 촉매폭발 : 직사일광 등 촉매의 영향으로 폭발(수소, 염소 등)
⑥ 분진폭발 : 분진입자의 충돌, 충격 등에 의한 폭발(Mg, Al)

3. 가스의 폭발

1) 발생 원인

온도, 압력, 가스의 조성, 용기의 크기 등으로 대별된다.

2) 인화점과 발화점(착화점)

① 인화점 : 점화원을 가까이하여 연소가 일어나는 최저온도를 말한다.
② 발화(착화)점 : 점화원 없이 스스로 연소가 일어나는 최저온도를 말한다.

3) 발화 지연

가열을 시작하여 발화온도에 이르는 시간을 말한다.

 발화지연이 짧아지는 요인
　1. 고온, 고압일수록
　2. 가연성 가스와 산소의 혼합비가 완전산화에 가까울수록

4) 발화(착화)점에 영향을 주는 인자

① 가연성 가스와 공기의 혼합비
② 발화가 생기는 공간의 형태와 크기
③ 가열속도와 지속시간
④ 기벽의 재질과 촉매효과
⑤ 점화원의 종류와 에너지 투여

5) 가스온도가 발화점까지 높아지는 이유

① 가스의 균일한 가열
② 외부 점화원에 의해 에너지를 한 부분에 국부적으로 주는 것

〈물질의 발화온도〉

명칭	온도($\degree$C)	명칭	온도($\degree$C)	명칭	온도($\degree$C)	명칭	온도($\degree$C)
수소	580 ~ 590	아세틸렌	400 ~ 440	일산화탄소	630 ~ 658	석탄	330 ~ 450
메탄	615 ~ 682	프로판	460 ~ 520	가솔린	210 ~ 300	건조한 목재	280 ~ 300
에틸렌	500 ~ 519	부탄	430 ~ 510	코크스	450 ~ 550	목탄	250 ~ 320

> **참고**
> 1. 탄화수소에서 착화온도는 탄소수가 많은 분자일수록 비교적 낮다.
> 2. 발화의 외부 점화 에너지 : 전기불꽃, 충격, 마찰, 화염, 단열압축, 충격파, 열복사, 정전기방전, 자외선 등
> 3. 최소점화에너지 : 가스가 발화하는 데 필요한 최소의 에너지로 낮을수록 위험이 커진다.
> 4. 최소점화에너지는 가스의 온도, 압력, 조성에 따라 다르다.

6) 안전 간격

폭발성 혼합가스를 점화시켜 외부 폭발성 가스에 화염이 전달되지 않는 한계의 틈을 말한다.

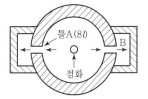

▲ 안전간격의 측정

■ **안전간격에 따른 폭발 등급**

① 폭발 1등급(안전간격 : 0.6mm 초과) : 메탄, 에탄, 가솔린 등
② 폭발 2등급(안전간격 : 0.6mm 이하 −0.4mm 초과) : 에틸렌, 석탄가스
③ 폭발 3등급(안전간격 : 0.4mm 이하) : 수소, 아세틸렌, 이황화탄소, 수성가스

7) 안전 공간

충전용기나 탱크에서 온도상승에 따른 내용물의 팽창을 고려한 공간의 체적을 말한다(%).

$$\text{안전공간공식(\%)} = \frac{V_1}{V} \times 100$$

8) 소염(Quenching)

발화한 화염이 전파하지 않고 꺼지는 현상을 말한다.
① 소염거리 : 두장의 평행판에 거리를 좁혀가면서 화염이 틈새로 전달되지 않는 한계의 거리를 말한다.
② 한계지름 : 파이프 속으로 화염이 진행할 때 화염이 진행되지 않는 한계의 지름을 말한다.

4. 폭굉과 폭굉유도거리

1) 폭굉(Detonation)

가스 중의 음속보다 화염전파속도가 큰 경우 파면선단에 충격파라는 솟구치는 압력으로 격렬한 파괴작용하는 현상을 말한다.

정상연소 속도 : 0.03m/sec∼10m/sec, 폭굉속도 : 1,000m/sec∼3,500m/sec

2) 폭굉 유도거리

최초 완만연소에서 격렬한 폭굉으로 발전할 때까지의 거리를 말한다.

3) 폭굉 유도거리가 짧아지는 요소

① 정상연소속도가 큰 혼합가스일수록 ② 관속에 방해물이 있거나 관경이 작은 경우
③ 압력이 클수록   ④ 점화원의 에너지가 큰 경우

5. 가스의 폭발(연소) 범위

1) 폭발범위

가연성 가스와 산소 또는 공기와 적당히 혼합하여 연소, 폭발이 일어날 수 있는 범위를 연소범위로 부피(%)로 나타내며, 낮은 쪽의 농도를 연소하한계, 높은 쪽의 농도를 상한계로 표현한다.

〈주요가스의 폭발(연소) 범위(1기압, 상온)〉

가스명	공기 중 (V%)		산소 중(V%)		가스명	공기 중 (V%)		산소 중(V%)	
	하한	상한	하한	상한		하한	상한	하한	상한
수소	4.0	75.0	4.0	94.0	프로판	2.1	9.5	2.3	55.0
일산화탄소	12.5	74.0	12.5	94.0	부탄	1.8	8.4	-	-
아세틸렌	2.5	81.0	2.5	93.0	에틸에테르	1.9	48.0	3.9	61.0
메탄	5.0	15.0	5.1	59.0	암모니아	15.0	28.0	15.0	79.0
에탄	3.0	12.4	3.0	66.0	시안화수소	6.0	41.0	-	-
에틸렌	3.1	36.8	2.7	80.0	아세트알데히드	4.1	57.0	-	-
프로필렌	2.4	11.0	2.1	53.0	산화에틸렌	3.0	80.0	3.0	100

2) 폭발범위와 압력영향

① 일반적으로 가스압력이 높을수록 발화온도는 낮아지고, 폭발범위는 넓어진다.

② 수소는 10atm 정도까지는 폭발범위가 좁아지고 그 이상 압력에서는 넓어진다.

③ 일산화탄소는 압력이 높을수록 폭발범위가 좁아진다.

④ 가스의 압력이 대기압 이하로 낮아지면 폭발범위가 좁아진다.

3) 위험도(H)

가연성 가스의 위험정도를 판단하기 위한 것으로, 폭발범위를 하한계로 나눈 값을 말한다.

$$H(위험도) = \frac{U - L}{L}$$

여기서, H : 위험도

U : 폭발상한값(%)

L : 폭발하한값(%)

4) 르샤틀리에(Lechatelier)법칙

혼합가스 폭발범위를 구하는 식을 말한다.

$$\frac{100}{L} = \frac{V_1}{L_1} + \frac{V_2}{L_2} \cdots\cdots$$

여기서, L : 혼합가스의 폭발한계치(하한계, 상한계)

L_1, L_2, L_3 : 각 성분 가스의 단독 폭발한계치 즉 하한계 또는 상한계

V_1, V_2, V_3 : 각 성분 가스의 분포 비율(부피%)

※ 주의 : 혼합가스 각 성분 간에 반응이 일어나면 혼합가스의 성분이 변하므로 정확한 값의 산정이 어렵고, 메탄과 황화수소, 수소와 황화수소 등은 실제 측정과 차이가 있어 적용이 어렵다.

〈독성가스 독성허용농도(단위 ppm)〉

가스명	TLV-TWA 기준	LC$_{50}$ 기준	가스명	TLV-TWA 기준	LC$_{50}$ 기준
CO	50	3,760	이황화탄소	20	
염소	1	293	아황산가스	5	
암모니아	25	7,338	염화메틸	50	
시안화수소	10	140	브롬화메틸	5	850
포스겐	0.1	5	염화수소	5	
산화에틸렌	50	2,900	SO$_2$	5	
황화수소	10	444	불화수소	3	

 폭발의 발생조건

1. 온도 2. 가스의 조성(가스와 조연성 가스 관계)

3. 압력 4. 용기의 크기

2-2 가스의 연소

1. 고위발열량과 저위발열량

1) 고위발열량(H_h)

연료가 연소할 때 발생되는 전체열량을 말한다.

2) 저위발열량(H_L)

연료의 총 발열량에서 연료 중 수분과 연소물수분의 잠열을 제외한 열량이다.

2. 공기비

이론공기량만으로 완전연소시키기 어렵기 때문에 실제로는 이론공기량보다 약간 많은 공기가 필요하다. 이를 공기비 또는 과잉 공기계수라 한다.

$$m(공기비)=실제공기량(A)/이론공기량(A_0)=1+과잉공기/이론공기$$

1) 공기비가 클 경우 연소에 미치는 영향

① 연소실 내의 온도가 저하한다.
② 배기가스에 의한 열손실이 많아진다.
③ 저온 부식 및 대기오염이 유발한다.

2) 공기비가 작을 경우 연소에 미치는 영향

① 불완전 연소에 의한 매연 발생이 크다.
② 미연소에 의한 열손실이 증가한다.
③ 미연소가스에 의한 폭발 사고의 원인이 된다.

3. 이론연소온도와 실제연소온도

1) 이론연소온도

완전연소되었을 경우 최고의 화염온도를 이론연소온도라 한다. 이 이론연소온도($t℃$)는 다음 식으로 표현한다.

$$이론연소온도(t\,℃) = \frac{H_l \times G}{G_o \times C_p} + t_o$$

여기서, H_l : 저위발열량(kcal/m³)

G_o : 이론연소가스량(m³/m³)

C_p : 평균정압비열(kcal/m³ · ℃)

t_o : 기준온도(℃)

G : 실제연소가스량(m³)

2) 실제 연소온도

연료가 실제로 연소할 때 주위의 열손실에 의해 이론연소온도보다 낮아진다. 이에 대한 개략적인 실제연소온도($t℃$)는 다음의 식으로 표현한다.

$$실제연소온도(t\,℃) = \frac{H_l + A_h + G_h - Q}{G \times C_p} + t_o$$

여기서, A_h : 공기의 현열

G_h : 연료의 현열

Q : 방산열량

4. 불활성화

1) 최소산소농도(MOC ; Minimum Oxygen Concentration)

화염을 전파하기 위해서는 최소한의 산소농도가 요구되며 이를 최소산소농도(MOC)라 하며 이는 최소산소농도는 폭발 및 화재방지에 유용한 기준이 된다.

MOC＝산소몰수×연소하한계

2) 불활성화(Inert)

CO_2, 수증기, N_2 등을 가연성 혼합기에 첨가해서 그 연소범위를 축소시키고 결국은 연소범위를 소멸시켜서 소화하는 방법이 있는데 이를 불활성화(Inerting)라 부르며 MOC의 개념이 기초가 된다. 즉 이 산소농도를 임계산소농도라 부르며 이 농도에서는 산소농도 부족으로 인하여 인체에 장해(산소결핍증)가 발생할 가능성이 있다.

3) 연소의 Inert 작업방법

① 진공퍼지 : 장치 내부를 진공 후 불활성 가스 주입하여 원하는 산소농도 이하가 되도록 한다.

② 가압퍼지 : 장치 내부에 가압으로 불활성 가스 주입하여 원하는 산소농도 이하가 되도록 한다.

③ 스위프퍼지(Sweep-Purge) : 한쪽에서는 불활성 가스를 주입하고 한쪽에서는 내부 가스를 방출하는 것으로 가압이나 진공이 어려울 경우 사용한다.

④ 사이펀퍼지(Siphon-Purge) : 물을 채운 후 물을 방출관과 동시에 불활성가스 주입하는 방식으로 퍼지의 경비를 최소화할 수 있으며 대형용기의 퍼지에 많이 사용한다.

5. UVCE(개방형 증기운 폭발)와 BLEVE(비등액체 팽창증기폭발)

1) UVCE(Unconfined Vapor Cloud Explosion)

가연성 물질이 용기 또는 배관 내에 액체상태로 저장, 취급되는 경우에 외부화재, 부식, 내부압력초과 및 설비결함 등에 의해 대기 중으로 누출되면 액체상태의 위험물질이 증발되면서 갑자기 증기로 변화되어 외부로 치솟게 되는데, 이때 스파크, 정전기, 기타 불 등의 발화원에 의하여 화염이 발생, 폭발하는 현상을 말한다.

2) BLEVE(Boiling Liquid Expanding Vapor Explosion)

가연성 물질이 용기 또는 배관 내에 저장, 취급되는 과정에서 서서히 지속적으로 누출되면서 대기 중의 한 곳으로 모이게 되어 바람, 대류 등의 영향으로 움직이다가 스파크, 정전기, 기계적 마찰열 등의 발화원에 의해 순간적으로 과압 폭발하는 현상을 말한다.

〈증기운 형성 물질의 분류〉

물질 구분	특성	증발형태
LNG, 저온메탄	임계온도가 주위온도보다 낮음 대기압하에서 저온으로 액화된 물질	열전달이 증발을 제한
LPG, 액화암모니아, 액화염소	상온, 가압하에서 액화된 물질 임계온도＞주위온도, 비점＜주위온도	순간증발, Flashing
벤젠, 핵산	임계압력＞주위압력, 비점＜주위온도 그 물질의 비점 이상의 온도에 있지만 가압되어서 액화된 물질	열전달 및 확산이 증발을 제한
화학공정상의 유기액체 (액화 사이클로핵산)	주위온도보다 높은 온도에 있는 물질로서 압력을 가하면 액체상태	순간증발, Flashing

02 연습문제

Industrial Engineer Gas

01 나프타를 주원료로 열분해, 접촉분해, 부분연소 등으로 제조되는 가스는?

㉮ 오일가스 ㉯ 수성가스
㉰ 고로가스 ㉱ 오프가스

해설 오일가스 : 나프타를 주원료로 열분해 접촉분해 부분연소 등으로 제조된다.

02 다음 중 연소와 관련된 사항이 아닌 것은?

㉮ 흡열반응이 일어난다.
㉯ 산소공급원이 있어야 한다.
㉰ 연소 시에 빛을 발생할 수 있어야 한다.
㉱ 반응열에 의해서 연소 생성물의 온도가 올라가야 한다.

해설 열화학 반응식
① 발열반응 : $C+O_2 \rightarrow CO_2+94.1kcal$
② 흡열반응 : $N_2+O_2 \rightarrow 2NO-43.2kcal$

03 $CH_4(g)+2O_2(g) \leftrightarrows CO_2(g)+2H_2O(L)$의 반응열은 얼마인가?

- $CH_4(g)$의 생성열 : $-17.9kcal/g-mol$
- $H_2O(L)$의 생성열 : $-68.4kcal/g-mol$
- $CO_2(g)$의 생성열 : $-94kcal/g-mol$

㉮ $-144.5kcal$ ㉯ $-180.3kcal$
㉰ $-212.9kcal$ ㉱ $-248.7kcal$

해설 반응열=(생성물질의 결합에너지 합)－(반응물질의 결합에너지 합)
$(68.4 \times 2+94)-17.9=212.9kcal$

04 프로판가스의 연소과정에서 발생한 열량이 15,500kcal/kg이고 연소할 때 발생된 수증기의 잠열이 4,500kcal/kg이다. 이때 프로판 가스의 연소효율은 얼마인가? (단, 프로판가스의 진발열량은 12,100kcal/kg임)

㉮ 0.54 ㉯ 0.63
㉰ 0.72 ㉱ 0.91

해설 $H_L=15,600-4,500=11,000kcal/kg$
$\therefore \frac{11,000}{12,100}=0.909 \fallingdotseq 0.91$

05 표면연소란 다음 중 어느 것을 말하는가?

㉮ 오일표면에서 연소하는 상태
㉯ 고체연료가 화염을 길게 내면서 연소하는 상태
㉰ 화염의 외부표면에 산소가 접촉하여 연소하는 현상
㉱ 적열된 코크스 또는 숯의 표면에 산소가 접촉하여 연소하는 상태

해설 표면연소란 적열된 코크스 또는 숯의 표면에 산소가 접촉하여 연소하는 형태

06 폭굉유도거리에 대한 올바른 설명은?

㉮ 최초의 느린 연소가 폭굉으로 발전할 때 까지의 거리
㉯ 어느 온도에서 가열, 발화, 폭굉에 이르기까지의 거리

정답 01.㉮ 02.㉮ 03.㉰ 04.㉱ 05.㉱ 06.㉮

㉰ 폭굉 등급을 표시할 때의 안전간격을 나타
내는 거리

㉱ 폭굉이 단위시간당 전파되는 거리

해설 폭굉유도거리 : 최초의 느린 연소가 폭굉으로 발전
할 때까지의 거리이다.

07 화재나 폭발의 위험이 있는 장소를 위험
장소라 하는데 다음 중 제1종 위험장소에 해당
하는 것은?

㉮ 정상 작업 조건하에서 인화성 가스 또는 증
기가 연속해서 착화 가능한 농도로서 존재
하는 장소

㉯ 정상 작업 조건하에서 가연성 가스가 체류
하여 위험하게 될 우려가 있는 장소

㉰ 가연성 가스가 밀폐된 용기 또는 설비의 사
고로 인해 파손되거나 오조작의 경우에만
누출할 위험이 있는 장소

㉱ 환기장치에 이상이나 사고가 발생한 경우
에 가연성 가스가 체류하여 위험하게 될
우려가 있는 장소

해설 ㉮항의 내용은 제1종 위험장소이다.
㉯항의 내용은 제2종 위험장소이다.

08 폭발등급에 대한 설명 중 옳은 것은?

㉮ 1등급은 안전간격이 1.6mm 이상이며 메탄,
에탄, 에틸렌이 여기에 속한다.

㉯ 3등급은 안전간격이 0.5mm 이하이며 프로
판, 암모니아, 아세톤이 여기에 속한다.

㉰ 1등급은 안전간격이 0.6mm 이상이며 석탄
가스, 수소, 아세틸렌이 여기에 속한다.

㉱ 2등급은 안전간격이 0.6~0.4mm이며 에틸
렌, 석탄가스가 여기에 속한다.

해설 ① 폭발등급 1등급 : 안전간격 0.6mm 초과 : CO, CH₄,
C₃H₈, C₂H₆, NH₃, 가솔린 등
② 폭발등급 2등급 : 안전간격 0.4mm 초과~0.6mm
이하 : C₂H₄, 석탄가스(CH₄+CO+H₂)
③ 폭발등급 3등급 : 안전간격 0.4mm 이하 : H₂, 수
성가스(CO+H₂), CS₂, C₂H₂

09 용기 내부에 보호가스를 압입하여 내부
압력을 유지함으로써 가연성 가스가 용기 내부
로 유입되지 아니하도록 한 방폭구조는 어느
것인가?

㉮ 내압(耐壓)방폭구조

㉯ 유입(油入)방폭구조

㉰ 압력(壓力)방폭구조

㉱ 안전증(增)방폭구조

해설 압력방폭구조
용기 내부에 공기나 질소를 보호가스로 압입하여
내압을 갖도록 한 후 외부에서 가연성 가스가 유입
되지 않도록 한 방폭구조이다.

10 디토네이션(Detonation)에 관한 설명으
로 옳지 않은 것은?

㉮ 발열반응으로서 연소의 전파속도가 그 물
질 내에서 음속보다 느린 것을 말한다.

㉯ 물질 내에 충격파가 발생하여 반응을 일으
키고 또한 반응을 유지하는 현상이다.

㉰ 충격파에 의해 유지되는 화학반응 현상이다.

㉱ 디토네이션은 확산이나 열전도의 영향을
거의 받지 않는다.

해설 디토네이션이란 연소의 전파속도가 그 물질 내에서
음속보다 빠른 것을 의미한다.

정답 07.㉯ 08.㉱ 09.㉰ 10.㉮

11 증기 속에 수분이 많을 때 일어나는 현상은?

㉮ 증기손실이 적다.

㉯ 증기엔탈피가 증가된다.

㉰ 증기배관에 수격작용이 방지된다.

㉱ 증기배관 및 장치부식이 발생된다.

해설 증기 속에 수분이 많으면 증기배관 내에 수격작용 및 장치가 부식된다.

12 연소반응이 일어나기 위한 필요충분 조건으로 볼 수 없는 것은?

㉮ 열 ㉯ 시간

㉰ 공기 ㉱ 가연물

해설 연소반응의 조건
① 열(점화원)
② 공기(산소)
③ 가연물(연료 등)

13 등유(燈油)의 Pot Burner는 다음 중 어떤 연소의 형태를 이용한 것인가?

㉮ 등심연소 ㉯ 액면연소

㉰ 증발연소 ㉱ 예혼합연소

해설 등유의 포트 버너는 액면연소를 한다. 액면연소란 용기에 담겨진 액체연료의 표면에서 연소된다.

14 폭발성 분위기의 생성조건과 관련되는 위험특성에 속하는 것은?

㉮ 폭발한계 ㉯ 화염일주한계

㉰ 최소점화전류 ㉱ 폭굉유도거리

해설 폭발한계란 폭발성 분위기의 생성조건과 관련되는 위험특성에 속한다.

15 다음은 폭굉을 일으킬 수 있는 기체가 파이프 내에 있을 때 폭굉방지 및 방호에 관한 내용이다. 옳지 않은 사항은?

㉮ 파이프의 지름 대 길이의 비는 가급적 작게 한다.

㉯ 파이프 라인에 오리피스 같은 장애물이 없도록 한다.

㉰ 파이프 라인을 장애물이 있는 곳은 가급적이면 축소한다.

㉱ 공정 라인에서 회전이 가능하면 가급적 완만한 회전을 이루도록 한다.

해설 파이프 라인은 장애물이 있으면 가급적 우회하여 설치한다.

16 다음 중 안전 간격이 가장 큰 물질은?

㉮ 일산화탄소 ㉯ 석탄가스

㉰ 아세틸렌 ㉱ 수소

해설 ① 안전간격이 가장 큰 것은 1등급 가스
② 안전간격이 가장 작은 것은 3등급 가스
③ CO : 1등급, 석탄가스 : 2등급
④ C_2H_2, H_2 : 3등급 가스

17 다음 중 폭발방지를 위한 본질안전장치에 해당되지 않는 것은?

㉮ 압력방출장치 ㉯ 온도제어장치

㉰ 조성억제장치 ㉱ 착화원차단장치

해설 본질안전장치 : 온도, 압력, 액면, 유량 등을 검출하는 측정기를 이용한 자동장치에 널리 이용

정답 11.㉱ 12.㉯ 13.㉯ 14.㉮ 15.㉰ 16.㉮ 17.㉮

18 난조가 있는 예혼합기 속을 전파하는 난류 예혼합화염에 관련된 설명 중 옳은 것은?

㉮ 화염의 배후에 미량의 미연소분이 존재한다.

㉯ 층류 예혼합화염에 비하여 화염의 휘도가 높다.

㉰ 난류 예혼합화염에 비하여 화염의 휘도가 높다.

㉱ 연소속도는 층류 예혼합화염의 연소속도와 같은 수준이고 화염의 휘도가 낮은 편이다.

해설 난류 예혼합화염 : 층류 예혼합에 비해 화염의 휘도가 높다.

19 아염소산염류나 염소산염류는 산화성 고체로서, 위험물로 분류된 가장 큰 이유는?

㉮ 폭발성 물질이다.

㉯ 물에 흡수되면 많은 열이 발생한다.

㉰ 강력한 환원제이다.

㉱ 산소를 많이 함유한 강산화제이다.

해설 아염소산염류, 염소산염류 : 산화성 고체로서 산소를 많이 함유한 강산화제이다.

20 Gas연료에 있어서 확산염을 사용할 경우 예혼합염을 사용하는 것에 비해 얻을 수 있는 이점이 아닌 것은?

㉮ 역화의 위험이 없다.

㉯ 가스량의 조절범위가 크다.

㉰ 가스의 고온 예열이 가능하다.

㉱ 개방 대기 중에서도 완전연소가 가능하다.

해설 확산화염은 공연비 조절이 어려워 완전연소가 불가능

21 다음 중 연소 시 가장 낮은 온도를 나타내는 색깔은?

㉮ 적색

㉯ 백적색

㉰ 황적색

㉱ 회백색

해설
- 암적색 : 600℃
- 적색 : 800℃
- 오렌지색 : 1,000℃
- 노란색 : 1,200℃
- 눈부신 황백색 : 1,500℃
- 매우 눈부신 흰색 : 2,000℃
- 푸른 기가 있는 흰백색 : 2,500℃

22 폭굉이 발생하는 경우 파면의 압력은 정상연소에서 발생하는 것보다 일반적으로 얼마나 큰가?

㉮ 2배

㉯ 5배

㉰ 8배

㉱ 10배

해설 폭굉이 발생하는 경우 파면의 압력은 정상연소에서보다 2배 이상 크게 일어난다.

23 불꽃 중 탄소가 많이 생겨서 황색으로 빛나는 불꽃은?

㉮ 휘염

㉯ 층류염

㉰ 환원염

㉱ 확산염

해설 불꽃 중 탄소가 많이 생겨서 황색으로 빛나는 것은 휘염이다.

24 점화원이 될 우려가 있는 부분을 용기 안에 넣고 불활성 가스를 용기 안에 채워넣어 폭발성 가스가 침입하는 것을 방지하는 구조로서 봉입식, 밀봉식, 통풍식 3종류가 있는 것은 어떤 방폭구조인가?

㉮ 압력방폭구조

㉯ 안전증방폭구조

㉰ 유입방폭구조

㉱ 본질방폭구조

해설 압력방폭구조에는 봉입식, 밀봉식, 통풍식이 있다. 불활성 가스를 용기 안에 넣는다.

정답 18.㉯ 19.㉱ 20.㉱ 21.㉮ 22.㉮ 23.㉮ 24.㉮

25 연소파와 폭굉파에 관한 설명 중 옳은 것은?

㉮ 연소파 : 반응 후 온도감소
㉯ 폭굉파 : 반응 후 온도상승
㉰ 연소파 : 반응 후 압력감소
㉱ 폭굉파 : 반응 후 밀도감소

해설 • 폭굉 : 가스 중의 음속보다도 화염전파속도가 큰 경우, 이때 파면선단에 충격파라고 하는 압력파가 발생하여 파괴의 원인이 된다.
• 폭굉의 속도 : 1,000~3,500m/sec

26 연소속도에 영향을 주는 요인이 아닌 것은?

㉮ 화염온도
㉯ 산화제의 종류
㉰ 지연성 물질의 온도
㉱ 미연소가스의 열전도율

해설 지연성 가스는 자기 자신은 연소하지 않고 가연성 가스가 연소하는 것을 도와주는 가스이다.

27 내압(耐壓)방폭구조로 방폭 전기기기를 설계할 때 가장 중요하게 고려해야 할 사항은?

㉮ 가연성 가스의 최소점화에너지
㉯ 가연성 가스의 안전간극
㉰ 가연성 가스의 연소열
㉱ 가연성 가스의 발화점

해설 내압방폭구소로 방폭·전기기기를 설계할 때 가장 중요하게 고려해야 할 사항은 가연성 가스의 안전간극이다.

28 방폭구조 및 대책에 관한 설명이 아닌 것은?

㉮ 방폭대책에는 예방, 국한, 소화, 피난대책이 있다.
㉯ 가연성 가스의 용기 및 탱크 내부는 제2종 위험장소이다.

㉰ 분진처리장치의 호흡작용이 있는 경우에는 자동분진 제거장치가 필요하다.
㉱ 내압방폭구조는 내부폭발에 의한 내용물 손상으로 영향을 미치는 기기에는 부적당하다.

해설 제2종 장소란 밀폐된 용기 또는 설비 내에 밀봉된 가연성 가스가 그 용기 또는 설비의 사고로 인해 파손되거나 오조작의 경우에만 누출할 위험이 있는 장소이다.

29 폭굉유도거리(DID)가 짧아지는 요인으로 옳지 않은 것은?

㉮ 관 속에 방해물이 있는 경우
㉯ 압력이 낮은 경우
㉰ 점화에너지가 큰 경우
㉱ 정상연소속도가 큰 혼합가스인 경우

해설 압력이 높아져야 폭굉유도거리가 짧아진다.

30 화학 반응속도를 지배하는 요인에 대한 설명이다. 맞는 것은?

㉮ 압력이 증가하면 항상 반응속도가 증가한다.
㉯ 생성 물질의 농도가 커지면 반응속도가 증가한다.
㉰ 자신은 변하지 않고 다른 물질의 화학 변화를 촉진하는 물질을 부촉매라고 한다.
㉱ 온도가 높을수록 반응속도가 증가한다.

해설 화학반응은 온도만의 함수이다.

31 다음 중 탄화도에 관한 설명으로 잘못된 것은?

㉮ 탄화도가 클수록 고정탄소가 많아져 발열량이 커진다.

㉯ 탄화도가 클수록 휘발분이 감소하고 착화온도가 높아진다.

㉰ 탄화도가 클수록 연료비가 증가하고 연소속도가 늦어진다.

㉱ 탄화도가 클수록 회분량이 감소하여 발열량과는 관계가 없다.

해설 탄화도가 클수록 고정탄소가 증가하고 회분량이나 휘발분이 감소하며 발열량이 증가한다.

32 공기 중에서 톨루엔의 연소하한 값을 Jones의 방법에 의하여 추산하면 그 값은?

㉮ 2.28%V/V

㉯ 2.00%V/V

㉰ 1.25%V/V

㉱ 0.25%V/V

해설 1. 톨루엔[$C_6H_5CH_3$]의 연소범위 : 1.4~6.7%
　① 제1석유류 위험물이다.
　② 증기비중 : 3.1
　③ 이화점 : 4.4℃
　④ 착화점 : 552℃
　⑤ 비점 : 110.8℃
　⑥ 액비중 : 0.9
2. Jones 식에 의한 연소 하한 및 상한 추정식
　① LFL(연소하한)

$$= 0.55 \times \left(\frac{\text{연소몰수}}{\text{연소몰수} + \text{공기몰수}} \times 100 \right)$$

　② UFL(연소상한)

$$= 3.5 \times \left(\frac{\text{연소몰수}}{\text{연소몰수} + \text{공기몰수}} \times 100 \right)$$

　③ 톨루엔 하한값은
　　$C_6H_5CH_3 + 9O_2 \rightarrow 7CO_2 + 4H_2O$

$$\therefore \ 0.55 \times \left(\frac{1}{1 + 9 \times \left(\frac{100}{21} \right)} \times 100 \right) = 1.25\%V/V$$

33 다음 가연성 기체(증기)와 공기 혼합기체 폭발범위의 크기가 작은 것부터 큰 순서대로 나열된 것은?

① 수소	② 메탄
③ 프로판	④ 아세틸렌
⑤ 메탄올	

㉮ ③, ②, ⑤, ①, ④

㉯ ③, ⑤, ②, ④, ①

㉰ ④, ①, ⑤, ②, ③

㉱ ④, ③, ①, ⑤, ②

해설 폭발범위
　① 수소 : 4~75%
　② 메탄 : 5~15%
　③ 프로판 : 2.1~9.5%
　④ 아세틸렌 : 2.5~81%
　⑤ 메탄올 : 7.3~36%

34 가스연료와 공기의 흐름이 난류일 때 연소상태로서 옳은 것은?

㉮ 화염의 윤곽이 명확하게 된다.

㉯ 층류일 때보다 연소가 어렵다.

㉰ 층류일 때보다 열효율이 저하된다.

㉱ 층류일 때보다 연소가 잘되며 화염이 짧아진다.

해설 가스연료와 공기의 흐름이 층류일 때보다 난류일 때가 연소가 잘되며 화염이 짧아진다.

35 다음 중 연소속도를 결정하는 주요 인자는 무엇인가?

㉮ 환원반응을 일으키는 속도

㉯ 산화반응을 일으키는 속도

㉰ 불완전 환원반응을 일으키는 속도

㉱ 불완전 산화반응을 일으키는 속도

해설 연소는 열과 빛을 동반한 격렬한 산화반응이다.

정답 31.㉱ 32.㉰ 33.㉮ 34.㉱ 35.㉯

36 다음 화염에 대한 설명 중 틀린 것은?

㉮ 환원염은 수소나 CO를 함유하고 있다.

㉯ 무휘염은 온도가 높은 무색불꽃을 말한다.

㉰ 산화염은 외염의 내측에 존재하는 불꽃이다.

㉱ 불꽃 중에 탄소가 많으면 대체로 황색으로 보인다.

해설 내염은 외염의 내측에 존재하는 불꽃이다.

37 다음 각 물질의 연소형태가 서로 잘못된 것은?

㉮ 경유 – 예혼합연소

㉯ 에테르 – 증발연소

㉰ 아세틸렌 – 확산연소

㉱ 알코올 – 증발연소

해설 ① 경유 : 증발연소
② 가스 : 예혼합연소 및 확산연소
③ 액체연료 : 증발연소
④ 중질유 액체 : 분해연소

38 자연발화를 방지하는 방법으로 틀린 것은?

㉮ 통풍을 잘 시킬 것

㉯ 저장실의 온도를 높일 것

㉰ 습도가 높은 것을 피할 것

㉱ 열이 발생되지 않게 퇴적방법에 주의할 것

해설 자연발화를 방지하려면 저장실의 온도를 낮게 유지한다.

39 다음 중 착화온도가 낮아지는 이유가 되지 않는 것은?

㉮ 압력을 높인다.

㉯ 발열량이 많다.

㉰ 산소농도를 높인다.

㉱ 탄화수소는 분자량이 작은 경우이다.

해설 착화온도가 낮아지는 이유
① 압력을 높인다.
② 발열량이 크다.
③ 산소농도를 높인다.
④ 탄화수소에서 분자구조가 복잡할수록

40 폭발사고 후의 긴급 안전대책으로 가장 거리가 먼 것은?

㉮ 위험물질을 다른 곳으로 옮긴다.

㉯ 타 공장에 파급되지 않도록 가열원, 동력원을 모두 끈다.

㉰ 장치 내 가연성 기체를 긴급히 비활성 기체로 치환시킨다.

㉱ 폭발의 위험성이 있는 건물은 방화구조와 내화구조로 한다.

해설 ㉱는 폭발사고 전의 안전대책이다.

41 다음 중 "착화온도가 80℃이다."를 가장 잘 설명한 것은?

㉮ 80℃ 이하로 가열하면 인화한다는 뜻이다.

㉯ 80℃로 가열해서 점화원이 있으면 연소한다.

㉰ 80℃ 이상 가열하고 점화원이 있으면 연소한다.

㉱ 80℃로 가열하면 공기 중에서 스스로 연소한다.

해설 착화온도가 80℃이면 80℃로 가열하면 점화원 존재 하에 공기 중에서 스스로 연소한다.

42 다음은 연소실 내의 노(爐) 속 폭발에 의한 폭풍을 안전하게 외계로 도피시켜 노의 파손을 최소한으로 억제하기 위해 폭풍배기창을 설치해야 하는 구조에 대한 설명이다. 옳지 않은 것은?

정답 36.㉰ 37.㉮ 38.㉯ 39.㉱ 40.㉱ 41.㉱ 42.㉮

㉮ 가능한 곡절부에 설치한다.

㉯ 폭풍으로 손쉽게 열리는 구조로 한다.

㉰ 폭풍을 안전한 방향으로 도피시킬 수 있는 장소를 택한다.

㉱ 크기와 수량은 화로의 구조와 규모 등에 의해 결정한다.

해설 폭풍배기창(방폭문)은 가능한 직선부나 연소실 후부 평형부에 설치하는 것이 가장 이상적이다.

43 고체연료의 성질에 대한 설명 중 옳지 않은 것은?

㉮ 수분이 많으면 통풍불량의 원인이 된다.

㉯ 휘발분이 많으면 점화가 쉽고, 발열량이 높아진다.

㉰ 회분이 많으면 연소를 나쁘게 하여 열효율이 저하된다.

㉱ 착화온도는 산소량이 증가할수록 낮아진다.

해설 휘발분이 많으면 점화는 용이하나 발열량이 감소한다.

44 가연물질이 연소하기 위하여 필요로 하는 최저열량을 무엇이라 하는가?

㉮ 점화에너지   ㉯ 활성화에너지

㉰ 형성엔탈피   ㉱ 연소에너지

해설 활성화에너지란 가연물질이 연소하기 위한 최저열량이다.

45 다음 중 연소속도와 미연소혼합기의 유속과의 관계에서 역화가 일어날 수 있는 조건은?

㉮ 연소속도와 유속이 같을 때

㉯ 연소속도가 유속보다 빠를 때

㉰ 연소속도가 유속보다 느릴 때

㉱ 연소속도가 유속에 비해 심히 느릴 때

해설 역화는 연소속도가 유속보다 빠를 때 일어난다.

46 다음 중 가연물의 구비조건이 아닌 것은?

㉮ 연소열량이 커야 한다.

㉯ 열전도도가 작아야 된다.

㉰ 활성화에너지가 커야 한다.

㉱ 산소와의 친화력이 좋아야 한다.

해설 가연물은 활성화에너지가 적어야 한다.

47 다음 중 자기연소성 물질이 아닌 것은?

㉮ $C_6H_7O_2(ONO_2)_3$

㉯ $C_3H_5(ONO_2)_3$

㉰ $C_6H_2(CH_3)(NO_2)_3$

㉱ OCH_2CHCH_3

해설 자기반응성 물질 : 니트로소화합물, 유기과산화물, 아조화합물류, 질산에스테르류, 디아조화합물류, 셀룰로이드류, 히드라진유도체류, 니트로화합물류

48 목판이나 코크스는 고체연료의 연소형태 중 어느 연소에 가장 가까운가?

㉮ 증발연소   ㉯ 표면연소

㉰ 등심연소   ㉱ 내부연소

해설 목판, 코크스, 숯 : 표면연소

49 연료의 위험도를 바르게 나타낸 것은?

㉮ 폭발범위를 폭발하한값으로 나눈 값

㉯ 폭발상한값에서 폭발하한값을 뺀 값

㉰ 폭발상한값을 폭발하한값으로 나눈 값

㉱ 폭발범위를 폭발상한값으로 나눈 값

정답   43.㉯   44.㉯   45.㉯   46.㉰   47.㉱   48.㉯   49.㉮

해설 위험도$(H) = \dfrac{\text{폭발상한계} - \text{폭발하한계}}{\text{폭발하한계}}$

해설 부분연소 : 분해온도가 낮아서 발생된 분해 성분이 전부 연소되지 않은 연소형태

50 난류연소의 가장 큰 원인이 되는 것은?

㉮ 연료의 종류
㉯ 혼합기체의 조성
㉰ 혼합기체의 온도
㉱ 혼합기체의 흐름 형태

해설 난류연소의 원인 : 혼합기체의 흐름 형태

51 다음 가스 중 연소와 관련한 성질이 다른 것은?

㉮ 산소
㉯ 부탄
㉰ 수소
㉱ 일산화탄소

해설 ① 부탄, 수소, 일산화탄소 : 가연성 가스
② 산소 : 조연성(지연성) 가스

52 다음 중 연소반응에 해당하는 것은? (단, 협의의 의미임)

㉮ 금속의 녹 생성
㉯ 석탄의 풍화
㉰ 금속나트륨이 공기 중에서 산화
㉱ 질소와 산소의 산화반응

해설 금속나트륨
$4Na + O_2 \rightarrow 2Na_2O$(공기 중의 산소에 의해 쉽게 산화하여 산화나트륨이 된다.)

53 분해 온도가 낮은 경우에 발생된 분해 성분이 전부 연소되지 않는 형태의 연소는?

㉮ 표면연소
㉯ 분해연소
㉰ 부분연소
㉱ 미분탄연소

54 다음 연료 중 착화온도가 가장 높은 가스는?

㉮ 메탄
㉯ 목탄
㉰ 휘발유
㉱ 프로판

해설 발화온도
① 메탄 : 450℃ 초과~550℃
② 휘발유 : 200~300℃ 이하
③ 프로판 : 500℃

55 다음 중 반응속도가 빨라지는 것은?

㉮ 활성화 에너지가 작을수록 좋다.
㉯ 열의 발산속도가 클수록 좋다.
㉰ 착화점과 인화점이 높을수록 좋다.
㉱ 연소점이 높을수록 좋다.

해설 활성화에너지가 작을수록 반응속도가 빨라진다.

56 연소과정에서 발생하는 그을음에 관한 설명이다. 틀린 것은?

㉮ 연료의 비중이 높을수록 발생량이 많다.
㉯ 연료 중 잔류탄소량이 많을수록 발생량이 많다.
㉰ 공기비가 낮을 때는 단위가스당 발생량이 높아진다.
㉱ 분무입경이 클수록 발생량이 적다.

해설 분무입경이 클수록 그을음 발생이 크다.

정답 50.㉱ 51.㉮ 52.㉰ 53.㉰ 54.㉮ 55.㉮ 56.㉱

57 고체가 액체로 되었다가 기체로 되어 불꽃을 내면서 연소하는 경우를 무슨 연소라 하는가?

㉮ 확산연소 ㉯ 자기연소
㉰ 표면연소 ㉱ 증발연소

해설 증발연소는 고체가 액체로 되었다가 기체로 되어 불꽃을 내면서 연소한다.

58 위험성 물질의 정도를 나타내는 용어들에 관한 설명이 잘못된 것은?

㉮ 화염일수한계가 작을수록 위험성이 크다.
㉯ 최소 점화에너지가 작을수록 위험성이 크다.
㉰ 위험도는 폭발범위를 폭발하한계로 나눈 값이다.
㉱ 위험도가 특히 큰 물질로는 암모니아와 브롬화메틸이 있다.

해설 암모니아와 브롬화메틸은 폭발범위 중 하한치가 높아 위험도가 적다.

59 소염거리(소염직경)에 대한 설명으로 옳지 않은 것은?

㉮ 소염직경은 소염거리보다도 보통 20~25% 정도 크다.
㉯ 소염거리 이하에서 불꽃이 꺼지는 이유는 미연소가스에 열이 쉽게 축열되기 때문이다.
㉰ 가스 연소 기구의 노즐 크기는 역화를 방지하기 위해 소염직경보다 작은 것이 일반적이다.
㉱ 두 개의 평행평판 사이의 거리가 좁아지면 화염이 더 이상 전파되지 않는 거리의 한계치가 있는데, 이를 소염거리라 한다.

해설 소염거리 이하에서 불꽃이 꺼지는 이유는 미연소가스에 열이 쉽게 축적되지 않기 때문이다.

60 다음 가스 중 공기와 혼합될 때 폭발성 혼합가스를 형성하지 않는 것은?

㉮ 알곤 ㉯ 도시가스
㉰ 암모니아 ㉱ 일산화탄소

해설 알곤은 불활성가스이다.

61 전 폐쇄구조인 용기 내부에서 폭발성 가스의 폭발이 일어났을 때 용기가 압력에 견디고 외부의 폭발성 가스에 인화할 우려가 없도록 한 방폭구조는?

㉮ 내압방폭구조
㉯ 안전증방폭구조
㉰ 특수방폭구조
㉱ 유입방폭구조

해설 내압방폭구조 : 용기 내부에서 폭발가스가 폭발시 용기가 압력에 견디고 외부의 폭발성 가스에 인화 우려가 없게 한 방폭구조

62 다음은 자연발화온도(Auto Ignition Temperature ; AIT)에 영향을 주는 요인 중에서 증기의 농도에 관한 사항이다. 옳은 것은?

㉮ 가연성 혼합기체의 AIT는 가연성 가스와 공기의 혼합비가 1 : 1일 때 가장 낮다.
㉯ 가연성 증기에 비하여 산소의 농도가 클수록 AIT는 낮아진다.
㉰ AIT는 가연성 증기의 농도가 양론 농도보다 약간 높을 때가 가장 낮다.
㉱ 가연성 가스와 산소의 혼합비가 1 : 1일 때 AIT는 가장 낮다.

정답 57.㉱ 58.㉱ 58.㉯ 60.㉮ 61.㉮ 62.㉰

해설 자연발화온도(AIT)
가연성 혼합물이 주위로부터 스스로 발화할 수 있도록 충분한 에너지를 제공할 수 있는 일정한 온도로서 용도, 압력, 부피 등의 환경 영향과 촉매 및 발화지연시간 등의 영향을 받는다.

63 다음 설명 중 옳은 것은?

㉮ 부탄이 완전연소하면 일산화탄소 가스가 생성된다.

㉯ 부탄이 완전연소하면 탄산가스와 물이 생성된다.

㉰ 프로판이 불완전연소하면 탄산가스와 불소가 생성된다.

㉱ 프로판이 불완전연소하면 탄산가스와 규소가 생성된다.

해설 $C_4H_{10} + 6.5O_2 \rightarrow 4CO_2 + 5H_2O$

64 다음의 가스가 같은 조건에서 같은 질량이 연소할 때 가장 높은 발열량(kcal/kg)을 나타내는 것은?

㉮ 수소   ㉯ 메탄

㉰ 프로판   ㉱ 아세틸렌

해설 수소
- 34,000kcal/kg(고위발열량)
- 28,600kcal/kg(저위발열량)

65 자연발열(Spontaneous Heating)의 원인에 관한 사항 중 잘못된 것은?

㉮ 셀룰로이드의 분해열

㉯ 불포화 유지의 산화열

㉰ 건초의 발효열

㉱ 활성탄의 흡수열

해설 자연발화의 요인
① 분해열   ② 산화열
③ 중합열   ④ 발효열

66 다음 중 층류연소속도에 대해 옳게 설명한 것은?

㉮ 중량이 클수록 층류연소속도는 크게 된다.

㉯ 분자량이 클수록 층류연소속도는 크게 된다.

㉰ 노벽이 클수록 층류연소속도는 크게 된다.

㉱ 열전도율이 클수록 층류연소속도는 크게 된다.

해설 열전도율이 클수록 층류연소속도가 크게 된다.

67 다음 중 공기 중에서 착화온도가 가장 높은 연료는?

㉮ 에탄올   ㉯ 코크스

㉰ 중유   ㉱ 프로판

해설 착화온도
① 에탄올(C_2H_5OH) : 423℃
② 코크스 : 450~550℃
③ 중유 : 254~405℃(직류중유)
④ 프로판 : 460~520℃

68 다음 고체연료의 연소방법 중 미분탄연소에 관한 설명이 아닌 것은?

㉮ 2상류상태에서 연소된다.

㉯ 목탄에 공기를 통하여 연소시킨다.

㉰ 가스화속도가 낮고 연소완료에 시간과 거리가 필요하다.

㉱ 화격자연소보다도 낮은 공기비로써 높은 연소효율을 얻을 수 있다.

정답 63.㉯   64.㉮   65.㉱   66.㉱   67.㉯   68.㉯

해설 고정층에 공기를 통하여 연소시키는 것은 분해연소나 유동층연소가 가능하다.

69 다음 그림은 웨베지수(WI)와 연소속도지수(CP)에 의한 가스의 호환성을 나타낸 것이다. 이 그림에서 불완전연소의 한계는 어느 영역인가?

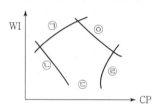

㉠ WI
㉠ ㉢ ㉣ ㉤
㉡
㉢
→ CP

㉮ ㉠   ㉯ ㉡
㉰ ㉢, ㉤   ㉱ ㉢, ㉣

해설 Delbourge도 : 종축에 웨베지수(WI, Wobbe Index), 횡축에 CP(Combustion Potential)이다. WI는 Input라 생각하고, CP는 일종의 연소속도를 표시한 것이다.
  ㉠ 불완전 연소
  ㉡ 선화(리프형)
  ㉢ 적외선 버너 적열부족
  ㉣ 역화(Back fire)
  ㉤ 적외선버너 역화한계

70 분진폭발을 일으킬 수 있는 물리적 인자가 아닌 것은?

㉮ 입자의 형상

㉯ 열전도율

㉰ 연소열

㉱ 입자의 응집특성

해설 분진폭발을 일으키는 물리적 인자
  ① 입자의 형상
  ② 열전도율
  ③ 입자의 응집특성
  ※ 유황가루, 플라스틱, 알루미늄, 티탄, 석탄가루 등

71 다음의 공란에 알맞은 용어는?

> "폭굉이란 가스 속의 ( )보다 ( )가 큰 것으로 선단의 압력파에 의해 파괴작용을 일으킨다."

㉮ 화염온도 – 폭발온도

㉯ 폭발파 – 충격파

㉰ 산소량 – 가연성 물질

㉱ 음속 – 폭발온도

해설 (음속) (연속속도 = 폭발온도)

72 다음은 유동층 연소의 특성에 대한 설명이다. 이 중 틀린 것은?

㉮ 연소 시 화염층이 작아진다.

㉯ 클링커 장해를 경감할 수 있다.

㉰ 질소산화물(NOx)의 발생량이 증가한다.

㉱ 화격자의 단위면적당 열부하를 크게 얻을 수 있다.

해설 유동층 연소의 특성
  ① 연소 시 화염층이 작아진다.
  ② 클링커 장해를 경감할 수 있다.
  ③ 질소산화물의 발생량이 감소한다.
  ④ 화격자의 단위면적당 열부하를 크게 얻을 수 있다.

73 연소속도에 영향을 주는 인자가 아닌 것은?

㉮ 온도   ㉯ 압력

㉰ 가스의 부피   ㉱ 가스의 조성

해설 연소속도에 영향을 주는 인자
  ① 온도
  ② 압력
  ③ 가스의 조성

정답 69.㉮   70.㉰   71.㉱   72.㉰   73.㉰

74 다음 설명 중 맞는 것은?

㉮ 폭굉속도는 보통 연소속도의 10배 정도이다.

㉯ 폭발범위는 온도가 높아지면 일반적으로 넓어진다.

㉰ 폭굉(Detonation)속도는 가스인 경우 1,000m/sec 이하이다.

㉱ 가연성 가스와 공기의 혼합가스에 질소를 첨가하면 폭발범위의 상한치는 크게 된다

해설 폭발범위는 온도나 압력이 증가하면 일반적으로 넓어진다.

75 다음 중 분해에 의한 가스폭발은 어느 것인가?

㉮ 수소와 염소가스의 혼합물에 일광직사

㉯ 110℃ 이상의 아세틸렌 가스폭발

㉰ 프로판 가스의 점화 폭발

㉱ 용기의 불량 및 압력과다

해설 아세틸렌은 110℃ 이상에서 분해폭발 발생. 기타 산화폭발, 화합폭발이 있다.

76 완전가스에 대한 설명으로 틀린 것은?

㉮ 완전가스는 분자 상호 간의 인력을 무시한다.

㉯ 완전가스에 가까운 실제기체로는 H_2, He 등이 있다.

㉰ 완전가스는 분자 자신이 차지하는 부피를 무시한다.

㉱ 완전가스는 저온, 고압에서 보일-샤를의 법칙이 성립한다.

해설 고온, 저압 가스는 이상기체의 특징이다.

77 아래 보기의 설명 중 틀린 것은?

㉮ 가스 폭발 범위는 측정조건을 바꾸면 변화한다.

㉯ 점화원의 에너지가 약할수록 폭굉유도거리는 길다.

㉰ 혼합가스의 폭발한계는 르샤틀리에 식으로 계산한다.

㉱ 가스연료의 점화에너지는 가스농도에 관계없이 결정된 값이다.

해설 가스연료의 점화 에너지는 가스 농도에 관계가 있다.

78 위험등급의 분류에서 특정 결함의 위험도가 가장 큰 것은?

㉮ 안전(安全)   ㉯ 한계성(限界性)

㉰ 위험(危險)   ㉱ 파탄(破綻)

해설 파탄
위험등급에서 특정 결함의 위험도가 가장 크다.

79 다음 물질 중 가연성 가스로만 묶어진 항은 어느 것인가?

a. 수소	b. 이산화탄소
c. 질소	d. 일산화탄소
e. LNG	f. 수증기
g. 공기	h. 산소
i. 메탄	

㉮ a, c, d, g   ㉯ a, d, e, i

㉰ b, e, f, i   ㉱ b, d, e, h

해설 가연성 가스 : 수소, 일산화탄소, LNG, 메탄

80 다음 중 잘못된 것은?

㉮ 고압일수록 폭발범위가 넓어진다.

㉯ 압력이 높아지면 발화온도는 낮아진다.

㉰ 가스의 온도가 높아지면 폭발범위는 좁아진다.

㉱ 일산화탄소는 공기와 혼합 시 고압이 되면 폭발범위가 좁아진다.

해설 가스의 온도가 높아지면 폭발범위가 증가한다.

81 다음 기상 폭발 발생을 예방하기 위한 대책으로 적합지 않은 것은?

㉮ 환기에 의해 가연성 기체의 농도 상승을 억제한다.

㉯ 집진장치 등에서 분진 및 분무의 퇴적을 방지한다.

㉰ 휘발성 액체를 불활성 기체와의 접촉을 피하기 위해 공기로 차단한다.

㉱ 반응에 의해 가연성 기체의 발생 가능성을 검토하고 반응을 억제하거나 또는 발생한 기체를 밀봉한다.

해설 공기로 차단하면 오히려 기상·폭발을 조장하는 행위이다.

82 다음 보기의 가연성 가스 중 폭발범위가 가장 큰 것과 가장 작은 것으로 묶어진 것은?

a. 암모니아	b. 메탄
c. 에탄	d. n-부탄
e. 아세틸렌	f. 일산화탄소

㉮ a, e ㉯ a, f

㉰ b, c ㉱ e, d

83 다음은 가연물의 연소형태를 나타낸 것이다. 틀린 것은?

㉮ 금속분 – 표면연소

㉯ 파라핀 – 증발연소

㉰ 목재 – 분해연소

㉱ 유황 – 확산연소

해설 확산연소는 기체연소형태이다.

84 다음 폭발 종류 중 그 분류가 화학적 폭발로 분류할 수 있는 것은?

㉮ 증기폭발 ㉯ 분해폭발

㉰ 압력폭발 ㉱ 기계적 폭발

해설 분해·화합은 화학적반응에 해당한다.

85 다음 중 위험한 증기가 있는 곳의 장치에 정전기를 해소시키기 위한 방법이 아닌 것은?

㉮ 접속 및 접지 ㉯ 이온화

㉰ 증습 ㉱ 가압

해설 정전기 해소방지법
① 접속 및 접지
② 이온화
③ 증습

해설 폭발범위
① 암모니아(15~28%)
② 메탄(5~15%)
③ 에탄(3~12.5%)
④ n-부탄(2.1~9.5%)
⑤ 아세틸렌(2.5~81%)

정답 80.㉰ 81.㉰ 82.㉱ 83.㉱ 84.㉯ 85.㉱

86 다음 총발열량 및 진발열량에 관한 설명을 올바르게 표현한 것은?

㉮ 총발열량은 진발열량에 생성된 물의 증발잠열을 합한 것과 같다.

㉯ 진발열량이란 액체상태의 연료가 연소할 때 생성되는 열량을 말한다.

㉰ 총발열량과 진발열량이란 용어는 고체와 액체 연료에서만 사용되는 말이다.

㉱ 총발열량이란 연료가 연소할 때 생성되는 생성물 중 H_2O의 상태가 기체일 때 내는 열량을 말한다.

해설 총발열량＝진발열량＋물의 증발잠열

87 다음은 화염사출률에 관한 설명이다. 옳은 것은?

㉮ 화염의 사출률은 연료 중의 탄소, 수소, 질량비가 클수록 높다.

㉯ 화염의 사출률은 연료 중의 탄소, 수소, 질량비가 클수록 낮다.

㉰ 화염의 사출률은 연료 중의 탄소, 수소, 질량비가 같을수록 높다.

㉱ 화염의 사출률은 연료 중의 탄소, 수소, 질량비가 같을수록 낮다.

해설 화염의 사출률은 연료 중의 탄소, 수소 질량비가 클수록 높다.

88 액체연료의 연소에 있어서 1차 공기란?

㉮ 착화에 필요한 공기

㉯ 연소에 필요한 계산상 공기

㉰ 연료의 무화에 필요한 공기

㉱ 실제공기량에서 이론공기량을 뺀 것

해설 액체연료의 1차공기란 연료의 무화(안개방울)에 필요한 공기이다.

89 혼합기체의 온도를 고온으로 상승시켜 자연착화를 일으키고, 혼합기체의 전부분이 극히 단시간 내에 연소하는 것으로서 압력 상승의 급격한 현상을 무엇이라 하는가?

㉮ 전파연소

㉯ 폭발

㉰ 확산연소

㉱ 예혼합연소

해설 폭발 : 압력상승의 급격한 연소

90 플라스틱, 합성수지와 같은 고체 가연성 물질의 연소형태는?

㉮ 표면연소

㉯ 자기연소

㉰ 확산연소

㉱ 분해연소

해설 플라스틱, 합성수지, 고체연료는 연소초기에 심한 화염을 내는 분해연소를 한다.

91 액체가 급격한 상변화를 하여 증기가 된 후 폭발하는 현상을 무엇이라 하는가?

㉮ 블레브(Bleve)

㉯ 파이어 볼(Fire Ball)

㉰ 디토네이션(Detonation)

㉱ 풀 파이어(Pool Fire)

해설 블레브란 액체가 급격한 상변화를 하여 증기가 된 후 폭발하는 현상이다.

정답 86.㉮ 87.㉮ 88.㉰ 89.㉯ 90.㉱ 91.㉮

92 다음 사항 중 가연성 가스의 연소, 폭발에 관한 설명 중 옳은 것은?

> ㉠ 가연성 가스가 연소하는 데는 산소가 필요하다.
> ㉡ 가연성 가스가 이산화탄소와 혼합할 때 잘 연소된다.
> ㉢ 가연성 가스는 혼합하는 공기의 양이 적을 때 완전 연소한다.

㉮ ㉠, ㉡　　　　　　㉯ ㉡, ㉢

㉰ ㉠　　　　　　　　㉱ ㉢

해설 가연성 가스가 연소하는 데 산소가 연소, 폭발에 이용된다.

93 등유($C_{10}H_{20}$)를 산소로 완전 연소시킬 때 산소와 발생한 탄산가스의 몰비는 얼마인가?

㉮ 1 : 1　　　　　　㉯ 2 : 1

㉰ 3 : 2　　　　　　㉱ 2 : 3

해설 $C_{10}H_{20} + 15O_2 \rightarrow 10CO_2 + 10H_2O$
$O_2 : CO_2 = 15 : 10 = 3 : 2$

94 다음 연료 중 착화온도가 가장 낮은 것은?

㉮ 벙커C유　　　　　㉯ 무연탄

㉰ 역청탄　　　　　　㉱ 목재

해설 착화온도
① 목재(240~270℃)
② 무연탄(400~450℃)
③ 역청탄(300~400℃)
④ 중유(380℃ 이상)

95 다음 가스 폭발범위에 관한 설명 중 옳은 것은?

㉮ 가스의 온도가 높아지면 폭발범위는 좁아진다.

㉯ 폭발상한과 폭발하한의 차이가 작을수록 위험도는 커진다.

㉰ 압력이 1atm보다 낮아질 때 폭발범위는 큰 변화가 생긴다.

㉱ 고온, 고압상태의 경우에 가스압이 높아지면 폭발범위는 넓어진다.

해설 가연성 가스는 고온, 고압상태의 경우에 가스압이 높아지면 폭발범위는 넓어진다.

96 가연성 증기를 발생하는 액체 또는 고체가 공기와 혼합하여 기상부에 다른 불꽃이 닿았을 때 연소가 일어나는데, 필요한 최저의 액체 또는 고체의 온도를 의미하는 것은?

㉮ 이슬점　　　　　　㉯ 인화점

㉰ 발화점　　　　　　㉱ 착화점

해설 인화점이란 가연성 증기를 발생하는 액체 또는 고체가 공기와 혼합시 연소가 일어나는 데 필요한 최저 온도이다.

97 가연성 물질의 성질에 대한 설명으로 옳은 것은?

㉮ 끓는점이 낮으면 인화의 위험성이 낮아진다.

㉯ 가연성 액체는 온도가 상승하면 점성이 적어지고 화재를 확대시킨다.

㉰ 전기전도도가 낮은 인화성 액체는 유동이나 여과시 정전기를 발생시키지 않는다.

㉱ 일반적으로 가연성 액체는 물보다 비중이 작으므로 연소 시 축소된다.

해설 가연성 액체는 온도가 상승하면 점성이 적어지고 화재를 확대시킨다.

정답 92.㉰ 93.㉰ 94.㉱ 95.㉱ 96.㉯ 97.㉯

98 과잉공기율에 대한 가장 옳은 설명은?

㉮ 연료 1kg당 실제로 혼합된 공기량과 완전 연소에 필요한 공기량의 비로 정의된다.

㉯ 연료 1kg당 실제로 혼합된 공기량과 불완전 연소에 필요한 공기량의 비로 정의된다.

㉰ 기체 1m³당 실제로 혼합된 공기량과 완전 연소에 필요한 공기량의 차로 정의된다.

㉱ 기체 1m³당 실제로 혼합된 공기량과 불완전 연소에 필요한 공기량의 차로 정의된다.

해설 과잉공기율 : 연료 1kg당 실제로 혼합된 공기량과 완전연소에 필요한 공기량의 비이다.

99 다음 연소에 대한 설명 중 옳은 것은?

㉮ 착화온도와 연소온도는 항상 같다.

㉯ 이론연소온도는 실제연소온도보다 높다.

㉰ 일반적으로 연소온도는 인화점보다 상당히 낮다.

㉱ 연소온도가 그 인화점보다 낮게 되어도 연소는 계속 된다.

해설 연소 시 이론연소온도는 실제연소온도보다 높다.

100 가스연료 중 LP Gas의 연소 특성에 대한 설명으로 가장 옳은 것은?

㉮ 일반적으로 발열량이 적다.

㉯ 공기 중에서 쉽게 연소 폭발하지 않는다.

㉰ 공기보다 무겁기 때문에 바닥에 고인다.

㉱ 금수성 물질이므로 흡수하여 발화한다.

해설 LP가스는 분자량이 공기보다 커서 누설 시 바닥에 고인다.

101 파라핀계 탄화수소 계열의 가스에서 탄소의 수가 증가함에 따른 변화를 옳지 않게 짝지은 것은?

㉮ 발열량(kcal/m³) – 증가한다.

㉯ 발화점 – 낮아진다.

㉰ 연소속도 – 늦어진다.

㉱ 폭발하한계 – 높아진다.

해설 파라핀계 탄화수소계열에서 탄소의 수가 증가하면 폭발하한계는 낮아진다.

102 산소농도가 높을 때의 연소의 변화에 대하여 올바르게 설명한 것으로 짝지어진 것은?

> ㉠ 연소속도가 작아진다.
> ㉡ 화염온도가 높아진다.
> ㉢ 연료 kg당의 발열량이 높아진다.

㉮ ㉠   ㉯ ㉡

㉰ ㉠, ㉡   ㉱ ㉠, ㉡, ㉢

해설 산소농도가 높으면 연소속도가 커지며 화염의 온도가 높아지고 연소효율이 증가한다.

103 최소 점화에너지에 대한 설명으로 옳지 않은 것은?

㉮ 연소속도가 클수록, 열전도가 작을수록 큰 값을 갖는다.

㉯ 가연성 혼합기체를 점화시키는 데 필요한 최소 에너지를 최소 점화에너지라 한다.

㉰ 불꽃 방전 시 일어나는 점화에너지의 크기는 전압의 제곱에 비례한다.

㉱ 산소농도가 높을수록 압력이 증가할수록 감소한다.

해설 연소속도가 클수록 열전도가 작을수록 최소점화에너지는 작아진다.

정답 98.㉮ 99.㉯ 100.㉰ 101.㉱ 102.㉯ 103.㉮

104 폭발범위가 넓은 것부터 차례로 본 것은?

㉮ 일산화탄소 > 메탄 > 프로판

㉯ 일산화탄소 > 프로판 > 메탄

㉢ 프로판 > 메탄 > 일산화탄소

㉣ 메탄 > 프로판 > 일산화탄소

> **해설** 폭발범위
> ① CO : 12.5~74%
> ② 메탄 : 5~15%
> ③ 프로판 : 2.1~9.5%

105 증기의 상태방정식이 아닌 것은?

㉮ Van Der Waals식

㉯ Lennard – Jones식

㉢ Clausius식

㉣ Berthelot식

> **해설** 증기의 상태방정식
> ① Van Der Waals식
> ② Clausius식
> ③ Berthelot식
> ④ Virial식

106 인화점에 대한 설명으로 가장 거리가 먼 것은?

㉮ 인화점 이하에서는 증기의 가연농도가 존재할 수 없다.

㉯ mist가 존재할 때는 인화점 이하에서도 발화가 가능하다.

㉢ 압력이 증가하면 증기발생이 쉽고 인화점이 높아진다.

㉣ 가연성 액체가 인화하는 데 충분한 농도의 증기를 발생하는 최저농도이다.

> **해설** 압력이 증가하면 인화점이 낮아질 확률이 많다.

107 가연성 물질의 인화 특성에 대한 설명 중 틀린 것은?

㉮ 증기압을 높게 하면 인화위험이 커진다.

㉯ 연소범위가 넓을수록 인화위험이 커진다.

㉢ 비점이 낮을수록 인화위험이 커진다.

㉣ 최소점화에너지가 높을수록 인화위험이 커진다.

> **해설** 최소점화에너지가 낮을수록 인화의 위험이 크다.

108 가스의 속도를 크게 할수록 압력손실은 커지나 분리 효율이 좋아지는 집진장치는?

㉮ 세정집진장치

㉯ 사이클론 집진장치

㉢ 멀티클론 집진장치

㉣ 벤투리스크러버 집진장치

> **해설** 사이클론 집진장치(원심식)는 가스의 속도를 크게 할수록 압력손실은 커지나 분리효율이 좋아지는 집진장치이다.

109 가연성 증기 속에 수분이 많이 포함되어 있을 때 일어나는 현상이 아닌 것은?

㉮ 수격작용 유발 가능성이 높다.

㉯ 증기 엔탈피가 감소한다.

㉢ 열효율이 저하된다.

㉣ 건조도가 높아진다.

> **해설** 수분증가 : 건조도가 낮아진다.

정답 104.㉮ 105.㉯ 106.㉢ 107.㉣ 108.㉯ 109.㉣

110 석유정제 과정에서 일반적으로 발생될 수 없는 가스는?

㉮ 암모니아 가스 ㉯ 프로판 가스
㉰ 메탄가스 ㉱ 부탄가스

해설 암모니아 제조
$3H_2 + N_2 \rightarrow 2NH_3 + 24kcal$
$CaCN_2 + 3H_2O \rightarrow CaCO_3 + 2NH_3$

111 다음 중 가스의 성질을 바르게 나타낸 것은?

㉮ 산소는 가연성이다.
㉯ 일산화탄소는 불연성이다.
㉰ 수소는 불연성이다.
㉱ 산화에틸렌은 가연성이다.

해설 산화에틸렌(C_2H_4O)가스는 가연성 가스이며 독성 가스이다.
• 폭발범위 : 3~81%
• 독성허용농도 : 50ppm

112 다음 중 연료비가 가장 높은 것은?

㉮ 반역청탄 ㉯ 갈탄
㉰ 저도역청탄 ㉱ 무연탄

해설 ① 연료의 비 = $\dfrac{고정탄소}{휘발분}$
② 무연탄은 연료비가 12 이상 크다.

113 불완전연소에 의한 매연, 먼지 등을 제거하는 집진장치 중 건식집진장치가 아닌 것은?

㉮ 백필터 ㉯ 사이클론
㉰ 멀티클론 ㉱ 사이클론스크러버

해설 사이클론스크러버는 습식집진장치 중 가압수식 장치이다.

114 발화지연에 대한 설명으로 맞는 것은?

㉮ 저온, 저압일수록 발화지연은 짧아진다.
㉯ 어느 온도에서 가열하기 시작하여 발화 시까지 걸린 시간을 말한다.
㉰ 화염의 색이 적색에서 청색으로 변하는 데 걸리는 시간을 말한다.
㉱ 가연성 가스와 산소의 혼합비가 완전산화에 가까울수록 발화지연은 길어진다.

해설 발화지연이란 어느 온도에서 가열하기 시작하여 발화시까지 걸린 시간을 말한다.

115 안전간격에 대한 설명 중 틀린 것은?

㉮ 안전간격은 방폭전기기기 등의 설계에 중요하다.
㉯ 한계직경은 가는 관 내부를 화염이 진행할 때 도중에 꺼지는 한계의 직경이다.㉰ 두 평행판 간의 거리를 화염이 전파하지 않을 때까지 좁혔을 때 그 거리를 소염거리라 한다.
㉱ 발화의 제반조건을 갖추었을 때 화염이 최대한으로 전파되는 거리를 화염일주라고 한다.

해설 화염일주 : 발화의 제반조건이 갖추어졌을 때 화염이 최소한으로 전파되는 거리

116 다음 가스 중 공기 중에서 폭발범위가 넓은 순서로 된 것은?

① C_2H_2	② H_2
③ CO	④ C_3H_8

㉮ ①－②－③－④ ㉯ ①－②－④－③
㉰ ②－①－③－④ ㉱ ②－①－④－③

정답 110.㉮ 111.㉱ 112.㉱ 113.㉱ 114.㉯ 115.㉱ 116.㉮

해설 • 아세틸렌 : 2.5~81%
• 수소 : 4~75%
• 일산화탄소 : 12.5~74%
• 프로판 : 2.1~9.5%
∴ 아세틸렌 > 수소 > CO가스 > 프로판

117 연소한계를 설명한 내용 중 옳은 것은?

㉮ 착화온도의 상한과 하한
㉯ 물질이 탈 수 있는 최저온도
㉰ 완전연소가 될 때의 산소공급 한계
㉱ 연소 가능한 가스와 공기와의 상하한 혼합비율

해설 연소한계란 연소가능한 가스와 공기와의 상한, 하한의 혼합비율

118 다음 중 연소의 정의로 가장 적절한 표현은?

㉮ 물질이 산소와 결합하는 모든 현상
㉯ 물질이 빛과 열을 내면서 산소와 결합하는 현상
㉰ 물질이 열을 흡수하면서 산소와 결합하는 현상
㉱ 물질이 열을 발생하면서 수소와 결합하는 현상

해설 연소란 물질이 빛과 열을 내면서 산소와 급격하게 산화반응하는 현상이다.

119 불완전연소의 원인으로 볼 수 없는 것은?

㉮ 불꽃의 온도가 높을 때
㉯ 필요량의 공기가 부족할 때
㉰ 배기가스의 배출이 불량할 때
㉱ 공기와의 접촉 혼합이 불충분할 때

해설 불완전연소의 원인
① 공기량 부족
② 배기가스의 배출불량
③ 공기와의 접촉 혼합 불충분

120 다음의 연소와 폭발에 관한 설명 중 틀린 것은?

㉮ 연소란 빛과 열의 발생을 수반하는 산화반응이다.
㉯ 분해 또는 연소 등의 반응에 의한 폭발원인은 화학적 폭발이다.
㉰ 발열속도>방열속도인 경우 발화점 이하로 떨어져 연소과정에서 폭발로 이어진다.
㉱ 폭발이란 급격한 압력의 발생 또는 음향을 내며 파열되거나 팽창하는 현상이다.

해설 비정상연소에서 발열속도>방열속도인 경우 열의 축적에 의해 반응속도가 빨라져 폭발 또는 폭굉이 되는 연소이다.

121 다음은 연소를 위한 최소 산소량(Minimum Oxygen for Combustion ; MOC)에 관한 사항이다. 옳은 것은?

㉮ 가연성 가스의 종류가 같으면 함께 존재하는 불연성 가스의 종류에 따라 MOC 값이 다르다.
㉯ MOC를 추산하는 방법 중에는 가연성 물질의 연소상한계값(H)에 가연물 1몰이 완전 연소할 때 필요한 과잉 산소의 양론 계수값을 곱하여 얻는 방법도 있다.
㉰ 계내에 산소가 MOC 이상으로 존재하도록 하기 위한 방법으로 불활성 기체를 주입하여 계의 압력을 상승시키는 방법이 있다.

정답 117.㉱ 118.㉯ 119.㉮ 120.㉰ 121.㉮

㉣ 가연성 물질의 종류가 같으면 MOC 값도 다르다.

해설 가연성 가스의 종류가 같을 경우라도 불연성 가스의 종류에 따라 MOC(Minimum Oxygen Combustion) 값이 다르다.

122 다음은 연소범위에 관한 설명이다. 잘못된 것은?

㉮ 수소(H_2) Gas의 연소범위는 $4\sim75\%$이다.
㉯ 가스의 온도가 높아지면 연소범위는 좁아진다.
㉰ C_2H_2는 자체분해폭발이 가능하므로 연소상한계를 100%로 볼 수 있다.
㉱ 연소범위는 가연성 기체의 공기와의 혼합물에 있어서 점화원에 의해 필요적으로 연소가 일어날 수 있는 범위를 말한다.

해설 가스온도상승 : 연소범위 증가

123 가스의 특성에 대한 설명 중 가장 옳은 내용은?

㉮ 염소는 공기보다 무거우며 무색이다.
㉯ 질소는 스스로 연소하지 않는 조연성이다.
㉰ 산화에틸렌은 분해폭발을 일으킬 위험이 있다.
㉱ 일산화탄소는 공기 중에서 연소하지 않는다.

해설 C_2H_4O 가스는 주석, 철, 알루미늄의 무수염화물, 산, 알칼리, 산화철, 산화알루미늄 등에 의해 중합폭발이 발생한다. C_2H_4O 가스의 증기는 화염, 전기 스파크, 충격 아세틸드의 분해에 의해 분해 폭발이 발생된다.

124 가스화재 시 밸브 및 콕을 잠그는 소화방법은?

㉮ 질식소화
㉯ 냉각소화
㉰ 억제소화
㉱ 제거소화

해설 가스를 밸브나 콕을 사용하여 소화하는 방법은 제거소화이다.

125 LPG를 연료로 사용할 때의 장점으로 옳지 않은 것은?

㉮ 도시가스에 비하여 열용량이 크다.
㉯ 발열량이 크다.
㉰ 특별한 가압장치가 필요하다.
㉱ 조성이 일정하다.

해설 LPG를 연료로 쓸 때 단점은 압력조정기가 필요하다.

126 연소에서 혼합비와 혼합기체 농도표시에 대한 설명 중 가장 올바른 것은?

㉮ 이론 연공비는 이론 공기량과 같다.
㉯ 당량비가 1보다 작을 때의 연소를 과농연소라 한다.
㉰ 이론 공연비에 대한 실제 공연비의 비를 당량비라 한다.
㉱ 연공비는 단위 질량의 공기량에 대하여 공급되는 연료의 질량비이다.

해설 연공비 $= \dfrac{\text{단위질량의 공기량}}{\text{연료의 질량}}$

127 다음 중 불연성 물질이 아닌 것은?

㉮ 주기율표의 0족 원소
㉯ 산화반응 시 흡열반응을 하는 물질
㉰ 이미 산소와 결합한 산화물
㉱ 발열량이 크고 계의 온도상승이 큰 물질

해설 발열량이 크고 계의 온도상승이 큰 물질은 가연성 물질이다.

128 일정 압력하에서 −50℃의 탄산가스의 체적은 0℃에서 체적의 몇 배가 되는가?

㉮ 0.715
㉯ 0.817
㉰ 0.871
㉱ 0.945

해설 $T = 273 - 50 = 223K$
$\therefore \dfrac{223}{273} = 0.8168$ 배

129 다음 중 가스 연료의 장점을 잘못 기술한 것은?

㉮ 연소효율이 높다.
㉯ 연소의 조정이 어렵다.
㉰ 연소 자체의 예열이 용이하다.
㉱ 적은 과잉 공기로서 완전연소가 가능하다.

해설 가스연료는 연소의 조정이 용이하다. 그러나 취급이나 저장은 다소 불편하다.

130 고체연료에 있어 탄화도가 클수록 발생하는 성질은?

㉮ 휘발분이 증가한다.
㉯ 매연발생이 커진다.
㉰ 연소속도가 증가한다.
㉱ 고정탄소가 많아져 발열량이 커진다.

해설 고정탄소증가 : 발열량 증가

131 연소속도에 대한 설명 중 옳지 않은 것은?

㉮ 단위면적의 화염면이 단위시간에 소비하는 미연소혼합기의 체적이라 할 수 있다.
㉯ 미연소혼합기의 온도를 높이면 연소속도는 증가한다.
㉰ 일산화탄소 및 수소 기타 탄화수소계 연료는 당량비가 1.1 부근에서 연소속도의 피크가 나타난다.
㉱ 공기의 산소분압을 높이면 연소속도는 빨라진다.

해설 $CO + 1/2O_2 \rightarrow CO_2$ (1 : 0.5 : 1)
$H_2 + 1/2O_2 \rightarrow H_2O$ (1 : 0.5 : 1)

132 폭굉에 대한 설명으로 옳은 것은?

㉮ 가연성 가스의 폭굉범위(Range of Detonability)는 폭발범위보다 좁다.
㉯ 같은 조건에서 일산화탄소는 프로판의 폭굉속도보다 빠르다.
㉰ 폭굉 압력파는 미연소 가스 속으로 음속 이하로 이동한다.
㉱ 폭굉이 발생할 때 압력은 순간적으로 상승되었다가 원상으로 곧 돌아오므로 큰 파괴현상은 동반하지 않는다.

해설 가연성 가스의 폭굉범위는 폭발범위보다 좁다.
※ C_2H_2 가스
① 폭발범위(2.5~81%)
② 폭굉범위(산소 중 3.5~92%)

정답 127.㉱ 128.㉯ 129.㉯ 130.㉱ 131.㉰ 132.㉮

133 화염의 온도를 높이려 할 때 해당되지 않는 조작은?

㉮ 공기를 예열하여 사용한다.

㉯ 연료를 완전연소시키도록 한다.

㉰ 발열량이 높은 연료를 사용한다.

㉱ 과잉공기를 사용한다.

해설 과잉공기를 지나치게 사용하면 노 내의 온도저하 및 배기가스의 열손실이 증가한다.

134 연소에서 사용되는 용어와 정의가 가장 올바르게 연결된 것은?

㉮ 폭발 – 정상연소

㉯ 착화점 – 점화시 최대에너지

㉰ 연소범위 – 위험도의 계산 기준

㉱ 자연발화 – 불씨에 의한 최고 연소시작온도

해설 ① 위험도 값이 클수록 가스가 위험하다.

② 위험도$(H) = \dfrac{\text{폭발상한계} - \text{폭발하한계}}{\text{폭발하한계}}$

135 다음 중 발화지연시간(Ignition Delay Time)에 영향을 주는 요인이 아닌 것은?

㉮ 온도

㉯ 압력

㉰ 폭발하한 값의 크기

㉱ 가연성 가스의 농도

해설 발화지연시간에 영향을 미치는 인자

① 온도

② 압력

③ 가연성 가스의 농도

136 유압기의 기름분출에 의한 유적폭발은 다음 폭발 중 어느 종류에 해당하는가?

㉮ 혼합가스 폭발

㉯ 가스의 분해폭발

㉰ 분진폭발

㉱ 분무폭발

해설 유압기의 기름분출에 의한 유적의 폭발은 분무폭발이다.

137 다음 중 폭발한계 범위가 가장 넓은 것은?

㉮ 프로판   ㉯ 메탄

㉰ 암모니아   ㉱ 이황화탄소

해설 폭발범위

① 프로판 : 2.1~9.5%

② 메탄 : 5~15%

③ 암모니아 : 15~28%

④ 이황화탄소 : 1.25~44%

138 다음 폭발형태 중 물질의 물리적 형태에 의하여 폭발하는 것이 아닌 것은?

㉮ 가스폭발   ㉯ 분해폭발

㉰ 액적폭발   ㉱ 분진폭발

해설 $C_2H_2 \xrightarrow{\text{압축}} 2C + H_2 + 54.2kcal$ (분해폭발)

분해 폭발 시에는 산소가 필요 없다.

139 소형가열로, 열처리로 등 비교적 소규모의 가열장치에 사용되며 공기압을 높일수록 무화 공기량이 저감되는 버너는?

㉮ 고압기류식 버너

㉯ 저압기류식 버너

㉰ 유압식 버너

㉱ 선회식 버너

해설 저압기류식 버너는 공기압이 높을수록 무화공기량이 저감된다.

정답 133.㉱ 134.㉰ 135.㉰ 136.㉱ 137.㉱ 138.㉯ 139.㉯

140 연소에 대한 설명 중 틀린 것은?

㉮ 공기 중의 산소 농도가 높아지면 연소 속도는 빨라진다.

㉯ 연소범위는 동일가스에 있어서도 온도와 압력에 따라 변한다.

㉰ 연소의 화염온도는 혼합비에 관계없이 동일 연료에 대해서 일정하다.

㉱ 연소의 난이성 정도는 산소와의 친화력과 밀접한 관계가 있다.

해설 연소의 화염온도는 혼합비에 따라 달라진다.

141 다음 중 ETA와 관련이 없는 것은?

㉮ 기존 안전장치의 적절함을 평가할 수 있다.

㉯ 장치 이상으로부터 생길 수 있는 결과를 시험하기 위하여 운전설비에 사용될 수 있다.

㉰ 가능한 사고결과와 사고의 근본원인을 알아낼 수 있다.

㉱ 초기사건의 발생에서부터 연속되는 사고를 가져오는 사건의 순서를 제공할 수 있다.

해설 ① ETA(Event Tree Analysis : 사건수분석)
초기사건으로 알려진 특정한 장치의 이상이나 운전실수로부터 발생되는 잠재적인 사고를 평가하는 정량적 안정성 평가기법이다.
② ㉰는 CCA(Cause Consequence Analysis : 원인결과분석)에 해당

142 가스를 그대로 대기 중에 분출하여 연소시키며, 연소에 필요한 공기는 모두 불꽃 주변에서 확산에 의해 취하게 되고, 연소과정이 아주 늦고 불꽃이 길게 늘어나 적황색을 띨 수도 있는 방식은?

㉮ 분젠식 연소법

㉯ 적화식 연소법

㉰ 세미 분젠식 연소법

㉱ Brast식 연소법

해설 적화식 연소방식
필요한 공기는 모두 불꽃 주변에서 확산에 의해 취하게 된다. 연소과정이 늦고 불꽃이 길게 늘어나 적황색을 띨 수 있는 연소방식

143 연소온도에 직접적으로 영향을 미치는 인자가 아닌 것은?

㉮ 연료 저발열량   ㉯ 열전도도

㉰ 공기비   ㉱ 산소농도

해설 연소온도에 직접적으로 영향을 미치는 인자
① 연료의 저위발열량, ② 공기비, ③ 산소농도

144 다음 중 공기비를 옳게 표시한 것은?

㉮ $\dfrac{실제공기량}{이론공기량}$ ㉯ $\dfrac{이론공기량}{실제공기량}$

㉰ $\dfrac{사용공기량}{1-이론공기량}$ ㉱ $\dfrac{이론공기량}{1-사용공기량}$

해설 공기비(과잉공기계수) $= \dfrac{실제공기량}{이론공기량}$

145 연소공기비가 표준보다 큰 경우 어떤 현상이 발생하는가?

㉮ 매연 발생량이 적어진다.

㉯ 배가스량이 많아지고 연소효율이 저하된다.

㉰ 화염온도가 높아져 버너에 손상을 입힌다.

㉱ 연소실 온도가 높아져 전열효과가 커진다.

해설 연소공기비가 표준보다 크면 과잉공기가 많아져서 배기가스량이 많아지고 연소효율이 저하된다.

정답 140.㉰ 141.㉰ 142.㉯ 143.㉯ 144.㉮ 145.㉯

146 천연가스의 일반적인 연소 특성에 대한 설명 중 가장 옳은 내용은?

㉮ 지연성 가스이다.

㉯ 화염전파속도가 늦다.

㉰ 폭발범위가 넓다.

㉱ 연소 시 많은 공기가 필요하다.

해설 천연가스(NG)는 일반적으로 화염의 전파속도가 늦다.

147 다음 중 폭발범위의 설명으로 옳은 것은?

㉮ 점화원에 의해 폭발을 일으킬 수 있는 혼합가스 중의 가연성 가스의 부피 %

㉯ 점화원에 의해 폭발을 일으킬 수 있는 혼합가스 중의 가연성 가스의 중량 %

㉰ 점화원에 의해 폭발을 일으킬 수 있는 혼합가스 중의 지연성 가스의 부피 %

㉱ 점화원에 의해 폭발을 일으킬 수 있는 혼합가스 중의 지연성 가스의 중량 %

해설 폭발범위 : 점화원에 의해 폭발을 일으킬 수 있는 혼합가스 중의 가연성 가스의 부피

148 다음 중 폭발 위험도를 설명한 것으로 옳은 것은?

㉮ 폭발상한계를 하한계로 나눈 값

㉯ 폭발하한계를 상한계로 나눈 값

㉰ 폭발범위를 하한계로 나눈 값

㉱ 폭발범위를 상한계로 나눈 값

해설 157번 해설 참조

149 다음 중 매연발생으로 일어나는 피해 중 해당되지 않는 것은?

㉮ 열손실   ㉯ 환경오염

㉰ 연소기 과열   ㉱ 연소기 수명단축

해설 매연발생의 피해
① 열손실
② 환경오염
③ 연소기 수명단축

150 다음 가스 중 연소범위가 가장 작은 것은?

㉮ 수소   ㉯ 프로판

㉰ 암모니아   ㉱ 프로필렌

해설 연소범위
① 수소 : 4~75%
② 프로판 : 2.1~9.5%
③ 암모니아 : 15~28%
④ 프로필렌 : 2.4~10.3%

151 고위발열량과 저위발열량의 차이는 다음 중 연료의 어떤 성분 때문인가?

㉮ 유황과 질소   ㉯ 질소와 산소

㉰ 탄소와 수분   ㉱ 수소와 수분

해설
• 고위발열량(H_h) : $H_L + 600(9H+W)$
• 저위발열량(H_L) : $H_h - 600(9H+W)$
H : 수소, W : 수분, 600 : 0℃에서 H_2O의 기화열

152 다음 중 n-부탄의 성질을 옳게 설명한 것은?

㉮ 상압, 0℃에서 액화한다.

㉯ 비점이 프로판보다 낮다.

㉰ 임계압력이 i-부탄보다 낮다.

㉱ 압력을 높이면 비점도 높아진다.

해설 $n-C_4H_{10}$은 압력을 높이면 비점도 높아진다.

정답 146.㉯ 147.㉮ 148.㉰ 149.㉰ 150.㉯ 151.㉱ 152.㉱

153 일반적으로 온도가 10℃ 상승하면 반응속도는 약 2배 빨라진다. 40℃의 반응온도를 100℃로 상승시키면 반응속도는 몇 배 빨라지는가?

㉮ 2^6

㉯ 2^5

㉰ 2^4

㉱ 2^3

해설 $100 - 40 = 60$℃

∴ 2^6배 빨라진다.

154 아래 세 반응의 반응열 사이에서 $Q_3 = Q_1 + Q_2$의 식이 성립되는 법칙을 무엇이라 하는가?

> ㉠ $C_2H_2 + 2O_2 \rightarrow CO_2 + CO + H_2O + Q_1$cal
>
> ㉡ $CO + \frac{1}{2}O_2 \rightarrow CO_2 + Q_2$cal
>
> ㉢ $C_2H_2 + \frac{5}{2}O_2 \rightarrow 2CO_2 + H_2O + Q_3$cal

㉮ 달톤의 법칙

㉯ 헤스의 법칙

㉰ 헨리의 법칙

㉱ 톰슨의 법칙

해설 헤스의 법칙(총열량불변의 법칙)

화학반응의 처음 상태와 마지막 상태가 같으면 도중의 경로에 관계없이 반응열의 총합은 같다.

155 기체연료를 미리 공기와 혼합시켜 놓고 점화해서 연소하는 것으로 혼합기만으로도 연소할 수 있는 연소방식은?

㉮ 확산연소

㉯ 예혼합연소

㉰ 증발연소

㉱ 분해연소

해설 예혼합연소

기체와 공기를 혼합시켜 놓고 점화해서 연소하는 혼합기만의 연소

156 다음은 자연발화온도(Auto Ignition Temperature ; AIT)에 영향을 주는 요인에 관한 내용으로 옳지 않은 것은?

㉮ 산소량 증가에 따라 AIT는 감소한다.

㉯ 압력의 증가에 의하여 AIT는 감소한다.

㉰ 용기의 크기가 작아짐에 따라 AIT도 감소한다.

㉱ 유기화합물의 동족열 물질은 분자량이 증가할수록 AIT도 감소한다.

해설 용기의 크기가 작아지면 AIT는 증가한다.

157 다음 연소에 관한 설명 중 가장 적절하게 나타낸 것은?

㉮ 가연성 물질이 공기 중의 산소 및 그와의 산소원의 산소와 작용하여 열과 빛을 수반하는 산화작용이다.

㉯ 연소는 산화반응으로 속도가 빠르고 산화열로 온도가 높게 된 경우이다.

㉰ 연소는 품질의 열전도율이 클수록 가연성이 되기 쉽다.

㉱ 활성화 에너지가 큰 것은 일반적으로 발열량이 크므로 가연성이 되기 쉽다.

해설 연소의 정의내용은 ㉮항이다.

158 불활성가스에 의한 가스치환의 가장 주된 목적은?

㉮ 가연성 가스 및 지연성 가스에 대한 화재 폭발 사고 방지

㉯ 지연성 가스에 대하여 산소결핍 사고 방지

㉰ 독성가스에 대한 농도 희석

㉱ 가스에 대한 산소 과잉 방지

정답 153.㉮ 154.㉯ 155.㉯ 156.㉰ 157.㉮ 158.㉮

해설 불활성 가스는 가연성 가스에 대한 화재폭발방지 효과가 크다.

159 융점이 낮은 고체연료가 액상으로 용융되어 발생한 가연성 증기가 착화하여 화염을 내고, 이 화염의 온도에 의하여 액체표면에서 증기의 발생을 촉진시켜 연소를 계속해 나가는 연소 형태는?

㉮ 증발연소   ㉯ 분무연소
㉰ 표면연소   ㉭ 분해연소

해설 융점이 낮은 고체연료가 액상으로 용융되어 발생한 가연성 증기가 착화하여 화염을 내면서 연소하는 것은 증발연소이다.

160 연소율에 대한 설명 중 옳은 것은?

㉮ 단위화상의 면적량에 대한 최대증발량이다.
㉯ 1일 석탄소비량에 의해 발생되는 최대 증발량이다.
㉰ 화상의 단위면적에 있어 단위시간에 연소하는 연료의 중량이다.
㉭ 연소실의 단위용적으로 1시간당 연소하는 연료의 중량이다.

해설 석탄화격자 연소율 $=[kg/m^2h]$

161 공기 중 폭발하한계 값이 가장 낮은 가스는?

㉮ 수소   ㉯ 메탄
㉰ 아세틸렌   ㉭ 일산화탄소

해설
- 수소 : 4~75%
- 아세틸렌 : 2.5~81%
- 메탄 : 5~15%
- 일산화탄소 : 12.5~74%

162 다음 물질 중 분진폭발과 가장 관계가 깊은 물질은?

㉮ 마그네슘   ㉯ 탄산가스
㉰ 아세틸렌   ㉭ 암모니아

해설 마그네슘, 알루미늄 분말은 분진폭발의 주성분이다.

163 다음 중 착화열에 대한 가장 적절한 표현은?

㉮ 연료가 착화해서 발생하는 전 열량
㉯ 연료 1kg이 착화해서 연소하여 나오는 총 발열량
㉰ 외부로부터 열을 받지 않아도 스스로 연소하여 발생하는 열량
㉭ 연료를 초기 온도로부터 착화온도까지 가열하는 데 필요한 열량

해설 착화열
연료를 초기온도로부터 착화온도까지 가열하는 데 필요한 열량

164 다음 연소 형태별 종류 중 기체연료의 연소형태는?

㉮ 확산연소   ㉯ 증발연소
㉰ 분해연소   ㉭ 표면연소

해설
① 확산연소 : 기체연료
② 증발연소 : 액체연료
③ 분해연소 : 고체 및 중질유
④ 표면연소 : 숯, 목탄, 코크스

165 일산화탄소(CO) 10Nm³를 연소시키는 데 필요한 공기량(Nm³)은 얼마인가?

㉮ 17.2Nm³   ㉯ 23.8Nm³
㉰ 35.7Nm³   ㉭ 45.0Nm³

해설 $CO + 0.5O_2 \rightarrow CO_2$

$0.5 \times \dfrac{1}{0.21} \times 10 = 23.8 Nm^3$ (공기량)

정답 159.㉮ 160.㉰ 161.㉭ 162.㉮ 163.㉭ 164.㉮ 165.㉯

166 메탄 60%, 에탄 30%, 프로판 5%, 부탄 5%인 혼합가스의 공기 중 폭발하한값은? (단, 각 성분의 하한값은 메탄 5%, 에탄 3%, 프로판 2.1%, 부탄 1.8%이다.)

㉮ 3.8

㉯ 7.6

㉰ 13.5

㉱ 18.3

해설 하한값 $= \dfrac{100}{\dfrac{60}{5}+\dfrac{30}{3}+\dfrac{5}{2.1}+\dfrac{5}{1.8}} = 3.8$

167 C_mH_n $1Nm^3$가 연소해서 생기는 H_2O의 양(Nm^3)은 얼마인가?

㉮ $\dfrac{n}{4}$

㉯ $\dfrac{n}{2}$

㉰ n

㉱ $2n$

해설 탄화수소 연소반응식

$$C_mH_n + \left(n+\frac{m}{4}\right)O_2 \rightarrow mCO_2 + \frac{n}{2}H_2O$$

168 95℃의 온수를 100kg/h 발생시키는 온수 보일러가 있다. 이 보일러에서 저발열량이 45MJ/m³N인 LNG를 1m³/h 소비할 때 열효율은 얼마인가? (단, 급수의 온도는 25℃이고 물의 비열은 4.184kJ/kg·K이다.)

㉮ 60.07%

㉯ 65.08%

㉰ 70.09%

㉱ 75.10%

해설 $\eta = \dfrac{100 \times 4.184(95-25)}{\dfrac{(45\times10^6)}{1,000}} \times 100 = 65.08\%$

169 프로판 30v% 및 부탄 70v%의 혼합가스 1L가 완전연소하는 데 필요한 이론 공기량은 약 몇 L인가? (단, 공기 중 산소농도는 20%로 한다.)

㉮ 10

㉯ 20

㉰ 30

㉱ 40

해설 $C_3H_8 + 5O_2 \rightarrow 3CO_2 + 4H_2O$
$C_4H_{10} + 6.5O_2 \rightarrow 4CO_2 + 5H_2O$
$\therefore$ 이론공기량 $= \dfrac{(5\times0.3)+(6.5\times0.7)}{0.2} = 30.25L$

170 욕조에 들어 있는 15℃ 물 1톤을 연탄보일러를 사용하여 65℃로 데우려면 연탄 몇 장이 필요한가? (단, 연탄 1장의 무게는 3.6kg, 발열량은 4,400kcal/kg, 보일러의 연소효율은 65%이다.)

㉮ 2

㉯ 3

㉰ 4

㉱ 5

해설 1톤 = 1,000kg, 물의 비열은 1kcal/kg℃
$\dfrac{1,000\times1\times(65-15)}{3.6\times4,400\times0.65} =$ 약 5장

171 프로판을 연소하여 20℃ 물 1톤을 끓이려고 한다. 이 장치의 열효율이 100%라면 필요한 프로판 가스의 양은 얼마인가? (단, 프로판의 발열량은 12,218kcal/kg이다.)

㉮ 7.5kg

㉯ 6.5kg

㉰ 5.5kg

㉱ 4.5kg

해설 1톤 = 1,000kg, 물의 비열은 1kcal/kg℃
$\dfrac{1,000\times1\times(100-20)}{12,218} = 6.5kg$

172 메탄의 폭발 범위는 5.0~15.0% V/V라고 한다. 메탄의 위험도는?

㉮ 8.3

㉯ 6.2

㉰ 4.1

㉱ 2.0

해설 $H = \dfrac{15-5}{5} = 2$

173 중유의 저위발열량이 10,000kcal/kg의 연료 1kg을 연소시킨 결과 연소열은 5,500kcal/kg이었다. 연소효율은 얼마인가?

㉮ 45% ㉯ 55%

㉰ 65% ㉱ 75%

해설 $\eta = \dfrac{5,500}{10,000} \times 100 = 55\%$

174 10L의 C_3H_8 가스를 완전연소시키는 데 필요한 산소의 부피 및 연소 후 발생하는 이산화탄소의 부피는 각각 얼마인가?

㉮ $O_2 : 30L, CO_2 : 30L$

㉯ $O_2 : 50L, CO_2 : 30L$

㉰ $O_2 : 40L, CO_2 : 25L$

㉱ $O_2 : 20L, CO_2 : 40L$

해설 $\underset{10L}{C_3H_8} + \underset{50L}{5O_2} \rightarrow \underset{30L}{3CO_2} + \underset{40L}{4H_2O}$

175 메탄을 공기비 1.1로 완전연소시키고자 할 때 메탄 1Nm³당 공급해야 할 공기량은 약 몇 1Nm³인가?

㉮ 2.2 ㉯ 6.3

㉰ 8.4 ㉱ 10.5

해설 실제공기 = 이론공기 × 공기비

이론공기 $= 2 \times \dfrac{100}{21} = 9.52Nm^3/Nm^3$

$\therefore A = 9.52 \times 1.1 = 10.476Nm^3/Nm^3$

176 다음 중 이론연소온도(화염온도) t℃를 구하는 식은? (단, H_h, H_L : 고, 저발열량, G : 연소가스, C_p : 비열)

㉮ $t = \dfrac{H_L}{GC_p}$(℃)

㉯ $t = \dfrac{H_h}{GC_p}$(℃)

㉰ $t = \dfrac{GC_p}{H_L}$(℃)

㉱ $t = \dfrac{GC_p}{H_h}$(℃)

해설 $t = \dfrac{H_L}{G \cdot C_p}$(℃)

177 프로판가스(C_3H_8)를 완전연소시킬 때 필요한 이론공기량은 얼마인가?

㉮ 10.23Nm³/kg ㉯ 11.31Nm³/kg

㉰ 12.12Nm³/kg ㉱ 13.24Nm³/kg

해설 $C_3H_8 + 5O_2 \rightarrow 3CO_2 + 4H_2O$

이론공기량 $= \left(5 \times \dfrac{100}{21}\right) \times \dfrac{22.4}{44} = 12.12Nm^3/kg$

※ 분자량 44(44kg = 22.4Nm³)

178 C_mH_n 1Nm³을 완전연소시켰을 때 생기는 CO_2 양(Nm³)은?

㉮ mCO_2Nm^3 ㉯ nNm^3

㉰ $2nNm^3$ ㉱ $4nNm^3$

해설 탄화수소 완전연소식

$C_mH_n + \left(m + \dfrac{n}{4}\right)O_2 \rightarrow mCO_2 + \dfrac{n}{2}H_2O + Q$

179 중유를 연소시켰을 때 배기가스를 분석한 결과 $CO_2 : 13.4\%$, $O_2 : 3.1\%$, $N_2 : 83.5\%$이었다. 완전연소라 할 때 공기의 과잉계수는 약 얼마인가?

정답 173.㉯ 174.㉯ 175.㉱ 176.㉮ 177.㉰ 178.㉮ 179.㉯

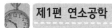

㉮ 2.76 ㉯ 1.16
㉰ 0.86 ㉴ 0.36

해설 과잉공기계수 $= \dfrac{N_2}{N_2 - 3.76(O_2 - 0.5(CO))}$

$= \dfrac{83.5}{83.5 - 3.76(3.1 - 0.5 \times 0)} = 1.1622$

---

180 아래의 반응식은 메탄의 완전연소반응이다. 이때 메탄, 이산화탄소, 물의 생성열이 각각 $-17.9kcal$, $-94.1kcal$, $-57.8kcal$이라면 메탄의 완전연소 시 발열량은 얼마인가?

$$CH_4 + 2O_2 \rightarrow CO_2 + 2H_2O$$

㉮ 216.5kcal ㉯ 191.8kcal
㉰ 169.8kcal ㉴ 134.0kcal

해설 $(2 \times 57.8 + 94.1) - 17.9 = 191.8kcal$
※ 반응열과 생성열은 부호가 반대

---

181 메탄올(g), 물(g) 및 이산화탄소(g)의 생성열은 각각 50kcal, 60kcal 및 95kcal이다. 이때 메탄올의 연소열은?

㉮ 120kcal ㉯ 145kcal
㉰ 165kcal ㉴ 180kcal

해설 $CH_3OH + 2.5O_2 \rightarrow CO_2 + 2H_2O$
$\therefore (95 + 120) - 50 = 165kcal$

---

182 수소의 연소반응은 일반적으로 $H_2 + \dfrac{1}{2}O_2$ $\rightarrow H_2O$로 알려져 있으나 실제 반응은 수많은 연소반응이 연쇄적으로 일어난다고 한다. 다음은 무슨 반응에 해당하는가?

$$OH + H_2 \rightarrow H_2O + H, \ O + HO_2 \rightarrow O_2 + OH$$

㉮ 연쇄창시반응 ㉯ 연쇄분지반응
㉰ 기상정지반응 ㉴ 연쇄이동반응

해설 연쇄이동반응
$OH + H_2 \rightarrow H_2O + H, \ O + HO_2 \rightarrow O_2 + OH$

---

183 부탄을 완전연소시켰을 때 화학반응식을 옳게 나타낸 것은?

$$C_4H_{10} + (1)O_2 \leftrightarrows (2)CO_2 + (3)H_2O$$

㉮ $(1) 4\dfrac{1}{2}$, (2) 2, (3) 3
㉯ (1) 5, (2) 3, (3) 4
㉰ (1) 6, (2) 4, (3) 5
㉴ $(1) 6\dfrac{1}{2}$, (2) 4, (3) 5

해설 $C_4H_{10} + 6.5O_2 \rightarrow 4CO_2 + 5H_2O$(완전연소)
$C_4H_{10} + 6\dfrac{1}{2}O_2 \rightarrow 4CO_2 + 5H_2O$(불완전연소)

---

184 프로판 가스를 10kg/h 사용하는 보일러의 이론공기량은 매시간당 몇 m^3 필요한가?

㉮ $111.4Nm^3/h$
㉯ $121.2Nm^3/h$
㉰ $131.5Nm^3/h$
㉴ $141.4Nm^3/h$

해설 $C_3H_8 + 5O_2 \rightarrow 3CO_2 + 4H_2O$
프로판 $1kmol = 22.4m^3 = 44kg$
이론공기량 $= \left(5 \times \dfrac{100}{21} \times 10\right) \times \dfrac{22.4}{44} = 121.2Nm^3/h$

정답 180.㉯ 181.㉰ 182.㉴ 183.㉴ 184.㉯

185 저발열량이 46MJ/kg인 연료 1kg을 완전 연소시켰을 때 연소가스의 평균정압비열이 1.3kJ/kg · K이고 연소가스량은 22kg이 되었다. 연소 전의 온도가 25℃이었을 때 단열 화염온도는 약 몇 ℃인가?

㉮ 1,341 ㉯ 1,608

㉰ 1,633 ㉱ 1,728

해설 $46MJ/kg = 46,000kJ/kg$

$$\therefore t = \frac{46,000}{22 \times 1.3} + 25 = 1,633℃$$

186 1ton의 CH_4이 연소하는 경우 필요한 이론 공기량은?

㉮ $13,333m^3$ ㉯ $23,333m^3$

㉰ $33,333m^3$ ㉱ $43,333m^3$

해설 $1ton = 1,000kg$

메탄$(1kmol = 22.4m^3 = 16kg)$

$CH_4 + 2O_2 \rightarrow CO_2 + 2H_2O$

이론공기량 $= \left(2 \times \frac{100}{21}\right) \times \frac{22.4}{16} \times 1,000 = 13,333m^3$

187 BLEVE(Boiling Liquid Expanding Vapor Explosion) 현상에 대한 설명으로 가장 옳은 것은?

㉮ 물이 점성의 뜨거운 기름 표면 아래서 끓을 때 연소를 동반하지 않고 Over Flow 되는 현상

㉯ 물이 연소유(Oil)의 뜨거운 표면에 들어갈 때 발생되는 Over Flow 현상

㉰ 탱크바닥에 물과 기름의 에멀전이 섞여있을 때 기름의 비등으로 인하여 급격하게 Over Flow 되는 현상

㉱ 과열상태의 탱크에서 내부의 액화가스가 분출, 기화되어 착화되었을 때 폭발적으로 증발하는 현상

해설 BLEVE : 저장탱크에서 과열상태의 내부 액화가스가 분출, 기화되어 착화되었을 때 폭발적으로 증발하는 현상

188 가스의 반응속도를 설명한 것 중 가장 거리가 먼 내용은?

㉮ 반응속도상수는 온도에 비례한다.

㉯ 일반적으로 촉매는 반응속도를 증가시켜 준다.

㉰ 반응은 원자나 분자의 충돌에 의해 이루어진다.

㉱ 반응속도에 영향을 미치는 요인에는 온도, 압력 그리고 농도 등을 들 수 있다.

해설 반응속도

① 어떤 반응에서 반응물질(생성물질)이 단위시간에 감소 또는 증가하는 비율이다.

② 반응속도는 농도가 증가하면 커진다.

③ 온도가 높을수록 커지며 수용액 상태에서는 10℃ 상승에 약 2배 빨라지고 기체일 경우 그 이상이 된다.

189 다음 위험성을 나타내는 성질에 관한 설명으로 옳지 않은 항은?

㉮ 비등점이 낮으면 인화의 위험성이 높아진다.

㉯ 유지, 파라핀, 나프탈렌 등 가연성 고체는 화재시 가연성 액체로 되어 화재를 확대한다.

㉰ 물과 혼합되기 쉬운 가연성 액체는 물과의 혼합에 의해 증기압이 높아져 인화점이 낮아진다.

㉱ 전기전도도가 낮은 인화성 액체는 유동이나 여과시 정전기를 발생하기 쉽다.

해설 ① 비등점이 낮으면 인화의 위험이 따른다.

② 유지나 파라핀, 나프탈렌 등 고체는 화재시 가연성 액체로 변한다.

③ 전기전도도가 낮은 인화성 액체는 유동시 정전기 발생이 일어나기 쉽다.

정답 185.㉰ 186.㉮ 187.㉱ 188.㉮ 189.㉰

190 다음 연소현상 중 석탄이나 목재 같이 연소 초기에 화염을 내며 연소하는 연소형태로 가장 옳은 것은?

㉮ 분해연소   ㉯ 등심연소
㉰ 증발연소   ㉱ 확산연소

해설 분해연소
연소초기에 고체연료가 화염을 내면서 연소하는 형태의 연소이다.

191 가연성 가스의 위험성에 대한 설명으로 잘못된 것은?

㉮ 폭발범위가 넓을수록 위험하다.
㉯ 폭발범위 밖에서는 위험성이 감소한다.
㉰ 온도나 압력이 증가할수록 위험성이 증가한다.
㉱ 폭발범위가 좁고 하한계가 낮은 것은 위험성이 매우 적다.

해설 ① 폭발범위가 좁은 가스는 위험성이 적다.
② 폭발범위 하한계가 낮은 것은 위험성이 매우 크다.

192 등심연소 시 화염의 높이에 대해 옳게 설명한 것은?

㉮ 공기온도가 높을수록 커진다.
㉯ 공기온도가 낮을수록 커진다.
㉰ 공기유속이 높을수록 커진다.
㉱ 공기유속 및 공기온도가 낮을수록 커진다.

해설 등심연소 시 공기의 온도가 높을수록 화염의 높이가 커진다.

정답 190.㉮ 191.㉱ 192.㉮

가스 화재 소화 이론

3-1 화재의 종류

1) A급 화재

일반적인 화재로서 목재 등 일반 가연물에 의한 화재를 말한다.

2) B급 화재

가연성 액체(유류 종류)의 화재로서 연소된 이후 아무것도 남지 않는 것을 말한다.

3) C급 화재

전기 화재로서 누전 또는 부하 등에 의하여 발생하는 화재를 말한다.

4) D급 화재

금속류의 화재를 말한다.

〈화재의 종류〉

화재별 등급	화재 구분	예	표시 색상
A급 화재	일반 가연물 화재	종이, 섬유, 목재 등	백색
B급 화재	유류 화재	가솔린, 알코올, 등유 제4류 위험물	황색
C급 화재	전기 화재	전기합선, 과전류, 누전	청색
D급 화재	금속 화재	금속분(Na, K)	-

3-2 소화의 원리

연소가 계속되자면 연소에 필요한 가연물, 산소공급원 및 점화원이 필요하지만 이를 연소의 3요소 중 전부 또는 일부만 없애 주면 연소는 중단되므로 그 방법 다음의 여러 가지가 있다.

1) 가연물의 제거

가연성 물질을 연소구역에서 없애줌으로써 연소 확대를 방지하고 또한 자연소화를 시킨다.

2) 산소의 차단

산소의 공급원이 차단되면 연소는 멈추게 된다. 그러므로 산소의 공급을 차단하면 산소부족에 의해 소화가 된다. 이때 질식소화를 할 수 있는 산소의 농도는 16% 이하로 본다.

■ 산소공급을 차단하는 방법

① 거품으로 연소물을 덮는 방법
② 소화분말로 연소물을 덮는 방법
③ 할로겐화물의 증기로 연소물을 덮는 방법
④ 이산화탄소로 연소물을 덮는 방법
⑤ 불연성 고체로 연소물을 덮는 방법

 연소가 중단되는 산소의 유효한계 농도(%) : 10~15%

3) 연소의 억제

연소의 계속은 잇달아 분자가 활성화되어 산화반응이 계속 진행되므로 연소가 계속된다. 이와 같은 연속적 관계를 차단, 즉 억제하는 방법을 취하면 연소는 계속되지 않는다.

(1) 연소 억제제

사염화탄소·일염화 일취화 메탄·할로겐화 탄화수소 등

(2) 할로겐 원소의 부촉매 순서는 다음과 같다.

부촉매 효과 : I>F>Br>Cl

4) 냉각에 의한 소화

연소물체로부터 열을 빼앗아 발화점 이하로 온도를 낮추어 소화하는 방법이다. 즉 연소물체에 접촉하므로 인해 기화열이 흡열되어 물체의 온도가 서서히 내려가므로 소화가 되는데, 현재 이 방법으로 가장 많이 이용되는 것은 주수에 의한 소화방법이다.

〈소화방법〉

소화 종류	소화 구분	예
제거소화	일반 가연물을 제거하는 방법	촛불, 산불, 유전화재
질식소화	산소 공급을 제거하여 소화	CO_2, 할로겐, 건조사, 분말.
냉각 소화	발화점 이하로 냉각하여 소화	물의 증발잠열 이용 냉각
부촉매(억제)소화	연소의 연쇄반응 억제로 소화	할로겐화 소화제 소화

※ 질식소화 가능 농도는 산소 15% 이하, 산소 16% 이하시 호흡곤란, 산소 22% 이상시 혈압상승

3-3 소화 약제 구분

1) 포소화

A제(중조, $NaHCO_3$) + B제(황산알루미늄, $Al_2(SO_4)_3$) + 기포 안정제
$$6NaHCO_3 + Al_2O_3 + 18H_2O \longrightarrow 3Na_2SO_4 + 2Al(OH)_3 + 6CO_2 + 18H_2O$$

(기포 안정제 : 단백질, 젤라틴, 사포닝, 계면활성제)
※ 질식효과, 냉각효과, A, B급 화재에 적용

2) 분말소화제

분말로 덮어 질식과 냉각효과로 소화하는 소화제를 말한다.

〈분말소화제 구분〉

구분	소화제 반응식	적용화재	소화제 색상
1종 분말	$2NaHCO_3 \longrightarrow Na_2CO_3 + 2CO_2 + H_2O$(드라이 케미칼)	B, C급	흰색 분말
2종 분말	$2KHCO_3 \longrightarrow K_2CO_3 + 2CO_2 + H_2O$	B, C급	보라색
3종 분말	$NH_4H_2PO_4 \longrightarrow KPO_3 + NH_3 + H_2O$	A, B, C급	담홍색
4종 분말	$2KHCO_3 + (NH_2)_2CO_2 \longrightarrow K_2CO_3 + 2NH_3 + 2CO_2$	B, C급	회백색

3) 탄산가스(CO_2)

드라이아이스, 줄톰슨 효과, 자체는 독성이 없으나 소화 시 질식위험

4) 할로겐화물

전기 전자 소화 사용, 포스겐(사염화탄소) 발생

5) 강화액소화

물에 K_2CO_3 물 소화 능력 강화

연습문제

Industrial Engineer Gas

01 연소의 형태에 대하여 잘못된 것은?

㉮ 공기구멍을 닫고 도시가스를 점화하여 붉은색인 것은 불완전 연소하고 있는 것을 나타낸다.

㉯ 목재는 과열되면 열분해하고 그때 재발생하는 가연성 기체가 연소하며 이것을 분해연소라 한다.

㉰ 목탄의 연소는 탄소 그것이 직접 연소하므로 표면연소라 한다.

㉱ 알코올의 연소는 알코올의 표면이 연소하므로 이를 표면연소라 한다.

해설 알코올의 연소는 액증발에 의한 가연성 기체의 연소로 증발연소로 본다.

02 불연성이어서 소화제로 이용될 수 있는 물질은?

㉮ 산화반응을 하고 발열반응을 갖는 물질

㉯ 산화반응은 하지 않으나 발열반응을 갖는 물질

㉰ 산화환원 반응이 동시에 되는 물질

㉱ 산화반응을 하고 발열반응을 갖지 않는 물질

해설 ㉱는 발열을 하지 않으면 열축적이 적어 연소가 곤란하다.

03 연소한계에 대하여 틀린 사항은?

㉮ 가스의 온도가 높아지면 연소범위는 넓어진다.

㉯ 가스압이 높아지면 상한값은 좁아진다.

㉰ 가스압이 높아지면 하한값은 크게 변하지 않는다.

㉱ 가스압이 상압(1기압)보다 낮아지면 연소범위는 좁아진다.

해설 가스의 압력이 높아지면 상한값은 커진다.

04 자연발화의 형태를 4가지로 볼 때, 다음 중에서 관계없는 것은?

㉮ 산화열에 의한 발열

㉯ 흡착열에 의한 발열

㉰ 융합열에 의한 발열

㉱ 미생물에 의한 발열

해설 미생물은 자연발화와의 직접적인 관계는 없다.

05 다음 서술한 것 중 잘못된 것은 어느 것인가?

㉮ 불완전 연소할 때에 발생하는 일산화탄소는 가연물이다.

㉯ 산소가 다른 물질로 화합하는 것을 산화라 한다.

㉰ 산소와 수소가 물이 되는 것을 화합이라고 한다.

㉱ 다른 물질을 산화하는 물질을 일반적으로 환원제라 한다.

해설 환원제는 다른 물질을 환원시키는 물질이다.

정답 01.㉱ 02.㉱ 03.㉯ 04.㉰ 05.㉱

06 다음 질소가스가 불연성이 되는 이유로 가장 적당한 것은?

㉮ 공기 중에 대량 분포되기 때문이다.

㉯ 산소와 반응은 하나 흡열하기 때문이다.

㉰ 연소에도 화염을 내지 않기 때문이다.

㉱ 산소와 반응하면 불안정한 화합물이 되기 때문이다.

해설 질소는 산소와 반응하여 산화물을 만드나 흡열반응으로 인한 가연물의 냉각이 초래된다.

07 정전기에 대하여 가장 바른 것은?

㉮ 정전기 제거에는 금속용기를 도선에 연결하여 접지하면 효과가 없다.

㉯ 정전기에 의한 화재는 주수에 의한 소화는 절대 엄금한다.

㉰ 정전기는 전기 부도체의 마찰에 의해서만 발생한다.

㉱ 정전기의 축적을 방지하는 데는 습도를 크게 하는 편이 좋다.

해설 정전기는 일반적으로 접지하여 제거하고, 전기부도체이므로 마찰, 접촉 등의 조건에 의해 발생한다.

08 연소에 대한 기술 중 잘못된 것은?

㉮ 증발연소는 액체가 인화점까지 온도가 상승했을 때 액체의 표면에서 발생하는 증기가 연소하는 것을 말한다.

㉯ 표면연소는 고체의 표면이 연소하는 것을 말한다.

㉰ 정상연소는 보통연소를 말한다.

㉱ 일반 폭발은 정상연소이다.

해설 폭발이란 비정상적인 연소에 해당한다.

09 연소가 일어나기 위해서는 점화원이 필요하다. 그 이유로 타당한 것은?

㉮ 연소는 급열반응이기 때문

㉯ 산화를 개시하는 데는 열량이 필요하기 때문이다.

㉰ 가연물 중의 수분을 비산시키면 연소하기 쉬워지기 때문이다.

㉱ 공기 중의 대류가 일어나 산소와 접촉이 좋아지기 때문이다.

해설 점화원을 가해주면(활성화에너지를 주면) 최초 산화반응의 요인이 된다.

10 다음 소화원리에 이용되는 부촉매효과가 가장 큰 것은?

㉮ F ㉯ Cl

㉰ I ㉱ Br

해설 할로겐 원소의 부촉매 효과
$I > F > Cl > Br$

11 연소에 있어서 연소의 고발열량과 진발열량과의 의미의 차이는 무엇인가?

㉮ 연소물질이 무엇인가에 따라 고발열량과 진발열량으로 구분된다.

㉯ 연소로 생긴 물을 실제 기체로 생각하는 것이다.

㉰ 연소로 인해 생긴 수증기의 증발잠열을 포함하는가 또는 아닌가에 의한 차이다.

㉱ 연소열과는 무관한 것이다.

해설 고위발열량 − 진발열량 = 수증기의 증발잠열

정답 06.㉯ 07.㉱ 08.㉱ 09.㉯ 10.㉰ 11.㉰

12 0℃, 1atm에서 10m³의 다음 조성을 가지는 기체연료의 이론공기량은? (H₂ 10%, CO 15%, CH₄ 25%, N₂ 50%)

㉮ 29.8m³
㉯ 20.6m³
㉰ 16.8m³
㉱ 8.7m³

해설
$$H_2 + \frac{1}{2}O_2 \rightarrow H_2O$$
$$CH_4 + 2O_2 \rightarrow CO_2 + 2H_2O$$
$$CO + \frac{1}{2}O_2 \rightarrow CO_2$$
$$\frac{0.5 \times 0.1 + 0.5 \times 0.15 + 2 \times 0.25}{0.21} \times 10$$
$$= 29.76m^3$$

13 연소 시 배기가스 중의 질소산화물(NOx)의 함량을 줄이는 방법 중 적당하지 않은 것은?

㉮ 굴뚝을 높게 한다.
㉯ 연소온도를 낮게 한다.
㉰ 질소함량이 적은 연료를 사용한다.
㉱ 연소가스가 고온으로 유지되는 시간을 짧게 한다.

해설 굴뚝을 높게 하면 통풍력이 증가한다.

14 화염의 온도를 높이려 할 때 해당되지 않는 조작은?

㉮ 공기를 예열하여 사용한다.
㉯ 연료를 완전연소시키도록 한다.
㉰ 발열량이 높은 연료를 사용한다.
㉱ 과잉공기를 사용한다.

해설 과잉공기를 사용하면 화염의 온도가 낮아진다.

15 연소관리에 있어서 배기가스를 분석하는 가장 큰 목적은?

㉮ 노내압 조절
㉯ 공기비 계산
㉰ 연소열량 계산
㉱ 매연농도 산출

해설 배기가스 분석(CO_2, O_2, CO, N_2)을 하게 되면 공기비가 계산된다.

16 다음 중 폭발등급 2급인 가스는?

㉮ 수소
㉯ 프로판
㉰ 에틸렌
㉱ 아세틸렌

해설 폭발 2등급 가스 : 석탄가스, 에틸렌가스

17 다음 중 연소의 3요소인 점화원과 관계가 없는 것은?

㉮ 정전기
㉯ 기화열
㉰ 자연발화
㉱ 단열압축

해설 점화원
① 정전기, ② 자연발화, ③ 전기불꽃, ④ 화염,
⑤ 열복사, ⑥ 자외선, ⑦ 마찰, ⑧ 충격파

18 기체연료의 연소형태에 해당되는 것은?

㉮ Premixing Burning
㉯ Pool Burning
㉰ Evaporating Combustion
㉱ Spray Combustion

해설 Premixing Burning : 기체연료의 강제혼합연소
㉯ 액면연소
㉰ 증발연소
㉱ 분무연소

정답 12.㉮ 13.㉮ 14.㉱ 15.㉯ 16.㉰ 17.㉯ 18.㉮

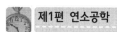

19 등심연소 시 화염의 높이에 대해 옳게 설명한 것은?

㉮ 공기 온도가 높을수록 커진다.

㉯ 공기 온도가 낮을수록 커진다.

㉰ 공기 유속이 높을수록 커진다.

㉱ 공기 유속이 낮을수록 작아진다.

해설 등심연소는 연료를 등(燈)의 심지로 빨아올려 대류나 복사작용에 따라 확산연소한다.

20 소화의 원리에 대한 설명 중 가장 거리가 먼 것은?

㉮ 가연성 가스나 가연성 증기의 공급을 차단시킨다.

㉯ 연소 중에 있는 물질에 물이나 특수 냉각제를 뿌려 온도를 낮춘다.

㉰ 연소 중에 있는 물질에 공기를 많이 공급하여 혼합기체의 농도를 높게 한다.

㉱ 연소 중에 있는 물질의 표면을 불활성 가스로 덮어 씌워 가연성 물질과 공기를 차단시킨다.

해설 연소 중에 있는 물질에 공기를 많이 공급하면 소화가 방해된다.

21 동절기에 사용할 수 있도록 물소화약제의 단점을 보완하기 위하여 제조하는 강화액에 용해시키는 물질은 어느 것인가?

㉮ 제1인산암모늄　　㉯ 중탄산나트륨

㉰ 탄산칼륨　　　　　㉱ 황산알루미늄

해설 강화액 소화기
물의 소화효과를 증가시키기 위해 탄산칼륨(K_2CO_3)을 용해시킨 수용액이다.

22 공기를 차단시키며 화염에서 나오는 복사열을 차단시키는 효과가 있고 발생기 수소나 수산화기와 결합하여 화염의 연쇄 전파 반응을 중단시키는 소화제는?

㉮ 물

㉯ 탄산가스

㉰ 드라이케미칼 분말

㉱ 하론

해설 드라이케미칼 분말은 공기를 차단시키며 화염에서 나오는 복사열을 차단시키는 효과가 있다.

정답 19.㉮　20.㉰　21.㉰　22.㉰

CHAPTER 04 가스의 특성

Industrial Engineer Gas

4-1 수소(Hydrogen, H₂)

1. 성 질

① 상온에서 무색, 무취, 무미의 가연성 압축가스이다.

② 가장 밀도가 작고 가장 가벼운 기체이다.(확산속도 : 1.8km/s가 크다.)

③ 액체수소는 극저온으로 연성의 금속재료를 쉽게 취화시킨다.

④ 산소와 수소의 혼합가스를 연소시키면 2,000℃ 이상의 고온을 얻을 수 있다.

$$2H_2 + O_2 = 2H_2O + 135.6kcal \text{ (수소폭명기)}$$

⑤ 고온·고압하에서 강재 중의 탄소와 반응하여 메탄을 생성 수소취화현상이 있다.

$$Fe_3C + 2H_2 = CH_4 + 3Fe \text{ (탈탄작용)}$$

 1. 탈탄작용 방지금속 : W. Cr. Ti. Mo. V.(텅스텐, 크롬, 티타늄, 몰리브덴, 바나듐)
2. 탈탄작용 방지재료 : 5~6%크롬강, 18-8스테인리스강

〈수소의 물성〉

구분	분자량	비점	임계온도	임계압력	융점	폭발범위	폭굉범위	발화점
수치	2.016	−252.8℃	−239.9℃	12.8atm	−259.1℃	4~75%	18.3~59.0	530℃

2. 공업적 제법

① 수전해법 : 물 전기분해법(20% NaOH 사용)

② 수성가스법 : 석탄, 코크스의 가스화법(폭발등급 3등급)

③ 석유분해법 : 수증기 개질법, 부분산화법(파우더법)

④ 천연가스 분해법
⑤ 일산화탄소 전화법

3. 용 도

① 암모니아, 염산, 메탄올 합성 등 공업용으로 널리 사용되는 압축가스이다.
② 금속의 용접이나 절단에 사용한다.
③ 액체수소의 경우 로켓이나 미사일의 추진용 연료이다.

4. 폭발성 및 인체에 미치는 영향

① 염소, 불소와 반응하면 폭발(수소폭명기) 위험이 있다.
② 최소발화에너지가 매우 작아 미세한 정전기나 스파크로도 폭발할 위험이 있다.
③ 비독성으로 질식제로 작용한다.

4-2 산소(Oxygen, O_2)

산소는 지각(地殼) 중에서 가장 다량(약 50%) 존재하며, 공기 중에 약 21% 함유되어 있다.
▶ 산소에는 질량수 16, 17, 18의 안정한 동위원소가 있다.

1. 성 질

① 비중은 공기를 1로 할 때 1.11의 무색·무취·무미의 기체이다.
② 화학적으로 화합하여 산화물을 만든다.
③ 순산소 중에서는 공기 중에서보다 심하게 반응한다.
④ 수소와는 격렬하게 반응하여 폭발하고 물을 생성한다.
⑤ 탄소와 화합하면 이산화탄소와 일산화탄소를 생성한다.
⑥ 산소-수소염은 2,000~2,500℃, 산소-아세틸렌염은 3,500~3,800℃에 달한다.
⑦ 산소는 그 자신 폭발의 위험은 없지만 강한 조연성 가스이다.
⑧ 기름이나 그리스 같은 가연성 물질은 발화 시에 산소 중에서 거의 폭발적으로 반응한다.
⑨ 만일 유지류가 부착되어 있을 경우에는 사염화탄소 등의 용제로 세정한다.

〈산소의 물성〉

구분	분자량	비점	임계온도	임계압력	융점	용해도	정압비열	정적비열
수치	32	$-182.97℃$	$-118.4℃$	50.1atm	$-218℃$	49.1cc	0.2187cal/g℃	0.1566cal/g℃

2. 제 법

1) 물전기 분해

$$2H_2O = 2H_2 + O_2$$

2) 공기 액화 분리법

비등점 차이에 의한 분리(O_2 : -183℃, N_2 : -195.8℃)

■ **공기 액화장치의 종류**

① 전저압식 공기 분리장치 : 5kg/cm² 이하, 대용량 사용

② 중압식 공기 분리장치 : 10 ~ 30kg/cm² 정도, 산소보다 질소가 많음

③ 저압식 액산플랜트 방식 : 25kg/cm² 이하, 액화산소 및 액화질소, 그리고 Ar 회수

3. 용 도

① 타 가스에 의한 마취로부터의 소생 등 의료계에 널리 이용되고 있다.

② 잠수 시 또는 우주탐사 시 호흡용과 연료원으로 사용된다.

③ 산소 – 아세틸렌염, 산소 – 수소염, 산소 – 프로판염 등으로 용접, 절단용으로 쓰이고 있다.

④ 인조보석 제조와 로켓 추진의 산화제 또는 액체산소 폭약 등에도 널리 쓰이고 있다.

4. 폭발성 및 인화성

① 물질의 연소성은 산소농도나 산소분압이 높아짐에 따라 현저하게 증대하고 연소속도의 급격한 증가, 발화온도의 저하, 화염온도의 상승 및 화염길이의 증가를 가져온다.

② 폭발한계 및 폭굉 한계도 공기 중과 비교하면 산소 중에서는 현저하게 넓고 또 물질의 점화에너지도 저하하여 폭발의 위험성이 증대한다.

> **참고** 공기액화분리장치(린데식)
> • 드라이아이스 생성방지를 위해 CO_2 흡수제 NaOH 사용
> • 건조제는 실리카겔, 산화알루미늄, 소바비드가 사용된다.
> • 산소용 압축기 윤활유는 물 또는 10% 이하의 묽은 글리세린수가 사용된다.

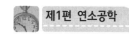

5. 인체에 미치는 영향

① 기체산소의 흡입은 인체에 독성효과보다 강장의 효과가 있다.

② 산소과잉이거나 순산소인 경우는 인체에 유해하다. 60% 이상의 고농도에서 12시간 이상 흡입하면 폐충혈이 되며 어린아이나 작은 동물에서는 실명·사망하게 된다.

6. 장치 안전

① 산소가스용기 및 기계류에는 윤활유, 그리스 등을 사용하지 않는 금유 표시기기를 사용한다.

② 산소 압축기의 윤활유로 물이나 10% 이하의 글리세린수를 사용한다.

③ 산소의 최고압력은 150kg/cm²이며, 용기재질은 Mn강, Cr강, 18−8스테인리스강을 사용한다.

 4-3 질소(Nitrogen, N₂)

1. 성 질

① 상온에서 무색·무취의 기체이며 공기 중에 약 78.1% 함유되어 있다.

② 불연성 기체로 분자상태는 안정하나 원자상태는 화학적으로 활발하다.(NO, NO₂)

③ Mg, Li, Ca 등과 질화작용한다(Mg_3N_2, Li_3N_2, Ca_3N_2). (내질화 성금속 : Ni)

〈질소의 물성〉

구분	분자량	비점	임계온도	임계압력	융점	밀도
수치	28	−195.8℃	−147℃	33.5atm	−209.89℃	1.25

2. 제 법

① 공기 액화 분리장치 이용 제조

② 아질산암모늄(NH_4NO_2) 가열하여 제조

3. 용 도

① 급속동결용 냉매로 사용한다.

② 산화방지용 보호제로 사용한다.

③ 기기 기밀 시험용, 퍼지용, 고온고압에서 NH_3 생성 등으로 사용한다.

4-4 **희가스(알곤, 네온, 헬륨, 크립톤, 크세논, 라돈)**

1. 성 질

① 원소와 화합하지 않는 불활성기체이다.(원자량, 분자량이 같다.)

② 무색·무취의 기체이며, 방전관 속에서 특유의 빛을 발생한다.

〈희가스의 물성〉

명칭	분자량	공기 중 분포	융점(℃)	비점(℃)	임계온도	임계압력	발광색
Ar	39.94	0.93%	−189.2	−185.8	−22℃	40atm	적색
Ne	20.18	0.0015%	−248.67	−245.9	−228.3℃	26.9atm	주황색
He	4.00	0.0005%	−272.2	−268.9	−267.9℃	2.26atm	황백색

※ Kr : 녹자색   Xe : 청자색   Rn : 청록색

2. 제 법

공기액화 시 부산물로 생산(아르곤 Ar은 공기 중에 0.93% 존재한다.)

3. 용 도

네온사인용, 형광등 방전관용, 금속가공 제련 보호가스 등 이용

 4-5 **염소(Chlorine, Cl$_2$)**

1. 성 질

상온에서 심한 자극적인 냄새가 있는 황록색의 무거운 독성기체이다.(허용농도 1ppm)

-34℃ 이하로 냉각시키거나, 6~8기압의 압력으로 액화되어 액체상태로 저장한다.

기체일 때 무게는 공기보다 약 2.5배 무겁고, 조연성 가스로 취급된다.

수소와 염소가 혼합되었을 경우 폭발성을 가진다.(염소폭명기)

① 염소폭명기 : $H_2 + Cl_2 \rightarrow 2HCl + 44kcal$

② 철에서는 120℃를 넘으면 부식되고 고온이 되면 급격히 반응하여 염화물이 된다.

③ 염소와 수소의 혼합물은 냉암소에서는 반응하지 않는다.

〈염소의 물성〉

구분	분자량	비점	임계온도	임계압력	융점	용해도	허용농도	밀도 (g/L)
수치	71	$-34℃$	$144℃$	$76.1atm$	$-100.98℃$	4.61배	1ppm	1.429

2. 제 조

■ 소금전기분해

① 수은법 : 아말감(고순도)
② 격막법 : 공업용

3. 용 도

① 수돗물을 살균한다.
② 펄프·종이·섬유를 표백한다.
③ 공업용수나 하수의 정화제이다.

4. 폭발성, 인화성 및 위험성

① 염소가스 분위기 중에 있는 금속을 가열하면, 금속이 연소된다.
② 염소와 아세틸렌이 접촉하게 되면 자연발화의 가능성이 높다.
③ 독성가스로서 호흡기에 유해하다.
④ 독성 재해제로는 소석회, 가성소다, 탄산소다 수용액을 사용한다.
⑤ 안전변은 가용전($65\sim68℃$)식 안전변 사용

5. 기 타

① 안전장치로 가용전은 $65\sim68℃$에서 용해된다.
② 압축기의 윤활제 및 건조제로는 진한 황산이 사용된다.
③ 재독제로는 가성소다수용액, 탄산소다수용액, 소석회 등이 있다.

4-6 **암모니아(NH₃)**

1. 성 질

① 상온·상압하에서 자극이 강한 냄새를 가진 무색의 기체이다.

② 물에 잘 용해된다.(0℃, 1atm에서 1,164배 용해됨, 물 1cc에 800cc 용해)

③ 증발잠열이 크며, 독성, 가연성 가스이다.

〈암모니아의 물성〉

구분	분자량	비점	임계온도	임계압력	융점	연소범위	허용농도	비중(공기)
수치	17	−33.4℃	132.9℃	112.3atm	−77.7℃	15~28%	25ppm	0.59

2. 제 법

1) 하버보시법

$$N_2 + 3H_2 = 2NH_3 + 23kcal(촉매\ Fe + Al_2O_3)$$

① 고압법($600{\sim}1,000kg/cm^2$ 이상) : 클로드법, 카자레법

② 중압법($300kg/cm^2$) : IG법, 뉴파우더법, 동고시법, JCI법

③ 저압법($150kg/cm^2$) : 구우데법, 케로그법(경제적임)

2) 석회질소법

$$3CaO + 3C + N_2 + 3H_2O = 3CaCO_3 + 2NH_3$$

3. 용 도

① 질소비료, 황산암모늄 제조, 나일론, 아민류의 원료

② 흡수식이나 압축식 냉동기의 냉매, 드라이아이스 제조

4. 누출검지 및 인체에 미치는 영향

① 염소, 염화수소, 황화수소 등과 반응하면 흰 연기 발생(구리, 아연, 은, 코발트 등과 반응하여 착이온생성)

② 페놀프탈레인 용액과 반응(무색 → 적색)

③ 적색리트머스 시험지와 반응(파란색)

④ 독성가스로 최대허용치는 25ppm, 고온·고압에서 질화작용으로 18-8스테인리스강 사용

4-7 일산화탄소(CO)

1. 성 질

① 무미, 무취, 무색의 기체. 독성이 강하고, 환원성의 가연성 기체이다.

② 물에는 녹기 어렵고 알코올에 녹는다.

③ 금속과 반응하여 금속(Fe, CO, Ni)카보닐을 생성(카보닐 방지금속 : Cu, Ag, Al)

고압에서 $Fe + 5CO = Fe(CO)_5$ ── 철카보닐

100℃ 이상에서 $Ni + 4CO = Ni(CO)_4$ ── 니켈카보닐

〈일산화탄소의 물성〉

구분	분자량	비점	임계온도	임계압력	융점	연소범위	허용농도	비중(공기)
수치	28	−192.2℃	139℃	35atm	−207℃	12.5~74.2%	50ppm	0.97

2. 제 조

1) 수성가스화법

$$CH_4 + H_2O = CO + 3H_2$$

2) 석탄 코크스 습증기 분해법

$$C + H_2O = CO + H_2$$

3. 용 도

메탄올 합성, 포스겐 제조, 환원제 등

4. 기 타

① 상온에서 염소와 반응하여 포스겐($COCl_2$) 독성가스 생성

② 압력 증가 시 폭발범위가 좁아진다.

4-8 이산화탄소(CO_2)

1. 성 질

① 무미, 무취, 무색의 기체, 독성이 없고, 불연성 기체로 공기보다 무겁다.

② 물에는 녹기 어렵고 물에 녹아 약산성으로 관부식한다.

〈수소의 물성〉

구분	분자량	비점	임계온도	임계압력	융점	공기 중 분포	허용농도	비중(공기)
수치	44	$-78.5℃$	31℃	72.9atm	$-56℃$	0.03%	1,000ppm	1.517

2. 제 조

일산화탄소 전화반응, 석회석 가열, 코크스 연소 등

3. 용 도

드라이아이스(고체탄산) 제조, 요소($(NH_2)_2CO$) 원료, 탄산수, 소화제 등

 4-9 LPG(Liquefied Petroleum Gas : 액화석유가스)

LPG란 프로판, 부탄을 주성분으로 한 저급탄화수소로 보통 $C_3 \sim C_4$까지를 말한다.

1. 특 성

① 기화 및 액화가 쉽다.(기화잠열 C_3H_8 : 101.8kcal/kg, C_4H_{10} : 92kcal/kg)

  • 프로판은 약 0.7MPa, 부탄은 약 0.2MPa 정도로 가압시키면 액화된다.

  • 기화되어도 재액화될 가능성이 있다.

② 공기보다 무겁고 물보다 가볍다.

③ 액화하면 부피가 작아진다.

④ 폭발성이 있다.

⑤ 연소 시 다량의 공기가 필요하다.(C_3H_8 : 25배, C_4H_{10} : 32배)

⑥ 발열량 및 청정성이 우수하다.

$$C_3H_8 + 5O_2 = 3CO_2 + 4H_2O + 530\text{kcal/mol}$$
$$C_4H_{10} + 6.5O_2 = 4CO_2 + 5H_2O + 700\text{kcal/mol}$$

 참고 공기희석 목적 : 열량조절, 연소효율증대, 재액화방지, 누설손실감소

⑦ LPG는 고무, 페인트, 테이프 등의 유지류, 천연고무를 녹이는 용해성이 있다.
⑧ 무색 무취이다.(부취제인 메르캅탄을 첨가)

〈LPG의 물성〉

구분	분자량	비점	임계온도	임계압력	발화점	연소범위
C_3H_8	44	$-42.1\,^\circ\!C$	$96.8\,^\circ\!C$	42atm	$460-520\,^\circ\!C$	$2.1\sim9.5\%$
C_4H_{10}	58	$-0.5\,^\circ\!C$	$152\,^\circ\!C$	37.5atm	$430-510\,^\circ\!C$	$1.8\sim8.4\%$

참고 부취제
　1. 부취제 첨가 : 공기 중의 혼합비율이 1/1,000 상태에서 감지하도록 첨가
　2. 부취제의 특성
　　① 독성이 없을 것
　　② 일반적으로 존재하는 냄새와는 명확하게 구별될 것
　　③ 저농도에 있어서도 냄새를 알 수 있을 것
　　④ 가스배관이나 가스메타 등에 흡착되지 않을 것
　　⑤ 완진히 연소하고 연소 후에는 유해하거나 냄새를 가시는 물질을 남기지 않을 것
　　⑥ 배관 내에서 통상의 온도로 응축되지 않을 것
　　⑦ 부식성이 없고 화학적으로 안정할 것
　　⑧ 물에 녹지 않고 토양에 대한 투과성이 좋을 것
　　⑨ 가격이 저렴할 것

2. 제 법

① 습성 천연가스 및 원유로부터의 제조 : 압축냉동법, 흡수법(경유), 활성탄 흡수법
② 제유소 가스로부터 제조
③ 나프타 분해 밀 수소화 분해 생성물

3. 용 도

① 프로판은 가정용 · 공업용 연료로 많이 쓰이며, 내연기관 연료로도 많이 쓰인다.
② 합성고무 원료인 부타디엔은 노르말부탄을 제조

정전기발생 방지대책
1. 폭발성 분위기 형성, 확산방지
2. 방폭전기설비 설치
3. 접지실시
4. 작업자의 대전방지

4. 액화석유가스의 누출 시 주의

① LPG가 누출되면 공기보다 무거워서 낮은 곳에 고이게 되므로 특히 주의할 것
② 가스가 누출되었을 때는 부근의 착화원을 신속히 치우고 용기밸브, 중간밸브를 잠그고 창문 등을 열어 신속히 환기시킬 것
③ 용기의 안전밸브에서 가스가 누출될 때에는 용기에 물을 뿌려 냉각시킬 것

 발화점에 영향을 주는 인자
1. 가연성가스와 공기의 혼합비
2. 가열속도와 지속시간
3. 점화원의 종류와 투여법
4. 발화가 생기는 공간의 형태
5. 기벽의 재질과 촉매효과

 4-10 LNG(Liquefied Natural Gas : 액화천연가스)

1. LNG의 조성

천연가스는 메탄(CH_4)가스가 주성분이고, 약간의 에탄 등 경질 파라핀계 탄화수소와 순수한 천연가스는 주성분인 메탄 외에도 황화수소, 이산화탄소 또는 부탄, 펜탄이 있다.

〈LNG의 조성〉

구분	조성(Vol %)						액밀도	비점
	CH_4	C_2H_6	C_3H_8	C_4H_{10}	C_5H_{12}	N_2		
보르네오산	88.1	5.0	4.9	1.8	0.1	0.1	465	−160
알래스카산	99.8	0.1	−	−	−	0.1	415	−162

2. 용 도

1) 연료

① 도시가스
② 발전용 연료
③ 공업용 연료

2) 한랭 이용

① 액화산소 및 액화질소의 제조
② 냉동창고
③ 냉동식품
④ 저온분쇄(자동차 폐타이어, 대형폐기물, 플라스틱 등)
⑤ 냉각(발전소 온·배수의 냉각)

3) 화학 공업 원료

메탄올, 암모니아의 냉각

4-11 메 탄

천연가스의 주성분인 메탄가스의 특성을 보면 다음과 같다.

〈메탄의 물성〉

구분	분자량	비점	임계온도	임계압력	융점	연소범위	발화점	비중(공기)
수치	16	−162℃	−82.1℃	45.8atm	−182.4℃	5~15%	550℃	0.55

① 공기중에서 잘 연소하고 담청색 화염을 낸다.

$$CH_4 + 2O_2 \rightarrow CO_2 + 2H_2O + 212.8kcal/mol$$

② 염소와 반응시키면 염소화합물을 만든다.

4-12 에틸렌(Ethylene, C₂H₄)

1. 성 질

① 물에 녹지 않고, 무색의 달콤한 냄새를 가진 마취성 가스임
② 부가·중합반응을 일으킨다.

〈에틸렌의 물성〉

구분	분자량	융점	비점	임계온도	임계압력
수치	28.05	−169.2℃	−103.71℃	9.9℃	50.1atm

2. 용 도

폴리에틸렌, 산화에틸렌, 에틸알코올의 제조에 이용

4-13 포스겐(COCl₂)

1. 성 질

① 순수한 것은 무색, 시판품은 짙은 황록색, 자극적인 냄새를 가진 유독가스이다.
② 서서히 분해하면서 유독하고 부식성이 있는 가스를 생성한다.
③ 300℃에서 분해하여 일산화탄소와 염소가 된다.
④ 표준품질의 순도는 97% 이상이며, 유리염소는 0.3% 이상이다.
⑤ 중화제, 흡수제로 강한 알칼리를 사용한다.(건조제는 진한 황산이다.)

〈포스겐의 물성〉

구분	분자량	융점	비점	임계온도	임계압력	비중	허용농도
수치	98.92	−128℃	8.2℃	181.85℃	56atm	1.435	0.1ppm

2. 제조법

① 일산화탄소와 염소로부터 제조한다.

$$CO + Cl_2 = COCl_2(포스겐)$$

② 사염화탄소(CCl_4)를 공기 중, 산화철, 습한 곳에서 생성한다.

4-14 아세틸렌(Acetylene : C_2H_2)

1. 성 질

① 3중 결합을 가진 불포화 탄화수소로 무색의 기체이다.
② 비점($-84℃$)과 융점($-81℃$)이 비슷하여 고체 아세틸렌은 융해하지 않고 승화한다.
③ 물 1몰에 아세틸렌은 1.1몰($15℃$), 아세톤 1몰에 아세틸렌 25몰($15℃$)이 녹는다.
④ 불꽃, 가열, 마찰 등에 의하여 자기분해를 일으키고, 수소와 탄소로 분해된다.

$$C_2H_2 = 2C + H_2 + 54.2kcal/mol(분해폭발)$$

⑤ 동, 수은, 은(Cu, Hg, Ag) 등의 금속과 결합하여 금속 아세틸리드를 생성한다.

$$C_2H_2 + 2Cu = Cu_2C_2(동아세틸리드) + H_2$$

〈아세틸렌의 물성〉

구분	분자량	융점	비점	임계온도	임계압력	연소범위
수치	26	$-82℃$	$83.8℃$	$36℃$	61.7atm	$2.1\sim81\%$

2. 제 법

① 카바이트(Carbide : CaC_2)에 물을 가하여 제조

$$CaC_2 + 2H_2O = C_2H_2 + Ca(OH)_2$$

② 석유 크래킹으로 제조

$$C_3H_8 \longrightarrow C_2H_2 + CH_4 + H_2(Creaking, \ 1,000\sim1,200℃)$$

3. 용 도

① 산소·아세틸렌염을 이용 금속의 용접 및 절단에 사용된다.
② 벤젠, 부타디엔(합성고무원료), 알코올, 초산 등 생산에 사용한다.

4. 기 타

① 가스발생기 : 주수식, 침지식, 투입식(대량생산)이 있다.
② 발생압력 : 저압식($0.07kg/cm^2$ 미만), 중압식($0.07\sim1.3kg/cm^2$), 고압식($1.3kg/cm^2$ 이상)

③ 희석제 : 질소, 메탄, CO, 에틸렌, 수소, 프로판, CO_2 등

 아세틸렌 발생기 요약

1. 가스발생기 : 주수식, 침지식, 투입식
2. 습식아세틸렌 발생기 : 표면온도는 70℃ 이하 유지, 적정온도는 50~60℃ 유지
3. 아세틸렌 압축기의 윤활유 : 양질의 광유 사용, 온도에 불구하고 2.5MPa 이상 압축금지
4. 역화방지기 : 역화방지기 내부에 페로실리콘이나 물 또는 모래, 자갈이 사용된다.
5. 건조기 건조제 : $CaCl_2$ 사용
6. 아세틸렌가스 청정제 : 에푸렌, 카타리솔, 리카솔(대표 불순물 : H_2S, PH_3, NH_3, SiH_4).
7. 아세틸렌가스 용제 : 아세톤, DMF(디메틸포름아미드)
8. 아세틸렌가스를 용제에 침윤시킨 다공도 : 75~92% 이하
9. 다공도(%) = $\dfrac{V-E}{V} \times 100$ (V : 다공 물질의 용적, E : 아세톤 침윤시킨 잔용적)

 4-15 산화에틸렌(CH_2CH_2O) ; C_2H_4O

1. 성 질

① 상온에서는 무색가스로 에테르 냄새, 고농도에서 자극적 냄새가 난다.
② 액체는 안정하나 증기는 폭발성, 가연성 가스로 중합 및 분해 폭발을 한다.
④ 아세틸라이드를 형성하는 금속(Cu, Hg, Ag)을 사용해서는 안 된다.

〈산화에틸렌의 물성〉

구분	분자량	융점	비점	인화점	발화점	밀도	연소범위
수치	44.05	-113℃	-10.4℃	-17.8℃	429℃	1.52	3~80%

2. 용 도

에틸렌 글리콜, 폴리에스테르섬유 원료 등에 이용

3. 기 타

① 저장 : 질소나 탄산가스로 치환하고 5℃ 이하 유지
② 45℃에서 압력이 0.4MPa 이상되도록 충전(질소, 탄산가스 충전)
③ 산화에틸렌 증기는 전기스파크, 화염, 아세틸드에 의해 폭발한다.
④ 구리(Cu)와는 직접 접촉을 피한다.

4-16 프레온(Freon)

탄화수소와 할로겐 원소의 결합화합물

1. 성 질

① 무미, 무취, 무색의 기체. 독성이 없고, 불연성 비폭발성으로 열에 안정하다.
② 액화하기 쉽고 증발잠열이 크다.
③ 약 800℃에서 분해하여 유독성의 포스겐가스 발생
④ 천연고무나 수지를 침식시킨다.

2. 용 도

냉동기 냉매, 테프론수지 생산, 에어졸 용제, 우레탄 발포제 등

참고 헬라이트 토치 램프 색상으로 프레온가스 누설검사
1. 누설이 없을 때 : 청색
2. 소량누설 시 : 녹색
3. 다량누설 시 : 자색
4. 극심할 때 : 불꺼짐

〈여러 가지 프레온의 물성〉

품명	약칭	분자식	비중	할론 No.
사염화탄소	CTC	CCl_4	1.595	104
1염화 1취화 메탄	CB	CH_2BrCl	1.95	1011
1취화 1염화 2불화 메탄	BCF	CF_2ClBr	2.18	1211
1취화 메탄	MB	CH_3Br	–	1001
1취화 3불화 메탄	MTB	CF_3Br	1.50	1301
2취화 4불화 에탄	FB^{-2}	C_2F_4Br	2.18	2402

4-17 시안화수소(HCN)

1. 성 질

① 복숭아 냄새의 무색기체, 무색 액체로 독성이 강하고 휘발하기 쉽다.
② 물, 암모니아수, 수산화나트륨 용액에 쉽게 흡수된다.(액화가스이다.)
③ 장기간 저장하면 중합하여 암갈색의 폭발성 고체가 된다.(60일 이내 저장)

〈시안화수소의 물성〉

구분	분자량	융점	비점	인화점	발화점	밀도	연소범위	허용농도
수치	27	$-13.2℃$	$-25.6℃$	$-17.8℃$	$538℃$	0.941	$6{\sim}41\%$	10ppm

2. 제 법

1) 앤드류소법

$$CH_4 + NH_3 + 3/2O_2 = HCN + 3H_2O + 11.3kcal$$

2) 폼아미드법

$$CO + NH_3 \rightarrow HCONH_2$$

(폼아미드)

$$\xrightarrow[\text{탈수}]{} HCN + H_2O$$

3. 용 도

살충제, 아크릴수지 원료

 아크릴로니트릴
$$C_2H_2 + HCN \longrightarrow CH_2 = CHCN$$

4. 기 타

① 소량의 수분 존재 시 중합폭발을 일으킨다.
② 암모니아, 소다 등 알칼리성 물질을 함유하면 중합폭발을 일으킨다.
③ 중합폭발방지제는 황산, 아황산가스, 동, 동망, 염화칼슘, 인산, 오산화인이다.
④ 충전 후 24시간 정치하고 60일이 경과되기 전 다른 용기에 옮겨 충전한다.(단, 순도가 98% 이상은 제외한다.)
⑤ 1일 1회 이상 질산구리벤젠지로 누출검사를 실시한다.

4-18 벤젠(Benzene, C₆H₆)

① 무색, 특유의 냄새를 지닌 휘발성의 가연성 독성이다.
② 물에 녹지 않으나, 유기용매에 잘 녹으며 용제로 사용한다.
③ 방향족 탄화수소로 수소에 비해 탄소가 많아 연소시 그을음이 많이 난다.
④ 살충제(DDT), 염료, 수지의 원료로 사용

4-19 황화수소(H₂S)

① 달걀 썩는 냄새를 지닌 유독성 가연성 가스이다.(폭발범위 : 4.3~45%)
② 화산 속에 포함되어 있고, 킵장치로 얻는다.
③ 연당지((CH₂=COO)₂Pb)와 반응하여 흑색으로 변한다.(검출법)
④ 환원제, 정성분석, 공업용 의약품 등에 이용

 4-20 이황화탄소(CS₂)

1. 성 질

① 무색 또는 엷은 황색 휘발성 액체, 보통은 악취(계란 썩는 냄새)를 가지고 있음
② 물에는 잘 녹지 않으며 알코올, 에테르에 용해(액화가스이다.)
③ 저온에도 강한 인화성이 있다.
④ 산화성은 없으나 폭발성, 연소성이 있다.

〈이황화탄소의 물성〉

구분	분자량	융점	비점	인화점	발화점	밀도	연소범위	허용농도
수치	76.14	-112℃	46.25℃	-30℃	90℃	2.67	1.2~50%	20ppm

⑤ 인화점, 발화점이 낮아서 전구표면, 스팀배관에 접촉하여도 발화된다.
⑥ 비전도성이라 정전기에 의한 폭발의 우려가 있다.

2. 위험성

① 흡입 시 : 현기증, 두통, 의식불명, 정신장애, 정신착란, 전신마비
② 삼켰을 때 : 두통, 구토, 다발성 신경염, 정신착란, 혼수상태
③ 피부 : 홍반, 심한 통증, 피부로 흡수되어 중독되는 수도 있음
④ 눈 : 심하게 자극, 통증 홍반 급성중독의 경우는 순환기계 장애를 일으킴

3. 용 도

① 비스코스레이온, 셀로판 제조
② 고무가황 촉진제 등

 **4-21 아황산가스(SO_2)**

1. 성 질

① 물에는 쉽게 녹으며, 알코올과 에테르에도 녹는다. 환원성이 있다.
② 표백작용을 하고 액체는 각종 무기, 유기화합물의 용제로 사용한다.
③ 누출 시 눈, 코 및 기도를 강하게 자극시킨다.
④ 20℃에서 물에 36배 용해하며 산성을 나타낸다.
⑤ 불연성, 안정된 가스이며 2,000℃ 고온에서도 분해하지 않는다.

〈아황산가스의 물성〉

구분	분자량	융점	비점	임계온도	임계압력	밀도	허용농도
수치	64	−78.5℃	−10℃	157.5℃	77.8atm	2.3	5ppm

2. 제 법

황을 연소 : $S + O_2 \longrightarrow SO_2$

3. 용 도

황산 제조, 제당, 펄프의 표백제 이용

04 연습문제

01 가정용 프로판에 대한 설명으로 옳은 것은?

㉮ 공기보다 가볍다.

㉯ 완전연소하면 탄산가스만 생성한다.

㉰ 1몰의 프로판을 완전연소하는 데 5몰의 산소가 필요하다.

㉱ 프로판은 상온에서는 액화시킬 수 없다.

해설 $C_3H_8 + 5O_2 \longrightarrow 3CO_2 + 4H_2O$
$1 + 5 \longrightarrow 3 + 4$

02 LPG에 대한 설명 중 틀린 것은?

㉮ 포화탄화수소화합물이다.

㉯ 휘발유 등 유기용매에 용해된다.

㉰ 상온에서는 기체이나 가압하면 액화된다.

㉱ 액체비중은 물보다 무겁고, 기체상태에서는 공기보다 가볍다.

해설 LPG는 물보다 가벼운 액화가스이나 기체일 때는 공기보다 무겁다.

03 프로판(C_3H_8)과 부탄(C_4H_{10})의 혼합가스가 표준상태에서 밀도가 2.25(kg/m^3)이다. 프로판의 조성은 몇 %인가?

㉮ 35.16

㉯ 42.72

㉰ 54.28

㉱ 68.53

해설 $C_3H_8 = 44/22.4 = 1.964 kg/m^3$
$C_4H_{10} = 58/22.4 = 2.589 kg/m^3$
$1.964 + 2.589 = 4.553$
$\dfrac{1.964}{4.553} \times 100 = 43\%$

$\dfrac{2.25 - 1.96}{2.25} \times 100 = 12\%$
$43 + 12 = 55\%$

04 다음 메탄가스의 설명에 관한 내용 중 옳은 것은?

㉮ 고온에서 수증기와 작용하면 반응하여 일산화탄소와 수소를 생성한다.

㉯ 공기 중 메탄가스가 60% 정도 함유되어 있는 기체가 점화되면 폭발한다.

㉰ 수분을 함유한 메탄은 금속을 급격히 부식시킨다.

㉱ 메탄은 조연성 가스이기 때문에 다른 유기화합물을 연소시킬 때 사용한다.

해설 $CH_4 + H_2O \xrightarrow[\text{고온}]{\text{Ni}} CO + 3H_2 - 49.3 kcal$

05 다음 중 중합에 의한 폭발을 일으키는 물질은?

㉮ 과산화수소

㉯ 시안화수소

㉰ 아세틸렌

㉱ 염소산칼륨

해설 시안화수소(HCN)는 2%의 수분에 의해 중합이 촉진되어 중합폭발이 일어난다.

정답 01.㉰ 02.㉱ 03.㉰ 04.㉮ 05.㉯

06 수소의 연소반응식은 다음과 같이 나타낸다.

$$H_2 + \frac{1}{2}O_2 \rightarrow H_2O(g) + 57.8\text{kcal/mol}$$

수소를 일정한 압력에서 이론 산소량만으로 완전연소시켰을 때 생성된 수증기의 온도는? (단, 수증기의 정압비열 10cal/mol · K, 수소와 산소의 공급온도 25℃, 외부로의 열손실은 없음)

㉮ 5,580K 　　　　 ㉯ 5,780K

㉰ 6,053K 　　　　 ㉱ 6,078K

해설 $\dfrac{57.8\text{kcal/mol} \times 1,000\text{cal/kcal}}{10\text{cal/mol} \cdot \text{K}}$

$= 5,780\text{K}$

$\therefore \ 5,780 + (25 + 273) = 6,078\text{K}$

07 기체연료의 특성을 설명한 것이다. 맞는 것은?

㉮ 가스연료의 화염은 방사율이 크기 때문에 복사에 의한 열전달률이 작다.

㉯ 기체연료는 연소성이 뛰어나기 때문에 연소 조절이 간단하고 자동화가 용이하다.

㉰ 단위체적당 발열량이 액체나 고체연료에 비해 대단히 크기 때문에 저장이나 수송에 큰 시설을 필요로 한다.

㉱ 저산소 연소를 시키기 쉽기 때문에 대기오염물질인 질소산화물(NOx)의 생성이 많으나 분진이나 매연의 발생은 거의 없다.

해설 기체연료는 연소성이 뛰어나기 때문에 연소조절이 간단하고 자동화가 용이하다.

08 공기 중 폭발범위가 가장 큰 것은?

㉮ 수소 　　　　　 ㉯ 암모니아

㉰ 일산화탄소 　　 ㉱ 아세틸렌

09 산화에틸렌을 장기간 저장하지 못하게 하는 이유는 무엇 때문인가?

㉮ 분해폭발 　　　 ㉯ 분진폭발

㉰ 산화폭발 　　　 ㉱ 중합폭발

해설 산화에틸렌(C_2H_4O)
① 산화폭발
② 분해폭발(장기간 저장)
③ 중합폭발

10 공기와 혼합되어 있는 상태에서 폭발 한계농도 범위가 가장 넓은 물질은?

㉮ 에탄 　　　　　 ㉯ 에틸렌

㉰ 메탄 　　　　　 ㉱ 프로판

해설 ① 에탄 : 3~12.5%
② 에틸렌 : 2.7~36%
③ 메탄 : 5~15%
④ 프로판 : 2.1~9.5%

11 산소 없이도 자기분해 폭발을 일으키는 가스가 아닌 것은?

㉮ 프로판 　　　　 ㉯ 아세틸렌

㉰ 산화에틸렌 　　 ㉱ 히드라진

해설 $C_3H_8 + 5O_2 \rightarrow 3CO_2 + 4H_2O$

12 다음 중 가스 연소 시 기상 정지반응을 나타내는 기본반응식은?

㉮ $H + O_2 \rightarrow OH + O$

㉯ $O + H_2 \rightarrow OH + H$

㉰ $OH + H_2 \rightarrow H_2O + H$

㉱ $H + O_2 + M \rightarrow HO_2 + M$

해설 정지반응 = $H + O_2 + M \rightarrow HO_2 + M$

정답 06.㉱　07.㉯　08.㉱　09.㉮　10.㉯　11.㉮　12.㉱

13 수소의 성질을 설명한 것 중 틀린 것은?

㉮ 고온에서 금속산화물을 환원시킨다.

㉯ 불완전연소하면 일산화탄소가 발생된다.

㉰ 고온, 고압에서 철에 대해 탈탄작용(脫炭作用)을 한다.

㉱ 염소와의 혼합기체에 일광(日光)을 비추면 폭발적으로 반응한다.

해설 ① $H_2 + 1/2O_2 \rightarrow H_2O$
② $C + 1/2O_2 \rightarrow CO$

14 가스의 기본특성에 관한 설명 중 옳은 것은?

㉮ 염소는 공기보다 무거우며 무색이다.

㉯ 질소는 스스로 연소하지 않는 조연성이다.

㉰ 산화에틸렌은 기체상태에서 분해폭발성이 있다.

㉱ 일산화탄소는 수분혼합으로 중합폭발을 일으킨다.

해설 산화에틸렌(C_2H_4O)의 증기는 화염, 전기스파크, 충격, 아세틸 등의 분해에 의해 폭발위험성이 있다.

15 다음은 기체연료 중 천연가스에 관한 설명이다. 옳은 것은?

㉮ 주성분은 메탄가스로 탄화수소의 혼합가스이다.

㉯ 상온, 상압에서 LPG보다 액화하기 쉽다.

㉰ 발열량이 수성가스에 비하여 작다.

㉱ 누출 시 폭발위험성이 적다.

해설 천연가스 : 주성분은 CH_4, 탄화수소의 혼합가스

16 기체 연료 중 수소가 산소와 화합하여 물이 생성되는 경우에 있어 $H_2 : O_2 : H_2O$의 비례관계는?

㉮ 2 : 1 : 2   ㉯ 1 : 1 : 2

㉰ 1 : 2 : 1   ㉱ 2 : 2 : 3

해설 $H_2 + \dfrac{1}{2}O_2 \rightarrow H_2O$

1몰 : 0.5몰 : 1몰
2몰 : 1몰 : 2몰

17 다음은 폭발의 위험성을 갖는 물질들이다. 이 중 폭발의 종류가 중합열에 의한 폭발물질에 해당되는 것은?

㉮ 염소산칼륨   ㉯ 과산화물

㉰ 부타디엔   ㉱ 아세틸렌

해설 중합폭발물질
① 시안화수소   ② 염화비닐
③ 산화에틸렌   ④ 부타디엔 등
부타디엔(C_4H_6)은 상온에서 공기 중 산소와 반응하여 중합성의 과산화물 생성

18 공기액화분리에 의한 산소와 질소 제조시설에 아세틸렌가스가 소량 혼입되었다. 이때 발생가능한 현상 중 가장 옳은 것은?

㉮ 산소 아세틸렌이 혼합되어 순도가 감소한다.

㉯ 아세틸렌이 동결되어 파이프를 막고 밸브를 고장낸다.

㉰ 질소와 산소 분리 시 비점 차이의 변화로 분리를 방해한다.

㉱ 응고되어 이동하다가 구리와 접촉하여 산소 중에서 폭발할 가능성이 있다.

해설 공기액화분리기에 아세틸렌가스가 소량 혼입되면 응고되어 이동하다가 구리와 접촉하여 산소 중에서 폭발할 가능성이 있다.

정답 13.㉯ 14.㉰ 15.㉮ 16.㉮ 17.㉰ 18.㉱

19 암모니아 Gas Purger의 작용에 대한 설명으로 가장 옳은 것은?

㉮ 암모니아 가스는 냉각 응축되어 액이 된다.

㉯ 분리된 암모니아 가스는 압축기로 돌려 보내진다.

㉰ 분리된 공기에 암모니아 가스가 혼입되는 일은 없다.

㉱ 공기를 냉각하여 암모니아 가스보다 무겁게 하여 분리한다.

해설 암모니아 가스 퍼저(Purger)는 냉각되어 암모니아가 냉각되어 응축된다.

20 다음 염소가스에 대한 설명으로 옳지 않은 것은?

㉮ 염소 자체는 폭발성이나 인화성이 없다.

㉯ 조연성이 있어 다른 물질의 연소를 도와준다.

㉰ 부식성이 매우 강하다.

㉱ 상온에서 무색, 무취 가스이다.

해설 염소가스는 상온에서는 자극성 냄새가 있는 황록색의 기체이며 공기보다 무겁고 독성이며 조연성 가스이다.

21 냉매가스로 염화메탄을 사용하는 냉동기에 사용해서는 안 되는 재료는?

㉮ 탄소강재　　　　㉯ 주강품

㉰ 구리　　　　㉱ 알루미늄 합금

해설 ① 암모니아 : 동이나 동합금의 사용 제외
② 염화메탄 : 알루미늄 합금 제외
③ 프레온 : 2% 이상의 알루미늄 합금 제외

22 공기액화분리기의 운전을 중지하여야 하는 조건으로 옳은 것은?

㉮ 액화산소 5L 중 아세틸렌 질량이 2mg 함유

㉯ 액화산소 5L 중 아세틸렌 질량이 4mg 함유

㉰ 액화산소 5L 중 탄화수소의 탄소질량이 400mg 함유

㉱ 액화산소 5L 중 탄화수소의 탄소질량이 600mg 함유

해설 공기액화분리기의 운전을 중지하고 액화산소를 방출해야 하는 것은 액화산소 5L 중 C_2H_2 질량 5mg 또는 탄화수소의 질량이 500mg을 넘을 때이다.

23 Thermal Expansivity$(a=\frac{1}{V}(\frac{\partial V}{\partial T})_P)$가 $2\times10^{-2}°C^{-1}$이고 Isothermal Compressibility $(\beta=-\frac{1}{V}\left(\frac{\partial V}{\partial P}\right)_T)$가 $4\times10^{-3}atm^{-1}$인 액화가스가 빈 공간 없이 용기 속에 완전히 충전된 상태에서 외기 온도가 3℃ 상승하게 되면 용기가 추가로 받아야 할 압력은?

㉮ 15atm　　　　㉯ 5atm

㉰ 0.6atm　　　　㉱ 0.2atm

해설 $2\times10^{-2}°C^{-1}$
$4\times10^{-3}atm^{-1}$
∴ 3℃=15atm 상승

24 아세틸렌용기의 다공물질의 다공도를 측정하기 위해 사용되는 물질이 아닌 것은?

㉮ 아세톤　　　　㉯ 디메틸포름아미드

㉰ 물　　　　㉱ 메탄올

해설 다공도 측정물질
① 아세톤
② 물
③ 디메틸포름아미드

25 다음 중 아세틸렌의 침윤제로 사용되고 있는 것은?

㉮ 아세톤, DMF ㉯ 에탄올, 석유

㉰ DME, 벤젠 ㉱ 포름알데히드, 톨루엔

해설 아세틸렌의 용제(침윤제)
① 아세톤[$(CH_3)_2CO$]
② 디메틸포름아미드[$HCON(CH_3)_2$]

26 공기액화 분리장치에서 산소를 압축하는 왕복동 압축기의 분출량이 6,000kg/h이고, 27℃에서 안전변의 작동압력이 80kg/cm²일 때 안전밸브의 유효 분출면적은?

㉮ 0.099cm² ㉯ 0.76cm²

㉰ 0.99cm² ㉱ 1.19cm²

해설 $a = \dfrac{\omega}{230P\sqrt{\dfrac{M}{T}}}$

$\therefore \dfrac{6,000}{230 \times (80+1)\sqrt{\dfrac{32}{(273+27)}}} = 0.99\text{cm}^2$

27 −162℃의 LNG(액비중 : 0.46, CH_4 : 90%, 에탄 : 10%)를 20℃까지 기화시켰을 때의 부피는?

㉮ 625.6m³ ㉯ 635.6m³

㉰ 645.6m³ ㉱ 655.6m³

해설 분자량 CH_4 $16 \times 0.9 = 14.4$
C_2H_6 $30 \times 0.1 = 3$
$14.4 + 3 = 17.4$

$\therefore \dfrac{1 \times 0.46 \times 10^3}{17.4} \times 22.4 \times \dfrac{20+273}{273} = 635.56\text{m}^3$

※ $0.46 \times 10^3 = 460\text{kg/m}^3$

28 공기 중에 누출될 때 바닥으로 흘러 고이는 가스로만 이루어진 것은?

㉮ 프로판, 수소, 아세틸렌

㉯ 에틸렌, 천연가스, 염소

㉰ 염소, 암모니아, 포스겐

㉱ 부탄, 염소, 포스겐

해설 공기의 분자량보다 큰 가스는 바닥으로 흘러 고인다.
① 부탄(C_3H_{10}) ② 염소(Cl_2)
③ 포스겐($COCl_2$) ④ 프로판(C_3H_8)

29 공기 중에서 수소의 폭발한계는?

㉮ 15~90% ㉯ 38~90%

㉰ 4.2~50% ㉱ 4.0~75%

해설 수소가스의 폭발범위는 4~75%

30 내용적 40L의 CO_2 용기에 법적 최고량의 CO_2 가스를 충전하였다. 이 용기에 충전된 CO_2 가스의 중량(kg)은? (단, CO_2의 가스정수는 1.47이다.)

㉮ 29.9kg ㉯ 27.2kg

㉰ 58.8kg ㉱ 64.68kg

해설 $G = \dfrac{40}{1.47} = 27.2\text{kg}$

31 석유 속에 저장하여야 되는 물질은 어느 것인가?

㉮ 에테르 ㉯ 황린

㉰ 벤젠 ㉱ 나트륨

해설 • 나트륨, 황린 : 제3류 갑종 위험물
• 벤젠, 에테르 : 제1석유류 및 특수 인화물
※ 금속 칼륨에 금속나트륨의 보호액은 석유류이다. 황린의 보호액은 물이다.

정답 25.㉮ 26.㉰ 27.㉯ 28.㉱ 29.㉱ 30.㉯ 31.㉱

32 메탄 : 50%, 에탄 : 30%, 프로판 : 20%인 혼합가스의 공기 중 폭발하한계는 얼마인가?

(단, 메탄, 에탄, 프로판의 공기 중 폭발하한계는 각각 5%, 3%, 2%이다.)

㉮ 4.2%

㉯ 3.3%

㉰ 2.8%

㉱ 2.3%

해설 하한계 $= \dfrac{100}{\dfrac{50}{5}+\dfrac{30}{3}+\dfrac{20}{2}} = 3.3\%$

33 특수가스의 하나인 실란(SiH_4)의 주요 위험성은?

㉮ 공기 중에 누출되면 자연발화한다.

㉯ 태양광에 의해 쉽게 분해된다.

㉰ 분해 시 독성물질을 생성한다.

㉱ 상온에서 쉽게 분해된다.

해설 실란(SiH_4)은 공기 중에 누출되면 자연발화한다.

34 아황산 가스에 대한 설명으로 옳지 않은 것은?

㉮ 강한 자극성이 있는 무색의 기체이다.

㉯ 공기 중의 그 농도가 0.5~1ppm일 때 감각적으로 그 소재를 알 수 있다.

㉰ 30~40ppm일 때 호흡이 곤란하게 된다.

㉱ 300~400ppm일 때 생명이 위험하다.

해설 아황산가스(SO_2)의 독성허용농도 : 5ppm

35 액화가스의 임계온도(℃)가 높은 순서로 된 것은?

㉮ $C_2H_4 > Cl_2 > C_3H_8 > NH_3$

㉯ $NH_3 > C_2H_4 > C_3H_8 > Cl_2$

㉰ $Cl_2 > C_3H_8 > C_2H_4 > NH_3$

㉱ $Cl_2 > NH_3 > C_3H_8 > C_2H_4$

해설 임계온도
① 염소 : Cl_2(144℃)
② 암모니아 : NH_3(132.3℃)
③ 프로판 : C_3H_8(96.8℃)
④ 에틸렌 : C_2H_4(9.9℃)

36 암모니아에 대한 설명으로 옳지 않은 것은?

㉮ 증발잠열이 크므로 냉동기 냉매에 사용한다.

㉯ 물에 잘 용해한다.

㉰ 암모니아 건조제로서 진한 황산을 사용한다.

㉱ 암모니아용의 장치에는 직접 동을 사용할 수 없다.

해설 암모니아 건조제는 CaO나 소다석회를 사용한다.

37 공기 중에 노출되었을 경우 폭발의 위험도 있고 독성을 가지고 있는 가스가 아닌 것은?

㉮ 브롬화메탄

㉯ 산화에틸렌

㉰ 일산화탄소

㉱ 포스겐

해설 포스겐은 무색의 액체로서 자극적인 냄새를 지닌 유독성가스이다(허용농도 0.1ppm). 또한 포스겐($COCl_2$) 자체는 폭발성과 인화성이 없다.

38 아세틸렌 제조방법 중 공업적으로 많이 사용되는 것은?

㉮ 주수식

㉯ 침지식

㉰ 투입식

㉱ 연속식

정답 32.㉯ 33.㉮ 34.㉱ 35.㉱ 36.㉰ 37.㉱ 38.㉰

해설 투입식 가스 발생기
① 공업적으로 대량 생산에 적합하다.
② 카바이드가 물속에 있어서 온도상승이 적다.
③ 불순가스 발생이 적다.
④ 가스발생량의 조절이 가능하다.

39 다음 중 가장 무거운 가스는? (단, 공기의 비중을 1로 한다.)

㉮ 알곤　　　　　㉯ 암모니아
㉰ 황화수소　　　㉱ 부탄

해설 가스의 분자량
① 알곤(40)
② 암모니아(17)
③ 황화수소(34)
④ 부탄(58)

40 산소의 일반적인 성질에 대한 설명으로 옳지 않은 것은?

㉮ 산화물을 생성한다.
㉯ 마늘 냄새가 나는 엷은 푸른색 기체이다.
㉰ 유지류와의 접촉은 위험하다.
㉱ 공기보다 무겁다.

해설 산소는 상온에서 무색, 무미, 무취이다.

41 고압가스를 취급하는 제조설비를 수리할 때 공기로 직접 치환하여도 보안상 지장을 주지 않는 가스는?

㉮ 수소　　　　　㉯ 염소
㉰ 천연가스　　　㉱ 아세틸렌

해설 염소가스는 조연성가스이며 공기로 치환하여도 지장이 없다.(가연성 가스는 공기치환을 자제한다.)

42 수소 : 45vol%, 일산화탄소 : 10vol%, 메탄 : 45vol%인 혼합가스의 폭발상한계(%) 값은? (단, H_2 : 4~75, CO : 12.5~74, CH_4 : 5~15 폭발범위임)

㉮ 20.5%　　　　㉯ 27.0%
㉰ 32.5%　　　　㉱ 35.6%

해설 상한계 $= \dfrac{100}{\dfrac{45}{75}+\dfrac{10}{74}+\dfrac{45}{15}} = 27.0\%$

43 아세틸렌가스를 2.5MPa의 압력으로 압축할 때 첨가하는 희석제가 아닌 것은?

㉮ 질소　　　　　㉯ 메탄
㉰ 일산화탄소　　㉱ 산소

해설 아세틸렌가스의 분해폭발방지제
① 질소
② CO
③ 메탄

44 다음 중 가연성 가스가 아닌 것은?

㉮ 아세트알데히드　㉯ 일산화탄소
㉰ 산화에틸렌　　　㉱ 염소

해설 염소 : 독성이면서 조연성 가스

45 아세틸렌을 용기에 충전하는 때에는 미리 용기에 다공질 물을 고루 채워 다공도가 75% 이상 92% 미만이 되도록 한 후 어떤 물질로 고루 침윤시키고 충전해야 하는가?

㉮ 질소　　　　　㉯ 에틸렌
㉰ 아세톤　　　　㉱ 암모니아

해설 충전용제
① 아세톤
② 디메틸포름아미드

정답 39.㉱　40.㉯　41.㉯　42.㉯　43.㉱　44.㉱　45.㉰

46 폭명기로도 불리며, 약 530℃ 이상에서 폭발적으로 반응하여 폭음을 내는 가스는?

㉮ 산소   ㉯ 수소

㉰ 암모니아   ㉱ 메탄

해설 수소폭명기

$$2H_2 + O_2 \xrightarrow{\text{530℃ 이상}} 2H_2O + 136.6kcal$$

47 가스의 성질에 대한 설명으로 옳은 것은?

㉮ 아세틸렌을 25kg/cm² 이상으로 충전할 때는 질소, 메탄 등의 희석제를 첨가한다.

㉯ 암모니아는 공기 중 연소하면 수소와 아산화질소로 되므로 이 방법이 제해조치로 쓰인다.

㉰ 시안화수소는 독성이 있고 수분을 함유하여도 안정하다.

㉱ 암모니아는 고온, 고압에서는 강재와는 반응하지 않으므로 강재용기에 저장한다.

해설 아세틸렌가스를 25kg/cm² 이상으로 충전 시에는 질소나 메탄 등의 희석제를 첨가한다.

48 가스보일러 설치 후 설치 · 시공확인서를 작성하여 사용자에게 교부하여야 한다. 이때 보일러 설치 · 시공확인사항이 아닌 것은?

㉮ 최근의 안전점검 결과

㉯ 공동배기구, 배기통의 막힘 여부

㉰ 배기가스의 적정 배기 여부

㉱ 사용교육의 실시 여부

해설 시공확인사항
  ① ㉯, ㉰, ㉱항 외에도
  ② 급기구 상부 환기구의 적합 여부
  ③ 가스누출 여부
  ④ 보일러 정상작동 여부
  ⑤ 기타 특기사항

49 다음 성질을 가지고 있는 기체는?

> ㉠ 젖은 붉은 리트머스 시험지가 푸른색으로 변한다.
> ㉡ 염화수소와 반응하면 흰 연기가 난다.
> ㉢ 네슬러 시약과 반응하면 노란색 침전이 생긴다.

㉮ 염소   ㉯ 암모니아

㉰ 아세틸렌   ㉱ 이산화탄소

해설 ㉠, ㉡, ㉢의 특징을 가진 가스는 NH_3이다.

50 다음 중 대기에 방출되었을 때 가장 빨리 공기 중으로 확산되는 가스는?

㉮ 부탄   ㉯ 프로판

㉰ 질소   ㉱ 산소

해설 분자량
  ① 부탄 58
  ② 프로판 44
  ③ 질소 28
  ④ 산소 32

기체의 확산속도$= \dfrac{U_1}{U_2} = \sqrt{\dfrac{M_2}{M_1}} = \sqrt{\dfrac{d_2}{d_1}}$

여기서, U(확산속도), M(분자량), d(밀도)

51 액화염소 142g을 기화시키면 표준상태에서 몇 L의 기체연소가 되는가? (단, 염소의 분자량은 71로 한다.)

㉮ 22.4   ㉯ 44.8

㉰ 67.2   ㉱ 89.6

해설 Cl_2 142g=2몰, $\dfrac{142}{71}$=2몰, 1몰=22.4L

∴ 22.4×2=44.8L

정답 46.㉯   47.㉮   48.㉮   49.㉯   50.㉰   51.㉯

52 가스제조소에서 정전기 대책은 아주 중요한데 다음 중 정전기의 스파크(방전) 종류가 아닌 것은?

㉮ Magnet 방전   ㉯ Spark 방전
㉰ Blush 방전   ㉱ Corona 방전

해설 정전기의 스파크(방전)의 종류
① Spark 방전
② Blush 방전
③ Corona 방전

53 산화에틸렌을 저장탱크 또는 용기에 충전할 경우의 기준 중 틀린 것은?

㉮ 충전 전에 미리 그 내부가스를 질소가스 또는 탄산가스로 바꾼 후에 충전하여야 한다.
㉯ 저장탱크 또는 용기의 내부에는 산 또는 알칼리를 함유하지 않은 상태이어야 한다.
㉰ 질소가스 또는 탄산가스로 치환한 후의 저장탱크는 10℃ 이하로 유지하여야 한다.
㉱ 저장탱크 및 충전용기에는 45℃에서 그 내부가스의 압력이 0.4MPa 이상이 되도록 질소가스 또는 탄산가스를 충전하여야 한다.

해설 산화에틸렌 저장 시 N_2, CO_2 가스로 치환하고 5℃ 이하로 유지할 것

54 메탄 80vol%와 아세틸렌 20vol%로 혼합된 혼합가스의 공기 중 폭발하한계는 얼마인가?

㉮ 3.4%   ㉯ 4.3%
㉰ 5.4%   ㉱ 6.3%

해설 폭발범위 : CH_4(5~15%), C_2H_2(2.5~81%)

$$\frac{100}{\frac{80}{5}+\frac{20}{2.5}}=4.166$$

55 다음 물질 중 상온에서 물과 반응, 수소를 발생시키지 않는 물질은?

㉮ Na   ㉯ K
㉰ Ca   ㉱ S

해설 $S + O_2 \rightarrow SO_2$,
$SO_2 + H_2O \rightarrow H_2SO_3$(진한 황산)
$H_2SO_3 + \frac{1}{2}O_2 \rightarrow H_2SO_4$

56 HCN은 충전한 후 며칠이 경과하기 전에 다른 용기에 옮겨 충전하여야 하는가?

㉮ 7일   ㉯ 30일
㉰ 50일   ㉱ 60일

해설 시안화수소는 충전한 후 60일이 경과되기 전에 다른 용기로 재충전시켜 중합폭발을 방지한다.(단, 순도 98% 이상은 제외)

정답 52.㉮ 53.㉰ 54.㉯ 55.㉱ 56.㉱

I u t a E e G

PART **II**

가스설비

CHAPTER 01 일반가스설비

1-1 수소 제조 및 저장

1. 석유 분해법

1) 수증기개질법

① 탄화수소 중 메탄에서 나프타 유분(비점 205℃ 이하)까지 원료로 사용할 수 있다.

② 토프소우법은 $C_1 \sim C_4$ 탄화수소를 원료로 한다.

③ ICI법은 나프타를 원료로 한다.

④ 탈황분 3~5ppm이 될 때까지 충분히 탈황된 나프타를 수증기와 혼합하여 니켈계의 촉매상을 통하게 함으로써 반응이 일어난다.

$$CmHn + mH_2O \rightleftharpoons mCO + \frac{2m+n}{2}H_2$$

이것과 동시에 $CO + 3H_2 \rightleftharpoons CH_4 + H_2O$

$CO + H_2O \rightleftharpoons CO_2 + H_2$ 의 반응도 일어난다.

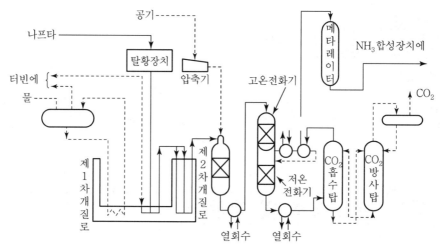

▲ ICI법 - 나프타에서 원료가스 제조계통도

⑤ 촉매는 사용하지 않으나 반응은 극 단시간에 완결되어 $CO + H_2$의 전화율은 95%에 달한다.

2) 부분산화법

① 원유 또는 중유를 산소 및 수증기와 함께 로에 흡입하고 불완전 연소시켜 가스화하는 방법이며 파우더식 유가스화법(상압), 텍사코식 유가스화법이 실시되고 있다.

② 가스화 온도는 약 1,400℃로서 텍사코법의 경우 압력은 약 $30kg/cm^2$이다.

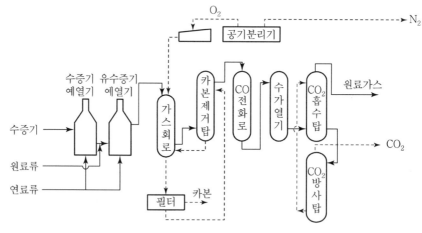

▲ 텍사코법 - 가압가스화 장치 계통도

③ 메탄은 니켈 촉매상에서 산소 또는 공기와 약 800~1,000℃에서 생산된다.

$$2CH_4 + O_2 \Longleftrightarrow 2CO + 4H_2 + 17.0kcal$$

2. 일산화탄소 전화법

① 수소제법 중에서 가장 경제적인 방법이다.

② 일산화탄소에 수증기를 작용시켜 철, 크롬계 촉매와 함께 가열한다.

$$CO + H_2O \rightleftharpoons CO_2 + H_2 + 9.8kcal$$

③ 일산화탄소 전화반응은 발열반응이다.

④ 반응은 2단계로 구분하여 행한다.

　　㉠ 고온 전화반응(제1단계 반응)

　　　　ⓐ 고온 전화촉매 : $Fe_2O_3 - Cr_2O_3$계

　　　　ⓑ 온도 : $350 \sim 500℃$

　　　　ⓒ 촉매층 출구의 잔유 일산화탄소는 2% 정도이다.

　　　　ⓓ 촉매가 비교적 안정하며 내독성이 있고 수명이 길다.

　　㉡ 저온 전화반응(제2단계 반응)

　　　　ⓐ 저온 전화 촉매 : $CuO - ZnO$계

　　　　ⓑ 온도 : $200 \sim 250℃$

　　　　ⓒ 촉매층 출구 잔류 일산화탄소는 $0.3 \sim 0.4\%$ 정도이다.

　　　　ⓓ 촉매의 수명이 짧고 내독성이 약하다.

3. 물의 전기분해법(수전해법)

① 전해액은 약 20%의 NaOH 수용액을 사용하며 니켈 도금한 강판을 전극으로 하여 약 2V의 직류전압으로 전기분해를 한다.

② 음극에서 수소(H_2)가, 양극에서는 산소(O_2)가 2 : 1의 용적비율로 발생한다.

$$2H_2O \rightleftharpoons \underset{(-극)}{2H_2} + \underset{(+극)}{O_2}$$

③ 장점 : 순도가 높다.

　　단점 : 경제성이 적다.

4. 석탄 또는 코크스의 가스화(수성가스법)

1) 수성가스법

공업적으로 1,000℃로 가열된 코크스에 수증기를 작용시키면 수소와 일산화탄소의 혼합가스를 생성한다. 이때 생긴 혼합기체를 수성가스(워터가스 : Water gas)라 한다.

$$C + H_2O \longrightarrow CO + H_2 - 31.4cal$$

① 수성가스의 생성반응은 흡열반응이므로 고온도하에서 하여야 한다.
② 발생로 중에서 1,400℃ 정도로 가열된 코크스에 수증기로 통해서 제조되고 있다.

2) 석탄의 완전가스화법

미분탄에 수증기와 탄산가스를 반응시켜 흡열반응과 발열반응을 동시에 일으키고 1,100(℃)이상의 고온으로 유지하면서 연속적으로 수성가스를 생성하는 방법이다.

$$C + H_2O \longrightarrow CO + H_2 - 29.6[kcal]$$

$$C + \frac{1}{2}O_2 \longrightarrow CO + 26.4[kcal]$$

5. 천연가스 분해법(CH_4 분해법)

천연가스를 원료로 하여 합성원료가스를 제조하는 방법에는 수증기개질법, 부분 산화법이 있다.

1) 수증기개질법

메탄과 수증기와의 반응은 흡열반응으로 니켈촉매를 사용 650~800[℃]에서 상압 이상에서 진행한다.

$$CH_4 + H_2O \xrightleftharpoons{} CO + 3H_2 - 49.3[kcal]$$

2) 부분산화법

CH_4을 가압하여 니켈촉매상에서 산소 or 공기와 800~1,000[℃]로 반응시켜 얻는다.(파우더법)

$$2CH_4 + O_2 \xrightleftharpoons{} 2CO + 4H_2 + 17[kcal]$$

1-2 공업용 가스 정제

1. 유황화합물의 제거

1) 수소화 탈황법

석유 중의 유황화합물을 제거하려면 수소화함으로써 황화수소로 바꾸어 제거하는 것이 가장 효과적이다. $Co-Mo-Al_2O_3$계 촉매가 주로 사용되고 반응압력은 30~180기압, 온도는 약 400℃ 전후이다. 또한 비점이 높아질수록 곤란하며 반응 압력은 높게 할 필요가 있다.

2) 건식 탈황법

활성탄, 몰레큘러시브, 실리카겔 등을 사용하여 흡착에 의해 제거법과 산화철이나 산화아연 등과 접촉시켜 금속 황화합물로 변화시켜 제거하는 방법이 있다.

3) 습식 탈황법

(1) 탄산소다 흡수법

$$H_2S + Na_2CO_3 \longrightarrow NaHS + NaHCO_3$$

$$H_2S + 2Na_2CO_3 \longrightarrow Na_2S + 2NaHCO3$$

(2) 카아볼트법

에탄올아민수용액에 의해 황화수소를 흡수하고 가열하여 방출한다.

$$2RNH_2 + H_2S \longrightarrow (RNH_3)_2S$$
（알킬아민）　　　　（황화암모니아 알킬）

(3) 타이록스법

황비산나트륨 용액을 사용하여 황화수소를 흡수하고 공기 중에 산화하여 재생한다.

$$Na_4As_2S_5O_2 + H_2S \longrightarrow Na_4As_2S_6O + H_2O$$

(4) 알카티드법

알카티드 수용액에 의해 황화수소를 흡수하고 산화하여 방출한다.

$$CH_3CH(NHCH_3)COOK + H_2S \longrightarrow CH_3CH(NHCH_3)COOH + KSH$$

2. 이산화탄소(CO_2)의 제거

1) 고압수세정법

20~30기압 정도로 가압하여 세정하여 제거하나 CO_2 회수율은 낮다.

2) 암모니아 흡수법

암모니아수를 사용, 가압하에서 CO_2를 제거한다.(순도가 높다.)

$$2NH_4OH + CO_2 \Longleftrightarrow (NH_4)_2CO_2 + H_2O$$

3) 열탄산칼리법

① 20~30kg/cm²의 가압하에서 열탄산칼리(110℃)를 사용하여 CO_2를 회수한다.
② 흡수액은 상압까지 감압함으로써 CO_2가 방출하여 재생된다.

$$K_2CO_3 + CO_2 + H_2O \rightleftharpoons 2KHCO_3$$
$$\text{(탄산칼륨)} \qquad\qquad\qquad \text{(탄산수소칼륨)}$$

③ 열탄산칼리법은 흡수속도가 빠르고 순환액량이 적으며 열적으로 유리하고 CO, S 및 H_3S도 동시에 제거된다.

4) 에탄올 수용액에 의한 회수(알킬아민법)

모노에탄올아민 수용액은 다음 반응에 의해 CO_2를 흡수하며 흡수액은 수증기에 의해 CO_2를 방출함으로써 재생된다.

$$2C_2H_2OH \cdot NH_2 + H_2O + CO_2 \rightleftharpoons (C_2H_4OH \cdot NH_2)_2 \cdot H_2CO_3$$

미량의 CO_2를 제거하는 데 적합하며 통상은 열탄산칼리법과 조합하여 열탄산칼리법의 후단에 두어 조업한다.

5) 알카티드에 의한 흡수(알카티드법)

알카티드 용액의 주성분 n – 메틸알라닌산칼리이며 50~60℃에서 CO_2를 흡입하고 가열에 의해 CO_2를 방출·회수한다.

$$CH_3CH(NHCH_3)COOK + CO_2 + H_2O \rightleftharpoons CH_3CH(NHCH_3)COOK + KHCO_3$$
$$\text{(알카티드 용액)}$$

3. 일산화탄소(CO)의 제거

원료가스를 암모니아 합성에 사용하는 경우에 CO는 촉매독이 되므로 이것을 제거할 필요가 있다. CO의 제거법으로서는 동액 세정법, 메탄화법 및 액체질소 세정법 등이 있다.

1) 동액 세정법

① 의산 제일동 암모니아 용액, 탄산제일동 암모니아 용액은 다음 반응에 의해 CO를 흡수 제거한다.

$$Cu(NH_3)_2 + CO + NH_3 \rightleftharpoons Cu(NH_3)_3CO$$
(동암모니아성 이온)

암모니아 합성의 경우 고온 전화로 및 CO_2 세정탑을 나온 가스는 CO가 3% 정도, CO_2가 1% 이하를 함유하고 있다.

② 300kg/cm², 15~25℃에서 동암모니아 용액으로 세정하고 다시 암모니아수로 세정하면 CO는 15ppm 이하까지 제거된다. 이 방법은 부식이 심한 것, 물의 오염문제가 있어 현재는 메탄화법으로 치환되고 있다.

2) 메탄화법

저온활성의 CO 전화촉매 및 효율이 좋은 CO_2 제거법의 개발에 의해 원료 가스 중의 CO를 0.3~0.5%, CO_2를 0.3% 이하까지 제거할 수 있게 되었으므로 니켈계 촉매를 사용하여 암모니아 합성촉매에 무독한 메탄으로 변화시키는 방법이다.(CO+CO_2 출구농도를 10ppm 이하로 할 수 있다.)

$$CO + 3H_2 \rightarrow CH_4 + H_2O + 49.3kcal$$
$$CO_2 + 4H_2 \rightarrow CH_4 + 2H_2O + 39.4kcal$$

3) 액체질소 세정법

원료 가스 중의 H_2O, CO_2를 완전 제거하여 CO 및 메탄을 함유한 가스를 −180℃까지 냉각시키고 메탄을 액화시켜 제거하며 다시 −200℃ 정도까지 냉각시켜 액체질소로 세정함으로써 CO를 약 3ppm 정도까지 제거한다.

1-3 산소, 질소 및 희가스 제조

1. 공기의 액화분리 개요

공기를 냉각하면 액체공기의 비등점 −194.2℃이고, 액체산소(O_2)의 비등점은 −183℃, 액체 질소(N_2)의 비등점은 −196℃이므로 저비점 성분의 질소를 정류탑 탑정(상부)에서, 고비점 산소는 탑저(하부)에서 얻게 된다. 그리고 공기 중에 존재하는 희가스도 분리할 수 있다.

〈공기의 조성〉

성분	용적%	중량%	성분	용적[PPM]	중량[PPM]
질소	78.084	75.521	네온	18.18	12.67
산소	20.946	23.139	헬륨	5.24	0.724
알곤	0.934	1.288	크립톤	1.14	0.295
탄산가스	0.033	0.050	수소	0.50	0.035
회가스류	0.003	0.002	라돈	6×10^{-14}	46×10^{-14}

이 가운데 알곤은 다른 희가스에 비하여 0.93%가 많으나 질소·산소에 비하여 적으므로 대형 공기 액화분리 장치의 부산물로서 생산된다.

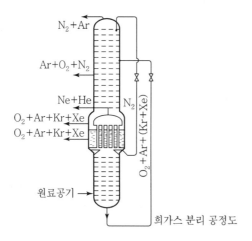

▲ 정류탑에서의 희가스 분리 공정도

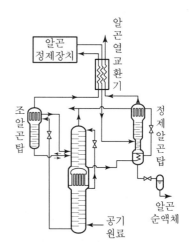

▲ 알곤 분리장치 계통도

2. 공기 액화 분리장치에서 분리방법

1) 전 저압식 공기 분리장치

① 장치의 조작압력은 $5kg/cm^2g$ 이하의 저압이며 제품은 가스상으로 얻어진다.

② 산소발생량 $500Nm^3/hr$ 이상의 대용량에 적합하다.

2) 중압식 공기 분리장치

조작압력은 $10 \sim 30kg/cm^2g$의 중압이며 비교적 소용량 또는 산소에 비하여 질소의 취급량이 많은 경우에 적합하다.

3) 저압식 액산 플린트

전 저압식 공기 분리장치에서 조작압력 $25kg/cm^2g$ 이하의 중압 팽창 터빈을 사용한 장치로 액화 산소와 액화 질소를 얻을 수 있다. 이 장치는 액화 알곤도 회수된다.

3. 공기 액화장치의 이해

1) 공기 압축기

① 주로 왕복동식 피스톤 다단 압축기가 사용된다.

② 대용량의 공기 압축시는 원심식 또는 축류식 압축기가 사용된다.

③ 원심식 압축기는 대용량의 공기를 $5 \sim 10kg/cm^2$로 압축하는 저압식에 많이 사용된다.

2) 중간 냉각기

① 압축기에서 압축된 공기를 냉각시킨다.

② 종류는 다관식과 사관식이 있고 사관식은 $30kg/cm^2$ 이상의 경우에 사용된다.

3) 이산화탄소 흡수탑

① 공기 청정탑이라고도 한다.

② 원료 공기 중에 이산화탄소가 존재하면 저온장치에 들어가 이산화탄소가 고형(드라이아이스)이 되어 밸브 및 배관을 폐쇄하여 장애를 일으킨다.

③ 이산화탄소 흡수탑에서 흡수제로는 일반적으로 $NaOH$ 수용액이 쓰인다.

$$2NaOH + CO_2 \longrightarrow Na_2CO_3 + H_2O$$

④ 1g의 이산화탄소 제거에 $NaOH$는 1.82g이 필요하다.

$$2NaOH + CO_2 \longrightarrow Na_2CO_3 + H_2O$$

4) 수·유 분리기

① 물이나 기름이 압축기로 들어가면 액 해머링이 일어나 압축기 파손의 우려가 있다.

② 오일이 분리기 내로 들어가면 폭발의 위험이 있다.

③ 수분이 장치 중에 들어가면 동결하여 밸브 및 배관을 폐쇄한다.

④ 수·유 분리기에서는 압축된 공기 중의 수분이나 오일을 가스 유속을 낮추어 분리시킨다.

5) 건조기

① 소다 건조기

　㉠ 입상 가성소다(NaOH)를 사용한다.

　㉡ 고압공기와 가성소다(NaOH)의 접촉에 의해 미량의 수분과 CO_2가 생긴다.

　㉢ 소다 건조기는 절체장치를 설치하여 전후 2계통으로 하여 가성 소다를 교환하는 구조로 되어 있다.

② 겔 건조기

　㉠ SiO_2, Al_2O_2, 소바비드 등의 건조제를 사용한다.

　㉡ 수분은 제거하나 이산화탄소는 제거하지 못한다.

　㉢ 수분을 흡수한 건조제는 가열시켜 재생한다.

6) 팽창기

① 압축기에서 고압으로 압축된 공기를 저온도로 하는 방법으로 자유팽창에 의한 것과 단열팽창에 의한 것 2가지 방법이 있다.

② 팽창기에는 압송되는 공기총량의 30~50% 정도를 통과시켜 사용하며 가스의 팽창력을 동력으로 회수한다.

- **줄 톰슨(Joule Tomson) 효과**

　압축가스를 단열 팽창시키면 온도가 일반적으로 강하다. 이를 최초로 실험한 사람의 이름을 따서 줄 톰슨 효과라고 하며 저온을 얻는 기본원리이다. 줄 톰슨 효과는 팽창 전의 압력이 높고 최초의 온도가 낮을수록 크다.

7) 열교환기

압축기에서 압축된 공기와 분리기에서 나오는 저온의 산소, 질소 가스와 열교환이 되어 분리기로 가는 공기는 −140℃ 정도까지 예냉된다.

8) 정류기

① 열교환기에서 예냉된 고압공기는 정류장치에서 산소와 질소의 비등점 차이에 의해 정류분리된다.

② 단식 정류장치는 공기 중의 산소를 2/3 정도밖에 취득할 수 없으므로(약 7%의 산소가 질소와 함께 나감) 효율이 나쁘고 고순도의 질소를 얻을 수 없다.

③ 복식 정류장치는 단식 정류장치에서 나가는 7% 산소를 함유한 질소를 다시 응축시켜 분리함으로써 증대시킨 것이다.

④ 정류판에는 다공판식이나 포종식이 주로 사용된다.

 1. 공기액화 분리장치의 폭발원인
　　① 공기 흡입구로부터의 아세틸렌의 혼입
　　② 압축기용 윤활유의 분해에 따른 탄화수소의 생성
　　③ 공기 중에 있는 산화질소(NO), 과산화질소(NO_2) 등 질소화합물의 혼입
　　④ 액체공기 중에 오존(O_3)의 혼입

　2. 공기액화 분리장치의 폭발방지 대책
　　① 아세틸렌이나 산화질소 등이 액체 산소 중에 존재하면 폭발적인 작용을 하기 때문에 장치 내에 여과기를 설치한다.
　　② 공기 흡입구를 아세틸렌이 흡입되지 않는 장소에 설치하는 것이 필요하다.
　　③ 흡입구 부근에 카바이드를 버리거나 흡입구 부근에서 아세틸렌 용접을 하는 일은 절대로 피하여야 한다.
　　④ 압축기의 윤활유는 양질의 것을 사용하고 냉각을 충분히 시키며 물·기름의 분리는 반드시 하여야 한다.
　　⑤ 산소가 오존으로 되어 기름과 중기가 작용하여 폭발의 원인이 된다고 생각하고 있으나 이것은 확정적인 것은 아니다.
　　⑥ 장치는 연 1회 정도 내부를 세척하는 것이 좋고 세정액으로서는 사염화 탄소(CCl_4) 등이 사용된다.

에틸렌의 제조

1. 나프타 열분해에 의한 제조 공정 이해

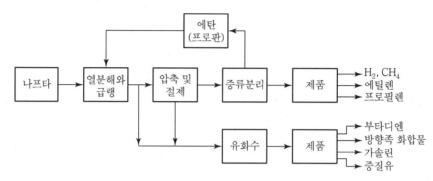

▲ 에틸렌의 제조 공정도

1) 열분해 및 분해생성물의 급랭공정

① 원료 나프타와 스팀을 혼합하여 가열 관내를 높은 유속으로 통과시키고 관의 외측으로 부터 중유 또는 가스로 가열하여 분해한다.

분해온도 : 730~790℃, 반응시간 : 1~2초 또는 분해온도 : 850~900℃, 반응시간 : 0.4~0.6초 정도로 반응 관내의 출구 압력은 $1kg/cm^2$ 정도이다.

② 분해 생성물은 급랭 열교환기에서 급랭하는 것과 중축합 반응에 의해 방향족 혹은 타르의 생성을 억제한다.

2) 증류분리공정

분해생성물은 급랭된 뒤 증류탑에서 연료유를 분리하여 회수하고 분해가스는 압축공정에 보내진다.

3) 압축, 세정 및 건조공정

① 분해가스는 가압, 저온증류를 위하여 다단 압축기에서 $35~40kg/cm^2$로 압축되며 이 사이에 소다 세정탑을 통하여 CO_2와 H_2S를 제거한다.

② 압축기 최종단 출구 가스는 다음에 저온 분리공정에 들어가기 전에 알루미나 등의 탈습제가 충전된 탑에서 건조시킨다.

4) 에틸렌 분리공법

① 건조된 가스는 냉각하여 탈메탄탑으로 보내지는 수소 및 메탄을 탑상부에서 에틸렌 및 중질분을 탑 아래 부분에서 분리한다.

② C_2이상의 분류는 탈에탄탑에서 C_2분류와 C_3이상의 분류로 나누어지고, C_2분류는 아세틸렌 수소화 장치에서 그 속에 함유되어 있는 아세틸렌을 Ni 혹은 Pd계 촉매를 써서 수소화 에틸렌으로 바꾼 뒤 에틸렌 증류탑에서 에틸렌과 에탄으로 분리한다.

5) 부생물 분리공정

C_3 이상의 분류는 다시 증류를 반복하여 C_3, C_4, C_5 및 방향족으로 각각 분리하여 회수한다.

2. 에틸렌제조장치의 계통도

① 가열로를 나온 분해 가스는 급랭되어 증류탑에서 중질유를 분리한 다음 압축된다.

② 압축행정 사이의 산성 가스를 가성 소다로 제거하고 이어 알루미나 등의 탈습제를 충전한 건조탑에서 건조하여 탈메탄탑에 이송한다.

③ 탈메탄탑에서는 증류함으로써 메탄과 수소를 분리한다. 분리된 메탄과 수소의 혼합가스는 다시 심냉 분리함으로써 메탄과 수소로 된다.

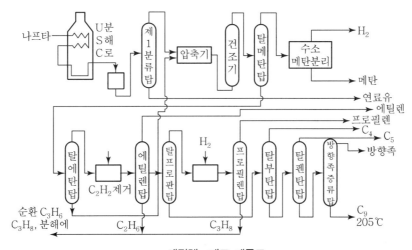

▲ 에틸렌·제조 계통도

④ 탈메탄탑의 탑저액은 탈에탄탑에서 C_3 이상의 고비점 유분을 제거한 다음 Ni 혹은 Pd계의 촉매를 사용하고 에틸렌 중에 함유된 소량의 아세틸렌을 선택적으로 수소화하며, 다시 활성 알루미나 등으로 탈수하여 에틸렌 정유탑에 이송한다.

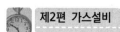
 1-5 아세틸렌의 제조

1. 아세틸렌의 제조 반응식과 공정도

카바이드(CaC_2)에 물을 넣으면 즉시 아세틸렌이 발생한다.

$$CaC_2 + 2H_2O \longrightarrow Ca(OH)_2 + C_2H_2$$

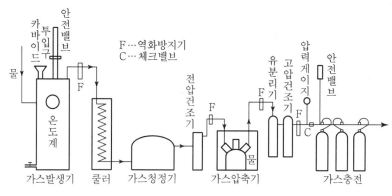

▲ 아세틸렌 제조 공정도

1) 가스발생기

카바이드(CaC_2)와 물을 가지고 아세틸렌을 발생시키는 철강재 탱크이다.

(1) 가스발생기 분류

가스발생방법에 따라 분류하면 주수식, 침지식, 투입식으로 분류되며 공업적으로 가장 많이 사용하는 것은 투입식이다.

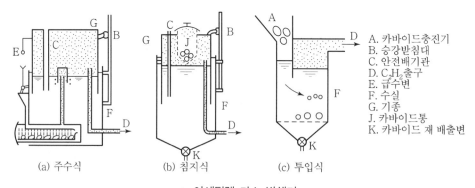

A. 카바이드충진기
B. 승강받침대
C. 안전배기관
D. C_2H_2출구
E. 급수변
F. 수실
G. 기종
J. 카바이드통
K. 카바이드 재 배출변

(a) 주수식   (b) 침지식   (c) 투입식

▲ 아세틸렌 가스 발생기

① 주수식 : 카바이드에 물을 넣는 방법

  ㉠ 주수량의 가감에 의해 가스 발생량을 조절할 수 있다.

  ㉡ 카바이드에 접촉하는 물이 적기 때문에 온도 상승으로 분해, 중합의 우려가 있다.

  ㉢ 불순가스 발생이 많다.

  ㉣ 후기가스의 발생이 있다.

  ㉤ 카바이드 교체시 공기혼입의 우려가 있다.

② 침지식(접촉식) : 물과 카바이드를 소량씩 접촉시키는 방법

  ㉠ 발생기의 온도상승이 쉽다.

  ㉡ 가스 발생량을 자동 조절할 수 있다.

  ㉢ 불순물이 혼입되어 나온다.

  ㉣ 카바이드 교체시 공기혼입의 우려가 있다.

  ㉤ 후기가스의 발생이 있다.

③ 투입식 : 물에 카바이드를 넣는 방법

  ㉠ 공업적으로 대량 생산에 적합하다.

  ㉡ 카바이드가 수중에 있으므로 온도상승이 작다.

  ㉢ 불순가스 발생이 작다

  ㉣ 카바이드 투입량에 의해 아세틸렌가스 발생량을 조절할 수 있다.

  ㉤ 후기가스의 발생이 작다.

(2) 가스 발생압력에 따라 구분

① 저압식 : 0.07kg/cm^2 미만

② 중압식 : $0.07 \sim 1.3 \text{kg/cm}^2$

③ 고압식 : 1.3kg/cm^2 이상

(3) 가스 발생기 자체로서 구비조건 4가지

① 구조가 간단하고 견고하며 취급이 간편할 것

② 가열, 지열발생 등이 작을 것

③ 가스의 수요에 맞고 일정한 압력을 유지할 것

④ 안전기를 갖추고 산소역류, 역화시 발생기에 위험이 미치지 않을 것

(4) 가스 발생압력은 1.3kg/cm^2 이하로 해야 하며(1.5kg/cm^2에서 폭발위험) $110℃$ 이상이면 분해폭발의 위험이 있다.

(5) 가스 발생기의 최저온도 50~60℃가 적합하다.

또한 최고 65℃의 범위를 초과하지 않는다. 온도가 높으면 수지상태의 물질이 생기거나 폭발의 위험이 있고 온도가 너무 낮으면 가스가 물에 녹아서 물과 함께 흘러나간다.

(6) 습기 가스 발생기의 표면온도는 70℃ 이하를 유지하도록 되어 있다.

2) 가스 청정기

(1) 아세틸렌 중의 불순물

① 아세틸렌 중의 불순물에는 인화수소(PH_3, 포스핀), 황화수소(H_2S, 유화수소), 질소(N_2), 산소(O_2), 암모니아(NH_3), 수소(H_2), 일산화탄소(CO), 메탄(CH_4) 등이 있다.

② 불순물이 존재하면 아세틸렌의 순도저하 및 아세틸렌 충전시 아세틸렌이 아세톤에 용해되는 것이 저해되므로 제거해야 한다.

(2) 아세틸렌 청정제

① 에퓨렌(Epurene)

② 카타리솔(Catalysol)

③ 리가솔(Rigasol)

3) 저압건조기

아세틸렌 압축기로 가기 전에 아세틸렌 중의 수분을 제거하여 액이 압축되는 것을 방지한다.

■ 건조기의 역할

① 아세틸렌 제조공정 중 압축기를 기준으로 고압측 및 저압측에 설치한다.

② 원통형 강제 용기 속에 건조제로 주로 염화칼슘($CaCl_2$)이 들어 있어 아세틸렌 중의 수분을 제거한다.

4) 아세틸렌 가스 압축기

① 압축기의 용량은 보통 15~60m^3/hr를 사용한다.

② 급격한 압력상승을 피하기 위해 회전수 100RPM 전후의 저속 2~3단의 왕복 압축기가 사용된다.

③ 내부 윤활유는 양질의 광유(디젤 엔진유)를 사용한다.

④ 압축기를 충분히 냉각시키기 위해 보통 수중에서 작동시킨다.

⑤ 압축기 냉각에 사용되는 냉각수 온도는 20℃ 이하로 유지한다.

⑥ 모터는 방폭형으로 압축실과 분리하여 설치하는 것이 안전하다.

⑦ 크랭크 케이스는 기밀한 구조로 하고 공기혼입을 피해야 한다.

⑧ 아세틸렌 충전시는 온도여하에 불구하고 2.5MPa 이상 압력을 올리지 말 것

⑨ 아세틸렌을 압축하여 온도여하에 불구하고 2.5MPa의 압력으로 할 때는 질소(N_2), 메탄(CH_4), 일산화탄소(CO), 에틸렌(C_2H_4), 수소(H_2), 프로판(C_3H_8), 이산화탄소(CO_2) 등의 희석제를 첨가할 것

5) 유분리기(오일세퍼레이터)

실린더 내부 윤활유에 사용된 오일이 가스 중에 혼입하지 않도록 분리시킨다.

■ 유분리기(오일세퍼레이터)의 역할

① 아세틸렌 압축기에서 압축된 가스 중의 오일을 분리한다.
② 금속선의 작은 코일 등의 충전물을 넣은 원통형 강제용기이다.

6) 고압건조기

가스 압축기에서 압축되어 나온 가스 중의 수분을 제거하며 건조제로 염화칼슘($CaCl_2$)을 사용한다.

7) 역화방지기

역화방지기 내부에는 보통 페로실리콘이나 물, 모래 및 자갈이 사용된다.

■ 역화방지기를 설치할 곳

① 아세틸렌의 고압 건조기와 충전용 교체밸브 사이의 배관
② 아세틸렌 충전용기관

8) 다공물질

(1) 다공물질의 명칭

규조토, 석면, 목탄, 석회, 산화철, 탄산마그네슘, 다공성 플라스틱

(2) 다공물질을 적당한 비율로 혼합하여 물로 반죽한 후 용기에 넣어 적당한 온도(약 200℃)에서 건조, 고화시킨다.

(3) 다공도 계산식

$$다공도(\%) = \frac{V - E}{V} \times 100$$

여기서, V : 다공물질의 용적
E : 아세톤의 침윤 잔용적

⑷ **다공물질을 충전하는 이유**

용기의 내부를 미세한 간격으로 구분하여 분해 폭발의 기회를 만들지 않고 분해폭발이 일어나도 용기 전체로 파급되는 것을 막기 위해 채워넣는 물질이다.

⑸ 고압가스 안전관리법상 다공도는 75~92% 미만이다.

⑹ **다공물질의 구비조건 6가지**

　① 고다공도일 것
　② 기계적 강도가 클 것
　③ 가스 충전이 쉬울 것
　④ 안전성이 있을 것
　⑤ 경제적일 것
　⑥ 화학적으로 안정할 것

01 연습문제

01 다음은 정전기 제거 또는 발생방지 조치에 관한 설명이다. 옳지 않은 것은?

㉮ 대상물을 접지시킨다.

㉯ 상대습도를 높인다.

㉰ 공기를 이온화시킨다.

㉱ 전기 저항을 증가시킨다.

해설 정전기 제거 조치
① 대상물을 접지시킨다.
② 상대습도를 높인다.
③ 공기를 이온화시킨다.

02 가스의 비중에 대하여 바르게 기술된 것은?

㉮ 비중의 크기는 kg/cm^2 단위로 표시한다.

㉯ 비중을 정하는 기준 물체로 공기가 이용된다.

㉰ 가스의 부력은 비중에 의해 정해지지 않는다.

㉱ 비중은 기구의 염구(炎口)의 형에 의해 변화한다.

해설 각종 기체의 비중은 기준 물체로 공기를 기준한다. 공기보다 가벼우면 비중은 1 이하가 된다.

03 역화방지 장치를 설치할 장소로 옳지 않은 것은?

㉮ 가연성 가스를 압축하는 압축기와 오토크레이브 사이

㉯ 아세틸렌 충전용지관

㉰ 가연성 기체를 압축하는 압축기와 저장탱크 사이

㉱ 아세틸렌의 고압건조기와 충전용 교체 밸브 사이

해설 ㉮, ㉯, ㉱항에는 역화방지 장치가 반드시 부착되어야 한다.

04 가스의 성질에 대한 설명으로 옳은 것은?

㉮ 질소는 안정된 가스로 불활성 가스라고도 불리며 고온에서도 금속과 화합하지 못한다.

㉯ 염소는 반응성이 강한 가스이며 강에 대해서 상온의 건조상태에서도 현저한 부식성이 있다.

㉰ 암모니아는 산이나 할로겐과도 잘 화합한다.

㉱ 산소는 액체 공기를 분류하여 제조하는 반응성이 강한 가스이며, 그 자신도 연소된다.

해설 암모니아는 산이나 할로겐(염소 등)과 잘 화합한다.

05 특정고압가스가 아닌 것은?

㉮ 수소 ㉯ 아세틸렌

㉰ LP 가스 ㉱ 액화암모니아

해설 LP 가스는 순수한 가연성 가스이며 특정고압가스에는 제외된다.

정답 01.㉱ 02.㉯ 03.㉰ 04.㉰ 05.㉰

06 고압저장탱크설비에 대한 설명으로 옳지 않은 것은?

㉮ 원통형은 같은 용량, 압력이 같은 조건에서 구형보다 두께가 크다.

㉯ 원통형의 횡형 탱크는 수직형 탱크보다 안전성이 우수하다.

㉰ 구형은 기초 구조가 간단하다.

㉱ 구형은 표면적이 크며 강도가 높다.

해설 구형 저장탱크는 동일 용량의 가스 또는 액체를 저장하는 경우 표면적이 작다.

07 15℃ 볼탱크에 저장된 액화프로판(C_3H_8)을 시간당 50kg씩 15℃의 기체로 공급하려고 증발기에 전열기를 설치했을 때 필요한 전열기의 용량은? (단, 프로판 증발열 3,740cal/gmol, 15℃ 1cal=1.163×10^{-6}kWh)

㉮ 4.94kW
㉯ 0.217kW
㉰ 2.17kW
㉱ 0.494kW

해설 50kg=50,000g

$$\frac{50,000}{44}=1,136.363636\,\mathrm{gmol}$$

$$\frac{1,136.363636\times3,740}{1.163\times10^{-6}}=4.94\mathrm{kW}$$

08 다기능 가스 안전계량기는 통상 사용 상태에서 출구측의 압력을 감지하여, 압력이 얼마가 되면 가스가 차단되도록 되어 있는가?

㉮ 200mmH$_2$O
㉯ 130mmH$_2$O
㉰ 100mmH$_2$O
㉱ 60mmH$_2$O

해설 통상사용 상태에서 출구측의 압력저하를 감지하여 압력 0.6±0.1kPa(=60±10mmH$_2$O)에서 차단할 것

09 펄스반사법과 공진법 등으로 재료 내부의 결함을 비파괴검사하는 방법은?

㉮ 음향검사
㉯ 침투검사
㉰ 자기검사
㉱ 초음파검사

해설 초음파검사 : 펄스반사법, 공진법 이용

10 대용량의 액화가스저장탱크 주위에는 방류둑을 설치하여야 한다. 방류둑의 설치목적으로 옳은 것은?

㉮ 불순분자들이 저장탱크에 접근하는 것을 방지하기 위하여

㉯ 액상의 가스가 누출될 경우 그 가스를 쉽게 방류시키기 위하여

㉰ 빗물이 저장탱크 주위로 들어오는 것을 방지하기 위하여

㉱ 액상의 가스가 누출된 경우 그 가스의 유출을 방지하기 위하여

해설 방류둑의 설치목적은 액상의 가스가 누출된 경우 그 가스의 유출을 방지하기 위하여

11 고압가스에 관한 용어의 정의 중 ( )에 적합한 수치는?

"가연성 가스"라 함은 공기와 혼합된 경우의 폭발하한계의 하한이 (㉠)% 이하인 것과 상한과 하한의 차가(㉡)% 이상인 것을 말한다.

㉮ ㉠ 5, ㉡ 10
㉯ ㉠ 5, ㉡ 20
㉰ ㉠ 10, ㉡ 20
㉱ ㉠ 10, ㉡ 30

해설 가연성 가스
① 폭발하한계의 하한이 10% 이하
② 상한과 하한의 차이가 20% 이상

정답 06.㉱ 07.㉮ 08.㉱ 09.㉱ 10.㉱ 11.㉰

12 고압가스설비에서 정기점검 및 이상상태 발생 시 그 재해 확산방지를 위한 안전장치인 플레어스텍의 일반적인 구성요소가 될 수 없는 것은?

㉮ 파일럿 버너　　　㉯ 실 드럼
㉰ 녹아웃 드럼　　　㉭ 긴급차단장치

해설 긴급차단장치 : 가스누설경보기

13 포스겐가스를 제조하는 방법으로 옳은 것은?

㉮ 물과 염화수소를 저온으로 반응시켜 제조한다.
㉯ 일산화탄소를 활성탄 촉매하에 염소와 반응시킨다.
㉰ 일산화탄소와 염화주석을 고온으로 반응시켜 제조한다.
㉭ 염화수소와 산소를 고온으로 반응시켜 제조한다.

해설 $CO + Cl_2 \rightarrow COCl_2$(포스겐)

14 플레어스택 구조 중 역화 및 공기 등과의 혼합폭발을 방지하기 위하여 가스 종류 등에 따라 갖추어야 할 역화방지장치의 구성요소로서 가장 거리가 먼 것은?

㉮ Pilot Bunner　　　㉯ Liquid Seal
㉰ Flame Arrestor　　　㉭ Vapor Seal

해설 파일럿 버너(Pilot Bunner)는 착화버너이다.

15 지상에 설치된 액화석유가스의 저장탱크와 가스충전 장소와의 사이에 반드시 설치하여야 하는 것은?

㉮ 경계표지　　　㉯ 방호벽
㉰ 물분무설비　　　㉭ 방류둑

해설 지상의 액화석유가스 저장탱크와 가스충전장소 사이에는 방호벽의 설치가 필요하다.

16 시안화수소를 충전한 용기의 충전 후 정치시간과 누출검사에 대하여 옳게 설명한 것은?

㉮ 24시간 정치하고 1일 1회 이상 질산구리벤젠 등의 시험지로 가스누출검사를 실시한다.
㉯ 24시간 정치하고 1일 2회 이상 염화 제1동 등의 시험지로 가스누출검사를 실시한다.
㉰ 48시간 정치하고 1일 1회 이상 질산구리벤젠 등의 시험지로 가스누출검사를 실시한다.
㉭ 48시간 정치하고 1일 2회 이상 염화 제1동 등의 시험지로 가스누출검사를 실시한다.

해설 HCN의 충전용기 누출검사는 24시간 정치하고 1일 1회 이상 질산구리벤젠 등의 시험지로 가스누출검사를 실시한다.

17 다음 중 특정설비가 아닌 것은?

㉮ 기화장치
㉯ 독성가스배관용 밸브
㉰ 특정고압가스용 실린더캐비닛
㉭ 초저온 용기

해설 특정설비
　① 저장탱크 및 그 부속품
　② 차량에 고정된 탱크 및 그 부속품
　③ 저장탱크와 함께 설치된 기화장치

정답 12.㉭ 13.㉯ 14.㉮ 15.㉯ 16.㉮ 17.㉭

CHAPTER

02 LP 가스설비(액화석유가스)

2-1 LP(Liquefied Petroleum) 가스의 제조

1. 습성 천연가스 및 원유에서 제조

① 원유 지대에서 채취되는 습성 천연가스 및 원유에서 액화가스를 회수하는 것으로 다음의 방법이 있다.

ⓐ 압축 − 냉각법(농후한 가스에 응용된다.)

냉동기 또는 고압에서 가스의 팽창에 따른 각기 냉각을 이용해서 천연가스를 저온도에서 액화 분리하는 방법으로 비교적 고농도에서 소량의 가스를 처리하는 경우에 응용된다.

ⓑ 흡수유(경유)에 의한 흡수법

등유, 경유 등의 흡수유에 흡수시켜서 회수하는 방법으로 다량의 가스를 처리하는 경우에 이용된다.

ⓒ 활성탄에 의한 흡착법(희박한 가스에 응용된다.)

활성탄, 실리카젤 등의 흡착제로 LP 가스 성분, 가솔린 성분을 흡착시켜 회수하는 방법으로 비교적 저농도에서 소량의 가스를 처리하는 경우에 이용된다.

② 혼성 가스 중의 $C_3 \sim C_4$ 가스는 주로 포화탄화수소로 되어 있고 올레핀류 등의 불포화탄화수소는 거의 함유하고 있지 않다.

2. 제유소 가스

석유 정제공정에서 상압증류장치, 접촉분해장치, 접촉개질장치, 수소화탈황장치, 코킹 장치, 비스브레이킹 장치에서 발생하는 가스는 수소 및 $C_1 \sim C_4$의 탄화수소를 함유하고 있다. 이들의 가스를 가스분리장치에 넣어 메탄, 에탄, 에틸렌과 같은 탄화수소 가스와 프로판 − 프로필렌 유분 및 부탄 부틸렌 유분으로 구분한다.

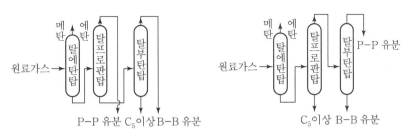

▲ 가스분리장치 계통도

이 경우의 원료 가스 중에는 황화수소를 주체로 하는 유화분이 함유되어 있으므로 탈황장치를 설치하고 있다. 탈프로판탑 및 탈부탄탑은 $10 \sim 20 \text{kg/cm}^2$하에서 가압증류장치이다.

1) 상압증류장치(증류가스 : Topping Gas)

원유를 증류하고 가솔린, 등유, 경유, 잔사유 등을 분리할 때 원유 중에 용해하고 있던 가스가 다량 발생한다.

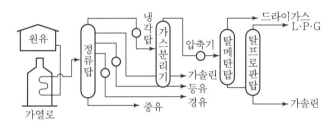

▲ 상압증류장치 제조용 공정도

2) 접촉개질장치(Reforming Gas)

나프타를 고온·고압하에서 촉매와 접촉시켜 탄화수소의 구조를 변하게 하고 옥탄가 높은 휘발유를 제조하고 있다. 개질가스로부터 회수된 가스는 올레핀분이 없다.

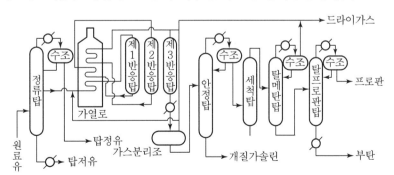

▲ 접촉개질장치의 제조공정도

3) 접촉분해장치(Cranking Gas)

경유유분을 고온의 촉매에 접촉시켜 분해하고 옥탄가가 높은 휘발유를 제조하는 장치이므로 촉매가 유동하면서 분해반응을 하는 유동접촉분해장치(F.C.C)를 사용하고 있다.

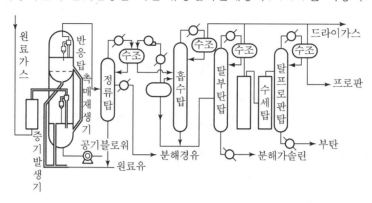

▲ F.C.C 장치

3. 나프타분해 생성물에서의 제조

나프타 분해에 의한 에틸렌 제조장치에서는 수소, $C_1 \sim C_4$ 탄화수소가 발생하므로 발생가스 중에 함유된 이산화탄소, 일산화탄소, 물, 유황화합물 및 아세틸렌 등의 불순물을 정제 제거한 다음 에틸렌, 프로필렌, 부탄-부틸렌유분을 저온분유법, 흡수법, 흡착법 등에 의해 분리한다.

4. 나프타의 수소화 분해 생성물에서의 제조

액화 석유가스를 생산하는 목적은 원료 나프타를 수소화 분리하여 제조하는 것으로서 대표적인 프로세스에는 아이소막스법이 있다. 비점 170℃ 이하의 나프타를 수소화 분리함으로써 C_3 -탄화수소 43%, C_4-탄화수소, 34% 및 C_3-탄화수소 23% 등을 얻을 수 있다.

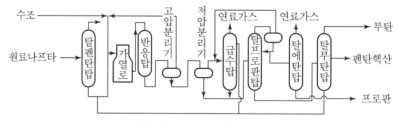

▲ LPG의 아이소막스장치 계통도

2-2 LP 가스 이송장치

1. LP 가스의 이송방법

1) 차압에 의한 방법(탱크의 자체 압력을 이용하는 방법)

탱크로리에서 저장탱크로 LP가스를 이입할 때 탱크로리는 수송 중 태양열을 받아서 가스의 온도가 높아지고 따라서 압력도 높아져 탱크와 압력차가 발생한 때에는 그 차압을 이용하여 펌프 등을 사용하지 않고 이송하는 방법이다.

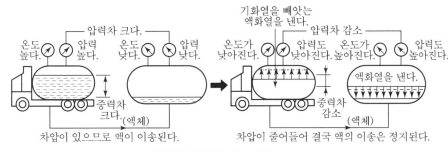

▲ 차압방식의 액 이송 원리

2) 액펌프에 의한 방법

(1) 액펌프에 의한 방법(기상부의 균압관이 없는 경우)

① 펌프는 액만을 이송할 수 있으므로 액의 이입 또는 이충전라인에 설치하여 액을 가압하여 압송하는 방식이다.

② 베이퍼라인 없이 때문에 탱크로리에서 저장탱크로 이송할 때의 탱크로리 내의 액면은 낮아지고 따라서 가상부가 많게 되며 압력이 낮아진다.

③ LP 가스는 증발하게 되고 남은 액은 증발열을 빼앗겨 온도가 더욱 낮아지며 압력도 또한 낮아지나 탱크 내는 반대로 액량이 점차 증가하여 기상부의 가스는 액에 밀려 액화된다.

④ 이때 방출되는 열로 탱크 내의 온도는 상승하고 그에 수반하여 압력이 높게 된다.

⑤ 펌프에 무리가 생기며 충전시간이 길어지고 용량이 큰 펌프가 필요하게 된다.

⑥ 탱크로리에서 저장탱크로, 저장탱크에서 용기로 충전시 주로 사용된다.

> **참고** 가스비중
>
> 프로판(C_3H_8) = $\dfrac{44}{29}$ = 1.52, 부탄(C_4H_{10}) = $\dfrac{58}{29}$ = 2

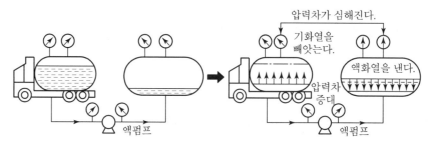

▲ 액체 펌프 방식(균압관이 없는 경우)

(2) 액펌프에 의한 방법(기상부의 균압관이 있는 경우)

탱크로리와 저장탱크 간의 차압을 없앨 목적으로 펌프는 액라인을 연결하고 기상부와 기상부를 잇는 베이퍼 라인(균압관)을 설치하는 방식으로 짧은 시간 내에 액을 이송(즉, 대용량에서 대용량으로 충전시)하는 데 사용된다.

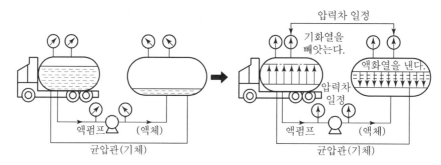

▲ 액체 펌프 방식(균압관이 있는 경우)

 1. 펌프의 종류
　① 기어펌프(Gear Pump) 또는 바이킹 펌프(Viking Pump)
　② 벤펌프 : 고겐 – 벤펌프(Corken – van Pump)
　③ 원심펌프 : 임펠러의 회전에 의한다.
　④ 압력 조정기 : 기화부에서 나온 가스를 소비 목적에 따라 일정한 압력으로 조정하는 부분
　⑤ 안전밸브 : 기화장치의 내압이 이상하게 상승했을 때 장치 내의 가스를 외부로 방출하는 장치
2. 펌프를 사용함으로써 오는 장단점
　① 장점 : 재액화 현상이 일어나지 않고, 드레인 현상이 없다.
　② 단점 : 충전시간이 길고, 잔가스 회수가 불가능하며, 베이퍼록 현상이 일어나 누설의 원인이 된다.
3. 액비중
　프로판 : 0.509kg/l, 부탄 : 0.582kg/l
4. 기화잠열
　프로판 : 101.8kcal/kg, 부탄 : 92kcal/kg

3) 압축기에 의한 방법

① 압축기를 사용하여 저장탱크 상부에서 가스를 흡입하여 가압한 후 이것으로 탱크로리 상부를 가압하는 방식으로 베이퍼라인에 설치되며 사방밸브를 조작함으로써 탱크로리 내의 잔가스를 회수할 수 있다.

② 액라인을 닫고 이번에 반대로 탱크로리 상부의 가스를 흡입하여 탱크상부로 보내주면 된다. 이때 탱크로리 내에는 대기압 이상의 압력을 남겨둘 필요가 있다.

참고

1. 압축기를 사용함으로써 오는 장단점
   ① 장점 : • 펌프에 비해 충전시간이 짧다.
   　　　　　• 잔가스 회수가 가능하다.
   　　　　　• 베이퍼록 현상이 생기지 않는다.
   ② 단점 : • 부탄의 경우 저온에서 재액화 현상이 일어난다.
   　　　　　• 압축기의 오일(기름)이 탱크에 들어가 드레인의 원인이 된다.

2. 탱크로리 충전작업 중 작업을 중단해야 하는 경우
   ① 저장탱크에 과충전이 되는 경우
   ② 탱크로리와 저장탱크를 연결한 호스 또는 로딩암 커플링의 접속이 빠지거나 누설되는 경우(O링의 불량이나 커플링의 마모시 이런 사태가 발생)
   ③ 충전작업 중 그 주변에 화재가 발생한 경우
   ④ 압축기 사용시 액압축(워터 해머링)이 일어나는 경우
   ⑤ 펌프 사용시 액배관 내에서 베이퍼록이 심화되는 경우

3. LP가스 압축기(Compressor)의 부속장치
   ① 액트랩(액분리) : 가스 흡입측에 설치, 실린더의 앞에서 액과 드레인을 가스와 분리시킨다.
   　• 액압축을 방지하는 목적 : 액상의 LP 가스가 압축기에 흡입되면 흡입밸브를 파손시키거나 실린더에 침입하여 워터 해머를 발생, 실린더 등을 파괴하는 경우가 있다.
   ② 자종정지장치(HPS, LPS) : 가스의 흡입 토출압력이 지나치게 낮거나 지나치게 높아지면 압력 개폐기를 작동하여 운전을 정지시키는 압력위치 방식과 규정압력 이상이 되었을 때 흡입측과 토출측을 통하게 하여 토출측의 압력을 흡입측으로 바이패스시키는 것과 같이 규정압력 이하에서 운전을 계속하는 언로더 방식이 있다.

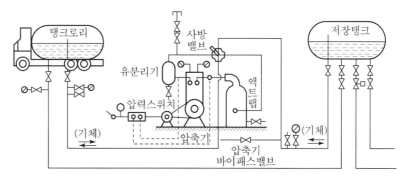

▲ LP 가스 컴프레서와 그 부속기기

③ 사방밸브(4 - way Valve) : 압축기의 토출측과 흡입측을 전환시키는 밸브로서 액송과 가스회수를 한 동작으로 할 수 있다.

④ 유분리기 : 급유식 압축기의 부속기기로서 토출관로 중의 설치가스와 윤활유를 분리시키는 것이다.

　　• 유분리기의 설치목적 : 실린더의 윤활유가 토출가스 중에 다량 수반되는 것을 방지한다.

 ## 2-3 LP 가스 공급 방식

1. 자연기화방식

용기 내의 LP 가스가 대기 중의 열을 흡수해서 기화하는 가장 간단한 방식이다.

① LP 가스는 비등점(프로판 $-42.1℃$, 부탄 $-0.5℃$)이 낮기 때문에 대기의 온도에서도 쉽게 기화한다.

② 자연기화방식의 특징

　㉠ 기화능력에 한계가 있어 소량 소비시에 적당하다.

　㉡ 가스의 조성 변화량이 크다.

　㉢ 발열량의 변화가 크다.

　㉣ 용기의 수가 많이 필요하다.

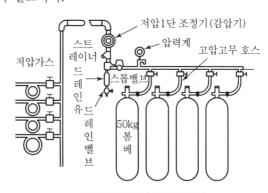

▲ 자연기화방법(1단 감압기)

2. 강제기화방식

강제기화방식은 용기 또는 탱크에서 액체의 LP 가스가 도관으로 통하여 기화기에 의해서 기화하는 방식이다.

1) 기화기의 능력은 10kg/hr의 소형에서부터 4ton/hr 정도의 대형까지 비교적 대량 소비처로서 부탄 등을 기화시키는 경우에 사용한다.

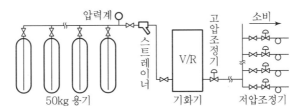

▲ 강제기화방식(2단 감압기)

2) **강제기화방식의 종류**

(1) **생가스 공급방식**

생가스가 기화기(베이퍼라이저)에 의해서 기화된 그대로의 가스(자연기화의 경우도 포함)를 공급하는 것을 생가스 공급방식이라고 한다.

또한, 부탄의 경우 온도가 0℃ 이하가 되면 재액화되기 쉽기 때문에 가스배관은 보온하지 않으면 안 된다.

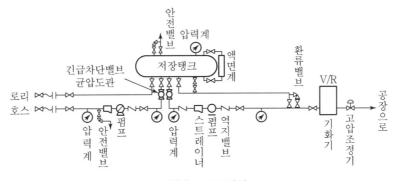

▲ 생가스 공급방식

 1. 생가스 공급방식의 특징
　　① 높은 발열량을 필요로 하는 경우 사용한다.
　　② 발생된 가스의 압력이 높다.
　　③ 서지탱크가 필요하지 않다.(발열량과 압력이 균일하므로)
　　④ 장치가 간단하다.
　　⑤ 열량조정이 필요 없다.
　　⑥ 기화된 LP 가스가 이송배관 중에서 냉각되어 재액화의 문제점이 발생한다.
　2. 기화기
　　① 온수가열방식(온수의 온도가 80℃ 이하일 것)
　　② 증기가열방식(증기의 온도가 120℃ 이하일 것)

(2) 공기혼합가스 공급방식

공기혼합가스(Air Mixture Gas)는 기화기, 혼합기(믹서)에 의해서 기화한 부탄에 공기를 혼합해서 만들며 다량 소비하는 경우에 유효하다.

① 공기혼합가스의 공급목적

  ㉠ 발열량 조절

  ㉡ 누설시의 손실 감소

  ㉢ 재액화 방지

  ㉣ 연소효율의 증대

② 재액화의 방지대책

  ㉠ 가스의 사용조건 개선 : 가스압력, 가스이송배관의 길이, 연속운전이 단속운전이 되면 개선한다.

  ㉡ 사용장소의 최저기온을 조사하여 대책을 강구(보온대책 강구)

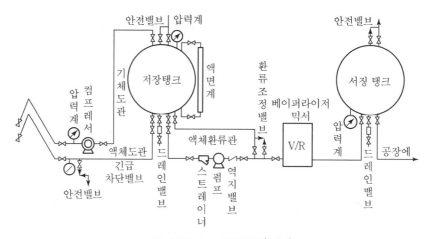

▲ 공기혼합가스 공급방식(부탄)

3) LP 가스의 공기혼합설비

(1) 혼합기

혼합기는 기화기로서 기화시킨 부탄(LPG)을 공기와 혼합시키는 장치이나 기화기와 함께 하나의 장치로서 사용하는 경우가 많다.

① 벤투리믹서

기화한 LP 가스는 일정압력으로 노즐에서 분출시켜 노즐 내를 감압함으로써 공기를 흡입하여 혼합하는 형식으로 가장 많이 사용되고 있는 방식이다.

■ 벤투리믹서의 특징
- 동력원을 특별히 필요로 하지 않는다.
- 가스분출에너지(가스압)의 조절에 의해서 공기의 혼합비를 자유로이 바꿀 수 있다.

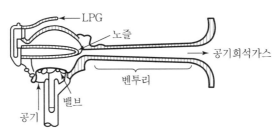

▲ 벤투리 혼합기의 구조

② 플로믹서(Flow Mixer)

LP 가스의 압력을 대기압으로 하며 플로(Flow)로서 공기와 함께 흡입하는 방식으로서 가스압이 내려갈 경우에는 안전장치가 움직여 플로(Flow)가 정지하도록 되어 있다.

⑵ 가스홀더(Gas Holder), 서지탱크(Surge tank)

혼합기는 가스 소비량에 따라 운전할 수 없으므로 공기희석가스는 일단 가스홀더나 서지탱크에 저장되어 가스홀더의 조정(리미트) 스위치에 의해 최대사용 부하로 연속적 운전이 가능하다.

 1. LPG 가스 특성
① 가스일 경우에는 공기보다 무겁다.(비중 1.52)
② 액상의 LP 가스는 물보다는 가볍다.
③ 액화, 기화가 용이하다.
④ 기화하면 체적이 약 250배 증가한다.(부탄은 230배)
⑤ 증발잠열(C_3H_8 92kcal/kg, 부탄은 102kcal/kg)이 크다.
⑥ 용해성이 있고 무색, 무취, 무미 가스이다.
⑦ 정전기 발생이 쉽다.
⑧ 조성 LPG : 프로판, 부탄, 프로필렌, 부틸렌, 부타디엔 혼합물
2. 기화기 : 다관식 기화장치, 코일식 기관장치, 2중 관식 기화장치, 캐비닛식 직렬식 기화장치
3. 가열방식 : 전열식 온수형, 온수식, 스팀식, 전열식 고체 진열형

02 연습문제

Industrial Engineer Gas

01 부취제의 구비조건으로서 거리가 먼 것은?

㉮ 화학적으로 안정하여야 한다.

㉯ 부식성이 없어야 한다.

㉰ 냄새가 없어야 한다.

㉱ 물에 녹지 않아야 한다.

해설 부취제(취질)의 구비조건은 석탄가스 냄새. 양파 썩는 냄새, 마늘 등의 냄새가 있어야 한다.

02 액화석유가스의 충전용기 보관실은 가로 5m, 세로 4m, 높이 3m이다. 이때 환기구의 통풍 면적은 약 몇 cm²이어야 하는가? (단, 철망이 부착된 환기구로 가정하고 철망이 차지하는 면적의 합은 1,000cm²이다.)

㉮ 4,000   ㉯ 5,000

㉰ 6,000   ㉱ 7,000

해설 바닥면적 1m²당 300cm²의 환기구가 필요

$\{(5 \times 4) \times 300\} + 1,000 = 7,000 cm^2$

03 LPG 공급 소비설비에서 용기의 개수를 결정할 때 고려할 사항으로 가장 거리가 먼 것은?

㉮ 소비자 가구수

㉯ 피크시의 기온

㉰ 감압방식의 결정

㉱ 1가구당 1일의 평균가스 소비량

해설 LPG 공급 설비에서 용기의 개수를 결정할 때 고려 사항은 ㉮㉯㉱항

04 LP 가스의 공급 방식 중 공기 혼합가스의 공급 목적으로 옳지 않은 것은?

㉮ 발열량 조절   ㉯ 누설시 손실 감소

㉰ 가스의 재액화   ㉱ 연소 효율의 증대

해설 LP 가스의 공급 방식에서 공기혼합공급방식은 가스의 재액화가 방지된다.

05 1가구의 1일 평균 가스소비량이 2.0kg/day 일 때, 가구수가 100가구라면, 피크시의 평균가스 소비량(kg/hr)은? (단, 피크시의 평균 가스 소비율은 25%이다.)

㉮ 40   ㉯ 50

㉰ 60   ㉱ 70

해설 100가구×2.0kg/day×0.25=50kg/hr

06 가스 계량기를 건물 외부에 설치할 때 바닥으로부터의 높이는 얼마가 적당한가? (단, 30m³/hr 미만)

㉮ 1.6m 이상 2m 이내

㉯ 1.6m 이하

㉰ 2.0m 이상

㉱ 2.0m 이하

해설 유량 30m³/h 미만에서 가스 계량기의 설치 높이는 바닥으로부터 1.6~2m 이내이다.

정답 01.㉰ 02.㉱ 03.㉰ 04.㉰ 05.㉯ 06.㉮

07 액화석유가스용품 중 고압고무호스 재료에 대한 설명으로 옳지 않은 것은?

㉮ 바깥층의 재료는 −30℃의 공기 중에 24시간 방치하여 이상이 없는 것일 것

㉯ 안층 및 바깥층의 인장강도는 8kPa 이상일 것

㉰ 안층 및 바깥층의 연신율은 200% 이상일 것

㉱ 안층 및 바깥층은 70℃에서 96시간 공기가열 노화시험 후 인장강도 저하율이 25% 이하일 것

08 내용적 71L의 LPG 용기에 프로판 가스를 충전할 수 있는 최대량은 몇 kg인가?

㉮ 50kg ㉯ 45kg
㉰ 40kg ㉱ 30kg

해설 $W = \dfrac{V}{C} = \dfrac{71}{2.35} = 30\text{kg}$

09 LPG 집합 공급 시설에 관해서 옳지 않은 것은?

㉮ LPG 20kg, 50kg 용기로서 저장실에 설치한다.

㉯ 소형탱크와 배관으로 공급할 수 있다.

㉰ 자동절체식 조정기, 가스미터를 설치하여 공급한다.

㉱ 50세대까지는 집합 공급하여야 한다.

해설 LPG 집합 공급 시설에서 집합세대수의 기준은 없다.

10 어느 식당에서 가스레인지 1개의 가스소비량이 0.4kg/hr이고, 하루 5시간 계속 사용하고 가스레인지가 8대였다면 용기수량을 최저 몇 개로 하여야 하는가? (단, 잔량 20%에서 교환하고, 최저 0℃에서 용기 1개의 가스발생 능력은 850g/hr로 한다.)

㉮ 7개 ㉯ 5개
㉰ 4개 ㉱ 2개

해설 0.4kg/h×8대=3.2kg/h
850g/h=0.85kg/h

$\therefore \dfrac{3.2\text{kg/h}}{0.85\text{kg/h}} = 4$개

11 LP 가스 수입기지 플랜트를 기능적으로 구별한 설비시스템에서 고압저장 설비에 해당하는 것은?

수입가스설비 → 수입설비 → (1) → (2) → (3) → (4)
↓ (2차기지소비플랜트)

㉮ (1) ㉯ (2)
㉰ (3) ㉱ (4)

해설 (1) 저온저장설비
(2) 이송설비
(3) 고압저장설비
(4) 출하설비

12 LPG 공급소비시설의 설계시 유의사항으로 가장 거리가 먼 것은?

㉮ 사용목적에 합당한 기능을 가지고 사용상 안전할 것

㉯ 취급이 용이하고, 사용에 편리할 것

㉰ 모양에 관계없이 관련시설과의 조화가 되어 있을 것

㉱ 구조가 간단하고, 시공이 용이할 것

해설 LPG 공급 소비시설 설계시 유의사항은 관련시설과의 모양조화에 유의한다.

정답 07.㉮ 08.㉱ 09.㉱ 10.㉰ 11.㉰ 12.㉰

13 LPG 충전소 내의 가스 사용 시설 수리에 대한 설명으로 옳은 것은?

㉮ 화기를 사용하는 경우에는 설비 내부의 가연성 가스가 폭발하한계의 1/4 이하인 것을 확인하고 수리한다.

㉯ 충격에 의한 불꽃에 가스가 인화할 염려는 없다고 본다.

㉰ 내압이 완전히 빠져 있으면 화기를 사용해도 좋다.

㉱ 볼트를 조일 때는 한쪽만 잘 조이면 된다.

해설 LPG 충전소 가스 사용시설 수리 시에는 화기를 사용하는 경우에 설비 내부의 가연성 가스가 폭발하한계의 $\frac{1}{4}$ 이하인 것을 확인하고 수리한다.

14 가스공급 설비에서 부취제의 주입 목적은?

㉮ 가스 흐름이 용이하도록 하기 위해서

㉯ 수분의 혼입을 방지하기 위해서

㉰ 가스 누출의 조기발견을 위해서

㉱ 가스와 공기의 혼합을 용이하도록 하기 위해서

해설 부취제의 주입목적은 가스누출의 조기발견

15 LP 가스의 충전방법으로 적합하지 않은 것은?

㉮ 진공펌프에 의한 방법

㉯ 차압에 의한 방법

㉰ 액체펌프에 의한 방법

㉱ 압축기에 의한 방법

해설 LP 가스 충전방법 : ㉯ ㉰ ㉱ 방법

16 자연기화와 비교한 기화기 사용시 특징으로 거리가 먼 것은?

㉮ LPG 종류에 관계없이 한랭시에도 충분히 기화된다.

㉯ 공급가스의 조성이 일정하다.

㉰ 기화량을 가감할 수 있다.

㉱ 설비장소가 적게 들지만 설비비는 많이 든다.

해설 강제기화(기화기 사용) 방식은 설비장소를 적게 차지하고 또한 설비비 및 인건비가 절감된다.

17 다음 용어 정의 중 틀리게 설명한 것은 어느 것인가?

㉮ "액화석유가스"라 함은 프로판 부탄을 주성분으로 한 가스를 액화한 것을 말한다.

㉯ "액화석유가스충전사업"은 액화석유가스를 용기에 충전하여 공급하는 사업을 말한다.

㉰ "액화석유가스판매사업"은 용기에 충전된 액화석유가스를 판매하는 것을 말한다.

㉱ "가스용품제조사업"은 일반고압가스를 사용하기 위한 가스용품을 제조하는 사업을 말한다.

해설 ① 액화석유가스충전사업이란 저장시설에 저장된 액화석유가스를 용기에 충전하는 사업
② 가스용품제조사업이란 액화석유가스 또는 도시가스사업법에 따른 연료용 가스를 사용하기 위한 기기를 제조하는 사업

정답 13.㉮ 14.㉰ 15.㉮ 16.㉱ 17.㉱

CHAPTER 03 도시가스

 3-1 **도시가스의 제조**

1. 도시가스 제조 공정

도시가스는 가스의 제조, 경제, 열량조정 등의 일련의 공정에 의하여 제조된다. 다만 천연가스 원료와 같이 제조, 정제공정을 전혀 필요로 하지 않는 것과 LNG, LPG와 같이 정제공정이 필요없이 증발기만의 제조공정인 것도 있다.

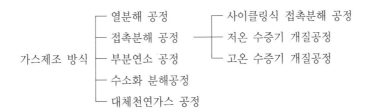

〈도시가스 원료로서의 특성〉

	천연가스	LNG	LPG	나프타
가스 제조 면	C/H비가 3이고, 도시가스의 C/H비와 같기 때문에 이대로 도시가스로 할 수가 있어, 일반적으로 가스 제조 장치는 필요 없다. 다만, 천연가스의 열량보다 저열량의 도시가스를 공급하는 경우에는 다른 희석가스와 혼합하고 혹은 개질장치에 의해 열량을 내려 공급한다.	C/H비가 3이고 도시가스의 C/H비가 같기 때문에 기화한 LNG는 그대로 도시가스로 할 수 있다. 이 경우 기화설비가 필요하고 대량의 해수가 사용된다. LNG가스가 열량보다 저열량의 도시가스를 공급할 경우는 천연가스의 경우와 같다.	C/H비가 약 5(부탄)이고 도시가스의 C/H비를 3에 합치기 위해 가스 제조비가 필요하다. 기화설비가 필요하고 일반적으로 증기 가열에 의해 가스화된다. 부탄 공기로서 공급되는 경우에는 가스제조 설비가 필요치 않고 기화설비만으로 좋다.	C/H비가 5~6이고, 도시가스의 C/H비를 3에 합치기 위해 가스제조가 필요하지만 원유 등과 비교해 용이하게 가스화할 수 있다.

	천연가스	LNG	LPG	나프타
정제면	국산 천연가스 중에는 유화수소 등의 불순물이 적기 때문에 탈유 등의 정제장치를 필요로 하지 않는다.	LNG제조장치로 LNG를 제조하기 전에 유화수소, CO₂ 등의 불순물은 제거되고 있기 때문에 탈유 등의 정제장치는 필요 없다.	유화수소 등의 불순물을 거의 지니고 있지 않기 때문에 탈유 등의 정제장치가 필요 없다.	유화수소 등의 불순물이 적기 때문에 탈유 등의 정제장치를 간략하게 할 수 있다. 다만, 중질 나프타를 사용할 경우는 그의 불순물 함유량에 따라 정제설비의 배려를 필요로 하는 경우도 있다. 또 가스제조 설비 속에는 원료나프타에 대한 고도의 탈유가 필요한 것도 있다.
공해면	아황산 가스, 매연 등의 대기오염, 비수공해 등의 공해문제가 없다.	천연가스의 경우와 같다.	천연가스의 경우와 같다.	아황산 가스, 매연 등의 대기오염, 비수공해 등의 공해문제가 적다.
원료저장면	천연가스는 상온이고 기체이기 때문에 구성가스 홀더 등에 용이하게 저장된다. 관리가 용이하다.	LNG는 비점 −162℃ 초저온이기 때문에 초저온 저장설비가 필요하고 그의 관리는 복잡하다.	부탄의 비점은 −0.5℃이기 때문에 상압 저온 저장설비 또는 고압저장설비가 필요하고 LNG보다 관리는 용이하다.	라이트 나프타의 비점은 약 40~130℃이기 때문에 상압 저장설비로 용이하게 저장할 수 있어 관리가 용이하다.

※ C/H비 $= \dfrac{\text{분자의 탄소질량(C)}}{\text{분자의 수소질량(H)}}$

例 CH_4의 C/H비 $= \dfrac{12}{4}$ ∴ 3

1) 가스화 방식에 의한 분류

(1) 열분해(Thermal Cracking) 공정

① 원유, 중유, 나프타 등의 분자량이 큰 탄화수소 원료를 고온(800~900℃)으로 분해하여 10,000kcal/Nm³ 정도의 고열량 가스를 제조하는 방법이다.

② 열분해에 의한 생성물은 수소, 메탄, 에탄, 에틸렌, 프로필렌 등의 가스상 탄화수소와 벤젠, 톨루엔 등의 경우 및 타르, 나프탈렌 등으로 분해한다.

참고 도시가스 원료
① 고체연료 : 석탄, 코크스
② 액체연료 : 납사, LPG 가스, LNG 가스
③ 기체연료 : 천연가스, Offgas(오프가스)

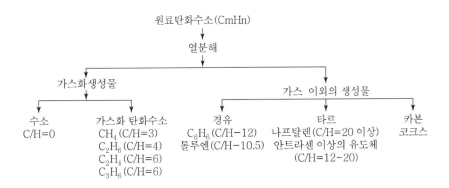

(2) 접촉분해 공정(Steam Reforming)

① 접촉분해반응은 촉매를 사용하여 반응온도 $400 \sim 800℃$에서 탄화수소와 수증기를 반응시켜 수소, 일산화탄소, 탄산가스, 메탄, 에틸렌, 에탄 및 프로필렌 등의 저급 탄화수소를 변화하는 반응을 말한다.

② $700℃$ 이상에서는 H_2, CO가 많아진다.

③ 저온에서는 CH_4, CO_2가 증가한다.

④ 수증기의 탄화수소비가 커지면 H_2, CO_2가 증가하고 CO, CH_4은 감소한다.

⑤ 압력의 영향은 상압에서 25기압까지가 크며 그 이상에서는 생성가스 조성에 영향을 덜 미친다.

⑥ 고압이 되면서 메탄은 증가하고 H_2는 감소한다.

(3) 부분연소 공정(Partical Combustion Process)

연소 접촉분해방식에 공기를 넣는 경우가 보통이지만 수소를 중유, 원유 등의 중질유로부터 제조할 경우 고온, 고압으로 산소를 사용해서 행할 경우가 있다.

(4) 수소와 분해

주로 메탄을 생성시키려면 고압($20 \sim 60$기압), 고온($700 \sim 800℃$)에서 C/H비가 비교적 큰 탄화수소를 수증기 흐름 중에서 분해시키는 방법과 Ni 등의 수소화 촉매를 사용해서 나프타 등의 비교적 C/H비가 낮은 탄화수소를 메탄으로 변환시키는 방법 등이 있다.

(5) 대체 천연가스 공정(Substitute Natural Process)

수분, 산소, 수소를 원료 탄화수소와 반응시켜 수증기 개질, 부분 연소, 수첨 분해 등에 의해 가스화하고 메탄합성(메타네이숀), 탈탄소 등의 공정과 병용해서, 천연가스의 성상과 거의 일치하게끔 가스를 제조하는 공정이다.

2) 원료의 송입법에 의한 분류

(1) 연속식

① 원료는 연속으로 송입되며 가스의 발생도 연속으로 된다.
② 가스량의 조절은 원료의 공급량 조절에 의하여, 일반적으로 장치 능력에 대하여 50~100% 사이에서 발생량이 조절된다.

(2) 배치식

석탄가스와 같이 원료를 일정량 취하여 가스화실에 넣어 가스화하고 가스가 발생하지 않으면 잔재(코크스 등)를 제거한다. 이와 같은 조작을 반복하면서 원료를 가스화하는 것으로 가스 발생량의 조절은 원료 송입량과 1일의 송입 횟수로 조절하므로 급격한 조절은 안 된다.

(3) 사이클링식

① 연속식과 배치식의 중간적인 것이다.
② 일정시간 원료의 연속 송입에 의하여 가스발생을 하면 장시간 온도가 내려가게 된다.
③ 어느 정도 온도가 내려가면 원료의 송입을 중지하고, 승온하면 제차 원료를 송입하여 가스발생을 한다. 이들 조작은 자동운전으로 한다.
④ 가스 발생량의 조절은 자체의 운전, 정지로 행한다.

3) 가열방식에 의한 분류

(1) 외열식

원료가 들어 있는 용기를 외부에서 가열한다.

(2) 축열식

가스화 반응기 내에서 원료를 태워서 충분히 가열한 후 이 반응 내에 원료를 송입하여 가스화의 열원으로 한다.

(3) 부분연소식

원료에 소량의 공기와 산소를 혼합하여 가스발생의 반응기에 넣고 원료의 일부를 연소시킨 다음 그 열을 이용하여 원료를 가스화 열원으로 한다.

(4) 자열식

가스화에 필요한 열이 산화반응과 수첨 · 분해반응 등의 발열 반응에 의해 가스를 발생시킨다.

2. 도시가스 공급 방법

1) 공급방식의 분류

공급방식은 Gas를 수송하는 도관의 수송 압력에서 고압공급방식, 중압공급방식, 저압공급방식으로 구분한다. 또 수요가에의 공급압력에서 중압 스트레이트공급, 저압공급 등으로부른다.

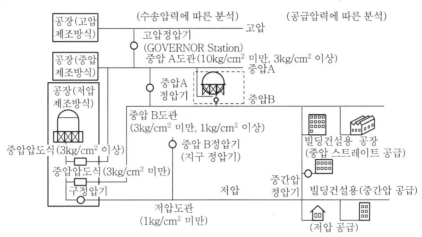

▲ Gas 공급 형태의 예

(1) 저압공급방식

① 가스공장에서 직접 수용가의 사용압력으로 공급하는 방식으로 저압가스홀더 압력을 이용하여 조정기를 통하여 송출한다.

② 저압공급은 공급량이 적고 공급구역이 좁은 소규모에 적합하다.

③ 저압이란 0.1MPa 미만의 가스압력을 말한다.

④ 저압공급방식의 특징

㉠ 공급계통이 간단하므로 유지관리가 된다.

㉡ 압송비용이 불필요하거나 극히 저렴하다.

㉢ 정전시에도 공급이 중단되지 않고 공급이 안정하다.

㉣ 수송거리가 긴 경우나 수송량이 많은 때는 직경이 큰 도관을 사용해야 하므로 비경제적이다.

㉤ 유수식 가스홀더를 사용할 경우에는 수취기가 있어야 한다.

(2) 중압공급방식

① 가스공장에서 중압으로 송출하고 공급구역 내에 배치한 지구 정압기에 의해 저압으로 정압하여 수요가에 공급하는 방식이다.

② 중압공급은 공급량이 많으며 공급선까지의 거리가 길고 저압공급으로는 도관비용이 많아질 경우에 채용된다.(0.1MPa 이상~1MPa 미만 공급)

③ 가스홀더를 수요지 가까이에 설치하고 야간에 가스 홀더에 저장해 두고 주간에 가스홀더에서 저압 또는 중압공급을 행하는 방법도 널리 행해진다.

④ 중압공급방식의 특징

　㉠ 공급압력의 선정에 의해 높은 공급능력을 얻을 수 있기 때문에 저압공급에 비교하여 구경이 작아도 된다.

　㉡ 도관이 중압과 저압의 2계통이며 압송기 및 정압기가 있기 때문에 유지관리기가 복잡하여 유지관리가 어렵고 공급비가 높아진다.

　㉢ 가스가 압송기로 압축되어 재팽창하기 때문에 건조하고 가스 중의 수분에 의한 장애는 적다.

　㉣ 정전 등으로 인한 압송기의 운전정지 등 영향을 받아 공급에 지장을 주나 중압 가스홀더를 가지고 있어 단시간의 정전에는 영향을 받지 않는다.

(3) 고압공급방식

① 가스 공장에서 고압가스를 송출하고 고압 정압기에 의해 중압 B로 감소하고 다시 지구 정압기에 의해 저압으로 정압하여 수요기에 공급하는 방식이다.

② 고압공급방식은 공급 구역이 넓고 대량의 가스를 원거리에 송출할 경우에 적합하고 도관 건설비가 절약되어 경제적이다.(1MPa 이상 공급방식)

③ 고압공급방식의 특징

　㉠ 작은 지름의 배관으로 많은 양의 가스를 수송할 수 있다.

　㉡ 고압홀더가 있을 때에는 정전 등의 고장에 대하여 공급의 안정이 높고 고압 또는 중압 본관의 설계를 경제적으로 할 수 있다.

　㉢ 고압 압송기, 고압배관, 고압 정압기 등의 유지관리가 어렵고 압송비용도 많이 든다.

2) LP 가스를 이용한 도시가스 공급 방식

(1) 직접혼입방식

① 석탄가스, 발생로 가스에 LP 가스를 혼입하여 공급 도시가스를 증열, 증량하기 위한 것이다.

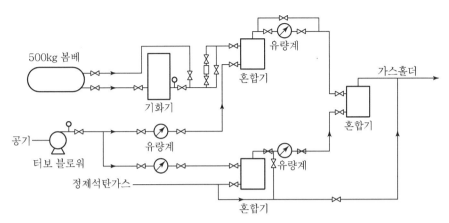

▲ 직접혼합방식에 의한 공급 계열

② LP 가스의 혼입방법에는 다음의 2가지가 있다.
　　㉠ 종래의 도시가스에 LPG를 기화하여 그대로 혼입하는 방법
　　㉡ LP 가스를 공기나 발생로 가스 등과 혼합하여 이 혼합가스를 공급가스에 혼입하는 방법
③ LP 가스를 다른 도시가스에 혼입하는 방법으로 발열량 조절이나 피크시의 공급 부족을 보충하는 데 사용한다.

(2) 공기혼합방식

① 에어 다이렉트 가스(Air Direct Gas) 공급 방식이라 한다.
② 액상의 LP 가스를 기화시킨 것에 일정 비율의 공기를 혼합시켜 공급하는 방식이다.

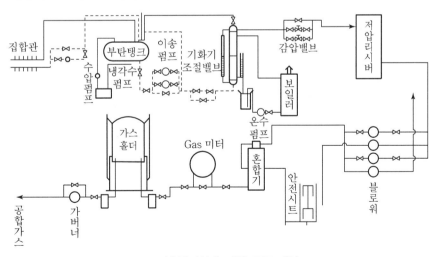

▲ 공기혼합방식에 의한 공급 계열도

1. 공기 혼합 시 이점

　① 공급가스의 노점이 낮아지므로 도관 중에서 재액화하는 일이 없다.

　② 원료 LP 가스로 순부탄을 쓸 수 있고 발열량이 조절된다.

　③ 연소시 공기량의 보충이 가능하다.

　④ 누설시에 손실이 적다.

2. 연소현상

　① 불완전연소 : 공기의 공급불충분

　② 역화 : 불꽃이 염공을 따라 들어가서 버너의 혼합관 내에서 연소하는 현상이며 부식에 의해 염공이 크게 되거나 가스분출속도보다 연소속도가 빠를 때 발생

　③ 옐로팁(Yellow Tip) : 유리탄소 입자가 많아서 불완전 연소 시 불꽃의 끝이 적황색이 되어 연소하는 현상

　④ 리프팅(Lifting ; 선화) : 역화의 반대로, 버너 선단에서 연소하며 버너 내 가스압이 높거나 염공이 막혀서 가스분출속도가 연소속도보다 빠를 때 발생

(3) 변성혼합방식

① LP 가스를 다른 도시가스에 직접 혼입하는 경우 그 혼입량은 한계가 있다.

② 한계 이상으로는 LP 가스를 혼입하는 경우에는 도시가스와 상환성의 점에서 LP 가스를 변성하여 그 조성을 석탄가스에 가까운 개질가스로 만들 필요가 있다.

③ 변성혼입방식은 LP 가스를 변성한 개질가스에 도시가스를 혼입하는 방식이다.

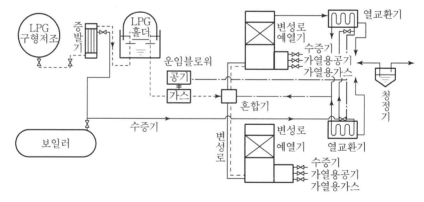

▲ 변성혼합방식에 의한 공급

3-2 도시가스 공급 시설

1. 가스홀더(Gas Holder)

제조 공장에서 제정된 가스를 저장하여 가스의 질을 균일하게 유지하며 제조량과 수요량을 조절하는 저장탱크이다.

1) 가스홀더 종류

(1) 유수식 가스홀더

① 물탱크와 가스 탱크로 구성되어 있으며 단층식과 다층식이 있다.

② 가스의 출입관은 물탱크부 내에서 올라와 수면 위로 나와 있다.

③ 가스층은 가스의 출입에 따라서 상하로 자유롭게 움직이게 되어 있고 2층 이상인 것은 각층의 연결부를 수봉하고 있다.

④ 가스층의 증가에 따라 홀더 내 압력이 높아진다.

⑤ 유수식 가스홀더의 특징

　㉠ 제조설비가 저압인 경우에 많이 사용된다.

　㉡ 구형 가스홀더에 비해 유효가동량이 많다.

　㉢ 많은 물을 필요로 하기 때문에 기초비가 많이 든다.

　㉣ 가스가 건조해 있으면 수조의 수분을 흡수한다.

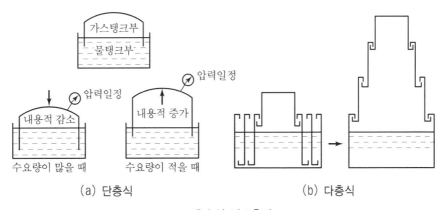

▲ 유수식 가스홀더

　㉤ 압력이 가스의 수에 따라 변동한다.

　㉥ 한랭지에 있어서 물의 동결방지를 필요로 한다.

(2) 무수식 가스홀더

고정된 탱크 내부의 가스는 피스톤이나 다이어프램 밑에 저장되고 저장가스량의 증감에 따라 피스톤이 상하 왕복운동을 하며 가스압력을 일정하게 유지시켜 준다.

■ 무수식 가스홀더의 특징

① 수조가 없으므로 기초가 간단하고 설비가 절감된다.
② 유수식 가스홀더에 비해서 작동 중 가스압이 일정하다.
③ 저장가스를 건조한 상태에서 저장할 수 있다.
④ 대용량의 경우에 적합하다.

(3) 고압식 홀더(서지 탱크)

고압홀더는 가스를 압축하여 저장하는 탱크로서 원통형과 구형이 있으며 고압홀더로부터 가스를 압송할 때는 고압 정압기를 사용하여 압력을 낮추어 공급한다.

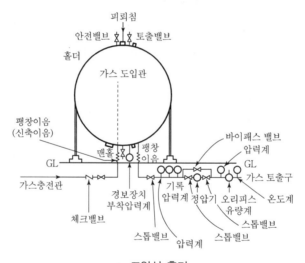

▲ 고압식 홀더

2) 가스홀더의 기능

① 가스 수요의 시간적 변동에 대하여 일정한 제조 가스량을 안정하게 공급하고 남는 가스를 저장한다.
② 정전, 배관공사, 제조 및 공급설비의 일시적 저장에 대하여 어느 정도 공급을 확보한다.
③ 각 지역에 가스홀더를 설치하여 피크시에 각 지구의 공급을 가스 홀더에 의해 공급함과 동시에 배관의 수송효율을 올린다.
④ 조성 변동이 있는 제조가스를 저장 혼합하여 공급가스의 열량, 성분, 연소성 등을 균일화한다.

3) 가스홀더(Holder)의 용량 결정

가스 공급량이 제조량보다 많은 시간에는 홀더에서 가스를 공급하게 되며, 제조량이 적은 시간대에서는 가스를 홀더에 저장하여, 공급량과 제조량의 차를 공급 가능한 가동용량을 유지할 수 있는 가스홀더 용량을 보유해야 한다. 제조 가스량은 주·야 일정하므로 수급균형을 유지하기 위해서 다음과 같이 가스 홀더 가동 용량을 계산할 수 있다.

$$\Delta H = S \times a - \frac{t}{24} \times M$$

$$\therefore \ M = (S \times a - \Delta H) \times \frac{24}{t}$$

여기서, M : 최대 제조능력(m^3/day)

$\quad\quad\quad S$: 최대 공급량(m^3/day)

$\quad\quad\quad t$: 시간당 공급량이 제조능력보다도 많은 시간

$\quad\quad\quad a$: t시간의 공급률

$\quad\quad\quad \Delta H$: 가스홀더 가동 용량(m^3/day)

4) 구형 가스홀더 부속품

① 가스홀더 하부 출입관에 가스 차단 밸브 및 신축관을 설치

② 검사용 맨홀

③ 안전밸브 2개(단, 1개의 능력이 최대 수입량 이상일 것)

④ 가스홀더 내 가스 압력 측정용 압력계(저장량 측정용을 겸한다.)

⑤ 드레인 장치

⑥ 가스홀더 입관에 수입량 조절용 밸브를 설치

⑦ 접지 2개소 이상

⑧ 가스홀더 외에 승강계단, 가스홀더 내에 검사시의 점검 사다리

2. 압송기

도시가스는 일반적으로 가스탱크에서 도관으로 각 지역에 공급될 때 그 압력은 가스홀더의 압력보다 낮다. 따라서, 가스의 수요가 적은 경우에는 그 압력으로도 충분하나 공급지역이 넓어 수요가 많은 경우에는 가스의 압력이 부족하여 압송기를 사용해서 공급해 준다. 이를 압송기라 한다.

1) 압송기의 종류

(1) 터보 압송기(블로워)

임펠러의 회전에 의해 가스압을 높이는 방식

(2) 가동날개형 회전 압송기

회전날개로 가스를 압송하는 방식

(3) 기타 루츠 블로워 및 피스톤을 지닌 왕복 압송기

2) 압송기의 용도

① 도시가스를 제조 공장에서 원거리 수송할 필요가 있을 경우
② 재승압을 할 필요가 있을 경우
③ 도시가스 홀더의 압력으로 피크시 가스 홀더 압력만으로 전 필요량을 보낼 수 없게 되는 경우

 ## 3-3 도시가스의 부취제

1. 부취제 일반

도시가스 원료인 LPG, 나프타가스, 액화천연가스(LPG) 등은 색도 없고 냄새도 거의 없거나 약하므로 누설시 쉽게 발견할 수 없어 냄새를 낼 수 있는 향료(부취제)를 첨가함으로써 가스가 누설되었을 때 조기에 발견, 조치하여 폭발사고나 중독사고를 방지하기 위하여 $\frac{1}{1,000}$ 의 비율로 부취제를 사용하도록 되어 있다.

1) 부취제 구비 조건

① 독성이 없을 것
② 보통 존재하는 냄새와는 명확하게 식별될 것
③ 극히 낮은 농도에서도 냄새가 확인될 수 있을 것
④ 가스관이나 가스 미터에 흡착되지 않을 것
⑤ 완전히 연소하고 연소 후에 유해한 혹은 냄새를 갖는 성질을 남기지 않을 것
⑥ 도관 내의 상용 온도에서는 응축하지 않을 것

⑦ 도관을 부식시키지 않을 것

⑧ 물에 잘 녹지 않는 물질일 것

⑨ 화학적으로 안정된 것

⑩ 토양에 대해 투과성이 클 것

⑪ 가격이 쌀 것

2) 부취제의 종류와 특성

(1) 부취제의 화학적 안정성

① THT(Tetra Hydro Thiophene) : 화학 구조적으로 상당히 안정한 화합물이기 때문에 산화, 중합 등은 일어나지 않는다.

② TBM(Tertiary Butyl Mercaptan) : 동상 메르캅탄류는 공기 중에서 일부 산화되어 이황화물을 생성하기 쉽지만 TBM은 메르캅탄류 중에서 내산화성이 우수하다.

③ DMS(Di-Methyl Sulfide) : 안정된 화합물이고 내산화성이 우수하다.

(2) 부취제의 토양에 대한 투과성

① THT : 토양 투과성이 보통이다(토양에 약간 흡착되기 쉽다).

② TBM : 토양 투과성이 우수하다(토양에 흡착되기 어렵다).

③ DMS : 토양 투과성이 상당히 우수하다(토양에 흡착되기 어렵다).

(3) 부취제 취기의 강도

① TBM : 취기의 강도가 가장 강함

② THT : 취기의 강도가 보통임

③ DMS : 취기의 강도가 약함

〈부취제의 종류와 특성〉

구분 종류	THT (Tetra Hydro Thiophene)	TBM (Tertiary Butyl Mercaptan)	DMS (Di-Methyl Sulfide)	비고
유해성 (LD_{50} 기준)	피하주입 : 8,790mg/kg 경구투여 : 6,790mg/kg	피하주입 : 8,128mg/kg 경구투여 : 9,275mg/kg		• LD_{50} : 체중 kg당 치사량 • Ethyl Alcohol 경구 투여시 $LD_{50}=250$mg/kg 과 동일

구분 종류	THT (Tetra Hydro Thiophene)	TBM (Tertiary Butyl Mercaptan)	DMS (Di-Methyl Sulfide)	비고
취질	석탄가스냄새	양파썩는 냄새	마늘냄새	• 취기의 강도 Mercaptan > Thiophene > Disulfide • 혼합시 취기농도 : 곱의 효과·배의 효과
부식성	가스 중 H_2O, O_2의 존재시	배관(강철·동합금)부식	H_2O, O_2 부재시 무관	• 고무, Plastic에 대하여는 팽윤 발생
화학적 안정성	안정화합물 (산화중합무관)	내산화성	안정된 화합물 (내산화성)	
토양투과성	보통(흡착용이)	좋다(흡착난이).	좋다 (흡착난이).	
물리적 성질 — 분자량 비점($℃$) 응고점($℃$) 비중($℃$) S함유량 (wt%) ppb 용해도 (%, 20$℃$)	88 122 96 0.999 36.4 0.77 0.85	90 64.4 0 0.799 35.5 0.09 0.96	62 37.2 98 0.85 51.6 2.5	• THT : 0.06g/Nm³·CRG 기준 • TBM : $0.06 \times \dfrac{0.09}{0.77}$ $=0.007g/Nm^3$ • DMS : $0.06 \times \dfrac{2.5}{0.77}$ $=O^2g/Nm^3$
구조식	H_2C-CH_2 | | H_2C CH_2 \ / S	CH_3 | $H_3C-C-SH$ | CH_3	$H_3C-S-CH_3$	
부취제 주입시의 변화 및 제어	완만한 변화, 제어용이	급격한 변화, 제어난이	THT와 동일, TBM과 혼합 사용	

2. 부취제의 주입설비

1) 액체주입식 부취설비

이 부취설비는 부취제를 액상 그대로 직접 가스 흐름에 주입하여 가스 중에서 기화, 확산시키는 방식으로서 가스 유량에 맞추어 주입량을 변화시키는 데 따라서 항상 일정한 부취제 첨가율을 유지할 수 있다.

(1) 액체주입식 부취설비의 종류

① 펌프주입방식

소요량의 다이어프램 펌프 등에 의해서 부취제를 직접 가스 중에 주입하는 방식이다. 간단한 계장으로 가스량의 변동에 대응하여 펌프의 스트로크 회전수 등을 변화시켜 가스 중의 부취제 농도를 항상 일정하게 유지할 수가 있다. 비교적 규모가 큰 부취설비에는 최적의 주입방식이다.

② 적하주입방식

액체주입 방식 중에서도 가장 간단한 것으로서 부취제 주입용기를 가스압으로 밸런스시키면 중력에 의해서 부취제는 가스 흐름 중에 떨어진다. 주입량의 조정은 니들밸브, 전자밸브 등으로 하지만 그 정도는 낮다. 그러므로 유량 변동이 작은 소규모의 부취에 많이 쓰여지고 있다.

③ 미터 연결 바이패스 방식

가스 주 배관의 오리피스 차압에 의해서 바이패스 라인과 가스 유량을 변화시켜 바이패스 라인에 설치된 가스미터에 연동하고 있는 부취제를 가스중에 주입하는 방식이다. 이 방식은 미국에서 다년간 사용되어 왔지만 그다지 대규모의 설비에는 적합하지 않다.

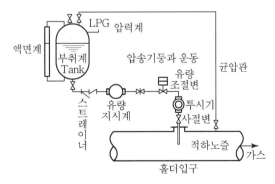

▲ 적하주입방식 예(중력저하 주입방식)

2) 증발식 부취설비

이 부취설비는 부취제의 증기를 가스 흐름에 혼합하는 방식으로 설비비가 싸고, 동력을 필요로 하지 않는 이점이 있다. 설치 장소는 일반적으로 압력, 온도의 변동이 적고 관내 가스 유속이 큰 곳이 바람직하다. 온도의 변동을 피하기 위하여 지중에 매설하는 것도 좋다 할 수 있다. 여러 가지 요인에 따라 부취제 첨가율을 일정하게 유지하는 것이 어렵고 유량의 변동이 작은 소규모 부취에 쓰여지고 있다.

(1) 증발식 부취설비의 종류

① 바이패스 증발식

증발식 부취설비의 대표적인 형태이다. 부취제를 넣은 용기에 가스가 저유속으로 흐르면 가스는 부취제 증발로 거의 포화한다. 이때 가스라인에 설비된 오리피스에 의해서 부취제 용기에서 흐르는 유량을 조절하면 가스 유량에 상당한 부취제 포화 가스가 가스라인으로 흘러들어가 거의 일정비율로 부취할 수가 있다.

이 방식은 부취조절범위가 한정되어 있으므로 혼합부취제에 적용할 수 없다.

② 위크 증발식

아스베스토스 심을 전달하여 부취제가 상승하고 이것에 가스가 접촉하는 데 따라 부취제가 증발하여 부취가 된다.

설비는 상당히 간난하고 서렴하지만 부취제 첨가량의 조절이 어렵고 극히 소규모 부취에 사용된다.

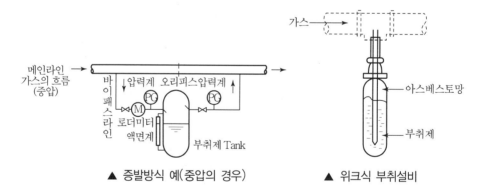

▲ 증발방식 예(중압의 경우)　　　　▲ 위크식 부취설비

3. 부취설비의 관리

부취제를 엎질렀을 때는 다음과 같은 방법으로 냄새를 감소시킬 수 있다.

1) 활성탄에 의한 흡착

밀폐한 용기와 실내외 소량의 부취제 용기의 흡착제거에는 유효하지만 대량의 처리에는 적합하지 않다.

2) 화학적 산화처리

차아염소산나트륨 용액 등의 강한 산화제로 부취제를 분해 처리하는 방법으로 부취제 용기, 배관, 수입 호스 등의 세정과 부취제를 엎질렀을 때 이용된다.
이 방법은 THT 등 안정한 부취제에는 적합하지 않다.

3) 연소법

부취제 용기, 배관 등은 기름으로 닦고 그 기름을 연소처리하는 방법과 부취제 수입시의 증기를 퍼지하는 대로 연소처리하는 방법이 포함된다.

03 연습문제

01 도시가스에 LPG를 이용하는 방법이 아닌 것은?

㉮ 공기혼입방식 ㉯ 직접혼입방식
㉰ 변성혼입방식 ㉱ 개질혼입방식

해설 LPG의 도시가스 공급방식
① 공기혼입방식
② 직접혼입방식
③ 변성혼입방식

02 도시가스 누출의 원인이 될 수 없는 것은?

㉮ 재료의 노화 ㉯ 급격한 부하변동
㉰ 지반 변동 ㉱ 부식

해설 도시가스의 누출 원인
① 재료의 노화
② 지반 변동
③ 부식

03 도시가스 공장에 내용적 25(m³)의 저장 탱크가 2개 설치되어 있다. 총저장 능력은 몇 톤인가? (단, 도시가스비중 : 0.71)

㉮ 35.50 ㉯ 45.50
㉰ 53.40 ㉱ 63.40

해설 $\dfrac{25 \times 2}{0.71} \times 0.9 \fallingdotseq 63.40$톤

04 탄화수소와 수증기의 반응을 이용하여 가스를 제조할 때 반응 후 생성되지 않는 것은?

㉮ CO ㉯ SO_2
㉰ H_2O ㉱ CO_2

해설 $C_mH_n + H_2O \rightarrow CO + H_2O + CO_2$

05 SNG에 대한 설명으로 옳은 것은?

㉮ SNG는 순수 천연가스를 뜻한다.
㉯ SNG는 각 부생가스로 고로가스가 주성분 이다.
㉰ SNG는 각종 도시가스의 총칭이다.
㉱ SNG는 대체(합성) 천연가스를 뜻한다.

해설 SNG는 석탄+원유+Naphtha+LPG의 혼합 Process

06 사용압력이 중·고압인 도시가스 배관의 유량을 구하는 식은? (단, K=유량계수, P_1=초 압, P_2=종압, L=배관길이, S=비중, v=동점도이다.)

㉮ $Q = K\{(P_1^2 - P_2^2)d^5/SL\}^{1/2}$
㉯ $Q = K\{(P_2^2 - P_1^2)d^5/SL\}^{1/2}$
㉰ $Q = K\{v^5 h/SL\}^{1/2}$
㉱ $Q = K\{(P_2^2 - P_1^2)SL/d^5\}^{1/2}$

해설 중·고압배관의 가스유량
$$Q = K\left\{\sqrt{\dfrac{D^5(P_1^2 - P_2^2)}{S \cdot L}}\right\}(m^3/h)$$

정답 01.㉱ 02.㉯ 03.㉱ 04.㉯ 05.㉱ 06.㉮

07 도시가스의 연소과정에서 불완전 연소의 원인으로 거리가 가장 먼 것은?

㉮ 버너의 과열
㉯ 불충분한 공기의 공급
㉰ 불충분한 배기
㉱ 가스 조성이 맞지 않을 때

해설 버너의 과열은 불완전 연소의 원인과는 거리가 멀다.

08 도시가스 제조에서 사이클링식 접촉분해 (수증기개질)법에 사용하는 원료로 옳은 것은?

㉮ 천연가스에서 원유에 이르는 넓은 범위의 원료를 사용할 수 있다.
㉯ 석탄 또는 코크스만 사용할 수 있다.
㉰ 메탄만 사용할 수 있다.
㉱ 프로판만 사용할 수 있다.

해설 도시가스의 수증기 개질법에서는 천연가스에서 원유에 이르는 넓은 범위의 원료를 사용할 수 있다.

09 도시가스 배관의 내진설계 기준에서 일반도시가스사업자가 소유하는 배관의 경우 내진 1등급에 해당되는 가스 최고사용압력은?

㉮ 1.5MPa   ㉯ 5MPa
㉰ 0.5MPa   ㉱ 6.9MPa

해설 내진 1등급(도시가스배관)은 최고사용압력 5kg/cm² (0.5MPa) 이상의 배관에 해당

10 총 발열량이 10,000[kcal/Nm³], 비중이 1.2 인 도시가스의 웨버지수는?

㉮ 12,000   ㉯ 8,333
㉰ 10,954   ㉱ 9,129

해설 $WI = \dfrac{Hg}{\sqrt{d}} = \dfrac{10,000}{\sqrt{1.2}}$
$= \dfrac{10,000}{1.095445} = 9,129$

11 촉매를 사용하여 반응온도 400~800℃로 서 탄화수소와 수증기를 반응시켜 CH₄, H₂, CO, CO₂로 변화하는 공정은?

㉮ 열분해공정
㉯ 접촉분해공정
㉰ 수소화분해공정
㉱ 대체 천연가스공정

해설 가스의 제조
접촉분해(Steam Reforming) 공정은 촉매를 사용해서 반응속도 400~800℃에서 탄화수소와 수증기를 반응시켜 CH₄, H₂, CO₂로 변환하는 Process이다.

12 도시가스 원료로서 나프타를 사용할 경우 어느 탄화수소성분이 많아야 가스화 효율이 높아지는가?

㉮ 나프텐계   ㉯ 파라핀계
㉰ 올레핀계   ㉱ 방향족계

해설 파라핀계(P) 탄화수소가 많으면 도시가스의 가스화 효율이 높아지는 나프타이다.(P, O, N, A)

13 도시가스용 압력조정기를 제조하고자 하는 자가 갖추어야 할 제조소의 제조설비에 속하지 않는 것은?

㉮ 구멍가공기 설비
㉯ 주조 및 다이캐스팅 설비
㉰ 표면처리설비 및 도장설비
㉱ 내압시험설비

해설 내압시험은 용기나 탱크에서 실시한다.

정답 07.㉮ 08.㉮ 09.㉰ 10.㉱ 11.㉯ 12.㉯ 13.㉱

14 메탄가스에 대한 설명으로 옳은 것은?

㉮ 공기 중에 30%의 메탄가스가 혼합된 경우 점화하면 폭발한다.

㉯ 담청색의 기체로서 무색의 화염을 낸다.

㉰ 고온도에서 수증기와 작용하면 일산화탄소와 수소를 생성한다.

㉱ 올레핀계 탄화수소로서 가장 간단한 형의 화합물이다.

해설
$$CH_4 + H_2O \xrightarrow[\text{고온}]{Ni} CO + 3H_2 + 49.3kcal$$

15 프로판가스의 총 발열량은 24,000Kcal/Nm³ 이다. 이를 공기와 혼합하여 12,000Kcal/Nm³의 도시가스를 제조하려면 프로판가스 1Nm³에 대하여 얼마를 혼합하여야 하는가?

㉮ 0.5Nm³ ㉯ 1Nm³

㉰ 2Nm³ ㉱ 3Nm³

해설
$$12,000 = \frac{24,000}{\chi}, \; \chi = \frac{24,000}{12,000} = 2$$
$$\therefore \; 2-1 = 1Nm^3$$

16 부취제의 구비조건이 아닌 것은?

㉮ 도관을 부식시키지 않을 것

㉯ 일상생활과 구분되는 냄새일 것

㉰ 연소 후에도 냄새가 남아있을 것

㉱ 토양에 대한 투과성이 클 것

해설 ① 부취제는 완전 연소 후에도 유해물질을 남기지 말아야 한다.
② 부취제 : THT, TBM, DMS

17 도시가스의 원료 중 제진, 탈유, 탈탄산, 탈습 등의 전처리를 필요로 하는 것은?

㉮ 천연가스 ㉯ LNG

㉰ LPG ㉱ 나프타

해설 LNG는 천연가스를 깨끗하게 전처리한 것을 액화한 것이다.
① 전처리 과정 : 제진-탈유-탈탄산-탈수-탈습
② 액화방법 : 단열팽창법, 캐스케이드법, 혼합냉매사이클을 이용한 방법

18 다음 중 가스홀더의 기능이 아닌 것은?

㉮ 가스수요의 시간적 변화에 따라 제조가 따르지 못할 때 가스의 공급 및 저장

㉯ 정전, 배관공사 등에 의한 제조 및 공급설비의 일시적 중단시 공급

㉰ 조성의 변동이 있는 제조가스를 받아들여 공급가스의 성분, 열량, 연소성 등의 균일화

㉱ 공기를 주입하여 발열량이 큰 가스로 혼합공급

해설 가스에 공기를 주입하여 희석시키면 발열량이 낮게 조정된 혼합가스가 된다.

19 천연가스의 연소열을 이용하여 LNG를 기화시키는 기화장치는?

㉮ ORV ㉯ SMV

㉰ 중간열매체식 ㉱ 전기가열식

해설 SMV : 천연가스 연소열을 이용하여 LNG를 기화시킨다.

20 도시가스 저압배관의 설계 시 고려하지 않아도 되는 사항은?

㉮ 배관 내의 압력손실

㉯ 가스 소비량

㉰ 연소기의 종류

㉱ 관의 길이 및 배관경로

정답 14.㉰ 15.㉯ 16.㉰ 17.㉯ 18.㉱ 19.㉯ 20.㉰

해설 저압배관 설계의 4요소
① 배관 내의 압력손실
② 가스 소비량의 결정
③ 배관길이 및 배관경로
④ 관의 내경 결정

21 최고사용압력이 고압 또는 중압인 가스 홀더에 대한 설명으로 옳지 않은 것은?

㉮ 응축액을 외부로 뽑을 수 있는 장치를 설치할 것

㉯ 압송기 배송기에는 냉각수의 흐름을 확인할 수 있는 장치를 설치할 것

㉰ 관의 입구 및 출구에는 온도압력의 변화에 의한 신축을 흡수한 조치를 할 것

㉱ 응축액의 동결을 방지하는 조치를 할 것

해설 압송기
① 터보형 압송기
② 회전날개형 압송기
③ 루트블로어 압송기
④ 왕복압송기

22 도시가스 제조 공정 중 가열방식에 의한 분류로 원료에 소량의 공기와 산소를 혼합하여 가스발생의 반응기에 넣어 원료의 일부를 연소시켜 그 열을 열원으로 이용하는 방식은?

㉮ 자열식 ㉯ 부분연소식

㉰ 축열식 ㉱ 외열식

해설 도시가스 제조공정에서 공기와 산소를 혼합시켜 가스발생의 반응기에 넣어 원료의 일부를 연소시켜 그 열을 열원으로 이용하는 방식은 부분연소식이다.

23 도시가스 제조원료가 가지는 특성으로 가장 거리가 먼 것은?

㉮ 파라핀계 탄화수소가 적다.

㉯ C/H비가 작다.

㉰ 유황분이 적다.

㉱ 비점이 낮다.

해설 도시가스 제조원료는 파라핀계 탄화수소가 많다.

24 가스 비등점이 낮은 것부터 바르게 나열한 것은?

ⓐ O_2, ⓑ H_2, ⓒ N_2, ⓓ CO_2

㉮ ⓑ－ⓒ－ⓐ－ⓓ ㉯ ⓑ－ⓓ－ⓐ－ⓒ

㉰ ⓒ－ⓐ－ⓑ－ⓓ ㉱ ⓒ－ⓓ－ⓐ－ⓑ

해설 가스의 비등점
① 산소 : -183℃
② 수소 : -252℃
③ 질소 : -196℃
④ 탄산가스 : -78.5℃

정답 21.㉯ 22.㉯ 23.㉮ 24.㉮

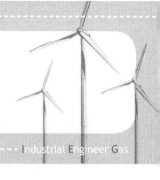

CHAPTER
04
펌프와 압축기

 4-1 **펌프**

1. 펌프의 분류

1) 작동상 펌프의 분류 및 종류

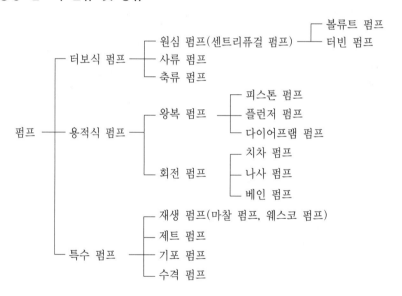

> 대표적으로 사용되는 액체이송 펌프에는 다음과 같은 것이 사용된다.
> 1. **원심 펌프** : 볼류트 펌프(Volute Pump), 터빈 펌프(Turbine Pump)
> 2. **회전 펌프** : 기어 펌프(Gear Pump), 베인 펌프(Vane Pump)
> 3. **왕복 펌프** : 피스톤 펌프(Piston Pump), 플런저 펌프(Plunger Pump)

2. 터보식(비용적식) 펌프

1) 원심식 펌프

복류식 펌프라고도 하며 임펠러에 흡입된 물을 축과 직각의 복류 방향으로 토출한다.

(1) 볼류트 펌프

임펠러에서 나온 물을 직접 볼류트 케이싱에 유도하는 형식

(2) 터빈 펌프(디퓨저 펌프)

안내 베인을 통한 다음 볼류트 케이싱에 유도하는 형식

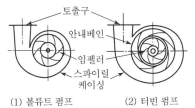

(1) 볼류트 펌프　　(2) 터빈 펌프

▲ 원심 펌프　　　　　　▲ 양흡입형과 편흡입형 임펠러

 1. 안내 날개의 역할

임펠러로부터 부여된 속도에너지를 능숙하게(마찰저항 등 쓸데 없이 소모시키지 않음) 압력의 에너지로 바꾸는 하나의 수단이며 간단히 말해서 수로의 교통 정리를 않는 것이 그 역할이다.

2. 안내 베인을 설치하는 이유

고양정 펌프의 경우에 임펠러에서 나온 유속이 빠른 물이 안내 베인을 통한 다음 볼류트 케이싱에 유도됨으로써 다시 효율적으로 압력 에너지로 변화시킬 수 있도록 한다.

2) 사류 펌프

임펠러에서 나온 물의 흐름이 축에 대하여 비스듬히 나오므로 이 이름이 붙었다.

3) 축류 펌프

임펠러에서 나오는 물의 흐름이 축방향으로 나오므로 이 이름이 붙었다.

▲ 사류 펌프　　　　　　　▲ 축류 펌프

3. 왕복동(용적식) 펌프

1) 왕복 펌프를 구동방식으로 분류

(1) 직동식

주로 증기기관의 피스톤 로드를 연결하여 운전하는 것이다.

(2) 크랭크식

크랭크 기구를 사용하여 전동기나 엔진과 직렬 또는 밸브, 기어 감속기 등으로 구동하는 것으로 플라이 휠을 설치하여 평활한 운전을 도모하는 것도 있다.

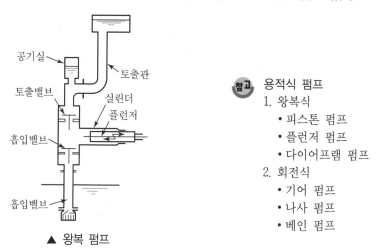

▲ 왕복 펌프

> **참고** 용적식 펌프
> 1. 왕복식
>   • 피스톤 펌프
>   • 플런저 펌프
>   • 다이어프램 펌프
> 2. 회전식
>   • 기어 펌프
>   • 나사 펌프
>   • 베인 펌프

2) 왕복동 펌프의 특징

① 토출 압력은 회전수에 따라 그다지 변하지 않는다.
② 1스트로크(1왕복)의 토출량이 결정되어 있으므로 일정량을 정확하게 토출할 수 있다.
③ 토출액이 진동하는 것을 적게 하기 위해 여러 가지 방법이 취해지고 있다.
④ 이 펌프에는 반드시 두 개 이상의 밸브가 있다. 한쪽이 닫힐 때는 한쪽이 열림으로써 펌프작용을 한다.
⑤ 소형인데 비해 매우 고압이 얻어진다.
⑥ 구조적으로는 동력의 회전운동을 왕복으로 변환하는 기수를 갖고 있다.

4. 다이어프램(왕복식) 펌프

진흙탕이나 모래가 많은 물 또는 특수약액 등을 이송하는 데 고무(또는 테프론)막을 상하로 운동시켜 작용시키는 펌프이다.

1) 다이어프램 펌프의 원리

① 핸들을 내리면 다이어프램이 올라가고 흡입밸브가 열려 액체를 빨아 올린다. 이때는 토출밸브는 흡착되어 닫혀 있다.

② 핸들을 올리면 다이어프램은 내려가 실내의 액을 밀어낸다. 이때 흡입밸브는 압력으로 압착되고 막혀 액의 역류를 방지하며 토출밸브가 열려 액을 유출시킨다. 이것을 반복한다.

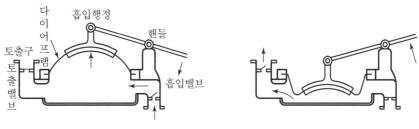

▲ 다이어프램 펌프 설명도

2) 다이어프램 펌프의 특징

① 글랜드가 없고 완전히 누설을 방지할 수 있으므로 화학약액 등에 흔히 이용된다.

② 모래나 진흙탕 등 또는 슬러리(입자)를 함유한 액 등에 마모 및 막힘이 없으므로 이용할 수 있다.

5. 로터리 펌프(Rotary Pump : 회전 펌프)

로터리 펌프는 원심 펌프와 모습은 매우 흡사하나 원리는 전혀 다르며 왕복 펌프와 같은 용적식 펌프이고 펌프형식의 하나의 명칭으로서 회전 펌프라고도 한다. 즉, 펌프 본체 속에 회전자가 있고 본체(케이싱)와 약간의 틈새로 회전하여 액을 흡입측에서 토출측으로 압출하는 펌프이다.

1) 로터리 펌프의 특징

① 왕복 펌프와 같은 흡입 · 토출 밸브가 없고, 연속 회전하므로 토출액의 맥동이 적다.

② 점성이 있는 액체에 좋다.

③ 고압유압 펌프로서 사용된다.

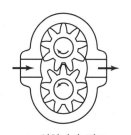
▲ 외치기어 펌프

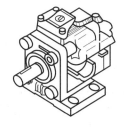
▲ 내치기어 펌프

2) 회전 펌프 사용상의 주의사항

① 액의 점도에 따른 회전수와 소요동력의 선정을 적절히 할 것
② 점도가 큰 액일수록 회전수가 적어져 소요동력이 커진다.
③ 점도가 큰 액의 흡입측 저항을 가능한 한 작게 할 것
④ 윤활성의 유무에 따라 베어링의 형식을 선정한다.
⑤ 점도가 너무 없는 액이면 회전 펌프보다도 원심 펌프를 이용할 것을 생각해 볼 것
⑥ 고압사용의 경우는 반드시 안전밸브를 사용할 것

6. 회전식 기어 펌프(치차 펌프)

이 펌프는 여러 가지 기어를 두 개 맞물려 기어가 열릴 때 흡입을, 닫힐 때 토출되도록 한 펌프이다. 열릴 때는 지금까지 기어가 맞물려 있던 곳이 열려 공간이 생기므로 저압부가 된다. 거기서 액체가 침입하여 온다. 액체는 기어의 회전에 따라 1회전하면 기어가 맞물리도록 액을 토출하게 된다.

1) 기어 펌프의 구조상 분류

① 외치식 기어 펌프
② 내치식 기어 펌프
③ 편심 로터리 펌프

2) 기어 펌프의 특징

▲ 기어 펌프의 원리

① 흡입양정이 크다. 즉, 흡입력이 강하므로 8m 이상 빨아 올릴 수가 있다.
② 토출압력은 회전수에 영향을 받지 않고 동력에 의해 얼마든지 높이 올릴 수가 있다.
③ 고압력에 적합하다.
④ 고점도액의 이송에 적합하다(점도가 높은 액이라도 토출량에 큰 영향이 없다).
⑤ 고점도액인 때는 회전수를 낮춰 사용하는 것이 좋다.

⑥ 토출압력이 바뀌어도 토출량은 크게 바뀌지 않는다.

⑦ 원심 펌프와 같이 액체가 심하게 교반되지 않는다. 교반되어서는 곤란한 액에 적합하다.

⑧ 구조가 간단하고 분해소제, 세척이 용이하므로 식품공업용에 적합하다.

⑨ 모래와 같이 굳은 입자 특히 마모를 촉진하는 입자, 기어 사이에 끼어 회전불능이 되는 단단한 입자를 함유하는 액체에는 사용할 수 없다.

⑩ 기어 펌프의 용량은 보통 $3{\sim}100m^2/hr$ 정도이다.

7. 회전식 베인 펌프(Vane Pump)

원통형 케이싱 안에 편심 회전차가 있고 그 홈 속에 판상의 것(베인 : Vane)이 들어 있다. 베인이 원심력 또는 스프링의 장력에 의하여 벽에 밀착되면서 회전하여 기름을 취급하는 데 사용하며 본질적으로는 대유량의 기름을 수송하는 데 알맞고 또 소형에서는 특히 간극을 작게 하여 $100kg/cm^2$ 정도의 고압용도 제작되고 있다.

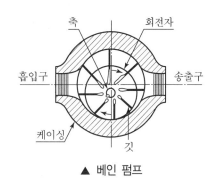

▲ 베인 펌프

8. 회전식 나사 펌프(Screw Pump)

한 개의 나사축(원동축)에 다른 나사축(종동축)을 1개 또는 2개 물리게 하여 케이싱 속에 넣어 이들 나사축을 서로 반대 방향으로 회전시킴으로써 한쪽의 나사홈 속의 액체를 다른 쪽의 나사산으로 밀어내게 되어 있는 펌프를 말한다.

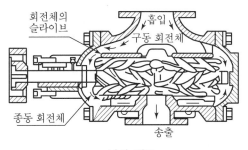

▲ 나사 펌프

9. 특수 펌프

1) 마찰 펌프

유체의 점성력을 이용하여 매끈한 회전체 또는 나사가 있는 회전축을 케이싱 내에서 회전하므로 액체의 유체 마찰에 의하여 압력 에너지를 주어서 송출하는 펌프를 마찰 펌프라고 한다.

점성이 비교적 적은 액체로는 와류 펌프(Vortex Pump) 또는 웨스코 펌프(Westco Rotary Pump)라고 널리 알려져 있는 것이 있다.

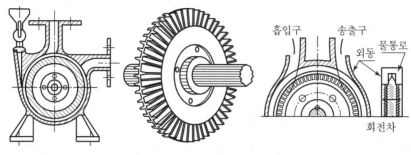

▲ 마찰 펌프

2) 제트 펌프

고압의 액체를 분출할 때 그 주변의 액체가 분사류에 따라서 송출되도록 하는 펌프를 분사 펌프 또는 제트 펌프(Jet Pump)라 한다.

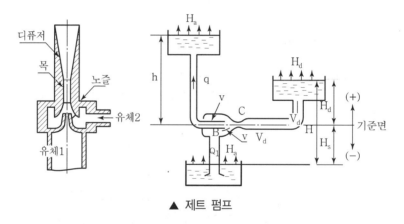

▲ 제트 펌프

3) 기포 펌프

공기관에 의하여 압축공기를 양수관 속에 송입하면 양수관 속은 물과 공기의 물보다 가벼운 혼합체가 되므로 관 바깥 물의 압력을 받아 높은 곳으로 수송되는 펌프를 말한다.

4) 수격 펌프

비교적 저낙차의 물을 긴 관으로 이끌어 그의 관성작용을 이용하여 일부분의 물을 원래의 높이보다 높은 곳으로 수송하는 자동양수기를 수격 펌프(Hydraulic Pump)라 한다.

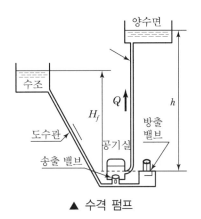

▲ 수격 펌프

10. 펌프의 특성

1) 펌프의 특성곡선

펌프의 성능을 나타내는 특성곡선으로 토출량 Q를 횡축으로 하여 양정 H, 축동력 L, 효율 η를 종축에 취하여 표시한다. 토출량 Q의 변화에 대하여 종축 각치의 변화의 비율은 베인형식, 즉, 비속도에 따라 각각 다르다는 센트리퓨걸 펌프, 사류 펌프, 축류 펌프의 전형적인 특성곡선을 나타낸 것이다.

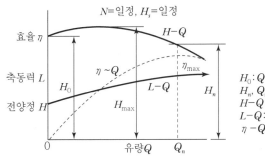

여기서,

H_0 : Q=0일 때의 양정
H_n, Q_n : η_{max}이 되는 H-Q곡선상의 좌표
H-Q : 양정 곡선
L-Q : 축동력 곡선
η-Q : 효율 곡선

▲ 펌프의 특성곡선

2) 펌프의 전양정

펌프의 설치위치, 흡·토출배관이 결정된 경우의 전양정은 다음 식으로 구한다.

$$H = H_a + H_{fd} + H_{fs} + h_0$$

여기서, H : 전양정 H_a : 실양정

H_{fd} : 토출관계의 손실 수두 H_{fs} : 흡입관계의 손실 수두

V_{do} : 토출관단의 유출속도 h_o : $\dfrac{V_{do}^{\;2}}{2g}$ =잔류속도 수두

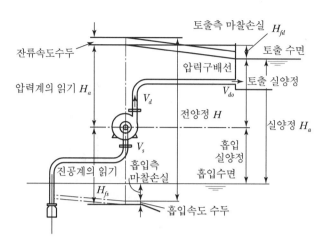

▲ 펌프의 전양정과 실양정

3) 펌프의 축동력

수량과 양정이 결정되면 그 요령을 만족시키는 펌프를 구동하는 데 필요한 구동축력은 다음 식에 의해 계산된다.

(1) 수동력

펌프 양수시의 이론동력을 수동력이라 한다. 즉, 펌프에 의하여 액체에 공급되는 동력을 그 펌프의 수동력(Water Horse Power)이라 한다.

$$L_s = \frac{Q \times H \times \gamma}{75 \times 60}[\text{PS}]$$

$$L_s = \frac{Q \times H \times \gamma}{102 \times 60}[\text{kW}]$$

여기서, Q : 유량[m³/min]

H : 전양정[m]

γ : 액체의 비중량[kg/m³]

(2) 펌프구경계산

$$d = \sqrt{\frac{4Q}{\pi V}} = 1.13\sqrt{\frac{Q}{V}}$$

여기서, Q : 소요수량(m³/s)

V : 유속(m/s)

(3) 펌프 축동력과 효율

원동기에 의하여 펌프를 운전하는 데 필요한 동력을 축동력(Shaft Horse Power)이라
하고 단위는 [PS] 또는 [kW]로 표시한다.

① 펌프의 전효율(η)은 다음과 같이 된다.

$$\eta = \frac{L_s}{L} = \frac{\text{수동력}}{\text{축동력}}$$

이 전효율(η)의 내용은

$$\eta = \eta_v \cdot \eta_m \cdot \eta_n$$

여기서, η : 전효율 η_v : 체적효율

        η_m : 기계효율 η_n : 수력효율

② 축동력(L)

㉠ $L[\text{PS}] = \dfrac{Q \times H \times \gamma}{75 \times 60 \times \eta} = \dfrac{0.222 r QH}{\eta} [\text{PS}]$

㉡ $L[\text{kW}] = \dfrac{Q \times H \times \gamma}{102 \times 60 \times \eta} = \dfrac{0.163 r QH}{\eta} [\text{kW}]$

4) 비속도(N_s)

비속도란 토출량이 1m³/min, 양정 1m가 발생하도록 설계한 경우의 판상 임펠러의 매분
회전수로서 정의된다.

① 1단일 때 비속도(N_s) $= \dfrac{N \times \sqrt{Q}}{(H)^{3/4}}$

② n단일 때 비속도(N_s) $= \dfrac{N \times \sqrt{Q}}{\left(\dfrac{H}{n}\right)^{\frac{3}{4}}}$

여기서, Q : 임펠러의 회전속도[rpm] Q : 토출량[m³/min]

        H : 양정[m] n : 단수

        N : 회전수(rpm)

5) 펌프의 회전속도에 의한 비례측

토출량, 양정, 축동력은 그 회전속도가 변화한 경우에는 다음 식과 같이 비례식이 성립한다.
다만, 펌프 내부의 유동상태가 완전상사하며 대응하는 점의 펌프 효율이 변하지 않는다고
판정한다.

① $\dfrac{Q_1}{Q_2} = \dfrac{N_1}{N_2}$ ∴토출량 $(Q_2) = Q_1 \times \left(\dfrac{N_2}{N_1} \right)$

② $\dfrac{H_1}{H_2} = \left(\dfrac{N_1}{N_2} \right)^2$ ∴양정 $(H_2) = H_1 \times \left(\dfrac{N_2}{N_1} \right)^2$

③ $\dfrac{L_1}{L_2} = \left(\dfrac{N_1}{N_2} \right)^3$ ∴축동력 $(L_3) = L_1 \times \left(\dfrac{N_2}{N_1} \right)^3$

        ∴효율 $= \eta_2 = \eta_1$, N_1 : 변화전, N_2 : 변화후

6) 전동기(Motor)를 직결하여 사용할 때 펌프의 회전수(N)

펌프의 회전수$(N) = \dfrac{120 \times f}{P} \times \left(1 - \dfrac{S}{100} \right)$

여기서, f : 전원의 주파수(Hz)

    P : 전동기의 극수

    S : 미끄럼률[%]

7) 펌프의 축봉장치

펌프축이 케이싱을 관통하는 곳에 설치되는 축봉장치이며 축봉방식에는 글랜드 패킹 방식과 메커니컬 실 방식이 있다.

(1) 글랜드 패킹

글랜드 패킹은 펌프용의 축봉장치로서 오래전부터 사용되어 온 것이다. 보존이 극히 용이한 점에서 특수한 용도의 펌프를 제외하고 내부의 취급액이 약간 누설하여도 무방한 경우에 널리 채택되고 있다.

 글랜드식에서는 극히 소량 새는 정도가 좋다. 그 이유는,
1. 새는 액 그 자체로 축과 패킹의 윤활을 좋게 하여 저항을 적게 한다.
2. 마모에 의한 발열을 적게 한다.
3. 축은 표면을 상하게 하지 않는다.

원심펌프의 특징
1. 용량에 비해 설치면적이 적으며 소형이다.
2. 맥동현상이 없고 흡입, 토출밸브가 없다.
3. 가동 전 캐이싱 내에 액을 충만시켜야 한다.
4. 가이드 베인이 있는 것은 터빈 펌프이다.
5. 대용량액의 수송에 적합하다.
6. 캐비테이션(공동현상), 서징현상이 발생하기 쉽다.

(2) 메커니컬 실

화학액을 취급하는 펌프에서는 가연성, 유독성 등의 액체를 이송하는 경우가 많고 누설이 허용되지 않으므로 대단히 엄격한 축봉성이 요구되어 거의 메커니컬실이 채택된다.

〈메커니컬실 각 형식의 특징〉

형식	분류	LNG
세트형식	인사이드형	일반적으로 사용된다.
	아웃사이드형	1. 구조재, 스프링재가 액의 내식성에 문제가 있을 때 2. 점성계수가 100cp를 초과하는 고점도액일 때 3. 저응고점액일 때 4. 스타핑, 복스 내가 고진공일 때
실형식	싱글실형	일반적으로 사용된다.
	더블실형	1. 유독액 또는 인화성이 강한 액일 때 2. 보냉, 보온이 필요할 때 3. 누설되면 응고되는 액일 때 4. 내부가 고진공일 때 5. 기체를 실(Seal)할 때
면압밸런스형식	언밸런스실	일반적으로 사용된다(메이커에 의해 차이가 있으나 윤활성이 좋은 액으로 약 $7kg/cm^2$ 이하, 나쁜 액으로 약 $2.5kg/cm^2$ 이하가 사용된다).
	밸런스실	1. 내압 $4 \sim 5kg/cm^2$ 이상일 때 2. LPG 액화가스와 같이 저비점 액체일 때 3. 하이드로 카본일 때

11. 펌프에서 발생되는 특수 현상

1) 펌프의 공동현상(Cavitation)

유수 중에 그 수온의 증기압력보다 낮은 부분이 생기면 물이 증발을 일으키고 또 수중에 용해하고 있는 공기가 석출하여 적은 기포를 다수 발생한다. 이 현상을 캐비테이션(Cavitation) 현상이라고 한다.

이 기포는 수류에 따라 이동하며 압력이 높은 곳에 이르면 소멸한다. 이와 같이 하여 많은 기포가 생성소멸을 반복하고 이것에 따라 소음, 진동이 일어나 에로션이 생긴다. 펌프에서는 임펠러 입구에서 가장 압력이 낮아지므로 이 부에 캐비테이션이 생기기 쉽고 캐비테이션이 발생하면 소음, 진동, 임펠러의 침식이 생기고 토출량, 양정, 효율이 점차 감소한다.

(1) 유효 흡입양정(Net Positive Suction Head ; NPSH)

펌프의 흡입구에서의 전압력이 그 수온에 상당하는 증기압력에서 어느 정도 높은가를 표시하는 것이다.

(2) 필요 흡입양정(Required NPSH)

펌프가 캐비테이션을 일으키기 위해 이것만은 필요하다고 하는 수두(베인에 들어갈 때 나타나는 최대압력강하)를 필요 흡입양정이라 한다.

 1. NPSH 값은 하나의 펌프를 어느 회전속도로 운전할 때 수량이 정하여지면 결정되는 값이다.

2. NPSH는 캐비테이션 발생에 대한 흡입양정의 상태를 나타내는 값으로서 자주 사용된다.

3. 공동현상이란 물이 관속을 유동하고 있을 때 흐르는 물속 어느 부분의 정압이 그때 물의 온도에 해당하는 증기압 이하로 되면 부분적으로 증기가 발생한다. 이 현상을 캐비테이션(Cavitation)이라고 한다.

(3) 캐비테이션 현상의 발생조건

① 관속을 유동하고 있는 유체 중의 어느 부분이 고온일 때 발생할 가능성이 크다.
② 펌프에 유체가 과속으로 유량이 증가할 때 펌프 입구에서 일어난다.
③ 펌프와 흡수면 사이의 수직거리가 부적당하게 너무 길 때 발생한다.

(4) 캐비테이션 발생에 따라 일어나는 현상

① 소음과 진동이 생긴다.
② 깃에 대한 침식이 생긴다.
③ 토출량, 양정, 효율이 점차 감소한다(양정곡선과 효율곡선의 저하를 가져온다).
④ 심하면 양수 불능의 원인이 된다.

(5) 캐비테이션 발생의 방지법

① 펌프에서 설치 위치를 낮추고 흡입양정을 짧게 한다.
② 수직측 펌프를 사용하고 회전차를 수중에 완전히 잠기게 한다.
③ 펌프의 회전수를 낮추고 흡입 회전도를 적게 한다.
④ 양흡입 펌프를 사용한다.
⑤ 펌프를 두 대 이상 설치한다.

2) 수격작용(Water Hammering)

펌프에서 물을 압송하고 있을 때에 정전 등으로 급히 펌프가 멈춘 경우와 수량 조절밸브를 급히 개폐한 경우 등 관내의 유속이 급변하면 물에 심한 압력변화가 생긴다. 이 작용을 수격작용(워터해머)이라고 한다. 즉, 관속에 흐르고 있는 액체의 속도를 급격히 변화시키면 액체에 심한 압력의 변화가 생기는데 이 현상을 말한다.

(1) 수관 속의 압축파의 전파속도

$$a = \sqrt{\dfrac{K\sqrt{\rho}}{1 + \dfrac{K}{E} \cdot \dfrac{D}{\delta}}} \; [\text{m/sec}]$$

여기서, a : 음속(전파 속도)[m/sec] K : 물의 체적 탄성계수[kg/m²]
ρ : 물의 밀도[kg · sec²/m⁴] E : 관의 종탄성계수[kg/m²]
D : 관의 안지름[m] δ : 관 벽의 두께[m]

(2) 수격작용의 방지법

① 관(管) 내의 유속을 낮게 한다(단, 관의 직경을 크게 할 것).
② 펌프의 플라이 휠(Fly Wheel)을 설치하여 펌프의 속도가 급격히 변화하는 것을 막는다.
③ 조압수조(調壓水槽, Surge Tank)를 관선에 설치한다.
④ 밸브(Valve)는 펌프 송출구 가까이에 설치하고, 밸브는 적당히 제어(制御)한다.

3) 서징(Surging) 현상

펌프를 운전하였을 때에 주기적으로 운동, 양정, 토출량이 규칙적으로 변동하는 현상을 서징(Surging) 현상이라 한다.

(1) 펌프의 서징에 따른 발생원인

① 펌프의 양정곡선이 산형특성으로 그 사용범위가 우상 특성의 부분일 것(펌프의 양정곡선이 산고곡선이고 곡선의 산고상승부에서 운전했을 때)
② 토출배관 중에 수조 또는 공기 저장기가 있을 것(배관 중에 물탱크나 공기탱크가 있을 때)
③ 토출량을 조절하는 밸브의 위치가 수조, 공기 저장기보다 하류에 있을 것(유량 조절 밸브가 탱크 뒤쪽에 있을 때)

4) 펌프의 베이퍼록(Vapor-Lock) 현상

저비등점 액체 등을 이송할 때 펌프의 입구 쪽에서 발생하는 현상으로 일종의 액체의 끓는 현상에 의한 동요라고 말할 수 있다.

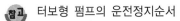 터보형 펌프의 운전정지순서
1. 토출밸브를 서서히 닫는다.   2. 모터를 정지한다.
3. 흡입밸브를 닫는다.   4. 펌프의 액을 배출한다.

(1) **베이퍼록(Vapor – Lock)의 발생원인**

① 액 자체 또는 흡입배관 외부의 온도가 상승될 때
② 펌프 냉각기가 정상 작동하지 않거나 설치되지 않은 경우
③ 흡입관 지름이 적거나 펌프의 설치위치가 적당하지 않을 때
④ 흡입관로의 막힘, 스케일 부착 등에 의해 저항이 증대하였을 때

(2) **베이퍼록(Vapor – Lock)의 발생 방지법**

① 실린더 라이너의 외부를 냉각한다.
② 흡입관 지름을 크게 하거나 펌프의 설치 위치를 낮춘다.
③ 흡입배관을 단열처리한다.
④ 흡입관로의 청소

5) 펌프의 이상 현상

(1) **전동기 과부하의 원인**

① 펌프가 정상적인 양정 또는 수량으로 운전되지 않을 때(양정이나 수량이 증가된 때)
② 액의 점도가 증가되었을 때
③ 액 비중이 증가되었을 때
④ 베인이나 임펠러에 이물질 혼입시

(2) **펌프의 토출량이 감소하는 원인**

① 임펠러 자체가 마모 또는 부식되었을 때
② 송수관의 내면에 스케일 등이 부착하여 관로저항이 증대하였을 때
③ 공기를 혼입하였을 때
④ 이물질이 임펠러에 끼어들어 갔을 때
⑤ 캐비테이션이 발생하였을 때

(3) **펌프의 소음, 진동의 원인**

① 캐비테이션의 발생
② 공기의 흡입
③ 임펠러에 이물질 혼입
④ 서징 발생
⑤ 임펠러 국부 마모 부식
⑥ 베어링의 마모 또는 파손
⑦ 기초불량, 설치, 센터링 불량

⑷ **펌프의 흡입관에서 공기를 흡입하면 일어나는 현상**

① 양수량이 감소하며 다량일 경우 양수 불능이 된다.

② 펌프의 기동 불능을 초래한다.

③ 이상음, 압력계의 변동, 진동 등이 생긴다.

⑸ **펌프의 공기 흡입 원인**

① 탱크의 수위가 낮아졌을 때

② 흡입관로 중에 공기 체류부가 있을 때

③ 흡입관의 누설

⑹ **펌프가 액을 토출하지 않는 원인**

① 탱크 내의 액면이 낮을 경우

② 흡입관로가 막힐 경우

③ 흡입측의 누설개소가 있을 경우

4-2 압축기

1. 압축기 분류

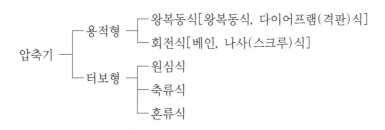

1) 용적형 압축기

일정용적의 실내에 기체를 흡입한 다음 흡입구를 닫아 기체를 압축하면서 다른 토출구에
압출하는 것을 반복하는 형식이다.

⑴ **왕복식**

압축을 피스톤의 왕복운동에 의해 교대로 행하는 것이며 접동부에 급유하는 것 또는
무급유로 래버린스, 카본, 테프론 등을 사용하는 것이 있다.

(2) 회전식

로터를 회전하여 일정용액의 실린더 내에 기체를 흡입하고 실의 용적을 감소시켜 기체를 타방으로 압출하여 압축하는 기계이며 가동익, 루트, 나사형이 있다.

2) 터보형 압축기

기계에너지를 회전에 의해 기체의 압력과 속도에너지로서 전하고 압력을 높이는 것이며 원심식과 축류식이 있다.

(1) 원심식

케이싱 내에 모인 임펠러가 회전하면 기체가 원심력의 작용에 의해 임펠러의 중심부에서 흡입되어 외조부에 토출되고 그때 압력과 속도 에너지를 얻음으로써 압력 상승을 도모하는 것이다.

① 터보형 : 임펠러의 출구각이 90°보다 적을 때
② 레이디얼형 : 임펠러의 출구각이 90°일 때
③ 다익형 : 임펠러의 출구각이 90°보다 클 때

(2) 축류식

선박 또는 항공기의 프로펠러에 외통을 장치한 구조를 하고 임펠러가 회전하면 기체는 한 방향으로 압출되어 압력과 속도에너지를 얻어 압력상승이 행하여진다. 즉, 기체가 축방향으로 흐르므로 축류식이라는 명칭이 붙게 되었다.

2. 왕복동 압축기

1) 왕복동 압축기의 형식 구분

(1) 피스톤, 실린더의 배열 및 조합에 의한 분류

① 횡형 : 피스톤이 수평으로 왕복하는 것
② 입형 : 피스톤은 수직으로 다른 것은 수평으로 왕복운동하는 것
③ L형 : 피스톤의 하나가 수직으로 다른 것은 수평으로 왕복운동하는 것
④ V형, W형 : 피스톤의 축이 서로 V형, W형을 하고 있는 것
⑤ 대향형 : 실린더가 크랭크 샤프트의 양쪽에 서로 맞대어 배치되어 있는 것

(2) 압축방법에 의한 분류

① 단동형 : 피스톤의 한쪽에서만 압축이 행하여지는 것
② 복동형 : 피스톤의 양쪽에서 압축이 행하여지는 것

(3) **압축 단수에 의한 분류**

① 1단형 : 소요압력까지 1단으로 압축하는 것

② 2단형 : 소요압력까지 2단으로 압축하는 것

③ 다단형 : 소요압력까지 여러 단으로 압축하는 것

(4) **윤활방법에 의한 분류**

① 강제 윤활식 : 베어링에 기어펌프 등으로 윤활유를 공급하는 것

② 비말 윤활식 : 베어링부에 크랭크 샤프트에 의하여 윤활유를 공급하는 것

③ 실린더 윤활식 : 실린더에 윤활유를 공급하는 것

④ 실린더 무윤활식 : 실린더에 윤활유를 공급하지 않는 것

(5) **설치방법에 의한 분류**

① 정지식 : 기초에 설치하는 것

② 가반식 : 바퀴를 장치한 베드 또는 자체에 장치하여 이동할 수 있게 한 것

(6) **구동방법에 의한 분류**

① 직결형 : 모터, 내연기관 등 원동기에 크랭크 샤프트를 연결하여 구동시키는 것

② 감속형 : V벨트, 평벨트, 기어감속기 등의 감속기를 통하여 원동기로 구동시키는 것

2) 왕복동 압축기의 특징

① 용적형(부피형)이다.

② 오일 윤활식 또는 무급유식이다.

③ 피스톤과 실린더 사이에는 윤활이 요구되므로 압축되어 배출되는 가스 중에 오일(Oil)이 혼입될 우려가 있다.

④ 압축이 단속적이므로 진동이 크고, 소음이 크며 밸브에 대한 고장이 일어나기 쉽다.

⑤ 저속회전이므로 동일용량에 대한 형태가 크고, 중량이 무거우므로 설치면적도 크고 기초도 견고해야 한다.

⑥ 접촉부가 많으므로 보수가 까다롭다.

⑦ 토출압력에 의한 용량변화가 적고 기체의 비중에 영향이 없으며, 쉽게 고압이 얻어진다.

⑧ 압축 효율이 높다.

⑨ 용량 조정의 범위가 넓고 쉽다(0~100%).

3) 왕복동 압축기의 용량조정

(1) 연속적으로 조절을 하는 방법

① 흡입주 밸브를 폐쇄하는 방법

② 바이패스 밸브에 의하여 압축가스를 흡입 쪽에 복귀시키는 방법

③ 타임드 밸브 제어에 의한 방법

④ 회전수를 변경하는 방법

(2) 단계적으로 조절하는 방법

① 클리어런스 밸브에 의해 용적 효율을 낮추는 방법

② 흡입 밸브를 개방하여 가스의 흡입을 하지 못하도록 하는 방법

4) 왕복동 압축기의 피스톤 압출량

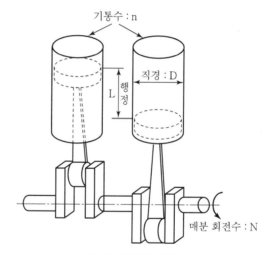

▲ 피스톤 압출량 이론

(1) 이론적 피스톤 압출량

$$V = \frac{\pi}{4} D^2 \times L \times N \times n \times 60$$

여기서, V : 이론적인 피스톤 압출량[m²/hr]

D : 피스톤의 지름[m]

L : 행정 거리[m]

N : 분당 회전수[rpm]

n : 기통수

(2) 실제적 피스톤 압출량

$$V' = \frac{\pi}{4} D^2 \times L \times N \times n \times 60 \times \eta$$

여기서, V' : 실제적인 피스톤 압출량[m²/hr]

  η : 체적효율

(3) 체적효율[흡입효율 : η_v]

$$\eta_v = \frac{G_2}{G_1} = \frac{\text{실제적인 기체 흡입량[kg/hr]}}{\text{이론적인 기체 흡입량[kg/hr]}}$$

여기서, η_v : 체적효율

> 참고 체적효율은 다음과 같은 영향을 받는다.
> 1. 클리어런스에 의한 영향
> 2. 밸브 하중과 가스의 마찰에 의한 영향
> 3. 불완전한 냉각에 의한 영향
> 4. 가스 누설에 의한 영향

(4) 압축효율[η_c]

$$\eta_c = \frac{N}{Ni} = \frac{\text{이론상 가스압축 소요동력(이론적 동력)}}{\text{실제적 가스압축 소요동력(지시동력)}}$$

(5) 기계효율[η_m]

$$\eta_m = \frac{N}{\varepsilon_a} = \frac{\text{실제 가스압축 소요동력(지시동력)}}{\text{축동력}}$$

(6) 토출효율[η']

$$\eta = \frac{V}{V_s} = \frac{\text{토출기체의 흡입된 상태로 환산된 가스체적}}{\text{흡입된 기체의 부피}}$$

또는 토출효율[η'] = 체적효율[η] $- \frac{1}{100}(1 + \varepsilon)$

> 참고 왕복동 압축기의 동력
> 1. 압축효율[η_c] $= \dfrac{\text{이론적 동력}}{\text{지시동력}}$
> 2. 기계효율[η_m] $= \dfrac{\text{지시동력}}{\text{축동력}}$
> 3. 축동력 $= \dfrac{\text{이론적 동력}}{\text{압축효율} \times \text{기계효율}}$

5) 다단압축과 압축비

(1) 다단압축의 목적

① 1단 단열압축과 비교한 일량의 절약

② 힘의 평형이 좋아진다.

③ 이용효율의 증가

④ 가스의 온도 상승을 피할 것

(2) 단수의 결정시 고려할 사항

다단 압축기는 단수가 많을수록 고가이며 구조도 복잡하다. 단수의 적당한 범위를 일반적으로 선택한다.

① 최종의 토출압력   ② 취급가스량

③ 취급가스의 종류   ④ 연속운전의 여부

⑤ 동력 및 제작의 경제성

〈압력에 따른 단수의 표〉

압력[kg/cm²]	10	60	300	1,000
단수	1~2	3~4	5~6	6~9

(3) 각 단의 압축비

각 단 압축에 있어서는 중간냉각에 의해 동력이 절약되나 중간압력의 결정방법에 의해 동력의 절약량은 변한다. 각 단의 압력을 균등하게 하면 압축에 요하는 동력은 최소가 된다.

① 각 단의 압축비$(\gamma) = \sqrt[z]{\dfrac{P_2}{P_1}}$

여기서, P_2 : 최종압력[kg/cm²abs] P_1 : 흡입압력[kg/cm²abs]

Z : 단수

② 압력손실을 고려한 압축비(γ')

$$\gamma' = K^z \sqrt{\dfrac{P_2}{P_1}}$$

여기서, K : 압력손실의 크기$(= 1.10)$

참고 통풍기(팬) 토출압력 1,000mmAq 이하

송풍기(블로워) 토출압력 1,000mmAq 이상~0.1MPa 이하

압축기 토출압력 0.1MPa 이상

③ 압축비가 커질 때 장치에 미치는 영향

㉠ 소요동력이 증대한다.

㉡ 실린더 내의 온도가 상승한다.

㉢ 체적 효율이 저하한다.

㉣ 토출 가스량이 감소한다.

6) 가스 압축이론

(1) 등온압축

압축 중에 가해지는 열량을 모두 제거함으로써 압축 전후의 온도차가 없도록 하는 압축방식이나 실제로는 불가능한 압축이다. 즉, 다른 압축방식에 비하여 일량, 온도상승 등이 최소로 된다. 이와 같은 압축을 등온압축이라고 한다.

$$P_1 \cdot V_1 = 일정$$
$$P_1 \cdot V_1 = P_2 \cdot V_2$$
$$\therefore \frac{P_2}{P_1} = \frac{V_1}{V_2}$$

여기서, P_1 : 압축 전의 가스압력[kg/cm² abs]

P_2 : 압축 후의 가스압력[kg/cm² abs]

V_1 : 압축 전의 체적[m³]

V_2 : 압축 후의 체적[m³]

① 등온압축에 필요한 일량

$$W = 2.3 \times P_1 \cdot V_1 = \log \frac{V_1}{V_2}$$

로 표시되며 $P_1 \cdot V_1 = R \cdot T_1$의 관계에서

$$W = 2.3 \times R \cdot T_1 \log \frac{V_1}{V_2}$$

여기서, $\dfrac{V_1}{V_2} = \dfrac{P_2}{P_1}$에서 이것을 압축비라 하며 ε로 표시하면

$$W = 2.3 \times R \cdot T_1 \log \varepsilon$$

참고 여기서 log는 상용대수의 경우이며, 자연대수를 쓸 때에는 ln을 써서 $W = P_1 \cdot V_1 \ln \dfrac{V_1}{V_2}$가 된다.

(2) **단열압축**

압축기로 가스를 압축하는 동안 가스의 열이 외부로 방출되는 일이 없이, 또 외부로부터 들어올 수 없도록 압축기를 완전히 차단하여 압축할 경우 이것을 단열압축이라 한다. 압축 중 일량, 온도상승이 가장 크다.

$$P_1 \cdot V^\gamma = \text{일정}, \quad P_1 \cdot V = P_2 \cdot V_2 1^\gamma$$

$$\therefore \frac{P_2}{P_1} = \left(\frac{V_2}{V_1}\right)^\gamma \quad \text{또는,} \quad \frac{V_2}{V_1} = \left(\frac{P_1}{P_2}\right)^{\frac{1}{\gamma}}$$

여기서, $\gamma : \left(\text{단열지수} = \dfrac{C_p}{C_v}\right)$

$\quad\quad P_1 \cdot V_1 \cdot T_1$: 가스의 처음상태

$\quad\quad P_2 \cdot V_2 \cdot T_2$: 압축 후의 상태

① 단열압축에서 소요되는 일량

$$W = \frac{R \cdot T_1}{\gamma - 1}\left[\left(\frac{V_1}{V_2}\right)^{\gamma-1} - 1\right] = \frac{R \cdot T_1}{\gamma - 1}\left[\left(\frac{P_2}{P_1}\right)^{\frac{\gamma-1}{\gamma}} - 1\right]$$

$$\text{또는,} \quad W = \frac{R \cdot T_1}{\gamma - 1}\left(\frac{T_2}{T_1} - 1\right) = \frac{R}{\gamma - 1}(T_2 - T_1)$$

② 단열압축 후의 기체의 온도

$$\frac{T_2}{T_1} = \left(\frac{V_1}{V_2}\right)^{\gamma-1} = \left(\frac{P_2}{P_1}\right)^{\frac{\gamma-1}{\gamma}}$$

(3) **폴리트로픽 압축**

압축 중에 가해지는 열량은 일부 외부로 방출되고 또 일부는 가스에 주어지는 실제적인 압축방식이며 등온압축과 단열압축의 중간 형태의 압축방식이다.

$$P \cdot V^n = \text{일정}, \quad P_1 \cdot V_1^n = P_2 \cdot V_2^n$$

$$\frac{C_p}{C_v} > n > 1$$

여기서, n : 폴리트로픽 지수

참고 압축기 분류
1. 용적형 : 왕복식, 로터리식, 스쿠루식, 스크롤식
2. 비용적형(원심식) : 대용량형

① 폴리트로픽 압축의 경우 일량

$$W = \frac{n}{n-1} P_1 \cdot V_1 \left[\left(\frac{P_2}{P_1} \right)^{\frac{n-1}{n}} - 1 \right]$$

$$= \frac{n}{n-1} R \cdot T_1 \left[\left(\frac{P_2}{P_1} \right)^{\frac{n-1}{n}} - 1 \right]$$

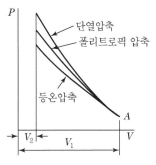

▲ 각종 압축

참고 n의 값이 단열압축시 가장 크고, 그 다음이 폴리트로픽 압축이며, 등온압축시는 1로 가장 작으므로, 압축에 소요되는 일량은 단열압축, 폴리트로픽 압축, 등온압축 순이어서 실제는 등온압축을 가깝게 하기 위해 냉각을 하여 폴리트로픽 압축을 실시하고 있다.
등온압축, 단열압축, 폴리트로픽 압축을 정리하면 다음과 같다.

가스압축방식	압축지수	온도상승	압축상승	압축일량
등온압축	$PV = $ 일정	저	저	저
단열압축	$PV^\gamma = $ 일정, $\gamma \times \dfrac{C_p}{C_v}$	고	고	고
폴리트로픽압축	$PV^n = $ 일정, $\dfrac{C_p}{C_v} > n > 1$	중	중	중

(4) 등온효율

일량이 가장 적은 등온압축의 경우에 요하는 일량을 다른 단열 및 폴리트로픽 압축의 경우의 일량과 비교하는 기준으로 사용되는 것이다.

① 등온효율 $= \dfrac{\text{등온압축 일량}}{\text{단열압축 일량}}$

② 등온효율 $= \dfrac{\text{등온압축 일량}}{\text{폴리트로픽 압축 일량}}$

(5) 가스압축에 따른 체적효율

① 등온압축의 체적효율$[\eta_1]$

$$\eta_1 = 1 - \varepsilon_0 \left[\left(\frac{P_2}{P_1} \right) - 1 \right]$$

여기서, ε_0 : 실린더의 간극비$\left(\dfrac{V_c}{V_s} \right)$

② 단열압축의 경우의 체적효율[η_2]

$$\eta_2 = 1 - \varepsilon_0\left[\left(\frac{P_2}{P_1}\right)^{\frac{1}{\gamma}} - 1\right]$$

여기서, γ : 단열지수$\left(\dfrac{C_p}{C_v}\right)$

③ 폴리트로픽 경우의 체적효율[η_3]

$$\eta_3 = 1 - \varepsilon_0\left[\left(\frac{P_2}{P_1}\right)^{\frac{1}{n}} - 1\right]$$

여기서, n : 폴리트로픽 지수

3. 회전식 압축기(Rotary compressor)

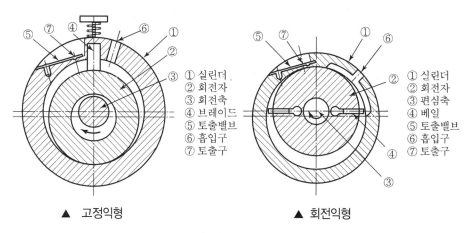

① 실린더
② 회전자
③ 회전축
④ 브레이드
⑤ 토출밸브
⑥ 흡입구
⑦ 토출구

▲ 고정익형

① 실린더
② 회전자
③ 편심축
④ 베일
⑤ 토출밸브
⑥ 흡입구
⑦ 토출구

▲ 회전익형

1) 회전식 압축기의 특징

① 고정익형과 회전익형이 있다.

② 용적형(부피)이다.

③ 기름 윤활방식으로서 일반적으로 소용량으로 널리 사용한다.

④ 왕복 압축기에 비해 부품의 수가 적고 구조가 간단하다.

⑤ 흡입 밸브가 없고 크랭크 케이스 내는 고압이다.

⑥ 베인의 회전에 의하여 압축하며 압축이 연속적이고 고진공을 얻을 수 있다.

⑦ 운동 부분의 동작이 단순하며 대용량의 것도 만들기 용이하며 진공도 적고 고압축비가 얻어진다.

2) 회전 피스톤 압축기의 1시간의 피스톤 압출량

$$V = 60 \times 0.785t\, N(D^2 - d^2)$$

여기서, V : 1시간의 피스톤 압출량[m²/hr]

       t : 회전 피스톤의 가스 압축부분의 두께[m]

       N : 회전 피스톤의 1분간의 표준회전수[rpm]

       D : 피스톤 기동의 안지름[m]

       d : 회전 피스톤의 바깥지름[m]

4. 나사 압축기(스크루 : Screw)

1) 나사 압축기의 특징

① 용적형이다.(회전식 압축기)

② 무급유식 또는 급유식이다.

③ 흡입, 압축, 토출의 3행정을 갖는다.

④ 기체에는 거의 맥동이 없고 연속적으로 압축한다.

⑤ 토출 압력은 30kg/cm²까지 실용화되고 있다.

⑥ 토출 압력의 변화에 의한 용량의 변화가 적고 기체의 비중에 약간 영향을 받는다.

⑦ 용량 조정이 곤란하다.(70~100%)

⑧ 일반적으로 효율은 떨어진다.

⑨ 소음방지 장치가 필요하다.

⑩ 기초 설치면적이 크다.

⑪ 고속 회전이므로 형태도 적고 경량이며 중용량에서 대용량에 적합하다.

⑫ 두 개의 암, 수 기어형을 갖는 로터의 맞물림에 의해 압축한다.

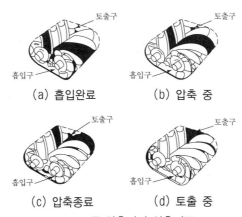

▲ 스크루 압축기의 압축기구

2) 나사(스크루) 압축기의 피스톤 송출량

$$Q = K \times D^3 \times \frac{L}{D} \times n \times 60$$

여기서, K : 기어의 형에 따른 계수

D : 로터의 지름[m]

L : 압축에 유효하게 작용하는 로터의 길이[m]

n : 1분간의 회전수

5. 터보 압축기(원심식, Centrifugal Compressor)

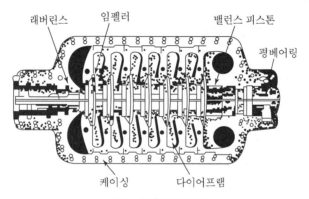

▲ 터보 압축기의 구조

1) 터보 압축기의 특징

① 원심형이다.(비용적형 압축기)

② 무급유식이다.

③ 기체에는 맥동이 없고 연속적으로 송출된다.

④ 고속회전이므로 형태가 적고 경량이며 대용량에 적합하다.

⑤ 내부에 윤활유를 사용하지 않으므로 유체 중에 기름이 혼입되지 않는다.

⑥ 기계적 접촉부가 적으므로 마모나 마찰손실이 적다.

⑦ 토출 압력의 변화에 의해 용량의 변화가 크고 서징 현상이 있으므로 운전시 주의가 필요하다.

⑧ 기초 설치면적을 적게 차지한다.

⑨ 용량 조정은 가능하나 비교적 어렵고 범위도 좁다.(70~100%)

⑩ 일반적으로 효율이 나쁘다.

⑪ 1단으로 높은 압축비를 얻을 수 없으므로 압축비가 클 때는 단수가 많아진다.

2) 비속도(비교 회전수)

흡입상태에서의 풍량을 $Q[\text{m}^2/\text{min}]$, 회전수 $N[\text{rpm}]$, 압력 헤드를 $H[\text{m}]$으로 하였을 때 다음 식으로 표시되는 N_s를 비속도라고 한다.

$$N_s = N \frac{Q^{\frac{1}{2}}}{H^{\frac{3}{4}}}$$

3) 용량조정(용량제어 방법)

(1) 속도제어에 의한 방법

변속이 가능한 원동기로 구동되는 경우에는 회전수를 바꿈으로써 용량을 제어한다. 터빈으로 구동하는 압축기의 회전수를 바꾸는 방법은 풍량을 제어하는 데 가장 실용적이며 경제적이다.

(2) 토출밸브에 의한 조정

토출관에 설치된 밸브의 개도를 조정함으로써 송풍량을 조정하는 방법이며 외기의 흡입을 피하는 경우 가장 일반적으로 사용된다.

(3) 흡입밸브에 의한 조정

흡입관에 설치한 밸브의 개도를 조절함으로써 송풍량을 조정하는 방법이며 대기압을 흡입하는 공기 압축기 등에 널리 사용된다.

(4) 베인콘트롤에 의한 조정(깃 각도 조정에 의한 방법)

임펠러의 입구에 방사선상으로 놓인 배인의 각도를 조정함으로써 임펠러에의 유입각도를 바꾸면 특성을 변화시킬 수 있다.

(5) 바이패스에 의한 방법

토출관로의 도중에 바이패스 관로를 설치하고 토출 풍량의 일부를 흡입에 복귀시키거나 또는 대기에 방출한다.

4) 서징(Surging)

압축기와 송풍기에서는 토출측 저항이 커지면 풍량이 감소하고 어느 풍량에 대하여 일정한 압력으로 운전되나 우상특성의 풍량까지 감소하면 관로에 심한 공기의 맥동과 진동을 발생시켜 불완전 운전이 된다. 이 현상을 서징(Surging)이라 한다.

(1) 서징 현상의 방지법

① 우상이 없는 특성으로 하는 방법 : 일반적으로는 우상특성이 되나 경사를 가급적 완만하게 하도록 고려한다.

② 방출밸브에 의한 방법 : 소풍량시에 토출가스 또는 공기의 일부를 방출하나 바이패스에 의해 흡입측에 복귀시키면 서징을 피할 수 있다.

③ 베인콘트롤에 의한 방법 : 베인콘트롤의 교축에 의해 서징 점을 소풍량측에 이동시킬 수 있다.

④ 회전수를 변화시키는 방법 : 풍량의 감소에 따라 저항이 원점과 작동점을 통하는 2차 곡선상을 변화시키는 경우에는 원동기의 회전수를 변화시킬 수 있는 것에서는 교축을 중지하고 이 방법을 사용하여 서징을 방지할 수 있다.

⑤ 교축 밸브를 기계에 가까이 설치하는 방법 : 교축 밸브를 가까이 설치하면 밸브가 저항으로써 작용하여 진동을 감쇠하는 방향으로 작용하여 서징의 범위와 그 진폭이 적어지며 흡입 쪽에 놓으면 흡입압력의 저하에 의한 비용적의 증가에 따라 한층 효과가 있다.

6. 축류 압축기

축류 압축기는 동익과 동익 간에 놓여진 정익의 조합으로 된 익열을 가지고 있으며 다음 3구간으로 구분한다.(비용적형이다.)

• 흡입구에서의 익열 전까지의 증속구간
• 익열에서의 에너지 증가구간
• 익열 후의 디퓨저에서 토출구까지의 감속구간

■ 베인의 배열

다단의 축류 압축기에서 사용되는 익배열에는 다음과 같은 것이 있다.

① 후치정익형(반동도 80~100%)
② 전치정익형(반동도 100~120%)
③ 전후치정익형(반동도 40~60%)

> **참고** 반동도
> 축류 압축기에서 하나의 단락에 대하여 임펠러에서의 정압 상승에 대하여 차지하는 비율을 반동도라고 한다.

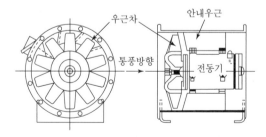

▲ 축류 압축기

04 연습문제

Industrial Engineer Gas

01 펌프를 운전하였을 때 주기적으로 한숨을 쉬는 듯한 상태가 되어 입, 출구 압력계의 지침이 흔들리고 동시에 송출유량이 변화하는 현상과 이에 대한 대책을 옳게 설명한 것은?

㉮ 서징현상 : 회전차 안내깃의 모양 등을 바꾼다.

㉯ 캐비테이션 : 펌프설치 위치를 낮추어 흡입양정을 짧게 한다.

㉰ 수격작용 : 플라이 휠을 설치하여 펌프의 속도가 급격히 변하는 것을 막는다.

㉱ 베이퍼록현상 : 흡입관의 지름을 크게 하고 펌프의 설치위치를 최대한 낮춘다.

해설 서징현상은 펌프 운전 중 주기적으로 한숨을 쉬는 듯한 상태가 일어난다.

02 전양정이 54m, 유량이 1.2m³/min인 펌프로 물을 이송하는 경우 이 펌프의 축동력(PS)은? (단, 펌프의 효율은 80%, 밀도는 1g/cm³이다.)

㉮ 13 　　　　　㉯ 18

㉰ 23 　　　　　㉱ 28

해설 $\dfrac{\gamma \cdot Q \cdot H}{75 \times 60 \times \eta} = \dfrac{1,000 \times 1.2 \times 54}{75 \times 60 \times 0.8} = 18\text{PS}$

03 물 수송량이 6,000L/min, 전양정이 45m, 효율이 75%인 터빈 펌프의 소요 마력은 약 몇 kW인가?

㉮ 13 　　　　　㉯ 47

㉰ 59 　　　　　㉱ 68

해설 $\dfrac{\gamma \cdot Q \cdot H}{102 \times 60 \times \eta} = \dfrac{1,000 \times 6 \times 45}{102 \times 60 \times 0.75} = 58.82\text{kW}$

04 회전식 펌프에 대한 일반적인 설명 중 가장 거리가 먼 내용은?

㉮ 고점성 액체는 적당하지 않다.

㉯ 깃형과 기어형이 있다.

㉰ 연속회전하므로 토출액의 맥동이 적다.

㉱ 용적식이다.

해설 회전식 유압 펌프(기어펌프)는 고점도의 유체수송에 적합하다.

05 양정이 높을 경우 사용되는 펌프는?

㉮ 단흡입펌프 　　　㉯ 다단펌프

㉰ 단단펌프 　　　　㉱ 양흡입펌프

해설 다단펌프를 사용하면 양정을 증가시킬 수 있다.

06 "유량은 회전수에 비례하고 지름의 3승에 비례한다"는 무엇에 대한 설명인가?

㉮ 상사법칙 　　　　㉯ 비교회전도

㉰ 동력 　　　　　　㉱ 압축비

해설 상사법칙이란 유량은 회전수에 비례하고 지름의 3승에 비례한다.

정답 | 01.㉮ 02.㉯ 03.㉰ 04.㉮ 05.㉯ 06.㉮

07 원심펌프의 유량 1[m³/min], 전양정 50[m], 효율이 80%일 때 회전수를 10% 증가시키면 동력은 몇 배가 필요한가?

㉮ 1.22
㉯ 1.33
㉰ 1.51
㉱ 1.73

해설 축동력$(L_2) = L_1 \times \left(\dfrac{N_2}{N_1}\right)^3$

$\therefore \; 1 \times \left(\dfrac{110}{100}\right)^3 = 1.33배$

08 왕복동식(용적용 펌프)에 속하지 않는 것은?

㉮ 플런저 펌프
㉯ 다이어프램 펌프
㉰ 피스톤 펌프
㉱ 제트 펌프

해설 제트 펌프는 특수 펌프이다.

09 터보(Turbo)식 펌프의 종류 중 회전차 입구, 출구에서 다 같이 경사방향에서 유입하고, 경사방향으로 유출하는 구조인 것은?

㉮ 볼류트 펌프
㉯ 터빈펌프
㉰ 사류펌프
㉱ 축류펌프

해설 사류펌프는 원심식으로서 회전차 입구, 출구에서 다 같이 경사방향에서 유입, 유출이 이루어지는 펌프이다.

10 유량 100m³/h, 양정 150m, 펌프의 효율 70%, 액체의 비중량 1kgf/L일 때 펌프의 소요동력(kW)은?

㉮ 48kW
㉯ 58kW
㉰ 68kW
㉱ 70kW

해설 $\dfrac{\gamma \cdot Q \cdot H}{102 \times 60 \times \eta} = \dfrac{1,000 \times (100/60) \times 150}{102 \times 60 \times 0.7} = 58.36kW$

11 동일 성능의 원심펌프 2대를 병렬로 연결 설치한 경우에 유량 및 양정의 변화는?

㉮ 유량은 불변, 양정은 증가
㉯ 유량은 증가, 양정은 불변
㉰ 유량 및 양정 증가
㉱ 유량 및 양정 불변

해설 • 병렬연결 : 유량 증가, 양정 일정
• 직렬연결 : 양정 증가, 유량 일정

12 타 펌프에 비하여 정밀도가 높아 소유량 고양정에 매우 좋으며 소요마력이 적어 주로 보일러 급수용으로 쓰이는 펌프는?

㉮ 원심펌프
㉯ 웨스코펌프
㉰ 베인펌프
㉱ 플런저펌프

해설 웨스코펌프
급수용이며 타 펌프에 비하여 정밀도가 높아 소유량 고양정에 적합하나 소요마력이 적다.

13 수격작용(Water Hammering) 발생 방지법으로 옳은 것은?

㉮ 파이프 내의 유속을 빠르게 한다.
㉯ 펌프의 속도가 급격히 변화하도록 조정한다.
㉰ 조압수조(Surge Tank)를 설치한다.
㉱ 밸브는 펌프송출구와 멀리 떨어진 곳에 설치한다.

해설 수격작용(Water Hammering : 워터해머)의 방지법은 조압수조(Surge Tank : 서지탱크)를 설치하면 된다.

14 LPG를 이송시키는 펌프에 베이퍼록(Vapor Lock)의 발생을 방지하기 위한 조치로 가장 옳은 것은?

㉮ 펌프의 회전속도를 빠르게 한다.

㉯ 탱크를 냉각시킨다.

㉰ 흡입배관의 관경을 크게 한다.

㉱ 펌프의 설치 위치를 높인다.

해설 LPG 가스의 베이퍼록을 방지하기 위하여서는 흡입배관의 관경을 크게 한다.

15 비교적 고양정에 적합하고, 운동에너지를 압력에너지로 변환시켜 토출하는 형식의 펌프는?

㉮ 축류식 펌프　　㉯ 왕복식 펌프

㉰ 원심식 펌프　　㉱ 회전식 펌프

해설 원심식 펌프

비교적 20m 이상 고양정이고 운동에너지를 압력에너지로 변환시킨다.

16 다음 중 원심펌프의 일반적인 성능 곡선은?

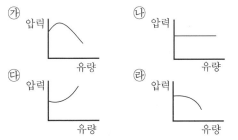

해설 원심펌프의 특성곡선(성능곡선)

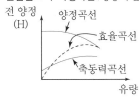

17 가장 높은 진공을 얻을 수 있는 펌프는?

㉮ 분사펌프　　　㉯ 피스톤펌프

㉰ 기름회전펌프　㉱ 3단 타임이젝터

해설 분사펌프 : 고진공 펌프

18 다음 중 회전펌프에 해당되지 않는 것은?

㉮ 기어펌프　　　㉯ 나사펌프

㉰ 베인펌프　　　㉱ 피스톤펌프

해설 피스톤펌프는 왕복동식 펌프이다.

19 펌프에서 발생하는 현상이 아닌 것은?

㉮ 초킹(Choking)

㉯ 서징(Surging)

㉰ 수격작용(Water Hammering)

㉱ 캐비테이션(Cavitation)

해설 Choking : 숨막히는 현상

20 원심 펌프의 특징이 아닌 것은?

㉮ 캐비테이션이나 서징현상이 발생하기 어렵다.

㉯ 원심력에 의하여 액체를 이용한다.

㉰ 고양정에 적합하다.

㉱ 가이드 베인이 있는 것을 터빈펌프라 한다.

해설 원심식 펌프는 캐비테이션(공동현상)이나 서징현상이 발생하기가 용이하다.

정답 14.㉰　15.㉰　16.㉱　17.㉮　18.㉱　19.㉮　20.㉮

21 캐비테이션 현상의 발생 방지책에 대한 설명으로 가장 거리가 먼 것은?

㉮ 펌프의 회전수를 높인다.

㉯ 펌프 관경을 크게 한다.

㉰ 펌프의 위치를 낮춘다.

㉱ 양흡입 펌프를 사용한다.

해설 캐비테이션 현상의 발생 방지법으로 펌프의 회전수를 낮춘다.

22 직경 100mm, 행정 150mm, 회전수 600rpm, 체적효율이 0.8인 2기통 왕복 압축기의 송출량은 약 몇 m³/min인가?

㉮ 0.57 ㉯ 0.84

㉰ 1.13 ㉱ 1.54

해설
$$Q = A \times L \times N \times R \times \eta$$
$$= \frac{3.14}{4} \times (0.1)^2 \times 0.15 \times 2 \times 600 \times 0.8$$
$$= 1.13 \mathrm{m}^3/\mathrm{min}$$

23 압축기에서 압축비가 커질 때의 영향으로 틀린 것은?

㉮ 실린더 과열

㉯ 소요동력 증가

㉰ 체적효율 증가

㉱ 토출가스 온도 상승

해설 압축기에서 압축비가 커지면 체적효율이 감소한다.

24 압축기에서 용량 조절을 하는 목적이 아닌 것은?

㉮ 수요 공급의 균형 유지

㉯ 압축기 보호

㉰ 소요동력의 절감

㉱ 실린더 내의 온도 상승

해설 압축기의 용량 조절
① 수요공급의 균형 유지
② 압축기 보호
③ 소요동력의 절감

25 압축기 윤활유 선택 시 유의사항으로 옳지 않은 것은?

㉮ 향유화성이 클 것 ㉯ 응고점이 낮을 것

㉰ 인화점이 낮을 것 ㉱ 점도가 적당할 것

해설 압축기의 윤활유는 응고점은 낮고 인화점은 높아야 한다.

26 다단압축기에서 실린더 냉각의 목적으로 옳지 않은 것은?

㉮ 밸브 및 밸브스프링에서 열을 제거하여 오손을 줄이기 위하여

㉯ 흡입시 가스에 주어진 열을 가급적 높이기 위하여

㉰ 흡입효율을 좋게 하기 위하여

㉱ 피스톤링에 탄소화물이 발생하는 것을 막기 위하여

해설 다단압축기에서 실린더를 냉각시키는 이유는 ㉮, ㉰, ㉱항 외에도 흡입시 가스에 주어진 열을 가급적 낮추기 위해서이다.

27 산소 압축기의 내부 윤활유로 적당한 것은?

㉮ 디젤 엔진유 ㉯ 진한 황산

㉰ 양질의 광유 ㉱ 글리세린 수용액

해설 산소압축기의 내부윤활유는 불연성인 물(또는 10% 이하의 묽은 글리세린수)이다.

정답 21.㉮ 22.㉰ 23.㉰ 24.㉱ 25.㉰ 26.㉯ 27.㉱

28 케이싱 내에 모인 기체를 출구각이 90도인 임펠러가 회전하면서 기체의 원심력 작용에 의해 임펠러의 중심부에서 흡입되어 외부로 토출하는 압축기는?

㉮ 회전식 압축기

㉯ 축류식 압축기

㉰ 왕복식 압축기

㉱ 원심식 압축기

해설 원심식 압축기는 비용적식 압축기로서 임펠러가 필요하다.

29 흡입압력이 대기압과 같으며 최종 압력이 $124kg/m^2 \cdot G$의 3단 공기압축기의 압축비는 얼마인가? (단, 대기압은 $1kg/cm^2 \cdot A$로 한다.)

㉮ 2   ㉯ 3

㉰ 4   ㉱ 5

해설 $\sqrt[3]{\dfrac{124+1}{1}} = 5$

30 압축기의 내부 윤활유 사용에 대한 설명으로 옳지 않은 것은?

㉮ LPG 압축기에는 식물성 기름을 사용한다.

㉯ 산소 압축기에는 묽은 글리세린 수용액을 사용한다.

㉰ 염소가스 압축기에는 진한 황산을 사용한다.

㉱ 공기 압축기에는 물이나 식물성 기름을 사용한다.

해설 공기 압축기에는 양질의 광유(디젤엔진유) 사용

31 왕복식 압축기의 특성에 대한 설명으로 옳지 않은 것은?

㉮ 압축하면 맥동이 생기기 쉽다.

㉯ 토출압력에 의한 용량 변화가 적다.

㉰ 기체의 비중에 영향이 없다.

㉱ 원심형이어서 압축 효율이 낮다.

해설 ① 원심형 압축기(터보형 압축기)는 비용적식이다.
② 비용적식 압축기는 원심식, 축류식, 사류식이다.

32 가연성 가스압축기를 정지시키려 할 때 작업 안전상 그 조작순서가 바르게 나열된 것은?

> ㉠ 최종 스톱 밸브를 닫는다.
> ㉡ 냉각수 주입 밸브를 닫는다.
> ㉢ 드레인 밸브를 열어둔다.
> ㉣ 전동기의 스위치를 내린다.
> ㉤ 각 단의 압력저하를 확인한 후 주흡입 밸브를 닫는다.

㉮ ㉣-㉤-㉠-㉢-㉡

㉯ ㉠-㉣-㉢-㉤-㉡

㉰ ㉠-㉢-㉣-㉤-㉡

㉱ ㉣-㉠-㉢-㉤-㉡

해설 가연성 가스압축기의 정지순서
① 전동기의 스위치를 내린다.
② 최종 스톱 밸브 차단
③ 드레인 밸브 개방
④ 압력저하 확인 후 주흡입 밸브 차단
⑤ 냉각수 주입밸브 차단

33 압축기 윤활유 선택시 유의사항으로 옳지 않은 것은?

㉮ 열안전성이 커야 한다.

㉯ 화학반응성이 작아야 한다.

㉰ 항유화성이 커야 한다.

㉱ 인화점과 응고점이 높아야 한다.

정답   28.㉱   29.㉱   30.㉱   31.㉱   32.㉱   33.㉱

해설 윤활유는 인화점이 높고 응고점이 낮아야 한다.

34 흡입압력이 3[kg/cm²a]인 3단 압축기가 있다. 각 단의 압축비를 3이라 할 때 제3단의 토출압력은 몇 [kg/cm²a]이 되는가?

㉮ 27[kg/cm²a]　　㉯ 49[kg/cm²a]

㉰ 81[kg/cm²a]　　㉭ 63[kg/cm²a]

해설
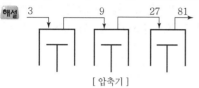

[압축기]

① 단단압축기 경우

$$\gamma(압축비) = \frac{토출절대압력}{흡입절대압력}$$

② 다단압축기 경우

$$\gamma = {}^z\!\sqrt{\frac{P_2}{P_1}} \quad (z = 단수)$$

35 다음 중 왕복 압축기의 체적효율을 바르게 나타낸 것은?

㉮ 이론적인 가스흡입량에 대한 실제적인 가스흡입량의 비

㉯ 실제가스압축 소요동력에 대한 이론상 가스압축 소요동력 비

㉰ 축동력에 대한 실제가스압축 소요동력의 비

㉭ 이론상 가스압축 소요동력에 대한 실제적인 가스흡입량의 비

해설 왕복동 압축기의 체적효율 : 이론적인 가스 흡입량에 대한 실제적인 가스흡입량의 비

36 산소 압축기의 윤활제에 물을 사용하는 이유는?

㉮ 산소는 기름을 분해하므로

㉯ 기름을 사용하면 실린더 내부가 더러워지므로

㉰ 압축산소에 유기물이 있으면 산화력이 커서 폭발하므로

㉭ 산소와 기름은 중합하므로

해설 산소 압축기의 윤활제에 물을 사용하는 이유는 압축산소에 유기물이 있으면 산화력이 커서 폭발하므로

37 왕복식 압축기에서 실린더를 냉각시켜서 얻을 수 있는 냉각효과가 아닌 것은?

㉮ 윤활유의 질화방지

㉯ 윤활기능의 유지향상

㉰ 체적효율의 감소

㉭ 압축효율의 증가(동력감소)

해설 실린더 냉각효과
① 체적효율 증가
② 윤활유의 탄화방지 및 열화방지
③ 윤활기능의 유지향상
④ 압축효율의 증가(소요동력 감소)
⑤ 피스톤링의 습동부품의 수명유지

38 증기 압축식 냉동기의 구성 기기가 아닌 것은?

㉮ 흡수기　　　　㉯ 팽창 밸브

㉰ 응축기　　　　㉭ 증발기

해설 흡수기는 흡수식 냉동기에서 사용된다.
• 흡수식 냉온수기 구성요소 : 증발기, 흡수기, 저온재생기, 고온재생기, 응축기, 추기장치흡수제(LiBr 리튬브로마이드 사용)

정답 34.㉰ 35.㉮ 36.㉰ 37.㉰ 38.㉮

39 염소가스 압축기의 실린더에 사용되는 윤활제는?

㉮ 진한 황산 ㉯ 양질의 광유

㉰ 식물성유 ㉱ 묽은 글리세린

해설 ① 진한 황산 : 염소압축기
② 양질의 광유 : 아세틸렌, 수소, 공기압축기
③ 식물성유 : LPG 압축기
④ 묽은 글리세린 : 산소압축기

40 다음 중 압축시 이론적으로 온도상승이 높게 발생하는 순서대로 나열된 것은?

㉮ 등온압축＞단열압축＞폴리트로픽압축

㉯ 단열압축＞폴리트로픽압축＞등온압축

㉰ 폴리트로픽압축＞등온압축＞단열압축

㉱ 온도는 모두 동일하다.

해설 온도상승이 높은 순서 : 단열압축 ＞ 폴리트로픽압축＞ 등온압축

41 산소압축기의 내부 윤활제로 주로 사용되는 것은?

㉮ 물 ㉯ 유지류

㉰ 석유류 ㉱ 진한 황산

해설 산소압축기 윤활제
① 물
② 10% 이하의 묽은 글리세린수

42 탱크로리에서 저장탱크로 액화석유가스를 이송할 때 압축기에 의한 이송방법의 장점이 아닌 것은?

㉮ 저온에서도 재액화가 일어나지 않는다.

㉯ 충전시간이 짧다.

㉰ 베이퍼록 현상이 생기지 않는다.

㉱ 탱크 내의 잔가스를 회수할 수 있다.

해설 압축기에 의해 LPG 이송시 부탄가스의 경우 재액화가 일어난다.

43 피스톤 펌프의 특징으로 옳지 않은 것은?

㉮ 고압, 고점도의 소유량에 적당하다.

㉯ 회전수에 따른 토출 압력 변화가 많다.

㉰ 토출량이 일정하므로 정량토출이 가능하다.

㉱ 고압에 의하여 물성이 변화하는 수가 있다.

해설 피스톤 펌프(용적식 펌프, 왕복동식 펌프)는 회전수 변화에 따른 토출 압력변화가 작다.

44 펌프에서 발생되는 수격현상의 방지법으로 옳지 않은 것은?

㉮ 유속을 낮게 한다.

㉯ 압력조절용 탱크를 설치한다.

㉰ 밸브를 펌프토출구 가까이 설치한다.

㉱ 밸브의 개폐는 신속히 한다.

해설 ① 완폐 체크밸브는 토출구에 설치하여 밸브를 적당히 조절한다.
② 관지름을 크게 하고 관내 유속을 느리게 한다.
③ 관로에 Surge tank를 설치한다.

45 펌프의 송출유량이 Q[m³/s], 양정이 H[m], 취급하는 액체의 비중량이 γ[kg/m³]일 때 펌프의 수동력 L_w[kW]을 구하는 식은?

㉮ $L_w = \dfrac{\gamma HQ}{75}$ ㉯ $L_w = \dfrac{\gamma HQ}{102}$

㉰ $L_w = \dfrac{\gamma HQ}{550}$ ㉱ $L_w = \dfrac{\gamma HQ}{4,500}$

해설 $1\text{kW} = 102\text{kg} \cdot \text{m/s}$

$L_w = \dfrac{\gamma \cdot H \cdot Q}{102 \times 60}[\text{kW}]$

정답 39.㉮ 40.㉯ 41.㉮ 42.㉮ 43.㉯ 44.㉱ 45.㉯

46 다음 중 공동현상의 가장 큰 원인은?

㉮ 유체의 높은 증기압
㉯ 유체의 낮은 증기압
㉰ 낮은 대기압
㉱ 높은 대기압

해설 공동현상은 펌프 등에서 발생되며 유체의 낮은 증기압에 의해 발생되는 캐비테이션 현상이다.

CHAPTER 05 고압장치 및 저온장치

Industrial Engineer Gas

5-1 | 고압장치

1. 저장장치

1) 용기의 종류

(1) 이음새 없는 용기(무계목 용기, 심레스 용기)

① 이음새 없는 용기는 산소, 질소, 수소, 알곤 등의 압축가스 혹은 이산화탄소 등의 고압 액화가스를 충전하는 데 사용되지만 작게는 염소 등의 저압 액화가스나 용해 아세틸렌 가스용으로서 사용되고 있다.

② 상용온도에서 압력 1MP 이상의 압축가스, 상용온도에서 압력이 0.2MP 이상의 액화가스 및 용해 아세틸렌을 충전하는 내용적 0.1L 이상, 500L 이하의 이음새 없는 강철제 용기에 적용된다.

③ 이음새 없는 용기의 제조법

　㉠ 만네스만(Mannesmann)식 : 이음새 없는 강관을 재료로 하는 방식

　㉡ 에르하르트(Ehrhardt)식 : 강편을 재료로 하는 방법

　㉢ 딥 드로잉(Deep Drawing)식 : 강관을 재료로 하는 방법

④ 용기의 두께계산(t)

　㉠ 염소 용기(t) $= \dfrac{PD}{200S}$

　㉡ 산소 용기(t) $= \dfrac{PD}{200 \times S \times 안전율}$

　㉢ 프로판 용기(t) $= \dfrac{PD}{50S \times \eta - P} + C$

여기서, t : 두께(mm)

　　　　D : 외경(mm)

　　　　S : 인장강도(kgf/mm^2)

　　　　P : 최고충전압력(kgf/mm^2)

　　　　C : 부식여유(mm)

　　　　η : 용접효율

⑤ 용기의 형상은 가늘고 길며 저부의 형상은 凹凸 및 스커트의 종류가 있다.

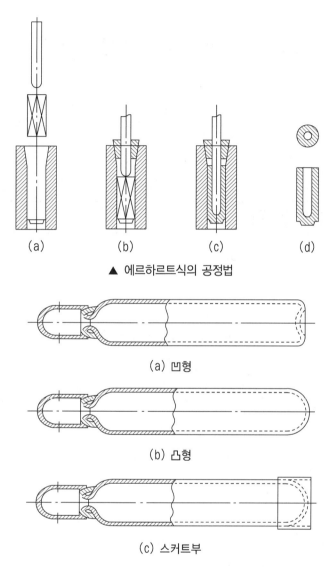

▲ 에르하르트식의 공정법

(a) 凹형

(b) 凸형

(c) 스커트부

▲ 용기의 형상(저부 형상)

⑥ 이음새 없는 용기 재료

　㉠ 용기 재료는 C : 0.55% 이하, P : 0.04% 이하, S : 0.05% 이하의 강을 사용한다.

　㉡ 보통 염소, 암모니아 등 비교적 저압 용기에는 탄소강을 사용한다.

　㉢ 산소, 수소 등 고압 용기는 망간강을 사용한다.

　㉣ 초저온 용기의 재료는 오스테나이트계 스테인리스강, 알루미늄 합금을 사용한다.

　㉤ 알루미늄 합금 용기를 재료로 하여 제조된 용기에 충전되는 고압가스는 산소, 질소, 탄산가스 프로판 등으로 한정된다.

⑦ 이음새 없는 용기의 이점

㉠ 이음매가 없으므로 고압에 견디기 쉬운 구조이다.

㉡ 이음매가 없으므로 내압에 대한 응력분포가 균일하다.

⑵ **용접 용기(계목 용기)**

용접 용기는 강판을 사용하여 용접에 의해 제작되는 것으로 프로판 용기 및 아세틸렌 용기 등의 비교적 저압용 용기로서 많이 사용되고 있다.

① 용접 용기의 이점

㉠ 재료로서 비교적 저렴한 강판을 사용하므로 같은 내용적의 이음새 없는 용기에 비하여 값이 싸다(저렴한 강판을 사용하므로 경제적이다).

㉡ 재료가 판재이므로 용기의 형태, 치수가 자유로이 선택된다.

㉢ 이음새 없는 용기는 제조 공정상 두께를 균일하게 하는 것이 곤란하나 용접 용기는 강판을 사용하므로 두께 공차도 적다.

② 용접 용기의 제조법

㉠ 심교축 용기

㉡ 동체부에 종방향의 용접 포인트가 있는 것

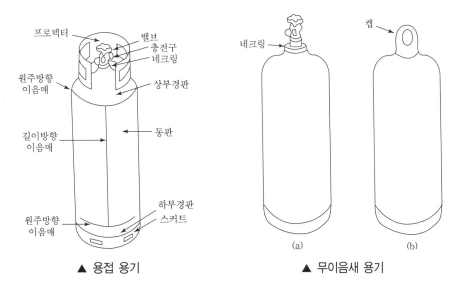

▲ 용접 용기   ▲ 무이음새 용기

③ 용접 용기의 재료

㉠ 교축 가공성이 풍부하고 용접성이 좋은 것이 요구된다.

㉡ LPG, 아세틸렌 각종 프레온 가스 등의 고압가스를 충전하는 데 사용된다.

㉢ 500L 이하의 용접 용기의 재료로서는 고압가스용 강재가 제정되어 있다.

㉣ 화학성분은 C : 0.33% 이하, P : 0.04% 이하, S : 0.05% 이하의 것을 사용한다.

(3) 용기의 재질

① LPG : 탄소강

② 산소(O_2) : 크롬강(산소 용기의 크롬 첨가량은 30%가 가장 적당하다.)

③ 수소(H_2) : 크롬강(5~6%)

(내수소성을 증가시키기 위하여 바나듐(V), 텅스텐(W), 몰리브덴($M0$), 티탄(Ti) 등을 첨가 재료로 사용한다.)

④ 암모니아(NH_3) : 탄소강(동 또는 동합금 62% 이상은 사용금지, 암모니아는 고온, 고압하에서 강재에 대하여 탈탄작용과 질화작용을 동시에 일으키므로 18~8 스테인리스강이 사용된다.)

⑤ 아세틸렌(C_2H_2) : 탄소강(동 또는 동합금 62% 이상 사용금지)

⑥ 염소(Cl_2) : 탄소강(염소용기는 수분에 특히 주의할 것)

2) 용기의 각종 시험

(1) 내압시험

용기의 내압시험은 보통 수압으로 행하며 수조식과 비수조식이 있다.

① 수조식

㉠ 용기를 수조에 넣고 수압으로 가압한다.

㉡ 수압에 의해 용기가 팽창함에 따라 그 팽창된 용적만큼 물이 압축되어 팽창계(브레드)에 나타난다. 이것을 전증가량이라 한다.

㉢ 용기 내부의 수압을 제거한 다음 용기의 영구 팽창 때문에 팽창계의 물이 수로로 완전히 돌아가지 않고 팽창계에 남게 되는데 이 남은 물의 양을 항구증가량이라 한다.

㉣ 위와 같은 방법에 의해 얻어진 항구증가량과 전증가량의 백분율을 항구증가율이라 한다.

$$\therefore \ 항구증가율(영구증가율) = \frac{항구증가량}{전증가량} \times 100$$

㉤ 항구증가율이 10% 이하인 용기는 내압시험에 합격한 것이 된다.

> **참고 수조식의 특징**
> 1. 보통 소형 용기에서 행한다.
> 2. 내압시험 압력까지 각 압력에서의 팽창이 정확하게 측정된다.
> 3. 비수조식에 비하여 측정결과에 대한 신뢰성이 크다.

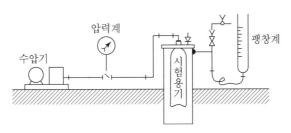

▲ 수조식 내압시험장치 예

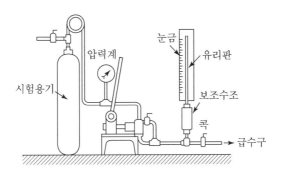

▲ 비수조식 내압시험장치 예

② 비수조식 : 용기를 수조에 넣지 않고 수압에 의해 가압하고 용기 내에 압입된 물의
양을 살피고 다음 식에 의하여 압축된 물의 양을 압입된 물의 양에서 빼어 용기의
팽창량을 조사하는 방법이다.

$$\Delta V = (A - B) - [(A - B) + B] \cdot P \cdot \beta_t$$

여기서, ΔV : 전증가[cc]

A : P기압에서의 압입된 모든 물의 양[cc]

B : P기압에서의 용기 이외에 압입된 물의 양[cc]

V : 용기 내용적[cc]

P : 내압시험압력[atm]

β_t : t℃에서 물의 압축계수

참고 용기의 내압시험

1. 압축가스 및 액화가스의 내압시험(Tp) = 최고충전압력(Tp) × $\frac{5}{3}$ 배

2. 아세틸렌 용기의 내압시험(Tp) = 최고충전압력(Fp) × 3배

3. 고압가스 설비의 내압시험(Tp) = 상용압력 × 1.5배

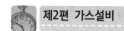

(2) 기밀시험

① 기밀시험에 사용되는 가스는 질소(N_2), 이산화탄소(CO_2) 등 불활성가스를 사용한다.

② 기밀시험 방법

　　㉠ 내압이 확인된 용기에 행하며 누설 여부를 측정한다.

　　㉡ 기밀시험은 가압으로 하는 것을 원칙으로 한다.

　　㉢ 시험기체는 공기 또는 불활성 가스로 가압한다.

　　㉣ 시험압력 이상의 기체를 압입하여 1분 이상 유지하고 비눗물을 사용하여 기포
　　　발생 여부를 보아 판별한다.

　　㉤ 중·소형 용기의 시험은 용기를 수조에 담가 기포 발생으로 측정한다.

> **참고** 용기의 기밀시험
> 1. 초저온 및 저온 용기의 기밀시험압력(Ap) = 최고충전압력(Fp)×1.1배
> 2. 아세틸렌 용기의 기밀시험압력(Ap) = 최고충전압력(Fp)×1.8배
> 3. 기타 용기의 기밀시험압력(Ap) = 최고충전압력 이상

(3) 압궤시험

꼭지가 60℃로서 그 끝을 반지름 13mm의 원호로 다듬질한 강제틀을 써서 시험 용기의 대략 중앙부에서 원통축에 대하여 직각으로 서서히 눌러서 2개의 꼭지 끝의 거리가 일정량에 달하여도 균열이 생겨서는 안 된다.

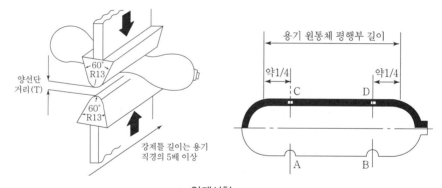

▲ 압궤시험

(4) 인장시험

① 용기의 인장시험은 압궤시험 후 용기의 원통부로부터 길이 방향으로 잘라내어 인장
　강도와 연신율을 측정하게 된다.

② 인장시험기에는 암슬러(Amsler), 올센(Olsen), 몰스(Mohrs) 등의 형식이 있는데
　가장 대표적인 것은 암슬러 만능재료 시험기로서 인장시험 외에도 굽힘시험, 압축
　시험, 항절시험 등도 할 수 있다.

(5) 충격시험

금속재료의 충격치를 측정하는 것으로 샤르피식(Charpy Type)과 아이조드식(Izod Type)이 있다.

① 샤르피 충격시험기(Charpy Impact Tester)
② 아이조드 충격시험기(Izod Impact Tester)

(6) 파열시험

파열시험은 길이가 60cm 이하, 동체의 외경이 5.7cm 이하인 이음새 없는 용기에 대하여 압력을 가하여 파열하는가의 여부를 보아 인장시험 및 압궤시험을 파열시험으로서 갈음할 수 있다.

(7) 단열성능시험

① 시험방법 : 용기에 시험용 저온 액화가스를 충전해서 다른 모든 밸브를 닫고, 가스 방출밸브만 열어 대기 중으로 가스를 방출하면서 기화 방출되는 양을 측정
② 시험용 저온 액화가스 : 액화질소, 액화산소, 약화알곤
③ 시험시의 충전량 : 저온 액화가스 용적이 용기 내용적의 1/3 이상, 1/2 이하인 것
④ 침입열량의 측정 : 저울 또는 유량계
⑤ 판정 : 합격기준은 다음 산식에 의해 침입열량을 계산해서 침입열량이 0.0005kcal/hr.℃.L (내용적이 1,000L를 초과하는 것에 있어서는 0.002kcal/hr.℃.L) 이하인 경우를 합격으로 한다.

$$Q = \frac{Wq}{H \times \Delta t \times V}$$

여기서 Q : 침입열량(kcal/hr.℃.L)
　　　W : 측정 중의 기화가스량(kg)
　　　H : 측정시간(hr)
　　　Δt : 시험용 저온 액화가스의 비점과 외기와의 온도차(℃)
　　　V : 용기내용적(L)
　　　q : 시험용 액화가스의 기화잠열(kcal/kg)

2. 저장 탱크

1) 원통형 저장 탱크

원통형 저장 탱크는 동체와 경판으로 분류하며 설치방법에 따라 횡형과 수직형이 있다.

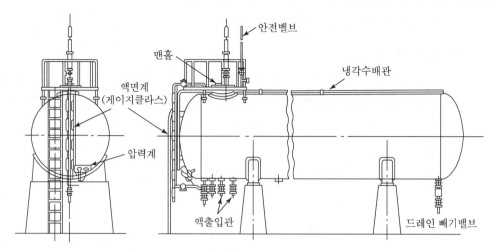

▲ 원통형 횡형 저조

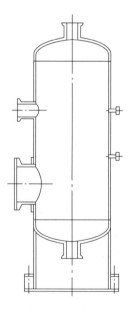

▲ 원통형 수직형 저조

(1) **원통형 저장 탱크의 내용적**

① 입형 저장 탱크

$$V = \pi r^2 l$$

② 횡형 저장 탱크

$$V = \pi r^2 \left(l + \frac{l_1 + l_2}{3} \right)$$

여기서, V : 탱크 내용적[m³]

　　　 r : 탱크 반지름[m]

　　　 l : 원통부 길이[m]

　　　 L : 저장 탱크의 전길이[m]

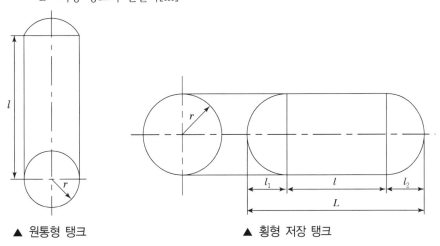

▲ 원통형 탱크　　　　　　　▲ 횡형 저장 탱크

2) 구형 저장 탱크

구형 저장 탱크에는 단각식과 이중각식이 있다.

(1) 단각식 구형 탱크

① 상온 또는 $-30(℃)$ 전후까지 저온의 범위에 사용된다.

② 저온 탱크의 경우 일반적으로 냉동장치를 부속하고 탱크 내의 온도와 압력을 조절한다.

③ 구각 외면에 충분한 단열재를 장치하고 흡열에 의한 온도상승을 방지하나 이들 단열구조는 단지 단열성만이 아니라 빙결을 막는 의미에서 단열재 표면을 방습할 수 있는 조치가 필요하다.

④ 단각 구형 탱크의 각 부분의 재료는 상온 부근에서는 용접용 압연강재, 보일러용 압연강재 또는 고장력강이 사용된다. 보다 저온에서는 2.5[%] Ni강, 3.5[%] Ni강, 정도가 사용된다.

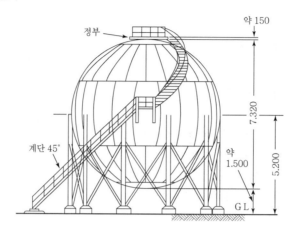

▲ 단각식 구형 탱크(1,000톤 부탄용)

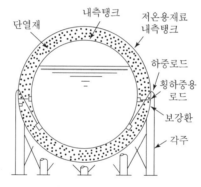

▲ 이중각식 구형 탱크의 예

(2) **이중각식 구형 탱크**

① 내구에는 저온강재를, 외구에는 보통 강판을 사용한 것으로 내외 구간은 진공 또는 건조공기 및 질소 가스를 넣고 펄라이트와 같은 보냉재를 충전한다.

② 이 형식의 탱크는 단열성이 높으므로 −50(℃) 이하의 저온에서 액화가스를 저장하는 데 적합하다.

③ 액체산소, 액체질소, 액화메탄, 액화에틸렌 등의 저장에 사용된다.

④ 내구는 스테인리스강, 알루미늄, 9[%] Ni강 등을 사용하는 경우가 많다.

⑤ 지지방법은 외구의 적도부근에서 하수용 로드를 매어 달고 진동은 수평로드로 방지하고 있다.

(3) 구형 저장 탱크의 이점과 특징

① 고압 저장탱크로서 건설비가 싸다.

② 동일용량의 가스 또는 액체를 동일압력 및 재료하에서 저장하는 경우 구형구조는 표면적이 가장 적고 강도가 높다.

③ 기초구조가 단순하며 공사가 용이하다.

④ 보존면에서 유리, 구형 저장탱크는 완성시 충분한 용접검사, 내압 및 기밀시험을 하므로 누설은 완전히 방지된다. 또 부속기기로서는 여러 대의 컴프레서, 압력조정 밸브가 주된 것이며 보존이 용이하다.

⑤ 형태가 아름답다.

3) 초저온 액화가스 저장 탱크

초저온 액화가스 저장조(Cold Evaporator ; C.E)는 공업용 액화가스 즉, 산소, 질소, 알곤, 수소, 액화 천연가스(LNG), 헬륨 등 액화가스를 저장 사용하는 데 가장 많이 사용되는 용기로서 그 구조와 제작방법에 대하여는 다소 차이가 있지만 크게 다른 점은 없다.

① C.E는 액화가스를 저조시켜 필요시에는 자기가압 장치 및 기화설비를 이용, 임의의 압력으로 기화된 다량의 가스를 연속적으로 안전하게 공급시키는 방식이다.

② C.E는 원통입형 초저온 저장용기로서 그 구조는 금속 마법병과 같이 이중으로 되어 있으며 외조와 내조의 중간부분은 외부로부터의 열침입을 최대한으로 방지하기 위하여 단열재를 충전하고 이를 다시 충전시킨 특수구조로서 분말진공형과 다층진공형으로 구분되나 분말진공형(Perlite 충진)이 보편적으로 많이 사용되고 있다.

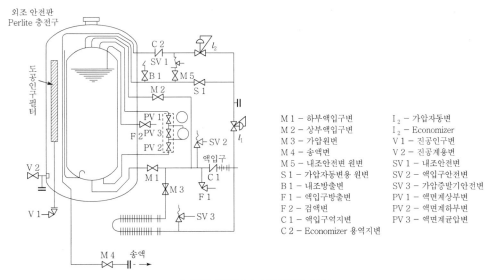

M 1 - 하부액구변	I₂ - 가압자동변
M 2 - 상부액구변	I₂ - Economizer
M 3 - 가압원변	V 1 - 진공인구변
M 4 - 송액변	V 2 - 진공계용변
M 5 - 내조안전변 원변	SV 1 - 내조안전변
S 1 - 가압자동변용 원변	SV 2 - 액입구안전변
B 1 - 내조방출변	SV 3 - 가압증발기안전변
F 1 - 액입구방출변	PV 1 - 액면계상부변
F 2 - 검액변	PV 2 - 액면계하부변
C 1 - 액입구역지변	PV 3 - 액면계균압변
C 2 - Economizer 용역지변	

▲ 초저온 액화가스 저장탱크 구조

5-2 **고압반응장치**

1. 화학 반응기

1) 오토 클레이브(Auto Clave)

액체를 가열하면 온도의 상승과 더불어 증기압이 상승하므로 액상을 유지하며 반응을 일으킬 경우 밀폐개를 가진 반응가마를 필요로 한다.

이 반응가마를 일반적으로 오토 클레이브(Auto Clave)라고 한다.

① 오토 클레이브에는 압력계, 온도계, 시료채취밸브, 안전밸브 등이 부속하고 있다.

② 오토 클레이브는 시료의 무색 또는 그 방법에 따라 정치형, 교반형, 진탕형, 가스교반형 등이 있다.

③ 오토 클레이브는 광범위한 액체도 취급하므로 재질은 비교적 사용범위가 넓은 스테인리스강(SUS-27, SUS-32)이 사용된다.

(1) 교반형

교반기에 의해 내용물의 혼합을 균일하게 하는 것으로 종형 교반기, 횡형 교반기의 두 종류가 있다.

① 기-액 반응으로 기체를 계속 유동시키는 실험법을 취급할 수 있다.

② 교반효과는 특히 횡형교반의 경우가 뛰어나며 진탕식에 비하여 효과가 크다.

③ 종형 교반에서는 오토 클레이브 내부에 글라스 용기를 넣어 반응시킬 수가 있으므로 특수한 라이닝을 하지 않아도 된다.

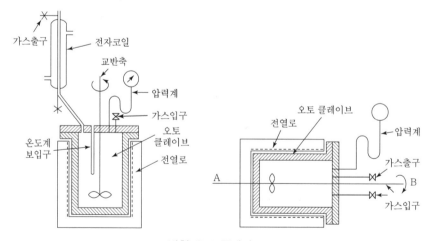

▲ 교반형 오토 클레이브

(2) 진탕형

이 형식은 횡형 오토 클레이브 전체가 수평, 전후운동을 함으로써 내용물을 교반시키는 형식으로 가장 일반적이다.

① 가스누설의 가능성이 없다.

② 고압력에 사용할 수 있고 반응물의 오손이 없다.

③ 장치 전체가 진동하므로 압력계는 본체로부터 떨어져 설치하여야 한다.

④ 뚜껑판에 뚫어진 구멍(가스출입구멍, 압력계, 안전밸트 등의 연결구)에 촉매가 끼어 들어갈 염려가 있다.

(3) 회전형

오토 클레이브 자체를 회전시키는 형식이다.

① 고체를 액체나 기체로 처리할 경우 등에 적합하다.

② 교반효과가 타 형식에 비하여 좋지 않으므로 용기벽에 장애판을 장치하거나 용기 내에 다수의 볼을 넣어 내용물의 혼합을 촉진시켜 교반효과를 올린다.

(4) 가스 교반형

오토 클레이브의 기상부에서 반응가스를 취출하고 액상부의 최저부에 순환, 송입하는 방식과 원료가스를 액상부에 송입하고 배출가스는 환류 응축기를 통과하여 방출시키는 방식이 있다. 공업적으로 레페반응장치 등에 채택되며 연속반응의 실험실적 연구에도 보통 사용되는 형이다.

2. 고압가스 반응기

1) 암모니아 합성탑

① 암모니아 합성탑은 내압용기와 내부구조물로 된다.

② 내부구조물은 촉매를 유지하고 반응과 열교환을 행하기 위한 것이다.

③ 암모니아 합성의 촉매는 보통 산화철에 Al_2O_3 및 K_2O를 첨가한 것이나 CaO 또는 MgO 등을 첨가한 것도 사용된다.

④ 촉매는 5~15mm 정도의 입도인 파염체 형태 그대로 촉매관에 충전되어 소위 고정 촉매층의 형식을 취하나, 열교환의 방법, 촉매층의 구조 등의 의해 여러 가지 형식이 있다.

> 참고 **합성탑은 반응압력에 따라 구분**
> 1. **고압법**($600 \sim 1,000 kg/cm^2$) : 클로우드법, 카자레법
> 2. **중압법**($300 kg/cm^2$ 전후) : IG법, 신파우서법, 뉴파우서법, 동공시법, JCI법, 케미그법
> 3. **저압법**($150 kg/cm^2$ 전후) : 구우데법, 켈로그법

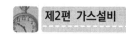

2) 메탄올 합성탑

① 메탄올의 촉매 : $Zn-Cr$계, $Zn-Cr-Cu$계

② 온도 : $300 \sim 350℃$

③ 압력 : $150 \sim 300atm$

④ CO와 H_2로 직접 합성된다.

가스의 정제에 대해서 유황화합물, CO_2를 제거하는 것은 NH_3 합성과 변함이 없으나 CO_2가 $1 \sim 2\%$ 잔류하고 있어도 된다. 반응탑은 NH_3가 합성탑과 유사한 구조를 하고 있으나 부반응을 막는 의미에서 특히 온도분포가 균일한 것이 바람직하다.

3) 석유화학 반응기

석유화학 반응에서는 반응장치, 전열장치, 분리장치, 저장 및 수송장치로 대별할 수 있으며 이 중 반응장치가 가장 중요하다.

(1) 반응장치와 사용 예

① 조식 반응기 : 아크릴클로라이드의 합성, 디클로로에탄의 합성

② 탑식 반응기 : 에틸벤젠의 제조, 벤졸의 염소화

③ 관식 반응기 : 에틸렌의 제조, 염화비닐의 제조

④ 내부 연소식 반응기 : 아세틸렌의 제조, 합성용 가스의 제조

⑤ 축열식 반응기 : 아세틸렌의 제조, 에틸렌의 제조

⑥ 고정촉매 사용기상 접촉 반응기 : 석유의 접촉개질, 에틸알코올 제조

⑦ 유동층식 접촉 반응기 : 석유개질

⑧ 이동상식 반응기 : 에틸렌의 제조

이와 같은 각종의 반응장치가 사용되고 있는 것이 현상이다.

(2) 나프타의 접촉개질장치의 예

석유화학장치에는 위와 같이 여러 가지가 있다. 나프타의 접촉개질장치의 예를 들어 그 플로시트를 표시한다.

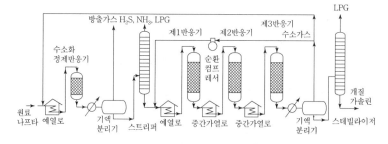

▲ 나프타의 접촉개질장치

5-3 저온장치

1. 가스 액화 사이클

1) 린데(Linde)식 공기액화 사이클

상온, 상압의 공기를 압축기에 의해 등온, 압축한 후 열교환기에서 저온으로 냉각하여 팽창밸브에서 단열 교축팽창(등엔탈피 팽창)시켜 액체공기로 만든다.

(1) 고압액화 사이클

① 상온, 상압의 점1(P_1, T_1)의 공기를 압축기로 점2(P_2, T_1)까지 등온, 압축한 후 열교환기에서 저온, 저압의 복귀공기와 열교환시켜 점3(P_2, T_3)까지 냉각한다.

② 이때 압축공기 중의 수분, 탄산가스가 빙결되어 열교환기 등을 폐쇄하므로 미리 제거할 필요가 있다.

③ 점3의 공기는 팽창밸브에서 압력 P_1까지 단열 교축 팽창(등엔탈피팽창)을 하며 온도가 강하하여 점4(P_1, T_4)가 된다.

④ 점4의 공기를 1kg으로 하여 점 0으로 표시되는 액체공기를 ykg라고 하면 점5의 포화공기는 (1-y)kg이다.

⑤ 액체공기는 밸브 0에서 외부에 취출되며 점 5의 포화공기는 열교환기에서 가온되어 점1의 상태로 복귀한다.

⑥ 실제는 점1의 포화공기의 온도보다 수도가 낮으나 동온까지 가온된다고 가정한다.

⑦ 점1의 복귀공기에 밸브 0의 액체공기와 동량의 공기를 보급한 다음 압축기에 흡입된다.

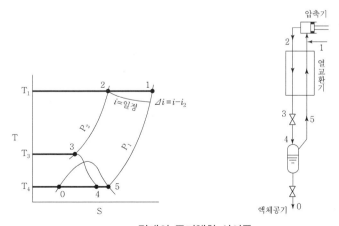

▲ 린데의 공기액화 사이클

(2) 린데의 보조 냉각기를 부착한 공기액화 사이클

린데의 액화기의 액화율을 증가시키는 방법으로서 보조냉각기를 사용한 장치가 있다.

① 등엔탈피선은 온도가 저하됨에 따라 급경사가 된다.

② 따라서 공기를 등온 압축하였을 때의 엔탈피차는 옆 그림에서와 같이 상온에서의 값 Δi_{1-2}보다 보조의 암모니아 또는 프론 냉각 후의 Δi_{8-4}가 크다.

③ 그러나 공기를 저온에서 압축하는 것은 어려우므로 상온에서 압축된 공기를 보조 냉각기에서 냉각하여 같은 효과를 거둘 수 있다.

④ 또 동시에 냉각온도까지의 열 손실을 보조의 암모니아 냉각기가 부담하므로 오히려 유리하다.

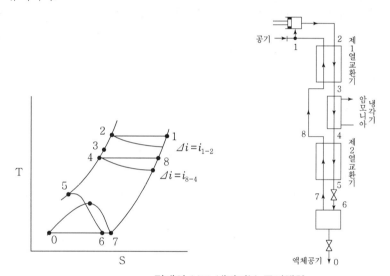

▲ 린데의 보조 냉각기부 공기액화

2) 클로우드(Claude)식 공기액화 사이클

린데식에서는 저온을 얻는 방법으로 줄, 톰슨 효과에 따르고 있으나 클로우드식에서는 주로 단열팽창기에 따르고 있는 점이 서로 다르다.

클로우드(Claude)의 액화기는 다음 그림에서와 같이 압축기에서 약 40kgcm^2로 압축된 공기는 제1열교환기에서 약 $-100℃$로 냉각되어 팽창기에 들어간다.

이 양은 원료공기를 1로 하였을 때 $(1-M)$이다.

팽창기에서 대기압까지 단열팽창을 하여 저온이 된 공기는 점4에서 복귀공기와 혼합한다. 잔부의 M량의 공기는 제2, 제3열교환기에 다시 냉각된 후 팽창밸브에서 단열교축 팽창을 하여 점6이 된다.

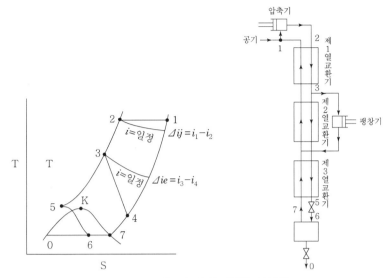

▲ Claude의 공기액화 사이클

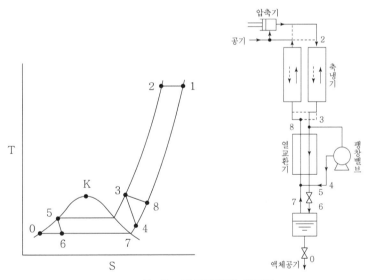

▲ Kapitza의 공기액화 사이클

3) 캐피자(Kapitza)의 공기액화 사이클

캐피자(Kapitza)의 공기의 압축압력은 약 7atm으로 낮다.

열교환에 축냉기를 사용하여 원료공기를 냉각시킴과 동시에 원료공기 중의 수분과 탄산가스를 제거하고 있다. 또, 팽창기는 클로우드 사이클의 피스톤식과 다르며 터빈식을 개발하였다. 팽창 터빈에서의 송입 공기 온도는 약 $-145℃$로 낮으며 송입 공기량은 전량의 약 90%이다.

4) 필립스(Philips)의 공기액화 사이클

실린더 중에 피스톤과 보조 피스톤이 있고 양 피스톤의 작용으로 상부에 팽창기, 하부에 압축기로 구성된다. 냉매인 수소 또는 헬륨이 장치 내에 봉입되어 있어 팽창기와 압축기 사이를 왕복하나 양기의 중간에 수냉각기와 축냉기가 있다.

수냉각기는 압축열을 흡수하기 위해 있으며 축냉기는 압축기에서 팽창기로 냉매가 흐를 때에는 냉매를 냉각시키고 반대로 흐를 때에는 냉매를 가열한다.

5) 캐스케이드 액화 사이클

증기압축식 냉동 사이클에서 다원냉동 사이클과 같이 비점이 점차 낮은 냉매를 사용하여 저비점의 기체를 액화하는 사이클을 캐스케이드 액화 사이클(다원액화 사이클)이라고 부르고 있다. 다음 그림에서와 같이 장치는 암모니아를 상온 10atm으로 액화하고 이 액화암모니아의 기화로 19atm의 에틸렌을 액화한다. 다음에 기화하는 에틸렌으로 29atm의 메탄을 액화하고 최후에 액화 메탄이다. 그러나, 캐스케이드법은 압축기의 수가 많아지는 것 등의 단점이 있으므로 실용적인 공개 액화기로서 사용되지 않았으나 최근 대형 천연 가스 액화장치에 사용하게 되었다.

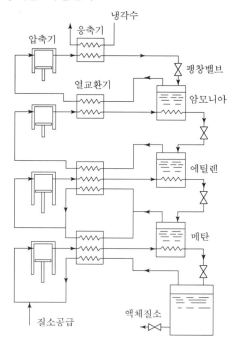

▲ 캐스케이드식 질소액화 사이클

6) 린데식 액화장치

압축기에서 압축된 공기는 1을 통해 열교환기에 들어가 액화기에서 액화하지 않고 나오는 저온공기와 열교환을 함으로써 저온이 되어 2를 통해 단열자유 팽창되므로 온도가 강화하여 액화기에 들어간다.

일부의 액화된 액체공기는 5의 취출밸브를 통해 취출된다. 또한 액화하지 않은 포화증기는 4를 통하여 열교환기에 들어가 압축가스와 열교환을 함으로써 과열증기로 되어 온도가 상승하여 6을 통해 압축기로 흡입된다. 이와 같이 순환과정을 되풀이하여 액화되는 장치를 린데식 액화장치라고 한다.

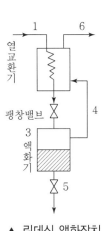
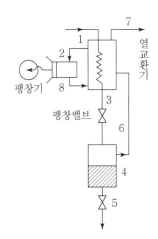

▲ 린데식 액화장치　　　　　　▲ 클로우드식 액화장치

7) 클로우드식 액화장치

압축기에서 압축된 공기 1은 열교환기에 들어가 액화기와 팽창기에서 나온 저온도의 공기와 열교환을 하여 냉각되고, 2에서 일부의 공기는 팽창기에 들어가 단열 팽창하여 저온으로 된 공기는 8을 통해 열교환기에 들어가 열교환한 뒤 3을 통해 팽창밸브에 의해 자유팽창하여 3→4에 따라 등엔탈피 팽창해서 액화기에 들어가면 일부는 액화되고 일부는 액화되지 않은 포화증기로 된다.

액화된 액화공기는 취출밸브 5를 통해 취출되고 액화하지 않은 포화증기는 6을 통해 열교환기에 들어가 압축가스와 열교환을 하여 과열증기가 됨으로써 온도가 상승하여 7을 통해 압축기로 흡입된다.

2. 공기액화 분리장치

〈가스액화〉

가스액화분류	가스액화사이클		가스액화장치구성
① 단열평창방법(줄-톰슨방식)	① 린데식	② 클라우드식	① 한랭발생장치
② 팽창기에 의한 방법	③ 캐피자식	④ 필립스식	② 정류(분축, 흡수)장치
(피스톤형, 터빈식)	⑤ 캐스케이드식		③ 불순물 제거장치

1) 고압식 액화 산소 분리장치

① 원료 공기는 압축기에 흡입되어 150~200at로 압축되나 약 15at 중간 단에서 탄산가스 흡수기에 이송된다.

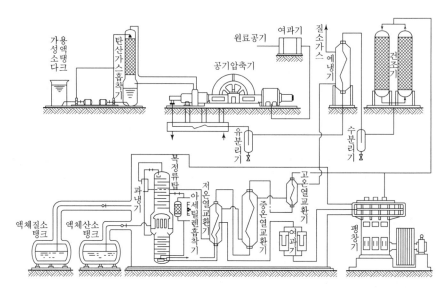

▲ 고압식 액화 산소 분리장치

② 공기 중의 탄산가스는 동기에서 가성소다 용액(약 8[%] 온도)에 흡수하여 제거된다.

③ 흡수기의 구조는 보통의 흡수탑과 같다.

④ 압축기를 나온 고압의 원료공기는 예냉기(열교환기)에서 냉각된 후 건조기에서 수분이 제거된다.

⑤ 건조기에는 고형 가성소다 또는 실리카겔 등의 흡착제가 충전되어 있으나 최근에는 흡착제가 많다.

⑥ 동기에서 탈습된 원료 공기 중 약 절반은 피스톤식 팽창기에 이송되어 하부탑의 압력 약 5[atm]까지 단열팽창을 하여 약 −150[℃]의 저온이 된다.

⑦ 이 팽창공기는 여과기에서 유분(주로 팽창기에서 혼입한다)이 제거된 후 저온 열교환기에서 거의 액화 온도로 되어 복정유탑의 하부탑으로 이송된다.

⑧ 팽창기에 주입되지 않은 나머지의 약 반량의 원료 공기는 각 열교환기에서 냉각된 후 팽창밸브에서 약 5[atm]으로 팽창하여 하부탑에 들어간다. 이때 원료공기의 약 20[%]에 액화하고 있다.

⑨ 하부탑에는 다수의 정유판이 있어 약 5[atm]의 압력하에서 공기가 정유되고 하부탑 상부에 액체질소가 또 통탑하부의 산소에서 순도 약 40[%]의 액체공기가 분리된다.

⑩ 이 액체 질소와 액체 공기는 상부탑에 이송되나 이때 아세틸렌 흡착기에서 액체 공기 중의 아세틸렌 기타 탄화수소가 흡착 제거된다.

⑪ 상부탑에서는 약 0.5[atm]의 압력하에서 정유되고 상부탑 하부 순도 99.6~99.8[%]의 액체산소가 분리되어 액체산소 탱크에 저장된다.

또, 하부탑 상부에 분리된 액체 질소는 동용 탱크에 채취된다.

2) 저압식 공기액화 분리장치

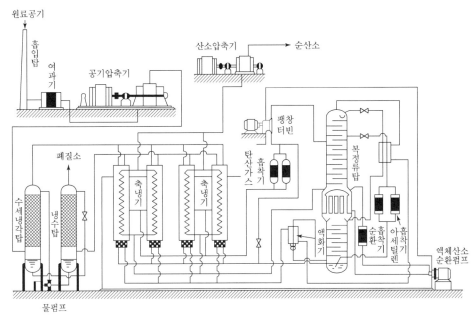

▲ 저압식 공기액화 분리 플랜트 계통도

① 원료 공기 여과기에서 여과된 후 터보식 공기 압축기에서 약 5at로 압축된다.

② 압축기의 공기는 수냉각기에서 냉수에 의해 냉각된 후 2회 1조로 된 축냉기의 각각에 1개씩 송입된다. 이때 불순 질소가 나머지 2개의 축냉기 반사 방향에서 흐르고 있다.

③ 일정 주기가 되면 1조 축냉기에서의 원료공기와 불순 질소류는 교체된다.

④ 순수한 산소는 축냉기 내부에 있는 사관에서 상온이 되어 채취된다.

⑤ 상온의 약 5at의 공기는 축냉기를 통하는 사이에 냉각되어 불순물인 수분과 탄산가스를 축냉체상에 빙결 분리하여 약 −170℃로 되어 복정류탑의 하부탑에 송입된다. 또 이때 일부의 원료공기는 축냉기의 중간 −120～−130℃에서 주기된다.

⑥ 이 때문에 축냉기 하부의 원료 공기량이 감소하므로 교체된 다음의 주기에서 불순질소에 의한 탄산가스의 제거가 완전하게 된다.

⑦ 주기된 공기에는 공기의 성분량만큼의 탄산가스를 함유하고 있으므로 탄산가스 흡착기(흡착기가 충만되어 있다)로 제거한다.

⑧ 흡착기를 나온 원료공기는 축냉기 하부에서 약간의 공기와 혼합되며 −140～150℃가 되어 팽창하고 약 −190℃가 되어 상부탑에 송입된다.

⑨ 복정류탑에서는 하부탑에서 약 5at의 압력하에 원료공기가 정류되고 동탑상부에 98% 정도의 액체질소가, 하단에 산소 40% 정도의 액체공기가 분리된다.

⑩ 이 액체질소와 액체공기는 상부탑에 이송되어 터빈에서의 공기와 더불어 약 0.5at의 압력하에서 정류된다.

⑪ 이 결과 상부탑 하부에서 순도 99.6~99.8%의 산소가 분리되고 축냉기 내의 사관에서 가열된 후 채취된다.

⑫ 불순질소는 순도 96~98%로 상부탑 상부에서 분리되고 과냉기, 액화기를 거쳐 축냉기에 이른다.

⑬ 축냉기에서의 불순질소는 축냉체상에 결빙된 탄산가스, 수분을 승화, 흡수함과 동시에 온도가 상승하여 축냉기를 나온다.

⑭ 다음에 불순 질소는 냉수탑에 이르러 냉각된 후 대기에 방출된다.

⑮ 원료 공기 중에 함유된 아세틸렌 등의 탄화수소는 아세틸렌 흡착기, 순화 흡착기 등에서 흡착, 분리된다.

3. 가스 분리장치

1) NH₃ 합성가스 분리장치

암모니아의 합성에 필요한 조성($3H_2 + N_2$)의 혼합가스를 분리하는 장치로서 장치에 공급되는 코크스로 가스는 탄산가스, 벤젠, 일산화질소 등의 저온에서 불순물을 함유하고 있으므로 미리 제거할 필요가 있다. 특히 일산화질소는 저온에서 디엔류와 반응하여 폭발성의 껌(Gum)상 물질을 만들므로 완전히 제거한다.

수소의 비점이 $-250℃$로서 다른 기체보다 낮으므로 원료 가스를 $-190℃$ 정도까지 냉각시키면 거의 수소와 질소의 혼합가스가 된다.

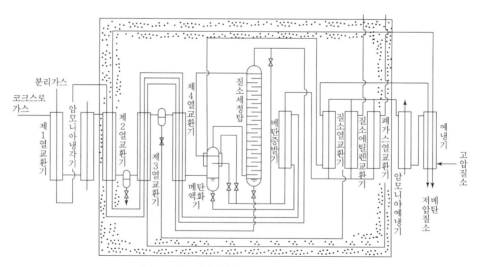

▲ 린데식 암모니아 합성가스 분리 플랜트 계통도

2) LNG 액화장치

LNG의 주성분인 메탄은 비점 -161.5℃, 임계온도 -82℃이므로 그 액화는 가스 액화 사이클에 따르고 있다. 그러므로 대량의 천연가스를 액화하려면 캐스케이드(Cascade) 사이클이 사용되며, 암모니아, 에틸렌, 메탄 또는 프로판, 에틸렌, 메탄의 3원 캐스케이드 사이클이 실용화되고 있다. 냉매의 조성은 질소, 메탄, 에탄, 프로판, 부탄 등이 혼합가스이고 액화하는 천연가스의 조정에 따라 정하여진다.

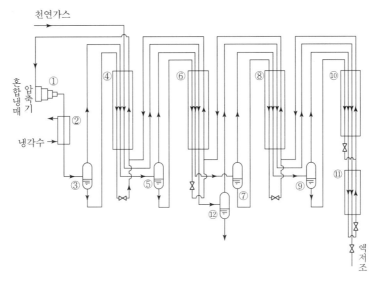

▲ 혼합 냉매를 사용하는 다원 천연가스 액화 플랜트 계통도

■ 장치의 구성 개요

- 혼합냉매 압축기 ①에 의해 5.6at에서 41at로 압축된 혼합냉매는 수냉각기 ②에서 냉각되면 부탄분이 액분리기 ③으로 분리된다.
- 액화분은 열교환기 ④에서 냉각된 후 팽창, 복귀냉매와 혼합하여 동기 ④를 냉각시킨다.
- 이 때문에 열교환기 ④ 안에서 천연가스(압력 38at) 중의 고비점 성분이 액화된다.
- 혼합냉매도 냉각되어 액화분은 액분리기 ⑤로 분리된다.
- 이와 같이 혼합 냉매는 점차 액화되어 액분리기 ⑦, ⑨에 액을 분리하고 액화분은 복귀되어 열교환기 ⑦, ⑧, ⑩을 냉각시킨다.
- 이 때문에 천연가스는 열교환기에서 점차 냉각되어 최후로 메탄분이 액화하고 저조에 저축된다.

4. 고형 탄산 제조장치

고형 탄산은 대기압하에서는 용해되어도 액체로 되지 않는 점에서 드라이아이스라고 부르고 있다.

① 눈을 고화시킨 형상으로 1.1~1.4로 일정하지 않으나 고유의 비중은 1.56이다.

② 탄산가스의 기체, 액체 및 고체의 각 상태의 관계는 다음과 같다.

③ P-i 선도는 다음 그림과 같이 기체, 액체의 영역 이외에 고체의 범위에 미친다.

④ 아래 그림에서 임계점 K는 31℃, 75.3kgcm², 삼중점 Tr(아래 그림 a, b, c선), −56.6℃, 5.28kgcm²이다. 따라서 대기압에서 승화할 때에는 아래 그림 1, 2선으로 표시된다. 이때의 온도는 −78.5℃, 승화열은 137kcal/kg이다.

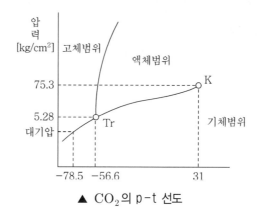

▲ CO_2의 p-t 선도

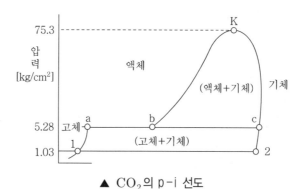

▲ CO_2의 p-i 선도

■ 고형 탄산제조 공정

• 탄산가스원에서 탄산가스를 분리하기 위해 탄산가스 흡수탑에서 탄산가스를 탄산칼
  륨 용액에 흡수시킨다.

• 다음에 이 용액 중 분리탑에서 탄산가스를 방출시키고 정제한 다음 탄산가스 저조에
  저장한다.

• 이 탄산가스를 압축기로 압축한 다음 냉동기에서 냉각, 액화한 후 삼중점 이하의 압
  력(일반적으로 대기압)까지 단열 교축팽창을 시킨다.

• 이때 형성된 설상의 고체를 성형기로 압축하여 고형 탄산을 제조한다.

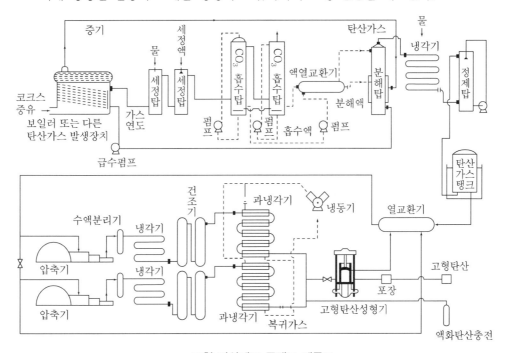

▲ 고형 탄산제조 플랜트 계통도

05 연습문제

01 저온장치에서 CO_2와 수분이 존재할 때 그 영향에 대한 설명으로 옳은 것은?

㉮ CO_2는 저온에서 탄소와 산소로 분리된다.

㉯ CO_2는 고온장치에서 촉매 역할을 한다.

㉰ CO_2는 가스로서 별 영향을 주지 않는다.

㉱ CO_2는 드라이아이스가 되고 수분은 얼음이 되어 배관밸브를 막아 가스 흐름을 저해한다.

해설 저온장치에서 CO_2는 드라이아이스가 되고 수분이 얼음이 되어 배관의 밸브를 막아 가스의 흐름을 저해한다.

02 공기액화분리장치의 폭발원인으로 가장 거리가 먼 것은?

㉮ 공기 취입구로부터의 사염화탄소의 침입

㉯ 압축기용 윤활유의 분해에 따른 탄화수소의 생성

㉰ 공기 중에 있는 질소 화합물(산화질소 및 과산화질소 등)의 흡입

㉱ 액체 공기 중의 오존의 혼입

해설 공기 취입구로부터의 아세틸렌 침입시 공기액화분리장치의 폭발원인이 된다.

03 증기압축 냉동기에서 냉매의 엔탈피가 일정한 기구는?

㉮ 응축기

㉯ 증발기

㉰ 압축기

㉱ 팽창밸브

해설 증기압축 냉동기에서 팽창밸브에서는 냉매의 엔탈피가 일정하다.

04 시간당 50,000kcal를 흡수하는 냉동기의 용량은 몇 냉동톤인가?

㉮ 15

㉯ 20

㉰ 25

㉱ 30

해설 $1RT = 3,320 \text{kcal/h}$

$$\therefore \frac{50,000}{3,320} = 15.06 \text{RT}$$

05 오토클레이브(Auto Clave)의 종류 중 교반효율이 떨어지기 때문에 용기벽에 장애판을 설치하거나 용기 내에 다수의 볼을 넣어 내용물의 혼합을 촉진시켜 교반효과를 올리는 형식은?

㉮ 교반형

㉯ 정치형

㉰ 진탕형

㉱ 회전형

해설 회전형 Auto Clave는 교반효과가 떨어지나 용기 내 다수의 볼이나 용기벽에 장애판을 설치하여 교반효과를 높인다.

06 어떤 냉동기가 20[℃]의 물을 −10[℃]의 얼음으로 만드는 데 50[Psh/ton]의 일이 소요되었다면 이 냉동기의 성능계수는? (단, 얼음의 융해열은 80[kcal/kg], 얼음의 비열은 0.5[kcal/kg℃]이고, 1[Psh]는 632.3[kcal])

㉮ 3.98

㉯ 3.32

㉰ 5.67

㉱ 4.57

해설 ① 물의 현열 $1,000 \times 1 \times 20 = 20,000 \text{kcal}$

② 얼음의 응고잠열

$1,000 \times 80 = 80,000 \text{kcal}$

정답 01.㉱ 02.㉮ 03.㉱ 04.㉮ 05.㉱ 06.㉯

③ 얼음의 현열

$$1,000 \times 0.5 \times (0 - (-10)) = 5,000 \text{kcal}$$

$$\therefore \ \text{COP} = \frac{20,000 + 80,000 + 5,000}{50} \div 632.3$$

$$= 3.32$$

07 물을 냉각시키는 프레온용 냉동기의 증발기에서 냉각관 내부로 냉매가 흐르고 냉각관 외부로 물이 흐르고 있다면 냉각관은 다음 중 어떠한 것을 선정하는 것이 바람직한가?

㉮ Low Fin Tube

㉯ Inner Fin Tube

㉰ 나관튜브

㉱ 7통로 튜브

해설 이너핀 튜브 냉각관

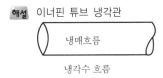

냉각수 흐름

08 다음 그림의 냉동장치와 일치하는 행정위치를 표시한 TS 선도는?

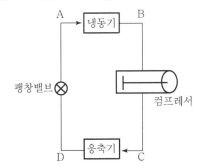

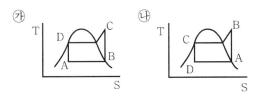

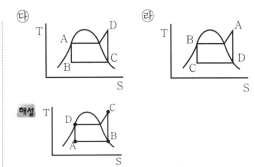

해설

09 가스액화 원리로 가장 기본적인 방법은?

㉮ 단열팽창

㉯ 단열압축

㉰ 등온팽창

㉱ 등온압축

해설 가스의 액화원리는 단열팽창이다.

10 아래의 몰리에르선도에서 증발기 내에서 기화된 냉매가 압축기의 흡입구로 흡입된 후 실린더에 의하여 압축되는 지점에 대해 가장 옳게 나타낸 것은?

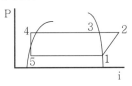

㉮ 1 → 2   ㉯ 2 → 3

㉰ 4 → 5   ㉱ 5 → 1

해설 1 : 압축기 흡입구, 2 : 압축기 토출구

정답 07.㉱ 08.㉮ 09.㉮ 10.㉮

11 암모니아 합성탑에 대한 설명으로 틀린 것은?

㉮ 재질은 탄소강을 사용한다.

㉯ 재질은 18−8 스테인리스강을 사용한다.

㉰ 촉매로는 보통 산화철에 CaO를 첨가한 것이 사용된다.

㉱ 촉매로는 보통 산화철에 K_2O 및 Al_2O_3를 첨가한 것이 사용된다.

> **해설** 암모니아 합성탑의 재질로서 탄소강은 사용하지 않는다.

12 공기액화 분리장치에서 흡입되는 원료공기 중 탄산가스의 흡수제는 어느것을 사용하는가?

㉮ 실리카겔   ㉯ 진한 황산

㉰ 가성소다용액   ㉱ 활성 알루미나

> **해설** 공기액화 분리장치에서 드라이아이스의 생성을 방지하기 위해서는 이산화탄소흡수탑에서 가성소다(NaOH) 수용액을 사용한다.
> $$2NaOH + CO_2 \rightarrow Na_2CO_2 + H_2O$$

13 어떤 카르노사이클 기관인 27℃와 −33℃ 사이에서 작동될 때 이 냉동기의 열효율은?

㉮ 0.17   ㉯ 0.2

㉰ 0.25   ㉱ 0.35

> **해설** $\dfrac{(273+27)-(273-33)}{273+27} = 0.2$

14 액화천연가스(LNG)의 탱크로서 저온수축을 흡수하는 기구를 가진 금속박판을 사용한 탱크는?

㉮ 프리스트레스트 콘크리트제 탱크

㉯ 동결식 반지하탱크

㉰ 금속제 이중구조탱크

㉱ 금속제 멤브레인탱크

> **해설** LNG의 탱크로서 저온수축을 흡수하는 기구를 가진 금속박판을 사용한 탱크는 금속제 멤브레인탱크이다.

15 냉동설비에 사용되는 냉매가스의 구비조건으로 옳지 않은 것은?

㉮ 안전성이 있어야 한다.

㉯ 증기의 비체적이 커야 한다.

㉰ 증발열이 커야 한다.

㉱ 응고점이 낮아야 한다.

> **해설** 증기의 비체적이 크면 압축기의 용적이 커야 하므로 좋지 않다.

16 다음 중 흡수식 냉동기의 기본사이클에 해당하지 않는 것은?

㉮ 흡수   ㉯ 압축

㉰ 응축   ㉱ 증발

> **해설** 흡수식 냉동기 구성요소
> ① 증발기
> ② 흡수기
> ③ 재생기
> ④ 응축기

17 과열과 과냉이 없는 증기압축 냉동사이클에서 응축온도가 일정할 때 증발온도가 높을수록 성적계수는?

㉮ 감소

㉯ 증가

㉰ 불변

㉱ 감소와 증가를 반복

> **해설** 응축온도 일정 증발온도 증가시에는 성적계수가 증가한다.

> **정답**   11.㉮   12.㉰   13.㉯   14.㉱   15.㉯   16.㉯   17.㉯

18 고압가스 냉동제조시설의 자동제어장치에 해당하지 않는 것은?

㉮ 저압차단장치

㉯ 과부하보호장치

㉰ 자동급수 및 살수장치

㉱ 단수보호장치

해설 냉동제조시설의 자동제어장치
① 저압차단장치
② 과부하보호장치
③ 단수보호장치

19 냉동기를 사용하여 0℃ 물 1ton을 0℃ 얼음으로 만드는 데 30시간이 걸렸다면 이 냉동기의 용량은? (단, 1냉동톤 = 3,320kcal/hr)

㉮ 약 0.3냉동톤   ㉯ 약 0.8냉동톤

㉰ 약 1.3냉동톤   ㉱ 약 1.8냉동톤

해설 $\dfrac{1,000 \times 80}{30 \times 3,320} = 0.8\text{RT}$

20 가스액화 분리장치의 구성요소가 아닌 것은?

㉮ 한랭 발생장치   ㉯ 정류장치

㉰ 불순물 제거장치   ㉱ 접촉 분해장치

해설 가스액화 분리장치의 구성요소
① 한랭 발생장치
② 정류장치
③ 불순물 제거장치

21 다음 중 LiBr－H_2O계 흡수식 냉동기에서 가열원으로서 가스가 사용되는 곳은?

㉮ 증발기   ㉯ 흡수기

㉰ 재생기   ㉱ 응축기

해설 LiBr＋H_2O계는 흡수식 냉동기에서 냉매(H_2O), 흡수제(리튬브로마이드 LiBr)를 사용하며 재생기에서 가열원으로 가스나 오일을 사용한다.

22 가스액화사이클의 종류가 아닌 것은?

㉮ 비가역식   ㉯ 린데고압식

㉰ 클라우드식   ㉱ 캐피자식

해설 가스액화사이클
① 린데식
② 클라우드식
③ 캐피자식
④ 필립스식(냉매인 수소와 헬륨봉입)
⑤ 캐스케이드식

23 증기압축 냉동기에서 등엔트로피 (㉠) 과정이 이루어지는 곳과 등엔탈피 (㉡) 과정이 이루어지는 곳으로 옳게 짝지어진 것은?

㉮ ㉠ 팽창밸브, ㉡ 압축기

㉯ ㉠ 압축기, ㉡ 팽창밸브

㉰ ㉠ 응축기, ㉡ 증발기

㉱ ㉠ 증발기, ㉡ 응축기

해설 ㉠ 압축기(등엔트로피 과정)
㉡ 팽창밸브(등엔탈피 과정)

24 공기액화분리장치에 대한 설명으로 옳지 않은 것은?

㉮ CO_2는 배관을 폐쇄시키므로 제거하여야 한다.

㉯ CO_2는 활성알루미나, 실리카겔 등에 의하여 제거된다.

㉰ 수분은 건조기에서 제거된다.

㉱ 원료공기 중의 염소는 심한 부식의 원인이 된다.

정답 18.㉰ 19.㉯ 20.㉱ 21.㉰ 22.㉮ 23.㉯ 24.㉯

해설 공기액화분리장치에서 공기 중 포함된 수분은 건조기에서 건조기(입상가성소다. 실리카겔, 활성알루미나, 몰레큘러시브, 소바비드)로 제거한다. CO_2는 NaOH 용액으로 제거한다.

25 단열을 한 배관 중 작은 구멍을 내고 이 관에 압력이 있는 액체를 흐르게 하면 유체가 작은 구멍을 통할 때 유체의 압력이 하강함과 동시에 온도가 변화하는 현상을 무엇이라고 하는가?

㉮ 베르누이의 효과
㉯ 줄－톰슨 효과
㉰ 토리첼리 효과
㉱ 도플러의 효과

해설 줄－톰슨 효과 : 온도, 압력하강

26 상온의 질소가스는 압력을 상승시키면 가스점도가 어떻게 변화하는가?

㉮ 높게 된다.
㉯ 낮게 된다.
㉰ 감소한다.
㉱ 변하지 않는다.

해설 상온의 질소가스는 압력을 상승시키면 가스의 점도는 높게 된다.

27 －3℃에서 열을 흡수하여 27℃에 방열하는 냉동기의 최대 성능계수는?

㉮ 3 ㉯ 6
㉰ 9 ㉱ 12

해설
$$Cop = \frac{T_2}{T_1 - T_2}$$
$$Cop = \frac{273-3}{(273+27)-(273-3)} = 9$$

28 액화사이클 중 비점이 점차 낮은 냉매를 사용하여 저비점의 기체를 액화하는 사이클은?

㉮ 린데 공기 액화사이클
㉯ 가역가스 액화사이클
㉰ 캐스케이드 액화사이클
㉱ 필립스의 공기 액화사이클

해설 캐스케이드 액화사이클(다원 액화사이클)은 비점이 점차 낮은 냉매를 사용하여 저비점의 기체를 액화시킨다.

29 증기 압축식 냉동기의 구성 요소가 아닌 것은?

㉮ 흡수기
㉯ 팽창 밸브
㉰ 응축기
㉱ 증발기

해설 흡수기는 흡수식 냉동기의 구성요소이다. 흡수식은 (증발기, 흡수기, 재생기, 응축기의 4대 구성요소) 흡수제 LiBr 취화리튬을 사용하고 냉매는 거의가 H_2O이다.

30 증기 냉동기에서 냉매가 순환되는 경로가 옳은 것은?

㉮ 압축기 － 증발기 － 팽창밸브 － 응축기
㉯ 증발기 － 압축기 － 응축기 － 팽창밸브
㉰ 증발기 － 응축기 － 팽창밸브 － 압축기
㉱ 압축기 － 응축기 － 증발기 － 팽창밸브

해설 냉동기의 냉매 순환경로
증발기 － 압축기 － 응축기 － 팽창밸브

정답 25.㉯ 26.㉮ 27.㉰ 28.㉰ 29.㉮ 30.㉯

31 증기압축식 냉동기에서 고온·고압의 액체 냉매를 교축 작용에 의해 증발을 일으킬 수 있는 압력까지 감압시켜 주는 역할을 하는 기기는?

㉮ 압축기   ㉯ 팽창밸브
㉰ 증발기   ㉱ 응축기

해설 팽창밸브
    냉동기에서 고온·고압의 액체냉매를 응축기에서 받아들여 교축작용에 의해 증발기에서 증발을 일으킬 수 있는 압력까지 감압시킨다.

32 산소제조장치 중 액화된 공기를 비등점 차이를 이용하여 산소와 질소로 분리하여 산소를 채취하는 장치는?

㉮ 여과기   ㉯ 흡수탑
㉰ 팽창기   ㉱ 정류기

해설 정류기 : 산소, 질소, 알곤 등을 비등점 차이로 액화 분리한다.

33 냉동기의 냉매로서 가장 부적당한 물질은?

㉮ 펜탄가스   ㉯ 암모니아가스
㉰ 프로판가스   ㉱ 부탄가스

해설 비등점이 높고 증발잠열이 적을수록 냉매로 사용하기 어렵다.

정답 31.㉯   32.㉱   33.㉮

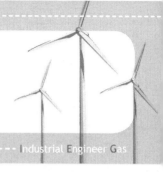

6-1 장치의 재료와 강도

1. 금속의 기계적 성질

1) 응력(Stress)

재료에 하중을 가하면 그 내부에는 이 하중에 저항하여 그것과 크기가 같은 반대방향의 내압을 일으키고 물체는 하중의 크기에 따라 변형한다. 이 내력을 그 내압의 방향에 직각인 단면적으로 나눈 것을 응력이라 한다.

$$\therefore \sigma \mathrm{kg/cm}^2 = \frac{P}{A}$$

여기서, P : 하중(kg)
A : 단면적(cm²)
σ : 응력(kg/cm²)

 하중을 작용하는 방향에 따라 분류
1. 인장응력
2. 압축응력
3. 전단응력
4. 비틀림응력

2) 변형률

물체에 하중을 가하면 변형하며 그 변형의 물체 원래의 크기에 대한 비율을 변형률(변율, 신연율, 연신율)이라 한다.

(1) 가로 변형률

봉에 축방향으로 인장하중, 압축하중 P(kg)가 작용한 경우 늘어난 변형률(ε_1), 압축된 변형률(ε_2)이라 하며 각각 다음과 같다.

① 늘어난 변형률$(\varepsilon_1) = \dfrac{늘어난\ 길이}{처음\ 길이} = \dfrac{L' - L}{L} = \dfrac{X}{L}$

② 줄어든 변형률$(\varepsilon_2) = \dfrac{줄어든\ 길이}{처음\ 길이} = \dfrac{L - L'}{L} = \dfrac{X}{L}$

(2) 세로 변형률

하중과 직각방향으로 생기는 변형을 세로 변형률이라 한다.

① 늘어난 변형률$(\varepsilon_1) = \dfrac{늘어난\ 직경}{처음\ 직경} = \dfrac{d - d'}{d}$

② 줄어든 변형률$(\varepsilon_2) = \dfrac{줄어든\ 직경}{처음\ 직경} = \dfrac{d' - d}{d}$

3) 응력 변형도

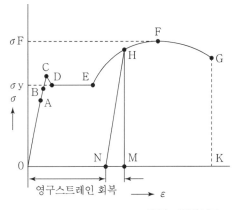

A : 비례한계
B : 탄성한계
C : 상항복점
D : 하항복점
F : 인장강도
G : 파괴점

▲ 응력 – 변형선도

(1) 탄성한도

하중을 제거하였을 때 물체가 원형으로 복귀하는 것을 탄성이라 한다. 위의 그림에서
B점에 해당된다.

(2) 비례한도

응력이 작은 사이는 응력과 변형률이 비례하여 그림에서 B점에 달하면 응력의 증가에
비해 변형률의 증가가 크게 된다.
이 한계점의 응력 A를 비례한도라 한다.

(3) 항복점(Yield Point)

재료에 가하는 하중이 점차 증가하면 그것에 따라 재료는 변형해가며 하중이 어느 정
도까지 증가하면 하중을 더 이상 증가하지 않아도 변형하는 경우가 있다. 이 점의 응력

을 항복점이라고 한다.

항복점에는 상항복점과 하항복점이 있으나 일반적으로는 하항복점을 취한다. 항복점은 상온의 강에서 명료하게 확인되는 현상이나 고온도에서는 불명확하게 된다.

(4) 인장강도

재료의 시험편이 견디는 최대하중(kg), 즉 F점에서의 하중은 시험편 평형부의 원단면적(mm^2)으로 나눈 값(kg/mm^2)을 말한다.

(5) 파괴점

그림 G점을 말하며 재료가 파괴된 점이다. 파단점에서의 응력을 파단응력이라 한다.

4) 허용 응력과 안전율

(1) 허용 응력

재료를 실제로 사용하여 안전하다고 생각되는 최대응력을 허용능력이라 한다. 허용응력의 값은 일반적으로 재료의 종류, 하중의 종류, 공작의 정도, 작업상황 등을 고려하여 정한다.

(2) 안전율(Factor of Safety)

재료의 인장강도와 허용응력과의 비를 말한다.

$$\therefore 안전율 = \frac{인장 \ 강도}{허용 \ 응력}$$

5) 피로한도

정적시험에 의한 파괴강도보다 상당히 낮은 응력에서도 그것이 반복작용하는 경우에는 재료가 파괴되는 경우가 있다. 이와 같은 파괴를 피로파괴라고 하며 이와 같이 반복하중에 의해 재료의 저항력이 저하하는 현상을 피로라고 한다. 이렇게 하여 무한히(때로는 $10^7 \sim 10^8$) 반복하중을 가하여도 파괴되지 않는 응력을 그 재료의 내구한도 또는 피로한도라 한다.

6) 크리프(Creep)

일반적으로 어느 온도 이상에서는 재료에 어느 일정한 하중을 가하여 그대로 방치하면 하중을 가한 순간에 변형을 일으킬 뿐만 아니라 시간의 경우와 더불어 변형이 증대하고 때로는 파괴되는 경우가 있다. 이와 같이 일정 하중하에 시간과 더불어 변형이 증대하는 현상을 크리프라고 한다.

7) 신장, 교축

재료가 하중을 받아 결국 완전히 늘어났을 때 그것까지의 변형의 정도를 신장이라고 하며 최초의 길이를 기준으로 하여 백분율로 표시한 것을 신장 또는 신장률이라고 한다.

① 연신율(ε) $= \dfrac{L' - L}{L} \times 100$

여기서, L : 최초의 길이
L' : 절단되었을 때의 길이

② 단면수축률(교축) $= \dfrac{A - A'}{A} \times 100$

여기서, ε_A : 단면수축률
A : 시험편의 원단면적
A' : 절단 후의 단면적

※ 단면수축률 또는 단순히 교축이라고 한다.

2. 금속재료

1) 탄소강

(1) 탄소강

탄소강은 보통강이라고 부르며 철(Fe)과 탄소(C)를 주요 성분으로 하는 합금이고 망간(Mn), 규소(Si), 인(P), 황(S), 기타의 원소를 소량씩 함유하고 있다.

① 표준성분은 탄소(C) 0.03~1.7%, 망간(Mn) 0.2~0.8%, 규소(Si) 0.35%, 인·황 0.06%이며 나머지는 철이다.

② 탄소량이 증가하면 펄라이트의 조직이 증가하고 따라서 탄소강의 물리적 성질과 기계적 성질이 그것에 따라 변화한다. 즉, 탄소 함유량이 증가하면 강의 인장강도, 항복점은 증가하나 약 0.9% 이상이 되면 반대로 감소한다. 또 신장, 충격치는 반대로 감소하고 소위 취성을 증가시킨다.

③ 탄소강을 탄소함유량에 따라 분류하면 다음과 같다.

ㄱ 저탄소강 : 탄소함유량 0.3% 이하

ㄴ 중탄소강 : 탄소함유량 0.3~0.6%

ㄷ 고탄소강 : 탄소함유량 0.6% 이상

④ 일반적으로 함유량이 0.3% 이하의 비교적 연한 강을 연강이라 하고 0.3% 이상의 단단한 강을 경강이라 한다.

(2) 망간(Mn)

① 망간은 철 중에 존재하는 황(S)과의 친화력이 철보다 강하므로 철 중에 용입된 것 이외에는 황화망간이 되며 황(S)의 영향을 완화하는 도움을 준다.

② 일반적으로 망간을 함유하면 단조, 압연을 용이하게 하며 강의 경도, 강도, 점성 강도를 증대하기 위해 철 중에는 0.2~0.8% 정도 함유되어 있다.

(3) 인(P)

인(P)은 강 중에 대체로 0.06% 이하 함유되어 있고 철 중에서 녹아 경도를 증대하나 상온에서는 취약하게 되어 소위 상온취성의 원인이 되므로 적은 것이 좋다.

(4) 유황(S)

황은 망간 존재시 황화망간으로서 존재하나 망간의 양이 적을 때에는 황화철이 되어 결정입의 경계에 분포되어 강을 약화시키고 적열취성이 되므로 적은 것이 좋다.

(5) 규소(Si)

① 유동성이 좋게 하나 단접성 및 냉간 가공성을 나쁘게 한다.

② 충격값이 낮아지므로 저탄소강에는 0.2% 이하로 제한한다.

(6) 가스(N_2, O_2, H_2)

① 질소(N_2)는 페라이트 중에서 석출 경화현상이 생긴다.

② 산소(O_2)는 FeO, MnO, SiO 등의 산화물을 만든다.

③ 수소(H_2)는 백점이나 헤어크랙의 원인이 된다.

> **참고** 강의 청열취성이란?
> 중탄소강은 250~300℃에서 인장강도가 최대이며 이 온도 이상에서는 급격히 저하된다. 이것과 반대로 신율, 단면 수축률은 250~300℃ 범위에서 최소로 되는데 이와 같은 현상을 청열취성이라 한다.

2) 특수강

탄소강에 각종의 원소를 첨가하여 특수한 성질을 지닌 것으로서 그 목적과 첨가하는 원소와 첨가량에 따라 강의 기계적 성질을 개선한다.

(1) 크롬(Cr)

① 크롬(Cr) 혹은 니켈(Ni)과 크롬을 여러 가지 비율로 소량 함유한 강은 탄소강에 비하여 대단히 우수한 기계적 성질을 나타내게 된다.

② 크롬(Cr)을 첨가하면 취성은 증가하지 않고 인장강도, 항복점을 높일 수 있다. 내식성, 내열성, 내마모성을 증가시키므로 고온용 재료의 첨가 성분으로서 중요한 것이다.

(2) **니켈(Ni)**

① 니켈은 모든 비율로 철과 고용체를 만들며 그 기계적 성질을 향상시키나 일반적으로 단독 첨가되는 경우는 적고 크롬(Cr), 몰리브덴(Mo) 등과 함께 첨가되는 경우가 많다.

② 니켈(Ni)과 크롬(Cr)을 동시에 함유한 강은 각각 단독으로 함유된 강보다는 뛰어난 성질을 나타낸다.

③ 고니켈-크롬강, 고크롬강은 소위 스테인리스강으로서 유명하고 또 내열강으로 사용되고 있다.

(3) **몰리브덴(Mo)**

① 일반적으로 몰리브덴은 단독으로 가하여지는 경우가 적으며 다른 원소와 함께 소량이 첨가된다.

② 크롬강, 니켈-크롬강에 0.5% 정도 첨가하면 뜨임 취성을 방지하고 기타 기계적 성질도 대단히 좋아진다.

③ 니켈-크롬-몰리브덴강은 합금강으로 대단히 우수한 것이다.

(4) **코발트(Co)**

코발트는 니켈과 성질이 유사하며 고온에 대한 강도를 증가함에는 니켈보다도 효과가 크다.

3) 고압 또는 고온용 금속

(1) **5% 크롬강**

C 0.1~0.3% 함유한 강에 Cr 4~6% 또는 Mo, W, V를 소량 가한 것으로 500℃ 이하에서 강도는 탄소강보다 크므로 암모니아 합성, 제유장치 등에 많이 사용된다.

(2) **9% 크롬강**

C 0.1~0.5%, Cr 8~10%를 함유한 강 또는 이것에 Mo, W, V 등을 소량 첨가한 것으로 반불투명강이라고도 한다.

(3) **스테인리스강**

스테인리스강에는 Cr을 주체로 한 것과 Cr과 Ni를 첨가한 것이 있고, 소위 13Cr강이나 18-8강이 이에 속한다. 또 Ni의 함유량을 증가하고 Mo 등을 첨가하여 내식성을 증대시킨 것도 있다.

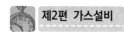

(4) 니켈 – 크롬 – 몰리브덴강

C 0.3%, Ni 2.35%, Cr 0.62%, Mo 0.65%의 것은 Vibrac강이라고 부른다.

이밖에 특히 강력한 내열강으로서는 Ni, Co, 기타의 첨가량을 한층 증가하여 가스터빈 등의 극히 고온의 부분에 적합한 것이 만들어지고 있다. 그 중에는 강이 아니고 Ni 기합금, Co 기합금까지도 있다.

4) 동 및 동합금

(1) 동

① 동은 연하고 전성, 연성이 풍부하며 가공성이 우수하고 내식성도 상당히 좋으므로 고압장치의 재료로서는 동관으로 많이 쓰인다.

② 상온에서 가공을 하고 가공 경화를 일으켜 경도가 증가하며 연성이 감소하여 취성을 일으키므로 사용상 주의해야 한다. 이것을 열처리하면 200~400℃에서 연화하여 연성을 회복하나, 700℃ 이상이 되면 연성이 감소하므로 온도를 너무 올리지 않도록 할 필요가 있다.

③ 고압장치에 동을 사용할 때는 취급되는 가스에 따라서 동을 사용할 수 없는 경우(암모니아, 아세틸렌)가 있으므로 사용상 주의를 요한다.

(2) 황동

① 동과 아연(30~35%)의 합금으로 놋쇠라고도 한다.

② 가공이 용이하며 고압장치용 재료로서는 계수류, 밸브, 콕 등에 널리 쓰인다.

③ 내식성은 동보다 우수하나 비교적 높은 온도에서 해수에 접촉하는 경우에는 침식되기 쉽다.

(3) 청동

① 동과 주석을 주성분으로 하는 합금이며, 아연, 납 등을 소량 함유하고 있다.

② 청동은 내식성과 경도 면에서 황동보다 우월하며 밸브, 콕류의 재료로서 널리 사용된다.

③ 주석의 함유량이 13% 이상인 청동은 내식성, 내마모성이 커서 축수재로 쓰인다.

3. 가공의 열처리

1) 가공

탄소강은 인고트 그대로는 강의 조직이 취약하므로 이것을 단조하여 단단한 조직으로 바꾸는 것이 필요하다. 또 고온도에서 압연, 드로잉 등을 행하여 일정 치수로 가공하는 경우가 있다.

① 열간가공 : 고온도로 가공하는 것
② 냉간가공 : 상온에서 가공하는 것
③ 탄소강을 냉간가공하면 인장강도, 항복점, 피로한도, 경도 등이 증가하고 신장, 교축, 충격치가 감소하여 가공경화를 일으킨다.

> **참고** 가공경화
> 금속을 가공하는 도중 결정 내 변형이 생겨 경도가 증가되는 현상

④ 가공의 정도를 표시하려면 각종의 방법이 있는데 압연에 있어서 최초의 두께를 t_1, 압연 후의 두께를 t_2라고 하면 가공도 또는 압연도는 다음과 같이 표시된다.

$$\therefore 가공도 = \frac{t_1 - t_2}{t_1} \times 100\%$$

2) 열처리

(1) 담금질(소입 : Quenching)

담금질은 재료를 적당한 온도로 가열하여 이 온도에서 물, 기름 속에 급히 침지하고 냉각, 경화시키는 것이며 강의 경우에는 A_3 또는 Acm 변태점보다 $30\sim60℃$ 정도 높은 온도로 가열한다.

(2) 불림(소준 : Normalizing)

불림은 결정조직이 거친 것을 미세화하며 조직을 균일하게 하고, 조직의 변형을 제거하기 위하여 균일하게 가열한 후 공기 중에서 냉각하는 조작이다.

(3) 풀림(소둔 : Annealing)

금속을 기계가공하거나 주조, 단조, 용접 등을 하게 되면 가공경화나 내부응력이 생기므로 이러한 가공 중의 내부응력을 제거 또는 가공경화된 재료를 연화시키거나 열처리로 경화된 조직을 연화시켜 결정조직을 결정하고 상온가공을 용이하게 할 목적으로 뜨임보다는 약간 높은 온도로 가열하여 노 중에서 서서히 냉각시킨다.

(4) 뜨임(소려 : Tempering)

담금질 또는 냉각가공된 재료의 내부응력을 제거하며 재료에 연성이나 인장강도를 주기 위해 담금질 온도보다 낮은 적당한 온도로 재가열한 후 냉각시키는 조작을 말한다. 보통강은 가열 후 서서히 냉각하나 크롬강, 크롬-니켈강 등은 서서히 냉각하면 취약하게 되므로 이들 강은 급랭시킨다.

4. 부식과 방식

1) 습식

일종의 전지작용이며 금속 표면에 형성되는 무수한 국부전지(로컬셀) 또는 각종의 원인으로 형성되는 마이크로셀에 의해 진행한다. 즉, 철은 수분의 존재하에 일어나는 부식이며 국부전지에 의한다.

(1) 부식의 원인 즉, 부식 전지의 발생 원인

① 이종의 금속의 접촉
② 금속 재료의 조성, 조직의 불균일
③ 금속 재료의 표면상태의 불균일
④ 금속 재료의 응력상태, 표면 온도의 불균일
⑤ 부식액의 조성, 유동상태의 불균일

(2) 부식의 형태

금속 재료의 부식은 재료의 성질, 상태 및 부식액 측의 조건에 의해 여러 가지 형태를 나타내며 다음과 같이 분류된다.

① **전면부식** : 전면이 대략 균일하게 부식되는 양식이다. 부식량은 크나 전면에 파급되므로 실해는 적은 경우가 많고 비교적 대처하기 쉽다.

② **국부부식** : 부식이 특정한 부분에 집중하는 양식이며 공식(孔蝕), 극간부식(隙間腐蝕), 구식(構蝕) 등이 있다.
어느 경우에도 부식 속도가 비교적 크므로 위험성은 높고 자주 장치에 중대한 손상을 끼친다.

③ **선택부식** : 합금 중의 특정 성분만이 선택적으로 용출되거나 일단 전체를 용출한 다음 특정 성분만이 재석출됨으로써 기계강도가 적은 다공질의 침식층을 형성하는 양식이다. 주철의 흑연화 부식, 활동의 탈아연부식, 알루미늄 청동의 탈알루미늄 부식 등이 있다.

④ **입계부식** : 결정입자가 선택적으로 부식되는 양식이다. 열영향을 받아 입계에 크롬(Cr) 탄화물을 석출하고 있는 스테인리스강이며 때때로 이 양식의 부식이 문제가 된다.

> **참고** 1. 응력부식 : 인장응력하에서 부식 환경이 되면 금속의 연성 재료에 나타나지 않은 취성 파괴가 일어나는 형상이며, 특히 연강으로 제작한 가성소다 저장탱크에서 발생되기 쉬운 현상이다.
> 2. 입계부식 : 오스테나이트 스테인리스강은 450~900℃의 온도 범위로 가열하면 결정 입계로 크롬(Cr) 탄화물이 석출된다. 특히 이음의 열영향부에서 잘 나타난다.

3. 에로션 : 배관 및 밴드 부분 펌프의 회전차 등 유속이 큰 부분은 부식성 환경에서는 마모가 현저하다. 이러한 현상을 에로션이라 하며 황산의 이송 배관에서 일어나는 부식 현상이다.

4. 바나듐 어택 : 중유나 연료유의 회분 중에 있는 V_2O_3가 고온에서 용융할 때 발생되는 다량의 산소가 금속표면을 산화시켜 일어나는 부식 현상을 말한다.

(3) 부식 속도에 영향을 끼치는 인자

부식속도에 영향을 미치는 인자의 수는 대단히 많다. 이들 중 재료측의 조건을 결정하는 인자를 분류하면 다음과 같다.

① 내부인자 : 금속 재료의 조성, 조직, 구조, 전기화학적 특성, 표면상태, 응력상태, 온도, 기타

② 외부인자 : 부식액의 조정, PH(수소이온 농도), 용존가스 농도, 온도, 유동상태, 생물수식, 기타

2) 건식

(1) 고온가스 부식

고온가스와 금속이 접촉한 경우 양자 간의 화학적 친화력이 크면 금속의 산화, 황화, 할로겐 등의 반응이 일어나고 적으면 금속조직 내에 환경 물질의 침입이 일어난다.

(2) 용융염 및 용융금속에 의한 부식

고온의 용융염 또는 용융금속 중에 금속재료가 용해되는 경우와 그들 중에 함유된 불순물과 금속재료가 반응하는 경우 등이 있다.

3) 방식

(1) 장치의 방식

① 적절한 사용재료의 선정

② 방식을 고려한 구조의 결정

③ 방식을 고려한 제작, 설치 공정의 관리

④ 방식을 고려한 사용시의 보존, 관리

(2) 금속재료의 부식을 억제하는 방식법

① 부식환경의 처리에 의한 방식법

② 인히비터(부식억제제)에 의한 방식법

③ 피복에 의한 방식법

④ 전기 방식법

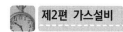

(3) 전기 방식

전기 방식의 원리는 매설관의 전위를 주위 토양의 전위보다 내려서 매설관이 부식되지 않도록 방식전류를 발생시켜서 철이 토양으로 용출하는 것을 방지한다.

전기 방식의 방법을 대별하면 다음과 같다.

① 전기양극법

② 외부전원법

③ 선택배류법

④ 강제배류법

참고 전기 방식법

1. **선택배류법**

   전기철도에 근접한 매설배관의 전위가 괘도전위에 대해 양전위로 되어 미주전류가 유출하는 부분에 선택배류기를 접속하여 전류만을 선택하여 괘도에 보내는 방법이다.

2. **음극방식법**

   ① **유전양극법** : 강관보다 저전위의 금속을 직접 또는 도선으로 전기적으로 접속하여 양 금속 간의 고유전위차를 이용하여 방식 전류를 주어 방식하는 것이다.

   ② **외부전원법** : 외부의 직류전원 장치로부터 필요한 방식전류를 지중에 설치한 전극을 통하여 매설관에 흘려 부식전류를 상쇄하는 것이다.

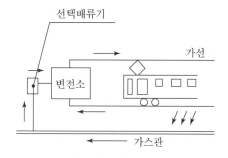

▲ 배류법의 원리 설명도

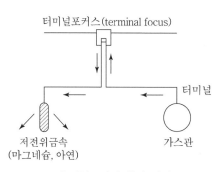

▲ 유전양극법의 원리 설명도

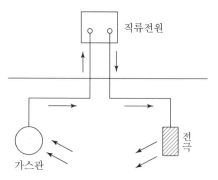

▲ 외부전원법의 원리 설명도

〈전기 방식법〉

	장점	단점
선택배류법	1. 전기철도의 전류를 이용하므로 유지비가 극히 적다. 2. 전기철도와의 관계 위치에 있어서는 대단히 효율적이다. 3. 설비는 비교적 싸다. 4. 전기철도의 운행시에는 자연부식 방지도 된다.	1. 다른 매설 금속체의 장해에 대하여 충분한 검토를 요한다. 2. 전기철도와의 관계 위치에 있어서는 효과 범위가 좁으며, 설치 불능의 경우도 있다. 3. 전기철도의 휴지기간(야간등)은 전기 방식으로 사용되지 않는다. 4. 과방식이 될 수도 있다.
외부전원법	1. 효과 범위가 넓다. 2. 장거리의 Pipe Line에는 수가 적어진다. 3. 전극의 소모가 적어서 관리가 용이하다. 4. 전압, 전류의 조정이 용이하다. 5. 전식에 대해서도 방식이 가능하다.	1. 초기 투자가 약간 크다. 2. 강력하기 때문에 다른 매설금속체와의 장해에 대해서 충분히 검토를 해야 한다. 3. 전원이 없는 경우는 전지, 충전기 등을 필요로 한다. 4. 과방식이 될 수도 있다.
유전양극법	1. 간편하다. 2. 단거리의 Pipe Line에는 설비가 싼 값이다. 3. 다른 매설 금속체의 장해는 거의 없다. 4. 과방식의 염려가 없다. 5. 관로의 도막 저항이 충분히 높다면 장거리에도 효과가 좋다.	1. 도장이 나쁜 배관에서는 효과범위가 적다. 2. 장거리의 Pipe Line에서는 소모가 높기 때문에 어떤 기간 안에 보충할 필요가 있다. 3. 도장이 나쁜 Pipe Line에서는 소모가 높기 때문에 어떤 기간 안에 보충할 필요가 있다. 4. 평상의 관리 개소가 많게 된다. 5. 강한 전선에 대해서는 미력하다.

5. 비파괴 검사

비파괴 검사는 피검사물을 파괴하지 않고 결합의 유무와 건전성의 정도를 검사하여 판정하는 기술이며 압연재, 단조품, 용접 구조물 등의 검사에 널리 이용되고 있다.

■ 비파괴 검사의 종류

① 음향검사   ② 침투검사   ③ 자기검사
④ 방사선 투과검사   ⑤ 초음파 검사   ⑥ 와류검사
⑦ 전위차법   ⑧ 설파 프린트

1) 음향검사

테스트 해머를 사용하여 가볍게 물건을 두들기고 음향에 의해 결함 유무를 판단하는 방법이다. 맑고 여운이 있는 소리가 나는 것이 좋으며, 용기의 경우 둔탁한 소리가 나는 것은 내조명검사를 해야 한다.

(1) 장점

간단한 공구를 사용하여 손으로 가볍게 행할 수 있다.

(2) 단점

㉠ 숙련을 요하고 개인차가 있다.
㉡ 결과의 기록이 되지 않는다.

2) 침투검사

침투검사는 표면에 개구된 미소한 균열, 적은 구멍, 슬러그 등을 검출하는 방법이다.

(1) 철, 비철의 각 재료에 적용되며 특히, 자기검사가 이용되지 않는 비자성 재료에 많이 사용된다.

(2) 철강의 용접부에서도 형상이 복잡하고 자기검사가 곤란한 곳에서나 전원이 없는 때에도 이용된다.

(3) 침투검사의 원리

표면장력이 적고 침투력이 강한 액을 표면에 도포하거나 액체 중의 피검사물을 침지하거나 하여 균열 등의 부분에 액을 침투시킨 다음 표면의 투과액을 씻어내고 현상액을 사용하여 균열 등에 남은 침투액을 표면에 출현시키는 방법이다.

(4) 침투검사의 종류

① 형광 침투검사
② 염료 침투검사

(5) 장점

표면에 생긴 미소한 결함을 검출한다.

(6) 단점

① 내부결함은 검지되지 않는다.
② 결과가 즉시 나오지 않는다.

3) 자분검사(자기검사)

자분검사는 자기검사의 한 방법이다.

피검사물을 자화한 상태에서 표면 또는 표면에 가까운 손상에 의해 생기는 누설 자속을 사용하여 검출하는 방법이다.

(1) 육안으로 검지할 수 없는 결함(균열, 손상, 개재물, 편석, 블로홀 등)을 검지할 수 있으나 오스테나이트계 스테인리스강 등의 비자성체에는 적용되지 않는다.

(2) 결함에 의해 누설자속이 생긴 장소에도 자성이 높은 미세한 자성체분 미자분을 살포하면 자분이 결함부에 응집, 흡인되어 손상 등의 위치가 육안으로 검지된다.

(3) 자분에는 건식 그대로 사용하는 방법(건식법), 액에 분산시켜 사용하는 방법(혼식법) 등이 있다.

(4) 결함검출의 정도는 각종 요인에 따라 좌우되나 표면 균열이면 폭 10μ, 길이 0.1mm, 길이 0.5mm 정도의 결함을 검출할 수 있다.

(5) 검사완료 후는 피검사물을 탈지, 처리할 필요가 있다.
　① 장점
　　육안으로 검지할 수 없는 미세한 표면 및 피로파괴나 취성파괴에 적당하다.
　② 단점
　　㉠ 비자성체는 적용할 수 없다.
　　㉡ 전원이 필요하다.
　　㉢ 종료 후의 탈지 처리가 필요하다.

4) 방사선 투과검사

X선이나 γ선으로 투과하여 결함의 유무를 살피는 방법이며 널리 사용되고 있는 비파괴 검사법이다.

(1) X선이나 γ선을 투과하여 결함의 유무를 아는 방법이며 필름에 의해 결함의 모양, 크기 등을 관찰할 수 있고 결과의 기록이 가능하다.

(2) 보통 두께의 2% 이상의 결함을 검출해야 한다.

(3) 파면이 X선의 투과 방향으로 대략 평행한 경우는 검고 예리한 선이 되어 명확히 알 수 없고 직각인 경우에도 거의 알 수 없다.

(4) γ선 투과법은 장치가 간단하고 운반도 용이하나 노출시간이 길고 인체에 유해한 것 등의 결점이 있어 취급과 촬영 작업에는 충분한 주의가 필요하다.

① 장점

내부의 결함을 검출하며 사진으로 찍힌다.

② 단점

㉠ 장치가 크므로 가격이 비싸다.

㉡ 취급상 방호의 주의가 필요하다.

㉢ 고온부 두께가 두꺼운 개소에는 부적당하다.

㉣ 선에 평행한 크랙은 찾기 어렵다.

5) 초음파 검사

초음파 검사법은 초음파(보통 0.5~15MC)를 피검사물의 내부에 침입시켜 반사파를 이용하여 내부의 결함과 불균일층의 존재 여부를 검사하는 방법으로 투과법, 펄스 반복법, 공진법 등이 있다.

(1) 장점

① 내부 결함 또는 불균일층의 검사를 할 수 있다.

② 용입 부족 및 용입부의 결함을 검출할 수 있다.

③ 검사 비용이 싸다.

(2) 단점

① 결함의 형태가 부적당하다.

② 결과의 보존성이 없다.

6) 기타 비파괴 검사

(1) 와류검사

① 교류 자계 중에 도체를 놓으면 도체에는 자계 변화를 방해하는 와전류가 흐른다.

② 내부나 표면의 손상 등으로 도체의 단면적이 변하면 도체를 흐르는 와전류의 양이 변화하므로 이 와전류를 측정하여 검사할 수 있다.

③ 본 법은 표면 또는 표면에 가까운 내부의 결함이나 조직의 부정, 성분의 변화 등의 검출에 적용되며 자기검사로 적당하지 않은 동합금관, 오스테나이트계 스테인리스 강관 등의 결함검사 및 부식 검사에 위력을 발휘한다.

(2) **전위차법**

① 표면 결함이 있는 금속 재료에 표면의 결함으로 직류 또는 교류를 흐르게 하면 결함의 주위에 전류 분포가 균일하지 않고 장소에 따라 전위차가 나타난다.

② 이 전위차를 측정함으로써 표면 균열의 깊이를 조사할 수 있다.

③ 흐르는 전류는 1A 정도이며 수 mm까지 깊이의 균열을 측정할 수 있다. 측정 정도는 1/10mm 정도이다.

(3) **설파 프린트**

① 강재 중 유황의 편석 분포상태를 검출하는 방법이다.

② 인(P)도 검출할 수 있으며, 황이 있는 부분은 지면이 갈색을 나타내고 황이 없는 부분은 변하지 않는다.

③ 묽은 황산에 침적한 사진용 인화지를 사용한다.

 6-2 가스 공급 배관

1. 가스 배관

1) 가스 배관 시설시 유의사항

(1) **배관시공을 위해 고려할 사항**

① 배관 내의 압력손실

② 가스 소비량 결정(최대 가스 유량)

③ 용기의 크기 및 필요 본수 결정

④ 감압방식의 결정 및 조정기의 산정

⑤ 배관 경로의 결정

⑥ 관지름의 결정

(2) **가스배관 경로 선정 4요소**

① 최단 거리로 할 것(최단)

② 구부러지거나 오르내림을 적게 할 것(직선)

③ 은폐하거나 매설을 피할 것(노출)

④ 가능한 한 옥외에 할 것(옥외)

(3) 배관 내의 압력손실

① 마찰저항에 의한 압력손실

　⊙ 유속의 2승에 비례한다(유속이 2배이면 압력손실은 4배이다).

　ⓒ 관의 길이에 비례한다(길이가 2배이면 압력손실은 2배이다).

　ⓒ 관내경의 5승에 반비례한다(관경이 1/2이면 압력손실은 32배이다).

　⊜ 관내벽의 상태에 관계한다(내면의 凹凸이 심하면 압력손실이 심하다).

　⊕ 유체의 점도에 관계한다(유체점도(밀도)가 크면 압력손실이 크다).

　⊎ 압력과는 관계가 없다.

② 입상배관에 의한 손실

　공급관 또는 배관입상에 따른 압력손실은 가스의 자중에 의해 압력차가 생긴다.

③ 압력강하 산출식(H)

$$H = 1.293(S-1)h$$

　여기서, H : 가스의 압력손실(압력강하)(수주mm)

　　　　h : 입상관의 높이[m]

　　　　S : 가스 비중

〈상승에 의한 압력강하(15℃, 수주 280mm 경우)〉

상승높이 [m]	압력강하(수주mm)		상승높이	압력강하(수주mm)	
	프로판	부탄		프로판	부탄
1	0.72	1.38	40	28.9	55.8
3	2.13	4.15	50	36	69
5	3.61	6.91	60	43	83
10	7.20	13.8	70	51	97
15	10.8	20.7	80	58	111
20	14.4	27.6	90	65	124
30	21.7	41.5	100	72	138

④ 밸브나 엘보 등 배관부속에 의한 압력손실

〈배관부속물의 저항에 상당하는 직관의 길이〉

판별　　　　　부속물	개수	동관	강관
엘보, 우측방향 티	1개당	0.2m	1m
옥형밸브(글로밸브)	1개당	1m	3m
콕	1개당	1m	3m

(4) LP 가스 공급, 소비설비의 압력손실 요인

① 배관의 직관부에서 일어나는 압력손실
② 관의 입상에 의한 압력손실(입하는 압력상승이 된다.)
③ 엘보, 티, 밸브 등에 의한 압력손실
④ 가스미터, 콕 등에 의한 압력손실

2) 배관의 관경결정

(1) 저압배관의 관경결정

$$Q = K\sqrt{\frac{D^5 \cdot H}{S \cdot L}} \quad\cdots\cdots\cdots\cdots ①$$

$$D^5 = \frac{Q^2 \cdot S \cdot L}{K^2 \cdot L} \quad\cdots\cdots\cdots\cdots ②$$

$$H = \frac{Q^2 \cdot S \cdot L}{K^2 \cdot D^5} \quad\cdots\cdots\cdots\cdots ③$$

여기서, Q : 가스의 유량[m³/h]
D : 관의 내경[cm]
H : 압력손실(수주[mm])
S : 가스 비중(공기를 1로 한 경우)
L : 관의 길이[m]
K : 유량계수(상수), (학자들의 실험 상수 : ① Pole : 0.707, ② Cox : 0.653)

〈LP가스 저압관 파이프 치수 환산표〉

파이프 길이 (m)	내관의 압력손실(수주 mm)																					
3	0.3	0.5	.8	1.0	1.3	1.5	1.8	2.0	2.3	2.5	3.0	3.5	4.0	4.5	5.0	6.0	7.0	8.0	10.0	12.0	14.0	16.0
4	0.4	0.7	1.1	1.3	1.7	2.0	2.4	2.7	3.1	3.3	4.0	4.7	5.3	6.0	6.7	8.0	9.3	10.7	13.3	16.0	18.7	21.3
5	0.5	0.8	1.3	1.7	2.2	2.5	3.0	3.3	3.8	4.2	5.0	5.8	6.7	7.5	8.3	10.0	11.7	13.3	16.7	20.0	23.3	26.9
6	0.6	1.0	1.6	2.0	2.6	3.0	3.6	4.0	4.6	5.0	6.0	7.0	8.0	9.0	10.0	12.0	14.0	16.0	20.0	24.0	28.0	
7	0.7	1.2	1.9	2.3	3.0	3.5	4.2	4.7	5.4	5.8	6.7	8.2	9.3	10.5	11.7	14.0	16.3	18.7	23.3	28.0		
8	0.8	1.3	2.1	2.7	3.5	4.0	4.8	5.3	6.1	6.7	8.0	9.3	10.7	12.0	13.3	16.0	18.7	21.3	26.7			
9	0.9	1.5	2.4	3.0	3.9	4.5	5.4	6.0	6.9	7.5	9.0	10.5	12.0	13.5	15.0	18.0	20.0	23.3	23.7			
10	1.0	1.7	2.7	3.3	4.3	5.0	6.0	6.7	7.7	8.3	10.0	11.7	13.3	15.0	16.7	20.0	23.3	26.7				
12.5	1.25	2.1	3.3	4.2	5.4	6.2	7.5	8.3	9.6	10.4	12.5	14.6	16.7	18.7	20.8	25.0	29.2					
15	1.5	2.5	4.0	5.0	6.5	7.5	9.0	10.0	11.5	12.5	15.0	17.5	20.0	22.5	25.0	30.0						
17.5	1.75	2.9	4.7	5.8	7.5	8.7	10.5	11.7	13.4	14.7	17.5	20.4	23.3	26.2	29.2							
20.	2.0	3.3	5.3	6.7	8.7	10.0	12.0	13.3	15.3	16.7	20.0	23.3	26.7	30.0								
22.5	2.25	3.8	6.0	7.5	9.8	11.3	13.5	15.0	17.3	19.2	22.5	26.3	30.0									
25	2.5	4.2	6.7	8.3	10.8	12.5	15.0	16.7	19.2	20.8	25.0	29.2										
27.5	2.75	4.6	7.3	9.2	11.9	13.7	16.5	18.3	21.1	22.9	27.5											
30	3.0	5.0	8.0	10.0	13.0	15.0	18.0	20.0	23.0	25.0	20.0											

배관치수	가스유량(kg/h)																					
8Φ	0.05	0.07	0.08	0.09	0.10	0.11	0.12	0.13	0.14	0.15	0.16	0.17	0.18	0.20	0.21	0.23	0.24	0.26	0.29	0.32	0.34	0.37
10Φ	0.11	0.14	0.18	0.20	0.23	0.25	0.27	0.29	0.31	0.32	0.35	0.38	0.41	0.53	0.46	0.50	0.54	0.58	0.65	0.71	0.76	0.88
3/6B	0.37	0.48	0.61	0.68	0.77	0.83	0.91	0.96	1.03	1.07	1.17	1.27	1.36	1.44	1.52	1.66	1.79	1.92	2.14	2.35	2.54	2.71
1/2B	0.73	0.95	1.20	1.34	1.53	1.64	1.80	1.90	2.03	2.12	2.32	2.51	2.68	2.84	3.00	3.28	3.55	3.79	4.24	4.64	5.02	5.36
3/4B	1.70	2.19	2.77	3.10	3.53	3.79	4.16	4.38	4.70	4.90	5.37	5.80	6.20	6.57	6.93	7.59	8.20	8.76	9.80	10.7	11.6	12.4
1B	3.39	4.37	5.53	6.18	7.05	7.57	8.30	8.75	9.38	9.78	10.7	11.6	12.4	13.1	13.8	15.1	16.4	17.5	19.6	21.4	23.1	24.7
11/4B	6.94	8.97	11.3	12.7	14.5	15.5	17.0	17.9	19.2	20.0	22.0	23.7	25.4	26.9	28.4	31.1	33.5	35.9	40.1	43.9	47.4	50.7
11/2B	10.6	13.7	17.7	19.4	22.1	23.7	26.0	27.4	29.4	30.6	33.5	36.2	38.7	41.1	43.3	47.4	51.2	54.7	61.2	67.0	72.4	77.4

참고 환산표를 읽는 요령
1. 관의 길이는 큰 수를 택한다.
2. 압력 손실은 적은 수를 택한다.
3. 가스 유량은 큰 수를 택한다.

■ 환산표 사용법

① 최대가스 유량 2kg/hr, 파이프의 길이 10m, 파이프 치수 1/2B일 때 압력손실을 구하는 경우 다음과 같다.

10m	7.7수주mm(답)
1/2B	2.03(2.0)kg/hr

최대한 수주 7.7mm로 한다.

② 호칭경 3/4B, 총 가스소비량 2.6kg/hr인 경우 압력손실을 수주 5mm 이하로 하면 파이프 길이는 몇 m로 하면 좋은가?

17.5m	4.7(5.0)mmH₂O
3/4B	2.77(2.6)kg/hr

③ 배관의 길이 15m, 압력손실을 수주 12mm로 하면 유량 2.6kg/hr를 확보하는 경우 다음과 같다.

15m	11.5(12)mmH₂O
3/4B	4.7(2.6)kg/hr

이때 수치는 떨어져 있어도 유량은 보다 큰 가장 가까운 수치를 사용한다.

(2) 중압, 고압배관 관경결정

$$Q = K \sqrt{\frac{D^5(P_1^2 - P_2^2)}{S \cdot L}} \quad \cdots\cdots\cdots\cdots\cdots ①$$

$$D^5 = \frac{Q^2 \cdot S \cdot L}{K^2 \cdot (P_1^2 - P_2^2)} \quad \cdots\cdots\cdots\cdots\cdots ②$$

여기서, Q : 가스의 유량[m³/h]
L : 관의 길이[m]
D : 관의 내경[cm]
H : 압력손실(수주[mm])
S : 가스 비중(공기를 1로 한 경우)
K : 유량 계수(코크스의 계수 : 52.31)
P_1^2 : 초압[kg/cm² 절대]
P_2^2 : 종압[kg/cm² 절대]

3) 배관계에서의 응력 및 진동

(1) 배관계에서 생기는 응력의 원인

① 열팽창에 의한 응력
② 내압에 의한 응력
③ 냉간 가공에 의한 응력
④ 용접에 의한 응력
⑤ 배관 재료의 무게(파이프 및 보온재 포함) 및 파이프 속을 흐르는 유체의 무게에 의한 응력
⑥ 배관 부속물, 밸브, 플랜지 등에 의한 응력

(2) 배관에서 발생되는 진동의 원인

① 펌프, 압축기에 의한 영향
② 관내를 흐르는 유체의 압력변화에 의한 영향
③ 관의 굴곡에 의해 생기는 힘의 영향
④ 안전밸브 작동에 의한 영향
⑤ 바람, 지진 등에 의한 영향

4) 배관의 내면에서 수리하는 방법

① 관내에 실(Seal)액을 가압충전 배출하여 이음부의 미소한 간격을 폐쇄시키는 방법
② 관내에 플라스틱 파이프를 삽입하는 방법
③ 관내 벽에 접합제를 바르고 필름을 내장하는 방법
④ 관내부에 실(Seal)제를 도포하여 고화시키는 방법

5) 가스 소비량의 결정

가스 소비량은 전체기구를 통해 사용하는 총 가스 소비량과 사용할 기구를 감안해야 한다.
① 기구의 안내문(카달로그)에 의해 연소기구별 최대 소비량 합산
② 가스 기구의 종류로부터 산출
③ 가스 기구의 노즐 크기에 의한 산출

■ 노즐에서 LP 가스 분출량 계산식

$$\therefore\ Q = 0.009 D^2 \sqrt{\frac{h}{d}} = 0.011 K D^2 \sqrt{\frac{P}{d}}$$

여기서, Q : 분출 가스량[m³/h] D : 노즐 직경[cm]
        d : 가스 비중 h : 노즐 직전의 가스압력[mmAq]

〈배관의 종류〉

종류	규격기호 KS	주요용도와 기타 사항
배관용 탄소강관	SPP	사용압력이 비교적 낮은(10kg/cm² 이하) 증기, 물, 기름, 가스 및 공기 등의 배관용. 흑관과 백관이 있으며, 호칭지름 6~500A
압력배관용 탄소강관	SPPS	350℃ 이하의 온도에서 압력이 10~100kg/cm²까지의 배관에 사용. 호칭은 호칭지름과 두께(스케줄번호)에 의한다. 호칭지름은 6~500A
고압배관용 탄소강관	SPPH	350℃ 이하의 온도에서 압력이 100kg/cm² 이상의 배관에 사용. 호칭은 SPPS와 동일. 호칭지름 6~500A
고온배관용탄소강관	SPHT	350℃ 이상온도에서 사용하는 배관. 호칭은 SPPS관과 동일. 호칭지름 6~500A
배관용아크용 저탄소강관	SPW	사용압력 10kg/cm² 이하의 비교적 낮은 증기, 물, 기름, 가스 및 공기 등의 배관. 호칭지름 350~1,500A
배관용 합금강관	SPA	주로 고온도의 배관에 사용. 두께는 스케줄 번호에 따름. 호칭지름 6~500A
저온배관용 강관	SPLT	빙점 이하의 특히 저온도 배관에 사용. 두께는 스케줄 번호에 따름. 호칭지름 6~500A

2. 고압장치 요소

1) 고압밸브

(1) 고압밸브의 특징

① 주조품보다 단조품을 깎아서 만든다.

② 밸브 시트는 내식성과 경도가 높은 재료를 사용한다.

③ 밸브 시트는 교체할 수 있도록 되어 있는 것이 많다.

④ 기밀유지를 위해 스핀들에 패킹이 사용된다.

(2) 고압밸브의 종류

고압밸브는 용도에 따라 스톱밸브, 감압밸브, 조절밸브(제어밸브), 안전밸브, 체크밸브 등으로 구분된다.

① 스톱밸브
　㉠ 관내경 3~10mm 정도의 소형 스톱밸브이며 압력계, 시료채취구의 이니셜 밸브
　　등에 많이 사용된다.
　㉡ 밸브체와 스핀들이 동체로 되어 있다.
　㉢ 30~60mm 정도의 대형밸브는 밸브 시트와 밸브체가 교체될 수 있도록 되어 있다.
　㉣ 슬루스밸브, 글로브밸브, 콕 등이 있다.

② 감압밸브
　㉠ 유체의 높은 압력을 낮은 압력으로 감압하는 데 사용한다.
　㉡ 감압밸브의 양끝은 가늘고 길게 되어 있어 미세한 가감을 할 수 있다.

③ 조절밸브
　온도, 압력, 액면 등의 제어에 사용되고 있다.

④ 안전밸브
　고압장치에서는 압력이 소정의 값 이상으로 상승하면 위험하므로 어떤 이유로 압력
　이 상승한 경우 압력밸브를 작동시켜 소정의 값까지 내리는 것이 필요하다.

■ 안전밸브로서 요구되는 주요한 조건
　㉠ 밸브가 작동하여 압력이 규정 이하로 내려가면 신속하게 이니셜 시트에 돌아
　　가 누설되지 않을 것
　㉡ 작동압이 사용압보다도 너무 높지 않을 것(밸브의 직경을 크게 하고 밸브 시
　　트의 폭을 좁게 하는 것이 필요하다.)

■ 용기밸브 나사형식
　㉠ A형 : 충전구가 숫나사
　㉡ B형 : 충전구가 암나사
　㉢ C형 : 충전구에 나사가 없는 것
　㉣ 충전구 왼나사 : 가연성가스(액화암모니아, 브롬화메탄은 제외)
　㉤ 충전구 오른나사 : 가연성가스 외의 용기

■ 안전밸브의 종류
　• 스프링식 안전밸브
　• 파열판식 안전밸브
　• 가용전식 안전밸브
　• 중추식 안전밸브

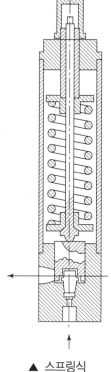

▲ 스프링식
안전밸브

㉠ 스프링식 안전밸브

ⓐ 일반적으로 가장 널리 사용한다.

ⓑ 스프링의 압력이 용기 내 압력보다 작을 때 용기 내의
이상고압만 배출한다.

ⓒ 스프링식 안전밸브의 작동이 균일치 않은 경우에 대비
하여 장치에 보안상 박판식 안전밸브를 병용하는 경우
도 있다.

㉡ 파열판(박판)식 안전밸브(랩튜어 디스크)

파열판이란 안전밸브와 같은 용도로 사용되는 것으로 얇
은 박판 또는 도움형 원판의 주위를 홀더로 공정하여 보호
하려는 장치에 설치하는 것이다.

ⓐ 파열판식 안전밸브의 특징

• 구조가 간단하므로 취급 점검이 용이하다.

• 스프링식 안전밸브보다도 취출용량이 많으므로 압력
상승속도가 급격한 중합 분해와 같은 반응장치에 사
용된다.

• 스프링식 안전밸브와 같은 밸브 시트 누설은 없다.

• 부식성 유체, 괴상물체를 함유한 유체에도 적합하다.

ⓑ 박판의 재료

사용유체에 대하여 내식성을 가지며 사용 온도에서는 안정되어 크리프나 피
로에 견디고 강도의 분상이 없도록 요구하며 알루미늄, 스테인리스강 모넬,
은 등이 사용된다. 또 납이나 플라스틱을 라이닝한 것도 사용된다.

• 파열판은 안전밸브와 달라서 그 성능의 확인을 파열시험에 의존할 수밖에
없으므로 동일 제작로트의 균일성이 특히 엄격하게 요구된다.

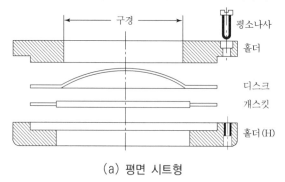

(a) 평면 시트형

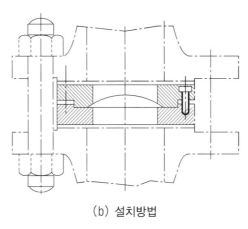

(b) 설치방법

▲ 파열판

ⓒ 가용전식 안전밸브

ⓐ 설정온도에서 용기 내의 온도가 규정온도 이상이면 녹이 용기 내의 전체가스를 배출한다.

ⓑ 가스전의 재료는 구리, 망간, 주석, 납, 안티몬 등이 사용되나 사용가스와 반응하지 않는 재질을 사용한다.

ⓒ 중추식 안전밸브

중추식은 추의 일정한 무게를 이용하여 내부압력이 높아질 경우 추를 밀어 올리는 힘이 되므로 가스를 외부로 방출하여 장치를 보호하는 구조이다.

> 참고 **고압장치에서의 안전밸브 설치장소**
> 1. 저장탱크의 상부
> 2. 압축기, 펌프의 토출측, 흡입측에 설치
> 3. 왕복동식 압축식의 각단에 설치
> 4. 반응탑, 정류탑 등에 설치
> 5. 감압밸브, 조정밸브 뒤의 배관

(3) **체크밸브(Check Valve)**

① 유체의 역류를 막기 위해서 설치한다.

② 체크밸브는 고압배관 중에 사용된다.

③ 유체가 역류하는 것은 중대한 사고를 일으키는 원인이 되므로 체크밸브의 작동은 신속하고 확실해야 한다.

(4) **체크밸브는 스윙형과 리프트형 2가지가 있다.**

① 스윙형 : 수평, 수직관에 사용

② 리프트형 : 수평 배관에만 사용

2) 고압 조인트

(1) 뚜껑(덮개판)

① 뚜껑의 구조

㉠ 분해의 유무에 따른 분류

ⓐ 영구뚜껑

ⓑ 분해가능한 뚜껑

• 플랜지식

• 스크루식

• 자긴식

㉡ 개스킷의 유무에 따른 분류

ⓐ 개스킷 조인트형

ⓑ 직조인트형

참고 자긴식 구조
1. 반경방향으로 자긴작용을 하는 것 : 렌즈패킹, O링, △링, 파형링
2. 축방향으로 작용하는 것 : 브리지만(Bridgemann)형, 해치드럭 어프레이트바(Hochdruch Apparateba)형

(2) 배관용 조인트

① **영구 조인트** : 용접, 납땜 등에 의한 것이므로 가스의 누설에 대하여 안전하며 그 종류에는 버트 용접 조인트, 스켓 용접 조인트가 있다.

② **분해 조인트** : 플랜지, 스크루 등의 접속에 의한 것으로 장치의 보수, 교체시 분해 결합을 할 수가 있으며 스켓형(슬립온형) 플랜지, 루트형 플랜지 등이 있다.

(3) 다방 조인트

배관에는 조작상 분기 또는 합류를 필요로 하는 것이 있다. 이와 같은 부분에 사용되는 것이 다방 조인트이다. 용접으로 접속하는 다방 조인트는 일반적으로 티 또는 크로스 등으로 부르고 있다.

(4) 신축 조인트

판은 온도의 변화에 따라 신축하고 판의 양단이 고정되어 있으며 압축력(온도 상승의 경우) 또는 인장력(온도강하의 경우)이 생기면 이 때문에 판이 파괴되는 경우가 있는데 판의 신축에 따른 무리를 흡수, 완화시키기 위해 판에 신축 조인트를 설치한다.

■ 신축 조인트의 종류

① 루트형(관 굽힘형)

② 벨로스형

③ 슬리브형

④ 스위블형

⑤ 상온 스프링(Cold Spring) : 배관의 자유 팽창량을 먼저 계산하고 판의 길이를 약간 짧게 하여 강제시공하는 배관공법을 말하며 이때 자유팽창량을 1/2 정도로 짧게 절단하는 것을 말한다.

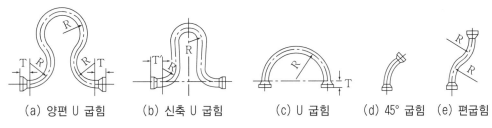

(a) 양편 U 굽힘   (b) 신축 U 굽힘   (c) U 굽힘   (d) 45° 굽힘   (e) 편굽힘

▲ 신축 조인트

6-3 가스 이용장치

1. 기화장치

1) 기화장치의 개요

(1) 기화장치는 기화기 또는 증발기(Vaporizer) 등으로도 불린다.

(2) 용기 또는 저조의 LP 가스를 그 상태로 또는 감압하여 빼내어 열교환기를 넣어 가습하여 가스화시키는 것이다.

(3) 가온원으로서는 전열 또는 온수 등에 대해 강제적으로 가열하는 방식이 사용되고 있다.

(4) 자연기화 방식과 비교하면 기화량은 용기의 대소, 개수에 무관계하므로 용기에 의한 자연기화 방식으로 대량 공급하는 경우에 비하여 용기의 설치 면적이 작아져서 좋다.

(5) 다음은 기화장치의 구조 개요도이다.

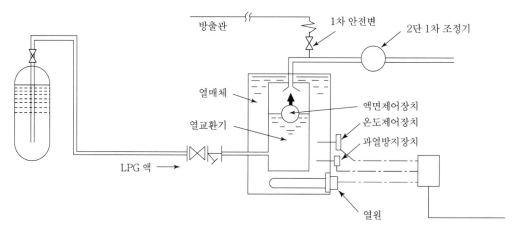

▲ 기화장치의 구조 개요도

① **기화부(열교환기)** : 액체 상태의 LP 가스를 열교환기에 의해 Gas화 시키는 부분
② **열매온도 제어장치** : 열매온도를 일정 범위 내에 보존하기 위한 장치
③ **열매과열 방지장치** : 열매가 이상하게 과열되었을 경우 열매로의 입열을 정지시키는 장치
④ **액유출 방지장치** : LP 가스가 액체상태대로 열교환기 밖으로 유출되는 것을 방지하는 장치
⑤ **압력 조정기** : 기화부에서 나온 가스를 소비목적에 따라 일정한 압력으로 조정하는 부분
⑥ **안전변** : 기화장치의 내압이 이상 상승했을 때 장치 내의 가스를 외부로 방출하는 장치

2) 기화장치를 작동원리에 따라 분류

(1) 가온 감압방식

일반적으로 많이 사용되고 있는 방식으로서 열교환기에 액체상태의 LP 가스를 흘려 들여보내고 여기서 기화된 가스를 가스용 조절기에 의해서 감압하여 공급하는 방식이다.

(2) 감압 가열방식

이 방식에서는 액체상태의 LP 가스를 액체 조정기 또는 팽창변동을 통하여 감압하며 온도를 내려서 열교환기에 도입시켜 대기 또는 온수 등으로 가온하여 기화를 시킨다.
① **대기온 이용방식** : 액체 감압변을 통하여 감압되며 온도가 내려간 액체상태 LP 가스는 비교적 열교환면적이 큰 열교환기(팬 터보형 등)에 도입되어서 대기에 의하여 열을 얻어 기화하는 것이다.

② 온수로 가온하는 방법

액체상태 LP 가스가 온수로 가온되고 있는 열교환기에 도입되어서 기화하는 방법이며 온도가 내려간 액온과 기온온도와의 차가 다른 방식에 비하여 높으며 이 때문에 열교환기가 소형이라도 비교적 큰 기화능력을 얻을 수 있다.

3) 강제 기화장치의 분류 및 구성

(1) 강제 기화장치의 분류

강제 기화장치를 가열방식에 의하여 분류하면 다음과 같이 된다.

(2) 기화장치의 구성

① 기화부

㉠ 통상 설계압력의 1.5배 이상의 압력에서 내압시험이 행해지고 있다.

㉡ 감압 가온방식에서는 열교환기와 액체조정기(또는 팽창변)로 제작되어져 있는 것이 있다.

② 제어부(액유출 방지장치)

• 액면검출형 : 플로트 등의 움직임으로 액면을 검출하여 직접 또는 전기 신호 등을 변환하여 기화장치의 입구측 또는 출구측을 폐쇄 또는 제어하여 액의 유출을 방지하는 것이다.

4) 장치 구성형식에 따른 4가지 분류

① 다관식 기화기

② 단관식 기화기

③ 사관식 기화기

④ 열관식 기화기

5) 증발형식에 따른 2가지 분류

① 순간 증발식

② 유입 증발식

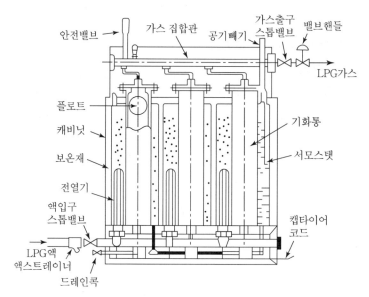

▲ 단관식 베이퍼라이저

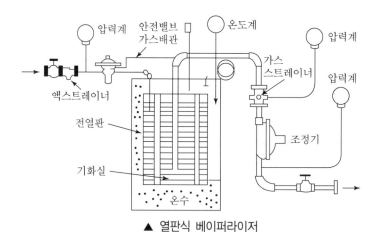

▲ 열판식 베이퍼라이저

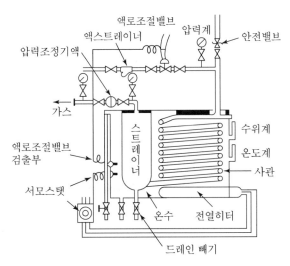

▲ 사관식 베이퍼라이저

6) 기화기 사용시 이점

① LP 가스의 종류에 관계없이 한랭시에도 충분히 기화된다.

② 공급가스의 조성이 일정하다(자연기화는 변화가 크다).

③ 설비장소가 적게 든다(자연기화는 용기가 병렬로 설치된다).

④ 설비비 및 인건비가 절약된다.

⑤ 기화량을 가감할 수 있다.

2. LPG 조정기(Regulator)

1) 조정기의 역할

① 용기로부터 나와 연소기구에 공급되는 가스의 압력을 그 연소기구에 적당한 압력(200~330mm수주)까지 감압시킨다.

② 용기 내의 가스를 소비하는 양의 변화 등에 대응하여 공급압력을 유지하고 소비가 중단되었을 때는 가스를 차단시킨다.

2) 조정기의 사용 목적

가스의 유출압력(공급압력)을 조정하여 안정된 연소를 도모하기 위해서 사용한다.

3) 조정기와 고장시 그 영향

고압가스의 누설(분출)이나 불완전 연소 등의 원인이 된다.

4) 조정기의 규격 용량

총가스 소비량의 150% 이상의 규격 용량을 가질 것

5) 조정기의 구조

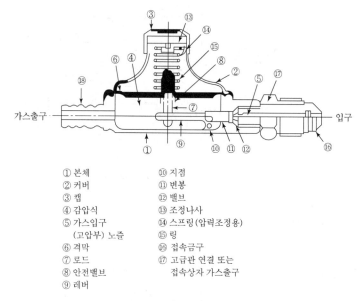

① 본체
② 커버
③ 캡
④ 감압식
⑤ 가스입구
　(고압부) 노즐
⑥ 격막
⑦ 로드
⑧ 안전밸브
⑨ 레버
⑩ 지점
⑪ 변봉
⑫ 밸브
⑬ 조정나사
⑭ 스프링(압력조정용)
⑮ 링
⑯ 접속금구
⑰ 고급관 연결 또는
　접속상자 가스출구

▲ 조정기의 구조

6) 조정기의 작동원리

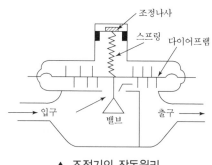

▲ 조정기의 작동원리

조정기의 감압작용은 입구측에 가하여지는 높은 압력의 가스를 밸브가 덮고 있는 작은 구멍 통과시 감압함으로써 행하여진다.

또 출구측 압력은 조정기 상부의 조정나사를 우로 돌려 조이면 스프링 압력이 커져 다이어프램이 하향(下向)하기 때문에 밸브가 열려 압력이 높게 된다(조정나사를 좌로 돌리면 압력은 감소).

7) 조정기의 종류

(1) 단단 감압식 조정기

용기 내의 가스압력을 한 번에 소요압력까지 감압하는 방식이다.

① 단단(1단) 감압식 저압 조정기

현재 많이 이용되고 있는 조정기이며 단단 감압에 의해서 일반소비자에게 LP 가스를 공급하는 경우에 사용하는 것이다.

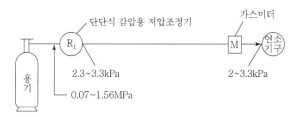

▲ 단단 감압식 저압 조정기

② 단단(1단) 감압식 준저압 조정기

일반 소비자 등에 액화석유가스를 생활용 이외의 것으로(요리점의 조리용 등) 사용하는 데 한해 사용 가능한 조정기로 조정압력은 5kPa를 초과 30kPa까지 각종의 것이 있다. 그러나 연소기구가 일반소비자용(가정용)과 동일규격의 경우에는 단단식 감압용 저압 조정기를 사용한다.

③ 단단(1단) 감압방법

ⓐ 장점 • 장치가 간단하다.
　　　　• 조작이 간단하다.

ⓑ 단점 • 배관이 비교적 굵어진다.
　　　　• 최종 압력에 정확을 기하기 힘들다.

(2) 2단 감압식 조정기

용기 내의 가스압력을 소요압력보다 약간 높은 압력으로 감압하고 그 다음 단계에서 소요압력까지 감압하는 방법이다.

① 2단 감압용 1차 조정기

2단 감압식의 1차용으로서 사용되는 것으로 중압 조정기라고도 불린다.

ⓐ 입구압력 : 1.56MPa
ⓑ 조정압력(출구압력) : 0.057~0.083MPa

② 2단 감압용 2차 조정기

2단식 감압용의 2차측 또는 자동절환식 분리형의 2차측으로서 사용하는 조정기에 있어서는 입구압력의 상한이 3.5kg/cm²로 설계되어 있으므로 단단식 감압용 저압 조정기의 대용으로 사용할 수는 없다.

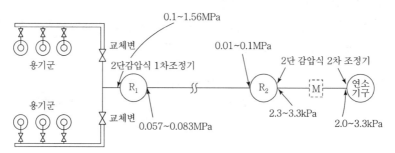

▲ 2단 감압용 2차 조정기

③ 2단 감압방법

　㉠ 장점 • 공급 압력이 안정하다.

　　　　• 중간 배관이 가늘어도 된다.

　　　　• 배관 입상에 의한 압력 강하를 보정할 수 있다.

　　　　• 각 연소 기구에 알맞은 압력으로 공급이 가능하다.

　㉡ 단점 • 설비가 복잡하다.

　　　　• 조정기가 많이 든다.

　　　　• 제액화의 문제가 있다.

　　　　• 검사방법이 복잡하다.

(3) 자동절환식(교체식) 조정기

2단 감압용에 있어서 자동절환 기능과 1차 감압기능을 겸한 1차용 조정기(사용측과 예비측에 1개씩 설치한 경우와 2개가 일체로 구성되어 있는 경우가 있다.)이며, 사용측 용기 내의 압력이 저하하여 사용측에서는 소요가스 소비량을 충분히 댈 수 없을 때 자동적으로 예비측 용기군으로부터 보충하기 위한 것이다.

① 자동절환식(교체식) 분리형 조정기

　㉠ 분리형 자동절환식은 중압, 중압배관에 가스를 내보내어 각 단말에 2차측 조정기를 설치하는 경우에 사용하는 것이다.

　㉡ 자동절환식은 수동절환식에 비하여 소비자에 의해 대체할 필요가 없게 되며 또한 대체 시기의 잘못에 의한 가스공급의 중단이 없게 된다.

　㉢ 용기 1개당의 잔액이 극히 작아질 때까지 소비가능하며 수동절환식에 비하여 일반적으로 용기 설치 개수가 작게 되는 이점이 있다.

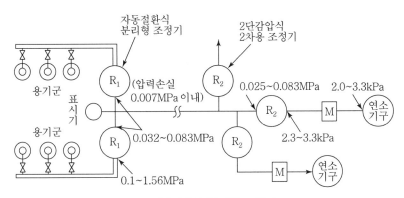

▲ 자동절환식 분리형 조정기

② **자동절환식(교체식) 일체형 조정기**

2차측 조정기가 1차측 조정기의 출구측에 직접 연결되어 있거나 또는 일체로 구성되어 있는 점이 틀린 것이다.

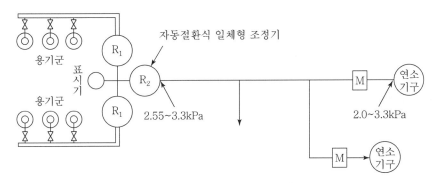

▲ 자동절환식 일체형 조정기

　㉠ 입구압력 : 0.1~1.56MPa

　㉡ 조정압력(출구압력) : 2.55~3.3kPa

③ **자동절환식(교체식) 조정기 사용시 이점**

　㉠ 전체 용기 수량이 수동교체식의 경우보다 적어도 된다.

　㉡ 잔액이 거의 없어질 때까지 소비된다.

　㉢ 용기 교환주기의 폭을 넓힐 수 있다.

　㉣ 분리형을 사용하면 단단 감압식 조정기의 경우보다 도관의 압력손실을 크게 해도 된다.

〈압력조정기 조정압력의 규격〉

구분	종류	1단 감압식		2단 감압식		자동절체식		
		저압조정기	준저압조정기	1차용 조정기	2차용 조정기	분리형 조정기	일체형 조정기 (저압)	일체형 조정기 (준저압)
입구 압력	하한	0.07MPa	0.1MPa	0.1MPa	0.01MPa	0.1MPa	0.1MPa	0.1MPa
	상한	1.56MPa	1.56MPa	1.56MPa	0.1MPa	1.56MPa	1.56MPa	1.56MPa
출구 압력	하한	2.3kPa	5kPa	0.057MPa	2.3kPa	0.032MPa	2.55kPa	5kPa
	상한	3.3kPa	30kPa	0.083MPa	3.3kPa	0.083MPa	3.3kPa	30kPa
내압 시험	입구측	3MPa 이상	3MPa 이상	3MPa 이상	0.8MPa 이상	3MPa 이상	3MPa 이상	3MPa 이상
	출구측	0.3MPa 이상	0.3MPa 이상	0.8MPa 이상	0.3MPa 이상	0.8MPa 이상	0.3MPa 이상	0.3MPa 이상
기밀 시험 압력	입구측	1.56MPa 이상	1.56MPa 이상	1.8MPa 이상	0.5MPa 이상	1.8MPa 이상	1.8MPa 이상	1.8MPa 이상
	출구측	5.5kPa	조정압력 2배 이상	0.15MPa 이상	5.5kPa 이상	0.15MPa 이상	5.5kPa 이상	조정압력의 2배 이상
최대폐쇄압력		3.5kPa	조정압력의 1.25배 이하	0.095MPa 이하	3.5kPa	0.095MPa 이하	3.5kPa	조정압력의 1.25배 이하

3. LNG 정압기(Governor)

가스의 공급시 고압방식, 중압방식, 저압방식의 채용은 수송능력의 증대 및 배관, 가스홀더 등
공급설비의 효율적인 운용을 도모하는 데 있으며, 가스의 공급압력이 극히 제한된 영역에서
고압에서 중압으로, 중압에서 저압으로 감압하여 사용기구에 맞는 적당한 압력으로 감압해서
공급하기 위해 사용되는 것이 정압기이다.

정압기는 가스가 통과하는 배관의 적당한 곳에 설치하며, 1차 압력 및 부하 유량의 변동에 관
계 없이 2차 압력을 일정한 압력으로 유지하는 기능을 가지고 있다. 즉 시간별 가스 수요량의
변동에 따라 공급압력을 소요압력으로 조정한다.

1) 작동원리

(1) 직동식 정압기

직동식 정압기의 작동원리는 정압기의 작동원리의 기본이 된다.

① 설정압력이 유지될 때 : 다이어프램(Diaphragm)에 걸려 있는 2차 압력과 스프링의
힘이 평행상태를 유지하면서 메인밸브는 움직이지 않고 일정량의 가스가 메인밸브
를 경유하여 2차측으로 가스를 공급한다.

② 2차측 압력이 설정압력보다 높을 때 : 2차측 가스 수요량이 감소하여 2차측 압력이 설정압력 이상으로 상승하나 이때 다이어프램을 들어 올리는 힘이 증강하여 스프링의 힘에 이기고 다이어프램에 직결된 메인 밸브를 위쪽으로 움직여 가스의 유량을 제한하므로 2차 압력을 설정압력이 유지되도록 작동한다.

③ 2차측 압력이 설정압력보다 낮을 때 : 2차측의 사용량이 증가하고 2차 압력이 설정압력 이하로 떨어질 경우, 스프링의 힘이 다이어프램을 받치고 있는 힘보다 커서 다이어프램에 연결된 메인 밸브를 열리게 하여 가스의 유량이 증가하게 되며 2차 압력을 설정 압력으로 유지되도록 작동한다.

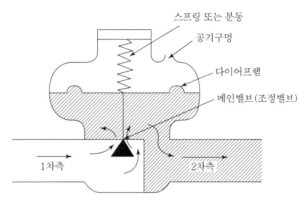

▲ 정압기의 기본구조(직동식 정압기)

(2) **파일럿식 정압기**

파일럿식 정압기에는 언로딩(Unloading)형과 로딩(Loading)형의 2가지로 나눌 수 있다.

① 파일럿식 언로딩(Unloading)형 정압기 : 이 형의 정압기는 기본적으로는 아래 그림과 같이 직동식의 본체 및 파일럿으로 구성되어 있다.

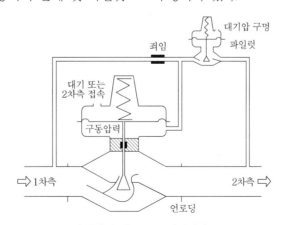

▲ 파일럿식 언로딩형 정압기의 구조

② 파일럿식 로딩(Loading)형 정압기 : 이 형식의 정압기는 기본적으로는 아래 그림과 같이 직동식의 본체 및 파일럿으로 이루어져 있다.

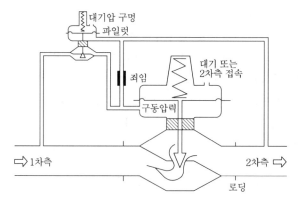

▲ 파일럿식 로딩형 정압기의 구조

㉠ 2차 압력이 설정압력이 되었을 때 : 파일럿 다이어프램에 걸리는 2차 압력과 파일럿 스프링(Spring)의 힘 때문에 파일럿 밸브는 일정하게 열려 있다. 따라서 파일럿계에는 일정량의 가스가 흐르고 파일럿과 누름장치 사이의 구동압력은 일정한 압력을 유지하며 본체 다이어프램에 걸려 있는 압력과 본체 스프링의 힘이 균형을 유지하면서 본체 밸브는 정지되어 있고 가스가 본체 밸브를 거쳐서 2차측으로 흐른다.

㉡ 2차 압력이 설정압력보다 높을 때 : 2차측의 사용량이 감소하면 2차 압력이 설정압력 이상으로 상승되나 이때 파일럿 스프링의 힘에 견뎌내어 파일럿 밸브를 상부로 움직여 파일럿계에 공급하는 가스량을 감소시킨다. 이것에 의하여 구동 밸브가 저하되어 본체 스프링의 힘이 본체 다이어프램을 밀어올리는 힘에 견디어 본체 밸브를 아래쪽으로 내리고 가스유량을 제한하여 2차 압력을 설정압력으로 되돌아가도록 작동한다.

㉢ 2차 압력이 설정압력보다 낮을 때 : 2차측의 사용량이 증가하면 2차 압력이 설정압력 이하로 저하하나 이때 파일럿 스프링의 힘이 파일럿 다이어프램을 밀어올리는 힘에 견뎌내어 파일럿 밸브를 아래 쪽으로 움직여 파일럿계에 공급하는 가스량이 증가한다. 이때 죄임에 의하여 구동압력이 2차측으로 빠져 나가는 것을 제한하므로 구동압력이 상승하며 본체 다이어프램을 밀어 올리는 힘이 본체 스프링의 힘에 견디어 본체 밸브를 위쪽으로 작동시켜서 가스의 유량을 늘리고 2차 압력을 설정압력까지 회복시키도록 작동한다.

2) 정압기의 특성

정압기를 평가 선정할 경우 다음의 각 특성을 고려해야 한다.

(1) 정특성

정압기의 정특성이란 정상 상태에서의 유량과 2차 압력의 관계를 말한다.

(2) 동특성(응답속도 및 안정성)

동특성은 부하 변화가 큰 곳에 사용되는 정압기에 대하여 중요한 특성으로 변동에 대한 응답의 신속성과 안전성이 모두 요구된다.

(3) 유량 특성

메인밸브의 열림과 유량과의 관계를 말한다.

(4) 사용 최대차압

메인밸브에는 1차 압력과 2차 압력의 차압이 작용하여 정압성능에 영향을 주나 이것이 실용적으로 사용할 수 있는 범위에서 최대로 되었을 때의 차압을 사용 최대차압이라 한다.

3) 지역 정압기의 종류

정압기의 종류에는 여러 가지가 있으나 현재 지역 정압기로서 일반적으로 사용되고 있는 것. 파일럿식이나 소규모의 공급용에는 일반적으로 수요자 정압기(Service Governer)라 하는 직동식 정압기가 사용되는 수가 있다. 여기에서는 가장 일반적인 피셔(Fisher)식, 엑시얼-플로(Axial-Flow)식 및 레이놀드(Reynolds)식의 정압기에 대하여 설명한다.

〈정압기의 종류〉

종류	특징	사용압력
Fisher식	• Loading형 • 정특성, 동특성이 양호하다. • 비교적 콤팩트하다.	• 고압 → 중압 A • 중압 A → 중압 A, 중압 B
Axial-Flow식	• 변직 Unloading형 • 정특성, 동특성이 양호하다. • 고차압이 될수록 특성 양호 • 극히 콤팩트하다.	• Fisher식과 같다.
Reynolds식	• Unloading형 • 정특성은 극히 좋으나 안정성이 부족하다. • 다른 것에 비하여 크다.	• 중압 B → 저압 • 저압 → 저압
KRF식	• Reynolds식과 같다.	• Reynolds식과 같다.

4. 연소기구

1) 연소기구의 종류

가스의 연소방법은 가스와 공기에 혼합되는 부분이나 1차 공기 및 2차 공기를 어떤 비율로 어떤 방법으로 공급하는가에 따라 구별된다.

① 적화식 연소
② 분젠식 연소
③ 세미·분젠식 연소
④ 전일차 공기식 연소

〈연소기구의 연소방법〉

구분		분젠식	세미·분젠식	적화식	전일차공기식
필요 공기	1차 공기	40~70%	30~40%	0	100%
	2차 공기	60~30%	70~60%	100%	0
화염색		청록	청	약간 적	세라믹이나 백금망의 표면에서 불탄다.
화염의 길이		짧다.	조금 길다.	길다.	
화염의 온도($^\circ$C)		1,300	1,000	900	950

(1) 적화식 연소

가스를 그대로 대기 중에 분출하여 연소시키는 방법으로 연소에 필요한 공기는 모두 화염의 주위에서 확산하여 얻어진다. 즉, 연소에 필요한 공기전부를 2차 공기로 취하고 1차 공기는 취하지 않는 것이다.

① 장점
　　㉠ 역화하는 일은 전혀 없다.
　　㉡ 자동온도 조절장치의 사용이 용이하다.
　　㉢ 적황색의 장염을 얻을 수 있다.
　　㉣ 낮은 칼로리의 기구에 사용된다.
　　㉤ 염의 온도는 비교적 낮다(900°C).
　　㉥ 기기를 국부적으로 과열하는 일이 없다.

② 단점
　　㉠ 연소실이 넓어야 한다. 좁으면 불완전 연소를 일으키기 쉽다.
　　㉡ 버너내압이 너무 높으면 선화(Lifting) 현상이 일어난다.
　　㉢ 고온을 얻을 수 없다.
　　㉣ 불꽃이 차가운 기물에 접촉하면 기물표면에 그을음이 부착된다.

③ 용도

　욕탕, 보일러용 버너, 파일럿 버너에 사용되었지만 지금은 거의 사용되지 않는다.

(2) 분젠식 연소

가스가 노즐에서 일정한 압력으로 분출하고 그때의 운동에너지로 공기공에서 연소시 필요한 공기의 일부분(1차 공기)을 흡입하여 혼합관 내에서 혼합시켜 염공으로 나와 탄다. 이때 부족한 산소는 불꽃 주위에서 확산함으로써 공급받는다. 이 공기를 2차 공기라 한다. 즉, 공기와 일정비율로 혼합된 가스를 대기 중에서 연소시키는 것이다.

① 장점

　㉠ 염은 내염, 외염을 형성한다.

　㉡ 1차 공기가 혼합되어 있기 때문에 연소는 급속한다. 따라서 염은 짧게 되며 발생한 열은 집중되어 염의 온도가 높다(1,200~1,300℃).

　㉢ 연소실은 작고 좁아도 된다.

② 단점

　㉠ 일반적으로 댐퍼의 조절을 요한다.

　㉡ 역화, 선화의 현상이 나타난다.

　㉢ 소화음, 연소음이 발생할 수 있다.

(3) 세미 · 분젠식 연소

적화식 연소방법과 분젠식 연소방법의 중간방법, 즉 1차 공기량을 제한하여 연소시키는 방법으로 1차 공기와 2차 공기의 비율이 분젠식과는 반대이다. 1차 공기율이 약 40% 이하이고 내염과 외염의 구별이 뚜렷하지 않은 연소를 세미 · 분젠식 연소방법이라 한다. 염의 색은 주로 청색을 띠게 된다.

① 장점

　㉠ 적화와 분젠의 중간상태에서 역화하지 않는다.

　㉡ 염의 온도는 1,000℃ 정도이다.

② 단점

　㉠ 고온을 요할 경우는 사용할 수 없다.

　㉡ 국부감열에는 사용할 수 없다.

③ 용도

　목욕탕 버너, 온수기 버너 등에 이용된다.

(4) 전일차 공기식 연소

연소에 필요한 공기의 전부를 1차 공기로 혼합시켜 연소를 행하는 것으로 2차 공기가 필요 없다.

분젠식에서는 1차 공기를 많이 하면 역화하거나 선화하는 경우가 있듯이 전일차 공기식 연소법도 필요 공기를 전부 1차 공기로 연소하므로 역화하기 쉬운 연소법이다. 이러한 현상이 일어나지 않게 염공을 특수한 구조로 한 것도 있다.

① 장점
　㉠ 버너는 어떠한 쪽으로 붙여도 사용할 수 있다.
　㉡ 가스가 갖는 에너지의 70% 가까이 적외선으로 전환할 수 있다.
　㉢ 적외선은 열의 전달이 빠르다.
　㉣ 개방식 로에 사용해도 대류에 의한 열손실이 적다.
　㉤ 표면온도는 850~950℃ 정도이다.

② 단점
　㉠ 고온의 노내에 완전히 넣어서 부착하는 일이 불가하다.
　　(버너의 뒷면은 가능한 한 냉각할 필요가 있다.)
　㉡ 구조가 복잡해서 고가이다.
　㉢ 거버너의 부착이 필요하다.

③ 용도 : 난방용 가스 스토브, 건조로용 그릴용 버너, 소각용, 각종 가열건조로 등에 이용된다.

2) 연소시 현상

(1) 역화(Flast Back)

역화는 염이 염공을 통하여 버너의 혼합관 내에 불타며 들어오는 현상으로 일차공기를 공급하고 있는 분젠식 연소나 전일차 공기식 연소에서 볼 수 있다.
역화현상은 이 분출속도와 연소속도의 평형범위를 벗어나는 경우에 일어난다. 즉, 가스공기혼합기체의 분출속도에 비해서 연소속도가 평형점을 넘어 빨라졌을 때, 또는 가스의 연소속도에 비해서 분출속도가 평형점 이하로 늦어졌을 때에 일어나는 것이다.

■ 역화(Flast Back)의 원인
① 부식에 의해 염공이 크게 된 경우
② 가스의 공급압력이 저하되었을 때
③ 노즐, 콕에 그리스, 먼지 등이 막혀 구경이 너무 작게 된 경우
④ 댐퍼가 과다하게 열려 연소속도가 빠르게 된 경우
⑤ 버너가 과열되어 혼합기의 온도가 올라간 경우

(2) 선화(Lifting)

리프팅(Lifting)을 간단히 Lift라고 부른다. 이것은 역화와 정반대의 현상으로 염공으

로부터의 가스의 유출속도보다 크게 되었을 때 가스는 염공에 접하여 연소하지 않고 염공을 떠나서 연소하는 것을 선화라 한다.

■ 선화(Lifting)의 원인
① 버너의 염공이 막혀 유효면적이 감소하게 되어 버너의 압력이 높은 경우
② 가스의 공급압력이 지나치게 높은 경우
③ 공기조절장치(댐퍼 : Damper)를 너무 많이 열었을 경우
④ 노즐·콕의 구경이 크게 된 경우
⑤ 연소가스의 배출이 불안전한 경우나 2차 공기의 공급이 불충분한 경우

(3) Yellow Tip

염의 선단이 적황색으로 되어 타고 있는 현상을 Yellow Tip이라 한다. 이것은 연소 반응의 도중에 탄화수소가 열분해하여 탄소입자가 발생하여 미연소된 채 적열되어 적황색으로 빛나고 있는 것으로 연소반응이 충분한 속도로 나아가고 있지 않다는 것을 알 수 있다.

■ Yellow Tip의 현상
① 일차공기가 부족할 경우
② 주물 밑부분의 철가루 등의 원인이 된다.

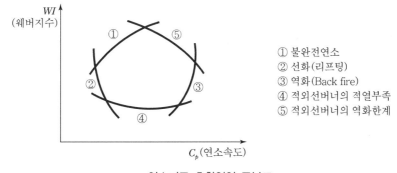

▲ 연소기구 호환영역 구분도

(4) 염공(炎孔 : 불꽃구멍)

혼합관에서 버너 헤드에 도달한 가스·공기 혼합기체는 거기에 만들어진 염공에서 대기 중에 분출하여 연소한다.

■ 염공이 가져야 할 조건
① 모든 염공에 빠르게 불이 옮겨서 완전히 점화될 것
② 불꽃이 염공 위에 안정하게 형성될 것

③ 가열불에 대하여 적정한 배열이어야 할 것

④ 먼지 등이 막히지 않고 손질이 용이할 것

⑤ 버너의 용도에 따라 여러 가지 형식의 염공이 사용될 수 있을 것

(5) 연소에 필요한 공기량과 방의 환기량

LP 가스를 완전 연소하기 위해 필요한 이론 공기량은 발열량 1,000kcal에 대하여 약 1m³이나, 실제의 연소는 20~50%의 과잉 공기가 필요하다.

일반 LP 가스의 연소에 의하여 이산화탄소와 수증기를 생성하여 이것 등에 질소 등을 함유한 폐가스를 배출할 필요가 있다. 이 이론 폐가스량은 일반적으로 이론 공기량의 약 1.1배이다. 통상 공기 중에는 약 21%의 산소를 함유하지만 연소에 의하여 저하하는 산소량의 허용한계를 0.5%라고 하면 실내의 필요 환기량은 이론 폐가스량의 약 40배가 된다.

(6) LP 가스 불완전 연소의 원인

① 공기 공급량 부족

② 환기 불충분

③ 배기 불충분

④ 프레임의 냉각

⑤ 가스 조성이 맞지 않을 때

⑥ 가스기구 및 연소기구가 맞지 않을 때

3) 급배기 방식에 의한 연소기구의 분류

(1) 개방형 연소기구

실내로부터 연소용의 공기를 취해서 연소하고 폐가스를 그대로 실내에 배기하는 연소기구로서 비교적 입열량이 적은 주방용 기구, 소형 온수기(순간 온수기), 소형 가스난로 등이 이것에 해당한다.

이 개방형 연소기구를 좁은 방에 설치할 경우에는 환기에 특히 주의해야 한다.

■ 개방형 기구 종류

① **주방기구** : 가스테이블, 가스레인지, 가스밥솥, 가스오븐, 6,000kcal/hr 이하의 음료용 온수기 등

② **가스난로** : 입열량이 6,000kcal/hr 이하의 난로

③ **순간온수기** : 입열량이 10,000kcal/hr 이하의 온수기로 연통을 연결하지 않은 구조

> 참고 개방형 연소기구의 종류 : 가스난로, 석유난로, 조리용 가스레인지, 소형 순간온수기

⑵ 반밀폐형 연소기구

연소용 공기를 실내로부터 공급받아 연소하고 폐가스를 배기통을 통하여 배출하는 기구를 말한다.

■ 반밀폐형 연소기구 종류

① 난방용 가스보일러, 목욕탕용 순간온수기 및 대형온수기

② 순간온수기 : Input이 10,000kcal/hr를 초과하거나 10,000kcal/hr 이하로 연동장치가 부착된 연소기구

③ 난로 : Input 6,000kcal/hr를 초과하는 연소기구

④ 기타 연소기구로서 연동을 부착한 구조의 연소기구

> **참고** 1. 가스기구의 Input이라 함은 노즐로부터 분출하는 가스량과 그의 발열량을 곱해서 얻어지는 값을 말한다. 즉, 가스기구가 단위시간에 소비하는 열량이 Input(kcal/hr)이다.
> 2. 가스기구의 Output이라 함은 가스기구가 가열하는 목적물에 유효하게 주어진 열량 Output(kcal/hr)을 말한다.

⑶ 밀폐형 연소기구

실내공기와 완전히 격리된 연소실 내에서 외기로부터 공급되는 공기에 의하여 연소되고 다시 외기로 폐가스를 배출하는 기구를 말한다.

■ 밀폐형 연소기구의 종류

① 밸런스형 난방기구 : 대형 온수기, 보일러

② 강제 급배기형 난방기구 : 대형 보일러

06 연습문제

Industrial Engineer Gas

01 구리 및 구리합금으로 되어 있는 장치를 사용할 수 있는 물질은?

㉮ 알곤   ㉯ 황화수소

㉰ 아세틸렌   ㉱ 암모니아

해설 알곤은 불활성 가스이므로 구리나 구리의 합금과는 착이온을 일으키지 않는다.

02 금속의 내부응력을 제거하고 가공경화된 재료를 연화시켜 결정조직을 결정하고 상온가공을 용이하게 할 목적으로 하는 열처리는?

㉮ 담금질   ㉯ 불림

㉰ 풀림   ㉱ 뜨임

해설 풀림이란 금속의 내부응력을 제거하고 가공경화된 재료를 연화시켜 결정조직을 결정하고 상온가공을 용이하게 하는 Annealing이다.

03 다음 중 산화를 방지하는 원소가 아닌 것은?

㉮ Cr   ㉯ Fe

㉰ Al   ㉱ Si

해설 산화방지용 원소는 크롬(Cr), 알루미늄(Al), 규소(Si) 등이다.

04 외부전원법에 사용하는 양극으로서 적합하지 않은 것은?

㉮ 마그네슘   ㉯ 고규소철

㉰ 흑연봉   ㉱ 자성산화철

해설 Mg은 희생양극법에서 음극에 의하는 비금속(비철금속)이다.

05 고온환경에서 가스에 의하여 발생하는 금속재료의 부식 등은 Si를 첨가하면 상당한 억제 효과가 있다. 다음 중 해당되지 않는 것은?

㉮ 산화   ㉯ 황화

㉰ 침탄   ㉱ 질화

해설 규소(Si)를 첨가하면 산화, 황화, 침탄 등이 억제되는 효과가 있다.

06 저탄소강 용기 제작과정에서 행하는 소둔(풀림)의 효과에 대한 설명으로 가장 거리가 먼 것은?

㉮ 재료를 연화시킨다.

㉯ 재료의 결정조직을 조정한다.

㉰ 잔류응력을 제거한다.

㉱ 재료의 인장강도를 증가시킨다.

해설 재료의 인장강도를 증가시키려면 탄소강에 인의 성분을 첨가시킨다.

07 저장탱크에 설치한 안전밸브는 지상에서 몇 m 이상의 높이에 방출구가 있는 가스방출관을 설치하여야 하는가?

㉮ 2m   ㉯ 5m

㉰ 7m   ㉱ 10m

해설 저장탱크의 안전밸브 방출관은 지상에서 5m 이상의 높이에 방출구를 설치한다.

정답 01.㉮ 02.㉰ 03.㉯ 04.㉮ 05.㉱ 06.㉱ 07.㉯

08 연소기의 이상연소 현상 중 불꽃이 염공 속으로 들어가 혼합관 내에서 연소하는 현상을 의미하는 것은?

㉮ 황염   ㉯ 역화

㉰ 리프팅   ㉱ 블로우 오프

해설 역화란 연소기의 이상연소 현상 중 불꽃이 염공 속으로 들어가 혼합관 내에서 연소하는 현상이다.

09 전기방식 중 직류전원장치, 레일, 변전소 등을 이용하여 지하에 매설된 가스 배관을 방식하는 방법은?

㉮ 희생양극법   ㉯ 외부전원법

㉰ 선택배류법   ㉱ 강제배류법

해설 강제배류법
① 외부전원법과 선택배류법을 종합한 방식
② 과방식에 대한 배려가 필요하다.
③ 직류전원장치, 레일, 변전소 등을 이용한다.

10 고압원통형 저장탱크의 지지방법 중 횡형 탱크의 지지방법으로 널리 이용되는 것은?

㉮ 새들형(Saddle형)

㉯ 지주형(Leg형)

㉰ 스커트형(Skirt형)

㉱ 평판형(Flat Plate형)

해설 횡형 고압원통형 저장탱크의 지지방법은 새들형이 가장 많이 사용된다.

11 고온, 고압에서 암모니아 가스의 장치에 사용할 수 있는 적합한 금속은?

㉮ 알루미늄합금

㉯ 동합금

㉰ 탄소강

㉱ 오스테나이트계 스테인리스강

해설 암모니아 가스는 금속과의 착이온 방지를 위하여 구리, 아연, 은, 알루미늄, 코발트를 사용하지 않는다.

12 용기 부속품의 인장시험에서 인장강도와 연신율을 옳게 나타낸 것은?

㉮ 인장강도 $-180.7N/mm^2$ 이상, 연신율 -10% 이상

㉯ 인장강도 $-248.5N/mm^2$ 이상, 연신율 -12% 이상

㉰ 인장강도 $-352.8N/mm^2$ 이상, 연신율 -15% 이상

㉱ 인장강도 $-421.3N/mm^2$ 이상, 연신율 -18% 이상

해설 ① 인장강도(N/mm^2) 352.8 이상
② 연신율(%) 15% 이상
③ 충격도(J) 15% 이상
④ 경도(HB) 80 이상

13 전기방식법에 대한 설명으로 가장 거리가 먼 것은?

㉮ 희생양극법은 발생하는 전류가 작기 때문에 도복장의 저항이 큰 대상에 적합하다.

㉯ 외부전원법은 전류 및 전압이 클 경우 다른 금속구조물에 대한 간섭을 고려할 필요가 있다.

㉰ 선택배류법은 정류기로 매설 양극에 강제 전압을 가하여 피방식금속체를 음극으로 하여 방식한다.

㉱ 강제배류법은 다른 금속구조물에 미치는 간섭 및 과방식에 대한 배려가 필요하다.

해설 선택배류법은 땅속의 금속과 전철의 레일을 전선으로 접속한다.

정답   08.㉯   09.㉱   10.㉮   11.㉱   12.㉰   13.㉰

14 용기용 밸브는 가스충전구의 형식에 의해 A형, B형, C형으로 구분하는데, 가스충전구가 수나사로 되어 있는 것은?

㉮ A형
㉯ B형
㉰ C형
㉱ A, C형

해설 ① A형 : 충전구 나사가 수나사
② B형 : 충전구 나사가 암나사
③ C형 : 충전구 나사가 없다.

15 프로판(C_3H_8) 11g을 태워서 나오는 이산화탄소는 표준상태에서 몇 L인가?

㉮ 39.2L
㉯ 22.4L
㉰ 16.8L
㉱ 5.6L

해설 $C_3H_8 + 5O_2 \rightarrow 3CO_2 + 4H_2O$
$44g : 5 \times 32g \rightarrow 3 \times 44g + 4 \times 18g$
$44g : 3 \times 22.4L$
$11g : xL$
$\therefore x = (3 \times 22.4) \times \dfrac{11}{44} = 16.8L$

16 암모니아 합성가스 및 수소제조 설비에 고온변성 촉매로 사용되는 것은?

㉮ 산화철 – 산화크롬계 촉매
㉯ 산화아연 – 산화크롬계 촉매
㉰ 산화철 – 산화아연계 촉매
㉱ 산화아연 – 일산화구리계 촉매

해설 암모니아의 공업적 촉매
① 정촉매 : 산화철(Fe_3O_4)
② 보조촉매 : Al_2O_3, CaO, K_2O

17 염소가스 공급설비에서 용량결정은 가열기의 전열면적 1[m²]당 염소가스의 기화능력(kg/hr)이 얼마일 때인가?

㉮ 20~40kg/h
㉯ 30~40kg/h
㉰ 50~80kg/h
㉱ 60~170kg/h

18 다음 금속재료 중 저온재료로서 적당하지 않은 것은?

㉮ 모넬메탈
㉯ 9% 니켈강
㉰ 18–8스테인리스강
㉱ 탄소강

해설 탄소강은 −70℃에서 충격값이 0이다. 고로 저온가스 재료용으로는 부적당하다.

19 금속의 성질을 개선하기 위한 열처리에 대한 설명으로 옳지 않은 것은?

㉮ 소둔(풀림)을 하면 인장강도가 저하한다.
㉯ 소입(남금질)을 하면 연신율이 감소한다.
㉰ 소려(뜨임)는 취성을 작게 하는 조작이다.
㉱ 탄소강은 냉간가공하면 단면수축률은 증가하고 가공경화를 일으킨다.

해설 열처리 방법 : 담금질, 풀림, 뜨임, 불림, 표면경화법 등

20 두 개의 다른 금속이 접촉되어 전해질 용액 내에 존재할 때 다른 재질의 금속 간 전위차에 의해 용액 내에서 전류가 흐르고 이에 의해 양극부가 부식이 되는 현상을 무엇이라 하는가?

㉮ 농담전지 부식
㉯ 침식부식
㉰ 공식
㉱ 갈바닉 부식

해설 전류의 양극부 부식은 갈바닉 부식

정답 14.㉮ 15.㉰ 16.㉮ 17.㉰ 18.㉱ 19.㉱ 20.㉱

21 알루미늄 합금으로 제조한 이음매 없는 용기의 신규 검사항목이 아닌 것은?

㉮ 충격시험　　　　㉯ 외관검사
㉰ 인장시험　　　　㉱ 압궤시험

해설 이음매 없는 용기의 신규 검사에서 알루미늄으로 제조한 경우에는 외관검사, 인장시험, 압궤시험만 실시한다.

22 강의 열처리에서 적당한 경도를 얻기 위하여 가열 후 급속히 냉각시키는 작업은?

㉮ 담금질(Quenching)
㉯ 뜨임(Tempering)
㉰ 풀림(Annealing)
㉱ 노멀라이징(Normalizing)

해설 담금질 : 강의 열처리에서 적당한 경도를 얻기 위하여 가열 후 급속히 냉각시키는 작업이다.

23 전기방식법 중 외부전원법에 대한 설명으로 거리가 먼 것은?

㉮ 간섭의 우려가 있다.
㉯ 설비비가 비교적 고가이다.
㉰ 방식전류의 양을 조절할 수 있다.
㉱ 방식 효과 범위가 좁다.

해설 외부전원법은 방식대상면적이 큰 구조물의 적용에 용이하다.

24 용접부 내 결함 검사에 가장 적합한 방법으로 검사결과의 기록이 가능하나 검사비용이 비싼 검사방법은?

㉮ 자분검사　　　　㉯ 침투검사
㉰ 방사선투과검사　㉱ 음향검사

해설 방사선 투과검사 : 검사비용이 비싸다.

25 프로판 용기에 V : 47, TP : 31로 각인이 되어 있다. 프로판의 충전상수가 2.35일 때 충전량(kg)은?

㉮ 10kg　　　　㉯ 15kg
㉰ 20kg　　　　㉱ 50kg

해설 $W = \dfrac{V}{C} = \dfrac{47}{2.35} = 20kg$

26 고압가스 용기에 사용되는 강은 탄소, 인, 유황의 함유량을 제한하고 있다. 제한하는 이유로 옳지 않은 것은?

㉮ 인의 양이 많아지면 연신율이 감소한다.
㉯ 황이 많아지면 고온가공성을 나쁘게 한다.
㉰ 탄소량이 증가하면 연신율 충격치는 증가한다.
㉱ 구리의 양이 많아지면 냉간가공성이 나빠진다.

해설 탄소량이 증가하면 연신율이나 충격치가 감소한다.

27 강재취성의 결정인자로서 가장 거리가 먼 것은?

㉮ 탄소(C)　　　　㉯ 인(P)
㉰ 황(S)　　　　　㉱ 브롬(Br)

해설 취성은 부서지고 깨지는 현상으로 탄소, 인, 황의 성분함량에 따라 달라진다.

28 가정용 LP 가스 용기로 가장 흔히 사용되는 용기는

㉮ 용접용기　　　　㉯ 납땜용기
㉰ 이음새 없는 용기　㉱ 구리용기

해설 LP 용기는 저압용기이기 때문에 용접용기가 많이 사용된다.

정답 21.㉮ 22.㉮ 23.㉱ 24.㉰ 25.㉰ 26.㉰ 27.㉱ 28.㉮

29 직경이 각각 4m와 8m인 2개의 액화 석유 가스 저장탱크가 인접해 있을 경우 두 저장 탱크 간에 유지하여야 할 거리는?

㉮ 1m 이상　　㉯ 2m 이상
㉰ 3m 이상　　㉱ 4m 이상

해설 탱크지름 총합 × $\frac{1}{4}$

$$\therefore (4+8) \times \frac{1}{4} = 3 \text{ 이상}$$

30 이음새 없는(Seamless) 용기에 대한 설명으로 옳지 않은 것은?

㉮ 초저온 용기의 재료에는 주로 탄소강이 사용된다.
㉯ 고압에 견디기 쉬운 구조이다.
㉰ 내압에 대한 응력분포가 균일하다.
㉱ 제조법에는 만네스만식이 대표적이다.

해설 초저온 용기에는 니켈 등을 사용한다.

31 가스 연소시 역화(Flash Back)의 원인이 아닌 것은?

㉮ 가스압력이 낮아진 때
㉯ 노즐의 부식
㉰ 과다한 가스의 공급
㉱ 버너의 과열

해설 과다한 가스의 공급은 선화(Lifting)의 원인(화염이 염공을 떠나 공간에서 연소)이 된다.

32 아세틸렌을 용기에 충전하는 경우 충전 중의 압력은 온도에 불구하고 몇 MPa 이하로 하여야 하는가?

㉮ 2.5　　㉯ 3.0
㉰ 3.5　　㉱ 4.0

해설 아세틸렌은 온도에도 불구하고 충전 중의 압력은 25kg/cm²(2.5MPa) 이하로 충전한다.

33 다음 중 옳은 설명은?

㉮ 비례 한도 내에서 응력과 변형은 반비례한다.
㉯ 탄성 한도 내에서 가로와 세로 변형률의 비는 재료에 관계없이 일정한 값이 된다.
㉰ 안전율은 파괴강도와 허용응력에 각각 비례한다.
㉱ 인장시험에서 하중을 제거시킬 때 변형이 원상태로 되돌아가는 최대 응력값을 탄성 한도라 한다.

해설 탄성한도 내에서 가로와 세로 변형률의 비는 재료에 관계없이 일정한 값이 된다.

34 이산화탄소 소화설비의 가스압력식 기동 장치의 설비 기준 중 기동용 가스 용기에 사용하는 밸브의 압력은 얼마 이상이어야 하는가?

㉮ 100kg/cm²　　㉯ 200kg/cm²
㉰ 250kg/cm²　　㉱ 300kg/cm²

35 가연성 액화가스를 탱크로리로 충전하던 중 탱크로리와 충전관과의 접합부분으로부터 액화가스가 급격히 누설하였다. 이때 가장 먼저 조치해야 할 사항은?

㉮ 소화기를 준비하여 화재에 대비한다.
㉯ 역류밸브를 가동하여 가스를 회수한다.
㉰ 긴급차단밸브를 조작하여 가스를 차단한다.
㉱ 탱크로리를 급히 안전한 장소로 대피시킨다.

해설 가연성 액화가스 충전 중 탱크로리와 충전관과의 접합부에서 급격히 가스가 누설되면 긴급차단밸브를 조작하여 가스를 차단시킨다.

정답 29.㉰ 30.㉮ 31.㉰ 32.㉮ 33.㉯ 34.㉰ 35.㉰

36 프로판(C_3H_8)과 부탄(C_4H_{10})의 몰비가 2 : 1인 혼합가스 3atm(절대압력), 25℃로 유지되는 용기 속에 존재할 때 이 혼합 기체의 밀도는? (단, 이상 기체로 가정)

㉮ 6.548g/L ㉯ 7.121g/L
㉰ 5.402g/L ㉱ 5.975g/L

해설 $22.4 \times \dfrac{1}{3} \times \dfrac{273+25}{273} = 8.15\text{L}$

$\dfrac{\left(44 \times \dfrac{2}{3}\right) + \left(58 \times \dfrac{1}{3}\right)}{8.15} = 5.97\text{g/L}$

37 고압가스 충전 용기의 가스 종류에 따른 색깔이 잘못 짝지어진 것은?

㉮ 아세틸렌 가스용기 : 황색
㉯ 액화암모니아 용기 : 백색
㉰ 액화탄산가스 용기 : 갈색
㉱ 액화석유가스 용기 : 회색

해설 액화탄산가스 용기 : 청색

38 금속재료에 대한 설명으로 옳지 않은 것은?

㉮ 강에 인(P)의 함유량이 많으면 신율, 충격치는 저하된다.
㉯ 크롬 17-20(%), 니켈 7-10(%) 함유한 강을 18-8 스테인리스강이라 한다.
㉰ 동과 주석의 합금은 황동이고 동과 아연의 합금은 청동이다.
㉱ 금속가공 중에 생긴 잔류응력을 제거하기 위해 열처리한다.

해설 ① 청동 : 동+주석
② 황동 : 동+아연

39 산소가스를 취급하는 장치의 주의할 점으로 옳지 않은 것은?

㉮ 고압배관에 철을 사용하지 않는다.
㉯ 윤활유를 사용하지 않는다.
㉰ 아세틸렌이 혼입되지 않도록 한다.
㉱ 구리합금을 사용할 수 없다.

해설 산소는 구리의 합금용기에 사용이 가능하다.

40 가연성 고압가스 저장탱크 외부에는 은백색 도료를 바르고 주위에서 보기 쉽도록 가스의 명칭을 표시하여야 한다. 가스명칭 표시의 색상은?

㉮ 검은 글씨 ㉯ 초록 글씨
㉰ 붉은 글씨 ㉱ 노란 글씨

해설 가연성 가스의 저장 탱크에 가스의 명칭은 붉은 글씨이다.

41 다음 고압가스 제조장치의 재료에 대한 설명으로 틀린 것은?

㉮ 상온건조 상태의 염소가스에서는 보통 강을 사용해도 된다.
㉯ 암모니아 아세틸렌의 배관재료에는 구리재를 사용해도 된다.
㉰ 탄소강의 충격치는 -70℃ 부근에서 거의 0으로 된다.
㉱ 암모니아 합성탑 내통의 재료에는 18-8 스테인리스강을 사용한다.

해설 암모니아는 구리, 아연, 은, 코발트 등의 금속이온과 반응하여 착이온을 만든다.
$Cu(OH)_2 + 4NH_3 \rightarrow Cu(NH_3)_4^{2+} + 2OH^-$
$C_2H_2 + 2Cu \rightarrow Cu_2C_2 + H_2$
$C_2H_2 + 2Ag \rightarrow Ag_2C_2 + H_2$

정답 36.㉱ 37.㉰ 38.㉰ 39.㉱ 40.㉰ 41.㉯

42 매설관의 전기방식법 중 유전양극법에 대한 설명으로 틀린 것은?

㉮ 희생양극을 사용하여 관로의 부식 전위차를 제거한다.

㉯ 양극은 소모되므로 보충할 필요가 없다.

㉱ 타 매설물에의 간섭이 거의 없다.

㉲ 방식전류의 세기(강도)의 조절이 자유롭다.

해설 유전양극법이 아닌 외부전원법 전기방식은 전압 전류의 조정이 필요하다.

43 내진설계시 지반종류와 호칭이 옳은 것은?

㉮ S_A : 경암지반

㉯ S_A : 보통암지반

㉱ S_B : 단단한 토사지반

㉲ S_B : 연약한 토사지반

해설 S_A : 경암지반 　　S_B : 보통암지반
　　　S_C : 연암지반 　　S_D : 토사지반
　　　S_E : 연약한 토사지반
　　　S_F : 부지 고유의 특성 평가가 요구되는 지반

44 고온 고압에서 암모니아 가스의 장치에 사용될 수 있는 재료는?

㉮ 알루미늄합금

㉯ 페라이트계 스테인리스강

㉱ 탄소강

㉲ 오스테나이트계 스테인리스강

해설 고온 고압의 암모니아 가스의 장치 재료
　　① 18-8 오스테나이트계 스테인리스강
　　② 니켈-크롬-몰리브덴강

45 다음 고압가스 안전장치(밸브) 중 고온에서의 사용이 적당하지 않은 밸브는?

㉮ 중추식　　　　㉯ 파열판식

㉱ 가용전식　　　㉲ 스프링식

해설 가용전은 밸브가 아니고 안전장치이다.

46 일산화탄소에 의한 카보닐을 생성시키지 않는 금속은?

㉮ 코발트(Co)　　㉯ 철(Fe)

㉱ 크롬(Cr)　　　㉲ 니켈(Ni)

해설 일산화탄소의 카보닐 생성(고온 고압에서)
　　① 니켈카보닐 $Ni + 4CO \xrightarrow{100℃ 이상} Ni(CO)_4$
　　② 철카보닐 $Fe + 5CO \xrightarrow{고압} Fe(CO)_5$
　　카보닐을 방지하기 위한 은, 구리, 알루미늄 등의 라이닝 실시

47 특수강에 내마열성 내식성을 부여하기 위하여 첨가하는 원소는?

㉮ 니켈　　　　　㉯ 크롬

㉱ 몰리브덴　　　㉲ 망간

해설 크롬의 현상
　　① 인장강도나 항복점을 높일 수 있다.
　　② 내식성, 내열성, 내마모성을 증가시킨다.

48 내식성이 좋으며 인장강도가 크고 고온에서 크리프(Creep)가 높은 합금은?

㉮ 텅스텐 합금　　㉯ 구리 합금

㉱ 티타늄 합금　　㉲ 망간 합금

해설 티타늄(Ti) 합금은 내식성이 좋으며 인장강도가 크고 고온에서 크리프가 높다.

정답 42.㉲ 43.㉯ 44.㉮ 45.㉱ 46.㉱ 47.㉯ 48.㉱

49 다음 중 500℃ 이상의 고온, 고압 가스설비에 사용이 적당한 재료는?

㉮ 탄소강 ㉯ 구리
㉰ 크롬강 ㉱ 고탄소강

해설 크롬강(Cr)은 500℃ 이상의 고온, 고압가스 설비에 사용이 적당하다.

50 내용적 10m³의 액화산소 저장설비(지상설치)와 제1종 보호시설과 유지해야 할 안전거리는? (단, 액화산소의 상용온도에서의 액화비중 : 1.14로 본다.)

㉮ 7m ㉯ 9m
㉰ 14m ㉱ 21m

해설 10m³=10,000L
10,000×1.14=11,400kg
1만 kg 초과~2만 kg 이하에서
• 제1종 보호시설과의 안전거리 : 14m
• 제2종 보호시설과의 안전거리 : 9m

51 전기방식 중 희생양극법의 특징으로 틀린 것은?

㉮ 과방식의 염려가 없다.
㉯ 다른 매설금속에 대한 간섭이 거의 없다.
㉰ 간편하다.
㉱ 양극의 소모가 거의 없다.

해설 양극의 소모가 거의 없는 전기방식은 외부전원법이다.

52 메탄염소화에 의해 염화메틸(CH_3Cl)을 제조할 때 반응온도는 얼마 정도로 해야 하는가?

㉮ 400℃ ㉯ 300℃
㉰ 200℃ ㉱ 100℃

해설 염화메틸(메틸클로라이드, 클로로메틸)은 상온 상압하에서 기체이다(독성이며 가연성가스).
① 폭발범위 : 8.25~18.7%
② 허용농도 : 100ppm
③ 메탄과 염소를 400℃에서 가열하여 만든다.

53 용기 재료의 구비조건으로 잘못된 것은?

㉮ 무게가 무거울 것
㉯ 충분한 강도를 가질 것
㉰ 내식성을 가질 것
㉱ 가공 중 결함이 생기지 않을 것

해설 용기 재료는 가벼울 것

54 고압가스 용기의 충전구에 관한 내용 중 옳은 것은?

㉮ 가연성 가스의 경우 대개 오른나사이다.
㉯ 충전가스가 암모니아인 경우 왼나사이다.
㉰ 가스 충전구는 나사가 없을 수는 없다.
㉱ 가연성 가스의 경우 왼나사이다.

해설 가연성 가스의 모든 용기 충전구 나사는 왼나사(다만 암모니아나 브롬화 메탄가스만은 제외)

55 저온 장치용 금속재료로 적당하지 않은 것은?

㉮ 탄소강
㉯ 황동
㉰ 9% 니켈강
㉱ 18-8 스테인리스강

해설 탄소강은 −70℃에서 충격값이 '0'이 되므로 저온 장치에는 사용이 불가하다.

정답 49.㉰ 50.㉰ 51.㉱ 52.㉮ 53.㉮ 54.㉱ 55.㉮

56 상용압력이 0.1MPa 이하인 아세틸렌 역화방지장치의 방출장치 작동압력으로 옳은 것은?

㉮ 1MPa 이상

㉯ 2MPa 이상

㉰ 0.3MPa 이상 0.4MPa 이하

㉱ 0.4MPa 이상 0.5MPa 이하

해설 역화방지장치 내에 들어가는 물질은 페로실리콘, 자갈, 모래, 물이다.

57 고압가스 용기를 내압 시험한 결과 전증가량은 250cc, 영구 증가량이 15cc이다. 영구 증가율은 얼마인가? 또 이 용기는 내압 시험에 합격할 수 있는가?

㉮ 6%, 불합격이다.

㉯ 5.7%, 불합격이다.

㉰ 5.7%, 합격이다.

㉱ 6%, 합격이다.

해설 $\frac{15}{250} \times 100 = 6\%$

영구증가율이 10% 이내이므로 합격용기이다.

58 탄소강에 각종 원소를 첨가하면 특수한 성질을 지니게 되는데 각 원소의 영향을 바르게 연결한 것은?

㉮ Ni - 내마멸성 및 내식성 증가

㉯ Cr - 인성 및 저온충격저항 증가

㉰ Mo - 고온에서 인장강도 및 경도 증가

㉱ Cu - 전자기성 및 경화능력 증가

해설 Mo(몰리브덴) : 고온에서 강도, 경도, 강인성을 증가시키나 연성은 감소한다.(고온가공은 용이하게 한다. 적열취성방지)

59 고압가스 용기에 사용되는 강의 성분원소 작용에 대한 설명으로 옳은 것은?

㉮ 탄소량이 증가할수록 인장강도는 증가한다.

㉯ 인(P)은 적열취성의 원인이 된다.

㉰ 황(S)은 상온취성의 원인이 된다.

㉱ 망간(Mn)은 적열취성의 원인이 된다.

해설 ① 탄소량 증가 : 인장강도, 경도, 항복점, 비열, 취성, 전기저항 증가
② 인 : 경도, 인장강도 증가, 연신율 감소
③ 황 : 적열취성 발생
④ 망간 : 적열취성 방지

60 암모니아를 취급하는 설비의 재료에 대한 설명 중 가장 거리가 먼 것은?

㉮ 저온이나 상온에서는 강재를 침식하지 않는다.

㉯ 고온, 고압하에서 질화와 수소취성이 동시에 일어난다.

㉰ 부식 및 취성 방지를 위해 18-8 스테인리스 강과 같은 재료를 사용한다.

㉱ 직접 접촉하는 부분에는 내식성 재료인 동 및 동 합금을 사용하여야 한다.

해설 ① 암모니아 냉매용기는 탄소강 사용
② NH_3는 Cu, Zn, Ag, Al, Co 등과 착이온 발생 (사용불가)

61 고압가스용기 및 장치 가공 후 열처리를 실시하는 가장 큰 이유는?

㉮ 가공 중 나타난 잔류응력을 제거하기 위함이다.

㉯ 재료의 표면을 연화시켜 가공하기 쉽도록 하기 위함이다.

정답 56.㉰ 57.㉱ 58.㉰ 59.㉮ 60.㉱ 61.㉮

㉼ 재료표면의 경도를 높이기 위함이다.

㉣ 부동태 피막을 형성시켜 내산성을 증가시키기 위함이다.

> **해설** 고압가스 용기의 가공 후 열처리의 목적은 가공 중 나타난 잔류응력을 제거하기 위함이다.

62 다음 중 동 및 동합금을 장치의 재료로 사용할 수 있는 것은?

㉮ 암모니아 ㉯ 아세틸렌

㉰ 황화수소 ㉱ 알곤

> **해설** 알곤은 불활성 기체이므로 동이나 동합금의 재료로 만든 용기에 저장하여도 별다른 반응이 일어나지 않는다.

63 산소용기 저장시설에 관한 설명으로 옳지 않은 것은?

㉮ 화기를 취급하는 장소 및 사람의 출입이 많은 장소에는 저장하지 않을 것

㉯ 염분 또는 부식성 약품의 부근 등 용기 부식의 요인이 있는 장소에는 저장하지 않을 것

㉰ 충전용기 보관장소에는 흡수 재해제를 갖추어 놓을 것

㉱ 빈 용기는 그 표시를 하고 충전용기와 구별하여 둘 것

> **해설** 산소는 독성 가스가 아니므로 재해제는 필요 없는 가스이다.

64 "잔가스용기"라 함은 고압가스의 충전압력이 얼마인 상태를 말하는가?

㉮ 1/2 미만 ㉯ 1/3 미만

㉰ 1/4 미만 ㉱ 1/5 미만

> **해설** 잔가스용기란 고압가스의 충전압력 1/2 미만의 용기이다.

65 가단주철제 관 이음쇠의 종류가 아닌 것은?

㉮ 소켓 ㉯ 니플

㉰ 티 ㉱ 개스킷

> **해설** 개스킷 : 기밀누설방지제

66 압연재나 단조재에서 비금속 개재울이 원인이 되어, 두 층 이상으로 벗겨지기 쉬운 것을 무엇이라 하는가?

㉮ 미생물 부식

㉯ 공동(Cavitation)

㉰ 공식(Pitting)

㉱ 라미네이션(Lamination)

> **해설** 라미네이션
> 압연재나 단조재에서 비금속 개재울이 원인이 되어 두 층 이상으로 벗겨지기 쉬운 현상이다.

67 다음 비파괴 검사방법 중 직관성이 있고, 결과의 기록이 가능하여 객관성 있는 시험법은?

㉮ 방사선투과시험 ㉯ 초음파탐상시험

㉰ 자분탐상시험 ㉱ 침투탐상시험

> **해설** 방사선 비파괴 검사법은 결과의 기록이 가능하며 객관성이 있다.

68 다음 보기항 중 설명이 틀린 것은?

㉮ 탄소강에서 탄소 함유량이 1.0% 이상일 경우 경도는 증가하나 인장강도는 급격히 감소한다.

㉯ 규소는 탄소강의 유동성과 냉간 가공성을 좋게 한다.

정답 | **62.**㉱ **63.**㉰ **64.**㉮ **65.**㉱ **66.**㉱ **67.**㉮ **68.**㉯

㉒ 탄소강에 크롬을 첨가하면 내마멸성과 내식성이 증가한다.

㉔ 강제 중에 인(P)이 많이 함유되면 연신율이 저하된다.

해설 규소(Si)는 유동성을 좋게 하나 단접성 및 냉간 가공성을 나쁘게 한다.

69 충전용기의 정의로 옳게 표현된 것은?

㉮ 1/2 이상 충전되어 있는 상태의 용기

㉯ 2/3 이상 충전되어 있는 상태의 용기

㉰ 3/5 이상 충전되어 있는 상태의 용기

㉱ 4/5 이상 충전되어 있는 상태의 용기

해설 충전용기 : 용기 내에 가스용량이 $\frac{1}{2}$ 이상 충전된 용기이다.

70 아세틸렌 용기의 다공질물 용적이 150m³, 침윤잔용적이 80m³일 때 다공도는 약 몇 %인가?

㉮ 20% ㉯ 36%

㉰ 40% ㉱ 47%

해설 $\frac{150-80}{150} \times 100 = 46.66\%$

71 내용적이 500L, 압력이 12MPa이고, 용기 본수는 120개일 때 압축가스의 저장능력은 몇 m³인가?

㉮ 3,260 ㉯ 5,230

㉰ 7,260 ㉱ 7,580

해설 $500L = 0.5m^3$

$abs = 120 + 1 = 121kg/cm^2$

$1MPa = 10kg/cm^2$

$V = 121 \times 0.5 \times 120 = 7,260m^3$

72 가스가 공급되는 시설 중 지하에 매설되는 강재 배관에는 부식을 방지하기 위하여 전기적 부식방지조치를 한다. Mg-Anode를 이용하여 양극금속과 매설 배관을 전선으로 연결하여 양극금속과 매설배관 사이의 전지작용에 의해 전기적 부식을 방지하는 방법은?

㉮ 직접배류법 ㉯ 외부전원법

㉰ 선택배류법 ㉱ 희생양극법

해설 Mg-애노드를 이용하여 양극금속과 매설배관을 전선으로 연결하여 양극금속화 매설배관 전지작용에 의해 전기적 부식을 방지하는 희생양극법이 있다.

73 금속의 성질을 개선하기 위한 열처리 중 풀림(Annealing)에 대한 설명으로 가장 거리가 먼 내용은?

㉮ 냉간가공이나 기계가공을 용이하게 한다.

㉯ 주로 재료를 연하게 하는 일반적인 처리를 말한다.

㉰ 가공 중의 내부응력을 제거한다.

㉱ 불림과 다른 점은 가열 후 급격하게 냉각시키는 것이다.

해설 풀림열처리(소둔 : 어닐링)

열처리로 경화된 재료 및 가공 경화된 재료를 연화시키거나 가공 중에 발생한 잔류응력을 제거하기 위해서 뜨임 온도보다 약간 높은 온도로 가열하여 가열로 속에서 서서히 냉각시킨다.

정답 69.㉮ 70.㉱ 71.㉰ 72.㉱ 73.㉱

74 그림은 수소용기의 각인이다. ① V ② TP ③ FP의 의미에 대하여 바르게 나타낸 것은?

```
□H₂
A B 12345
V 46.9      5 −68
W68.3       TP 25
  연          FP 15
  수
  소
```

㉮ ① 내용적 : 46.9L
② 최고충전압력 : 25MPa
③ 내압시험압력 : 15MPa

㉯ ① 총부피 : 46.9L
② 내압시험압력 : 25MPa
③ 기밀시험압력 : 15MPa

㉰ ① 내용적 : 46.9L
② 내압시험압력 : 25MPa
③ 최고충전압력 : 15MPa

㉱ ① 내용적 : 46.9L
② 사용압력 : 25MPa
③ 기밀시험압력 : 15MPa

해설 ① V : 내용적
② T.P : 내압시험
③ F.P : 최고충전압력

75 이음매 없는 용기 제조 시 재료시험 항목이 아닌 것은?

㉮ 인장시험　　　㉯ 충격시험
㉰ 압궤시험　　　㉱ 기밀시험

해설 기밀시험
용기의 재료시험 항목이 아닌 배관 또는 용기제조 시 시험항목이다.

76 두께 3mm, 내경 20mm 강관에 내압이 2kgf/cm²일 때, 원주방향으로 강관에 작용하는 응력은 얼마인가?

㉮ 3.33kgf/cm²　　　㉯ 6.67kgf/cm²
㉰ 3.33kgf/mm²　　　㉱ 6.67kgf/mm²

해설
$$a_1 = \frac{PD}{200t} = \frac{2 \times 20}{200 \times 3}$$
$$= 0.0666 kgf/mm^2 \, (6.67 kgf/cm^2)$$

77 내용적이 300L인 고압가스 강제 용기의 방사선투과검사 방법에 대한 설명 중 틀린 것은?

㉮ 2중벽단상 또는 단일벽단상 촬영방법으로 실시한다.

㉯ 투과사진의 상질은 보통급으로 한다.

㉰ 계조계는 원둘레이음매의 경우에만 사용한다.

㉱ 촬영부위는 길이이음과 원둘레이음과의 교차부도 포함한다.

해설 계조계는 길이이음에도 방사선투과검사가 필요하다.

78 배관에서 관경이 큰 관과 관경이 작은 관을 연결할 때 주로 사용하는 것은?

㉮ T(Tee)

㉯ 리듀서(Reducer)

㉰ 플랜지(Flange)

㉱ 엘보(Elbow)

해설

리듀서(줄임쇠)

79 고압가스용기의 재료로 사용되는 강의 성분 중 탄소량이 증가할수록 감소하는 것은?

㉮ 연신율　　　　　㉯ 인장강도

㉰ 경도　　　　　　㉭ 항복점

> **해설** 탄소량이 증가하면 인성, 연신율, 충격치, 비중, 용해온도, 열전도율이 감소한다.

80 매설배관의 경우에는 유기물질 재료를 피복재로 사용하면 부식방식이 된다. 이 중 타르 에폭시 피복재의 특성에 대한 설명 중 틀린 것은?

㉮ 저온시에도 경화가 빠르다.

㉯ 밀착성이 좋다.

㉰ 내마모성이 크다.

㉭ 토양응력에 강하다.

> **해설** 타르 에폭시 피복재 특성
> ① 저온시에 경화가 느리다.
> ② 밀착성이 좋다.
> ③ 내마모성이 크다.
> ④ 토양응력에 강하다.

81 저온, 고압 재료로 사용되는 특수강의 구비조건 중 틀린 것은?

㉮ 접촉 유체에 대한 내식성이 클 것

㉯ 조작 중 예상되는 고온에 대해 기계적 강도를 가질 것

㉰ 크리프 강도가 작을 것

㉭ 저온에서 재질의 노화를 일으키지 않을 것

> **해설** 특수강은 크리프 강도가 커야 한다.

82 사용압력이 60kg/cm², 관의 허용응력이 20kg/mm²일 때의 스케줄 번호는 얼마인가?

㉮ 15　　　　　　㉯ 20

㉰ 30　　　　　　㉭ 60

> **해설** $sch = 10 \times \dfrac{P}{S} = 10 \times \dfrac{60}{20} = 30$

83 내용적 50L의 용기에 120kg/cm²의 압력으로 충전되어 있는 가스를 같은 온도에서 40L의 용기에 채우면 압력(kg/cm²)은?

㉮ 96kg/cm²　　　　㉯ 144kg/cm²

㉰ 150kg/cm²　　　㉭ 180kg/cm²

> **해설** $P_2 = 120 \times \dfrac{50}{40} = 150 \text{kg/cm}^2$

84 저온재료의 요구 특성에 대한 설명 중 옳지 않은 것은?

㉮ 열팽창계수가 큰 것을 사용할 것

㉯ 저온에 대한 기계적 성질이 보증될 것

㉰ 내용물에 대한 내식성이 좋을 것

㉭ 가공성 및 용접성이 좋을 것

> **해설** 저온재료는 열팽창계수가 작아야 한다.

85 다음 중 재료에 대한 비파괴 검사방법이 아닌 것은?

㉮ 타진법　　　　　㉯ 초음파탐상시험법

㉰ 인장시험법　　　㉭ 방사선투과시험법

> **해설** 인장시험법 : 파괴검사법

정답 79.㉮ 80.㉮ 81.㉰ 82.㉰ 83.㉰ 84.㉮ 85.㉰

86 용기 내압시험시 뷰렛은 300mL의 용적을 가지고 있으며 전 증가는 200mL, 항구증가는 15mL일 때 이 용기의 항구 증가율은?

㉮ 5%
㉯ 6%
㉰ 7.5%
㉱ 8.5%

해설 $\dfrac{15}{200} \times 100 = 7.5\%$

87 프로판의 비중을 1.5라 하면 입상 50m의 지점에서의 배관의 수직방향에 의한 압력손실은 몇 mm 수주인가?

㉮ 12.9
㉯ 19.4
㉰ 32.3
㉱ 75.2

해설 H＝1.293(S－1)h
H/h＝1.293×(1.5－1)＝0.6465mmH₂O/m
∴ 0.6465×50＝32.325mmH₂O

88 고압장치 배관에 발생된 열응력을 제거하기 위한 이음이 아닌 것은?

㉮ 루프형
㉯ 슬라이드형
㉰ 벨로스형
㉱ 플랜지형

해설 플랜지형 : 강도상 유리하나 열응력 제거는 허용되지 않는 이음이다.

89 관내부의 마찰계수를 0.002, 길이 100m, 관의 내경 40mm, 유속 2m/s, 중력가속도 9.8m/s² 일 때 마찰에 의한 수두손실은 약 몇 m인가?

㉮ 0.0102
㉯ 0.102
㉰ 1.02
㉱ 10.2

해설 $H_L = \lambda \times \dfrac{L}{d} \times \dfrac{V^2}{2g}$

$= 0.002 \times \dfrac{100}{0.04} \times \dfrac{2^2}{2 \times 9.8} = 1.02\text{m}$

90 배관 신축 이음의 허용 길이가 가장 작은 것은?

㉮ 루프형
㉯ 슬리브형
㉰ 렌즈형
㉱ 벨로스형

해설 배관의 신축허용도
루프형＞슬리브형＞벨로스형

91 직경 50mm의 강재로 된 둥근 막대가 8,000kg의 인장하중을 받을 때의 응력은?

㉮ 2kg/mm²
㉯ 4kg/mm²
㉰ 6kg/mm²
㉱ 8kg/mm²

해설 $A = \dfrac{\pi}{4}D^2 = \dfrac{3.14}{4} \times 50^2 = 1,962.5\text{mm}^2$

$\therefore \dfrac{8,000}{1,962.5} = 4.076\text{kg/mm}^2$

92 관경 1B, 길이 30m인 LP 가스 저압 배관에 프로판 5m/hr로 흐를 경우 압력손실은 수주 14mm이다. 이 배관에 부탄을 6m/hr로 흐르게 할 경우 수주는 약 몇 mm가 되겠는가? (단, 프로판 부탄의 가스비중은 각각 1.5 및 2.0이고, $Q = K\sqrt{\dfrac{H \cdot D^5}{S \cdot L}}$ 공식을 이용한다.)

㉮ 20mm
㉯ 24mm
㉰ 27mm
㉱ 30mm

해설 $H = \dfrac{Q^2 \cdot S \cdot L}{K^2 \cdot D^5} = 27\text{mmH}_2\text{O}$

정답 86.㉰ 87.㉰ 88.㉱ 89.㉰ 90.㉱ 91.㉯ 92.㉰

93 외경과 내경의 비가 1.2 미만인 경우 배관의 두께 산출식은? (단, t : 배관의 두께[mm], P : 상용압력[MPa], D : 내경에서 부식여유를 뺀 수치[mm], f : 재료의 인장강도[N/mm²] 규격 최소치이거나 항복점[N/mm²] 규격 최소치의 1.6배, C : 관내면의 부식여유[mm], s : 안전율)

㉮ $t = \dfrac{P \cdot D}{2\dfrac{f}{s} - P} + C$

㉯ $t = \dfrac{P \cdot D}{100\dfrac{f}{s} - P} + C$

㉢ $t = \dfrac{D}{2}\left(\dfrac{\dfrac{f}{s}+P}{\dfrac{f}{s}-P} - 1\right) + C$

㉣ $t = \dfrac{D}{2}\left(\sqrt{\dfrac{2\dfrac{f}{s}+P}{2\dfrac{f}{s}-P}} - 1\right) + C$

해설 ㉮는 외경과 내경의 비가 1.2 미만
㉢는 외경과 내경의 비가 1.2 이상

94 다음 중 동관(銅管)의 장점에 대한 설명이 아닌 것은?

㉮ 열전도율이 적다.
㉯ 시공이 용이하다.
㉢ 내표면에서 마찰손실이 적다.
㉣ 내식성 및 열변형에 강하다.

해설 ① 동관은 열전도율이 은(Ag) 다음으로 크다.
② 열전도율은 332kcal/mh℃이다.
③ 비열은 20℃에서 0.0921cal/g℃

95 부식성 유체, 괴상물질을 함유한 유체에 적합하며 일회성인 안전밸브는?

㉮ 스프링식　　㉯ 가용전식
㉢ 파열판식　　㉣ 중추식

해설 파열판은 일회성인 안전밸브로서 재사용이 어렵다.(부식성 유체, 괴상물질용)

96 다음 중 배관의 온도변화에 신축을 흡수하는 조치로 틀린 것은?

㉮ 벨로스형 신축이음매　　㉯ 루프이음
㉢ 나사이음　　㉣ 상온스프링

해설 배관의 이음
① 나사이음
② 용접이음
③ 플랜지이음

97 배관용 탄소강관의 인장강도는 30kg/cm² 이상이며 200A의 강관(외경D = 216.3mm, 구경두께 5.8mm)이 내압 9.9kg/cm²을 받았을 경우에 관에 생기는 원주 방향 응력은?

㉮ 88kg/cm²　　㉯ 175kg/cm²
㉢ 263kg/cm²　　㉣ 351kg/cm²

해설 $\dfrac{PD}{2t} = \dfrac{9.9 \times (200+5.8)}{2 \times 5.8} = 175.6 \text{kg/cm}^2$

98 바깥지름과 안지름의 비가 1.2 이상인 산소가스 배관의 두께를 구하는 식은 다음과 같다. 여기에서 C는 무엇을 뜻하는가? (단, t는 관두께, D는 안지름, s는 안전율, P는 상용압력, f는 재료의 인장강도 규격최소치)

$$t = \dfrac{D}{2}\left[\dfrac{\dfrac{f}{s}+P}{\dfrac{f}{s}-P} - 1\right] + C$$

㉮ 부식여유수치　　㉯ 인장강도
㉢ 이음매의 효율　　㉣ 안전여유수치

해설 C : 부식여유수치(mm)

정답 93.㉮　94.㉮　95.㉢　96.㉢　97.㉯　98.㉮

99 저압 가스 배관에서 관의 내경이 1/2배로 되면 압력손실은 몇 배로 되는가? (단, 다른 모든 조건은 동일한 것으로 본다.)

㉮ 4　　　　　　　㉯ 16
㉰ 32　　　　　　㉱ 64

해설 배관 내의 압력손실에서 관의 경우 관내경의 5승에 반비례한다(내경 1/2 감소하면 압력손실은 32배 증가).

100 안지름 10cm의 파이프를 플랜지에 접속하였다. 이 파이프 내에 40kg/cm²의 압력으로 볼트 1개에 걸리는 힘을 400kg 이하로 하고자 할 때 볼트수는 최소 몇 개 필요한가?

㉮ 5개　　　　　㉯ 8개
㉰ 12개　　　　㉱ 15개

해설 $\dfrac{\left(\dfrac{3.14}{4}\times10^2\right)\times40}{400}=7.85개≒8개$

101 고압가스 제조설비의 저장탱크에 설치하는 안전밸브의 가스방출관의 설치 위치는?

㉮ 지면에서 2m, 저장탱크의 정상부에서 3m 높은 위치
㉯ 지면에서 3m, 저장탱크의 정상부에서 4m 높은 위치
㉰ 지상에서 5m 이상의 또는 저장탱크의 정상부로부터 2m 이상 중 높은 위치
㉱ 지상에서 5m 이하의 높이에 설치하고 저장탱크의 주위에 마른 모래를 채울 것

해설 고압가스 저장탱크의 안전밸브는 지상 5m 이상의 또는 저장탱크 정상부로부터 2m 이상 중 높은 위치에 설치한다.

102 도시가스 배관 공사시 사용되는 밸브 중 전개시 유동 저항이 적고 서서히 개폐가 가능하므로 충격을 일으키는 것이 적으나, 유체 중 불순물이 있는 경우 밸브에 고이기 쉬우므로 차단능력이 저하될 수 있는 밸브는?

㉮ 볼 밸브　　　　㉯ 플라이 밸브
㉰ 게이트 밸브　　㉱ 버터플라이 밸브

해설 게이트(슬루스 밸브) 밸브
유동저항이 적고 개폐가 느리고 유체 중 불순물이 고이기 쉽다.

103 압력손실의 원인으로 가장 거리가 먼 것은?

㉮ 입상배관에 의한 손실
㉯ 관부속품에 의한 손실
㉰ 관길이에 의한 손실
㉱ 관두께에 의한 손실

해설 압력의 손실 원인
① 배관의 직관부에서 일어나는 압력손실
② 관의 입상에 의한 압력손실
③ 엘보, 티, 밸브 등에 의한 압력손실
④ 가스미터, 코크 등에 의한 압력손실

104 염소가스공급(기화장치)설비에서 안전밸브의 설정기준으로 적합한 것은?

㉮ 형식은 파열판식으로 하여야 한다.
㉯ 설정압력은 내압시험압력의 50% 이상으로 한다.
㉰ 분출정지압력은 상용압력 이하이어야 한다.
㉱ 안전밸브 접속배관 내경은 분출구경 이상으로 하여야 한다.

해설 ① 염소의 안전밸브는 가용전이다(합금용융온도는 65~68℃이다).
② 염소의 용기바탕색은 갈색이다.

정답 99.㉰　100.㉯　101.㉰　102.㉰　103.㉱　104.㉱

105 배관지름을 결정하는 요소로서 가장 거리가 먼 것은?

㉮ 최대가스소비량
㉯ 최대가스발열량
㉰ 허용압력손실
㉱ 배관길이, 가스종류

해설 배관지름의 결정 요소
① 최대가스소비량
② 허용압력손실
③ 배관길이, 가스의 종류

106 최고충전압력이 180kg/cm²인 용기에 압축가스를 충전할 때 안전밸브 작동압력은 몇 kg/cm²인가?

㉮ 240 이하
㉯ 300 이하
㉰ 144 이하
㉱ 270 이하

해설 안전밸브 작동압력

내압시험$\times \dfrac{8}{10}$

$= 180 \times \dfrac{5}{3} \times \dfrac{8}{10} = 240 \text{kg/cm}^2$ 이하

※ 내압시험 = 최고충전압력 $\times \dfrac{5}{3}$ 배

107 압력배관용 탄소강관(SPPS)에서 스케줄 번호(SCH)를 나타내는 식은? (단, P : 상용압력 [kgf/cm²], 허용응력[kgf/mm²])

㉮ $SCH = 10 \times \dfrac{S}{P}$

㉯ $SCH = 1,000 \times \dfrac{S}{P}$

㉰ $SCH = 1,000 \times \dfrac{P}{S}$

㉱ $SCH = 10 \times \dfrac{P}{S}$

해설 $SCH = 10 \times \dfrac{P}{S}$

108 관 지름이 10mm인 저압배관에 부탄가스를 10L/min로 통과시켰다. 어떤 지점에서의 압력손실이 10mmH₂O였다면 그 배관 지점은 몇 m인가? (단, 가스비중은 2이고, 유량계수는 0.7이다.)

㉮ 약 5.8m
㉯ 약 6.8m
㉰ 약 7.8m
㉱ 약 8.8m

해설 $Q = K \sqrt{\dfrac{D^5 \cdot H}{S \cdot L}}$

$\left(\dfrac{10 \times 60}{1,000}\right) = 0.7 \sqrt{\dfrac{1^5 \times 10}{2 \times L}}$

$\therefore \ L = 6.8\text{m}$

109 배관의 스케줄 번호를 정하기 위한 식은?
(단, P는 사용압력(kg/cm²), S는 허용응력(kg/mm²))

㉮ $100 \times \dfrac{P}{S}$

㉯ $100 \times \dfrac{S}{P}$

㉰ $1,000 \times \dfrac{P}{S}$

㉱ $1,000 \times \dfrac{S}{P}$

110 가스 배관으로 강재를 사용할 경우 수분이 있으면 가장 피해가 큰 것은?

㉮ 아세틸렌 배관
㉯ 도시가스 배관
㉰ 염소 배관
㉱ 산소 배관

해설 $Cl_2 + H_2O \rightarrow HCl + HClO$
$Fe + 2HCl \rightarrow FeCl_2 + H_2$
염소는 수분과 반응하여 염산(HCl)을 생성, 강재를 부식시킨다(120℃에서 반응).

111 설정온도에서 용기 내의 온도가 규정온도 이상이면 퓨즈가 녹아서 용기 내의 전체 가스를 배출하는 구조로 되어 있는 밸브는?

정답 105.㉯ 106.㉮ 107.㉱ 108.㉯ 109.㉰ 110.㉰ 111.㉰

㉮ 파열판식 안전밸브

㉯ 중추식 안전밸브

㉰ 가용전식 안전밸브

㉱ 스프링식 안전밸브

해설 가용전식 안전밸브는 퓨즈가 녹아서 용기 내의 전체가스를 배출하는 구조이다.

---

112 배관 등의 용접 및 비파괴검사 중 용접부의 외관검사로서 기준에 맞지 않는 것은?

㉮ 보강 덧붙임은 그 높이가 모재 표면보다 낮지 않도록 하고, 3mm 이상으로 할 것

㉯ 외면의 언더컷은 그 단면이 V자형으로 되지 않도록 하며, 1개의 언더컷 길이 및 30mm 이하 및 0.5mm 이하이어야 한다.

㉰ 용접부 및 그 부근에는 균열, 아크스트라이크, 위해하다고 인정되는 지그의 흔적, 오버랩 및 피트 등의 결함이 없을 것

㉱ 비드형상이 일정하며, 슬러그, 스패터 등이 부착되어 있지 않을 것

해설 보강 덧붙임
그 높이가 모재 표면보다 낮지 않도록 하고 3mm 이하로 할 것

---

113 고압배관에 사용할 수 있는 탄소강 강관의 기호는?

㉮ SG   ㉯ SPPS

㉰ SPPH   ㉱ SPPW

해설
- SPPS : 압력배관용
- SPPH : 고압배관용

---

114 고압가스 제조시설에 안전밸브를 설치하려 할 때 안전밸브의 최소 구경은 몇 [mm]로 하여야 하는가? (단, 배관의 외경은 100[mm], 내경은 50[mm]이다.)

㉮ 31.62mm   ㉯ 28.6mm

㉰ 36.52mm   ㉱ 42.2mm

해설 $$A = \frac{\pi D^2}{4} = \frac{3.14 \times 100^2}{4} = 7{,}850\,\text{mm}^2$$

$$7{,}850 \times \frac{1}{10} = 785\,\text{mm}^2$$

$$\therefore d = \sqrt{\frac{4Q}{\pi V}} = \sqrt{\frac{4 \times 785}{3.14}} = 31.62\,\text{mm}$$

※ 안전밸브는 배관 최대단면적의 $\frac{1}{10}$ 이상이다.

---

115 배관 연장 225m의 본관에 200m³/h의 가스를 흐르게 하려면 관경을 얼마로 하면 좋은가? (단, 기점−종점 간의 압력강하를 : 15mmH₂O, 가스비중 : 0.64, 유량계수를 : 0.707로 한다.)

㉮ 약 10cm   ㉯ 약 15cm

㉰ 약 25cm   ㉱ 약 30cm

해설 $$Q = K\sqrt{\frac{D^5 \cdot h}{S \cdot L}}, \quad D^5 = \frac{Q^2 \cdot S \cdot L}{K^2 \cdot h}$$

$$\therefore D = \sqrt[5]{\frac{(200)^2 \times 0.64 \times 225}{(0.707)^2 \times 15}} = 15\,\text{cm}$$

---

116 배관의 자유팽창을 미리 계산하여 관의 길이를 약간 짧게 절단하여 강제배관을 함으로써 열팽창을 흡수하는 방법으로 절단하는 길이는 계산에서 얻은 자유팽창량의 1/2 정도로 하는 방법은?

㉮ 콜드 스프링   ㉯ 신축이음

㉰ U형 밴드   ㉱ 파열이음

해설 자유팽창량의 1/2 정도 자유팽창을 계산하여 강제배관을 절단하는 흡수이음은 콜드 스프링이다.

정답 112.㉮ 113.㉰ 114.㉮ 115.㉯ 116.㉮

117 배관 내 가스 중의 수분 응축 또는 관연결 잘못으로 부식으로 인하여 지하수가 침입하여 가스의 공급이 중단되는 것을 방지하기 위하여 설치하는 것은?

㉮ 세척기　　　　㉯ 수취기
㉰ 압송기　　　　㉱ 정압기

해설 수취기는 지하수 등의 침입을 방지한다.

118 최고 충전압력이 150atm인 용기에 산소가 35℃에서 150atm으로 충전되었다. 이 용기가 화재로 온도가 상승하여 안전밸브가 작동했다면 이때 산소의 온도는?

㉮ 104℃　　　　㉯ 120℃
㉰ 162℃　　　　㉱ 138℃

해설
$$T_2 = T_1 \times \frac{P_2}{P_1} \times \frac{V_2}{V_1} = (273+35) \times \frac{200}{150}$$
$$= 410.666K = 138℃$$
※ 내압시험은 $150 \times \frac{5}{3} = 250atm$

안전밸브 분출압력 $= 250 \times \frac{8}{10} = 200atm$

119 도시가스 배관에 대한 설명으로 옳지 않은 것은?

㉮ 폭 8m 이상의 도로에는 1.2m 이상으로 묻는다.
㉯ 배관 접합은 원칙적으로 용접에 의한다.
㉰ 지하매설 배관 재료는 주철관으로 한다.
㉱ 지상배관의 표면 색상은 황색으로 한다.

120 온도가 120℃를 초과하는 경우에 온수보일러에 안전밸브를 설치하여야 하는데 안전밸브의 호칭 지름은 몇 mm 이상으로 하는가?

㉮ 16mm　　　　㉯ 20mm
㉰ 26mm　　　　㉱ 32mm

해설 온도 120℃를 초과하는 온수 보일러에는 20mm 이상 안전밸브를 설치하며 120℃ 이하는 방출밸브를 설치한다.

121 원통형 용기에서 원주방향 응력은 축방향 응력의 몇 배인가?

㉮ 0.5배　　　　㉯ 1배
㉰ 2배　　　　　㉱ 3배

해설 원통형 용기에서 원주방향 응력은 축방향 응력의 약 2배이다.

122 시간당 10m³의 LP 가스를 길이 100m 떨어진 곳에 저압으로 공급하고 있다. 압력손실이 30mmH₂O이면 필요한 최소 배관의 관경은?

㉮ 30mm　　　　㉯ 40mm
㉰ 50mm　　　　㉱ 60mm

해설
$$10 = 0.7 \times \sqrt{\frac{x^5 \times 30}{1.5 \times 100}}$$
$$x^5 = \frac{1.5 \times 100 \times (10)^2}{30 \times (0.7)^2} = 1,020.4081$$
$$x = 40mm$$

123 고압장치 배관 내를 흐르는 유체가 고온이면 열응력이 발생한다. 열응력을 제거하기 위한 이음이 아닌 것은?

㉮ 벨로스이음　　㉯ 유니온이음
㉰ U밴드이음　　㉱ 스위블이음

해설 열응력을 제거하기 위한 이음
① 벨로스이음
② U밴드이음
③ 스위블이음

124 최고사용온도가 100℃, 길이 L=10m인 배관을 상온(15℃)에서 설치하였다면 최고온도 사용시 팽창으로 늘어나는 길이는 몇 mm인가? (단, 선팽창계수 $a = 12 \times 10^{-6}$m/m℃)

㉮ 5.1mm   ㉯ 10.2mm

㉰ 102mm   ㉱ 204mm

해설 $10 \times (12 \times 10^{-6}) \times 100 = 10.2$mm

125 배관 설치 시 방식대책으로 옳지 않은 것은?

㉮ 철근콘크리트 벽을 관통할 때에는 슬리브 등을 설치한다.

㉯ 점토질 토양에서는 배관이 접촉되도록 한다.

㉰ 철근콘크리트 주변의 배관에는 전기적 절연 이음쇠를 사용한다.

㉱ 매설관에서 지반면상으로 올라오는 관의 지중부분에는 방식조치를 하여야 한다.

해설 배관 설치시에 ㉮, ㉰, ㉱항의 내용을 잘 지킨다.

126 다음 중 고압배관용 탄소강관을 나타내는 것은?

㉮ SPP   ㉯ SPPS

㉰ SPPH   ㉱ SPHT

해설 SPPH : 고압배관용 탄소강관

127 내경 : 100[mm], 길이 : 400[m]인 주철관을 유속 2[m/s]로 물이 흐를 때의 마찰손실수두를 구하면?

㉮ 32.7[m]   ㉯ 34.5[m]

㉰ 40.2[m]   ㉱ 45.3[m]

해설 $0.04 \times \dfrac{400}{0.1} \times \dfrac{2^2}{2 \times 9.8} = 32.65$m

128 저압 가스 배관에서 관의 내경이 1/2배로 되면 유량은 몇 배로 되는가? (단, 다른 모든 조건은 동일한 것으로 본다.)

㉮ 0.17   ㉯ 0.50

㉰ 2.00   ㉱ 4.00

해설
$$Q = K\sqrt{\frac{D^5 \cdot h}{S \cdot L}}$$
$$Q = \sqrt{\left(\frac{1}{2}\right)^5} = 0.1767 \text{배}$$

129 배관의 관경 : 40mm, 길이 : 100m인 배관에 비중 1.5인 가스를 저압으로 공급시 압력손실이 30mmH₂O 발생되었다. 이때 배관을 통과하는 가스의 시간당 유량은 얼마인가? (단, Pole 상수는 0.707)

㉮ 10.1m³/h   ㉯ 1.4m³/h

㉰ 5.5m³/h   ㉱ 15.1m³/h

해설
$$Q = 0.707 \times \sqrt{\frac{(D)^5 \times h}{S \times L}}$$
$$= 0.707 \times \sqrt{\frac{(4)^5 \times 30}{1.5 \times 100}} = 10.1\text{m}^3/\text{h}$$

130 다음 중 역류방지 밸브에 해당되지 않는 것은?

㉮ 볼체크 밸브

㉯ y형 나사밸브

㉰ 스윙형 체크밸브

㉱ 리프트형 체크밸브

해설 역류방지 밸브
① 볼체크 밸브
② 스윙형 체크밸브
③ 리프트형 체크밸브

정답 124.㉯ 125.㉯ 126.㉰ 127.㉮ 128.㉮ 129.㉮ 130.㉯

131 배관 내의 마찰저항에 의한 압력손실에 대한 설명으로 옳지 않은 것은?

㉮ 유체점도가 크면 압력손실이 크다.

㉯ 유속의 제곱근에 비례한다.

㉰ 관의 길이에 반비례한다.

㉱ 관내경의 5승에 반비례한다.

해설 배관 내의 마찰저항에서 압력손실은 관의 길이에 비례한다.

132 조정압력이 3.3kPa 이하인 조정기의 완전 장치의 작동정지 압력은?

㉮ 2.8~5.0kPa

㉯ 7kPa

㉰ 5.04~8.4kPa

㉱ 5.6~10.00kPa

해설 330mmH$_2$O 이하의 작동정지압력
=504~840mmH$_2$O
∴ 5.04~8.4kPa
※ 1kgf/cm^2=98.0665kPa
1mmH$_2$O=0.073556mmH$_2$O
1Pa=0.007502mmHg

133 정압기의 기본구조 중 2차 압력을 감지하여 그 2차 압력의 변동을 메인밸브로 전하는 부분은?

㉮ 다이어프램

㉯ 조정밸브

㉰ 슬리브

㉱ 웨이트

해설 다이어프램은 정압기의 기본구조로서 2차 압력을 감지하여 그 2차 압력의 변동을 메인 밸브로 전하는 부분이다.

134 LPG 조정기의 규격용량은 총가스 소비량의 몇 % 이상의 규격용량을 가져야 하는가?

㉮ 110%

㉯ 120%

㉰ 130%

㉱ 150%

해설 LPG 조정기 규격용량은 총 가스 소비량의 150% 이상의 규격용량을 가져야 한다.

135 액화석유가스 자동절체식 일체형 저압조정기의 조정 압력은?

㉮ 1.3~3.3kPa

㉯ 2.55~3.3kPa

㉰ 5~30kPa

㉱ 0.032~0.083MPa

해설 자동절체식 일체형
① 입구압력 : 0.1MPa~1.56MPa
② 조정압력 : 2.55kPa~3.3kPa(255~330mmH$_2$O)

136 자동절체식 조정기를 사용할 때의 이점을 가장 잘 설명한 것은?

㉮ 가스소비시 압력변동이 크다.

㉯ 수동절체방식보다 발생량이 크다.

㉰ 용기 교환시기가 짧고 계획배달이 가능하다.

㉱ 수동절체방식보다 용기설치 본수가 많다.

해설 자동절체식 조정기는 수동절체식보다 가스발생량이 크다.

137 LPG용 1단감압식 저압조정기의 조정압력 범위를 옳게 나타낸 것은?

㉮ 230mmH$_2$O~330mmH$_2$O

㉯ 500mmH$_2$O~3,000mmH$_2$O

㉰ 230mmH$_2$O~840mmH$_2$O

㉱ 500mmH$_2$O~1,000mmH$_2$O

해설 LPG 1단 감압식 저압조정기의 조정압력범위
230~330mmH$_2$O

정답 131.㉰ 132.㉰ 133.㉮ 134.㉱ 135.㉯ 136.㉯ 137.㉮

138 1단감압식 저압조정기의 입구압력 범위는 얼마인가?

㉮ 0.01~0.1MPa

㉯ 0.1~1.56MPa

㉰ 0.07~1.56MPa

㉱ 조정압력 이상~1.56MPa

해설 1단감압식 조정기의 입구 압력
0.7~15.6kg/cm²=0.07~1.56MPa

139 다이어프램과 메인밸브를 고무슬리브 1개로 해결한 콤팩트한 정압기로서 변칙 언로딩형인 정압기는?

㉮ 피셔식　　　㉯ 레이놀드식

㉰ AFV식　　　㉱ KRF식

해설 Axial-Flow(AFV식) 정압기
변칙 Unloading형이며 정특성이나 동특성이 양호하다. 극히 콤팩트하다.

140 정압기의 부속설비에 대한 설치 및 유지관리에 대한 사항으로 옳은 것은?

㉮ 정압기 입구배관에 가스압력이 비정상적으로 상승한 경우 통보할 수 있는 경보장치를 설치한다.

㉯ 단독사용자에게 가스를 공급하는 정압기에서 가스 누출시 공급자가 상주하는 곳에 통보하는 설비를 한다.

㉰ 정압기에 바이패스관을 설치하는 경우에는 밸브를 설치하고 그 밸브에 봉인조치를 한다.

㉱ 단독사용자에게 가스를 공급하는 정압기는 정압기실 출입문 개폐 여부를 통보하는 경보설비를 설치하지 아니한다.

해설 단독사용자의 정압기 설치시에는 정압기실 출입문 개폐 여부 및 긴급차단 밸브 개폐 여부를 통보하는 경보설비를 설치하지 아니한다.

141 설치위치, 사용목적에 따른 정압기의 분류에서 각 도시의 도시가스회사 소유 배관과 연결되기 직전에 설치되는 정압기는?

㉮ 고압정압기　　　㉯ 지구정압기

㉰ 지역정압기　　　㉱ 단독정압기

해설 도시가스회사 소유배관과 연결되기 직전에 설치되는 정압기는 지구정압기이다.

142 액화가스용품 중 자동절체식 분리형 조정기의 입구압력 범위는 어느 것인가?

㉮ 조정압력이상~1.56MPa

㉯ 0.07~1.56MPa

㉰ 0.1~1.56MPa

㉱ 0.01~0.1MPa

해설 자동절체식 분리형 조정기
① 입구압력 1.0~15.6kg/cm²(0.1~1.56MPa)
② 출구압력 0.32~0.83kg/cm²(0.032~0.083MPa)

143 자동절체식 조정기가 수동식 조정기에 비해 좋은 점이 아닌 것은?

㉮ 전체 용기 수량이 많아져서 장시간 사용할 수 있다.

㉯ 분리형을 사용하면 1단 감압식 조정기의 경우보다 배관의 압력손실을 크게 해도 된다.

㉰ 잔액이 거의 없어질 때까지 사용이 가능하다.

㉱ 용기 교환주기의 폭을 넓힐 수 있다.

해설 자동절체식 조정기는 수동식 조정기에 비해 전체 용기 수량이 적어져서 장기간 사용이 가능하다.

정답 138.㉰ 139.㉰ 140.㉱ 141.㉯ 142.㉰ 143.㉮

144 정압기 설치에 대한 설명으로 가장 거리가 먼 것은?

㉮ 출구에는 수분 및 불순물 제거 장치를 설치한다.

㉯ 출구에는 가스압력 측정장치를 설치한다.

㉰ 입구에는 가스차단장치를 설치한다.

㉱ 정압기의 분해점검 및 고장을 대비하여 예비정압기를 설치한다.

해설 정압기 입구에는 수분이나 불순물 제거장치를 설치한다.

145 도시가스 공급시설인 정압기의 특성 중 정특성과 관련이 없는 것은?

㉮ 록업(Lock Up)

㉯ 리프트(Lift)

㉰ 오프셋(Offset)

㉱ 시프트(Shift)

해설 정압기의 정특성
① Lock Up ② Off Set ③ Shift

146 정압기를 평가, 선정할 경우에는 정압기의 각 특성이 사용 조건에 적합하도록 선정하여야 한다. 다음 정압기 평가 및 선정과 관계가 먼 특성은?

㉮ 정특성

㉯ 동특성

㉰ 유량특성

㉱ 혼합특성

해설 정압기 특성
① 정특성 ② 동특성 ③ 유량특성

147 도시가스 제조방법 중 수증기가 가스화제로 쓰이지 않는 프로세스는?

㉮ 부분연소 프로세스

㉯ 수소화분해 프로세스

㉰ 접촉분해 프로세스

㉱ 열분해 프로세스

해설 도시가스 제조에서 수증기가 가스화제로 쓰이는 프로세스
① 부분연소 프로세스
② 접촉분해 프로세스
③ 열분해 프로세스

148 정압기의 특성 중 기중유량이 Qs일 때 2차 압력을 Ps에 설정하고 유량이 Q_2로 변화했을 경우 2차 압력 P_2가 Ps로부터 벗어나는 것을 의미하는 것은?

㉮ 오프셋(Offset)

㉯ 록업(Lock Up)

㉰ 시프트(Shift)

㉱ 스팬(Span)

해설 오프셋 : 기준유량 Qs일 때 2차 압력을 Ps에 설정하고 유량이 Q_2로 변화했을 경우 2차 압력 P_2가 Ps로부터 벗어나는 현상

149 정압기의 특성 중 부하변동이 큰 곳에 사용되는 정압기에 대하여 응답의 신속성과 안정성을 나타내는 특성은?

㉮ 정특성

㉯ 동특성

㉰ 유량 특성

㉱ 유압 특성

해설 정압기 동특성은 부하변동이 큰 곳에 사용되는 정압기에 대하여 응답의 신속성과 안정성을 나타낸다.

150 LNG의 기화에 일반적으로 사용되지 않는 기화기는?

㉮ 오픈 랙 기화기

㉯ 서브머지드 컨버전 기화기

㉰ 중간매체식 기화기

㉱ 전기가열식 기화기

정답 144.㉮ 145.㉯ 146.㉱ 147.㉯ 148.㉮ 149.㉯ 150.㉱

해설 전열식 온수형, 전열식 고체 전열형이 있으나 전기 가열식은 사용하지 않는다.

151 LP 가스 설비에서 조정기의 사용 목적으로 가장 옳은 것은?

㉮ 가스 공급 압력 조절
㉯ 가스의 조성 조절
㉰ 가스의 기화량 조절
㉱ 가스와 공기의 혼합비 조절

해설
· 압력조정기(레귤레이터) : 가스압력조정기
· 정압기(거버너) : 도시가스 압력조정기

152 도시가스 정압기에 설치되어 있는 원격 감시장치가 아닌 것은?

㉮ 가스차단장치
㉯ 경보장치
㉰ 가스누출검지통보설비
㉱ 출입문 개폐통보장치

해설 가스차단장치는 전기회로의 개폐 여부에 따라 개폐가 결정된다.

153 LPG 사용시설에서 사용되는 2단감압방식 조정기의 장점이라고 할 수 없는 것은?

㉮ 공급압력이 안정적이다.
㉯ 설비가 간단하다.
㉰ 내경이 작은 배관을 사용해도 된다.
㉱ 연소기의 특성에 따라 다양한 압력을 사용할 수 있다.

해설 2단 감압방식 조정기는 설비가 복잡하다.

154 직동식 정압기와 비교한 파일럿식 정압기의 특성에 대한 설명 중 틀린 것은?

㉮ 오프셋은 커진다.
㉯ 대용량이다.
㉰ 요구 유량제어 범위가 넓은 경우에 적합하다.
㉱ 높은 압력제어 정도가 요구되는 경우에 적합하다.

해설 파일럿식 정압기의 오프셋(편차)은 적어진다.

155 Fisher식 정압기에 2차측 설정압력 이상 저하현상이 일어날 경우의 원인이 아닌 것은?

㉮ 정압기의 능력부족
㉯ 저압 보조장치의 개폐불량
㉰ 필터에 먼지부착
㉱ 주 다이어그램의 파손

해설 ㉯항의 내용은 레이놀드식 정압기의 원인이다.

156 정압기에 대한 설명으로 옳지 않은 것은?

㉮ 직동식은 파일럿식에 비해 일반적으로 응답속도가 빠르다.
㉯ 파일럿식은 높은 압력의 제어 정도가 요구되는 경우에 적합하다.
㉰ 직동식은 2차 압력이 설정압력보다 높아진 경우에 밸브가 열리는 구조로 되어 있다.
㉱ 파일럿식은 언로딩형과 로딩형으로 나눌 수 있다.

해설 직동식의 2차 압력이 설정압력보다 높아진 경우는 스프링의 힘이 다이어프램을 밀어 올리는 힘을 이겨서 다이어프램에 직결된 메인 밸브를 위쪽으로 움직여 가스의 유량을 제한함으로써 2차 압력을 설정압력으로 되돌리도록 작동한다.

정답 151.㉮ 152.㉮ 153.㉯ 154.㉮ 155.㉯ 156.㉰

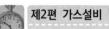
157 언로딩형 정압기에 대한 설명 중 틀린 것은?

㉮ 2차 압력이 저하하면 유체흐름의 양은 증가한다.

㉯ 구동압력이 상승하면 유체흐름의 양은 감소한다.

㉰ 2차 압력이 상승하면 구동압력은 저하된다.

㉱ 구동압력이 저하하면 메인밸브는 열린다.

해설 언로딩형 정압기는 2차 압력이 상승하면 구동압력은 저하되지 않고 상승한다.

정답 157.㉰

PART

가스 계측기기

CHAPTER 01 가스 측정기기 및 자동제어

Industrial Engineer Gas

1-1 압력계 측정

압력계는 측정방법에 따라서 1차 압력계와 2차 압력계로 대별할 수 있다.
① 1차 압력계 : 측정선으로 하는 압력과 평형하는 무게, 힘으로 직접 측정하는 것
② 2차 압력계 : 물질의 성질이 압력에 의해 받는 변화를 측정하고 그 변화율에 의해 압력을 아는 것

1. 1차 압력계

정확한 압력의 측정이나 2차 압력계의 눈금 교정에 사용된다.
① 액주식(Manometer)
② 자유 피스톤형 압력계

1) 수은주 압력계

가장 기본적인 형의 압력계이며 저압의 정밀한 측정에 많이 사용되는 것은 개방식 수은주 압력계이다.

① 가장 간단한 압력계로서 U자관(U자형을 판 파이프)에 수은이나 적당한 액체를 넣고, 파이프의 좌우에 압력차가 있는 경우에는 액면 높이의 차를 보아 그 압력차를 구할 수 있다. 일반적으로 U자관을 사용하므로 U자관을 압력계라고 부른다.

② 봉입액의 종류에 따라 수은주 압력계, 수주 압력계로 분류된다.

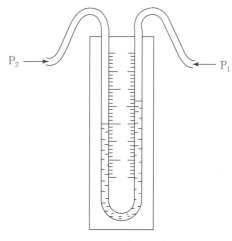

▲ 마노미터(액주계)

③ 수은주 압력계는 수주 압력보다 약간 높은 압력을 측정한다.

④ 자유 피스톤형 압력계의 보정에는 강제 폐관식이 편리하다.

2) 자유 피스톤형 압력계

측정하여야 할 압력은 통상 광유나 기타 적당한 액체에 의해 그 피스톤의 일단에 작용시키고 피스톤에 가하여진 추와 평형이 되도록 한 것이다. 이때의 압력은 추와 피스톤의 단면적에서 산출된다.

① 자유 피스톤형 압력계는 직접식 압력계이다.

이상상태에서 측정하여야 할 압력(P)은

$$\therefore \ P = \left(\frac{W+W'}{a}\right) + P_1$$

여기서, W' : 피스톤의 중량

W : 추의 무게

a : 단면적

P_1 : 대기압

또는, $P - P_1 = \left(\dfrac{W+W'}{a}\right)$

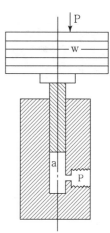

▲ 자유 피스톤 압력계의 원리

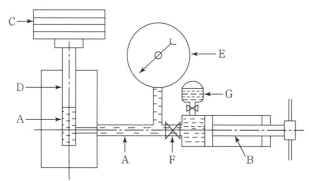

▲ 압력 시험기

A : 액체(주로 광유를 사용)

B : 펌프, C : 추, D : 피스톤

E : 검정하여야 할 압력계

F : 밸브(유압과 추가 평형을 이룬 후 폐쇄되는 밸브)

G : 보충용의 오일 스포트

② 온도변화에 의한 피스톤 직경의 변화 등이 있고 이들의 보정을 고려하면 상식은 다음과 같이 된다.

$$\therefore \ P = \left(\frac{W+W'}{S \cdot a}\right) + P_1$$

여기서, S : 온도의 함수

　　　a : 피스톤의 유효 단면적(S, a는 직접 피스톤과 실린더의 직경을 측정하여 그 평균 지름에서 구할 수 있다.)

③ 주로 압력계의 눈금 교정, 실험실 등에서 사용한다.

④ 자유 피스톤형 압력계의 조작 원리

　　㉠ A는 액체(주로 광유를 사용), B는 펌프, C는 추, D는 피스톤, E는 검정하여야 할 압력계, F는 유압과 추가 평형을 이룬 후 폐쇄되는 밸브, G는 보충용의 오일스포트이다.

　　㉡ 먼저 일정한 수준까지 기름을 가득 채운 압력계를 장치하고 피스톤 D를 삽입하여 일정량의 추를 단다.

　　㉢ 밸브 F 및 오일 소프트 G의 아래 밸브를 개방한 상태에서 펌프 B를 움직여 유압을 올리고 피스톤이 부상하여 압력과 추가 평형으로 되면 밸브 F를 닫는다.

　　㉣ 추의 중량을 미리 측정해 두면 압력이 계산되므로 눈금과 비교하여 교정한다.

　　㉤ 또 측정에 있어 피스톤과 실린더의 마찰을 적게 하기 위해 피스톤을 느슨하게 회전시켜 측정하는 것이 정상이다.

2. 2차 압력계

물질의 성질이 압력에 의해 받는 변화를 측정하고 그 변화율에 의해 압력을 측정한다.

■ 측정 방법

① 탄성을 이용하는 것
② 전기적 변화를 이용한 것
③ 물질변화를 이용한 것

1) 부르동관(Bourdon) 압력계

2차 압력계 중 일반적인 것은 부르동관 압력계이며 탄성이용의 압력계로서 가장 많이 사용되고 있다.

① 부르동관은 청동 혹은 강제의 타원과 편평한 단면을 가진 관을 반원형으로 굽히고 일단을 폐지하여 확대기구로 연결한 것이며 압력이 가해지면 관은 신장하여 단면은 원에 가까워진다. 이 때의 관선단의 움직임은 압력에 대체로 비례한다.

즉, 압력이 상승하면 늘어나고, 낮아지면 수축한다.

② 부르동관 압력계의 양부는 부르동관의 재질로 결정한다.

■ 부르동관의 재질

① 저압의 경우 : 황동, 인청동, 니켈, 청동
② 고압의 경우 : 니켈강, 특수강, 인발관, 강

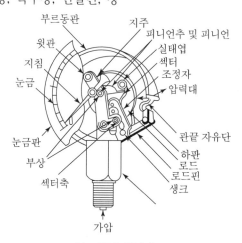

▲ 부르동관 압력계

<blockquote>
참고 암모니아(NH_3), 아세틸렌(C_2H_2), 산화에틸렌(C_2H_4O)의 경우는 동 및 동합금을 사용할 수 없고 연강재를 사용한다. 산소일 경우는 다른 가스의 것과 혼용해서는 안 된다.

1. 고압의 산소용 압력계에는 유지류에 접촉하면 격렬하게 연소폭발을 일으킬 위험이 있으므로 눈금판에 금유라고 명기된 산소 전용의 깃을 사용해야 한다.
2. 특히 가연성 가스의 압력계와 혼용시 폭발의 위험이 있으며 유지류와 접촉하면 산화폭발의 위험이 있으므로 반드시 금유라고 명기된 산소 전용의 것을 사용해야 한다.
3. 압력계의 눈금 범위는 상용압력의 1.5배 이상, 2배 이하의 눈금이 있는 것을 사용해야 한다.
4. 부르동관 압력계를 사용할 때의 주의사항
   ① 항상 검사를 행하고 지시의 정확성을 확인하여 둘 것
   ② 안전장치를 한 것을 사용할 것
   ③ 압력계에 가스를 유입하거나 빼낼 때는 서서히 조작할 것
   ④ 온도변화나 진동, 충격 등이 적은 장소에 설치할 것
</blockquote>

2) 다이어프램(Diaphragm Manometer) 압력계

베릴륨, 구리, 인청동, 스테인리스강과 같은 탄성이 강한 얇은 판 양쪽의 압력 $P_1 \cdot P_2$가 서로 다르면 판이 굽는다. 이때 범위 응력은 $P_1 \cdot P_2$의 차에 비례하므로 그 변위의 크기를 측정하여 압력의 차이를 알 수 있는 것을 다이어프램 압력계(격막식 압력계)라 한다.

① 공업용의 경우 사용범위는 20~5,000mmAg 정도이다.
② 다이어프램(격막)의 재질은 다음과 같다.

■ 비금속 재료 : 천연고무, 합성고무, 테프론, 가죽

③ 다이어프램 압력계의 특징

ㄱ 극히 미소한 압력을 측정하기 위한 압력계이다.

ㄴ (+), (−) 차압을 측정할 수 있다.

ㄷ 부식성 유체의 측정이 가능하다.

ㄹ 응답이 빠르나 온도의 영향을 받기 쉽다.

ㅁ 과잉 압력으로 파손되어도 그 위험은 적다.

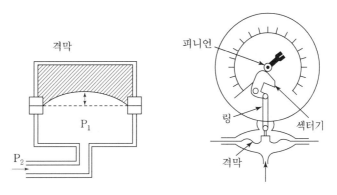

▲ 다이어프램 압력계

3) 벨로스(Bellows) 압력계

얇은 금속판으로 만들어진 원통에 주름이 생기게 만든 것을 벨로스(Bellows)라 하며 이 벨로스의 탄성을 이용하여 압력을 측정하는 것이다.

① 측정압력 $0.01 \sim 10 \text{kg/cm}^2$ 정도, $\pm 1 \sim 2\%$ 정도이다.

② 유체 내 먼지 등의 영향이 적다.

③ 압력 변동에 적응하기 어렵다.

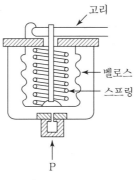

▲ 벨로스 압력계

4) 전기저항 압력계

금속의 전기저항이 압력에 의해 변화하는 것을 이용한 것으로 그 목적에 적합한 금속으로서는 저항 변화가 압력과 더불어 직선적으로 변화하며 온도계수가 적은 것이 좋다.

망간 선은 이들의 조건을 가장 잘 갖추고 있으므로 그 가는 선을 코일상으로 감아 가압하여 전기저항을 측정하면 압력을 안다.

그러나 망간 선으로도 압력에 의한 전기저항의 변화는 적으므로 수백 기압 이하에는 사용하지 않고 오로지 초고압의 측정이나 특수한 목적에 이용된다.

5) 피에조(Piezo) 전기 압력계

수정이나 전기석 또는 로셀염 등의 결정체의 특정방향에 압력을 가하면 그 표면에 전기가 일어나고 발생한 전기량은 압력에 비례한다.

이와 같은 것은 엔진의 지시계나 가스의 폭발 등과 같이 급격히 변화하는 압력의 측정에 유효하다. 아세틸렌의 폭발 압력의 측정에 사용된다.

6) 스트레인 게이지

금속, 합금이나 금속산화물(반도체) 등이 기계적 변형을 받으면 전기저항이 변화하는 것을 이용한 것이다.

적당한 변형계 소지자에 압력을 이용한 변형을 주면 측정할 수 있으며 소자에 대한 응답을 민감하게 하면 급격한 압력 변동이 정도 좋게 측정된다.

7) 기타의 압력계

(1) 링 밸런스(환상 천평형) 압력계

U자관 대신에 환상관을 사용하고 그 상부에 격막을 두며 하부에 수은 등을 가득 채운 것이다.(1차 압력계)

상반부는 중압 상부의 격막에 의해 2실로 나누어지고 각 실의 압력 평형이 깨지면 원환은 지축의 주변을 회전한다. 그 회전각은 압력차에 비례하므로 이것을 지침에 의해 지시시키고 압력차를 본다.

즉, 압력차는 $P_1 - P_2 = \dfrac{Wl}{RA} \sin\phi$ 로 표시된다.

측정 압력범위는 상압에서 약 300atm 정도이다.

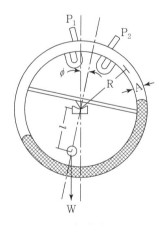

▲ 링 밸런스

(2) 침종식 압력계(1차 압력계)

아르키메데스(Archimedes)의 원리를 이용한 것으로 액중에 담근 플로우트의 편위가 그 내부 압력에 비례하는 것을 이용한 것으로 금속제의 침종을 띄워 스프링을 지시하는 단종식과 복종식이 있다. 특히, 진동 및 충격의 영향이 적고, 미소 차압의 측정과 저압가스의 유량측정이 가능하다. 또한 액유입관을 최대한 짧게 하여 과다한 차압을 피하는 것이 좋으며 정도는 ±1~2%이다.

1차 압력계	2차 압력계
① 액주식(유자관, 경사관) ② 침종식(단종, 복종) ③ 링밸런스식(환산천평식) ④ 자유피스톤식	① 탄성식(브로동식, 벨로스식, 다이어프램식) ② 전기식(저항식, 피에조 압전식, 스트레인 게이지식)

1-2 온도 측정

1. 접촉식 온도계

온도를 측정하여야 할 물체에 온도계의 감온부를 접촉시키고 감온부와 물체 사이에 열교환을 행하여 평형을 유지할 때의 감온부의 물리적 변화량에서 온도를 아는 방법이다.

1) 열팽창을 이용한 방법

(1) 고체 열팽창

① 고체 압력식 온도계   ② 바이메탈식 온도계

(2) 액체 열팽창

유리제(알코올, 수은) 온도계, 액체 압력계 온도계

(3) 기체 열팽창

기체 압력식 온도계

2) 전기 저항 변화를 이용한 방법

(1) 금속 저항 변화

① 백금 온도계   ② 니켈 온도계   ③ 구리 온도계

⑵ 반도체 저항 변화

더미스트 온도계

3) 열전기력을 이용한 방법

⑴ 열전대 온도계

① 백금-로듐 온도계
② 철-콘스탄탄
③ 동-콘스탄탄
④ 크로멜-알루멜 온도계

4) 물질 상태 변화를 이용한 방법

① 제겔콘의 융점 이용 : 제겔콘 온도계
② 증기압의 이용 : 증기 압력식 온도계

2. 비접촉식 온도계

피 측온체에서 열복사의 강도를 측정하여 온도를 아는 방법이다.

1) 완전방사를 이용한 방법

① 광고 온도계
② 광전관 온도계
③ 방사 온도계

2) 탄색 물체를 이용한 방법

① 흡체와 색온도를 비교 : 색 온도계
② 완전 방사체 온도와 색 온도의 비교 : 더머컬러 온도계

〈각종 온도계의 사용범위〉

온도계의 종류	사용가능($℃$)	적용범위($℃$)
봉상글라스온도계	$-200 \sim 1,000$	
수은온도계	$-35 \sim 700$	$-30 \sim 500$
알코올온도계	$-100 \sim 200$	$-70 \sim 150$

온도계의 종류	사용가능(℃)	적용범위(℃)
부르동관온도계	−200~600	
증기압식	−30~300	0~300
액체식	−35~600	−30~500
기체식	−270~500	−270~500
바이메탈온도계	−100~650	−50~350
저항온도계	−200~600	−200~400
열전온도계	−200~1700	−200~1,200
제겔콘	600~2000	600~2000
측온도료	40~650	40~650
광고온계	700~3,000 이상	1,000 이상
방사고온계	50~3,000 이상	1,000 이상
동상(저온용)	100~800	200~800
광전관고온계	700~3,000 이상	1,000 이상

〈표준온도(순수물질에 있어서 760mmHg하에서의 치)〉

기준정점	℃
1. 액체산소 및 기체산소가 공존하는 평형 온도	−182.97
2. 공기로 포화한 물에 접하고 있는 얼음의 용해 온도	0.000
3. 수증기의 응축 온도	100.000
4. 유황의 증기의 응축 온도	444.60
5. 은의 응고 온도	960.5
6. 금의 응고 온도	1,063.0
보조정점	**℃**
1. 탄산가스의 기체와 고체의 평형 온도	−78.5
2. 수은의 응고 온도	−38.87
3. 황산나트륨의 전이점 $Na_2SO4 \cdot 10H_2O$ $Na_2SO_4 + 10H_2O$	32.38
4. 나프탈렌 증기의 응고온도	217.9
5. 주석의 응고온도	231.85
6. 벤조페논증기의 응축온도	305.9
7. 카드뮴의 응고온도	320.9
8. 납의 응고온도	327.3
9. 아연의 응고온도	419.45
10. 안티모니아의 응고온도	630.5

3) 온도계의 선택요령

① 온도의 측정범위와 정밀도가 적당할 것
② 지시 및 기록 등을 쉽게 행할 수 있을 것
③ 피측 물체의 크기가 온도계의 크기에 적당할 것
④ 피측 물체의 온도 변화에 대한 온도계 반응이 충분할 것
⑤ 피측 물체의 화학반응 등으로 온도계에 영향이 없을 것
⑥ 견고하고 내구성이 있을 것
⑦ 취급하기가 쉽고 측정하기 간편할 것
⑧ 원격지시 및 기록, 자동제어 등이 가능할 것

4) 접촉법에 의한 온도측정

접촉법의 온도계에는 먼저 열팽창의 것으로서 봉상 온도계, 압력식 온도계 등이 있다.

⑴ 봉상 온도계

봉상 온도계는 가장 일반적으로 사용되는 것이다.

① 통상 $-30 \sim 300℃$ 전후의 곳에 적용된다.
② 측정에 특히 어려운 점은 없으나 오차를 최소한으로 하려면 가급적 온도계 전체를 측정하는 물체에 접촉시키는 것이 좋다.

⑵ 압력식 온도계

기체 또는 액체의 온도에 의한 팽창압력을 이용하는 것과 액체의 증기압을 이용한 것이 있다.

① 압력식 온도계의 구성은 감온부(금속통부), 금속 모세관, 수압계로 되어 있다.
② 감온부 내의 기체 또는 액체가 온도상승에 의해 팽창(또는 증기압이 변화)하고 그것에 의해 생긴 압력이 모세관을 통하여 수압부인 부르동관에 달한다.
③ 부르동관의 편위가 지침에 의해 지시된다.
④ 액체 팽창식은 수은, 에틸알코올, 물, 부탄-프로판을 사용하며, 측온범위는 $-185 \sim -315℃$이다.
⑤ 기체 압력식은 질소
⑥ 증기압식은 프로판, 에틸알코올, 에테르를 사용하고 측온범위는 $-45 \sim -315℃$이다.
⑦ 구조가 간단하고 가격면에서도 현장용의 간역계기(簡易計器)로서 가장 적합하다.

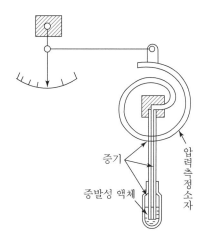

▲ 증기압식 온도계의 원리

(3) 저항 온도계

저항 온도계는 온도 상승에 따라 순 금속선의 전기저항이 증가하는 현상을 이용한 것이다.
① 측정범위는 $-200 \sim -400℃$ 이하 정도까지의 온도를 정확하게 측정하는 데 적합하다.
② 금속선으로서는 백금선이 사용된다.
③ 0℃에서의 전기저항은 25Ω, 50Ω, 100Ω 등이 있고 이것을 5cm 정도의 테에 감아 보통 금속성의 보호관에 넣고 있다. 이것을 측정 저항체라고 한다.
④ 금속선으로서 현재 사용되고 있는 것은 백금 이외의 니켈, 동이 있고 서미스터 등의 비금속 재료도 사용하게 되어 있다.
⑤ 일반적으로 저항온도계는 측온체, 동도선 및 표시계로 되어 있고 측정 회로로서 휘스톤 브리지가 채택되고 있다.
⑥ 저항 측정법으로서 보통 사용되고 있는 것은 전위차계, 전교, 교차선륜, 전류비율계 등이다.

(4) 열전대 온도계

열전대 온도계는 열전대를 사용하여 온도를 측정하는 것이다.
즉, 이종의 금속선의 양단을 접속하여 두 접합점에 온도차를 부여하면 양 접점 간에 기전력이 발생한다. 이 열기전력은 2종의 금속선이 재질과 양 접점의 온도만으로 결정된다.
① 열전대 온도계의 구성은 열전대 보상도선, 냉접점, 동도선 및 표시계기로 성립한다.
② 열전대는 측온 저항체와 같이 보호관에 넣어 사용하는 경우가 많다.
③ 보상도선은 고온에는 견딜 수 없으나 150℃ 이하에서는 열전대와 대략 같은 열기전력을 갖는 것으로 열전대만으로 냉접점까지 결선하는 것은 고온이므로 비교적 저온 부분은 보상도선으로 대응하는 것이 보통이다.

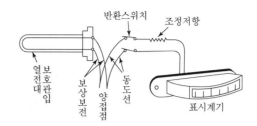

▲ 열전대

④ 열전대는 온접점과 냉접점의 기전력의 차를 나타내므로 냉접점을 일정 온도로 유지하는 것이 좋다.

⑤ 실험실용으로서는 수냉식으로 0℃로 유지한다.

⑥ 공업계기로는 서모스탯에 의해 일정 온도를 유지하는 것이 행하여지고 있다.

⑦ 지시계기로서 전위차기 또는 밀리볼트미터를 사용한다.

⑧ 실험실 등에 사용되는 밀리볼트미터는 내분저항이 큰 것을 사용한다.

⑨ 열전대의 전자관계기에는 직류 전위차계식을 사용한다.

⑩ 열전대의 구비조건

　　㉠ 열기전력이 크고 온도상승에 따라 연속적으로 상승할 것

　　㉡ 열기전력 특성이 안정되고 장시간 사용에도 변화가 없을 것

　　㉢ 내열성이 크고 고온 가스에 대한 내식성도 있을 것

　　㉣ 전기저항 및 온도계수, 열전도율이 작을 것

　　㉤ 재료의 공급이 쉽고, 가격이 쌀 것

　　㉥ 재생도가 높고 특성이 일정한 것은 얻기 쉬워야 하며, 가공이 쉬워야 한다.

⑪ 열전대의 종류 및 특성

〈열전대〉

형식	종류	사용금속		선굵기(m)	최고측정 온도	특징
		+극	-극			
R	백금 로듐-백금 PR	Pt 87 Rh 13	Pt (백금)	0.5	0~1,600	신화성 분위기에는 침식되지 않으나 환원성에는 약하다. 정도가 높고 안전성이 우수하여 고온 측정에 적합하다.
K	크로멜-알루멜 CA	크로멜 Ni : 90 Cu : 10	알루멜 Ni : 94 Al : 3 Mn : 2 Si : 1	0.65~3.20	0~1,200	가전력이 크고 온도-기전력선이 거의 직선적이다. 값이 싸고 특성이 안정되어 있다.

형식	종류	사용금속		선굵기(m)	최고측정 온도	특징
		+극	-극			
J	철 - 콘스탄탄 IC	Fe (순철)	콘스탄탄 Cu : 55 Ni : 45	0.50~3.20	-200~800	환원성 분위기에 강하나 산화성에는 약하며 값이 싸고 열기전력이 높다.
T	구리 - 콘스탄탄 CC	Cu (순수 구리)	콘스탄탄	0.50~1.6	-200~350	열기전력이 크고 저항 및 온도계수가 작아 저온용으로 쓰인다.

〈열전대의 정도〉

형식	종류	온도범위(℃)	허용치
J	철 - 콘스탄탄(IC)	-20~460 460~800	±2.3℃ 측정 온도의 ±0.5%
K	크로멜 - 알루멜(CA)	-20~300 300~1,200	±2.3℃ 측정 온도의 ±0.75%
T	동 - 콘스탄탄(CC)	-180~ -60 -60~130 130~350	측정 온도의 ±1.75% ±1.0℃ 측정 온도의 0+1.75%
R	백금 - 백금 로듐(PR)	0~6,000 600~1,600	±3℃ 측정 온도의 ±0.5%

⑫ **보호관** : 측정개소의 열전대를 기계적, 화학적으로 보호하기 위하여 열전대를 보호 관에 넣어 사용한다.

■ **보호관의 구비조건**

㉠ 고온에서도 변형되지 않고 온도의 급변에도 영향을 받지 않을 것

㉡ 압력에 견디는 힘이 강할 것

㉢ 산화성 가스, 환원성 가스 및 용융성 금속 등에 강할 것

㉣ 보호관 재료가 열전대에 유해한 가스를 발생시키지 말 것

㉤ 외부 온도 변화를 신속히 열전대에 전할 것

⑬ 보호관의 종류

〈금속 보호관〉

종류	상용 사용 온도($℃$)	최고사용 온도($℃$)	비고
황동관	400	650	증기 등 저온 측정에 쓰인다.
연강관	600	800	값싸고 기계적 강도와 내산성이 크다. 바타라이징 후 흑색 도장
13 Cr 강관	800	950	기계적 강도가 크고 산화염, 환원염에도 사용할 수 있다.
13 Cr 카로라이즈강관	900	1,100	상기의 것에 카로라이즈하여 내열, 내식성을 증가시킨 것으로 환원 가스에 약하다.
SUS－27 SUS－32	850	1,100	내열성보다 내식성에 중점을 둘 때에 사용하며, 유황가스, 환원염에 약하다.
내열강 SEH－5	1,050	1,200	Cr 25%, Ni 20%를 포함하고 내식, 내열성, 기계적 강도가 크고, 유황을 포함하는 산화염, 환원염에도 사용할 수 있다.

〈비금속 보호관〉

종류	상용사용 온도($℃$)	최고사용 온도($℃$)	비고
석영관	1,000	1,050	급랭, 급열에 견디고 알칼리에는 약하지만, 산에는 강하다. 환원 가스에 다소 기밀성이 떨어진다.
자기관(A)	1,450	1,550	급랭, 급열에 약하다. 알칼리에 약하며 용융금속, 연소가스에 강하다. 기밀질이며 조성은 Al_2O_3(60%)＋SiO_2(40%)이다.
자기관(B)	1,600	1,750	고알루미나로서 알루미나(Al_2O_3)는 99% 이상에서 급랭, 급열에 약하다. 특히 알칼리에는 약하나 용융금속, 연소 가스에 강하다.
카보랜덤	1,600	1,700	다공질로서 급랭, 급열에 강하다. 방사 고온계용, 2중 보호관의 외관으로서 사용된다.

 비금속 보호관을 기계적으로 보존하기 위하여 관을 2중으로 한 것

⑭ 보상도선 : 열전쌍의 단자가 고온일 때 온도변화로 인하여 발생되는 오차를 보상하기 위하여 열전쌍의 머리로부터 지시계 안에 있는 기준접점으로 이어주는 도선을 보상도선이라 한다.

5) 비접촉에 의한 온도측정

(1) 광고 온도계

피온물체에서 나오는 가시역 내의 일정 파장의 빛(통상 적생광 0.65μ)을 선정하고 표준전구에서 나오는 필라멘트의 휘도와 같게 하여 표준전구의 전류 또는 저항을 측정하여 온도를 안다. 본 계기는 흑체 온도로 눈금을 새기고 있으므로 흑도에 의해 보정할 필요가 있다. 이 계기는 비교적 정도는 좋으나 직접 사람이 측정해야 하는 결점이 있다.

(2) 방사 고온계

피온물체에서 나오는 전방사를 렌즈, 반사경으로 모아 흡수체에 받는다. 이 흡수체의 상승온도를 열전대로 읽고 측온 물체의 반사경을 아는 것이다.

참고 온도측정
① 광고온도계 : 700~3,000℃
② 광전관식온도계 : 700~3,000℃
③ 방사온도계 : 50~3,000℃
④ 색온도계 : 600~2,500℃

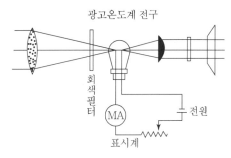

▲ 광 고온계의 원리

참고 온도계특징
① 광고온도계 : 움직이는 물체의 온도 측정가능, 자동제어·자동기록 불가
② 광전관온도계 : 온도의 자동기록, 자동제어가 가능하다. 응답시간이 빠르나 구조가 복잡하다.
③ 방사온도계 : 측정시간 지연이 적고 연속측정 자동기록이 가능하다. 측정거리에 제한을 받는다. 방사율의 보정량이 크다.

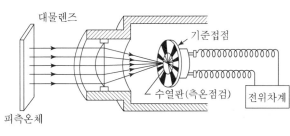

▲ 방사 온도계

1-3 유량 측정

모든 운전조작을 원활하게 하려면 취급하는 물질의 양을 주어진 조건에 적합하도록 정하는 것이 필요하다. 이를 위하여 유량을 수치식으로 측정하는 것이 필요하다. 이것을 유량계라 한다.

■ 기체, 액체의 유량을 측정하는 방법
① 유체 유량을 일정 용적의 탱크나 일정 용기(그릇) 등으로 직접 측정하는 방법
② 유체가 가진 에너지를 이용하여 이것을 임펠러의 회전수나 차압 등으로 변환하고 간접적으로 유량을 측정하는 방법

1. 유량의 측정방법

1) 직접법

유체의 부피나 질량을 직접 측정하는 방법으로서 중량이나 용적 유량을 직접 측정하기 때문에 유체의 성질에 영향을 받는 경우가 적고 고점도로 측정되는 반면 일반적으로 구조가 복잡하고 취급하기 어렵다는 결점이 있다. 대표적으로 오벌기어식, 루츠형, 로터리피스톤형, 회전원판형, 가스미터, 습식 가스미터가 있다.

2) 간접법

유속을 측정하여 유량을 구하는 방법이 대부분이며 베르누이의 정리를 응용한 것이 주류를 이루고 있다. 직접법에 비하면 약간 정도는 떨어지나 기계적 측정치의 전기 또는 공기압 신호에의 변환이 용이하므로 공업용 유량계로서 널리 이용되고 있다.

① 피토관(Pitot Tube) ② 오리피스미터(Orificemeter)
③ 벤투리미터(Venturimeter) ④ 로터미터(Rotameter) 면적식
⑤ 플로어 노즐(Flow nozzle)

3) 고압용 유량계

① 압력 천평
② 전기 저항식 유량계
③ 부자(플로)식 유량계

4) 기타 유량계

열선식 유량계, 전자식 유량계, 와류식 유량계, 초음파 유량계

2. 적산 유량계(직접 유량계)

직접 측정법에 평량식과 용적식이 있다.

1) 평량식 유량계

용량기지의 용기에 액체를 주입하고 만량이 되면 그 무게로 용기가 경사하여 방출하는 장치이며 일정시간 내의 용기의 경사, 액의 방출횟수에서 중량 유량을 적산하여 나타내는 것이다. 정도는 높지만(0.1%) 가압 유체의 측정은 되지 않는다.

2) 용적식 유량계

체적기지의 계산실에 유체압에 의해 유체를 만량하며 이어 배출조작을 반복함으로써 유체의 용적유량을 측정하여 적산표시하는 것으로 정도도 좋고 공업적 용도도 넓다.

(1) 가스미터

가스미터의 가스의 누설방지에 물 또는 다른 액체를 사용하는가에 따라 습식과 건식(막식)이 있다.

습식은 정도가 높으나 대용량의 경우에는 건식이 적합하다.

습식 가스미터의 원리를 나타낸 것은 다음과 같다.

> **참고** 용적식의 특징
> ① 정도가 높아 상업거래용이다.
> ② 고점도유체의 측정이 가능하다.
> ③ 맥동의 영향을 적게 받고 압력손실이 적다.
> ④ 입구에 여과기 설치가 필요하다.
> ⑤ 온도나 압력의 영향을 거의 받지 않는다.

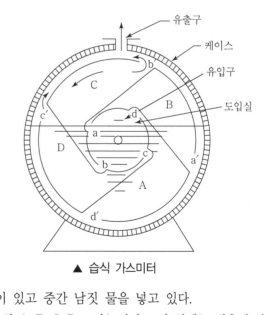

▲ 습식 가스미터

① 고정 수평 원통 내에 회전드럼이 있고 중간 남짓 물을 넣고 있다.
② 드럼은 방사상 격막으로 수 개의 실 A, B, C, D로 나누어지고 각 실에는 내측에 가스의 입구 a, b, c, d가 있고 외측에 출구 a′, b′, c′, d′가 있다.

③ 그림에서 가스는 중심에서 실에 들어가면서 그 부력 때문에 드럼이 반시계방향으로 회전한다. 이렇게 되면 실의 가스는 물로 서서히 축출된다.

④ 즉, 가스가 유입된 만큼 드럼이 회전하게 된다. 따라서 회전수에서 어느 시간 내에 흐른 전유량을 알 수 있다.

⑤ 이와 같은 미터는 유체의 양을 직접 측정할 수 있고 간접법의 검정을 행하는 경우나 실험조작의 유량측정 등에 많이 이용된다.

(2) 건식 가스미터(Dry Gas meter)

피혁으로 된 두 개의 드럼에 밸브로부터 가스를 번갈아 넣고 가스의 압력에 의해서 드럼이 신축운동을 할 때 지침을 움직여 유량을 지시한다. 이 유량계는 물을 사용하지 않으므로 운반하기 편리하나 정도 면에서 나쁘다.

(3) 회전자형 미터

고가의 원료를 취급하므로 석유화학공업의 발전에 따라 정도가 높은 유량측정이 필요하게 되며 회전자형 유량계를 많이 사용하게 되었다. 즉, 회전자형 미터는 밀폐된 케이스 내에 전동하여 접촉하는 2개의 비원형의 회전자가 있고 유입 측과 유출 측의 압력차에 의해 회전자가 회전하며 1회전마다 일정 용적의 유량을 케이스 밖으로 배출한다. 회전자의 회전수에서 유량을 측정할 수 있다.

① 회전자형 미터는 구조가 간단하고 맥농 유체에 대해서도 안전성이 있다.

② 정도는 물은 ±0.5%, 가스로 ±2.0% 이상을 얻을 수 있다.

③ 회전자의 형상에 의해 오블형과 루트형 유량계가 있다.

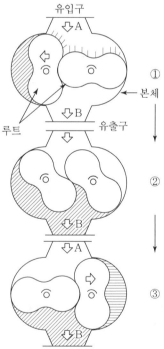

■ 회전자의 종류 ┌── 루트형
　　　　　　　　└── 오벌형(기어식)

　㉠ 루트형의 회전수는 800RPM까지이며 유량계를 포함한 관로에 진동을 주는 결점이 있다.

　㉡ 이 밖에 직접식이 아닌 간접적으로 액체의 유량을 구하는 임펠러식 유량계가 있다.

　㉢ 즉, 수도미터와 같이 유체 중에 프로펠러나 터빈 등의 임펠러를 놓고 그 회전속도가 유량에 비례하므로 회전수를 검출하여 유량을 측정적산하는 것이다.

▲ 루트형 유량계의 작동원리

ⓔ 특히, 축류형의 임펠러를 사용하는 터빈 미터는 동점도가 낮은 고온, 저온, 고압의
　 유체에 사용 가능하며 난류역에서는 유체의 종류에 불구하고 동일한 특성을 표시
　 하며 유량의 범위도 넓다.
ⓜ 측정 정도는 ±0.2∼0.5%이다.

3. 간접 유량계

1) 피토관(Pitot Tube)

유체 중에 피토관(Pitot Tube)을 삽입하고 동압과 정압을 측정하여 유속을 구하며 유량을
아는 것이다. 일명 유속식 유량계이다.
다음에 말하는 오리피스 미터가 평균유속을 측정하는 데 대하여 피토관은 유체 중 어느 점
에서의 유속을 측정한다.

 특징
① 피토관을 유체의 흐름방향과 평행하게 설치
　 한다.
② 유속이 5m/s 이하의 유체측정은 어렵다.
③ 슬러지나 분진 등 불순물이 많은 유체의
　 측정은 어렵다.
④ 노즐부분의 마모에 의한 오차가 발생한다.
⑤ 유체의 압력에 대한 충분한 강도가 요구
　 된다.

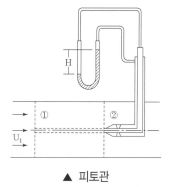

▲ 피토관

① 피토관(Pitot Tube)은 그림처럼 직각으로 굽은 2중관이며 환상부는 단이 뾰족하게 봉하
　 여져 있다.
② 환상부와 중심관을 U자관에 연결하고 피토관을 그림과 같이 유동방향으로 맞춰 중심관
　 의 선단개구가 유동을 받아 흐르도록 하여 준다.
③ Pitot관의 유량(Q)을 구하는 식

$$Q = A\,V(\text{단면적} \times \text{유속})$$

$$= \frac{\pi}{4}d^2 \sqrt{\frac{2g(\rho' - \rho)h}{\rho}} = C \cdot A \sqrt{z \cdot g \frac{(P_t - P_s)}{\gamma}}$$

여기서, Q : 유량(m³/sec)　　　　　C : 유량계수
　　　　V : (m/sec)　　　　　　　A : 단면적(m²)
　　　　d : 관내경(m)　　　　　　P_t : 전압(kg/m²)
　　　　ρ : 관에 흐르는 유체의 밀도(kg/m³)　　P_s : 정압(kg/m²)
　　　　ρ' : U자관 내의 액밀도(kg/m³)

2) 차압식 유량계

공업용도에 가장 널리 이용되고 있는 것은 이 차압식 유량계이다. 이것은 측정관로 중에 교축기구를 설치하여 유동을 교축하고 이 때문에 생기는 교축부 전후의 압력차에서 유속을 구하여 유량을 측정하는 것을 오리피스 미터, 벤투리 미터 등이 있다.

(1) 오리피스미터(Orifice Meter)

오리피스미터는 피토관과 같이 베르누이의 정리를 사용하여 유속을 구하는 것이나 피토관과 달리 도관의 평균 유속을 알 수 있고 공업용 또는 실험용의 간접측정법으로서 가장 중요한 것이다.(동심오리피스, 편심오리피스가 있다.)

∴ 평균 유속(u)

$$u = \frac{C_o}{\sqrt{1-m^2}} \times \sqrt{\frac{2g_c(\rho'-1)H}{\rho}}$$

여기서, C_o : 유량계수

m : 교축비$(= \dfrac{d^2}{D^2})$ D : 교축 전의 지름(m)

d : 교축 후의 지름(m) g_c : 중력 가속도(9.8m/sec²)

H : 마노미터의 읽기(m) ρ' : 마노미터 봉입액의 밀도(kg/m³)

ρ : 유체로 밀도(kg/m³)

 유량계산식

$Q(\mathrm{m^3/sec}) = A \times u$

$$= \frac{\pi}{4}d^2 \times \frac{C_o}{\sqrt{1-m^2}} \times \sqrt{\frac{2g(\rho'-1)H}{\rho}}$$

오리피스 특징	플로어 노즐 특징
① 구조가 간단하고 제작이 용이하다.	① 압력손실이 중간정도이다.
② 유량계수의 신뢰도가 크다.	② 고압유체 측정이 가능하다.
③ 오리피스 교환이 용이하다.	③ 고속유체 측정이 가능하다.
④ 압력손실이 매우 크다.	④ 소유량 유체 측정이 가능하다.
⑤ 협소한 장소 설치가 가능하다.	⑤ 비교적 강도가 크다.
⑥ 침전물의 생성우려가 있다.	

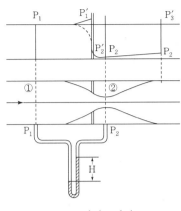

▲ 오리피스미터

(2) 벤투리미터(Venturimeter)

벤투리미터 역시 오리피스미터와 같이 관경의 변화에 따른 속도의 변화에 대한 압력변화의 차를 측정하여 유속을 구하는 것이다.

아래 그림과 같이 교축판 대신에 원추관으로 축소와 확대부를 서서히 변화시킨 것이다. 오리피스와 같이

$$u = \frac{C_o}{\sqrt{1-m^2}} \times \sqrt{\frac{2g_c(\rho'-1)H}{\rho}} \text{ 이다.}$$

다만, C_o는 0.97~0.99로 크고 두손실이 적은 것이 이점이나 이를 위해서는 확대부 원출관의 테이퍼를 적게 할 필요가 있다.

값도 비싸고 또 장소를 차지하는 결점이 있다.

 벤투리 특징
① 압력차가 적고 압력손실이 거의 없다.
② 내구성이 좋고 정밀도가 높다.
③ 대형이라 제작비가 비싸다.
④ 구조가 복잡하다.
⑤ 교환이 어렵다.

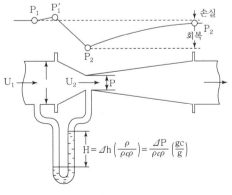

▲ 벤투리미터

3) 면적식 유량계

차압식 유량계가 일정한 교축면적인 데 반하여 면적식은 유량의 대소에 의해 교축면적을 바꾸고 차압을 일정하게 유지하면서 면적변화에 의해 유량을 구한다. 이 형의 유량계는 부자형과 피스톤형으로 대별된다.

(1) 로터미터(Rotameter)

로터미터는 면적 가변형 유량계의 일종이다. 그림에서와 같이 위로 갈수록 점차 굵은 글라스제 수직관 A속에 부자 B가 있어서 계량할 액 또는 가스가 아래에서 위로 통과하고 부자는 그 부력과 중력이 평정하는 위치에 부상하므로 부자 위치의 눈금에 따라 유속을 알 수 있다.(부자식형 유량계이다.)

즉, 저레이놀즈수에서도 유량계수가 안정하므로 중유와 같은 고점도 유체나 오리피스미터에서는 측정 불능한 소유량의 측정에 적합하다.

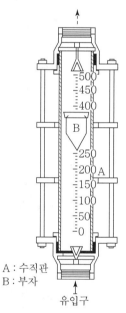

A : 수직관
B : 부자

유입구

▲ 로터미터

$$S_f\, g_c(P_1 - P_2) = V_f\,(\rho_t - \rho)g$$

$$\therefore\ \frac{P_1 - P_2}{\rho} = \frac{V_f}{S_f}\left(\frac{\rho_f - \rho}{\rho}\right)\frac{g}{g_c}$$

여기서, V_f : 부자의 체적

ρ_f : 부자의 밀도

$P_1,\ P_2$: 부자 전후의 압력

ρ : 유체의 밀도

S_f : 부자와 관 사이의 환상로의 면적

여기를 통과하는 유체의 평균유속을 U_R라고 하면 오리피스의 경우와 같이

$$U_R = C_R\sqrt{2g\Delta h}$$

로 할 수 있으므로 $\Delta h = (P_1 - P_2)/\rho$의 관계를 대입하면

$$U_R = C_R\sqrt{\frac{2g\,V_f\,(\rho_f - \rho)}{S_f\,\rho}}$$

$\therefore$ 유량 $Q(\mathrm{m^3/sec})$는

$$\therefore\ Q = C_R S_f\sqrt{\frac{2g\,V_f\,(\rho_f - \rho)}{S_f\,\rho}}$$

여기서, C_R : 유량 계수

(2) **면적 가변식 유량계의 장점**

① 소용량 측정이 가능하다.(차압이 일정하면 오차발생이 적다.)

② 압력손실이 적고 거의 일정하다.(고점도 유체나 소용량 유량측정이 가능하다.)

③ 유효 측정범위가 넓다.

④ 직접 유량을 측정한다.

⑤ 장치가 간단하다.(오차는 ±1~2% 정도이다.)

4) 고압용 유량계

(1) **압력천평**

압력천평은 수은을 넣은 금속제 U자관 또는 반원형 관이 나이프 예지로 지지되어 좌우로 저항 없이 기울일 수 있도록 만들어져 있다.

U자관 내에 압력차가 형성되면 수은주의 높이 차가 생기기 때문에 중심이 이동하여 파이프가 기울어져 눈금판을 가리킨다.

이 눈금은 유량을 체적으로 나타내고 있으므로 그 때의 유체압도 동시에 측정해 둘 필요가 있다. 또한 링밸런스형 유량계라도도 하며 간접측정법으로 쓰인다.

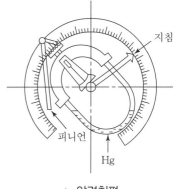

▲ 압력천평

(2) **전기저항식 유량계**

전기저항식 유량계는 압력차에 의한 수은면의 상하를 그 속에 집어 넣은 접촉봉을 통하여 전기적으로 그 저항의 변화를 지시하고 이에 따라 유량을 알 수 있다. 또한 수은은 순도가 높은 것이 필요하며 전선송입 개소의 시일이 충분하면 초고압에도 사용할 수 있다.

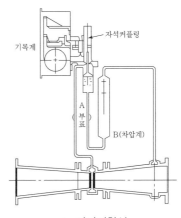

▲ 전기저항식

(3) 부자식 유량계

부자식 유량계는 그림에 표시한 것과 같은 수은면상에 부자를 넣고 수은면의 상하에 의한 부자의 상하를 지침이나 기타 방법으로 표시하는 것으로 이 그림의 형식에 있어서는 자석카풀링을 사용한 것이다.

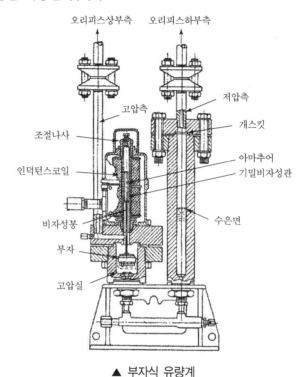

▲ 부자식 유량계

5) 기타의 유량계

(1) 열선식 유량계

유속에 의한 가열체의 온도변화를 이용하고 어느 점의 유속을 측정하여 유량을 구하는 방법이다.(미풍계, 토마스유량계, 서멀유량계가 있다.)

(2) 전자식 유량계

파라데의 적자유도의 법칙을 이용하여 기전력을 측정하여 유량을 구한다.

(3) 초음파식 유량계

초음파의 전파시간이 송수신 기간의 거리에 비례하고 초음파의 음속과 유체 유속의 변화에 반비례한다는 원리를 이용하여 유량을 측정한다.

1-4 액면의 측정

1. 액면계의 종류

① 클링커식 액면계
② 유리관식 액면계
③ 플로식 액면계
④ 정전 용량식 액면계
⑤ 차압식(햄프슨) 액면계
⑥ 편위식 액면계
⑦ 고정 튜브식 액면계
⑧ 회전 튜브식 액면계
⑨ 슬립 튜브식 액면계

2. 액면계의 구비조건

① 온도나 압력 등에 견딜 수 있을 것
② 연속 조정이 가능할 것
③ 지시 기록에 원격 측정이 가능할 것
④ 가격이 싸고 보수가 쉬울 것
⑤ 구조가 간단하고 내식성일 것
⑥ 자동 제어화 할 수 있을 것

3. 액면계 선정 시 고려사항

① 측정범위와 정도
② 측정장소와 제반 조건
③ 설치조건
④ 안정성
⑤ 변동상태

〈액면계 종류〉

직접식	간접식	
① 직관식(유리관)	① 압력식	② 저항식(경보용)
② 부자식(플로트식)	③ 초음파식	④ 정전용량식
③ 검척식(액면높이식)	⑤ 방사선식	⑥ 차압식(햄프슨식)
	⑦ 편위식	⑧ 다이어프램식
	⑨ 기포식	⑩ 슬립튜브식

4. 액면계의 원리

1) 클링커식 액면계

유리판과 금속판을 조합하여 사용하며 파손할 때 액체의 유출을 최소한도로 줄이기 위하여 짧은 것을 서로 비슷하게 배열한다.

저장소 내의 액면을 직접 읽을 수 있는 것으로 경질의 유리관 또는 유리판의 파손을 방지하기 위하여 프로텍터 및 밸브 등으로 구성한다.

2) 플로트식 액면계(부자식 액면계)

저장조 내의 중앙부 액면에 부자를 띄워서 철사줄(Wire Rope)로 밖으로 인출하여 측정한다. 저장조 내의 측벽에 부자를 띄워서 회전력에 의하여 링기구를 가지고 중앙 경판(거울)부에 축을 인출하여 지침에 전한다.

3) 정전용량식 액면계

저장조 벽과 전극부를 축전기로써 액면의 변화에 의한 정전 용량을 변화로 하여 끄집어 내고 이것을 함께 측정한다. 즉 그림 ③에 있어서 액면 A와 액면 B는 정전 용량 C가 된다.

4) 초음파식 액면계

기상부에 초음파 발진기를 두고 초음파의 왕복하는 시간을 측정하여 액면까지의 길이를 측정하는 것과 액면 밑에 발전기를 붙여두고 같은 모양으로 액면까지의 높이를 아는 것이다.

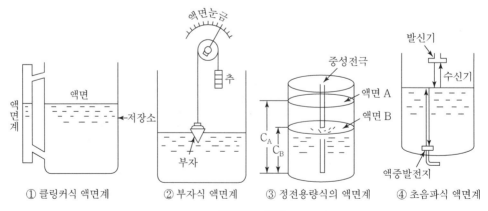

▲ 액면계의 종류

5) 마그네트식 액면계(자석식 액면계)

비자성 관내의 부자를 전자화하여 두고 관외의 철심 부자의 상하에 추종시키도록 한 것. 부식성 액체에도 사용된다.

6) 햄프슨식 액면계(차압식 액면계)

액화 산소 등과 같은 극저온의 저장조의 액면의 측정에는 차압식이 많이 사용되고 있다. 저장조 상부로부터 끄집어 낸 압력과 저장조 저부로부터 끄집어 낸 압력의 차압에 의하여 액면을 측정한다.

7) 벨로스식 액면계

차압식의 극저온 액체의 액면 측정에 쓰인다. 고압 벨로스에 저장조 저면으로부터의 압력을 저압 벨로스로 저장조 상부로부터의 압력을 걸어 신축의 차를 지침에 나타내도록 한 것

8) 슬립 튜브식 액면계(Slip Tube)

저장조 최정상부 중앙으로부터 가는 스테인리스관을 저면까지 붙인다. 이 관을 상하로 하여 관내에서 분출하는 가스상과 액상의 경계를 찾아 액면을 측정한다.

9) 전기 저항식 액면계

백금선 등을 가온하여 저장조 내에 세워두면 액중의 길이에 대하여 전기저항이 변화하므로 액면을 측정할 수 있다.

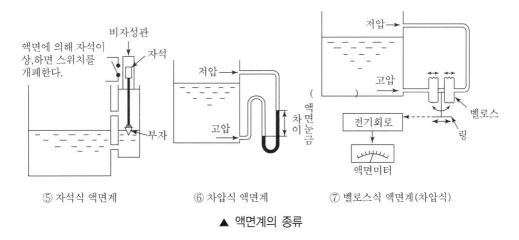

⑤ 자석식 액면계 ⑥ 차압식 액면계 ⑦ 벨로스식 액면계(차압식)

▲ 액면계의 종류

1-5 자동제어

1. 자동제어의 개요

목표치와 대상이 되는 제어량을 일치시키는 행위(계측, 판단, 조작)이다.

1) 자동제어의 이점

① 인력 절감 및 작업능률의 향상
② 제품의 균일화, 품질향상 기대
③ 원재료 및 연료의 경제적 운영
④ 작업에 따른 위험부담 감소
⑤ 사람이 할 수 없는 어려운 작업도 가능

2) 자동제어의 조건

① 안정하고 편차가 적을 것
② 응답이 빠르고 정확할 것
③ 평형에 도달할 수 있을 것

2. 조절부 제어방식 구분

1) 시퀀스(Sequence) 제어

미리 정해진 순서에 따라 제어의 각 단계를 순차적으로 행하는 제어이며, 제어 명령이 스위치의 ON/OFF 또는 전압의 고/저 등으로 형성된다.

⑴ 유접점 논리소자

접점을 가지고 있는 논리소자로 구성된 시퀀스 제어회로를 말하며 릴레이, 타이머 등이 해당한다.

〈유접점 시퀀스 제어회로의 특징〉

장점	단점
• 개폐부하의 용량이 크다. • 전기적 노이즈에 대하여 안정적이다. • 온도특성이 양호하다. • 독립된 다수의 출력회로를 동시에 얻을 수 있다. • 동작상태의 확인이 쉽다.	• 소비전력이 비교적 크다. • 접점의 소모가 따르기 때문에 수명의 한계가 있다. • 동작 속도가 느리다. • 기계적 진동, 충격 등에 비교적 약하다. • 부피의 소형화에 한계가 있다.

(2) 무접점 논리소자

어느 쪽의 전압이 큰가에 따라 전류를 흐르게 하기도 하고 못하게 하기도 하는 무접점 스위치를 말하며 다이오드나 트랜지스터에 이용된다.

〈무접점 시퀀스 제어회로의 특징〉

장점	단점
• 동작 속도가 빠르다. • 고빈도 사용이 가능하고 수명이 길다. • 진동 및 충격에 대한 불량 응동의 가능성이 없다. • 소형화가 가능하다.	• 전기적 노이즈나 서지에 약하다. • 온도 변화에 약하다. • 신뢰성이 떨어진다. • 별도의 전원을 필요로 한다.

(3) 여러 가지 논리회로

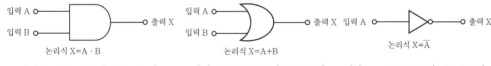

(a) 논리곱 회로(AND Gate)　　(b) 논리합 회로(OR Gate)　　(c) 논리부정회로(NOT Gate)

2) 피드백(Feedback) 제어

제어신호에 의해 온도, 습도, 압력 등과 같은 제어량을 설정치와 비교하고, 제어량과 설정치가 일치하도록 수정동작하는 제어방식을 말한다.

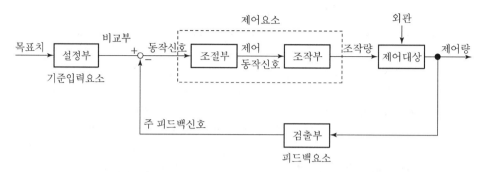

▲ 피드백 제어의 블록선도

① 설정부 : 목표치를 기준입력신호로 바꾼다.

② 비교부 : 제어량을 측정한 주 피드백 신호와 비교하여 제어동작 신호를 만드는 부분

③ 동작신호 : 기준입력 신호량과 주 피드백 신호량과의 차

④ 조절부 : 동작신호에 따라 2위치, 비례, 비례적분, 비례적분미분제어 동작신호를 출력한다.

⑤ 조작부 : 제어동작 신호를 받아 조작량으로 바꾼다.

⑥ 제어대상 : 조작량만큼의 제어결과, 즉 제어량을 발생한다. 이 제어량은 외란에 의해 변화된다.

⑦ 외란 : 제어계의 상태를 교란시키는 외적작용으로서, 실내온도 제어에서는 인체·조명 등에 의한 발생열, 창문을 통한 태양일사, 틈새바람, 외기온도 등을 의미한다.

⑧ 검출부 : 제어대상의 상태를 검출하여 그 상태를 전기적인 신호로 변환한다.

⑨ 주 피드백신호 : 제어량을 측정하여 그것을 목표치와 비교할 수 있도록 내보내는 신호이다.

3. 제어방법에 의한 분류

1) 정치제어

목표값이 시간적으로 변화가 없고 일정한 값을 유지하는 제어

2) 추치제어

목표값이 시간적으로 변화하는 제어방식으로 추종제어, 프로그램제어, 비율제어가 이에 해당한다.

① 추종제어 : 목표값이 임의의 시간적으로 변화하는 제어

② 프로그램(Program)제어 : 목표값이 미리 정해진 계측에 따라 시간적 변화를 할 경우 목표값에 따라 변동하도록 한 제어

③ 비율제어 : 목표값이 다른 두 종류의 공정변화량을 어떤 일정한 비율로 유지하는 제어

3) 캐스케이드(Cascade)제어

제어계를 조합하여 1차 제어장치에서 측정된 명령을 바탕으로 2차 제어계에서 제어량을 조절하는 방식으로 외란의 영향이나 낭비지연시간이 큰 제어

4. 제어동작에 의한 분류

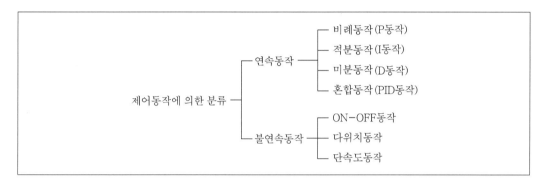

1) 불연속 동작

① ON-OFF 동작 : 일명 2위치 동작이라 하며, 조작량 또는 제어량을 지배하는 신호가 입력의 크기에 의해 2개의 정해진 값(ON, OFF) 중 어느 한쪽인가를 취하는 동작
② 다위차 제어 : 편차의 크기에 따라 제어장치의 조작량이 3개 이상의 정해진 값 중 하나를 취하는 제어동작
③ 단속도 제어 : 편차가 어느 특정 범위를 넘으면 편차에 따라 일정한 속도로 조작신호가 변하는 단속도 제어동작
④ 다속도 동작 : 편차의 크기에 따라 조작신호의 변화 속도를 3개 이상 정한 값 중 하나를 취하도록 하는 제어동작

2) 연속 동작

(1) 비례 동작(Proportional Action, P동작)

조작량은 제어편차의 변화속도에 비례하는 동작으로 연속동작 중 가장 기본적이다.

■ 특징
① 잔류편차가 발생한다.
② 응답속도가 정확하다.
③ 계의 안정도가 있어야 한다.

(2) **적분 동작(Integral Action, I동작)**

조작량은 제어편차의 적분치에 비례한 크기로 조작량을 변화시키는 동작으로 잔류편차를 제거하는 데 효과적인 방법이다.

■ **특징**
① 잔류편차가 남지 않는다.
② 안전성이 떨어지고 응답속도가 느리다.

(3) **미분 동작(Derivative, D동작)**

조작량은 제어편차의 미분값에 비례하는 크기로 조작량을 변화시키는 동작이다.

■ **특징**
① 빠른 응답시간으로 진동을 감소시킬 수 있다.
② 비례동작이나 비례적분동작과 조합하여 사용한다.

(4) **비례적분 동작(Proportional Integral Action, PI동작)**

비례제어에서는 잔류편차를 제거하기 위하여 수동 리셋(Reset)을 사용하는데 이것을 자동화한 동작이다.

■ **특징**
① 잔류편차(Off-set) 제거
② 감도 응답이 빨라짐
③ 제어시간의 증가

(5) **비례미분 동작(Proportional Derivative, PD동작)**

동작신호의 미분값과 현재 편차의 경향에서 장래 편차를 예상한 정정 신호를 내는 제어로 시간지연이 큰 공정에 적합하다.

(6) **비례적분미분 동작(Proportional Integral Derivative, PID동작)**

비례, 적분, 미분 동작을 조합하여 잔류편차(Off-set)가 없고 응답이 빠르게 한 연속동작의 대표적인 동작이다.

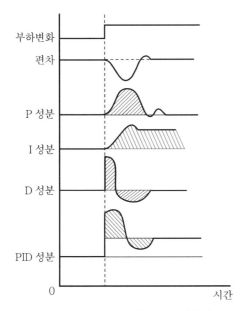

▲ 비례적분미분 제어계의 스텝응답

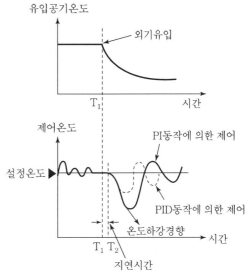

▲ 비례적분미분 동작에 의한 제어

01 연습문제

Industrial Engineer Gas

01 계측기의 특성에 대한 설명으로 옳지 않은 것은?

㉮ 계측기의 정오차로는 계통오차와 우연오차가 있다.

㉯ 측정기가 감지하여 얻은 최소의 변화량을 감도라고 한다.

㉰ 계측기의 입력신호가 정상상태에서 다른 정상상태로 변화하는 응답은 과도 응답이다.

㉱ 입력신호가 어떤 일정한 값에서 다른 일정한 값으로 갑자기 변화하는 것은 임펄스응답이다.

해설 ㉱항의 내용은 인디시얼 응답이다.

02 다음 중 계측기기의 측정방법이 아닌 것은?

㉮ 편위법 ㉯ 영위법

㉰ 대칭법 ㉱ 보상법

해설 계측기의 측정방법
① 편위법, ② 영위법, ③ 보상법

03 일반적으로 계측기는 3부분으로 구성되어 있다. 이에 속하지 않는 것은?

㉮ 검출부 ㉯ 전달부

㉰ 수신부 ㉱ 제어부

해설 계측기의 구성 3대 요소
① 검출부, ② 전달부, ③ 수신부

04 측정방법 중 간접 측정에 해당하는 것은?

㉮ 저울로 물체의 무게를 측정

㉯ 시간과 부피로서 유량을 측정

㉰ 블록 게이지로서 작은 길이를 측정

㉱ 천평과 분동으로서 질량을 측정

해설 시간과 부피로서 유량을 측정하는 것은 간접 측정법이다.

05 계통적 오차(Systematic Error)에 해당되지 않는 것은?

㉮ 계기오차 ㉯ 환경오차

㉰ 이론오차 ㉱ 우연오차

해설 계통적 오차
① 계기오차
② 환경오차
③ 이론오차
④ 개인오차

06 측정기의 감도에 대한 일반적인 설명으로 옳은 것은?

㉮ 감도가 좋으면 측정시간이 짧아진다.

㉯ 감도가 좋으면 측정범위가 넓어진다.

㉰ 감도가 좋으면 아주 적은 양의 변화를 측정할 수 있다.

㉱ 측정량의 변화를 지시량의 변화로 나누어 준 값이다.

해설 측정기에서 감도가 좋으면 아주 적은 양의 변화를 측정이 가능하다.

정답 01.㉱ 02.㉰ 03.㉱ 04.㉯ 05.㉱ 06.㉰

07 표준 계측기기의 구비조건으로 옳지 않은 것은?

㉮ 경년변화가 클 것

㉯ 안정성이 높을 것

㉰ 정도가 높을 것

㉱ 외부조건에 대한 변형이 적을 것

해설 표준 계측기기의 구비조건 중 경년변화가 적어야 한다.

08 공차(公差)를 가장 잘 표현한 것은?

㉮ 계량기 고유오차의 최대 허용한도

㉯ 계량기 고유오차의 최소 허용한도

㉰ 계량기 우연오차의 규정 허용한도

㉱ 계량기 과실오차의 조정 허용한도

해설 공차(公差) : 계량기 고유 오차의 최대 허용한도

09 계량기의 감도가 좋으면 어떠한 변화가 오는가?

㉮ 측정시간이 짧아진다.

㉯ 측정범위가 좁아진다.

㉰ 측정범위가 넓어지고, 정도가 좋다.

㉱ 폭넓게 사용할 수가 있고, 편리하다.

해설 계량기의 감도가 좋으려면 측정범위가 좁아야 한다.

10 측정치의 쏠림(Bias)에 의하여 발생하는 오차는?

㉮ 과오오차 ㉯ 계통오차

㉰ 우연오차 ㉱ 오류

해설 측정치의 쏠림(Bias)에 의하여 발생하는 오차는 계통오차이다.

11 계측기가 가지고 있는 고유의 오차로서 제작 당시부터 어쩔 수 없이 가지고 있는 계통적 오차를 의미하는 것은?

㉮ 기차 ㉯ 공차

㉰ 우연오차 ㉱ 과오에 의한 오차

해설 ① 기차란 계측기의 고유오차
(제작 당시의 계통적 오차)

② 기차% $= \dfrac{측정값 - 참값}{측정값} \times 100$

12 계측기기의 구비조건이 아닌 것은?

㉮ 내구성이 좋아야 한다.

㉯ 신뢰성이 높아야 한다.

㉰ 복잡한 구조이어야 한다.

㉱ 보수가 용이하여야 한다.

해설 계측기기는 구조가 간단하고 취급이 용이하여야 한다.

13 다음 중 편위법에 의한 계측기기가 아닌 것은?

㉮ 스프링 저울 ㉯ 부르동관 압력계

㉰ 전류계 ㉱ 화학천칭

해설 편위법 계측기
① 스프링 저울
② 전류계
③ 부르동관 압력계

14 온도변화에 대한 응답이 빠르나 히스테리시스 오차가 발생될 수 있고, 온도조절 스위치나 자동기록장치에 주로 사용하는 온도계는?

㉮ 열전대 온도계

㉯ 압력식 온도계

㉰ 바이메탈식 온도계

㉱ 서미스터

정답 07.㉮ 08.㉮ 09.㉯ 10.㉯ 11.㉮ 12.㉰ 13.㉱ 14.㉰

해설 바이메탈 온도계 : 온도변화에 대한 응답이 빠르다. 히스테리시스 오차가 발생될 수 있고 온도조절 스위치에 사용된다.

15 다음 압력변화에 의한 탄성변위를 이용한 압력계는?

㉮ 액주식 압력계

㉯ 점성 압력계

㉰ 부르동관식 압력계

㉱ 링밸런스 압력계

해설 탄성식 : 부르동관식, 다이어프램식, 벨로스식

16 열전대 온도계의 종류로서 옳지 않은 것은?

㉮ 구리 – 콘스탄탄

㉯ 백금 – 백금로듐

㉰ 크로멜 – 콘스탄탄

㉱ 크로멜 – 알루멜

해설 ㉰는 철 – 콘스탄탄이다.

17 다음 온도계 중 사용 온도범위가 넓고, 가격이 비교적 저렴하며, 내구성이 좋으므로 공업용으로 가장 널리 사용되는 온도계는?

㉮ 유리온도계

㉯ 열전대온도계

㉰ 바이메탈 온도계

㉱ 반도체 저항온도계

해설 열전대온도계는 사용 온도범위가 넓다.

18 사용온도에 따라 수은의 양을 가감하는 것으로 매우 좁은 온도범위의 온도 측정이 가능한 온도계는?

㉮ 수은온도계

㉯ 베크만온도계

㉰ 바이메탈온도계

㉱ 아네로이드온도계

해설 베크만온도계
사용온도에 따라 수은의 양을 가감하는 것으로 매우 좁은 온도범위의 온도측정이 가능하다.

19 회로의 두 접점 사이의 온도차로 열기전력을 일으키고 그 전위차를 측정하여 온도를 알아내는 온도계는?

㉮ 열전대온도계   ㉯ 저항온도계

㉰ 광고온도계   ㉱ 방사온도계

해설 열전대온도계
회로의 두 접점 사이의 온도차로 열기전력을 일으키고 그 전위차를 측정하여 온도를 알아내는 온도계이다.

20 열전대온도계의 구성 요소에 해당하지 않는 것은?

㉮ 보호관   ㉯ 열전대선

㉰ 보상 도선   ㉱ 저항체 소자

해설 저항체 소자(백금, 니켈, 구리)는 저항 온도계에 사용한다.

21 바이메탈온도계의 특징으로 옳지 않은 것은?

㉮ 히스테리시스 오차가 발생한다.

㉯ 온도변화에 대한 응답이 빠르다.

㉰ 온도조절 스위치로 많이 사용한다.

㉱ 작용하는 힘이 작다.

정답 15.㉰ 16.㉰ 17.㉯ 18.㉯ 19.㉮ 20.㉱ 21.㉱

22 다음 온도계 중 노(爐) 내의 온도 측정이나 벽돌의 내화도 측정용으로 적당한 것은?

㉮ 서미스터
㉯ 제겔콘
㉰ 색온도계
㉱ 광고온도계

해설 제겔콘은 벽돌의 내화도 측정용이다.

23 열전온도계를 수은온도계와 비교했을 때 갖는 장점이 아닌 것은?

㉮ 열용량이 크다.
㉯ 국부온도의 측정이 가능하다.
㉰ 측정온도범위가 크다.
㉱ 응답속도가 빠르다.

해설 열전온도계는 기전력을 이용한다.

24 금속제의 저항이 온도가 올라가면 증가하는 원리를 이용한 저항온도계가 갖추어야 할 조건으로 거리가 먼 것은?

㉮ 저항온도계수가 적을 것
㉯ 기계적으로, 화학적으로 안정할 것
㉰ 교환하여 쓸 수 있는 저항요소가 많을 것
㉱ 온도저항곡선이 연속적으로 되어 있을 것

해설 측온 저항체의 구비조건은 온도변화에 따른 전기저항의 변화(온도계수)가 커야 한다.

25 열전대온도계의 종류 및 특성에 대한 설명으로 거리가 먼 것은?

㉮ R형은 접촉식으로 가장 높은 온도를 측정할 수 있다.
㉯ K형은 산화성 분위기에서는 열화가 빠르다.
㉰ J형은 철과 콘스탄탄으로 구성되며 산화성 분위기에 강하다.
㉱ T형은 극저온 계측에 주로 사용된다.

해설 J형 열전대는 환원성 분위기에 강하나 산화성에는 약하다. 가격이 싸고 열기전력이 높다.
  • R형 : P-R 온도계
  • K형 : C-A 온도계
  • J형 : I-C 온도계
  • T형 : C-C 온도계

26 접촉식과 비접촉식 온도계를 비교 설명한 것은?

㉮ 접촉식은 움직이는 물체의 온도측정에 유리하다.
㉯ 일반적으로 접촉식이 더 정밀하다.
㉰ 접촉식은 고온의 측정에 적합하다.
㉱ 접촉식은 물체의 표면온도 측정에 주로 이용된다.

해설 접촉식 온도계는 비접촉식 온도계보다 더 정도가 높다.

27 유리제온도계 중 알코올온도계의 특징으로 옳은 것은?

㉮ 저온측정에 적합하다.
㉯ 표면장력이 커 모세관현상이 적다.
㉰ 열팽창계수가 작다.
㉱ 열전도율이 좋다.

해설 알코올온도계는 $-100 \sim 200\,℃$까지 저온측정이 가능하다.

정답 22.㉯ 23.㉮ 24.㉮ 25.㉰ 26.㉯ 27.㉮

28 표준전구의 필라멘트 휘도와 복사에너지의 휘도를 비교하여 온도를 측정하는 온도계는?

㉮ 광고온도계
㉯ 복사온도계
㉰ 색온도계
㉱ 서미스터(Thermister)

해설 광고온도계는 표준전구의 필라멘트 휘도와 복사에너지의 휘도를 비교하여 온도를 측정한다.

29 열전쌍의 열기전력을 이용한 온도계로 내열성이 좋고 산화분위기 중에서 고온을 측정할 수 있는 것은?

㉮ CC   ㉯ IC
㉰ CA   ㉱ PR

해설 PR 고온열전온도계(백금-로듐)는 내열성이 좋고 산화성 분위기에서 고온측정(1,600℃)이 가능하다.

30 물체에서 방사된 빛의 강도와 비교된 필라멘트의 밝기가 일치되는 점을 비교 측정하여 3,000℃ 정도의 고온도까지 측정 가능한 온도계는?

㉮ 광고온도계   ㉯ 수은온도계
㉰ 베크만온도계   ㉱ 백금저항온도계

해설 광고온도계(비접촉식)는 700℃~3,000℃까지 측정이 가능하다. 표준온도의 고온체(전구의 필라멘트)의 밝기를 조절하여 측정한다.

31 전기저항식 온도계에서 측온저항체로 사용되는 것이 아닌 것은?

㉮ Ni   ㉯ Pt
㉰ Cu   ㉱ Fe

해설 전기저항식 온도계 측온저항체
니켈, 백금, 구리, 서미스터

32 열기전력을 이용한 열전온도계에서 열기전력을 이용하는 법칙이 아닌 것은?

㉮ 균일온도의 법칙
㉯ 균일회로의 법칙
㉰ 중간금속의 법칙
㉱ 중간온도의 법칙

해설 열기전력을 이용하는 법칙
① 균일회로의 법칙
② 중간금속의 법칙
③ 중간온도의 법칙

33 화씨(℉)와 섭씨(℃)의 온도눈금 수치가 일치하는 경우의 절대온도(K)는?

㉮ 201   ㉯ 233
㉰ 313   ㉱ 345

해설
$$℉ = \frac{9}{5} × ℃ + 32$$
$$x = 1.8x + 32$$
$$x = 40°$$
$$∴ K = 273 - 40 = 233$$

34 다음 중 열전대와 비교한 백금저항 온도계의 장점에 대한 설명 중 틀린 것은?

㉮ 큰 출력을 얻을 수 있다.
㉯ 기준접점의 온도보상이 필요 없다.
㉰ 측정온도의 상한이 열전대보다 높다.
㉱ 경시변화가 적으며 안정적이다.

해설 백금저항 온도계는 측정온도의 상한이 열전대 온도계보다 낮다.

정답 28.㉮ 29.㉱ 30.㉮ 31.㉱ 32.㉮ 33.㉯ 34.㉰

35 압력계와 진공계 두 가지 기능을 갖춘 압력 게이지를 무엇이라고 하는가?

㉮ 부르동관(Bourdon Tube) 압력계

㉯ 컴파운드게이지(Compound Gage)

㉰ 초음파압력계

㉱ 전자압력계

해설 압력계와 진공계 두 가지 기능을 갖춘 압력계는 연성계이며 그 종류로는 컴파운드게이지가 있다.

36 다음 사항 중 압력계에 관한 설명이 옳은 것은?

① 부르동관식 압력계는 중추형 압력계의 검정에 사용된다.

② 압전기식 압력계는 망간선이 사용된다.

③ U자식 압력계는 저압의 차압측정에 적합하다.

㉮ ①

㉯ ②

㉰ ③

㉱ ①, ②, ③

해설 유자관 압력계는 저압의 차압측정에 적합하다.

37 압력계는 측정방법에 따라 1, 2차 압력계로 구분하는데, 1차 압력계는?

㉮ 다이어프램 압력계

㉯ 벨로스 압력계

㉰ 마노미터

㉱ 부르동관 압력계

해설 마노미터 등 액주식 압력계는 1차 압력계이다.

38 100psi를 atm으로 환산하면 몇 atm인가?

㉮ 4.8atm

㉯ 5.8atm

㉰ 6.8atm

㉱ 7.8atm

해설
$$1.0332 \times \frac{100}{14.7} = 7.028 kg/cm^2$$

$$\frac{100\psi}{14.7\psi} = 6.8 atm$$

※ 1atm = 14.7psi

39 수은을 이용한 U자식 액면계에서 그림과 같이 높이가 70cm일 때 P_2는 절대압으로 얼마인가?

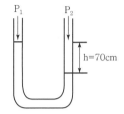

㉮ 1.92kg/cm²

㉯ 1.92atm

㉰ 1.87bar

㉱ 20.24mH₂O

해설
$$\frac{\left(1.033 \times \frac{70}{76}\right) + 1.033}{1.033} = 1.92 atm$$

40 1기압에 해당되지 않는 것은?

㉮ 1.013bar

㉯ 1,013dyne/cm²

㉰ 1torr

㉱ 29.9inHg

해설 1기압(atm) = 101.325bar = 760torr = 760mmHg
= 10,332.2mmH₂O = 14.6956psi
= 1.03323kgf/cm² = 101,325Pa

41 일반적으로 사용되는 진공계 중 정밀도가 가장 좋은 것은?

㉮ 격막식 탄성 진공계

㉯ 열음극 전리 진공계

㉰ 맥로드 진공계

㉱ 피라니 진공계

정답 35.㉯ 36.㉰ 37.㉰ 38.㉰ 39.㉯ 40.㉰ 41.㉯

해설 진공계 중 열음극 전리 진공계는 정밀도가 매우 높다.

42 액주식압력계에 사용되는 액주의 구비조건으로 거리가 먼 것은?

㉮ 점도가 낮을 것
㉯ 혼합성분일 것
㉰ 밀도변화가 적을 것
㉱ 모세관 현상이 적을 것

해설 액주의 성분은 단일성분일 것

43 벨로스식 압력계에서 압력 측정시 벨로스 내부에 압력이 가해질 경우 원래 위치로 돌아가지 않는 현상을 의미하는 것은?

㉮ Limited 현상
㉯ Bellows 현상
㉰ End All 현상
㉱ Hysteresis 현상

해설 벨로스식(Bellows) 압력계에서 압력측정의 히스테리스 현상은 벨로스 내부에 압력이 가해질 경우 원래 위치로 돌아가지 않는 현상을 의미한다. 측정압력은 0.01~10kg/cm²까지이다.

44 0.626m³ 용기에 20℃ 산소 100kg을 충전할 때 압력은?

㉮ 90atm
㉯ 100atm
㉰ 110atm
㉱ 120atm

해설 산소분자량=32
$PV = nRT$
$P \times 0.626 = \dfrac{100}{32} \times 0.082 \times 293$
$P = 119.93 \text{atm}$

45 게이지 압력을 나타내는 식은?

㉮ Pg＝대기압－진공압
㉯ Pg＝절대압－대기압
㉰ Pg＝대기압＋절대압
㉱ Pg＝절대압

해설 게이지 압력(Pg)＝절대압－대기압

46 액주식 압력계에 사용되는 액주의 구비조건으로 가장 거리가 먼 것은?

㉮ 액면은 항상 수평을 이루어야 한다.
㉯ 모세관 현상이 커야 한다.
㉰ 점도 및 팽창계수가 적어야 한다.
㉱ 휘발성, 흡수성이 적어야 한다.

해설 액주식 압력계는 액주가 모세관 현상이 적어야 한다.

47 계기압력(Gauge Pressure)의 의미를 가장 잘 나타낸 것은?

㉮ 임의의 압력을 기준으로 하는 압력
㉯ 측정위치에서의 대기압을 기준으로 하는 압력
㉰ 표준대기압을 기준으로 하는 압력
㉱ 절대압력 0을 기준으로 하는 압력

해설 계기압력은 측정위치에서 대기압을 기준(0으로 본다.)으로 하는 압력이다.

48 정도가 높아 미압 측정용으로 가장 적합한 압력계는?

㉮ 부르동관식 압력계
㉯ 경사관식 액주형 압력계
㉰ 전기식 압력계
㉱ 분동식 압력계

정답 42.㉯ 43.㉱ 44.㉱ 45.㉯ 46.㉯ 47.㉯ 48.㉯

해설 ① 경사관식 액주형 압력계는 미압용으로서 정도가 높다.
② 정도가 높은 유량계는 저항식 온도계(백금측온)이다.

49 NH_3, C_2H_2, C_2H_4O를 부르동관 압력계를 사용하여 측정할 때 관의 재질로 올바른 것은?

㉮ 황동
㉯ 인청동
㉰ 청동
㉱ 연강재

해설 NH_3 등 저압용의 부르동관 압력계 재질은 연강재이다. NH_3, C_2H_2, C_2H_4O 등 구리를 사용할 수 없는 가스이기 때문이다.

50 다음 중 탄성압력계가 아닌 것은?

㉮ 벨로스식 압력계
㉯ 다이어프램식 압력계
㉰ 부르동관 압력계
㉱ 링밸런스식 압력계

해설 링밸런스식 압력계는 액주식 압력계

51 기계식 압력계가 아닌 것은?

㉮ 경사관식 압력계
㉯ 피스톤식 압력계
㉰ 환상식 압력계
㉱ 자기변형식 압력계

해설 자기변형식 압력계는 기계식에서는 제외된다.

52 압력의 단위를 절대단위계 차원(Dimension)으로 표시한 것은?

㉮ MLT
㉯ ML^2T^2
㉰ $ML^{-1}T^{-2}$
㉱ M/L^2T^2

해설 압력의 차원 : $ML^{-1}T^{-2}$

53 부식성 유체의 압력을 측정하는 데 적절한 압력계는?

㉮ 다이어프램형 압력계
㉯ 전기저항식 압력계
㉰ 부유 피스톤식 압력계
㉱ 피에조 전기 압력계

해설 다이어프램형 압력계 : 부식성 유체의 압력 측정

54 압력계의 눈금이 1.2MPa를 나타내고 있으며, 대기압이 750mmHg일 때 절대압력은 약 몇 kPa인가?

㉮ 1,000
㉯ 1,100
㉰ 1,200
㉱ 1,300

해설 $1.033 \times \dfrac{750}{760} = 1\,\mathrm{kg/cm^2}\,(0.1\mathrm{MPa})$

$1.2\mathrm{MPa} = 1,200,000\mathrm{Pa}\,(1,200\mathrm{kPa})$

$0.1\mathrm{MPa} \fallingdotseq 100,000\mathrm{Pa}\,(100\mathrm{kPa})$

$\therefore 1,200 + 100 = 1,300\mathrm{kPa}$

55 압력계 교정 또는 검정용 표준기로 사용되는 압력계는?

㉮ 표준 부르동관식
㉯ 기준 박막식
㉰ 표준 드럼식
㉱ 기준 분동식

해설 기준 분동식은 압력계 교정 또는 검정용 표준기로 사용되는 압력계이다.

정답 49.㉱ 50.㉱ 51.㉱ 52.㉰ 53.㉮ 54.㉱ 55.㉱

56 온도 25℃, 기압 760mmHg인 대기 속의 풍속을 피토관으로 측정하였더니 전압(全壓)이 대기압보다 40mmH₂O 높았다. 이때 풍속은 약 몇 m/s인가? (단, 피스톤 속도계수(K) : 0.9, 공기의 기체상수(R) : 29.27kgf·m/kg·K이다.)

㉮ 17.2 　　　　　　㉯ 23.2

㉰ 32.2 　　　　　　㉱ 37.4

해설 ① $V = K\sqrt{2gh\left(\dfrac{\rho'-\rho}{\rho}\right)}$ (m/s)

공기밀도(ρ) $= 1.293 \times \dfrac{273}{273+25}$

$= 1.1845 \text{kg/m}^3$

$\therefore V = 0.9\sqrt{2 \times 9.8 \times 0.04 \times \left(\dfrac{1,000-1.1845}{1.1845}\right)}$

$= 23.14 \text{m/s}$

※ 물의 밀도(ρ') = 1,000kg/m³

② 공기밀도(ρ) $= \dfrac{P \times 10^4}{RT} = \dfrac{1.033 \times 10^4}{29.27 \times 298}$

$= 1.1842 \text{kg/m}^3$

$\therefore V = 0.9\sqrt{2 \times 9.8 \times 0.04 \times \left(\dfrac{1,000-1.1842}{1.1842}\right)}$

$= 23.14 \text{m/s}$

57 그림과 같이 시차 액주계의 높이 H가 60[mm]일 때 유속 V[m/s]는 약 얼마인가? (단, 비중 γ와 γ'는 1과 13.6이고 속도계수는 1, 중력가속도는 9.8[m/s²]이다.)

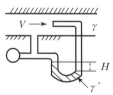

㉮ 1.08 　　　　　　㉯ 3.36

㉰ 3.85 　　　　　　㉱ 5.00

해설 $V = K\sqrt{2gh} = 1\sqrt{2 \times 9.8 \times \left(\dfrac{13.6-1}{1}\right) \times 0.06}$

$= 3.8495 \text{m/s}$

58 차압식 유량계에 있어서 조리개 전후의 압력차가 처음보다 2배만큼 커졌을 때 유량은 어떻게 변하는가? (단, 다른 조건은 모두 같으며 Q_1, Q_2는 각각 처음과 나중의 유량을 나타낸다.)

㉮ $Q_2 = \sqrt{2Q_1^2}$ 　　　㉯ $Q_2 = Q_1$

㉰ $Q_2 = 4Q_1$ 　　　　㉱ $Q_2 = 2Q_1$

해설 $Q_2 = \sqrt{2} \cdot Q_1^2 = \sqrt{2Q_1^2}$

59 다음 중 용적식 유량계 형태가 아닌 것은?

㉮ 오벌형 유량계

㉯ 왕복피스톤형 유량계

㉰ 피토관 유량계

㉱ 로터리형 유량계

해설 피토관 유량계는 유속식(속도수두 측정) 유량계이다.

60 유량의 계측단위로 옳지 않은 것은?

㉮ kg/h 　　　　　　㉯ kg/s

㉰ Nm³/s 　　　　　㉱ kg/m³

해설 kg/m³ : 비중량의 단위(밀도의 단위)

61 고점도 유체 또는 오리피스 미터에서는 측정이 곤란한 소유량을 측정할 수 있는 계측기는?

㉮ 로터리 피스톤형 　㉯ 로터미터

㉰ 전자 유량계 　　　㉱ 와류 유량계

해설 로터미터는 면적가변형 유량계이다. 저 레이놀즈수에서도 유량계가 안정하므로 중유와 같은 고점도 유체나 오리피스미터에서는 측정 불가능한 소유량의 측정에 적합하다.

정답 56.㉯　57.㉰　58.㉮　59.㉰　60.㉱　61.㉯

62 오리피스, 노즐, 벤투리 유량계의 공통점은?

㉮ 직접계량

㉯ 초음속 유체만의 유량측정

㉰ 압력강하 측정

㉱ 가격이 싸며 설계가 간편

해설 차압식 유량계(오리피스, 노즐, 벤투리)의 공통점은 압력강하 측정

63 오리피스 유량계의 측정원리로 옳은 것은?

㉮ 하이젠 - 포아제 원리

㉯ 팬닝법칙

㉰ 아르키메데스 원리

㉱ 베르누이 원리

해설 오리피스 차압식 유량계는 베르누이의 원리를 이용한 것이다.

64 다음 중 유량 측정 기기로서 바르지 못한 것은?

㉮ 가스 유량 측정에는 가스미터가 쓰인다.

㉯ 유체의 유량측정에는 벤투리미터가 쓰인다.

㉰ 오리피스미터는 배관에 붙여서 압력차를 측정하여 유량을 구한다.

㉱ 가스 유량측정에는 스트로보스탁이 쓰인다.

65 용적식 유량계에 해당하는 것은?

㉮ 오리피스식   ㉯ 격막식

㉰ 벤투리관식   ㉱ 피토관식

해설 ① 오리피스식, 벤투리관식은 차압식
② 피토관식은 유속식
③ 격막식은 가스미터기로서 용적식

66 기차가 5.0%인 루츠가스미터로 측정한 유량이 30.4m³/h 였다면 기준기로 측정한 유량은 몇 m³/h인가?

㉮ 31.0   ㉯ 31.6

㉰ 32.0   ㉱ 32.4

해설 $30.4 \times 0.05 = 1.52$
$\therefore 30.4 + 1.52 = 31.92 m^3$

67 유량계가 나타내는 유량이 100m³이고 기준계기(가스미터)가 지시하는 양이 98m³일 때 기차(%)는 얼마인가?

㉮ -0.02% ㉯ -0.2%

㉰ -2% ㉱ -2.04%

해설 $\dfrac{98-100}{98} \times 100 = -2.04\%$

68 안지름 25cm인 원관에 지름 15cm인 오리피스를 부착했을 때 오리피스 전, 후의 압력차가 1mAq라면 유량은? (단, 유량계수는 0.75이다.)

㉮ $0.587 m^3/s$ ㉯ $0.0587 m^3/min$

㉰ $0.0587 m^3/s$ ㉱ $0.587 m^3/min$

해설 $Q = \dfrac{\pi}{4} D^2 \times C \times \sqrt{2 \cdot g \cdot h}$

$= \dfrac{3.14}{4} \times (0.15)^2 \times 0.75 \times \sqrt{2 \times 9.8 \times 1}$

$= 0.0587 m^3/sec$

69 차압식 유량계 중 오리피스식이 벤투리식보다 좋은 특징을 갖는 것은?

㉮ 내구성이 좋다.   ㉯ 정밀도가 높다.

㉰ 제작비가 싸다.   ㉱ 압력손실이 적다.

정답 62.㉰ 63.㉱ 64.㉱ 65.㉯ 66.㉰ 67.㉱ 68.㉰ 69.㉰

해설 오리피스 차압식 유량계
① 제작 및 설치가 쉽고 경제적이다.
② 고장에 대하여 교환이 용이하다.
③ 유량계수의 신뢰도가 크다.
④ 압력손실이 크다.
⑤ 침전물의 생성우려가 많다.

70 오리피스로 유량을 측정하는 경우 압력차가 4배로 증가하면 오리피스 유량은 몇 배로 변화하는가?

㉮ 2배 증가
㉯ 4배 증가
㉰ 8배 증가
㉱ 16배 증가

해설 차압식 유량계는 유량은 차압의 평방근에 비례한다.
$\sqrt{4} = 2$배

71 전자유량계의 측정원리는?

㉮ Rutherford 법칙
㉯ Faraday 법칙
㉰ Joule 법칙
㉱ Bernoulli 법칙

해설 패러데이(Faraday) 전자식 유량계
도전성 액체의 유량측정에 사용된다. 슬러지나 고점도의 액체측정이 가능하고 응답속도가 빠르고 압력손실이 전혀 없다.

72 유속 10m/s의 물속에 피토관을 흐름방향으로 세울 때 수주의 높이는 얼마인가?

㉮ 0.5m
㉯ 5.1m
㉰ 6.6m
㉱ 7.3m

해설 $V = K\sqrt{2gh}$, $10 = \sqrt{2 \times 9.8 \times H}$
$H = 5.1$m

73 오리피스 가스미터로 가스유량을 적정할 때 적용되는 원리는?

㉮ 베르누이의 정리
㉯ 픽스의 법칙
㉰ 패러데이의 법칙
㉱ 파스칼의 정리

해설 오리피스(차압식) 유량계는 베르누이의 정리를 이용한 가스미터기이다.

74 다음 중 유체에너지를 이용하는 유량계는?

㉮ 터빈유량계
㉯ 전자기유량계
㉰ 초음파유량계
㉱ 열유량계

해설 터빈형 유량계는 유체의 에너지를 이용하여 측정한다(임펠러식이다). 수도미터도 임펠러식이다.

75 점도가 높거나 점도변화가 있는 유체에 가장 적합한 유량계는?

㉮ 차압식 유량계
㉯ 면적식 유량계
㉰ 유속식 유량계
㉱ 용적식 유량계

해설 용적식 유량계는 정도가 높고 점도가 높거나 점도변화가 있는 유체에 가장 적합한 유량계이다.

76 가스유량 측정기구가 아닌 것은?

㉮ 막식 미터
㉯ 토크미터
㉰ 델타식 미터
㉱ 회전자식 미터

해설 토크미터(회전력 미터기)

정답 70.㉮ 71.㉯ 72.㉯ 73.㉮ 74.㉮ 75.㉱ 76.㉯

77 공기의 유속을 피토관으로 측정하니 차압이 60mmH$_2$O을 나타냈다. 이때 유속은? (단, 공기의 비중량을 1.20kg/m^3, 피토관계수를 1로 한다.)

㉮ 30.3m/sec ㉯ 31.3m/sec
㉰ 33.3m/sec ㉱ 35.3m/sec

해설
$$V = K\sqrt{2gh} = 1\sqrt{2 \times 9.8 \left(\frac{1,000 - 1.20}{1.20}\right) \times 0.06}$$
$$= 31.28 \text{m/s}$$

78 루트미터에 대한 설명 중 틀린 것은?

㉮ 유량이 일정하거나 변화가 심한 곳, 깨끗하거나 건조하거나 관계없이 모든 가스 타입을 계량하기에 적합하다.
㉯ 액체 및 아세틸렌, 바이오가스, 침전 가스를 계량하는 데에는 다소 부적합하다.
㉰ 공업용에 사용되고 있는 이 가스미터는 칼만식과 스월식의 두 종류가 있다.
㉱ 측정의 정확도와 예상수명은 가스흐름 내에 먼지의 과다 퇴적이나 다른 종류의 이물질 출현도에 따라 다르다.

해설 ㉰의 내용은 와류식 유량계에 대한 설명이다.

79 차압식 유량계로 널리 쓰이는 오리피스 미터에 대한 설명으로 옳지 않은 것은?

㉮ 구조가 간단하고 제작비가 싸다.
㉯ 침전물의 생성 우려가 크다.
㉰ 좁은 장소에 설치할 수 있다.
㉱ 압력손실이 작고 내구성이 좋다.

해설 ① 오리피스는 압력손실이 매우 크다.
② 벤투리식은 내구성이 크다.

80 차압식 유량계에서 압력차가 처음보다 2배 커지고 관의 지름이 1/2배로 되었다면 나중 유량(Q_2)과 처음 유량(Q_1)과의 관계로 옳은 것은? (단, 나머지 조건은 모두 동일하다.)

㉮ $Q_2 = 1.412Q_1$ ㉯ $Q_2 = 0.707Q_1$
㉰ $Q_2 = 0.3535Q_1$ ㉱ $Q_2 = 2Q_1$

해설 유량은 차압의 평방근에 비례하고 관지름의 제곱에 비례하므로
$$Q_1 = \frac{\pi}{4}d^2 \cdot \sqrt{2gh}$$
$$Q_2 = \frac{\pi}{4} \times \left(\frac{d}{2}\right)^2 \times \sqrt{2g \cdot 2H}$$
$$\therefore \ Q_2 = \frac{1}{4}\sqrt{2} \, Q_1 = 0.3535Q_1$$

81 물의 유속과 정압이 각각 3m/s, 0.3kgf/cm^{2}일 때 동압은 약 몇 mmH$_2$O인가?

㉮ 459 ㉯ 469
㉰ 479 ㉱ 489

해설
$$V = \sqrt{2gh}$$
$$P_1 + \frac{\gamma V_1^2}{2g} + \gamma Z_1 = P_2 + \frac{\gamma V_2^2}{2g} + \gamma Z_2 = P_t \text{(일정)}$$
P(전압), $\dfrac{\gamma V^2}{2g}$ (동압), γZ(포텐셜 압력), P_t(전압)
$$H = \frac{\gamma Z^2}{2g} = \frac{(3)^2 \times 1}{2 \times 9.8} = 0.459\text{m} = 459\text{mmH}_2\text{O}$$

82 회전체의 회전속도를 측정하여 단위 시간당의 유량을 알 수 있는 유량계는?

㉮ 오리피스형 유량계
㉯ 터빈형 임펠러식 유량계
㉰ 오벌식 유량계
㉱ 벤투리식 유량계

해설 오벌식 유량계는 용적식으로 회전체의 회전속도를 측정하여 단위시간당의 유량을 알 수 있는 유량계이다

정답 77.㉯ 78.㉰ 79.㉱ 80.㉰ 81.㉮ 82.㉰

83 관로에 있는 조리개 전후의 차압이 일정해지도록 조리개의 면적을 바꿔 그 면적으로부터 유량을 측정하는 유량계는?

㉮ 차압식 유량계　　㉯ 용적식 유량계
㉰ 면적식 유량계　　㉱ 전자 유량계

해설 조리개의 면적을 바꿔 그 면적으로부터 유량을 측정하는 유량계는 면적식이다.

84 배관의 유속을 피토관으로 측정할 때 마노미터의 수주높이가 30cm였다. 이때 유속은?

㉮ 7.7m/s　　㉯ 24.2m/s
㉰ 2.4m/s　　㉱ 7.5m/s

해설 $V = K\sqrt{2gh} = \sqrt{2 \times 9.8 \times 0.3} = 2.4\text{m/s}$

85 용적식 유량계의 특징에 대한 설명 중 옳지 않은 것은?

㉮ 유체의 물성치(온도, 압력 등)에 의한 영향을 거의 받지 않는다.
㉯ 점도가 높은 액의 유량 측정에는 적합하지 않다.
㉰ 유량계 전후의 직관길이에 영향을 받지 않는다.
㉱ 외부 에너지의 공급이 없어도 측정할 수 있다.

해설 용적식 유량계 : 고점도 유체 및 점도변화가 있는 유체에 적합하다.

86 대유량 가스 측정에 적합한 가스미터는?

㉮ 막식 가스미터
㉯ 루츠(Roots)가스미터
㉰ 습식 가스미터
㉱ 스프링식 가스미터

해설 루츠가스미터 : 대유량의 가스 측정에 적합하고 중압가스의 계량이 가능하며 설치면적이 작다.

87 다음 단위 중 유량의 단위가 아닌 것은?

㉮ m³/s　　㉯ L/h
㉰ L/s　　㉱ m²/min

해설 유량의 단위 : m³/s, L/h, m²/sec

88 액위(Liquid Level)를 측정할 수 있는 액면계측기가 아닌 것은?

㉮ 부자식 액면계　　㉯ 압력식 액면계
㉰ 용적식 액면계　　㉱ 방사선 액면계

해설 용적식은 유량계로서 이상적이다.

89 비중이 0.9인 액체 개방탱크에 탱크 하부로부터 2m 위치에 압력계를 설치했더니 지침이 1.5kg/cm²을 가리켰다. 이때의 액위는?

㉮ 14.7m　　㉯ 147cm
㉰ 17.4m　　㉱ 174cm

해설 $H = \dfrac{P}{\gamma} = \dfrac{1.5 \times 10^4}{0.9 \times 10^3} - 2 = 14.7\text{m}$

90 마노미터(Manometer)에서 물 32.5mm와 어떤 액체 50mm가 평형을 이루었을 때 이 액체의 비중은?

㉮ 0.65　　㉯ 1.52
㉰ 2.0　　㉱ 0.8

해설 $\gamma = \dfrac{32.5}{50} = 0.65$

정답 83.㉰ 84.㉰ 85.㉯ 86.㉯ 87.㉱ 88.㉰ 89.㉮ 90.㉮

91 초음파 레벨 측정기의 특징으로 옳지 않은 것은?

㉮ 측정대상에 직접 접촉하지 않고 레벨을 측정할 수 있다.

㉯ 부식성 액체나 유속이 큰 수로의 레벨도 측정할 수 있다.

㉰ 측정범위가 넓다.

㉱ 고온, 고압의 환경에서도 사용이 편리하다.

해설 초음파 레벨 측정기는 현재 큰 원유탱크의 액면측정에 사용한다.

92 액면상에 부자(浮子)의 움직이는 변위를 여러 가지 기구를 이용하여 지침을 움직여 액면을 측정하는 방식은?

㉮ 플로트식 액면계

㉯ 차압식 액면계

㉰ 정전용량식 액면계

㉱ 퍼지식 액면계

해설 플로트식 액면계(부자식) : 직접식 액면계

93 원리와 구조가 간단하고 고온 고압에서 사용할 수 있어 일반공업용으로 널리 사용하는 액면계는?

㉮ 플로트식 액면계

㉯ 유리관식 액면계

㉰ 검척식 액면계

㉱ 방사선식 액면계

해설 플로트식 액면계(부자식)
① 고온고압용이다.
② 일반공업용이다.
③ 전기량이나 공기압으로 변환 전송시킨다.
④ 직접식 액면계이다.

94 다음 액면계 중 직접법에 해당하는 것은?

㉮ 부자식　　　　㉯ 퍼지식

㉰ 차압식　　　　㉱ 초음파식

해설 부자식, 검척식, 유리관식은 직접식 액면계이다.

95 초음파의 송수파기에서 액면까지의 거리가 15m인 초음파 액면계에서 초음파가 수신될 때까지 0.3초가 걸렸다면 매질 중에서의 초음파의 전파속도는 약 몇 m/s인가?

㉮ 12.5　　　　㉯ 25

㉰ 50　　　　㉱ 100

해설 $H = 15\text{m}$,　$t = 0.3\text{sec}$,　$H = \dfrac{Ct}{2}$

$$15 = \frac{C \times 0.3}{2}$$

$$\therefore C = \frac{15 \times 2}{0.3} = 100\text{m/s}$$

96 공업용 액면계가 갖추어야 할 조건으로 옳지 않은 것은?

㉮ 연속측정이 가능하고, 고온, 고압에 견디어야 한다.

㉯ 지시, 기록 또는 원격 측정이 가능해야 한다.

㉰ 자동제어장치에 적용가능하고, 보수가 용이해야 한다.

㉱ 액위 변화속도가 적고, 액면의 상, 하한계의 적용이 어려워야 한다.

해설 공업용 액면계는 액위의 변화속도가 크고 액면의 상, 하한계의 적용이 용이하여야 한다.

정답 91.㉱　92.㉮　93.㉮　94.㉮　95.㉱　96.㉱

97 전기저항식 습도계의 특성에 대한 설명으로 가장 거리가 먼 것은?

㉮ 습도에 의한 전기저항의 변화가 작다.

㉯ 연속기록 및 원격 측정이 용이하다.

㉰ 자동제어에 이용된다.

㉱ 저온도의 측정이 가능하고, 응답이 빠르다.

해설 전기저항식 습도계의 특성은 습도에 의한 전기저항의 변화가 크다.

98 재현성이 좋기 때문에 상대습도계의 감습소자로 사용되며 실내의 습도조절용으로도 많이 이용되는 습도계는?

㉮ 모발습도계

㉯ 냉각식 노점계

㉰ 저항식 습도계

㉱ 건습구 습도계

해설 모발습도계는 재현성이 좋아서 실내의 습도조절 및 상대습도의 감습소자로 사용된다.

99 습공기의 절대습도와 그 온도와 동일한 포화공기의 절대습도와의 비를 의미하는 것은?

㉮ 비교습도

㉯ 포화습도

㉰ 상대습도

㉱ 절대습도

해설 비교습도
습공기의 절대습도와 그 온도와 동일한 포화공기의 절대습도와의 비이다.

100 상대습도가 30%이고, 압력과 온도가 각각 1.1bar, 75℃인 습공기가 100m³/h로 공정에 유입될 때 절대습도(kgH₂O/kg Dry Air)는? (단, 포화수증기압은 289mmHg이다.)

㉮ 0.0326

㉯ 0.0526

㉰ 0.0726

㉱ 0.0926

해설
$$x = \frac{\psi P_s}{P - \psi P_s} \times 0.622$$

$$= \frac{0.3 \times \left(\frac{289}{760}\right)}{1.0332 - 0.3 \times \left(\frac{289}{760}\right)} \times 0.622 = 0.0726$$

101 온도 25℃, 노점 19℃인 공기의 상대습도를 구하면? (단, 26℃ 및 19℃에서의 포화수증기압은 각각 23.76mmHg 및 16.47mmHg이다.)

㉮ 56%

㉯ 69%

㉰ 78%

㉱ 84%

해설
$$\frac{P_w}{P_{ws}} \times 100 = \frac{16.47}{23.76} \times 100 = 69\%$$

102 비중이 910kg/m³인 기름 20L의 무게는 몇 kg인가?

㉮ 15.4kg

㉯ 182kg

㉰ 16.2kg

㉱ 18.2kg

해설 20L×0.91kg/L = 18.2kg

103 건조공기 단위질량에 수반되는 수증기의 질량은 어느 습도에 해당되는가?

㉮ 상대습도

㉯ 절대습도

㉰ 몰습도

㉱ 비교습도

해설 절대습도 : 건조공기 단위질량에 수반되는 수증기의 질량이다.

정답 97.㉮ 98.㉮ 99.㉮ 100.㉰ 101.㉯ 102.㉱ 103.㉯

104 상대습도를 나타내지 않는 습도계는?

㉮ 모발 습도계

㉯ 전기식 습도계

㉰ 건·습구 습도계

㉱ 전기저항식 습도계

해설 건습구 습도계 : 2개의 수은 유리 온도계를 사용하여 습도 측정(상대습도를 바로 나타내지 않는다.)

105 50L의 물이 들어 있는 욕조에 온수기를 사용하여 온수를 넣은 결과 17분 후에 욕조의 온도가 42℃, 온수량이 150L가 되었다. 이때 온수기로부터 물에 가한 열량은 약 몇 kcal인가? (단, 가스발열량 5,000kcal/m³, 온수기의 가스소비량 5m³/h, 물의 비열 1kcal/kg℃, 수도 및 욕조의 최초 온도는 5℃로 한다.)

㉮ 3,700

㉯ 5,000

㉰ 5,550

㉱ 7,083

해설 $150 \times 1 \times 42 = 6,300$ kcal

$(150-50) \times (50-42) - 50 = 750$ kcal

$\therefore 6,300 - 750 = 5,550$ kcal

106 가스누출경보차단장치에 대한 설명 중 틀린 것은?

㉮ 원격개폐가 가능하고 누출된 가스를 검지하여 경보를 울리면서 자동으로 가스통로를 차단하는 구조이어야 한다.

㉯ 제어부에서 차단부의 개폐상태를 확인할 수 있는 구조이어야 한다.

㉰ 차단부가 검지부의 가스검지 등에 의하여 닫힌 후에는 복원조작을 하지 않는 한 열리지 않는 구조이어야 한다.

㉱ 차단부가 전자밸브인 경우에는 통전시 닫히고, 정전시 열리는 구조이어야 한다.

해설 가스누출경보차단장치에서 전자밸브인 경우 정전시 닫히고 통전시 열리는 구조이다.

107 표준상태에서 다음 조성을 가지는 공기의 밀도는?

> N_2, O_2, Ar이 78%, 21%, 1%를 각각 함유하고 있으며, 분자량은 28, 32, 40이다.

㉮ 1.29g/L

㉯ 1.20g/L

㉰ 1.14g/L

㉱ 1.37g/L

해설 $28 \times 0.78 = 21.84$, $32 \times 0.21 = 6.72$, $40 \times 0.01 = 0.4$

$21.84 + 6.72 + 0.4 = 28.96$

$\therefore \rho = \dfrac{28.96}{22.4} = 1.29$ g/L

108 다음 가스 중 증발잠열(1atm, kcal/kg·℃)이 가장 큰 것은?

㉮ 프로판

㉯ 에탄

㉰ 메탄

㉱ 프로필렌

해설 증발잠열

① 프로판(101.8kcal/kg)

② 부탄(92kcal/kg)

※ 비중이 가벼우면 증발열이 커진다.

109 다음 중 밀도 및 비중 측정법이 아닌 것은?

㉮ 유체의 무게를 이용하는 방법

㉯ 부력을 이용하는 방법

㉰ U자관을 이용하는 방법

㉱ 벤투리미터를 이용하는 방법

해설 벤투리미터는 유량계이다(차압식).

정답 104.㉰ 105.㉰ 106.㉱ 107.㉮ 108.㉰ 109.㉱

110 비중의 단위를 차원으로 표시한 것은?

㉮ ML^{-3}

㉯ MLT^2L^{-3}

㉰ MLT^1L^{-3}

㉱ 무차원

> **해설** 비중량은 차원이 있으나 비중은 단위가 없으니 무차원이다.

111 고압가스가 누출되어 발화되었다. 그 사고 원인의 가능성이 가장 희박한 것은?

㉮ 고압가스가 가연성이었다.

㉯ 고압가스 용기 주변에 적절한 산소농도가 유지되었다.

㉰ 가스의 분자가 염소와 불소를 많이 포함하고 있다.

㉱ 고압가스의 용기압력이 높았다.

> **해설** 가스 누출시 발화는 ㉮, ㉯, ㉱의 원인이 유발된 경우이다.

112 3×3×9cm의 직육면체로 된 물체를 그림과 같이 물에 담갔더니 2/3가 물에 잠겼다. 이 물체의 비중은? (단, 물의 밀도는 1.0g/cm³이다.)

㉮ 0.45

㉯ 0.67

㉰ 0.85

㉱ 0.97

> **해설** $3\times3\times9=81cm^3$
>
> $81\times\dfrac{2}{3}=54cm^3$
>
> $\therefore \dfrac{54}{81}=0.67$

113 산소 64kg과 질소 14kg의 혼합기체가 나타내는 전압이 10기압이면 이때 산소의 분압은 얼마인가?

㉮ 2기압

㉯ 4기압

㉰ 6기압

㉱ 8기압

> **해설** $10\times\dfrac{64}{64+14}=8.2$기압

114 전자밸브(Solenoid Valve)의 작동원리는?

㉮ 냉매 또는 유압에 의한 작동

㉯ 전류의 자기작용에 의한 작동

㉰ 냉매의 과열도에 의한 작동

㉱ 토출압력에 의한 작동

> **해설** 전자밸브의 작동원리는 전류의 자기작용에 의한 작동이다.

115 프로판의 밀도가 0.5kg/L일 때 표준상태에서 프로판 1L가 기화하면 그 부피(L)는?

㉮ 254.5

㉯ 264.5

㉰ 274.5

㉱ 284.5

> **해설** 0.5kg/L=500g/L
>
> $\dfrac{500}{44}\times22.4=254.4L$
>
> ※ C_3H_8 44g=22.4L

116 액화석유가스에 첨가하는 냄새 나는 물질의 측정방법이 아닌 것은?

㉮ 패널법

㉯ Oder미터법

㉰ 냄새주머니법

㉱ 무취실법

> **해설** 냄새법
> ① 오더미터법　　② 주사기법
> ③ 냄새주머니법　④ 무취실법

정답 110.㉱ 111.㉰ 112.㉯ 113.㉱ 114.㉯ 115.㉮ 116.㉮

117 기체연료의 발열량을 측정하는 열량계는 어느 것인가?

㉮ Richter 열량계 ㉯ Scheel 열량계

㉰ Junker 열량계 ㉱ Thamson 열량계

해설 기체연료의 발열량 측정계는 융커스(Junkers)식 유수형 열량계가 사용된다.

118 증기 비중이 제일 작은 기체는?

㉮ NH_3 ㉯ O_2

㉰ C_3H_8 ㉱ HCN

해설 분자량이 작으면 비중이 작다.
  ㉮ 암모니아 : 17
  ㉯ 산소 : 32
  ㉰ 프로판 : 44
  ㉱ 시안화수소 : 27

119 다음의 제어동작 중 비례, 적분 동작을 나타낸 것은?

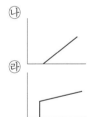

해설 ① 비례동작 $(Y) = K_p\, e + m_o$

② 적분동작 $(Y) = K_1 \int e\, dt$

③ 비례적분동작 $(Y) = K_p\left(e + \dfrac{1}{T_1} \int e\, dt\right)$

④ 미분동작 $(Y) = K_D \dfrac{dv}{dt}$

⑤ 비례미분동작 $(Y) = K_p\left(e + T_D \dfrac{de}{dt} + m_o\right)$

⑥ 비례적분미분동작 $(Y) = K_p\left(e + \dfrac{1}{T_1} \int e\, dt + T_D \dfrac{de}{dt}\right)$

120 광학적 방법인 슈리렌법(Schlieren Method)은 무엇을 의미하는가?

㉮ 기체의 흐름에 대한 속도변화

㉯ 기체의 흐름에 대한 온도변화

㉰ 기체의 흐름에 대한 압력변화

㉱ 기체의 흐름에 대한 밀도변화

해설 광학적 방법인 슈리렌법은 기체의 흐름에 대한 밀도의 변화를 측정한다.

121 다음 그림과 같이 유출량이 일정할 때 유입량이 증가됨에 따라 수위가 상승하여 평형을 이루지 못하고 넘치게 되는 제어계의 요소에 해당되는 것은?

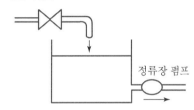

정류장 펌프

㉮ 적분요소 ㉯ 미분요소

㉰ 낭비시간요소 ㉱ 2차지연요소

해설 적분요소 : 출력이 입력량의 총합으로 나타내는 것과 같은 요소이다.

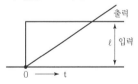

122 시퀀스 제어에 대한 설명 중 가장 거리가 먼 내용은?

㉮ 개회로이다.

㉯ 승강기, 교통신호 등이 이에 해당한다.

정답 117.㉰ 118.㉮ 119.㉱ 120.㉱ 121.㉮ 122.㉰

㉲ 제어결과에 따라 조작이 수동적으로 진행된다.

㉴ 입력신호에서 출력신호까지 정해진 순서에 따라 일방적으로 제어명령이 전해진다.

해설 시퀀스 제어는 피드백 제어와 같이 자동적으로 진행된다.

123 다음 제어에 대한 설명 중 옳지 않은 것은?

㉮ 조작량이란 제어장치가 제어대상에 가하는 제어신호이다.

㉯ 제어량이란 제어를 받는 제어계의 출력량으로서 제어대상에 속하는 양이다.

㉰ 기준입력이란 제어계를 동작시키는 기준으로서 직접 폐루프에 가해지는 입력신호이다.

㉱ 목표치란 임의의 값을 정하지 않는 무한대 값이다.

해설 목표치란 임의의 값이 정해져 있다.

124 제어동작에 따른 분류 중 연속되는 동작은?

㉮ On-Off 동작　　㉯ 다위치 동작

㉰ 단속도 동작　　㉱ 비례 동작

해설 비례동작 : 연속동작

125 잔류편차(Offset)가 없고 응답속도가 좋은 조절동작을 위한 가장 적절한 제어기는?

㉮ P 제어기　　㉯ PI 제어기

㉰ PD 제어기　　㉱ PID 제어기

해설 PID 제어기 : 잔류편차가 없고 응답상태가 빠르며 조절동작이 가능하다.

126 그림과 같이 공정제어계에서 계측부에 해당하는 곳은?

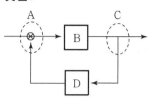

㉮ A　　㉯ B

㉰ C　　㉱ D

해설 C : 계측부　　A : 비교부
　　　 B : 조절부　　D : 검출부

127 다음 P동작에 관해서 기술한 것으로 옳은 것은?

㉮ 비례대의 폭을 좁히는 등 오프셋은 작게 된다.

㉯ 조작량은 제어편차의 변화속도에 비례한 제어동작이다.

㉰ 제어편차에 비례한 속도로서 조작량을 변화시킨 제어조작이다.

㉱ 비례대의 폭을 넓히는 등 제어동작이 작동할 때는 강하다.

해설 비례동작 : 제어 편차량이 검출되면 거기에 비례하여 조작량을 가감하는 조절동작이다.

128 시정수가 20초인 1차 지연형 계측기가 스탭응답의 최대출력의 80%에 이르는 시간은?

㉮ 12초　　㉯ 18초

㉰ 25초　　㉱ 32초

정답 123.㉱　124.㉱　125.㉱　126.㉰　127.㉯　128.㉱

해설 $y_T - y_O = (x_O - y_O)(1 - e^{-\frac{t}{T}})$

$(y_T - y_O)/(x_O - y_O) = 0.8$

$t = nT$라 하면

$1 - e^{-n} = 0.8$, 즉 $e^{-n} = 0.2$

$\therefore n = -\ln 0.2$

$t = -\ln 0.2 \times 20 = 32\text{s}$

129 연속동작 중 비례동작(P동작)의 특징에 대한 설명으로 옳은 것은?

㉮ 사이클링을 제거할 수 없다.

㉯ 잔류편차가 생긴다.

㉰ 외란이 큰 제어계에 적당하다.

㉱ 부하변화가 적은 프로세스에는 부적당하다.

해설 연속동작 중 비례동작은 잔류편차가 생긴다.

130 1차 제어장치가 제어량을 측정하여 제어명령을 하고 2차 제어장치가 이 명령을 바탕으로 제어량을 조절하는 측정제어로서 가장 옳은 것은?

㉮ Program 제어　　㉯ 비례제어

㉰ 캐스케이드제어　　㉱ 정치제어

해설 캐스케이드제어 : 1차제어장치와 2차제어장치가 서로 명령을 주고받으면서 제어량이 조절된다.

131 다음 설명에 적당한 제어동작은?

- 부하변화가 커도 오프셋이 남지 않는다.
- 부하 급변시 큰 진동이 생긴다.
- 반응속도가 빠른 프로세스나 느린 프로세스에 사용된다.

㉮ I동작　　　　　㉯ D동작

㉰ PI동작　　　　　㉱ PD동작

132 제어계의 상태를 교란시키는 외란의 원인으로 가장 거리가 먼 것은?

㉮ 가스 유출량　　㉯ 탱크 주위의 온도

㉰ 탱크의 상태　　㉱ 가스 공급압력

해설 탱크의 상태는 제어계의 교란이나 외란의 원인과는 관련성이 없다.

133 자동제어계의 동작순서로 맞는 것은?

㉮ 비교 → 판단 → 조작 → 검출

㉯ 조작 → 비교 → 검출 → 판단

㉰ 검출 → 비교 → 판단 → 조작

㉱ 판단 → 비교 → 검출 → 조작

해설 자동제어 동작순서
검출 → 비교 → 판단 → 조작

134 미리 정해진 순서에 입각하여 제어의 각 단계로 순차적으로 제어가 시작되는 자동제어 형식을 무엇이라 하는가?

㉮ 피드백제어(Feedback Control)

㉯ 시퀀스제어(Sequential Control)

㉰ 피드포워드제어(Feedfoward Control)

㉱ 중앙제어(Central Control)

해설 시퀀스제어 : 미리 정해진 순서에 입각하여 제어의 각 단계로 순차적으로 제어가 시작된다.

정답 129.㉯　130.㉰　131.㉰　132.㉰　133.㉰　134.㉯

135 다음 그림과 같은 자동제어방식은?

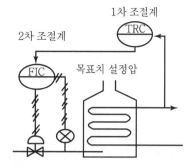

1차 조절계
TRC

2차 조절계

FIC

목표치 설정압

㉮ 피드백제어

㉯ 시퀀스제어

㉰ 캐스케이드제어

㉱ 프로그램제어

해설 1차, 2차 조절계가 작동하는 것은 캐스케이드제어이다.

136 자동조정에 속하지 않는 제어량은?

㉮ 주파수   ㉯ 방위

㉰ 속도   ㉱ 전압

해설 자동조정 제어량
① 주파수
② 속도
③ 전압
④ 장력

137 목표치에 따른 자동제어의 종류 중 목표값이 미리 정해진 시간적 변화를 행할 경우 목표값에 따라서 변동하도록 한 제어는?

㉮ 프로그램제어   ㉯ 캐스케이드제어

㉰ 추종제어   ㉱ 프로세스제어

해설 프로그램제어 : 목표치에 따른 자동제어의 종류 중 목표값이 미리 정해진 시간적 변화를 행할 경우 목표값에 따라서 변동하도록 한 제어이다.

138 힘(f)을 가하여 스프링이 신장(y)되었다면, 이와 같은 제어동작은?

㉮ 적분(I)동작   ㉯ 미분(D)동작

㉰ 비례(P)동작   ㉱ 비례적분(PI)동작

139 실측식 가스미터가 아닌 것은?

㉮ 터빈식 가스미터

㉯ 건식 가스미터

㉰ 습식 가스미터

㉱ 막식 가스미터

해설 가스미터 추측식
① 오리피스식
② 터빈식
③ 선근차식

140 정상상태에 있는 요소의 입력 측에 어떤 변화를 주었을 때 출력 측에 생기는 변화의 시간적 경과를 의미하는 것은?

㉮ 과도 응답   ㉯ 정상 응답

㉰ 인디시얼 응답   ㉱ 주파수 응답

해설 시간적 경과 : 과도응답

141 다음 중 비례동작의 효과가 아닌 것은?

㉮ 오프셋이 감소된다.

㉯ 응답속도의 진폭감쇠율이 많아진다.

㉰ 과행량이 적어진다.

㉱ 응답곡선의 주기가 짧아진다.

해설 ㉮, ㉰, ㉱의 내용은 연속동작 중 비례동작(Proportional Action)이다.

정답 135.㉰ 136.㉯ 137.㉮ 138.㉰ 139.㉮ 140.㉮ 141.㉯

142 어떤 온도조절기가 50~500℃의 온도조절에 사용된다. 이 기기가 110~200℃의 온도 측정에 사용되었다면 비례대는 얼마나 되는가?

㉮ 10%
㉯ 20%
㉰ 30%
㉱ 40%

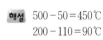 $500 - 50 = 450℃$
$200 - 110 = 90℃$

$$\therefore \frac{90}{450} = 0.2 = 20\%$$

143 다음과 같은 조작량의 변화는 어떤 동작인가?

㉮ I동작
㉯ PD동작
㉰ D동작
㉱ PI동작

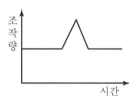

조작량 / 시간

해설 조작량 / 비례 적분(PD)동작 / 시간

144 적분동작이 좋은 결과를 얻기 위한 조건이 아닌 것은?

㉮ 전달지연과 불감시간이 작을 때
㉯ 제어대상의 속응도(速應度)가 작을 때
㉰ 제어대상이 자기 평형성을 가질 때
㉱ 측정지연이 작을 때

해설 속응성(Response) : 기기가 어느 정상상태에서 다음의 정상상태로 옮길 때 그 중간상태에 있는 과도시간의 장단을 나타내는 말로서 시간이 짧을수록 속응성이 크다.

145 다음 제어동작 중 연속동작에 해당되지 않는 것은?

㉮ O동작
㉯ D동작
㉰ P동작
㉱ I동작

해설 연속동작 : P, I, D, PID, PI, PD동작

146 설정값에 대해 얼마의 차이(Off-Set)를 갖는 출력으로 제어되는 방식은?

㉮ 비례적분식
㉯ 비례미분식
㉰ 비례적분-미분식
㉱ 비례식

해설 편차를 출력으로 갖는 제어는 비례식이다.

147 편차의 크기에 비례하여 조절요소의 속도가 연속적으로 변하는 동작은?

㉮ 적분동작
㉯ 비례동작
㉰ 미분동작
㉱ 온-오프동작

해설 연속동작 적분동작은 편차의 크기에 비례하여 조절요소의 속도가 연속적으로 변하는 동작이다. 잔유편차를 남기지 않으나 응답속도가 느리다.

148 서보기구에 해당되는 제어로서 목표치가 임의의 변화를 하는 제어로 옳은 것은?

㉮ 정치제어
㉯ 캐스케이드제어
㉰ 추치제어
㉱ 프로세스제어

해설 추치제어 : 서보기구에 해당되는 제어로서 목표치가 임의의 변화를 하는 제어이다.

정답 142.㉯ 143.㉯ 144.㉯ 145.㉮ 146.㉱ 147.㉮ 148.㉰

149 잔류편차(Off - Set)는 제거되지만 제어시간은 단축되지 않고 급변할 때 큰 진동이 발생하는 제어기는?

㉮ P 제어기
㉯ PD 제어기
㉰ PI 제어기
㉱ On - Off 제어기

해설 PI(비례, 적분) 제어기는 잔류편차는 제거되지만 제어시간은 단축되지 않고 급변화시 큰 진동 발생

150 점화를 행하려고 한다. 자동제어방법에 적용되는 것은?

㉮ 시퀀스제어
㉯ 인터록
㉰ 피드백제어
㉱ 캐스케이드제어

해설 연소실 점화에는 시퀀스제어가 용이하다.

151 기준입력과 주피드백량의 차로서 제어동작을 일으키는 신호는?

㉮ 기준입력 신호
㉯ 조작 신호
㉰ 동작 신호
㉱ 주피드백 신호

152 직접적으로 자동제어가 가장 어려운 액면계는?

㉮ 유리관식 액면계
㉯ 부력검출식 액면계
㉰ 부자식 액면계
㉱ 압력검출식 액면계

해설 유리관식 액면계는 직접식이나 자동제어 연결은 불편하다.

정답 149.㉰ 150.㉮ 151.㉰ 152.㉮

CHAPTER
02 가스미터

Industrial Engineer Gas

 2-1 가스미터(Gas Meter)의 목적

가스미터는 소비자에게 공급하는 가스의 체적을 측정하기 위하여 사용되는 것이다.

1. 가스미터의 고려사항

① 가스의 사용 최대 유량에 적합한 계량능력의 것일 것
② 사용 중에 기차 변화가 없고 정확하게 계량함이 가능한 것일 것
③ 내압, 내열성에 좋고 가스의 기밀성이 양호하여 내구성이 좋으며 부착이 간단하여 유지 관리가 용이할 것

2. 가스미터 선정시 주의사항

① 액화 가스용의 것일 것
② 용량에 여유가 있을 것
③ 계량법에서 정한 유효 기간에 충분히 만족할 것
④ 기타 외관 시험 등을 행할 것

 2-2 일반적 가스미터의 종류

① 가스미터에는 다음의 것이 있지만 LP 가스에서는 [독립내기식]이 많이 사용되고 있다.
② 가스미터는 사용하는 가스 질에 따라 계량법에 의하여 도시가스용, LP 가스용, 양자병동 등으로 구별되어 시판되고 있다.

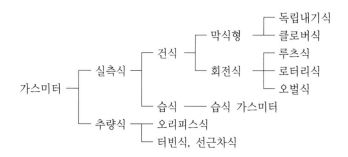

③ 실측식은 일정요식의 부피를 만들어 그 부피로 가스가 몇 회 측정되었는가를 적산하는 방식이다.

④ 추량식은 유량과 일정한 관계에 있는 다른 양(예를 들면, 흐름 속에 있는 임펠러의 회전수와 같은 것)을 측정함으로써 간접적으로 구하는 방식이다.

⑤ 실측식은 건식과 습식으로 구별되며 수용가에 부착되어 있는 것은 모두가 건식이고 액체를 봉입한 습식은 실험실 등의 기준 가스미터로 사용되고 있다.

 ## 2-3 가스미터의 종류별 특징

〈가스미터의 종류별 특징 비교〉

	막식 가스미터	습식 가스미터	Roots미터
장점	1. 값이 싸다. 2. 설치 후의 유지관리에 시간을 요하지 않는다.	1. 계량이 정확하다. 2. 사용 중에 기차(器差)의 변동이 크지 않다.	1. 대유량의 가스 측정에 적합하다. 2. 중압가스의 계량이 가능하다. 3. 설치면적이 작다.
단점	1. 대용량의 것은 설치면적이 크다.	1. 사용 중에 수위조정 등의 관리가 필요하다. 2. 설치면적이 크다.	1. 스트레이너의 설치 및 설치 후의 유지관리가 필요하다. 2. 소유량($0.5m^3/h$ 이하)의 것은 부동의 우려가 있다.
일반적 용도	일반수용가	기준기 실험실용	대수용가
용량 범위	$1.5 \sim 200m^3/h$	$0.2 \sim 3,000m^3/h$	$100 \sim 5,000m^3/h$

2-4 가스미터의 표시

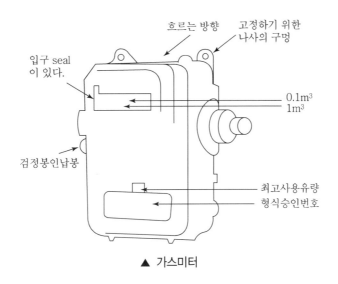

▲ 가스미터

① Meter의 형식
② MAX 1.5m³/h : 사용최대유량 1.2m³/h
③ 0.5 ℓ/rev : 계량실의 일주기의 체적이 0.5 ℓ
④ 형식승인 : 형식승인 합격번호
⑤ 공용 : LP 가스, 도시가스 중 어느 것에 사용해도 좋다.
⑥ 가스의 유입방향(→)
⑦ 사용압력 범위
⑧ 사용온도 범위

2-5 가스미터의 성능

1. 가스미터의 기밀시험

가스미터는 수주 1,000mm의 기밀시험에 합격한 것이어야 한다.

2. 가스미터의 선편

① 막식 가스미터를 통하여 출구로 나오고 있는 가스는 2개의 계량실로부터 1/4주기의 위상차를 갖고 배출되는 가스량의 합계이므로 그림에 나타낸 것과 같이 유량에 맥동성이 있다. 이 맥동량이 압력차로 되어 나타나며 이것을 선편이라고 부른다.

② 선편의 양이 많은 미터를 사용하면 도시가스와 같이 말단 공급압력이 저하되었을 경우 연소 불꽃이 흔들거리는 상태가 생길 염려가 있다.

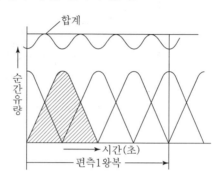

▲ 막식 가스미터 선편과 압력손실

3. 가스미터의 압력손실

① 가스미터를 포함한 배관 전체의 압력손실의 허용최대가 수주 30mm로 되어 있으므로 가스미터의 표시 용량을 흘렸을 때의 압력손실이 큰 것을 부착하고 사용. 최대 유량한도의 가스를 흘리면 배관 전체의 압력손실이 수주 30mm를 초과하여 공급압력이 수주 200mm를 하회하게 되므로 충분한 주의를 할 필요가 있다.

② 아래 그림은 유량 $1.5m^3/hr$에서 압력손실 15mm의 가스미터의 특성을 나타낸 것이다.

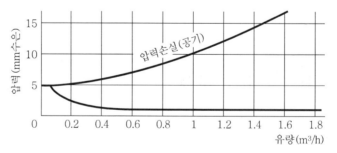

▲ 막식 가스미터의 시간과 유량의 관계

4. 사용공차

가스미터(막식)의 정도는 실제 사용되고 있는 상태에서 ±4%가 되어야 한다.

5. 검정공차

계량법에서 정하여진 검정시의 오차의 한계(검정공차)는 사용 최대유량의 20~80%의 범위에서 ±1.5%이다.

6. 감도유량

가스미터가 작동하는 최소유량을 감도유량이라 하며 계량법에서는 일반 가정용 LP 가스미터는 5ℓ/hr 이하로 되어 있지만 일반 막식 가스미터의 감도는 대체로 3ℓ/hr 이하로 되어 있다.

7. 검정 유효기간

① 계량법에서 정한 유효기간이며 유효기간을 넘긴 것은 분해수리를 행하여 재검정을 받지 않으면 안된다.
② 유효기간 중이라도 사용공차 이상의 기차가 있는 것, 파손 고장을 일으킨 것 등도 똑같이 재검정을 받지 않으면 사용할 수 없다.
③ 가스미터의 유효기간 : 약 5년(단, LPG 가스미터기 : 2년)

8. 계량실의 체적

계량단위는 명판에 (L/주기)의 단위로 표시하고 있다. 이 계량단위는 미터 기준의 가스 체적이며 기차를 작게 하면 미터의 외형을 소형으로 할 수가 있지만 압력 손실이나 내구력에 문제가 발생하기 쉬운 결점이 있다.

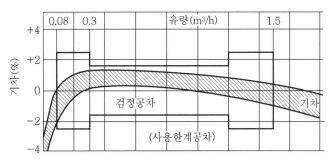

▲ 사용공차 등의 설명도

2-6 가스미터의 설치기준

소비설비에는 다음 각호의 기준에 의해 일반소비자 1호에 대하여 1개소 이상의 가스미터를 부착하는 것으로 한다.

1) 가스미터는 저압배관에 부착할 것

2) 가스미터 부착장소는 다음의 조건에 적합할 것

① 습도가 낮을 것

② 화기로부터 2m 이상 떨어지고 또는 화기에 대하여 차열판을 설치하여 놓을 것(화기와 습기에서 멀리 떨어져 있고 청결하며 진동이 없는 위치)

③ 저압전선으로부터 가스미터까지는 15cm 이상 전기개폐기 및 안전기에 대하여서는 60cm 이상 떨어진 장소일 것(전기 공작물과 60cm 이상의 거리가 떨어진 위치)

④ 일광, 비 또는 눈에 직접 접촉하지 말 것

⑤ 부식성의 가스 또는 용액의 비산하는 장소가 아닐 것

⑥ 진동이 적은 장소일 것

⑦ 검침이 용이한 장소일 것(검침, 수리 등의 작업이 편리한 위치)

⑧ 부착 및 교환작업이 용이한 것

⑨ 용기 등의 접촉에 의해 가스미터가 파손되지 않는 장소일 것

⑩ 실외에 설치하고 그 높이가 1.6~2m 이내인 위치

⑪ 가능한 배관의 길이가 짧고 꺾이지 않는 위치

⑫ 통풍이 양호한 위치

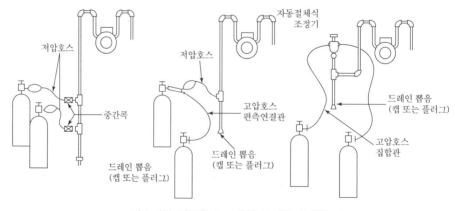

▲ 가스미터 입구측에 드레인 뽑기를 설치한 예

3) 가스미터는 다음의 기준에 따라서 부착할 것

① 수평으로 부착할 것

② 입구와 출구의 구별을 혼돈하지 말 것

③ 가스미터 또는 배관의 상호 부당한 힘이 가해지지 않도록 할 것

④ 배관에 접촉할 때는 배관 중에 먼지 오수 등의 이물질을 배제한 후에 부착할 것

⑤ 가스미터의 입구 배관에는 드레인을 부착할 것

 가스미터의 설치시 유의사항
1. 입상배관을 하지 말 것
2. 가스미터를 배관에 연결시 무리한 힘을 가하지 말 것
3. 가스미터를 소중히 다룰 것

2-7 가스미터의 고장처리

1. 막식 가스미터의 고장

① 부동 : 가스는 미터를 통과하나 미터지침이 작동하지 않는 고장을 말한다.

② 불통 : 가스가 미터를 통과하지 않는 고장을 말한다.

③ 기차불량 : 사용 중의 가스미터는 계량하고 있는 가스의 영향을 받는다든지 부품의 마모 등에 의하여 기차가 변화하는 수가 있다. 기차가 변화하여 계량법에 사용공차(±4% 이내)를 넘어서는 경우를 기차불량이라 한다.

④ 감도불량 : 지침의 시도변화가 나타나지 않는 고장(감도유량 통과 시)

⑤ 이물질로 인한 불량

2. 로터미터(Rotameter)의 고장

① 부동 : 회전차는 회전하고 있으나 미터의 지침이 작동하지 않는 고장이다.

② 불통 : 회전차의 회전이 정지하여 가스가 통과하지 못하는 고장을 말한다.

③ 기차불량

④ 기타 불량

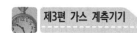

 2-8 가스미터의 검정과 고장원인

가스미터는 계량법의 규정에 의한 검정을 받아 이에 합격된 것이 아니면 사용할 수 없다.

1) 검정검사의 종류

외관검사, 구조검사, 기차검사

2) 다음의 가스미터는 검정대상에서 제외된다.

① 구경이 25cm를 초과하는 회전자식 가스미터
② 압력이 1mmH$_2$O를 초과하는 가스의 계량에 사용하는 실측 건식 가스미터
③ 추량식의 것

3) 검정공차와 사용공차

미터 자체가 가지는 오차를 기차라 하며 다음 식으로 나타낸다.

$$\therefore E = \frac{I-Q}{I} \times 100$$

여기서, E : 기차(%)
I : 시험용 미터의 지시량
Q : 기준 미터의 지시량

4) 가스미터기 고장원인

① 부동 : 계량막의 파손, 밸브의 탈락, 밸브와 밸브 시트 사이 누설, 지시장치 치차 불량
② 불통 : 크랭크축의 녹 발생, 밸브 등에 타르·수분의 부착이나 동결 발생
③ 기차불량 : 계량막의 누설, 밸브와 밸브 시트 사이 누설, 패킹부 누설
④ 감도불량 : 계량막 밸브와 시트 사이 누설, 패킹부 누설
⑤ 누설 : 패킹재의 열화, 케이스 부식, 납땜 접합부 파손

02 연습문제

Industrial Engineer Gas

01 기준 가스미터의 지시량이 380m³/h이고 시험대상의 가스미터 유량이 400m³/h이라면 이 가스미터의 오차율은 얼마인가?

㉮ 4.0% ㉯ 4.2%

㉰ 5.0% ㉱ 5.2%

해설 $400 - 380 = 20\text{m}^3/\text{h}$

$$\therefore \frac{20}{400} \times 100 = 5\%$$

02 추량식이 아닌 가스계량기는?

㉮ 오리피스식 ㉯ 벤투리식

㉰ 터빈식 ㉱ 루트식

해설 루트식 가스계량기는 직접식이다.

03 가스미터의 원격계측(검침) 시스템에서 원격계측 방법의 종류가 아닌 것은?

㉮ 제트식 ㉯ 기계식

㉰ 펄스식 ㉱ 전자식

해설 가스미터의 원격검침방법
① 기계식, ② 펄스식, ③ 전자식

04 회전자형 및 피스톤형 가스미터를 제외한 건식가스미터의 경우 검정증인의 올바른 표시위치는?

㉮ 외부함

㉯ 부피조정장치

㉰ 눈금지시부 및 상판의 접합부

㉱ 분관의 보기 쉬운 부분 및 부관의 출입구

해설 건식가스미터의 검정증인의 올바른 표시위치는 눈금지시부 및 상판의 접합부이다.

05 가스미터 출구측 배관을 수직배관으로 설치하지 않는 가장 큰 이유는?

㉮ 검침 및 수리 등의 작업이 편리하도록 하기 위하여

㉯ 화기 및 습기 등을 피하기 위하여

㉰ 수분 응축으로 밸브의 동결을 방지하기 위하여

㉱ 설치면적을 줄이기 위하여

해설 가스미터 출구측 배관을 수직배관으로 설치하지 않는 이유는 수분응축으로 밸브의 동결을 방지하기 위함이다.

06 막식가스미터의 고장 중 가스가 가스미터를 통과하지 못하는 불통의 발생원인으로 가장 거리가 먼 것은?

㉮ 크랭크축이 녹슬었을 때

㉯ 밸브시트에 이물질이 점착되었을 때

㉰ 회전장치에 고장이 발생하였을 때

㉱ 계량막이 파손되었을 때

해설 막식가스미터의 불통 원인
① 크랭크축이 녹슬었을 때
② 밸브시트에 이물질 점착
③ 회전장치에 고장발생

정답 01.㉰ 02.㉱ 03.㉮ 04.㉰ 05.㉰ 06.㉱

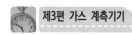

07 가스미터에서 감도유량의 의미를 가장 옳게 설명한 것은?

㉮ 가스미터가 작동하기 시작하는 최소유량

㉯ 가스미터가 정상상태를 유지하는 데 필요한 최소유량

㉰ 가스미터 유량이 최대유량의 50%에 도달했을 때의 유량

㉱ 가스미터 유량이 오차 한도를 벗어났을 때의 유량

해설 감도유량 : 가스미터가 작동하기 시작하는 최소 유량

08 막식가스미터 고장의 종류 중 부동(不動)의 의미를 가장 올바르게 나타낸 것은?

㉮ 가스가 크랭크축이 녹슬거나 밸브와 밸브 시트가 타르(Tar)접착 등으로 통과하지 않는다.

㉯ 가스의 누출로 통과하나 정상적으로 미터가 삭동하지 않아 부성확한 양만 측정 가능하다.

㉰ 가스가 미터는 통과하나 계량막의 파손, 밸브의 탈락 등으로 미터지침이 작동하지 않는 것이다.

㉱ 날개나 조절기에 고장이 생겨 회전 장치에 고장이 생긴 것이다.

해설 부동 : 가스가 가스미터는 통과하나 계량막의 파손 밸브의 탈락 등으로 미터지침이 작동하지 않는 고장이다.

09 유량과 일정한 관계에 있는 다른 양(흐름 속에 있는 회전자의 회전수)을 측정함으로써 간접적으로 유량을 구하는 방법 중 가장 많이 쓰이고 있는 것은?

㉮ 루트식 ㉯ 로터리식
㉰ 독립내기식 ㉱ 오발식

해설 ① 막식가스미터(독립내기식, 크로바식)는 실측식 건식가스미터기이다.
② 간접식(추측식)은 오리피스식, 터빈식, 선근차식이다.
③ LP 가스에는 독립내기식이 많이 사용된다.

10 가스센서에 이용되는 물리적 현상으로 가장 옳은 것은?

㉮ 압전효과 ㉯ 조셉슨효과
㉰ 흡착효과 ㉱ 광전효과

해설 가스센서에 이용되는 물리적 현상은 흡착효과이다.

11 가스계량기의 경우 검정을 받아야 하는 최대유량(m^3/h) 기준은 얼마인가?

㉮ 10 이하 ㉯ 40 이하
㉰ 120 이하 ㉱ 250 이하

해설 가스계량기의 경우 검정을 요하는 최대유량은 250 m^3/h 이하이다.

12 정확한 계량이 가능하여 기준기로 많이 사용되는 가스미터기는?

㉮ 막식 가스미터기

㉯ 습식 가스미터기

㉰ 회전자식 가스미터기

㉱ 벤투리식 가스미터기

해설 습식 가스미터기는 정확한 계량이 가능하고 기준기로 많이 사용된다.

정답 07.㉮ 08.㉰ 09.㉰ 10.㉰ 11.㉱ 12.㉯

13 가스미터의 크기선정 및 설치에 관한 설명으로 가장 거리가 먼 것은?

㉮ 가스미터는 되도록이면 저압배관에 부착한다.

㉯ 소형미터는 최대가스 사용량이 가스미터 용량의 60%가 되도록 선정한다.

㉱ 가스미터 출구배관에는 드레인 밸브를 부착한다.

㉲ 수직 및 수평으로 부착하여야 한다.

해설 가스미터 출구배관이 아닌 입구배관에 드레인 밸브를 부착하여야 한다.

14 구경이 40mm 이하로 충전기구가 있는 액화석유가스미터의 사용공차의 범위는?

㉮ 검정공차의 1.0배 값

㉯ 검정공차의 1.5배 값

㉱ 검정공차의 2배 값

㉲ 검정공차의 3배 값

해설 가스미터기 검정공차는 사용공차보다 오차한계가 적고 사용공차는 ±4%, 검정공차는 ±1.5%이다.

15 밀도 $0.8kg/m^3$의 가스를 사용최대유량 $2m^3/h$로 운전하였더니 막식가스미터의 입구압력이 50mmHg였다. 검정 통과에 필요한 측정유동률 범위에 해당하는 출구압력의 범위를 구하시오.

㉮ 0~15mmHg

㉯ 15~30mmHg

㉱ 25~40mmHg

㉲ 35~50mmHg

해설 입구가 50mmHg이면 출구압은 50~35mmHg 정도

16 가스미터의 성능시험 중 기밀시험 압력은?

㉮ $1,000mmH_2O$

㉯ $1kg/cm^2$

㉱ 5,000

㉲ $3,000mmH_2O$

해설 가스미터의 기밀시험 : $1,000mmH_2O$

17 10호의 Gas Meter로 1일 4시간씩 20일간 가스미터가 작동하였다면 이때 총 최대가스 사용량은 얼마인가? (단, 압력차수주 30[mmH_2O]이다.)

㉮ 400[L]   ㉯ 800[L]

㉱ 400[m^3]   ㉲ 800[m^3]

해설 10호 = $10m^3/h$
∴ $10×4×20 = 800m^3$

18 실측식 가스미터의 기능에 대한 설명으로 옳지 않은 것은?

㉮ 대량수요시 루트식이 적합하다.

㉯ 막식미터는 소용량($100m^3/hr$ 이하)에 적당하다.

㉱ 습식가스미터는 사용 중에 수위조정 등의 관리가 필요하다.

㉲ 습식가스미터는 사용 중 기압차 변동이 많다.

해설 습식가스미터는 사용 중 기압차 변동이 적다.

정답 13.㉱ 14.㉯ 15.㉲ 16.㉮ 17.㉲ 18.㉲

19 가스미터 선정시 고려할 사항으로 옳지 않은 것은?

㉮ 가스의 최대사용유량에 적합한 계량능력인 것을 선택한다.

㉯ 가스의 기밀성이 좋고 내구성이 큰 것을 선택한다.

㉰ 사용 시 기차가 커서 정확하게 계량할 수 있는 것을 선택한다.

㉱ 내열성, 내압성이 좋고 유지관리가 용이한 것을 선택한다.

해설 가스미터기는 사용시 기차가 적어야 정확하게 계량할 수 있다.

20 계량에 관한 법률 제정의 목적으로 가장 거리가 먼 것은?

㉮ 계량의 기준을 정함

㉯ 공정한 상거래 질서유지

㉰ 산업의 선진화 기여

㉱ 분쟁의 협의 조정

해설 계량에 관한 법률 제정 목적
① 계량의 기준을 정함
② 공정한 상거래 질서유지
③ 산업의 선진화 기여

21 큰 용량(100~5,000m³/hr)의 계량이 가능하여 대량수요가에 사용되는 실측식가스미터는?

㉮ 루트가스미터 ㉯ 막식가스미터

㉰ 습식가스미터 ㉱ 날개차식가스미터

해설 ① 막식 : 1.5~200m³/hr
② 습식 : 2.0~3,000m³/hr
③ 루트식 : 100~5,000m³/hr

22 가스미터의 필요 조건이 아닌 것은?

㉮ 구조가 간단할 것

㉯ 감도가 예민할 것

㉰ 대형으로 용량이 클 것

㉱ 기차의 조정이 용이할 것

해설 가스미터기는 대형보다는 사용용량에 여유만 있으면 된다.

23 가스계량기의 검정 유효기간은 몇 년인가?

㉮ 5년 ㉯ 6년

㉰ 7년 ㉱ 8년

해설 가스계량기(가스미터기)의 검정 유효기간은 5년이다. (단, LPG는 2년이다.)

24 가스미터의 0.3L/rev 표시가 의미하는 것은?

㉮ 사용최대 유량이 0.3L

㉯ 계량실의 1주기 체적이 0.3L

㉰ 사용최소 유량이 0.3L

㉱ 계량실의 흐름속도가 0.3L

해설 0.3L/rev : 가스미터기 1주기 체적량

25 Roots 가스미터의 장점으로 옳지 않은 것은?

㉮ 대유량의 가스 측정에 적합하다.

㉯ 중압가스의 계량이 가능하다.

㉰ 설치 면적이 작다.

㉱ Strainer의 설치 및 유지 관리가 필요하지 않다.

해설 루트식 가스미터는 대유량용이며 설치 면적이 작고 스트레이너의 설치 및 설치 후의 유지관리가 필요하다.

정답 19.㉰ 20.㉱ 21.㉮ 22.㉰ 23.㉮ 24.㉯ 25.㉱

26 대량 수용가에 적합하며 100~5,000m³/h의 용량 범위를 가지는 가스미터는?

㉮ 막식가스미터 ㉯ 습식가스미터
㉰ 마노미터 ㉱ 루트미터

해설 ① 막식 : 1.5~200m³/hr
② 습식 : 0.2~3,000m³/hr
③ 루트식 : 100~5,000m³/hr

27 습식가스미터의 장점을 가장 잘 설명한 것은?

㉮ 계량이 정확하다.
㉯ 중압가스의 계량이 가능하다.
㉰ 사용 중 기차의 변동이 크다.
㉱ 설치 면적이 작다.

해설 습식가스미터는 정도가 높아서 계량이 정확하다.

28 대량의 가스유량 측정에 사용되는 가스미터는?

㉮ 막식가스미터
㉯ 습식가스미터
㉰ 루트(Roots)가스미터
㉱ 로터미터

해설 루트식 가스미터기는 100~5,000m³/h 대량 수용가용이다.

29 막식가스계량기에서 가스가 가스계량기를 통과하나 지침이 작동하지 않는 고장을 무엇이라 하는가?

㉮ 부동(不動) ㉯ 불통(不通)
㉰ 기차(器差)불량 ㉱ 누설(漏泄)

해설 ① 막식가스미터기는 부착 후 유지관리에 시간을 요하지 않는다.
② 부동이란 가스가 가스미터를 통과는 하지만 미터의 지침이 작동하지 않는다.
③ 불통이란 가스가 미터를 통과하지 못하는 고장
④ 기차불량이란 기차가 변화하여 계량법에 규정된 사용공차를 넘는 고장
⑤ 누설이란 가스계량기의 누출은 계량기 내·외부에서 새는 것
⑥ 감도불량이란 일정량의 가스유량이 통과하였을 때 미터의 지침이 지시도에 변화가 나타나지 않는 고장

30 기준가스미터에서 최소사용유량이 10L/h라면 최대사용유량은 얼마 이상이어야 하는가?

㉮ 10L/h ㉯ 100L/h
㉰ 1,000L/h ㉱ 10,000L/h

해설 최소와 최대의 비=10 : 1
∴ 10L/h~100L/h

31 막식가스미터를 보정하려 할 때 기준이 되는 미터기는?

㉮ 오리피스미터기 ㉯ 벤투리미터기
㉰ 터빈미터기 ㉱ 습식미터기

해설 막식(건식)가스미터기의 보정기준이 되는 미터기는 습식미터기이다.

32 다음 중 실측식 가스미터가 아닌 것은?

㉮ 다이어프램식 가스미터
㉯ 와류식 가스미터
㉰ 전자식 가스미터
㉱ 습식 가스미터

정답 26.㉱ 27.㉮ 28.㉰ 29.㉮ 30.㉯ 31.㉱ 32.㉯

해설 실측식 가스미터
① 독립내기식　② 크로버식
③ 루트식　　　④ 로터리식
⑤ 오벌기어식

33 가스미터의 표시에 다음과 같은 내용이 있었다. 설명이 바른 것은?

0.6[L/rev], MAX 1.8[m³/hr]

㉮ 기준실 1주기 체적이 0.6[L], 사용최대유량은 시간당 1.8[m³]이다.

㉯ 계량실 1주기 체적이 0.6[L], 사용감도유량은 시간당 1.8[m³]이다.

㉰ 기준실 1주기 체적이 0.6[L], 사용감도유량은 시간당 1.8[m³]이다.

㉱ 계량실 1주기 체적이 0.6[L], 사용최대유량은 시간당 1.8[m³]이다.

해설 • 0.6L/rev : 계량실 1주기 체적
• MAX 1.8m³/hr : 사용최대용량

34 유입된 가스가 일정한 액면 안에 있는 계량통을 회전시켜 이 회전수를 재어 가스유량을 측정하는 기구는?

㉮ 벤투리미터　　㉯ 습식가스미터
㉰ 터빈식가스미터　㉱ 와류량계

해설 습식가스미터는 유입된 가스가 일정한 액면 안에 있는 계량통을 회전시켜 이 회전수를 재어 가스유량을 측정한다.

35 습식가스미터의 원리는 어떤 형태에 속하는가?

㉮ 피스톤 로터리형　㉯ 드럼형
㉰ 오벌형　　　　　㉱ 다이어프램형

해설 습식가스미터기는 드럼형이다.

36 막식가스미터에 대한 설명으로 거리가 먼 것은?

㉮ 저가이다.

㉯ 일반수요가에 널리 사용된다.

㉰ 정확한 계량이 가능하다.

㉱ 부착 후 유지관리의 필요성이 없다.

해설 습식가스미터기가 정확한 계량이 가능하다.

37 가스미터의 특징에 대한 설명으로 옳지 않은 것은?

㉮ 막식가스미터는 소용량의 가스계량에 적합하다.

㉯ 루트미터의 용량범위는 100~5,000[m³/h]이다.

㉰ 습식가스미터는 설치공간이 작다.

㉱ 벤투리미터는 추량식 가스미터이다.

해설 가스미터의 종류 중 습식가스미터는 설치면적이 커야 한다.

38 가스미터 설치 시 입상배관을 금지하는 이유는?

㉮ 겨울철 수분 응축에 따른 밸브, 밸브 시트 동결방지를 위하여

㉯ 균열에 따른 누출방지를 위하여

㉰ 고장 및 오차 발생 방지를 위하여

㉱ 계량막 밸브와 밸브시트 사이의 누출 방지를 위하여

정답 33.㉱　34.㉯　35.㉯　36.㉰　37.㉰　38.㉮

해설 가스미터의 설치 시 입상배관을 금지하는 이유는
수분 응축에 따른 밸브, 밸브시트 동결 방지를 위해
서이다.

39 가정에서 많이 사용하는 가스미터의 사용압력은 보통 840~1,000mmH₂O이다. 이 경우 기밀시험압력은?

㉮ 1,500mmH$_2$O   ㉯ 1,200mmH$_2$O

㉰ 840mmH$_2$O   ㉱ 1,000mmH$_2$O

해설 ① 가스미터의 기밀시험압력 : 1,000mmH$_2$O
② 가스미터의 사용공차 : ±4%
③ 가스미터의 검정공차 : ±1.5%
④ 감도유량 : 일반 가정용 LP 가스용(L/h)

40 가스미터의 검정공차는 최대 유량이 4/5 이상일 때 얼마인가?

㉮ ±1.5%   ㉯ ±2.5%

㉰ ±3.5%   ㉱ ±4.5%

해설 ① 사용공차 = ±4%
② 검정공차 = ±1.5%
③ 최대유량 4/5 이상 = ±2.5%

41 2개의 회전자로 구성되고, 소형으로 대용량의 가스측정이 가능한 가스미터는?

㉮ 막식미터   ㉯ 루트미터

㉰ 터빈식미터   ㉱ 와류식미터

해설 루트미터 : 2개의 회전자 사용

42 가정용 가스미터에 1,000mmH₂O라고 기재되어 있는 경우가 있다. 이것이 의미하는 것은?

㉮ 기밀시험   ㉯ 압력손실

㉰ 최대유량   ㉱ 최저압력

해설 가정용 가스미터에 1,000mmH$_2$O의 표시는 기밀시험 압력이다.

43 가정용 LP 가스미터의 감도유량은 얼마인가?

㉮ 20L/h   ㉯ 15L/h

㉰ 10L/h   ㉱ 5L/h

해설 막식가스미터의 감도유량은 3L/h 이하, 일반 가정용 LP 가스미터는 5L/h 이하

44 기체의 측정에 사용하는 가스미터의 설명과 관계없는 것은?

㉮ 내용적이 일정한 드럼의 회전수에 의해 통과유량을 체적으로 구하는 형식이다.

㉯ 습식가스미터는 건식가스미터에 비해 정도(감도)가 좋고 대용량에 사용한다.

㉰ 건식가스미터는 습식가스미터에 비해 물을 사용하지 않으므로 정도(감도)가 나쁘다.

㉱ 막식가스미터는 가정용 가스미터로 많이 사용한다.

해설 습식가스미터기는 토출되는 가스가 일정하고 정확한 계량이 가능하다. 가스미터의 기준기로 이용되며 또한 가스의 발열량 측정에도 이용된다.

45 가스미터에 관한 설명으로 틀린 것은?

㉮ 가스미터는 저압배관에 부착한다.

㉯ 소형미터는 최대가스 사용량이 미터용량의 60%가 되도록 선정한다. ㉰ 화기와 1m 이상의 우회거리를 가진 곳에 설치한다.

㉰ 화기와 1m 이상의 우회거리를 가진 곳에 설치한다.

㉱ 가스미터 입구에는 드레인 밸브를 부착한다.

해설 가스미터기는 화기와 2m 이상의 우회거리를 유지하는 곳으로서 수시로 환기가 가능한 장소에 설치할 것

정답 39.㉱ 40.㉯ 41.㉯ 42.㉮ 43.㉱ 44.㉯ 45.㉰

46 가스미터 설치시 주의사항이 아닌 것은?

㉮ 수평, 수직으로 설치하고 밴드로 고정한다.

㉯ 배관 연결시 충격이 가해지지 않도록 한다.

㉰ 입상배관을 하여 온도변화에 대응할 수 있도록 한다.

㉱ 가능한 배관의 길이를 짧게 한다.

해설 가스미터기는 입상배관은 하지 않는다.

47 가스미터의 검정시 오차 한계로 옳은 것은?

㉮ 최대 사용유량의 20~80% 범위에서 ±1.5%

㉯ 최대 사용유량의 20~80% 범위에서 ±4.0%

㉰ 최대 사용유량의 40~90% 범위에서 ±4.0%

㉱ 최대 사용유량의 40~90% 범위에서 ±1.5%

해설 가스미터의 검정공차는 계량법에서 사용최대유량의 20~80% 범위에서 ±1.5%이다.

48 막식가스미터에서 크랭크축이 녹슬거나 밸브와 밸브시트가 타르나 수분 등에 의해 점착 또는 고착되어 일어나는 현상은?

㉮ 부동　　　　　㉯ 기어불량

㉰ 떨림　　　　　㉱ 불통

해설 불통 : 가스가 미터를 통과하지 않는 고장이다. 크랭크축이 녹슬거나 밸브와 밸브 시트가 타르 수분 통에 의하여 점착이나 고착 또는 동결하여 움직일 수 없게 된 경우이다.

49 가스미터 중 로터미터의 용량 범위는?

㉮ 1.5~200m³/h

㉯ 0.2~3,000m³/h

㉰ 10~2,000m³/h

㉱ 100~5,000m³/h

해설 로터미터 가스유량계 : 면적식 유량계(측정범위 100~5,000m³/h)

50 수용가에 부착되어 있는 사용 중인 가스미터의 사용공차는 얼마로 규정되어 있는가?

㉮ 실제 사용상태의 ±3%

㉯ 실제 사용상태의 ±4%

㉰ 실제 사용상태의 ±5%

㉱ 실제 사용상태의 ±6%

해설 수용가의 가스미터 사용공차는 ±4%이다.

51 가스미터의 선정시 주의해야 할 사항이 아닌 것은?

㉮ 내열성, 내압성이 좋고 유지관리가 용이할 것

㉯ 가스미터용량이 최대가스사용량과 일치할 것

㉰ 계량법에서 정한 유효기간에 만족할 것

㉱ 외관시험 등을 행한 것일 것

해설 가스미터기는 총 가스소비량의 1.2배 이상의 규격용량이 필요하다. 즉 가스의 사용최대유량에 적합한 계량능력의 것은 가스미터기에서 고려사항이다.

52 가스미터 부착기준 등 유의할 사항이 아닌 것은?

㉮ 수평부착

㉯ 배관의 상호부담 배제

㉰ 입구배관에 드레인 부착

㉱ 입·출구 구분할 필요 없음

해설 가스미터기의 부착 중 입·출구의 구별이 명확할 것. 입·출구의 구별을 혼돈하면 아니된다.

정답 46.㉰　47.㉮　48.㉱　49.㉱　50.㉯　51.㉯　52.㉱

53 다음 가스미터 중 추량식 가스미터는?

㉮ 습식형 ㉯ 루트형
㉰ 막식형 ㉱ 터빈형

해설 추량식 가스미터 : 오리피스식, 벤투리식, 터빈식,
와류식, 델타식

54 내압시험에 관한 설명이 맞는 것은?

㉮ 1,000mmH₂O 압력의 가스 또는 공기를 미
터 내에 밀폐시켜 약 3분간 유지하였을 때
그 압력강하가 20mmH₂O 이하여야 한다.

㉯ 1,000mmH₂O 압력의 가스 또는 공기를 미
터 내에 밀폐시켜 약 5분간 유지하였을 때
그 압력강하가 20mmH₂O 이하여야 한다.

㉰ 1,000mmH₂O 압력의 가스 또는 공기를 미
터 내에 밀폐시켜 약 3분간 유지하였을 때
그 압력강하가 30mmH₂O 이하여야 한다.

㉱ 1,000mmH₂O 압력의 가스 또는 공기를 미
터 내에 밀폐시켜 약 5분간 유지하였을 때
그 압력강하가 30mmH₂O 이하여야 한다.

해설 가스미터기의 기밀시험은 수주 1,000mm의 시험에
합격해야 한다. 압력손실의 허용최대치수는 수주
30mm로 되어 있다.(단, 3분간 유지시 압력강하가
20mm 이하이어야 한다.)

CHAPTER 03 가스 분석

Industrial Engineer Gas

〈가스분석계〉

화학적 가스분석계	물리적 가스분석계
오르사트 분석계, 자동화학식 가스분석계, 헴펠식 가스분석계, 연소반응식 가스분석계(연소식 O_2계, 미연소 가스분석계), 게겔법	열전도율형 CO_2계, 밀도식 CO_2계, 자기식 O_2계, 가스크로마토그래피법, 적외선가스분석계, 세라믹 O_2계, 용액흡수도전율식, 갈바니 전기식 O_2계, 시험지법, 템펠식 분석법

3-1 흡수 분석법

흡수법은 혼합가스를 각각 특정한 흡수액에 흡수시켜 흡수 전후의 가스용적의 차에서 흡수된 가스량을 구하여 정량을 행하는 것이다.

1. 헴펠(Hempel)법

분석되는 가스는 주로 CO_2, CmHn(중탄화수소), O_2, CO이며 흡수액은 아래 표와 같다.

〈헴펠법의 흡수액〉

성분	흡수액	피펫
CO_2	KOH 30g/H_2O 100ml	단식 또는 복식
CmHn	무수황산약 25%를 포함한 발연황산	구입
O_2	KOH 60g/H_2O 100ml + 피로카롤 12g/H_2O 100ml	복식
CO	NH_4Cl 33g + CuCl 27g/H_2O 100ml + 암모니아수	복식

흡수장치에는 헴펠의 피펫을 사용하고 CO_2, CmHn, O_2 및 CO의 순서에 따라 각각 규정된 흡수액에 흡수시켜 흡수 가스량은 가스뷰렛으로 측정한다.

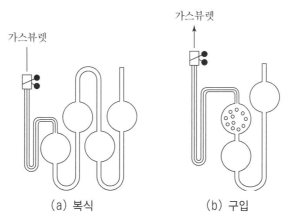

▲ 헴펠의 흡수 피펫

2. 오르자트(Orsat)법

가스와 흡수액의 접촉이 양호한 구조의 피펫을 사용하여 가스의 흡수는 섞지 않고 행한다.

1) 오르자트 분석장치의 일례이다.

① 뷰렛 B는 보온 외투관부 수준병 N에 의해 a에서 시료 가스를 뷰렛 내에 도입한다.

② 피펫Ⅲ의 흡수액은 KOH용액으로 뷰렛 내의 시료가스를 수준병의 조작으로 피펫Ⅲ에 넣고 또 뷰렛에 복귀시키는 것을 반복하여 완전히 CO_2를 흡수시킨다.

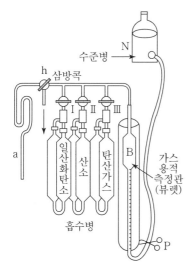

▲ 오르자트 분석장치

- $CO_2 = \dfrac{수산화칼륨용액\ 30\%\ 흡수액}{시료채취량} \times 100(\%)$

- $O_2 = \dfrac{알칼리성피로카롤용액\ 흡수량}{시료채취량} \times 100(\%)$

- $CO = \dfrac{염화제1동\ 용액\ 흡수량}{시료채취량} \times 100(\%)$

- $N_2 = 100 - (CO_2 + O_2 + CO)(\%)$

③ 나머지 가스를 같은 조작으로 피펫Ⅱ(알칼리성 피로카롤 용액)에 넣어 O_2를 흡수한다.

④ 다시 남은 가스는 피펫Ⅰ(암모니아성 염화 제1동 용액)에 넣어 CO를 흡수한다.

2) 오르자트 가스 분석 순서 및 흡수액

① 이산화탄소(CO_2) : 33% KOH 수용액

② 산소(O_2) : 알칼리성 피로카롤 용액

③ 일산화탄소(CO) : 암모니아성 염화 제1동 용액

3. 게겔(Gockel)법

1) 게겔법은 저급 탄화수소의 분석용에 고안된 것이다.

2) 게겔법의 분석 순서 및 흡수액은 다음과 같다.

① 이산화탄소(CO_2) : 33% KOH용액

② 아세틸렌(C_2H_2) : 옥소수은 칼륨용액

③ 프로필렌(C_3H_6)과 노르말부틸렌 : 87% H_2SO_4

④ 에틸렌(C_2H_4) : 취수소

⑤ 산소(O_2) : 알칼리성 피로카롤 용액

⑥ 일산화탄소(CO) : 암모니아성 염화 제1동 용액

3-2 연소 분석법

시료 가스는 공기 또는 산소 또는 산화제에 의해 연소되고 그 결과 생긴 용적의 감소, 이산화탄소의 생성량, 산소의 소비량 등을 측정하여 목적 성분을 산출하는 방법이다.

1. 폭발법

① 일정량의 가연성 가스 시료를 뷰렛에 넣고 적량의 산소 또는 공기를 혼합하여 폭발 피펫에 옮겨 전기 스파크에 의해 폭발시킨다.

② 가스를 다스 뷰렛에 되돌려 연소에 의한 용적의 감소에서 목적 성분을 구하는 방법이다.

③ 연소에서 생성된 CO_2 및 잔류하는 O_2는 흡수법에 의해 구할 수 있다.

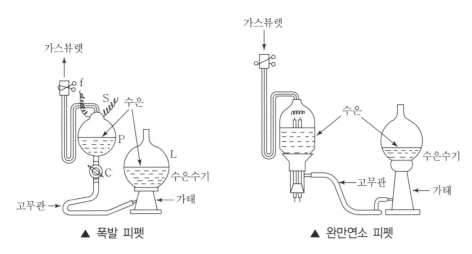

▲ 폭발 피펫 　　　　　　　　▲ 완만연소 피펫

④ 폭발법은 가스 조성이 대체로 변할 때에 사용하는 것이 안전하다.

2. 완만 연소법

지름 0.5mm 정도의 백금선을 3~4mm의 코일로 한 적열부를 가진 완만연소 피펫으로 시료가스의 연소를 행하는 방법이며 적열백금법 또는 우인클레법이라고도 한다.

① 시료가스와 적당량의 산소를 서서히 피펫에 이송하고 가열, 조절이 되는 백금선으로 연소를 행하므로 폭발의 위험을 피할 수 있고 N_2가 혼재할 때에도 질소 산화물의 생성을 방지할 수 있다.

② 완면연소법은 흡수법과 조합하여 H_2와 CH_4를 산출하는 이외에 H_2와 CO, H_2, H_2 또는 CH_4와 C_2H_6 등을 모두 용적의 수축과 CO_2의 생성량 및 소비 O_2량에서 산출할 수 있다.

3. 분별 연소법

2종 이상의 동족 탄화수소와 H_2가 혼재하고 있는 시료에서는 폭발법과 완만 연소법이 이용될 수 없다. 이 경우에 탄화수소는 산화시키지 않고, H_2 및 CO만을 분별적으로 완전 산화시키는 분별 연소법이 사용된다.

1) 팔라듐관 연소법

약 10%의 팔라듐 석면 0.1~0.2g을 넣은 팔라듐관을 80℃ 전후로 유지하고 시료가스와 적당량의 O_2를 통하여 연소시키면

$$2H_2 + O_2 \longrightarrow 2H_2O$$

와 같다.

연소 전후의 체적차 2/3가 H_2량이 되어 이때 C_mH_{2n+2}는 변화하지 않으므로 H_2량이 산출된다.

■ 촉매로서 팔라듐 석면 이외에 팔라듐 흑연, 백금 실리카겔 등도 사용된다.

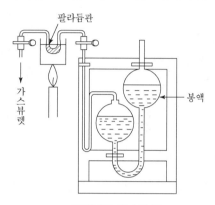

▲ 팔라듐관 연소장치

2) 산화동법

산화제로서 산화동을 250℃로 가열하여 시료 가스를 통하면 H_2 및 CO는 연소하나 CH_4는 남는다. 또, 적열(800~900℃) 가까이 산화동에서는 CH_4도 연소하므로 H_2 및 CO를 제거한 가스에 대해서는 CH_4의 정량도 된다.

3-3 화학 분석법

1. 적정법

일반적으로 가스 분석에서는 옥소(요오드 : I_2) 적정법에 널리 이용되고 있다.

1) 옥소 적정법

(1) 직접법(Iodimetry)

옥소 표준 용액을 사용하여 반응으로 소비하는 옥소에서 H_2S를 정량한다.

$$H_2S + I_2 \longrightarrow 2HI + S$$

■ 직접법에서는 타트와일러의 뷰렛에 의한 H_2S의 정량이 많이 사용된다.

(2) 간접법(Iodometry)

유리(遊離)하는 옥소를 티오황산나트륨 용액으로 적정하여 O_2를 구한다.

$$O_3 + 2KI + H_2O \longrightarrow 2KOH + O_2 + I_2$$

2) 중화 적정법

① 연소가스 중의 암모니아를 황산에 흡수시켜 나머지의 황산(H_2SO_4)을 수산화나트륨 (NaOH) 용액으로 적정한다.

③ 전유황분의 정량에서의 SO_2, SO_3를 수산화나트륨(NaOH)용액에 의한다.

3) 킬레히드 적정법

EDTA(Ethylene Diamine Tetraacetic Acid)용액에 의한다. 또한, 미량수분의 측정에서는 탈수메탄올에 시료 가스를 통하게 하고 이것을 카알피쉬시약으로 적정하는 방법이 많이 사용되고 있다.

$$I_2 + SO_2 + 3C_5H_5N + H_2O \longrightarrow 2C_5H_5NHI + C_5H_5NSO_4$$

2. 중량법

가스분석에서의 중량법은 침전법과 황산바륨($BaSO_4$) 침전법이 있다.

1) 침전법

시료가스를 타 물질과 반응시켜 침전을 만들고 이것을 적량하여 목적성분의 적량을 행한다.

① 황화수소(H_2S)의 적량

$$H_2S + CdCl_2 \longrightarrow 2HCl + CdS \downarrow$$

② 이황화탄소(CS_2)의 정량

$$CS_2 + KOH + C_2H_5OH \longrightarrow H_2O + C_3H_5KOS_2 \downarrow$$

2) 황산바륨($BaSO_4$) 침전법

■ 아황산가스(SO_2) 혹은 전유황분 측정

$$SO_2 + H_2O_2 \longrightarrow H_2SO_4$$
$$H_2SO_4 + BaCl_2 \longrightarrow 2HCl + BaSO_4 \downarrow$$

3. 흡광 광도법

시료가스를 타 물질과의 반응으로 발색시켜 광전 광도계 또는 광전분광 광도계를 사용하여 흡광도의 측정에서 함량을 구하는 분석법이다.

① 흡광 광도법은 램버트 – 비어(Lambert – Beer)의 법칙을 이용한 것으로 흡광도로 표시된다.

$$흡광도(E) = \varepsilon CL$$

여기서, ε : 흡광계수　　　　　C : 농도　　　　　L : 광(빛)이 통과하는 액층의 길이

② 농도를 알고 있는 수종류의 표준액에 대하여 흡광도를 측정하고 미리 검량선을 작성하여 두면 흡광계수(ε)를 직접 구하지 않아도 목적 성분의 농도가 산출된다.

〈흡광 광도법의 예〉

측정가스	방법	측정파장($m\mu$)
Cl_2	o – 톨리딘법	438
$SO_2 \longrightarrow SO_4$	황산바륨법	450
$NO + NO_2$	나프틸에틸렌디아민	545
HCN	피리딘 – 피라졸론법	620
NH_3	인도페놀법	640
H_2S	메틸렌블루법	665
CO	몰리브덴블루법	720

③ 흡광광도법은 미량분석에 유용하다.

3-4 기기 분석법

1. 가스크로마토그래피(Gas Chromatography)

1) 가스크로마토그래피의 구성

가스크로마토그래피(Gas Chromatography)라고 부르며 3대 구성요소는 분리관(컬럼), 검출기, 기록계 등으로 구성된다.

- 흡착 크로마토그래피(흡착제 충전) : 가스시료분석기
- 분배 크로마토그래피(액체를 담체(擔體)로 유지시켜 액체시료 분석

2) 가스크로마토그래피의 원리

먼저 캐리어가스(Carrier Gas)의 유량을 조절하면서 흘려 넣고 측정가스도 시료 도입부를 통하여 공급하면 측정가스와 캐리어가스가 분리관(컬럼)을 통하게 되는 동안 분리되어 시료의 각 성분을 검출기에서 측정하게 된다. 이때 캐리어가스와 시료성분의 검출은 열전도율의 차에 의해 검출되고 검출기에서는 대조측과 시료측의 양자의 차를 비교하여 기록계에서 기록한다.(분리평가 : 크로마토그램으로부터 이론단수, 이론단높이, 피크의 면적 등으로 계산하여 평가한다.)

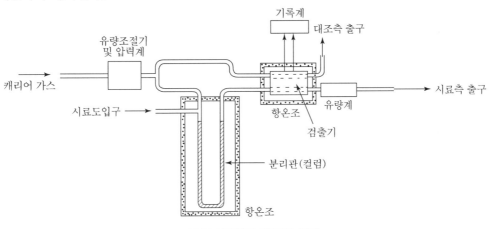

▲ 가스크로마토그래피의 일례

3) 가스크로마토그래피는 흡착과 분배크로마토그래피로 분류한다.

(1) 흡착크로마토그래피의 원리

흡착제(고정상)를 충전한 관중에 혼합 시료를 주입하고 용제(이동상)를 유동시켜 전개를 행하면 흡착력의 차이에 따라 시료 각 성분의 분리가 일어난다.

① 흡착력이 강할수록 이동 속도는 늦다.

② 가스크로마토그래피법 또는 흡착-치환형(Adsorption Displacement Ch-romatography)이라고도 한다.

③ 가스 시료의 분석에 널리 이용되고 있다.

(2) 분배크로마토그래피의 원리

액체를 담체(Support)로 유지시켜 고정상으로 하고 이것과 자유롭게 혼합하지 않는 액체를 전개제(이동상)로 하여 시료 각 성분의 분배율의 차이에 의하여 분리하는 것이다.

① 기액크로마토그래피법 또는 분배-유출형(Partition Elution Chromatography)이라고 한다.

② 액체 시료의 분석에 많이 쓰인다.

4) 캐리어 가스의 종류

전개제에 상당하는 가스를 캐리어 가스라 하며, H_2, He, Ar, N_2 등이 사용된다.

5) 캐리어 가스의 구비조건

① 시료와 반응하지 않은 불활성 기체일 것 ② 기체 확산을 최초로 할 수 있을 것
③ 순도가 높고 구입이 용이할 것 ④ 경제적일 것(가격이 저렴할 것)
⑤ 사용하는 검출기에 적합할 것

〈분리관(컬럼)의 충전물〉

	품명	최고사용온도(℃)	적용
흡착형	활성탄	−	H_2, CO, CO_2, CH_4
	활성알루미나	−	CO, $C_1 \sim C_4$ 탄화수소
	실리카겔	−	CO_2, $C_1 \sim C_3$ 탄화수소
	Molecular Sieves 13X	−	CO, CO_2, N_2, O_2
	Porapak Q	250	N_2O, NO, H_2O
분기형	DMF(Dimethyl Formamide)	20	$C_1 \sim C_4$ 탄화수소
	DMS(Dimethyl Sulfolane)	50	프레온, 올레핀류
	TCP(Ticresyl Phosphate)	125	유황 화합물
	Silicone SE−30	250	고비점 탄화수소
	Goaly U−90(Squalane)	125	다성분 혼합의 탄화수소

6) 가스크로마토그래피의 검출기에는 각종의 형식이 있으나 일반적으로 많이 사용되고 있는 TCD, FID, ECD 등 3종류를 대별한다.

① 열전도형 검출기(TCD) ② 수소이온화 검출기(FID)
③ 전자포획 이온화 검출기(ECD) ④ 염광광도형 검출기(FPD)
⑤ 알칼리성 이온화 검출기(FTP) ⑥ 방전이온화 검출기(DID)
⑦ 원자방출 검출기(AED) ⑧ 열이온 검출기(TID)

 이론단수(N) 계산

$$N = 16 \times \left(\frac{T_r}{W} \right)^2$$

이론단높이(HETP) 계산

$$HETP = \frac{L}{N}$$

여기서, W : 봉우리폭(mm) T_r : 보유시간
L : 분리관의 길이 N : 이론단수

〈검출기의 종류〉

명칭	열전도도형 검출기(TCD)	수소이온화 검출기(FID)	전자포획이온화 검출기(ECD)
원리	캐리어 가스와 시료성분 가스의 열전도도차를 금속필라멘트(혹은 더미스터)의 저항 변화로 검출	염으로 시료성분이 이온화됨으로써 염중에 놓여진 전극간의 전기전도도가 증대하는 것을 이용	방사선으로 캐리어 가스가 이온화되고 생긴 자유전자를 시료성분이 포획하면 이온전류가 멸소하는 것을 이용
적용	일반적으로 가장 널리 사용된다.	탄화수소에서의 감도 최고이며 H_2, O_2, CO, CO_2, SO_2 등은 감도 없음	할로겐 및 산소화합물에서의 감도 최고, 탄화수소는 감도가 나쁘다.

7) 가스크로마토그래피의 장단점

(1) 장점

① 불활성 기체로 분리관(컬럼)을 연속적으로 재생할 수 있다.
② 시료성분이 완전히 분리된다.(여러 종류의 가스분석이 가능하고 선택성이 좋고 고감도로 측정이 가능하다.)
③ 분석시간이 짧다.(미량 성분분석이 가능하고 응답속도는 늦으나 분리 능력이 좋다.)

(2) 단점

① 강하게 분리된 성분은 매우 서서히 움직이거나 어떤 경우 거의 움직이지 않는다.
② 응답속도가 느리고 동일 가스의 연속측정은 불가능하다.

2. 질량 분석법

시료가스를 진공의 이온화실에 도입하여 열전자로 이온화를 행하고 생성된 이온을 정전장에서 가속하여 이온선을 만들어 이것을 직각으로 자장을 작용시키면 이온 전류가 생긴다. 이 전류를 이온 콜렉터로 검출하면 질량 스펙트럼(운동량 스펙트럼)을 얻는다.

3. 적외선 분광 분석법

적외선 분광 분석법은 분자의 진동 중 쌍극자 모멘트의 변화를 일으킬 진동에 의하여 적외선의 흡수가 일어나는 것을 이용한 것이다.
① 쌍극자 모멘트를 갖지 않는 H_2, O_2, N_2, Cl_2 등의 2원자는 적외선을 흡수하지 않으므로 분석이 불가능하다.
② 분자 내 전자에너지의 천이에 의하여 일어나는 자외선 흡수($400\sim50m\mu$)를 이용하는 방법도 있고 O_3, Cl_2, SO_2, $COCl_2$ 등의 분석이 된다.

4. 전량 적정법

패러데이(Faraday)의 법칙에 따르면 전해에 소비되는 전기량(Q)(1쿨롱=1암페어×1초)과 피전해 중량 W와의 관계는

$$\therefore \ W = \frac{W_m \cdot Q}{n \cdot F}$$

여기서, W_m : 피전해질의 그램 원자수(또는 그램 분자수)

　　　　n : 반응에 관여하는 전자수

　　　　F : 패러데이 정수(96,500쿨롱)

로 표시한다.

이 원리에 의한 전해에 요하는 전기량에서 목적 물질을 분석하는 것을 전량 적정법(정전류 전량분석법)이라 한다.

① 특히 미량 분석에 많이 사용된다.

② CO_2, O_2, SO_2, NH_3 등의 분석에도 이용된다.

5. 저온 정밀 증류법

시료가스를 상압에서 냉각하거나 가압하여 액화시키고 정류 효과가 큰 정류탑으로 정류하여 그 증류 온도 및 유출 가스의 분압(PV=nRT)에서 증류 곡선을 얻어 시료가스의 조성을 산출하는 방법이다.

① 탄화수소 혼합가스의 분석에 많이 사용된다.

② C_2H_2, CO_2 등 간단하게 액화하지 않는 가스나 저함유량의 성분에 대해서는 부적당하다.

3-5 각종 가스의 분석

1. 수 소

① 팔라듐 블랙에 의한 흡수

② 폭발법

③ 산화동에 의한 연소

④ 열전도도법

2. 산 소

① 염화 제1동의 암모니아성 용액에 의한 흡수
② 탄산동의 암모니아성 용액에 의한 흡수
③ 알칼리성 피로카롤 용액에 의한 흡수
④ 티오황산나트륨 용액에 의한 흡수

3. 이산화탄소

① 수산화나트륨 수용액에 의한 흡수
② 소다라임에 흡수시켜 그 중량을 평량
③ 수산화바륨 수용액에 흡수시켜 전기전도도를 측정하거나 염산으로 적정
④ 열전도도법

4. 일산화탄소

① 염화 제1동의 암모니아성 용액에 의한 흡수
② 미량 일산화탄소는 오산화요소로 산화하여 이산화탄소로 한 다음 수산화바륨 수용액에 흡
   수시켜서 전기도도법으로 측정

5. 암모니아

황산에 흡수시키고 나머지는 알칼리로 황산을 적정

6. 아세틸렌

① 발열황산에 의한 흡수
② 시안화수은과 수산화칼륨 용액에 의한 흡수

7. 이산화유황

① 취소로 산화하여 황산으로 한 다음에 염화바륨을 황산바륨으로 하여 중량을 측정한다.
② 요소로 산화하여 나머지의 요소를 티오황산나트륨으로 적정

8. 염 소

① 수산화나트륨에 의한 흡수
② 요드화칼륨 수용액에 흡수시켜 유리된 요소를 티오황산나트륨으로 적정

3-6 가스 분석계

1. 밀도식(비중식)

혼합가스 성분의 조정률을 알고 있는 경우 그 조정률의 변화는 가스 밀도의 변화가 되는 것을 이용하여 가스 밀도의 측정에서 조성률을 구하는 것이 밀도식 가스 분석계이다.

① 밀도의 측정법에는 가스 천칭, 유출식, 임펠러식, 음향식 등이 있다.

② 실용의 예로는 암모니아 합성원료 가스 중의 수소, 연소 가스 중의 SO_2 등이 있다.

2. 열전도율식

가스크로마토그래피에서의 열전도형 검출기와 같은 원리에 의한 것이나 단일 성분이 아닌 혼합가스에서 측정이 되므로 표준가스(대조측)와 측정가스 열전도율의 차가 큰 것일수록 측정이 용이하다. N_2 중의 H_2 측정 또는 공기 분리장치에서의 N_2 및 O_2, Ar 등의 사용 예가 있다.

3. 적외선식

적외선 분광분석법과 원리는 같으나 적외선을 분광하지 않고 측정성분의 흡수파장을 그대로 시료에 통하게 하는 것이다. 이 방법에 의한 분석계는 측정 대상 가스의 종류가 많고 측정범위도 CO 또는 CO_2로 0~20ppm에서 0~100%의 것까지 있어 널리 사용되고 있다.

4. 반응열식

촉매를 사용하여 측정성분에 화학반응을 일으키게 하고 그때 생기는 반응열을 측정하여 함유량을 구하는 방법이다. 따라서 촉매의 성능이 분석계의 성능을 좌우하므로 촉매의 독(특히 황분, 할로겐) 등에 주의해야 한다.

① 반응열의 측정법 : 열전대를 사용하는 것과 백금선을 저항선으로 하여 그 저항치가 온도에 의존하는 것을 이용하는 열선법이 있다.

② 본법에서 이용되는 반응은 특히 반응열이 큰 O_2와의 연소반응이 있다.

③ 가연성 가스 또는 불활성 가스 중의 O_2의 측정 및 H_2 혼합가스 중의 O_2 또는 H_2 등의 측정에 이용되고 있다.

5. 자기식

가스의 자화율(대자율)을 이용한 것이며 특히 자화율이 큰 산소의 분석계로써 널리 사용되고 있다. 자장을 가진 측정실 내에서 시료 가스 중의 O_2에 자기풍(자화율과 온도의 상호관계에서 생기는 순환류)을 일으키고 이것을 검출하여 함량을 구하는 방식이다.

① **자기풍의 검출** : 열선소자의 저항치 변화로써 측정하는 방법과 쿠인케의 법칙에 의하여 계면 압력차를 이용하는 방법이 있다.

② 자기분석계에서는 O_2에 이어 자화율이 큰 NO, NO_2, ClO_2, CiO_3 이외는 측정에 방해가 되지 않으므로 O_2 측정에 대한 선택성은 우수하다.

③ 이용 예로써 연소 가스 중의 O_2(1~10vol%), 폭발성 혼합가스 중의 O_2(1~10vol%) 측정 등이 있다.

6. 용액 도전율식

용액(반응식 또는 흡수액)에 시료가스를 흡수시켜서 측정 성분에 따라 도전율이 변하는 것을 이용한 것이다. 따라서 측정대상 가스에 적합한 반응액의 종류, 농도 등이 분석계의 성능을 좌우한다. SO_2, CO_2, NH_3 등 미량가스분석용이다.

① 도전율(저항률의 역수)의 측정은 코올라우시의 교류 브리지가 기초로 되어 있다.

② 가스분석계에서는 도전율의 절대치를 구하는 것에서 반응 또는 흡착 전후의 변화를 구하면 되므로 이 변화 측정에 각종의 편법이 취해지고 있다.

③ 아래 표의 분석계는 미량성분의 측정에 유효하다.

〈용액전도율식 분석계의 반응액열〉

측정가스	반응액	반응식
CO_2	NaOH 용액	$CO_2 + 2NaOH \longrightarrow Na_2CO_3 + H_2O$
SO_2	H_2O_2 용액	$SO_2 + H_2O_2 \longrightarrow H_2SO_4$
Cl_2	$AgNO_3$ 용액	$3Cl_2 + 6AgNo_3 + 3H_2O \longrightarrow 5AgCl + AgClO_3 + 6HNO_3$
N_2S	I_2 용액	$H_2S + I_2 \longrightarrow sHI + S$
NH_3	H_2SO_4 용액	$2NH_3 + H_2SO_4 + H_2O \longrightarrow (NH_4)2SO_42H_2O$

 예를 들면, SO_2, Cl_2, H_2S 등의 0~2ppm의 측정이 가능하다.

7. 기 타

① 열전도율형 CO_2계 : CO_2는 공기보다 열전도가 느리다.

② 밀도식 CO_2계 : CO_2는 공기보다 밀도가 1.5배 크다.

③ 자기식 O_2계 : 산소는 상자성체가스이다.

④ 적외선식 : 2원자분자 N_2, O_2, H_2, Cl_2 및 단원자분자 He, Ar 등은 분석불가

⑤ 세라믹 O_2계 : 850℃ 이상에서 O_2 가스 분석

⑥ 갈바니 전기식 O_2계 : 유전기를 이용하여 저농도 O_2 가스 분석

3-7 가스 검지법

화학공장에서 가스가 누설하거나 증기가 발생하고 있는 경우 현장에서 신속하게 검출, 정량되면 재해방지상 극히 편리한 것은 말할 것도 없다. 가연성 가스 또는 증기가 연소 범위의 농도에 달하기 이전에 검지되고 유독 가스가 허용 농도를 넘기 이전에 검지되기 위해서는 화학적 방법 또는 물리적 방법으로서 여러 가지 방법이 있다.

1. 시험지법

검지 가스와 반응하여 변색하는 시약을 여지 등에 침투시킨 것을 이용한다.

〈시험지의 예〉

시험지	제법	검지가스	반응	감도
KI - 전분지 요오드칼륨지	전분액과 N - KI액을 동량혼합	할로겐 Cl_2(염소)	청색	Cl_2는 0.00143g/L
리트머스지		산성가스	적변	NH_3는 0.0007mg/L
		NH_3	청색	
염화제일동 착염지	$CuSO_4$, · 5HO 3g, NH_4Cl 3g : 염산히드록실아민 5g을 88mL H_2O에 용해한다. 이 액 9mL와 암모니아성 $AgNO_3$액 1.5mL를 양합액으로 만든다.	아세틸렌 (C_2H_2)	적색	2.5mg/L
Harrison씨 시약지	P - 디메틸아미노벤츠알데이드 및 디펠아민 1g을 CCl_4 10mL에 용해해서 만든다.	포스겐 ($COCl_2$)	오렌지색	1mg/L
염화팔라듐지	$PdCl_2$ 0.2%액에 침수, 건조 후 5% 초산 침수시킨다.	CO	흑색	0.01mg/L
연당지	초산연 10g을 물 90mL로 용해한다.	황화수소 (H_2S)	흑색	0.001mg/L
초산벤지진지 (질산구리벤지)	초산동 2.86g을 물 1L에 용해하고 따로 포화초산벤지진지액 475mL와 525mL를 혼합한다. 사용 직전에 양자의 등용을 혼합하여 만든다.	시안화 수소 (HCN)	청색	0.001mg/L

2. 검지관법

검지관은 내경 2~4mm의 글라스관 중에 발색시약을 흡착시킨 검지제를 충전하여 관의 양단을 액봉한 것이다. 사용에 있어서는 양단을 절단하여 가스 채취기로 시료가스를 넣은 후 착색층의 길이, 착색의 정도에서 성분의 농도를 측정한다.

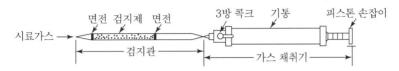

▲ 가스크로마토그래피의 일례

〈검지관의 종류(예)〉

측정대상가스	측정농도범위 vol(%)	검지한도 (ppm)	측정대상가스	측정농도범위 vol(%)	검지한도 (ppm)
아클리로니트릴	0~5.0	1	시안화수소	0~0.01	0.2
아크롤레인	0~3.0	5	수소	0~1.5	250
아세틸렌	0~0.3	10	이산화탄소	0~10.0	20
아세토알데히드	0~2.0	5	이산화질소	0~0.1	0.1
암모니아	0~25.0	5	이황산탄소	0~0.02	5
일산화탄소	0~0.1	1	부타디엔	0~2.6	10
에틸렌	0~1.2	0.01	프로판	0~5.0	100
염화비닐	0~4.0	10	부롬메틸	0~0.05	1
염소	0~0.004	0.1	벤젠	0~0.04	0.1
산화에틸렌	0~3.5	10	포스겐	0~0.005	0.02
산화프로필렌	0~4.0	100	메틸에테르	0~10.0	10
산소	0~30.0	1,000	유화수소	0~0.18	0.5

3. 가연성 가스 검출기

공기와 혼합하여 폭발할 가능성이 있는 가스는 모두 그 폭발 범위의 농도에 달하기 전에 검출되지 않으면 안된다.

따라서 이들의 검출에는 현장에서 시료를 채취하여 일반적인 가스 분석법으로도 좋으나 그것만으로는 안전상 불편하므로 현장에 파이프로 시험실에 연결하여 신속하게 또 가능한 한 자동적으로 검출이 되고 경보가 작동하여야 한다.

종류로는 간섭계형, 열선형(열전도식, 접촉연소식), 안전등형, 반도체식 등이 있다.

1) 안전등형

탄광 내에서 CH_4의 발생을 검출하는 데 안전등형 간이 가연성 가스 검지기가 사용되고 있다. 이것은 2중의 철강에 둘러싸인 석유 램프의 일종이고 인화점 50℃ 전후의 등유를 사용하며 CH_4가 존재하면 불꽃 주변의 발열량이 증가하므로 불꽃의 형상이 커진다.

이것을 청염(푸른 불꽃)이라 하며 청염의 길이에서 CH_4의 농도를 대략적으로 알 수 있는 것이다.

〈염길이와 메탄농도의 관계〉

청염길이(mm)	7	8	9.5	11	13.5	17	24.5	47
메탄농도(%)	1	1.5	2	2.5	3	3.5	4	4.5

■ CH_4가 폭발범위로 근접하여 5.7%가 되면 불꽃이 흔들리기 시작하고 5.85%가 되면 등내서 폭발하여 불꽃이 꺼지나 철강 때문에 등외의 가스에 점화되지 않도록 되어 있다.

2) 간섭계형

가스의 굴절률 차를 이용하여 농도를 측정하는 것이다.

■ **성분의 가스 농도(%)**

$$X = \frac{Z}{(n_m - n_s)L} \times 100$$

여기서, X : 성분 가스의 농도(%)
Z : 공기의 굴절률 차에 의한 간섭무늬의 이동
n_m : 성분가스의 굴절률
n_s : 공기의 굴절률

3) 열선형

측정원리에 의하여 열전도식과 연소식이 있다.

(1) 열전도식

가스크로마토그래피의 열전도형 검출기와 같이 전기적으로 가열된 열선(필라멘트)으로 가스를 검지한다.

(2) 접촉연소식

열선(필라멘트)으로 검지 가스를 연소시켜 생기는 전기 저항의 변화가 연소에 의해 생기는 온도에 비례하는 것을 이용한 것이다.

열선형의 연전도식과 연소식 어느 것이나 브리지회로의 편위 전류로써 가스 농도를 지시하거나 자동적으로 경보를 한다.

3-8 가스누설검지 경보장치

가스누설검지 경보장치는 가스의 누설시 검지하여 경보농도에서 자동적으로 경보하는 것일 것

1. 가스누설검지 경보장치의 종류

① 접촉연소 방식
② 격막갈바니 전지 방식
③ 반도체 방식

2. 가스누설검지 경보장치의 경보농도

① 가연성 가스 : 폭발하한계의 1/4 이하
② 독성가스 : 허용농도 이하(단, NH_3를 실내에서 사용하는 경우 : 50ppm)

3. 가스누설검지 경보기의 정밀도

① 가연성 가스용 : ±25% 이하
② 독성 가스용 : ±30% 이하

4. 가스누설검지 경보장치의 검지에서 발신까지 걸리는 시간

① 가스누설 검지 경보장치의 경보농도의 1.6배 농도에서 보통 30초 이내일 것
② NH_3, CO 또는 이와 유사한 가스는 1분 이내

5. 가스누설검지 경보장치 지시계의 눈금범위

① 가연성 가스 : 0~폭발하한계
② 독성 가스 : 0~허용농도의 3배값(단, NH_3를 실내에서 사용하는 경우에는 150ppm)

6. 가스누설검지 경보장치의 설치장소

① 제조설비(특수반응설비, 도시가스, LP 가스)가 건축물 내에 설치된 경우 : 바닥면 둘레 20m에 대하여 1개 이상의 비율로 설치

② 제조설비(도시가스, LP 가스)가 건축물 밖에 설치된 경우 : 바닥면 둘레 20m에 대하여 1개 이상의 비율로 설치

③ 계기실 내부 : 1개 이상

④ 독성 가스의 충전용 접속구군의 주위 : 1개 이상

7. 가스누설검지 경보기 검지부의 설치 높이

① LP 가스(공기보다 무거운 가스) : 바닥면으로부터 검지부 상단까지의 높이가 30cm 이내 (단, 가능한 바닥에 가까운 위치에 설치)

② 도시가스 및 기타 가스(공기보다 가벼운 가스) : 가스비중, 주위상황, 가스설비 높이 등 조건에 따라 결정할 것(일반적으로 천정에서 검지부 상단까지 높이는 30cm 이하에 설치한다.)

03 연습문제

01 가스크로마토그래피에서 이상적인 검출기의 구비조건으로 가장 거리가 먼 내용은?

㉮ 안정성과 재현성이 좋아야 한다.

㉯ 모든 분석물에 대한 감응도가 비슷해야 좋다.

㉰ 용질량에 대해 선형적인 감응도를 보여야 좋다.

㉱ 유속을 조절하여 감응시간을 빠르게 할 수 있어야 좋다.

해설 가스크로마토그래피 기기 분석법은 흡착력이 강할수록 이동속도가 느리다. 유속조절은 용이하지 못하다.

02 가스크로마토그래피에 대한 설명으로 틀린 것은?

㉮ 액체크로마토그래피보다 분석속도가 빠르다.

㉯ 비점이 유사한 혼합물은 분리시키지 못한다.

㉰ 각 성분의 Peak 면적은 농도에 비례한다.

㉱ 다른 분석기기에 비하여 강도가 뛰어나다.

해설 가스크로마토그래피는 비점보다는 흡착력의 차이나 각 성분의 분배율의 차이에 의해 분리한다.

03 발색시약을 흡착시킨 검지제를 사용하는 검지관법에 의한 아세틸렌의 검지한도는 얼마인가?

㉮ 5ppm

㉯ 10ppm

㉰ 20ppm

㉱ 100ppm

해설 아세틸렌의 검지한도 : 10ppm

04 오르자트 가스분석기에서 가스의 흡수 순서가 맞는 것은?

㉮ $CO \rightarrow CO_2 \rightarrow O_2$

㉯ $CO_2 \rightarrow CO \rightarrow O_2$

㉰ $O_2 \rightarrow CO_2 \rightarrow CO$

㉱ $CO_2 \rightarrow O_2 \rightarrow CO$

해설 오르자트 가스분석기 흡수 순서
$CO_2 \rightarrow O_2 \rightarrow CO$

05 가연성 가스검출기의 종류로서 옳지 않은 것은?

㉮ 리트머스형

㉯ 안전등형

㉰ 간섭계형

㉱ 열선형

해설 가연성 가스검출기의 종류
① 안전등형, ② 간섭계형, ③ 열선형

06 가스보일러에서 가스를 연소시킬 때 불완전연소할 경우 발생하는 가스에 중독될 경우 생명을 잃는 경우도 있다. 이때 이 가스를 검지하기 위하여 사용하는 시험지는?

㉮ 하리슨씨 시약

㉯ 연당지

㉰ 초산벤젠지

㉱ 염화팔라듐지

해설 ① 하리슨씨 시약 : 포스겐
② 연당지 : 황화수소
③ 초산벤젠지 : 시안화수소
④ 염화팔라듐지 : 일산화탄소

정답 01.㉱ 02.㉯ 03.㉯ 04.㉱ 05.㉮ 06.㉱

07 불꽃 연소되면서 생성되는 양이온과 전자에 의한 전위계에 전기적인 신호가 이온생성 가능한 물질에만 감응하는 선택성을 가진 가스크로마토그래피(GC) 검출기는?

㉮ TCD   ㉯ FID

㉰ ECD   ㉱ FPD

> **해설** FID : 이온생성 가능한 물질에만 감응하는 선택성을 가진 Gas이다.

08 기체 크로마토그래피법의 원리로서 가장 적합한 것은?

㉮ 흡착제를 충전한 관속에 혼합시료를 넣고, 용제를 유동시켜 흡수력 차이에 따라 성분의 분리가 일어난다.

㉯ 관속을 지나가는 혼합기체 시료가 운반기체에 따라 분리가 일어난다.

㉰ 혼합기체의 성분이 운반기체에 녹는 용해도 자이에 따라 성분의 분리가 일어난다.

㉱ 혼합기체의 성분은 관내의 자기장의 세기에 따라 분리가 잘 일어난다.

> **해설** 가스크로마토그래피법이란 흡착제를 충전한 관속에 혼합시료를 넣고 용제를 유동시켜 흡수력 차이에 따라 성분의 분리가 일어난다.

09 혼합물의 구성 성분을 분리하는 분리관의 분리능에 가장 큰 영향을 미치는 것은?

㉮ 시료의 용량

㉯ 고정상 담체의 입체크기

㉰ 담체에 부착되는 액체의 양

㉱ 분리관의 모양과 배치

10 대칭 이원자 분자 및 Ar 등의 단원자 분자를 제외한 거의 대부분의 가스를 분석할 수 있으며 선택성이 우수하고 연속분석이 가능한 가스분석방법은?

㉮ 적외선법   ㉯ 반응열법

㉰ 용액전도율법   ㉱ 열전도율법

> **해설** 적외선법 가스분석계는 대칭 2원자분자 및 Ar 등의 단원자 분자를 제외한 가스분석용이다.

11 나프탈렌 분석에 적당한 분석방법은?

㉮ 요오드적정법

㉯ 중화적정법

㉰ 가스크로마토크래피법

㉱ 흡수평량법

> **해설** 가스크로마토그래피의 응용은 유기물, 금속유기물 생화학물질 등의 분리에 사용된다.

12 다음 시료 가스 중 적외선 분광법으로 측정이 가능한 것은?

㉮ O_2 ㉯ SO_2

㉰ N_2 ㉱ Cl_2

> **해설** 적외선 분광 분석법 : O_2, N_2, Cl_2 등의 2원자 분자는 적외선을 흡수하지 않는다.

13 가스크로마토그래피로 A, B, C 3성분을 분석하였더니 그 상대 면적이 각각 100, 300, 200mm²이었다. 이들 3성분의 보정계수가 각각 1, 0.6 그리고 0.5라고 하면 A 성분의 함유량은 약 몇 %인가?

㉮ 10   ㉯ 15

㉰ 16.7   ㉱ 26.3

> **해설**
> $$\frac{\left(\frac{100}{1}\right)}{\left(\frac{100}{1}\right)+\left(\frac{300}{0.6}\right)+\left(\frac{200}{0.5}\right)}\times100=10\%$$

정답 07.㉯ 08.㉮ 09.㉰ 10.㉮ 11.㉰ 12.㉯ 13.㉮

14 가스크로마토그래피(Gas Chromatography)에서 전개제로 주로 사용되는 가스는?

㉮ He   ㉯ CO

㉰ Rn   ㉱ Kr

해설 캐리어(전개제) 가스 : Ar, He, H_2, N_2

15 가스의 굴절률 차를 이용하여 가연성 가스의 농도를 측정하는 검출기는?

㉮ 안전등형   ㉯ 간섭계형

㉰ 열선형   ㉱ 검지관형

해설 ① 가연성 가스 검출기
    ㉠ 안전등형
    ㉡ 간섭계형(가스의 굴절률 차 이용)
    ㉢ 열선형
② 가스검지법 : 시험지법, 검지관형

16 가스크로마토그래피에서 캐리어 가스로 사용되지 않는 것은?

㉮ O_2 ㉯ H_2

㉰ He   ㉱ N_2

해설 캐리어 가스 : H_2, He, N_2, Ar가 있다.

17 분별연소법 중 산화구리법에 의하여 주로 정량할 수 있는 가스는?

㉮ O_2 ㉯ N_2

㉰ CH_4 ㉱ CO_2

해설 산화동법(산화구리법) : 구리를 250℃로 가열하여 H_2 및 CO는 연소하나 CH_4(메탄)만 남게 되어 정량한다.

18 가스분석용 검지관법에 있어 검지관의 검지한계가 잘못 연결된 것은?

㉮ 아세틸렌 : 10ppm

㉯ 벤젠 : 0.1ppm

㉰ 암모니아 : 5ppm

㉱ 염소 : 0.02ppm

해설 염소(Cl_2) : 0.1ppm(검지한도)

19 가스크로마토그래피에서 일반적으로 사용되지 않는 검출기는?

㉮ TCD   ㉯ RID

㉰ FID   ㉱ ECD

해설 ① FID : 수소이온화 검출기
② TCD : 열전도형 검출기
③ ECD : 전자포획 이온화 검출기

20 헴펠(Hempel)법으로 시료가스를 분석하고자 한다. 시료가스 중 질소(N_2)를 분석하는 방법은?

㉮ 시료가스 중 질소(N_2)를 수산화칼륨 300g을 1L에 녹인 흡수액에 흡수시켜 시료가스 부피의 감소량으로부터 분석한다.

㉯ 시료가스 중 질소(N_2)를 삼산화황을 약 25% 함유하는 발열 황산 용액에 흡수시켜 시료가스 부피의 감소량으로부터 분석한다.

㉰ 시료가스 중 질소(N_2)를 연소시켜 시료가스 부피의 감소량으로부터 분석한다.

㉱ 흡수법 및 연소법으로 정량한 각 성분의 합계량을 100으로부터 빼서 구한다.

해설 ① CO_2 : 33% KOH 용액
② C_mH_n : 발연황산
③ O_2 : 알칼리성 피로카롤 용액
④ CO_2 : 암모니아성 염화 제1동 용액
⑤ N_2 : $100-(CO_2+C_mH_n+O_2+CO)$[%]

정답 **14.**㉮ **15.**㉯ **16.**㉮ **17.**㉰ **18.**㉱ **19.**㉯ **20.**㉱

21 가스누출 확인 시험지와 검지가스가 옳게 연결된 것은?

㉮ 리트머스시험지 - 산성, 염기성 가스

㉯ KI 전분지 - CO

㉰ 염화팔라듐지 - HCN

㉱ 연당지 - 할로겐가스

해설 ① KI 전분지 : Cl_2
② 염화팔라듐지 : CO
③ 연당지 : 황화수소

22 가스크로마토그래피의 특징에 대한 설명으로 옳은 것은?

㉮ 분리능력은 극히 좋으나 선택성이 우수하지 못하다.

㉯ 다성분의 분석은 1대의 장치로는 할 수 없다.

㉰ 적외선 가스분석계에 비해 응답속도가 느리다.

㉱ 캐리어 가스에는 수소, 질소, 산소 등이 이용된다.

해설 가스크로마토그래피의 특징은 적외선 가스분석계에 비해 응답속도가 느리다.

23 프로판의 성분을 가스크로마토그래피를 이용하여 분석하고자 한다. 이때 사용하기 가장 적합한 검출기는?

㉮ FID(Flame Ionization Detector)

㉯ TCD(Themal Conductivity Detector)

㉰ NDIR(Non - Dispersive Infra - Pred)

㉱ CLD(Chemi Luminescence Detector)

해설 FID는 탄화수소(가연성 가스)에 가장 적합한 검출기이다.

24 유황분 정량시 표준용액으로 적절한 것은?

㉮ 수산화나트륨　　㉯ 과산화수소

㉰ 초산　　㉱ 요오드칼륨

해설 유황분(S)의 정량시 표준용액은 수산화나트륨(가성소다)이다.

25 오르자트 가스분석기에서 CO 가스의 흡수액은?

㉮ 30% KOH 용액

㉯ 암모니아성 염화제1구리용액

㉰ 알칼리성 피로카롤용액

㉱ 수산화나트륨 25% 용액

해설 ㉮는 CO_2 가스
㉯는 CO 가스
㉰는 O_2 가스

26 가스크로마토그래피에서 분리관의 흡착제로 사용할 수 없는 것은?

㉮ 나프탈렌　　㉯ 활성알루미나

㉰ 실리카겔　　㉱ 활성탄

해설 흡착제 : 실리카겔, 활성알루미나, 활성탄, 규조토

27 다음 중 산소의 분석방법이 아닌 것은?

㉮ 알칼리성 피로카롤 용액에 의한 흡수법

㉯ 차아황산소다 용액에 의한 흡수법

㉰ 황인에 의한 흡수법

㉱ 수산화나트륨수용액에 의한 흡수법

해설 수산화나트륨수용액은 CO_2의 분석에 사용한다.

정답 21.㉮ 22.㉰ 23.㉮ 24.㉮ 25.㉯ 26.㉮ 27.㉱

28 2원자 분자를 제외한 대부분의 가스가 고유한 흡수스펙트럼을 가지는 것을 응용한 것으로 대기오염 측정에 사용되는 가스분석기는?

㉮ 적외선 가스분석기
㉯ 가스크로마토그래피
㉰ 자동화학식 가스분석기
㉱ 용액흡수도전율식 가스분석기

해설 적외선 가스분석기는 2원자 분자를 제외한 대부분의 가스를 분석하기 때문에 측정대상가스가 많고 측정범위가 넓은 가스분석계이다.

29 수소염이온화식 가스검지기에 대한 설명으로 옳지 않은 것은?

㉮ 검지성분은 탄화수소에 한한다.
㉯ 탄화수소의 상대감도는 탄소수에 반비례한다.
㉰ 검지감도가 다른 감지기에 비하여 아주 높다.
㉱ 수소불꽃 속에 시료가 들어가면 전기 전도도가 증대하는 현상을 이용한 것이다.

해설 ① 수소염이온화식은 가스크로마토그래피에 해당하는 기기분석법으로 탄화수소에서 감도가 최고이다.
② H_2, O_2, CO, CO_2, SO_2 등은 감도 없음

30 가스누설검지기 중 가스와 공기의 열전도도가 다른 것을 측정원리로 하는 검지기는?

㉮ 접촉연소식 검지기
㉯ 서머스테트식 검지기
㉰ 반도체식 검지기
㉱ 수소염이온화식 검지기

해설 서머스테트식 검지기는 가스와 공기의 열전도도가 다른 것을 측정원리로 하는 가스누설검지기이다.

31 가스크로마토그래피에서 사용하는 검출기가 아닌 것은?

㉮ 원자방출검출기(AED)
㉯ 방사선이온화검출기(RID)
㉰ 열이온검출기(TID)
㉱ 열추적검출기(TTD)

해설 검출기
① 수소이온화 검출기
② 열전도도형 검출기
③ 전자포획 이온화 검출기

32 염소(Cl_2)가스를 검지할 수 있는 시험지 명(시약명) 및 발색 상태가 옳게 열거된 것은?

㉮ 적색리트머스시험지 : 청색
㉯ 염화팔라듐지 : 흑색
㉰ 요오드칼륨전분지 : 청색
㉱ 초산벤젠지 : 청색

해설 염소(Cl_2)가스 시험지
① KI 전분지(요오드칼륨 시험지)
② 변색상태(청색)

33 어느 가스크로마토그램에서 성분 X의 보유시간이 6분, 피크폭이 6mm이었다. 이 경우 X에 관하여 HETP는 얼마인가? (단, 분리관 길이는 3m, 기록지의 속도는 분당 15mm이다.)

㉮ 0.83mm
㉯ 8.30mm
㉰ 0.64mm
㉱ 6.40mm

해설 HETP(Height Equivalent to a Theoretical Plate) : 분리관의 길이
$$HETP = \frac{\text{분리관의 길이}}{\text{이론단수}},$$
$$n = \left(\frac{6 \times 15}{6}\right)^2 \times 16 = 3,600$$
$$\therefore HETP = \frac{3 \times 1,000}{3,600} = 0.83\text{mm}$$

정답 28.㉮ 29.㉯ 30.㉯ 31.㉱ 32.㉰ 33.㉮

34 가스분석계 중 화학반응을 이용한 측정 방법은?

㉮ 연소열법 ㉯ 열전도율법
㉰ 적외선흡수법 ㉱ 가시광선분산법

해설 연소열법은 가스분석계 중 화학반응을 이용한 가스 분석계이다.

35 가스크로마토그래피를 이용하여 가스를 검출할 때 필요 없는 부품이나 성분은?

㉮ Column ㉯ Gas Sampler
㉰ Carrier Gas ㉱ UV Detector

해설 가스크로마토 그래피는 검출기, 컬럼(분리관), 기록계로 구성되며 캐리어 운반가스는 He, H_2, Ar, N_2 등이다.

36 검지관에 의한 측정농도 및 한도가 잘못된 것은?

㉮ C_2H_2 : 0~0.3%, 10[ppm]
㉯ H_2 : 0~1.5%, 250[ppm]
㉰ CO : 0~0.1%, 1[ppm]
㉱ C_3H_8 : 0~0.1%, 10[ppm]

해설 검지관에 의한 측정가스 측정농도 범위에서 프로판은 0~5.0% 검지한도가 100ppm이다.

37 가스검지법 중 염화제일동 착염지의 반응색은?

㉮ 청색 ㉯ 적색
㉰ 흑색 ㉱ 갈색

해설 아세틸렌가스의 시험지는 염화제1동 착염지이며 검지시 변색상태는 적색이다.

38 현재 산업체와 연구실에서 사용하는 Gas-chromatography의 각 피크(Peak) 면적측정법으로 이용하는 방법으로 가장 많이 이용하는 방식은?

㉮ 면적계를 이용하는 방법
㉯ 적분계(Integrator)에 의한 방법
㉰ 중량을 이용하는 방법
㉱ 각 기체의 길이를 총량한 값

해설 가스크로마토그래피 가스분석기에서 FID, TCD, ECD가 있으며 각 피크 면적측정법으로는 적분계에 의한 방법이 있다.

39 흡착형 분리관의 충전물과 적용 대상이 옳게 짝지어진 것은?

㉮ 활성탄 – 수소, 일산화탄소, 이산화탄소, 메탄
㉯ 활성알루미나 – 이산화탄소, C_1~C_3 탄화수소
㉰ 실리카겔 – 일산화탄소, C_1~C_4 탄화수소
㉱ Porapak Q – 일산화탄소, 이산화탄소, 질소, 산소

해설 컬럼(분리관)의 흡착제는 실리카겔, 활성알루미나, 규조토, 활성탄 등

40 분별 연소법을 사용하여 가스를 분석할 경우 분별적으로 완전히 연소되는 가스는?

㉮ 수소, 이산화탄소
㉯ 이산화탄소, 탄화수소
㉰ 일산화탄소, 탄화수소
㉱ 수소, 일산화탄소

해설 연소분석법
① 폭발법
② 분별연소법(H_2, CO 분석)

정답 34.㉮ 35.㉱ 36.㉱ 37.㉯ 38.㉯ 39.㉮ 40.㉱

41 가연성 가스검지 방식으로 가장 적합한 것은?

㉮ 격막전극식   ㉯ 정전위전해식
㉰ 접촉연소식   ㉱ 원자흡광광도법

[해설] 가연성 가스 검출기
① 안전등형
② 간섭계형
③ 열선형(열전도식, 연소식)

42 오르자트 가스분석계로 가스분석시 적당한 온도는?

㉮ 10~15℃   ㉯ 15~18℃
㉰ 16~20℃   ㉱ 20~28℃

[해설] 오르자트 가스분석계의 분석시 온도는 16~20℃의 상온이다.

43 가스크로마토그래피에 사용되는 운반기체의 조건으로 거리가 가장 먼 것은?

㉮ 순도가 높아야 한다.
㉯ 비활성이어야 한다.
㉰ 독성이 없어야 한다.
㉱ 분자량이 작아야 한다.

[해설] 가스크로마토그래피 가스분석(기기분석법)에서 운반기체의 조건에서 분자량과는 관계가 없다.

44 적외선분광분석계로 분석이 불가능한 것은?

㉮ CH_4 ㉯ Cl_2
㉰ $COCl_2$ ㉱ NH_3

[해설] 적외선법은 H_2, O_2, N_2, Cl_2 등 쌍극자 모멘트를 갖지 않은 2원자분자는 적외선을 흡수하지 않는다.

45 헴펠(Hempel)법에 의한 가스분석시 성분 분석의 순서는?

㉮ 일산화탄소, 이산화탄소, 수소, 산소
㉯ 일산화탄소, 산소, 이산화탄소, 중탄화수소
㉰ 이산화탄소, 중탄화수소, 산소, 일산화탄소
㉱ 이산화탄소, 산소, 일산화탄소, 중탄화수소

[해설] 헴펠식 가스분석계의 가스분석 측정순서
이산화탄소 → 중탄화수소 → 산소 → 일산화탄소

46 도시가스회사에서는 가스홀더에서 매주 성분분석을 하는데 다음 중 유해성분이 아닌 것은?

㉮ H_2S ㉯ S
㉰ NH_3 ㉱ H_2

[해설] 도시가스 유해성분
① 황전량 0.5g을 초과하지 못한다.
② 황화수소 0.02g을 초과하지 못한다.
③ 암모니아 0.2g을 초과하지 못한다.

47 검지가스와 반응하여 변색하는 시약을 여지 등에 침투시켜 검지하는 방법은?

㉮ 시험지법
㉯ 검지관법
㉰ 헴펠(Hempel)법
㉱ 가연성 가스 검출기법

[해설] 시험지법 가스분석계는 검지가스와 반응하여 변색하는 시약을 여지 등에 침투시켜 검지한다.

[정답] 41.㉰ 42.㉰ 43.㉱ 44.㉯ 45.㉰ 46.㉱ 47.㉮

48 가스크로마그래피법의 특징이 아닌 것은?

㉮ 응답속도가 늦다.

㉯ 선택성이 낮고 고감도로 측정할 수 있다.

㉰ 분리능력이 좋고 여러 종류의 가스분석이 가능하다.

㉱ 미량성분의 분석이 가능하지만 캐리어 가스가 필요하다.

해설 가스크로마그래피법은 캐리어 가스에 의해 선택성이 우수하다.

49 캐리어 가스의 유량이 50ml/min이고, 기록지의 속도가 3cm/min일 때 어떤 성분시료를 주입하였더니 주입점에서 성분의 피크까지의 길이가 15cm였다면 지속용량은?

㉮ 10mL ㉯ 250mL

㉰ 150mL ㉱ 750mL

해설 $15 \times \dfrac{50}{3} = 250mL$

50 시료 가스를 각각 특정한 흡수액에 흡수시켜 흡수 전후의 가스체적을 측정하여 가스의 성분을 분석하는 방법이 아닌 것은?

㉮ 오르사트(Orsat)법

㉯ 헴펠(Hempel)법

㉰ 게겔(Gockel)법

㉱ 적정(適定)법

해설 적정법(옥소 : 요오드 I_2) : 옥소 표준용액을 사용하는 직접법과 유리하는 옥소를 티오황산 나트륨용액으로 적정하는 법이 있는 화학분석법 가스분석이다.

51 메탄, 에틸알코올, 아세톤 등을 검지하고자 할 때 올바른 검지법은?

㉮ 시험지법

㉯ 흡광광도법

㉰ 가연성 가스검출기

㉱ 검지관법

해설 메탄, 에틸알코올, 아세톤 : 가연성 가스

52 접촉 연소식 가스검지기의 특성이 아닌 것은?

㉮ 가연성 가스는 모두 검지대상이 되므로 특정한 성분만을 검지할 수 없다.

㉯ 완전연소가 일어나도록 순수한 산소를 공급해 준다.

㉰ 연소반응에 따른 필라멘트의 전기저항 증가를 검출한다.

㉱ 측정가스의 반응열을 이용하므로 가스는 일정농도 이상이 필요하다.

해설 접촉연속식 가스검지기는 백금 표면을 활성화시킨 파라지움으로 처리한 것을 가연성 가스가 폭발하한계 이하의 농도가 되어도 산화 반응을 촉진한다. 이 반응열은 백금의 전기 저항을 변화시키므로 휘스톤 브리지에 의해 탐지되어 지시시킨다.

53 가스 누출 시 사용하는 시험지의 변색 현상이 옳게 연결된 것은?

㉮ C_2H_2 : 염화제일동착염지 → 적색

㉯ H_2S : 전분지 → 청색

㉰ CO : 염화팔라듐지 → 적색

㉱ HCN : 하리슨씨시약 → 노란색

해설 ① 황화수소(H_2S) : 초산납 시험지(흑색)
② 일산화탄소(CO) : 염화팔라듐지(흑색)
③ 시안화수소(HCN) : 초산벤젠지(청색)

정답 48.㉯ 49.㉯ 50.㉱ 51.㉰ 52.㉯ 53.㉮

54 가스센서에 이용되는 물리적 현상은?

㉮ 압전효과　　　　㉯ 죠셉슨효과
㉰ 흡착효과　　　　㉳ 광전효과

해설 가스센서에 이용되는 물리적 현상은 흡착효과이다.

55 H_2와 O_2 등에는 감응이 없고 탄화수소에 대한 감응이 제일 좋은 검출기는?

㉮ 열전도형(TCD) 검출기
㉯ 수소이온화(FID) 검출기
㉰ 전자포획이온화(ECD) 검출기
㉳ 열이온화(FTD) 검출기

해설 가스크로마토그래피법의 수소이온화 검출기(FID)는 탄화수소에서는 감도가 매우 높으나 H_2, O_2, CO, CO_2, SO_2 등의 가스는 감도가 없다.

56 다음 가스분석법 중 물리적 가스분석법에 해당하지 않는 것은?

㉮ 열전도율법
㉯ 적외선흡수법
㉰ 오르사트법
㉳ 가스크로마토그래피법

해설 오르사트법 : 화학적 가스분석법

57 가스분석에서 흡수분석법에 해당하는 것은?

㉮ 적정법　　　　㉯ 중량법
㉰ 흡광광도법　　　㉳ 헴펠법

해설 흡수분석법
　① 헴펠법　　　② 오르사트법
　③ 게겔법

58 기체 크로마토그래피 장치에 속하지 않는 것은?

㉮ 주사기　　　　㉯ Column 검출기
㉰ 유량 측정기　　㉳ 직류 증폭장치

해설 기체 크로마토그래피
　① 주사기　　　　② 컬럼검출기
　③ 유량조절기　　④ 압력계
　⑤ 분리관(컬럼)　⑥ 항온조
　⑦ 유량계　　　　⑧ 기록계

59 다음 중 오르사트(Orsat) 가스분석기에서 가스에 따른 흡수제가 잘못 연결된 것은?

㉮ CO_2 – KOH 30% 수용액
㉯ O_2 – 알칼리성 피로카롤용액
㉰ CO – 염화제1구리 용액
㉳ N_2 – 황린

해설 $N_2 = 100 - (CO_2 + O_2 + CO)$ (%)

60 어떤 분리관에서 얻은 벤젠의 기체 크로마토그램을 분석하였더니 시료 도입점으로부터 피크최고점까지의 길이가 85.4mm, 봉우리의 폭이 9.6mm이었다. 이론단수는?

㉮ 1,266단　　　　㉯ 1,046단
㉰ 935단　　　　　㉳ 835단

해설
$$\eta = 16 \times \left(\frac{t_R}{W}\right)^2$$
$$\eta = 16 \times \left(\frac{85.4}{9.6}\right)^2 = 1,266단$$

61 도시가스의 누출 여부를 검사할 때 사용되는 검지기가 아닌 것은?

㉮ 검지관식 검지기
㉯ 적외선식 검지기

ⓓ 가연성 가스검지기

ⓔ 열팽창식 검지기

해설 도시가스 가스 검지법
① 검지관법
② 시험지법
③ 가연성 가스 검출기(안전등형, 간섭계형, 열선형)
④ 적외선식

62 크로마토그래피의 피크가 다음 그림과 같이 기록되었을 때 피크의 넓이(A)를 계산하는 식으로 가장 적합한 것은?

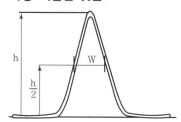

㉮ Wh

㉯ 1/2Wh

㉰ 2Wh

㉱ 1/4Wh

해설 피크 넓이 계산 : Wh

63 가스크로마토그래피의 운반가스로서 적당하지 않은 것은?

㉮ 질소

㉯ 염소

㉰ 수소

㉱ 알곤

해설 캐리어가스 : 알곤, 헬륨, 수소, 질소 등

64 광학적 방법인 슈리렌법(Schlieren Method)은 무엇을 측정하는가?

㉮ 기체의 흐름에 대한 속도변화

㉯ 기체의 흐름에 대한 온도변화

㉰ 기체의 흐름에 대한 압력변화

㉱ 기체의 흐름에 대한 밀도변화

65 가스크로마토그래피법에서 고정상 액체의 구비조건으로 옳지 않은 것은?

㉮ 분석대상 성분의 분리능이 높아야 한다.

㉯ 사용온도에서 증기압이 높아야 한다.

㉰ 화학적으로 안정된 것이어야 한다.

㉱ 점성이 작아야 한다.

66 가스누출 검지기의 검지(Sensor) 부분의 금속으로 사용하지 않은 것은?

㉮ 백금

㉯ 리튬

㉰ 코발트

㉱ 바나듐

67 염화제1구리 착염지로 아세틸렌가스를 검지할 때 착염지의 변색은?

㉮ 흑색

㉯ 청색

㉰ 적색

㉱ 백색

해설 염화제1구리 착염지 : 적색

PART **IV**

안전관리(고압가스 관계법규)

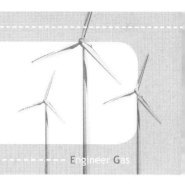

「고압가스 안전관리법」

제1조(목적) 이 법은 고압가스의 제조·저장·판매·운반·사용과 고압가스의 용기·냉동기·특정설비 등의 제조와 검사 등에 관한 사항 및 가스안전에 관한 기본적인 사항을 정함으로써 고압가스 등으로 인한 위해(危害)를 방지하고 공공의 안전을 확보함을 목적으로 한다.〈개정 2014.1.21.〉 [전문개정 2007.12.21.]

제3조(정의) 이 법에서 사용하는 용어의 뜻은 다음과 같다. 〈개정 2008.2.29., 2013.3.23., 2017.10.31., 2020.2.4.〉

1. "저장소"란 산업통상자원부령으로 정하는 일정량 이상의 고압가스를 용기나 저장탱크로 저장하는 일정한 장소를 말한다.

2. "용기(容器)"란 고압가스를 충전(充塡)하기 위한 것(부속품을 포함한다)으로서 이동할 수 있는 것을 말한다.

2의2. "차량에 고정된 탱크"란 고압가스의 수송·운반을 위하여 차량에 고정 설치된 탱크를 말한다.

3. "저장탱크"란 고압가스를 저장하기 위한 것으로서 일정한 위치에 고정(固定) 설치된 것을 말한다.

4. "냉동기"란 고압가스를 사용하여 냉동을 하기 위한 기기(機器)로서 산업통상자원부령으로 정하는 냉동능력 이상인 것을 말한다.

4의2. "안전설비"란 고압가스의 제조·저장·판매·운반 또는 사용시설에서 설치·사용하는 가스검지기 등의 안전기기와 밸브 등의 부품으로서 산업통상자원부령으로 정하는 것(제5호에 따른 특정설비는 제외한다)을 말한다.

5. "특정설비"란 저장탱크와 산업통상자원부령으로 정하는 고압가스 관련 설비를 말한다.

6. "정밀안전검진"이란 대형(大型) 가스사고를 방지하기 위하여 오래되어 낡은 고압가스 제조시설의 가동을 중지한 상태에서 가스안전관리 전문기관이 정기적으로 첨단장비와 기술을 이용하여 잠재된 위험요소와 원인을 찾아내고 그 제거방법을 제시하는 것을 말한다.

[전문개정 2007.12.21.]

제4조(고압가스의 제조허가 등) ① 고압가스를 제조(용기 또는 차량에 고정된 탱크 충전하는 것을 포함한다. 이하 같

다)하려는 자는 그 제조소마다 특별자치시장·특별자치도지사·시장·군수 또는 구청장(구청장은 자치구의 구청장을 말하며, 이하 "시장·군수 또는 구청장"이라 한다)의 허가를 받아야 한다. 허가받은 사항 중 산업통상자원부령으로 정하는 중요 사항을 변경하려는 경우에도 또한 같다. 〈개정 2008.2.29., 2009.5.21., 2013.3.23., 2014.1.21., 2020.2.4.〉

② 제1항에도 불구하고 대통령령으로 정하는 종류 및 규모 이하의 고압가스를 제조하려는 자는 산업통상자원부령으로 정하는 바에 따라 시장·군수 또는 구청장에게 신고하여야 한다. 신고한 사항 중 산업통상자원부령으로 정하는 중요 사항을 변경하려는 경우에도 또한 같다. 〈개정 2008.2.29., 2009.5.21., 2013.3.23.〉

③ 시장·군수 또는 구청장은 제2항에 따른 신고를 받은 날부터 2일 이내에 신고수리 여부를 신고인에게 통지하여야 한다. 〈신설 2018.3.20.〉

④ 시장·군수 또는 구청장이 제3항에서 정한 기간 내에 신고수리 여부 또는 민원 처리 관련 법령에 따른 처리기간의 연장을 신고인에게 통지하지 아니하면 그 기간(민원 처리 관련 법령에 따라 처리기간이 연장 또는 재연장된 경우에는 해당 처리기간을 말한다)이 끝난 날의 다음 날에 신고를 수리한 것으로 본다. 〈신설 2018.3.20.〉

⑤ 저장소를 설치하려는 자 또는 고압가스를 판매하려는 자는 그 저장소나 판매소마다 시장·군수 또는 구청장의 허가를 받아야 한다. 허가받은 사항 중 산업통상자원부령으로 정하는 중요 사항을 변경하려는 경우에도 또한 같다.〈개정 2008.2.29., 2009.5.21., 2013.3.23., 2018.3.20.〉

⑥ 제1항과 제5항에 따른 허가의 종류 및 기준과 대상범위는 대통령령으로 정하고, 고압가스의 제조·저장 및 판매에 필요한 시설기준과 기술기준은 산업통상자원부령으로 정한다.〈개정 2008.2.29., 2013.3.23., 2018.3.20.〉

⑦ 제1항부터 제5항까지의 규정에 따른 허가를 하거나 신고를 받은 관청은 7일 이내에 그 허가 또는 신고 사항을 관할 소방서장에게 알려야 한다.〈개정 2018.3.20.〉

[전문개정 2007.12.21.]

제5조(용기·냉동기 및 특정설비의 제조등록 등) ① 용기·냉동기 또는 특정설비(이하 "용기등"이라 한다)를 제조하려는 자는 시장·군수 또는 구청장에게 등록하여야 한다. 등록한 사항 중 산업통상자원부령으로 정하는 중요 사항을 변경하려는 경우에도 또한 같다.〈개정 2008.2.29., 2013.3.23.〉

② 제1항에 따른 등록의 기준과 대상범위는 대통령령으로 정하고, 용기등의 제조에 필요한 시설기준과 기술기준은 산업통상자원부령으로 정한다.〈개정 2008.2.29., 2013.3.23.〉

③ 다음 각 호의 어느 하나에 해당하는 자가 아니면 용기등의 수리를 하여서는 아니 된다.〈신설 2014.1.21., 2015.1.28.〉

1. 고압가스의 제조허가를 받은 자
2. 제1항에 따라 용기등의 제조등록을 한 자
3. 지정을 받은 용기등의 검사기관
4. 「액화석유가스의 안전관리 및 사업법」 액화석유가스 충전사업의 허가를 받은 자
5. 「자동차관리법」 따라 자동차관리사업(자동차정비업만을 말한다)의 등록을 한 자로서 자동차의 액화석유가스용기에 부착된 용기부속품의 수리에 필요한 잔류가스의 회수장치를 갖춘 자
6. 제1호부터 제5호까지의 규정에 준하는 자로서 대통령령으로 정하는 자

④ 용기등의 소유자나 점유자가 용기등을 수리하려면 제3항 각 호의 어느 하나에 해당하는 자로 하여금 수리하게 하여야 한다.〈개정 2014.1.21.〉

⑤ 제3항 각 호의 어느 하나에 해당하는 자가 용기등을 수리하는 경우 용기등의 종류별로 대통령령으로 정하는 구분에 따라 일정 자격을 갖춘 자로 하여금 감독하도록 하여야 한다.〈신설 2014.1.21.〉

⑥ 용기등의 수리기준 및 수리범위는 산업통상자원부령으로 정한다.〈개정 2008.2.29., 2013.3.23., 2014.1.21.〉
[전문개정 2007.12.21.]

제16조(검사 등) ① 제4조에 따른 허가를 받거나 신고를 한 자 또는 제5조의3에 따른 등록을 한 자가 고압가스의 제조·저장·판매 또는 수입시설의 설치공사나 변경공사를 할 때에는 산업통상자원부령으로 정하는 바에 따라 그 공사의 공정별(工程別)로 허가관청이나 신고관청의 중간검사를 받아야 한다.〈개정 2008.2.29., 2013.3.23.〉

② 고압가스제조자 중 대통령령으로 정하는 종류와 규모 이상의 고압가스제조자가 제1항에 따른 고압가스 제조시설의 설치공사나 변경공사를 할 때에 제조소 경계 밖의 지하에 고압가스배관의 설치공사나 변경공사를 하는 경우에는 허가관청이나 신고관청의 감리(監理)를 받아야 한다.

③ 사업자등이 고압가스의 제조·저장·판매·수입의 시설이나 용기등의 제조시설의 설치공사 또는 변경공사를 완공한 때에는 그 시설을 사용하기 전에 허가관청·신고관

청 또는 등록관청의 완성검사를 받고 합격한 후에 이를 사용하여야 한다. 다만, 제2항에 따라 감리를 받은 시설은 완성검사를 갈음하여 감리적합판정을 받아야 한다.

④ 허가관청·신고관청 또는 등록관청은 제2항과 제3항에도 불구하고 다음 각 호의 어느 하나에 해당하는 경우에는 사용방법과 기간을 정하여 해당 시설을 임시로 사용하게 할 수 있다. 이 경우 고압가스의 제조·저장 또는 판매시설은 정하여진 기간 이내로 제한하여 그 사용방법에 따라 사용하여야 한다.〈개정 2008.2.29., 2010.4.12., 2013.3.23.〉

1. 제2항과 제3항에 따른 감리나 완성검사를 한 결과, 산업통상자원부령으로 정하는 경미한 사항이 미비된 경우
2. 고압가스 제조시설의 설치공사 중 설치가 완료되어 사용이 가능한 일부 시설에 대한 완성검사(이하 "부분완성검사"라 한다)에 합격한 경우 또는 부분완성검사를 한 결과, 제1호의 산업통상자원부령으로 정하는 경미한 사항이 미비된 경우

⑤ 제2항에 따른 고압가스제조자는 지하 배관의 설치공사나 변경공사를 완공하면 산업통상자원부령으로 정하는 바에 따라 그 시공기록과 완공도면(전산보조기억장치에 입력되어 있으면 그 입력된 자료로 할 수 있다)을 작성·보존하여야 한다.〈개정 2008.2.29., 2013.3.23.〉

⑥ 제1항부터 제3항까지의 규정에 따른 중간검사·감리 및 완성검사의 기준과 그 밖에 감리와 검사에 필요한 사항은 산업통상자원부령으로 정한다.〈개정 2008.2.29., 2013.3.23.〉[전문개정 2007.12.21.]

제17조(용기등의 검사) ① 용기등을 제조·수리 또는 수입한 자(외국용기등 제조자를 포함한다)는 그 용기등을 판매하거나 사용하기 전에 산업통상자원부장관, 시장·군수 또는 구청장의 검사를 받아야 한다. 다만, 대통령령으로 정하는 용기등에 대하여는 그 검사의 전부 또는 일부를 생략할 수 있다.〈개정 2008.2.29., 2013.3.23.〉

② 제1항에 따른 검사를 받은 후 용기나 특정설비가 다음 각 호의 어느 하나에 해당하게 되면 용기나 특정설비의 소유자는 그 용기나 특정설비에 대하여 시장·군수 또는 구청장의 재검사를 받아야 한다. 다만, 제4조 제1항에 따른 허가를 받은 자로서 자체검사의 실적이 우수하고 그 밖에 대통령령으로 정하는 기준에 맞는 자의 특정설비가 제1호에 해당하는 경우에는 대통령령으로 정하는 바에 따라 그에 대한 재검사의 전부 또는 일부를 면제할 수 있다.〈개정 2008.2.29., 2009.5.21., 2013.3.23.〉

1. 산업통상자원부령으로 정하는 기간의 경과
2. 손상의 발생
3. 합격표시의 훼손
4. 충전할 고압가스 종류의 변경

③ 시장·군수 또는 구청장은 제1항이나 제2항에 따른 검사나 재검사에 불합격한 용기나 특정설비는 산업통상자원부령으로 정하는 바에 따라 파기(破棄)하여야 한

다. 다만, 특정설비는 산업통상자원부령으로 정하는 바에 따라 수리하여 제1항이나 제2항에 따른 검사를 다시 받도록 할 수 있다.〈개정 2008.2.29., 2013.3.23.〉

④ 시장·군수 또는 구청장은 제1항이나 제2항에 따른 검사에 합격한 용기등에는 산업통상자원부령으로 정하는 바에 따라 필요한 사항을 각인(刻印)하거나 표시하여야 한다.〈개정 2008.2.29., 2013.3.23.〉

제20조(사용신고 등) ① 수소·산소·액화암모니아·아세틸렌·액화염소·천연가스·압축모노실란·압축디보레인·액화알진, 그 밖에 대통령령으로 정하는 고압가스(이하 "특정고압가스"라 한다)를 사용하려는 자로서 일정규모 이상의 저장능력을 가진 자 등 산업통상자원부령으로 정하는 자는 특정고압가스를 사용하기 전에 미리 시장·군수 또는 구청장에게 신고하여야 한다. 다만, 다음 각 호의 어느 하나에 해당하는 자로서 허가받은 내용이나 등록한 내용에 특정고압가스의 사용에 관한 사항이 포함되어 있으면 특정고압가스 사용의 신고를 한 것으로 본다.〈개정 2008.2.29., 2009.5.21., 2013.3.23.〉

  1. 제4조제1항에 따른 고압가스의 제조허가를 받은 자 또는 고압가스저장자

  2. 제5조에 따라 용기등의 제조등록을 한 자

  3. 「자동차관리법」 제5조에 따라 자동차등록을 한 자

② 제1항 본문에 따른 신고를 받은 시장·군수 또는 구청장은 7일 이내에 그 신고사항을 관할 소방서장에게 알려야 한다.

③ 특정고압가스를 사용하는 자는 산업통상자원부령으로 정하는 시설기준과 기술기준에 맞도록 그 특정고압가스의 사용시설을 갖추어야 한다.〈개정 2008.2.29., 2009.5.21., 2013.3.23.〉

④ 제1항에 따라 신고를 하거나 신고를 한 것으로 보는 자(이하 "특정고압가스 사용신고자"라 한다)가 특정고압가스의 사용시설의 설치나 변경공사를 완공하면 그 시설의 사용 전에 신고를 받은 관청의 완성검사를 받아야 하며, 정기적으로 신고를 받은 관청의 정기검사를 받아야 한다.

⑤ 제4항에 따른 완성검사 및 정기검사의 기준과 기간, 그 밖에 필요한 사항은 산업통상자원부령으로 정한다.〈개정 2008.2.29., 2013.3.23.〉

⑥ 고압가스제조자나 고압가스판매자가 특정고압가스를 공급할 때에는 다음 각 호의 사항을 확인하여야 한다.〈신설 2018.12.11.〉

  1. 특정고압가스를 사용하는 자가 제1항에 따른 신고를 하여야 하는 자인지 여부

  2. 특정고압가스 사용신고자의 사용시설이 제4항에 따른 완성검사 및 정기검사를 받았는지 여부

⑦ 고압가스제조자나 고압가스판매자가 제6항에 따른 확인을 한 결과 특정고압가스를 사용하는 자가 제1항에 따른 신고를 하지 아니하거나 제4항에 따른 사용시설의 완성검사 및 정기검사를 받지 아니한 경우에는 특정고압가스의 공급을 중지하고 지체 없이 그 사실을 시장·군수 또는 구청장에게 신고하여야 한다.〈신설 2018.12.11.〉

⑧ 시장·군수 또는 구청장, 경찰서장이나 소방서장은 특정고압가스를 사용하는 자가 이 법 또는 이 법에 따른 명령을 위반하여 위해를 발생시킬 우려가 있다고 인정하면 특정고압가스의 사용을 일시 금지하거나 특정고압가스의 사용시설을 봉인(封印) 또는 임시 영치(領置)할 수 있다.〈개정 2009.5.21., 2018.12.11.〉

[전문개정 2007.12.21.]

제23조(안전교육) ① 사업자등, 특정고압가스 사용신고자, 수탁관리자 및 검사기관의 안전관리에 관계되는 업무를 하는 자는 시·도지사나 시장·군수·구청장(구청장은 자치구의 구청장을 말한다. 이하 같다)이 실시하는 교육을 받아야 한다.〈개정 2009.5.21., 2014.1.21.〉

② 사업자등, 특정고압가스 사용신고자, 수탁관리자 및 제35조에 따른 검사기관은 그가 고용하고 있는 자 중 제1항에 따른 안전교육대상자에게 안전교육을 받게 하여야 한다.

③ 제1항에 따른 안전교육대상자의 범위·교육기간 및 교육과정과 그 밖에 교육에 필요한 사항은 산업통상자원부령으로 정한다.〈개정 2008.2.29., 2013.3.23.〉

[전문개정 2007.12.21.]

제23조의2(고압가스배관에 대한 정보지원) 「도시가스사업법」에 따른 굴착공사정보지원센터(이하 "정보지원센터"라 한다)는 구멍 뚫기, 말뚝 박기, 터파기, 그 밖의 토지의 굴착공사(이하 "굴착공사"라 한다)로 인하여 일어날 수 있는 고압가스배관의 파손사고를 예방하기 위하여 정보제공, 홍보 등에 필요한 굴착공사지원정보망의 구축·운영, 그 밖에 매설배관 확인에 대한 정보지원 업무를 수행한다.

[본조신설 2015.1.28.]

제23조의3(고압가스배관 매설상황 확인) ① 굴착공사를 하려는 자는 굴착공사를 하기 전에 해당 토지의 지하에 고압가스배관이 묻혀 있는지를 확인하여 줄 것을 산업통상자원부령으로 정하는 바에 따라 정보지원센터에 요청하여야 한다. 다만, 고압가스배관에 위험을 발생시킬 우려가 없다고 인정되는 굴착공사로서 대통령령으로 정하는 굴착공사의 경우에는 그러하지 아니한다.

② 제1항에 따른 요청을 받은 정보지원센터는 산업통상자원부령으로 정하는 바에 따라 사업자등 중에 사업소 경계 밖의 지하에 고압가스배관을 보유한 자(이하 "사업소 밖 배관 보유 사업자"라 한다)에게 해당 사실을 알려 주어야 한다.

③ 제2항에 따른 통지를 받은 사업소 밖 배관 보유 사업자는 산업통상자원부령으로 정하는 바에 따라 해당 토지의 지하에 고압가스배관이 묻혀 있는지를 확인하여 주어야 한다.

④ 제3항에 따른 확인 결과, 고압가스배관이 묻혀 있는 것으로 확인되면, 굴착공사자와 사업소 밖 배관 보유 사업자는 해당 굴착공사가 시작되기 전에 산업통상자원부령으로 정하는 바에 따라 다음 각 호의 조치를 하여야 한다.

  1. 굴착공사의 현장 위치 및 고압가스배관의 매설 위치

의 표시

2. 정보지원센터에 대한 제1호에 따른 표시 사실의 통지

3. 고압가스배관의 보호를 위하여 필요한 시설의 설치, 고압가스배관의 매설 위치 등이 표시된 도면의 제공 등 굴착공사로 인한 사고를 예방하기 위하여 산업통상자원부령으로 정하는 조치

⑤ 정보지원센터는 제3항에 따른 확인 결과, 매설된 배관이 없다고 확인을 받거나 제4항 제2호에 따른 통지를 받은 경우에는 산업통상자원부령으로 정하는 바에 따라 굴착공사자에게 굴착공사를 하여도 된다는 통보를 하여야 한다.

⑥ 굴착공사자는 정보지원센터로부터 제5항에 따른 굴착공사 개시통보를 받기 전에 굴착공사를 하여서는 아니 된다.[본조신설 2015.1.28.]

제23조의4(굴착공사의 협의) ① 사업소 밖 배관 보유 사업자가 설치한 고압가스배관이 매설된 지역에서 고압가스배관 파손사고의 위험성이 높은 굴착공사로서 산업통상자원부령으로 정하는 굴착공사를 하려는 자는 고압가스배관을 보호하기 위하여 산업통상자원부령으로 정하는 바에 따라 그 사업소 밖 배관 보유 사업자와 안전조치 방법 등을 협의하여야 하며 협의를 요청받은 사업소 밖 배관 보유 사업자는 정당한 사유가 없으면 이에 응하여야 한다.

② 사업소 밖 배관 보유 사업자와 굴착공사를 하려는 자는 제1항에 따라 협의를 한 경우에는 산업통상자원부령으로 정하는 바에 따라 협의서를 작성하고 그 협의 내용을 지켜야 한다.[본조신설 2015.1.28.]

제35조(검사기관의 지정) ① 시·도지사는 이 법에 따른 검사의 일부와 안전관리업무를 전문적·효율적으로 수행하게 하기 위하여 대통령령으로 정하는 바에 따라 검사기관을 지정할 수 있다.

② 제1항에 따라 지정을 받은 검사기관은 지정받은 사항 중 검사범위의 변경 등 산업통상자원부령으로 정하는 중요 사항을 변경하려면 변경지정을 받아야 한다.〈개정 2008.2.29., 2013.3.23.〉

③ 시·도지사는 제1항에 따라 검사기관을 지정하는 때에는 산업통상자원부령으로 정하는 유효기간을 정하여 지정하여야 하며, 검사기관이 그 유효기간의 만료 전에 재지정을 신청하는 경우에는 제4항에 따른 재지정 기준에 미달하지 아니하는 한 재지정을 하여야 한다.〈신설 2009.5.21., 2013.3.23.〉

④ 제1항 또는 제3항에 따른 검사기관의 지정 또는 재지정 기준·방법과 그 밖에 필요한 사항은 대통령령으로 정한다.〈개정 2009.5.21.〉

⑤ 시·도지사는 검사기관이 제4항에 따른 기준에 따라 검사업무를 수행하는지를 확인하고 지도·감독할 수 있다.〈개정 2009.5.21.〉[전문개정 2007.12.21.]

제36조(업무의 위탁) ① 산업통상자원부장관, 시·도지사 및 시장·군수·구청장은 다음 각 호의 업무를 대통령령

으로 정하는 바에 따라 공사에 위탁할 수 있다. 다만, 제9호의 경우는 중대한 위해가 발생하였거나 위해의 발생이 긴박하여 긴급하고 부득이하다고 인정할 때로 한정한다.〈개정 2008.2.29., 2009.5.21., 2013.3.23.〉

1. 안전관리규정의 준수 여부 확인 및 평가

2. 규정에 따른 중간검사·감리 및 완성검사

3. 정기검사 및 수시검사

4. 검사 및 재검사

5. 유통 중인 용기의 수집검사

6. 특정고압가스 사용신고시설에 대한 완성검사 및 정기검사

7. 고압가스 수입신고의 접수

8. 안전교육의 실시

9. 시설등의 사용정지 또는 제한에 관한 명령

10. 검사기관의 검사업무에 대한 확인 및 지도·감독

② 이 법에 따른 시장·군수 또는 구청장의 권한 중 다음 각 호의 업무는 대통령령으로 정하는 바에 따라 공사 또는 제35조 제1항에 따라 지정된 검사기관에 위탁할 수 있다.〈개정 2008.2.29., 2013.3.23.〉

1. 정기검사 중 가연성 또는 독성 가스 외의 가스를 냉매로 사용하는 건축물의 냉난방용 냉동제조시설에 대한 정기검사

2. 제17조 제1항에 따른 용기등의 검사 중 냉동기 및 산업통상자원부령으로 정하는 특정설비의 검사

3. 제17조 제2항에 따른 용기 및 산업통상자원부령으로 정하는 특정설비의 재검사

4. 제20조 제4항에 따른 특정고압가스 사용신고시설에 대한 정기검사[전문개정 2007.12.21.]

제38조(벌칙) ① 고압가스시설을 손괴한 자 및 용기·특정설비를 개조한 자는 5년 이하의 징역 또는 5천만원 이하의 벌금에 처한다.

② 업무상 과실 또는 중대한 과실로 인하여 고압가스 시설을 손괴한 자는 2년 이하의 금고(禁錮) 또는 2천만원 이하의 벌금에 처한다.

③ 제2항의 죄를 범하여 가스를 누출시키거나 폭발하게 함으로써 사람을 상해(傷害)에 이르게 하면 10년 이하의 금고 또는 1억원 이하의 벌금에 처한다. 사망에 이르게 하면 10년 이하의 금고 또는 1억5천만원 이하의 벌금에 처한다.〈개정 2009.5.21.〉

④ 제1항의 미수범은 처벌한다.[전문개정 2007.12.21.]

제39조(벌칙) 다음 각 호의 어느 하나에 해당하는 자는 2년 이하의 징역 또는 2천만원 이하의 벌금에 처한다.〈개정 2011.5.24., 2015.1.28., 2018.3.20.〉

1. 제4조제1항 전단에 따른 허가를 받지 아니하고 고압가스를 제조한 자

2. 제4조제5항 전단에 따른 허가를 받지 아니하고 저장소를 설치하거나 고압가스를 판매한 자

3. 제5조제1항 전단에 따른 등록을 하지 아니하고 용기등을 제조한 자

4. 제5조의3제1항 전단에 따른 등록을 하지 아니하고 고압가스 수입업을 한 자

5. 제5조의4제1항 전단에 따른 등록을 하지 아니하고 고압가스를 운반한 자

6. 제23조의3제1항에 따른 고압가스배관 매설상황의 확인요청을 하지 아니하고 굴착공사를 한 자

7. 제23조의4제1항에 따른 협의를 하지 아니하고 굴착공사를 하거나 정당한 사유 없이 협의 요청에 응하지 아니한 자

8. 제23조의4제2항에 따른 협의서를 작성하지 아니하거나 거짓으로 작성한 자

9. 제23조의4제2항을 위반하여 협의 내용을 지키지 아니한 사업소 밖 배관 보유 사업자와 굴착공사의 시행자

10. 제23조의5에 따른 기준에 따르지 아니하고 굴착작업을 한 자

11. 제23조의6제2항에 따른 고압가스배관에 대한 도면을 작성·보존하지 아니하거나 거짓으로 작성·보존한 사업소 밖 배관 보유 사업자

12. 제35조제1항에 따라 검사기관으로 지정을 받지 아니하고 검사를 한 자

13. 제36조제2항에 따라 검사업무를 위탁받지 아니하고 검사를 한 자[전문개정 2007.12.21.]

제40조(벌칙) 다음 각 호의 어느 하나에 해당하는 자는 1년 이하의 징역 또는 1천만원 이하의 벌금에 처한다.〈개정 2009.5.21., 2015.1.28., 2017.10.31., 2018.3.20.〉

1. 제4조제1항 후단이나 제5항 후단에 따른 변경허가를 받지 아니하고 허가받은 사항을 변경한 자(상호의 변경 및 법인의 대표자 변경은 제외한다)

2. 제5조제1항 후단, 제5조의3제1항 후단이나 제5조의4제1항 후단에 따른 변경등록을 하지 아니하고 등록받은 사항을 변경한 자(상호의 변경 및 법인의 대표자 변경은 제외한다)

3. 제10조제1항에 따른 안전점검을 실시하지 아니한 자 또는 제13조제1항을 위반한 자

4. 제13조제2항1항에 따른 안전성 평가를 하지 아니하거나 안전성향상계획을 제출하지 아니한 자

5. 제13조의2제3항에 따른 안전성향상계획을 이행하지 아니한 자

6. 제16조제1항부터 제3항까지의 규정이나 제17조제1항에 따른 검사나 감리를 받지 아니한 자

7. 제17조제5항을 위반한 자

8. 제18조의2제3항을 위반하여 품질기준에 맞지 아니한 고압가스를 판매 또는 인도하거나 판매 또는 인도할 목적으로 저장·운송 또는 보관한 자

9. 제18조의3제1항에 따른 품질검사를 받지 아니하거나 같은 조 제2항에 따른 품질검사를 거부·방해·기피한 자

9의2. 제18조의4제2항을 위반하여 인증을 받지 아니한

안전설비를 양도·임대 또는 사용하거나 판매할 목적으로 진열한 자

10. 제23조의3제3항에 따른 고압가스배관 매설상황 확인을 하여 주지 아니한 사업소 밖 배관 보유 사업자

11. 제23조의3제4항 각 호의 조치를 하지 아니한 굴착공사자 또는 사업소 밖 배관 보유 사업자

12. 제23조의3제6항을 위반하여 굴착공사 개시통보를 받기 전에 굴착공사를 한 굴착공사자

[전문개정 2007.12.21.]

제41조(벌칙) 다음 각 호의 어느 하나에 해당하는 자는 500만원 이하의 벌금에 처한다.

1. 신고를 하지 아니하고 고압가스를 제조한 자

2. 안전관리자를 선임하지 아니한 자[전문개정 2007.12.21.]

제42조(벌칙) 다음 각 호의 어느 하나에 해당하는 자는 300만원 이하의 벌금에 처한다.〈개정 2009.5.21., 2014.1.21.〉

1. 제5조 제3항, 제4항 또는 제5항을 위반한 자

2. 신고를 하지 아니한 자

3. 제13조 제2항이나 제22조 제1항을 위반한 자

4. 정기검사나 수시검사를 받지 아니한 자

5. 정밀안전검진을 받지 아니한 자

6. 회수등의 명령을 위반한 자

7. 신고를 하지 아니하거나 거짓으로 신고한 자

[전문개정 2007.12.21.]

제43조(과태료) ① 다음 각 호의 어느 하나에 해당하는 자에게는 2천만원 이하의 과태료를 부과한다.〈개정 2007.12.21., 2009.5.21., 2011.5.24., 2021.6.15.〉

1. 제4조제2항 후단을 위반하여 변경신고를 하지 아니하고 신고한 사항을 변경한 자(상호의 변경 및 법인의 대표자 변경은 제외한다)

2. 제11조제1항을 위반하여 안전관리규정을 제출하지 아니한 제4조제2항에 따른 고압가스 제조신고를 한 자(이하 이 조에서 "고압가스 제조신고자"라 한다)

3. 제11조제4항이나 제13조의2제2항에 따른 명령을 위반한 자

3의2. 제11조제6항에 따른 확인을 거부·방해 또는 기피한 자

4. 제15조제4항을 위반하여 대리자를 지정하여 그 직무를 대행하게 하지 아니한 고압가스 제조신고자 또는 특정고압가스 사용신고자

5. 제16조제4항 후단을 위반하여 고압가스의 제조·저장 또는 판매시설을 사용한 자

6. 제25조제1항을 위반하여 보험에 가입하지 아니한 고압가스 제조신고자, 특정고압가스 사용신고자 또는 용기등을 수입한 자

7. 제28조의2를 위반하여 한국가스안전공사 또는 이와 유사한 명칭을 사용한 자

② 다음 각 호의 어느 하나에 해당하는 자에게는 1천만원 이하의 과태료를 부과한다.〈개정 1999.2.8., 2007.5.17.,

2007.12.21., 2011.5.24., 2014.1.21.〉

1. 제11조제5항을 위반하여 안전관리규정을 지키지 아니하거나 안전관리규정의 실시기록을 거짓으로 작성한 자

2. 제11조제5항을 위반하여 안전관리규정의 실시기록을 작성·보존하지 아니한 고압가스 제조신고자

2의2. 제10조제2항을 위반하여 시설을 개선하도록 하지 아니한 고압가스 제조신고자

3. 제10조제3항, 제13조제4항이나 제20조제3항·제4항을 위반한 자

3의2. 제13조제5항을 위반하여 충전·판매 기록을 작성·보존하지 아니한 고압가스 제조신고자

4. 제24조에 따른 명령을 위반한 자

5. 제26조제1항을 위반하여 사고발생사실을 공사에 통보하지 아니하거나 거짓으로 통보한 자

③ 다음 각 호의 어느 하나에 해당하는 자에게는 500만원 이하의 과태료를 부과한다.〈개정 2007.12.21., 2009.5.21., 2014.1.21., 2018.3.20.〉

1. 제4조제1항 후단 또는 제5항 후단을 위반하여 변경허가를 받지 아니하고 허가받은 사항 중 상호를 변경하거나 법인의 대표자를 변경한 자

2. 제4조제2항 후단을 위반하여 변경신고를 하지 아니하고 신고한 사항 중 상호를 변경하거나 법인의 대표자를 변경한 자

3. 제5조제1항 후단, 제5조의3제1항 후단 또는 제5조의4제1항 후단을 위반하여 변경등록을 하지 아니하고 등록한 사항 중 상호를 변경하거나 법인의 대표자를 변경한 자

4. 제10조제4항에 따른 명령을 위반한 자

5. 제10조제5항에 따른 안전점검자의 자격·인원, 점검장비, 점검기준 등을 준수하지 아니한 고압가스 제조신고자

6. 제11조의2를 위반하여 용기등에 표시를 하지 아니한 자

④ 다음 각 호의 어느 하나에 해당하는 자에게는 300만원 이하의 과태료를 부과한다.〈개정 2007.12.21., 2014.1.21., 2018.12.11.〉

1. 제8조제2항에 따른 신고를 하지 아니하거나 거짓으로 신고한 자

2. 제15조제5항을 위반하여 안전관리자의 안전에 관한 의견을 존중하지 아니하거나 권고에 따르지 아니한 고압가스 제조신고자, 특정고압가스 사용신고자, 수탁관리자 및 종사자

2의2. 제20조제6항을 위반하여 특정고압가스를 공급할 때 같은 항 각 호의 사항을 확인하지 아니한 고압가스제조자나 고압가스판매자

2의3. 제20조제7항을 위반하여 특정고압가스 공급을 중지하지 아니하거나 공급 중지 사실을 신고하지

아니한 고압가스제조자나 고압가스판매자

3. 제23조제1항과 제2항을 위반한 자

⑤ 제1항부터 제4항까지의 규정에 따른 과태료는 대통령령으로 정하는 바에 따라 관할 시·도지사 또는 시장·군수·구청장이 부과·징수한다.〈개정 2007.12.21., 2009.5.21.〉

「고압가스 안전관리법 시행령」

제2조(고압가스의 종류 및 범위) 「고압가스 안전관리법」(이하 "법"이라 한다) 제2조에 따라 법의 적용을 받는 고압가스의 종류 및 범위는 다음 각 호와 같다. 다만, 별표 1에 정하는 고압가스는 제외한다.

1. 상용(常用)의 온도에서 압력(게이지압력을 말한다. 이하 같다)이 1메가파스칼 이상이 되는 압축가스로서 실제로 그 압력이 1메가파스칼 이상이 되는 것 또는 섭씨 35도의 온도에서 압력이 1메가파스칼 이상이 되는 압축가스(아세틸렌가스는 제외한다)

2. 섭씨 15도의 온도에서 압력이 0파스칼을 초과하는 아세틸렌가스

3. 상용의 온도에서 압력이 0.2메가파스칼 이상이 되는 액화가스로서 실제로 그 압력이 0.2메가파스칼 이상이 되는 것 또는 압력이 0.2메가파스칼이 되는 경우의 온도가 섭씨 35도 이하인 액화가스

4. 섭씨 35도의 온도에서 압력이 0파스칼을 초과하는 액화가스 중 액화시안화수소·액화브롬화메탄 및 액화산화에틸렌가스[전문개정 2008.6.20.]

제2조의2(경미한 사항의 변경) "대통령령으로 정하는 경미한 사항을 변경하려는 경우"란 다음 각 호의 어느 하나에 해당하는 경우를 말한다.

1. 법 제3조의2 제1항에 따른 가스안전관리에 관한 기본계획(이하 "기본계획"이라 한다)에서 정한 부문별 사업규모의 100분의 15의 범위에서 그 규모를 변경하려는 경우

2. 기본계획에서 정한 부문별 사업기간의 1년의 범위에서 그 기간을 변경하려는 경우

3. 계산착오, 오기, 누락 또는 이에 준하는 명백한 오류를 수정하려는 경우

4. 그 밖에 기본계획의 목적 및 방향에 영향을 미치지 아니하는 것으로서 산업통상자원부장관이 고시하는 사항을 변경하려는 경우[본조신설 2014.7.21.]

제3조(고압가스 제조허가 등의 종류 및 기준 등) ① 고압가스 제조허가의 종류와 그 대상범위는 다음 각 호와 같다.〈개정 2010.11.10., 2013.3.23.〉

1. 고압가스 특정제조
산업통상자원부령으로 정하는 시설에서 압축·액화 또는 그 밖의 방법으로 고압가스를 제조(용기 또는 차량에 고정된 탱크에 충전하는 것을 포함한다)하는 것으로서 그 저장능력 또는 처리능력이 산업

통상자원부령으로 정하는 규모 이상인 것

2. 고압가스 일반제조

고압가스 제조로서 제1호에 따른 고압가스 특정제조의 범위에 해당하지 아니하는 것

3. 고압가스 충전

용기 또는 차량에 고정된 탱크에 고압가스를 충전할 수 있는 설비로 고압가스를 충전하는 것으로서 다음 각 목의 어느 하나에 해당하는 것. 다만, 제1호에 따른 고압가스 특정제조 또는 제2호에 따른 고압가스 일반제조의 범위에 해당하는 것은 제외한다.

가. 가연성가스(액화석유가스와 천연가스는 제외한다) 및 독성가스의 충전

나. 가목 외의 고압가스(액화석유가스와 천연가스는 제외한다)의 충전으로서 1일 처리능력이 10세제곱미터 이상이고 저장능력이 3톤 이상인 것

4. 냉동제조

1일의 냉동능력(이하 "냉동능력"이라 한다)이 20톤 이상(가연성가스 또는 독성가스 외의 고압가스를 냉매로 사용하는 것으로서 산업용 및 동·냉장용인 경우에는 50톤 이상, 건축물의 냉·난방용인 경우에는 100톤 이상)인 설비를 사용하여 냉동을 하는 과정에서 압축 또는 액화의 방법으로 고압가스가 생성되게 하는 것. 다만, 다음 각 목의 어느 하나에 해당하는 자가 그 허가받은 내용에 따라 냉동제조를 하는 것은 제외한다.

가. 제1호에 따른 고압가스 특정제조의 허가를 받은 자

나. 제2호에 따른 고압가스 일반제조의 허가를 받은 자

다. 「도시가스사업법」에 따른 도시가스사업의 허가를 받은 자

② 고압가스저장소 설치허가의 대상범위는 법 제3조 제1호에 따라 산업통상자원부령으로 정하는 양 이상의 고압가스를 저장하는 시설로 한다. 다만, 다음 각 호의 어느 하나에 해당하는 자가 그 허가받은 내용에 따라 고압가스를 저장하는 것은 제외한다. 〈개정 2013.3.23., 2019.10.29.〉

1. 고압가스 제조허가를 받은 자

2. 고압가스 판매허가를 받은 자

3. 「액화석유가스의 안전관리 및 사업법」에 따른 액화석유가스 저장소의 설치허가를 받은 자

4. 「도시가스사업법」에 따른 도시가스사업의 허가를 받은 자

③ 고압가스 판매허가의 대상범위는 내용적(內容積) 1리터 이하의 용기에 충전된 고압가스를 판매하는 것 외의 고압가스의 판매(고압가스를 수입하여 판매하는 것을 포함한다)로 한다. 다만, 다음 각 호의 어느 하나에 해당하는 자가 그 등록·신고 또는 허가의 내용에 따라 고압가스를 판매하는 것은 제외한다. 〈개정 2019.10.29.〉

1. 고압가스 제조허가를 받은 자

2. 고압가스 제조신고를 한 자

3. 「액화석유가스의 안전관리 및 사업법」에 따른 액화석유가스 판매사업의 허가를 받은 자

4. 「도시가스사업법」에 따른 도시가스사업의 허가를 받은 자

④ 고압가스 제조허가, 고압가스저장소 설치허가, 고압가스 판매허가 또는 이들의 변경허가 신청을 받은 경우에는 다음 각 호의 기준에 적합한지 여부를 검토하여 그 기준에 적합한 경우에만 허가하여야 한다. 〈개정 2019.10.29.〉

1. 사업의 개시 또는 변경으로 국민의 생명 보호 및 재산상의 위해(危害)방지와 재해발생방지에 지장이 없을 것

2. 한국가스안전공사(이하 "한국가스안전공사"라 한다)의 기술검토 결과 안전한 것으로 인정될 것

3. 허가관청이 국민의 생명 보호 및 재산상의 위해방지와 재해발생방지를 위하여 설치를 금지한 지역에 해당 시설을 설치하지 아니할 것

4. 법 및 이 영과 그 밖의 다른 법령에 적합할 것

⑥ 제4항에 따른 허가신청을 하는 자는 그 시설 설치계획에 관하여 미리 한국가스안전공사의 기술검토를 받아 그 결과를 허가신청을 할 때 허가신청 서류와 함께 제출할 수 있다.[전문개정 2008.6.20.]

제4조(고압가스제조의 신고대상) 고압가스제조의 신고대상은 다음과 같다.

1. 고압가스 충전

용기 또는 차량에 고정된 탱크에 고압가스를 충전할 수 있는 설비로 고압가스(가연성가스 및 독성가스는 제외한다)를 충전하는 것으로서 1일 처리능력이 10세제곱미터 미만이거나 저장능력이 3톤 미만인 것

2. 냉동제조

냉동능력이 3톤 이상 20톤 미만(가연성가스 또는 독성가스 외의 고압가스를 냉매로 사용하는 것으로서 산업용 및 냉동·냉장용인 경우에는 20톤 이상 50톤 미만, 건축물의 냉·난방용인 경우에는 20톤 이상 100톤 미만)인 설비를 사용하여 냉동을 하는 과정에서 압축 또는 액화의 방법으로 고압가스가 생성되게 하는 것. 다만, 다음 각 목의 어느 하나에 해당하는 자가 그 허가받은 내용에 따라 냉동 제조를 하는 것은 제외한다.

가. 제3조 제1항 또는 제2항에 따른 고압가스 특정제조, 고압가스 일반제조 또는 고압가스저장소 설치의 허가를 받은 자

나. 「도시가스사업법」에 따른 도시가스사업의 허가를 받은 자[전문개정 2008.6.20.]

제5조(용기등의 제조등록) ① 용기·냉동기 또는 특정설비(이하 "용기등"이라 한다)의 제조등록 대상범위는 다음과 같다. 〈개정 2013.3.23.〉

1. 용기 제조

고압가스를 충전하기 위한 용기(내용적 3데시리터 미만의 용기는 제외한다), 그 부속품인 밸브 및 안전밸브를 제조하는 것

2. 냉동기 제조

냉동능력이 3톤 이상인 냉동기를 제조하는 것

3. 특정설비 제조

고압가스의 저장탱크(지하 암반동굴식 저장탱크는 제외한다), 차량에 고정된 탱크 및 산업통상자원부령으로 정하는 고압가스 관련 설비를 제조하는 것

② 용기등의 제조등록기준은 다음 각 호와 같다. 〈개정 2021.1.5.〉

1. 용기의 제조등록기준 : 용기별로 제조에 필요한 단조(鍛造 : 금속을 두들기거나 눌러서 필요한 형체로 만드는 일을 말한다. 이하 같다)설비·성형설비·용접설비 또는 세척설비 등을 갖출 것

2. 냉동기의 제조등록기준 : 냉동기 제조에 필요한 프레스설비·제관설비·건조설비·용접설비 또는 조립설비 등을 갖출 것

3. 특정설비의 제조등록기준 : 특정설비의 제조에 필요한 용접설비·단조설비 또는 조립설비 등을 갖출 것

③ 제조등록기준은 산업통상자원부령으로 정하는 시설기준 및 기술기준에 적합하여야 한다. 〈개정 2013.3.23.〉

④ "대통령령으로 정하는 구분에 따라 일정 자격을 갖춘 자"란 별표 1의2의 구분에 따른 용기등 수리 감독자의 자격을 갖춘 자를 말한다. 〈신설 2014.7.21.〉

[전문개정 2008.6.20.]

제5조의4(고압가스 운반자의 등록 대상범위 등) ① 고압가스 운반자의 등록 대상범위는 다음 각 호의 어느 하나에 해당하는 차량(이하 "고압가스운반차량"이라 한다)으로 고압가스를 운반하는 것으로 한다. 〈개정 2013.3.23., 2014.7.21., 2015.7.24., 2019.10.29.〉

1. 허용농도가 100만분의 200 이하인 독성가스를 운반하는 차량

2. 차량에 고정된 탱크로 고압가스를 운반하는 차량

3. 차량에 고정된 2개 이상을 이음매가 없이 연결한 용기로 고압가스를 운반하는 차량

4. 다음 각 목의 어느 하나에 해당하는 자가 수요자에게 용기로 고압가스를 운반하는 차량. 다만, 접합용기 또는 납붙임용기로 고압가스를 운반하거나 스킨스쿠버 등 여가 목적의 장비에 사용되는 충전용기로 고압가스를 운반하는 경우 해당 차량은 제외한다.

가. 법 제4조제1항 또는 제2항에 따른 고압가스 제조허가를 받거나 신고를 한 자

나. 법 제4조제5항에 따른 고압가스 판매허가를 받은 자

다. 법 제5조의3에 따른 고압가스 수입업자의 등록을 한 자

5. 다음 각 목의 어느 하나에 해당하는 자가 수요자에게 용기로 액화석유가스를 운반하는 차량. 다만, 「자동차 관리법」 제3조제1항제5호에 따른 이륜자동차를 이용하여 액화석유가스를 운반하는 경우 해당 이륜자동차는 제외한다.

가. 「액화석유가스의 안전관리 및 사업법 시행령」 (이하 이 조에서 "영"이라 한다) 제3조제1항제1호가목에 따른 용기 충전사업자

나. 영 제3조제1항제1호라목에 따른 가스난방기용기 충전사업자

다. 영 제3조제1항제4호에 따른 액화석유가스 판매사업자

6. 산업통상자원부령으로 정하는 탱크컨테이너로 고압가스를 운반하는 차량

② 법 제5조의4제2항에 따른 고압가스 운반자의 등록기준은 다음 각 호와 같다. 〈개정 2013.3.23.〉

1. 고압가스 운반차량이 밸브의 손상방지조치, 액면요동방지조치 등 고압가스를 안전하게 운반하기 위하여 필요한 시설이 설치되어 있을 것

2. 고압가스 운반차량에 필요한 시설이 산업통상자원부령으로 정하는 기준에 적합할 것[전문개정 2008.6.20.]

제9조(종합적 안전관리대상자) "대통령령으로 정하는 사업자등"이란 고압가스제조자 중 다음 각 호의 어느 하나에 해당하는 시설을 보유한 자를 말한다.

1. 「석유 및 석유대체연료 사업법」에 따른 석유정제사업자의 고압가스시설로서 저장능력이 100톤 이상인 것

2. 석유화학공업자 또는 지원사업을 하는 자의 고압가스시설로서 1일 처리능력이 1만 세제곱미터 이상 또는 저장능력이 100톤 이상인 것

3. 「비료관리법」에 따른 비료생산업자의 고압가스시설로서 1일 처리능력이 10만 세제곱미터 이상 또는 저장능력이 100톤 이상인 것[전문개정 2008.6.20.]

제10조(안전성향상계획의 내용) ① 법 제13조의2에 따른 안전성향상계획에는 다음 각 호의 사항이 포함되어야 한다. 〈개정 2013.3.23.〉

1. 공정안전 자료

2. 안전성 평가서

3. 안전운전계획

4. 비상조치계획

5. 그 밖에 안전성 향상을 위하여 산업통상자원부장관이 필요하다고 인정하여 고시하는 사항

② 법 제4조제1항 또는 제5항에 따른 허가신청을 하는 자는 그 시설계획에 관하여 법 제13조의2에 따른 안전성향상계획 또는 「산업안전보건법」 제44조제1항에 따른 공정안전보고서와 그에 대하여 제11조제4항 또는 같은 법 시행령 제45조제2항에 따라 한국가스안전공사 및 「한국산업안전보건공단법」에 따른 한국산업안전보건공단(이하 "한국산업안전보건공단"이라 한다)이 공동으로 검토·작성한 의견서를 허가신청 서류와 함께 제출할 수 있다. 이 경우 제3조제4항제2호에 따른 한국가스안전공사의 기술검토를 받은 것으로 본다. 〈개정 2009.1.14., 2010.11.10., 2019.10.29., 2019.12.24.〉

③ 제1항에 따른 안전성향상계획의 작성 등에 필요한 사항은 산업통상자원부장관이 정하여 고시한다. 〈개정 2013.3.23.〉

[전문개정 2008.6.20.]

제12조(안전관리자의 종류 및 자격 등) ① 안전관리자의 종류는 다음 각 호와 같다.

1. 안전관리 총괄자
2. 안전관리 부총괄자
3. 안전관리 책임자
4. 안전관리원

② 안전관리 총괄자는 해당 사업자(법인인 경우에는 그 대표자) 또는 특정고압가스 사용신고시설(이하 "사용신고시설"이라 한다)을 관리하는 최상급자로 하며, 안전관리 부총괄자는 해당 사업자의 시설을 직접 관리하는 최고 책임자로 한다.

③ 안전관리자의 자격과 선임 인원은 별표 3과 같다.
[전문개정 2008.6.20.]

제13조(안전관리자의 업무) ① 안법 제15조에 따른 안전관리자는 다음 각 호의 안전관리업무를 수행한다.〈개정 2014.7.21.〉

1. 사업소 또는 사용신고시설의 시설·용기등 또는 작업과정의 안전유지
2. 용기등의 제조공정관리
3. 법 제10조에 따른 공급자의 의무이행 확인
4. 법 제11조에 따른 안전관리규정의 시행 및 그 기록의 작성·보존
5. 사업소 또는 사용신고시설의 종사자[사업소 또는 사용신고시설을 개수(改修) 또는 보수(補修)하는 업체의 직원을 포함한다]에 대한 안전관리를 위하여 필요한 지휘·감독
6. 그 밖의 위해방지 조치

② 안전관리 책임자 및 안전관리원은 이 영에 특별한 규정이 있는 경우 외에는 제1항 각 호의 직무 외의 다른 일을 맡아서는 아니 된다.

③ 안전관리자의 업무는 다음 각 호의 구분에 따른다.

1. 안전관리 총괄자 : 해당 사업소 또는 사용신고시설의 안전에 관한 업무의 총괄
2. 안전관리 부총괄자 : 안전관리 총괄자를 보좌하여 해당 가스시설의 안전에 대한 직접 관리
3. 안전관리 책임자 : 안전관리 부총괄자(안전관리 부총괄자가 없는 경우에는 안전관리 총괄자)를 보좌하여 사업장의 안전에 관한 기술적인 사항의 관리 및 안전관리원에 대한 지휘·감독
4. 안전관리원 : 안전관리 책임자의 지시에 따라 안전관리자의 직무 수행

④ 법 제15조제1항에 따라 안전관리자를 선임한 자는 안전관리자가 같은 조 제4항 각 호의 어느 하나에 해당하는 경우에는 다음 각 호의 구분에 따른 기간 동안 대리자를 지정하여 그 직무를 대행하게 하여야 한다.〈개정 2017.6.2.〉

1. 법 제15조제4항제1호에 해당하는 경우: 직무를 수행할 수 없는 30일 이내의 기간
2. 법 제15조제4항제2호에 해당하는 경우: 다른 안전관리자가 선임될 때까지의 기간

⑤ 법 제15조제4항 및 이 조 제4항에 따라 안전관리자의 직무를 대행하게 하는 경우 다음 각 호의 구분에 따른 자가 그 직무를 대행하게 하여야 한다.〈개정 2017.6.2.〉

1. 안전관리 총괄자 및 안전관리 부총괄자의 직무대행: 각각 그를 직접 보좌하는 직무를 하는 자
2. 안전관리 책임자의 직무대행 : 안전관리원. 다만, 안전관리원을 선임하지 아니할 수 있는 시설의 경우에는 해당 사업소의 종업원으로서 가스 관련 업무에 종사하고 있는 사람 중 가스안전관리에 관한 지식이 있는 사람으로 한다.
3. 안전관리원의 직무대행 : 해당 사업소의 종업원으로서 가스 관련 업무에 종사하고 있는 사람 중 가스안전관리에 관한 지식이 있는 사람[전문개정 2008.6.20.]

제15조(용기등의 검사 생략) ① 다음 각 호의 용기등은 검사의 전부를 생략한다.〈개정 2013.3.23., 2016.12.30., 2021.12.7〉

1. 삭제〈2009.11.19.〉
2. 시험용 또는 연구개발용으로 수입하는 것(해당 용기를 직접 시험하거나 연구개발하는 경우만 해당한다)
3. 수출용으로 제조하는 것
4. 주한(駐韓) 외국기관에서 사용하기 위하여 수입하는 것으로서 외국의 검사를 받은 것
5. 산업기계설비 등에 부착되어 수입하는 것
6. 용기등의 제조자 또는 수입업자가 견본으로 수입하는 것
7. 소화기에 내장되어 있는 것
8. 고압가스를 수입할 목적으로 수입되어 1년(산업통상자원부장관이 정하여 고시하는 기준을 충족하는 용기의 경우에는 2년) 이내에 반송되는 외국인 소유의 용기로서 산업통상자원부장관이 정하여 고시하는 외국의 검사기관으로부터 검사를 받은 것
9. 수출을 목적으로 수입하는 것
10. 산업통상자원부령으로 정하는 경미한 수리를 한 것

제16조(특정고압가스) 특정고압가스는 다음 각 호의 것으로 한다.

포스핀, 셀렌화수소, 게르만, 디실란, 오불화비소, 오불화인, 삼불화인, 삼불화질소, 삼불화붕소, 사불화유황, 사불화규소[전문개정 2008.6.20.]

제16조의3(고압가스배관 매설상황의 확인이 필요 없는 굴착공사) "대통령령으로 정하는 굴착공사"란 다음 각 호의 어느 하나에 해당하는 굴착공사를 말한다.

1. 토지의 소유자 또는 점유자가 수작업으로 하는 굴착공사
2. 법 제7조에 따른 사업자등 또는 법 제20조 제1항에 따른 특정고압가스의 사용신고자가 그 사업소 안에서 실시하는 굴착공사
3. 법 제23조의3제2항에 따른 사업소 밖 배관 보유 사업자가 같은 조 제3항에 따라 고압가스배관의 위치를 확인하기 위하여 수작업으로 하는 굴착공사
4. 「농지법」 제2조 제1호에 따른 농지에서 경작을 위하

여 하는 깊이 45센티미터 미만의 굴착공사

5. 그 밖에 산업통상자원부장관이 고압가스배관 파손 사고의 우려가 없다고 인정하여 고시하는 굴착공사 [본조신설 2015.7.20.]

제24조(검사기관의 지정·재지정) ① 검사기관(이하 "검사기관"이라 한다)은 전문적인 기술과 시험이 필요한 검사를 하는 전문검사기관과 그 밖의 검사를 하는 공인검사기관으로 구분하여 지정한다.

② 법 제35조 제4항에 따른 검사기관의 지정 및 재지정 기준은 다음과 같다.〈개정 2009.11.19., 2015.2.16.〉

1. 전문검사기관은 다음 각 목의 요건을 갖출 것
   가. 법 제6조 각 호의 어느 하나에 해당되지 않을 것
   나. 법 제35조의2에 따라 지정이 취소된 경우에는 그로부터 2년이 지났을 것
   다. 검사업무를 수행할 수 있는 기술 및 자산능력이 있을 것
   라. 다음의 사항에 대하여 산업통상자원부장관이 정하여 고시하는 기준을 갖출 것
      1) 검사기관 임직원의 구성 등 검사업무 수행의 공정성 확보에 관한 사항
      2) 검사를 받으려는 자로부터의 재정적 독립성 확보에 관한 사항
   마. 검사기관의 검사시설 설치계획·검사방법 등에 관하여 한국가스안전공사의 기술 검토를 받았을 것
   바. 다른 법령에 규정된 의무·기준 등이 있는 경우에는 그에 적합할 것
2. 공인검사기관은 다음 각 목의 요건을 갖출 것
   가. 「민법」이나 그 밖의 다른 법령에 따라 설립된 법인일 것
   나. 검사대상시설 또는 제품과 관련 있는 업무를 하거나 가스시설의 안전업무를 할 능력이 있을 것
   다. 제1호 라목부터 바목까지의 요건을 갖출 것

③ 검사기관의 지정 또는 재지정을 받으려는 자는 그 신청서에 산업통상자원부령으로 정하는 서류를 첨부하여 시·도지사에게 제출하여야 한다.〈개정 2009.11.19., 2013.3.23.〉

④ 검사기관의 자산·인력 및 검사장비기준과 지정·재지정 신청절차 등에 관한 사항은 산업통상자원부령으로 정한다.〈개정 2009.11.19., 2013.3.23.〉
[전문개정 2008.6.20.][제목개정 2009.11.19.]

제25조(업무의 위탁) ① 산업통상자원부장관, 시·도지사 또는 시장·군수·구청장은 다음 각 호의 업무를 한국가스안전공사에 위탁한다.〈개정 2009.11.19., 2010.11.10., 2013.3.23.〉

1. 안전관리규정의 준수 여부 확인 및 평가
2. 중간검사·감리 및 완성검사
3. 정기검사(제2항 제1호에 해당하는 것은 제외한다) 및 수시검사
4. 검사 및 재검사(제2항 제2호 또는 제3호에 해당하

는 것은 제외한다)

5. 유통 중인 용기의 수집과 검사
6. 특정고압가스 사용신고시설에 대한 완성검사
7. 고압가스 수입신고의 접수
8. 안전교육의 실시
9. 시설 등의 사용정지 또는 제한에 관한 명령
10. 검사기관의 검사업무에 대한 확인 및 지도·감독

② 시장·군수 또는 구청장은 다음 각 호의 업무를 한국가스안전공사 또는 검사기관에 위탁한다. 이 경우 한국가스안전공사에 위탁하는 업무와 검사기관에 위탁하는 업무의 구분은 해당 업무의 소관 시장·군수 또는 구청장이 정하여 고시한다.〈개정 2009.11.19., 2013.3.23.〉

1. 정기검사 중 가연성가스 또는 독성가스 외의 가스를 냉매로 사용하는 건축물의 냉·난방용 냉동제조시설에 대한 정기검사
2. 냉동기 및 산업통상자원부령으로 정하는 특정설비의 검사
3. 용기 및 산업통상자원부령으로 정하는 특정설비의 재검사
4. 특정고압가스 사용신고시설에 대한 정기검사
[전문개정 2008.6.20.][제목개정 2009.11.19.]

[별표 1]

〈개정 2022.11.29.〉

적용범위에서 제외되는 고압가스(제2조 관련)

1. 「에너지이용 합리화법」의 적용을 받는 보일러 안과 그 도관 안의 고압증기
2. 철도차량의 에어콘디셔너 안의 고압가스
3. 「선박안전법」의 적용을 받는 선박 안의 고압가스
4. 「광산안전법」의 적용을 받는 광산에 소재하는 광업을 위한 설비 안의 고압가스
5. 「항공안전법」의 적용을 받는 항공기 안의 고압가스
6. 「전기사업법」에 따른 전기설비 중 발전 · 변전 또는 송전을 위하여 설치하는 전기설비 또는 전기를 사용하기 위하여 설치하는 변압기 · 리액틀 · 개폐기 · 자동차단기로서 가스를 압축 또는 액화 그 밖의 방법으로 처리하는 그 전기설비 안의 고압가스
7. 「원자력안전법」의 적용을 받는 원자로 및 그 부속설비 안의 고압가스
8. 내연기관의 시동, 타이어의 공기충전, 리벳팅, 착암 또는 토목공사에 사용되는 압축장치 안의 고압가스
9. 오토크레이브 안의 고압가스(수소 · 아세틸렌 및 염화비닐은 제외한다)
10. 액화브롬화메탄제조설비 외에 있는 액화브롬화메탄
11. 등화용의 아세틸렌가스
12. 청량음료수 · 과실주 또는 발포성주류에 혼합된 고압가스
13. 냉동능력이 3톤 미만인 냉동설비 안의 고압가스
14. 「소방시설 설치 및 관리에 관한 법률」의 적용을 받는 내용적 1리터 이하의 소화기용 용기 또는 소화기에 내장되는 용기 안에 있는 고압가스
15. 정부 · 지방자치단체 · 자동차제작자 또는 시험연구기관이 시험 · 연구목적으로 제작하는 고압가스연료용차량 안의 고압가스
16. 「총포 · 도검 · 화약류 등의 안전관리에 관한 법률」의 적용을 받는 총포에 충전하는 고압공기 또는 고압가스
17. 국가기관에서 특수한 목적으로 사용하는 휴대용 최루액 분사기에 최루액 추진재로 충전되는 고압가스
18. 섭씨 35도의 온도에서 게이지압력이 4.9메가파스칼 이하인 유니트형 공기압축장치(압축기, 공기탱크, 배관, 유수분리기 등의 설비가 동일한 프레임 위에 일체로 조립된 것. 다만, 공기액화분리장치는 제외한다) 안의 압축공기
19. 한국가스안전공사 또는 한국표준과학연구원에서 표준가스를 충전하기 위한 정밀충전 설비 안의 고압가스
20. 「방위사업법」에 따른 품질보증을 받은 것으로서 무기체계에 사용되는 용기등 안의 고압가스
21. 「어선법」의 적용을 받는 어선 안의 고압가스
22. 그 밖에 산업통상자원부장관이 위해발생의 우려가 없다고 인정하는 고압가스

[별표 1의2]

〈개정 2020.12.29.〉

용기 등 수리 감독자의 자격(제5조제4항 관련)

용기 등의 종류	용기 등 수리자의 구분	용기 등 수리 감독자의 자격
1. 용기	가. 법 제4조에 따라 고압가스의 제조허가를 받은 자	법 제15조에 따라 선임된 안전관리자 중 이 영 제12조에 따른 안전관리 책임자 또는 안전관리원
	나. 법 제5조에 따라 용기의 제조등록을 한 자	
	다. 법 제35조에 따라 지정을 받은 용기등의 검사기관	제24조 제4항에 따른 검사기관의 인력 중 기술인력의 자격을 가진 자
	라. 「액화석유가스의 안전관리 및 사업법」 제3조에 따라 액화석유가스 충전사업의 허가를 받은 자	「액화석유가스의 안전관리 및 사업법」 제16조에 따라 선임된 안전관리자 중 같은 법 시행령 제5조에 따른 안전관리 책임자 또는 안전관리원
	마. 「자동차관리법」 제53조에 따라 자동차관리사업(자동차정비업만을 말한다)의 등록을 한 자로서 자동차의 액화석유가스용기에 부착된 용기부속품의 수리에 필요한 잔류가스의 회수장치를 갖춘 자	「액화석유가스의 안전관리 및 사업법」 제28조에 따라 신규 종사 후 6개월 이내 및 그 이후 3년마다 실시되는 전문교육을 받은 다음의 어느 하나에 해당하는 자 1) 시공관리자(「건설산업기본법 시행령」 제7조에 따른 기계가스설비공사업자로서 가스시설공사(제1종)를 주력분야로 등록한 자에게 채용된 시공관리자로 한정한다) 2) 시공자(「건설산업기본법 시행령」 제7조에 따른 가스난방공사업자로서 가스시설공사(제2종)를 주력분야로 등록한 자의 기술능력인 양성교육을 이수한 자로 한정한다)와 가스난방공사업자로서 가스시설공사(제2종)를 주력분야로 등록한 자에게 채용된 시공관리자
2. 냉동기	가. 법 제4조에 따라 고압가스의 제조허가를 받은 자	법 제15조에 따라 선임된 안전관리자 중 이 영 제12조에 따른 안전관리 책임자 또는 안전관리원
	나. 법 제5조에 따라 냉동기의 제조등록을 한 자	
3. 특정설비	가. 법 제4조에 따라 고압가스의 제조허가를 받은 자	법 제15조에 따라 선임된 안전관리자 중 이 영 제12조에 따른 안전관리 책임자 또는 안전관리원
	나. 법 제5조에 따라 특정설비의 제조등록을 한 자	
	다. 법 제35조에 따라 지정을 받은 용기등의 검사기관	제24조 제4항에 따른 검사기관의 인력 중 기술인력의 자격을 가진 자

[별표 3]

〈개정 2021.12.7.〉

안전관리자의 자격과 선임 인원(제12조제3항 관련)

시설구분		저장 또는 처리능력	선임구분	
			안전관리자의 구분 및 선임 인원	자격 구분
고압가스특정 제조시설			안전관리 총괄자 : 1명	
			안전관리 부총괄자 : 1명	
			안전관리 책임자 : 1명	가스산업기사
			안전관리원 : 2명 이상	가스기능사 또는 한국가스안전공사가 산업통상자원부장관의 승인을 받아 실시하는 일반시설안전관리자 양성교육을 이수한 자(이하 "일반시설안전관리자 양성교육이수자"라 한다)
고압 가스 일반 제조 시설 · 충전 시설	1. 고압 가스 일반 제조 시설 및 제2호 외의 충전 시설	저장능력 500톤 초과 또는 처리능력 1시간당 2,400세 제곱미터 초과	안전관리 총괄자 : 1명	
			안전관리 부총괄자 : 1명	
			안전관리 책임자 : 1명	가스산업기사
			안전관리원 : 2명 이상	가스기능사 또는 일반시설안전관리자 양성교육이수자
		저장능력 100톤 초과 500톤 이하 또는 처리능력 1시간당 480세제곱미터 초과 2,400세 제곱미터 이하	안전관리 총괄자 : 1명	
			안전관리 부총괄자 : 1명	
			안전관리 책임자 : 1명	가스산업기사
			안전관리원: 2명	가스기능사 또는 일반시설안전관리자 양성교육이수자
		저장능력 100톤 이하 또는 처리능력 1시간당 60세제곱미터 초과 480세제곱미터 이하	안전관리 총괄자 : 1명	
			안전관리 부총괄자 : 1명	
			안전관리 책임자 : 1명	가스기능사
			안전관리원 : 1명 이상	가스기능사 또는 일반시설안전관리자 양성교육이수자
		처리능력 1시간당 60세제곱 미터 이하	안전관리 총괄자 : 1명	
			안전관리 책임자 : 1명	가스기능사(공기를 충전하는 시설의 경우에는 한국가스안전공사가 산업통상자원부장관의 승인을 받아 실시하는 공기충전시설 안전관리 책임자 특별교육을 이수한 사람)
			안전관리원 : 1명 이상	가스기능사 또는 일반시설안전관리자 양성교육이수자

시설구분		저장 또는 처리능력	선임구분	
			안전관리자의 구분 및 선임 인원	자격 구분
고압가스일반제조시설 · 충전시설	2. 자동차의 연료로 사용되는 법 제20조제1항에 따른 특정고압가스(이하 "특정고압가스"라 한다)충전시설	저장능력 500톤 초과 또는 처리능력 1시간당 2,400세제곱미터 초과	안전관리 총괄자 : 1명	
			안전관리 부총괄자 : 1명	
			안전관리 책임자 : 1명	가스산업기사
			안전관리원 : 2명 이상	가스기능사 또는 한국가스안전공사가 산업통상자원부장관의 승인을 받아 실시하는 고압가스자동차충전시설안전관리자 양성교육을 이수한 사람(이하 "고압가스자동차충전시설안전관리자 양성교육이수자"라 한다)
		저장능력 100톤 초과 500톤 이하 또는 처리능력 1시간당 480세제곱미터 초과 2,400세제곱미터 이하	안전관리 총괄자 : 1명	
			안전관리 부총괄자 : 1명	
			안전관리 책임자 : 1명	가스산업기사
			안전관리원 : 1명 이상	가스기능사 또는 고압가스자동차충전시설안전관리자 양성교육이수자
		저장능력 100톤 이하 또는 처리능력 1시간당 60세제곱미터 초과 480세제곱미터 이하	안전관리 총괄자 : 1명	
			안전관리 부총괄자 : 1명	
			안전관리 책임자 : 1명	고압가스자동차충전시설안전관리자 양성교육이수자
		처리능력 1시간당 60세제곱미터 이하	안전관리 총괄자 : 1명	
			안전관리 책임자 : 1명	고압가스자동차충전시설안전관리자 양성교육이수자
냉동제조시설		냉동능력 300톤 초과(프레온을 냉매로 사용하는 것은 냉동능력 600톤 초과)	안전관리 총괄자 : 1명	
			안전관리 책임자 : 1명	공조냉동기계산업기사
			안전관리원 : 2명 이상	공조냉동기계기능사 또는 한국가스안전공사가 산업통상자원부장관의 승인을 받아 실시하는 냉동시설안전관리 양성교육을 이수한 자(이하 "냉동시설안전관리자 양성교육이수자"라 한다)
		냉동능력 100톤 초과 300톤 이하(프레온을 냉매로 사용하는 것은 냉동능력 200톤 초과 600톤 이하)	안전관리 총괄자 : 1명	
			안전관리 책임자 : 1명	공조냉동기계산업기사 또는 현장실무 경력이 5년 이상인 공조냉동기계기능사
			안전관리원 : 1명 이상	공조냉동기계기능사 또는 냉동시설안전관리자 양성교육이수자

시설구분	저장 또는 처리능력	선임구분	
		안전관리자의 구분 및 선임 인원	자격 구분
냉동제조시설	냉동능력 50톤 초과 100톤 이하(프레온을 냉매로 사용하는 것은 냉동능력 100톤 초과 200톤 이하)	안전관리 총괄자 : 1명	
		안전관리 책임자 : 1명	공조냉동기계기능사 또는 현장실무 경력이 5년 이상인 냉동시설안전관리자 양성교육이수자
		안전관리원 : 1명 이상	공조냉동기계기능사 또는 냉동시설안전관리자양성교육이수자
	냉동능력 50톤 이하(프레온을 냉매로 사용하는 것은 냉동능력 100톤 이하)	안전관리 총괄자 : 1명	
		안전관리 책임자 : 1명	공조냉동기계기능사 또는 냉동시설안전관리자 양성교육이수자
저장시설	저장능력 100톤 초과(압축가스의 경우는 저장능력 1만 세제곱미터 초과)	안전관리 총괄자 : 1명	
		안전관리 부총괄자 : 1명	
		안전관리 책임자 : 1명	가스산업기사
		안전관리원 : 2명 이상	가스기능사. 다만, 그 중 1명은 일반시설안전관리자 양성교육이수자로 할 수 있다.
	저장능력 30톤 초과 100톤 이하(압축가스의 경우에는 저장능력 3천 세제곱미터 초과 1만 세제곱미터 이하)	안전관리 총괄자 : 1명	
		안전관리 책임자 : 1명	가스기능사
		안전관리원 : 1명 이상	가스기능사 또는 일반시설안전관리자 양성교육이수자
	저장능력 30톤 이하(압축가스의 경우에는 저장능력 3천 세제곱미터 이하)	안전관리 총괄자 : 1명	
		안전관리 책임자 : 1명 이상	가스기능사 또는 일반시설안전관리자 양성교육이수자
판매시설		안전관리 총괄자 : 1명	
		안전관리 책임자 : 1명 이상	가스기능사 · 한국가스안전공사가 산업통상자원부장관의 승인을 받아 실시하는 판매시설안전관리자 양성교육을 이수한 자 또는 냉동제조시설란의 안전관리 책임자 자격자(냉매가스의 판매에 한정한다)
특정고압가스 사용신고시설	저장능력 250킬로그램(압축가스의 경우에는 저장능력 100세제곱미터) 초과	안전관리 총괄자 : 1명	
		안전관리 책임자(자동차의 연료로 사용되는 특정고압가스를 사용하는 시설의 경우는 제외한다) : 1명 이상	가스기능사 · 공조냉동기계기능사 · 냉동시설안전관리자 또는 한국가스안전공사가 산업통상자원부장관의 승인을 받아 실시하는 사용시설안전관리자 양성교육을 이수한 자(이하 "사용시설안전관리자 양성교육이수자"라 한다)

시설구분	저장 또는 처리능력	선임구분	
		안전관리자의 구분 및 선임 인원	자격 구분
특정고압가스 사용신고시설	저장능력 250킬로그램(압축가스의 경우에는 저장능력 100세제곱미터) 이하	안전관리 총괄자 : 1명	
용기제조시설	용기제조시설	안전관리 총괄자 : 1명	
		안전관리 부총괄자 : 1명	
		안전관리 책임자 : 1명 이상	일반기계기사·용접기사·화공기사·금속기사 또는 가스산업기사
	용기부속품제조시설	안전관리 총괄자 : 1명	
		안전관리 부총괄자 : 1명	
		안전관리 책임자 : 1명 이상	컴퓨터응용가공산업기사·금속재료산업기사·화공산업기사 또는 가스기능사
냉동기제조 시설		안전관리 총괄자 : 1명	
		안전관리 부총괄자 : 1명	
		안전관리 책임자 : 1명	일반기계기사·용접기사·금속기사·화공기사 또는 공조냉동기계산업기사
		안전관리원 : 1명 이상	공조냉동기계기능사
특정설비제조 시설	저장탱크 및 압력용기 제조시설	안전관리 총괄자 : 1명	
		안전관리 부총괄자 : 1명	
		안전관리 책임자 : 1명	일반기계기사·용접기사·금속기사·화공기사 및 가스산업기사
		안전관리원 : 1명 이상	가스기능사
	저장탱크 및 압력용기 외의 특정설비제조시설	안전관리 총괄자 : 1명	
		안전관리 부총괄자 : 사업장마다 1명	
		안전관리 책임자 : 1명 이상	일반기계기사·용접기사·금속기사·화공기사·가스산업기사. 다만, 냉동제조시설 부속품은 공조냉동기계산업기사로 할 수 있다.

[비고]
1. 시설구분의 처리 또는 저장능력에 따른 자격자는 기술자격종목의 상위자격소지자로 할 수 있다. 이 경우 가스기술사·가스기능장·가스기사·가스산업기사·가스기능사의 순서로, 공조냉동기계기술사·공조냉동기계기사·공조냉동기계산업기사·공조냉동기계기능사의 순서로 먼저 규정한 자격을 상위자격으로 본다.
2. 일반시설안전관리자 양성교육이수자는 고압가스자동차충전시설안전관리자 양성교육이수자 및 판매시설안전관리자 양성교육이수자의 상위 자격으로 보고, 고압가스자동차충전시설안전관리자 양성교육이수자 및 판매시설안전관리자 양성교육이수자는 사용시설안전관리자 양성교육이수자의 상위 자격으로 본다.
3. 안전관리 책임자의 자격을 가진 자는 해당 시설의 안전관리원의 자격을 가진 것으로 본다.
4. 고압가스기계기능사보·고압가스취급기능사보 및 고압가스화학기능사보의 자격소지자는 이 자격 구분에 있어

서 일반시설안전관리자 양성교육이수자로 보고, 고압가스냉동기계기능사보의 자격소지자는 냉동시설안전관리자 양성교육이수자로 본다.

5. 안전관리 총괄자 또는 안전관리 부총괄자가 안전관리 책임자의 기술자격을 가지고 있으면 안전관리 책임자를 겸할 수 있다.

6. 사업소 안에 특정고압가스사용신고시설이 「액화석유가스의 안전관리 및 사업법」에 따른 액화석유가스사용신고시설 또는 「도시가스사업법」에 따른 특정가스사용시설과 함께 설치되어 있는 경우 「액화석유가스의 안전관리 및 사업법」 또는 「도시가스사업법」에 따라 안전관리 책임자를 선임한 때에는 특정고압가스사용신고시설을 위한 안전관리 책임자를 선임한 것으로 본다.

7. 사업소 안에 냉동제조시설이 고압가스제조시설에 부속되어 있는 경우 고압가스제조시설을 위한 안전관리자를 선임한 때에는 별도로 냉동제조시설에 관한 안전관리자를 선임하지 아니할 수 있다.

8. 냉동제조의 경우로서 여러 개의 사업소가 동일지역 내에 있고, 공동관리할 수 있는 안전관리체계를 갖춘 경우에는 안전관리 책임자를 공동으로 선임할 수 있다.

8의2. 프레온을 냉매로 사용하는 냉동제조시설로서 그 사업장 안에 냉동제조시설 전체에 대하여 운전·제어·감시할 수 있는 중앙통제시스템을 갖춘 경우에는 안전관리원 선임인원의 2분의 1을 경감할 수 있다.

9. 법 제7조에 따라 일정기간 중단한 사업소 내의 고압가스시설에 고압가스가 없는 경우에는 안전관리원을 선임하지 아니할 수 있다.

10. 고압가스특정제조시설, 고압가스일반제조시설, 고압가스충전시설(처리능력 1시간당 60세제곱미터 이하인 공기를 충전하는 시설은 제외한다), 냉동제조시설, 저장시설, 판매시설, 용기제조시설, 냉동기제조시설 또는 특정설비제조시설을 설치한 자가 동일한 사업장에 특정고압가스사용신고시설, 「액화석유가스의 안전관리 및 사업법」에 따른 액화석유가스특정사용시설 또는 도시가스사업법에 따른 특정가스사용시설을 설치하는 경우에는 해당 사용신고시설 또는 사용시설에 대한 안전관리자는 선임하지 아니할 수 있다.

11. 저장시설 중 「관세법」의 적용을 받는 보세구역에서 고압가스를 컨테이너 또는 탱크에 저장하는 경우에는 안전관리원을 선임하지 아니할 수 있다.

12. 사업소 안에 특정설비 제조시설 중 독성가스배관용 밸브 제조시설과 「액화석유가스의 안전관리 및 사업법」에 따른 가스용품 제조시설 중 배관용 밸브 제조시설(산업통상자원부령으로 정하는 것만 해당된다)이 함께 있는 경우에는 하나의 제조시설 안전관리자가 다른 제조시설 안전관리자를 겸할 수 있다.

「고압가스 안전관리법 시행규칙」

제2조(정의) ① 이 규칙에서 사용하는 용어의 뜻은 다음과 같다.〈개정 2009.11.20., 2013.3.23., 2017.8.24., 2021.2.26., 2022.1.21., 2022.6.2.〉

　　1. "가연성가스"란 아크릴로니트릴·아크릴알데히드·아세트알데히드·아세틸렌·암모니아·수소·황화수소·시안화수소·일산화탄소·이황화탄소·메탄·염화메탄·브롬화메탄·에탄·염화에탄·염화비닐·에틸렌·산화에틸렌·프로판·시클로프로판·프로필렌·산화프로필렌·부탄·부타디엔·부틸렌·메틸에테르·모노메틸아민·디메틸아민·트리메틸아민·에틸아민·벤젠·에틸벤젠 및 그 밖에 공기 중에서 연소하는 가스로서 폭발한계(공기와 혼합된 경우 연소를 일으킬 수 있는 공기 중의 가스 농도의 한계를 말한다. 이하 같다)의 하한이 10퍼센트 이하인

것과 폭발한계의 상한과 하한의 차가 20퍼센트 이상인 것을 말한다.

　　2. "독성가스"란 아크릴로니트릴·아크릴알데히드·아황산가스·암모니아·일산화탄소·이황화탄소·불소·염소·브롬화메탄·염화메탄·염화프렌·산화에틸렌·시안화수소·황화수소·모노메틸아민·디메틸아민·트리메틸아민·벤젠·포스겐·요오드화수소·브롬화수소·염화수소·불화수소·겨자가스·알진·모노실란·디실란·디보레인·세렌화수소·포스핀·모노게르만 및 그 밖에 공기 중에 일정량 이상 존재하는 경우 인체에 유해한 독성을 가진 가스로서 허용농도(해당 가스를 성숙한 흰쥐 집단에게 대기 중에서 1시간 동안 계속하여 노출시킨 경우 14일 이내에 그 흰쥐의 2분의 1 이상이 죽게 되는 가스의 농도를 말한다. 이

하 같다)가 100만분의 5000 이하인 것을 말한다.

3. "액화가스"란 가압(加壓) · 냉각 등의 방법에 의하여 액체상태로 되어 있는 것으로서 대기압에서의 끓는 점이 섭씨 40도 이하 또는 상용 온도 이하인 것을 말한다.

4. "압축가스"란 일정한 압력에 의하여 압축되어 있는 가스를 말한다.

5. "저장설비"란 고압가스를 충전 · 저장하기 위한 설 비로서 저장탱크 및 충전용기보관설비를 말한다.

6. "저장능력"이란 저장설비에 저장할 수 있는 고압가 스의 양으로서 별표 1에 따라 산정된 것을 말한다.

7. "저장탱크"란 고압가스를 충전 · 저장하기 위하여 지상 또는 지하에 고정 설치 된 탱크를 말한다.

8. "초저온저장탱크"란 섭씨 영하 50도 이하의 액화가 스를 저장하기 위한 저장탱크로서 단열재를 씌우거 나 냉동설비로 냉각시키는 등의 방법으로 저장탱크 내의 가스온도가 상용의 온도를 초과하지 아니하도 록 한 것을 말한다.

9. "저온저장탱크"란 액화가스를 저장하기 위한 저장 탱크로서 단열재를 씌우거나 냉동설비로 냉각시키 는 등의 방법으로 저장탱크 내의 가스온도가 상용 의 온도를 초과하지 아니하도록 한 것 중 초저온저 장탱크와 가연성가스 저온저장탱크를 제외한 것을 말한다.

10. "가연성가스 저온저장탱크"란 대기압에서의 끓는 점이 섭씨 0도 이하인 가연성가스를 섭씨 0도 이 하인 액체 또는 해당 가스의 기상부의 상용압력이 0.1메가파스칼 이하인 액체상태로 저장하기 위한 저장탱크로서 단열재를 씌우거나 냉동설비로 냉각 하는 등의 방법으로 저장탱크 내의 가스온도가 상 용 온도를 초과하지 아니하도록 한 것을 말한다.

11. "차량에 고정된 탱크"란 고압가스의 수송 · 운반을 위하여 차량에 고정 설치된 탱크를 말한다.

12. "초저온용기"란 섭씨 영하 50도 이하의 액화가스 를 충전하기 위한 용기로서 단열재를 씌우거나 냉 동설비로 냉각시키는 등의 방법으로 용기 내의 가 스온도가 상용 온도를 초과하지 아니하도록 한 것 을 말한다.

13. "저온용기"란 액화가스를 충전하기 위한 용기로서 단열재를 씌우거나 냉동설비로 냉각시키는 등의 방법으로 용기 내의 가스온도가 상용의 온도를 초 과하지 아니하도록 한 것 중 초저온용기 외의 것을 말한다.

14. "충전용기"란 고압가스의 충전질량 또는 충전압력 의 2분의 1 이상이 충전되어 있는 상태의 용기를 말한다.

15. "잔가스용기"란 고압가스의 충전질량 또는 충전압력의 2분의 1 미만이 충전되어 있는 상태의 용기를 말한다.

16. "가스설비"란 고압가스의 제조 · 저장 · 사용 설비(제 조 · 저장 · 사용 설비에 부착된 배관을 포함하며, 사 업소 밖에 있는 배관은 제외한다) 중 가스(제조 · 저장 되거나 사용 중인 고압가스, 제조공정 중에 있는 고압 가스가 아닌 상태의 가스, 해당 고압가스제조의 원료 가 되는 가스 및 고압가스가 아닌 상태의 수소를 말한 다)가 통하는 설비를 말한다.

17. "고압가스설비"란 가스설비 중 다음 각 목의 설비 를 말한다.

가. 고압가스가 통하는 설비

나. 가목에 따른 설비와 연결된 것으로서 고압가스가 아닌 상태의 수소가 통하는 설비. 다만, 「수소경제 육성 및 수소 안전관리에 관한 법률」 제2조제9호 에 따른 수소연료사용시설에 설치된 설비는 제외 한다.

18. "처리설비"란 압축 · 액화나 그 밖의 방법으로 가스 를 처리할 수 있는 설비 중 고압가스의 제조(충전 을 포함한다)에 필요한 설비와 저장탱크에 딸린 펌 프 · 압축기 및 기화장치를 말한다.

19. "감압설비"란 고압가스의 압력을 낮추는 설비를 말 한다.

20. "처리능력"이란 처리설비 또는 감압설비에 의하여 압축 · 액화나 그 밖의 방법으로 1일에 처리할 수 있는 가스의 양(온도 섭씨 0도, 게이지압력 0파스 칼의 상태를 기준으로 한다. 이하 같다)을 말한다.

21. "불연재료(不燃材料)"란 「건축법 시행령」 제2조 제10호에 따른 불연재료를 말한다.

22. "방호벽(防護壁)"이란 높이 2미터 이상, 두께 12센 티미터 이상의 철근콘크리트 또는 이와 같은 수준 이상의 강도를 가지는 구조의 벽을 말한다.

23. "보호시설"이란 제1종보호시설 및 제2종보호시설 로서 별표 2에서 정한 것을 말한다.

24. 용접용기"란 동판 및 경판(동체의 양 끝부분에 부 착하는 판을 말한다. 이하 같다)을 각각 성형하고 용접하여 제조한 용기를 말한다.

25. 이음매 없는 용기"란 동판 및 경판을 일체(一體)로 성형하여 이음매가 없이 제조한 용기를 말한다.

26. 접합 또는 납붙임용기"란 동판 및 경판을 각각 성 형하여 심(Seam)용접이나 그 밖의 방법으로 접합 하거나 납붙임하여 만든 내용적(內容積) 1리터 이 하인 일회용 용기를 말한다.

27. "충전설비"란 용기 또는 차량에 고정된 탱크에 고 압가스를 충전하기 위한 설비로서 충전기와 저장 탱크에 딸린 펌프 · 압축기를 말한다.

28. 특수고압가스"란 압축모노실란 · 압축디보레인 · 액 화알진 · 포스핀 · 세렌화수소 · 게르만 · 디실란 및 그 밖에 반도체의 세정 등 산업통상자원부장관이 인정 하는 특수한 용도에 사용되는 고압가스를 말한다.

29. "압축가스설비"란 고압가스자동차 충전시설에 사용되는 설비로서 처리설비로부터 압축된 가스를 저장하기 위한 압력용기를 말한다.

② 「고압가스 안전관리법」(이하 "법"이라 한다) 제3조제1호에서 "산업통상자원부령으로 정하는 일정량"이란 다음 각 호에 따른 저장능력을 말한다. 〈개정 2009.11.20., 2013.3.23.〉
  1. 액화가스 : 5톤. 다만, 독성가스인 액화가스의 경우에는 1톤(허용농도가 100만분의 200 이하인 독성가스인 경우에는 100킬로그램)을 말한다.
  2. 압축가스 : 500세제곱미터. 다만, 독성가스인 압축가스의 경우에는 100세제곱미터(허용농도가 100만분의 200 이하인 독성가스인 경우에는 10세제곱미터)를 말한다.

③ 법 제3조제4호에서 "산업통상자원부령으로 정하는 냉동능력"이란 별표 3에 따른 냉동능력 산정기준에 따라 계산된 냉동능력 3톤을 말한다. 〈개정 2013.3.23.〉

④ 법 제3조제4호의2에서 "산업통상자원부령으로 정하는 것"이란 다음 각 호의 어느 하나에 해당하는 안전설비를 말하며, 그 안전설비의 구체적인 범위는 산업통상자원부장관이 정하여 고시한다. 〈신설 2019.10.31.〉
  1. 독성가스 검지기
  2. 독성가스 스크러버
  3. 밸브

⑤ 법 제3조제5호에서 "산업통상자원부령으로 정하는 고압가스 관련 설비"란 다음 각 호의 설비를 말한다. 〈개정 2010.10.13., 2013.3.23., 2017.1.26., 2019.5.21., 2019.10.31.〉
  1. 안전밸브 · 긴급차단장치 · 역화방지장치
  2. 기화장치
  3. 압력용기
  4. 자동차용 가스 자동주입기
  5. 독성가스배관용 밸브
  6. 냉동설비(별표 11 제4호나목에서 정하는 일체형 냉동기는 제외한다)를 구성하는 압축기 · 응축기 · 증발기 또는 압력용기(이하 "냉동용특정설비"라 한다)
  7. 고압가스용 실린더캐비닛
  8. 자동차용 압축천연가스 완속충전설비(처리능력이 시간당 18.5세제곱미터 미만인 충전설비를 말한다)
  9. 액화석유가스용 용기 잔류가스회수장치
  10. 차량에 고정된 탱크
  [전문개정 2008.7.16.]

제4조(변경허가 · 변경신고 · 변경등록 사항 등) ① 법 제4조제1항 후단, 법 제4조제2항 후단 또는 제5항 후단에 따라 변경허가를 받거나 변경신고를 해야 하는 사항은 다음 각 호와 같다. 다만, 실험 · 연구용 설비는 제외한다. 〈개정 2009.11.20., 2010.10.13., 2011.11.25., 2016.7.1., 2019.2.21., 2019.5.21., 2022.1.21., 2022.6.2.〉

1. 사업소의 위치 변경
2. 제조 · 저장 또는 판매하는 고압가스의 종류 변경(고압가스의 종류 변경으로 저장능력이 변경되는 경우를 포함한다. 이하 이 호에서 같다). 다만, 다음 각 목의 어느 하나에 해당하는 경우는 제외한다.
  가. 저장하는 고압가스의 종류를 변경하는 경우로서 법 제28조에 따른 한국가스안전공사(이하 "한국가스안전공사"라 한다)가 위해의 우려가 없다고 인정하는 경우
  나. 「관세법」의 적용을 받는 보세구역에서 고압가스의 종류를 변경하는 경우
2의2. 제조 · 저장 또는 판매하는 고압가스의 압력 변경
3. 저장설비의 교체 설치, 저장설비의 위치 또는 능력의 변경. 다만, 고압가스용 실린더캐비닛을 저장능력의 증가 없이 교체 설치 또는 설치하거나 철거하는 경우는 제외한다.
4. 처리설비의 위치 또는 능력의 변경
4의2. 삭제 〈2010.10.13.〉
5. 삭제 〈2011.11.25.〉
6. 삭제 〈2011.11.25.〉
7. 가연성가스 또는 독성가스를 냉매로 사용하는 냉동설비 중 압축기 · 응축기 · 증발기 · 수액기(냉매저장기)의 교체 설치 또는 위치 변경
8. 위치를 변경하거나 수량 또는 용량을 증가시키는 압축가스설비의 교체 설치
9. 상호의 변경
10. 대표자의 변경(국가, 지방자치단체, 「공공기관의 운영에 관한 법률」 제4조제1항에 따른 공공기관을 제외한 법인인 경우만 해당한다. 이하 같다)

② 법 제5조제1항 후단 및 법 제5조의2제1항 후단에 따라 용기 · 냉동기 또는 특정설비(이하 "용기등"이라 한다)에 관한 변경등록을 하여야 하는 사항은 다음 각 호와 같다. 〈개정 2010.10.13.〉
1. 사업소의 위치 변경
2. 용기등의 종류 변경
3. 용기등의 제조공정 변경
3의2. 법 제5조의2에 따른 외국용기등(외국에서 국내로 수출하기 위한 용기등을 말한다. 이하 같다)의 제조규격 변경
4. 상호의 변경
5. 대표자의 변경

③ 법 제5조의3제1항 후단에 따라 변경등록을 하여야 하는 사항은 다음 각 호와 같다.
1. 대표자의 변경
2. 상호의 변경
3. 사업소의 위치 변경
4. 수입고압가스의 종류 변경

5. 저장설비의 교체 설치, 저장설비의 위치 또는 능력 변경

④ 법 제5조의4제1항 후단에 따라 변경등록을 하여야 하는 사항은 다음 각 호와 같다.

1. 대표자의 변경
2. 상호의 변경
3. 고압가스운반차량의 교체
4. 고압가스운반차량의 수량 변경

⑤ 제1항부터 제4항까지에 따른 변경허가·변경신고·변경등록사항 중 상호의 변경, 대표자의 변경 및 제4항제4호의 고압가스운반차량의 수량 변경(차량의 감소에 한정한다)은 변경한 날부터 30일 이내에 제3조제1항에 따른 해당 서식을 허가관청·신고관청 또는 등록관청에 제출하여야 한다.〈신설 2009.11.20., 2019.2.21.〉

[전문개정 2008.7.16.]

제16조(공급자의 의무 등) ① 고압가스제조자 또는 고압가스판매자(이하 "공급자"라 한다)는 그 수요자(법 제4조에 따른 허가를 받은 자 또는 법 제20조 제1항에 따른 사용신고 대상자는 제외한다)에게 1년에 1회 이상 가스의 사용방법 및 취급요령 등 위해예방을 위한 계도물을 작성·배포하고, 그 실시기록을 작성하여 2년간 보존하여야 한다.

② 고압가스의 공급중지 신고를 하려는 자는 별지 제13호서식의 공급자의 공급중지 신고서(전자문서로 된 신고서를 포함한다)를 시장·군수 또는 구청장에게 제출하여야 한다.

③ 안전점검의 실시에 필요한 점검자의 자격·인원, 점검장비, 점검기준, 그 밖에 필요한 사항은 별표 14와 같다.[전문개정 2008.7.16.]

제19조(안전관리규정의 실시기록) 안전관리규정의 실시기록(전산보조기억장치에 입력된 경우에는 그 입력된 자료를 말한다)은 5년간 보존하여야 한다.[전문개정 2008.7.16.]

제20조(안전관리규정 준수 여부의 확인·평가) ① 안전관리규정 준수 여부의 확인·평가는 다음 각 호의 구분에 따라 실시한다.〈개정 2022.1.7.〉

1. 최초의 확인·평가 : 법 제7조에 따른 사업개시 신고를 한 날부터 6개월이 되는 날의 전후 30일 이내
2. 정기 확인·평가 : 제1호에 따른 최초 확인·평가를 한 날을 기준으로 다음 각 목에서 정하는 시기. 다만, 영 제9조 각 호의 어느 하나에 해당하는 시설의 경우에는 5년의 범위에서 산업통상자원부장관이 법 제11조제6항에 따른 확인·평가의 결과를 고려하여 정하는 주기로 한다.
   가. 별표 19 제1호나목의 검사대상에 해당되는 사업자등 : 매 5년마다 법 제16조의2에 따른 정기검사를 할 때
   나. 가목 이외의 사업자등 : 제1호에 따른 최초 확인·평가를 한 날을 기준으로 매 5년이 지난날의 전후 30일 이내

② 정기검사 및 수시검사를 할 때 또는 법 제17조 제1항에 따른 검사를 할 때에는 안전관리규정의 준수 여부를 확인할 수 있다.

③ 제1항에 따른 확인·평가를 할 때에는 외부 관련 전문가를 참여시킬 수 있다.

④ 안전관리규정 준수 여부 확인·평가의 기준 및 주기와 그 밖에 필요한 사항은 산업통상자원부장관이 정하여 고시할 수 있다.〈개정 2013.3.23.〉[전문개정 2008.7.16.]

제23조(용기의 안전점검기준 등) ① 기준에 따라 용기의 안전점검을 하여야 한다.

② 고압가스제조자는 제1항의 점검 결과 부적합한 용기를 발견하였을 때는 점검기준에 맞게 수선·보수를 하는 등 용기를 안전하게 유지·관리하여야 한다.

③ 고압가스제조자 및 고압가스판매자는 법 제13조 제4항에 따라 별표 18에 따른 기준에 따라 용기를 안전하게 유지·관리하여야 한다.

④ 고압가스제조자 또는 고압가스판매자가 용기에 가연성가스 또는 독성가스를 충전하거나 용기에 충전된 가연성가스 또는 독성가스를 판매하는 경우에는 법 제13조 제5항에 따라 그 충전·판매 기록을 작성(전산보조기억장치에 입력하는 경우를 포함한다)하여야 한다. 다만, 다음 각 호의 어느 하나에 해당하는 경우에는 그러하지 아니하다.〈신설 2014.8.13.〉

1. 「자동차관리법」에 따른 자동차의 용기에 고압가스를 충전하는 경우
2. 「건설기계관리법」에 따른 건설기계 중 지게차의 용기에 고압가스를 충전하는 경우

⑥ 고압가스제조자 및 고압가스판매자는 제4항 각 호 외의 부분 본문에 따른 고압가스 충전·판매 기록(전산보조기억장치에 입력한 경우에는 그 입력된 자료를 말한다)을 5년간 보존하여야 한다.〈신설 2014.8.13.〉

[전문개정 2008.7.16.]

제25조(안전성향상계획에 대한 심사신청 등) ① 안전성향상계획에 대한 한국가스안전공사의 의견을 들으려는 자는 별지 제17호서식의 안전성향상계획 심사신청서에 안전성향상계획서 및 관련 자료 3부를 첨부하여 한국가스안전공사에 제출하여야 한다.

② 한국가스안전공사는 제1항에 따라 안전성향상계획서에 대한 심사신청을 받으면 30일 이내로서 산업통상자원부장관이 고시하는 기간 안에 이를 심사하고, 그에 대한 의견서 2부를 해당 사업자에게 송부하여야 한다.〈개정 2013.3.23.〉[전문개정 2008.7.16.]

제28조(중간검사 및 완성검사) ① 법 제16조제1항에 따른 중간검사의 신청은 별지 제20호서식에 따르고, 법 제16조제3항에 따른 완성검사의 신청은 별지 제21호서식에 따른다.

② 법 제16조제1항에 따라 중간검사를 받아야 하는 공정은 다음 각 호와 같다.

1. 가스설비 또는 배관의 설치가 완료되어 기밀시험 또는 내압시험을 할 수 있는 상태의 공정

2. 저장탱크를 지하에 매설하기 직전의 공정
3. 배관을 지하에 설치하는 경우 한국가스안전공사가 지정하는 부분을 매몰하기 직전의 공정
4. 한국가스안전공사가 지정하는 부분의 비파괴시험을 하는 공정
5. 방호벽 또는 저장탱크의 기초설치 공정
6. 내진설계(耐震設計) 대상 설비의 기초설치 공정

③ 법 제16조제3항에 따라 완성검사를 받아야 하는 시설의 변경공사는 다음 각 호와 같다. 〈신설 2011.11.25., 2016.7.1., 2019.5.21., 2022.6.2.〉
  1. 제4조에 따른 변경허가 · 변경신고 · 변경등록의 대상이 되는 변경공사
  2. 제4조에 따른 변경허가 · 변경신고 · 변경등록의 대상에서 제외되는 변경공사 중 다음 각 목의 어느 하나에 해당하는 공사
    가. 배관의 안지름 크기의 변경(처리능력이 변경되는 경우만을 말한다)
    나. 배관 설치장소의 변경(변경하려는 부분의 배관의 총길이가 300미터 이상인 경우만을 말한다)
    다. 고압가스용 실린더캐비닛의 교체설치 · 설치(저장능력의 증가가 없는 경우만 해당한다) 또는 철거
    라. 수량 또는 용량의 증가가 없거나 감소하는 압축가스설비의 교체 설치

④ 법 제16조제1항 및 제3항에 따른 중간검사 또는 완성검사의 검사대상시설별 검사기준은 다음 각 호와 같다. 〈개정 2010.10.13., 2011.11.25.〉
  1. 고압가스 제조시설(특정제조 · 일반제조 · 용기 및 차량에 고정된 탱크 충전시설을 말한다)의 중간검사 또는 완성검사 기준 : 별표 4
  2. 고압가스자동차 충전시설의 중간검사 또는 완성검사 기준 : 별표 5
  3. 고압가스 냉동제조시설의 중간검사 또는 완성검사 기준 : 별표 7
  4. 고압가스 저장시설의 중간검사 또는 완성검사 기준 : 별표 8
  5. 고압가스 판매시설 및 고압가스 수입시설의 중간검사 또는 완성검사 기준 : 별표 9
  6. 용기 제조시설의 완성검사 기준 : 별표 10
  7. 용기부속품 제조시설의 완성검사 기준 : 별표 10의2
  8. 냉동기 제조시설의 완성검사 기준 : 별표 11
  9. 특정설비 제조시설의 완성검사 기준 : 별표 12

⑤ 법 제16조제3항에 따른 완성검사에 합격한 자에 대하여는 별지 제22호서식의 완성검사증명서를 발급하여야 한다.
[전문개정 2008. 7. 16.]

제44조의2(결함용기의 회수 · 교환 · 환불 및 공표명령) ① 법 제18조제2항 및 제3항에 따른 회수 · 교환 및 환불(이하 "회수등"이라 한다)명령에는 다음 각 호의 사항이 포함되어야 한다. 〈개정 2017.8.24.〉

1. 제품명 및 제품번호
2. 제조 또는 수입일자
3. 제조자 또는 수입자 명칭
4. 회수등의 사유
5. 회수등의 시기 · 장소 및 방법

② 제1항에 따른 명령을 받은 자는 지체 없이 회수등의 대상용기의 유통 · 판매를 중지시키거나 중지하고, 회수등에 관한 계획을 수립하여 산업통상자원부장관 또는 시장 · 군수 · 구청장에게 제출하여야 한다. 〈개정 2010.10.13., 2013.3.23.〉

③ 제1항에 따른 명령을 받은 자는 회수등의 결과를 산업통상자원부장관 또는 시장 · 군수 · 구청장에게 보고하여야 한다. 〈개정 2010.10.13., 2013.3.23.〉

④ 법 제18조제2항 및 제3항에 따라 공표명령을 받은 자는 지체 없이 다음 각 호의 사항이 포함된 회수등에 관한 광고를 2개 이상의 중앙일간지에 게재하여야 한다. 〈개정 2017.8.24.〉
  1. 용기의 회수등을 한다는 내용의 표제
  2. 제품명 및 제품번호
  3. 회수등의 대상용기의 제조 또는 수입연월
  4. 회수등의 사유
  5. 회수등의 방법
  6. 회수등을 하는 제조자 또는 수입자의 명칭
  7. 그 밖에 회수등에 필요한 사항

⑤ 산업통상자원부장관 또는 시장 · 군수 · 구청장은 회수등에 관한 세부사항을 정하여 고시할 수 있다. 〈개정 2010.10.13., 2013.3.23.〉[전문개정 2008.7.16.]

제46조(특정고압가스 사용신고등) ① 법 제20조제1항에 따라 특정고압가스 사용신고를 하여야 하는 자는 다음 각 호와 같다. 〈개정 2017.8.24., 2022.1.7.〉

1. 저장능력 500킬로그램 이상인 액화가스저장설비를 갖추고 특정고압가스를 사용하려는 자
2. 저장능력 50세제곱미터 이상인 압축가스저장설비를 갖추고 특정고압가스를 사용하려는 자
3. 배관으로 특정고압가스(천연가스는 제외한다)를 공급받아 사용하려는 자
4. 압축모노실란 · 압축디보레인 · 액화알진 · 포스핀 · 셀렌화수소 · 게르만 · 디실란 · 오불화비소 · 오불화인 · 삼불화인 · 삼불화질소 · 삼불화붕소 · 사불화유황 · 사불화규소 · 액화염소 또는 액화암모니아를 사용하려는 자. 다만, 시험용(해당 고압가스를 직접 시험하는 경우만 해당한다)으로 사용하려 하거나 시장 · 군수 또는 구청장이 지정하는 지역에서 사료용으로 볏짚 등을 발효하기 위하여 액화암모니아를 사용하려는 경우는 제외한다.
5. 자동차 연료용으로 특정고압가스를 공급받아 사용하려는 자
6. 삭제 〈2010.10.13.〉

② 법 제20조제1항에 따라 특정고압가스 사용신고를 하려는 자는 사용개시 7일 전까지 별지 제33호서식의 특정고압가스 사용신고서를 시장·군수 또는 구청장에게 제출하여야 한다.

③ 제2항에 따른 신고를 받은 시장·군수 또는 구청장은 그 신고인에게 별지 제34호서식의 특정 고압가스 사용신고증명서를 발급하고, 그 신고사항을 한국가스안전공사에 알려야 하며, 「자동차관리법」에 따라 등록을 받은 관청은 그 등록사항을 한국가스안전공사에 알려야 한다. [전문개정 2008.7.16.]

제48조(특정고압가스 사용신고시설의 검사) ① 법 제20조제4항에 따른 특정고압가스사용시설의 완성검사(시설의 위치가 표시된 도면을 첨부한다) 또는 정기검사를 받으려는 자는 별지 제35호서식의 완성검사신청서 또는 정기검사신청서를 한국가스안전공사에 제출하여야 한다. 다만, 제46조제1항제5호에 따른 사용신고대상인 특정고압가스를 연료로 사용하는 자동차의 경우에는 그 제조자가 특정고압가스 사용신고자를 대신하여 완성검사신청서를 한국가스안전공사에 제출할 수 있으며, 그 사실 및 검사결과를 특정고압가스 사용신고자에게 알려야 한다. 〈개정 2010.10.13.〉

② 특정고압가스 사용신고자는 법 제20조제4항에 따라 완성검사증명서를 발급받은 날을 기준으로 매 1년이 되는 날의 전후 15일 이내에 정기검사를 받아야 한다. 다만, 다음 각 호의 경우에는 각 호에서 정하는 시기에 정기검사를 받을 수 있다. 〈개정 2022.1.7.〉

  1. 법 제20조제1항제1호에 해당하는 자의 경우 : 법 제16조의2에 따른 정기검사의 시기

  2. 천재지변, 재난 및 그 밖의 부득이한 사유로 해당 시기에 정기검사를 실시하는 것이 적당하지 않다고 시장·군수·구청장이 인정하는 경우: 영 제25조제2항에 따라 정기검사 업무를 위탁받은 자와 협의하여 따로 정하는 시기

③ 동일한 사업소 안에 2개 이상의 정기검사 대상시설이 있는 경우로서 정기검사를 받아야 하는 시기가 각각 다른 경우에는 같은 연도에 정기검사를 받아야 하는 시설 중 하나의 시설의 정기검사 시에 다른 시설도 정기검사를 함께 받을 수 있다.

④ 자동차 연료용으로 특정고압가스사용신고를 한 자가 「자동차관리법」에 따라 정기검사 또는 구조변경검사를 받은 경우에는 법 제20조제4항에 따른 정기검사를 받은 것으로 본다.

⑤ 완성검사 및 정기검사 기준은 별표 8과 같다.

⑥ 완성검사 또는 정기검사에 합격한 자에 대하여는 별지 제36호서식의 완성검사증명서 또는 정기검사증명서를 발급하여야 한다. [전문개정 2008.7.16.]

제52조의4(굴착공사 협의서 작성) ① "산업통상자원부령으로 정하는 굴착공사"란 다음 각 호의 어느 하나에 해당하는 굴착공사를 말한다.

  1. 굴착공사 예정지역 범위에 묻혀 있는 고압가스배관의 길이가 100미터 이상인 굴착공사

  2. 해당 굴착공사로 인하여 고압가스 배관이 10미터 이상 노출될 것으로 예상되는 굴착공사

② 제1항 각 호에 따른 굴착공사를 하려는 자는 법 제23조의4 제1항에 따라 굴착공사를 시작하기 전에 사업소 밖 배관 보유 사업자와 협의를 한 후 법 제23조의4 제2항에 따라 별지 제38호의2서식에 따른 굴착공사 협의서를 작성하여야 한다. [본조신설 2015.7.29.]

제52조의7(고압가스배관에 대한 안전조치 등) ① "산업통상자원부령으로 정하는 안전조치"란 다음 각 호의 사항을 말한다.

  1. 굴착공사장별 안전관리 전담자의 지정·운영

  2. 굴착공사자에 대한 배관 매설 위치 등이 표시된 도면의 제공

  3. 고압가스배관 매설상황 확인, 굴착공사 협의 등 고압가스배관 보호를 위한 제도의 지도 및 자문

  4. 그 밖에 별표 31의2에서 정하는 사항

② "그 밖에 산업통상자원부령으로 정하는 사항"이란 다음 각 호의 사항을 말한다.

  1. 배관 및 그 부속시설의 매설 위치

  2. 고압가스배관의 압력·호칭지름 및 재질, 가스의 종류

  3. 시공자 및 시공 연월일

  4. 그 밖에 산업통상자원부장관이 필요하다고 인정하는 사항[본조신설 2015.7.29.]

제56조(가스안전기술심의위원회) ① 가스안전기술심의위원회(이하 "심의위원회"라 한다)는 위원장 1명을 포함한 30명 이내의 위원으로 구성한다.〈개정 2010.10.13.〉

② 심의위원회는 다음 각 호의 사항을 심의한다.〈개정 2010.10.13., 2013.3.23.〉

  1. 산업통상자원부장관이 가스관계법령에 따라 고시하는 사항(상세기준에 관한 사항은 제외한다)으로서 산업통상자원부장관이 검토를 의뢰하는 사항

  2. 가스관계법령의 운용에 있어서 필요한 가스안전 정책 및 제도에 관한 사항

  3. 가스안전기술의 조사·연구·개발에 관한 사항

  4. 그 밖에 가스안전기술에 관한 사항으로서 산업통상자원부장관이 의뢰하거나 위원장이 회의에 부치는 사항

③ 위원장은 한국가스안전공사의 사장이 되며, 위원은 가스안전에 관한 학식과 경험이 풍부한 사람 중에서 한국가스안전공사의 사장이 산업통상자원부장관의 승인을 받아 위촉하는 사람으로 한다.〈개정 2010.10.13., 2013.3.23.〉

④ 위원장은 심의위원회의 업무를 통할하며, 심의위원회를 대표한다.〈개정 2022.1.21.〉

⑤ 위원장이 부득이한 사유로 직무를 수행할 수 없을 때에는

CHAPTER 01 · 고압가스 안전관리법

위원장이 지명한 사람이 위원장의 직무를 대행한다.〈개정 2010.10.13.〉

⑥ 심의위원회에는 분야별로 분과위원회를 둔다.

⑦ 제1항부터 제6항까지의 규정 외에 심의위원회의 운영에 필요한 사항은 심의위원회의 의결을 거쳐 위원장이 정한다. [전문개정 2008.7.16.]

제58조(검사기관의 지정 등) ① 기술검토를 받으려는 자는 별지 제39호서식의 기술검토 신청서에 다음 각 호의 서류를 첨부하여 한국가스안전공사에 제출하여야 한다. 다만, 제2호부터 제4호까지의 서류는 하나의 서류로 제출할 수 있다.〈개정 2009.11.20.〉

1. 검사시설설치계획서
2. 검사규정
3. 검사기관의 운영규정
4. 검사기관의 자체안전관리규정
5. 검사장비의 규격 · 성능 표시

② 전문검사기관 및 공인검사기관의 지정 · 재지정 또는 변경지정 신청은 별지 제40호서식에 따른다.〈개정 2009.11.20.〉

③ 제2항에 따른 지정 · 재지정 또는 변경지정 신청서에는 다음 각 호의 서류를 첨부하여야 한다. 다만, 재지정 신청은 유효기간 만료일 14일 전까지 하여야 하고, 검사기관의 대표자의 변경은 변경한 날부터 30일 이내에 별지 제40호서식에 변경된 내용을 증명할 수 있는 서류를 첨부하여 시 · 도지사에게 제출하여야 한다.〈개정 2009.11.20., 2015.4.9.〉

1. 사업계획서
2. 검사인력보유현황
3. 영 제24조제2항제1호마목에 따른 기술검토에 관한 서류. 다만, 법 제35조제3항에 따라 재지정을 받으려는 경우에는 「국가표준기본법」 제23조에 따른 인정기구로부터 검사기관으로 인정을 받은 서류로 갈음할 수 있다.

④ 영 제24조제4항에 따른 검사기관의 자산 · 인력 및 검사장비의 기준은 별표 36과 같다.

⑤ 시 · 도지사는 검사기관을 지정, 재지정 또는 변경지정한 경우에는 별지 제41호서식의 검사기관 지정서를 발급하여야 한다.〈개정 2009.11.20.〉

⑥ 제5항에 따라 발급받은 검사기관 지정서를 잃어버렸거나 헐어 못 쓰게 되어 재발급받으려는 경우에는 별지 제40호의2서식의 재발급신청서를 시 · 도지사에게 제출하여야 한다. 이 경우 헐어 못 쓰게 되어 재발급받으려면 해당 검사기관 지정서를 첨부하여야 한다.〈신설 2017.1.26.〉

⑦ 제1항부터 제6항까지에서 규정한 사항 외에 검사기관의 지정 등에 필요한 사항은 산업통상자원부장관이 정하여 고시한다.〈개정 2017.1.26.〉

[전문개정 2008.7.16.] [제목개정 2009.11.20.]

제61조(검사원 등) ① 권한을 위탁받아 한국가스안전공사가 실시하는 각종 검사업무는 다음 각 호의 어느 하나에 해당하는 사람으로 하여금 하게 하여야 한다. 다만, 사용시설에 대한 검사업무는 한국가스안전공사의 사장이 정하는 사람으로 하여금 하게 할 수 있다.

1. 가스관계법령에 따른 안전관리자의 자격을 가진 자 중 「국가기술자격법」에 따른 자격을 취득한 사람
2. 이공계 석사학위를 취득한 자 또는 이공계대학의 화학 · 기계 · 금속 또는 안전관리분야의 학과를 졸업한 사람
3. 이공계대학의 화학 · 기계 · 금속 또는 안전관리분야 외의 학과를 졸업한 후 가스안전관리업무에 1년 이상 종사한 경력이 있는 사람
4. 이공계전문대학의 화학 · 기계 · 금속 또는 안전관리분야의 학과를 졸업한 후 가스안전관리업무에 1년 이상 종사한 경력이 있는 사람
5. 제4호 외의 전문대학 졸업자 또는 공업고등학교 졸업자로서 그 졸업 후 가스안전관리 업무에 2년 이상 종사한 경력이 있는 사람
6. 공업고등학교 외의 고등학교 졸업자로서 그 졸업 후 가스안전관리업무에 3년 이상 종사한 경력이 있는 사람

② 권한을 위탁받아 검사기관이 실시하는 각종 검사업무는 별표 36에서 정하는 기술인력의 기준에 적합한 사람으로 하여금 이를 하게 하여야 한다.

[전문개정 2008. 7.16.]

□ 가스산업기사 필기 · **429**

[별표 1]

〈개정 2008.7.16〉

저장능력 산정기준(제2조제1항제6호 관련)

1. 압축가스의 저장탱크 및 용기는 다음 가목의 계산식에 따라, 액화가스의 저장탱크는 다음 나목의 계산식에 따라, 액화가스의 용기 및 차량에 고정된 탱크는 다음 다목의 계산식에 따라 산정한다.

   가. $Q = (10P + 1) V_1$

   나. $W = 0.9dV_2$

   다. $W = \dfrac{V_2}{C}$

   위의 계산식에서 Q, P, V_1, W, d, V_2 및 C는 각각 다음의 수치를 표시한다.

   Q : 저장능력(단위 : m³)

   P : 35℃(아세틸렌가스의 경우에는 15℃)에서의 최고충전 압력(단위 : MPa)

   V_1 : 내용적(단위 : m³)

   W : 저장능력(단위 : kg)

   d : 상용온도에서의 액화가스의 비중(단위 : kg/L)

   V_2 : 내용적(단위 : L)

   C : 저온용기 및 차량에 고정된 저온탱크와 초저온용기 및 차량에 고정된 초저온탱크에 충전하는 액화가스의 경우에는 그 용기 및 탱크의 상용온도 중 최고 온도에서의 그 가스의 비중(단위 : kg/L)의 수치에 10분의 9를 곱한 수치의 역수, 그 밖의 액화가스의 충전용기 및 차량에 고정된 탱크의 경우에는 다음 표의 가스 종류에 따르는 정수

2. 저장탱크 및 용기가 다음 각 목에 해당하는 경우에는 제1호에 따라 산정한 각각의 저장능력을 합산한다. 다만, 액화가스와 압축가스가 섞여 있는 경우에는 액화가스 10kg을 압축가스 1m³로 본다.

   가. 저장탱크 및 용기가 배관으로 연결된 경우

   나. 가목의 경우를 제외한 경우로서 저장탱크 및 용기 사이의 중심거리가 30m 이하인 경우 또는 같은 구축물에 설치되어 있는 경우. 다만, 소화설비용 저장탱크 및 용기는 제외한다.

[별표 2]

〈개정 2008.7.16〉

보호시설(제2조제1항제23호 관련)

1. 제1종 보호시설

   가. 학교·유치원·어린이집·놀이방·어린이놀이터·학원·병원(의원을 포함한다)·도서관·청소년수련시설·경로당·시장·공중목욕탕·호텔·여관·극장·교회 및 공회당(公會堂)

   나. 사람을 수용하는 건축물(가설건축물은 제외한다)로서 사실상 독립된 부분의 연면적이 1천m² 이상인 것

   다. 예식장·장례식장 및 전시장, 그 밖에 이와 유사한 시설로서 300명 이상 수용할 수 있는 건축물

   라. 아동복지시설 또는 장애인복지시설로서 20명 이상 수용할 수 있는 건축물

   마. 「문화재보호법」에 따라 지정문화재로 지정된 건축물

2. 제2종 보호시설

　가. 주택

　나. 사람을 수용하는 건축물(가설건축물은 제외한다)로서 사실상 독립된 부분의 연면적이 100m² 이상 1천m² 미만인 것

[별표 3]
〈개정 2022.1.21〉

냉동능력 산정기준(제2조제3항 관련)

1. 원심식 압축기를 사용하는 냉동설비는 그 압축기의 원동기 정격(기기의 사용조건 및 성능의 범위를 말한다. 이하 같다) 출력 1.2kW를 1일의 냉동능력 1톤으로 보고, 흡수식 냉동설비는 발생기를 가열하는 1시간의 입열량(heat input) 6천640kcal를 1일의 냉동능력 1톤으로 보며, 그 밖의 것은 다음 산식에 따른다.

$$R = \frac{V}{C}$$

위의 산식에서 R, V 및 C는 각각 다음의 수치를 표시한다.

R : 1일의 냉동능력(단위 : 톤)

V : 다단압축방식 또는 다원냉동방식에 따른 제조설비는 다음 ①의 산식에 따라 계산된 수치, 회전피스톤형 압축기를 사용하는 것은 다음 ②의 산식에 따라 계산된 수치, 스크류형 압축기는 다음 ③의 산식에 따라 계산된 수치, 왕복동형 압축기는 다음 ④의 산식에 따라 계산된 수치, 그 밖의 것은 압축기의 표준회전속도에 있어서의 1시간의 피스톤압출량(단위 : m³)

① $VH + 0.08VL$

② $60 \times 0.785tn(D^2 - d^2)$

③ $K \times D^3 \times \dfrac{L}{D} \times n \times 60$

④ $0.785 \times D^2 \times L \times N \times n \times 60$

위의 ①부터 ④까지의 산식에서 VH, VL, t, n, D, d, K, L 및 N은 각각 다음의 수치를 표시한다.

VH : 압축기의 표준회전속도에 있어서 최종단 또는 최종원의 기통의 1시간의 피스톤 압출량(단위 : m³)

VL : 압축기의 표준회전속도에 있어서 최종단 또는 최종원 앞의 기통의 1시간의 피스톤 압출량(단위 : m³)

t : 회전피스톤의 가스압축부분의 두께(단위 : m)

n : 회전피스톤의 1분간의 표준회전수(스크류형의 것은 로우터의 회전수)

D : 기통의 안지름(스크류형은 로우터의 지름)(단위 : m)

d : 회전피스톤의 바깥지름(단위 : m)

K : 치형의 종류에 따른 다음 표의 계수

구분	대칭 치형	비대칭 치형
3%어덴덤	0.476	0.486
2%어덴덤	0.450	0.460

L : 로우터의 압축에 유효한 부분의 길이 또는 피스톤의 행정(行程)(단위 : m)

N : 실린더 수

C : 냉매가스의 종류에 따른 다음 표의 수치

냉매가스의 종류	압축기의 기통 1개의 체적이 5천cm³ 이하인 것	압축기의 기통 1개의 체적이 5천cm³를 넘는 것
프레온 21	49.7	46.6
프레온 114	46.4	43.5
노멀부탄	37.2	34.9
이소부탄	27.1	25.4
아황산가스	22.1	20.7
염화메탄	14.5	13.6
프레온 134a	14.4	13.5
프레온 12	13.9	13.1
프레온 500	12.0	11.3
프로판	9.6	9.0
후레온 22	8.5	7.9
암모니아	8.4	7.9
프레온 502	8.4	7.9
프레온 13B1	6.2	5.8
프레온 13	4.4	4.2
에탄	3.1	2.9
탄산가스	1.9	1.8

비 고

1. 다원냉동방식에 따른 제조설비는 최종원의 냉매가스를 이 표의 냉매가스로 한다.
2. 다단압축방식 또는 다원냉동방식에 따른 제조설비는 최종단 또는 최종원의 기통을 이 표의 압축기의 기통으로 한다.
3. 위 표에서 규정하지 않은 냉매가스의 C값은 다음의 계산식에 따른다.

$$C = \frac{3,320\,V_A}{(i_A - i_b)\eta v}$$

위 식에서 V_A, i_A, i_B 및 ηv는 각각 다음의 수치를 표시한다.

V_A : $-15℃$ 에서의 그 가스의 건포화증기의 단위 질량당 부피(비체적)(단위 : m³/kg)

i_A : $-15℃$에서의 그 가스의 건포화증기의 엔탈피(단위 : kcal/kg)

i_B : 응축온도 30℃, 팽창밸브 직전의 온도가 25℃일 때 해당 액화가스의 엔탈피(단위 : kcal/kg)

ηv : 압축기 기통 1개의 체적에 따른 체적효율로서 기통 한 개의 체적이 5000cm³ 이하인 경우에는 0.75, 5000cm³를 초과하는 경우에는 0.8로 한다.

2. 냉동설비가 다음 각 목에 해당하는 경우에는 제1호에 따라 산정한 각각의 냉동능력을 합산한다. 다만, 바목에만 해당하는 경우에는 합산하지 않을 수 있다.

가. 냉매가스가 배관에 의하여 공통으로 되어 있는 냉동설비

나. 냉매계통을 달리하는 2개 이상의 설비가 1개의 규격품으로 인정되는 설비 내에 조립되어 있는 것(Unit형의 것)

다. 2원(元) 이상의 냉동방식에 의한 냉동설비

라. 모터 등 압축기의 동력설비를 공통으로 하고 있는 냉동설비

마. 브라인(Brine)을 공통으로 사용하고 있는 2개 이상의 냉동설비(브라인 중 물과 공기는 포함하지 아니한다)

바. 가목부터 마목까지에도 불구하고 동일 건축물에서 동일 냉매를 사용하는 동일 용도(건축물의 냉ㆍ난방용과 그 외의 용도로 구분한다)의 냉동설비

[별표 4]
〈개정 2022.6.2.〉

고압가스 제조(특정제조·일반제조 또는 용기 및 차량에 고정된 탱크 충전)의
시설·기술·검사·감리 및 정밀안전검진 기준
(제8조제1항제1호, 제28조제4항제1호, 제28조의2제2항제2호나목, 제30조제3항제1호,
제31조제3항제1호, 제33조제1호 및 제35조제3항 관련)

1. 특정제조
  가. 시설기준
   1) 배치기준
    가) 고압가스의 처리설비 및 저장설비는 그 외면으로부터 보호시설(사업소에 있는 보호시설 및 전용공업지역에 있는 보호시설은 제외한다)까지 다음 표에 따른 거리(저장설비를 지하에 설치하는 경우에는 보호시설과의 거리에 2분의 1을 곱한 거리, 시장·군수 또는 구청장이 필요하다고 인정하는 지역은 보호시설과의 거리에 일정 거리를 더한 거리) 이상을 유지할 것

구분	처리능력 및 저장능력	제1종보호시설	제2종보호시설
산소의 처리설비 및 저장설비	1만 이하	12m	8m
	1만 초과 2만 이하	14m	9m
	2만 초과 3만 이하	16m	11m
	3만 초과 4만 이하	18m	13m
	4만 초과	20m	14m
독성가스 또는 가연성 가스의 처리설비 및 저장설비	1만 이하	17m	12m
	1만 초과 2만 이하	21m	14m
	2만 초과 3만 이하	24m	16m
	3만 초과 4만 이하	27m	18m
	4만 초과 5만 이하	30m	20m
	5만 초과 99만 이하	30m(가연성가스 저온저장탱크는 $\dfrac{3}{25}\sqrt{X+10,000}\,\text{m}$)	20m(가연성가스 저온저장탱크는 $\dfrac{2}{25}\sqrt{X+10,000}\,\text{m}$)
	99만 초과	30m(가연성가스 저온저장탱크는 120m)	20m(가연성가스 저온저장탱크는 80m)
그 밖의 가스의 처리설비 및 저장설비	1만 이하	8m	5m
	1만 초과 2만 이하	9m	7m
	2만 초과 3만 이하	11m	8m
	3만 초과 4만 이하	13m	9m
	4만 초과	14m	10m

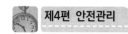

비 고
1. 위 표 중 각 처리능력 및 저장능력란의 단위 및 X는 1일간의 처리능력 또는 저장능력으로서 압축가스의 경우에는 m^3, 액화가스의 경우에는 kg으로 한다.
2. 한 사업소에 2개 이상의 처리설비 또는 저장설비가 있는 경우에는 그 처리능력별 또는 저장능력별로 각각 안전거리를 유지하여야 한다.

나) 가스설비 또는 저장설비는 그 외면으로부터 화기(그 설비 안의 것은 제외한다)를 취급하는 장소까지 2m(가연성가스 또는 산소의 가스설비 또는 저장설비는 8m) 이상의 우회거리를 유지하여야 하고, 가스설비와 화기를 취급하는 장소 사이에는 그 가스설비로부터 누출된 가스가 유동하는 것을 방지하기 위한 적절한 조치를 할 것
다) 가연성가스 제조시설의 고압가스설비[저장탱크 및 배관은 제외한다. 이하 다)에서 같다]는 그 외면으로부터 다른 가연성가스 제조시설의 고압가스설비와 5m 이상, 산소 제조시설의 고압가스설비와 10m 이상의 거리를 유지하는 등 하나의 고압가스설비에서 발생한 위해요소가 다른 고압가스설비로 전이되지 않도록 필요한 조치를 할 것
라) 고압가스 제조시설에서 재해가 발생할 경우 그 재해의 확대를 방지하기 위하여 가연성가스설비 또는 독성가스설비는 통로·공지 등으로 구분된 안전구역에 설치하는 등 필요한 조치를 마련할 것
2) 기초기준
고압가스설비의 기초는 그 설비에 유해한 영향을 끼치지 않도록 필요한 조치를 할 것. 이 경우 저장탱크(저장능력이 $100m^3$ 또는 1톤 이상인 것만을 말한다)의 받침대는 동일한 기초 위에 설치하여야 한다.
3) 저장설비기준
가) 저장탱크(가스홀더를 포함한다)의 구조는 저장탱크를 보호하고 저장탱크로부터 가스가 누출되는 것을 방지하기 위하여 저장탱크에 저장하는 가스의 종류·온도·압력 및 저장탱크의 사용 환경에 따라 적절한 것으로 하고, 저장능력 5톤(가연성 가스 또는 독성가스가 아닌 경우에는 10톤) 또는 $500m^3$(가연성가스 또는 녹성가스가 아닌 경우에는 $1000m^3$) 이상인 저장탱크와 압력용기(반응·분리·정제·증류를 위한 탑류로서 높이 5m 이상인 것만을 말한다)에는 지진발생 시 저장탱크와 압력용기를 보호하기 위하여 내진성능(耐震性能) 확보를 위한 조치 등 필요한 조치를 하여야 하며, $5m^3$ 이상의 가스를 저장하는 것에는 가스방출장치를 설치할 것
나) 가연성가스저장탱크(저장능력이 $300m^3$ 또는 3톤 이상인 탱크만을 말한다)와 다른 가연성가스 저장탱크 또는 산소저장탱크 사이에는 두 저장탱크 최대지름을 더한 길이의 4분의 1 이상의 거리를 유지하는 등 하나의 저장탱크에서 발생한 위해요소가 다른 저장탱크로 전이되지 않도록 하고, 저장탱크를 지하 또는 실내에 설치하는 경우에는 그 저장탱크 설치실 안에서의 가스폭발을 방지하기 위하여 필요한 조치를 할 것
다) 저장실은 그 저장실에서 고압가스가 누출되는 경우 재해 확대를 방지할 수 있도록 설치할 것
라) 저장탱크에는 그 저장탱크를 보호하기 위하여 부압파괴 방지 조치, 과충전 방지 조치 등 필요한 조치를 할 것
4) 가스설비기준
가) 가스설비의 재료는 해당 고압가스를 취급하기에 적합한 기계적 성질 및 화학적 성분을 가지는 것일 것
나) 가스설비의 구조는 고압가스를 안전하게 취급할 수 있는 적절한 것일 것
다) 가스설비의 강도 및 두께는 그 고압가스를 안전하게 취급할 수 있는 적절한 것일 것
라) 고압가스 제조시설에는 고압가스시설의 안전을 확보하기 위하여 충전용 교체밸브, 원료공기 흡입구, 피트(지상 또는 지하의 구조물), 여과기, 에어졸 자동충전기, 에어졸 충전용기 누출시험시설, 과충전 방지장치 등 필요한 설비를 설치할 것
마) 가스설비의 성능은 그 고압가스를 안전하게 취급할 수 있는 적절한 것일 것

5) 배관설비기준

　가) 배관의 재료는 그 고압가스를 취급하기에 적합한 기계적 성질 및 화학적 성분을 가지는 것일 것

　나) 배관의 구조는 고압가스를 안전하게 수송할 수 있는 적절한 것일 것

　다) 배관의 강도 및 두께는 그 고압가스를 안전하게 취급할 수 있는 적절한 것일 것

　라) 배관의 접합은 고압가스의 누출을 방지할 수 있도록 확실한 방법으로 하고, 이를 확인하기 위하여 필요한 경우에는 비파괴시험을 할 것

　마) 배관은 신축 등으로 고압가스가 누출되는 것을 방지하기 위하여 필요한 조치를 할 것

　바) 배관은 수송하는 가스의 특성 및 설치 환경조건을 고려하여 위해의 우려가 없도록 설치하고, 배관의 안전한 유지·관리를 위하여 필요한 설비를 설치하거나 필요한 조치를 할 것

6) 사고예방설비기준

　가) 고압가스설비에는 그 설비 안의 압력이 최고허용사용압력을 초과하는 경우 즉시 그 압력을 최고허용사용압력 이하로 되돌릴 수 있는 안전장치를 설치하는 등 필요한 조치를 할 것

　나) 독성가스 및 공기보다 무거운 가연성가스의 제조시설에는 가스가 누출될 경우 이를 신속히 검지(檢知)하여 효과적으로 대응할 수 있도록 하기 위하여 필요한 조치를 할 것

　다) 가연성가스 또는 독성가스의 고압가스설비 중 내용적이 5천L 이상인 액화가스 저장탱크, 특수반응설비[아)에 따른 특수반응설비를 말한다]와 그 밖의 고압가스설비로서 그 고압가스설비에서 발생한 사고가 다른 가스설비에 영향을 미칠 우려가 있는 것에는 긴급할 때 가스를 효과적으로 차단할 수 있는 조치를 하고, 필요한 곳에는 역류방지밸브 및 역화방지장치 등 필요한 설비를 설치할 것

　라) 가연성가스(암모니아, 브롬화메탄 및 공기 중에서 자기 발화하는 가스는 제외한다)의 가스설비 중 전기설비는 그 설치장소 및 그 가스의 종류에 따라 적절한 방폭성능을 가지는 것일 것

　마) 가연성가스의 가스설비실 및 저장설비실에는 누출된 고압가스가 머물지 않도록 환기구를 갖추는 등 필요한 조치를 할 것

　바) 저장탱크 및 배관에는 그 저장탱크 및 배관이 부식되는 것을 방지하기 위하여 필요한 조치를 할 것

　사) 가연성가스 제조설비에는 그 설비에서 발생한 정전기가 점화원(點火源)으로 되는 것을 방지하기 위하여 필요한 조치를 할 것

　아) 폭발 등의 위해(危害)가 발생할 가능성이 큰 특수반응설비(암모니아 2차 개질로, 에틸렌 제조시설의 아세틸렌수첨탑, 산화에틸렌 제조시설의 에틸렌과 산소 또는 공기와의 반응기, 싸이크로헥산 제조시설의 벤젠수첨반응기, 석유정제 시의 중유 직접수첨탈황반응기 및 수소화분해반응기, 저밀도 폴리에틸렌중합기 또는 메탄올합성반응탑을 말한다)에는 그 위해의 발생을 방지하기 위하여 내부 반응 감시설비 및 위험사태발생 방지설비의 설치 등 필요한 조치를 할 것

　자) 가연성가스 또는 독성가스의 제조설비 또는 이들 제조설비와 관련 있는 계장회로에는 제조하는 고압가스의 종류·온도·압력과 제조설비의 상황에 따라 안전 확보를 위한 주요 부문에 설비가 잘못 조작되거나 정상적인 제조를 할 수 없는 경우에 자동으로 원재료의 공급을 차단시키는 등 제조설비 안의 제조를 제어할 수 있는 장치를 설치할 것

7) 피해저감설비기준

　가) 가연성가스, 독성가스 또는 산소의 액화가스 저장탱크 주위에는 액상(液狀)의 가스가 누출된 경우에 그 유출을 방지하기 위한 조치를 할 것

　나) 다음의 공간에는 가스폭발에 따른 충격에 견딜 수 있는 방호벽을 설치하고, 그 한 쪽에서 발생하는 위해요소가 다른 쪽으로 전이되는 것을 방지하기 위하여 필요한 조치를 할 것

　　(1) 압축기와 그 충전장소 사이의 공간

　　(2) 압축기와 그 가스충전용기 보관장소 사이의 공간

(3) 충전장소와 그 가스충전용기 보관장소 사이의 공간

(4) 충전장소와 그 충전용 주관밸브 조작밸브 사이의 공간

(5) 저장설비와 사업소 안의 보호시설 사이의 공간

다) 나)(5)에도 불구하고 다음의 경우에는 방호벽을 설치하지 않을 수 있다.

(1) 비가연성·비독성의 저온 또는 초저온가스로서 경계책을 설치한 경우

(2) 방호벽의 설치로 인하여 조업이 불가능할 정도로 특별한 사정이 있다고 시장·군수 또는 구청장이 인정한 경우

(3) 1)가)에 규정된 안전거리 이상의 거리를 유지한 경우

(4) 저장설비를 지하에 매몰하여 설치한 경우

(5) 저장설비(저장설비가 2개 이상인 경우에는 각각의 저장설비를 말한다)의 저장능력이 제2조제2항 각 호에 따른 저장능력 미만인 경우

라) 독성가스 제조시설에는 그 시설로부터 독성가스가 누출될 경우 그 독성가스로 인한 피해를 방지하기 위하여 필요한 조치를 할 것

마) 고압가스 제조시설에는 그 시설에서 이상사태가 발생하는 경우 확대를 방지하기 위하여 긴급이송설비, 벤트스택, 플레어스택 등 필요한 설비를 설치할 것

바) 가연성가스·독성가스 또는 산소 제조설비는 그 제조설비의 재해발생을 방지하기 위하여 제조설비가 위험한 상태가 되었을 경우에 응급조치를 하기에 충분한 양 및 압력의 질소와 그 밖에 불활성가스 또는 스팀을 보유할 수 있는 설비를 갖출 것. 다만, 응급조치를 하기에 충분한 양 및 압력의 질소와 그 밖에 불활성가스 또는 스팀을 확실히 공급받기 위한 다른 조치를 한 경우에는 그러하지 아니하다.

사) 저장탱크 또는 배관에는 그 저장탱크 또는 배관을 보호하기 위하여 온도상승방지조치 등 필요한 조치를 할 것

8) 부대설비기준

고압가스제조시설에는 이상사태가 발생하는 것을 방지하고 이상사태 발생 시 그 확대를 방지하기 위하여 통신시설·압력계·비상전력설비 등 필요한 설비를 설치할 것

9) 표시기준

고압가스제조시설의 안전을 확보하기 위하여 필요한 곳에는 고압가스를 취급하는 시설 또는 일반인의 출입을 제한하는 시설이라는 것을 명확하게 알아볼 수 있도록 경계표지, 식별표지 및 위험표지 등 적절한 표지를 하고, 외부인의 출입을 통제할 수 있도록 적절한 경계책을 설치할 것

10) 그 밖의 기준

가) 고압가스 특정제조시설 안에 액화석유가스 충전시설이 함께 설치되어 있는 경우에는 다음의 기준에 적합하여야 한다.

① 지상에 설치된 저장탱크와 가스충전장소 사이에는 방호벽을 설치할 것. 다만, 방호벽의 설치로 인하여 조업이 불가능할 정도로 특별한 사정이 있다고 시·도지사가 인정하거나, 그 저장탱크와 가스충전장소 사이에 20m 이상의 거리를 유지한 경우에는 방호벽을 설치하지 않을 수 있다.

② 액화석유가스를 용기 또는 차량에 고정된 탱크에 충전하는 경우에는 연간 1만톤 이상의 범위에서 시·도지사가 정하는 액화석유가스 물량을 처리할 수 있는 규모일 것. 다만, 내용적 1리터 미만의 용기와 용기내장형 가스난방기용 용기에 충전하는 시설의 경우에는 그러하지 아니하다.

③ 액화석유가스를 차량에 고정된 탱크 또는 용기에 충전할 경우 공기 중의 혼합 비율 용량이 1천분의 1인 상태에서 감지할 수 있도록 냄새가 나는 물질을 섞어 충전할 수 있는 설비(부취제 혼합설비)를 설치할 것. 다만, 공업용으로 사용하는 액화석유가스의 충전시설은 그러하지 아니하다.

④ 액화석유가스를 용기 또는 차량에 고정된 탱크에 충전하는 때에는 그 용기 또는 차량에 고정된

탱크의 저장능력을 초과하지 않도록 충전할 것

⑤ 액화석유가스가 과충전된 경우 초과량을 회수할 수 있는 가스회수장치를 설치할 것

⑥ 충전설비에는 충전기·잔량측정기 및 자동계량기를 갖출 것

⑦ 용기충전시설에는 용기 보수를 위하여 필요한 잔가스제거장치·용기질량측정기·밸브탈착기 및 도색설비를 갖출 것. 다만, 시·도지사의 인정을 받아 용기재검사기관의 설비를 이용하는 경우에는 그러하지 아니하다.

나) 고압가스 제조시설에 설치·사용하는 제품[용기등 또는 「수소경제 육성 및 수소 안전관리에 관한 법률」에 따른 수소용품(이하 "수소용품"이라 한다)을 말한다]이 법 제17조 또는 「수소경제 육성 및 수소 안전관리에 관한 법률」 제44조에 따라 검사를 받아야 하는 것인 경우에는 그 검사에 합격한 것일 것

다) 수소용품은 「수소경제 육성 및 수소 안전관리에 관한 법률 시행규칙」 별표 5 제1호 라목에 따른 수소가스설비기준 또는 같은 호 바목에 따른 연료전지 설치기준을 충족할 것

나. 기술기준

1) 안전유지기준

가) 아세틸렌·천연메탄 또는 물의 전기분해에 의한 산소 및 수소의 제조시설 중 압축기 운전실에는 그 운전실에서 항상 그 저장탱크의 용량을 알 수 있도록 할 것

나) 용기보관장소 또는 용기는 다음의 기준에 적합하게 할 것

① 충전용기와 잔가스용기는 각각 구분하여 용기보관장소에 놓을 것

② 가연성가스·독성가스 및 산소의 용기는 각각 구분하여 용기보관장소에 놓을 것

③ 용기보관장소에는 계량기 등 작업에 필요한 물건 외에는 두지 않을 것

④ 용기보관장소의 주위 2m 이내에는 화기 또는 인화성 물질이나 발화성 물질을 두지 않을 것

⑤ 충전용기는 항상 40℃ 이하의 온도를 유지하고, 직사광선을 받지 않도록 조치할 것

⑥ 충전용기(내용적이 5L 이하인 것은 제외한다)에는 넘어짐 등에 의한 충격 및 밸브의 손상을 방지하는 등의 조치를 하고 난폭한 취급을 하지 않을 것

⑦ 가연성가스 용기보관장소에는 방폭형 휴대용 손전등 외의 등화를 지니고 들어가지 않을 것

다) 밸브가 돌출한 용기(내용적이 5L 미만인 용기는 제외한다)에는 고압가스를 충전한 후 용기의 넘어짐 및 밸브의 손상을 방지하는 조치를 할 것

라) 고압가스설비 중 진동이 심한 곳에는 진동을 최소한도로 줄일 수 있는 조치를 할 것

마) 고압가스설비를 이음쇠로 접속할 때에는 그 이음쇠와 접속되는 부분에 잔류응력(압축·인장·굽힘·비틀림·열 등의 외력이 작용할 때, 그 크기에 대응하여 재료 내에 생기는 저항력을 말한다. 이하 같다)이 남지 않도록 조립하고 이음쇠밸브류를 나사로 조일 때에는 무리한 하중이 걸리지 않도록 하여야 하며, 상용압력이 19.6MPa 이상이 되는 곳의 나사는 나사게이지로 검사한 것일 것

바) 제조설비에 설치한 밸브 또는 콕(조작스위치로 그 밸브 또는 콕을 개폐하는 경우에는 그 조작스위치를 말한다. 이하 "밸브등"이라 한다)에는 다음의 기준에 따라 종업원이 그 밸브등을 적절히 조작할 수 있도록 조치할 것

① 밸브등에는 그 밸브등의 개폐방향(조작스위치에 의하여 그 밸브등이 설치된 제조설비에 안전상 중대한 영향을 미치는 밸브등에는 그 밸브등의 개폐상태를 포함한다)이 표시되도록 할 것

② 밸브등(조작스위치로 개폐하는 것은 제외한다)이 설치된 배관에는 그 밸브등의 가까운 부분에 쉽게 알아볼 수 있는 방법으로 그 배관 내의 가스와 그 밖에 유체(流體)의 종류 및 방향이 표시되도록 할 것

③ 조작함으로써 그 밸브등이 설치된 제조설비에 안전상 중대한 영향을 미치는 밸브등 중에서 항상 사용하지 않는 것(긴급 시에 사용하는 것은 제외한다)에는 자물쇠 채움 또는 봉인 등의 조치를

해 둘 것

④ 밸브등을 조작하는 장소에는 그 밸브등의 기능 및 사용 빈도에 따라 그 밸브등을 확실히 조작하는 데에 필요한 발판과 조명도를 확보할 것

사) 안전밸브 또는 방출밸브에 설치된 스톱밸브는 그 밸브의 수리 등을 위하여 특별히 필요한 때를 제외하고는 항상 완전히 열어 놓을 것

아) 화기를 취급하는 곳이나 인화성 물질 또는 발화성 물질이 있는 곳 및 그 부근에서는 가연성가스를 용기에 충전하지 않을 것

자) 산소 외의 고압가스 제조설비의 기밀시험이나 시운전을 할 때에는 산소 외의 고압가스를 사용하고, 공기를 사용할 때에는 미리 그 설비 안에 있는 가연성가스를 방출시킨 후에 하여야 하며, 온도는 그 설비에 사용하는 윤활유의 인화점 이하로 유지할 것

차) 가연성가스 또는 산소의 가스설비의 부근에는 작업에 필요한 양 이상의 연소하기 쉬운 물질을 두지 않을 것

카) 석유류·유지류 또는 글리세린은 산소압축기의 내부윤활제로 사용하지 않고, 공기압축기의 내부윤활유는 재생유가 아닌 것으로서 사용 조건에 안전성이 있는 것일 것

타) 가연성가스 또는 독성가스의 저장탱크의 긴급차단장치에 딸린 밸브 외에 설치한 밸브 중 그 저장탱크의 가장 가까운 부근에 설치한 밸브는 가스를 송출(送出) 또는 이입(移入)하는 때 외에는 잠가 둘 것

파) 차량에 고정된 탱크(내용적이 2천L 이상인 것만을 말한다)에 고압가스를 충전하거나 그로부터 가스를 이입 받을 때에는 차량정지목을 설치하는 등 그 차량이 고정되도록 할 것

하) 차량에 고정된 탱크 및 용기에는 안전밸브 등 필요한 부속품이 장치되어 있어야 하며 그 부속품은 다음 기준에 적합할 것

① 가연성가스 또는 독성가스를 충전하는 차량에 고정된 탱크 및 용기(시안화수소의 용기 또는 24.5MPa 이상의 압력으로 한 내압시험에 합격한 소방설비 또는 항공기에 갖춰 두는 탄산가스용 기는 제외한다)에는 안전밸브가 부착되어 있고 그 성능이 그 탱크 또는 용기의 내압시험압력의 10분의 8 이하의 압력에서 작동할 수 있는 것일 것

② 긴급차단장치는 그 성능이 원격조작에 의하여 작동되고 차량에 고정된 탱크 또는 이에 접속하는 배관 외면의 온도가 110℃일 때에 자동적으로 작동할 수 있는 것일 것

③ 차량에 고정된 탱크에 부착되는 밸브·안전밸브·부속배관 및 긴급차단장치는 그 내압성능 및 기밀성능이 그 탱크의 내압시험압력 및 기밀시험압력 이상의 압력으로 하는 내압시험 및 기밀시험에 합격될 수 있는 것일 것

2) 제조 및 충전 기준

가) 압축가스(아세틸렌은 제외한다) 및 액화가스(액화암모니아·액화탄산가스 및 액화염소만을 말한다)를 이음매 없는 용기에 충전할 때에는 그 용기에 대하여 음향검사를 실시하고 음향이 불량한 용기는 내부조명검사를 하여야 하며, 내부에 부식·이물질 등이 있을 때에는 그 용기를 사용하지 않을 것

나) 고압가스를 용기에 충전하기 위하여 밸브 또는 충전용 지관을 가열할 때에는 열습포 또는 40℃ 이하의 물을 사용할 것

다) 에어졸을 제조하거나 시안화수소·아세틸렌·산화에틸렌·산소 또는 천연메탄을 충전할 때에는 안전 확보에 필요한 수칙을 준수하고, 안전 유지에 필요한 조치를 할 것

라) 고압가스를 제조하는 경우 다음의 가스는 압축하지 않을 것

① 가연성가스(아세틸렌·에틸렌 및 수소는 제외한다. 이하 나목에서 같다) 중 산소용량이 전체 용량의 4% 이상인 것

② 산소 중의 가연성가스의 용량이 전체 용량의 4% 이상인 것

③ 아세틸렌·에틸렌 또는 수소 중의 산소용량이 전체 용량의 2% 이상인 것

④ 산소 중의 아세틸렌·에틸렌 및 수소의 용량 합계가 전체 용량의 2% 이상인 것

마) 가연성가스 또는 산소(물을 전기분해하여 제조하는 것만을 말한다)를 제조(용기에 충전하는 것은 제외한다)할 때에는 발생장치·정제장치 및 저장탱크의 출구에서 1일 1회 이상 그 가스를 채취하여 지체 없이 분석하고, 공기액화분리기(1시간의 공기압축량이 1천m³ 이하인 것은 제외한다) 안에 설치된 액화산소통 안의 액화산소는 1일 1회 이상 분석할 것

바) 공기액화분리기(1시간의 공기압축량이 1천m³ 이하인 것은 제외한다)에 설치된 액화산소통 안의 액화산소 5L 중 아세틸렌의 질량이 5㎎ 또는 탄화수소의 탄소의 질량이 500㎎을 넘을 때에는 그 공기액화분리기의 운전을 중지하고 액화산소를 방출시킬 것

사) 산소·아세틸렌 및 수소를 제조하는 자는 일정한 순도 이상의 품질 유지를 위하여 1일 1회 이상 적절한 방법으로 품질검사를 하여 그 순도가 산소의 경우에는 99.5%, 아세틸렌의 경우에는 98%, 수소의 경우에는 98.5% 이상이어야 하고, 그 검사결과를 기록할 것

아) 고압가스를 용기에 충전할 때에는 다음의 기준에 적합하게 할 것

① 용기에 새겨진 압축가스의 최고충전압력 또는 액화가스의 질량을 초과하지 않도록 충전하고, 충전량은 일정한 저장능력 이하로 할 것

② 용기에 새겨진 충전가스명칭에 맞는 가스를 충전할 것

3) 점검기준

가) 고압가스 제조설비의 사용개시 전과 사용종료 후에는 반드시 그 제조설비에 속하는 제조시설의 이상 유무를 점검하는 것 외에 1일 1회 이상 제조설비의 작동상황에 대하여 점검·확인을 하고 이상이 있을 때에는 그 설비의 보수 등 필요한 조치를 할 것

나) 충전용 주관(主管)의 압력계는 매월 1회 이상, 그 밖의 압력계는 1년에 1회 이상 표준이 되는 압력계로 그 기능을 검사할 것

다) 안전밸브(액화산소저장탱크의 경우에는 안전장치를 말하며, 액체의 열팽창으로 인한 배관의 파열방지용 안전밸브는 제외한다. 이하 다)에서 같다) 중 압축기의 최종단에 설치한 것은 1년에 1회 이상, 그 밖의 안전밸브는 2년에 1회 이상 조정을 하여 고압가스설비가 파손되지 않도록 적절한 압력 이하에서 작동이 되도록 할 것. 다만, 법 제4조에 따라 고압가스특정제조허가를 받은 시설에 설치된 안전밸브의 조정주기는 4년(압력용기에 설치된 안전밸브는 그 압력용기의 내부에 대한 재검사주기)의 범위에서 연장할 수 있다.

4) 수리·청소 및 철거 기준

가스설비를 수리·청소 및 철거할 때에는 그 작업의 안전 확보를 위하여 필요한 안전수칙을 준수하고, 수리 및 청소 후에는 그 설비의 성능 유지와 작동성 확인 등 안전 확보를 위하여 필요한 조치를 할 것

5) 그 밖의 기준

고압가스제조자가 고압가스를 직접 최종 수요자에게 공급하는 경우에는 별표 9 제1호나목 및 제2호나목의 기술기준을 따를 것

다. 검사기준

1) 중간검사·완성검사·정기검사 및 수시검사의 검사항목은 시설이 적합하게 설치 또는 유지·관리되고 있는지 확인하기 위하여 다음의 구분에 따른 항목을 검사할 것

검사종류	검사항목
가) 중간검사	가목의 시설기준에 규정된 항목 중 2)(저장탱크의 기초설치 공정으로 한정함), 3)가)(내진설계 대상 설비의 기초설치 공정으로 한정함), 3)나)(저장탱크를 지하에 매설하기 직전의 공정으로 한정함), 4)마)(가스설비의 설치가 완료되어 기밀 또는 내압 시험을 할 수 있는 상태의 공정으로 한정함), 5)바)(배관을 지하에 매설하는 경우 한국가스안전공사가 지정하는 부분을 매몰하기 직전의 공정으로 한정함), 7)나)(방호벽의 기초설치 공정으로 한정함), 10)가)①(방호벽의 기초설치 공정으로 한정함)
나) 완성검사	가목의 시설기준에 규정된 항목. 다만, 중간검사에서 확인된 검사항목은 제외할 수 있다.
다) 정기검사	① 가목의 시설기준에 규정된 항목 중 해당사항 ② 나목의 기술기준에 규정된 항목[1)마) · 1)자) · 1)카) · 1)파) · 1)하) · 2)가) · 2)나) · 2)사)는 제외한다] 중 해당사항 ③ 그 밖의 사항 ㉮ 고압가스제조공정의 자동제어방식은 공정의 특성에 따라 적합한 방법을 택하고 있을 것 ㉯ 배관에는 부식방지를 위한 조치가 되어 있을 것 ㉰ 화재 · 폭발 · 가스누출 등의 사고 시 인근에 미칠 피해범위의 예측과 그 대책이 수립되어 있을 것 ㉱ 별표 15에 적합하게 안전관리규정이 작성되어 있을 것 ㉲ 운전요령은 위험작업 단계마다 이해하기 쉽게 모든 안전관리원칙이 구체적으로 작성되어 있을 것 ㉳ 장치의 작동개시 또는 작동중지 시의 사고발생방지를 위한 절차가 구체적으로 수립되어 있을 것 ㉴ 가스설비의 고장 또는 가스누출사고와 같은 긴급사태발생 시의 조치계획이 구체적으로 수립되어 있을 것 ㉵ 그 밖에 산업통상자원부장관의 승인을 받아 한국가스안전공사가 정하는 기준
라) 수시검사	시설별 정기검사 항목 중에서 다음에 열거한 안전장치의 유지 · 관리 상태 중 필요한 사항과 법 제11조에 따른 안전관리규정 이행실태 ① 안전밸브 ② 긴급차단장치 ③ 독성가스 제해설비 ④ 가스누출 검지경보장치 ⑤ 물분무장치(살수장치포함) 및 소화전 ⑥ 긴급이송설비 ⑦ 강제환기시설 ⑧ 안전제어장치 ⑨ 운영상태 감시장치 ⑩ 안전용 접지기기, 방폭전기기기 ⑪ 그 밖에 안전관리상 필요한 사항

2) 중간검사 · 완성검사 · 정기검사 및 수시검사는 시설이 검사항목에 적합한지를 명확하게 판정할 수 있는 방법으로 할 것

라. 감리기준

1) 감리는 사업소의 경계 밖의 지하에 설치되는 배관이 제1호가목의 시설기준에 적합하게 설치되었는지 확인하기 위하여 필요한 항목에 대하여 할 것

2) 감리는 시설이 감리항목에 적합한지를 명확하게 판정할 수 있는 방법으로 할 것

마. 정밀안전검진기준

1) 정밀안전검진은 제33조에 따른 정밀안전검진 대상 시설이 적절하게 유지 · 관리되고 있는지 확인하기 위하여 분야별로 필요한 검진항목에 대하여 실시할 것

검진분야	검진항목
가) 일반분야	안전장치 관리 실태, 공장안전관리 실태, 계측 및 방폭 설비 유지 · 관리 실태
나) 장치분야	두께측정, 경도측정, 침탄측정, 내 · 외면 부식 상태, 보온 · 보냉 상태
다) 특수 · 선택분야	음향방출시험, 열교환기의 튜브건전성 검사, 노후설비의 성분분석, 전기패널의 열화상 측정, 고온설비의 건전성, 자동화초음파탐상시험, 진동측정, 위상배열초음파탐상시험, 계장화연속압입시험, 교류장탐상시험, 마이크로웨이브시험, 유도초음파시험

비 고

위 검진분야 중 다)의 특수 · 선택분야는 수요자와 협의하여 검진항목 중 1가지 이상을 선택하여 실시한다.

2) 정밀안전검진은 검진항목을 명확하게 측정할 수 있는 방법으로 할 것

2. 일반제조

가. 시설기준

1) 고압가스 처리설비 및 저장설비(이하 "처리설비등"이라 한다)는 사업소 경계(사업소 경계가 바다, 호수, 하천 또는 도로 등과 접한 경우에는 그 반대편 끝을 경계로 한다) 안쪽에 위치하되, 그 처리설비등의 외면에서부터 그 사업소 경계까지는 사업소 경계 밖의 제1종보호시설과의 거리[제1호가목1)가)의 표에서 정한 거리를 말하며, 저장설비를 지하에 설치하는 경우에는 제1종보호시설과의 거리에 2분의 1을 곱한 거리를 말한다] 이상을 유지할 것. 이 경우 제1종보호시설과의 거리가 20m를 초과하는 경우에는 20m로 할 수 있다.

2) 법 제16조제3항에 따른 완성검사를 받은 후 제1호가목1)가)의 기준에 부적합하게 된 시설에 대하여 다음에 따라 조치를 모두 한 경우에는 해당 기준에 적합한 것으로 본다.

가) 시설 변경 전과 후의 안전도에 관하여 한국가스안전공사의 평가를 받을 것

나) 가)에 따른 평가 결과에 맞게 시설을 보완할 것

3) 그 외의 시설기준은 제1호가목[1)라) · 6)아) · 6)자) · 7)바) 및 10)가)는 제외한다]의 시설기준을 따를 것

나. 기술기준

고압가스 일반제조의 기술기준은 제1호나목의 기술기준을 따를 것. 다만, 제1호나목3)나)의 점검기준 중 그 밖의 압력계는 3개월에 1회 이상 표준이 되는 압력계로 그 기능을 검사한다.

다. 검사기준

1) 중간검사 · 완성검사 · 정기검사 및 수시검사의 검사항목은 시설이 적합하게 설치 또는 유지 · 관리되고 있는지 확인하기 위하여 다음의 구분의 따른 항목을 검사할 것

검사종류	검사항목
가) 중간검사	제1호가목의 시설기준에 규정된 항목 중 2)(저장탱크의 기초설치 공정으로 한정함), 3)가)(내진설계 대상 설비의 기초설치 공정으로 한정함), 3)나)(저장탱크를 지하에 매설하기 직전의 공정으로 한정함), 4)마)(가스설비의 설치가 완료되어 내압시험을 할 수 있는 상태의 공정으로 한정함), 5)바)(배관을 지하에 매설하는 경우 한국가스안전공사가 지정하는 부분을 매몰하기 직전의 공정으로 한정함), 7)나)(방호벽의 기초설치 공정으로 한정함)
나) 완성검사	가목의 시설기준에 따른 항목. 다만, 중간검사에서 확인된 검사항목은 제외할 수 있다.
다) 정기검사	① 가목의 시설기준에 규정된 항목 중 해당사항 ② 나목의 기술기준에 규정된 항목[1)마, 1)자), 1)카), 1)파), 1)하), 2)가), 2)나), 2)사)는 제외한다] 중 해당사항
라) 수시검사	시설별 정기검사 항목 중에서 다음에 열거한 안전장치의 유지·관리 상태 중 필요한 사항과 법 제11조에 따른 안전관리규정 이행 실태 ① 안전밸브 ② 긴급차단장치 ③ 독성가스 제해설비 ④ 가스누출 검지경보장치 ⑤ 물분무장치(살수장치포함) 및 소화전 ⑥ 긴급이송설비 ⑦ 강제환기시설 ⑧ 안전제어장치 ⑨ 운영상태 감시장치 ⑩ 안전용 접지기기, 방폭전기기기 ⑪ 그 밖에 안전관리상 필요한 사항

  2) 중간검사·완성검사·정기검사 및 수시검사는 시설이 검사항목에 적합한지 여부를 명확하게 판정할 수 있는 방법으로 할 것

3. 용기 및 차량에 고정된 탱크 충전
  가. 시설기준
    용기 및 차량에 고정된 탱크 충전의 시설기준은 제2호가목의 시설기준을 따를 것. 다만, 공기를 충전하는 시설 중 처리능력이 30세제곱미터 이하인 경우에는 제1호가목7)나) 및 제2호가목1)·2)의 시설기준은 적용하지 않는다.
  나. 기술기준
    1) 용기 및 차량에 고정된 탱크 충전의 사업자가 고압가스를 저장하는 경우에는 별표 8 제1호나목의 기술기준을 따를 것
    2) 그 밖에 용기 및 차량에 고정된 탱크 충전의 기술기준은 제2호나목의 기술기준을 따를 것
  다. 검사기준
    1) 중간검사·완성검사·정기검사 및 수시검사의 검사항목은 시설이 적합하게 설치 또는 유지·관리되고 있는지 확인하기 위하여 다음의 구분의 따른 항목을 검사할 것

검사종류	검사항목
가) 중간검사	제1호가목의 시설기준에 규정된 항목 중 2)(저장탱크의 기초설치 공정으로 한정함), 3)가)(내진설계 대상 설비의 기초설치 공정으로 한정함), 3)나)(저장탱크를 지하에 매설하기 직전의 공정으로 한정함), 4)마)(가스설비의 설치가 완료되어 내압시험을 할 수 있는 상태의 공정으로 한정함), 5)바)(배관을 지하에 매설하는 경우 한국가스안전공사가 지정하는 부분을 매몰하기 직전의 공정으로 한정함), 7)나)(방호벽의 기초설치 공정으로 한정함)
나) 완성검사	가목의 시설기준에 따른 항목. 다만, 중간검사에서 확인된 검사항목은 제외할 수 있다.
다) 정기검사	① 제2호가목의 시설기준에 규정된 항목 중 해당사항 ② 나목의 기술기준에 규정된 항목[1)마) · 1)자) · 1)카) · 1)파) · 1)하) · 2)가) · 2)나) · 2)사)는 제외한다] 중 해당사항
라) 수시검사	시설별 정기검사 항목 중에서 다음에 열거한 안전장치의 유지 · 관리 상태 중 필요한 사항과 법 제11조에 따른 안전관리규정 이행 실태 ① 안전밸브 ② 긴급차단장치 ③ 독성가스 제해설비 ④ 가스누출 검지경보장치 ⑤ 물분무장치(살수장치포함) 및 소화전 ⑥ 긴급이송설비 ⑦ 강제환기시설 ⑧ 안전제어장치 ⑨ 운영상태 감시장치 ⑩ 안전용 접지기기, 방폭전기기기 ⑪ 그 밖에 안전관리상 필요한 사항

2) 중간검사 · 완성검사 · 정기검사 및 수시검사는 시설이 검사항목에 적합한지 여부를 명확하게 판정할 수 있는 방법으로 할 것

[별표 5]
〈개정 2022.6.2.〉

고압가스자동차 충전의 시설·기술·검사 기준
(제8조제1항제2호, 제28조제4항제2호, 제30조제3항제2호 및 제31조제3항제2호 관련)

1. 제조식 수소자동차 충전(수소를 제조·압축하여 자동차에 충전)
   가. 시설기준
   1) 배치기준
      가) 처리설비 및 저장설비는 그 외면으로부터 보호시설(사업소에 있는 보호시설 및 전용공업지역에 있는 보호시설은 제외한다. 이하 이 표에서 같다)까지 다음 표에 따른 거리(저장설비를 지하에 설치하는 경우에는 보호시설과의 거리에 2분의 1을 곱한 거리, 시장·군수 또는 구청장이 필요하다고 인정하는 지역은 보호시설과의 거리에 일정 거리를 더한 거리) 이상을 유지할 것

처리능력 및 저장능력	제1종 보호시설	제2종 보호시설
1만 이하	17m	12m
1만 초과 2만 이하	21m	14m
2만 초과 3만 이하	24m	16m
3만 초과 4만 이하	27m	18m
4만 초과 5만 이하	30m	20m
5만 초과 99만 이하	30m(가연성가스 저온저장탱크는 $\frac{3}{25}\sqrt{X+10,000}\,\text{m}$)	20m(가연성가스 저온저장탱크는 $\frac{2}{25}\sqrt{X+10,000}\,\text{m}$)
99만 초과	30m (가연성가스 저온저장탱크는 120m)	20m (가연성가스 저온저장탱크는 80m)

비 고
1. 위 표 중 각 처리능력 및 저장능력란의 단위 및 X는 1일 처리능력 또는 저장능력으로서 압축가스의 경우에는 m³, 액화가스의 경우에는 kg으로 한다.
2. 한 사업소에 2개 이상의 처리설비 또는 저장설비가 있는 경우에는 그 처리능력별 또는 저장능력별로 각각 안전거리를 유지하여야 한다.

      나) 보호시설 또는 사업소 안에 사람을 수용하는 건축물이 처리설비(충전설비는 제외한다. 이하 이 표에서 같다) 및 압축가스설비로부터 30m 이내에 있는 경우에는 처리설비 및 압축가스설비의 주위에 가스폭발에 따른 충격을 견딜 수 있는 철근콘크리트제 방호벽을 설치할 것
      다) 가스설비의 외면으로부터 전선, 화기(그 설비 안의 것은 제외한다)를 취급하는 장소 및 인화성물질 또는 가연성물질 저장소까지는 그 가스설비에 악영향을 미치지 않도록 적절한 거리를 유지할 것
      라) 충전시설의 고압가스설비(저장탱크 및 배관은 제외한다. 이하 라)에서 같다)에서 그 외면으로부터 다른 가연성가스 제조시설의 고압가스설비와 5m 이상, 산소 제조시설의 고압가스설비와 10m 이상의 거리를 유지하는 등 하나의 고압가스설비에서 발생한 위해요소가 다른 고압가스설비로 전이되지 아니하도록 필요한 조치를 할 것
      마) 저장설비·처리설비·압축가스설비 및 충전설비는 그 외면으로부터 사업소경계(버스차고지 안에

설치한 경우 차고지 경계를 사업소 경계로 보며, 사업소 경계가 바다, 호수, 하천 및 도로 등의 경우에는 그 반대편 끝을 경계로 본다)까지 10m 이상의 안전거리를 유지할 것. 다만, 처리설비 및 압축가스설비의 주위에 철근콘크리트제 방호벽을 설치하는 경우에는 5m 이상의 안전거리를 유지할 수 있다.

　바) 충전설비는 「도로법」에 따른 도로경계까지 5m 이상의 거리를 유지할 것

　사) 저장설비 · 처리설비 · 압축가스설비 및 충전설비는 철도까지 30m 이상의 거리를 유지할 것. 다만, 시설의 안전도에 관하여 한국가스안전공사의 평가를 받고, 그 평가 결과에 맞게 시설을 보완하는 경우에는 그러하지 아니하다.

2) 기초기준

고압가스설비의 기초는 그 설비에 유해한 영향을 끼치지 아니하도록 필요한 조치를 할 것. 이 경우 저장탱크(저장능력 100m³ 또는 1톤 이상의 것만 해당한다)의 받침대는 동일한 기초 위에 설치하여야 한다.

3) 저장설비기준

　가) 저장탱크(가스홀더를 포함한다)의 구조는 저장탱크를 보호하고 저장탱크로부터 가스가 누출되는 것을 방지하기 위하여 저장탱크에 저장하는 가스의 종류 · 온도 · 압력 및 저장탱크의 사용 환경에 따라 적절한 것으로 하고, 저장능력 5톤(가연성가스 또는 독성가스가 아닌 경우에는 10톤) 또는 500m³(가연성가스 또는 독성가스가 아닌 경우에는 1000m³) 이상인 저장탱크 및 압력용기(반응 · 분리 · 정제 · 증류 등을 위한 탑류로서 높이 5m 이상인 것만 해당한다)에는 지진발생 시 저장탱크를 보호하기 위하여 내진성능(耐震性能) 확보를 위한 조치 등 필요한 조치를 하며, 5m³ 이상의 가스를 저장하는 것에는 가스방출장치를 설치할 것

　나) 가연성가스 저장탱크(저장능력이 300m³ 또는 3톤 이상인 탱크만을 말한다)와 다른 가연성가스 저장탱크 또는 산소 저장탱크 사이에는 두 저장탱크 최대지름을 더한 길이의 4분의 1 이상의 거리를 유지하는 등 하나의 저장탱크에서 발생한 위해요소가 다른 저장탱크로 전이되지 아니하도록 하고, 저장탱크를 지하 또는 실내에 설치하는 경우에는 그 저장탱크 설치실에서의 가스폭발을 방지하기 위하여 필요한 조치를 할 것

　다) 저장실(저장탱크 설치실을 포함한다)은 그 저장실에서 고압가스가 누출되는 경우 재해 확대를 방지할 수 있도록 설치할 것

　라) 저장탱크에는 그 저장탱크를 보호하기 위하여 부압파괴방지장치 및 과충전방지장치 등 필요한 조치를 할 것

4) 가스설비기준

　가) 가스설비의 재료는 해당 고압가스를 취급하기에 적합한 기계적 성질 및 화학적 성분을 가지는 것일 것

　나) 가스설비의 구조는 고압가스를 안전하게 취급할 수 있는 적절한 것일 것

　다) 가스설비의 강도 및 두께는 그 고압가스를 안전하게 취급할 수 있는 적절한 것일 것

　라) 저장설비 · 처리설비 · 압축가스설비 및 충전설비는 지면에 접하도록 설치할 것

　마) 충전시설에 설치하는 처리설비 · 압축가스설비 및 충전설비 등은 사용하는 가스의 압력 및 환경에 적절한 성능과 구조를 가진 것으로 하고, 그 부속설비 및 그 충전시설에 위해의 우려가 없도록 설치할 것

　바) 가스설비의 성능은 그 고압가스를 안전하게 취급할 수 있는 적절한 것일 것

5) 배관설비기준

　가) 배관의 재료는 고압가스의 취급에 적합한 기계적 성질 및 화학적 성분을 가지는 것일 것

　나) 배관의 구조는 고압가스를 안전하게 수송할 수 있는 적절한 것일 것

　다) 배관의 강도 및 두께는 그 고압가스를 안전하게 취급할 수 있는 적절한 것일 것

　라) 배관의 접합은 고압가스의 누출을 방지할 수 있도록 확실한 방법으로 하고, 이를 확인하기 위하여 필요한 경우에는 비파괴시험을 할 것

　마) 배관은 신축 등으로 고압가스가 누출되는 것을 방지하기 위하여 필요한 조치를 할 것

바) 배관은 수송하는 가스의 특성 및 설치 환경조건을 고려하여 위해의 우려가 없도록 설치하고, 배관의 안전한 유지·관리를 위하여 필요한 설비를 설치하거나 필요한 조치를 할 것

6) 사고예방설비기준

가) 저장설비·처리설비 및 압축가스설비에는 그 설비 안의 압력이 최고허용사용압력을 초과하는 경우 즉시 그 압력을 상용압력 이하로 되돌릴 수 있는 안전장치를 설치하는 등 필요한 조치를 할 것

나) 충전시설에는 가스가 누출될 경우 이를 신속히 검지(檢知)하여 효과적으로 대응할 수 있도록 하기 위하여 필요한 조치를 할 것

다) 충전시설에는 긴급할 때 가스를 효과적으로 차단할 수 있는 조치를 하고, 필요한 곳에는 역류방지밸브 및 역화방지장치 등 필요한 설비를 설치할 것

라) 충전시설에는 자동차의 오발진으로 인한 충전기 및 충전호스의 파손을 방지하기 위하여 적절한 조치를 할 것

마) 가연성가스(암모니아, 브롬화메탄 및 공기 중에서 자기 발화하는 가스는 제외한다)의 가스설비 중 전기설비는 그 설치장소 및 그 가스의 종류에 따라 적절한 방폭성능을 가지는 것일 것

바) 가연성가스의 가스설비실 및 저장설비실에는 누출된 고압가스가 머물지 아니하도록 환기구를 갖추는 등 필요한 조치를 할 것

사) 충전시설에는 부식, 정전기 및 수소 화염 등에 의한 사고를 예방하기 위하여 부식방지설비, 정전기 제거설비 및 수소 화염검지기 등을 설치할 것

7) 피해저감설비기준

가) 저장탱크 주위에는 액상(液狀)의 가스가 누출된 경우에 그 유출을 방지하기 위한 조치를 할 것

나) 압축장치와 충전설비 사이, 압축가스설비와 충전설비 사이에는 가스폭발에 따른 충격에 견딜 수 있는 방호벽을 설치하고, 그 한 쪽에서 발생하는 위해요소가 다른 쪽으로 전이되는 것을 방지하기 위하여 필요한 조치를 할 것

다) 충전시설에는 화재발생 시 소화할 수 있는 소화설비를 설치하고, 저상탱크 또는 배관에는 그 저상탱크 또는 배관을 보호하기 위하여 온도상승 방지조치 등 필요한 조치를 할 것

8) 부대설비기준

충전시설에는 이상사태가 발생하는 것을 방지하고 이상사태 발생 시 그 확대를 방지하기 위하여 압력계·액면계·온도계·비상전력설비·통신설비 등 필요한 설비를 설치할 것

9) 표시기준

충전시설의 안전을 확보하기 위하여 필요한 곳에는 고압가스를 취급하는 시설 또는 일반인의 출입을 제한하는 시설이라는 것을 명확하게 알아볼 수 있도록 경계표지, 식별표지 및 위험표지 등 적절한 표지를 하고, 외부인의 출입을 통제할 수 있도록 적절한 경계책을 설치할 것

10) 그 밖의 기준

가) 충전시설에 설치·사용하는 제품(용기등, 안전설비 또는 수소용품을 말한다)이 법 제17조 또는 「수소경제 육성 및 수소 안전관리에 관한 법률」 제44조에 따른 검사 또는 법 제18조의4에 따른 인증을 받아야 하는 것인 경우에는 그 검사에 합격하거나 인증을 받은 것일 것

나) 충전설비의 캐노피(기둥으로 받치거나 매달아 놓은 덮개를 말한다)에는 다음의 설비 외에 다른 설비를 설치하지 않도록 하며, 다음의 설비를 설치하는 경우에는 「건축사법」 제2조제1호에 따른 건축사 또는 「기술사법」 제5조의7에 따라 등록한 건축구조기술사로부터 구조의 안전도에 관한 확인을 받을 것
① 냉동설비
② 제어설비
③ 전기설비

④ 소화설비

다) 수소용품은「수소경제 육성 및 수소 안전관리에 관한 법률 시행규칙」별표 5 제1호라목에 따른 수소가스설비기준 또는 같은 호 바목에 따른 연료전지 설치기준을 충족할 것

라) 다음의 어느 하나에 해당하는 경우에는 한국가스안전공사로부터 충전시설의 입지 및 배치 등에 대한 안전영향평가를 받고, 그 안전영향평가 결과에 따라 시설을 보완할 것

　(1) 저장설비·처리설비·압축가스설비 및 충전설비를 최초로 설치하는 경우

　(2) 저장설비·처리설비·압축가스설비 및 충전설비를 변경하는 경우(위치 변경, 수량·용량 또는 능력의 증가만을 말한다)

마) 가스용 튜빙(tubing : 배관)은 별표 31 제4호다목7)에 따른 튜빙 시공자 양성교육을 이수한 사람이 시공할 것

나. 기술기준

1) 안전유지기준

가) 충전시설의 운전실에는 그 운전실에서 처리설비·압축가스설비 및 안전장치 등의 작동상황을 알 수 있도록 할 것

나) 용기보관장소 또는 용기는 다음의 기준에 적합하게 할 것

　① 충전용기와 잔가스용기는 각각 구분하여 용기보관장소에 놓을 것

　② 가연성가스·독성가스 및 산소의 용기는 각각 구분하여 용기보관장소에 놓을 것

　③ 용기보관장소에는 계량기 등 작업에 필요한 물건 외에는 두지 아니할 것

　④ 용기보관장소의 주위 2m 이내에는 화기 또는 인화성 물질이나 발화성 물질을 두지 아니할 것

　⑤ 충전용기는 항상 40℃ 이하의 온도를 유지하고, 직사광선을 받지 아니하도록 조치할 것

　⑥ 충전용기(내용적이 5L 이하인 것은 제외한다)에는 넘어짐 등에 의한 충격 및 밸브의 손상을 방지하는 등의 조치를 하고 난폭한 취급을 하지 아니할 것

　⑦ 가연성가스 용기보관장소에는 방폭형 휴대용 손전등 외의 등화를 지니고 들어가지 아니할 것

다) 고압가스설비 중 진동이 심한 곳에는 진동을 최소한도로 줄일 수 있는 조치를 할 것

라) 고압가스설비를 이음쇠로 접속할 때에는 그 이음쇠와 접속되는 부분에 잔류응력이 남지 아니하도록 조립하고, 이음쇠밸브류를 나사로 조일 때에는 무리한 하중이 걸리지 아니하도록 하여야 하며, 상용압력이 19.6MPa 이상이 되는 곳의 나사는 나사게이지로 검사한 것일 것

마) 충전시설에 설치한 밸브 또는 콕(조작스위치로 그 밸브 또는 콕을 개폐하는 경우에는 그 조작스위치를 말한다. 이하 "밸브등"이라 한다)에는 다음의 기준에 따라 종업원이 그 밸브등을 적절히 조작할 수 있도록 조치할 것

　① 밸브등에는 그 밸브등의 개폐방향(조작스위치에 의하여 그 밸브등이 설치된 제조설비에 안전상 중대한 영향을 미치는 밸브등에는 그 밸브등의 개폐상태를 포함한다)이 표시되도록 할 것

　② 밸브등(조작스위치로 개폐하는 것은 제외한다)이 설치된 배관에는 그 밸브등의 가까운 부분에 쉽게 알아볼 수 있는 방법으로 그 배관 내의 가스와 그 밖에 유체(流體)의 종류 및 방향이 표시되도록 할 것

　③ 조작함으로써 그 밸브등이 설치된 제조설비에 안전상 중대한 영향을 미치는 밸브등 중에서 항상 사용하지 아니한 것(긴급 시에 사용하는 것은 제외한다)에는 자물쇠 채움 또는 봉인 등의 조치를 할 것

　④ 밸브등을 조작하는 장소에는 그 밸브등의 기능 및 사용 빈도에 따라 그 밸브등을 확실히 조작하는 데에 필요한 발판과 조명도를 확보할 것

바) 안전밸브 또는 방출밸브에 설치된 스톱밸브는 그 밸브의 수리 등을 위하여 특별히 필요한 때를 제외하고는 항상 완전히 열어 놓을 것

사) 가스설비 주위에는 가연성 액체 등의 위험물을 두지 아니할 것

아) 화기를 취급하는 곳이나 인화성의 물질 또는 발화성의 물질이 있는 곳 및 그 부근에서는 가연성가스

를 용기에 충전하지 아니할 것

자) 충전시설의 기밀시험이나 시운전을 할 때에는 산소 외의 고압가스를 사용하고, 공기를 사용할 때에는 미리 그 설비 안에 있는 가연성가스를 방출시킨 후에 하여야 하며, 온도는 그 설비에 사용하는 윤활유의 인화점 이하로 유지할 것

차) 가스충전소에는 휴대용 가스누출검지기를 갖출 것

2) 제조 및 충전기준

가) 자동차에 수소가스를 충전할 때에는 엔진을 정지시키고, 자동차의 수동브레이크를 채울 것

나) 수소자동차의 용기는 통상 온도에서 최고충전압력 이상으로 충전하지 아니하며, 용기의 사용압력에 적합하게 충전할 것

다) 충전을 마친 후 충전설비를 분리할 경우에는 충전호스 안의 가스를 제거할 것

라) 수소가스를 제조할 때에는 정제장치 및 압축가스설비의 출구에서 주요 성분에 대해서는 1일 1회 이상 그 가스를 채취하여 지체 없이 분석할 것

3) 점검기준

가) 충전시설의 사용개시 전과 사용종료 후에는 반드시 그 충전시설에 속하는 설비의 이상 유무를 점검하는 것 외에 1일 1회 이상 충전설비의 작동상황에 대해 점검·확인을 하고, 이상이 있을 때에는 그 설비의 보수 등 필요한 조치를 할 것

나) 충전용 주관(主管)의 압력계는 매월 1회 이상, 그 밖의 압력계는 3개월마다 1회 이상 「국가표준기본법」에 따라 교정을 받은 압력계로 기능을 검사할 것

다) 안전밸브[액체의 열팽창으로 인한 배관의 파열방지용 안전밸브는 제외한다. 이하 다)에서 같다]는 4년(압력용기에 설치된 안전밸브의 경우 그 압력용기의 내부에 대한 재검사주기를 말한다)마다 1회 이상 고압가스설비의 파손을 방지할 수 있는 적절한 압력 이하에서 작동되도록 조정할 것

4) 수리 및 청소기준

가스설비를 수리·청소 및 철거할 때에는 그 작업의 안전 확보를 위하여 필요한 안전수칙을 지키고, 수리 및 청소 후에는 그 설비의 성능유지와 작동성 확인 등 안전 확보를 위하여 필요한 조치를 할 것

5) 그 밖의 기준

충전시설에 설치한 가스누출검지경보장치, 긴급차단장치 및 화염검지기 등의 안전장치 작동상태를 실시간으로 한국가스안전공사에서 관리하는 전산시스템으로 전송할 것

다. 검사기준

1) 중간검사·완성검사·정기검사 및 수시검사의 검사항목은 시설이 적합하게 설치 또는 유지·관리되고 있는지 확인하기 위하여 다음의 검사항목으로 할 것

검사종류	검사항목
가) 중간검사	가목의 시설기준에 규정된 항목 중 1) 나)·1) 마)·7) 나) (방호벽의 기초설치 공정만 해당한다), 2) (저장탱크의 기초설치 공정만 해당한다), 3) 가) (내진설계 대상 설비의 기초설치 공정만 해당한다), 3) 나) 저장탱크를 지하에 매설하기 직전의 공정만 해당한다), 4) 바) (가스설비의 설치가 완료되어 기밀 또는 내압 시험을 할 수 있는 상태의 공정만 해당한다), 5) 마) (배관을 지하에 매설하는 경우 한국가스안전공사가 지정하는 부분을 매몰하기 직전의 공정만 해당한다), 5) 바) (배관의 설치가 완료되어 기밀 또는 내압 시험을 할 수 있는 상태의 공정만 해당한다)
나) 완성검사	가목의 시설기준에 따른 항목. 다만, 중간검사에서 확인된 검사항목은 제외할 수 있다.
다) 정기검사	① 가목의 시설기준에 규정된 항목 중 해당사항 ② 나목의 기술기준에 규정된 항목[1) 라)는 제외한다] 중 해당사항

검사종류	검사항목
라) 수시검사	시설별 정기검사 항목 중에서 다음에서 열거한 안전장치의 유지·관리 상태 중 필요한 사항과 법 제11조에 따른 안전관리규정 이행 실태 ① 안전밸브 ② 긴급차단장치 ③ 가스누출 검지경보장치 ④ 물분무장치(살수장치를 포함한다) 및 소화전 ⑤ 강제환기시설 ⑥ 안전제어장치 ⑦ 안전용 접지기기, 방폭전기기기 ⑧ 그 밖에 안전관리상 필요한 사항

2) 중간검사·완성검사·정기검사 및 수시검사는 시설이 검사항목에 적합한지 여부를 명확하게 판정할 수 있는 방법으로 실시할 것
2. 저장식 수소자동차 충전(배관 또는 저장설비로부터 공급받은 수소를 압축하여 자동차에 충전)
  가. 시설기준
    1) 저장설비(차량에 고정된 2개 이상을 이음매가 없이 연결한 용기를 말한다. 이하 이 호에서 같다)는 그 외면으로부터 보호시설(사업소 안에 있는 보호시설 및 전용공업지역 안에 있는 보호시설은 제외한다)까지 제1호 가목 1) 가)에 따른 거리 이상을 유지할 것
    2) 저장설비와 충전설비 사이에는 8m 이상의 거리를 유지할 것. 다만, 저장설비와 충전설비 사이에 방호벽을 설치한 경우에는 그러하지 아니하다.
    3) 저장설비·처리설비·압축가스설비 및 충전설비는 그 외면으로부터 사업소경계(버스차고지 안에 설치한 경우 차고지 경계를 사업소 경계로 보며, 사업소 경계가 바다·호수·하천·도로 등의 경우에는 그 반대편 끝을 경계로 본다)까지 10m 이상의 안전거리를 유지할 것. 다만, 저장설비·처리설비 및 압축가스설비의 주위에 방호벽을 설치하는 경우에는 5m 이상의 안전거리를 유지할 수 있다.
    4) 보호시설 또는 사업소 안에 사람을 수용하는 건축물이 저장설비·처리설비 및 압축가스설비로부터 30m 이내에 있는 경우에는 저장설비·처리설비 및 압축가스설비 주위에 가스폭발에 따른 충격을 견딜 수 있는 철근콘크리트제 방호벽(저장설비의 출입구는 제외한다)을 설치할 것
    5) 저장설비의 설치 대수는 3대 이하로 한다.
    6) 압력용기(반응·분리·정제·증류 등을 위한 탑류로서 높이 5m 이상인 것만 해당한다)에는 지진발생 시 저장탱크를 보호하기 위하여 내진성능 확보를 위한 조치 등 필요한 조치를 할 것
    7) 처리설비와 압축가스설비 및 차량에 고정된 각각의 용기에는 그 설비 안의 압력이 상용압력을 초과하는 경우 즉시 그 압력을 상용압력 이하로 되돌릴 수 있는 안전장치를 설치하는 등 필요한 조치를 할 것
    8) 그 밖의 저장식 수소자동차 충전의 시설기준은 제1호 가목[1) 나·3) 가)·3) 나)·3) 라)·6) 가)·7) 가)는 제외한다]의 시설기준을 따를 것
  나. 기술기준
    1) 저장설비는 충전소 안의 지정된 장소에 두어야 하며, 충전 중에는 정지목 등을 설치하여 움직이지 아니하도록 고정할 것
    2) 이동하는 경우를 제외하고는 저장설비를 충전소 외의 지역에 주정차하지 아니할 것
    3) 수소자동차에 적합하지 아니한 수소 성분을 포함하지 아니할 것
    4) 그 밖의 저장식 수소자동차 충전의 기술기준은 제1호 나목[1) 가)·1) 나)·2) 라)는 제외한다]의 기술기준을 따를 것

다. 검사기준

1) 중간검사·완성검사·정기검사 및 수시검사의 검사항목은 시설이 적합하게 설치 또는 유지·관리되고 있는지 확인하기 위하여 다음의 검사항목으로 할 것

검사종류	검사항목
가) 중간검사	(1) 제1호가목 중 1)마)·7)나)(방호벽의 기초설치 공정만 해당한다), 3)가)(내진설계 대상 설비의 기초설치 공정만 해당한다), 4)바)(가스설비의 설치가 완료되어 기밀 또는 내압 시험을 할 수 있는 상태의 공정만 해당한다), 5)마)(배관을 지하에 매설하는 경우 한국가스안전공사가 지정하는 부분을 매몰하기 직전의 공정만 해당한다), 5)바)(배관의 설치가 완료되어 기밀 또는 내압 시험을 할 수 있는 상태의 공정만 해당한다) (2) 가목 중 4)
나) 완성검사	가목의 시설기준에 따른 항목. 다만, 중간검사에서 확인된 검사항목은 제외할 수 있다.
다) 정기검사	① 가목의 시설기준에 규정된 항목 중 해당사항 ② 나목의 기술기준에 규정된 항목 중 해당사항
라) 수시검사	시설별 정기검사 항목 중에서 다음에서 열거한 안전장치의 유지·관리 상태 중 필요한 사항과 법 제11조에 따른 안전관리규정 이행 실태 ① 안전밸브 ② 긴급차단장치 ③ 가스누출 검지경보장치 ④ 물분무장치(살수장치를 포함한다) 및 소화전 ⑤ 강제환기시설 ⑥ 안전제어장치 ⑦ 안전용 접지기기, 방폭전기기기 ⑧ 그 밖에 안전관리상 필요한 사항

2) 중간검사·완성검사·정기검사 및 수시검사는 시설이 검사항목에 적합한지 여부를 명확하게 판정할 수 있는 방법으로 실시할 것

3. 그 밖의 고압가스자동차 충전시설에 대해서는 산업통상자원부장관이 정하여 고시하는 바에 따른다.

[별표 7]
〈개정 2022.1.21.〉

고압가스 냉동제조의 시설·기술·검사 및 정밀안전검진 기준
(제8조제1항제3호, 제28조제4항제3호, 제30조제3항제3호, 제33조제2호 및 제35조제3항 관련)

1. 시설기준

가. 배치기준

압축기·유분리기·응축기 및 수액기와 이들 사이의 배관은 인화성물질 또는 발화성물질(작업에 필요한 것은 제외한다)을 두는 곳이나 화기를 취급하는 곳과 인접하여 설치하지 않을 것

나. 가스설비기준

1) 냉매설비(제조시설 중 냉매가스가 통하는 부분을 말한다. 이하 같다)에는 진동·충격 및 부식 등으로 냉매가스가 누출되지 않도록 필요한 조치를 할 것

2) 냉매설비의 성능은 가스를 안전하게 취급할 수 있는 적절한 것일 것

3) 세로방향으로 설치한 동체의 길이가 5m 이상인 원통형 응축기와 내용적이 5천L 이상인 수액기에는 지진 발생 시 그 응축기 및 수액기를 보호하기 위하여 내진성능 확보를 위한 조치를 할 것

다. 사고예방설비기준

1) 냉매설비에는 그 설비 안의 압력이 상용압력을 초과하는 경우 즉시 그 압력을 상용압력 이하로 되돌릴 수 있는 안전장치를 설치하는 등 필요한 조치를 마련할 것

2) 독성가스 및 공기보다 무거운 가연성가스를 취급하는 제조시설 및 저장설비에는 가스가 누출될 경우 이를 신속히 검지하여 효과적으로 대응할 수 있도록 하기 위하여 필요한 조치를 마련할 것

3) 가연성가스(암모니아, 브롬화메탄 및 공기 중에서 자기 발화하는 가스는 제외한다)의 가스설비 중 전기설비는 그 설치장소 및 그 가스의 종류에 따라 적절한 방폭성능을 가지는 것일 것

4) 가연성가스 또는 독성가스를 냉매로 사용하는 냉매설비의 압축기·유분리기·응축기 및 수액기와 이들 사이의 배관을 설치한 곳에는 냉매가스가 누출될 경우 그 냉매가스가 체류하지 않도록 필요한 조치를 마련할 것

5) 냉매설비에는 긴급사태가 발생하는 것을 방지하기 위하여 자동제어장치를 설치할 것

라. 피해저감설비기준

1) 독성가스를 사용하는 내용적이 1만L 이상인 수액기 주위에는 액상의 가스가 누출될 경우에 그 유출을 방지하기 위한 조치를 마련할 것

2) 독성가스를 제조하는 시설에는 그 시설로부터 독성가스가 누출될 경우 그 독성가스로 인한 피해를 방지하기 위하여 필요한 조치를 마련할 것

마. 부대설비기준

냉동제조시설에는 이상사태가 발생하는 것을 방지하고 이상사태 발생 시 그 확대를 방지하기 위하여 압력계·액면계 등 필요한 설비를 설치할 것

바. 표시기준

냉동제조시설의 안전을 확보하기 위하여 필요한 곳에는 고압가스를 취급하는 시설 또는 일반인의 출입을 제한하는 시설이라는 것을 명확하게 알아볼 수 있도록 경계표지, 식별표지 및 위험표지 등 적절한 표지를 하고, 외부인의 출입을 통제할 수 있도록 경계책을 설치할 것

사. 그 밖의 기준

냉동제조시설에 설치·사용하는 제품이 법 제17조에 따라 검사를 받아야 하는 경우에는 그 검사에 합격한 것일 것

2. 기술기준

가. 안전유지기준

1) 안전밸브 또는 방출밸브에 설치된 스톱밸브는 그 밸브의 수리 등을 위하여 특별히 필요한 때를 제외하고는 항상 완전히 열어 놓을 것

2) 냉동설비의 설치공사 또는 변경공사가 완공되어 기밀시험이나 시운전을 할 때에는 산소 외의 가스를 사용하고, 공기를 사용하는 때에는 미리 냉매설비 중의 가연성가스를 방출한 후에 실시해야 하며, 그 냉동설비의 상태가 정상인 것을 확인한 후에 사용할 것

3) 가연성가스의 냉동설비 부근에는 작업에 필요한 양 이상의 연소하기 쉬운 물질을 두지 않을 것

나. 점검기준

안전장치(액체의 열팽창으로 인한 배관의 파열방지용 안전밸브는 제외한다. 이하 나목에서 같다) 중 압축기의 최종단에 설치한 안전장치는 1년에 1회 이상, 그 밖의 안전밸브는 2년에 1회 이상 조정을 하여 고압가스설비가 파손되지 않도록 적절한 압력 이하에서 작동이 되도록 할 것. 다만, 법 제4조에 따라 고압가스특정제조허가를 받아 설치된 안전밸브의 조정주기는 4년(압력용기에 설치된 안전밸브는 그 압력용기의 내부에 대한 재검사 주기)의 범위에서 연장할 수 있다.

다. 수리 · 청소 및 철거기준

가연성가스 또는 독성가스의 냉매설비를 수리 · 청소 및 철거할 때에는 그 작업의 안전 확보를 위하여 필요한 안전수칙을 준수하고, 수리 및 청소 후에는 그 설비의 성능유지와 작동성 확인 등 안전 확보를 위하여 필요한 조치를 마련할 것

3. 검사기준

가. 중간검사 · 완성검사 · 정기검사 및 수시검사의 검사항목은 시설이 적합하게 설치 또는 유지 · 관리되고 있는지 확인하기 위하여 다음의 검사항목으로 할 것

검사종류	검사항목
1) 중간검사	제1호나목의 시설기준에 규정된 항목 중 2)(가스설비의 설치가 끝나고 기밀 또는 내압 시험을 할 수 있는 상태의 공정으로 한정함), 3)(내진설계 대상 설비의 기초설치 공정에 한정함)
2) 완성검사	제1호 시설기준에 규정된 항목. 다만, 중간검사에서 확인된 검사항목은 제외할 수 있다.
3) 정기검사	① 제1호 시설기준에 규정된 항목[나목의 2)(내압시험에 한정함), 나3) 제외] 중 해당사항 ② 제2호 기술기준에 규정된 항목 중 가목1)·3), 나목
4) 수시검사	각 시설별 정기검사 항목 중에서 다음에서 열거한 안전장치의 유지·관리 상태 중 필요한 사항과 법 제11조에 따른 안전관리규정 이행 실태 ① 안전밸브 ② 긴급차단장치 ③ 독성가스 제해설비 ④ 가스누출 검지경보장치 ⑤ 물분무장치(살수장치포함) 및 소화전 ⑥ 긴급이송설비 ⑦ 강제환기시설 ⑧ 안전제어장치 ⑨ 운영상태감시장치 ⑩ 안전용 접지기기, 방폭전기기기 ⑪ 그 밖에 안전관리상 필요한 사항

나. 중간검사 · 완성검사 · 정기검사 및 수시검사는 시설이 검사항목에 적합한지 여부를 명확하게 판정할 수 있는 방법으로 실시할 것

4. 정밀안전검진기준

가. 정밀안전검진은 제33조에 따른 정밀안전검진 대상 시설이 적절하게 유지·관리되고 있는지 확인하기 위해 검진분야별로 검진항목에 대해 실시할 것

검진분야	검사항목
1) 일반분야	안전장치 관리 실태, 공장안전 관리 실태, 냉동기 운영실태, 계측설비 유지 · 관리 실태
2) 장치분야	외관검사, 배관두께 및 부식 상태, 회전기기 진동분석, 보온·보랭 상태
3) 전기 · 계장분야	가스시설과 관련된 전기설비의 운전 중 열화상 · 절연저항 측정, 방폭설비 유지 관리 실태, 방폭지역 구분의 적정성

나. 정밀안전검진은 검진항목을 명확하게 측정할 수 있는 방법으로 할 것

다. 사업자는 정밀안전검진을 실시하기 전에 그 시설의 안전확보를 위하여 가동중단에 따른 현장여건 등을 고려한 위험성 검토 및 안전대책을 사전에 마련할 것

[별표 8]
〈개정 2022.6.2.〉

고압가스 저장 · 사용의 시설 · 기술 · 검사 기준
(제8조제1항제4호, 제28조제4항제4호, 제30조제3항제4호, 제31조제3항제4호, 제47조 및 제48조제5항 관련)

1. 고압가스 저장
  가. 시설기준
    1) 배치기준
      가) 가스설비 또는 저장설비는 그 외면으로부터 화기(그 설비 안의 것은 제외한다)를 취급하는 장소까지 2m(가연성가스 또는 산소의 가스설비 또는 저장설비는 8m) 이상의 우회거리를 유지해야 하고, 가스설비와 화기를 취급하는 장소와의 사이에는 그 가스설비로부터 누출된 가스가 유동하는 것을 방지하기 위한 적절한 조치를 할 것
      나) 고압가스의 저장설비(지하에 설치된 것은 제외한다)는 그 외면으로부터 보호시설(사업소 안에 있는 보호시설 및 전용공업지역 안에 있는 보호시설은 제외한다)까지 다음 표에서 정한 거리(시장 · 군수 또는 구청장이 필요하다고 인정하는 지역은 보호시설과의 거리에 일정 거리를 더한 거리) 이상을 유지할 것

구분	저장능력	제1종보호시설	제2종보호시설
산소의 저장설비	1만 이하	12 m	8 m
	1만 초과 2만 이하	14 m	9 m
	2만 초과 3만 이하	16 m	11 m
	3만 초과 4만 이하	18 m	13 m
	4만 초과	20 m	14 m
독성가스 또는 가연성 가스의 저장설비	1만 이하	17 m	12 m
	1만 초과 2만 이하	21 m	14 m
	2만 초과 3만 이하	24 m	16 m
	3만 초과 4만 이하	27 m	18 m
	4만 초과 5만 이하	30 m	20 m
	5만 초과 99만 이하	30 m (가연성가스 저온저장탱크는 $\frac{3}{25}\sqrt{X+10,000}\,\text{m}$)	20 m (가연성가스 저온저장탱크는 $\frac{2}{25}\sqrt{X+10,000}\,\text{m}$)
	99만 초과	30 m(가연성가스 저온저장탱크는 120 m)	20 m (가연성가스 저온저장탱크는 80 m)
그 밖의 가스의 저장설비	1만 이하	8 m	5 m
	1만 초과 2만 이하	9 m	7 m
	2만 초과 3만 이하	11m	8m
	3만초과 4만이하	13m	9m
	4만초과	14m	10m

비 고
1. 위 표 중 각 저장능력란의 단위 및 X는 저장능력으로서 압축가스의 경우에는 m³, 액화가스의 경우에는 kg으로 한다.
2. 한 사업소 안에 2개 이상의 저장설비가 있는 경우에는 그 저장능력별로 각각 안전거리를 유지해야 한다.

다) 고압가스 저장설비(지하에 설치된 것은 제외한다)는 사업소 경계(사업소 경계가 바다, 호수, 하천 또는 도로 등과 접한 경우에는 그 반대편 끝을 경계로 한다) 안쪽에 위치하되, 그 저장설비의 외면에서부터 그 사업소 경계까지는 사업소 경계 밖의 제1종보호시설과의 거리[제1호가목1)나)의 표에서 정한 거리를 말한다] 이상을 유지할 것. 이 경우 제1종보호시설과의 거리가 20 m를 초과하는 경우에는 20m로 할 수 있다.

라) 법 제16조제3항에 따른 완성검사를 받은 후 제1호가목1)나)의 기준에 부적합하게 된 시설에 대하여 다음의 조치를 모두 한 경우에는 해당 기준에 적합한 것으로 본다.
   ① 시설 변경 전과 후의 안전도에 관하여 한국가스안전공사의 평가를 받을 것
   ② ①에 따른 평가 결과에 맞게 시설을 보완할 것

2) 기초기준
고압가스설비의 기초는 그 설비에 유해한 영향을 끼치지 아니하도록 필요한 조치를 마련할 것. 이 경우 저장탱크(저장능력 100m³ 또는 1톤 이상의 것만을 말한다)의 받침대는 동일한 기초 위에 설치할 것

3) 저장설비기준
가) 저장탱크(가스홀더를 포함한다)의 구조는 그 저장탱크를 보호하고 그 저장탱크로부터의 가스누출을 방지하기 위하여 그 저장탱크에 저장하는 가스의 종류·온도·압력 및 그 저장탱크의 사용 환경에 따라 적절한 것으로 하고, 저장능력 5톤(가연성 또는 독성의 가스가 아닌 경우에는 10톤) 또는 500m³(가연성 또는 독성의 가스가 아닌 경우에는 1000m³) 이상인 저장탱크 및 압력용기(반응·분리·정제·증류를 위한 탑류로서 높이 5m 이상인 것만을 말한다)에는 지진 발생 시 저장탱크를 보호하기 위하여 내진성능 확보를 위한 조치 등 필요한 조치를 마련하며, 5m³ 이상의 가스를 저장하는 것에는 가스방출장치를 설치할 것

나) 가연성가스저장탱크(저장능력이 300m³ 또는 3톤 이상인 탱크만을 말한다)와 다른 가연성가스 저장탱크 또는 산소저장탱크 사이에는 두 저장탱크 최대지름을 더한 길이의 4분의 1 이상의 거리를 유지하는 등 하나의 저장탱크에서 발생한 위해요소가 다른 저장탱크로 전이되지 않도록 하고, 저장탱크를 지하 또는 실내에 설치하는 경우에는 그 저장탱크 설치실 안에서의 가스폭발을 방지하기 위하여 필요한 조치를 마련할 것

다) 저장실은 그 저장실에서 고압가스가 누출되는 경우 재해 확대를 방지할 수 있도록 설치할 것

라) 저장탱크에는 그 저장탱크를 보호하기 위하여 부압파괴방지 조치, 과충전 방지 조치 등 필요한 조치를 마련할 것

4) 가스설비기준
가) 가스설비의 재료는 그 고압가스의 취급에 적합한 기계적 성질 및 화학적 성분을 가지는 것일 것
나) 가스설비의 구조는 고압가스를 안전하게 취급할 수 있는 적절한 것일 것
다) 가스설비의 강도 및 두께는 그 고압가스를 안전하게 취급할 수 있는 적절한 것일 것
라) 가스설비는 그 고압가스를 안전하게 취급할 수 있는 적절한 성능을 가지는 것으로 할 것

5) 배관설비기준
가) 배관의 재료는 그 고압가스의 취급에 적합한 기계적 성질 및 화학적 성분을 가지는 것일 것
나) 배관의 구조는 고압가스를 안전하게 수송할 수 있는 적절한 것일 것
다) 배관의 강도 및 두께는 그 고압가스를 안전하게 취급할 수 있는 적절한 것일 것
라) 배관의 접합은 고압가스의 누출을 방지할 수 있도록 확실한 방법으로 하고, 이를 확인하기 위하여 필요한 경우에는 비파괴시험을 할 것
마) 배관은 신축 등으로 고압가스가 누출되는 것을 방지하기 위하여 필요한 조치를 할 것
바) 배관은 수송하는 가스의 특성 및 설치 환경조건을 고려하여 위해의 염려가 없도록 설치하고, 배관의 안전한 유지·관리를 위하여 필요한 설비를 설치하거나 필요한 조치를 할 것

6) 사고예방설비기준

가) 고압가스설비에는 그 설비 안의 압력이 최고허용사용압력을 초과하는 경우 즉시 그 압력을 최고허용사용압력 이하로 되돌릴 수 있는 안전장치를 설치하는 등 필요한 조치를 할 것

나) 독성가스 및 공기보다 무거운 가연성가스의 저장시설에는 가스가 누출될 경우 이를 신속히 검지하여 효과적으로 대응할 수 있도록 하기 위하여 필요한 조치를 할 것

다) 위험성이 높은 고압가스설비(내용적 5천L 미만의 것은 제외한다)에 부착된 배관에는 긴급 시 가스의 누출을 효과적으로 차단할 수 있는 조치를 할 것

라) 가연성가스(암모니아, 브롬화메탄 및 공기 중에서 자기 발화하는 가스는 제외한다)의 저장설비 중 전기설비는 그 설치장소 및 그 가스의 종류에 따라 적절한 방폭성능을 가진 것일 것

마) 가연성가스의 가스설비실 및 저장설비실에는 누출된 고압가스가 체류하지 아니하도록 환기구를 갖추는 등 필요한 조치를 할 것

바) 저장탱크 또는 배관에는 그 저장탱크가 부식되는 것을 방지하기 위하여 필요한 조치를 할 것

사) 가연성가스저장설비에는 그 설비에서 발생한 정전기가 점화원으로 되는 것을 방지하기 위하여 필요한 조치를 할 것

7) 피해저감설비기준

가) 가연성가스, 독성가스 또는 산소의 액화가스 저장탱크(가연성가스 또는 산소의 액화가스 저장탱크는 저장능력 1천톤 이상, 독성가스의 액화가스 저장탱크는 저장능력 5톤 이상)의 주위에는 액상의 가스가 누출한 경우에 그 유출을 방지하기 위한 조치를 할 것

나) 저장설비와 사업소 안의 보호시설과의 사이에는 가스폭발에 따른 충격에 견딜 수 있는 방호벽(이하 "방호벽"이라 한다)을 설치할 것. 다만, 비가연성·비독성의 저온 또는 초저온가스의 경우는 경계책으로 대신할 수 있으며, 방호벽의 설치로 인하여 조업이 불가능할 정도로 특별한 사정이 있다고 시장·군수 또는 구청장이 인정하거나 1)나)에 규정된 안전거리 이상의 거리를 유지한 경우에는 방호벽을 설치하지 않을 수 있다.

다) 독성가스를 저장하는 시설에는 그 시설로부터 독성가스가 누출될 경우 그 독성가스로 인한 중독을 방지하기 위하여 필요한 조치를 할 것

라) 저장탱크 또는 배관에는 그 저장탱크 또는 배관을 보호하기 위하여 온도상승방지조치 등 필요한 조치를 할 것

8) 부대설비기준

고압가스저장시설에는 이상사태가 발생하는 것을 방지하고 이상사태 발생 시 그 확대를 방지하기 위하여 계측설비·비상전력설비 및 통신설비 등 필요한 설비를 설치할 것

9) 표시기준

고압가스저장시설의 안전을 확보하기 위하여 필요한 곳에는 고압가스를 취급하는 시설 또는 일반인의 출입을 제한하는 시설이라는 것을 명확하게 알아볼 수 있도록 경계표지, 식별표지 및 위험표지 등 적절한 표지를 하고, 외부인의 출입을 통제할 수 있도록 적절한 경계책을 설치할 것

10) 그 밖의 기준

가) 고압가스 저장시설에 설치·사용하는 제품(용기등 또는 수소용품을 말한다)이 법 제17조 또는 「수소경제 육성 및 수소 안전관리에 관한 법률」 제44조에 따라 검사를 받아야 하는 것인 경우에는 그 검사에 합격한 것일 것

나) 「관세법」의 적용을 받는 보세구역에서 고압가스를 컨테이너 또는 탱크에 저장하는 경우에는 시설기준 중 1), 6)라), 7)나), 8)(통신설비에 한정한다) 및 9)만 적용할 것

다) 수소용품은 「수소경제 육성 및 수소 안전관리에 관한 법률 시행규칙」 별표 5 제1호라목에 따른 수소가스설비기준 또는 같은 호 바목에 따른 연료전지 설치기준을 충족할 것

나. 기술기준

1) 안전유지기준

가) 용기보관장소 또는 용기는 다음의 기준에 적합하게 할 것

   ① 충전용기와 잔가스용기는 각각 구분하여 용기보관장소에 놓을 것

   ② 가연성가스·독성가스 및 산소의 용기는 각각 구분하여 용기보관장소에 놓을 것

   ③ 용기보관장소에는 계량기 등 작업에 필요한 물건 외에는 두지 않을 것

   ④ 용기보관장소의 주위 2m 이내에는 화기 또는 인화성물질이나 발화성물질을 두지 않을 것

   ⑤ 충전용기는 항상 40℃ 이하의 온도를 유지하고, 직사광선을 받지 않도록 조치할 것

   ⑥ 충전용기(내용적이 5L 이하인 것은 제외한다)에는 넘어짐 등에 의한 충격 및 밸브의 손상을 방지하는 등의 조치를 하고 난폭한 취급을 하지 않을 것

   ⑦ 가연성가스 용기보관장소에는 방폭형 휴대용 손전등 외의 등화를 지니고 들어가지 않을 것

나) 밸브가 돌출한 용기(내용적이 5L 미만인 용기는 제외한다)에는 용기의 넘어짐 및 밸브의 손상을 방지하는 조치를 할 것

다) 고압가스설비 중 진동이 심한 곳에는 진동을 최소한도로 줄일 수 있는 조치를 할 것

라) 고압가스설비를 이음쇠로 접속할 때에는 그 이음쇠와 접속되는 부분에 잔류응력이 남지 않도록 조립하고 이음쇠밸브류를 나사로 조일 때에는 무리한 하중이 걸리지 않도록 해야 하며, 상용압력이 19.6MPa 이상이 되는 곳의 나사는 나사게이지로 검사한 것일 것

마) 저장설비에 설치한 밸브 또는 콕크(조작스위치에 의하여 그 밸브 또는 콕을 개폐하는 경우에는 그 조작스위치를 말한다. 이하 "밸브등"이라 한다)에는 다음의 기준에 따라 종업원이 그 밸브등을 적절히 조작할 수 있도록 조치할 것

   ① 밸브등에는 그 밸브등의 개폐방향(조작스위치에 의하여 그 밸브등이 설치된 저장설비에 안전상 중대한 영향을 미치는 밸브등에는 그 밸브등의 개폐상태를 포함한다)이 표시되도록 할 것

   ② 밸브등(조작스위치로 개폐하는 것은 제외한다)이 설치된 배관에는 그 밸브등의 가까운 부분에 쉽게 알아볼 수 있는 방법으로 그 배관내의 가스, 그 밖의 유체의 종류 및 방향이 표시되도록 할 것

   ③ 조작함으로써 그 밸브등이 설치된 저장설비에 안전상 중대한 영향을 미치는 밸브등 중에서 항상 사용하지 않을 것(긴급 시에 사용하는 것은 제외한다)에는 자물쇠를 채우거나 봉인하는 등의 조치를 하여 둘 것

   ④ 밸브등을 조작하는 장소에는 그 밸브등의 기능 및 사용빈도에 따라 그 밸브등을 확실히 조작하는 데 필요한 발판과 조명도를 확보할 것

바) 안전밸브 또는 방출밸브에 설치된 스톱밸브는 그 밸브의 수리 등을 위하여 특별히 필요한 때를 제외하고는 항상 완전히 열어 놓을 것

사) 산소 외의 고압가스의 저장설비의 기밀시험이나 시운전을 할 때에는 산소 외의 고압가스를 사용하고, 공기를 사용할 때에는 미리 그 설비 중에 있는 가연성가스를 방출한 후에 실시해야 하며, 온도를 그 설비에 사용하는 윤활유의 인화점 이하로 유지할 것

아) 가연성가스 또는 산소의 가스설비의 부근에는 작업에 필요한 양 이상의 연소하기 쉬운 물질을 두지 않을 것

자) 석유류·유지류 또는 글리세린은 산소압축기의 내부윤활제로 사용하지 않고, 공기압축기의 내부윤활유는 재생유가 아닌 것으로서 사용 조건에 안전성이 있는 것일 것

차) 가연성가스 또는 독성가스의 저장탱크의 긴급차단장치에 딸린 밸브 외에 설치한 밸브 중 그 저장탱크의 가장 가까운 부근에 설치한 밸브는 가스를 송출 또는 이입하는 때 외에는 잠가 둘 것

카) 차량에 고정된 탱크(내용적이 2천L 이상인 것만을 말한다)에 고압가스를 충전하거나 그로부터 가스를 이입받을 때에는 차량정지목을 설치하는 등 그 차량이 고정되도록 할 것

타) 차량에 고정된 탱크 및 용기에는 안전밸브 등 필요한 부속품이 장치되어 있어야 하며 그 부속품은 다음 기준에 적합할 것

   ① 가연성가스 또는 독성가스를 충전하는 차량에 고정된 탱크 및 용기(시안화수소의 용기 또는 24.5MPa 이상의 압력으로 행한 내압시험에 합격한 소방설비 또는 항공기에 갖춰두는 탄산가스

용기는 제외한다)에는 안전밸브가 부착되어 있고 그 성능이 그 탱크 또는 용기의 내압시험압력의 10분의 8 이하의 압력에서 작동할 수 있는 것일 것

② 긴급차단장치는 그 성능이 원격조작에 의하여 작동되고 차량에 고정된 탱크 또는 이에 접속하는 배관 외면의 온도가 110℃일 때에 자동적으로 작동할 수 있는 것일 것

③ 차량에 고정된 탱크에 부착되는 밸브·안전밸브·부속배관 및 긴급차단장치는 그 내압성능 및 기밀성능이 그 탱크의 내압시험압력 및 기밀시험압력 이상의 압력으로 행하는 내압시험 및 기밀시험에 합격될 수 있는 것일 것

2) 점검기준

가) 고압가스 저장설비의 사용개시 전 및 사용종료 후에는 반드시 그 저장설비에 속하는 저장시설의 이상 유무를 점검하는 것 외에 1일 1회 이상 저장설비의 작동상황에 대하여 점검·확인을 하고 이상이 있을 때에는 그 설비의 보수 등 필요한 조치를 할 것

나) 압력계는 3개월에 1회 이상 표준이 되는 압력계로 그 기능을 검사할 것

다) 안전밸브[액화산소저장탱크의 경우에는 안전장치를 말하며, 액체의 열팽창으로 인한 배관의 파열방지용 안전밸브는 제외한다. 이하 다)에서 같다] 중 압축기의 최종단에 설치한 것은 1년에 1회 이상, 그 밖의 안전밸브는 2년에 1회 이상 조정을 하여 고압가스설비가 파손되지 않도록 적절한 압력 이하에서 작동이 되도록 할 것. 다만, 법 제4조에 따라 고압가스특정제조허가를 받은 시설에 설치된 안전밸브의 조정주기는 4년(압력용기에 설치된 안전밸브는 그 압력용기의 내부에 대한 재검사 주기)의 범위에서 연장할 수 있다.

라) 가연성가스, 독성가스 또는 산소가 통하는 설비를 수리·청소 및 철거할 때에는 그 작업의 안전 확보를 위하여 필요한 안전수칙을 준수하고, 작업 후에는 그 설비의 성능유지와 작동성 확인 등 안전확보를 위하여 필요한 조치를 마련할 것

다. 검사기준

1) 중간검사·완성검사·정기검사 및 수시검사의 검사항목은 시설이 적합하게 설치 또는 유지·관리되고 있는지 확인하기 위하여 다음의 검사항목으로 할 것

검사종류	검사항목
가) 중간검사	가목의 시설기준에 규정된 항목 중 2)(저장탱크의 기초설치 공정으로 한정함), 3)가)(내진설계 대상 설비의 기초설치 공정으로 한정함), 3)나)(저장탱크를 지하에 매설하기 직전의 공정으로 한정함), 4)라)(가스설비의 설치가 완료되어 내압시험을 할 수 있는 상태의 공정으로 한정함), 5)바)(배관을 지하에 매설하는 경우 한국가스안전공사가 지정하는 부분을 매몰하기 직전의 공정으로 한정함), 7)나)(방호벽의 기초설치 공정으로 한정함)
나) 완성검사	가목의 시설기준에 규정된 항목. 다만, 중간검사에서 확인된 검사항목은 제외할 수 있다.
다) 정기검사	① 가목의 시설기준에 규정된 항목 중 해당사항 ② 나목의 기술기준에 규정된 항목[1)라), 1)사), 1)차)는 제외한다] 중 해당사항
라) 수시검사	각 시설별 정기검사 항목 중에서 다음에서 열거한 안전장치의 유지·관리 상태 중 필요한 사항과 법 제11조에 따른 안전관리규정 이행 실태 ① 안전밸브　⑦ 강제환기시설 ② 긴급차단장치　⑧ 안전제어장치 ③ 독성가스 제해설비　⑨ 운영상태감시장치 ④ 가스누출 검지경보장치　⑩ 안전용 접지기기, 방폭전기기기 ⑤ 물분무장치(살수장치포함) 및 소화전　⑪ 그 밖에 안전관리상 필요한 사항 ⑥ 긴급이송설비

2) 중간검사·완성검사·정기검사 및 수시검사는 시설이 검사항목에 적합한지 여부를 명확하게 판정할 수 있는 방법으로 실시할 것

2. 특정고압가스 사용

가. 시설기준

1) 배치기준

가) 가연성가스의 가스설비 또는 저장설비는 그 외면으로부터 화기(그 설비 안의 것은 제외한다)를 취급하는 장소까지 8m의 우회거리를 두어야 하며, 그 가스설비로부터 누출된 가스가 유동하는 것을 방지하기 위한 적절한 조치를 마련할 것

나) 산소의 저장설비 주위 5m이내에는 화기를 취급해서는 아니되며, 작업에 필요한 양 이상의 연소하기 쉬운 물질을 두지 않을 것

다) 저장능력이 500kg 이상인 액화염소사용시설의 저장설비(기화장치를 포함한다)는 그 외면으로부터 보호시설(사업소 안에 있는 보호시설 및 전용공업지역 안에 있는 보호시설은 제외한다)까지 제1종보호시설은 17m 이상, 제2종보호시설은 12m 이상의 거리를 유지할 것. 다만, 시장·군수 또는 구청장은 필요하다고 인정하는 지역에 대하여 보호시설과의 거리에 일정 거리를 더하여 안전거리를 정할 수 있다.

라) 사용시설 중 압축모노실란·압축디보레인·액화알진·포스핀·셀렌화수소·게르만·디실란·오불화비소·오불화인·삼불화인·삼불화질소·삼불화붕소·사불화유황·사불화규소의 저장설비 및 감압설비는 그 외면으로부터 보호시설(사업소 안에 있는 보호시설 및 전용공업지역 안에 있는 보호시설은 제외한다)까지 제1호가목1)나)에서 규정하는 안전거리를 유지할 것

2) 저장설비기준

가연성가스 및 산소의 충전용기 보관실의 벽은 그 저장설비의 보호와 그 저장설비를 사용하는 시설의 안전 확보를 위하여 불연재료(不燃材料)를 사용하고, 가연성가스의 충전용기보관실의 지붕은 가벼운 불연재료 또는 난연재료(難燃材料)를 사용할 것. 다만, 액화암모니아 충전용기 또는 특정고압가스용 실린더캐비닛의 보관실 지붕은 가벼운 재료를 사용하지 아니할 수 있다.

3) 가스설비기준

가) 사용시설에 설치하는 압력조정기는 그 사용시설의 안전 확보 및 정상작동을 위하여 부식·균열 및 나사쪽의 결함 등이 없는 것으로서 그 가스 최대사용량 및 압력에 상응하는 규모와 규격의 것을 사용할 것

나) 그 밖의 가스설비에 관한 기준은 제1호가목4)의 기준을 적용할 것

4) 배관설비기준

고압가스 사용시설의 배관설비에 관한 기준은 제1호가목5)의 기준을 적용할 것

5) 사고예방설비기준

가) 독성가스의 감압설비와 그 가스의 반응설비간의 배관에는 긴급 시 가스가 역류되는 것을 효과적으로 차단할 수 있는 조치를 마련할 것

나) 수소화염 또는 산소·아세틸렌화염을 사용하는 시설의 분기되는 각각의 배관에는 가스가 역화되는 것을 효과적으로 차단할 수 있는 조치를 마련할 것

다) 그 밖에 사고예방설비에 관한 기준은 제1호가목6) 중 가)·나)·마)·바)·사)의 기준을 적용할 것

6) 피해저감설비기준

가) 고압가스의 저장량이 300kg(압축가스의 경우에는 1m³를 5kg으로 본다) 이상인 용기보관실의 벽은 방호벽으로 할 것. 다만, 용기보관실의 외면으로부터 보호시설(사업소 안에 있는 보호시설 및 전용공업지역 안에 있는 보호시설은 제외한다)까지 다음 표에서 정한 거리(시장·군수 또는 구청장이 필요하다고 인정하는 지역은 보호시설과의 거리에 일정 거리를 더한 거리)를 유지할 경우에는 방호벽을 설치하지 아니할 수 있다.

구분	제1종보호시설	제2종보호시설
산소저장설비	12m	8m
독성(가연성)가스 저장설비	17m	12m
그 밖의 가스 저장설비	8m	5m

비 고

한 사업소 안에 2개 이상의 저장설비가 있는 경우에는 각각 안전거리를 유지한다.

나) 독성가스를 저장하는 시설에는 그 시설로부터 독성가스가 누출될 경우 그 독성가스로 인한 중독을 방지하기 위하여 필요한 조치를 마련할 것

다) 배관에는 배관을 보호하기 위하여 온도상승방지조치 등 필요한 조치를 마련할 것

7) 표시기준

사용시설의 안전을 확보하기 위하여 필요한 곳에는 고압가스를 취급하는 시설 또는 일반인의 출입을 제한하는 시설이라는 것을 명확하게 알아볼 수 있도록 경계표지, 식별표지 및 위험표지 등 적절한 표지를 하고, 외부인의 출입을 통제할 수 있도록 적절한 경계책을 설치할 것

8) 그 밖의 기준

가) 저장설비로 저장탱크를 사용하는 경우 그 저장설비의 시설기준은 제1호 가목[1)나)·다) 및 라)는 제외한다]에 따를 것

나) 고압가스 사용시설에 설치·사용하는 제품(용기등 또는 수소용품을 말한다)이 법 제17조 또는 「수소경제 육성 및 수소 안전관리에 관한 법률」 제44조에 따라 검사를 받아야 하는 것인 경우에는 그 검사에 합격한 것일 것

다) 수소용품은 「수소경제 육성 및 수소 안전관리에 관한 법률 시행규칙」 별표 5 제1호라목에 따른 수소가스설비기준 또는 같은 호 바목에 따른 연료전지 설치기준을 충족할 것

나. 기술기준

1) 안전유지기준

가) 충전용기를 이동하면서 사용할 때에는 손수레에 단단하게 묶어 사용해야 하며 사용 종료 후에는 용기보관실에 저장해 둘 것

나) 고압가스의 충전용기는 항상 40℃ 이하를 유지하도록 할 것

다) 고압가스의 충전용기밸브는 서서히 개폐하고 밸브 또는 배관을 가열할 때에는 열습포나 40℃ 이하의 더운 물을 사용할 것

라) 고압가스의 충전용기는 넘어짐 등으로 인한 충격을 방지하는 조치를 해야 하며 사용한 후에는 밸브를 닫을 것

마) 산소를 사용할 때에는 밸브 및 사용기구에 부착된 석유류·유지류, 그 밖의 가연성물질을 제거한 후 사용할 것

2) 점검기준

가) 사용시설은 소비설비의 사용개시 및 사용종료 시에 소비설비의 이상 유무를 점검하는 외에 1일 1회 이상 소비하는 가스의 종류 및 소비설비의 구조에 따라 수시로 소비설비의 작동상황을 점검해야 하며 이상이 있을 때에는 이를 보수한 후 사용할 것

나) 가연성가스, 독성가스 또는 산소가 통하는 설비를 수리·청소 및 철거할 때에는 그 작업의 안전 확보를 위하여 필요한 안전수칙을 준수하고, 작업 후에는 그 설비의 성능유지와 작동성 확인 등 안전 확보를 위하여 필요한 조치를 마련할 것

다. 검사기준

1) 완성검사 및 정기검사의 검사항목은 시설이 적합하게 설치 또는 유지·관리되고 있는지 확인하기 위하여 다음의 검사항목으로 할 것

검사종류	검사항목
가) 완성검사	가목의 시설기준에 규정된 항목
나) 정기검사	① 가목의 시설기준에 규정된 항목 중 해당사항 ② 나목의 기술기준에 규정된 항목[2)는 제외한다] 중 해당사항

    2) 완성검사 및 정기검사는 시설이 검사항목에 적합한지 여부를 명확하게 판정할 수 있는 방법으로 실시할 것

3. 삭제 〈2018.3.13.〉

4. 삭제 〈2010.10.13〉

[별표 9]

〈개정 2022.6.2.〉

고압가스 판매 및 고압가스 수입업의 시설·기술·검사기준(제8조제1항제5호, 제8조제2항, 제28조제4항제5호, 제30조제3항제5호 및 제31조제3항제5호 관련)

1. 용기에 의한 고압가스 판매

  가. 시설기준

    1) 배치기준

      가) 사업소의 부지는 한 면이 폭 4m 이상의 도로에 접할 것. 다만, 교통소통에 지장이 없는 경우에는 그러하지 아니하다.

      나) 고압가스의 저장설비 중 보관할 수 있는 고압가스의 용적이 300m³(액화가스는 3톤)을 넘는 저장설비는 그 외면으로부터 보호시설(사업소에 있는 보호시설 및 전용공업지역에 있는 보호시설은 제외한다)까지 별표 4 제1호가목1)가)에 따른 안전거리를 유지할 것

      다) 저장설비는 그 외면으로부터 화기를 취급하는 장소까지 2m 이상의 우회거리를 유지하여야 할 것

      라) 법 제16조제3항에 따른 완성검사를 받은 후 제1호가목1)나)의 기준에 부적합하게 된 시설에 대하여 다음의 조치를 모두 한 경우에는 해당 기준에 적합한 것으로 본다.

        ① 시설 변경 전과 후의 안전도에 관하여 한국가스안전공사의 평가를 받을 것

        ② ①에 따른 평가 결과에 맞게 시설을 보완할 것

    2) 저장설비기준

      가) 용기보관실의 벽은 불연재료(不燃材料)를 사용하고, 그 지붕은 가벼운 불연재료 또는 난연재료(難燃材料)를 사용할 것. 다만, 허가관청이 건축물의 구조로 보아 가벼운 지붕을 설치하기가 현저히 곤란하다고 인정하는 경우에는 허가관청이 정하는 구조 또는 시설을 갖추어야 한다.

      나) 용기보관실 및 사무실은 한 부지 안에 구분하여 설치할 것. 다만, 해상에서 가스판매업을 하려는 경우에는 용기보관실을 해상구조물 또는 선박에 설치할 수 있다.

      다) 용기보관실은 누출된 가스가 사무실로 유입되지 않는 구조로 설치할 것

      라) 가연성가스·산소 및 독성가스의 용기보관실은 각각 구분하여 설치하고, 각각의 면적은 10m² 이상으로 할 것

      마) 누출된 가스가 혼합될 경우 폭발하거나 독성가스가 생성될 우려가 있는 가스의 용기보관실은 별도로 설치할 것

    3) 사고예방설비기준

      가) 독성가스 및 공기보다 무거운 가연성가스의 용기보관실에는 가스가 누출될 경우 이를 신속히 검지

하여 효과적으로 대응할 수 있도록 하기 위하여 필요한 조치를 마련할 것

나) 독성가스 용기보관실에는 독성가스를 흡수·중화하는 설비의 가동과 연동되도록 경보장치를 설치하고, 독성가스가 누출되었을 경우 그 흡수·중화설비로 이송시킬 수 있는 설비를 갖출 것

다) 가연성가스(암모니아, 브롬화메탄 및 공기 중에서 자기 발화하는 가스는 제외한다)의 가스설비 중 전기설비는 그 설치장소 및 그 가스의 종류에 따라 적절한 방폭성능을 가지는 것일 것

라) 가연성가스의 용기보관실에는 누출된 고압가스가 체류하지 않도록 환기구를 갖추는 등 필요한 조치를 마련할 것

4) 피해저감설비기준

가) 용기보관실의 벽은 방호벽으로 할 것

나) 독성가스를 판매하는 시설에는 그 시설로부터 독성가스가 누출될 경우 독성가스로 인한 피해를 방지하기 위하여 필요한 조치를 마련할 것

5) 부대설비기준

가) 판매시설에는 압력계 및 계량기를 갖출 것

나) 판매업소에는 용기운반자동차의 원활한 통행과 용기의 원활한 하역작업을 위하여 용기보관실 주위에 11.5m² 이상의 부지를 확보할 것

다) 사무실의 면적은 9m² 이상으로 할 것

6) 표시기준

고압가스판매시설의 안전을 확보하기 위하여 필요한 곳에는 고압가스를 취급하는 시설 또는 일반인의 출입을 제한하는 시설이라는 것을 명확하게 알아볼 수 있도록 경계표지, 식별표지 및 위험표지 등 적절한 표지를 하고, 외부인의 출입을 통제할 수 있도록 적절한 경계책을 설치할 것

7) 그 밖의 기준

가) 고압가스 판매시설에 설치 또는 사용하는 용기등이 법 제17조에 따라 검사를 받아야 하는 것인 경우에는 그 검사에 합격한 것일 것

나) 시장·군수 또는 구청장은 가목1)가)·나), 같은 목 2)라) 및 같은 목 5)나)·다)에 해당하는 기준의 2배 이내의 범위에서 시·군 또는 구(자치구인 구를 말한다)의 특수한 상황을 고려하여 강화된 기준을 정하여 고시할 수 있다. 다만, 문화재 보호를 위하여 필요하거나 해당 지방자치단체가 관광특구인 경우에는 산업통상자원부장관과 협의하여 별도의 기준을 조례로 정할 수 있다.

다) 고압가스 판매사업소 대표자와 「액화석유가스의 안전관리 및 사업법」 제3조제2항에 따른 액화석유가스 판매사업 허가를 받은 대표자가 동일하고, 고압가스 판매시설과 액화석유가스 판매시설이 동일부지에 설치된 경우에는 고압가스 판매시설의 사무실면적은 5)다)·7)나)의 면적과 「액화석유가스의 안전관리 및 사업법 시행규칙」 별표 6 제1호가목5)가)·7)가)의 면적 중 넓은 쪽의 면적을 확보하면 5)다)·7)나)에 적합한 것으로 본다.

나. 기술기준

1) 안전유지기준

가) 용기보관장소 또는 용기는 다음의 기준에 적합하게 할 것

① 충전용기와 잔가스용기는 각각 구분하여 용기보관장소에 놓을 것

② 가연성가스·독성가스 및 산소의 용기는 각각 구분하여 용기보관장소에 놓을 것

③ 용기보관장소에는 계량기 등 작업에 필요한 물건 외에는 두지 않을 것

④ 용기보관장소의 주위 2m 이내에는 화기 또는 인화성물질이나 발화성물질을 두지 않을 것

⑤ 충전용기는 항상 40℃ 이하의 온도를 유지하고, 직사광선을 받지 않도록 조치할 것

⑥ 충전용기(내용적이 5L 이하인 것은 제외한다)에는 넘어짐 등에 의한 충격 및 밸브의 손상을 방지하는 등의 조치를 하고 난폭한 취급을 하지 않을 것

⑦ 가연성가스 용기보관장소에는 방폭형 휴대용 손전등 외의 등화를 지니고 들어가지 않을 것

나) 밸브가 돌출한 용기(내용적이 5L 미만인 용기는 제외한다)에는 고압가스를 충전한 후 용기의 넘어짐 및 밸브의 손상을 방지하는 조치를 할 것

다) 판매하는 가스의 충전용기는 외면에 그 강도를 약하게 하는 균열 또는 주름등이 없고 고압가스가 누출되지 않은 것일 것

라) 판매하는 가스의 충전용기가 검사유효기간이 지났거나, 도색이 불량한 경우에는 그 용기충전자에게 반송할 것

마) 가연성가스 또는 독성가스의 충전용기를 인도할 때에는 가스의 누출 여부를 인수자가 보는 데서 확인할 것

2) 공급자의무기준

가) 고압가스는 「계량에 관한 법률」에 따른 법정단위로 계량한 용적 또는 질량으로 판매할 것

나) 고압가스를 공급할 때에는 수요자시설의 안전을 확보하기 위하여 필요한 안전점검인원 및 점검장비 등을 갖추고 적절한 방법으로 점검을 할 것

다. 검사기준

1) 중간검사·완성검사·정기검사 및 수시검사의 검사항목은 시설이 적합하게 설치 또는 유지·관리되고 있는지 확인하기 위하여 다음의 검사항목으로 할 것

검사종류	검사항목
가) 중간검사	가목의 시설기준에 규정된 항목 중 4)가)(방호벽의 기초설치 공정으로 한정함)
나) 완성검사	가목의 시설기준에 규정된 항목. 다만, 중간검사에서 확인된 검사항목은 제외할 수 있다.
다) 정기검사	① 가목의 시설기준에 규정된 항목 중 해당사항 ② 나목의 기술기준에 규정된 항목[1)다)·라)·마), 2)가)는 제외한다] 중 해당 사항
라) 수시검사	시설별 정기검사 항목 중에서 다음에 열거한 안전장치의 유지·관리 상태 중 필요한 사항과 법 제11조에 따른 안전관리규정 이행 실태 ① 독성가스 제해설비 ② 가스누출 검지경보장치 ③ 강제환기시설 ④ 안전용 접지기기, 방폭전기기기 ⑤ 그 밖에 안전관리상 필요한 사항

2) 중간검사·완성검사·정기검사 및 수시검사는 시설이 검사항목에 적합한지를 명확하게 판정할 수 있는 방법으로 실시할 것

2. 배관에 의한 고압가스 판매

가. 시설기준

1) 배치기준

제1호가목1)에 따를 것

2) 기초기준

고압가스설비의 기초는 그 설비에 유해한 영향을 끼치지 않도록 필요한 조치를 마련할 것. 이 경우 저장 탱크(저장능력 100m³ 또는 1톤 이상인 것만을 말한다)의 받침대는 동일한 기초 위에 설치할 것

3) 저장설비기준

가) 저장탱크(가스홀더를 포함한다)의 구조는 그 저장탱크를 보호하고 그 저장탱크로부터의 가스누출을 방지하기 위하여 그 저장탱크에 저장하는 가스의 종류·온도·압력 및 그 저장탱크의 사용 환경에 따라 적절한 것으로 하고, 저장능력 5톤(가연성 또는 독성의 가스가 아닌 경우에는 10톤) 또는

500m³(가연성 또는 독성의 가스가 아닌 경우에는 1000m³) 이상인 저장탱크 및 압력용기(반응·분리·정제·증류를 위한 탑류로서 높이 5m 이상인 것만을 말한다)에는 지진발생 시 저장탱크를 보호하기 위하여 내진성능 확보를 위한 조치 등 필요한 조치를 마련하며, 5m³ 이상의 가스를 저장하는 것에는 가스방출장치를 설치할 것

나) 가연성가스 저장탱크(저장능력이 300m³ 또는 3톤 이상인 탱크만을 말한다)와 다른 가연성가스 저장탱크 또는 산소저장탱크 사이에는 두 저장탱크 최대지름을 더한 길이의 4분의 1 이상의 거리를 유지하는 등 하나의 저장탱크에서 발생한 위해요소가 다른 저장탱크로 전이되지 않도록 하고, 저장탱크를 지하 또는 실내에 설치하는 경우에는 그 저장탱크 설치실 안에서의 가스폭발을 방지하기 위하여 필요한 조치를 마련할 것

다) 저장실은 그 저장실에서 고압가스가 누출될 경우 재해가 확대되는 것을 방지할 수 있도록 설치할 것

라) 저장탱크에는 그 저장탱크를 보호하기 위하여 부압파괴방지 조치, 과충전방지 조치 등 필요한 조치를 마련할 것

4) 가스설비기준

가) 가스설비의 재료는 그 고압가스의 취급에 적합한 기계적 성질 및 화학적 성분을 가지는 것일 것

나) 가스설비의 구조는 고압가스를 안전하게 취급할 수 있는 적절한 것일 것

다) 가스설비의 강도 및 두께는 그 고압가스를 안전하게 취급할 수 있는 적절한 것일 것

라) 가스설비의 성능은 그 고압가스를 안전하게 취급할 수 있는 적절한 것일 것

5) 배관설비기준

가) 배관의 재료는 그 고압가스의 취급에 적합한 기계적 성질 및 화학적 성분을 가지는 것일 것

나) 배관의 구조는 고압가스를 안전하게 수송할 수 있는 적절한 것일 것

다) 배관의 강도 및 두께는 그 고압가스를 안전하게 취급할 수 있는 적절한 것일 것

라) 배관의 접합은 고압가스의 누출을 방지할 수 있도록 확실한 방법으로 하고, 이를 확인하기 위하여 필요한 경우에는 비파괴시험을 할 것

마) 배관은 신축 등으로 고압가스가 누출되는 것을 방지하기 위하여 필요한 조치를 마련할 것

바) 배관은 수송하는 가스의 특성 및 설치환경의 조건을 고려하여 위해의 염려가 없도록 설치하고, 배관의 안전한 유지·관리를 위하여 필요한 설비를 설치하거나 필요한 조치를 마련할 것

6) 사고예방설비기준

가) 고압가스설비에는 그 설비 안의 압력이 상용압력을 초과하는 경우 즉시 그 압력을 상용압력 이하로 되돌릴 수 있는 안전장치를 설치하는 등 필요한 조치를 마련할 것

나) 위험성이 높은 고압가스설비(내용적이 5천 L 미만인 것은 제외한다)에 부착된 배관에는 긴급 시 가스의 누출을 효과적으로 차단할 수 있는 조치를 마련하고, 필요한 곳에는 역류 및 역화를 방지할 수 있는 적절한 장치를 설치할 것

다) 저장탱크 또는 배관에는 그 저장탱크가 부식되는 것을 방지하기 위하여 필요한 조치를 마련할 것

7) 피해저감설비기준

가) 가연성가스, 독성가스 또는 산소의 액화가스 저장탱크(가연성가스 또는 산소의 액화가스 저장탱크는 저장능력 5천 L 이상, 독성가스의 액화가스 저장탱크는 저장능력 5톤 이상)의 주위에는 액상의 가스가 누출된 경우에 그 유출을 방지하기 위한 조치를 마련할 것

나) 저장탱크 또는 배관에는 그 저장탱크 또는 배관을 보호하기 위하여 온도상승방지조치 등 필요한 조치를 마련할 것

8) 부대설비기준

고압가스판매시설에는 이상사태가 발생하는 것을 방지하고 이상사태 발생 시 그 확대를 방지하기 위하여 압력계·비상전력설비 등 필요한 설비를 설치할 것

9) 그 밖의 기준

   가) 가목 1)부터 8)까지의 시설기준 외에 배관에 의한 고압가스 판매의 시설기준은 제1호가목의 시설기준을 따를 것

   나) 고압가스 판매시설에 설치·사용하는 수소용품이「수소경제 육성 및 수소 안전관리에 관한 법률」제44조에 따라 검사를 받아야 하는 것인 경우에는 그 검사에 합격한 것일 것

   다) 수소용품은「수소경제 육성 및 수소 안전관리에 관한 법률 시행규칙」별표 5 제1호라목에 따른 수소가스설비기준 또는 같은 호 바목에 따른 연료전지 설치기준을 충족할 것

나. 기술기준

1) 안전유지기준

   가) 고압가스설비 중 진동이 심한 곳에는 진동을 최소한도로 줄일 수 있는 조치를 할 것

   나) 고압가스설비를 이음쇠로 접속할 때에는 그 이음쇠와 접속되는 부분에 잔류응력이 남지 않도록 조립하고 이음쇠밸브류를 나사로 조일 때에는 무리한 하중이 걸리지 않도록 하며, 상용압력이 19.6MPa 이상이 되는 곳의 나사는 나사게이지로 검사한 것일 것

   다) 가스설비에 설치한 밸브 또는 콕(조작스위치에 의하여 그 밸브 또는 콕을 개폐하는 경우에는 그 조작스위치를 말한다. 이하 "밸브등"이라 한다)에는 다음의 기준에 따라 종업원이 그 밸브등을 적절히 조작할 수 있도록 조치할 것

     ① 밸브등에는 그 밸브등의 개폐방향(조작스위치에 의하여 그 밸브등이 설치된 가스설비에 안전상 중대한 영향을 미치는 밸브등에는 그 밸브등의 개폐상태를 포함한다)이 표시되도록 할 것

     ② 밸브등(조작스위치에 의하여 개폐하는 것은 제외한다)이 설치된 배관에는 그 밸브등의 가까운 부분에 쉽게 알아볼 수 있는 방법으로 그 배관 내의 가스나 그 밖의 유체의 종류 및 방향이 표시되도록 할 것

     ③ 조작함으로써 그 밸브등이 설치된 가스설비에 안전상 중대한 영향을 미치는 밸브등 중에서 항상 사용하지 않는 것(긴급 시에 사용하는 것은 제외한다)에는 자물쇠 채움 또는 봉인하는 등의 조치를 해 둘 것

     ④ 밸브등을 조작하는 장소에는 그 밸브등의 기능 및 사용빈도에 따라 그 밸브등을 확실히 조작하는 데에 필요한 발판과 조명도를 확보할 것

   라) 안전밸브 또는 방출밸브에 설치된 스톱밸브는 그 밸브의 수리 등을 위하여 특별히 필요한 때를 제외하고는 항상 완전히 열어 놓을 것

   마) 산소 외의 고압가스 설비의 기밀시험이나 시운전을 할 때에는 산소 외의 고압가스를 사용하고, 공기를 사용할 때에는 미리 그 설비 중에 있는 가연성가스를 방출한 후에 해야 하며, 온도는 그 설비에 사용하는 윤활유의 인화점 이하로 유지할 것

   바) 가연성가스 또는 산소의 가스설비의 부근에는 작업에 필요한 양 이상의 연소되기 쉬운 물질을 두지 않을 것

   사) 석유류·유지류 또는 글리세린은 산소압축기의 내부윤활제로 사용하지 않고, 공기압축기의 내부윤활유는 재생유가 아닌 것으로서 사용 조건에 안전성이 있는 것일 것

   아) 가연성가스 또는 독성가스의 저장탱크 긴급차단장치에 딸린 밸브 외에 설치한 밸브 중 그 저장탱크의 가장 가까운 부근에 설치한 밸브는 가스를 송출하거나 옮겨 넣을 때 외에는 잠가 둘 것

   자) 차량에 고정된 탱크(내용적이 2천 L 이상인 것만을 말한다)에 고압가스를 충전하거나 그로부터 가스를 옮겨 넣을 때에는 차량정지목을 설치하는 등 그 차량이 고정되도록 할 것

   차) 차량에 고정된 탱크 및 용기에는 안전밸브 등 필요한 부속품이 장치되어 있어야 하며 그 부속품은 다음 기준에 적합할 것

     ① 가연성가스 또는 독성가스를 충전하는 차량에 고정된 탱크 및 용기(시안화수소의 용기 또는

24.5MPa 이상의 압력으로 실시한 내압시험에 합격한 소방설비 또는 항공기에 비치되는 탄산가스용기는 제외한다)에는 안전밸브가 부착되어 있고 그 안전밸브의 성능이 그 탱크 또는 용기에 대한 내압시험압력의 10분의 8 이하의 압력에서 작동할 수 있는 것일 것

② 긴급차단장치는 그 성능이 원격조작에 의하여 작동되고 차량에 고정된 탱크 또는 이에 접속하는 배관 외면의 온도가 110℃일 때에 자동적으로 작동할 수 있는 것일 것

③ 차량에 고정된 탱크에 부착되는 밸브·안전밸브·부속배관 및 긴급차단장치는 그 내압성능 및 기밀성능이 그 탱크의 내압시험압력 및 기밀시험압력 이상의 압력으로 하는 내압시험 및 기밀시험에 합격될 수 있는 것일 것

2) 점검기준

가) 고압가스 판매설비의 사용개시 전과 사용종료 후에는 반드시 그 판매설비에 속하는 판매시설의 이상 유무를 점검하는 외에 1일 1회 이상 판매설비의 작동상황에 대하여 점검·확인을 하고 이상이 있을 때에는 그 설비의 보수 등 필요한 조치를 할 것

나) 안전밸브[액화산소저장탱크의 경우에는 안전장치를 말하며, 액체의 열팽창으로 인한 배관의 파열방지용 안전밸브는 제외한다. 이하 나)에서 같다] 중 압축기의 최종단에 설치한 것은 1년에 1회 이상, 그 밖의 안전밸브는 2년에 1회 이상 조정을 하여 고압가스설비가 파손되지 않도록 적절한 압력 이하에서 작동이 되도록 할 것. 다만, 법 제4조에 따라 고압가스특정제조허가를 받은 시설에 설치된 안전밸브의 조정주기는 4년(압력용기에 설치된 안전밸브는 그 압력용기의 내부에 대한 재검사주기)의 범위에서 연장할 수 있다.

3) 수리·청소 및 철거 기준

가스설비를 수리·청소 및 철거할 때에는 그 작업의 안전 확보를 위하여 필요한 안전수칙을 준수하고, 수리 및 청소 후에는 그 설비의 성능 유지와 작동성 확인 등 안전 확보를 위하여 필요한 조치를 마련할 것

4) 그 밖의 기준

나목 중 1)부터 3)까지의 기술기준 외에 배관에 의한 고압가스 판매의 기술기준은 제1호나목의 기술기준을 따를 것

다. 검사기준

1) 중간검사·완성검사·정기검사 및 수시검사의 검사항목은 시설이 적합하게 설치 또는 유지·관리되고 있는지 확인하기 위하여 다음의 검사항목으로 할 것

검사종류	검사항목
가) 중간검사	제2호가목2)(저장탱크의 기초설치 공정으로 한정함), 3)나)(저장탱크를 지하에 매설하기 직전의 공정으로 한정함), 4)라)(가스설비의 설치가 완료되어 내압시험을 할 수 있는 상태의 공정으로 한정함), 5)가)·나)·라)·마)·바)(배관을 지하에 매설하는 경우 한국가스안전공사가 지정하는 부분을 매몰하기 직전의 공정으로 한정함)
나) 완성검사	가목의 시설기준에 규정된 항목. 다만, 중간검사에서 확인된 검사항목은 제외할 수 있다.
다) 정기검사	① 가목의 시설기준에 규정된 항목 중 해당 사항 ② 나목의 기술기준에 규정된 항목 중 해당 사항
라) 수시검사	시설별 정기검사 항목 중에서 다음에 열거한 안전장치의 유지·관리 상태 중 필요한 사항과 법 제11조에 따른 안전관리규정 이행 실태 ① 안전밸브 ② 긴급차단장치 ③ 독성가스 제해설비 ④ 가스누출 검지경보장치

검사종류	검사항목
라) 수시검사	⑤ 물분무장치(살수장치포함) 및 소화전 ⑥ 긴급이송설비 ⑦ 강제환기시설 ⑧ 안전제어장치 ⑨ 운영상태 감시장치 ⑩ 안전용 접지기기, 방폭전기기기 ⑪ 그 밖에 안전관리에 필요한 사항

2) 중간검사·완성검사·정기검사 및 수시검사는 시설이 검사항목에 적합한지 여부를 명확하게 판정할 수 있는 방법으로 실시할 것

[별표 9의2]
〈개정 2021.2.26.〉

고압가스 운반차량의 시설·기술기준(제8조제1항제6호 및 제8조제3항 관련)

1. 시설기준
   가. 영 제5조의4제1항제1호·제4호 또는 제5호에 따른 고압가스운반차량
   1) 독성가스 용기 운반차량
      가) 차량구조
         독성가스를 운반하는 차량은 용기를 안전하게 취급하고, 용기에서 가스가 누출될 경우 외부에 피해를 끼치지 않도록 하기 위하여 적재함, 리프트 등 적절한 구조의 설비를 갖출 것. 다만, 허용농도가 100만분의 200 이하인 독성가스 용기 중 내용적이 1천L 미만인 충전용기를 운반하는 차량의 적재함은 밀폐된 구조일 것
      나) 경계표지 설치
         ① 독성가스를 운반하는 차량에는 그 차량에 적재된 독성가스로 인한 위해(危害)를 예방하기 위하여 일반인이 쉽게 알아볼 수 있도록 그 차량 앞뒤의 보기 쉬운 곳에 각각 붉은 글씨로 "위험 고압가스" 및 "독성가스" 라는 경계표시와 위험을 알리는 도형 및 상호와 사업자의 전화번호를 표시할 것
         ② 독성가스를 운반하는 차량에는 운반기준 위반행위를 신고할 수 있도록 등록관청의 전화번호 등이 표시된 안내문을 부착할 것
      다) 보호장비 비치
         ① 독성가스를 운반하는 차량에는 그 차량에 적재된 독성가스로 인한 위해를 예방하기 위하여 소화설비, 인명보호장비 및 응급조치 장비를 갖출 것
         ② 용기의 충격을 완화하기 위하여 완충판 등을 비치할 것
   2) 독성가스 외 용기 운반차량
      가) 차량구조
         독성가스 외의 고압가스를 운반하는 차량은 용기를 안전하게 취급하고, 용기에서 가스가 누출될 경우 외부에 피해를 끼치지 않도록 하기 위하여 적재함, 리프트 등 적절한 구조의 설비를 갖출 것

　　나) 경계표지 설치

　　　① 독성가스 외의 고압가스를 운반하는 차량에는 그 차량에 적재된 고압가스로 인한 위해를 예방하기 위하여 일반인이 쉽게 알아볼 수 있도록 그 차량 앞뒤의 보기 쉬운 곳에 붉은 글씨로 "위험고압가스"라는 경계표시 및 상호와 사업자의 전화번호를 표시할 것

　　　② 독성가스 외의 고압가스를 운반하는 차량에는 운반기준 위반행위를 신고할 수 있도록 등록관청의 전화번호 등이 표시된 안내문을 부착할 것

　　다) 보호장비 비치

　　　① 가연성가스 또는 산소를 운반하는 차량에는 그 차량에 적재된 가스로 인한 위해를 예방하기 위하여 비상 상황 발생 시 효과적으로 대응할 수 있도록 소화설비, 인명보호장비 및 응급조치장비 등 적절한 장비를 갖출 것

　　　② 용기의 충격을 완화하기 위하여 완충판 등을 비치할 것

나. 영 제5조의4제1항제2호에 따른 차량에 고정된 탱크 운반차량

　1) 탱크 설치

　　가) 가연성가스(액화석유가스는 제외한다) 및 산소탱크의 내용적은 1만 8천L, 독성가스(액화암모니아는 제외한다)의 탱크의 내용적은 1만 2천L를 초과하지 않을 것. 다만, 철도차량 또는 견인되어 운반되는 차량에 고정하여 운반하는 탱크의 경우에는 그렇지 않다.

　　나) 차량에 고정된 저장탱크에는 그 저장탱크를 보호하고 그 저장탱크로부터 가스가 누출되는 경우 재해 확대를 방지하기 위하여 온도계 및 액면계 등 필요한 설비를 설치하고, 액면요동방지 조치, 돌출 부속품의 보호조치, 밸브 콕 개폐표시 조치 등 필요한 조치를 할 것

　2) 경계표지 설치

　　차량에 고정된 저장탱크에는 그 차량에 적재된 가스로 인한 위해를 예방하기 위하여 일반인이 쉽게 알아볼 수 있도록 각각 붉은 글씨로 "위험 고압가스"라는 경계표지를 할 것

　3) 응급조치장비 비치

　　차량에 고정된 탱크에는 그 차량 또는 적재된 탱크로부터 가스가 누출될 경우 그 가스로 인한 재해발생을 방지하기 위하여 필요한 조치를 할 것

다. 영 제5조의4제1항제3호에 따른 차량에 고정된 2개 이상을 서로 연결한 이음매 없는 용기의 운반차량

　1) 용기 설치

　　차량에 고정된 2개 이상을 서로 연결한 이음매 없는 용기(이하 "차량에 고정된 용기"라 한다)의 운반차량에는 용기를 보호하고 그 용기로부터 가스가 누출될 경우 재해 확대를 방지하기 위하여 검지봉 및 주밸브 등 필요한 설비를 설치하고, 용기 고정조치, 용기, 부속품의 보호조치 및 밸브 콕 개폐표시 조치 등 필요한 조치를 마련할 것

　2) 배관 등 설치

　　가) 배관의 재료, 강도 및 두께는 그 고압가스를 안전하게 취급할 수 있을 것

　　나) 배관 · 밸브 · 과압안전장치는 내압성능 및 기밀성능을 유지할 것

　　다) 배관에는 배관의 안전한 유지 · 관리를 위하여 과압안전장치, 압력계 및 긴급탈압밸브 등 필요한 설비를 설치하고 필요한 조치를 할 것

　3) 용기 고정장치의 설치

　　용기를 차량에 고정하기 위한 장치 및 그 부속품은 충분한 강도와 내구성을 가진 적절한 것으로 하고, 용기, 배관 및 밸브 등을 손상으로부터 보호할 수 있는 구조로 할 것

　4) 경계표지 설치

　　차량에 고정된 용기 운반차량에는 그 차량에 적재된 가스로 인한 위해를 예방하기 위하여 일반인이 쉽게 알아볼 수 있도록 각각 붉은 글씨로 "위험고압가스"라는 경계표지를 할 것

5) 응급조치장비 비치

차량에 고정된 용기 운반차량에는 그 차량 또는 적재된 용기로부터 가스가 누출될 경우 그 가스로 인한 재해발생을 방지하기 위하여 필요한 조치를 마련할 것

라. 영 제5조의4제1항 제6호에 따른 탱크컨테이너 운반차량

국제표준화기구(ISO)의 규격에 따른 암모니아용·헬륨용·액화천연가스용·질소용·이산화탄소용·액화석유가스용 탱크컨테이너의 운반차량에 대한 시설기준은 산업통상자원부장관이 고시하는 바에 따른다.

2. 기술기준

가. 영 제5조의4제1항제1호·제4호 또는 제5호에 따른 고압가스운반차량

1) 독성가스 용기 운반차량

가) 적재 및 하역작업

① 충전용기를 차량에 적재하여 운반할 때에는 고압가스 운반차량에 세워서 운반할 것

② 차량의 최대적재량을 초과하여 적재하지 않을 것

③ 밸브가 돌출한 충전용기는 고정식 프로텍터 또는 캡을 부착시켜 밸브의 손상을 방지하는 조치를 한 후 운반할 것

④ 충전용기를 운반할 때에는 넘어짐 등으로 인한 충격을 방지하기 위하여 충전용기를 단단하게 묶을 것

⑤ 충전용기를 차에 싣거나 차에서 내릴 때에는 충격을 받지 않도록 하며, 충격을 최소한으로 방지하기 위하여 완충판 등을 차량 등에 갖추고 사용할 것

⑥ 독성가스 중 가연성가스와 조연성(助燃性)가스는 같은 차량의 적재함으로 운반하지 않을 것

⑦ 충전용기는 자전거나 오토바이에 적재하여 운반하지 않을 것

나) 운행기준

① 가스운반차량을 운행할 때에는 그 가스로 인한 위해를 방지하기 위하여 주의사항의 비치, 안전점검, 안전수칙 순수 등 안전 확보에 필요한 조치를 할 것

② 고압가스를 운반하는 도중에 주차를 하려면 충전용기를 차에 싣거나 차에서 내릴 때를 제외하고는 별표 2의 보호시설 부근과 육교 및 고가차도 등의 부근을 피하고, 주위의 교통상황·지형조건·화기 등을 고려하여 안전한 장소에 주차해야 하며, 주차 시에는 엔진을 정지시킨 후 주차제동장치를 걸어 놓고 차바퀴를 고정목으로 고정시킬 것

③ 운반 중에는 충전용기를 항상 40℃ 이하로 유지할 것

④ 다)에 따른 독성가스를 운반하는 때에는 그 고압가스의 명칭·성질 및 이동 중의 재해방지를 위하여 필요한 주의사항을 적은 서면을 운반책임자 또는 운전자에게 내주고 운반 중에 지니게 할 것

⑤ 고압가스를 적재하여 운반하는 차량은 차량의 고장, 교통사정이나 운반책임자 또는 운전자의 휴식 등 부득이한 경우를 제외하고는 장시간 정차하여서는 아니 되며, 운반책임자와 운전자가 동시에 차량에서 이탈하지 않을 것

⑥ 고압가스를 운반할 때에는 운반책임자 또는 고압가스 운반차량의 운전자에게 그 고압가스의 위해 예방에 필요한 사항을 주지시킬 것

⑦ 고압가스를 운반하는 자는 그 고압가스를 수요자에게 인도할 때까지 최선의 주의를 다하여 안전하게 운반해야 하며, 고압가스를 보관할 때에는 안전한 장소에 보관·관리할 것

⑧ 200km 이상의 거리를 운행하는 경우에는 중간에 충분한 휴식을 취한 후 운행할 것

⑨ 독성가스 용기를 적재하여 운반하는 중 누출 등의 위해 우려가 있는 경우에는 소방서 및 경찰서에 신고하고, 독성가스를 도난당하거나 분실한 때에는 즉시 그 내용을 경찰서에 신고할 것

⑩ 독성가스 용기를 적재하여 운반할 경우에는 노면이 나쁜 도로에서는 되도록 운행하지 말 것. 다만, 부득이하게 노면이 나쁜 도로를 운행할 경우에는 운행개시 전에 충전용기의 적재상황을 재점

검하여 이상이 없는지를 확인하여야 한다.

⑪ 독성가스 용기를 적재하여 운반하는 때에는 노면이 나쁜 도로를 운행한 후 일단 정지하여 적재상황·용기밸브·로프 등의 풀림 등이 없는지를 확인할 것

다) 운반책임자 동승기준

다음 표에서 정한 기준 이상의 독성가스 용기를 차량에 적재하여 운반하는 경우 운전자 외에 한국가스안전공사에서 실시하는 운반에 관한 소정의 교육을 이수한 자, 안전관리책임자 또는 안전관리원 자격을 가진 자(이하 "운반책임자"라 한다)를 동승시켜 운반에 대한 감독 또는 지원을 하도록 할 것. 다만, 운전자가 운반책임자의 자격을 가진 경우에는 운반책임자의 자격이 없는 자를 동승시킬 수 있다.

가스의 종류		기 준
압축가스	허용농도가 100만분의 200 초과, 100만분의 5,000 이하	100m³ 이상
	허용농도가 100만분의 200 이하	10m³ 이상
액화가스	허용농도가 100만분의 200 초과, 100만분의 5,000 이하	1천kg 이상
	허용농도가 100만분의 200 이하	100kg 이상

2) 독성가스 외 용기 운반차량

가) 적재 및 하역 작업

① 충전용기는 이륜차에 적재하여 운반하지 않을 것. 다만, 다음 ㉮부터 ㉰까지에 모두 해당하는 경우에는 액화석유가스 충전 용기를 이륜차(자전거는 제외한다. 이하 같다)에 적재하여 운반할 수 있다.

㉮ 차량이 통행하기 곤란한 지역의 경우 또는 시·도지사가 이륜차에 의한 운반이 가능하다고 지정하는 경우

㉯ 이륜차가 넘어질 경우 용기에 손상이 가지 않도록 제작된 용기운반 전용적재함을 장착한 경우

㉰ 적재하는 충전용기의 충전량이 20kg 이하이고, 적재하는 충전용기의 수가 2개 이하인 경우

② 염소와 아세틸렌·암모니아 또는 수소는 한 차량에 적재하여 운반하지 않을 것

③ 가연성가스와 산소를 동일차량에 적재하여 운반하는 경우에는 그 충전용기의 밸브가 서로 마주보지 않도록 적재할 것

④ 충전용기와 「위험물 안전관리법」 제2조 제1항 제1호에서 정하는 위험물과는 동일차량에 적재하여 운반하지 아니할 것

⑤ 그 밖에 적재 및 하역작업에 필요한 기준은 가목 1) 가)의 기준을 적용할 것

나) 운행기준

① 다)에 따른 고압가스를 운반할 때에는 그 고압가스의 명칭·성질 및 이동 중의 재해방지를 위하여 필요한 주의사항을 적은 서면을 운반책임자나 운전자에게 내주고 운반 중에 지니도록 할 것

② 그 밖에 운행에 관한 기준은 가목 1) 나)의 기준을 적용할 것

다) 운반책임자 동승기준

다음 표에 정하는 기준 이상의 고압가스를 차량에 적재하여 운반할 경우에는 운반책임자를 동승시켜 운반에 대한 감독 또는 지원을 하도록 할 것. 다만, 운전자가 운반책임자의 자격을 가진 경우에는 운반책임자의 자격이 없는 사람을 동승시킬 수 있다.

가스의 종류		기준
압축가스	가연성가스	$300 \, m^3$ 이상
	조연성가스	$600 \, m^3$ 이상
액화가스	가연성가스	3천 kg 이상
	조연성가스	6천 kg 이상

나. 영 제5조의4제1항제2호에 따른 차량에 고정된 탱크 운반차량

  1) 이입 및 이송 작업

    저장설비로부터 차량에 고정된 탱크에 가스를 이입하거나 차량에 고정된 탱크로부터 저장설비에 가스를 이송할 때에는 가스의 누출을 방지하고 누출된 가스로 인한 재해의 확대를 방지하기 위하여 작업상황에 따라 적절한 조치를 하되, 고압가스를 저장탱크에 충전한 사업소의 안전관리자는 저장설비에 대하여 안전점검을 하고 그 결과를 기록·보존할 것

  2) 운행기준

    가) 고압가스를 운반하는 도중에 주차를 하려면 저장탱크 등에 고압가스를 이입하거나 그 저장탱크 등으로부터 고압가스를 송출할 때를 제외하고는 별표 2의 보호시설 부근과 육교 및 고가차도 등의 아래 또는 부근을 피하고, 주위의 교통상황·지형조건·화기 등을 고려하여 안전한 장소를 택하여 주차해야 하며, 주차 시에는 엔진을 정지시킨 후 주차제동장치를 걸어 놓고 차바퀴를 고정목으로 고정시킬 것

    나) 차량에 고정된 탱크는 그 온도를 항상 40℃ 이하로 유지할 것

    다) 3)에 따른 고압가스를 운반하는 경우의 운반책임자(운전자가 운반책임자의 자격을 가진 경우에는 운전자를 말한다)는 운반 도중에 응급조치를 위한 긴급지원을 요청할 수 있도록 운반경로의 주위에 소재하는 그 고압가스의 제조·저장·판매자, 수입업자 및 경찰서·소방서의 위치 등을 파악하고 있을 것

    라) 3)에 따른 고압가스를 운반하는 자는 시장·군수 또는 구청장이 지정하는 도로·시간·속도에 따라 운반할 것

    마) 차량에 고정된 탱크를 운반할 때에는 그 고압가스의 명칭·성질 및 운반 중의 재해방지를 위하여 필요한 주의사항을 적은 서면을 운반책임자 또는 운전자에게 내주고 운반 중에 휴대하게 할 것

    바) 차량에 고정된 탱크에 의하여 고압가스의 운반을 시작할 때 또는 운반을 종료하였을 때에는 가스누출 등의 이상 유무를 점검하고 이상이 있을 때에는 보수를 하거나 그 밖에 위험을 방지하기 위한 조치를 할 것

    사) 그 밖에 운전상의 주의사항은 제2호가목2)의 기준을 따를 것

  3) 운반책임자 동승기준

    다음 표에서 정한 기준 이상의 고압가스를 200km를 초과하는 거리까지 운반할 때에는 운반책임자를 동승시켜 운반에 대한 감독 또는 지원을 하도록 할 것. 다만, 액화석유가스용 차량에 고정된 탱크에 폭발방지장치를 설치하고 운반하는 경우 및 「액화석유가스의 안전관리 및 사업법 시행규칙」 제2조 제1항 제3호에 따른 소형저장탱크에 액화석유가스를 공급하기 위한 차량에 고정된 탱크로서 액화석유가스의 충전능력이 5톤 이하인 차량에 고정된 탱크로 운반하는 경우에는 그렇지 않으며, 운전자가 운반책임자의 자격을 가진 경우에는 동승자를 운반책임자의 자격이 없는 자로 할 수 있다.

가스의 종류		기준
액화가스	가연성가스	3천 kg 이상
	독성가스	1천 kg 이상
	조연성가스	6천 kg 이상
압축가스	가연성가스	300 m³ 이상
	독성가스	100 m³ 이상
	조연성가스	600 m³ 이상

다. 영 제5조의4제1항제3호에 따른 차량에 고정된 2개 이상을 서로 연결한 이음매 없는 용기의 운반차량
차량에 고정된 2개 이상을 서로 연결한 이음매 없는 용기의 운반차량의 기술기준에 관한 사항은 제2호나목
을 따르며, 이 경우 "탱크"를 "용기"로 본다.

라. 영 제5조의4제1항제6호에 따른 탱크컨테이너 운반차량
국제표준화기구(ISO)의 규격에 따른 암모니아용 · 헬륨용 · 액화천연가스용 · 질소용 · 이산화탄소용 · 액화
석유가스용 탱크컨테이너 운반차량에 대한 기술기준은 산업통상자원부장관이 고시하는 바에 따른다.

[별표 10]
〈개정 2022.1.7.〉

용기 제조의 시설 · 기술 · 검사기준과 용기의 재검사기준
(제9조제1호, 제9조의2제3항, 제28조제4항제6호, 제43조제1항제1호 및
제44조제2항 관련)

1. 시설기준
   가. 용기를 제조하려는 자는 이 별표의 기술기준에 따라 용기를 제조하기 위하여 필요한 제조설비를 갖출 것.
   다만, 규칙 제5조제2항제3호에 따른 기술검토 결과 부품생산 전문업체의 설비를 이용하거나 그로부터 부품
   을 공급받더라도 품질관리에 지장이 없다고 인정된 경우에는 그 부품생산에 필요한 설비를 갖추지 않을
   수 있다.
   나. 용기를 제조하려는 자는 이 별표의 검사기준에 따라 용기를 검사하기 위하여 필요한 검사설비를 갖출 것
2. 기술기준
   가. 용기의 재료는 그 용기의 안전성을 확보하기 위하여 충전하는 고압가스의 종류 · 압력 · 온도 및 사용환경에
   적절한 것일 것
   나. 용기의 두께는 그 용기의 안전성을 확보하기 위하여 그 용기에 사용한 재료, 충전하는 고압가스의 종류 · 압
   력 · 온도 및 사용환경에 적합한 것일 것
   다. 용기의 구조는 그 용기의 안전성 및 편리성을 확보하기 위하여 충전하는 고압가스의 종류 · 압력 · 온도 및
   사용환경에 적절한 것일 것
   라. 용기의 치수는 그 용기의 안전성 및 호환성을 확보하기 위하여 필요한 경우 그 용기의 재료, 충전하는 고압
   가스의 종류 · 충전압력 · 온도 및 사용환경에 적절한 것일 것
   마. 용기의 용접은 그 용기 이음매의 기계적 강도를 확보하기 위하여 필요한 경우 그 용기의 재료 및 구조에
   따라 적절한 방법으로 할 것
   바. 용기의 열처리는 그 용기의 안전성을 확보하기 위하여 필요한 경우 그 용기의 재료 및 두께에 따라 적절한

방법으로 할 것

사. 용기에는 그 용기의 부식을 방지하기 위하여 필요한 경우 적절한 부식방지 조치를 할 것

아. 용기에는 그 용기의 부속품을 보호하기 위하여 적절한 부속장치를 부착할 것

자. 복합재료용기는 그 용기의 안전을 확보하기 위하여 그 용기에 충전하는 고압가스의 종류 및 압력을 다음과 같이 할 것

    1) 충전하는 고압가스는 가연성인 액화가스가 아닐 것

    2) 최고충전압력은 35MPa(산소용은 20MPa) 이하일 것

차. 아세틸렌충전용 용기는 그 용기의 안전을 확보하기 위하여 그 용기에 충전하는 다공질물 및 용해제는 아세틸렌의 분해폭발을 방지할 수 있도록 적절한 품질·충전량 및 다공도를 갖는 것일 것

카. 재충전 금지용기는 그 용기의 안전을 확보하기 위하여 다음 기준에 적합하게 할 것

    1) 용기와 용기부속품을 분리할 수 없는 구조일 것

    2) 최고충전압력(MPa)의 수치와 내용적(L)의 수치를 곱한 값이 100 이하일 것

    3) 최고충전압력이 22.5MPa 이하이고 내용적이 25L 이하일 것

    4) 최고충전압력이 3.5MPa 이상인 경우에는 내용적이 5L 이하일 것

    5) 가연성가스 및 독성가스를 충전하는 것이 아닐 것

타. 이동식 부탄연소기용 접합용기는 그 용기의 안전을 확보하기 위하여 압력방출기능을 갖는 구조일 것

3. 검사기준

가. 제조시설 검사기준

제조시설 검사는 이 별표의 시설기준에 따라 제조설비 및 검사설비를 갖추었는지 확인하기 위하여 필요한 항목에 대하여 적절한 방법으로 할 것

나. 용기 신규검사기준

용기의 신규검사는 이 표에 따른 기술기준과 검사기준에의 적합 여부에 대하여 설계단계검사를 하고 그 설계단계검사에 합격한 용기에 대하여 생산단계검사를 할 것

    1) 설계단계검사

        가) 다음 중 어느 하나에 해당하는 경우 설계단계검사를 실시할 것

            ① 용기 제조자가 그 제조소에서 일정 형식의 용기를 처음 제조하는 경우

            ② 수입업자가 일정형식의 용기를 처음 수입하는 경우

            ③ 설계단계검사를 받은 형식의 용기의 구조, 모양 또는 주요 부분의 재료를 변경하는 경우

            ④ 용기제조소의 위치를 변경하는 경우

            ⑤ 액화석유가스용 용기(내용적 30L 이상 125L 미만의 용기로 한정한다)로서 설계단계검사를 받은 날부터 매 3년이 지난 경우

        나) 설계단계검사는 용기가 안전하게 설계되었는지를 명확하게 판정할 수 있도록 이 표에 따른 기술기준과 다음의 성능 중 필요한 항목에 대하여 적절한 방법으로 실시할 것

            ① 재료의 기계적·화학적 성능

            ② 용접부의 기계적 성능

            ③ 단열성능

            ④ 내압성능

            ⑤ 기밀성능

            ⑥ 그 밖에 용기의 안전 확보에 필요한 성능

    2) 생산단계검사

        가) 생산단계검사는 자체검사능력 및 품질관리능력에 따라 구분된 다음 표의 검사의 종류 중 용기의 제조자 또는 수입자가 선택한 어느 하나의 검사를 실시할 것

검사의 종류	대상	구성항목	주기
제품확인검사	생산공정검사 또는 종합공정검사 대상 외의 품목	상시품질검사	신청 시마다
생산공정검사	제조공정 · 자체검사공정에 대한 품질시스템의 적합성을 충족할 수 있는 품목	정기품질검사	3개월에 1회
		공정확인심사	3개월에 1회
		수시품질검사	1년에 2회 이상
종합공정검사	공정 전체(설계 · 제조 · 자체 검사)에 대한 품질시스템의 적합성을 충족할 수 있는 품목	종합품질관리체계심사	6개월에 1회
		수시품질검사	1년에 1회 이상

나) 생산단계검사는 용기가 안전하게 제조되었는지를 명확하게 판정할 수 있도록 이 별표에 따른 기술 기준과 다음의 성능 중 필요한 항목에 대하여 적절한 방법으로 실시할 것
　① 재료의 기계적 · 화학적 성능
　② 용접부의 기계적 성능
　③ 단열성능
　④ 내압성능
　⑤ 기밀성능
　⑥ 그 밖에 용기의 안전 확보에 필요한 성능
다) 생산공정검사 및 종합공정검사 대상 여부를 판정하기 위한 심사는 전문성 · 객관성 및 투명성이 확보될 수 있는 방법으로 할 것
라) 생산공정검사 또는 종합공정검사를 받고 있는 자가 검사 대상 품목의 생산을 6개월 이상 휴지하거나 검사의 종류를 변경하려는 경우에는 한국가스안전공사에 신고하고 합격통지서를 반납할 것
마) 생산공정검사 또는 종합공정검사를 받고 있는 자가 다음 중 어느 하나에 해당하는 경우에는 생산공정검사 또는 종합공정검사 대상 여부를 판정하기 위한 심사를 다시 받을 것
　① 사업소의 위치를 변경하는 경우
　② 용기의 종류를 추가하는 경우(추가하는 용기로 한정한다)
　③ 생산공정검사 또는 종합공정검사 대상 여부를 판정하기 위한 심사에 합격한 날부터 3년이 지난 경우. 다만, 추가한 용기는 기존 용기의 기간을 따른다.
다. 용기 재검사기준
　용기의 재검사는 그 용기를 계속 사용할 수 있는지를 명확하게 판정할 수 있도록 용기의 부식 여부, 내압성능, 기밀성능, 단열성능 및 그 밖에 용기의 안전 확보에 필요한 성능 중 필요한 항목에 대하여 적절한 방법으로 실시할 것
4. 그 밖의 사항
가. 규칙 제9조의2제3항 단서에서 정한 "제조 시설기준과 기술기준"이란 이 별표에 따른 시설 · 기술 · 검사기준을 충족하는 것으로서 산업통상자원부장관의 승인을 받은 기준을 말한다.
나. 제9조의2제1항제5호 및 제38조제4항제4호에서 "산업통상자원부장관이 인정하는 외국의 검사기관"이란 산업통상자원부장관이 승인한 기준에서 정한 국가별 인정기준과 그에 따른 공인검사기관을 말한다.
다. 기술개발에 따른 새로운 제품의 제조 및 검사방법이 이 별표에 따른 시설 · 기술 · 검사기준에는 적합하지 않으나 안전관리를 해치지 않는다고 산업통상자원부장관의 인정을 받은 경우에는 그 용기의 제조 및 검사방법을 그 용기에 한정하여 적용할 수 있다.

[별표 10의2]
〈개정 2018.3.13.〉

용기부속품 제조의 시설·기술·검사기준과 용기부속품의 재검사기준
(제9조제2호, 제9조의2제3항 단서, 제28조제4항제7호, 제38조제4항제4호,
제43조제1항제2호 및 제44조제2항 관련)

1. 시설기준
   가. 용기부속품을 제조하려는 자는 이 별표의 기술기준에 따라 용기부속품을 제조하기 위하여 필요한 제조설비를 갖출 것. 다만, 규칙 제5조제2항제3호에 따른 기술검토 결과 부품생산 전문업체의 설비를 이용하거나 그로부터 부품을 공급받더라도 품질관리에 지장이 없다고 인정된 경우에는 그 부품생산에 필요한 설비를 갖추지 않을 수 있다.
   나. 용기부속품을 제조하려는 자는 이 별표의 검사기준에 따라 용기부속품을 검사하기 위하여 필요한 검사설비를 갖출 것
2. 기술기준
   가. 용기부속품의 재료는 그 용기부속품의 안전성을 확보하기 위하여 사용하는 고압가스의 종류·압력·온도 및 사용환경에 적절한 것일 것
   나. 용기부속품의 구조 및 치수는 그 용기부속품의 안전성·편리성 및 작동성을 확보하기 위하여 그 용기부속품의 재료, 사용하는 가스의 종류, 사용하는 온도 및 환경에 적절한 것일 것
   다. 내용적 30L 이상 50L 이하의 액화석유가스용 용기에 부착하는 밸브는 과류차단형 또는 차단기능형으로 할 것
   라. 용기부속품은 그 용기부속품의 재료, 사용하는 가스의 종류 및 사용하는 환경에 따라 그 용기부속품의 안전성을 확보하기 위하여 필요한 적절한 성능을 가지는 것일 것
   마. 용기밸브에는 밸브의 개폐를 표시하는 문자와 개폐방향을 표시(핸들로 개폐하는 액화석유가스용 용기밸브의 경우에는 "열림↔닫힘"으로 표시)할 것
3. 검사기준
   가. 제조시설 완성검사기준
   제조시설 완성검사는 이 별표의 시설기준에 따라 제조설비 및 검사설비를 갖추었는지 확인하기 위하여 필요한 항목에 대하여 적절한 방법으로 실시할 것
   나. 용기부속품 신규검사기준
   용기부속품의 신규검사는 이 별표에 따른 기술기준에의 적합 여부에 대하여 설계단계검사와 생산단계검사로 구분하여 실시할 것
   1) 설계단계검사
      가) 설계단계검사는 용기부속품이 다음의 어느 하나 이상에 해당하는 경우에 실시할 것
         ① 용기부속품 제조사업자가 그 제조소에서 일정형식의 용기부속품을 처음 제조하는 경우
         ② 수입업자가 일정형식의 용기부속품을 처음 수입하는 경우
         ③ 설계단계검사를 받은 형식의 용기부속품의 구조, 모양 또는 주요 부분의 재료 등을 변경하는 경우
         ④ 용기부속품 제조사업소의 위치를 변경하는 경우
      나) 설계단계검사는 용기부속품이 안전하게 설계되었는지를 명확하게 판정할 수 있도록 이 별표에 따른 기술기준과 다음의 성능 중 필요한 항목에 대하여 적절한 방법으로 실시할 것
         ① 재료의 기계적·화학적 성능
         ② 내압성능
         ③ 기밀성능

④ 작동성능

⑤ 그 밖에 용기부속품의 안전 확보에 필요한 성능

2) 생산단계검사

가) 생산단계검사는 설계단계검사에 합격한 용기부속품에 대하여 실시할 것

나) 생산단계검사는 자체검사능력 및 품질관리능력에 따라 구분된 다음 표의 검사의 종류 중 용기부속품의 제조자 또는 수입자가 선택한 어느 하나의 검사를 실시할 것

검사의 종류	대상	구성항목	주기
제품확인검사	생산공정검사 또는 종합공정검사 대상 외의 품목	상시품질검사	신청 시마다
생산공정검사	제조공정 · 자체검사공정에 대한 품질시스템의 적합성을 충족할 수 있는 품목	정기품질검사	3개월에 1회
		공정확인심사	3개월에 1회
		수시품질검사	1년에 2회 이상
종합공정검사	공정 전체(설계 · 제조 · 자체 검사)에 대한 품질시스템의 적합성을 충족할 수 있는 품목	종합품질관리체계심사	6개월에 1회
		수시품질검사	1년에 1회 이상

다) 생산단계검사는 용기부속품이 안전하게 제조되었는지를 명확하게 판정할 수 있도록 이 별표에 따른 기술기준과 다음의 성능 중 필요한 항목에 대하여 적절한 방법으로 실시할 것

① 내압성능

② 기밀성능

③ 작동성능

④ 그 밖에 용기부속품의 안전 확보에 필요한 성능

라) 생산공정검사 및 종합공정검사 대상 여부를 판정하기 위한 심사는 전문성 · 객관성 및 투명성이 확보될 수 있는 방법으로 할 것

마) 생산공정검사 또는 종합공정검사를 받고 있는 자가 검사 대상 품목의 생산을 6개월 이상 휴지하거나 검사의 종류를 변경하려는 경우에는 한국가스안전공사에 신고하고 합격통지서를 반납할 것

바) 생산공정검사 또는 종합공정검사를 받고 있는 자가 다음 중 어느 하나에 해당하는 경우에는 생산공정검사 또는 종합공정검사 대상 여부를 판정하기 위한 심사를 다시 받을 것

① 사업소의 위치를 변경하는 경우

② 용기부속품의 종류를 추가하는 경우(추가하는 용기부속품으로 한정한다)

③ 생산공정검사 또는 종합공정검사 대상 여부를 판정하기 위한 심사에 합격한 날부터 3년이 지난 경우. 다만, 추가한 용기부속품은 기존 용기부속품의 기간에 따른다.

다. 용기부속품 재검사기준

용기부속품의 재검사는 그 용기부속품을 계속 사용할 수 있는지 여부를 명확하게 판정할 수 있도록 용기부속품의 기밀성능, 작동성능 및 그 밖에 용기부속품의 안전 확보에 필요한 성능 중 필요한 항목에 대하여 적절한 방법으로 실시할 것

4. 그 밖의 사항

가. 제9조의2제3항 단서에서 정한 "제조 시설기준과 기술기준"이란 이 별표에 따른 시설 · 기술 · 검사기준을 충족하는 것으로서 산업통상자원부장관의 승인을 받은 기준을 말한다.

나. 제9조의2제1항제5호 및 제38조제4항제4호에서 "산업통상자원부장관이 인정하는 외국의 검사기관"이란 산업통상자원부장관이 승인한 기준에서 정한 국가별 인정기준과 그에 따른 공인검사기관을 말한다.

다. 기술개발에 따른 새로운 용기부속품의 제조 및 검사방법이 이 별표에 따른 시설 · 기술 · 검사기준에는 적합하지 않으나 안전관리를 해치지 않는다고 산업통상자원부장관의 인정을 받은 경우에는 그 용기부속품의 제조 및 검사방법을 그 용기부속품에 한정하여 적용할 수 있다.

[별표 14]
〈개정 2019.5.21〉

공급자의 안전점검기준 등(제16조제3항 관련)

1. 안전점검자의 자격 및 인원

구분	안전점검자	자격	인원
고압가스제조(충전)자	충전원	안전관리책임자로부터 가스충전에 관한 안전교육을 10시간 이상 받은 사람	충전 필요인원
	수요자시설점검원	안전관리책임자로부터 수요자시설에 관한 안전교육을 10시간 이상 받은 사람	가스배달 필요인원
고압가스판매자	수요자시설점검원	안전관리책임자로부터 수요자시설에 관한 안전교육을 10시간 이상 받은 사람	가스배달 필요인원

2. 점검장비

가스별 점검장비	산소	불연성 가스	가연성 가스	독성 가스
가스누출검지기			○	
가스누출 시험지				○
가스누출 검지액(檢知液)	○	○	○	○
그 밖에 점검에 필요한 시설 및 기구	○	○	○	○

3. 점검기준
  가. 충전용기의 설치위치
  나. 충전용기와 화기와의 거리
  다. 충전용기 및 배관의 설치상태
  라. 충전용기, 충전용기로부터 압력조정기·호스 및 가스사용기기에 이르는 각 접속부와 배관 또는 호스의 가스 누출 여부 및 그 가스의 적합 여부
  마. 독성가스의 경우 흡수장치·제해장치 및 보호구 등에 대한 적합 여부
  바. 역화방지장치의 설치여부(용접 또는 용단 작업용으로 액화석유가스를 사용하는 시설에 산소를 공급하는 자에 한정한다)
  사. 시설기준에의 적합 여부(정기점검만을 말한다)

4. 점검방법
  가. 가스 공급 시마다 점검실시
  나. 2년에 1회 이상 정기점검 실시(자동차 연료용으로 사용되는 특정고압가스를 공급받아 사용하는 시설은 제외한다.)

5. 점검기록의 작성·보존
  가. 정기점검 실시기록을 작성하여 2년간 보존
  나. 안전점검 실시기록을 작성하여 2년간 보존(고압가스자동차에 충전하는 경우에 한정한다)

[별표 15]
〈개정 2022.1.21〉

안전관리규정의 작성요령(제17조 관련)

1. 법 제11조제1항에 따라 작성하여야 하는 안전관리규정에는 다음 사항이 포함되어야 한다.
   가. 목적
   나. 안전관리자의 직무·조직 및 책임에 관한 사항
   다. 사업소시설의 공사·유지에 관한 사항
   라. 공급자의 의무이행에 관한 사항
   마. 충전용기 및 차량에 고정된 탱크의 운반에 관한 사항
   바. 종업원의 훈련에 관한 사항
   사. 위해 발생 시의 소집방법·조치·훈련에 관한 사항
   아. 자율검사(용기·냉동기 및 특정설비의 자체검사를 포함한다. 이하 같다)를 위한 검사장비의 보유 및 자율검사요원의 관리에 관한 사항. 이 경우 자율검사를 위한 검사장비 보유에 관한 사항은 다음 표에 따라 작성하여야 한다.

검사시설	사업자별							
	고압가스 특정 제조자	고압가스 일반제조자 (충전자)	냉동 제조자	고압가스 저장자	고압가스 판매자	용기 제조자	특정설비 제조자	냉동기 제조자
각종 표준이 되는 압력계	○	○	△	○	○	○	○	○
가스누출검지기	○	○	○	○	○			
안전밸브 성능시험기	△	△	△			△	△	△
접지(接地)저항측정기	○	○	△	○				
전위측정기	△	△						
내압시험설비						○	○	○
기밀시험설비						○	○	○
초음파두께측정기	△	△	△			○	○	○
버니어캘리퍼스	○	○				○	○	○
나사게이지						○	○	○
성능시험설비						○	○	○
재료시험설비						○	△	△
도막(도료 도포막)측정기						○	○	○
질량측정설비						○	○	

검사시설	사업자별							
	고압가스 특정 제조자	고압가스 일반제조자 (충전자)	냉동 제조자	고압가스 저장자	고압가스 판매자	용기 제조자	특정설비 제조자	냉동기 제조자
금속현미경						△	△	
내용적측정설비						○	○	○
분석 시험설비						○		
단열성능 시험설비						○	○	
안전모 등 안전작업장비	○	○		○	○	○	○	○
그 밖의 검사시설 및 장비	○	○	△	○	○	○	○	○

비 고
1. 사업자별 시설에 필요한 것만 갖추어야 한다.
2. 분석 시험설비는 아세틸렌용기 밸브의 경우만을 말한다. 다만, KS표시 제품을 구입하는 경우에는 생략할 수 있다.
3. 접지 저항측정기 및 전위측정기는 가연성·독성가스의 제조·저장 또는 판매자의 경우만을 말한다. 다만, 암모니아를 사용하는 냉동제조자의 경우에는 그러하지 아니한다.
4. "△"표시는 사업자가 갖추어야 하는 검사설비로서 둘 이상의 사업자가 공동으로 구입한 경우 또는 해당 검사설비를 보유하고 있는 자와 임대차계약 등을 체결한 경우에 이를 갖춘 것으로 볼 수 있는 것을 표시한다.

자. 고압가스의 제조·저장·판매시설에 대한 자율검사에 관한 사항
　　1) 자율검사 주기 및 대상에 관한 사항
　　2) 자율검사장비 및 자율검사요원을 보유하고 있지 아니한 경우에는 한국가스안전공사 또는 해당 시설에 대한 시설 유지보수 경험이 있고 자율검사를 할 수 있는 인력 및 장비 등을 갖춘 검사기관에 자율검사를 위탁한 것에 관한 사항
　　3) 자율검사기준 및 방법에 관한 사항
　　4) 자율검사 불합격 시 조치 및 책임 한계에 관한 사항
차. 가스사용시설에 대한 다음 각 호의 안전조치에 관한 사항
　　1) 가스사고 예방을 위하여 필요한 사항의 고지 및 지도
　　2) 특정고압가스 사용시설이 법 제20조 제3항에 따른 시설기준 및 기술기준에 적합한지를 확인하기 위한 정기안전점검
　　3) 가스누출점검의 정기적 실시
　　4) 정기안전점검 또는 가스누출점검의 점검기준 및 점검요령
　　5) 부적합시설에 대한 시설개선 권고를 따르지 않은 경우에는 가스공급 중지
　　6) 안전점검자 및 점검장비
　　7) 정기안전점검 및 가스누출점검의 실시기록 보존
카. 용기등의 제조공정 및 자율검사에 관한 사항
　　1) 용기등의 제조공정검사에 관한 사항
　　2) 용기등의 품질관리에 관한 사항
　　3) 용기등의 자율검사방법, 검사표 및 검사의 기록관리에 관한 사항
타. 외부협력업체 등의 안전관리규정 적용에 관한 사항

1) 외부인 및 외부협력업체에 대한 관리감독
2) 외부인 및 외부협력업체의 의무 및 책임

파. 용기등의 수리에 관한 사항(용기등의 수리를 하려는 사업자만 해당한다)

하. 안전관리규정 위반자에 대한 처분방법

거. 고압가스제조자 상호간의 비상연락 및 복구관리에 관한 사항
1) 비상연락체계
2) 복구 및 동원체계

너. 그 밖의 안전관리유지에 관한 사항

더. 사업 또는 고압가스저장소의 휴지 · 폐지 및 재개시에 따른 안전관리에 관한 사항

러. 안전관리규정에 다음 표의 오른쪽에서 정한 사업의 종류에 따라 왼쪽에서 규정한 사항 중 ○으로 표시한 사항이 포함되어야 한다.

▼ 사업의 종류에 따른 기재사항

번호	안전관리규정에 포함시켜야 할 사항	사업의 종류			
		고압가스 제조	고압가스 저장	고압가스 판매	용기등의 제조
1	목적	○	○	○	○
2	안전관리자의 직무 · 조직 및 책임에 관한 사항	○	○	○	○
3	사업소시설의 공사, 유지에 관한 사항	○	○	○	○
4	공급자 의무이행에 관한 사항	○		○	
5	용기 및 차량에 고정된 탱크에 의한 고압가스의 충전 · 판매 · 운반에 관한 사항	○		○	
6	종사자의 훈련에 관한 사항	○	○	○	○
7	위해 발생 시의 조치 및 훈련에 관한 사항	○	○		○
8	자율검사를 위한 검사장비 및 검사요원의 관리에 관한 사항	○	○		○
9	고압가스의 제조 · 저장 · 판매시설에 대한 자율검사에 관한 사항	○	○		○
10	용기등의 제조공정 및 자율검사에 관한 사항				○
11	외부협력업체 등의 안전관리규정 적용에 관한 사항	○	○		○
12	용기등의 수리에 관한 사항	○			○
13	안전관리규정 위반행위자에 대한 조치에 관한 사항	○	○		○
14	고압가스제조자 상호간의 연락 및 복구관리에 관한 사항	○ (고압가스특정제조자만을 말한다)			
15	그 밖에 안전관리유지에 관한 사항	○	○	○	○

머. 한국가스안전공사는 안전관리규정 표준안을 작성하여 배포할 수 있다.

2. 법 제11조제2항에 따른 종합적 안전관리대상자가 작성하여야 하는 안전관리규정에는 왼쪽 칸의 구분에 따라 오른쪽 칸의 사항을 포함시켜야 한다. 이 경우 제1호의 내용이 포함될 수 있도록 안전관리규정을 작성하여야 한다.

구분	안전관리규정에 포함시켜야 할 사항
가. 안전관리에 관한 경영방침	1) 경영이념에 관한 사항 2) 안전관리 목표에 관한 사항 3) 안전투자에 관한 사항 4) 안전문화에 관한 사항
나. 안전관리조직	1) 안전관리조직의 구성에 관한 사항 2) 안전관리조직의 권한 및 책임에 관한 사항
다. 안전관리에 관한 정보ㆍ기술	1) 정보관리체계에 관한 사항 2) 시설ㆍ장치자료에 관한 사항 3) 안전기술자료에 관한 사항 4) 인적 요소에 관한 사항 5) 변경관리에 관한 사항 6) 안전기술향상에 관한 사항
라. 가스시설의 안전성 평가	1) 안전성평가 절차에 관한 사항 2) 안전성평가 기법에 관한 사항 3) 안전성평가 결과조치에 관한 사항
마. 시설관리	1) 설계 품질보증에 관한 사항 2) 구매 품질보증에 관한 사항 3) 시공 품질보증에 관한 사항 4) 보수 품질보증에 관한 사항 5) 안전점검 및 진단에 관한 사항
바. 작업관리	1) 시공에 관한 사항 2) 운전관리에 관한 사항 3) 보수관리에 관한 사항 4) 화기 작업관리에 관한 사항
사. 협력업체 관리	1) 협력업체의 선정에 관한 사항 2) 협력업체의 관리감독에 관한 사항 3) 협력업체의 의무 및 책임에 관한 사항
아. 수요자 관리	1) 시설안전점검에 관한 사항 2) 안전홍보에 관한 사항
자. 훈련	1) 훈련계획에 관한 사항 2) 훈련성과 분석에 관한 사항 3) 협력업체 종사자 교육에 관한 사항

구분	안전관리규정에 포함시켜야 할 사항
차. 비상조치 및 사고관리	1) 비상조치계획에 관한 사항 2) 비상훈련에 관한 사항 3) 사고조사 및 사후관리에 관한 사항
카. 안전 감사	1) 안전관리시스템의 감사에 관한 사항 2) 공정 안전성 평가에 관한 사항

3. 제1호와 제2호에 따른 안전관리규정의 항목별 세부작성기준은 산업통상자원부장관이 정하여 고시하는 바에 따른다.

[별표 18]

〈개정 2014.8.13.〉

용기의 안전점검 및 유지·관리기준(제23조제1항 및 제3항 관련)

1. 고압가스제조자 또는 고압가스판매자가 실시하는 용기의 안전점검 및 유지·관리기준은 다음과 같다.
   가. 용기의 내·외면을 점검하여 사용할 때에 위험한 부식·금·주름 등이 있는 것인지의 여부를 확인할 것
   나. 용기는 도색 및 표시가 되어 있는지의 여부를 확인할 것
   다. 용기의 스커트에 찌그러짐이 있는지, 사용할 때에 위험하지 않도록 적정 간격을 유지하고 있는지의 여부를 확인할 것
   라. 유통 중 열영향을 받았는지의 여부를 점검할 것. 이 경우 열영향을 받은 용기는 재검사를 받아야 한다.
   마. 용기 캡이 씌워져 있거나 프로텍터가 부착되어 있는지의 여부를 확인할 것
   바. 재검사기간의 도래 여부를 확인할 것
   사. 용기 아랫부분의 부식 상태를 확인할 것
   아. 밸브의 몸통·충전구나사·안전밸브에 사용에 지장을 주는 흠, 주름, 스프링의 부식 등이 있는지의 여부를 확인할 것
   자. 밸브의 그랜드너트가 고정핀 등에 의하여 이탈 방지를 위한 조치가 있는지 여부를 확인할 것
   차. 밸브의 개폐조작이 쉬운 핸들이 부착되어 있는지 여부를 확인할 것
   카. 용기에는 충전가스의 종류에 맞는 용기부속품이 부착되어 있는지 여부를 확인할 것
   타. 용기에 충전된 고압가스(가연성가스 및 독성가스만 해당한다)를 판매한 자는 판매에서 회수까지 그 이력을 추적 관리하여 용기방치 등으로 인한 안전관리에 저해되지 않도록 할 것
2. 고압가스판매자는 제1호의 확인 결과 부적합한 용기의 경우에는 고압가스제조자에게 반송하여야 하고, 고압가스제조자는 부적합한 용기를 수선하거나 보수하며, 수선·보수할 수 없는 용기는 폐기할 것

[별표 19]

〈개정 2013.3.23〉

정기검사의 대상별 검사주기(제30조제2항 관련)

1. 대상별 검사주기는 다음과 같다. 다만, 가스설비 안의 고압가스를 제거한 상태에서의 휴지기간은 정기검사기간 산정에서 제외한다.

검사대상	검사주기
가. 제3조 제1호·제2호 및 제4호에 따른 고압가스특정제조허가를 받은 자(이하 이 표에서 "고압가스특정제조자"라 한다)	매 4년
나. 고압가스특정제조자 외의 가연성가스·독성가스 및 산소의 제조자·저장자 또는 판매자(수입업자를 포함한다)	매 1년
다. 고압가스특정제조자 외의 불연성가스(독성가스는 제외한다)의 제조자·저장자 또는 판매자	매 2년
라. 그 밖에 공공의 안전을 위하여 특히 필요하다고 산업통상자원부장관이 인정하여 지정하는 시설의 제조자 또는 저장자	산업통상자원부장관이 지정하는 시기

[별표 22]

〈개정 2019.5.21.〉

용기 및 특정설비의 재검사기간(제39조 관련)

법 제17조제2항제1호에 따른 용기 및 특정설비의 재검사기간은 다음 각 호와 같다. 다만, 가스설비 안의 고압가스를 제거한 상태에서 휴지 중인 시설에 있는 특정설비에 대하여는 그 휴지기간은 재검사기간 산정에서 제외한다.

1. 용기
　용기의 재검사기간은 다음 표와 같다. 다만, 재검사기간이 되었을 때에 소화용 충전용기 또는 고정장치된 시험용 충전용기의 경우에는 충전된 고압가스를 모두 사용한 후에 재검사한다.

용기의 종류		신규검사 후 경과연수		
		15년 미만	15년 이상 20년 미만	20년 이상
		재검사 주기		
용접용기(액화석유가스용 용접용기는 제외한다)	500L 이상	5년마다	2년마다	1년마다
	500L 미만	3년마다	2년마다	1년마다
액화석유가스용 용접용기	500L 이상	5년마다	2년마다	1년마다
	500L 미만	5년마다		2년마다

용기의 종류		신규검사 후 경과연수		
		15년 미만	15년 이상 20년 미만	20년 이상
		재검사 주기		
이음매 없는 용기 또는 복합재료용기	500L 이상	5년마다		
	500L 미만	신규검사 후 경과연수가 10년 이하인 것은 5년마다, 10년을 초과한 것은 3년마다		
액화석유가스용 복합재료용기		5년마다(설계조건에 반영되고, 산업통상자원부장관으로부터 안전한 것으로 인정을 받은 경우에는 10년마다)		
용기부속품	용기에 부착되지 아니한 것	용기에 부착되기 전(검사 후 2년이 지난 것만 해당한다)		
	용기에 부착된 것	검사 후 2년이 지나 용기부속품을 부착한 해당 용기의 재검사를 받을 때마다		

비 고

1. 재검사일은 재검사를 받지 않은 용기의 경우에는 신규검사일부터 산정하고, 재검사를 받은 용기의 경우에는 최종 재검사일부터 산정한다.
2. 제조 후 경과연수가 15년 미만이고 내용적이 500L 미만인 용접용기(액화석유가스용 용접용기를 포함한다)에 대하여는 재검사주기를 다음과 같이 한다.
   가. 용기내장형 가스난방기용 용기는 6년
   나. 내식성재료로 제조된 초저온 용기는 5년
3. 내용적 20L 미만인 용접용기(액화석유가스용 용접용기를 포함한다) 및 지게차용 용기는 10년을 첫번째 재검사주기로 한다.
4. 1회용으로 제조된 용기는 사용 후 폐기한다.
5. 내용적 125L 미만인 용기에 부착된 용기부속품(산업통상자원부장관이 정하여 고시하는 것은 제외한다)은 그 부속품의 제조 또는 수입 시의 검사를 받은 날부터 2년이 지난 후 해당 용기의 첫 번째 재검사를 받게 될 때 폐기한다. 다만, 아세틸렌용기에 부착된 안전장치(용기가 가열되는 경우 용융 합금이 녹아 압력을 방출하는 장치를 말한다)는 용기 재검사 시 적합할 경우 폐기하지 않고 계속 사용할 수 있다.
6. 복합재료용기는 제조검사를 받은 날부터 15년이 되었을 때에 폐기한다.
7. 내용적 45L 이상 125L 미만인 것으로서 제조 후 경과연수가 26년 이상된 액화석유가스용 용접용기(1988년 12월 31일 이전에 제조된 경우로 한정한다)는 폐기한다.

2. 특정설비
   특정설비의 재검사기간은 다음 표와 같다. 다만, 다음 각 목의 어느 하나에 해당하는 특정설비는 재검사대상에서 제외한다.
   가. 평저형 및 이중각 진공단열형 저온저장탱크
   나. 역화방지장치
   다. 독성가스배관용 밸브
   라. 자동차용가스 자동주입기
   마. 냉동용특정설비
   바. 대기식 기화장치
   사. 저장탱크 또는 차량에 고정된 탱크에 부착되지 않은 안전밸브 및 긴급차단밸브
   아. 저장탱크 및 압력용기 중 다음에서 정한 것
      1) 초저온 저장탱크

2) 초저온 압력용기
3) 분리할 수 없는 이중관식 열교환기
4) 그 밖에 산업통상자원부장관이 재검사를 실시하는 것이 현저히 곤란하다고 인정하는 저장탱크 또는 압력용기
자. 고압가스용 실린더캐비닛
차. 자동차용 압축천연가스 완속충전설비
카. 액화석유가스용 용기잔류가스회수장치

특정설비의 종류	재검사주기		
	신규검사 후 경과연수		
	15년 미만	15년 이상 20년 미만	20년 이상
차량에 고정된 탱크	5년마다	2년마다	1년마다
	해당 탱크를 다른 차량으로 이동하여 고정할 경우에는 이동하여 고정한 때마다		
저장탱크	1) 5년(재검사에 불합격되어 수리한 것은 3년, 다만, 음향방출시험에 의하여 안전성이 확인된 경우에는 5년으로 한다)마다. 다만, 검사주기가 속하는 해에 음향방출시험 등의 신뢰성이 있다고 인정하는 방법에 의하여 안전성이 확인된 경우에는 검사주기를 2년간 연장할 수 있다. 2) 다른 장소로 이동하여 설치한 저장탱크(「액화석유가스의 안전관리 및 사업관리법 시행규칙」 제2조 제1항 제3호에 따른 소형저장탱크는 제외한다)는 이동하여 설치한 때마다		
안전밸브 및 긴급차단장치	검사 후 2년을 경과하여 해당 안전밸브 또는 긴급차단장치가 설치된 저장탱크 또는 차량에 고정된 탱크의 새검사 시마나		
기화장치 ┃ 저장탱크와 함께 설치된 것	검사 후 2년을 경과하여 해당 탱크의 재검사 시마다		
기화장치 ┃ 저장탱크가 없는 곳에 설치된 것	3년마다		
기화장치 ┃ 설치되지 아니한 것	설치되기 전(검사 후 2년이 지난 것만 해당한다)		
압력용기	4년마다. 다만, 산업통상자원부장관이 정하여 고시하는 기법에 따라 산정하여 그 적합성을 인정받는 경우 그 주기로 할 수 있다.		

비 고
1. 재검사를 받아야 하는 연도에 업소가 자체정기보수를 하고자 하는 경우에는 자체정기보수 시까지 재검사기간을 연장할 수 있다.
2. 「기업활동 규제완화에 관한 특별조치법 시행령」제19조 제1항에 따라 동시검사를 받고자 하는 경우에는 재검사를 받아야 하는 연도 내에서 사업자가 희망하는 시기에 재검사를 받을 수 있다.

[별표 23]

〈개정 2022.1.21〉

불합격용기 및 특정설비의 파기방법(제40조제1항 관련)

1. 신규의 용기 및 특정설비
   가. 절단 등의 방법으로 파기하여 원형으로 가공할 수 없도록 할 것
   나. 파기하는 때에는 검사장소에서 검사원 참관하에 용기 및 특정설비제조자로 하여금 실시하게 할 것
2. 재검사의 용기 및 특정설비
   가. 절단 등의 방법으로 파기하여 원형으로 가공할 수 없도록 할 것
   나. 잔가스를 전부 제거한 후 절단할 것
   다. 검사신청인에게 파기의 사유·일시·장소 및 인수시한 등을 통지하고 파기할 것
   라. 파기하는 때에는 검사장소에서 검사원으로 하여금 직접 실시하게 하거나 검사원 참관하에 용기 및 특정설비의 사용자로 하여금 실시하게 할 것
   마. 파기한 물품은 검사신청인이 인수시한(통지한 날부터 1개월 이내) 내에 인수하지 아니하는 때에는 검사기관으로 하여금 임의로 매각 처분하게 할 것

[별표 24]

〈개정 2019.5.21.〉

용기등의 표시(제41조제1항 관련)

1. 용기에 대한 표시
   가. 용기의 각인
      용기제조자 또는 수입자는 용기의 어깨부분 또는 프로텍터부분 등 보기 쉬운 곳에 다음 사항(납붙임 또는 접합용기의 경우에는 1)·2)·4) 및 11)의 사항에 한한다)을 각인(접합용기 또는 납붙임용기의 경우에는 인쇄, 복합재료용기의 경우에는 인쇄한 라벨을 그 용기에 떨어지지 않도록 부착, 재충전금지용기의 경우에는 용기 외면에 지워지지 않도록 인쇄하거나 금속박판에 각인한 것을 그 용기에 부착)을 할 것. 다만, 각인하기가 곤란한 용기의 경우에는 다른 금속박판에 각인한 것을 그 용기에 부착함으로써 용기에 대한 각인에 갈음할 수 있다.
      1) 용기제조업자의 명칭 또는 약호
      2) 충전하는 가스의 명칭
      3) 용기의 번호
      4) 내용적(기초 : V, 단위 : L)(액화석유가스용기는 제외한다)
      5) 초저온용기외의 용기는 밸브 및 부속품(분리할 수 있는 것에 한한다)을 포함하지 아니한 용기의 질량(기호 : W, 단위 : kg)
      6) 아세틸렌가스 충전용기는 5)의 질량에 용기의 다공물질·용제 및 밸브의 질량을 합한 질량(기호 : TW, 단위 : kg)
      7) 내압시험에 합격한 연월
      8) 내압시험압력(기호 : TP, 단위 : MPa)(액화석유가스용기 및 초저온용기는 제외한다)

9) 최고충전압력(기호 : FP, 단위 : MPa)(압축가스를 충전하는 용기 및 초저온용기에 한정한다)

10) 내용적이 500L를 초과하는 용기에는 동판의 두께(기호 : t, 단위 : mm)

11) 충전량(g)(납붙임 또는 접합용기에 한정한다)

나. 용기의 도색 및 표시

용기제조자 또는 수입자는 다음의 방법에 따라 용기의 외면에 도색을 하고 충전하는 가스의 명칭을 표시할 것. 다만, 수출용 용기의 경우에는 도색을 하지 않을 수 있고, 스테인레스강 등 내식성재료를 사용한 용기의 경우에는 용기 동체의 외면 상단에 10cm 이상의 폭으로 충전가스에 해당하는 색으로 도색할 수 있다.

1) 가연성가스 및 독성가스의 용기

가스의 종류	도색의 구분	가스의 종류	도색의 구분
액화석유가스	밝은 회색	액화암모니아	백색
수소	주황색	액화염소	갈색
아세틸렌	황색	그 밖의 가스	회색

비 고

1. 가연성가스(액화석유가스는 제외한다) 및 독성가스는 각각 다음과 같이 표시한다.

〈가연성가스〉

〈독성가스〉

2. 내용적 2L 미만의 용기는 제조자가 정하는 바에 의한다.

3. 액화석유가스용기 중 부탄가스를 충전하는 용기는 부탄가스임을 표시하여야 한다.

4. 선박용 액화석유가스용기의 표시방법

　1) 용기의 상단부에 폭 2cm의 백색띠를 두 줄로 표시한다.

　2) 백색띠의 하단과 가스 명칭 사이에 백색글자로 가로·세로 5cm의 크기로 "선박용"이라고 표시한다.

5. 자동차의 연료장치용 용기의 외면에는 그 용도를 "자동차용"으로 표시할 것

6. 그 밖의 가스에는 가스명칭 하단에 가로·세로 5cm의 크기의 백색글자로 용도("절단용")를 표시할 것

7. 용기의 도색 색상은 「산업표준화법」에 따른 한국산업표준을 기준으로 산업통상자원부장관이 정하는 바에 따른다.

2) 의료용 가스용기

가스의 종류	도색의 구분	가스의 종류	도색의 구분
산소	백색	질소	흑색
액화탄산가스	회색	아산화질소	청색
헬륨	갈색	싸이크로프로판	주황색
에틸렌	자색	그밖의 가스	회색

비 고

1. 용기의 상단부에 폭 2cm의 백색(산소는 녹색)의 띠를 두줄로 표시하여야 한다.

2. 용도의 표시

　의료용

　각 글자마다 백색(산소는 녹색)으로 가로·세로 5cm로 띠와 가스 명칭 사이에 표시하여야 한다.

3) 그 밖의 가스용기

가스의 종류	도색의 구분	가스의 종류	도색의 구분
산소	녹색	소방용용기	소방법에 따른 도색
액화탄산가스	청색	그 밖의 가스	회색
질소	회색		

비 고

내용적 2L 미만의 용기(소방용 용기는 제외한다)의 도색 방법은 제조자가 정하는 바에 따른다.

2. 용기부속품에 대한 표시

용기부속품의 제조자 또는 수입자는 용기부속품의 보기 쉬운 곳에 다음 사항을 각인할 것. 다만, 각인하기가 곤란한 것의 경우에는 다른 금속박판에 각인한 것을 그 용기부속품에 부착함으로써 그 용기부속품에 대한 각인에 갈음할 수 있다.

가. 부속품제조업자의 명칭 또는 약호

나. 바목의 규정에 의한 부속품의 기호와 번호

다. 질량(기호 : W, 단위 : kg)

라. 부속품검사에 합격한 연월

마. 내압시험압력(기호 : TP, 단위 : MPa)

바. 용기종류별 부속품의 기호

　　1) 아세틸렌가스를 충전한는 용기의 부속품 : AG

　　2) 압축가스를 충전하는 용기의 부속품 : PG

　　3) 액화석유가스외의 액화가스를 충전하는 용기의 부속품 : LG

　　4) 액화석유가스를 충전하는 용기의 부속품 : LPG

　　5) 초저온용기 및 저온용기의 부속품 : LT

3. 냉동기에 대한 표시

냉동기의 제조자 또는 수입자는 금속박판에 다음 사항을 각인하여 이를 냉동기의 보기 쉬운 곳에 떨어지지 아니하도록 부착할 것. 다만, 독성가스 또는 가연성가스가 아닌 냉매가스를 사용하는 것으로서 냉동능력이 20톤 미만인 경우에는 다음 사항이 인쇄된 표지를 부착할 수 있다.

가. 냉동기제조자의 명칭 또는 약호

나. 냉매가스의 종류

다. 냉동능력(단위 : RT). 다만, 압력용기의 경우에는 내용적(단위 : L)을 표시하여야 한다.

라. 원동기소요전력 및 전류(단위 : KW, A). 다만, 압축기의 경우에 한한다.

마. 제조번호

바. 검사에 합격한 연월(年月)

사. 내압시험압력(기호 : TP, 단위 : MPa)

아. 최고사용압력(기호 : DP, 단위 : MPa)

4. 특정설비에 대한 표시

특정설비의 제조자 또는 수입자는 금속박판에 다음 각 목의 구분에 따른 사항을 각인하여 해당 특정설비의 보기 쉬운 곳에 떨어지지 않도록 부착할 것. 다만, 저장탱크, 차량에 고정된 탱크, 기화장치 및 압력용기 외의 특정설비의 경우에는 그 몸통부분 등의 보기 쉬운 곳에 각인할 수 있으며, 복합재료 압력용기의 경우에는 인쇄한 라벨이 그 압력용기에서 떨어지지 않도록 부착해야 한다.

가. 저장탱크 및 압력용기

　1) 제조자의 명칭 또는 약호

　2) 충전하는 가스의 명칭

　3) 제조번호 및 제조연월

　4) 사용재료명

　5) 동체 및 경판의 두께(기호 : t, 단위 : mm)

　6) 내용적(기호 : V, 단위 : L)

　7) 설계압력(기호 : DP, 단위 : MPa)

　8) 설계온도(기호 : DT, 단위 : ℃)

　9) 검사기관의 명칭 또는 약호

　10) 내압시험에 합격한 연월

나. 차량에 고정된 탱크

　차량에 고정된 탱크에는 가목 1)부터 10)까지의 사항을 각인하고, 그 외면에는 은백색의 도색을 하고 충전하는 가스의 명칭 및 충전기한을 표시하여야 하며, 다음의 구분에 따른 표시를 부착할 것

　1) 충전가스가 국제연합의 위험물 운송에 관한 권고(RTDG, Recommendations on the Transport of Dangerous Goods)의 적용대상인 경우

가스종류	표시방법	
가연성 가스	〈국제연합번호를 그림문자 외부에 표시하는 경우〉	〈국제연합번호를 그림문자 내부에 표시하는 경우〉
독성가스	〈국제연합번호를 그림문자 외부에 표시하는 경우〉	〈국제연합번호를 그림문자 내부에 표시하는 경우〉

비 고

1. 국제연합번호 : 유해위험물질 및 제품의 국제적 운송보호를 위해 국제연합이 지정한 위험물질의 고유번호를 말한다.
　가. 색상 : 그림문자 외부에 표시하는 경우에는 주황색 바탕에 검정색 글씨, 그림문자 내부에 표시하는 경우에는 흰색 바탕에 검정색 글씨여야 한다.
　나. 크기 : 글자의 높이는 6.5cm 이상이 되도록 해야 하며, 바탕은 가로 25cm 이상, 세로 10cm 이상이어야 한다.
2. 그림문자
　가. 색상 : 가연성가스인 경우에는 빨간색 바탕에 흰색 불꽃모양, 독성가스인 경우에는 흰색 바탕에 검정색 해골모양이어야 한다.
　나. 크기 : 네 변의 길이는 각각 25cm 이상이어야 한다.
3. 표시위치 : 차량에 고정된 탱크의 양측면 및 후면에 부착해야 한다.

2) 충전가스가 국제연합의 위험물 운송에 관한 권고(RTDG, Recommendations on the Transport of Dangerous Goods)의 적용대상이 아닌 경우

가스종류	표시방법
가연성가스	
독성가스	

비 고
1. 색상 : 가연성가스인 경우에는 빨간색 테두리에 검정색 불꽃모양, 독성가스인 경우에는 빨간색 테두리에 검정색 해골모양이어야 한다.
2. 크기 : 네 변의 길이는 각각 25cm 이상이어야 한다.
2. 표시위치 : 차량에 고정된 탱크 양측면과 후면에 부착해야 한다.

다. 기화장치
1) 제조자의 명칭 또는 약호
2) 사용하는 가스의 명칭
3) 제조번호 및 제조연월일
4) 내압시험에 합격한 연월
5) 내압시험압력(기호 : TP, 단위 : MPa)
6) 가열방식 및 형식
7) 최고사용압력(기호 : DP, 단위 : MPa)
8) 기화능력(단위 : kg/hr 또는 m³/hr)

라. 고압가스용 실린더캐비닛
1) 제조자의 명칭 또는 약호
2) 사용하는 가스의 명칭
3) 제조번호 및 제조연월
4) 최고사용압력(기호 : DP , 단위 : MPa)
5) 내압시험에 합격한 연월

마. 냉동용특정설비
1) 압축기·응축기 및 증발기의 경우에는 제3호에서 규정하고 있는 냉동기에 대한 표시기준을 준용한다. 이 경우 압축기의 냉동능력은 RT 또는 m³/hr로 표시할 수 있다.
2) 압력용기의 경우에는 가목에서 규정하고 있는 특정설비에 대한 표시기준을 준용한다.

바. 그 밖의 특정설비
1) 제조자의 명칭 또는 약호
2) 검사에 합격한 연월
3) 질량(기호 : W, 단위 : kg)
4) 내압시험에 합격한 연월
5) 내압시험압력(기호 : TP, 단위 : MPa)
6) 특정설비별 기호 및 번호
가) 아세틸렌가스용 : AG

　나) 압축가스용 : PG
　다) 액화석유가스용 : LPG
　라) 저온 및 초저온가스용 : LT
　마) 그 밖의 가스용 : LG

[별표 30]
〈개정 2022.1.7.〉

고압가스 운반등의 기준(제50조 관련)

1. 용기에 의한 가스 운반등 기준
　가. 독성가스 용기 운반등 기준
　　1) 독성가스를 용기로 운반하는 경우의 기준은 별표 9의2에서 정한 고압가스운반차량의 시설기준 및 기술
　　　기준을 적용할 것
　　2) 고압가스를 용기로 수요자에게 직접 운반하려는 경우에는 법 제5조의4에 따라 고압가스 운반자의 등록
　　　을 한 차량으로만 운반할 것
　나. 독성가스 외 용기 운반등 기준
　　1) 운반차량
　　　가) 독성가스 외의 고압가스를 운반하는 차량은 용기를 안전하게 취급하고, 용기에서 가스가 누출될
　　　　경우 외부에 피해를 끼치지 않도록 하기 위하여 적재함·리프트 등 적절한 구조의 설비를 갖춘 것
　　　　일 것
　　　나) 독성가스 외의 고압가스충전용기를 운반하는 차량에는 그 차량에 적재된 가스로 인한 위해(危害)를
　　　　예방하기 위하여 일반인이 쉽게 알아볼 수 있도록 그 차량의 앞뒤의 보기 쉬운 곳에 붉은 글씨로
　　　　"위험고압가스"라는 경계표지 및 상호와 전화번호를 표시하여야 하며, 운반기준 위반행위를 신고할
　　　　수 있도록 허가·신고 또는 등록관청의 전화번호 등이 표시된 안내문을 부착할 것. 다만, 접합용기
　　　　또는 납붙임용기에 충전하여 포장한 것을 운반하는 차량의 경우에는 그 차량의 앞뒤의 보기 쉬운
　　　　곳에 붉은 글씨로 "위험고압가스"라는 경계표지와 전화번호만 표시할 수 있다.
　　　다) 가연성가스 또는 산소를 운반하는 차량에는 그 차량에 적재된 가스로 인한 위해를 예방하기 위하여
　　　　인명보호장비·응급조치장비 등 적절한 장비를 갖출 것(접합용기 또는 납붙임용기에 충전하여 포
　　　　장한 것을 포함한다. 이하 같다)
　　2) 적재 및 하역 작업
　　　가) 충전용기는 이륜차에 적재하여 운반하지 않을 것. 다만, 다음 ①부터 ③까지에 모두 해당하는 경우
　　　　에는 액화석유가스 충전 용기를 이륜차(자전거는 제외한다. 이하 같다)에 적재하여 운반할 수 있다.
　　　　① 차량이 통행하기 곤란한 지역의 경우 또는 시·도지사가 이륜차에 의한 운반이 가능하다고 지정
　　　　　하는 경우
　　　　② 이륜차가 넘어질 경우 용기에 손상이 가지 않도록 제작된 용기운반 전용적재함을 장착한 경우
　　　　③ 적재하는 충전용기의 충전량이 20kg 이하이고, 적재하는 충전용기의 수가 2개 이하인 경우
　　　나) 납붙임용기와 접합용기에 고압가스를 충전하여 차량에 적재할 때에는 포장상자(외부의 압력 또는
　　　　충격 등에 의하여 그 용기등에 흠이나 찌그러짐 등이 발생되지 않도록 만들어진 상자를 말한다)의
　　　　외면에 가스의 종류·용도 및 취급 시 주의사항을 적은 것만 적재하고, 그 용기의 이탈을 막을 수

있도록 보호망을 적재함 위에 씌울 것

다) 염소와 아세틸렌 · 암모니아 또는 수소는 한 차량에 적재하여 운반하지 않을 것

라) 가연성가스와 산소를 동일차량에 적재하여 운반하는 때에는 그 충전용기의 밸브가 서로 마주보지 않도록 적재할 것

마) 충전용기와 「위험물 안전관리법」 제2조 제1항 제1호에서 정하는 위험물과는 동일차량에 적재하여 운반하지 아니할 것

바) 그 밖에 적재 및 하역 작업에 필요한 기준은 별표 9의2 제2호 가목 1) 가)의 기준을 적용할 것

3) 운반책임자 동승기준

다음 표에 정하는 기준 이상의 고압가스를 차량에 적재하여 운반할 경우에는 운반책임자를 동승시켜 운반에 대한 감독 또는 지원을 하도록 할 것. 다만, 운전자가 운반책임자의 자격을 가진 경우에는 운반책임자의 자격이 없는 사람을 동승시킬 수 있다.

가스의 종류		기준
압축가스	가연성가스	300 m³ 이상
	조연성가스	600 m³ 이상
액화가스	가연성가스	3천 kg 이상(납붙임용기 및 접합용기의 경우는 2천 kg 이상)
	조연성가스	6천 kg 이상

4) 운행기준

가) 3)에 따른 고압가스를 운반할 때에는 그 고압가스의 명칭 · 성질 및 이동 중의 재해방지를 위하여 필요한 주의사항을 적은 서면을 운반책임자나 운전자에게 내주고 운반 중에 지니도록 할 것

나) 그 밖에 운행에 관한 기준은 별표 9의2 제2호 가목 1) 나)의 기준을 적용할 것

5) 운반기준 적용 제외

1)부터 4)까지에도 불구하고 다음의 경우에는 1), 2) 가), 2) 나), 3), 4) 가), 별표 9의2 제2호 가목 1) 가) ① · ⑤ · ⑦, 별표 9의2 제2호 가목 1) 나) ② · ④ · ⑤ · ⑥ · ⑨를 적용하지 아니한다.

가) 운반하는 용기의 합산된 저장능력이 13kg(압축가스의 경우에는 1.3m³) 이하인 경우

나) 소방자동차, 구급자동차, 구조차량 등에서 긴급 시에 사용하기 위한 경우

다) 스킨스쿠버 등 여가 목적으로 사용하거나 독성가스 제독작업 및 인명 보호 · 구조의 용도로 사용하는 공기충전용기를 2개 이하로 운반하는 경우

라) 산업통상자원부장관이 필요하다고 인정하는 경우

6) 영 제5조의4제1항제4호 각 목 외의 부분 본문 또는 같은 항 제5호 각 목 외의 부분 본문에 따른 고압가스 운반차량으로 고압가스를 운반하는 경우의 기준은 별표 9의2에서 정한 고압가스운반차량의 시설기준 및 기술기준을 적용할 것

7) 고압가스를 용기로 수요자에게 직접 운반하려는 경우에는 법 제5조의4에 따라 고압가스 운반자의 등록을 한 차량으로만 운반할 것. 다만, 영 제5조의4제1항제4호 각 목 외의 부분 단서 또는 제5호 각 목 외의 부분 단서에 따른 차량의 경우에는 그러하지 아니하다.

2. 차량에 고정된 탱크 등에 의한 가스 운반등 기준

가. 고압가스를 차량에 고정된 탱크, 차량에 고정된 2개 이상을 서로 연결한 이음매 없는 용기나 국제표준화기구(ISO)의 규격에 따른 암모니아용 · 헬륨용 · 액화천연가스용 · 질소용 · 이산화탄소용 · 액화석유가스용 탱크컨테이너에 충전한 사업소의 안전관리자는 가스가 충전된 그 탱크 · 용기 또는 탱크컨테이너에 대하여 고압가스의 누출 여부 등 안전 여부를 반드시 확인한 후 그 결과를 기록 · 보존할 것

나. 고압가스를 차량에 고정된 탱크, 차량에 고정된 2개 이상을 서로 연결한 이음매 없는 용기나 국제표준화기

구(ISO)의 규격에 따른 암모니아용·헬륨용·액화천연가스용·질소용·이산화탄소용·액화석유가스용 탱크컨테이너로 고압가스를 운반하는 경우의 기준은 별표 9의2에서 정한 고압가스 운반차량의 시설기준 및 기술기준을 적용할 것

[별표 31의2]
〈개정 2022.1.21.〉

고압가스배관의 안전조치 및 손상방지기준
(제52조의2, 제52조의6 및 제52조의7제1항제4호 관련)

1. 고압가스배관의 안전조치
   가. 굴착공사의 현장 위치 및 고압가스배관 매설위치 표시와 표시사실의 통지
   1) 사업소 밖 배관 보유 사업자는 굴착공사자에게 연락하여 굴착공사 현장 위치와 매설배관 위치를 굴착공사자와 공동으로 표시할 것인지, 각각 단독으로 표시할 것인지를 결정하고, 굴착공사 담당자의 인적사항 및 연락처, 굴착공사 개시예정일시가 포함된 결정사항을 정보지원센터에 통지할 것. 다만, 다음의 어느 하나에 해당하는 굴착공사(이하 "대규모 굴착공사"라 한다)는 공동으로 표시하여야 한다.
      가) 매설배관이 통과하는 지점에서 도시철도(지하에 설치하는 것만을 말한다)·지하보도·지하차도·지하상가를 건설하기 위한 굴착공사
      나) 굴착공사 예정지역에서 매설된 고압가스배관의 길이가 100m 이상인 굴착공사
   2) 1)에 따라 굴착공사 현장위치와 매설배관 위치를 공동으로 표시하기로 결정한 경우 굴칙공사자와 사업소 밖 배관 보유 사업자가 준수하여야 할 조치사항은 다음과 같다.
      가) 굴착공사자는 굴착공사 예정지역의 위치를 흰색 페인트로 표시할 것
      나) 사업소 밖 배관 보유 사업자는 굴착예정 지역의 매설배관 위치를 굴착공사자에게 알려주어야 하며, 굴착공사자는 매설배관 위치를 매설배관 바로 위의 지면에 적색 페인트로 표시할 것
      다) 대규모 굴착공사, 긴급굴착공사 등으로 인해 페인트로 매설배관 위치를 표시하는 것이 곤란한 경우에는 가)와 나)에도 불구하고 표시 말뚝·표시 깃발·표지판 등을 사용하여 표시할 것
      라) 사업소 밖 배관 보유 사업자는 나)와 다)에 따른 표시 여부를 확인해야 하며, 표시가 완료된 것이 확인되면 즉시 그 사실을 정보지원센터에 통지할 것
   3) 1)에 따라 굴착공사 현장위치와 매설배관 위치를 각각 단독으로 표시하기로 결정한 때 굴착공사자와 사업소 밖 배관 보유 사업자가 준수하여야 할 조치사항은 다음과 같다.
      가) 굴착공사자는 굴착공사 예정지역의 위치를 흰색 페인트로 표시하고, 그 결과를 정보지원센터에 통지할 것
      나) 정보지원센터는 가)에 따라 통지받은 사항을 사업소 밖 배관 보유 사업자에게 통지할 것
      다) 사업소 밖 배관 보유 사업자는 나)에 따라 통지를 받은 후 48시간 이내에 매설배관의 위치를 매설배관 바로 위의 지면에 적색 페인트로 표시하고, 그 사실을 정보지원센터에 통지할 것
   나. 도면의 제공
   1) 사업소 밖 배관 보유 사업자는 법 제23조의3제1항에 따른 고압가스배관 매설상황 확인업무를 수행하는 데 필요한 사업소 밖의 고압가스배관 매설지역에 관한 정보를 정보지원센터에 제공할 것
   2) 굴착공사자는 필요한 경우 사업소 밖 배관 보유 사업자에게 굴착예정 지역의 매설배관 도면을 요구할 수 있으며, 이 경우 사업소 밖 배관 보유 사업자는 그 도면을 제공할 것

2. 고압가스배관의 손상방지기준
가. 굴착공사 준비
1) 굴착공사로 인한 배관손상을 예방하기 위하여 고압가스배관 주위에서 굴착공사를 하려는 자는 배관에 위해가 미치지 않도록 안전하고 확실하게 준비·작업 및 복구할 것
2) 굴착공사자는 다음의 시기와 고압가스배관의 손상방지를 위하여 필요한 경우에는 사업소 밖 배관 보유 사업자에게 참석을 요청하여야 하며, 요청받은 사업소 밖 배관 보유 사업자는 참석하여 필요한 사항을 확인할 것
가) 시험 굴착 및 본 굴착 시
나) 사업소 밖의 고압가스 매설 배관에 근접하여 파일, 토류판 설치 시
다) 고압가스배관의 수직·수평 위치 측량 시
라) 노출배관 방호공사 시
마) 고정조치 완료 시
바) 고압가스배관 되메우기 직전
사) 고압가스배관 되메우기 시
아) 고압가스배관 되메우기 작업 완료 후
3) 「산업안전보건법」 제14조에 따른 관리감독자는 다음 기준에 따라 업무를 수행할 것
가) 사업소 밖 배관 보유 사업자가 지정한 굴착공사 안전관리전담자(이하 "안전관리전담자"라 한다)와 연락방법을 사전 확인하고 공사 진행에 따른 공동 참석 및 공동 확인에 필요한 공사의 공정을 협의할 것
나) 주위의 굴착공사는 안전관리전담자의 참석 하에 실시할 것
다) 현장의 모든 굴착공사와 구멍 뚫기(천공)작업(보링, 파일박기)·발파작업·물막이설비공사 등 고압가스배관에 영향을 줄 수 있는 공사를 파악하고 관리할 것
라) 고압가스배관 주위의 굴착공사 전에 굴착에 참여하는 건설기계조종사, 굴착작업자 등에게 다음 사항에 대한 교육·훈련을 실시하고, 교육·훈련내용을 작성·보존할 것
(1) 고압가스배관 매설위치와 손상방지를 위한 준수사항
(2) 비상시 긴급조치사항 및 대처방안
(3) 가상시나리오에 따른 교육 및 훈련
4) 사업소 밖 배관 보유 사업자와 굴착공사자는 굴착공사로 인하여 고압가스배관이 손상되지 않도록 다음 기준에 따라 고압가스배관의 위치표시를 실시할 것
가) 굴착공사자는 굴착공사 예정지역의 위치를 흰색 페인트로 표시하며, 페인트로 표시하는 것이 곤란한 경우에는 굴착공사자와 사업소 밖 배관 보유 사업자가 굴착공사 예정지역임을 인지할 수 있는 적절한 방법으로 표시할 것
나) 사업소 밖 배관 보유 사업자는 굴착공사로 인하여 위해를 받을 우려가 있는 매설배관의 위치를 매설배관 바로 위의 지면에 적색페인트로 표시할 것
다) 페인트로 매설배관의 위치를 표시하는 것이 곤란한 경우에는 가)와 나)에도 불구하고 표시 말뚝·표시 깃발·표지판 등을 사용하여 적절한 방법으로 표시할 것
라) 공사 진행 등으로 고압가스배관 표시물이 훼손될 경우에도 지속적으로 표시할 것
5) "고압가스배관 손상방지 기준"은 굴착공사장에 비치·부착하고 굴착공사관계자는 항상 휴대·숙지할 것
나. 굴착공사 시행
굴착공사자는 공사 중 다음 사항을 이행할 것
1) 계절 온도변화에 따라 와이어로프 등의 느슨해짐을 수정하고 가설구조물의 변형유무를 확인할 것
2) 고압가스배관 주위에서는 중장비의 배치 및 작업을 제한할 것

3) 굴착공사로 노출된 고압가스배관은 일일 안전점검을 실시하고 점검표에 기록할 것

4) 대규모 굴착공사에 따른 고압가스배관 변형 및 지반침하 여부는 다음 기준에 따라 확인할 것

　　가) 줄파기 공사로 배관이 노출될 때 수직·수평 측량을 통해 최초 위치를 확인하여 기록하고 공사 중에도 계속 측량하여 배관변형 유무를 확인할 것

　　나) 매몰된 배관의 침하 여부는 침하관측공을 설치하고 관측할 것

　　다) 침하관측공은 줄파기를 하는 때에 설치하고 침하 측정은 매 10일에 1회 이상을 원칙으로 하되, 큰 충격을 받았거나 변형 양(量)이 있는 경우에는 1일 1회씩 3일간 연속하여 측정한 후 이상이 없으면 10일에 1회 측정할 것

　　라) 고압가스배관 변형과 지반침하 여부 확인은 해당 사업소 밖 배관 보유 사업자의 직원과 시공자가 서로 확인하고 그 기록을 각각 1부씩 보관할 것

다. 굴착공사 종류별 작업방법

1) 파일박기 및 빼기작업

　　가) 공사착공 전에 사업소 밖 배관 보유 사업자와 현장 협의를 통하여 공사 장소, 공사 기간 및 안전조치에 관하여 서로 확인할 것

　　나) 고압가스배관과 수평 최단거리 2m 이내에서 파일박기를 하는 경우에는 사업소 밖 배관 보유 사업자의 참석 하에 시험굴착으로 고압가스배관의 위치를 정확히 확인할 것

　　다) 고압가스배관의 위치를 파악한 경우에는 고압가스배관의 위치를 알리는 표지판을 설치할 것

　　라) 고압가스배관과 수평거리 30㎝ 이내에서는 파일박기를 하지 말 것

　　마) 항타기는 고압가스배관과 수평거리가 2m 이상 되는 곳에 설치할 것. 다만, 부득이하여 수평거리 2m 이내에 설치할 때에는 하중진동을 완화할 수 있는 조치를 할 것

　　바) 파일을 뺀 자리는 충분히 메울 것

2) 그라우팅·보링작업

　　가) 1)가)부터 다)까지를 준용할 것. 이 경우 "파일박기"는 "그라우팅·보링작업"으로 본다.

　　나) 시험굴착을 통하여 고압가스배관의 위치를 확인한 후 보링비트가 고압가스배관에 접촉할 가능성이 있는 경우에는 가이드파이프를 사용하여 직접 접촉되지 않도록 할 것

3) 터파기·되메우기 및 포장작업

　　가) 1)가)부터 다)까지를 준용할 것. 이 경우 "파일박기"는 "터파기"로 본다.

　　나) 고압가스배관 주위를 굴착하는 경우 고압가스배관의 좌우 1m 이내 부분은 인력으로 굴착할 것

　　다) 고압가스배관에 근접하여 굴착하는 경우로서 주위에 고압가스배관의 부속시설물(밸브, 전기방식용 리드선 및 터미널 등)이 있을 때에는 작업으로 인한 이탈이나 그 밖에 손상방지에 주의할 것

　　라) 고압가스배관이 노출될 경우 배관의 코팅부가 손상되지 않도록 하고, 코팅부가 손상될 때에는 사업소 밖 배관 보유 사업자에게 통보하여 보수를 한 후 작업을 진행할 것

　　마) 고압가스배관 주위에서 발파작업을 하는 경우에는 사업소 밖 배관 보유 사업자의 참석 하에 충분한 대책을 강구한 후 실시할 것

　　바) 고압가스배관 주위에서 다른 매설물을 설치할 때에는 30㎝ 이상 거리를 둘 것

　　사) 고압가스배관 주위를 되메우거나 포장할 경우 배관 주위의 모래 채우기, 보호판 및 고압가스배관 부속시설물의 설치 등은 굴착 전과 같은 상태가 되도록 할 것

　　아) 되메우기를 할 때에는 나중에 고압가스배관의 지반이 침하되지 않도록 필요한 조치를 할 것

01 연습문제

Industrial Engineer Gas

01 고압가스일반제조의 시설기준에 관한 안전사항으로 ( ) 안에 알맞은 것은?

가연성가스 제조시설의 고압가스 설비는 그 외면으로부터 다른 가연성 가스 제조시설의 고압가스설비와 ( )m 이상, 산소제조시설의 고압가스설비와 10m 이상의 거리를 유지하여야 한다.

㉮ 3
㉯ 5
㉰ 8
㉱ 10

해설 5m 이상

02 고압가스 충전용기의 운반에 대한 설명 중 틀린 것은?

㉮ 밸브가 돌출된 충전 용기는 고정식 프로텍터를 부착시켜야 한다.
㉯ 충전 용기를 로프로 견고하게 결속해야 한다.
㉰ 충전 용기는 항상 40℃ 이하로 유지해야 한다.
㉱ 운반 시 보기 쉬운 곳에 황색글씨로 위험 표시를 하여야 한다.

해설 독성가스 용기에 의한 운반 시에는 그 차량의 앞뒤 보기 쉬운 곳에 각각 붉은 글씨로 위험 고압가스라는 경계 표시를 한다.

03 용기제조의 기술기준으로 틀린 것은?

㉮ 용기구리판의 최대두께와 최소두께와의 차이는 평균 두께의 20% 이하로 하여야 한다.

㉯ 용기의 재료에는 스테인리스강 또는 알루미늄 합금 등을 사용한다.
㉰ 초저온 용기는 오스테나이트계의 스테인리스강으로 제조하여야 한다.
㉱ 이음매 없는 용기의 탄소 함유량은 0.33% 이하이어야 한다.

해설 ㉱의 경우는 0.55% 이하이어야 한다.

04 다음 중 용기의 각인 표시사항이 틀린 것은?

㉮ 내용적 : V
㉯ 내압시험압력 : TP
㉰ 최고충전압력 : HP
㉱ 동판 두께 : t

해설 • 최고충전압력 : FP
• 기밀시험압력 : AP

05 방폭구조란 전기 · 전자장치가 가스 폭발의 점화원으로 작용하는 것을 방지하는 구조를 말한다. 이 중 전기기기 내부에서 폭발성 가스의 폭발이 발생하여도 용기가 폭발 압력에 견디고, 또한 접합면 등을 통해 외부로 불꽃이 전파되는 것을 방지하도록 설계된 방폭구조를 무엇이라 하는가?

㉮ 내압(耐壓)방폭구조
㉯ 안전증(安全增)방폭구조
㉰ 압력(壓力)방폭구조
㉱ 본질안전(本質安全)방폭구조

정답 01.㉯ 02.㉱ 03.㉱ 04.㉰ 05.㉮

해설 전기기기 내부에서 폭발이 발생하여도 용기가 폭발 압력에 견디고 외부로 불꽃이 전파되는 것을 방지 하도록 설계된 방폭구조가 내압방폭구조이다.

06 고압가스 운반 등의 기준에 대한 설명으로 옳은 것은?

㉮ 염소와 아세틸렌, 암모니아 또는 수소는 동 일차량에 혼합적재할 수 있다.

㉯ 가연성가스와 산소는 충전용기의 밸브가 서로 마주보게 적재할 수 있다.

㉰ 충전용기와 경유는 동일차량에 적재하여 운반할 수 있다.

㉱ 가연성가스 또는 산소를 운반하는 차량에 는 소화설비 및 응급조치에 필요한 자재 및 공구를 휴대하여야 한다.

해설 가연성가스나 산소 운반 시는 차량에 소화설비 및 응 급조치에 필요한 자재 및 공구를 휴대하여야 한다.

07 다음 중 고압가스 충전용기 운반 시 운반 책임자의 동승이 필요한 경우는? (단, 독성가스 는 허용농도가 100만분의 200초과 이다.)

㉮ 독성압축가스 100m³ 이상

㉯ 가연성압축가스 100m³ 이상

㉰ 가연성액화가스 1,000kg 이상

㉱ 독성액화가스 500kg 이상

해설 운반책임자 동승기준

독성가스 압축가스	$\dfrac{200초과}{100만} \sim \dfrac{5,000이하}{100만}$: 100m³ 이상		
	$\dfrac{200이상}{100만}$: 10m³ 이상		
독성액화가스	$\dfrac{200초과}{100만} \sim \dfrac{5,000이하}{100만}$: 1천kg 이상		
	$\dfrac{200이하}{100만}$: 100kg 이상		
압축 가스	가연성	300m³ 이상	
	조연성	600m³ 이상	
액화 가스	가연성	3,000kg 이상 (납붙임용기, 접합용기는 2,000kg 이상)	
	조연성	6,000kg 이상	

08 동절기 등 습도가 50% 이하인 경우에는 수소용기 밸브의 개폐를 특히 서서히 하여야 한다. 그 이유는 무엇인가?

㉮ 밸브파열   ㉯ 분해폭발

㉰ 정전기방지   ㉱ 용기압력유지

해설 건조한 날씨는 정전기 발생이 심하다.

09 고압가스 배관 내의 압력이 정상운전 시의 압력보다 얼마 이상 강하한 경우에는 경보 장치의 경보가 울리는 것이어야 하는가?

㉮ 7% 이상   ㉯ 15% 이상

㉰ 20% 이상   ㉱ 25% 이상

해설 배관 내의 압력이 정상운전시의 압력보다 15% 이 상 강하하면 경보가 울려야 한다.

10 고압가스 일반제조의 기술기준으로 옳지 않은 것은?

㉮ 가연성가스 또는 산소의 가스설비 부근에 는 작업에 필요한 양 이상의 연소하기 쉬 운 물질을 두지 아니할 것

㉯ 산소 중의 가연성가스의 용량이 전용량의 3% 이상의 것은 압축을 금지할 것

㉰ 석유류 또는 글리세린은 산소압축기의 내 부 윤활제로 사용하지 말 것

㉱ 산소 제조 시 공기액화분리기 내에 설치된 액화산소통 내의 액화산소는 1일 1회 이상 분석할 것

해설 산소 중의 가연성가스 용량이 4% 이상이면 압축이 금지된다.

정답 06.㉱ 07.㉮ 08.㉰ 09.㉯ 10.㉯

11 고압가스를 제조하는 사업소의 교육훈련에 관한 설명으로 가장 옳은 것은?

㉮ 교육훈련 지도자는 안전관리 책임자, 안전관리원 등 사내 관계자에 한하고 사업소 내용을 숙지하지 못한 사외자는 좋지 않다.
㉯ 교육훈련 대상자는 고압가스제조에 직접 관계없는 종업원은 제외함이 좋다.
㉰ 교육훈련내용으로서는 사업소에서 취급하는 가스의 성질, 작업방법만 하는 것이 효과적이다.
㉱ 교육훈련 효과 확인방법으로는 필기시험, 구술시험, 감상문의 제출 등이 있다.

해설 교육훈련 효과 확인방법
① 필기시험
② 구술시험
③ 감상문 제출

12 산소가스를 수송하기 위한 배관에 접속하는 압축기와의 사이에 설치해야 할 것은? (단, 압축기의 윤활유는 물을 사용한다.)

㉮ 정지장치
㉯ 증발기
㉰ 드레인 세파레이트
㉱ 유분리기

해설 산소 또는 천연메탄을 수송하기 위한 배관과 이에 접속하는 압축기 사이에는 압축기유로 물을 내부윤활제로 사용하는 것에 한해서는 수취기(드레인 세파레이트)를 설치할 것

13 고압가스 충전용기의 운반 기준으로 틀린 것은?

㉮ 차량 등에는 고무판 또는 가마니 등을 항상 갖춰 충전용기를 차에 싣거나 창에서 내릴 때 최소한으로 충격을 방지한다.
㉯ 충전용기는 항상 자전거 또는 오토바이에 적재하며 운반할 것
㉰ 가연성가스 또는 산소를 운반하는 차량에는 소화설비 및 재해발생방지를 위한 응급조치 자재 및 공구 등을 휴대할 것
㉱ 독성가스를 차량에 적재하여 운반할 때에는 보호구 및 재해 발생장치를 위한 응급조치 자재 및 공구 등을 휴대할 것

해설 충전용기는 자전거 또는 오토바이에 적재하여 운반하지 아니할 것(다만, 차량이 통행하기 곤란한 지역에서는 시, 도지사가 지정하는 경우 액화석유가스 충전용기를 오토바이에 적재하여 운반이 가능하다).

14 용기의 종류별 부속품 기호가 틀린 것은?

㉮ 아세틸렌 : AG
㉯ 압축가스 : PG
㉰ 액화가스 : LPW
㉱ 초저온 및 저온 : LT

해설 용기부속품 기호
① 아세틸렌 : AG
② 압축가스 : PG
③ 액화가스 : LG
④ 액화석유가스 : LPG
⑤ 초저온 용기 : LT
⑥ 저온 용기 : LT

정답 11.㉱ 12.㉰ 13.㉯ 14.㉰

15 시안화수소의 충전 시 주의사항으로 옳은 것은?

㉮ 용기에 충전하는 시안화수소는 순도가 99.9% 이상이어야 한다.

㉯ 용기에 충전하는 시안화수소의 안정제로 아황산가스 또는 염산 등의 안정제를 첨가한다.

㉰ 시안화수소를 충전하는 용기는 충전 후 12시간 정지하여야 한다.

㉱ 시안화수소를 충전한 용기는 1일 1회 이상 질산구리 벤젠 등의 시험지로 가스누출 검사를 실시한다.

> **해설** ① 시안화수소 순도 : 98% 이상
> ② 시안화수소의 안정제 : 아황산가스, 황산
> ③ 시안화수소의 정치시간 : 24시간
> ④ 시안화수소의 누설검지 : 1일 1회 이상 질산구리 벤젠지

16 압축기는 그 최종단에, 그 밖의 고압가스 설비에는 압력이 상용압력을 초과한 경우에 그 압력을 직접 받는 부분마다 각각 내압시험압력의 10분의 8 이하의 압력에서 작동되게 설치하여야 하는 것은?

㉮ 역류방지밸브   ㉯ 안전밸브
㉰ 스톱밸브   ㉱ 긴급차단장치

> **해설** 안전밸브의 분출압력 : 내압시험압력의 8/10 이하의 압력에서 작동된다.

17 고압가스를 용기에 충전할 때 바르지 않은 것은?

㉮ 아세틸렌은 아세톤 또는 디메틸포름아미드를 침윤시킨 후 충전한다.

㉯ 아세틸렌은 충전 후의 압력 15℃에서 1.5MPa 이하로 될 때까지 정치하여 둔다.

㉰ 시안화수소는 아황산 가스 등의 안정제를 첨가하여 충전한다.

㉱ 시안화수소는 충전 후 24시간 정치한다.

> **해설** 아세틸렌을 용기에 충전하는 때에는 다공물질을 고루 채워 다공도가 75% 이상, 92% 미만이 되도록 한 후 아세톤 또는 디메틸포름아미드를 고루 침윤시킨 후 충전할 것

18 공기액화분리장치의 액화산소 5L 중에 메탄이 360mg, 에틸렌이 196mg이 섞여 있다면 탄화수소 중 탄소의 질량(mg)은 얼마인가?

㉮ 438
㉯ 458
㉰ 469
㉱ 500

> **해설**
> $CH_4 \times \dfrac{12}{16} = 360 \times \dfrac{12}{16} = 270 \text{mg}$
>
> $C_2H_4 \times \dfrac{24}{28} = 196 \times \dfrac{24}{28} = 168 \text{mg}$
>
> ∴ $270 + 168 = 438 \text{mg}$

19 용기제조자의 수리범위에 속하지 않는 것은?

㉮ 용기몸체의 용접
㉯ 냉동기의 단열재 교체
㉰ 아세틸렌 용기 내의 다공물질 교체
㉱ 용기부속품의 부품교체

> **해설** 냉동기의 단열재 교체는 냉동기 제조자의 수리 범위에 속한다.

정답 15.㉱ 16.㉯ 17.㉮ 18.㉮ 19.㉯

20 차량에 고정된 탱크의 운반기준에 대한 설명으로 옳지 않은 것은?

㉮ 차량 앞, 뒤 보기 쉬운 곳에 황색 글씨로 위험고압가스라 표기한다.

㉯ 2개 이상 탱크를 동일차량에 적재 시 탱크마다 주밸브를 설치한다.

㉰ 충전관에는 안전밸브, 압력계 및 긴급 탈압밸브를 설치한다.

㉱ LPG를 제외한 가연성가스 및 산소탱크의 내용적은 $18,000 \ell$ 이하여야 한다.

해설 경계표지는 차량의 앞뒤에서 명확하게 볼 수 있도록 "위험고압가스"라고 표시하고 적색 삼각기를 운전석 외부의 보기 쉬운 곳에 게시한다.

21 역화방지장치를 설치하여야 하는 곳으로 틀린 것은?

㉮ 가연성가스를 압축하는 압축기와 오토클레이브 사이

㉯ 아세틸렌의 고압 건조기와 충전용 교체밸브 사이

㉰ 아세틸렌의 고압 건조기와 아세틸렌충전용 지관 사이

㉱ 가연성가스를 압축하는 압축기와 충전용 주관 사이

해설 가연성가스의 압축기와 충전용 주관 사이에는 역류방지밸브가 설치된다.

22 다음 고압가스판매시설에 관한 시설기준으로 적합하지 않은 것은?

㉮ 고압가스의 용적이 $300m^3$를 넘는 용기 보관실은 보호시설과 안전거리를 유지해야 한다.

㉯ 용기보관실의 벽은 고압가스저장능력에 관계없이 방호벽으로 해야 한다.

㉰ 충전용기의 보관실은 불연재료를 사용하여 건축해야 한다.

㉱ 독성가스용기 보관실에는 벤트스택을 설치해야 한다.

해설 독성가스용기 보관실에는 가스누출검지경보장치를 설치하여야 한다.

23 다음 중 의료용 가스용기의 도색 표시가 옳게 된 것은?

㉮ 질소 – 백색

㉯ 액화탄산가스 – 회색

㉰ 헬륨 – 자색

㉱ 산소 – 흑색

해설 • 질소 : 흑색 • 헬륨 : 갈색 • 산소 : 백색

24 가스의 누출에 대한 설명으로 옳은 것은?

㉮ 핀홀에서 가스의 누출량은 핀홀내경이 크거나 핀홀경의 길이가 길면 증대한다.

㉯ 염소용기의 핀홀에서 가스가 누출 시 물을 뿌려 냉각시키면 누출량을 감소시킬 수 있다.

㉰ 할로겐 누출검사는 정밀도가 양호하고 비눗물로 검출할 수 없는 소량의 누출도 검지할 수 있다.

㉱ 천연가스는 공기보다 무거워 누출 시는 낮은 곳에 체류하기 쉽다.

해설 할로겐 누출검사
① 정밀도가 양호하다.
② 비눗물 검사로도 불가능한 소량의 누출검사도 가능하다.

정답 20.㉮ 21.㉱ 22.㉱ 23.㉯ 24.㉰

25 고압가스를 압축하는 경우 가스를 압축하여서는 아니되는 경우는?

㉠ 가연성가스 중 산소의 용량이 전용량의 10% 이상의 것

㉡ 산소 중의 가연성가스 용량이 전용량의 10% 이상의 것

㉢ 아세틸렌, 에틸렌 또는 수소 중의 산소 용량이 전용량의 2% 이상의 것

㉣ 산소 중의 아세틸렌 또는 수소의 용량 합계가 전용량의 10% 이상의 것

해설 ① 가연성가스 중 산소용량이 전용량의 4% 이상이면 압축을 금지한다.
② 아세틸렌, 에틸렌, 수소가스만을 가스전용량 중 산소용량이 2% 이상이면 압축금지가 필요하다.

26 고압가스 용기의 재검사를 받아야 할 경우가 아닌 것은?

㉠ 산업자원부령이 정하는 기간의 경과

㉡ 손상의 발생

㉢ 합격표시의 훼손

㉣ 충전한 고압가스 소진

해설 충전한 고압가스를 소진(사용)하면 검사보다는 재충전하여 사용한다.

27 고압가스충전의 시설기준에서 산소충전시설과 고압가스 설비시설의 안전거리는 몇 m 이상 유지해야 하는가?

㉠ 3m ㉡ 6m
㉢ 8m ㉣ 10m

해설 ① 가연성 충전시설과 가연성 충전시설과의 거리는 5m 이상
② 가연성 가스충전시설의 고압가스설비와 산소충전시설의 고압가스설비와는 10m 이상의 거리를 유지한다.

28 아세틸렌을 용기에 충전 시 다공물질 다공도의 범위로 바른 것은?

㉠ 75% 이상 91% 미만
㉡ 75% 이상 95% 미만
㉢ 75% 이상 92% 미만
㉣ 72% 이상 95% 미만

해설 다공물질의 다공도 : 75% 이상 92% 미만

29 고압가스저장탱크를 설치하기 위한 지반조사가 아닌 것은?

㉠ 보링(Boring)
㉡ 표준관입시험
㉢ 베인(Vane)시험
㉣ 수압시험

해설 지반조사
① 보링조사
② 표준관입시험
③ 베인시험
④ 토질시험
⑤ 평판재하시험
⑥ 파일재하시험

30 압축기 정지 시 지켜야 할 사항 중 틀린 것은?

㉠ 냉각수 밸브를 잠근다.
㉡ 드레인 밸브를 잠근다.
㉢ 전동기 스위치를 열어둔다.
㉣ 압력계는 규정압력을 나타내는지 확인한다.

해설 압축기 정지 시는 드레인 밸브를 열어야 한다.

31 안전관리자의 업무범위 중 가장 거리가 먼 내용은?

㉮ 종업원에 대한 인사 및 노무관리
㉯ 가스시설의 안전 유지
㉰ 정기검사 결과 부적합 시설의 개선
㉱ 안전관리규정 실시기록의 작성·보존

해설 안전관리자는 종업원의 인사 노무관리와는 관련성
이 없는 업무이다.

32 고압가스특정제조허가의 대상이 아닌 것은?

㉮ 석유정제업자의 석유정제시설로서 저장능력 100톤 이상
㉯ 석유화학공업자의 석유화학공업시설로서 처리능력 10,000m³ 이상
㉰ 철강공업자의 철강공업시설로서 처리능력 10,000m³ 이상
㉱ 비료생산사업자의 비료제조시설로서 처리능력 10만m³ 이상

해설 ㉮, ㉯, ㉱ 이외 철강공업자의 철강공업시설 또는
그 부대시설에서 처리능력이 $10m^2$ 이상인 것

33 이음새 없는 용기를 제조할 때 재료시험에 속하지 않는 것은?

㉮ 인장시험　　㉯ 충격시험
㉰ 압궤시험　　㉱ 내압시험

해설 이음새 없는 용기의 제조 시 재료시험
① 인장시험
② 충격시험
③ 압궤시험
④ 굽힘시험

34 미충전된 수소용기가 운반도중 파열사고가 일어났다. 사고원인 가능성을 예시한 것으로 관계가 가장 적은 것은?

㉮ 과충전에 의하여 파열되었다.
㉯ 용기가 수소취성을 일으켰다.
㉰ 용기에 균열이 있었는데 확인하지 않고 충전하였다.
㉱ 용기취급 부주의로 충격에 의하여 일어났다.

해설 수소 취성은 고온이나 고압에서 탄소와 반응하는
취성이다.
$Fe_3C + 2H_2 \rightarrow CH_4(메탄가스) + 3Fe$

35 용기 보관실을 설치한 후 액화 석유가스를 사용하여야 하는 시설은?

㉮ 저장능력 500kg 이상
㉯ 저장능력 300kg 이상
㉰ 저장능력 2,500kg 이상
㉱ 저장능력 100kg 이상

해설 용기 보관실을 설치한 후에 액화 석유가스를 사용
하여야 하는 시설용량은 저장 능력이 100kg 이상이다.

36 다음 중 압력 제어장치 설치 위치가 틀린 곳은?

㉮ 압축기 토출측 배관
㉯ 압력조정기 2차측 배관
㉰ 펌프 토출측 배관
㉱ 가스미터기 출구배관

해설 가스미터기에서 압력 제어장치가 설치된다면 가스
미터기 입구배관에 설치하는 것이 타당하다.

정답 31.㉮ 32.㉰ 33.㉱ 34.㉯ 35.㉱ 36.㉱

37 가연성 독성가스의 용기 도색 후 그 표기 방법이 틀린 것은?

㉮ 가연성가스는 "연"자를 표시한다.

㉯ 독성가스는 "독"자를 표시한다.

㉰ 내용적 2L 미만의 용기는 그 제조자가 정한 바에 의한다.

㉱ 액화석유가스는 "연"자를 표시하면 부탄가스를 충전하는 용기는 부탄가스임을 표시한다.

해설
• 가연성가스 : "연"(적색)
• 독성가스 : "독"(적색)
※ 수소가스는 "백색"
L.P.G(액화석유가스)는 연자표시 제외

38 LP 가스 방출관의 방출구 높이는? (단, 공기보다 비중이 무거운 경우)

㉮ 지상에서 5m 높이 이하

㉯ 지상에서 5m 높이 이상

㉰ 정상부에서 1m 이상

㉱ 정상부에서 1m 이상

해설 공기보다 비중이 무거운 LP 가스 방출관의 방출구 높이는 지상에서 5m 높이 이상

39 용기 제조에 관한 안전기준으로 맞지 않는 것은?

㉮ 용기동판의 최대두께와 최소두께의 차이는 평균두께의 30% 이하이어야 한다.

㉯ 용접용기의 재료 중 스테인리스강의 탄소 함유량은 0.33% 이하이어야 한다.

㉰ 초저온용기는 오스테나이트계 스테인리스강 또는 알루미늄합금으로 제조해야 한다.

㉱ 아세틸렌 용기에 충전하는 다공질물의 다공도는 75% 이상 92% 미만이어야 한다.

해설 용기동판의 최대두께와 최소두께의 차이는 평균두께의 20% 이하이어야 한다.

40 고압가스 제조시설 중 안전밸브를 설치하려 한다. 이때 배관의 최대 지름부 단면적이 100mm²이고, 최소 지름부 단면적이 40mm²이었다면 안전밸브의 분출면적은 최소 얼마로 해야 하는가?

㉮ 10.6mm²
㉯ 21.5mm²
㉰ 31.6mm²
㉱ 51.5mm²

해설 최대단면적$\times \frac{1}{10}$ 이상

$100 \times \frac{1}{10} = 10mm^2$ 이상

41 충전 용기 등을 적재하여 운행하는 경우는 번화가를 피하도록 하고 있는데 "번화가"란?

㉮ 차량의 너비에 2.5m를 더한 너비 이하인 통로주위

㉯ 차량의 길이에 3.5m를 더한 너비 이하인 통로주위

㉰ 차량의 너비에 3.5m를 더한 너비 이하인 통로주위

㉱ 차량의 길이에 3m를 더한 너비 이하인 통로주위

해설 번화가 : 차량의 너비에 3.5m를 더한 너비 이하인 통로주위

42 고압가스용기의 파열사고의 큰 원인 중 하나는 용기의 내압(內壓)의 이상상승이다. 이상상승의 원인이 아닌 것은?

정답 37.㉱ 38.㉯ 39.㉮ 40.㉮ 41.㉰ 42.㉱

㉮ 가열
㉯ 일광의 직사
㉰ 내용물의 중합반응
㉱ 혼합충전

해설 고압가스 용기의 파열사고원인
① 가열
② 일광의 직사
③ 내용물의 중합반응

43 차량에 고정된 탱크에 고압가스를 충전하거나 이입받을 때 차량정지목 등으로 차량을 고정하여야 하는 용량은?

㉮ 500L ㉯ 1,000L
㉰ 2,000L ㉱ 3,000L

해설 차량정지목이 필요한 차량의 탱크용량은 2,000L 이상에 해당한다.

44 독성액화가스를 차량으로 운반할 때 몇 kg 이상이면 한국가스안전공사에서 실시하는 운반에 관한 소정의 교육을 이수한 사람 또는 운반 책임자가 동승해야만 하는가?

㉮ 6,000kg ㉯ 3,000kg
㉰ 2,000kg ㉱ 1,000kg

해설 독성가스 중 액화가스에서 허용농도가 100만분의 200 초과~5,000 이하의 경우 이상일 때는 1천 kg(100m³) 이상으로 차량에 적재하여 운반하는 때에는 소정의 교육이수자나 안전관리원 자격을 가진 자를 동승시켜서 운반하여야야 한다.

45 제1종 보호시설로서 가연성 가스의 저장능력이 20,000m³일 때 안전거리는?

㉮ 21m ㉯ 24m
㉰ 27m ㉱ 17m

해설 안전거리(1만 초과~2만 이하)

구분	제1종 보호시설	제2종 보호시설
독성가스 가연성가스	21m	14m
산소	14m	9m
기타 가스	9m	7m

46 후부취출식 탱크에서 탱크 주밸브 및 긴급 차단장치에 속하는 밸브와 차량의 뒷범퍼와의 수평거리는 규정상 얼마나 되는가?

㉮ 20cm 이상 ㉯ 30cm 이상
㉰ 40cm 이상 ㉱ 60cm 이상

해설 • 후부취출식 탱크 : 40cm 이상
• 기타 : 30cm 이상

47 초저온 저장탱크의 내용적이 20,000L일 때 충전할 수 있는 액체 산소량은? (단, 액체산소의 비중은 1.14kg/L이다.)

㉮ 18,000kg ㉯ 16,350kg
㉰ 22,800kg ㉱ 20,520kg

해설 $\omega = 0.9d \cdot V_1 = 0.9 \times 1.14 \times 20,000$
$= 20,520kg$

48 액화가스를 충전할 경우 충전량의 측정방법은?

㉮ 압력 ㉯ 부피
㉰ 중량 ㉱ 온도

해설 액화가스의 충전량은 중량으로 측정한다.

49 다음 제1종 보호시설에 해당되지 않는 것은?

㉮ 사람을 수용하지 않는 독립된 단일건물의 연면적이 1,000m² 이상

㉯ 수용능력이 300명 이상인 교회당, 공연장, 교회

㉰ 수용능력이 20인 이상의 아동복지 시설 및 유사시설

㉱ 문화재보호법에 의하여 지정 문화재로 지정된 건축물

해설 사람을 수용하는 건축물로서 사실상 독립된 부분의 연면적이 1천 m² 이상이어야 제1종 보호시설이다. ㉮는 사람을 수용하지 않는 건물이므로 제1종 보호시설에서 제외된다.

50 고압가스설비의 수리를 할 때 가스치환에 관하여 바르게 설명한 것은?

㉮ 가연성 가스의 경우 가스의 농도가 폭발하한계의 1/2에 도달할 때까지 치환한다.

㉯ 산소의 경우 산소의 농도가 22% 이하에 도달할 때까지 공기로 치환한다.

㉰ 독성가스의 경우 산소의 농도가 16% 이상 도달할 때까지 공기로 치환한다.

㉱ 독성가스의 경우 독성가스의 농도가 허용한계 이상에 도달할 때까지 불활성 가스로 치환한다.

해설 산소의 농도가 18% 내지 22%로 된 것이 확인될 때까지 공기로 반복하여 치환할 것

51 고압가스 제조설비를 검사, 수리하기 위하여 작업원이 들어가서 작업을 실시해도 좋은 것은?

㉮ 염소 : 1ppm 산소 : 21%

㉯ 황화수소 : 15ppm 메탄 : 0.7%

㉰ 프로판 : 0.7% 산소 : 19%

㉱ 암모니아 : 15ppm 수소 : 1.5%

해설 • 염소의 허용농도 : 1ppm
• 황화수소의 허용농도 : 10ppm
• 암모니아의 허용농도 : 25ppm
프로판은 독성가스가 아니며 산소는 18~21%일 때 수리가 가능하다.

52 냉동제조의 시설기준으로 안전장치를 설치해야 할 경우 내용이 틀린 것은?

㉮ 암모니아 및 브롬화메탄을 저장하는 저장소에 방폭 구조로 할 것

㉯ 냉매가스의 압력이 설계압력 이상인 경우 즉시 상용의 압력 이하로 되돌릴 수 있는 안전장치를 설치할 것

㉰ 가연성가스 냉매설비에 설치하는 경우에는 지상으로부터 5m 이상의 높이로 설치할 것

㉱ 지하에 설치하는 냉매설비는 역류되지 않도록 배기 덕트에 방출구를 연결할 것

해설 암모니아나 브롬화메탄은 폭발범위 하한값이 10% 이상이기 때문에 그다지 위험한 가스가 아닌 가연성가스이므로 방폭 구조가 아니라도 된다.

53 제조소에 공급하는 가스는 공기 중의 혼합비율의 용량에 따라 감지할 수 있는 "냄새가 나는 물질"을 혼합하는 장치를 설치하여야 한다. 기준으로 옳지 않은 것은?

㉮ 냄새나는 물질을 첨가 시 특성을 고려하여 주입할 것

㉯ 냄새나는 물질의 주입설비는 농도를 일정하게 유지할 것

정답 **49.**㉮ **50.**㉯ **51.**㉮ **52.**㉮ **53.**㉱

㉰ 첨가된 가스는 매월 1회 이상 최종 소비장소에서 채취한 시료를 측정할 것

㉱ 채취한 시료를 검량하고 기록하여 3년간 보존할 것

해설 냄새가 나는 혼합물질은 시료검량 후 폐기한다.

54 액화가스저장탱크의 저장능력을 산출하는 식은? (단, Q : 저장능력(m^3), W : 저장능력(kg), P : 35℃에서 최고충전압력(MPa), V : 내용적(L), d : 상용 온도 내에서 액화가스 비중(kg/L), C : 가스의 종류에 따르는 정수)

㉮ $W=\dfrac{V}{C}$　　㉯ $W=0.9dV$

㉰ $Q=(10P+1)V$　㉱ $Q=(P+2)V$

해설 $W=0.9dV$(액화가스 저장탱크 능력)

55 차량에 고정된 탱크에 의하여 가연성가스를 운반할 때에 비치해야 하는 소화기가 아닌 것은?

㉮ A용　　㉯ BC용

㉰ B-10용　㉱ ABC용

해설 A급화재 : 종이, 섬유, 목재, 합성수지류 등의 화재용이다.

56 저온탱크용기의 재료로 일반적으로 쓰이는 오스테나이트 스테인리스강의 표준 성분을 가장 잘 나타낸 것은?

㉮ 13% 크롬

㉯ 18% 크롬, 8% 니켈

㉰ 18% 니켈

㉱ 18% 니켈, 8% 크롬

해설 오스테나이트 스테인리스강의 재료
탄소강+Cr 18%+Ni 8% 합금

57 고압가스를 운반하는 차량의 경계표지 크기의 가로 치수는 차체 폭의 몇 % 이상으로 하는가?

㉮ 5%　　㉯ 10%

㉰ 20%　㉱ 30%

해설 • 가로치수 : 차체폭의 30% 이상
• 세로치수 : 가로치수의 20% 이상

58 제조소 및 공급소에 설치하는 가스공급시설의 외면으로부터 화기취급 장소까지 유지해야 할 거리는?

㉮ 5m 이상의 우회거리

㉯ 8m 이상의 우회거리

㉰ 10m 이상의 우회거리

㉱ 13m 이상의 우회거리

해설 우회거리는 무조건 8m 이상이다.

59 가스사용시설에는 전기방폭설비를 갖춰야 한다. 전기설비 내부에 불활성기체를 압입하여 폭발성가스가 침입하는 것을 방지하는 구조는?

㉮ 내압(耐壓)방폭구조

㉯ 유입(油入)방폭구조

㉰ 압력(壓力)방폭구조

㉱ 안전증(安全增)방폭구조

해설 압력방폭구조
용기 내부에 신선한 공기나 불활성가스를 압입하여 내부압력을 유지함으로써 가연성가스가 용기 내부로 유입되지 아니하도록 한 구조이다.

정답 54.㉯ 55.㉮ 56.㉯ 57.㉱ 58.㉯ 59.㉰

60 고압가스용기 중 잔가스를 배출하고자 할 때 안전관리상 바른 방법은?

㉮ 잔가스 배출이므로 소화기를 준비하지 않아도 된다.

㉯ 통풍이 양호한 옥외에서 서서히 배출시킨다.

㉰ 통풍이 양호한 구조물 내에서 급속히 배출시킨다.

㉱ 기존용기보다 큰 용기로 이송한다.

> **해설** 고압가스용기의 잔가스 배출은 통풍이 양호한 옥외에서 서서히 배출시키면 안전하다.

61 메탄의 공기 중 폭발한계는 5.0%이다. 이 경우 혼합공기 1m³(표준상태)에 함유된 메탄의 중량은 약 얼마인가?

㉮ 35.7g   ㉯ 357.0g

㉰ 24.4g   ㉱ 244.0g

> **해설** 1m³=1,000L
> 1,000/22.4=44.642857몰
> 44.642857×0.05=2.2321428몰
> ∴ 2.2321428×16=35.71g
> ※ 메탄의 분자량은 16이다.

62 액화산소탱크에 설치하여야 할 안전밸브의 작동압력은 어느 것인가?

㉮ 내압시험압력×1.5배 이하

㉯ 상용압력×0.8배 이하

㉰ 내압시험압력×0.8배 이하

㉱ 상용압력×1.5배 이하

> **해설** 액화산소탱크 안전밸브 작동압력
> 상용압력×1.5배

63 산소·수소 혼합가스의 일반적인 폭광파 속도는?

㉮ 1,000m/s~2,000m/s

㉯ 2,000m/s~3,500m/s

㉰ 3,500m/s~5,000m/s

㉱ 5,000m/s 이상

64 고압가스 용기를 용기보관장소에 보관하는 기준으로 틀린 것은?

㉮ 용기 보관장소의 주위 3m 이내에 인화성 및 발화성 물질을 두지 않는다.

㉯ 잔가스 용기와 충전용기는 각각 구분하여 용기보관장소에 놓을 것

㉰ 가연성가스용기 보관장소에는 방폭형 휴대용 손전등 외의 등화를 휴대하고 들어가지 아니할 것

㉱ 가연성가스, 독성가스 및 산소의 용기는 각각 구분하여 용기보관 장소에 놓을 것

> **해설** ㉮의 경우는 2m 이내이다.

65 다음 중 특정설비의 범위에 해당되지 않는 것은?

㉮ 저장탱크

㉯ 저장탱크의 안전밸브

㉰ 조정기

㉱ 저장탱크의 긴급차단장치

> **해설** 특정설비
> ① 초저온 저장탱크
> ② 평저형 저온저장탱크
> ③ 역화방지장치
> ④ 독성가스 배관용 밸브
> ⑤ 자동차용 가스자동주입기
> ⑥ 안전밸브나 긴급차단장치
> ⑦ 기화장치
> ⑧ 압력용기

> **정답** 60.㉯   61.㉯   62.㉱   63.㉯   64.㉮   65.㉰

66 고압가스일반제조설비 및 고압가스저장설비는 그 외면으로부터 화기(비가연가스를 말하고, 그 설비 안의 것을 제외한다.)를 취급하는 장소까지 얼마 이상의 우회거리를 두어야 하는가?

㉮ 1m ㉯ 2m
㉰ 3m ㉱ 8m

해설 고압가스저장설비와 고압가스일반제조설비의 화기와 우회거리는 2m 이상이다.

67 특정고압가스 사용시설의 시설기준 및 기술기준으로 옳은 것은?

㉮ 고압가스의 저장량이 500kg 이상인 용기보관실의 벽은 방호벽으로 설치해야 한다.
㉯ 산소의 저장설비 주위 8m 이내에서는 화기를 취급해서는 안 된다.
㉰ 고압가스설비는 상용압력의 1.5배 이상의 압력으로 실시하는 기밀시험에 합격해야 한다.
㉱ 가연성가스의 사용설비에는 정전기 제거조치를 하여야 한다.

해설 ① ㉮의 경우는 300kg 이상인 용기보관실
② ㉯의 경우는 5m 이내
③ ㉰의 경우는 내압시험 합격
④ 가연성가스의 사용설비에는 정전기 제거조치가 필요하다.

68 아세틸렌은 용기에 충전하는 때에는 미리 용기에 다공질물을 고루 채워 다공도가 75% 이상, 92% 미만이 되도록 한 후 ( ) 또는 디메틸포름아미드를 고루 침윤시키고 충전해야 한다. ( ) 안에 적당한 물질은?

㉮ 질소 ㉯ 에틸렌
㉰ 아세톤 ㉱ 암모니아

69 고압가스 일반제조시설 중 저장탱크에 가스를 얼마 이상 저장하는 것에는 가스방출장치를 설치해야 하는가?

㉮ $3m^3$ ㉯ $5m^3$
㉰ $10m^3$ ㉱ $15m^3$

해설 일반제조시설 중 $5m^3$ 이상의 가스저장에는 가스방출장치를 설치한다.

70 충전용기를 차량에 적재운반하는 경우에 대한 설명으로 옳지 않은 것은?

㉮ 독성가스 운반시 붉은 글씨로 "위험고압가스" "독성가스"라는 경계표시를 한다.
㉯ 충전용기와 질산은 동일한 차량에 적재하여 운반하지 않는다.
㉰ 납붙임용기 또는 접합용기에 고압가스를 충전 운반시 용기의 이탈방지를 위하여 보호망을 씌운 후 운반한다.
㉱ 300km 이상의 거리를 운행하는 경우에는 중간에 충분한 휴식을 취한 후 운행하여야 한다.

해설 휴식거리 : 200km 이상 거리 운행시마다

71 역류방지밸브의 설치장소로 옳지 않은 것은?

㉮ C_2H_2 고압건조기와 충전용 교체밸브 사이
㉯ 가연성 가스압축기와 충전용 주관 사이
㉰ C_2H_2를 압축하는 압축기의 유분리기와 고압건조기 사이
㉱ NH_3, CH_3OH 합성탑 또는 정제탑과 압축기 사이

해설 ㉮항에는 역화방지장치가 설치된다.

72 용기 신규검사 후 16년 된 300L 용접용기의 재검사주기는?

㉮ 2년마다
㉯ 3년마다
㉰ 4년마다
㉱ 5년마다

해설 용접용기
① 500L 이상의 경우(15년 이상~20년 미만)는 재검사주기 : 2년마다
② 500L 미만의 경우(15년 이상~20년 미만)는 재검사주기 : 2년마다

73 아세틸렌가스를 온도에 불구하고 2.5MPa의 압력으로 압축할 때 희석제로 틀린 것은?

㉮ 질소
㉯ 메탄
㉰ 일산화탄소
㉱ 산소

해설 아세틸렌가스의 희석제
① 질소
② 메탄
③ 일산화탄소 등

74 최고 충전압력이 150kg/cm²인 압축산소용기의 내압시험압력은?

㉮ 187.5kg/cm²
㉯ 225kg/cm²
㉰ 250kg/cm²
㉱ 270kg/cm²

해설 내압시험$= FP \times \frac{5}{3}$배$= 150 \times \frac{5}{3} = 250 kg/cm^2$

75 독성가스 충전시설에는 다른 제조시설과 구분하여 외부로부터 충전시설임을 쉽게 식별할 수 있는 설치 조치는?

㉮ 충전표지
㉯ 경계표지
㉰ 위험표지
㉱ 안전표지

76 아세틸렌가스 또는 압력이 9.8MPa 이상인 압축가스를 용기에 충전하는 시설에서 방호벽을 설치하지 않아도 되는 경우는?

㉮ 압축기와 그 충전장소 사이
㉯ 압축기와 그 가스충전용기 보관장소 사이
㉰ 충전장소와 긴급차단장치 조작장소 사이
㉱ 충전장소와 그 충전용 주관밸브 조작밸브 사이

해설 충전장소와 긴급차단장치 조작장소 사이에는 방호벽이 불필요하다.

77 저장능력 18,000m³인 산소 저장시설은 시장, 극장, 그 밖에 이와 유사한 시설로서 수용능력이 300인 이상인 건축물에 대해 몇 m의 안전거리를 두어야 하는가?

㉮ 12m
㉯ 14m
㉰ 17m
㉱ 18m

해설 산소 : 1만 이상~2만 이하 안전거리
① 제1종 : 14m
② 제2종 : 9m

78 가연성가스의 제조설비 또는 전기설비는 방폭성능을 가지는 구조이어야 한다. 방폭성능 구조에서 제외되는 가스는?

㉮ 브롬화메탄
㉯ 프로판
㉰ 수소
㉱ 메탄

해설 방폭성능 구조에서 제외되는 가스는 암모니아, 브롬화메탄가스이다.

정답 72.㉮ 73.㉱ 74.㉰ 75.㉰ 76.㉰ 77.㉯ 78.㉮

79 저장탱크에 액화석유가스를 충전하는 때에는 가스의 용량이 상용의 온도에서 그 저장탱크 내용적의 몇 %를 넘지 아니하여야 하는가?

㉮ 75　　　　　　㉯ 80

㉰ 85　　　　　　㉱ 90

해설 ① 저장탱크 안전공간 확보 : 10%
② 저장탱크 저장용량 : 90%

80 아세틸렌의 품질검사에서 순도기준으로 맞는 것은? (단, 발연황산 시약을 사용한 오르사트법)

㉮ 99.5% 이상　　　㉯ 99% 이상

㉰ 98% 이상　　　㉱ 98.5% 이상

해설 품질관리 대상 가스
① 산소 : 99.5%(동암모니아시약) 이상
② 수소 : 98.5%(피로카롤시약) 이상
③ 아세틸렌 : 98% 이상(발연황산시약)

81 고압가스 충전용기의 운반기준 중 동일 차량에 적재운반할 수 있는 것은?

㉮ 가연성 가스와 산소

㉯ 염소와 수소

㉰ 아세틸렌과 염소

㉱ 암모니아와 염소

해설 가연성 가스와 산소용기는 밸브가 서로 마주 바라보지 않게 동일 차량에 운반이 가능하다.

82 가연성가스의 내부가스를 치환하여 수리할 때 가스농도는 폭발하한계의 얼마 이하까지 치환시키는가?

㉮ 1/2 이하　　　㉯ 2/4 이하

㉰ 1/3 이하　　　㉱ 1/4 이하

해설 내부가스 치환은 가연성 가스의 경우 폭발하한의 $\frac{1}{4}$ 이하, 독성가스는 허용농도 이하가 되도록 한다.

83 차량에 고정된 저장탱크를 이용하여 고압가스를 이송하려 할 때 저장탱크는 그의 후면과 차량의 뒤범퍼와의 사이의 수평거리가 몇 cm 이상이 되도록 고정시켜야 하는가? (단, 후부취출식 탱크 이외의 탱크이다.)

㉮ 20　　　　　　㉯ 30

㉰ 40　　　　　　㉱ 50

해설 단 후부취출식 탱크 이외의 탱크는 차량의 뒤범퍼와의 사이에 수평거리가 30cm 이상이 되도록 고정시킨다.

84 초저온용기의 정의로 옳은 것은?

㉮ 임계온도가 −30℃ 이하의 액화가스를 충전하기 위한 용기

㉯ 임계온도가 −50℃ 이하의 액화가스를 충전하기 위한 용기

㉰ 임계온도가 −70℃ 이하의 액화가스를 충전하기 위한 용기

㉱ 임계온도가 −90℃ 이하의 액화가스를 충전하기 위한 용기

해설 초저온용기란 −50℃ 이하의 액화가스를 충전하기 위한 용기로서 단열재로 씌우거나 냉동설비로 냉각시키는 등의 방법으로 용기 내의 가스온도가 상용온도를 초과하지 않도록 한 것

85 액화석유가스 충전시설에 대한 기준으로 지상에 설치된 저장탱크와 가스충전 장소와의 사이에 설치하여야 하는 것은?

㉮ 역화방지기

㉯ 방호벽

㉰ 드레인 세퍼레이터

㉱ 정제장치

정답 79.㉱　80.㉰　81.㉮　82.㉱　83.㉯　84.㉯　85.㉯

해설 액화석유가스의 지상 저장탱크와 가스충전장소와의 사이에 방호벽이 설치된다.

86 액화가스를 충전한 차량에 고정된 탱크는 그 내부에 액면 요동을 방지하기 위하여 무엇을 설치하는가?

㉮ 슬립튜브   ㉯ 방파판
㉰ 긴급차단밸브   ㉱ 역류방지밸브

해설 액화가스를 충전한 차량에 고정된 탱크는 그 내부에 액면 요동을 방지하기 위하여 방파판을 설치하여야 한다.

87 독성인 액화가스 저장탱크 주위에는 합산 저장 능력이 몇 톤 이상일 경우 방류둑을 설치하여야 하는가?

㉮ 2톤   ㉯ 3톤
㉰ 5톤   ㉱ 10톤

해설 독성가스 저장능력 5톤 이상 : 방류둑 설치

88 최고 충전압력이 12MPa인 압축가스 용기의 내압시험 압력은 몇 MPa인가? (단, 아세틸렌 이외의 가스이며 강제로 제조한 용기이다.)

㉮ 16   ㉯ 18
㉰ 20   ㉱ 25

해설 $TP = FP \times \frac{5}{3}$배$= 12 \times \frac{5}{3} = 20$MPa

89 고압가스 안전관리법에 의한 가스저장탱크 설치 시 내진설계를 해야 하는 것은? (단, 비가역성 및 비독성인 경우는 제외)

㉮ 저장능력이 5톤 이상 또는 500m³ 이상인 저장탱크

㉯ 저장능력이 3톤 이상 또는 300m³ 이상인 저장탱크
㉰ 저장능력이 2톤 이상 또는 200m³ 이상인 저장탱크
㉱ 저장능력이 1톤 이상 또는 100m³ 이상인 저장탱크

해설 저장능력 5톤 이상~500m³ 이상의 탱크는 내진설계가 필요하다.

90 공기액화분리기(1시간의 공기압축량 1,000m³ 이하 제외)에 설치된 액화산소탱크 내의 액화산소의 분석주기는?

㉮ 1일 2회 이상   ㉯ 주 1회 이상
㉰ 주 2회 이상   ㉱ 월 1회 이상

해설 1,000m³/h 이하 공기액화분리기는 액화산소탱크 내의 액화산소의 분석주기는 1일 1회 이상이다.

91 착화를 일으키는 스파크 능력은 주로 어느 것인가?

㉮ 대기의 습도
㉯ 스파크의 에너지 크기
㉰ 공기 중 연소범위
㉱ 방출표면의 면적

해설 최소 착화에너지(MIE) : 가연성 혼합가스에 전기적 스파크(전기불꽃)로 점화 시 착화하기 위해 필요한 최소한의 에너지를 말한다.

92 에어졸 충전설비와 화기 또는 인화성물질은 얼마 이상의 우회거리를 유지하여야 하는가?

㉮ 6m 이상   ㉯ 7m 이상
㉰ 8m 이상   ㉱ 10m 이상

정답 86.㉯ 87.㉰ 88.㉰ 89.㉮ 90.㉮ 91.㉯ 92.㉰

해설 에어졸 충전설비와 화기 또는 인화성물질은 8m 이상의 우회거리가 필요하다.

93 다음에서 폭발범위에 대한 설명으로 옳게 나열된 것은?

┌─────────────────────────────────┐
│ ㉠ 일반적으로 온도가 높으면 폭발범위는 넓 │
│   어진다.   │
│ ㉡ 가연성가스와 공기혼합가스에 질소를 혼합 │
│   하면 폭발범위는 넓어진다.   │
│ ㉢ 일산화탄소와 공기혼합가스의 폭발범위는 │
│   압력이 증가하면 넓어진다.   │
└─────────────────────────────────┘

㉮ ㉠

㉯ ㉢

㉰ ㉡, ㉢

㉱ ㉠, ㉡, ㉢

해설 일반적으로 온도와 압력이 증가하면 폭발범위가 넓어진다.

94 "보호시설"이라 함은 제1종 보호시설 및 제2종 보호시설로 구분되는데 다음 중 제1종 보호시설에 해당되지 않는 것은?

㉮ 주택

㉯ 유치원

㉰ 시장

㉱ 교회

해설 주택은 제2종 보호시설이다.

95 내용적이 50리터인 이음매 없는 용기 재검사시 용기에 깊이가 0.5mm를 초과하는 점부식이 있을 경우 본 용기의 합격 여부는?

㉮ 합격

㉯ 불합격

㉰ 영구팽창시험을 실시하여 합격 여부 결정

㉱ 용접부 비파괴시험을 실시하여 합격 여부 결정

96 특정설비에 대한 표시 중 기화장치에 각인 또는 표시해야 할 사항이 아닌 것은?

㉮ 사용하는 가스의 명칭

㉯ 내압시험압력

㉰ 가열방식 및 형식

㉱ 설비별 기호 및 번호

해설 특정설비 기화장치에 설비별 기호와 번호는 각인사항에서 제외된다.

97 고압가스설비 중 안전장치에 대한 설명으로 옳지 않은 것은?

㉮ 압력계는 상용압력의 1.5배 이상 2배 이하의 최고눈금이 있는 것일 것

㉯ 가연성가스를 압축하는 압축기와 오토클레이브와의 사이의 배관에는 역화방지장치를 설치할 것

㉰ 가연성가스를 압축하는 압축기와 충전용 주관과의 사이에는 역류방지밸브를 설치할 것

㉱ 독성가스 및 공기보다 가벼운 가연성가스의 제조시설에는 가스누출검지경보장치를 설치할 것

해설 독성가스 및 공기보다 무거운 가연성가스의 제조시설에는 가스누출검지경보장치를 설치한다.

98 원통형 용기를 다음과 같은 허용응력[kg/mm²]과 인장강도[kg/mm²]의 재료를 사용할 경우 안정성이 가장 높은 것은?

㉮ 허용응력 15, 인장강도 45

㉯ 허용응력 20, 인장강도 50

㉰ 허용응력 25, 인장강도 60

㉱ 허용응력 30, 인장강도 70

정답 93.㉮ 94.㉮ 95.㉯ 96.㉱ 97.㉱ 98.㉮

해설 허용응력 $= \dfrac{\text{인장강도}}{\text{안전율}}$

안전율 $= \dfrac{\text{인장강도}}{\text{허용응력}}$

99 고압가스 안전관리법에 의한 용기에 충전하는 시안화수소의 순도는?

㉮ 92% 이상　　　㉯ 95% 이상
㉰ 96% 이상　　　㉱ 98% 이상

해설 시안화수소 : 98% 이상의 순도가 필요하다.

100 냉동기제조의 기술기준에 대한 설명으로 옳지 않은 것은?

㉮ 재료·구조 및 안전장치의 규격은 그 냉동기에 위해방지상 지장이 없도록 안전성이 있는 것일 것
㉯ 냉동기의 재료는 냉매가스 또는 윤활유 등으로 인한 화학작용에 의하여 약화되어도 상관없는 것일 것
㉰ 두께가 50mm 이상인 탄소강은 초음파 탐상시험에 합격한 것일 것
㉱ 냉동기의 냉매설비는 설계압력이상의 압력으로 실시하는 기밀시험 및 설계압력의 1.5배 이상의 압력으로 하는 내압시험에 각각 합격한 것일 것

해설 냉동기의 재료는 냉매가스 또는 윤활유 등으로 인한 화학작용에 의하여 약화되는 재료의 사용은 금지된다.

101 배관용 밸브에 대한 설명으로 옳지 않은 것은?

㉮ 개폐용 핸들휠은 열림방향이 시계바늘 반대반향이어야 한다.

㉯ 볼밸브는 완전히 열렸을 때 핸들방향과 유로의 방향이 평행이어야 한다.
㉰ 용접식 밸브는 용접부에 대하여 방사선 투과시험결과 2급 이상이어야 한다.
㉱ 밸브의 시트는 0.6MPa 이상의 공기 등으로 1분 이상 가압하였을 때 누출이 없어야 한다.

102 고압가스를 제조하고자 하는 자가 허가를 받아야 하는 행정기관은?

㉮ 산업통상자원부장관
㉯ 서울특별시장 및 광역시장
㉰ 시장, 군수, 구청장
㉱ 가스안전공사사장

해설 고압가스 제조허가권자 : 시장, 군수, 구청장 등

103 액화시안화수소가 고압가스안전관리법상 고압가스에 해당되기 위해서는 몇 ℃에서 몇 Pa을 초과하여야 하는가?

㉮ 15℃, 0Pa　　　㉯ 15℃, 0.2Pa
㉰ 35℃, 0Pa　　　㉱ 35℃, 0.2Pa

해설 액화시안화수소(HCN)는 35℃에서 $0kg/cm^2$(0Pa)를 초과하면 고압가스이다.

104 안전구역 내의 고압가스설비는 그 외면으로부터 다른 안전구역 안에 있는 고압가스설비의 외면까지 몇 m 이상의 거리를 유지하여야 하는가?

㉮ 10m 이상　　　㉯ 20m 이상
㉰ 30m 이상　　　㉱ 40m 이상

정답 99.㉱　100.㉯　101.㉰　102.㉰　103.㉰　104.㉰

105 연소기에서 역화(Flash Back)가 발생하는 경우를 바르게 설명한 것은?

㉮ 가스의 분출속도보다 연소속도가 느린 경우에 발생

㉯ 부식에 의해 염공이 커진 경우

㉰ 가스압력의 이상 상승 시에 발생

㉱ 가스량이 과도할 경우 발생

해설 부식에 의해 염공이 크면 역화의 원인이 된다.

106 고압가스충전시설의 압축기 최종단에 설치된 안전밸브의 점검주기로 옳은 것은?

㉮ 매월 1회 이상

㉯ 1년에 1회 이상

㉰ 1주일에 1회 이상

㉱ 2년에 1회 이상

해설 압축기 최종단의 안전밸브는 1년에 1회 이상 점검. 그 밖의 안전밸브는 2년에 1회 이상 조정하여 내압시험의 8/10 이하에서 작동되게 한다.

107 고압가스 저장시설에서 가스누출 사고가 발생하여 공기와 혼합하여 가연성, 독성가스로 되었다면 누출된 가스는?

㉮ 염화수소   ㉯ 수소

㉰ 암모니아   ㉱ 이산화황

해설 암모니아가스(가연성이면서 독성가스)

① 독성허용농도 : 25ppm
② 폭발범위 : 15~28%

108 각종 용기의 검사방법에 대한 설명으로 옳은 것은?

㉮ 아세틸렌 용기의 내압시험압력은 최고 충전압력의 1.5배

㉯ 수조식 내압시험의 항구증가율이 10% 이하이어야 합격한 것이다.

㉰ 초저온 및 저온 용기의 기밀시험압력은 최고충전압력의 1.8배이다.

㉱ 고압가스설비의 내압시험압력의 최고충전압력의 1.1배이다.

109 가스공급시설이라고 볼 수 없는 것은?

㉮ 배관   ㉯ 정압기

㉰ 가스계량기   ㉱ 본관 밸브

해설 가스계량기는 가스사용량을 측정한다.

110 소비 중에는 물론 이동, 저장 중에도 아세틸렌 용기를 세워두는 이유는?

㉮ 아세틸렌이 공기보다 가볍기 때문에

㉯ 아세톤의 누출을 막기 위해서

㉰ 아세틸렌이 쉽게 나오게 하기 위해서

㉱ 정전기를 방지하기 위해서

해설 아세틸렌의 용기를 항상 세워두는 이유는 용제인 아세톤의 누출을 막기 위해서이다.

111 인체에 대한 허용농도(ppm)가 가장 적은 가스는?? (단, TLV-TWA기준이다.)

㉮ 암모니아   ㉯ 산화질소

㉰ 에틸아민   ㉱ 아황산가스

해설 독성가스의 허용농도

① 암모니아 : 25ppm   ② 산화질소 : 25ppm
③ 에틸아민 : 액체연료   ④ 아황산가스 : 5ppm

정답 105.㉯ 106.㉯ 107.㉰ 108.㉯ 109.㉰ 110.㉯ 111.㉱

112 냉동기 냉매설비에 대하여 실시하는 기밀시험 압력의 기준으로 적합한 것은?

㉮ 설계압력 이상의 압력

㉯ 사용압력 이상의 압력

㉰ 설계압력의 1.5배 이상의 압력

㉱ 사용압력의 1.5배 이상의 압력

해설 냉매설비의 기밀시험 압력은 설계압력 이상이다.

113 독성가스 충전용기를 차량에 적재하여 운반할 때 내용물이 액화가스 100kg 이상으로 동승자 지원이 필요한 경우 해당 독성가스의 허용농도 범위는?

㉮ 100만분의 100 이하

㉯ 100만분의 200 이하

㉰ 100만분의 3,000 이하

㉱ 100만분의 5,000 이하

해설 독성가스 용기 운반 시 액화가스의 경우 그 허용농도가 100만분의 200 이하인 경우, 100kg 이상이면 운반책임사가 동승하여야 한나.

114 독성가스를 냉매로 사용하는 냉동설비 중 방류둑을 설치하여야 하는 것으로서 옳은 것은?

㉮ 수액기의 내용적이 1,000L 이상

㉯ 수액기의 내용적이 10,000L 이상

㉰ 수액기의 내용적이 20,000L 이상

㉱ 수액기의 내용적이 100,000L 이상

해설 암모니아 등 독성가스의 냉매를 사용하는 수액기의 내용적이 10,000L 이상이면 방류둑이 필요하다.

115 고압가스 제조허가의 종류가 아닌 것은?

㉮ 고압가스 특정제조

㉯ 고압가스 일반제조

㉰ 고압가스 충전

㉱ 특정고압가스제조

해설 고압가스 제조허가

① 고압가스 특정제조

② 고압가스 일반제조

③ 고압가스 충전

116 수소 400m³를 차량에 적재하여 운반할 경우 운전상의 주의사항으로 옳지 않은 것은?

㉮ 수소의 명칭·성질 및 이동 중의 재해방지를 위하여 필요한 주의사항을 기재한 서면을 운반책임자 또는 운전자에게 교부하고 운반 중에 휴대를 시켜야 한다.

㉯ 부득이한 경우를 제외하고는 장시간 정차해서는 아니 된다.

㉰ 차량의 운반책임자와 운전자가 동시에 차량에서 이탈하지 아니하여야 한다.

㉱ 300km 이상의 거리를 운행하는 경우에는 중간에 충분한 휴식을 취한 후 운행하여야 한다.

해설 고압가스 운반 시 200km 이상의 거리를 운행하는 경우 중간에 충분한 휴식을 취한 후 운행한다.

117 내용적이 10,000L인 액화산소 저장탱크의 저장능력은? (단, 액화산소의 비중은 1.04이다.)

㉮ 6,225kg   ㉯ 9,615kg

㉰ 9,360kg   ㉱ 10,400kg

해설 $1.04 \times 10,000 \times 0.9 = 9,360kg$

118 고압가스 특정제조시설에서 고압가스 배관을 시가지 외의 도로 노면 밑에 매설하고자 할 때 노면으로부터 배관 외면까지의 매설 깊이는?

정답 112.㉮ 113.㉯ 114.㉯ 115.㉱ 116.㉱ 117.㉰ 118.㉯

㉮ 1.5m 이상　　　㉯ 1.2m 이상

㉰ 1.0m 이상　　　㉱ 2.0m 이상

해설 시가지 외의 고압가스 배관을 도로 밑면에 설치하려면 1.2m 이상의 깊이에 매설한다.

119 산소의 품질검사 기준에서 순도 및 용기 내의 가스 충전압력을 옳게 나타낸 것은?

㉮ 98% 이상 – 35℃에서 11.8MPa 이상

㉯ 99.5% 이상 – 35℃에서 11.8MPa 이상

㉰ 98% 이상 – 35℃에서 13.8MPa 이상

㉱ 99.5% 이상 – 35℃에서 13.8MPa 이상

해설 산소는 동, 암모니아시약을 사용한 오르사트법에 의한 시험결과 순도가 99.5% 이상이고 용기 내의 가스충전압력이 35℃에서 120kg/cm²(11.8MPa) 이상일 것

120 다음의 액화가스를 이음매 없는 용기에 충전할 경우 그 용기에 대하여 음향검사를 실시하고 음향이 불량한 용기는 내부조명검사를 하지 않아도 되는 것은?

㉮ 액화프로판　　　㉯ 액화암모니아

㉰ 액화탄산가스　　　㉱ 액화염소

해설 액화프로판 용기는 이음매 있는 용기(용접용기)가 사용된다.

121 동일 차량에 혼합 적재하여 운반할 수 없는 가스는?

㉮ $Cl_2 + C_2H_2$　　　㉯ $O_2 + C_2H_2$

㉰ $LPG + Cl_2$　　　㉱ $LPG + O_2$

해설 염소와 아세틸렌, 암모니아, 수소는 동일 차량에 적재하여 운반하지 않는다.

122 액화염소를 저장하는 용기의 도색은?

㉮ 주황색　　　㉯ 회색

㉰ 갈색　　　㉱ 백색

해설 액화염소의 용기도색 : 갈색

123 내용적 40L의 CO_2 용기에 법적 최고량의 CO_2가스를 충전하였다. 이 용기에 충전된 CO_2 가스의 체적[m³]은? (단, 표준상태로 가정하고, 충전상수는 1.47로 한다.)

㉮ 13.85　　　㉯ 40

㉰ 27.21　　　㉱ 58.8

해설 $\dfrac{40}{1.47} = 27.21kg$

$\therefore 27.21 \times \dfrac{22.4}{44} = 13.85m^3$

124 차량에 고정된 탱크의 운반기준에서 가연성가스 및 산소탱크의 내용적은 얼마를 초과할 수 없는가?

㉮ 18,000L　　　㉯ 12,000L

㉰ 10,000L　　　㉱ 8,000L

해설 ① 가연성가스나 산소탱크 내 용적 : 1만 8천L
② 액화암모니아를 제외한 독성가스 : 1만 2천L

125 차량에 고정된 탱크의 조작상자와 차량의 뒤범퍼와의 수평거리는 규정상 얼마인가?

㉮ 20cm 이상　　　㉯ 30cm 이상

㉰ 40cm 이상　　　㉱ 60cm 이상

해설 조작상자와 차량의 뒤범퍼와의 수평거리는 20cm 이상

정답 119.㉯ 120.㉮ 121.㉮ 122.㉰ 123.㉮ 124.㉮ 125.㉮

126 다음 중 초저온용기의 신규검사 항목이 아닌 것은?

㉮ 외관검사　　　㉯ 인장시험

㉰ 충격시험　　　㉱ 압궤시험

해설 충격시험은 이음새 없는 용기나 용접용기에서 실시한다.

127 에어졸 제조시설에는 온수 시험탱크를 갖추어야 한다. 충전용기의 가스누출 시험 온도는?

㉮ 26℃ 이상, 30℃ 미만

㉯ 30℃ 이상, 50℃ 미만

㉰ 46℃ 이상, 50℃ 미만

㉱ 50℃ 이상, 66℃ 미만

해설 에어졸 제조 시 온수시험 탱크 내의 온수온도는 46~50℃ 미만

128 수소의 품질검사에서 순도의 기준으로 옳은 것은?

㉮ 98% 이상　　　㉯ 98.5% 이상

㉰ 99% 이상　　　㉱ 99.5% 이상

해설 ① 산소 : 99.5% 이상
② 아세틸렌 : 98% 이상
③ 수소 : 98.5% 이상

129 다음 가스 중 불연성 가스가 아닌 것은?

㉮ 알곤　　　㉯ 탄산가스

㉰ 질소　　　㉱ 일산화탄소

해설 일산화탄소
① 폭발범위(12.5~74%)
② 독성허용농도범위(50ppm)

130 냉동기를 제조하고자 하는 자가 갖추어야 할 제조설비가 아닌 것은?

㉮ 프레스 설비　　　㉯ 조립설비

㉰ 용접설비　　　㉱ 도막측정기

131 정전기로 인한 화재, 폭발 사고를 예방하기 위해 취해야 할 조치가 아닌 것은?

㉮ 유체의 분출방지

㉯ 절연체의 도전성 감소

㉰ 공기의 이온화장치 설치

㉱ 유체를 이·충전시 유속의 제한

132 다음 중 독성가스가 아닌 것은?

㉮ 포스겐　　　㉯ 세렌화수소

㉰ 시안화수소　　　㉱ 부타디엔

해설 부타디엔(C_4H_6)
① 폭발범위 : 2~12% 가연성 가스
② 수소를 부가시키면 부텐과 부탄가스가 된다.

133 차량에 고정된 2개 이상을 상호 연결한 이음매 없는 용기에 의하여 고압가스를 운반하는 차량에 대한 기준 중 틀린 것은?

㉮ 용기 상호 간 또는 용기와 차량과의 사이를 단단하게 부착하는 조치를 한다.

㉯ 충전관에는 안전밸브, 압력계 및 긴급탈압밸브를 설치한다.

㉰ 차량의 보기 쉬운 곳에 "위험고압가스"라는 경계표시를 한다.

㉱ 용기의 주밸브는 1개로 통일하여 긴급 차단장치와 연결한다.

정답 126.㉰ 127.㉰ 128.㉯ 129.㉱ 130.㉱ 131.㉯ 132.㉱ 133.㉱

해설 ㉣ 내용은 이음매 없는 용기 운반차량에 해당되는 내용과는 관련이 없다.

134 일반적으로 압축가스 용기 운반시에는 눕혀서 적재하지만 액화가스 충전용기 운반시에는 원칙적으로 세워서 적재하는 가장 큰 이유는?

㉮ 용기의 밸브가 다른 용기보다 크기 때문
㉯ 이상압력이 발생할 수 있기 때문
㉰ 세워서 운반하기 좋은 구조이기 때문
㉱ 햇빛에 노출되는 면적이 작아지기 때문

해설 액화가스 충전용기 운반 시에는 이상압력이 발생할 수 있기 때문에 원칙적으로 세워서 운반한다.

135 고압가스 충전 용기의 운반 기준 중 운반책임자가 동승하지 않아도 되는 경우는?

㉮ 가연성 압축가스 400m³을 차량에 적재하여 운반하는 경우
㉯ 독성 압축가스 90m³을 차량에 적재하여 운반하는 경우
㉰ 조연성 액화가스 6,500kg을 차량에 적재하여 운반하는 경우
㉱ 독성 액화가스 1,200kg을 차량에 적재하여 운반하는 경우

해설 독성가스는 100m³ 이상 적재시에만 운반책임자가 동승한다.

136 37.2L의 용접용기에 대하여 신규 검사 후 5년이 경과하였다면 재검사주기는?

㉮ 1년마다   ㉯ 2년마다
㉰ 3년마다   ㉱ 5년마다

해설 용접용기 500L 미만 신규검사 후 15년 미만 : 3년마다 재검사주기

137 가연성가스와 독성가스의 누출 시 가스누출검지경보장치의 경보농도로 각각 옳은 것은?

㉮ 폭발하한계의 25% 이하, 허용농도 이하
㉯ 폭발하한계의 50% 이하, 허용농도 이하
㉰ 폭발하한계의 25% 이하, 허용농도의 50% 이하
㉱ 폭발하한계의 50% 이하, 허용농도의 50% 이하

해설 ① 가연성가스 : 폭발하한계 1/4(25%) 이하
② 독성가스 : 허용농도 이하

138 고압가스 특정 제조시설의 배관장치에 반드시 설치하여야 하는 안전제어장치에 해당되지 않는 것은?

㉮ 압력안전장치
㉯ 긴급차단장치
㉰ 가스누출검지경보장치
㉱ 내부반응감시장치

해설 특정 제조시설의 배관장치에 설치하는 안전제어장치 : 압력안전장치, 긴급차단장치, 가스누출검지경보장치

139 압력조정기 출구에서 연소시 입구까지의 배관 및 호스는 얼마 이상의 압력으로 기밀시험을 하였을 때 누출이 없어야 하는가?

㉮ 3.5kPa   ㉯ 8.4kPa
㉰ 35kPa   ㉱ 84kPa

해설 압력조정기 출구에서 연소기 입구까지의 배관 및 호스는 8.4kPa 이상의 압력으로 기밀시험 시 누출이 없어야 한다.

140 자동차에 고정된 탱크로 납붙임 또는 접합용기에 액화석유가스를 충전하는 때의 가스 압력은 35℃에서 얼마(MPa) 미만이어야 하는가?

㉮ 0.5
㉯ 0.3
㉰ 0.2
㉱ 0.1

해설 LPG는 35℃에서 납붙임 또는 접합용기에서는 충전 시 0.5MPa(5kg/cm²) 이하가 되어야 한다.

141 고압가스 제조 시 압축하면 안 되는 경우는?

㉮ 가연성가스(아세틸렌, 에틸렌 및 수소를 제외) 중 산소 용량이 전용량의 2%일 때
㉯ 산소 중의 가연성가스(아세틸렌, 에틸렌 및 수소를 제외)의 용량이 전용량의 2%일 때
㉰ 아세틸렌·에틸렌 및 수소 중의 산소 용량이 전용량의 3%일 때
㉱ 산소 중 아세틸렌, 에틸렌 및 수소의 용량 합계가 전용량의 1%일 때

해설 아세틸렌, 에틸렌, 수소 등의 산소용량이 전용량의 2% 이상이면 압축이 금지된다.

142 가스의 폭발상한계에 영향을 주는 요인으로 가장 거리가 먼 것은?

㉮ 온도
㉯ 가스의 농도
㉰ 산소의 농도
㉱ 부피

해설 가스의 폭발상한계 영향 요인 : 가스 온도, 가스 농도, 산소 농도

143 독성가스 사용시설 중 배관, 플랜지 및 밸브 접합에 대한 내용으로 가장 적당한 것은?

㉮ 접합은 반드시 가용접에 의하여 한다.
㉯ 용접을 원칙으로 하되 안전상 필요한 강도를 가진 플랜지 접합으로 할 수 있다.
㉰ 반드시 필요한 인장도를 가진 플랜지를 사용한다.
㉱ 내산성 재료에 필요한 강도를 가지는 플랜지를 원칙으로 사용한다.

해설 독성가스 배관은 용접배관이음이 원칙이나 안전상 필요한 강도를 가진 플랜지 접합도 가능하다.

144 고압가스 특정제조시설 중 배관의 누출확산방지를 위한 시설 및 기술기준으로 옳지 않은 것은?

㉮ 시가지, 하천, 터널 및 수로 중에 배관을 설치하는 경우에는 누출가스의 확산방지조치를 한다.
㉯ 사질토 등의 특수성 지방(해저 제외) 중에 배관을 설치하는 경우에는 누출가스의 확산방지조치를 한다.
㉰ 고압가스의 온도와 압력에 따라 배관의 유지관리에 필요한 거리를 확보한다.
㉱ 고압가스의 종류에 따라 누출된 가스의 확산방지조치를 한다.

해설 고압가스는 기체이므로 고압가스 종류에 따라 배관의 유지관리에 필요한 거리를 확보해야 한다.

145 차량에 고정된 탱크에 의하여 가연성 가스를 운반할 때 비치하여야 할 소화기의 최소 수량은? (단, 능력단위는 고려치 않음)

㉮ 분말소화기 1개
㉯ 분말소화기 12개
㉰ 포말소화기 1개
㉱ 포말소화기 2개

해설 ① 가연성 가스 : 분말 BC용, B-10 이상 또는 ABC용 B-12 이상
② 산소 가스 : 분말 BC용, B-8 이상, ABC용 B-10 이상

정답 140.㉮ 141.㉰ 142.㉱ 143.㉯ 144.㉰ 145.㉯

146 용기집합대가 설치된 특정고압가스사용 시설의 고압가스 설비에서 안전밸브를 설치하여야 하는 액화가스 저장능력의 기준은?

㉮ 200kg 이상

㉯ 300kg 이상

㉰ 400kg 이상

㉱ 500kg 이상

> **해설** 액화가스의 저장능력이 300kg 이상이면 안전밸브를 장착해야 한다.

147 압축가스는 압력이 몇 MPa 이상 충전하는 경우 압축기와 가스충전용기 보관장소 사이의 벽을 방호벽 구조로 하여야 하는가?

㉮ 11.7MPa

㉯ 10.8MPa

㉰ 9.8MPa

㉱ 8.7MPa

> **해설** 압축가스는 압력이 9.8MPa(10kg/cm²) 이상 충전시 압축기와 가스충전용기 보관장소 사이에 벽을 방호벽 구조로 한다.

148 내용적이 50L인 용기에 프로판가스를 충전하는 때에는 얼마의 충전량(kg)을 초과할 수 없는가? (단, 충전상수 C는 프로판의 경우 2.35이다.)

㉮ 20

㉯ 20.4

㉰ 21.3

㉱ 24.4

> **해설** $W = \dfrac{V_2}{C} = \dfrac{50}{2.35} = 21.276\text{kg}$

149 고압가스 일반제조의 시설기준에 대한 설명 중 옳은 것은?

㉮ 초저온저장탱크에는 환형유리관 액면계를 설치할 수 있다.

㉯ 고압가스설비에 장치하는 압력계는 상용 압력의 1.1배 이상 2배 이하의 최고 눈금이 있어야 한다.

㉰ 독성가스 및 공기보다 무거운 가연성가스의 제조시설에는 역류방지밸브를 설치하여야 한다.

㉱ 저장능력이 1,000톤 이상인 가연성가스(액화가스)의 지상 저장탱크의 주위에는 방류둑을 설치하여야 한다.

> **해설** 가연성 액화가스탱크 저장능력이 1천톤 이상이면 방류둑 설치가 이루어져야 한다.

정답 | 146.㉯ 147.㉰ 148.㉰ 149.㉱

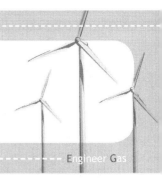

Engineer Gas

CHAPTER 02 액화석유가스법

「액화석유가스의 안전관리 및 사업법」

제1조(목적) 이 법은 액화석유가스의 수출입·충전·저장·판매·사용 및 가스용품의 안전 관리에 관한 사항을 정하여 공공의 안전을 확보하고 액화석유가스사업을 합리적으로 조정하여 액화석유가스를 적정히 공급·사용하게 함을 목적으로 한다.

제3조(액화석유가스 수급상황에 대한 예측) 산업통상자원부장관은 국가 전체의 안정적인 액화석유가스의 수급을 위하여 대통령령으로 정하는 바에 따라 매년 해당 연도 이후 5년간의 액화석유가스의 수급 상황에 관한 예측을 하여야 한다. 이 경우 다음 각 호의 사항을 고려하여야 한다.
1. 액화석유가스의 수요량
2. 액화석유가스의 생산량 및 수출량·수입량
3. 액화석유가스 저장시설의 처리능력
4. 그 밖에 액화석유가스의 수급에 영향을 미치는 중요 사항

제19조(사업의 개시·휴업 및 폐업의 신고) ① 액화석유가스 수출입업자는 제17조에 따른 등록을 한 날부터 대통령령으로 정하는 기간 이내에 사업을 개시하여야 한다.
② 액화석유가스 수출입업자는 그 사업을 개시·휴업 또는 폐업한 때에는 산업통상자원부령으로 정하는 바에 따라 산업통상자원부장관에게 신고하여야 한다.
③ 산업통상자원부장관은 제2항에 따른 신고를 받은 경우 그 내용을 검토하여 이 법에 적합하면 신고를 수리하여야 한다. 〈신설 2022.2.3.〉

제20조(액화석유가스 비축의무) ① 액화석유가스 수출입업자는 액화석유가스의 수급과 가격의 안정을 위하여 대통령령으로 정하는 바에 따라 액화석유가스를 비축하여야 한다.
② 액화석유가스 수출입업자는 시설기준 등 대통령령으로 정하는 요건을 갖춘 자에게 제1항에 따른 액화석유가스 비축의무를 대행하게 할 수 있다.

제34조(안전관리자) ① 액화석유가스 사업자등과 제44조제2항에 따른 액화석유가스 특정사용자는 그 시설·용기·가스용품 등의 안전 확보와 위해 방지에 관한 직무를 수행하게 하기 위하여 산업통상자원부령으로 정하는 바에 따라 사업을 시작하거나 액화석유가스를 사용하기 전에 안전관리자를 선임하여야 한다. 다만, 액화석유가스 특정사용자의 사용시설 중 저장설비를 이용하여 다수의 사용자가 액화석유가스를 사용하는 시설로서 산업통상자원부령으로 정하는 시설은 그 시설에 액화석유가스를 공급하는 사업자가 안전관리자를 선임하여야 한다.
② 제1항에 따른 안전관리자를 선임 또는 해임하거나 안전관리자가 퇴직한 경우에는 지체 없이 그 사실을 허가관청 또는 등록관청이나 시장·군수·구청장에게 신고하고, 해임하거나 퇴직한 날부터 30일 이내에 다른 안전관리자를 선임하여야 한다. 다만, 30일 이내에 선임할 수 없을 경우에는 허가관청 또는 등록관청이나 시장·군수·구청장의 승인을 받아 그 기간을 연장할 수 있다.
③ 제1항에 따라 안전관리자를 선임한 자는 다음 각 호의 어느 하나에 해당하는 경우에는 대통령령으로 정하는 바에 따라 대리자를 지정하여 일시적으로 안전관리자의 직무를 대행하게 하여야 한다. 〈개정 2016.1.6.〉
1. 안전관리자가 여행·질병이나 그 밖의 사유로 일시적으로 그 직무를 수행할 수 없는 경우
2. 안전관리자의 해임 또는 퇴직과 동시에 다른 안전관리자가 선임되지 아니한 경우
④ 안전관리자는 그 직무를 성실히 수행하여야 하며, 그 액화석유가스 사업자등과 제44조제2항에 따른 액화석유가스 특정사용자 및 종사자는 안전관리자의 안전에 관한 의견을 존중하고 권고에 따라야 한다.
⑤ 허가관청 또는 등록관청이나 시장·군수·구청장은 대통령령으로 정하는 안전관리자가 그 직무를 성실히 수행하지 아니하면 그 안전관리자를 선임한 액화석유가스 사업자등이나 제44조제2항에 따른 액화석유가스 특정사용자에게 그 안전관리자의 해임을 요구할 수 있다.
⑥ 허가관청 또는 등록관청이나 시장·군수·구청장은 제5항에 따라 안전관리자의 해임을 요구한 경우 해당 안전관리자가 그 직무를 성실히 수행하지 아니한 사실을 산업통상자원부장관에게 알려야 한다.
⑦ 제2항에 따른 신고가 신고서의 기재사항 및 첨부서류에 흠이 없고 법령 등에 규정된 형식상의 요건을 충족

하는 경우에는 신고서가 접수기관에 도달된 때에 신고된 것으로 본다. 〈신설 2022.2.3.〉

⑧ 안전관리자의 종류·자격·인원·직무 범위 및 안전관리자의 대리자의 대행 기간과 그 밖에 필요한 사항은 대통령령으로 정한다. 〈개정 2022.2.3.〉

제39조(가스용품의 수입 및 검사) ① 가스용품을 제조하거나 수입한 자(외국가스용품 제조자를 포함한다)는 그 가스용품을 판매하거나 사용하기 전에 산업통상자원부장관(외국가스용품 제조자의 경우에만 해당한다) 또는 시장·군수·구청장의 검사를 받아야 한다. 다만, 대통령령으로 정하는 가스용품은 검사의 전부 또는 일부를 생략할 수 있다.

② 산업통상자원부장관 또는 시장·군수·구청장은 제1항에 따른 검사에 합격한 가스용품에는 산업통상자원부령으로 정하는 바에 따라 필요한 사항을 각인(刻印)하거나 표시하여야 한다.

③ 제1항에 따라 검사를 받아야 하는데도 검사를 받지 아니한 가스용품은 양도·임대 또는 사용하거나 판매를 목적으로 진열하여서는 아니 된다.

④ 제1항에 따른 검사의 기준과 기간, 그 밖에 검사에 필요한 사항은 산업통상자원부령으로 정한다.

제41조(안전교육) ① 액화석유가스 사업자등과 시공자 및 액화석유가스 특정사용자(액화석유가스를 자동차의 연료로 사용하는 자는 제외한다)의 안전 관리에 관계되는 업무를 하는 자는 특별시장·광역시장·특별자치시장·도지사·특별자치도지사(이하 "시·도지사"라 한다)가 실시하는 교육을 받아야 한다. 〈개정 2018.12.11.〉

② 액화석유가스 사업자등과 시공자 및 액화석유가스 특정사용자는 그가 고용하고 있는 자 중에서 제1항에 따라 교육을 받아야 하는 자(이하 이 조에서 "안전교육대상자"라 한다)에게 안전교육을 받게 하여야 한다.

③ 안전교육대상자의 범위, 교육기간 및 교육과정과 그 밖에 교육에 필요한 사항은 산업통상자원부령으로 정한다.

제49조(액화석유가스 자동차 충전사업소에서의 흡연 금지) 누구든지 액화석유가스를 연료로 사용하는 자동차에 액화석유가스를 충전하는 사업소에서 흡연을 하여서는 아니 된다.

제56조(사고의 통보 등) ① 액화석유가스 사업자등과 액화석유가스 특정사용자는 그의 시설이나 제품과 관련하여 다음 각 호의 어느 하나에 해당하는 사고가 발생하면 산업통상자원부령으로 정하는 바에 따라 즉시 한국가스안전공사에 알려야 하며, 한국가스안전공사는 통보받은 내용을 허가관청, 등록관청 또는 시장·군수·구청장에게 보고하여야 한다.

1. 사람이 사망한 사고
2. 사람이 부상당하거나 중독된 사고
3. 가스누출에 의한 폭발 또는 화재 사고
4. 가스시설이 손괴되거나 가스누출로 인하여 인명대피나 공급중단이 발생한 사고
5. 그 밖에 가스시설이 손괴되거나 가스가 누출된 사고

로서 산업통상자원부령으로 정하는 사고

② 제1항에 따라 통보를 받은 한국가스안전공사는 사고 재발 방지와 그 밖에 가스사고 예방을 위하여 필요하다고 인정할 때에는 그 원인과 경위 등 사고에 관한 조사를 할 수 있다.

제61조(권한의 위임·위탁) ① 이 법에 따른 산업통상자원부장관 또는 시·도지사(특별자치시장 및 특별자치도지사는 제외한다)의 권한은 그 일부를 대통령령으로 정하는 바에 따라 시·도지사 또는 시장·군수·구청장(특별자치시장 및 특별자치도지사는 제외한다)에게 위임할 수 있다.

② 이 법에 따른 산업통상자원부장관, 시·도지사 또는 시장·군수·구청장(특별자치시장 및 특별자치도지사는 제외한다)의 권한 중 다음 각 호의 업무는 대통령령으로 정하는 바에 따라 한국가스안전공사에 위탁할 수 있다. 〈개정 2019.8.20., 2021.6.15.〉

1. 제31조제6항에 따른 안전관리규정 준수 여부의 확인과 평가
2. 제35조제6항에 따른 완공도면 사본의 접수
3. 제36조제1항에 따른 안전성 확인
4. 제36조제2항에 따른 완성검사
5. 제36조의2제1항에 따른 시공감리
6. 제37조제1항 본문에 따른 정기검사와 수시검사
7. 제39조제1항 본문에 따른 수입가스용품의 검사
8. 제40조제2항에 따른 유통 중인 가스용품의 수집과 검사
9. 제41조제1항에 따른 안전교육의 실시
10. 삭제 〈2018.12.11.〉
11. 제44조제2항 및 제9항에 따른 액화석유가스 사용시설의 완성검사와 그 결과의 공개
12. 제48조제1항에 따른 위해 방지 조치 명령
13. 제48조제2항에 따른 시설등의 사용정지 명령
14. 「고압가스 안전관리법」 제35조에 따른 검사기관이 실시하는 검사 업무에 대한 지도와 확인

③ 이 법에 따른 산업통상자원부장관 또는 시장·군수·구청장의 권한 중 다음 각 호의 업무는 대통령령으로 정하는 바에 따라 한국가스안전공사, 「석유 및 석유대체연료 사업법」 제25조제1항에 따라 지정받은 품질검사기관, 같은 법 제25조의2에 따른 한국석유관리원 및 「고압가스 안전관리법」 제35조에 따른 검사기관에 위탁할 수 있다. 〈개정 2017.3.21., 2019.8.20., 2021.6.15.〉

1. 제23조의2제4항에 따른 액화석유가스 충전사업자의 정량 공급 여부 및 영업시설의 설치·개조 행위 등의 검사
2. 제27조제2항에 따른 액화석유가스의 품질검사
3. 제39조제1항 본문에 따른 가스용품의 검사. 다만, 수입가스용품의 검사는 제외한다.
4. 제44조제4항 및 제9항에 따른 액화석유가스 사용시설의 정기검사와 그 결과의 공개

④ 이 법에 따른 산업통상자원부장관의 권한 중 제17조제1항에 따른 액화석유가스 수출입업의 등록 및 변경등록(제18조에 따른 조건부 등록을 포함한다) 신청의 접수 및 신청내용의 확인 업무는 대통령령으로 정하는 바에 따라 「석유 및 석유대체연료 사업법」 제25조의2에 따른 한국석유관리원에 위탁할 수 있다.

제65조(벌칙) ① 액화석유가스 집단공급사업자의 가스시설을 손괴(損壞)하거나 그 기능에 장애를 가져오게 하여 액화석유가스의 공급을 방해한 자는 1년 이상 10년 이하의 징역 또는 1억 5천만원 이하의 벌금에 처한다.

② 액화석유가스 충전시설을 손괴하거나 그 기능에 장애를 입혀 액화석유가스 공급을 방해한 자는 5년 이하의 징역 또는 5천만원 이하의 벌금에 처한다. 〈신설 2019.8.20.〉

③ 제40조제5항을 위반하여 가스용품을 개조하여 판매하거나 판매할 목적으로 개조한 자는 3년 이하의 징역 또는 3천만원 이하의 벌금에 처한다. 〈개정 2019.8.20.〉

④ 업무상 과실이나 중대한 과실로 제1항의 죄를 범한 자는 7년 이하의 금고 또는 2천만원 이하의 벌금에 처한다. 〈개정 2019.8.20.〉

⑤ 업무상 과실이나 중대한 과실로 제2항의 죄를 범한 자는 2년 이하의 금고 또는 2천만원 이하의 벌금에 처한다. 〈신설 2019.8.20.〉

⑥ 제4항 및 제5항의 죄를 범하여 가스를 누출시키거나 폭발하게 함으로써 사람을 상해(傷害)한 경우에는 10년 이하의 금고 또는 1억원 이하의 벌금에, 사망에 이르게 한 경우에는 1년 이상 10년 이하의 금고 또는 1억 5천만원 이하의 벌금에 처한다. 〈개정 2019.8.20.〉

⑦ 액화석유가스 사업자등(액화석유가스 위탁운송사업자와 가스용품 제조사업자는 제외한다) 또는 액화석유가스 사용자의 승낙 없이 가스공급시설 또는 가스사용시설(액화석유가스 판매사업자가 액화석유가스를 공급하는 경우에는 그 사업자 소유인 가스설비만을 말한다)을 조작하여 가스의 공급 및 사용을 방해한 자는 1년 이하의 징역 또는 1천만원 이하의 벌금에 처한다. 〈개정 2019.8.20.〉

⑧ 액화석유가스 사업자등(액화석유가스 위탁운송사업자와 가스용품 제조사업자는 제외한다) 또는 액화석유가스 사용자의 가스공급시설 및 가스사용시설에 종사하는 자가 정당한 사유 없이 가스 공급에 장애를 발생하게 한 경우에는 제7항의 형(刑)과 같다. 〈개정 2019.8.20.〉

⑨ 액화석유가스 사업자등(액화석유가스 위탁운송사업자와 가스용품 제조사업자는 제외한다) 또는 액화석유가스 사용자의 승낙 없이 가스공급시설 또는 가스사용시설(액화석유가스 판매사업자가 액화석유가스를 공급하는 경우에는 그 사업자 소유인 가스설비만을 말한다)을 변경한 자는 500만원 이하의 벌금에 처한다. 〈개정 2019.8.20.〉

⑩ 제1항, 제2항 및 제7항에 규정된 죄의 미수범은 처벌한다. 〈개정 2019.8.20.〉

제66조(벌칙) ① 등록을 하지 아니하고 액화석유가스 수출입업을 한 자는 5년 이하의 징역 또는 2억원 이하의 벌금에 처한다.

② 다음 각 호의 어느 하나에 해당하는 자는 3년 이하의 징역 또는 1억원 이하의 벌금에 처한다.
1. 액화석유가스 비축의무를 위반한 자
2. 「석유 및 석유대체연료 사업법」 제22조 제1항에 따른 조치를 위반한 자

③ 다음 각 호의 어느 하나에 해당하는 자는 2년 이하의 징역 또는 2천만원 이하의 벌금에 처한다. 〈개정 2019.8.20.〉
1. 허가를 받지 아니하고 액화석유가스 충전사업, 액화석유가스 집단공급사업 또는 가스용품 제조사업을 한 자
2. 액화석유가스배관 매설상황의 확인요청을 하지 아니하고 굴착공사를 한 자
3. 평가서를 제출하지 아니하고 굴착공사를 한 자
4. 협의를 하지 아니하고 굴착공사를 한 자와 정당한 사유 없이 협의 요청에 응하지 아니한 자
5. 협의 내용을 지키지 아니한 자
6. 합동 감시체계를 구축하지 아니하거나 정기적으로 순회점검을 하지 아니한 자
7. 기준에 따르지 아니하고 굴착공사를 한 자
8. 액화석유가스배관에 대한 도면을 작성·보존하지 아니하거나 거짓으로 작성·보존한 자
9. 「석유 및 석유대체연료 사업법」 제21조 제1항에 따른 명령을 위반한 자

제67조(벌칙) 삭제 〈2018.12.11.〉

제68조(벌칙) 다음 각 호의 어느 하나에 해당하는 자는 1년 이하의 징역 또는 1천만원 이하의 벌금에 처한다. 〈개정 2019.8.20., 2022.2.3.〉
1. 제5조제2항·제7항 또는 제8조제1항에 따른 허가를 받지 아니하고 액화석유가스 판매사업을 하거나 액화석유가스 충전사업자의 영업소 또는 액화석유가스 저장소를 설치한 자
2. 제5조제3항 본문 또는 제8조제2항 본문을 위반하여 변경허가를 받지 아니하고 허가받은 사항을 변경한 자
3. 제9조제1항에 따른 등록을 하지 아니하고 액화석유가스 위탁운송사업을 한 자
4. 제9조제2항 본문에 따른 변경등록을 하지 아니하고 등록한 사항을 변경한 자
5. 제23조의2제1항과 제2항을 모두 위반하여 정량 미달 공급을 목적으로 영업시설을 설치·개조하거나 그 설치·개조한 영업시설을 양수·임차한 자로서 이를 사용하여 액화석유가스를 정량에 미달되게 공급한 자
6. 제26조제3항을 위반하여 액화석유가스를 판매 또는 인도하거나 판매 또는 인도할 목적으로 저장·운송 또는 보관한 자
7. 제27조제1항에 따른 검사를 받지 아니하거나 같은 조 제2항에 따른 품질검사를 거부·방해하거나 기피한 자

8. 제30조제1항 또는 제32조제1항을 위반한 자
9. 제36조제2항에 따른 검사를 받지 아니한 액화석유가스 사업자등 또는 시공자
10. 제36조의2제2항에 따른 적합 판정을 받지 아니하고 가스공급시설을 사용한 자
11. 제39조제1항 본문에 따른 검사를 받지 아니한 가스용품 제조사업자 또는 수입자
12. 제39조제3항을 위반하여 검사를 받지 아니한 가스용품을 양도·임대 또는 사용하거나 판매할 목적으로 진열한 자
13. 제49조의3제3항에 따른 액화석유가스배관 매설상황 확인을 하여 주지 아니한 자
14. 제49조의3제4항 각 호의 조치를 하지 아니한 자
15. 제49조의3제6항을 위반하여 굴착공사 개시통보를 받기 전에 굴착공사를 한 자
16. 제49조의4제4항에 따른 평가서의 내용을 지키지 아니하고 굴착공사를 시행한 자
17. 제53조에 따른 명령을 위반한 자
18. 제64조제2항에 따라 준용되는 「석유 및 석유대체연료 사업법」 제23조에 따른 판매가격의 최고액보다 높은 가격으로 액화석유가스를 판매한 액화석유가스 충전사업자 또는 액화석유가스 판매사업자

제69조(벌칙) 다음 각 호의 어느 하나에 해당하는 자는 6개월 이하의 징역 또는 500만원 이하의 벌금에 처한다. 〈개정 2019.8.20.〉
1. 제23조제1항에 따른 표시를 하지 아니하거나 거짓으로 표시한 자 또는 같은 조 제2항에 따른 허용 오차를 넘어서 계량한 자
2. 제23조제3항을 위반하여 충전량 등의 표시를 훼손하거나 액화석유가스의 양을 줄인 자
2의2. 제23조의2제1항을 위반하여 액화석유가스를 정량에 미달되게 공급한 자
2의3. 제23조의2제2항을 위반하여 정량 미달 공급을 목적으로 영업시설을 설치·개조하거나 그 설치·개조한 영업시설을 양수·임차하여 사용한 자
3. 제36조제1항에 따른 안전성 확인을 받지 아니한 액화석유가스 충전사업자, 액화석유가스 집단공급사업자, 액화석유가스 판매사업자 또는 액화석유가스 저장자
4. 제37조제1항 본문에 따른 정기검사 또는 수시검사를 받지 아니한 액화석유가스 사업자등
5. 제38조제1항에 따른 정밀안전진단 또는 안전성평가를 받지 아니한 액화석유가스 충전사업자, 액화석유가스 저장자 또는 액화석유가스 배관망공급사업자
6. 제40조제4항에 따른 표시를 하지 아니한 자

제70조(벌칙) 다음 각 호의 어느 하나에 해당하는 자는 500만원 이하의 벌금에 처한다. 〈개정 2019.8.20.〉
1. 제34조제1항을 위반하여 안전관리자를 선임하지 아니한 액화석유가스 사업자등 또는 액화석유가스 특정사용자
2. 제34조제2항을 위반한 액화석유가스 사업자등 또는 액화석유가스 특정사용자
3. 제35조제4항을 위반하여 시설기준과 기술기준에 맞지 아니하게 시공한 자

제71조(벌칙) 다음 각 호의 어느 하나에 해당하는 자는 300만원 이하의 벌금에 처한다. 〈개정 2022.2.3.〉
1. 제5조제2항에 따른 판매 지역을 위반하여 판매한 자
2. 제5조제9항에 따른 명령을 위반한 액화석유가스 판매사업자
3. 제25조제1항에 따른 공급규정을 위반한 액화석유가스 집단공급사업자
4. 제30조제2항을 위반한 액화석유가스 충전사업자, 액화석유가스 집단공급사업자 또는 액화석유가스 판매사업자
5. 제32조제2항을 위반하여 용기의 안전을 점검하지 아니하거나 기준에 맞지 아니한 용기에 충전한 액화석유가스 충전사업자
6. 제33조제1항에 따른 명령을 위반한 가스공급자
7. 제33조제3항을 위반하여 정당한 사유 없이 시설의 개선 또는 철거를 하지 아니한 가스공급자
8. 제40조제2항에 따른 회수명령 또는 공표명령을 따르지 아니한 가스용품 제조사업자 또는 수입자

제72조(양벌규정) 법인의 대표자나 법인 또는 개인의 대리인, 사용인, 그 밖의 종업원이 그 법인 또는 개인의 업무에 관하여 제65조부터 제71조까지의 어느 하나에 해당하는 위반행위를 하면 그 행위자를 벌하는 외에 그 법인 또는 개인에게도 해당 조문의 벌금형을 과(科)한다. 다만, 법인 또는 개인이 그 위반행위를 방지하기 위하여 해당 업무에 관하여 상당한 주의와 감독을 게을리하지 아니한 경우에는 그러하지 아니하다.

제73조(과태료) ① 다음 각 호의 어느 하나에 해당하는 자에게는 2천만원 이하의 과태료를 부과한다.
1. 제55조제1항에 따른 보고 또는 서류 제출의 명령을 이행하지 아니하거나 거짓된 보고를 한 액화석유가스 수출입업자
2. 제58조제1항에 따른 보고를 하지 아니하거나 거짓으로 보고를 한 액화석유가스 수출입업자
② 다음 각 호의 어느 하나에 해당하는 자에게는 1천만원 이하의 과태료를 부과한다. 〈개정 2019.8.20.〉
1. 제17조제2항에 따른 변경등록을 하지 아니하거나 거짓으로 변경등록을 한 자
2. 제19조제2항에 따른 사업의 개시·휴업 또는 폐업의 신고를 하지 아니하거나 거짓으로 신고한 자
3. 제49조의5제2항에 따른 협의서를 작성하지 아니하거나 거짓으로 작성한 자
4. 제55조제1항에 따른 조사를 거부한 액화석유가스 수출입업자

③ 다음 각 호의 어느 하나에 해당하는 자에게는 300만원 이하의 과태료를 부과한다. 〈개정 2019.8.20., 2022.2.3.〉

1. 제5조제3항 단서, 제8조제2항 단서 또는 제9조제2항 단서에 따른 신고를 하지 아니한 액화석유가스 사업자등

2. 제11조에 따른 신고를 하지 아니한 액화석유가스 사업자등

3. 제12조제1항부터 제3항까지의 규정에 따른 신고를 하지 아니한 자

4. 제25조제1항에 따른 신고를 하지 아니한 액화석유가스 집단공급사업자

5. 삭제 〈2019.3.26.〉

6. 제29조제1항 본문을 위반하여 액화석유가스를 자동차에 직접 충전한 자

7. 제30조의2제3항에 따른 자료를 제출하지 아니하거나 거짓으로 제출한 가스사용시설 안전관리업무 대행자

8. 제31조제1항에 따른 안전관리규정을 허가관청에 제출하지 아니한 액화석유가스 사업자등

9. 제31조제3항을 위반한 가스용품 제조사업자

10. 제31조제4항에 따른 안전관리규정의 변경명령을 이행하지 아니한 액화석유가스 사업자등

11. 제34조제3항을 위반한 액화석유가스 사업자등 또는 액화석유가스 특정사용자

12. 제35조제5항을 위반하여 시공기록 등을 작성·보존하지 아니하거나 거짓으로 작성한 가스시설시공업자

13. 제35조제6항을 위반하여 시공기록 등의 사본을 발주자에게 내주지 아니하거나 완공도면의 사본을 시장·군수·구청장에게 제출하지 아니한 가스시설시공업자

14. 제35조제7항을 위반하여 완공도면의 사본을 보존하지 아니한 가스공급자 또는 액화석유가스 저장자

15. 제41조제1항을 위반하여 안전교육을 받지 아니한 자

16. 제41조제2항에 따른 안전교육대상자에 대하여 교육을 받게 하지 아니한 자

17. 제55조제1항에 따른 조사를 거부한 사업자단체, 액화석유가스 사업자등, 액화석유가스 특정사용자 또는 시공자

18. 제57조제1항을 위반하여 보험에 가입하지 아니한 자

19. 제58조제1항에 따른 보고를 하지 아니하거나 거짓으로 보고를 한 액화석유가스 충전사업자, 액화석유가스 집단공급사업자 또는 액화석유가스 판매사업자

④ 다음 각 호의 어느 하나에 해당하는 자에게는 200만원 이하의 과태료를 부과한다. 〈개정 2019.8.20., 2020.2.4.〉

1. 제24조에 따른 액화석유가스 공급 방법을 위반한 액화석유가스 충전사업자, 액화석유가스 판매사업자 또는 액화석유가스 위탁운송사업자

2. 제30조제3항을 위반한 액화석유가스 충전사업자, 액화석유가스 집단공급사업자 또는 액화석유가스 판매사업자

3. 제31조제5항에 따른 안전관리규정을 지키지 아니하거나 실시 기록을 작성·보존하지 아니한 자(가스사용시설 안전관리업무 대행자를 포함한다)

4. 제33조제2항에 따른 협의 없이 임의로 가스시설을 철거하거나 변경한 자

5. 제40조제5항을 위반하여 가스용품을 개조한 자(제65조제3항에 해당하는 자는 제외한다)

6. 제44조제1항을 위반하여 액화석유가스의 사용시설 및 가스용품을 갖추지 아니한 액화석유가스 사용자

7. 제44조제2항에 따른 완성검사를 받지 아니한 가스시설시공업자

8. 제44조제3항을 위반하여 완성검사에 합격하지 아니하고 액화석유가스 사용시설을 사용한 액화석유가스 특정사용자

9. 제44조제4항에 따른 정기검사를 받지 아니한 액화석유가스 특정사용자

10. 제44조제8항을 위반하여 완성검사와 정기검사를 받았는지 확인하지 아니하고 액화석유가스를 공급한 가스공급자

10의2. 제44조의2제1항을 위반하여 안전장치가 포함되지 아니한 가스용품을 판매한 자

11. 제48조제1항에 따른 명령을 이행하지 아니한 액화석유가스 사업자등, 액화석유가스 특정사용자 또는 액화석유가스 사용자

12. 제48조제2항에 따른 명령을 이행하지 아니한 액화석유가스 사업자등, 액화석유가스 특정사용자 또는 액화석유가스 사용자

13. 제55조제1항에 따른 보고 또는 서류 제출의 명령을 이행하지 아니하거나 거짓된 보고를 한 사업자단체, 액화석유가스 사업자등, 액화석유가스 특정사용자 또는 시공자

14. 제56조제1항에 따른 가스사고 발생 통보를 하지 아니한 액화석유가스 사업자등 또는 액화석유가스 특정사용자

⑤ 다음 각 호의 어느 하나에 해당하는 자에게는 100만원 이하의 과태료를 부과한다.

1. 제33조제1항에 따른 명령을 이행하지 아니한 액화석유가스 수요자

2. 제49조를 위반하여 흡연을 한 자

⑥ 제1항부터 제5항까지의 규정에 따른 과태료는 대통령령으로 정하는 바에 따라 산업통상자원부장관, 관할 시·도지사 또는 시장·군수·구청장(특별자치시장 및 특별자치도지사는 제외한다)이 부과·징수한다.

「액화석유가스의 안전관리 및 사업법 시행령」

제1조(목적) 이 영은 「액화석유가스의 안전관리 및 사업법」에서 위임된 사항과 그 시행에 필요한 사항을 규정함을 목적으로 한다.

제4조(액화석유가스 저장소 설치 허가의 기준 및 대상 범위)
① 특별자치시장·특별자치도지사·시장·군수 또는 구청장(구청장은 자치구의 구청장을 말하며, 이하 "시장·군수·구청장"이라 한다)은 법 제8조 제1항 및 같은 조 제2항 본문에 따른 허가 또는 변경허가의 신청을 받으면 그 신청 내용이 다음 각 호의 어느 하나에 해당하는 경우를 제외하고는 허가하여야 한다.
   1. 저장소의 설치 또는 변경으로 국민의 생명 보호 및 재산상의 위해(危害) 방지나 재해발생 방지에 지장이 있다고 판단되는 경우
   2. 저장소의 설치 및 운영에 필요한 재원(財源)과 기술적 능력이 없는 경우
   3. 연결 도로, 도시계획 및 인구 밀집 등을 고려하여 설치를 금지한 지역에 저장소를 설치하는 경우
   4. 「고압가스 안전관리법」 제28조에 따른 한국가스안전공사(이하 "한국가스안전공사"라 한다)의 기술검토 결과 안전성이 확보되지 아니한 것으로 인정된 경우
   5. 그 밖에 다른 법령에 따른 제한에 위반되는 경우
② 액화석유가스 저장소 설치 허가의 대상 범위는 액화석유가스 저장소로 한다. 다만, 다음 각 호의 사업자가 그 허가받은 내용에 따라 액화석유가스 저장소를 설치하는 경우(액화석유가스 충전사업자가 법 제5조제7항에 따른 허가를 받은 영업소에 그 허가받은 내용에 따라 용기저장소를 설치하는 경우를 포함한다)와 「선박안전법」을 적용받는 선박 안에 액화석유가스 저장소를 설치하는 경우는 제외한다. 〈개정 2022.5.3.〉
   1. 액화석유가스 충전사업자
   2. 액화석유가스 집단공급사업자
   3. 액화석유가스 판매사업자
   4. 고압가스 제조허가를 받은 자
   5. 「도시가스사업법」 제3조에 따른 도시가스사업 허가를 받은 자
③ 시장·군수·구청장은 제1항 제1호부터 제3호까지의 규정에 관한 세부 기준을 정하여 공고할 수 있다.

제11조(액화석유가스 비축의무량) ① 액화석유가스 수출입업자가 비축하여야 하는 액화석유가스의 양은 연간 내수판매량의 일평균 판매량의 60일분의 범위에서 산업통상자원부장관이 정하여 고시하는 양(이하 "액화석유가스 비축의무량"이라 한다)으로 한다. 이 경우 액화석유가스 비축의무량 중 액화석유가스 수출입업자가 정상적인 영업을 위하여 통상적으로 보유한다고 인정되는 양을 함께 고시하여야 한다.

② 제1항 전단에 따른 연간 내수판매량은 해당 월의 전전월부터 거꾸로 계산하여 12개월 동안의 내수판매량(산정기간이 12개월 미만인 경우에는 그 기간 동안의 내수판매량으로 한다)으로 하되, 그 산출방법은 산업통상자원부령으로 정한다.
③ 산업통상자원부장관은 다음 각 호의 어느 하나에 해당하는 경우에는 액화석유가스 비축의무량을 조정하여 고시할 수 있다.
   1. 국제 액화석유가스 시장 상황 및 환율의 급격한 변경 또는 외환 사정의 악화 등 국내외 경제 여건의 급격한 변동으로 액화석유가스 수출입업자의 사업 여건이 크게 악화된 경우
   2. 천재지변, 화재 또는 그 밖의 재해로 액화석유가스 수출입업자의 사업용 자산(임차자산을 포함한다)에 중대한 손실이 발생한 경우
   3. 액화석유가스의 국내 수급 및 가격 안정에 지장이 생길 우려가 있는 경우
   4. 액화석유가스 가격의 급등 또는 액화석유가스 비축량의 급증으로 액화석유가스 수출입업자에게 과중한 자금 부담이 발생한 경우

제12조(액화석유가스 비축의무의 이행방법 등) ① 액화석유가스 수출입업자는 산업통상자원부장관이 정하여 고시하는 기간 동안 평균재고량을 액화석유가스 비축의무량 이상으로 유지하여 법 제20조제1항에 따른 액화석유가스 비축의무를 이행하여야 한다.
② 제1항에 따른 평균재고량은 다음 어느 하나의 시설 또는 선박 내에 있는 물량(통관되지 아니한 물량을 포함한다)을 합산하여 계산한다.
   1. 공장, 수입기지의 저장탱크(지하저장시설을 포함한다)
   2. 저유소(위탁저유소를 포함한다)
   3. 가스배관 부속 저장시설(가스배관으로 이송 중인 물량을 포함한다)
   4. 국내의 전용항구에서 하역 중이거나 하역대기 중인 액화석유가스 운반선
   5. 해상구축물(12개월 이상 액화석유가스를 저장할 목적으로 해상에 설치한 액화석유가스 저장시설을 말한다)
   6. 연안선박
③ 액화석유가스 수출입업자는 최초 수입신고 수리일부터 6개월 이내에 액화석유가스 비축의무량을 비축하여야 한다.
④ 법 제20조제1항에 따른 액화석유가스 비축의무의 이행방법 및 그 밖에 액화석유가스의 비축에 필요한 사항은 산업통상자원부장관이 정하여 고시한다.

제15조(안전관리자의 종류 등) ① 안전관리자(이하 "안전관리자"라 한다)의 종류는 다음 각 호와 같다. 〈개정 2020.2.18.〉
   1. 안전관리총괄자
   2. 안전관리부총괄자
   3. 안전관리책임자

　　4. 안전관리원

　　5. 안전점검원

② 안전관리총괄자는 해당 사업자(법인인 경우에는 그 대표자를 말한다) 또는 법 제44조제2항에 따른 액화석유가스 특정사용자(법인인 경우에는 그 대표자를 말하며, 이하 "액화석유가스 특정사용자"라 한다)로 한다.

③ 안전관리부총괄자는 해당 사업자의 시설을 직접 관리하는 최고책임자로 한다.

④ 안전관리자의 자격과 선임 인원은 별표 1과 같다.

제16조(안전관리자의 직무 범위) ① 안전관리자는 다음 각 호의 안전관리업무를 수행한다.〈개정 2015.12.30., 2020.2.18.〉

　　1. 액화석유가스 사업자등의 액화석유가스 시설 또는 액화석유가스 특정사용자의 액화석유가스 사용시설(이하 "액화석유가스 특정사용시설"이라 한다)의 안전유지 및 검사기록의 작성·보존

　　2. 가스용품의 제조공정 관리

　　3. 법 제30조에 따른 가스공급자의 의무이행 확인

　　4. 법 제31조에 따른 안전관리규정 실시 기록의 작성·보존

　　5. 법 제37조에 따른 정기검사 및 수시검사 결과 부적합 판정을 받은 시설의 개선

　　6. 법 제56조제1항에 따른 사고의 통보

　　7. 사업소 또는 액화석유가스 특정사용시설의 종업원에 대한 안전관리를 위하여 필요한 사항의 지휘·감독

　　8. 사업소 또는 액화석유가스 특정사용시설을 개수(改修) 또는 보수하는 사람에 대한 안전관리를 위하여 필요한 사항의 지휘·감독

　　9. 정압기·액화석유가스배관 및 그 부속설비의 순회점검, 구조물의 관리, 원격감시시스템을 통한 공급시설에 대한 감시, 검사업무 및 안전에 대한 비상계획의 수립·관리

　　10. 본관·공급관의 누출검사 및 전기방식시설의 관리

　　11. 사용자 공급관의 관리

　　12. 공급시설 및 사용시설의 굴착공사의 관리

　　13. 배관의 구멍 뚫기 작업

　　14. 그 밖의 위해 방지 조치

② 안전관리책임자, 안전관리원 및 안전점검원은 이 영에 특별한 규정이 있는 경우 외에는 제1항 각 호의 직무 외의 다른 일을 맡아서는 안 된다.〈개정 2020.2.18.〉

③ 안전관리자는 다음 각 호의 구분에 따른 직무를 수행한다.〈개정 2016.6.21., 2020.2.18〉

　　1. 안전관리총괄자 : 해당 사업소 또는 액화석유가스 특정사용시설의 안전에 관한 업무의 총괄관리

　　2. 안전관리부총괄자 : 안전관리총괄자를 보좌하여 그 가스시설 안전의 직접 관리

　　3. 안전관리책임자 : 다음 각 목의 직무

　　　가. 안전관리부총괄자(안전관리부총괄자가 없는 경우에는 안전관리총괄자)를 보좌하여 사업장의

안전에 관한 기술적인 사항의 관리

　　　나. 안전관리원 및 안전점검원에 대한 지휘·감독

　　4. 안전관리원 : 안전관리책임자의 지시에 따른 안전관리자의 직무 수행 및 안전점검원에 대한 지휘·감독

　　5. 안전점검원 : 안전관리책임자 또는 안전관리원의 지시에 따른 안전관리자의 직무

④ 안전관리자를 선임한 자는 같은 조 제3항 각 호의 어느 하나에 해당하는 경우에는 다음 각 호의 구분에 따른 기간 동안 대리자를 지정하여 그 직무를 대행하게 하여야 한다.〈개정 2016.6.21.〉

　　1. 법 제34조제3항제1호에 해당하는 경우 : 직무를 수행할 수 없는 30일 이내의 기간

　　2. 법 제34조제3항제2호에 해당하는 경우 : 다른 안전관리자가 선임될 때까지의 기간

⑤ 안전관리자의 직무를 대행하게 하는 경우에는 다음 각 호의 구분에 따른 사람이 하게 하여야 한다.〈개정 2016.6.21., 2020.2.18.〉

　　1. 안전관리총괄자 및 안전관리부총괄자의 직무대행 : 각각 그를 직접 보좌하는 직무를 하는 사람

　　2. 안전관리책임자의 직무대행 : 안전관리원. 다만, 다음 각 목의 경우에는 해당 각 목의 사람으로 한다.

　　　가. 별표 1 제1호라목에 따라 안전관리원을 선임하지 아니할 수 있는 시설의 경우 : 같은 목에 따른 안전관리책임자의 자격을 갖춘 사람

　　　나. 그 밖에 안전관리원을 선임하지 아니할 수 있는 시설의 경우 : 해당 사업소의 종업원으로서 가스 관련 업무에 종사하고 있는 사람 중 가스안전관리에 관한 지식이 있는 사람

　　3. 안전관리원의 직무대행 : 안전점검원. 다만, 별표 1에 따라 안전점검원을 선임하지 않을 수 있는 시설의 경우에는 해당 사업소의 종업원으로서 가스 관련 업무에 종사하고 있는 사람 중 가스안전관리에 관한 지식이 있는 사람으로 한다.

　　4. 안전점검원의 직무대행 : 해당 사업소의 종업원으로서 가스 관련 업무에 종사하고 있는 사람 중 가스안전관리에 관한 지식이 있는 사람

⑥ 법 제34조제5항에서 "대통령령으로 정하는 안전관리자"란 제15조제1항 각 호에 따른 안전관리자를 말한다.

⑦ 제1항부터 제6항까지에서 규정한 사항 외에 안전관리자의 직무수행 및 직무대행에 관한 세부사항은 산업통상자원부장관이 정하여 고시한다.〈신설 2016.6.21., 2020.2.18.〉

제18조(가스용품의 검사 생략) ① 다음 각 호의 가스용품은 검사의 전부를 생략한다.

　　1. 「산업표준화법」 제15조에 따른 인증(이하 이 조에서 "제품인증"이라 한다)을 받은 가스용품(인증심사를 받은 해당 형식의 가스용품으로 한정한다)

　　2. 시험용 또는 연구개발용으로 수입하는 것

3. 수출용으로 제조하는 것

4. 주한(駐韓) 외국기관에서 사용하기 위하여 수입하는 것으로 외국의 검사를 받은 것

5. 산업기계설비 등에 부착되어 수입하는 것

6. 가스용품의 제조자 또는 수입업자가 견본으로 수입하는 것

7. 수출을 목적으로 수입하는 것

② 다음 각 호의 가스용품은 산업통상자원부령으로 정하는 바에 따라 검사의 일부를 생략할 수 있다.

1. 제품인증을 받은 가스용품(제1항 제1호의 가스용품은 제외한다)

2. 제품인증을 받지 아니한 것으로서 제1항 제2호 및 제4호부터 제7호까지의 가스용품 외에 수입하는 가스용품

③ 제1항 제1호에도 불구하고 제품인증을 받은 가스용품으로서 산업통상자원부령으로 정하는 가스용품은 검사의 전부 또는 일부를 받아야 한다.

④ 제2항 제1호에도 불구하고 제품인증을 받은 가스용품으로서 산업통상자원부령으로 정하는 가스용품은 검사의 전부를 받아야 한다.

⑤ 시장·군수·구청장은 제1항 제1호 및 제2항 제1호에 따라 검사의 전부 또는 일부가 생략된 가스용품이 가스용품 검사기준에 맞지 아니하다고 인정되면 그 사실을 산업통상자원부장관에게 통보하여야 한다.

제28조(조정명령) 법 제53조에 따라 산업통상자원부장관이나 시·도지사가 조정명령을 할 수 있는 사항은 다음 각 호와 같다. 〈개정 2020.2.18.〉

1. 액화석유가스의 충전시설 및 공급방법에 관한 조정

2. 액화석유가스의 비축시설과 저장시설에 관한 조정

3. 지역별, 주요 수요자별 액화석유가스의 수급에 관한 조정

4. 액화석유가스 집단공급사업자에 대한 가스요금 등 공급조건의 조정

제32조(권한의 위임·위탁) ① 삭제 〈개정 2020.2.18.〉

② 삭제 〈개정 2020.2.18.〉

③ 산업통상자원부장관, 시·도지사 또는 시장·군수·구청장(특별자치시장 및 특별자치도지사는 제외한다)은 법 제61조제2항에 따라 다음 각 호의 업무를 한국가스안전공사에 위탁한다. 〈개정 2020.2.18., 2021.12.7.〉

1. 법 제31조제6항에 따른 안전관리규정 준수 여부의 확인과 평가

2. 법 제35조제4항에 따른 완공도면 사본의 접수

3. 법 제36조제1항에 따른 안전성 확인

4. 법 제36조제2항에 따른 완성검사

5. 법 제36조의2제1항에 따른 시공감리

6. 법 제37조제1항 본문에 따른 정기검사 및 수시검사

7. 법 제39조제1항 본문에 따른 수입가스용품의 검사

8. 법 제40조제2항에 따른 유통 중인 가스용품의 수집

과 검사

9. 법 제41조제1항에 따른 안전교육의 실시

10. 법 제44조제2항 및 제9항에 따른 시장·군수·구청장의 액화석유가스 사용시설의 완성검사와 그 결과의 공개

11. 법 제48조제1항에 따른 위해 방지 조치 명령

12. 법 제48조제2항에 따른 액화석유가스의 충전·집단공급·판매·영업소·위탁운송·저장·사용시설이나 용기·가스용품의 사용정지 명령

13. 「고압가스 안전관리법」 제35조에 따른 검사기관이 하는 검사업무에 대한 지도와 확인

④ 산업통상자원부장관 또는 시장·군수·구청장은 법 제61조제3항에 따라 다음 각 호의 구분에 따른 업무를 해당 기관에 각각 위탁한다. 이 경우 산업통상자원부장관 또는 시장·군수·구청장이 제2호 또는 제4호에 따라 업무를 위탁한 때에는 위탁받는 기관, 위탁업무 등을 고시해야 한다. 〈개정 2020.2.18., 2021.12.7.〉

1. 법 제23조의2제4항에 따른 액화석유가스 충전사업자의 정량 공급 여부 및 영업시설의 설치·개조 행위 등의 검사 : 「석유 및 석유대체연료 사업법」 제25조의2에 따른 한국석유관리원

2. 법 제27조제2항에 따른 액화석유가스의 품질검사: 「석유 및 석유대체연료 사업법」 제25조제1항에 따라 지정받은 품질검사기관 또는 같은 법 제25조의2에 따른 한국석유관리원

3. 법 제39조제1항 본문에 따른 가스용품의 검사(수입 가스용품의 검사는 제외한다) : 한국가스안전공사

4. 법 제44조제4항에 따른 액화석유가스 사용시설의 정기검사 : 한국가스안전공사 또는 「고압가스 안전관리법」 제35조제1항에 따라 지정받은 검사기관

5. 법 제44조제9항에 따른 시장·군수·구청장의 액화석유가스 사용시설의 정기검사 결과의 공개: 한국가스안전공사

⑤ 산업통상자원부장관은 법 제61조제4항에 따라 액화석유가스 수출입업 등록 및 변경등록(법 제18조에 따른 조건부 등록을 포함한다) 신청의 접수 및 신청내용의 확인 업무를 「석유 및 석유대체연료 사업법」 제25조의2에 따른 한국석유관리원에 위탁한다.

⑥ 산업통상자원부장관, 시·도지사 또는 시장·군수·구청장(특별자치시장 및 특별자치도지사는 제외한다)은 제2항부터 제5항까지의 규정에 따라 위임하거나 위탁한 업무에 관하여 그 위임이나 위탁을 받은 자를 감독한다.

[별표 1]

〈개정 2020.2.18.〉

안전관리자의 자격과 선임 인원(제15조제4항 관련)

시설 구분	저장능력 또는 수용가 수	선임 구분	
		안전관리자의 구분 및 선임 인원	자격
1. 액화석유 가스 충전 시설	가. 저장능력 500 톤 초과	안전관리총괄자 : 1명	-
		안전관리부총괄자 : 1명	-
		안전관리책임자 : 1명 이상	가스산업기사 이상의 자격을 가진 사람
		안전관리원 : 2명 이상	가스기능사 이상의 자격을 가진 사람 또는 한국가스안전공사가 산업통상자원부장관의 승인을 받아 실시하는 충전시설 안전관리자 양성교육 이수자(이하 "충전시설 안전관리자 양성교육 이수자"라 한다)
	나. 저장능력 100 톤 초과 500톤 이하	안전관리총괄자 : 1명	-
		안전관리부총괄자 : 1명	-
		안전관리책임자 : 1명 이상	가스기능사 이상의 자격을 가진 사람
		안전관리원 : 2명 이상	가스기능사 이상의 자격을 가진 사람 또는 충전시설 안전관리자 양성교육 이수자
	다. 저장능력 100 톤 이하	안전관리총괄자 : 1명	-
		안전관리부총괄자 : 1명	-
		안전관리책임자 : 1명 이상	가스기능사 이상의 자격을 가진 사람 또는 현장실무 경력이 5년 이상인 충전시설 안전관리자 양성교육 이수자
		안전관리원 : 1명 이상	가스기능사 이상의 자격을 가진 사람 또는 충전시설 안전관리자 양성교육 이수자
	라. 저장능력 30톤 이하(자동차에 고정된 용기 충 전시설만 해당 한다)	안전관리총괄자 : 1명	-
		안전관리책임자 : 1명 이상	가스기능사 이상의 자격을 가진 사람 또는 충전시설 안전관리자 양성교육 이수자
1의2. 액화석유 가스 배관망 공급 시설	가. 수용가 500가구 초과	안전관리총괄자 : 1명	
		안전관리책임자 : 1명 이상	가스기능사 이상의 자격을 가진 사람

시설 구분	저장능력 또는 수용가 수	선임 구분	
		안전관리자의 구분 및 선임 인원	자격
1의2. 액화석유 가스 배관망 공급 시설	가. 수용가 500가구 초과	안전관리원 1. 500가구 초과 1,500가구 이하인 경우에는 1명 이상 2. 1,500가구 초과인 경우에는 1천가구마다 1명 이상을 추가	가스기능사 이상의 자격을 가진 사람 또는 한국가스안전공사가 산업통상자원부장관의 승인을 받아 실시하는 일반시설 안전관리자 양성교육 이수자(이하 "일반시설 안전관리자 양성교육 이수자"라 한다)
		안전점검원 1. 배관 길이 15킬로미터 이하인 경우에는 1명 이상 2. 배관 길이 15킬로미터 초과인 경우에는 15킬로미터마다 1명 이상을 추가	가스기능사 이상의 자격을 가진 사람, 일반시설 안전관리자 양성교육 이수자 또는 한국가스안전공사가 산업통상자원부장관의 승인을 받아 실시하는 안전점검원 양성교육 이수자(이하 "안전점검원 양성교육 이수자"라 한다)
	나. 수용가 500가구 이하	안전관리총괄자 : 1명	
		안전관리책임자 : 1명 이상	가스기능사 이상의 자격을 가진 사람 또는 일반시설 안전관리자 양성교육 이수자
		안전점검원 1. 배관 길이 15킬로미터 이하인 경우에는 1명 이상 2. 배관 길이 15킬로미터 초과인 경우에는 15킬로미터마다 1명 이상을 추가	가스기능사 이상의 자격을 가진 사람, 일반시설 안전관리자 양성교육 이수자 또는 안전점검원 양성교육 이수자
2. 액화석유 가스일반집단 공급시설	가. 수용가 500가구 초과	안전관리총괄자 : 1명	-
		안전관리책임자 : 1명 이상	가스기능사 이상의 자격을 가진 사람
		안전관리원 1. 500가구 초과 1,500가구 이하인 경우에는 1명 이상 2. 1,500가구 초과인 경우에는 1천 가구마다 1명 이상을 추가	가스기능사 이상의 자격을 가진 사람 또는 일반시설 안전관리자 양성교육 이수자
	나. 수용가 500가구 이하	안전관리총괄자 : 1명	-
		안전관리책임자 : 1명 이상	가스기능사 이상의 자격을 가진 사람 또는 일반시설 안전관리자 양성교육 이수자

시설 구분	저장능력 또는 수용가 수	선임 구분	
		안전관리자의 구분 및 선임 인원	자격
3. 액화석유 가스저장소 시설	가. 저장능력 100톤 초과	안전관리총괄자 : 1명	–
		안전관리부총괄자 : 1명	–
		안전관리책임자 : 1명 이상	가스기능사 이상의 자격을 가진 사람
		안전관리원 : 2명 이상	가스기능사 이상의 자격을 가진 사람 또는 일반시설 안전관리자 양성교육 이수자
	나. 저장능력 30톤 초과 100톤 이하	안전관리총괄자 : 1명	
		안전관리부총괄자 : 1명	
		안전관리책임자 : 1명 이상	가스기능사 이상의 자격을 가진 사람
		안전관리원 : 1명 이상	가스기능사 이상의 자격을 가진 사람 또는 일반시설 안전관리자 양성교육 이수자
	다. 저장능력 30톤 이하	안전관리총괄자 : 1명	
		안전관리책임자 : 1명 이상	가스기능사 이상의 자격을 가진 사람 또는 일반시설 안전관리자 양성교육 이수자
4. 액화석유 가스 판매 시설 및 영업소	–	안전관리총괄자 : 1명	–
		안전관리책임자 : 1명 이상	가스기능사 이상의 지격을 가진 사람 또는 한국가스안전공사가 산업통상자원부장관의 승인을 받아 실시하는 판매시설 안전관리자 양성교육 이수자(이하 "판매시설 안전관리자 양성교육 이수자"라 한다)
		안전관리원 : 1명 이상(자동차에 고정된 탱크를 이용하여 판매하는 시설만 해당한다)	판매시설 안전관리자 양성교육 이수자

시설 구분	저장능력 또는 수용가 수	선임 구분	
		안전관리자의 구분 및 선임 인원	자격
5. 액화석유 가스 위탁 운송시설	가. 저장능력(자동 차에 고정된 탱 크의 저장능력 총합을 말한다. 이하 액화석유 가스 위탁운송 시설에서 같다) 100톤 초과	안전관리총괄자 : 1명	–
		안전관리부총괄자 : 1명	–
		안전관리책임자 : 1명 이상	가스기능사 이상의 자격을 가진 사람
		안전관리원 : 2명 이상	가스기능사 이상의 자격을 가진 사람 또는 충전시설 안전관리자 양성교육 이수자
	나. 저장능력 30톤 초과 100톤 이하	안전관리총괄자 : 1명	–
		안전관리부총괄자 : 1명	–
		안전관리책임자 : 1명 이상	가스기능사 이상의 자격을 가진 사람
		안전관리원 : 1명 이상	가스기능사 이상의 자격을 가진 사람 또는 충전시설 안전관리자 양성교육 이수자
	다. 저장능력 30톤 이하	안전관리총괄자 : 1명	–
		안전관리책임자 : 1명 이상	가스기능사 이상의 자격을 가진 사람 또는 충전시설 안전관리자 양성교육 이수자
6. 액화석유 가스 특정 사용시설 중 공동저장 시설	가. 수용가 500가 구 초과	안전관리총괄자 : 1명	–
		안전관리책임자 : 1명 이상	가스기능사 이상의 자격을 가진 사람. 다만, 저 장설비가 용기인 경우에는 판매시설 안전관리 자 양성교육 이수자로 할 수 있다.
		안전관리원 1. 500가구 초과 1,500가구 이 하인 경우에는 1명 이상 2. 1,500가구 초과인 경우에 는 1천 가구마다 1명 이 상을 추가	가스기능사 이상의 자격을 가진 사람 또는 한 국가스안전공사가 산업통상자원부장관의 승인 을 받아 실시하는 사용시설 안전관리자 양성교 육 이수자(이하 "사용시설 안전관리자 양성교 육 이수자"라 한다)
	나. 수용가 500가 구 이하	안전관리총괄자 : 1명	–
		안전관리책임자 : 1명 이상	가스기능사 이상의 자격을 가진 사람 또는 사용시설 안전관리자 양성교육 이수자

시설 구분	저장능력 또는 수용가 수	선임 구분	
		안전관리자의 구분 및 선임 인원	자격
7. 액화석유 가스특정 사용시설 중 공동저장 시설 외의 시설	가. 저장능력 250 킬로그램 초 과(소형저장 탱크를 설치 한 시설은 저 장능력 1톤 초과)	안전관리총괄자 : 1명	-
		안전관리책임자 : 1명 이상	가스기능사 이상의 자격을 가진 사람 또는 사용시설 안전관리자 양성교육 이수자
	나. 저장능력 250 킬로그램 이 하(소형저장 탱크를 설치 한 시설은 저 장능력 1톤 이하)	안전관리총괄자 : 1명	-
8. 가스용품 제조시설	-	안전관리총괄자 : 1명	-
		안전관리부총괄자 : 1명	-
		안전관리책임자 : 1명 이상	일반기계기사·화공기사·금속기사·가스산 업기사 이상의 자격을 가진 사람 또는 일반시 설 안전관리자 양성교육 이수자(「근로기준법」 에 따른 상시근로자수가 10명 미만인 시설로 한정한다)
		안전관리원 : 1명 이상	가스기능사 이상의 자격을 가진 사람 또는 일 반시설 안전관리자 양성교육 이수자

비고
1. 안전관리자는 해당 분야의 상위 자격자로 할 수 있다. 이 경우 가스기술사·가스기능장·가스기사·가스산업기사·가스기능사의 순으로 먼저 규정한 자격을 상위 자격으로 본다.
2. 일반시설 안전관리자 양성교육 이수자는 충전시설 안전관리자 양성교육 이수자 및 판매시설 안전관리자 양성교육 이수자의 상위 자격으로 보고, 충전시설 안전관리자 양성교육 이수자 및 판매시설 안전관리자 양성교육 이수자는 사용시설 안전관리자 양성교육 이수자의 상위 자격으로 본다.
3. 자격 구분 중 안전관리책임자 구분란의 자격자는 안전관리원 또는 안전점검원 구분란의 자격을 가진다.
4. 고압가스기계기능사보·고압가스취급기능사보 및 고압가스화학기능사보의 자격소지자는 이 자격 구분에 있어서 일반시설 안전관리자 양성교육 이수자로 본다.
5. 안전관리총괄자 또는 안전관리부총괄자가 해당 기술자격을 가지고 있으면 안전관리책임자를 겸할 수 있다. 다만, 「국토의 계획 및 이용에 관한 법률」 제36조제1항에 따른 주거지역 및 상업지역에 위치한 액화석유가스 충전시설에 대해서는 그렇지 않다.
6. 가스용품 제조사업의 경우 안전관리자는 제16조제2항에도 불구하고 「산업안전보건법」 제17조에 따른 안전관리자의 직무를 겸할 수 있다.
7. 허가관청이 안전관리에 지장이 없다고 인정하면 가스용품 제조시설의 안전관리책임자를 가스기능사 이상의 자격을 가진 사람 또는 일반시설 안전관리자 양성교육 이수자로 선임할 수 있으며, 안전관리원을 선임하지 않을 수 있다.

8. 액화석유가스 충전시설, 액화석유가스 집단공급시설, 액화석유가스 판매시설·영업소시설, 액화석유가스 저장소시설 및 가스용품제조시설을 설치한 자가 동일한 사업장에 액화석유가스 특정사용시설, 「고압가스 안전관리법」에 따른 특정고압가스 사용신고시설 또는 「도시가스사업법」에 따른 특정가스사용시설을 설치하는 경우에는 해당 사용신고시설이나 사용시설에 대한 안전관리자는 선임하지 않을 수 있다. 이 경우 해당 사용신고시설이나 사용시설에 대한 제16조제1항, 「고압가스 안전관리법 시행령」 제13조제1항 또는 「도시가스사업법 시행령」 제16조제1항에 따른 안전관리자의 업무는 액화석유가스 충전시설 등의 안전관리자로 선임된 사람이 실시한다.
9. 사업소 안에 둘 이상의 액화석유가스 저장소가 있고 시장·군수·구청장이 안전관리에 지장이 없다고 인정하면 안전관리자 선임 관련 저장능력 산정 시 해당 사업소 안에 설치된 저장소의 저장능력을 모두 합산한 기준으로 안전관리자를 선임할 수 있다.
10. 사업소 안에 둘 이상의 액화석유가스 특정사용시설 중 공동저장시설 외의 시설이 있는 경우 안전관리자를 겸할 수 있다.
11. 사업소 안에 액화석유가스 특정사용시설이 「고압가스 안전관리법」에 따른 특정고압가스사용신고시설 또는 「도시가스사업법」에 따른 특정가스사용시설과 함께 설치되어 있으면 「고압가스 안전관리법」 또는 「도시가스사업법」에 따라 안전관리책임자를 선임한 경우에는 액화석유가스 특정사용시설을 위한 안전관리책임자를 선임한 것으로 본다.
12. 「국토의 계획 및 이용에 관한 법률」 제36조제1항에 따른 주거지역 및 상업지역에 위치한 액화석유가스 충전시설에 대해서는 위 기준에 해당 저장능력에 해당하는 안전관리원의 자격을 가진 사람 1명을 추가로 선임하여야 한다.
13. 자동절체기로 용기를 집합한 액화석유가스 특정사용시설의 안전관리자 선임은 저장능력의 2분의 1을 뺀 저장능력을 위의 기준에 적용하여 안전관리자를 선임한다.
14. 위 표에서 "액화석유가스 특정사용시설 중 공동저장시설"이란 법 제34조제1항 단서에 해당하는 시설로 저장능력이 250킬로그램을 초과하는 시설(자동절체기로 용기를 집합한 액화석유가스 특정사용시설인 경우에는 저장능력이 500킬로그램을 초과하는 시설, 소형저장탱크를 설치한 액화석유가스 특정사용시설인 경우에는 저장능력이 1톤을 초과하는 시설)을 말한다.
15. 액화석유가스 충전시설 또는 액화석유가스 판매시설의 안전관리자는 그 시설에서 액화석유가스를 공급해 주는 액화석유가스 특정사용시설 중 공동저장시설의 안전관리자를 겸할 수 있다.
16. 2개 이상의 액화석유가스 특정사용시설 중 공동저장시설에 액화석유가스를 공급하는 사업자가 동일한 경우에는 시장·군수·구청장이 안전관리에 지장이 없다고 인정하면 위 표의 수용가 수 범위에서 하나의 액화석유가스 특정사용시설 중 공동저장시설의 안전관리자가 다른 액화석유가스 특정사용시설 중 공동저장시설의 안전관리자를 겸할 수 있다.
17. 2개 이상의 액화석유가스 집단공급시설에 액화석유가스를 공급하는 액화석유가스 집단공급사업자가 동일한 경우에는 시장·군수·구청장이 안전관리에 지장이 없다고 인정하면 하나의 액화석유가스 집단공급시설의 안전관리자가 위 표의 수용가 수 범위에서 다른 액화석유가스 집단공급시설의 안전관리자를 겸할 수 있다.
18. 액화석유가스 집단공급사업자와 액화석유가스 특정사용시설 중 공동저장시설에 액화석유가스를 공급하는 사업자의 대표자가 모두 동일한 경우에는 시장·군수·구청장이 안전관리에 지장이 없다고 인정하면 위 표의 수용가 수 범위에서 액화석유가스 집단공급시설의 안전관리자가 다른 액화석유가스 특정사용시설 중 공동저장시설의 안전관리자를 겸할 수 있다.
19. 사업소 안에 가스용품 제조시설 중 배관용 밸브 제조시설(산업통상자원부령으로 정하는 것만을 말한다)과 「고압가스 안전관리법 시행령」 제5조의2제1항제2호라목에 따른 독성가스배관용 밸브 제조시설이 함께 있는 경우에는 하나의 제조시설 안전관리자가 다른 제조시설 안전관리자를 겸할 수 있다.
20. 액화석유가스 배관망공급시설의 안전점검원 선임기준이 되는 배관 길이는 본관 및 공급관 길이를 합한 길이로 한다. 다만, 가스사용자가 소유하거나 점유하고 있는 토지에 설치된 본관 및 공급관은 포함하지 않고, 하나의 도로(「도로교통법」에 따른 도로를 말한다) 등에 2개 이상의 배관이 나란히 설치되어 있는 경우로서 그 배관 바깥측면 간의 거리가 3미터 미만인 것은 하나의 배관으로 계산한다.
21. 액화석유가스 배관망공급시설의 경우 수요자 시설에 다기능가스안전계량기(가스계량기에 가스누출 차단장치 등 가스안전 기능을 수행하는 가스안전장치가 부착된 가스용품을 말한다. 이하 같다)가 설치된 경우에는 다음 표에 따른 겸직 비율에 따라 안전관리책임자 또는 안전관리원이 안전점검원을 겸직할 수 있다.

전체 수요자 시설 중 다기능가스안전계량기 설치 비율	겸직 비율
90퍼센트 이상	안전관리책임자와 안전관리원의 합×90%
80퍼센트 이상 90퍼센트 미만	안전관리책임자와 안전관리원의 합×80%
70퍼센트 이상 80퍼센트 미만	안전관리책임자와 안전관리원의 합×70%
60퍼센트 이상 70퍼센트 미만	안전관리책임자와 안전관리원의 합×60%
60퍼센트 미만	겸직 불가

[비고] 겸직비율의 계산 결과 소수점 이하는 버린다.

「액화석유가스의 안전관리 및 사업법 시행규칙」

제1조(목적) 이 규칙은 「액화석유가스의 안전관리 및 사업법」 및 같은 법 시행령에서 위임된 사항과 그 시행에 필요한 사항을 규정함을 목적으로 한다.

제2조(정의) ① 이 규칙에서 사용하는 용어의 뜻은 다음과 같다. 〈개정 2015.12.30., 2018.12.3., 2020.3.18., 2020.8.5〉

1. "저장설비"란 액화석유가스를 저장하기 위한 설비로서 저장탱크, 마운드형 저장탱크, 소형저장탱크 및 용기(용기집합설비와 충전용기보관실을 포함한다. 이하 같다)를 말한다.
2. "저장탱크"란 액화석유가스를 저장하기 위하여 지상 또는 지하에 고정 설치된 탱크(선박에 고정 설치된 탱크를 포함한다)로서 그 저장능력이 3톤 이상인 탱크를 말한다.
3. "마운드형 저장탱크"란 액화석유가스를 저장하기 위하여 지상에 설치된 원통형 탱크에 흙과 모래를 사용하여 덮은 탱크로서 「액화석유가스의 안전관리 및 사업법 시행령」(이하 "영"이라 한다) 제3조제1항제1호마목에 따른 자동차에 고정된 탱크 충전사업 시설에 설치되는 탱크를 말한다.
4. "소형저장탱크"란 액화석유가스를 저장하기 위하여 지상 또는 지하에 고정 설치된 탱크로서 그 저장능력이 3톤 미만인 탱크를 말한다.
5. "용기집합설비"란 2개 이상의 용기를 집합(集合)하여 액화석유가스를 저장하기 위한 설비로서 용기·용기집합장치·자동절체기(사용 중인 용기의 가스 공급압력이 떨어지면 자동적으로 예비용기에서 가스가 공급되도록 하는 장치를 말한다)와 이를 접속하는 관 및 그 부속설비를 말한다.
6. "자동차에 고정된 탱크"란 액화석유가스의 수송·운반을 위하여 자동차에 고정 설치된 탱크를 말한다.
7. "충전용기"란 액화석유가스 충전 질량의 2분의 1 이상이 충전되어 있는 상태의 용기를 말한다.
8. "잔가스용기"란 액화석유가스 충전 질량의 2분의 1 미만이 충전되어 있는 상태의 용기를 말한다.
9. "가스설비"란 저장설비 외의 설비로서 액화석유가스가 통하는 설비(배관은 제외한다)와 그 부속설비를 말한다.
10. "충전설비"란 용기 또는 자동차에 고정된 탱크에 액화석유가스를 충전하기 위한 설비로서 충전기와 저장탱크에 부속된 펌프 및 압축기를 말한다.
11. "용기가스소비자"란 용기에 충전된 액화석유가스를 연료로 사용하는 자를 말한다. 다만, 다음 각 목의 자는 제외한다.
    가. 액화석유가스를 자동차연료용, 용기내장형 가스난방기용, 이동식 부탄연소기용, 이동식 프로판연소기용, 공업용 또는 선박용으로 사용하는 자
    나. 액화석유가스를 이동하면서 사용하는 자
12. "공급설비"란 용기가스소비자에게 액화석유가스를 공급하기 위한 설비로서 다음 각 목에서 정하는 설비를 말한다.
    가. 액화석유가스를 부피단위로 계량하여 판매하는 방법(이하 "체적판매방법"이라 한다)으로 공급하는 경우에는 용기에서 가스계량기 출구까지의 설비
    나. 액화석유가스를 무게단위로 계량하여 판매하는 방법(이하 "중량판매방법"이라 한다)으로 공급하는 경우에는 용기
13. "소비설비"란 용기가스소비자가 액화석유가스를 사용하기 위한 설비로서 다음 각 목에서 정하는 설비를 말한다.
    가. 체적판매방법으로 액화석유가스를 공급하는 경우에는 가스계량기 출구에서 연소기까지의 설비
    나. 중량판매방법으로 액화석유가스를 공급하는 경우에는 용기 출구에서 연소기까지의 설비
14. "불연재료"란 「건축법 시행령」 제2조제10호에 따른 불연재료를 말한다.
15. "방호벽"이란 높이 2미터 이상, 두께 12센티미터 이상의 철근콘크리트 또는 이와 같은 수준 이상의 강도를 가지는 구조의 벽을 말한다.
16. "보호시설"이란 제1종 보호시설과 제2종 보호시설로서 별표 1에서 정한 것을 말한다.
17. "다중이용시설"이란 많은 사람이 출입·이용하는 시설로서 별표 2에서 정한 것을 말한다.
18. "저장능력"이란 저장설비에 저장할 수 있는 액화석유가스의 양으로서 별표 4의 저장능력 산정기준에 따라 산정된 것[용기의 경우에는 「산업표준화법」에 따른 한국산업표준(KS B 6211)의 허용 최대 충전량을 말한다]을 말한다.
19. 액화석유가스 배관망공급사업에서 사용하는 용어의 뜻은 다음과 같고, 이 호에서 규정하지 않은 용어에 대해서는 이 규칙에서 사용하는 용어의 뜻에 따른다.
    가. "가스공급시설"이란 액화석유가스를 제조하거나 공급하기 위한 시설로서 다음의 시설을 말한다.
    1) 가스제조시설 : 액화석유가스의 저장설비·하역설비·기화설비 및 그 부속설비
    2) 가스배관시설 : 제조소 경계로부터 가스사용자가 소유하거나 점유하고 있는 토지의 경계[공동주택, 오피스텔, 콘도미니엄, 그 밖에 안전관리를 위하여 산업통상자원부장관이 필요하다고 인정하여 정하는 건축물(이하

"공동주택등"이라 한다)로서 가스사용자가 구분하여 소유하거나 점유하는 건축물의 외벽에 계량기가 설치된 경우에는 그 계량기의 전단밸브를, 계량기가 건축물의 내부에 설치된 경우에는 건축물의 외벽을 말한다]까지 이르는 배관 및 그 부속설비

나. "제조소"란 「액화석유가스의 안전관리 및 사업법」(이하 "법"이라 한다) 제34조의2에 따라 가스공급시설의 공사계획에 대해 승인을 받은 장소를 말한다.

다. "배관"이란 액화석유가스를 공급하기 위해 배치된 관(管)으로서 본관, 공급관, 내관 또는 그 밖의 관을 말한다.

라. "본관"이란 제조소 경계에서 정압기까지 이르는 배관을 말한다. 다만, 제조소 안의 배관은 제외한다.

마. "공급관"이란 다음 어느 하나에 해당하는 것을 말한다.

1) 공동주택등에 액화석유가스를 공급하는 경우에는 제조소 경계(정압기가 제조소 밖에 설치되는 경우에는 정압기를 말한다)에서 가스사용자가 구분하여 소유하거나 점유하는 건축물의 외벽에 설치하는 계량기의 전단밸브(계량기가 건축물 내부에 설치된 경우에는 건축물의 외벽을 말한다)까지 이르는 배관

2) 공동주택등 외의 건축물 등에 액화석유가스를 공급하는 경우에는 제조소 경계(정압기가 제조소 밖에 설치되는 경우에는 정압기를 말한다)에서 가스사용자가 소유하거나 점유하고 있는 토지의 경계까지 이르는 배관

바. "사용자공급관"이란 마목1)에 따른 공급관 중 가스사용자가 소유하거나 점유하고 있는 토지의 경계에서 가스사용자가 구분하여 소유하거나 점유하는 건축물의 외벽에 설치된 계량기의 전단밸브(계량기가 건축물의 내부에 설치된 경우에는 그 건축물의 외벽을 말한다)까지 이르는 배관을 말한다.

사. "내관"이란 가스사용자가 소유하거나 점유하고 있는 토지의 경계(공동주택등으로서 가스사용자가 구분하여 소유하거나 점유하는 건축물의 외벽에 계량기가 설치된 경우에는 그 계량기의 전단밸브를, 계량기가 건축물의 내부에 설치된 경우에는 건축물의 외벽을 말한다)에서 연소기까지 이르는 배관을 말한다.

아. "가스사용시설"이란 가스공급시설 외의 가스사용자의 시설로서 다음의 시설을 말한다.

1) 내관·연소기 및 그 부속설비

2) 공동주택등의 외벽에 설치된 가스계량기

20. "일반집단공급시설"이란 저장설비에서 가스사용자가 소유하거나 점유하고 있는 건축물의 외벽(외벽에 가스계량기가 설치된 경우에는 그 계량기의 전단밸브를 말한다)까지의 배관과 그 밖의 공급시설을 말한다.

② 법 제2조제8호 및 영 제3조제1항제4호나목2)에서 "산업통상자원부령으로 정하는 기준에 맞는 것"이란 각각 저장능력 10톤 이하인 탱크를 말한다. 〈개정 2020.3.18.〉

③ 법 제2조제8호 및 영 제3조제1항제4호나목2)에서 "산업통상자원부령으로 정하는 규모 이하의 저장 설비"란 각각 소형저장탱크 및 저장능력이 10톤 이하인 저장탱크를 말한다. 〈개정 2020.3.18.〉

④ 법 제2조제10호, 영 제5조제1항제3호, 같은 조 제2항 및 제3항에서 "산업통상자원부령으로 정하는 자동차에 고정된 탱크"란 각각 소형저장탱크에 액화석유가스를 공급하기 위하여 펌프 또는 압축기가 부착된 자동차에 고정된 탱크(이하 "벌크로리"라 한다)를 말하고, 영 제5조제2항에서 "산업통상자원부령으로 정하는 소형저장탱크"란 제1항제4호에서 규정한 소형저장탱크를 말한다.

⑤ 법 제2조제10호, 영 제5조제2항 및 제3항에서 "산업통상자원부령으로 정하는 액화석유가스 충전사업자나 액화석유가스 판매사업자"란 각각 다음 각 호에 해당하는 액화석유가스 충전사업자나 액화석유가스 판매사업자를 말한다.

1. 영 제3조제1항제1호가목 또는 마목에 해당하는 액화석유가스 충전사업자로서 벌크로리를 허가받은 액화석유가스 충전사업소의 대표자 명의(법인의 경우에는 법인 명의를 말한다)로 확보한 액화석유가스 충전사업자

2. 영 제3조제1항제4호나목에 해당하는 액화석유가스 판매사업자로서 벌크로리를 허가받은 액화석유가스 판매사업소의 대표자 명의(법인의 경우에는 법인 명의를 말한다)로 확보한 액화석유가스 판매사업자

⑥ 법 제2조제14호에서 "산업통상자원부령으로 정하는 일정량"이란 다음 각 호의 양을 말한다. 〈개정 2017.7.11.〉

1. 내용적(內容積) 1리터 미만의 용기에 충전하는 액화석유가스의 경우에는 500킬로그램. 다만, 내용적 1리터 미만의 용기 중 안전밸브가 부착된 이동식 부탄연소기용 용기 및 이동식 프로판연소기용 용접용기의 경우에는 1톤으로 한다.

2. 제1호 외의 저장설비(관리주체가 있는 공동주택의 저장설비는 제외한다)의 경우에는 저장능력 5톤

제6조(액화석유가스 일반집단공급사업 허가대상) 영 제3조제1항제3호나목2)에서 "산업통상자원부령으로 정하는 수요자"란 다음 각 호의 요건을 모두 갖춘 수요자를 말한다. 〈개정 2020.3.18.〉

1. 저장능력이 1톤 초과 5톤 미만의 액화석유가스 공동저장시설을 설치할 것

2. 제1호의 공동저장시설에서 도로(공동주택단지 안의 도로는 제외한다) 또는 타인의 토지에 매설된 배관을 통하여 액화석유가스를 공급받을 것
[제목개정 2020.3.18]

제7조(변경허가, 변경등록 및 변경신고 사항) ① 법 제5조제3항 본문과 법 제8조제2항 본문에 따라 변경허가를 받아야 하는 사항은 각각 다음 각 호와 같다. 〈개정 2015.12.30., 2017.7.11., 2020.3.18., 2021.12.16.〉

1. 사업소의 이전
2. 사업소 부지의 확대나 축소[액화석유가스 충전사업자, 영 제3조제1항제3호나목1)에 따른 액화석유가스 일반집단공급사업자 및 액화석유가스 저장자의 경우만 해당한다]
3. 별표 4 제2호가목5)나)·다)·바)·사) 및 차)부터 파)까지에 해당하는 건축물 또는 시설의 설치·폐지 또는 연면적의 변경
4. 허가받은 사업소 안의 저장설비를 이용하여 허가받은 사업소 밖의 수요자에게 가스를 공급하려는 경우[영 제3조제1항제3호나목1)에 따른 액화석유가스 일반집단공급시설의 경우만 해당한다]
5. 저장설비나 가스설비 중 압력용기, 충전설비, 기화장치 또는 로딩암의 위치 변경(산업통상자원부장관이 정하여 고시하는 경미한 위치 변경에 해당하는 경우는 제외한다)
6. 저장설비(판매시설과 영업소의 저장설비는 제외한다)의 교체 설치
7. 저장설비의 용량 증가. 다만 다음 각 목의 경우는 제외한다.
   가. 판매시설과 영업소의 저장설비가 수량 증가 없이 용량만 증가하는 경우
   나. 다음의 구분에 따른 시설에서 저장탱크를 재검사하거나 교체하는 동안 임시저장설비를 설치함에 따라 일시적으로 용량이 증가하는 경우
      1) 액화석유가스 충전시설, 액화석유가스 배관망공급시설 및 액화석유가스 일반집단공급시설(저장탱크가 지하에 있는 경우로 한정한다)
      2) 액화석유가스 저장소시설
8. 가스설비 중 압력용기, 충전설비, 로딩암 또는 자동차용 가스자동주입기의 수량 증가(액화석유가스 충전사업자의 경우만 해당한다)
9. 기화장치의 수량 증가(액화석유가스 일반집단공급사업자 및 액화석유가스 저장자의 경우만 해당한다)
10. 벌크로리의 수량 증가(액화석유가스 충전사업자와 액화석유가스 판매사업자의 경우만 해당한다)
11. 영 제3조제1항제1호 각 목의 사업의 추가나 변경(액화석유가스 충전사업자의 경우만 해당한다)
12. 영 제3조제1항제4호가목의 사업에서 같은 호 나목의 사업으로의 변경(액화석유가스 판매사업자의

경우만 해당한다)
13. 가스용품 종류 또는 규격의 변경(가스용품 제조사업자의 경우만 해당한다)
14. 다음 각 목의 어느 하나에 해당하는 변경(액화석유가스 배관망공급사업자의 경우만 해당한다). 다만, 천재지변이나 사고로 손상된 가스공급시설에 임시로 연결하여 액화석유가스를 공급하기 위한 이동식공급시설(이하 "비상공급시설"이라 한다)을 설치하는데 따른 변경은 제외하되, 비상공급시설을 설치한 경우에는 시장·군수·구청장에게 통지해야 한다.
   가. 공급권역의 변경
   나. 제조소의 위치 변경
   다. 본관과 공급관(사용자공급관은 제외한다)을 합한 길이의 10분의 1 이상 변경

② 법 제5조제3항 단서와 법 제8조제2항 단서에 따라 변경신고를 하여야 하는 사항은 각각 다음 각 호와 같다. 다만, 액화석유가스 배관망공급사업자에 대해서는 제1호 및 제2호만 적용한다. 〈개정 2015.12.30., 2017.7.11., 2018.12.3., 2020.3.18.〉

1. 상호의 변경
2. 대표자(국가, 지방자치단체 및 「공공기관의 운영에 관한 법률」 제4조제1항에 따른 공공기관을 제외한 법인인 경우만 해당한다)의 변경
3. 저장설비의 용량 감소(저장탱크나 소형저장탱크의 경우에는 수량이 감소되는 경우만 해당한다)
4. 판매시설 및 영업소의 저장설비의 다음 1)부터 3)까지의 어느 하나에 해당하는 설치나 용량 증가(수량 증가가 없는 경우만 해당한다)
   1) 용기보관실 벽면 4면 중 2면 이상의 전체 교체 설치
   2) 용기보관실 벽면 전체 면적의 50퍼센트 이상의 교체 설치
   3) 용기보관실 방호벽 기초의 변경 설치
5. 가스설비 중 압력용기, 충전설비, 기화장치, 로딩암 또는 자동차용 가스 자동주입기의 수량 감소
6. 벌크로리의 교체나 수량 감소(액화석유가스 충전사업자와 액화석유가스 판매사업자의 경우만 해당한다)
7. 법 제36조제2항에 따른 완성검사를 받기 전에 발생하는 이 조 제1항제2호에 따른 사업소 부지의 확대나 축소 및 같은 항 제3호에 따른 건축물이나 시설의 변경(「건축법」 제26조에 따른 허용 오차 범위 내의 변경은 제외한다)
8. 사업소 부지의 확대나 축소[영 제3조제1항제3호나목2)에 따른 액화석유가스 일반집단공급사업자의 경우만 해당한다]
9. 가스설비 중 압력용기, 펌프, 압축기 또는 로딩암의 수량 증가(액화석유가스 일반집단공급사업자 및 액화석유가스 저장자의 경우만 해당한다)

10. 영 제3조제1항제4호나목의 사업에서 같은 호 가목의 사업으로의 변경(액화석유가스 판매사업자의 경우만 해당한다)

③ 법 제9조제2항 본문에 따라 변경등록을 하여야 하는 사항은 다음 각 호와 같다.

1. 사업소의 위치 변경
2. 벌크로리의 수량 증가

④ 법 제10조제2항 본문에 따라 변경등록을 하여야 하는 사항은 다음 각 호와 같다.

1. 사업소의 위치 변경
2. 가스용품의 종류 변경
3. 가스용품의 제조규격 변경

⑤ 법 제9조제2항 단서와 법 제10조제2항 단서에 따라 변경신고를 하여야 하는 사항은 각각 다음 각 호와 같다.

1. 상호의 변경
2. 대표자의 변경(액화석유가스 위탁운송사업자는 법인의 경우만 해당한다)
3. 벌크로리의 교체나 수량 감소(액화석유가스 위탁운송사업자의 경우만 해당한다)

제19조(사업자등의 지위승계 신고) ① 법 제12조제1항 및 제2항에 따라 액화석유가스 사업자등의 지위를 승계하려는 자는 양수·합병 또는 인수한 날부터 30일 이내에 액화석유가스 사업자등의 지위승계 신고를 해야 한다. 〈개정 2022.5.27.〉

② 법 제12조제1항부터 제3항까지에 따른 신고를 하려는 자는 별지 제19호서식의 액화석유가스 사업자등 지위승계 신고서에 다음 각 호의 서류를 첨부하여 허가관청이나 등록관청에 제출해야 한다. 〈개정 2022.5.27.〉

1. 허가증 또는 등록증
2. 계약서 사본, 상속·경매·환가 또는 압류재산의 매각을 증명하는 서류 등 승계사실을 증명하는 서류

③ 법 제12조제1항부터 제3항까지에 따른 신고를 받은 시장·군수·구청장은 「전자정부법」 제36조제1항에 따른 행정정보의 공동이용을 통하여 법인 등기사항증명서(법인이 합병한 경우에는 합병 후 존속하거나 합병으로 신설된 법인만 해당한다)를 확인해야 한다. 〈개정 2022.5.27.〉

제23조(액화석유가스 수출입업의 등록 신청) ① 액화석유가스 수출입업의 등록을 하려는 자는 액화석유가스의 최초 수입통관 예정일 30일 전에 별지 제20호서식의 액화석유가스 수출입업 등록신청서(전자문서로 된 신청서를 포함한다)에 다음 각 호의 서류(전자문서를 포함한다)를 첨부하여 「석유 및 석유대체연료 사업법」 제25조의2에 따른 한국석유관리원(이하 "한국석유관리원"이라 한다)에 제출하여야 한다.

1. 사업계획서
2. 수입대행계약서(액화석유가스 수입을 대행하는 경우에만 첨부한다)

② 제1항에 따른 신청을 받은 한국석유관리원은 행정정보의 공동이용을 통하여 법인 등기사항증명서(법인인 경우만 해당한다)를 확인하여야 한다.

③ 제1항 제1호의 사업계획서에는 다음 각 호의 사항이 포함되어야 한다.

1. 액화석유가스 저장시설의 현황 자료 또는 건설 및 보유 계획(소재지 및 저장능력을 포함한다)
2. 해당 연도 이후 5년간의 액화석유가스 수급계획(수출입 및 판매 계획을 포함한다)

④ 액화석유가스 수출입업의 액화석유가스 내수판매량은 국내에 반입한 액화석유가스의 총수입량에서 다음 각 호의 물량을 제외한 후 재고 변동물량을 더하거나 뺀 것으로 한다.

1. 수출한 물량(주한 국제연합군 또는 그 밖의 외국군의 기관에 판매하는 경우, 우리나라와 외국 사이를 왕래하는 선박 또는 항공기에 판매하는 경우 및 「남북교류협력에 관한 법률」에 따라 북한으로 반출하는 경우를 포함한다)
2. 다른 액화석유가스 수출입업자에게 영 제11조 제1항에 따른 액화석유가스 비축의무량(이하 "액화석유가스 비축의무량"이라 한다)의 비축용으로 판매한 물량

⑤ 제1항에 따른 신청을 받은 한국석유관리원은 신청내용을 확인하고 그 결과를 산업통상자원부장관에게 통지하여야 한다.

⑥ 제5항에 따른 통지를 받은 산업통상자원부장관은 액화석유가스 수출입업의 등록을 한 경우에는 해당 신청인에게 별지 제21호서식의 액화석유가스 수출입업 등록증을 발급하고, 그 사실을 한국석유관리원에 통지하여야 한다.

⑦ 제6항에 따른 통지를 받은 한국석유관리원은 별지 제22호서식의 액화석유가스 수출입업 등록대장에 그 사실을 기록하여야 한다.

제27조(사업의 개시·휴업 및 폐업 신고) ① 사업의 개시·휴업 또는 폐업 신고를 하려는 자는 신고사유가 발생한 날부터 30일 이내에 별지 제24호서식의 액화석유가스 수출입업 사업개시(휴업·폐업) 신고서를 한국석유관리원에 제출하여야 한다. 다만, 법 제17조 제1항 단서에 따라 액화석유가스 수출입업의 등록이 면제된 자의 경우에는 그러하지 아니하다.

② 제1항에 따른 신고를 받은 한국석유관리원은 「전자정부법」 제36조 제1항에 따른 행정정보의 공동이용을 통하여 사업자등록증(사업을 개시하는 경우만 해당한다)을 확인하여야 한다. 다만, 신고인이 사업자등록증의 확인에 동의하지 아니하는 경우에는 신고인이 직접 그 사본을 첨부하게 하여야 한다.

③ 제1항에 따른 신고를 받은 한국석유관리원은 별지 제22호서식의 액화석유가스 수출입업 등록대장에 그 사실을 기록하여야 한다.

제33조(충전량 등의 표시 및 허용 오차) ① 충전량과 상호를 표시하여야 하는 용기는 내용적 25리터 이상 125리터 미만의 용기(액화석유가스를 연료로 사용하는 자동차에 부착된 용기는 제외한다)로 한다. 다만, 용기내장형 가스난방기용 용기는 충전량만 표시한다.

② 제1항에 따른 충전량과 상호표시는 용기의 바깥 면에 일반인이 쉽게 인식할 수 있도록 표시하되, 표시규격과 그 밖에 표시와 관련된 구체적인 사항은 산업통상자원부장관이 정하여 고시한다.

③ "산업통상자원부령으로 정하는 허용 오차"란 100분의 1을 말한다.

제35조(공급규정의 기재사항 등) ① 법 제25조제1항에 따른 액화석유가스 배관망공급사업에 관한 공급규정에는 다음 각 호의 사항이 포함되어야 한다.

① 법 제25조제1항에 따른 액화석유가스 배관망공급사업에 관한 공급규정에는 다음 각 호의 사항이 포함되어야 한다.

1. 공급규정을 적용하는 공급권역
2. 가스요금의 산정방법
3. 가스사용자의 가스공급시설 및 가스사용시설의 설치·유지·관리 및 교체에 필요한 비용 부담에 관한 사항. 이 경우 공동주택등의 경계 안의 사용자공급관의 설치·유지·관리 및 교체에 필요한 비용은 가스사용자의 부담으로 하며, 별표 4의2 제3호가목4)다)에 따라 가스사용자의 토지 안에 설치한 가스차단장치와 별표 4의2 제3호가목1)가)(1) 및 (2)에서 규정하는 전체 세대수를 초과하는 압력조정기의 설치·유지·관리 및 교체에 수반되는 비용은 시설소유자 또는 액화석유가스 배관망공급사업자의 부담으로 한다.
4. 가스요금 및 제3호의 부담금 외에 가스사용자가 부담하는 것이 있을 경우 부담 내용, 부담 금액 및 부담 금액의 산출근거
5. 가스 사용량의 측정 방법
6. 연소기 곡 입구에서 가스 압력의 최고치 및 최저치
7. 가스사용시설에 관한 액화석유가스 배관망공급사업자와 사용자 간의 안전책임에 관한 사항
8. 가스공급의 정지나 사용 폐지에 관한 사항
9. 공급규정의 유효기간을 정하는 경우에는 그 기간
10. 가스 사용신청의 절차
11. 공급규정의 비치 및 사본 교부에 관한 사항
12. 시행일
13. 그 밖에 가스의 공급조건에 관하여 필요한 사항

② 법 제25조제1항에 따른 액화석유가스 일반집단공급에 관한 공급규정에는 다음 각 호의 사항이 포함되어야 한다.

1. 공급대상
2. 가스요금의 산정방법
3. 액화석유가스 일반집단공급사업자와 가스사용자 간 시설의 소유 및 관리책임
4. 집단공급시설 및 가스사용시설에 대한 가스사용자

의 비용분담액·산정방법 및 그 부담방법
5. 가스사용량의 측정방법, 가스요금, 그 밖에 가스사용자가 부담하는 금액의 징수방법
6. 가스공급의 정지나 사용폐지에 관한 사항
7. 액화석유가스 일반집단공급사업자와 가스사용자 간의 권리와 의무에 관한 사항
8. 가스사용 신청의 절차
9. 공급규정의 비치 및 사본 교부에 관한 사항
10. 시행일
11. 그 밖에 가스의 공급조건에 관하여 필요한 사항

③ 법 제25조제1항 전단에 따라 공급규정을 신고하려는 자는 별지 제26호서식의 공급규정 신고서에 다음 각 호의 서류를 첨부하여 허가관청에 제출해야 한다.

1. 공급규정안
2. 가스요금 등 공급조건에 관한 설명서

④ 산업통상자원부장관은 액화석유가스 배관망공급사업에 관한 표준공급규정을 마련해 고시할 수 있고, 허가관청은 액화석유가스 배관망공급사업자에게 표준공급규정에 준해 작성하도록 권고할 수 있다.

[전문개정 2020.3.18.]

제40조 삭제 〈2020.3.18.〉

제42조(가스공급자의 의무) ① 액화석유가스 충전사업자, 액화석유가스 집단공급사업자 및 액화석유가스 판매사업자(이하 "가스공급자"라 한다)는 법 제30조에 따라 그가 공급하는 수요자의 시설에 대하여 다음 각 호에 따라 안전점검을 실시하고, 수요자에게 위해예방에 필요한 사항을 계도해야 한다. 〈개정 2015.12.30., 2020.8.5., 2022.1.21., 2023.10.10.〉

1. 6개월에 1회 이상 가스사용시설의 안전관리에 관한 계도물이나 가스안전 사용 요령이 적힌 가스사용시설 점검표를 작성·배포할 것
2. 수요자(가스공급자의 사업장에서 용기내장형 가스난방기용 충전용기에 충전된 액화석유가스를 직접 구입하는 자와 내용적 15리터 이하의 용기에 충전된 액화석유가스를 사용하는 자는 제외한다)의 가스사용시설(용기가스소비자의 경우에는 소비설비만을 말한다)에 처음으로 액화석유가스를 공급할 때와 그 이후 다음 각 목의 시기에 안전점검을 실시할 것. 다만, 자동차연료용으로 액화석유가스를 사용하는 가스사용시설에 대해서는 수요자가 요청할 때마다 안전점검을 실시해야 한다.
   가. 체적판매방법으로 공급하는 경우에는 1년에 1회 이상
   나. 다기능가스안전계량기가 설치된 시설에 공급하는 경우에는 3년에 1회 이상
   다. 가목 및 나목 외의 「주택법」 제2조제1호에 따른 주택에 설치된 가스사용시설로서 압력조정기에서 중간밸브까지 강관·동관 또는 금속유연호스(금속플렉시블호스)로 설치된 시설의 경우에

는 1년에 1회 이상

라. 제2조제1항제11호나목의 액화석유가스를 이동하면서 사용하는 자에게 공급하는 경우에는 액화석유가스를 공급할 때마다

마. 가목부터 라목까지 외의 가스사용시설의 경우에는 6개월에 1회 이상

3. 가스보일러 및 가스온수기가 설치(교체 설치를 포함한다)된 후 액화석유가스를 처음 공급하는 경우에는 가스보일러 및 가스온수기의 시공내용을 확인하고 배관과의 연결부에서 가스가 누출되지 아니하는지를 확인할 것

② 제1항에도 불구하고 가스공급자는 허가관청이 천재지변, 재난 및 그 밖의 부득이한 사유로 해당 시기에 안전점검을 실시하는 것이 적당하지 않다고 인정하는 경우에는 허가관청과 협의하여 허가관청이 정하는 시기에 안전점검을 실시할 수 있다. 〈신설 2021.12.16.〉

③ 제1항 및 제2항에 따라 안전점검을 실시하는 가스공급자는 다음 각 호의 구분에 따른 서류를 작성하여 2년간 보존해야 한다. 이 경우 컴퓨터 등 정보처리능력을 가진 장치를 이용하여 작성 및 보존할 수 있다. 〈개정 2021.12.16.〉

1. 제2호 및 제3호 외의 시설 : 별지 제26호서식의 안전관리 실시대장

2. 용기가스소비자의 시설 : 별지 제27호서식의 소비설비 안전점검표. 이 경우 별지 제28호서식의 소비설비 안전점검 총괄표를 작성하여 해당 월에 작성한 그 사본을 수요자가 살고 있는 지역의 시장·군수·구청장에게 다음 달 10일까지 제출(컴퓨터 등 정보처리능력을 가진 장치를 이용하여 제출하는 경우를 포함한다)해야 한다.

3. 자동차연료용으로 액화석유가스를 사용하는 시설: 별지 제29호서식의 액화석유가스 자동차 안전점검표. 다만, 안전점검 결과 이상이 있는 경우에만 작성한다.

④ 법 제30조제3항에 따른 액화석유가스의 공급차단 등 위해예방조치의 신고를 하려는 자는 별지 제30호서식의 위해예방조치 신고서를 해당 수요자가 살고 있는 지역의 시장·군수·구청장에게 제출해야 한다. 〈개정 2021.12.16.〉

⑤ 법 제30조제1항에 따른 안전 점검에 필요한 점검자의 자격, 인원, 점검 장비, 점검 기준과 그 밖에 필요한 사항은 별표 15와 같다. 〈개정 2021.12.16.〉

제49조(안전관리자의 선임 등) ① 액화석유가스를 공급하는 사업자(액화석유가스 위탁운송사업자는 제외한다)가 안전관리자를 선임하여야 하는 액화석유가스 특정사용시설은 다음 각 호와 같다.

1. 공동주택의 가스사용시설. 다만, 다음 각 목의 경우는 제외한다.

가. 자치관리를 하는 공동주택의 관리주체가 입주자 등에게 직접 공급하는 제5조 제3호의 경우

나. 액화석유가스 특정사용자에게 액화석유가스를 공급하는 경우

2. 공동주택의 가스사용시설 외의 시설로서 2인 이상의 사용자가 공동으로 액화석유가스를 사용하는 가스사용시설

② 안전관리자의 선임·해임 또는 퇴직의 신고는 별지 제35호서식의 안전관리자 선임·해임·퇴직 신고서에 따른다.

③ 영 별표 1 비고 제19호에서 "산업통상자원부령으로 정하는 것"이란 이 규칙 별표 3 제6호에 따른 볼밸브와 글로브밸브 제조시설을 말한다.

제50조(시공기록 및 완공도면의 보존방법 등) ① 법 제35조제1항에 따라 가스시설시공업으로 등록한 자(이하 이 조에서 "가스시설시공업자"라 한다)는 법 제35조제5항에 따라 다음 각 호의 시공기록 및 완공도면을 작성하여 5년 동안 보존해야 한다. 〈개정 2020.3.18.〉

1. 시공기록 : 다음 각 목의 모든 기록

가. 비파괴검사[폴리에틸렌관(管)의 경우에는 용융접합]의 기록 및 성적서

나. 비파괴검사(폴리에틸렌관의 경우에는 용융접합)의 도면

다. 비파괴검사의 필름(전산보조기억장치에 입력된 경우에는 그 입력된 자료로 할 수 있다)

라. 전기부식 방지시설의 전위(電位) 측정의 결과서

마. 장애물 및 암반 등 특별관리가 필요한 지점의 공사의 사진

2. 완공도면

② 「건설산업기본법 시행령」 제7조 및 같은 시행령 별표 1에 따른 가스시설시공업(제3종)으로 등록한 자의 경우에는 이 규칙 별표 20 제1호가목5)나)(6)에 따른 가스보일러 설치시공 확인서 및 보험가입 확인서로 제1항제1호의 시공기록을 갈음할 수 있다

③ 액화석유가스시설 중 온수보일러, 온수기 및 그 부대시설의 설치공사나 변경공사의 경우에는 그 시공내용을 확인할 수 있는 사진으로 제1항제2호의 완공도면을 갈음할 수 있다.

④ 가스시설시공업자는 법 제35조제6항에 따라 액화석유가스시설의 설치공사나 변경공사를 완공한 날부터 7일 이내에 다음 각 호의 구분에 따른 자에게 해당 호의 기록 또는 도면의 사본을 내주거나 제출하여야 한다. 〈개정 2020.3.18.〉

1. 액화석유가스시설의 설치공사나 변경공사를 발주한 자: 다음 각 목의 기록 또는 도면의 사본

가. 제1항제1호에 따른 시공기록

나. 제1항제2호에 따른 완공도면

2. 한국가스안전공사 : 액화석유가스 특정사용시설의 완

공도면의 사본(제51조 및 제71조에 따른 완성검사 시 완공도면의 사본을 제출한 경우는 제외한다)

⑤ 제4항에 따라 시공기록 등의 사본을 받은 가스공급자 및 액화석유가스 저장자는 법 제35조제7항에 따라 완공도면 사본(전산보조기억장치에 입력된 경우에는 그 입력된 자료로 할 수 있다)을 영구 보존하여야 한다. 〈개정 2020.3.18.〉

제51조(안전성 확인 및 완성검사) ① 법 제36조제1항에 따라 안전성 확인을 받아야 하는 공사는 다음 각 호의 공정에 속하는 공사로 한다.

1. 저장탱크를 지하에 매설하기 직전의 공정
2. 배관을 지하에 설치하는 경우로서 한국가스안전공사가 지정하는 부분을 매몰하기 직전의 공정
3. 한국가스안전공사가 지정하는 부분의 비파괴시험을 하는 공정
4. 방호벽 또는 지상형 저장탱크의 기초설치공정과 방호벽(철근콘크리트제 방호벽이나 콘크리트블럭제 방호벽의 경우만 해당한다)의 벽 설치공정

② 법 제36조제2항에 따라 완성검사를 받아야 하는 시설의 변경공사는 다음 각 호와 같다. 〈개정 2015.12.30., 2017.7.11., 2020.3.18., 2022.1.21.〉

1. 제7조제1항에 따른 변경허가대상(제7조제1항제2호 및 제3호는 제외한다)이 되는 변경공사
2. 제7조제1항에 따른 변경허가대상에서 제외되는 변경공사 중 다음 각 목의 어느 하나에 해당하는 공사
   가. 판매시설 및 영업소의 저장설비에 대하여 다음 1)부터 3)까지의 어느 하나에 해당하는 공사를 하거나 용량을 증가시키는 공사
      1) 용기보관실 벽면 4면 중 2면 이상을 전체 교체하는 공사
      2) 용기보관실 벽면 전체 면적의 50퍼센트 이상을 교체하는 공사
      3) 용기보관실의 방호벽의 기초를 변경하는 공사
   나. 가스설비 중 압력용기 또는 충전설비의 수량을 증가시키지 아니하면서 용량을 증가시키는 공사(액화석유가스 충전사업자의 경우만 해당한다)
   다. 가스설비 중 압력용기, 펌프, 압축기 및 로딩암의 수량을 증가시키거나 용량을 증가시키는 공사 또는 기화장치의 수량을 증가시키지 아니하면서 용량을 증가시키는 공사(액화석유가스 일반집단공급사업자 및 액화석유가스의 저장자의 경우만 해당한다)
   라. 액화석유가스 충전시설에 별표 4 제1호가목10)바), 같은 표 제2호가목5)하) 및 같은 표 제3호가목8)가)·나)에 따른 태양광 발전설비를 설치하거나 증축하는 공사
   마. 길이 20미터 이상의 배관을 교체 설치하거나 그 호칭지름을 변경하는 공사와 배관길이를 20미

터 이상 증설하는 공사. 다만, 일반집단공급시설의 경우에는 길이 50미터 이상의 배관을 교체 설치하거나 그 관경을 변경하는 공사와 배관길이를 50미터 이상 증설하는 공사로 한다.
   바. 가스 종류를 변경함으로써 저장설비의 용량이 변경되는 공사. 다만, 가스 종류를 변경하는 자가 영 제14조에 따른 종합적 안전관리 대상자에 해당하는 경우로서 한국가스안전공사가 위해의 우려가 없다고 인정하는 경우에는 완성검사대상에서 제외한다.

③ 법 제36조제2항에 따라 완성검사를 받으려는 자는 별지 제36호서식의 완성·정기 검사신청서에 한국가스안전공사 사장이 정하는 완공도면과 시공현황을 첨부하여 한국가스안전공사에 제출하여야 한다. 이 경우 다음 각 호의 어느 하나에 해당할 때에는 해당 호의 요건을 갖추어야 한다.

1. 제2항제2호의 변경공사에 해당하는 경우 : 변경공사 전에 기술검토를 받을 것
2. 제7조제2항제7호에 해당하는 경우 : 제10조제3항에 따른 변경신고 내용이 적힌 허가증 사본을 제출할 것

④ 법 제36조에 따른 안전성 확인이나 완성검사의 검사대상시설별 검사기준은 다음 각 호와 같다. 〈개정 2020.3.18.〉

1. 액화석유가스 충전시설의 안전성 확인이나 완성검사기준 : 별표 4
2. 액화석유가스 일반집단공급시설·저장시설의 안전성 확인이나 완성검사기준 : 별표 5
3. 액화석유가스 판매시설·액화석유가스 충전사업자의 영업소에 설치하는 용기저장소의 안전성 확인이나 완성검사기준 : 별표 6
4. 가스용품 제조시설의 완성검사기준 : 별표 7

⑤ 한국가스안전공사 사장은 법 제36조제2항에 따른 완성검사에 합격한 자에게는 별지 제37호서식의 완성·정기 검사증명서(합격한 자가 동의하는 경우 전자문서로 된 증명서를 포함한다)를 내주어야 한다. 〈개정 2021.12.16.〉

제54조(정기검사의 면제) ① 정기검사의 전부 또는 일부의 면제를 받으려는 자(영 제17조 제1호에 해당하는 자를 말한다)는 별지 제38호서식의 정기검사 일부·전부 면제신청서에 다음 각 호의 서류를 첨부하여 허가관청에 제출하여야 한다.

1. 최근 2년간의 안전관리규정에 대한 실시기록
2. 최근 2년간의 정기검사 및 수시검사의 수검실적
3. 안전성에 관한 한국가스안전공사의 검토의견서

② 한국가스안전공사는 정기검사가 면제되는 액화석유가스 판매사업자의 명단을 해당 허가관청에 알려야 한다.

제55조(정밀안전진단 및 안전성평가의 대상) ① 액화석유가스 충전사업자, 액화석유가스 저장자 또는 액화석유가스 배관망공급사업자는 법 제38조 제1항에 따라 다음 각 호의 구분에 따른 시설에 대하여 정밀안전진단을 받아야 한

다. 〈개정 2020.3.18.〉

1. 저장설비(지하 암반 동굴식 저장탱크는 제외한다)의 저장능력의 총합계가 1천 톤 이상인 사업소, 저장소 또는 제조소에 설치된 시설로서 최초로 완성검사 증명서 또는 시공감리증명서를 받은 날부터 15년이 지난 시설

2. 액화석유가스 배관망공급사업자의 제조소 밖에 설치된 배관 중 「국토의 계획 및 이용에 관한 법률」 제6조 제1호에 따른 도시지역에 설치된 최고사용압력이 0.01메가파스칼 이상인 본관 및 공급관(사용자공급관은 제외한다)으로서 최초로 시공감리증명서를 받은 날부터 20년이 지난 배관

② 액화석유가스 충전사업자, 액화석유가스 저장자 또는 액화석유가스 배관망공급사업자는 저장설비(지하 암반 동굴식 저장탱크는 제외한다)의 저장능력의 총합계가 1천톤 이상인 사업소, 저장소 또는 제조소에 대하여 안전성평가를 받아야 한다. 〈개정 2020.3.18.〉

제56조(정밀안전진단 및 안전성평가의 시기 및 기준 등)

① 법 제38조 제1항에 따른 정밀안전진단(이하 "정밀안전진단"이라 한다)은 다음 각 호의 구분에 따른 시기에 받아야 한다. 〈개정 2020.3.18.〉

1. 제55조 제1항 제1호에 따른 시설 : 최초로 완성검사 증명서 또는 시공감리증명서를 받은 날부터 15년이 지난 날이 속하는 연도 및 그 이후 매 5년이 지난 날이 속하는 연도

2. 제55조 제1항 제2호에 따른 배관 : 최초로 시공감리증명서를 받은 날부터 20년이 지난 날이 속하는 연도 및 그 이후 매 5년이 지난 날이 속하는 연도

② 안전성평가(이하 "안전성평가"라 한다)는 다음 각 호에서 정하는 시기에 각각 받아야 한다. 다만, 제3호에 해당하는 경우에는 제1호 및 제2호에도 불구하고 제3호의 시기에 받아야 한다. 〈개정 2018.12.3., 2020.3.18.〉

1. 제15조 제1항 또는 제49조의3 제6항에 따라 한국가스안전공사에 기술검토신청서를 제출하기 전

2. 사업소, 저장소 또는 제조소시설의 완성검사 증명서 또는 시공감리증명서를 받은 날부터 매 5년이 지난 날이 속하는 연도

3. 제55조 제2항에 따른 사업소 또는 저장소에 액화석유가스용 저장탱크(지하 암반 동굴식 저장탱크는 제외한다)를 설치하는 경우에는 다음 각 목의 각각의 시기

가. 제15조 제1항에 따라 한국가스안전공사에 기술검토신청서를 제출하기 전

나. 그 시설의 완성검사 증명서를 받은 날부터 매 5년이 지난 날이 속하는 연도

③ 안전성평가를 받아야 하는 시기와 정밀안전진단 또는 정기검사를 받아야 하는 시기가 같은 경우에는 안전성평가와 정밀안전진단 또는 정기검사를 같은 시기에 받

을 수 있다.

④ 정밀안전진단 및 안전성평가의 기준은 다음 각 호와 같다. 〈개정 2020.3.18.〉

1. 액화석유가스 충전사업소의 정밀안전진단 및 안전성평가 기준 : 별표 4

1의2. 액화석유가스 배관망공급사업의 가스공급시설의 정밀안전진단 및 안전성평가 기준 : 별표 4의2

2. 액화석유가스 저장소의 정밀안전진단 및 안전성평가 기준 : 별표 5

⑤ 정밀안전진단 또는 안전성평가를 받으려는 자는 정밀안전진단 또는 안전성평가를 받으려는 날의 60일 전까지 별지 제39호서식의 정밀안전진단 신청서 또는 별지 제40호서식의 안전성평가 신청서를 한국가스안전공사에 제출하여야 한다.

⑥ 한국가스안전공사는 정밀안전진단 또는 안전성평가가 끝난 날부터 30일 이내에 그 결과를 해당 사업소 또는 저장소의 허가관청에 제출하고, 정밀안전진단 또는 안전성평가를 받은 자에게 알려야 한다.

[별표 1]

〈개정 2023.10.10.〉

보호시설(제2조제1항제16호 관련)

1. 제1종 보호시설
   가. 다음 중 어느 하나에 해당하는 건축물[4)의 경우에는 건축물 또는 인공구조물]
      1) 「초·중등교육법」 및 「고등교육법」에 따른 학교
      2) 「유아교육법」에 따른 유치원
      3) 「영유아보육법」에 따른 어린이집
      4) 「어린이놀이시설 안전관리법」에 따른 어린이놀이시설
      5) 「노인복지법」에 따른 경로당
      6) 「청소년활동 진흥법」에 따른 청소년수련시설
      7) 「학원의 설립·운영 및 과외교습에 관한 법률」에 따른 학원
      8) 「의료법」에 따른 의원급 의료기관 및 병원급 의료기관(「의료법」 제49조 제1항 제4호에 따른 장례식장을 포함한다)
      9) 「도서관법」에 따른 도서관
      10) 「전통시장 및 상점가 육성을 위한 특별법」 제2조 제1호에 따른 전통시장
      11) 「공중위생관리법」 제2조 제1항 제2호 및 제3호에 따른 숙박업 및 목욕장업의 시설
      12) 「영화 및 비디오물의 진흥에 관한 법률」 제2조 제10호에 따른 영화상영관
      13) 「건축법 시행령」 별표 1 제6호에 따른 종교시설
   나. 사람을 수용하는 「건축법」에 따른 건축물(가설건축물과 「건축법 시행령」 별표 1 제18호 가목에 따른 창고는 제외한다)로서 사실상 독립된 부분의 연면적이 1천m² 이상인 것
   다. 「건축법 시행령」 별표 1 제5호 가목·나목·라목 및 같은 표 제28호에 따른 공연장·예식장·전시장 및 장례식장에 해당하는 건축물, 그 밖에 이와 유사한 시설로서 「소방시설 설치 및 관리에 관한 법률 시행령」 별표 7에 따라 산정된 수용인원이 300명 이상인 건축물
   라. 「사회복지사업법」에 따른 사회복지시설로서 사회복지시설 신고증에 따른 수용 정원이 20명 이상인 건축물
   마. 「문화재보호법」에 따라 지정문화재로 지정된 건축물
2. 제2종 보호시설
   가. 「건축법 시행령」 별표 1에 따른 단독주택 및 공동주택에 해당되는 건축물
   나. 사람을 수용하는 「건축법」에 따른 건축물(가설건축물과 「건축법 시행령」 별표 1 제18호 가목에 따른 창고는 제외한다)로서 사실상 독립된 부분의 연면적이 100m² 이상 1천m² 미만인 것

[별표 2]
〈개정 2020.8.5.〉

다중이용시설(제2조제1항제17호 관련)

1. 「유통산업발전법」에 따른 대형마트 · 전문점 · 백화점 · 쇼핑센터 · 복합쇼핑몰 및 그 밖의 대규모점포
2. 「공항시설법」에 따른 공항의 여객청사
3. 「여객자동차 운수사업법」에 따른 여객자동차터미널
4. 「철도건설법」에 따른 철도 역사(驛舍)
5. 「도로교통법」에 따른 고속도로의 휴게소
6. 「관광진흥법」에 따른 관광호텔업, 관광객이용시설업 중 전문휴양업 · 종합휴양업 및 유원시설업 중 종합유원시
   설업으로 등록한 시설
7. 「한국마사회법」에 따른 경마장
8. 「청소년활동 진흥법」에 따른 청소년수련시설
9. 「의료법」에 따른 종합병원
10. 「항만법 시행규칙」에 따른 종합여객시설
11. 그 밖에 시 · 도지사가 안전관리를 위하여 필요하다고 지정하는 시설 중 그 저장능력이 100kg을 초과하는 시설

[별표 3]
〈개정 2023.10.10.〉

허가대상 가스용품의 범위(제4조제4항 관련)

1. 압력조정기(용접 절단기용 액화석유가스 압력조정기를 포함한다)
2. 가스누출자동차단장치
3. 정압기용 필터(정압기에 내장된 것은 제외한다)
4. 매몰형 정압기
5. 호스
6. 배관용 밸브(볼밸브와 글로브밸브만을 말한다)
7. 콕(퓨즈콕, 상자콕, 주물연소기용 노즐콕 및 업무용 대형연소기용 노즐콕만을 말한다)
8. 배관이음관
9. 강제혼합식 가스버너(제10호에 따른 연소기와 별표 7 제5호 나목에서 정한 연소기에 부착하는 것은 제외한다)
10. 연소기[가스버너를 사용할 수 있는 구조로 된 연소장치로서 가스소비량이 232.6kW(20만 kcal/h) 이하인 것을
    말하되, 별표 7 제5호 나목에서 정하는 것은 제외한다]
11. 다기능가스안전계량기(가스계량기에 가스누출 차단장치 등 가스안전기능을 수행하는 가스안전장치가 부착된
    가스용품을 말한다. 이하 같다)
12. 로딩암
13. 삭제 〈2023.10.10.〉
14. 다기능보일러[온수보일러에 전기를 생산하는 기능 등 여러 가지 복합기능을 수행하는 장치가 부착된 가스용
    품으로서 가스소비량이 232.6kW(20만kcal/h) 이하인 것을 말한다]

[별표 4]

〈개정 2022.1.21.〉

액화석유가스 충전의 시설ㆍ기술ㆍ검사ㆍ정밀안전진단ㆍ안전성평가 기준
(제12조제1항제1호, 제51조제4항제1호, 제52조제2항제1호, 제53조제3항제1호 및 제56조제4항제1호 관련)

1. 용기(소형용기 및 가스난방기용기를 포함한다) 충전
   가. 시설기준
      1) 배치기준
         가) 액화석유가스 충전시설 중 저장설비[저장탱크ㆍ마운드형 저장탱크 및 소형저장탱크로 한정한다. 이하 가)ㆍ다) 및 바)에서 같다]ㆍ충전설비 및 자동차에 고정된 탱크 이입ㆍ충전 장소는 그 바깥 면(자동차에 고정된 탱크 이입ㆍ충전 장소의 경우에는 지면에 표시된 정차위치의 중심)으로부터 보호시설(충전사업을 하기 위하여 필요한 보호시설로서 사업소 안에 설치되는 것은 제외한다)까지의 거리를 다)부터 마)까지의 저장설비ㆍ충전설비 및 자동차에 고정된 탱크 이입ㆍ충전 장소로부터 사업소 경계[사업소 경계가 바다ㆍ호수ㆍ하천ㆍ도로(「도로법」 제2조제1호에 따른 도로 및 같은 법 제108조에 따라 같은 법이 준용되는 도로를 말한다) 등과 접한 경우에는 그 반대편 끝을 경계로 본다. 이하 이 표에서 같다]와의 거리 이상으로 유지할 것. 다만, 충전설비 중 가스라이터용 충전기는 제2호가목1)다)의 거리 이상을 유지한다.
         나) 저장설비와 가스설비는 그 바깥 면으로부터 화기(그 설비 안의 것은 제외한다)를 취급하는 장소까지 8m 이상의 우회거리를 두거나 저장설비ㆍ가스설비와 화기를 취급하는 장소와의 사이에는 그 설비로부터 누출된 가스가 유동(流動)하는 것을 방지하기 위한 적절한 조치를 할 것
         다) 액화석유가스 충전시설 중 저장설비는 그 바깥 면으로부터 사업소 경계까지의 거리를 다음 표에 따른 거리(저장설비를 지하에 설치하거나 지하에 설치된 저장설비 안에 액중펌프를 설치하는 경우에는 저장능력별 사업소 경계와의 거리에 0.7을 곱한 거리) 이상으로 유지할 것

저장능력	사업소 경계와의 거리
10톤 이하	24 m
10톤 초과 20톤 이하	27 m
20톤 초과 30톤 이하	30 m
30톤 초과 40톤 이하	33 m
40톤 초과 200톤 이하	36 m
200톤 초과	39 m

비 고
1. 이 표의 저장능력 산정은 다음의 계산식에 따른다.
   $W = 0.9dV$ 다만, 소형저장탱크의 경우에는 $W = 0.85dV$
      여기서, W : 저장탱크 또는 소형저장탱크의 저장능력(단위 : kg)
            d : 상용온도에서의 액화석유가스 비중(단위 : kg/L)
            V : 저장탱크 또는 소형저장탱크의 내용적(단위 : L)
2. 동일한 사업소에 2개 이상의 저장설비가 있는 경우에는 각 저장설비별로 안전거리를 유지하여야 한다.

라) 액화석유가스 충전시설 중 충전설비[가스라이터용 충전기는 제외한다. 이하 이 라)에서 같다]는 다음의 요건을 모두 갖출 것

    (1) 액화석유가스 충전시설 중 충전설비는 그 바깥 면으로부터 사업소 경계까지 24m 이상을 유지할 것

    (2) 충전설비 중 충전기는 사업소 경계가 도로에 접한 경우에는 충전기 바깥 면으로부터 가장 가까운 도로 경계선까지 4m 이상을 유지할 것

마) 자동차에 고정된 탱크 이입 · 충전 장소에는 정차위치를 지면에 표시하되 다음의 요건을 모두 갖출 것

    (1) 지면에 표시된 정차위치의 중심으로부터 사업소 경계까지 24m 이상을 유지할 것

    (2) 사업소 경계가 도로에 접한 경우에는 지면에 표시된 정차위치의 바깥 면으로부터 가장 가까운 도로 경계선까지 2.5m 이상을 유지할 것

바) 1999년 4월 1일 이전에 설치된 시설[제7조제1항제5호 · 제7호 및 제8호(충전기의 수량 증가가 수반되지 않는 경우만을 말한다)에 따른 변경을 하는 경우만 해당한다]에 대해서는 가) 및 다)부터 마)까지에 따른 안전거리기준에도 불구하고, 다음 (1)부터 (3)까지의 내용을 충족하는 경우에는 (4)에 따른 안전거리를 적용할 수 있다.

    (1) 충전시설 변경 전후의 안전도에 관하여 한국가스안전공사의 안전성평가를 받을 것. 이 경우 안전성평가의 비용은 「엔지니어링산업 진흥법」 제31조에 따른 엔지니어링사업대가 산정기준의 범위에서 한국가스안전공사와 신청자 간의 계약에 따라 정한다.

    (2) 안전성평가 결과 저장설비 또는 가스설비의 위치 변경 · 용량 증가 또는 수량 증가로 사업소의 안전도가 향상될 것

    (3) 안전성평가 결과에 맞게 충전시설을 변경할 것

    (4) 저장설비와 충전설비(전용공업지역에 있는 저장설비와 충전설비는 제외한다)는 그 바깥 면으로부터 사업소 경계까지의 거리를 다음의 기준에서 정한 거리 이상으로 유지할 것. 다만, 지하에 저장설비를 설치하는 경우에는 다음 기준에서 정한 사업소 경계와의 거리의 2분의 1 이상을 유지할 수 있으며, 저장설비가 지상에 설치된 저장능력 30톤을 초과하는 용기충전시설의 충전설비는 사업소 경계까지 24m 이상의 안전거리를 유지할 수 있다.

저장능력	사업소 경계와의 거리
10톤 이하	17m
10톤 초과 20톤 이하	21m
20톤 초과 30톤 이하	24m
30톤 초과 40톤 이하	27m
40톤 초과	30m

사) 통상산업부령 제34호 액화석유가스의안전및사업관리법시행규칙중개정령의 시행일인 1996년 3월 11일 전에 종전의 규정에 따라 설치된 충전시설로서 주변에 보호시설이 설치되어 종전의 규정에 따른 안전거리를 유지하지 못하게 된 시설(종전의 규정에 따른 안전거리의 2분의 1 이상이 유지되는 시설만을 말한다)은 다음 (1)과 (2)의 요건을 모두 갖춘 경우에 해당 기준에 적합한 것으로 본다.

    (1) 보호시설이 설치되기 전과 후의 안전도에 관하여 한국가스안전공사가 다음 기준에 따라 실시하는 안전성평가를 받을 것

        (가) 안전성평가는 법 제45조의 상세기준에 따른 적절한 방법으로 할 것

        (나) 안전성평가 결과 보호시설 설치 후 사업소의 안전도가 향상될 것

    (2) 안전성평가 결과에 맞게 충전시설을 보완할 것

아) 사업소의 부지는 그 한 면이 폭 8m 이상의 도로에 접할 것

2) 기초기준

저장설비와 가스설비의 기초는 지반 침하로 그 설비에 유해한 영향을 끼치지 않도록 필요한 조치를 할 것. 이 경우 저장탱크(저장능력이 3톤 미만의 저장설비는 제외한다)의 받침대(받침대가 없는 저장탱크에는 그 아랫부분)는 같은 기초 위에 설치할 것

3) 저장설비기준

가) 지상에 설치하는 저장탱크(소형저장탱크는 제외한다), 그 받침대 및 부속설비는 화재로부터 보호하기 위하여 열에 견딜 수 있는 적절한 구조로 하고, 온도 상승을 방지할 수 있는 적절한 조치를 할 것

나) 저장탱크(저장능력이 3톤 이상인 저장탱크를 말한다)의 지지구조물과 기초는 지진에 견딜 수 있도록 설계하고 지진의 영향으로부터 안전한 구조일 것

다) 저장탱크와 다른 저장탱크의 사이에는 두 저장탱크의 최대지름을 더한 길이의 4분의 1 이상에 해당하는 거리를 유지하는 등 하나의 저장탱크에서 발생한 위해요소가 다른 저장탱크로 전이되지 않도록 하기 위하여 필요한 조치를 할 것

라) 시장·군수·구청장이 위해 방지를 위하여 필요하다고 지정하는 지역의 저장탱크는 그 저장탱크 설치실 안에서의 가스 폭발을 방지하기 위하여 필요한 조치를 하여 지하에 묻을 것. 다만, 소형저장탱크의 경우에는 그렇지 않다.

마) 처리능력은 연간 1만톤 이상의 범위에서 시장·군수·구청장이 정하는 액화석유가스 물량을 처리할 수 있는 능력 이상일 것. 다만, 다음 중 어느 하나에 해당하는 경우에는 연간 1만톤 이상의 물량을 처리할 수 있는 능력을 갖추지 않을 수 있다.

(1) 소형용기와 가스난방기용 용기에 충전하는 시설의 경우

(2) 1984년 8월 28일 전에 허가를 받은 액화석유가스 충전시설의 경우(저장설비의 처리 능력을 줄이는 경우는 제외한다)

바) 저장탱크의 저장능력은 마)에서 정한 규모의 100분의 1(수거지역이나 상업지역에서 다른 지역으로 이전하는 경우에는 200분의 1) 이상일 것

사) 소형저장탱크의 보호와 그 탱크를 사용하는 시설의 안전을 위하여 소형저장탱크는 지상의 수평한 장소 등 적절한 장소에 설치할 것

아) 소형저장탱크의 보호와 그 탱크를 사용하는 시설의 안전을 위하여 같은 장소에 설치하는 소형저장탱크의 수는 6기 이하로 하고 충전 질량의 합계는 5천kg 미만이 되도록 하는 등 위해의 우려가 없도록 적절하게 설치할 것

자) 소형저장탱크의 보호와 그 탱크를 사용하는 시설의 안전을 위하여 소형저장탱크에 설치하는 안전커플링과 소화설비의 재료, 구조 및 설치방법 등에 대한 적절한 조치를 할 것

차) 저장탱크에는 안전을 위하여 필요한 과충전 경보 또는 방지장치, 폭발방지장치 등의 설비를 설치하고, 부압파괴방지 조치 및 방호조치 등 필요한 조치를 할 것. 다만, 다음 중 어느 하나를 설치한 경우에는 폭발방지장치를 설치한 것으로 본다.

(1) 물분무장치(살수장치를 포함한다)나 소화전을 설치하는 저장탱크

(2) 저온저장탱크[이중각(二重殼) 단열구조의 것을 말한다]로서 그 단열재의 두께가 그 저장탱크 주변의 화재를 고려하여 설계 시공된 저장탱크

(3) 지하에 매몰하여 설치하는 저장탱크

4) 가스설비기준

가) 가스설비의 재료는 액화석유가스의 취급에 적합한 기계적 성질과 화학적 성분이 있는 것일 것

나) 가스설비의 강도·두께 및 성능은 액화석유가스를 안전하게 취급할 수 있는 적절한 것일 것

다) 충전시설에는 시설의 안전과 원활한 충전작업을 위하여 충전기·잔량측정기·자동계량기로 구성된 충전설비와 로딩암 등 필요한 설비를 설치하고 적절한 조치를 할 것

5) 배관설비기준

　가) 배관(관 이음매와 밸브를 포함한다) 안전을 위하여 액화석유가스의 압력, 사용하는 온도 및 환경에 적절한 기계적 성질과 화학적 성분이 있는 재료로 되어 있을 것

　나) 배관의 강도 · 두께 및 성능은 액화석유가스를 안전하게 취급할 수 있는 적절한 것일 것

　다) 배관의 접합은 액화석유가스의 누출을 방지할 수 있도록 확실한 방법으로 하고, 이를 확인하기 위하여 필요한 경우에는 비파괴시험을 할 것

　라) 배관은 신축(伸縮) 등으로 인하여 액화석유가스가 누출하는 것을 방지하기 위하여 필요한 조치를 할 것

　마) 배관은 수송하는 액화석유가스의 특성과 설치 환경조건을 고려하여 위해의 우려가 없도록 설치하고, 배관의 안전한 유지 · 관리를 위하여 필요한 설비를 설치하거나 필요한 조치를 할 것

　바) 배관의 안전을 위하여 배관 외부에는 액화석유가스를 사용하는 배관임을 명확하게 알아볼 수 있도록 도색하고 표시할 것

6) 사고예방설비기준

　가) 저장설비, 가스설비 및 배관에는 그 설비 및 배관 안의 압력이 허용압력을 초과한 경우 즉시 압력을 허용압력 이하로 되돌릴 수 있는 안전장치를 설치하는 등 필요한 조치를 할 것

　나) 충전기 주위, 저장설비실 및 가스설비실에는 가스가 누출될 경우 이를 신속히 검지(檢知)하여 효과적으로 대응할 수 있도록 하기 위하여 필요한 조치를 할 것

　다) 저장탱크(소형저장탱크는 제외한다)에 부착된 배관에는 긴급 시 가스의 누출을 효과적으로 차단할 수 있는 조치를 할 것. 다만, 액체 상태의 액화석유가스를 옮겨 넣기 위하여 설치된 배관에는 역류방지밸브로 대신할 수 있다.

　라) 위험장소 안에 있는 전기설비는 누출된 가스의 점화원이 되는 것을 방지하기 위하여 적절한 방폭성능을 갖춘 것일 것

　마) 저장설비실과 가스설비실에는 누출된 가스가 머물지 않도록 하기 위하여 그 구조에 따라 환기구를 갖추는 등 필요한 조치를 할 것

　바) 저장설비, 가스설비 및 배관의 바깥 면에는 부식을 방지하기 위하여 그 설비와 배관이 설치된 상황에 따라 적절한 조치를 할 것

　사) 저장설비와 가스설비에는 그 설비에서 발생한 정전기가 점화원이 되는 것을 방지하기 위하여 필요한 조치를 할 것

　아) 용기 보관장소에는 용기가 넘어지는 것을 방지하기 위하여 적절한 조치를 할 것

7) 피해저감설비기준

　가) 저장탱크를 지상에 설치하는 경우 저장능력(2개 이상의 탱크가 설치된 경우에는 이들의 저장능력을 합한 것을 말한다)이 1천톤 이상의 저장탱크 주위에는 액체 상태의 액화석유가스가 누출된 경우에 그 유출을 방지하기 위한 조치를 할 것

　나) 지상에 설치된 저장탱크와 가스충전장소 사이에는 가스 폭발에 따른 충격에 견딜 수 있는 방호벽을 설치하거나, 그 한 쪽에서 발생하는 위해요소가 다른 쪽으로 전이되는 것을 방지하기 위하여 필요한 조치를 할 것

　다) 저장탱크(지하에 매설하는 경우는 제외한다) · 가스설비 및 자동차에 고정된 탱크의 이입 · 충전장소에는 소화를 위하여 살수장치, 물분무장치 또는 이와 같은 수준 이상의 소화능력이 있는 설비를 설치할 것

　라) 배관에는 온도상승 방지조치 등 필요한 보호조치를 할 것

8) 부대설비기준

　가) 충전시설에는 이상사태가 발생하는 것을 방지하고 이상사태 발생 시 사태 확대를 방지하기 위하여 계측설비 · 비상전력설비 · 통신설비 등 필요한 설비를 설치하거나 조치를 할 것

나) 충전시설에 안전을 위하여 가스설비 설치실과 충전용기 보관실을 설치하는 경우에는 불연재료(가스설비 설치실의 지붕은 가벼운 불연재료)를 사용하고, 충전장소와 저장설비(저장탱크는 제외한다)에는 불연재료나 난연재료를 사용한 가벼운 지붕을 설치하며, 사무실 등 건축물의 창의 유리는 망입유리(두꺼운 판유리에 철망을 넣은 것을 말한다. 이하 같다)나 안전유리로 하는 등 안전한 구조로 할 것

다) 충전된 용기(소형용기는 제외한다) 전체에 대하여 누출을 시험할 수 있는 수조식 장치 등의 필요한 설비를 갖추고, 용기 보수를 위하여 필요한 잔가스 제거장치 등의 필요한 설비를 갖출 것. 다만 용기 재검사기관의 설비를 이용하는 경우에는 용기 보수를 위하여 필요한 설비를 갖추지 않을 수 있다.

라) 소형용기 중 액화석유가스가 충전된 접합 또는 납붙임용기와 이동식 부탄연소기용 용접용기 및 이동식 프로판연소기용 용접용기에 대해서는 적절한 온도에서 가스누출시험을 할 수 있는 온수시험탱크를 갖출 것

마) 소형용기 중 이동식 부탄연소기용 용접용기 및 이동식 프로판연소기용 용접용기 충전시설에는 캔밸브[이동식 프로판연소기용 용접용기의 경우에는 용기밸브를 말한다. 이하 마)에서 같다] 교체를 위하여 캔밸브 교체설비를 설치할 수 있고, 캔밸브를 교체하는 경우 그 용기 안의 잔가스를 회수하여야 하며, 회수된 잔가스는 다시 이동식 부탄연소기용 용접용기 및 이동식 프로판연소기용 용접용기에 충전하는 등의 안전한 방법으로 처리할 것

바) 충전능력에 맞는 수량의 용기 전용 운반자동차를 허가받은 사업소의 대표자 명의(법인의 경우에는 법인 명의)로 확보하여야 하며, 용기 전용 운반자동차에는 사업소의 상호와 전화번호를 가로ㆍ세로 5㎝ 이상 크기의 글자로 도색하여 표시할 것. 다만, 액화석유가스 판매사업자에게만 액화석유가스를 공급하는 경우에는 1대 이상을 허가받은 사업소의 대표자 명의(법인의 경우에는 법인의 명의를 말한다)로 확보하여야 한다.

사) 벌크로리로 소형저장탱크 또는 저장능력이 10톤 이하인 저장탱크에 액화석유가스를 공급하는 경우에는 다음의 요건을 모두 갖출 것

(1) 벌크로리를 허가받은 사업소의 대표자 명의(법인의 경우에는 법인 명의)로 확보하여야 하며, 벌크로리에는 사업소의 상호와 전화번호를 가로ㆍ세로 5㎝ 이상 크기의 글자로 도색하여 표시할 것

(2) 벌크로리의 원활한 통행을 위하여 충분한 부지를 확보할 것

(3) 누출된 가스가 화기를 취급하는 장소로 유동(流動)하는 것을 방지하고, 벌크로리의 안전을 위한 유동방지시설을 설치할 것. 다만, 벌크로리의 주차위치 중심으로부터 보호시설(사업소 안에 있는 보호시설과 전용공업지역에 있는 보호시설은 제외한다)까지 다음 표에 따른 안전거리를 유지하는 경우에는 예외로 하되, 이 경우 벌크로리의 저장능력은 다음 식에 따라 계산한다.

$G = V/C$

여기서, G : 액화석유가스의 질량(단위 : kg)

V : 벌크로리의 내용적(단위 : L)

C : 프로판은 2.35, 부탄은 2.05의 수치

저장능력	제1종 보호시설	제2종 보호시설
10톤 이하	17m	12m
10톤 초과 20톤 이하	21m	14m
20톤 초과 30톤 이하	24m	16m
30톤 초과 40톤 이하	27m	18m
40톤 초과	30m	20m

(4) 벌크로리를 2대 이상 확보한 경우에는 각 벌크로리별로 (3)의 기준에 적합하여야 하고, (3)의 단서에 따라 벌크로리 주차위치 중심 설정 시 벌크로리 간에는 1m 이상 거리를 두고 각각 벌크로리의 주차위치 중심을 설정한다.

9) 표시기준

충전시설의 안전을 위하여 필요한 곳에는 액화석유가스를 취급하는 시설 또는 일반인의 출입을 제한하는 시설이라는 것을 명확하게 알아볼 수 있도록 경계표지, 식별표지 및 위험표지 등 적절한 표지를 하고, 외부인의 출입을 통제할 수 있도록 적절한 경계 울타리를 설치할 것

10) 그 밖의 기준

가) 충전시설에 설치하는 제품이 「고압가스 안전관리법」 및 법에 따른 검사대상에 해당하는 경우에는 그 검사에 합격한 것일 것

나) 시장·군수·구청장이 1)가) 및 아)에 대하여 시·군·구의 특수한 상황을 고려하여 강화된 기준을 적용할 경우에는 1)가) 및 아)에 따른 기준의 2배 이내에서 조례로 정한다. 이 경우 문화재 보호를 위하여 필요하면 산업통상자원부장관과 협의하여 별도의 기준을 마련한다.

다) 나)에 따라 1)가)보다 강화된 기준을 적용하는 경우 보호시설에 대한 안전거리는 해당 충전소의 충전소 허가신청일과 보호시설에 대한 「건축법」 제21조제1항에 따른 착공신고일을 기준으로 하여 정한다.

라) 지하에 설치된 저장탱크의 재검사를 하거나 교체하는 동안 액화석유가스를 안정적으로 공급하기 위하여 필요한 경우에는 임시저장시설을 설치·사용할 수 있고, 임시저장시설은 안전하게 설치할 것

마) 임시저장시설은 한국가스안전공사의 기술검토 및 완성검사를 받은 후 사용하여야 하고, 임시저장시설의 설치·사용에 관한 세부기준, 수수료 등 필요한 사항은 산업통상자원부장관이 정하는 바에 따른다.

바) 태양광 발전설비를 설치하는 경우에는 다음 기준에 적합하게 설치할 것

(1) 「전기안전관리법」 제9조에 따라 사용전검사에 합격한 설비일 것

(2) 집광판 및 그 부속설비는 캐노피의 상부, 건축물의 옥상 등 충전소의 운영에 지장을 주지 않는 장소에 설치할 것

(3) 집광판, 접속반, 인버터, 분전반 등 태양광 발전설비 관련 전기설비는 방폭성능을 갖거나 폭발위험장소(0종 장소, 1종 장소 및 2종 장소를 말한다)가 아닌 곳에 설치할 것

나. 기술기준

1) 안전유지기준

가) 저장탱크의 안전을 위하여 1년에 1회 이상 정기적으로 적절한 방법으로 침하 상태를 측정하고, 그 침하 상태에 따라 적절한 안전조치를 할 것

나) 저장탱크는 항상 40 ℃ 이하의 온도를 유지할 것

다) 저장설비실 안으로 등화를 휴대하고 출입할 때에는 방폭형 등화를 휴대할 것

라) 가스누출검지기와 휴대용 손전등은 방폭형일 것

마) 저장설비와 가스설비의 바깥 면으로부터 8 m 이내에서는 화기(담뱃불을 포함한다)를 취급하지 않을 것

바) 소형저장탱크의 주위 5 m 이내에서는 화기의 사용을 금지하고 인화성 물질이나 발화성 물질을 많이 쌓아 두지 않을 것

사) 소형저장탱크 주위에 있는 밸브류의 조작은 원칙적으로 수동조작으로 할 것

아) 소형저장탱크의 안전 커플링의 주밸브는 액체의 열팽창으로 인하여 배관의 압력이 상승하는 것을 방지하기 위하여 항상 열어 둘 것. 다만, 그 커플링으로부터의 가스누출이나 긴급 시의 대책을 위하여 필요한 경우에는 닫아 두어야 한다.

자) 소형저장탱크에 가스를 공급하는 가스공급자가 시설의 안전유지를 위해 필요하여 요청하는 사항은 반드시 지킬 것

차) 용기 보관장소에 충전용기를 보관할 때에는 다음의 기준에 맞게 할 것
    (1) 용기 보관장소에는 계량기 등 작업에 필요한 물건 외에는 두지 않을 것
    (2) 용기 보관장소의 주위 8m(우회거리) 이내에는 화기 또는 인화성물질이나 발화성물질을 두지 않을 것
    (3) 충전용기는 항상 40℃ 이하를 유지하고, 직사광선을 받지 않도록 조치할 것
    (4) 충전용기(내용적이 5 L 이하인 것은 제외한다)에는 넘어짐 등에 의한 충격이나 밸브의 손상을 방지하는 조치를 하고 난폭하게 취급하지 않을 것
    (5) 용기 보관장소에는 방폭형 휴대용 손전등 외의 등화(燈火)를 지니고 들어가지 않을 것
    (6) 용기 보관장소에는 충전용기와 잔가스용기를 각각 구분해 놓을 것

카) 가스설비의 부근에는 연소하기 쉬운 물질을 두지 않을 것

타) 가스설비 중 진동이 심한 곳에는 진동을 최소한도로 줄일 수 있는 조치를 할 것

파) 가스설비를 이음쇠로 연결하려면 그 이음쇠와 연결되는 부분에 잔류 응력(압축, 인장, 굽힘 ,비틀림, 열 등의 외력 등이 작용할 때, 그 크기에 대응하여 재료 내에 생기는 저항력)이 남지 않도록 조립하고, 관이음 또는 밸브류를 나사로 조일 때에는 무리한 하중이 걸리지 않도록 할 것

하) 가스설비에 설치한 밸브 또는 콕(조작스위치로 그 밸브 또는 콕을 개폐하는 경우에는 그 조작스위치를 말한다. 이하 "밸브등"이라 한다)에는 다음의 기준에 따라 종업원이 그 밸브등을 적절히 조작할 수 있도록 조치할 것
    (1) 밸브등에는 그 밸브등의 개폐 방향(조작스위치로 그 밸브등이 설치된 설비의 안전에 중대한 영향을 미치는 경우에는 그 밸브등의 개폐 상태를 포함한다)을 표시할 것
    (2) 밸브등(조작스위치로 개폐하는 것은 제외한다)이 설치된 배관에는 그 밸브등의 가까운 부분에 쉽게 알아볼 수 있는 방법으로 가스의 종류와 방향을 표시할 것
    (3) 밸브등을 조작함으로써 그 밸브등이 설치된 설비의 안전에 영향을 미치는 경우 항상 사용하는 것이 아닌 밸브등(긴급 시에 사용하는 것은 제외한다)에는 자물쇠를 채우거나 봉인해 두는 등의 조치를 할 것
    (4) 밸브등을 조작하는 장소에는 밸브등의 기능 및 사용 빈도에 따라 그 밸브등을 확실히 조작하는 데 필요한 발판과 조명도를 확보할 것

거) 가스설비의 기밀시험이나 시운전을 하려면 불활성가스를 사용할 것. 다만, 부득이하게 공기를 사용하는 경우에는 그 설비 중에 있는 가스를 방출한 후에 하여야 하고, 온도를 그 설비에 사용하는 윤활유의 인화점 이하로 유지할 것

너) 배관에는 그 온도를 항상 40℃ 이하로 유지할 수 있는 조치를 할 것

더) 「고압가스 안전관리법 시행규칙」 별표 22 제1호 비고 제7호에 따라 폐기해야 하는 액화석유가스 용기는 부득이한 경우를 제외하고는 지체 없이 「고압가스 안전관리법」 제35조 및 같은 법 시행령 제24조제1항에 따라 지정받은 전문검사기관 중 액화석유가스 용기 전문검사기관에 보내 폐기할 것

러) 벌크로리는 수요자의 주문에 따라 운반 중인 경우 외에는 해당 충전사업소의 주차장소에 주차할 것. 다만, 해당 충전사업소의 주차장소에 주차할 수 없는 경우에는 산업통상자원부장관이 고시하는 장소에 주차할 수 있다.

2) 제조 및 충전기준

가) 저장탱크에 가스를 충전하려면 가스의 용량이 상용 온도에서 저장탱크 내용적의 90%(소형저장탱크의 경우는 85%)를 넘지 않도록 충전하고, 충전 시 사고를 예방하기 위한 적절한 안전조치를 할 것

나) 자동차에 고정된 탱크는 저장탱크의 바깥 면으로부터 3m 이상 떨어져 정지할 것. 다만, 저장탱크와 자동차에 고정된 탱크의 사이에 방호 울타리 등을 설치한 경우에는 그렇지 않다.

다) 가스를 충전하려면 충전설비에서 발생하는 정전기를 제거하는 조치를 할 것

라) 액화석유가스가 공기 중에 1천분의 1의 비율로 혼합되었을 때 그 사실을 알 수 있도록 냄새가 나는 물질(공업용의 경우는 제외한다)을 섞어 용기에 충전할 것

마) 액화석유가스의 충전은 다음의 기준에 따라 안전에 지장이 없는 상태로 할 것

　(1) 안전밸브 또는 방출밸브에 설치된 스톱밸브는 항상 열어 둘 것. 다만, 안전밸브 또는 방출밸브의 수리·청소를 위하여 특히 필요한 경우에는 그렇지 않다.

　(2) 자동차에 고정된 탱크(내용적이 5천L 이상인 것을 말한다)로부터 가스를 이입받을 때에는 자동차가 고정되도록 자동차 정지목 등을 설치할 것

　(3) 액화석유가스를 자동차에 고정된 탱크로부터 이입할 때에는 배관 접속 부분의 가스누출 여부를 확인하고, 이입한 후에는 그 배관 안의 가스로 인한 위해가 발생하지 않도록 조치할 것

　(4) 자동차에 고정된 탱크로부터 저장탱크에 액화석유가스를 이입받을 때에는 5시간 이상 연속하여 자동차에 고정된 탱크를 저장탱크에 접속하지 않을 것

바) 충전설비에서 가스충전작업을 하려면 외부에서 눈에 띄기 쉬운 곳에 충전작업 중임을 알리는 표시를 할 것

사) 가스를 용기에 충전하려면 다음의 계산식에 따라 산정된 충전량을 초과하지 않도록 충전할 것

$$G = V/C$$

　　여기서, G : 액화석유가스의 질량(단위 : kg)

　　　　　　V : 벌크로리의 내용적(단위 : L)

　　　　　　C : 프로판은 2.35, 부탄은 2.05의 수치

아) 가스를 용기에 충전하기 위하여 밸브 또는 충전용 지관을 가열할 필요가 있으면 열습포나 40℃ 이하의 물을 사용할 것

자) 소형용기 중 접합 또는 납붙임용기와 이동식부탄연소기용 용접용기 및 이동식 프로판연소기용 용접용기에 액화석유가스를 충전하려면 「고압가스 안전관리법 시행규칙」 별표 4에 규정된 에어졸충전기준에 따를 것. 이 경우 충전하는 가스의 압력과 성분은 다음의 구분에 따른다.

　(1) 접합 또는 납붙임용기와 이동식부탄연소기용 용접용기

　　(가) 가스의 압력 : 40℃에서 0.52MPa 이하

　　(나) 가스의 성분 : 프로판+프로필렌은 10mol% 이하, 부탄+부틸렌은 90mol% 이상

　(2) 이동식 프로판연소기용 용접용기

　　(가) 가스의 압력 : 40℃에서 1.53MPa 이하

　　(나) 가스의 성분 : 프로판+프로필렌 90mol% 이상

차) 액화석유가스를 충전한 후 과충전된 것은 가스회수장치로 보내 초과량을 회수하고 부족한 양은 재충전할 것

카) 소형저장탱크에 액화석유가스를 충전할 때에는 벌크로리 등에서 발생하는 정전기를 제거하고, "화기엄금" 등의 표지판을 설치하는 등 안전에 필요한 수칙을 준수하고, 안전유지에 필요한 조치를 할 것

타) 이동식 부탄연소기용 용접용기 및 이동식 프로판연소기용 용접용기에 액화석유가스를 충전할 때에는 다음 기준에 맞게 할 것

　(1) 이동식 부탄연소기용 용접용기 및 이동식 프로판연소기용 용접용기의 경우 다음의 안전점검을 한 후 점검기준에 맞는 용기에 충전할 것

　　(가) 외관검사

　　　① 제조 후 10년이 지나지 않은 용접용기일 것

　　　② 「고압가스 안전관리법 시행규칙」 별표 10에서 규정하고 있는 용기의 상태가 4급에 해당하는 찍힌 흠(긁힌 흠), 부식, 우그러짐 및 화염(전기불꽃)에 의한 흠이 없을 것

　　(나) 캔밸브와 용기밸브

① 캔밸브와 용기밸브는 부착한 지 2년이 지나지 않아야 하며, 부착연월이 새겨져 있을 것
② 사용에 지장이 있는 흠, 주름, 부식 등이 없을 것
　(다) 표시사항
　　　충전사업자는 용접용기의 표시사항을 확인하여야 하며, 표시사항이 훼손된 것은 다시 표시하여야 한다.
　(2) 충전사업자는 산업통상자원부장관이 정하는 바에 따라 용접용기에 부탄가스 또는 프로판가스를 충전할 때마다 그 용접용기의 이상 유무를 확인하고 충전하여야 한다.
파) 액화석유가스 충전사업자가 액화석유가스 특정사용자 또는 주거용으로 액화석유가스를 직접 공급하는 경우에는 다음 기준에 따를 것
　(1) 자동차에 고정된 탱크로부터 액화석유가스를 저장탱크 또는 소형저장탱크에 송출하거나 이입하려면 "가스충전 중"이라 표시하고, 자동차가 고정되도록 자동차 정지목 등을 설치할 것
　(2) 저장탱크에 가스를 충전하려면 정전기를 제거한 후 저장탱크 내용적의 90%(소형저장탱크의 경우는 85%)를 넘지 않도록 충전하고, 충전 시 사고를 예방하기 위한 적절한 안전조치를 할 것
　(3) 저장설비 또는 가스설비에는 방폭형 휴대용 전등 외의 등화를 지니고 들어가지 않을 것
하) 벌크로리로 수요자의 소형저장탱크 또는 저장능력이 10톤 이하인 저장탱크에 액화석유가스를 충전할 때에는 다음 기준에 따를 것
　(1) 액화석유가스를 충전하려면 소형저장탱크 또는 저장능력이 10톤 이하인 저장탱크 안의 잔량을 확인한 후 충전할 것
　(2) 충전작업은 수요자가 채용한 안전관리자가 지켜보는 가운데에 할 것
　(3) 충전 중에는 액면계의 움직임·펌프 등의 작동을 주의·감시하여 과충전 방지 등 작업 중의 위해 방지를 위한 조치를 할 것
　(4) 충전작업이 완료되면 안전 커플링으로부터의 가스누출이 없는지를 확인할 것
　(5) 벌크로리로 저장능력 10톤 이하인 저장탱크에 액화석유가스를 충전하려면 벌크로리의 탱크주 밸브를 통하여 충전할 것. 다만, 저장탱크 설치 장소까지 벌크로리의 진입이 불가능하여 탱크주 밸브를 통하여 충전이 어려운 경우에는 벌크로리의 충전호스 커플링을 통하여 충전할 수 있고, 이 경우 충전호스 커플링 연결부 등을 감시하는 사람을 추가로 배치해야 한다.
3) 점검기준
　가) 충전시설 중 액화석유가스의 안전을 위하여 필요한 시설 또는 설비에 대해서는 작동 상황을 주기적(충전설비의 경우에는 1일 1회 이상)으로 점검하고, 이상이 있을 경우에는 그 시설 또는 설비가 정상적으로 작동될 수 있도록 필요한 조치를 할 것
　나) 충전용기(소형용기는 제외한다) 중 외관이 불량한 용기에 대해서는 가목8)다)에 따른 시설로 누출시험을 실시하고 그 밖의 용기에 대해서는 비눗물을 이용하여 누출시험을 할 것
　다) 액화석유가스가 충전된 이동식 부탄연소기용 용접용기 및 이동식 프로판연소기용 용접용기는 연속공정에 의하여 55±2℃의 온수조에 60초 이상 통과시키는 누출검사를 모든 용기에 대하여 실시하고, 불합격된 용기는 파기할 것
　라) 안전밸브[액체의 열팽창으로 인한 배관의 파열방지용 안전밸브는 제외한다. 이하 라)에서 같다] 중 압축기의 맨 끝 부분에 설치한 것은 1년에 1회 이상, 그 밖의 안전밸브는 2년에 1회 이상 가목6)가)에 따라 설치 시 설정되는 압력 이하의 압력에서 작동하도록 조정할 것. 다만, 영 제14조에 따른 종합적 안전관리 대상자의 시설에 설치된 안전밸브의 조정 주기는 저장탱크 및 압력용기에 대한 재검사 주기로 한다.
　마) 가스시설에 설치된 긴급차단장치에 대해서는 1년에 1회 이상 밸브 시트의 누출검사 및 작동검사를 하여 누출량이 안전에 지장이 없는 양 이하이고, 작동이 원활하며 확실하게 개폐될 수 있는 작동

기능을 가졌음을 확인할 것

바) 정전기 제거 설비를 정상 상태로 유지하기 위하여 다음 기준에 따라 검사를 하여 기능을 확인할 것
 (1) 지상에서의 접지저항치
 (2) 지상에서의 접속부의 접속 상태
 (3) 지상에서의 절선 부분이나 그 밖의 손상 부분의 유무

사) 물분무장치, 살수장치와 소화전은 매월 1회 이상 작동 상황을 점검하여 원활하고 확실하게 작동하는지 확인하고, 점검 기록을 작성·유지할 것. 다만, 얼어붙을 우려가 있는 경우에는 펌프 구동만으로 성능시험을 갈음할 수 있다

아) 슬립 튜브식 액면계의 패킹을 주기적으로 점검하고 이상이 있을 때에는 교체할 것

자) 충전용주관의 압력계는 매월 1회 이상, 그 밖의 압력계는 1년에 1회 이상 「국가표준기본법」에 따른 교정을 받은 압력계로 그 기능을 검사할 것

차) 비상전력은 그 기능을 정기적으로 점검하여 사용에 지장이 없도록 할 것

4) 수리·청소 및 철거 기준
충전시설 중 액화석유가스가 통하는 설비를 수리·청소 및 철거할 때에는 작업의 안전을 위하여 필요한 안전수칙을 준수하고, 작업 후에는 설비의 작동성 확인 등 안전을 위하여 필요한 조치를 할 것

5) 그 밖의 기준
가) 사업소의 안전관리자는 임시저장시설을 사용하는 동안 제1호나목의 기술기준을 준수하고 안전하게 사용하여야 하고, 임시저장시설은 사업소의 지하에 설치된 저장탱크의 재검사나 교체공사가 끝나는 즉시 안전관리자의 책임하에 철거하여야 한다.

나) 이동식 부탄연소기용 용접용기 및 이동식프로판연소기용 용접용기에 충전하는 충전사업자는 다음의 기준을 준수할 것
 (1) 액화석유가스가 충전된 이동식 부탄연소기용 용접용기 및 이동식프로판연소기용 용접용기의 운반기준은 「고압가스 안전관리법 시행규칙」 별표 30에 따른 고압가스운반 등의 기준을 준용한다. 이 경우 접합 또는 납붙임용기를 이동식 부탄연소기용 용접용기 또는 이동식 프로판연소기용 용접용기로 본다.
 (2) 충전사업자는 이동식부탄연소기용 용접용기 및 이동식프로판연소기용 용접용기를 공급하는 대리점 등과 가스사고책임한계, 관리사항 등에 대한 공급계약을 체결한 후에 공급하여야 한다.
 (3) 대리점이 액화석유가스가 충전된 이동식 부탄연소기용 용접용기를 공급하려면 식품접객업소등과 가스사고 책임한계, 관리사항 등에 대한 공급계약을 체결한 후에 공급하여야 하며, 충전사업자는 이에 대한 사항을 관리·감독하여야 한다.

다) 액화석유가스 충전사업자차량에 용기를 적재하는 경우에는 해당 차량의 등록 여부를 확인하여야 한다.

다. 검사기준
1) 안전성확인·완성검사·정기검사 및 수시검사의 검사항목은 시설이 적합하게 설치 또는 유지·관리되고 있는지 확인하기 위하여 다음의 검사항목으로 할 것

검사 종류	검사항목
가) 안전성확인	가목의 시설기준에 규정된 항목 중 2)(지상형 저장탱크의 기초설치 공정으로 한정함), 3)라)(저장탱크를 지하에 매설하기 직전의 공정으로 한정함), 5)다)(한국가스안전공사가 지정하는 부분의 비파괴시험을 하는 공정으로 한정함), 5)마)(배관을 지하에 설치하는 경우로서 한국가스안전공사가 지정하는 부분을 매몰하기 직전의 공정으로 한정함), 6)바)(저장탱크를 지하에 매설하기 직전의 공정과 배관을 지하에 설치하는 경우로서 한국가스안전공사가 지정하는 부분을 매몰하기 직전의 공정으로 한정함), 7)나)[방호벽의 기초설치 공정과 방호벽(철근콘크리트제 방호벽이나 콘크리트블럭제 방호벽의 경우만 해당한다)의 벽 설치공정에 한정함]
나) 완성검사	가목의 시설기준에 규정된 항목. 다만, 안전성확인에서 확인된 검사항목은 제외할 수 있다.
다) 정기검사	(1) 가목의 시설기준에 규정된 항목 중 해당 사항 (2) 나목의 기술기준에 규정된 항목[1)가)부터 다)까지, 1)마)부터 자)까지, 1)파)·1)거)·2)가)·2)나)·2)라)부터 타)까지, 2)하)·3)가)부터 다)까지, 3)마)부터 아)까지, 3)차)·4)·5)는 제외한다] 중 해당 사항
라) 수시검사	각 시설별 정기검사 항목 중에서 다음에서 열거한 안전장치 유지·관리 상태 중 필요한 사항 (1) 안전밸브　　　　　　　　　　　(2) 긴급차단장치 (3) 가스누출자동차단장치 및 경보기　(4) 물분무장치와 살수장치 (5) 강제통풍시설　　　　　　　　　(6) 정전기 제거장치와 방폭 전기기기 (7) 배관 등의 가스누출 여부　　　　(8) 비상전력의 작동 여부 (9) 그 밖에 안전관리에 필요한 사항

2) 안전성확인·완성검사·정기검사 및 수시검사는 시설이 검사항목에 적합한지 를 명확하게 판정할 수 있는 방법으로 할 것

라. 정밀안전진단 및 안전성평가 기준

1) 정밀안전진단 및 안전성평가 항목

가) 정밀안전진단은 제55조에 따른 정밀안전진단 대상시설이 적절하게 유지·관리되고 있는지 확인하기 위하여 분야별로 필요한 진단 항목에 대하여 할 것

진단 분야	진단 항목
가) 일반 분야	안전장치 관리 실태, 공정안전 관리 실태, 저장탱크 운영 실태, 입하·출하 설비의 운영 실태
나) 장치 분야	외관 검사, 배관두께 측정, 배관 경도(硬度 : 단단한 정도) 측정, 배관용접부 결함 검사, 배관 부식 상태, 보온·보냉 상태 확인
다) 전기·계장 분야	가스시설과 관련된 전기설비의 운전 중 열화상·절연저항 측정, 계측설비 유지·관리 실태, 방폭설비 유지·관리 실태, 방폭지역 구분의 적정성

나) 안전성평가는 제55조에 따른 안전성평가 대상시설에 대하여 위험성 인지(認知), 사고발생 빈도 분석, 사고피해 영향 분석, 위험의 해석 및 판단의 평가 항목별로 필요한 평가항목에 대하여 할 것

2) 정밀안전진단 및 안전성평가 방법

정밀안전진단 및 안전성평가를 실시할 때 법 제45조의 상세기준에 따른 적절한 방법으로 할 것

2. 자동차에 고정된 용기 충전

가. 시설기준

1) 1999년 4월 1일 이전에 설치된 시설[제7조제1항제5호 · 제7호 및 제8호(충전기의 수량 증가가 수반되지 않는 경우만을 말한다)에 따른 변경을 하는 경우만 해당한다]에 대해서는 제1호가목1)가) 및 다)부터 마)까지에 따른 안전거리기준에도 불구하고, 다음 가) 및 나)의 내용을 충족하는 경우에는 다)에 따른 안전거리를 적용할 수 있다.

가) 자동차에 고정된 용기 충전시설의 경우 저장설비의 능력변경은 사업소 안의 합산 저장능력이 30톤 이하가 되도록 하여야 한다.

나) 그 밖의 사항은 제1호가목1)바)(1)부터 (3)까지에 따를 것

다) 저장설비와 충전설비는 그 바깥 면으로부터 보호시설(사업소 안에 있는 보호시설과 전용공업지역에 있는 보호시설은 제외한다)까지 다음의 기준에 따른 안전거리를 유지할 것. 다만, 저장설비를 지하에 설치하는 경우에는 다음 표에 정한 거리의 2분의 1 이상을 유지할 수 있다.

저장능력	제1종 보호시설	제2종 보호시설
10톤 이하	17m	12m
10톤 초과 20톤 이하	21m	14m
20톤 초과 30톤 이하	24m	16m
30톤 초과 40톤 이하	27m	18m
40톤 초과	30m	20m

2) 충전시설에는 그 충전시설의 안전과 원활한 충전작업을 위하여 다음의 조치를 할 것

가) 저장설비 저장능력의 총합이 15톤 이상일 것. 이 경우 제1호가목3)마) · 바) 및 제3호가목1)에 따른 저장능력 산정 시 산입된 저장능력은 합산하지 아니한다.

나) 로딩암, 충전기, 충전호스, 차양 등 필요한 설비 등을 설치하고 적절한 조치를 할 것

3) 충전 시 자동차의 오발진을 방지하기 위하여 오발진 방지장치를 설치하거나 적절한 조치를 할 것

4) 충전시설에는 충전시설의 안전을 위하여 가스설비 설치실을 설치하는 경우에는 불연재료(지붕은 가벼운 불연재료)를 사용하고 가스설비 설치실과 사무실 등 건축물의 창의 유리는 망입유리 또는 안전유리로 하며, 사무실 등의 건축물의 벽, 기둥 등은 내화구조 또는 불연재료로 하는 등 안전한 구조로 할 것

5) 자동차에 고정된 용기 충전소에는 충전 또는 그 충전소의 안전에 지장이 없는 범위에서 그에 부대하는 업무를 위하여 사용되는 다음 건축물 또는 시설 외에 다른 건축물 또는 시설을 설치하지 않을 것. 다만, 영 제3조제1항제1호에 해당하는 충전사업 용도의 건축물이나 시설은 설치할 수 있다.

가) 충전을 하기 위한 작업장

나) 충전소의 업무를 하기 위한 사무실과 회의실

다) 충전소 관계자가 근무하는 대기실

라) 액화석유가스 충전사업자가 운영하고 있는 용기를 재검사하기 위한 시설

마) 충전소 종사자의 숙소

바) 충전소의 종사자가 이용하기 위한 연면적 100㎡ 이하의 식당

사) 비상발전기실 또는 공구 등을 보관하기 위한 연면적 100㎡ 이하의 창고

아) 자동차 세차를 위한 시설

자) 충전소에 출입하는 사람을 대상으로 한 자동판매기와 현금자동지급기

차) 자동차 등의 점검 및 간이정비(용접, 판금 등 화기를 사용하는 작업 및 도장작업을 제외한다)를 위한 작업장

카) 충전소에 출입하는 사람을 대상으로 한 소매점(「건축법 시행령」별표 1 제3호가목에 따른 소매점을 말한다), 자동차 전시장, 고객휴게실, 휴게음식점, 자동차 영업소 및 일반사무실로서 법 제45조의 상세기준에 따른 적절한 위치, 구조 등을 갖춘 것

          타) 자동차용 배터리 충전을 위한 작업장

          파) 「계량에 관한 법률」 제7조제1항제3호에 따른 계량증명업을 위한 작업장

          하) 제1호가목10)바)에 따른 태양광 발전설비

6) 5)바)부터 파)까지에 해당하는 건축물 또는 시설은 그 바깥 면(시설이 건축물 안에 설치된 경우 그 건축물의 바깥 면을 말한다)으로부터 저장설비·가스설비의 바깥 면 및 자동차에 고정된 탱크 이입·충전장소의 지면에 표시된 정차위치의 중심까지 직선거리 8m 이상의 거리를 두고 설치할 것

7) 5)나)·다)·바)·사) 및 차)부터 파)까지의 용도에 제공하는 부분의 연면적의 합은 500 ㎡를 초과할 수 없다. 다만, 다음 기준에 모두 적합하게 설치하는 경우에는 1,000㎡ 이하로 할 수 있다.

          가) 5)나)·다)·바)·사) 및 차)부터 파)까지의 건축물 또는 시설(시설이 건축물 안에 설치된 경우 그 건축물을 말한다)의 모든 벽을 내화구조로 할 것

          나) 5)나)·다)·바)·사) 및 차)부터 파)까지의 건축물 또는 시설을 2층 이상의 층에 설치하거나 그 건축물 또는 시설의 구획실 하나의 면적이 500㎡를 초과하도록 설치하는 경우에는 해당 구획실 또는 해당 층의 2면 이상의 벽에 각각 출입구를 설치하고, 해당 건축물 외부의 지상으로 나갈 수 있는 2개 이상의 통로를 확보할 것

8) 자동차 제조사나 연구소에 설치되는 자동차에 고정된 용기 충전소에는 2)가) 및 5)부터 7)까지의 시설기준을 따르지 않을 수 있다.

9) 산업자원부령 제37호 액화석유가스의안전및사업관리법시행규칙중개정령의 시행일인 1999년 4월 1일 전에 종전의 규정에 따라 설치된 시설로서 주변에 보호시설이 설치되어 종전의 규정에 따른 안전거리를 유지하지 못하게 된 시설(종전의 규정에 따른 안전거리의 2분의 1 이상이 유지되는 시설만을 말한다)은 다음 가)와 나)의 요건을 모두 갖춘 경우에 해당 기준에 적합한 것으로 본다.

          가) 보호시설이 설치되기 전과 후의 안전도에 관하여 한국가스안전공사가 다음 기준에 따라 실시하는 안전성평가를 받을 것

              (1) 안전성평가는 법 제45조의 상세기준에 따른 적절한 방법으로 할 것

              (2) 안전성평가 결과 보호시설 설치 후 사업소의 안전도가 향상될 것

          나) 안전성평가 결과에 맞게 충전시설을 보완할 것

10) 그 밖에 자동차에 고정된 용기 충전의 시설기준은 제1호가목[1)바)·1)사)·3)마)·3)바)·4)다)·6)아), 8)나)부터 사)까지는 제외한다]의 시설기준에 따를 것

나. 기술기준

1) 액화석유가스를 연료로 사용하는 자동차에 가스를 충전할 때에는 자동차의 엔진을 정지시키도록 운전자에게 권고하여야 하고, 충전이 끝나면 접속 부분을 완전히 분리시킨 후에 발차시킬 것

2) 충전장의 충전기앞(옆) 노면에 충전할 자동차용 주·정차선과 입구 및 출구 방향을 표시할 것

3) 그 밖에 자동차에 고정된 용기 충전의 기술기준은 제1호나목[1)차)·1)러)·2)자)·2)차)·2)타)·2)파)·2)하)·3)나)·3)다)·5)나)·5)다)는 제외한다]의 기술기준에 따를 것. 이 경우 제1호나목2)사) 및 아)의 "용기"는 "자동차연료용 용기"로 보고, 제1호나목5)가)의 "제1호나목"은 "제2호나목"으로 본다.

다. 검사기준

1) 안전성확인·완성검사·정기검사 및 수시검사의 검사항목은 시설이 적합하게 설치 또는 유지·관리되고 있는지 확인하기 위하여 다음의 검사항목으로 할 것

검사 종류	검사항목
가) 안전성확인	제1호가목의 시설기준에 규정된 항목 중 2)(지상형 저장탱크의 기초설치 공정으로 한정함), 3)라)(저장탱크를 지하에 매설하기 직전의 공정으로 한정함), 5)다)(한국가스안전공사가 지정하는 부분의 비파괴시험을 하는 공정으로 한정함). 5)마)(배관을 지하에 설치하는 경우로서 한국가스안전공사가 지정하는 부분을 매몰하기 직전의 공정으로 한정함), 6)바)(저장탱크를 지하에 매설하기 직전의 공정과 배관을 지하에 설치하는 경우로서 한국가스안전공사가 지정하는 부분을 매몰하기 직전의 공정으로 한정함), 7)나)[방호벽의 기초설치 공정과 방호벽(철근콘크리트제 방호벽이나 콘크리트블럭제 방호벽의 경우만 해당한다)의 벽 설치공정에 한정함]
나) 완성검사	가목의 시설기준에 규정된 항목. 다만, 안전성확인에서 확인된 검사항목은 제외할 수 있다.
다) 정기검사	(1) 가목의 시설기준에 규정된 항목 중 해당 사항 (2) 제2호나목의 기술기준에 규정된 항목[제1호나목의 1)가)부터 다)까지, 1)마)부터 차)까지, 1)파)·1)거)·2)가)·2)나), 2)라)부터 하)까지, 3)가)부터 다)까지, 3)마)부터 아)까지, 3)차)·4)·5)와 제2호나목1)은 제외한다] 중 해당 사항
라) 수시검사	각 시설별 정기검사 항목 중에서 다음에서 열거한 안전장치 유지·관리 상태 중 필요한 사항 (1) 안전밸브 (2) 긴급차단장치 (3) 가스누출자동차단장치 및 경보기 (4) 물분무장치와 살수장치 (5) 강제통풍시설 (6) 정전기 제거장치와 방폭 전기기기 (7) 배관 등의 가스누출 여부 (8) 비상전력의 작동 여부 (9) 그 밖에 안전관리에 필요한 사항

2) 안전성확인·완성검사·정기검사 및 수시검사는 시설이 검사항목에 적합한지를 명확하게 판정할 수 있는 방법으로 할 것

라. 정밀안전진단 및 안전성평가 기준

1) 정밀안전진단 및 안전성평가 항목

가) 정밀안전진단은 제55조에 따른 정밀안전진단 대상시설이 적절하게 유지·관리되고 있는지 확인하기 위하여 분야별로 필요한 진단 항목에 대하여 할 것

진단 분야	진단 항목
(1) 일반 분야	안전장치 관리 실태, 공정안전 관리 실태, 저장탱크 운영 실태, 입하·출하 설비의 운영 실태
(2) 장치 분야	외관 검사, 배관두께 측정, 배관경도 측정, 배관용접부 결함 검사, 배관 부식 상태, 보온·보냉 상태 확인
(3) 전기·계장 분야	가스시설과 관련된 전기설비의 운전 중 열화상·절연저항 측정, 계측설비 유지·관리 실태, 방폭설비 유지·관리 실태, 방폭지역 구분의 적정성

나) 안전성평가는 제55조에 따른 안전성평가 대상시설에 대하여 위험성 인지(認知), 사고발생 빈도 분

석, 사고피해 영향 분석, 위험의 해석 및 판단의 평가 항목별로 필요한 평가항목에 대하여 할 것

   2) 정밀안전진단 및 안전성평가 방법

     정밀안전진단 및 안전성평가를 할 때 법 제45조의 상세기준에 따른 적절한 방법으로 할 것

3. 자동차에 고정된 탱크 충전(배관을 통한 저장탱크 충전을 포함한다)

  가. 시설기준

    1) 자동차에 고정된 탱크 충전시설의 경우 저장탱크의 저장능력은 40톤 이상일 것. 이 경우 저장탱크의 저장능력에는 자동차에 고정된 용기 충전시설, 소형용기 충전시설 및 가스난방기용기 충전시설의 저장능력을 합산하지 않는다.

    2) 마운드형 저장탱크의 안전거리는 제1호가목1)가) 및 다)부터 마)까지에서 정한 안전거리 기준에 따를 것. 이 경우 마운드형 저장탱크는 저장설비가 지하에 설치된 것으로 본다.

    3) 마운드형 저장탱크는 유지 · 관리에 지장이 없고, 그 탱크에 대한 위해의 우려가 없도록 설치할 것

    4) 마운드형 저장탱크는 제1호가목3)가)의 기준을 따르지 않을 수 있고, 제1호가목3)차)와 관련하여 폭발방지장치를 설치한 것으로 본다.

    5) 충전시설에는 충전시설의 안전을 위하여 가스설비 설치실을 설치하는 경우에는 불연재료(지붕은 가벼운 불연재료)를 사용하고 가스설비 설치실과 사무실 등 건축물의 창의 유리는 망입유리 또는 안전유리로 하는 등 안전한 구조로 할 것

    6) 사업장 밖으로 연장된 배관에 대해서는 「고압가스 안전관리법 시행규칙」 별표 4에서 규정된 사업장 밖의 배관기준을 적용한다.

    7) 충전시설에는 그 충전시설의 안전 확보와 원활한 충전작업을 위하여 로딩암 등 필요한 설비를 설치하고 적절한 조치를 할 것

    8) 그 밖에 자동차에 고정된 탱크 충전 및 배관을 통한 저장탱크 충전의 시설기준은 다음과 같다.

      가) 자동차에 고정된 탱크 충전 : 제1호가목[1)바), 3)마)부터 자)까지, 4)다) · 6)아) · 7)나), 8)나)부터 바)까지는 제외한다]의 시설기준에 따를 것

      나) 배관을 통한 저장탱크 충전 : 제1호가목[1)바), 3)마)부터 자)까지, 4)다) · 6)아) · 7)나), 8)나)부터 사)까지는 제외한다]의 시설기준에 따를 것

  나. 기술기준

    1) 자동차에 고정된 탱크에 가스충전이 끝나면 접속부분을 완전히 분리시킨 후에 발차할 것

    2) 액화석유가스의 충전은 다음의 기준에 따라 안전에 지장이 없는 상태로 할 것

      가) 안전밸브 또는 방출밸브에 설치된 스톱밸브는 항상 열어 둘 것. 다만, 안전밸브 또는 방출밸브의 수리 · 청소를 위하여 특히 필요한 경우에는 그렇지 않다.

      나) 자동차에 고정된 탱크(내용적이 5천L 이상인 것을 말한다)에 가스를 충전하거나 그로부터 가스를 이입받을 때에는 자동차가 고정되도록 자동차 정지목 등을 설치할 것

      다) 액화석유가스를 자동차에 고정된 탱크에 충전하거나 자동차에 고정된 탱크로부터 이입할 때에는 배관 접속 부분의 가스누출 여부를 확인하고, 이입한 후에는 그 배관 안의 가스로 인한 위해가 발생하지 않도록 조치할 것

    3) 자동차에 고정된 탱크에 가스를 충전하려면 액화석유가스 운반자동차 운전자의 교육이수 여부 및 운반책임자의 자격 또는 교육이수 여부를 확인할 것

    4) 배관을 통한 저장탱크 충전의 경우 배관을 통하여 다른 저장탱크에 액화석유가스를 이송할 경우에는 그 저장탱크 내용적의 90%(소형저장탱크의 경우는 85%)를 넘지 않도록 충전할 것

    5) 그 밖에 자동차에 고정된 탱크 충전 및 배관을 통한 저장탱크 충전의 기술기준은 다음과 같다.

      가) 자동차에 고정된 탱크 충전: 제1호나목[1)바)부터 차)까지, 2)마) · 2)아) · 2)자) · 2)타) · 3)나) · 3)다) · 5)나)는 제외한다]의 기술기준에 따를 것. 이 경우 제1호나목2)라) 및 사)의 "용기"는 "자

동차에 고정된 탱크"로 보고, 제1호나목5)가)의 "제1호나목"은 "제3호나목"으로 본다.

나) 배관을 통한 저장탱크 충전: 제1호나목[(1)바)부터 차)까지, 1)러), 2)마), 2)사)부터 하)까지, 3)나)·3)다)·5)나)는 제외한다]의 기술기준에 따를 것. 이 경우 "제1호나목"은 "제3호나목"으로 본다.

다. 검사기준

1) 안전성확인·완성검사·정기검사 및 수시검사의 검사항목은 시설이 적합하게 설치 또는 유지·관리되고 있는지 확인하기 위하여 다음의 검사항목으로 할 것

검사 종류	검사항목
가) 안전성확인	제1호가목의 시설기준에 규정된 항목 중 2)(지상형 저장탱크의 기초설치 공정으로 한정함), 3)라)(저장탱크를 지하에 매설하기 직전의 공정으로 한정함), 5)다)(한국가스안전공사가 지정하는 부분의 비파괴시험을 하는 공정으로 한정함), 5)마)(배관을 지하에 설치하는 경우로서 한국가스안전공사가 지정하는 부분을 매몰하기 직전의 공정으로 한정함), 6)바)(저장탱크를 지하에 매설하기 직전의 공정과 배관을 지하에 설치하는 경우로서 한국가스안전공사가 지정하는 부분을 매몰하기 직전의 공정으로 한정함), 7)나)[방호벽의 기초설치 공정과 방호벽(철근콘크리트제 방호벽이나 콘크리트블럭제 방호벽의 경우만 해당한다)의 벽 설치공정에 한정함]
나) 완성검사	가목의 시설기준에 규정된 항목. 다만, 안전성확인에서 확인된 검사항목은 제외할 수 있다.
다) 정기검사	(1) 가목의 시설기준에 규정된 항목 중 해당 사항 (2) 제3호나목의 기술기준에 규정된 항목[제1호나목의 1)가)부터 다)까지, 1)마)부터 차)까지, 1)파)·1)거)·1)너)·2)가)·2)나), 2)라)부터 하)까지, 3)가)부터 다)까지, 3)마)부터 아)까지, 3)차)·4)·5)와 제3호나목1)·3)은 제외한다] 중 해당 사항
라) 수시검사	각 시설별 정기검사 항목 중에서 다음에서 열거한 안전장치 유지·관리 상태 중 필요한 사항 (1) 안전밸브 (2) 긴급차단장치 (3) 가스누출자동차단장치 및 경보기 (4) 물분무장치와 살수장치 (5) 강제통풍시설 (6) 정전기 제거장치와 방폭 전기기기 (7) 배관 등의 가스누출 여부 (8) 비상전력의 작동 여부 (9) 그 밖에 안전관리에 필요한 사항

2) 안전성확인·완성검사·정기검사 및 수시검사는 시설이 검사항목에 적합한지를 명확하게 판정할 수 있는 방법으로 할 것

라. 정밀안전진단 및 안전성평가 기준

1) 정밀안전진단 및 안전성평가 항목

가) 정밀안전진단은 제55조에 따른 정밀안전진단 대상시설이 적절하게 유지·관리되고 있는지 확인하기 위하여 분야별로 필요한 진단 항목에 대하여 할 것

진단 분야	진단 항목
(1) 일반 분야	안전장치 관리 실태, 공정안전 관리 실태, 저장탱크 운영 실태, 입하·출하 설비의 운영 실태
(2) 장치 분야	외관 검사, 배관두께 측정, 배관경도 측정, 배관용접부 결함 검사, 배관 부식 상태, 보온·보냉 상태 확인
(3) 전기·계장 분야	가스시설과 관련된 전기설비의 운전 중 열화상·절연저항 측정, 계측설비 유지·관리 실태, 방폭설비 유지·관리 실태, 방폭지역 구분의 적절성

　나) 안전성평가는 제55조에 따른 안전성평가 대상시설에 대하여 위험성 인지(認知), 사고발생 빈도 분석, 사고피해 영향 분석, 위험의 해석 및 판단의 평가 항목별로 필요한 평가항목에 대하여 할 것
　2) 정밀안전진단 및 안전성평가 방법
　　정밀안전진단 및 안전성평가를 할 때 법 제45조의 상세기준에 따른 적절한 방법으로 할 것

[별표 5]
〈개정 2022.1.21.〉

액화석유가스 일반집단공급·저장소의 시설·기술·검사·정밀안전진단·안전성평가 기준
(제12조제1항제2호, 제51조제4항제2호, 제52조제2항제2호, 제53조제3항제2호 및 제56조제4항제2호 관련)

1. 일반집단공급
　가. 시설기준
　　1) 배치기준
　　　가) 저장설비(소형저장탱크는 제외한다)는 그 바깥 면으로부터 사업소 경계[사업소 경계가 바다·호수·하천·도로(「도로법」 제2조제1호에 따른 도로 및 같은 법 제108조에 따라 같은 법이 준용되는 도로를 말한다) 등과 접한 경우에는 그 반대편 끝을 경계로 본다. 이하 이 표에서 같다]까지의 거리를 다음의 기준에서 정한 거리 이상으로 유지할 것. 다만, 지하에 저장설비를 설치하는 경우에는 다음 표에 따른 거리의 2분의 1로 할 수 있고, 시장·군수·구청장이 공공의 안전을 위하여 필요하다고 인정하는 지역에 대해서는 다음 표에서 정한 거리에 일정거리를 더하여 정할 수 있다.

저장능력	사업소 경계와의 거리
10톤 이하	17m
10톤 초과 20톤 이하	21m
20톤 초과 30톤 이하	24m
30톤 초과 40톤 이하	27m
40톤 초과	30m

비 고
1. 이 표의 저장능력 산정은 별표 4 제1호가목1)다)의 표에서 정한 계산식에 따른다.
2. 동일한 사업소에 2개 이상의 저장설비가 있는 경우에는 그 설비별로 각각 안전거리를 유지하여야 한다.

나) 저장설비와 가스설비는 그 바깥 면으로부터 화기(그 설비 안의 것은 제외한다)를 취급하는 장소까지 8m 이상의 우회거리를 두거나 저장설비 · 가스설비와 화기를 취급하는 장소의 사이에는 그 설비로부터 누출된 가스가 유동(流動)하는 것을 방지하기 위한 적절한 조치를 할 것

다) 지식경제부령 제212호 액화석유가스의 안전관리 및 사업법 시행규칙 일부개정령의 시행일인 2012년 1월 1일 전에 종전의 규정에 따라 허가를 받았거나 설치된 액화석유가스 집단공급시설로서 주변에 보호시설이 설치되어 종전의 규정에 따른 안전거리를 유지하지 못하게 된 시설(종전의 규정에 따른 안전거리의 2분의 1 이상이 유지되는 시설만을 말한다)은 다음 (1)과 (2)의 요건을 모두 갖춘 경우에 해당 기준에 적합한 것으로 본다.

(1) 보호시설이 설치되기 전과 후의 안전도에 관하여 한국가스안전공사가 다음 기준에 따라 실시하는 안전성평가를 받을 것

(가) 안전성평가는 법 제45조의 상세기준에 따른 적절한 방법으로 할 것

(나) 안전성평가 결과 보호시설 설치 후 사업소의 안전도가 향상될 것

(2) 안전성평가 결과에 맞게 시설을 보완할 것

2) 기초기준

저장설비와 가스설비의 기초는 지반 침하로 그 설비에 유해한 영향을 끼치지 않도록 필요한 조치를 할 것. 이 경우 저장탱크(저장능력이 3톤 미만인 저장설비는 제외한다)의 받침대(받침대가 없는 저장탱크에는 그 아랫부분)는 같은 기초 위에 설치할 것

3) 저장설비기준

가) 지상에 설치하는 저장탱크(소형저장탱크는 제외한다), 그 받침대 및 부속설비는 화재로부터 보호하기 위하여 열에 견딜 수 있는 적절한 구조로 하고, 온도 상승을 방지할 수 있는 적절한 조치를 할 것

나) 저장탱크(저장능력 3톤 이상인 저장탱크를 말한다)의 지지구조물과 기초는 지진에 견딜 수 있도록 설계하고 지진의 영향으로부터 안전한 구조일 것

다) 일반집단공급시설의 저장설비는 저장탱크나 소형저장탱크로 설치할 것

라) 저장탱크와 다른 저장탱크 사이에는 두 저장탱크의 최대지름을 더한 길이의 4분의 1 이상에 해당하는 거리를 유지하는 등 하나의 저장탱크에서 발생한 위해요소가 다른 저장탱크로 전이되지 않도록 하기 위하여 필요한 조치를 할 것

마) 시장 · 군수 · 구청장이 위해 방지를 위하여 필요하다고 지정하는 지역의 저장탱크는 그 저장탱크 설치실 안에서의 가스 폭발을 방지하기 위하여 필요한 조치를 하여 지하에 묻을 것. 다만, 소형저장탱크의 경우에는 그렇지 않다.

바) 소형저장탱크의 가스충전구와 토지 경계선 및 건축물 개구부 사이의 거리, 소형저장탱크와 다른 소형저장탱크 사이의 거리는 (1)에 따른 거리를 유지하여야 한다. 다만, 다음 (2) 또는 (3)에 해당하는 경우에는 (2) 또는 (3)에서 정하는 기준에도 따라야 한다.

(1) 소형저장탱크의 설치거리

소형저장탱크의 충전질량(kg)	가스충전구로부터 토지 경계선에 대한 수평거리(m)	탱크 간 거리(m)	가스충전구로부터 건축물 개구부까지의 거리(m)
1,000 미만	0.5 이상	0.3 이상	0.5 이상
1,000 이상 2,000 미만	3.0 이상	0.5 이상	3.0 이상
2,000 이상	5.5 이상	0.5 이상	3.5 이상

(2) 토지 경계선이 바다 · 호수 · 하천 · 도로 등과 접하는 경우에는 그 반대편 끝을 토지 경계선으로 보며, 이 경우 탱크 바깥 면과 토지 경계선 사이에는 최소 0.5m 이상의 거리를 유지하여야 한다.

(3) 충전질량이 1천kg 이상인 소형저장탱크에 대하여 그 소형저장탱크의 가스충전구와 토지 경계선 및 건축물 개구부 사이에 방호벽을 설치하는 경우에는 그 소형저장탱크의 가스충전구와 토지 경계선 및 건축물 개구부 사이에 (1)에 따른 거리의 2분의 1 이상의 직선거리를 유지하고, (1)에 따른 거리 이상의 우회거리를 유지하여야 한다. 이 경우 방호벽의 높이는 소형저장탱크 정상부보다 50㎝ 이상 높게 하여야 한다.

사) 소형저장탱크의 보호와 그 탱크를 사용하는 시설의 안전을 위하여 소형저장탱크를 지상의 수평한 장소 등 적절한 장소에 설치할 것

아) 소형저장탱크의 보호와 그 탱크를 사용하는 시설의 안전을 위하여 같은 장소에 설치하는 소형저장탱크의 수는 6기 이하로 하고 충전질량의 합계는 5천kg 미만이 되도록 하는 등 위해의 우려가 없도록 적절하게 설치할 것

자) 소형저장탱크의 안전과 그 탱크를 사용하는 시설의 안전을 위하여 소형저장탱크에 설치하는 커플링과 소화설비의 재료, 구조, 설치방법 등에 대한 적절한 조치를 할 것

차) 저장탱크에는 안전을 위하여 필요한 폭발방지장치 등의 설비를 설치하고, 부압파괴방지 조치 및 방호조치 등 그 저장탱크의 안전을 위하여 필요한 조치를 할 것. 다만, 다음 중 어느 하나를 설치한 경우에는 폭발방지장치를 설치한 것으로 본다.

(1) 물분무장치(살수장치를 포함한다)나 소화전을 설치하는 저장탱크

(2) 저온저장탱크(이중벽 단열구조의 것을 말한다)로서 그 단열재의 두께가 해당 저장탱크 주변의 화재를 고려하여 설계 시공된 저장탱크

(3) 지하에 매몰하여 설치하는 저장탱크

4) 가스설비기준

가) 가스설비의 재료는 액화석유가스의 취급에 적합한 기계적 성질과 화학적 성분이 있는 것일 것

나) 가스설비의 강도·두께 및 성능은 액화석유가스를 안전하게 취급할 수 있는 적절한 것일 것

다) 일반집단공급시설에는 그 일반집단공급시설의 안전을 위하여 압력조정기와 기화장치 등 필요한 장치를 설치하고 적절한 조치를 할 것

5) 배관설비기준

가) 배관(관 이음매와 밸브를 포함한다)은 안전을 위하여 액화석유가스의 압력, 사용하는 온도 및 환경에 적절한 기계적 성질과 화학적 성분이 있는 것일 것

나) 배관의 강도·두께 및 성능은 액화석유가스를 안전하게 취급할 수 있는 적절한 것일 것

다) 배관의 접합은 액화석유가스의 누출을 방지할 수 있도록 확실한 방법으로 하고, 이를 확인하기 위하여 필요한 경우에는 비파괴시험을 할 것

라) 배관은 신축(伸縮) 등으로 인하여 액화석유가스가 누출되는 것을 방지하기 위하여 필요한 조치를 할 것

마) 배관은 수송하는 액화석유가스의 특성과 설치 환경조건을 고려하여 위해의 우려가 없도록 설치하고, 배관의 안전한 유지·관리를 위하여 필요한 설비를 설치하거나 필요한 조치를 할 것

바) 배관의 안전을 위하여 배관의 외부에는 액화석유가스를 사용하는 배관임을 명확하게 알아볼 수 있도록 도색하고 표시할 것

6) 사고예방설비기준

가) 저장설비, 가스설비 및 배관[고압부분으로 한정한다. 이하 가)에서 같다]에는 그 설비 및 배관 안의 압력이 허용압력을 초과하는 경우 즉시 압력을 허용압력 이하로 되돌릴 수 있는 안전장치를 설치하는 등 필요한 조치를 할 것

나) 저장설비실과 가스설비실에는 가스가 누출될 경우 이를 신속히 검지(檢知)하여 효과적으로 대응할 수 있도록 하기 위하여 필요한 조치를 할 것

다) 지하공간에서의 가스폭발을 예방하기 위하여 지하공간에 가스를 공급하는 배관에는 누출된 가스를 검지(檢知)하여 자동으로 가스공급을 차단할 수 있는 장치를 할 것

라) 저장탱크(소형저장탱크는 제외한다)에 부착된 배관에는 긴급 시 가스의 누출을 효과적으로 차단할 수 있는 조치를 할 것. 다만, 액체 상태의 액화석유가스를 이입하기 위하여 설치된 배관에는 역류방지밸브로 대신할 수 있다.

마) 위험장소 안에 있는 전기설비는 누출된 가스의 점화원이 되는 것을 방지하기 위하여 적절한 방폭성능을 갖춘 것일 것

바) 저장설비실과 가스설비실에는 누출된 가스가 머물지 않도록 하기 위하여 그 구조에 따라 환기구를 갖추는 등 필요한 조치를 할 것

사) 저장설비, 가스설비 및 배관의 바깥 면에는 부식을 방지하기 위하여 그 설비와 배관이 설치된 상황에 따라 적절한 조치를 할 것

아) 저장설비와 가스설비에는 그 설비에서 발생한 정전기가 점화원이 되는 것을 방지하기 위하여 필요한 조치를 할 것

7) 피해저감설비기준

가) 저장탱크를 지상에 설치하는 경우 저장능력(2개 이상의 탱크가 설치된 경우에는 이들의 저장능력을 합한 것을 말한다)이 1천톤 이상의 저장탱크 주위에는 액체 상태의 액화석유가스가 누출된 경우에 그 유출을 방지하기 위한 조치를 할 것

나) 저장탱크(지하에 매설하는 경우는 제외한다) 또는 가스설비에는 살수장치 또는 이와 같은 수준 이상의 소화능력이 있는 설비를 설치할 것

다) 가스공급배관에는 그 배관에 위해요인 발생 시 가스를 긴급하게 차단할 수 있도록 그 배관의 분기점 부근 등과 그 밖에 필요한 곳에 가스공급을 차단하기 위한 조치를 할 것. 다만, 도로 또는 타인의 토지에 매설된 배관을 통하여 액화석유가스를 공급하는 경우에는 다음 (1)부터 (4)까지에서 정하는 기준에 따른 조치도 해야 한다.

  (1) 최고사용압력이 0.1메가파스칼 이상의 배관에서 분기되는 배관에는 그 분기점 부근 등 배관의 유지관리에 필요한 곳에 위급한 때에 액화석유가스를 신속히 차단할 수 있는 장치를 설치할 것. 다만, 분기하여 설치하는 배관의 길이가 50m 이하인 것으로서 (2)에 따라 가스차단장치를 설치하는 경우는 제외한다.

  (2) 도로와 평행하여 매설되어 있는 배관으로부터 액화석유가스 사용자가 소유하거나 점유한 토지에 이르는 배관으로서 호칭지름 65mm(KS M 3514에 따른 가스용폴리에틸렌관의 경우에는 공칭외경 75mm를 말한다)를 초과하는 배관의 경우에는 도로 또는 액화석유가스 사용자의 동의를 얻어 그 토지 안의 경계선 가까운 곳에 설치할 것

  (3) 최고사용압력이 0.01메가파스칼 이상인 배관에서 분기되는 배관의 경우에는 위해 요인 발생시 액화석유가스를 차단할 수 있는 적절한 위치에 가스공급을 차단하기 위한 장치를 설치해야 하고, 그 수량은 도로 또는 타인의 토지에 매설된 배관 전체 길이에 대해 500m마다 1개 이상의 비율로 설치할 것. 다만, 가스공급을 차단하기 위한 장치 수량 산정시 (4)에 따라 설치한 가스공급을 차단하기 위한 장치는 포함하지 않는다.

  (4) 지하실·지하도 그 밖의 지하에 가스가 체류될 우려가 있는 장소(이하 이 표에서 "지하실등"이라 한다)에 액화석유가스를 공급하는 배관에는 그 지하실등으로 가스공급을 지상에서 용이하게 차단시킬 수 있는 장치를 설치(지하실등의 외벽으로부터 50m 이내에 그 지하실등으로 가스공급을 지상에서 쉽게 차단할 수 있는 장치가 있는 경우는 제외한다)하고, 지하실등에서 분기되는 배관에는 액화석유가스가 누출될 때에 이를 차단할 수 있는 장치를 설치할 것

라) 배관에는 온도상승 방지조치 등 필요한 보호 조치를 할 것

8) 부대설비기준

가) 일반집단공급시설에는 이상사태가 발생하는 것을 방지하고 이상사태 발생 시 사태 확대를 방지하기 위하여 계측설비·비상전력설비·통신설비 등 필요한 설비를 설치하거나 조치를 할 것

나) 일반집단공급시설에 안전을 위하여 가스설비 설치실을 설치하는 경우에는 불연재료(지붕은 가벼운 불연재료)를 사용하는 등 안전한 구조로 할 것

다) 도로 또는 타인의 토지에 매설된 배관을 통하여 액화석유가스를 공급받는 일반집단공급시설에는 가스시설의 운영상태 등을 감시하기 위해 영상정보처리기기를 설치할 것

9) 표시기준

일반집단공급시설의 안전을 위하여 필요한 곳에는 액화석유가스를 취급하는 시설 또는 일반인의 출입을 제한하는 시설이라는 것을 명확하게 알아볼 수 있도록 경계표지, 식별표지 및 위험표지 등 적절한 표지를 하고, 외부인의 출입을 통제할 수 있도록 적절한 경계 울타리를 설치할 것

10) 그 밖의 기준

가) 일반집단공급시설에 설치하는 제품이 「고압가스 안전관리법」 및 법에 따른 검사대상에 해당하는 경우에는 그 검사에 합격한 것일 것

나) 가스용 폴리에틸렌관은 노출배관으로 사용하지 않을 것. 다만, 지상배관과 연결을 위하여 금속관을 사용하여 보호조치를 한 경우로서 지면에서 30㎝ 이하로 노출하여 시공하는 경우에는 노출배관으로 사용할 수 있다.

다) 가스용 폴리에틸렌관은 별표 19 제4호다목9)에 따른 폴리에틸렌관 융착원 양성교육을 이수한 사람에게 시공하도록 할 것

라) 지하에 설치된 저장탱크의 재검사를 하거나 교체하는 동안 액화석유가스를 안정적으로 공급하기 위하여 필요한 경우에는 임시저장시설을 설치·사용할 수 있고, 임시저장시설은 안전하게 설치할 것

마) 임시저장시설은 한국가스안전공사의 기술검토 및 완성검사를 받은 후 사용하여야 하고, 임시저장시설의 설치·사용에 관한 세부기준, 수수료 등 필요한 사항은 산업통상자원부장관이 정하는 바에 따른다.

나. 기술기준

1) 안전유지기준

가) 저장탱크의 안전을 위하여 1년에 1회 이상 정기적으로 적정한 방법으로 침하 상태를 측정하고, 그 침하 상태에 따라 적절한 안전조치를 할 것

나) 저장탱크는 항상 40℃ 이하의 온도를 유지할 것

다) 저장설비 또는 가스설비에는 방폭형 휴대용 전등 외의 등화를 지니고 들어가지 않을 것

라) 가스누출검지기와 휴대용 손전등은 방폭형일 것

마) 저장설비와 가스설비의 바깥 면으로부터 8 m 이내에서는 화기(담뱃불을 포함한다)를 취급하지 않을 것

바) 소형저장탱크와 기화장치의 주위 5m 이내에서는 화기의 사용을 금지하고 인화성 물질이나 발화성 물질을 많이 쌓아 두지 않을 것

사) 소형저장탱크 주위에 있는 밸브류의 조작은 원칙적으로 수동조작으로 할 것

아) 소형저장탱크의 안전 커플링의 주밸브는 액체의 열팽창으로 인하여 배관의 압력이 상승하는 것을 방지하기 위하여 항상 열어 둘 것. 다만, 안전 커플링으로부터의 가스누출이나 긴급 시의 대책을 위하여 필요한 경우에는 닫아 두어야 한다.

자) 소형저장탱크에 가스를 공급하는 가스공급자가 시설의 안전유지를 위해 필요하다고 인정하여 요청하는 사항은 반드시 지킬 것

차) 가스설비의 부근에는 연소하기 쉬운 물질을 두지 않을 것

카) 가스설비 중 진동이 심한 곳에는 진동을 최소한도로 줄일 수 있는 조치를 할 것

타) 가스설비를 이음쇠로 연결하려면 그 이음쇠와 접속되는 부분에 잔류응력이 남지 않도록 조립하고, 관이음 또는 밸브류를 나사로 조일 때에는 무리한 하중이 걸리지 않도록 할 것

파) 가스설비에 설치한 밸브 또는 콕(조작스위치로 그 밸브 또는 콕을 개폐하는 경우에는 그 조작스위치를 말한다. 이하 "밸브등"이라 한다)에는 다음의 기준에 따라 종업원이 그 밸브등을 적절히 조작할 수 있도록 조치할 것

    (1) 밸브등에는 그 밸브등의 개폐 방향(조작스위치로 그 밸브등이 설치된 설비의 안전에 중대한 영향을 미치는 경우에는 그 밸브등의 개폐 상태를 포함한다)을 표시할 것

    (2) 밸브등(조작스위치로 개폐하는 것은 제외한다)이 설치된 배관에는 그 밸브등의 가까운 부분에 쉽게 알아볼 수 있는 방법으로 가스의 종류와 방향을 표시할 것

    (3) 밸브등을 조작함으로써 그 밸브등이 설치된 설비의 안전에 영향을 미치는 경우 항상 사용하는 것이 아닌 밸브등(긴급 시에 사용하는 것은 제외한다)에는 자물쇠로 채우거나 봉인해 두는 등의 조치를 할 것

    (4) 밸브등을 조작하는 장소에는 밸브등의 기능 및 사용 빈도에 따라 그 밸브등을 확실히 조작하는 데 필요한 발판과 조명도를 확보할 것

하) 가스설비의 기밀시험이나 시운전을 할 때에는 불활성가스를 사용할 것. 다만, 부득이하게 공기를 사용하는 경우에는 그 설비 중에 있는 가스를 방출한 후에 하여야 하고, 온도를 그 설비에 사용하는 윤활유의 인화점 이하로 유지할 것

거) 배관에는 그 온도를 항상 40℃ 이하로 유지할 수 있는 조치를 할 것

너) 도로 또는 타인의 토지에 매설된 배관을 통해 액화석유가스를 공급받는 일반집단공급시설은 영상정보처리기기를 통해 가스시설의 운영상태 등을 감시할 것

2) 이입 및 충전기준

가) 자동차에 고정된 탱크로부터 액화석유가스를 저장탱크 또는 소형저장탱크에 송출하거나 이입할 때에는 "가스충전 중"이라 표시하고, 자동차가 고정되도록 자동차 정지목 등을 설치할 것

나) 저장탱크에 가스를 충전하려면 정전기를 제거한 후 저장탱크의 내용적의 90%(소형저장탱크의 경우는 85%)를 넘지 않도록 충전하고, 충전 시 사고를 예방하기 위한 적절한 안전조치를 할 것

다) 자동차에 고정된 탱크는 저장탱크의 바깥 면으로부터 3m 이상 떨어져 정지할 것. 다만, 저장탱크와 자동차에 고정된 탱크의 사이에 방호 울타리 등을 설치한 경우에는 그렇지 않다.

라) 가스를 충전하려면 충전설비에서 발생하는 정전기를 제거하는 조치를 할 것

마) 액화석유가스의 충전은 다음의 기준에 따라 안전에 지장이 없는 상태로 할 것

    (1) 안전밸브 또는 방출밸브에 설치된 스톱밸브는 항상 열어 둘 것. 다만, 안전밸브 또는 방출밸브의 수리·청소를 위하여 특히 필요한 경우에는 그렇지 않다.

    (2) 액화석유가스를 자동차에 고정된 탱크로부터 이입할 때에는 배관 접속 부분의 가스누출 여부를 확인하고, 이입한 후에는 그 배관 안의 가스로 인한 위해가 발생하지 않도록 조치할 것

바) 소형저장탱크에 액화석유가스를 충전할 때에는 벌크로리 등에서 발생하는 정전기를 제거하고, "화기엄금" 등의 표지판을 설치하는 등 안전에 필요한 수칙을 준수하고, 안전유지에 필요한 조치를 할 것

3) 점검기준

가) 일반집단공급시설 중 액화석유가스의 안전을 위하여 필요한 시설 또는 설비에 대해서는 작동 상황을 주기적(충전설비의 경우에는 1일 1회 이상)으로 점검하고, 이상이 있을 경우에는 그 시설 또는 설비가 정상적으로 작동될 수 있도록 필요한 조치를 할 것

나) 안전밸브[액체의 열팽창으로 인한 배관의 파열 방지용 안전밸브는 제외한다. 이하 나)에서 같다] 중 압축기의 맨 끝 부분에 설치한 것은 1년에 1회 이상, 그 밖의 안전밸브는 2년에 1회 이상 가목6) 가)에 따라 설치 시 설정되는 압력 이하의 압력에서 작동하도록 조정할 것.

다) 가스시설에 설치된 긴급차단장치에 대해서는 1년에 1회 이상 밸브 시트의 누출검사 및 작동검사를 하여 누출량이 안전에 지장이 없는 양 이하이고 작동이 원활하며, 확실하게 개폐될 수 있는 작동 기능을 가졌음을 확인할 것

라) 정전기 제거 설비를 정상 상태로 유지하기 위하여 다음 기준에 따라 검사를 하여 기능을 확인할 것

(1) 지상에서의 접지저항치

(2) 지상에서의 접속부의 접속 상태

(3) 지상에서의 절선 부분이나 그 밖의 손상 부분의 유무

마) 물분무장치, 살수장치와 소화전은 매월 1회 이상 작동 상황을 점검하여 원활하고 확실하게 작동하는지 확인하고, 점검 기록을 작성·유지할 것. 다만, 얼어붙을 우려가 있는 경우에는 펌프 구동만으로 성능시험을 대신할 수 있다

바) 슬립 튜브식 액면계의 패킹을 주기적으로 점검하고 이상이 있을 때에는 교체할 것

사) 충전용 주관의 압력계는 매월 1회 이상, 그 밖의 압력계는 1년에 1회 이상 「국가표준기본법」에 따른 교정을 받은 압력계로 그 기능을 검사할 것

아) 비상전력은 그 기능을 정기적으로 검사하여 사용에 지장이 없도록 할 것

4) 수리·청소 및 철거 기준

일반집단공급시설 중 액화석유가스가 통하는 설비를 수리·청소 및 철거할 때에는 작업의 안전을 위하여 필요한 안전수칙을 준수하고, 작업 후에는 설비의 작동성 확인 등 안전을 위하여 필요한 조치를 할 것

5) 그 밖의 기준

사업소의 안전관리자는 임시저장시설을 사용하는 동안 제1호나목의 기술기준을 준수하고 안전하게 사용하여야 하고, 임시저장시설은 사업소의 지하에 설치된 저장탱크의 재검사나 교체공사가 끝나는 즉시 안전관리자의 책임하에 철거하여야 한다.

다. 검사기준

1) 안전성확인·완성검사·정기검사 및 수시검사의 검사항목은 시설이 적합하게 설치 또는 유지·관리되고 있는지 확인하기 위하여 다음의 검사항목으로 할 것

검사 종류	검사항목
가) 안전성확인	가목의 시설기준에 규정된 항목 중 2)(지상형 저장탱크의 기초설치 공정으로 한정함), 3)마)(저장탱크를 지하에 매설하기 직전의 공정으로 한정함), 3)바)[방호벽의 기초설치 공정과 방호벽(철근콘크리트제 방호벽이나 콘크리트블럭제 방호벽의 경우만 해당한다)의 벽 설치공정에 한정함], 5)가)(배관을 지하에 설치하는 경우로서 한국가스안전공사가 지정하는 부분을 매몰하기 직전의 공정으로 한정함), 5)다)(한국가스안전공사가 지정하는 부분의 비파괴시험을 하는 공정으로 한정함), 5)마)(배관을 지하에 설치하는 경우로서 한국가스안전공사가 지정하는 부분을 매몰하기 직전의 공정으로 한정함), 6)사)(저장탱크를 지하에 매설하기 직전의 공정과 배관을 지하에 설치하는 경우로서 한국가스안전공사가 지정하는 부분을 매몰하기 직전의 공정으로 한정함)
나) 완성검사	가목의 시설기준에 규정된 항목. 다만, 안전성확인에서 확인된 검사항목은 제외할 수 있다.
다) 정기검사	(1) 가목의 시설기준에 규정된 항목 중 해당 사항 (2) 나목의 기술기준에 규정된 항목[1)가)부터 자)까지, 1)타)·1)파)·1)하)·1)거)·2)·3)가), 3)다)부터 바)까지, 3)아)·4)·5)는 제외한다] 중 해당 사항
라) 수시검사	각 시설별 정기검사 항목 중에서 다음에 열거한 안전장치 유지·관리 상태 중 필요한 사항 (1) 안전밸브 (2) 긴급차단장치 (3) 가스누출자동차단장치 및 경보기 (4) 물분무장치와 살수장치 (5) 강제통풍시설 (6) 정전기 제거장치와 방폭 전기기기 (7) 배관 등의 가스누출 여부 (8) 비상전력의 작동 여부 (9) 그 밖에 안전관리에 필요한 사항

2) 안전성확인 · 완성검사 · 정기검사 및 수시검사는 시설이 검사항목에 적합한지를 명확하게 판정할 수 있
　는 방법으로 할 것

2. 저장탱크에 의한 저장소

가. 시설기준

1) 저장탱크에 의한 저장소의 시설기준은 제1호가목[7)다)단서 · 8)다) · 10)라)는 제외한다]의 시설기준
에 따를 것. 이 경우 제1호가목1)다), 같은 목 3) · 4) · 8) · 9) · 10)의 "일반집단공급시설"은 "저장소시
설"로 본다.

2) 둘 이상의 저장설비가 있는 경우 저장소 허가대상 저장능력 판정 시 다음에 해당하는 경우에는 각각의
저장능력을 합산한다.

가) 저장탱크(소형저장탱크를 포함한다)가 배관으로 연결된 경우

나) 가)를 제외한 경우로서 저장탱크(소형저장탱크를 포함한다) 사이의 중심거리가 30m 이하인 경우
또는 같은 구축물에 설치되어 있는 경우

3) 저장탱크의 재검사를 하거나 저장탱크를 교체하는 동안 액화석유가스를 안정적으로 공급하기 위하여
필요한 경우에는 임시 저장설비를 설치 · 사용할 수 있고, 임시 저장설비는 안전하게 설치할 것

나. 기술기준

1) 저장설비에 등화를 휴대하고 출입할 때에는 방폭형 등화를 휴대할 것

2) 저장탱크에 가스를 충전하려면 가스의 용량이 상용 온도에서 저장탱크 내용적의 90%를 넘지 않도록
충전할 것

3) 액화석유가스의 충전은 다음의 기준에 따라 안전에 지장이 없는 상태로 할 것

가) 안전밸브 또는 방출밸브에 설치된 스톱밸브는 항상 열어 둘 것. 다만, 안전밸브 또는 방출밸브의
수리 · 청소를 위하여 특히 필요한 경우에는 그렇지 않다.

나) 자동차에 고정된 탱크(내용적이 5천L 이상인 것을 말한다)로부터 가스를 이입받을 때에는 자동차
가 고정되도록 자동차 정지목 등을 설치할 것

다) 액화석유가스를 자동차에 고정된 탱크로부터 이입할 때에는 배관 접속 부분의 가스누출 여부를 확
인하고, 이입한 후에는 그 배관 안의 가스로 인한 위해가 발생하지 않도록 조치할 것

4) 안전밸브[액체의 열팽창으로 인한 배관의 파열 방지용 안전밸브는 제외한다. 이하 4)에서 같다] 중 압축기의
맨 끝 부분에 설치한 것은 1년에 1회 이상, 그 밖의 안전밸브는 2년에 1회 이상 제1호가목6)가)에 따라
설치 시 설정되는 압력 이하의 압력에서 작동하도록 조정할 것. 다만, 영 제14조에 따른 종합적 안전관리
대상자의 시설에 설치된 안전밸브의 조정 주기는 저장탱크 및 압력용기에 대한 재검사 주기로 한다.

5) 그 밖에 저장탱크에 의한 저장소의 기술기준은 제1호나목[1)다)부터 자)까지, 1)하) · 1)너) · 2)가) · 2)
나) · 2)마) · 2)바) · 3)나)는 제외한다]의 기술기준에 따를 것. 이 경우 제1호나목3)가) · 4)의 "일반집
단공급시설"은 "저장소시설"로 보고, 제1호나목5)의 "제1호나목"은 "제2호나목"으로 본다.

다. 검사기준

1) 안전성확인 · 완성검사 · 정기검사 및 수시검사의 검사항목은 시설이 적합하게 설치 또는 유지 · 관리되
고 있는지 확인하기 위하여 다음의 검사항목으로 할 것

검사 종류	검사항목
가) 안전성확인	제1호가목의 시설기준에 규정된 항목 중 2)(지상형 저장탱크의 기초설치 공정으로 한정함), 3)마)(저장탱크를 지하에 매설하기 직전의 공정으로 한정함), 5)다)(한국가스안전공사가 지정하는 부분의 비파괴시험을 하는 공정으로 한정함), 5)마)(배관을 지하에 설치하는 경우로서 한국가스안전공사가 지정하는 부분을 매몰하기 직전의 공정으로 한정함), 6)사)(저장탱크를 지하에 매설하기 직전의 공정과 배관을 지하에 설치하는 경우로서 한국가스안전공사가 지정하는 부분을 매몰하기 직전의 공정으로 한정함)
나) 완성검사	가목의 시설기준에 규정된 항목. 다만, 안전성확인에서 확인된 검사항목은 제외할 수 있다.
다) 정기검사	(1) 가목의 시설기준에 규정된 항목 중 해당 사항 (2) 제2호나목의 기술기준에 규정된 항목[제1호나목1)가)부터 자)까지, 1)타) · 1)파) · 1)하) · 1)거) · 2)3)가), 3)다)부터 바)까지, 3)아) · 4) · 5)는 제외한다] 중 해당 사항
라) 수시검사	각 시설별 정기검사 항목 중에서 다음에 열거한 안전장치 유지 · 관리 상태 중 필요한 사항 (1) 안전밸브 (2) 긴급차단장치 (3) 가스누출자동차단장치 및 경보기 (4) 물분무장치 및 살수장치 (5) 강제통풍시설 (6) 정전기 제거장치 및 방폭 전기기기 (7) 배관 등의 가스누출 여부 (8) 비상전력의 작동 여부 (9) 그 밖에 안전관리에 필요한 사항

2) 안전성확인 · 완성검사 · 정기검사 및 수시검사는 시설이 검사항목에 적합한지를 명확하게 판정할 수 있는 방법으로 할 것

라. 정밀안전진단 및 안전성평가 기준

1) 정밀안전진단 및 안전성평가 항목

가) 정밀안전진단은 제55조에 따른 정밀안전진단 대상시설이 적절하게 유지 · 관리되고 있는지 확인하기 위하여 분야별로 필요한 진단 항목에 대하여 할 것

진단 분야	진단 항목
(1) 일반 분야	안전장치 관리 실태, 공정안전관리 실태, 저장탱크 운영 실태, 입하 · 출하 설비의 운영 실태
(2) 장치 분야	외관 검사, 배관두께 측정, 배관경도 측정, 배관용접부 결함 검사, 배관 부식 상태, 보온 · 보냉 상태 확인
(3) 전기 · 계장 분야	가스시설과 관련된 전기설비의 운전 중 열화상 · 절연저항 측정, 계측설비 유지 · 관리 실태, 방폭설비 유지 · 관리 실태, 방폭지역 구분의 적정성

나) 안전성평가는 제55조에 따른 안전성평가 대상시설에 대하여 위험성 인지(認知), 사고발생 빈도 분석, 사고피해 영향 분석, 위험의 해석 및 판단의 평가 항목별로 필요한 평가항목에 대하여 할 것

2) 정밀안전진단 및 안전성평가 방법

정밀안전진단 및 안전성평가를 실시할 때 법 제45조의 상세기준에 따른 적절한 방법으로 할 것

3. 용기에 의한 저장소

가. 시설기준

1) 배치기준

가) 저장설비와 가스설비는 그 바깥 면으로부터 화기(그 설비 안의 것은 제외한다)를 취급하는 장소까지 8m 이상의 우회거리를 두거나, 저장설비·가스설비와 화기를 취급하는 장소의 사이에는 그 설비로부터 누출된 가스가 유동(流動)하는 것을 방지하기 위한 적절한 조치를 할 것

나) 용기보관실과 실외저장소(용기보관실 외의 용기저장소를 말하며, 내용적 30L 이하의 용기만을 저장할 수 있다)의 안전거리는 다음 기준에 따를 것

(1) 용기보관실은 그 바깥 면으로부터 사업소 경계까지 제1호가목1)의 표에 따른 안전거리를 유지할 것

(2) 실외저장소에서 용기를 집적하여 저장하는 경우에는 용기 보관장소 바깥 면으로부터 사업소 경계까지 제1호가목1)의 표에 따른 안전거리를 유지할 것

2) 저장설비기준

가) 용기보관실은 그 용기보관실의 안전을 확보하고 용기보관실에서 가스가 누출되는 경우 재해 확대를 방지하기 위하여 불연재료를 사용하는 등 안전하게 설치하고 필요한 조치를 할 것

나) 실외저장소의 안전을 확보하고 가스누출로 인한 재해 확대를 방지하기 위하여 실외저장소의 충전용기·잔가스용기 보관장소는 1.5m 이상의 간격을 두어 구분하는 등 안전하게 설치하고 필요한 조치를 할 것

다) 실외저장소 안의 용기군(容器群) 사이의 통로는 다음 기준에 맞게 할 것

(1) 용기의 단위 집적량은 30톤을 초과하지 않을 것

(2) 팰릿(pallet)에 넣어 집적된 용기군 사이의 통로는 너비가 2.5m 이상일 것

(3) 팰릿에 넣지 않은 용기군 사이의 통로는 너비가 1.5m 이상일 것

라) 실외저장소 안의 집적된 용기의 높이는 다음 기준에 맞게 할 것

(1) 팰릿에 넣어 집적된 용기의 높이는 5m 이하일 것

(2) 팰릿에 넣지 않은 용기는 2단 이하로 쌓을 것

마) 둘 이상의 저장설비가 있는 경우 저장소 허가대상 저장능력 판정 시 다음에 해당하는 경우에는 각각의 저장능력을 합산한다.

(1) 용기가 배관으로 연결된 경우

(2) (1)을 제외한 경우로서 용기 사이의 중심거리가 30m 이하인 경우 또는 같은 구축물에 설치되어 있는 경우

3) 사고예방설비기준

가) 용기보관실과 실외저장소에는 가스가 누출될 경우 이를 신속히 알아차려 효과적으로 대응할 수 있도록 하기 위하여 필요한 조치를 할 것

나) 용기보관실의 전기설비는 누출된 가스의 점화원이 되는 것을 방지하기 위하여 적절한 방폭 성능을 갖추도록 하고 필요한 조치를 할 것

다) 용기보관실에는 누출된 가스가 머물지 않도록 하기 위하여 그 구조에 따라 환기구를 갖추는 등 필요한 조치를 할 것

라) 용기보관실에는 용기가 넘어지는 것을 방지하기 위하여 적절한 조치를 할 것

4) 피해저감설비기준
　가) 용기보관실에는 소화를 위하여 살수장치 또는 이와 같은 수준 이상의 소화능력이 있는 설비를 설치할 것
　나) 실외저장소에는 액화석유가스의 저장능력에 맞는 소화설비를 갖출 것
　다) 용기보관실에는 온도계를 설치하고, 실내 온도는 40℃ 이하로 유지하는 등 온도상승을 방지하기 위한 적절한 조치를 할 것
5) 부대설비기준
　가) 저장소시설에는 이상사태가 발생하는 것을 방지하고 이상사태 발생 시 사태 확대를 방지하기 위하여 통신시설·비상전력설비 등 필요한 설비를 설치하거나 조치를 할 것
　나) 용기보관실을 설치하는 경우 사무실은 용기보관실과 구분하여 동일한 부지에 설치할 것
　다) 나)에 따른 사무실 등 건축물의 창 유리는 망입유리나 안전유리로 하는 등 안전한 구조로 할 것
　라) 용기보관실을 설치하는 경우에는 용기운반 자동차의 원활한 통행과 용기의 원활한 하역작업을 위하여 용기보관실 주위에 필요한 부지를 확보할 것
6) 표시기준
　저장소시설의 안전을 위하여 필요한 곳에는 액화석유가스를 취급하는 시설 또는 일반인의 출입을 제한하는 시설이라는 것을 명확하게 알아볼 수 있도록 경계표지, 식별표지 및 위험표지 등 적절한 표지를 하고, 외부인의 출입을 통제할 수 있도록 적절한 경계 울타리를 설치할 것
나. 기술기준
1) 안전유지기준
　가) 용기보관실을 설치한 저장소에서 용기를 취급하는 경우에는 용기의 안전유지를 위하여 다음 기준에 따를 것
　　(1) 충전용기는 항상 40℃ 이하를 유지하여야 하고 사용 중인 경우를 제외하고는 충전용기와 잔가스용기를 구분하여 용기보관실에 저장할 것
　　(2) 용기를 차에 싣거나 차에서 내리거나 이동 시에는 난폭하게 취급하지 않아야 하고, 필요한 경우에는 손수레를 이용할 것
　나) 용기보관실의 안전유지를 위하여 다음 기준에 따를 것
　　(1) 용기보관실 주위의 2m(우회거리) 이내에는 화기를 취급하거나 인화성물질과 가연성물질을 두지 않을 것
　　(2) 용기보관실에서 사용하는 휴대용 손전등은 방폭형일 것
　　(3) 용기보관실에는 계량기 등 작업에 필요한 물건 외에는 두지 않을 것
　　(4) 용기는 2단 이상으로 쌓지 않을 것. 다만, 내용적 30 L 미만의 용기는 2단으로 쌓을 수 있다.
　다) 실외저장소에서 용기를 보관할 경우 다음 기준에 따를 것
　　(1) 용기 보관장소의 경계 안에서 용기를 보관할 것
　　(2) 용기는 세워서 보관할 것
　　(3) 충전용기는 항상 40℃ 이하를 유지하여야 하고, 눈·비를 피할 수 있도록 할 것
2) 점검기준
　가) 충전용기는 가스누출 여부, 검사기간의 경과 여부 및 도색의 불량 여부를 확인하고, 적합하지 않은 불량충전용기는 그 용기를 공급한 업소에 반송할 것
　나) 물분무장치, 살수장치와 소화전은 매월 1회 이상 작동 상황을 점검하여 원활하고 확실하게 작동하는지 확인하고, 점검 기록을 작성·유지할 것. 다만, 얼어붙을 우려가 있는 경우에는 펌프 구동만으로 성능시험을 대신할 수 있다
　다) 비상전력은 그 기능을 정기적으로 검사하여 사용에 지장이 없도록 할 것

다. 검사기준

1) 안전성확인 · 완성검사 · 정기검사 및 수시검사의 검사항목은 시설이 적합하게 설치 또는 유지 · 관리되고 있는지 확인하기 위하여 다음의 검사항목으로 할 것

검사 종류	검사항목
가) 안전성확인	
나) 완성검사	가목의 시설기준에 규정된 항목. 다만, 안전성확인에서 확인된 검사항목은 제외할 수 있다.
다) 정기검사	가목의 시설기준에 규정된 항목 중 해당 사항
라) 수시검사	각 시설별 정기검사 항목 중에서 다음에서 열거한 안전장치 유지 · 관리 상태 중 필요한 사항 (1) 안전밸브 (2) 긴급차단장치 (3) 가스누출자동차단장치 및 경보기 (4) 물분무장치와 살수장치 (5) 강제통풍시설 (6) 정전기 제거장치와 방폭 전기기기 (7) 배관 등의 가스누출 여부 (8) 비상전력의 작동 여부 (9) 그 밖에 안전관리에 필요한 사항

2) 안전성확인 · 완성검사 · 정기검사 및 수시검사는 시설이 검사항목에 적합한지를 명확하게 판정할 수 있는 방법으로 할 것

[별표 6]
〈개정 2022.1.21.〉

액화석유가스 판매와 액화석유가스 충전사업자의 영업소에 설치하는 용기저장소의
시설 · 기술 · 검사 기준
(제12조제1항제3호 · 같은 조 제2항, 제13조제1항제2호, 제51조제4항제3호,
제52조제2항제3호 및 제53조제3항제3호 관련)

1. 액화석유가스 판매
　가. 시설기준
　　1) 배치기준
　　　가) 사업소의 부지는 그 한 면이 폭 4 m 이상의 도로에 접할 것.
　　　나) 용기보관실은 그 바깥 면으로부터 화기를 취급하는 장소까지 2 m 이상의 우회거리를 두거나, 용기보관실과 화기를 취급하는 장소의 사이에는 그 용기보관실로부터 누출된 가스가 유동(流動)하는 것을 방지하기 위한 적절한 조치를 할 것
　　2) 저장설비기준
　　　가) 용기보관실은 불연성재료를 사용하고, 그 지붕은 불연성재료를 사용한 가벼운 지붕을 설치할 것
　　　나) 판매업소의 용기보관실 벽은 방호벽으로 할 것
　　　다) 용기보관실은 누출된 가스가 사무실로 유입되지 않는 구조로 하고, 용기보관실의 면적은 19 ㎡ 이상으로 할 것
　　　라) 용기보관실과 사무실은 동일한 부지에 구분하여 설치할 것. 다만, 해상에서 가스판매업을 하려는 판매업소의 용기보관실은 해상구조물이나 선박에 설치할 수 있다.
　　　마) 용기보관실 바닥은 확보한 운반차량 중 적재함의 높이가 가장 낮은 운반차량의 적재함 높이로 할 것. 다만, 용기의 안전을 저해하지 않는 적절한 방법으로 용기를 취급하는 경우에는 그렇지 않다.
　　　바) 삭제 〈2015.12.30.〉
　　3) 사고예방설비기준
　　　가) 용기보관실에는 가스가 누출될 경우 이를 신속히 검지(檢知)하여 효과적으로 대응할 수 있도록 하기 위하여 분리형 가스누출경보기를 설치할 것
　　　나) 용기보관실에 설치된 전기설비가 누출된 가스의 점화원이 되는 것을 방지하기 위하여 그 용기보관실에 설치된 전기설비는 방폭 구조로 된 것이어야 하고, 그 용기보관실 안에 전기스위치를 설치하지 않는 등의 적절한 조치를 할 것
　　　다) 용기보관실에는 누출된 가스가 머물지 않도록 하기 위하여 그 구조에 따라 환기구를 갖추고 환기가 잘되지 않는 곳에는 강제통풍시설을 설치할 것
　　　라) 용기보관실에는 용기가 넘어지는 것을 방지하기 위한 적절한 조치를 할 것
　　4) 피해저감설비기준
　　　용기보관실에는 온도계를 설치하고 실내의 온도는 40℃ 이하로 유지하여야 하며, 용기에 직사광선을 받지 않도록 할 것
　　5) 부대설비기준
　　　가) 용기보관실과 사무실은 동일한 부지에 구분하여 설치하되, 사무실의 면적은 9 m² 이상으로 할 것
　　　나) 판매업소에는 용기운반 자동차의 원활한 통행과 용기의 원활한 하역작업을 위하여 용기보관실 주위에 11.5 m² 이상의 부지를 확보할 것

다) 판매업소에는 판매계획에 따른 판매물량을 수송하는 데 필요한 적정수의 용기전용 운반자동차를 허가받은 사업소의 대표자 명의(법인의 경우에는 법인 명의)로 확보하여야 하며, 용기전용 운반자동차에는 사업소의 상호와 전화번호를 가로·세로 5cm 이상 크기의 글자로 도색하여 표시할 것

라) 도서지역으로서 가스전용 운반자동차의 운행이 불가능하다고 허가관청이 인정하는 경우에는 다)의 기준을 따르지 않을 수 있다.

마) 벌크로리로 액화석유가스를 판매하는 판매업소는 다음의 요건을 모두 갖출 것

(1) 벌크로리는 허가받은 사업소의 대표자 명의(법인의 경우에는 법인 명의)로 확보하여야 하며, 벌크로리에는 사업소의 상호와 전화번호를 가로·세로 5cm 이상 크기의 글자로 도색하여 표시할 것

(2) 벌크로리의 원활한 통행을 위하여 충분한 부지를 확보할 것

(3) 누출된 가스가 화기를 취급하는 장소로 유동(流動)하는 것을 방지하고, 벌크로리의 안전을 위한 유동방지시설을 설치할 것. 다만, 벌크로리의 주차위치 중심으로부터 보호시설(사업소 안에 있는 보호시설과 전용공업지역에 있는 보호시설은 제외한다)까지 다음 표에 따른 안전거리를 유지하는 경우에는 예외로 하되, 이 경우 벌크로리의 저장능력은 다음 식에 따라 계산한다.

$G = V/C$

여기서, G : 액화석유가스의 질량(단위 : kg)

V : 벌크로리의 내용적(단위 : L)

C : 프로판은 2.35, 부탄은 2.05의 수치

저장능력	제1종 보호시설	제2종 보호시설
10톤 이하	17m	12m

(4) 벌크로리를 2대 이상 확보한 경우에는 각 벌크로리별로 (3)의 기준에 적합하여야 하고, (3)의 단서에 따라 벌크로리 주차위치 중심 설정 시 벌크로리 간에는 1m 이상 거리를 두고 각각 벌크로리의 주차위치 중심을 설정할 것

6) 표시기준

판매시설의 안전을 위하여 필요한 곳에는 액화석유가스를 취급하는 시설 또는 일반인의 출입을 제한하는 시설이라는 것을 명확하게 알아볼 수 있도록 경계표지를 하고, 외부인의 출입을 통제할 수 있도록 적절한 경계 울타리를 설치할 것

7) 그 밖의 기준

가) 시장·군수 또는 구청장이 1)가)·2)다)·5)가)·5)나)에 대하여 시·군 또는 구의 특수한 상황을 고려하여 강화된 기준을 적용할 경우에는 1)가)·2)다)·5)가)·5)나)에 따른 기준의 2배 이내에서 조례로 정한다. 이 경우 문화재 보호를 위하여 필요하면 산업통상자원부장관과 협의하여 별도의 기준을 마련한다.

나) 액화석유가스 판매사업소 대표자와 「고압가스 안전관리법」 제4조제3항에 따른 고압가스 판매사업 허가를 받은 대표자가 동일하고, 액화석유가스 판매시설과 고압가스 판매시설이 동일 부지에 설치된 경우에는 액화석유가스 판매시설의 사무실 면적은 5)가)·7)가)의 면적과 「고압가스 안전관리법 시행규칙」 별표 9 제1호가목5)다)·7)나)의 면적 중 넓은 쪽의 면적(면적이 같은 경우에는 그 중 하나의 면적을 말한다)을 확보하면 5)가)·7)가)의 기준에 적합한 것으로 본다.

8) 제12조 제2항에 따른 판매시설의 시설기준

가) 사무실은 용기보관실과 구분하여 설치할 것

나) 용기보관실은 누출된 가스가 사무실로 유입되지 않는 구조로 하고, 용기보관실의 면적은 12㎡ 이상으로 할 것

다) 용기보관실은 불연성재료를 사용하고, 그 용기보관실의 벽은 방호벽으로 하여야 하며, 이 경우 방호

벽의 기초는 설치하지 않을 수 있다.

라) 가)부터 다)까지에서 정한 기준 외에 제12조제2항에 따른 판매시설의 시설기준에 관하여는 2)바)·3)·4)·5)라)·6)에 따를 것

나. 기술기준

1) 안전유지기준

가) 충전용기는 항상 40℃ 이하를 유지하여야 하고, 수요자의 주문에 따라 운반 중인 경우 외에는 충전용기와 잔가스용기를 구분하여 용기보관실에 저장할 것

나) 용기를 차에 싣거나 차에서 내리거나 이동 시에는 난폭하게 취급하지 않아야 하고 필요한 경우에는 손수레를 이용할 것

다) 용기보관실 주위의 2 m(우회거리) 이내에는 화기취급을 하거나 인화성 물질과 가연성 물질을 두지 않을 것

라) 용기보관실에서 사용하는 휴대용 손전등은 방폭형일 것

마) 용기보관실에는 계량기 등 작업에 필요한 물건 외에는 두지 않을 것

바) 용기는 2단 이상으로 쌓지 않을 것. 다만, 내용적 30 L 미만의 용기는 2단으로 쌓을 수 있다.

사) 「고압가스 안전관리법 시행규칙」 별표 22 제1호 비고 제7호에 따라 폐기해야 하는 액화석유가스 용기는 부득이한 경우를 제외하고는 지체 없이 액화석유가스 충전소 또는 「고압가스 안전관리법」 제35조 및 같은 법 시행령 제24조제1항에 따라 지정받은 전문검사기관 중 액화석유가스 용기 전문 검사기관에 보내 폐기할 것

아) 벌크로리는 수요자의 주문에 따라 운반 중인 경우 외에는 해당 판매사업소의 주차장소에 주차할 것. 다만, 해당 판매사업소의 주차장소에 주차할 수 없는 경우에는 산업통상자원부장관이 고시하는 장소에 주차할 수 있다.

2) 이입 및 충전 기준

벌크로리로부터 액화석유가스 수요자의 저장시설에 액화석유가스를 이입하려면 그 벌크로리와 액화석유가스 수요자 시설의 안전을 위하여 다음 기준에 따를 것

가) 액화석유가스를 충전하려면 소형저장탱크 또는 저장능력이 10톤 이하인 저장탱크 안의 잔량을 확인한 후 충전할 것

나) 충전작업은 수요자가 채용한 안전관리자가 지켜보는 가운데에 할 것

다) 벌크로리로부터 액화석유가스를 소형저장탱크 또는 저장능력이 10톤 이하인 저장탱크에 송출하거나 이입하려면 "가스충전 중"이라 표시하고, 자동차가 고정되도록 자동차 정지목 등을 설치할 것

라) 저장능력이 10톤 이하인 저장탱크에 가스를 충전하려면 정전기를 제거한 후 저장탱크의 내용적의 90%(소형저장탱크의 경우는 85%)를 넘지 않도록 충전하고, 충전 시 사고를 예방하기 위한 적절한 안전조치를 할 것

마) 충전 중에는 액면계의 움직임·펌프 등의 작동을 주의·감시하여 과충전 방지 등 작업 중의 위해 방지를 위한 조치를 할 것

바) 저장설비나 가스설비에는 방폭형 휴대용 전등 외의 등화를 지니고 들어가지 않을 것

사) 충전작업이 완료되면 안전 커플링으로부터의 가스누출이 없는지를 확인할 것

아) 벌크로리로 저장능력이 10톤 이하인 저장탱크에 액화석유가스를 충전하려면 벌크로리의 탱크주밸브를 통하여 충전할 것. 다만, 저장탱크 설치 장소까지 벌크로리의 진입이 불가능하여 탱크주밸브를 통하여 충전이 어려운 경우에는 벌크로리의 충전호스 커플링을 통하여 충전할 수 있고, 이 경우 충전호스 커플링 연결부 등을 감시하는 사람을 추가로 배치해야 한다.

3) 점검기준

액화석유가스를 판매하려면 수요자의 시설에 대하여 별표 15에 따른 가스공급자의 안전점검기준에 따라 점검을 하고, 적합하지 않은 경우에는 가스공급을 하지 않을 것

다. 검사기준

1) 안전성확인 · 완성검사 · 정기검사 및 수시검사의 검사항목은 시설이 적합하게 설치 또는 유지 · 관리되고 있는지 확인하기 위하여 다음의 검사항목으로 할 것

검사 종류	검사항목
가) 안전성확인	가목의 시설기준에 규정된 항목 중 2)나)[방호벽의 기초설치 공정과 방호벽(철근콘크리트제 방호벽이나 콘크리트블럭제 방호벽의 경우만 해당한다)의 벽 설치 공정에 한정함]
나) 완성검사	가목의 시설기준에 규정된 항목. 다만, 안전성확인에서 확인된 검사항목은 제외할 수 있다.
다) 정기검사	(1) 가목의 시설기준에 규정된 항목 중 해당 사항 (2) 나목의 기술기준에 규정된 항목[2) 및 3)은 제외한다] 중 해당 사항
라) 수시검사	각 시설별 정기검사 항목 중에서 다음에 열거한 안전장치 유지 · 관리 상태 중 필요한 사항 (1) 안전밸브 (2) 긴급차단장치 (3) 가스누출자동차단장치 및 경보기 (4) 물분무장치와 살수장치 (5) 강제통풍시설 (6) 정전기 제거장치와 방폭 전기기기 (7) 배관 등의 가스누출 여부 (8) 비상전력의 작동 여부 (9) 그 밖에 안전관리에 필요한 사항

2) 안전성확인 · 완성검사 · 정기검사 및 수시검사는 시설이 검사항목에 적합한지 여부를 명확하게 판정할 수 있는 방법으로 할 것

2. 액화석유가스 충전사업자의 영업소에 설치하는 용기저장소

가. 시설기준

1) 용기보관실은 그 바깥 면으로부터 사업소 경계까지 별표 5 제1호가목1)에 따른 안전거리를 유지할 것

2) 영업소에는 용기운반 자동차의 원활한 통행과 용기의 원활한 하역작업을 위하여 용기보관실 주위에 필요한 부지를 확보할 것

3) 시장 · 군수 또는 구청장이 제1호가목1)가) · 2)다) · 5)가)에 대하여 시 · 군 또는 구의 특수한 상황을 고려하여 강화된 기준을 적용할 경우에는 제1호가목1)가) · 2)다) · 5)가)에 따른 기준의 2배 이내의 범위에서 조례로 정한다. 이 경우 문화재 보호를 위하여 필요한 경우에는 산업통상자원부장관과 협의하여 별도의 기준을 마련한다.

4) 그 밖에 영업소 용기저장소의 시설기준은 제1호가목[2)나) · 2)라) 후단 · 5)나) · 5)마) · 7) · 8)은 제외한다]의 시설기준을 따를 것. 이 경우 5)다) 중 "판매업소"는 "영업소"로 보고, 6) 중 "판매시설"은 "영업소시설"로 본다.

나. 기술기준

영업소 용기저장소의 기술기준은 제1호나목[1)아) 및 2)는 제외한다]의 기술기준에 따를 것

다. 검사기준

1) 안전성확인·완성검사·정기검사 및 수시검사의 검사항목은 시설이 적합하게 설치 또는 유지·관리되고 있는지 확인하기 위하여 다음의 검사항목으로 할 것

검사 종류	검사항목
가) 안전성확인	
나) 완성검사	가목의 시설기준에 규정된 항목. 다만, 안전성확인에서 확인된 검사항목은 제외할 수 있다.
다) 정기검사	(1) 가목의 시설기준에 규정된 항목 중 해당 사항 (2) 나목의 기술기준에 규정된 항목[제1호 나목 2)·3)은 제외한다] 중 해당 사항
라) 수시검사	각 시설별 정기검사 항목 중에서 다음에 열거한 안전장치 유지·관리 상태 중 필요한 사항 (1) 안전밸브 (2) 긴급차단장치 (3) 가스누출자동차단장치 및 경보기 (4) 물분무장치와 살수장치 (5) 강제통풍시설 (6) 정전기 제거장치와 방폭 전기기기 (7) 배관 등의 가스누출 여부 (8) 비상전력의 작동 여부 (9) 그 밖에 안전관리에 필요한 사항

2) 안전성확인·완성검사·정기검사 및 수시검사는 시설이 검사항목에 적합한지를 명확하게 판정할 수 있는 방법으로 할 것

[별표 7]

⟨개정 2023.10.10.⟩

가스용품 및 외국가스용품 제조의 시설·기술·검사기준

(제12조제1항제4호·제5호, 제17조제3항 본문, 제51조제4항제4호 및 제60조 관련)

1. 시설기준

가. 가스용품을 제조하려는 자는 제2호의 기술기준에 따라 가스용품을 제조하는 데 기본적으로 필요한 제조설비를 갖출 것. 다만, 허가관청이 부품의 품질향상을 위하여 필요하다고 인정하는 경우에는 그 부품을 제조하는 전문생산업체의 설비를 이용하거나 전문생산업체가 제조한 부품을 사용할 수 있고, 이 경우 허가관청은 그 필요성을 인정하기 전에 한국가스안전공사에 검토를 요청하여야 한다.

나. 가스용품을 제조하려는 자는 제품의 성능을 확인·유지할 수 있도록 다음 기준에 맞는 검사설비를 갖출 것. 다만, 설계단계검사항목의 검사설비 중 한국가스안전공사 또는 「국가표준기본법」에 따른 해당 공인 시험·검사기관에 의뢰하여 시험·검사를 하는 경우 또는 검사설비의 임대차계약을 체결한 경우에는 검사설비를 갖춘 것으로 본다.

1) 안전관리규정에 따른 자체검사를 수행하기 위하여 필요한 검사설비

2) 해당 사업소의 제품생산능력에 맞는 처리능력을 가진 검사설비

2. 기술기준

가. 가스용품의 재료는 그 가스용품의 안전을 위하여 사용하는 가스의 종류, 사용하는 온도 및 환경에 적절한 것일 것

나. 가스용품의 구조 및 치수는 그 가스용품의 안전성·편리성 및 호환성을 확보하기 위하여 그 가스용품의 재료, 사용하는 가스의 종류 및 사용하는 환경에 적절한 것일 것

다. 가스용품의 성능은 그 가스용품의 안전성과 편리성을 확보하기 위하여 그 가스용품의 재료, 사용하는 가스의 종류 및 사용하는 환경에 적절한 성능을 갖춘 것일 것

라. 가스용품에는 그 가스용품을 안전하게 사용할 수 있도록 하기 위하여 사용하는 가스의 종류와 사용하는 환경에 따라 가스용품제조자, 그 가스용품 및 사용하는 가스용품에 관한 정보 등에 대하여 적절한 표시를 할 것

마. 가스용품을 안전하게 사용할 수 있도록 하기 위하여 필요한 경우 사용하는 가스의 종류와 사용하는 환경에 적절한 취급설명서를 첨부할 것

바. 가스용품에는 그 용품의 안전한 사용을 위하여 필요한 경우 사용하는 가스의 종류와 사용하는 환경에 적절한 안전수칙을 표시할 것

사. 가스용품에는 그 용품의 안전한 사용을 위하여 필요한 경우 배관표시와 시공표지판을 부착할 것

아. 열처리가 필요한 재료로 제조한 가스용품의 경우 그 열처리는 안전을 위하여 그 가스용품의 재료와 두께에 따라 적절한 방법으로 할 것

자. 강제혼합식 가스버너, 연료전지 및 연소기는 그 강제혼합식 가스버너, 연료전지 및 연소기의 안전성과 편리성을 확보하기 위하여 사용하는 가스의 종류와 사용하는 환경에 적절한 장치를 갖춘 것일 것

3. 검사기준

가. 제조시설 검사기준

가스용품 제조시설에 대한 검사는 제1호의 시설기준에 따라 제조설비 및 검사설비를 갖추었는지 확인하기 위하여 필요한 항목에 대하여 적절한 방법으로 실시할 것

나. 제품 검사기준

가스용품에 대한 검사는 제2호의 기술기준에 적합한지를 확인하기 위하여 설계단계검사와 생산단계검사로 구분하여 실시할 것

1) 설계단계검사

다음 중 어느 하나에 해당하는 경우 설계단계검사를 받을 것. 다만, 부품의 성능을 한국가스안전공사나 공인시험·검사기관이 인증한 시험성적서를 제출한 경우에는 그 부품에 대한 설계단계검사를 면제할 수 있다.

가) 가스용품 제조사업자가 그 업소에서 일정 형식의 제품을 처음 제조할 경우

나) 가스용품 수입업자가 일정형식의 제품을 처음 수입하는 경우

다) 설계단계검사를 받은 형식의 제품의 재료나 구조가 변경되어 성능이 변경된 경우

라) 설계단계검사를 받은 형식의 제품으로서 설계단계검사를 받은 날부터 매 5년이 지난 경우

2) 생산단계검사

가) 설계단계검사에 합격된 가스용품에 대하여 그 가스용품을 생산하는 경우에 실시할 것

나) 자체검사능력과 품질관리능력에 따라 구분된 다음 표의 검사 종류 중 가스용품 제조자나 가스용품 수입자가 선택한 어느 하나의 검사를 실시할 것

검사 종류	대상	구성 항목	주기
(1) 제품확인검사	생산공정검사 또는 종합공정검사 대상 외의 품목	(가) 정기품질검사	2개월에 1회
		(나) 상시샘플검사	신청 시마다
(2) 생산공정검사	제조공정 · 자체검사공정에 대한 품질시스템의 적합성을 충족할 수 있는 품목	(가) 정기품질검사	3개월에 1회
		(나) 공정확인심사	3개월에 1회
		(다) 수시품질검사	1년에 2회 이상
(3) 종합공정검사	공정 전체(설계 · 제조 · 자체검사)에 대한 품질시스템의 적합성을 충족할 수 있는 품목	(가) 종합품질관리체계심사	6개월에 1회
		(나) 수시품질검사	1년에 1회 이상

다) 가스용품이 안전하게 제조되었는지를 명확하게 판정할 수 있도록 제2호의 기술기준에 대하여 적절한 방법으로 할 것

라) 생산공정검사와 종합공정검사 대상 여부를 판정하기 위한 심사기준은 전문성 · 객관성 및 투명성이 확보될 수 있도록 할 것

마) 생산공정검사나 종합공정검사를 받고 있는 자가 검사대상 품목의 생산을 6개월 이상 휴지하거나 검사의 종류를 변경하려는 경우에는 한국가스안전공사에 신고하고 합격통지서를 반납할 것

바) 생산공정검사나 종합공정검사를 받고 있는 자가 다음 중 어느 하나에 해당하는 경우에는 생산공정검사나 종합공정검사를 다시 받을 것

　(1) 사업소의 위치를 변경하는 경우

　(2) 품목을 추가한 경우

　(3) 생산공정검사나 종합공정검사 대상 심사에 합격한 날부터 3년이 지난 경우. 다만, 가스용품의 해당 품목을 추가하는 경우에는 기존 품목의 나머지 기간으로 한다.

4. 가스용품의 종류

별표 3에 따른 허가대상 가스용품은 다음과 같이 분류한다.

가. 압력조정기(가스용품 제조업소 또는 시험 · 검사기관에서 연소기를 시험용으로 사용하는 것은 제외한다)

　1) 액화석유가스 압력조정기

　　가) 일반용 액화석유가스 압력조정기(연소기의 부품으로 사용하는 것은 제외한다)

　　나) 액화석유가스 자동차용 압력조정기

　　다) 용기내장형 가스난방기용 압력조정기

　　라) 용접 절단기용 액화석유가스 압력조정기

　　마) 정압기용 압력조정기

　2) 도시가스 압력조정기(정압기용 압력조정기 · 도시가스용 압력조정기를 말한다). 다만, 연소기의 부품으로 사용하는 것은 제외한다

나. 가스누출자동차단장치

　1) 가스누출경보차단장치

　2) 가스누출자동차단기

다. 정압기용 필터(정압기에 내장된 것은 제외한다)

라. 매몰형 정압기

마. 호스

　1) 고압호스

　　가) 일반용 고압고무호스(투윈호스 · 측도관을 말한다)

　　　　나) 자동차용 고압고무호스
　　　　다) 자동차용 비금속호스
　　2) 저압호스
　　　　가) 염화비닐호스
　　　　나) 금속플렉시블호스
　　　　다) 고무호스
　　　　라) 수지호스
　바. 배관용 밸브
　　1) 가스용 폴리에틸렌 밸브(볼밸브 및 플러그밸브를 말한다)
　　2) 매몰용접형 가스용 볼밸브
　　3) 그 밖의 배관용 밸브
　사. 콕(퓨즈콕, 상자콕 및 주물연소기용 노즐콕 및 업무용 대형연소기용 노즐콕만을 말한다)
　아. 배관이음관
　　1) 전기절연이음관
　　2) 전기융착폴리에틸렌이음관
　　3) 이형질이음관(금속관과 폴리에틸렌관을 연결하기 위한 것을 말한다)
　　4) 신속 커플러
　　5) 안전 커플링
　자. 강제혼합식 가스버너(별표 3 제10호에 따른 연소기와 제5호나목에서 정한 연소기에 부착하는 것은 제외한다)
　차. 연소기

연소기 종류	가스소비량		사용압력 (kPa)
	전가스소비량	버너 1개의 소비량	
1) 레인지	16.7kW(14,400kcal/h) 이하	5.8kW(5,000kcal/h) 이하	3.3 이하
2) 오븐	5.8kW(5,000kcal/h) 이하	5.8kW(5,000kcal/h) 이하	
3) 그릴	7.0kW(6,000kcal/h) 이하	4.2kW(3,600kcal/h) 이하	
4) 오븐레인지	22.6kW(19,400kcal/h) 이하 [오븐부는 5.8kW(5,000kcal/h) 이하]	4.2kW(3,600kcal/h) 이하 [오븐부는 5.8kW(5,000kcal/h) 이하]	
5) 밥솥	5.6kW(4,800kcal/h) 이하	5.6kW(4,800kcal/h) 이하	
6) 온수기 · 온수보일러 · 난방기 · 냉난방기 및 의류건조기	232.6kW(20만kcal/h) 이하	–	
7) 주물연소기	232.6kW(20만kcal/h) 이하	–	
8) 업무용 대형연소기	가) 위 연소기 종류마다의 전가스소비량 또는 버너 1개의 소비량을 초과하는 것		30 이하
	나) 튀김기, 국솥, 그리들, 브로일러, 소독조, 다단식취반기 등		

연소기 종류	가스소비량		사용압력 (kPa)
	전가스소비량	버너 1개의 소비량	
9) 이동식 부탄 연소기, 이동식 프로판 연소기, 부탄 연소기 및 숯불구이 점화용 연소기	232.6kW(20만kcal/h) 이하	–	–
10) 그 밖의 연소기	232.6kW(20만kcal/h) 이하	–	–

비 고

이동식 프로판 연소기는 「고압가스 안전관리법 시행규칙」 별표 10에 따라 재충전이 가능하도록 제조된 액화석유가스(주성분이 프로판인 경우를 말한다) 용기에만 사용할 수 있는 연소기를 말한다.

카. 다기능가스안전계량기(가스계량기에 가스누출 차단장치 등 가스안전기능을 수행하는 가스안전장치가 부착된 가스용품을 말한다)

타. 로딩암

파. 삭제 〈2023.10.10.〉

하. 다기능보일러[온수보일러에 전기를 생산하는 기능 등 여러 가지 복합기능을 수행하는 장치가 부착된 가스용품으로서 가스소비량이 232.6kW(20만kcal/h) 이하인 것을 말한다]

5. 그 밖의 사항

가. 기술개발에 따른 새로운 가스용품의 제조 및 검사 방법이 이 별표에 따른 시설ㆍ기술 및 검사 기준에는 적합하지 않으나 안전관리를 저해하지 않는다고 산업통상자원부장관의 인정을 받은 경우에는 그 가스용품의 제조 및 검사 방법을 그 가스용품에 한정하여 적용할 수 있다.

나. 가스용품 중 다음에 해당하는 것은 별표 3에 따른 허가대상 가스용품에서 제외한다.

1) 용접이나 절단 등에 사용되는 가스 토치

2) 주물사 건조로, 인쇄잉크 건조로, 콘크리트 건조로 등에 사용되는 건조로용 연소기

3) 금속 열처리로, 유리 및 도자기로, 분위기 가스 발생로 등에 사용되는 열처리로 또는 가열로용 연소기

4) 금속용융, 유리용융 등에 사용되는 용융로용 연소기

5) 내용적 100mL 미만의 가스용기에 부착하여 사용하는 연소기

6) 시험 또는 연구를 목적으로 사용되는 연소기로서 제2호의 기술기준 및 법 제45조제1항에 따른 상세기준을 적용해서는 시험 또는 연구 목적을 달성할 수 없는 연소기

7) 그 밖에 산업통상자원부장관이 안전관리에 지장이 없다고 인정하는 연소기

다. 제17조제3항 단서에서 "시설기준과 기술기준"이란 이 별표에 따른 시설ㆍ기술ㆍ검사 기준을 충족하는 것으로서 산업통상자원부장관의 승인을 받은 기준을 말한다.

라. 제17조제1항제1호 및 제59조제2항제3호에서 "산업통상자원부장관이 인정하는 외국의 검사기관"이란 산업통상자원부장관이 승인한 기준에서 정한 국가별 공인검사기관을 말한다.

[별표 13]
〈개정 2022.1.21.〉

액화석유가스의 공급방법(제34조 관련)

1. 가스공급자(액화석유가스 집단공급사업자는 제외한다. 이하 이 별표에서 같다)가 수요자에게 액화석유가스를 공급할 때에는 다음의 사항을 준수하여야 한다.

   가. 충전용기를 수요자에게 공급하려면 가스누출 여부, 검사기간의 경과 여부 및 도색의 불량 여부를 확인하고 적합하지 않은 불량충전용기는 수요자에게 공급하지 않아야 하며, 액화석유가스 판매사업자의 경우 적합하지 않은 불량충전용기는 그 충전사업소에 반송할 것

   나. 수요자의 시설이 액화석유가스 특정사용시설에 해당하는 경우에는 수검 여부를 확인하고 충전용기를 사용시설에 접속하여야 하며, 검사를 받지 않은 수요자의 시설에는 가스공급을 하지 않을 것. 다만, 다음의 경우에는 수요자가 충전용기를 사용시설에 접속할 수 있다.

      1) 내용적이 20리터 미만인 용기를 공급하는 경우

      2) 건축물 내외부를 이동하여 사용하는 경우

      3) 교량 등으로 육지와 연결되어 있지 않고 가스공급자가 없는 도서지역에서 용기 외면 또는 용기가스소비자의 용기보관 장소 주위에 용기 접속방법, 용기 취급방법 등에 관한 안전사용요령이 부착되어 있는 경우

   다. 저장탱크나 소형저장탱크에 가스를 공급하려면 그 저장탱크나 소형저장탱크의 검사 여부를 확인하고 검사를 받지 않은 저장탱크나 소형저장탱크에는 가스를 공급하지 않을 것

   라. 액화석유가스가 충전된 내용적 15L 이하의 용기(용기내장형 가스난방기용 용기, 내용적 1L 이하의 이동식 부탄연소기용 용기 및 내용적 1L 이하의 이동식 프로판연소기용 용접용기는 제외한다)를 수요자에게 공급할 경우 다음의 사항을 준수할 것

      1) 용기에 가로·세로 2cm 이상 크기의 붉은색 글자로 "실내보관 금지"라고 표시한 후 공급할 것

      2) 수요자가 요청하는 경우 해당 용기를 가스공급자의 용기보관 장소에 보관할 것

      3) 액화석유가스를 공급할 때마다 용기취급 등 액화석유가스의 안전한 사용을 위하여 필요한 사항을 수요자에게 알릴 것. 이 경우 그 내용과 방법은 산업통상자원부장관이 정하여 고시한다.

2. 체적판매방법으로의 공급

   가스공급자가 수요자에게 액화석유가스를 공급할 때에는 체적판매방법으로 공급하여야 한다. 다만, 단독주택에서 액화석유가스를 사용하는 자, 이동하면서 액화석유가스를 사용하는 자, 6개월 이내의 기간 동안만 액화석유가스를 사용하는 자, 그 밖에 체적판매방법으로 공급하는 것이 곤란하다고 인정하여 산업통상자원부장관이 고시하는 자에게 공급하는 경우에는 중량판매방법으로 공급할 수 있다.

3. 용기로의 공급기준

   가. 안전공급계약의 체결

      1) 용기가스소비자에게 액화석유가스를 공급하려는 가스공급자는 해당 용기가스소비자와 별지 제50호서식의 액화석유가스 안전공급계약서에 따른 액화석유가스 안전공급계약(이하 "안전공급계약"이라 한다)을 체결한 후 그 안전공급계약에 따라 액화석유가스를 공급하여야 한다.

      2) 체적판매방법으로 공급하는 경우와 중량판매방법(용기집합설비를 설치한 주택의 경우만 해당한다)으로 공급하는 경우로서 공급설비를 가스공급자의 부담으로 설치한 경우에는 그 가스공급자와 용기가스소비자가 체결하는 최초의 안전공급계약의 계약기간은 1년(주택의 경우에는 2년) 이상으로, 공급설비와 소비설비 모두를 가스공급자의 부담으로 설치한 경우에는 그 가스공급자와 용기가스소비자가 체결하는 최초의 안전공급계약의 계약기간은 2년(주택의 경우에는 3년) 이상으로 한다. 이 경우 가스공급자는 계약만료일 15일 전까지 용기가스소비자에게 계약 만료를 알려야 하며, 용기가스소비자가 계약만료일까지

계약의 해지를 알리지 않으면 계약기간이 6개월씩 연장되는 것으로 본다.

3) 안전공급계약에는 다음의 사항이 포함되어야 한다.

　가) 액화석유가스의 전달방법

　나) 액화석유가스의 계량방법과 가스요금

　다) 공급설비와 소비설비에 대한 비용부담

　라) 공급설비와 소비설비의 관리방법

　마) 위해예방조치에 관한 사항

　바) 계약의 해지

　사) 계약기간[2]의 경우만 해당한다]

　아) 제75조에 따른 소비자보장책임보험 가입에 관한 사항

4) 가스공급자는 용기가스소비자가 액화석유가스 공급을 요청하면 다른 가스공급자와의 안전공급계약 체결 여부와 그 계약의 해지를 확인한 후 안전공급계약을 체결하여야 한다.

5) 1)에 따라 안전공급계약을 체결한 가스공급자는 용기가스소비자에게 지체 없이 별지 제27호서식의 소비설비 안전점검표를 발급하여야 한다.

6) 동일한 건축물 안의 여러 용기가스소비자에게 하나의 공급설비로 액화석유가스를 공급하는 가스공급자는 그 용기가스소비자의 대표자와 안전공급계약을 체결할 수 있다.

나. 액화석유가스의 임시공급

용기가스소비자는 안전공급계약을 체결한 가스공급자에게 액화석유가스 공급을 요청하였으나 가스공급자의 사정으로 원하는 시간 내에 액화석유가스를 공급받지 못한 경우에는 용기가스소비자의 소재지를 관할하는 시장·군수·구청장에게 액화석유가스의 임시공급을 요청할 수 있다. 이 경우 시장·군수·구청장은 다른 가스공급자로 하여금 임시로 액화석유가스를 공급하게 할 수 있고, 임시로 공급한 액화석유가스는 안전공급계약을 체결한 가스공급자가 공급한 것으로 본다.

다. 공급설비의 설치와 관리

1) 가스공급자는 용기가스소비자에게 액화석유가스를 공급하려면 공급설비를 자기의 부담으로 설치하고 별표 20 제1호에 따라 관리하여야 한다. 다만, 안전공급계약의 체결 당시 공급설비가 용기가스소비자의 소유로 되어 있는 경우에는 공급설비를 자기의 부담으로 설치하지 않을 수 있으나, 이 경우에도 공급설비는 가스공급자가 관리하여야 한다.

2) 공급설비 중 용기가 용기가스소비자 소유의 경우 가스공급자는 용기의 안전과 원활한 관리를 위하여 용기가스소비자에게 용기를 시가 상당액으로 판매하도록 요청할 수 있다.

3) 액화석유가스 판매사업자는 용기의 안전관리에 관한 다음의 업무 중 일부 또는 전부를 서면으로 작성한 계약에 따라 액화석유가스 충전사업자에게 위탁할 수 있고, 서면으로 작성한 계약서에는 해당 업무와 관련된 비용과 계약해지에 관한 사항이 포함되어야 한다.

　가) 용기 재검사

　나) 마목에 따른 용기의 표시

　다) 폐기용기 처리

　라) 폐기용기 발생에 따른 신규용기 구입

　마) 그 밖에 용기의 안전관리에 대한 사항

라. 계약의 해지와 공급설비의 철거

1) 용기가스소비자가 안전공급계약의 해지를 요청하면 가스공급자는 계약 해지를 요청받은 날부터 5일 이내에 용기가스소비자와 가스요금 등을 정산 및 납부하고 계약을 해지한 후 공급설비를 철거·수거하고, 배관의 막음 조치 등 안전조치를 하여야 하며, 공급설비가 용기가스소비자의 소유인 경우에는 공급설비에 대한 시가 상당액을 지급하여야 한다.

2) 1)에도 불구하고 다음의 어느 하나에 해당하는 경우에는 용기를 제외한 공급설비는 철거하지 않을 수 있다.

　　가) 공급설비가 용기가스소비자의 소유이고 용기가스소비자가 해당 공급설비의 철거를 원하지 않은 경우로서 계약을 해지한 후 새로 가스를 공급하는 가스공급자가 공급설비에 대한 시가 상당액을 용기가스소비자에게 지급하고 공급설비를 가스공급자 소유로 하는 경우

　　나) 공급설비가 가스공급자의 소유인 경우로서 가스공급자 간의 계약에 따라 공급설비를 양도·양수하는 경우

3) 용기가스소비자는 가목2)에 따른 계약기간 동안 가스공급자가 다음의 어느 하나의 행위를 하면 계약해지를 요청할 수 있고, 가스공급자는 계약해지를 요청받은 날부터 5일 이내에 용기가스소비자와 가스요금 등을 정산 및 납부하고 계약을 해지한 후 설비를 철거하여야 한다.

　　가) 무단으로 가스공급을 중단하는 행위

　　나) 사전 협의 없이 요금을 인상하는 행위

　　다) 안전점검을 실시하지 않는 행위

　　라) 그 밖에 안전관리업무를 이행하지 않는 행위

4) 3) 외의 사유로 계약을 해지하려면 용기가스소비자는 별지 제50호서식에서 정한 방법에 따라 가스공급자가 설치한 설비의 철거비용 등을 보상하여야 한다. 다만, 해당 용기가스소비자에게 신규로 액화석유가스를 공급하려는 가스공급자가 원하는 경우 이 비용을 해당 가스공급자가 부담할 수 있다.

5) 1)의 시가 상당액은 용기의 경우에는 시가 상당액 계산 당시의 신규제품가격(거래실례가격을 말한다. 이하 같다)의 2분의 1에 해당하는 금액과 신규제품가격에서 1년에 20%씩 뺀 금액 중 높은 금액으로 하고, 가스계량기와 자동절체기의 경우에는 시가 상당액 계산 당시의 신규제품가격에서 1년에 20%씩 뺀 금액으로 한다.

6) 용기가스소비자가 1)에 따라 안전공급계약의 해지를 요청하였으나 가스공급자가 무단으로 휴업·폐업 등을 함으로써 공급설비를 철거하지 않거나 철거를 거부한 경우에는 사업자단체나 한국가스안전공사에 공급설비의 철거를 요청할 수 있다. 이 경우 사업자단체나 한국가스안전공사는 다음의 방법으로 공급설비를 철거하고 처분하여야 한다.

　　가) 공급설비가 용기가스소비자 소유인 경우에는 사업자단체나 한국가스안전공사가 5)의 시가 상당액으로 공급설비를 구입한 후 이를 다른 가스공급자에게 판매하는 등의 방법으로 처분한다.

　　나) 공급설비가 가스공급자 소유인 경우에는 사업자단체나 한국가스안전공사가 이를 철거하여 다른 가스공급자에게 판매하는 등의 방법으로 처분하고, 해당 가스공급자에게 철거와 처분에 사용된 실비를 제외한 금액을 보상한다.

마. 용기의 표시

1) 가스공급자가 내용적 25L 이상 125L 미만의 용기(용기내장형 가스난방기용 용기는 제외한다)에 충전된 액화석유가스를 수요자에게 공급하는 경우 용기의 바깥 면에 다음의 사항을 표시하여야 한다.

　　가) 허가관청의 명칭

　　나) 가스공급자의 상호(허가증에 기재된 상호를 말한다)

　　다) 액화석유가스 충전사업자[다목3)에 따라 용기의 안전관리업무를 하는 자만을 말한다]의 상호

2) 허가관청은 둘 이상의 가스공급자가 하나의 상호(이하 "공용상호"라 한다)를 함께 사용하고 있는 경우에는 1)나)의 가스공급자의 상호표시를 공용상호로 표시하게 할 수 있다. 다만, 공용상호의 사용으로 독점이 초래될 우려가 있는 경우에는 그렇지 않다.

3) 가스공급자는 다른 가스공급자의 상호가 표시되어 있는 용기의 상호를 지우거나 훼손하고 자신의 상호를 표시해서는 안 되고, 수요자는 용기 바깥 면에 표시되어 있는 상호 등의 표시를 지우거나 훼손해서는 안 된다.

바. 그 밖의 사항

1) 가스공급자는 다음에 해당하는 경우에는 공급설비와 소비설비의 연결부와 가장 가까운 호스나 배관에 상호 또는 동·호수 등 사용자를 구분할 수 있는 표시를 하여야 한다.

가) 동일한 건축물 안의 여러 사용자가 액화석유가스를 공급받는 경우

나) 둘 이상의 건축물 안의 여러 사용자가 액화석유가스를 공급받는 경우로서 공급설비를 동일한 장소에 설치하고 있는 경우

2) 가스공급자는 안전사용 및 점검 요령, 누출 시의 응급조치 및 가스공급자의 연락처 등이 적힌 안전수칙에 관한 안내물과 안전공급계약 체결을 확인할 수 있는 스티커를 제작하여 소비설비의 연소기·중간밸브 또는 용기보관실 주위에 붙여야 한다. 이 경우 스티커의 규격과 기재사항은 산업통상자원부장관이 정한다.

4. 저장탱크나 소형저장탱크에 의한 집단공급기준

가. 공급계약의 체결과 해지

1) 다수 가스사용자와의 계약

하나의 저장설비로 동일한 건축물 안의 여러 가스사용자에게 액화석유가스를 공급하려면 가스공급자는 가스사용자의 대표와 공급계약을 체결하여야 한다. 계약을 해지하는 경우에도 또한 같다.

2) 계약기간

계약기간은 가스공급자가 연소기를 제외한 가스사용시설의 설치비를 부담하는 경우에는 4년 이상, 가스공급자가 가스사용시설 중 저장설비의 설치비만을 부담하는 경우에는 2년 이상으로 하여야 한다. 이 경우 당사자가 계약 만료일 1개월 이전에 서면으로 계약의 해지를 통지하지 않았을 때에는 계약기간이 6개월씩 연장되는 것으로 한다.

3) 계약의 해지에 따른 책임

가) 가스사용자는 공급계약기간에 가스공급자가 가스공급을 중단한 때 또는 안전점검이나 그 밖의 안전관리의무를 이행하지 않은 때에는 계약을 해지할 수 있다.

나) 가)에 따라 계약을 해지하는 경우에 가스공급자는 가스공급자 자신의 부담으로 설치한 시설에 대하여 가스사용자의 철거 요구가 있고 설치비용의 보상에 관하여 당사자 간에 협의가 이루어지지 않는 경우에만 그 시설을 지체 없이 철거하고, 배관 막음 조치 등 안전조치를 하여야 한다.

다) 가스사용자는 가스공급자가 설치비를 부담한 경우에 가)에 따른 사유 외의 사유로 계약을 해지하려면 가스공급자가 설치한 시설의 설치비용을 보상하여야 한다.

4) 계약 체결의 내용

가스공급자와 가스사용자는 다음의 내용이 포함된 공급계약을 체결하여야 한다.

가) 가스사용량의 확인일, 가스요금의 고지방법, 가스요금의 계산방법, 가스요금의 납부기한 및 납부지연 시 적용되는 연체요율

나) 가스사용자가 고의나 중대한 과실로 가스공급자가 비용을 부담하여 설치한 시설을 손상시킨 경우 그 배상에 관한 사항

다) 가스사용자가 가스계량기를 고의로 조작한 경우 가스사용량의 계산방법

라) 가스배달계획

마) 안전점검의 실시방법 및 가스공급자와 가스사용자와의 연락방법

바) 가스공급자가 자기부담으로 가스사용시설을 설치한 경우 그 시설의 사용료와 그 징수방법

사) 계약 해지에 관한 사항

아) 공급기간 연장에 관한 사항

자) 그 밖에 가스공급자와 가스사용자 간의 권리·의무에 관한 사항

나. 가스사용료의 계산방법

가스사용료는 가스계량기에 적산된 양에 따라 공급계약서에서 정하는 기준에 따라 정기적으로 계산하여야 한다.

5. 액화석유가스 위탁운송사업자의 공급방법은 다음과 같다.

가. 액화석유가스 위탁운송사업자는 제2조제5항에 따른 액화석유가스 충전사업자나 액화석유가스 판매사업자 외의 자로부터는 벌크로리로 소형저장탱크에의 액화석유가스 운송을 위탁받을 수 없다.

나. 액화석유가스 위탁운송사업자는 벌크로리에 액화석유가스 위탁운송사업자의 상호와 전화번호를 가로 · 세로 5cm 이상 크기의 글자로 도색하여 표시하여야 한다.

다. 별표 19 제4호나목2)에 따라 액화석유가스 운반자동차 운전자 특별교육을 받은 자가 액화석유가스를 공급하여야 한다.

라. 별표 4 제1호나목2)하)에 따른 규정을 준수하여 액화석유가스를 공급하여야 한다.

마. 수요자의 시설이 액화석유가스 특정사용시설에 해당하는 경우에는 그 시설의 검사 여부를 확인하여야 하며, 검사를 받지 않은 수요자의 시설에는 액화석유가스를 공급하지 않을 것

바. 소형저장탱크에 가스를 공급하는 경우 그 소형저장탱크의 검사 여부를 확인하고 검사를 받지 않은 소형저장탱크에는 액화석유가스를 공급하지 않을 것

사. 벌크로리는 운송을 위탁받아 운반 중인 경우 외에는 해당 위탁운송사업자의 차고지(「화물자동차 운수사업법」 제3조에 따라 허가받은 차고지를 말한다)에 주차할 것. 다만, 해당 위탁운송사업자의 차고지에 주차할 수 없는 경우에는 산업통상자원부장관이 고시하는 장소에 주차할 수 있다.

6. 제2조제5항에 따른 액화석유가스 충전사업자나 액화석유가스 판매사업자가 운송을 위탁받은 경우 공급방법

가. 제2조제5항에 따른 액화석유가스 충전사업자나 액화석유가스 판매사업자 외의 자로부터는 벌크로리로 소형저장탱크에의 액화석유가스 운송을 위탁받을 수 없다.

나. 별표 19 제4호나목2)에 따라 액화석유가스 운반자동차 운전자 특별교육을 받은 자가 액화석유가스를 공급하여야 한다.

다. 별표 4 제1호나목2)하)에 따른 규정을 준수하여 액화석유가스를 공급하여야 한다.

라. 법 제30조에 따른 공급자의무는 운송을 위탁한 자가 실시하여야 한다.

[별표 15]

〈개정 2023.10.10.〉

가스공급자의 안전점검기준 등(제42조제5항 관련)

1. 안전점검자의 자격과 인원

구분	안전점검자	자격	인원
가. 액화석유가스 충전사업자	1) 충전원	별표 19 제4호나목3)의 교육을 받은 자	충전 소요인력
	2) 수요자시설 점검원	별표 19 제4호나목2)의 교육을 받은 자	가스배달 및 점검 소요인력
나. 액화석유가스 집단공급사업자	수요자시설 점검원	안전관리책임자로부터 10시간 이상의 안전교육을 받은 자	수용가 3천개소마다 1명
다. 액화석유가스 판매사업자	수요자시설 점검원	별표 19 제4호나목2)의 교육을 받은 자	가스배달 및 점검 소요인력

비 고

안전관리책임자나 안전관리원이 직접 점검을 할 때에는 그를 안전점검자로 본다.

2. 점검장비
가. 가스누출검지기
나. 자기압력기록계
다. 그 밖에 점검에 필요한 시설과 기구

3. 점검기준
가. 용기가스소비자와 액화석유가스 집단공급사업자로부터 가스를 공급받는 수요자의 가스사용시설에 대한 안전점검
  1) 가스계량기(중량판매방법으로 공급하는 경우에는 용기를 말한다) 출구에서 배관·호스 및 연소기에 이르는 각 접속부의 가스누출 여부와 마감조치 여부
  2) 가스용품의 한국가스안전공사 합격표시나 「산업표준화법」에 따른 한국산업표준에 적합한 것임을 나타내는 표시 유무
  3) 연소기마다 퓨즈콕, 상자콕 또는 이와 같은 수준 이상의 안전장치 설치 여부
  4) 호스의 "T"형 연결 여부와 호스밴드 접속 여부
  5) 목욕탕이나 환기가 잘 되지 않는 곳에 보일러·온수기를 설치하였는지 여부
  6) 전용보일러실에 보일러(밀폐식 보일러 또는 옥외에 설치한 보일러는 제외한다)를 설치하였는지 여부
  7) 배기통이 한국가스안전공사 또는 공인시험기관의 성능인증을 받은 제품인지 여부
  8) 가스보일러 및 가스온수기와 배기통, 배기통과 배기통 이탈여부
  9) 압력조정기에서 중간밸브까지의 배관이 별표 20 제1호가목4)라)에 적합하게 강관·동관 또는 금속플렉시블호스 등으로 설치되어 있는지 여부
  10) 일산화탄소 경보기 설치 여부
  11) 그 밖에 가스사고를 유발할 우려가 있는지 여부

나. 자동차연료용으로 가스를 사용하는 가스사용시설에 대한 안전점검
  1) 용기의 고정 상태와 용기에서 가스가 누출되는지 여부
  2) 액면표시장치와 과충전방지장치의 작동 여부
다. 그 밖에 수요자의 가스사용시설에 대한 안전점검
  1) 저장설비가 시설기준에 적합한지 여부
  2) 가목1)부터 11)까지에 적합한지 여부

[별표 16]
〈개정 2022.1.21.〉

안전관리규정의 작성 요령(제43조 관련)

1. 법 제31조제1항에 따른 액화석유가스 사업자등이 작성하여야 하는 안전관리규정에는 다음 사항이 포함되어야 하고, 다음 표의 오른쪽 난에서 정한 사업의 종류에 따라 ○표로 표시된 사업에는 왼쪽 난의 사항이 포함되어야 한다.
가. 목적
나. 안전관리자의 직무·조직 및 책임에 관한 사항
다. 사업소시설의 공사·유지 및 공급자의무 이행사항에 관한 사항
라. 액화석유가스 충전시설, 액화석유가스 집단공급시설, 액화석유가스 판매시설, 액화석유가스 충전사업자의 영업소시설 및 액화석유가스 저장소시설에 대한 자율적인 검사(산업통상자원부장관이 정하여 고시한 검사인력과 검사장비를 갖추고 있지 않은 자는 한국가스안전공사나 「고압가스 안전관리법 시행규칙」 제58조제4항에 따른 검사기관에서 실시하는 검사로 한다) 및 유지에 관한 사항
마. 가스사용시설의 점검기준, 점검 요령, 점검 결과, 기록 유지에 관한 사항
바. 자동차에 고정된 탱크와 가스전용 운반자동차의 운반에 관한 사항
사. 종업원의 교육과 훈련에 관한 사항
아. 위해 발생 시의 소집방법·조치·훈련에 관한 사항
자. 검사장비와 점검요원의 관리에 관한 사항
차. 가스용품 등의 공정검사·검사표 등에 관한 사항
카. 외부인과 외부 하도급업자 등의 안전관리규정 적용에 관한 사항
타. 안전관리규정 위반행위자에 대한 조치에 관한 사항
파. 가스사용시설에 대한 가스공급자와 수요자 간의 안전책임에 관한 사항
하. 액화석유가스 충전사업, 액화석유가스 집단공급사업, 액화석유가스 판매사업, 액화석유가스 충전사업자의 영업소 또는 액화석유가스 저장소의 휴지·폐지 또는 재개 시의 안전관리
거. 그 밖에 안전관리 유지에 관한 사항

▼ 사업의 종류에 따른 기재사항

번호	안전관리규정에 포함시켜야 할 사항	사업의 종류				
		충전	집단 공급	판매소 · 영업소	가스 용품	저장
1	목적	○	○	○	○	○
2	안전관리자의 직무 · 조직 및 책임에 관한 사항	○	○	○	○	○
3	사업소시설의 공사 · 유지 및 공급자의 의무 이행에 관한 사항	○	○	○		○
4	자율적인 검사(검사인력과 검사장비를 갖추지 않은 자는 한국가스안전공사나 검사기관에서 실시하는 검사) 및 유지에 관한 사항	○	○	○		○
5	가스사용시설의 점검기준, 점검 요령, 점검 결과, 기록 유지에 관한 사항	○	○	○		
6	자동차에 고정된 탱크와 가스전용 운반자동차의 운반에 관한 사항	○	○	○		○
7	종업원의 교육과 훈련에 관한 사항	○	○	○	○	○
8	위해 발생 시의 소집방법 · 조치 · 훈련에 관한 사항	○	○	○	○	○
9	검사장비와 점검요원의 관리에 관한 사항	○	○	○	○	○
10	가스용품 등의 공정검사 · 검사표 등에 관한 사항				○	
11	외부인과 외부 하도급업자 등의 안전관리규정 적용에 관한 사항	○	○	○	○	○
12	안전관리규정 위반행위자에 대한 조치에 관한 사항	○	○	○	○	○
13	가스사용시설에 대한 가스공급자와 수요자 간의 안전책임에 관한 사항	○	○	○		○
14	사업 또는 액화석유가스 저장소의 휴지 · 폐지 또는 재개 시의 안전관리	○	○	○		○
15	그 밖의 안전관리 유지에 관한 사항	○	○	○	○	○

2. 법 제31조제2항에 따른 종합적 안전관리 대상자가 작성하여야 하는 안전관리규정에는 왼쪽 난의 구분에 따라 오른쪽 난의 사항을 포함시켜야 한다. 이 경우 제1호의 내용이 포함될 수 있도록 안전관리규정을 작성하여야 한다

구분	안전관리규정에 포함시켜야 할 사항
가. 안전관리에 관한 경영방침	1) 경영이념에 관한 사항 2) 안전관리 목표에 관한 사항 3) 안전투자에 관한 사항 4) 안전문화에 관한 사항
나. 안전관리조직	1) 안전관리조직의 구성에 관한 사항 2) 안전관리조직의 권한과 책임에 관한 사항
다. 안전관리에 관한 정보 · 기술	1) 정보관리체계에 관한 사항 2) 시설 · 장치자료에 관한 사항 3) 안전기술자료에 관한 사항 4) 인적요소에 관한 사항 5) 변경관리에 관한 사항 6) 안전기술 향상에 관한 사항
라. 가스시설의 안전성평가	1) 안전성평가 절차에 관한 사항 2) 안전성평가 기법에 관한 사항 3) 안전성평가 결과 조치에 관한 사항
마. 시설관리	1) 설계품질보증에 관한 사항 2) 구매품질보증에 관한 사항 3) 시공품질보증에 관한 사항 4) 보수품질보증에 관한 사항 5) 안전점검과 진단에 관한 사항
바. 작업관리	1) 시공에 관한 사항 2) 운전관리에 관한 사항 3) 보수관리에 관한 사항 4) 화기작업관리에 관한 사항
사. 협력업체관리	1) 협력업체 선정에 관한 사항 2) 협력업체 관리감독에 관한 사항 3) 협력업체의 의무와 책임에 관한 사항
아. 수요자관리	1) 시설안전점검에 관한 사항 2) 안전홍보에 관한 사항
자. 교육 · 훈련	1) 교육훈련계획에 관한 사항 2) 교육성과 분석에 관한 사항 3) 협력업체종사자 교육에 관한 사항
차. 비상조치와 사고관리	1) 비상조치계획에 관한 사항 2) 비상훈련에 관한 사항 3) 사고조사와 사후관리에 관한 사항
카. 안전감사	1) 안전관리시스템의 감사에 관한 사항 2) 공정안전성평가에 관한 사항

3. 제1호와 제2호에 따른 안전관리규정의 항목별 세부 작성기준은 산업통상자원부장관이 정하여 고시한다.

[별표 17]

〈개정 2017.7.11.〉

용기의 안전점검기준(제47조 관련)

1. 용기의 안쪽·바깥 면을 점검하여 사용에 지장을 주는 부식·금·주름 등이 있는지를 확인할 것
2. 용기에 도색과 표시가 되어 있는지를 확인할 것
3. 용기의 스커트에 찌그러짐이 있는지와 사용에 지장이 없도록 적정 간격을 유지하고 있는지를 확인할 것
4. 유통 중 열 영향을 받았는지를 점검할 것. 열 영향을 받은 용기는 재검사를 할 것
5. 용기 캡이 씌워져 있거나 프로텍터가 부착되어 있는지를 확인하고, 용기내장형 액화석유가스 난방기용 용기는 밀봉용 캡이 부착되어 있는지도 확인할 것
6. 용기의 각인을 통해 재검사기간의 도래 여부를 확인할 것
7. 용기 아랫부분의 부식 상태를 확인할 것
8. 밸브의 몸통·충전구나사 및 안전밸브에 사용에 지장을 주는 홈, 주름, 스프링의 부식 등이 있는지를 확인할 것
9. 밸브의 그랜드너트가 이탈하는 것을 방지하기 위하여 고정핀 등을 이용하는 등의 조치가 있는지를 확인할 것
10. 밸브의 개폐 조작이 쉬운 핸들이 부착되어 있는지를 확인할 것
11. 내용적 15L 이하의 용기(용기내장형 가스난방기용 용기, 내용적 1L 이하의 이동식 부탄연소기용 용기 및 내용적 1L 이하의 이동식 프로판연소기용 용접용기는 제외한다)의 경우에는 "실내보관 금지" 표시 여부를 확인할 것

[별표 20]

〈개정 2023.10.10.〉

액화석유가스 사용시설의 시설·기술·검사기준(제49조의6제2호, 제69조, 제71조제10항 및 제71조의2제2항제3호 관련)

1. 용기에 의한 사용시설
   가. 시설기준
      1) 배치기준
         가) 저장설비·감압설비·고압배관(건축물 안에 설치한 고압배관은 제외한다) 및 저압배관이음매(용접이음매와 건축물 안에 설치한 배관이음매는 제외한다)는 화기(그 설비 안의 것은 제외한다) 취급장소와 다음 표에 따른 거리(주거용 시설은 2m) 이상을 유지하거나, 화기를 취급하는 장소와의 사이에 누출된 가스가 유동(流動)하는 것을 방지하기 위한 시설을 설치할 것

저장능력	화기와의 우회거리
1톤 미만	2m
1톤 이상 3톤 미만	5m
3톤 이상	8m

비 고
2개 이상의 저장설비가 있는 경우에는 그 설비별로 각각 거리를 유지하여야 한다.

　　나) 가스계량기는 다음 기준에 적합하게 설치할 것

　　　(1) 가스계량기는 화기(해당 시설 안에서 사용하는 자체 화기는 제외한다)와 2m 이상의 우회거리를 유지할 것

　　　(2) 설치장소 : 가스계량기의 검침 · 교체 · 유지 · 관리 및 계량이 용이하고 환기가 양호한 장소

　　　(3) 설치금지 장소 : 「건축법 시행령」 제46조제4항에 따른 공동주택의 대피공간, 방 · 거실 및 주방 등으로서 사람이 거처하는 장소, 그 밖에 열이나 진동의 영향을 크게 받는 등 가스계량기에 나쁜 영향을 미칠 우려가 있는 장소

　　다) 가스계량기($30m^3/h$ 미만만을 말한다)의 설치 높이는 바닥으로부터 1.6m 이상 2m 이하의 높이에 수직 · 수평으로 설치하고, 밴드 · 보호가대 등 고정장치로 고정시킬 것. 다만, 격납상자 안에 설치하는 경우에는 설치 높이를 제한하지 않는다.

　　라) 가스계량기와 전기계량기 및 전기개폐기와의 거리는 60cm 이상, 굴뚝(단열조치를 하지 않은 경우만을 말한다) · 전기점멸기 및 전기접속기와의 거리는 30cm 이상, 절연조치를 하지 않은 전선과의 거리는 15cm 이상의 거리를 유지할 것

　　마) 입상관이 화기 등이 있을 우려가 있는 주위를 통과할 경우에는 화기 등과 차단조치를 하여야 하고, 이에 부착된 밸브는 바닥으로 부터 1.6m 이상 2m 이내(단단한 상자 안에 설치하는 경우는 제외한다)에 설치할 것

　2) 저장설비기준

　　가) 저장설비의 저장능력은 가스사용시설에 설치된 연소기의 가스소비량에 따라 안정적으로 가스를 공급하여 줄 수 있을 것

　　나) 저장설비를 용기로 하는 경우 저장능력은 500kg 이하로 하고, 500kg을 초과하여 저장하려는 경우에는 저장탱크 또는 소형저장탱크를 설치할 것. 다만, 시장 · 군수 · 구청장이 저장탱크 또는 소형저장탱크의 설치가 곤란하다고 인정한 경우에는 용기집합설비의 저장능력이 500kg 초과하도록 할 수 있고, 이 경우 그 저장설비가 설치되어 있는 곳에 방호벽을 설치하거나 그 설비의 바깥 면으로부터 보호시설(해당 사업소 안에 있는 보호시설을 포함한다)까지는 별표 6 제1호가목5)마)(3) 중 표에 따른 안전거리를 유지하여야 한다.

　　다) 용기(용기내장형 가스난방기용 용기와 내용적 1L 이하의 이동식 부탄 연소기용 용기는 제외한다)는 환기가 양호한 옥외에 두어야 하고, 용기와 그 용기를 사용하는 시설의 안전을 위하여 다음 기준에 적합하게 할 것

　　　(1) 용기집합설비(별표 13 제2호 단서에 따라 중량판매방법으로 액화석유가스를 공급받는 자의 시설은 제외한다)를 설치하고, 그 저장능력이 100kg을 초과하는 경우 용기는 옥외에 설치된 용기보관실 안에 설치할 것

　　　(2) 용기, 용기밸브 및 압력조정기는 직사광선, 눈 또는 빗물로부터 위해가 미치지 않도록 적절한 조치를 할 것

　　라) 용기보관실은 불연재료를 사용하는 등 그 용기보관실의 안전을 확보할 수 있도록 설치할 것

　3) 가스설비기준

　　가) 사용시설에는 그 사용시설의 안전 확보 및 정상작동을 위하여 압력조정기 · 기화장치 · 가스계량기(제34조에 따른 체적판매시설만 해당한다) · 중간밸브 · 호스 등 필요한 설비 및 장치를 설치하고, 적절한 조치를 할 것

　　나) 중간밸브는 해당 사용시설의 사용압력 및 유량에 적합하고, 호스의 성능은 액화석유가스를 안전하게 취급할 수 있는 적절한 것일 것

　　다) 호스(금속 플렉시블호스는 제외한다)의 길이는 3m 이내(용접 또는 용단작업용 시설은 제외한다)로 하고, 호스는 T형으로 연결하지 않아야 하며, 호스의 접속부분은 호스밴드 등으로 견고하게 조일 것

4) 배관설비기준

　　가) 배관(관 이음매와 밸브를 포함한다)의 재료는 배관의 안전성을 위하여 액화석유가스의 압력, 사용하는 온도 및 환경에 적절한 기계적 성질과 화학적 성분이 있는 것일 것

　　나) 배관의 강도·두께 및 성능은 액화석유가스를 안전하게 취급할 수 있는 적절한 것일 것

　　다) 배관의 접합은 액화석유가스의 누출을 방지할 수 있도록 확실한 방법으로 하고, 이를 확인하기 위하여 필요한 경우에는 비파괴시험을 할 것

　　라) 배관은 사용하는 액화석유가스의 특성과 설치 환경조건을 고려하여 위해의 우려가 없도록 설치하고, 배관의 안전한 유지·관리를 위하여 필요한 설비를 설치하거나 필요한 조치를 하며, 다음의 기준에도 적합하게 할 것

　　　　(1) 사용시설의 배관은 강관·동관 또는 금속플렉시블호스로 할 것. 다만, 다음의 어느 하나에 해당하는 경우에는 해당 방법으로 설치할 수 있다.

　　　　　　(가) 저장설비에서 압력조정기까지의 경우 : 일반용 고압고무호스(투윈호스·측도관만을 말한다)로 설치

　　　　　　(나) 중간밸브에서 연소기 입구까지의 경우 : 호스로 설치

　　　　　　(다) 1996년 3월 11일 전에 압력조정기에서 중간밸브까지 염화비닐호스로 설치된 사용시설로서 산업통상자원부장관이 강관·동관 또는 금속플렉시블호스로 설치하기 곤란하다고 정하여 고시하는 주택의 경우 : 산업통상자원부장관이 정하여 고시하는 기준에 적합한 것으로 설치

　　　　(2) 옥외에서 용기를 이동하면서 사용하는 경우에는 (1)의 기준에 따르지 않을 수 있다.

　　　　(3) 배관의 맨 끝 부분에는 막음조치를 할 것

　　마) 배관의 안전을 위하여 배관의 외부에는 액화석유가스를 사용하는 배관임을 명확하게 알아볼 수 있도록 칠하고 표시할 것

5) 연소기 기준

　　가) 연소기는 화재, 폭발 및 중독 등의 사고를 방지하기 위하여 사용시설의 안전 확보 및 정상작동이 가능하도록 설치할 것

　　나) 가스보일러와 가스온수기는 다음 기준에 따라 설치할 것. 다만, 개방형 가스온수기(실내에서 연소용 공기를 흡입하고 폐가스를 실내로 방출하는 가스온수기)는 설치할 수 없다.

　　　　(1) 가스온수기나 가스보일러는 목욕탕이나 환기가 잘되지 않는 곳에 설치하지 않을 것. 다만, 밀폐식 가스온수기나 가스보일러로서 중독사고가 일어나지 않도록 적절한 조치를 한 경우에는 예외로 한다.

　　　　(2) 가스보일러는 전용보일러실(보일러실 안의 가스가 거실로 들어가지 않는 구조로서 보일러실과 거실 사이의 경계벽은 출입구를 제외하고는 내화구조의 벽으로 한 것을 말한다. 이하 같다)에 설치할 것. 다만 중독사고가 일어나지 않도록 적절한 조치를 한 경우에는 예외로 한다.

　　　　(3) 일산화탄소 경보기는 가스보일러의 배기가스에 의한 중독사고를 예방하기 위해 그 배기가스가 누출될 경우 이를 신속히 검지하여 알려줄 수 있도록 가스보일러 주변 또는 적절한 장소에 설치할 것. 다만, 다음 (가) 또는 (나)에 해당하는 경우에는 일산화탄소 경보기를 설치하지 않을 수 있다.

　　　　(가) 가스보일러를 옥외에 설치한 경우

　　　　(나) 가스보일러가 제71조의2제2항제1호에 따른 가스용품에 해당하지 않는 경우

　　　　(4) 배기통의 재료는 스테인리스강판 또는 배기가스 및 응축수에 내열·내식성이 있는 것일 것

　　　　(5) 가스보일러(가스온수기를 포함한다. 이하 같다)를 설치·시공한 자는 그가 설치·시공한 시설에 대하여 시공자·보일러 및 시공내역 등과 관련된 정보를 기록한 시공 표지판을 부착할 것

　　　　(6) (1)부터 (5)까지의 기준 외에도 가스보일러 및 온수기는 화재, 폭발 및 중독 등의 사고를 방지하기 위하여 사용시설의 안전 확보 및 정상작동이 가능하도록 적절하게 설치하고 필요한 조치를 할 것

(7) 가스보일러를 설치·시공한 자는 그가 설치·시공한 시설이 (1)부터 (6)까지에 적합한 경우에는 사용자·시공자·보일러가 설치된 건축물·보일러시공 명세, 시공확인사항 등과 관련된 정보가 기록된 가스보일러 설치시공확인서를 작성하여 5년간 보존하여야 하며 그 사본을 가스보일러 사용자에게 내주어야 하고 작동 요령에 대한 교육을 실시할 것

다) 찜질방의 가열로실은 가열로실의 안전과 찜질방에서의 질식사고 예방을 위하여 적절하게 설치하고 필요한 조치를 할 것

6) 사고예방설비기준

가) 저장능력이 250kg 이상(자동절체기를 사용하여 용기를 집합한 경우에는 저장능력 500kg 이상)인 경우에는 용기에서 압력조정기 입구까지의 배관에 이상압력 상승 시 압력을 방출할 수 있는 안전장치를 설치하는 등 필요한 조치를 할 것

나) 제70조제1항제1호와 같은 항 제2호가목 및 나목에 따른 액화석유가스 특정사용시설에는 가스의 누출 및 폭발을 방지하기 위하여 사용시설의 종류에 따라 필요한 경우에는 누출된 가스를 알아차려 자동으로 가스공급을 차단할 수 있는 장치를 설치하거나 이에 상응하는 조치를 할 것

다) 저장설비실과 가스설비실에는 누출된 액화석유가스가 머물지 않도록 하기 위하여 그 구조에 따라 환기구를 갖추는 등 필요한 조치를 할 것

라) 저장설비, 가스설비 및 배관의 바깥 면에는 부식을 방지하기 위하여 그 저장설비, 가스설비 및 배관이 설치된 상황에 따라 적절한 조치를 할 것

마) 충전용기가 넘어지는 것을 방지하기 위한 적절한 조치를 할 것

바) 산소와 함께 사용하는 액화석유가스 사용시설에는 가스가 역화되는 것을 효과적으로 차단할 수 있는 조치를 할 것

7) 부대설비기준

사용시설에는 이상 사태가 발생하는 것을 방지하고 이상 사태 발생 시 그 확대를 방지하기 위하여 필요한 설비에는 정전 등으로 그 설비의 기능이 상실되지 않도록 필요한 조치를 할 것. 다만 그에 상응하는 조치가 마련된 경우에는 예외로 한다.

8) 표시기준

사용시설의 안전을 위하여 필요한 곳에는 액화석유가스를 취급하는 시설 또는 일반인의 출입을 제한하는 시설이라는 것을 명확하게 알아볼 수 있도록 경계표지, 식별표지 및 위험표지 등 적절한 표지를 하고, 외부인의 출입을 통제할 수 있도록 적절한 경계 울타리를 설치할 것. 다만, 해당 시설이 저장능력이 100kg 이하인 용기에 의한 시설이거나 용기보관실이 설치된 시설인 경우에는 경계 울타리를 설치하지 않을 수 있다.

9) 그 밖의 기준

가) 사용시설에 설치하는 제품이 「고압가스 안전관리법」 및 법에 따른 검사대상에 해당하는 경우에는 그 검사에 합격한 것일 것

나) 가스용 폴리에틸렌관은 노출배관으로 사용하지 않을 것. 다만, 지상배관과 연결을 위하여 금속관을 사용하여 보호조치를 한 경우로서 지면에서 30㎝ 이하로 노출하여 시공하는 경우에는 노출배관으로 사용할 수 있다.

다) 가스용 폴리에틸렌관은 별표 19 제4호다목9)에 따른 폴리에틸렌관 융착원 양성교육을 이수한 사람에게 시공하도록 할 것

라) 주거용 가스사용시설에 관하여는 6)나) 및 나목2)가) 본문의 기준에 따르지 않을 수 있다.

마) 별표 2 제5호에 따른 고속도로의 휴게소 중 액화석유가스 저장능력이 500kg을 초과하는 고속도로의 휴게소에는 소형저장탱크를 설치할 것

바) 사용시설에 설치하는 연료전지는 화재, 폭발 및 중독 등의 사고를 방지하기 위하여 5)의 기준에 따

라 설치한다. 다만, 가스소비량이 232.6kW(20만kcal/h)를 초과하는 경우에는 5)의 기준에 따르지 않을 수 있다.

사) 고압가스 특정제조 시설 안의 가스사용시설에 관한 특례

「고압가스 안전관리법 시행령」 제3조제1항제1호에 따라 고압가스 특정제조허가를 받은 시설 안에 제조공정 용도로 설치하는 가스사용시설에 대해서는 제1호가목3), 같은 목 4)나)·다) 및 같은 목 9)가)에도 불구하고 내압 및 기밀시험, 용접부 비파괴시험, 가스용품사용에 대해서는 「고압가스 안전관리법 시행규칙」 별표 4에서 정하는 해당 기준을 따를 수 있다.

아) 이동식 프로판 연소기는 실외에서 사용하여야 한다.

자) 다음의 어느 하나에 해당하는 공사를 한 경우에는 공사명, 시공업체명, 연락처 등을 적은 시공표지판을 공사와 관계된 저장설비나 배관 등의 표면이나 그 주변의 눈에 잘 띄는 곳에 쉽게 떨어지지 않도록 설치할 것

(1) 제70조제1항제1호부터 제3호까지의 어느 하나에 해당하는 액화석유가스 특정사용자의 사용시설의 설치공사

(2) 제70조제1항제1호부터 제3호까지의 어느 하나에 해당하는 액화석유가스 특정사용자의 사용시설의 변경공사 중 제71조제1항 각 호의 어느 하나에 해당하는 변경공사

나. 기술기준

1) 안전유지기준

가) 충전용기의 밸브는 서서히 개폐하고, 밸브 또는 배관을 가열할 때에는 열습포나 40℃ 이하의 더운 물을 사용할 것

나) 내용적 20L 이상의 충전용기를 옥외를 이동하면서 사용할 때에는 용기운반전용 손수레에 단단하게 묶어 사용하여야 하고, 사용한 후에는 용기보관실에 보관할 것

다) 밸브 또는 콕(조작스위치에 의하여 밸브 또는 콕을 개폐하는 경우에는 그 조작스위치, 이하 "밸브등" 이라 한다)에는 그 밸브등을 안전하게 조작할 수 있도록 필요한 조치를 할 것

라) 사이폰용기는 기화장치가 설치되어 있는 시설에서만 사용할 것

마) 용접 또는 용단작업 중인 장소로부터 5m 이내에서는 흡연, 화기의 사용 또는 불꽃(토치 불꽃은 제외한다)을 발생시킬 우려가 있는 행위를 금지할 것

2) 점검기준

가) 가스사용자는 그 설비의 작동 상황을 1일 1회 이상 점검하고, 이상이 있을 경우에는 그 설비가 정상적으로 작동될 수 있도록 필요한 조치를 할 것. 다만, 주거용 가스사용자는 3개월에 1회 이상 자율적으로 시설점검을 실시하여야 한다.

나) 비상전력은 그 기능을 정기적으로 검사하여 사용상 지장이 없도록 할 것

3) 수리·청소 및 철거 기준

가스시설을 수리할 때에는 작업의 안전을 위하여 필요한 안전수칙을 준수하고, 작업 후에는 그 설비의 작동성 확인 등 안전을 위하여 필요한 조치를 할 것

다. 검사기준

1) 완성검사와 정기검사의 검사항목은 시설이 적합하게 설치 또는 유지·관리되고 있는지 확인하기 위하여 다음의 검사항목으로 할 것

검사 종류	검사항목
가) 완성검사	가목의 시설기준에 규정된 항목
나) 정기검사	(1) 가목의 시설기준에 규정된 항목 중 해당 사항 (2) 나목의 기술기준에 규정된 항목[1)다)·2)·3)은 제외한다] 중 해당 사항

2) 완성검사와 정기검사는 시설이 검사항목에 적합한지를 명확하게 판정할 수 있는 방법으로 할 것

3) 제70조제1항제1호 및 제2호에 해당하는 자가「건축법 시행령」별표 1에 따른 단독주택(공동저장시설을 사용하는 경우에 한함), 다중주택, 다가구주택, 공동주택, 오피스텔, 생활숙박시설 및 콘도미니엄에서 액화석유가스를 사용할 경우 완성검사 범위는 저장설비로부터 연소기까지로 하고, 정기검사 범위는 저장설비로부터 가스사용자가 구분하여 소유하거나 점유하는 건축물의 외벽에 설치하는 계량기의 전단밸브(계량기가 건축물의 내부에 설치된 경우에는 건축물의 외벽)까지로 한다.

4)「전기사업법」제2조제4호에 따른 발전사업자가 가동 · 건설 중인 발전소 내의 발전을 위한 가스터빈, 가스엔진, 가스보일러 또는 연료전지의 앞에 설치된 가스차단밸브 이후의 액화석유가스 사용시설은 완성검사 및 정기검사 범위에서 제외한다.

5)「에너지이용 합리화법」제39조제1항에 따른 검사대상기기의 앞에 설치된 가스차단밸브 이후의 액화석유가스 사용시설은 완성검사 및 정기검사 범위에서 제외한다.

2. 소형저장탱크에 의한 사용시설

가. 시설기준

1) 소형저장탱크의 가스충전구와 토지 경계선 및 건축물 개구부 사이의 거리, 소형저장탱크와 다른 소형저장탱크 사이의 거리는 가)에 따른 거리를 유지하여야 한다. 다만, 다음 나)부터 라)까지에 해당하는 경우에는 나)부터 라)까지에서 정하는 기준에도 따라야 한다.

가) 소형저장탱크의 설치거리

소형저장탱크의 충전질량(kg)	가스충전구로부터 토지 경계선에 대한 수평거리(m)	탱크 간 거리(m)	가스충전구로부터 건축물 개구부에 대한 거리(m)
1,000 미만	0.5 이상	0.3 이상	0.5 이상
1,000 이상 2,000 미만	3.0 이상	0.5 이상	3.0 이상
2,000 이상	5.5 이상	0.5 이상	3.5 이상

비 고
2개 이상의 저장설비가 있는 경우에는 각 저장설비별로 위 표에 따른 거리를 유지하여야 한다.

나) 토지 경계선이 바다 · 호수 · 하천 · 도로 등과 접하는 경우에는 그 반대편 끝을 토지 경계선으로 보며, 이 경우 탱크 바깥 면과 토지 경계선 사이에는 최소 0.5m 이상의 거리를 유지하여야 한다.

다) 충전질량이 1천kg 이상인 소형저장탱크의 경우로서 그 소형저장탱크의 가스충전구와 토지 경계선 및 건축물 개구부 사이에 방호벽을 설치하는 경우에는 그 소형저장탱크의 가스충전구와 토지 경계선 및 건축물 개구부 사이에 가)에 따른 거리의 2분의 1 이상의 직선거리를 유지하고, 가)에 따른 거리 이상의 우회거리를 유지하여야 한다. 이 경우 방호벽의 높이는 소형저장탱크 정상부보다 50cm 이상 높게 하여야 한다.

라) 제2조제1항제17호에 따른 다중이용시설 또는 가연성의 건조물[건조물의 외장재가 가연성인 경우를 포함한다. 이하 라)에서 같다]과 소형저장탱크 바깥 면과의 사이에는 가)의 가스충전구로부터 건축물 개구부에 대한 거리의 2배 이상의 직선거리를 유지해야 한다. 다만, 주위의 장소에서 발생되는 위해요소가 소형저장탱크로 전이되는 것을 방지하기 위해 다음 (1)부터 (3)까지의 어느 하나에 해당하는 경우와 사람을 수용하지 않는 가연성 건조물의 경우에는 가)의 가스충전구로부터 건축물 개구부에 대한 거리 이상의 직선거리를 유지해야 한다.

(1) 살수장치를 설치하는 경우

(2)「건축물의 피난 · 방화구조 등의 기준에 관한 규칙」제21조에 따른 방화벽을 설치하는 경우

(3) 산업통상자원부장관이 정하여 고시하는 조치를 하는 경우

2) 소형저장탱크는 그 소형저장탱크의 보호와 그 탱크를 사용하는 시설의 안전을 위하여 지상의 수평한 장소 등 적절한 장소에 설치할 것

3) 소형저장탱크는 그 소형저장탱크의 보호와 그 탱크를 사용하는 시설의 안전을 위하여 같은 장소에 설치하는 소형저장탱크의 수는 6기 이하로 하고 충전 질량의 합계는 5천kg 미만이 되도록 하는 등 위해의 우려가 없도록 적절하게 설치할 것

4) 소형저장탱크의 안전과 그 탱크를 사용하는 시설의 안전을 위하여 소형저장탱크에 설치하는 커플링과 소화설비의 재료, 구조, 설치방법 등에 대한 적절한 조치를 할 것

5) 소형저장탱크, 소형저장탱크(저장능력이 250kg 이상인 경우만을 말한다)와 압력조정기 입구까지의 배관에는 그 소형저장탱크 및 배관 안의 압력이 허용압력을 초과하는 경우 즉시 그 압력을 허용압력 이하로 되돌릴 수 있는 안전장치를 설치하는 등 필요한 조치를 할 것

6) 소형저장탱크와 가스설비실에는 가스가 누출될 경우 이를 신속히 알아차려 효과적으로 대응할 수 있도록 하기 위하여 필요한 조치를 할 것.

7) 소형저장탱크에는 그 소형저장탱크에서 발생한 정전기가 점화원이 되는 것을 방지하기 위하여 필요한 조치를 할 것

8) 삭제 〈2020.3.18.〉

9) 그 밖에 소형저장탱크에 의한 사용시설의 시설기준은 제1호가목[2)나)부터 라)까지, 4)라)(1) 단서(저장설비에서 압력조정기까지의 부분만 해당한다) 및 6)가)·6)마)는 제외한다]의 시설기준에 따를 것

나. 기술기준

1) 소형저장탱크와 기화장치의 주위 5m 이내에서는 화기의 사용을 금지하고 인화성물질이나 발화성물질을 많이 쌓아두지 않을 것

2) 소형저장탱크 주위에 있는 밸브류의 조작은 원칙적으로 수동조작으로 할 것

3) 소형저장탱크의 안전 커플링의 주밸브는 액체의 열팽창으로 인하여 배관의 압력이 상승하는 것을 방지하기 위하여 항상 열어둘 것. 다만, 안전 커플링으로부터의 가스누출이나 긴급 시의 대책을 위하여 필요한 경우에는 닫아 두어야 한다.

4) 소형저장탱크에 가스를 공급하는 가스공급자가 시설의 안전유지를 위해 필요하여 요청하는 사항은 반드시 지킬 것

5) 소형저장탱크에의 액화석유가스 충전은 벌크로리 등에서 발생하는 정전기를 제거하고, "화기엄금" 등의 표지판을 설치하는 등 안전에 필요한 수칙을 준수하고, 안전유지에 필요한 조치를 할 것

6) 밸브나 배관을 가열할 때에는 열습포나 40℃ 이하의 더운 물을 사용할 것

7) 살수장치와 소화전은 매월 1회 이상 작동 상황을 점검하여 원활하고 확실하게 작동하는지 확인하고, 그 기록을 작성·유지할 것. 다만, 얼어붙을 우려가 있는 경우에는 펌프 구동만으로 성능시험을 갈음할 수 있다

8) 그 밖에 소형저장탱크에 의한 사용시설의 기술기준은 제1호나목[1)가)·나) 및 라)는 제외한다]의 기술기준에 따를 것

다. 검사기준

1) 완성검사와 정기검사의 검사항목은 시설이 적합하게 설치 또는 유지·관리되고 있는지 확인하기 위하여 다음의 검사항목으로 할 것

검사 종류	검사항목
가) 완성검사	가목의 시설기준에 규정된 항목
나) 정기검사	(1) 가목의 시설기준에 규정된 항목 중 해당 사항 (2) 나목의 기술기준에 규정된 항목[1)부터 5)까지 및 7)과 제1호 나목 2)·3)은 제외한다] 중 해당 사항

2) 완성검사와 정기검사는 시설이 검사항목에 적합한지를 명확하게 판정할 수 있는 방법으로 실시할 것

3) 제70조제1항제1호 및 제2호에 해당하는 자가 「건축법 시행령」 별표 1에 따른 단독주택(공동저장시설을 사용하는 경우에 한함), 다중주택, 다가구주택, 공동주택, 오피스텔, 생활숙박시설 및 콘도미니엄에서 액화석유가스를 사용할 경우 완성검사 범위는 저장설비로부터 연소기까지로 하고, 정기검사 범위는 저장설비로부터 가스사용자가 구분하여 소유하거나 점유하는 건축물의 외벽에 설치하는 계량기의 전단밸브(계량기가 건축물의 내부에 설치된 경우에는 건축물의 외벽)까지로 한다.

4) 「전기사업법」 제2조제4호에 따른 발전사업자가 가동·건설 중인 발전소 내의 발전을 위한 가스터빈, 가스엔진, 가스보일러 또는 연료전지의 앞에 설치된 가스차단밸브 이후의 액화석유가스 사용시설은 완성검사 및 정기검사 범위에서 제외한다.

5) 「에너지이용 합리화법」 제39조제1항에 따른 검사대상기기의 앞에 설치된 가스차단밸브 이후의 액화석유가스 사용시설은 완성검사 및 정기검사 범위에서 제외한다.

3. 저장탱크에 의한 사용시설

가. 시설기준

1) 저장탱크는 그 바깥 면으로부터 사업소 경계(사업소 경계가 바다·호수·하천·도로 등과 접한 경우에는 그 반대편 끝을 경계로 본다)까지 다음의 기준에서 정한 거리 이상을 유지할 것. 다만, 지하에 저장설비를 설치하는 경우에는 다음 표에 따른 거리의 2분의 1로 할 수 있으며, 시장·군수·구청장이 공공의 안전을 위하여 필요하다고 인정하는 지역에 대해서는 다음 표에서 정한 거리에 일정 거리를 더하여 정할 수 있다.

저장능력	사업소 경계와의 거리
10톤 이하	17m
10톤 초과 20톤 이하	21m
20톤 초과 30톤 이하	24m
30톤 초과 40톤 이하	27m
40톤 초과	30m

비 고

1. 이 표의 저장능력 산정은 별표 4 제1호 가목 1) 다)의 표에서 정한 계산식에 따른다.
2. 동일한 사업소에 두개 이상의 저장설비가 있는 경우에는 그 설비별로 각각 안전거리를 유지하여야 한다.

2) 저장설비와 가스설비의 기초는 지반 침하로 그 설비에 유해한 영향을 끼치지 않도록 필요한 조치를 할 것. 이 경우 저장탱크(저장능력이 3톤 미만의 저장설비는 제외한다)의 받침대(받침대가 없는 저장탱크에는 그 아랫부분)는 같은 기초 위에 설치할 것

3) 지상에 설치하는 저장탱크, 그 받침대 및 부속설비는 화재로부터 보호하기 위하여 열에 견딜 수 있는 적절한 구조로 하고, 온도상승을 방지할 수 있는 적절한 조치를 할 것

4) 저장탱크의 지지구조물과 기초는 지진에 견딜 수 있도록 설계하고 지진의 영향으로부터 안전한 구조일 것

5) 저장탱크와 다른 저장탱크 사이에는 두 저장탱크의 최대지름을 합산한 길이의 4분의 1 이상에 해당하는 거리를 유지하는 등 하나의 저장탱크에서 발생한 위해요소가 다른 저장탱크로 전이되지 않도록 하기 위하여 필요한 조치를 할 것

6) 시·도지사가 위해방지를 위하여 필요하다고 지정하는 지역의 저장탱크는 그 저장탱크 설치실 안에서의 가스폭발을 방지하기 위하여 필요한 조치를 마련하여 지하에 묻을 것

7) 저장탱크에는 폭발방지장치 등 필요한 안전설비를 설치하고, 부압파괴방지 조치 및 방호조치 등 필요한 안전조치를 할 것. 다만, 다음 중 어느 하나를 설치한 경우에는 폭발방지장치를 설치한 것으로 본다.

가) 물분무장치(살수장치를 포함한다)나 소화전을 설치하는 저장탱크

나) 저온저장탱크(이중벽 단열구조의 것을 말한다)로서 그 단열재의 두께가 해당 저장탱크 주변의 화재를 고려하여 설계 시공된 저장탱크

다) 지하에 매몰하여 설치하는 저장탱크

8) 가스설비의 재료는 액화석유가스의 취급에 적합한 기계적 성질과 화학적 성분이 있는 것일 것

9) 가스설비의 강도·두께 및 성능은 액화석유가스를 안전하게 취급할 수 있는 적절한 것일 것

10) 배관(감압설비 전단의 배관만을 말한다)은 신축 등으로 액화석유가스가 누출되는 것을 방지하기 위하여 필요한 조치를 할 것

11) 저장설비, 가스설비 및 배관[감압설비 전단의 배관으로 한정한다. 이하 11)에서 같다]에는 그 설비 및 배관 안의 압력이 허용압력을 초과하는 경우 즉시 그 압력을 허용압력 이하로 되돌릴 수 있는 안전장치를 설치하는 등 필요한 조치를 강구할 것

12) 저장설비실과 가스설비실에는 가스가 누출될 경우 이를 신속히 알아차려 효과적으로 대응할 수 있도록 하기 위하여 필요한 조치를 할 것

13) 저장탱크에 부착된 배관에는 긴급 시 가스의 누출을 효과적으로 차단할 수 있는 조치를 할 것. 다만, 액체 상태의 액화석유가스를 이입하기 위하여 설치된 배관에는 역류방지밸브로 대신할 수 있다.

14) 위험장소 안에 있는 전기설비는 누출된 가스의 점화원이 되는 것을 방지하기 위하여 적절한 방폭 성능을 갖춘 것일 것

15) 저장설비와 가스설비에는 그 설비에서 발생한 정전기가 점화원이 되는 것을 방지하기 위하여 필요한 조치를 할 것

16) 저장탱크(지하에 매설하는 것은 제외한다) 또는 가스설비에는 살수장치 또는 이와 같은 수준 이상의 소화능력이 있는 설비를 설치할 것

17) 배관에는 온도상승 방지조치 등 필요한 보호조치를 할 것

18) 사용시설에는 이상사태가 발생하는 것을 방지하고 이상사태 발생 시 그 확대를 방지하기 위하여 계측 설비·비상전력설비·통신설비 등 필요한 설비를 설치하거나 조치를 하고, 가스설비 설치실을 설치하는 경우에는 불연재료(지붕은 가벼운 불연재료)를 사용하는 등 안전한 구조로 할 것

19) 고압가스 특정제조 시설 안의 가스사용시설에 관한 특례
「고압가스 안전관리법 시행령」 제3조제1항제1호에 따라 고압가스 특정제조허가를 받은 시설 안에 제조 공정 용도로 설치하는 가스사용시설에 대해서는 제3호가목9)·제1호가목3), 같은 목 4)나)·다) 및 9) 가)에도 불구하고 내압시험 및 기밀시험, 용접부 비파괴시험, 가스용품사용에 대해서는 「고압가스 안 전관리법 시행규칙」 별표 4에서 정하는 해당 기준을 따를 수 있다.

20) 그 밖에 저장탱크에 의한 사용시설의 시설기준은 제1호가목[2)나)부터 라)까지, 4)라)(1) 단서(저장설비에서 압력조정기까지의 부분만 해당한다), 6)가)·마), 7) 및 9)사)는 제외한다]의 시설기준에 따를 것

나. 기술기준

1) 저장탱크의 안전을 위하여 1년에 1회 이상 정기적으로 적정한 방법으로 침하 상태를 측정하고, 그 침하 상태에 따라 적절한 안전조치를 할 것

2) 밸브나 배관을 가열하는 때에는 열습포나 40℃ 이하의 더운 물을 사용할 것

3) 가스시설에 설치된 긴급차단장치에 대해서는 1년에 1회 이상 밸브 시트의 누출검사 및 작동검사를 하여 누출량이 안전에 지장이 없는 양 이하이고 작동이 원활하며, 확실하게 개폐될 수 있는 작동 기능을 가졌음을 확인할 것

4) 정전기 제거설비를 정상 상태로 유지하기 위하여 다음 기준에 따라 검사를 하여 기능을 확인할 것

가) 지상에서의 접지저항치

나) 지상에서의 접속부의 접속 상태

다) 지상에서의 절선 부분이나 그 밖의 손상 부분의 유무

5) 물분무장치, 살수장치와 소화전은 매월 1회 이상 작동 상황을 점검하여 원활하고 확실하게 작동하는지 확인하고, 점검 기록을 작성·유지할 것. 다만, 얼어붙을 우려가 있는 경우에는 펌프 구동만으로 성능시험을 대신할 수 있다

6) 그 밖에 저장탱크에 의한 사용시설의 기술기준은 제1호나목[(1)가)·나) 및 라)는 제외한다]의 기술기준에 따를 것

다. 검사기준

1) 완성검사와 정기검사의 검사항목은 시설이 적합하게 설치 또는 유지·관리되고 있는지 확인하기 위하여 다음의 검사항목으로 할 것

검사 종류	검사항목
가) 완성검사	가목의 시설기준에 규정된 항목
나) 정기검사	(1) 가목의 시설기준에 규정된 항목 중 해당 사항 (2) 나목의 기술기준에 규정된 항목[(1), 3)부터 5)까지와 제1호 나목 2)·3)은 제외한다] 중 해당 사항

2) 완성검사와 정기검사는 시설이 검사항목에 적합한지를 명확하게 판정할 수 있는 방법으로 할 것

3) 제70조제1항제1호 및 제2호에 해당하는 자가 「건축법 시행령」 별표 1에 따른 단독주택(공동저장시설을 사용하는 경우에 한함), 다중주택, 다가구주택, 공동주택, 오피스텔, 생활숙박시설 및 콘도미니엄에서 액화석유가스를 사용할 경우 완성검사 범위는 저장설비로부터 연소기까지로 하고, 정기검사 범위는 저장설비로부터 가스사용자가 구분하여 소유하거나 점유하는 건축물의 외벽에 설치하는 계량기의 전단밸브(계량기가 건축물의 내부에 설치된 경우에는 건축물의 외벽)까지로 한다.

4) 「전기사업법」 제2조제4호에 따른 발전사업자가 가동·건설 중인 발전소 내의 발전을 위한 가스터빈, 가스엔진, 가스보일러 또는 연료전지의 앞에 설치된 가스차단밸브 이후의 액화석유가스 사용시설은 완성검사 및 정기검사 범위에서 제외한다.

5) 「에너지이용 합리화법」 제39조제1항에 따른 검사대상기기의 앞에 설치된 가스차단밸브 이후의 액화석유가스 사용시설은 완성검사 및 정기검사 범위에서 제외한다.

4. 액화석유가스 자동차 연료장치

가. 시설기준

1) 저장설비기준

가) 액화석유가스를 연료로 사용하는 자동차에는 그 자동차 및 연료장치의 안전을 위하여 적절한 방법으로 용기를 설치하고 필요한 조치를 할 것

나) 용기에는 용기의 안전을 위하여 적정한 기능이 있는 용기밸브·과류방지밸브·과충전방지장치·사이폰관 등 필요한 설비나 장치 등을 설치하고, 적절한 조치를 할 것

2) 가스설비기준

액화석유가스를 연료로 사용하는 자동차에는 그 자동차 및 연료장치의 안전을 위하여 적정한 기능이 있는 압력조정기·기화장치·연료펌프·여과장치·고압고무호스 및 전자식밸브 등 필요한 설비나 장치 등을 설치하고, 적절한 조치를 할 것

3) 배관설비기준

가) 배관과 호스의 재료는 그 배관과 호스의 안전성을 위하여 액화석유가스의 압력, 사용하는 온도 및 환경에 적절한 기계적 성질과 화학적 성분이 있는 것일 것

나) 배관의 두께는 액화석유가스를 안전하게 취급할 수 있는 적절한 것일 것

다) 배관과 호스는 수송하는 액화석유가스의 특성 및 설치 환경조건을 고려하여 위해의 우려가 없도록

설치하고, 배관과 호스의 안전한 유지·관리를 위하여 필요한 설비를 설치하거나 필요한 조치를 할 것

4) 사고예방설비기준

   가) 용기에는 그 용기안의 압력이 허용압력을 초과하는 경우 즉시 그 압력을 허용압력 이하로 되돌릴 수 있는 안전장치를 설치하는 등 필요한 조치를 할 것

   나) 액출구밸브 또는 그 근처에는 배관의 파손 등으로 연료가스액의 유출에 이상이 생긴 경우 용기로부터 연료가스액의 유출을 자동적으로 차단할 수 있는 기능을 가진 장치를 설치하는 등 필요한 조치를 할 것

   다) 액화석유가스 충전 중에는 자동차 시동이 걸리지 않도록 자동차에 오발진 방지장치 설치를 권고할 수 있다.

5) 부대설비기준

   용기에는 액화석유가스 자동차 연료장치의 안전을 위하여 계측설비 등 필요한 설비를 설치하거나 조치를 할 것

6) 그 밖의 기준

   액화석유가스 자동차 연료장치에 설치하는 제품이 「고압가스 안전관리법」 및 법에 따른 검사대상에 해당하는 경우에는 그 검사에 합격한 것일 것

나. 검사기준

1) 완성검사와 정기검사의 검사항목은 시설이 적합하게 설치 또는 유지·관리되고 있는지 확인하기 위하여 다음의 검사항목으로 할 것

검사 종류	검사항목
가) 완성검사	가목의 시설기준에 규정된 항목
나) 정기검사	가목의 시설기준에 규정된 항목 중 해당 사항

2) 완성검사와 정기검사는 시설이 검사항목에 적합한지를 명확하게 판정할 수 있는 방법으로 할 것

5. 음식판매자동차 및 캠핑용자동차의 액화석유가스 사용 시

제70조제1항제7호에 따른 음식판매자동차 및 같은 항 제8호에 따른 캠핑용자동차의 액화석유가스 사용시설에 대한 시설기준·기술기준·검사기준은 산업통상자원부장관이 정하여 고시하는 기준에 따른다.

02 연습문제

Industrial Engineer Gas

01 LPG 자동차의 용기에 설치하는 과충전 방지장치에 관한 설명 중 잘못된 것은?

㉮ 충전용량이 내용적의 85% 이상일 때 충전이 되지 않아야 한다.

㉯ 설정점은 용이하게 변경할 수 없어야 한다.

㉰ $32kg/cm^2$ 이상의 내압시험 및 $18kg/cm^2$ 이상의 기밀시험에 합격한 제품이어야 한다.

㉱ 액화석유가스에 견디는 화학적 성질 및 기계적 강도를 가져야 한다.

해설 LPG 자동차의 과충전 방지장치는 $30kg/cm^2$ 이상의 내압시험 및 $18kg/cm^2$ 이상의 기밀시험에 합격한 제품이어야 한다.

02 압력조정기를 제조하고자 하는 자가 갖추어야 할 검사설비에 해당되지 않는 것은?

㉮ 치수측정설비

㉯ 주조 및 다이캐스팅설비

㉰ 내압시험설비

㉱ 기밀시험설비

해설 압력조정기의 검사설비
① 치수측정설비
② 내압시험설비
③ 기밀시험설비

03 액화석유가스의 저장설비 및 가스설비실의 통풍구조에 대한 설명 중 옳은 것은?

㉮ 사방을 방호벽으로 설치하는 경우 한 방향으로 2개소의 환기구를 설치한다.

㉯ 환기구의 1개소 면적은 $2,400cm^2$ 이하로 한다.

㉰ 강제통풍시설의 방출구는 지면에서 2m 이상의 높이에 설치한다.

㉱ 강제통풍시설의 통풍능력은 1m마다 $0.3m^3$/분으로 한다.

해설 LPG 저장설비 및 가스설비의 통풍구 면적을 바닥면에 접하고 또한 외기에 면하여 설치된 환기구의 통풍가능면적의 합계가 바닥면적 $1m^2$ 마다 $300cm^2$ 이다.(1개소 환기구의 면적은 $2,400cm^2$ 이하로 한다.)

04 액화석유가스 누출 시 응급조치로 가장 부적절한 것은?

㉮ 중간밸브를 잠근다.

㉯ 배기팬을 작동시킨다.

㉰ 창문을 열어 환기시킨다.

㉱ 화기는 사용하지 않는다.

해설 배기팬을 작동시키는 작업은 액화석유가스 누출 시 전기 스파크에 의해 폭발을 조장한다.

05 가정용 LP가스가 안전상 취약점이 아닌 것은?

㉮ 소량 누출로 폭발의 위험

㉯ 가스의 누출이 눈으로 식별 불가능

㉰ 기화시 약 250배로 팽창 확산하여 인화시 피해가 큼

㉱ 냄새가 없어 누출을 코로 식별 불가능

해설 LP가스는 부취제 첨가로 인하여 누설 시 코로 식별이 가능하다.

정답 01.㉰ 02.㉯ 03.㉯ 04.㉯ 05.㉱

06 다음 중 LPG 저장용기에 대한 설명으로 가장 거리가 먼 것은?

㉮ 용기의 재질은 탄소강을 주로 사용한다.

㉯ 용기의 색은 회색이다.

㉰ 스프링식 안전밸브를 사용한다.

㉱ 내압시험압력은 15.6kg/cm² 이하이다.

해설 LPG 저장용기에서
① 최고충전압력 : 15.6kg/cm²
② 기밀시험압력 : 15.6kg/cm² 이상
③ 용기의 내압시험 : 26kg/cm² 이상

07 액화석유가스는 공기 중에서 누출 시 그 농도가 몇 %일 때 감지할 수 있도록 냄새가 나는 물질(부취제)을 혼합하는가?

㉮ 0.1

㉯ 0.3

㉰ 1

㉱ 3

해설 부취제농도 : 1천분의 1 상태(0.1%)

08 겨울에 LP 가스 용기의 밸브가 얼었을 경우 조치방법으로 가장 적절한 것은?

㉮ 더운물(60℃)을 사용한다.

㉯ 얼음을 깨고 사용한다.

㉰ 가스토치로 녹여 사용한다.

㉱ 40℃ 이하의 열습포로 녹여 사용한다.

해설 얼어버린 LP 가스 용기밸브는 40℃ 이하 열습포로 녹인다.

09 자동차에 고정된 탱크로 납붙임 또는 접합용기에 액화석유가스를 충전하는 때의 가스의 압력은 35℃에서 몇 MPa 미만이 되도록 하여야 하는가?

㉮ 0.1

㉯ 0.2

㉰ 0.3

㉱ 0.5

해설 35℃에서 0.5MPa 미만이 되도록 한다.

10 액화석유가스 충전소 내에 설치할 수 없는 시설은?

㉮ 충전소의 관계자가 근무하는 대기실

㉯ 자동차의 세정을 위한 자동세차시설

㉰ 충전소에 출입하는 사람을 대상으로 한 자동판매기 및 현금자동지급기

㉱ 충전소의 관계자 및 충전소에 출입하는 사람을 대상으로 한 놀이방

해설 LPG 충전소 내 놀이방 시설은 설치할 수 없다.

11 가스공급자는 일반수요자에게 액화석유가스를 공급할 경우 체적판매법에 의하여 공급하여야 한다. 다음 중 중량 판매방법에 의하여 공급할 수 있는 경우는?

㉮ 병원에서 LPG 용기를 사용하는 경우

㉯ 학교에서 LPG 용기를 사용하는 경우

㉰ 교회에서 LPG 용기를 사용하는 경우

㉱ 경로당에서 LPG 용기를 사용하는 경우

해설 경로당 임시사용 LPG 용기는(소량 사용) 중량판매가 가능하나 대규모 LPG 사용자에게는 체적판매가 이루어져야 한다.

정답 06.㉱ 07.㉮ 08.㉱ 09.㉱ 10.㉱ 11.㉱

12 액화석유가스 자동차충전소에 설치할 수 있는 건축물 또는 시설은?

㉮ 액화석유가스 충전사업자가 운영하고 있는 용기를 재검사하기 위한 시설

㉯ 충전소의 종사자가 이용하기 위한 연면적 200m² 이하의 식당

㉰ 충전소를 출입하는 사람을 위한 연면적 200m² 이하의 매점

㉱ 공구 등을 보관하기 위한 연면적 200m² 이하의 창고

해설 LPG 가스자동차충전소에는 액화석유가스 충전사업자가 운영하고 있는 용기의 재검사를 하기 위한 건축물이나 시설을 할 수 있다.(100m² 이하 창고 또는 식당 등)

13 저장능력이 2톤인 액화석유가스 저장설비는 화기취급 장소와 몇 m 이상의 우회거리를 유지하여야 하는가?

㉮ 2 ㉯ 5

㉰ 8 ㉱ 10

해설 ① 1톤 미만 : 2m
② 1톤 이상~3톤 미만 : 5m
③ 3톤 이상 : 8m

14 고압호스 제조시설설비가 아닌 것은?

㉮ 공작기계

㉯ 동력용 조립설비

㉰ 절단설비

㉱ 용접설비

해설 용접설비는 고압가스 사용이나 공급시설의 이음설비이다.

15 액화석유가스의 안전관리 및 사업법상 용어의 정의를 나타낸 것 중 옳지 않은 것은?

㉮ 저장설비 : 액화석유가스를 저장하기 위한 설비로서 저장탱크·소형저장탱크 및 용기를 말한다.

㉯ 저장탱크 : 액화석유가스를 저장하기 위하여 지상 또는 지하에 고정 설치된 탱크로서 그 저장능력이 3톤 이상인 탱크를 말한다.

㉰ 충전설비 : 용기 또는 차량에 고정된 탱크에 액화석유가스를 충전하기 위한 설비로서 충전기와 저장탱크에 부속된 펌프·압축기를 말한다.

㉱ 충전용기 : 액화석유가스의 충전질량의 3분의 1 이상이 충전되어 있는 상태의 용기를 말한다.

해설 충전용기 : 충전질량의 $\frac{1}{2}$ 이상 충전된 용기($\frac{1}{2}$ 미만은 잔가스 용기)

16 다음 그림은 LPG 저장탱크의 최저부를 나타내고 있다. 무슨 기능을 가지는가?

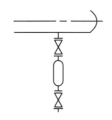

㉮ 대량의 LPG가 유출되는 것을 방지한다.

㉯ 일정압력 이상시 압력을 낮춘다.

㉰ LPG 내의 수분 및 불순물을 제거한다.

㉱ 화재에 의해 온도가 상승 시 긴급 차단한다.

해설 기능 : LPG 내의 수분 및 불순물 제거

정답 12.㉮ 13.㉯ 14.㉱ 15.㉱ 16.㉰

17 액화석유가스 사용시설에서 호스의 길이는 연소기까지 몇 m 이내로 하여야 하는가? (단, 용접 또는 용단작업용 시설 제외)

㉮ 2m   ㉯ 3m

㉰ 4m   ㉭ 5m

해설 액화석유가스의 사용시설 호스의 길이는 3m 이내이다.

18 LP 가스용기 내용적(20kg) 운반시 취급방법으로 옳지 않은 것은?

㉮ 충전용기는 전도방지를 위해 안전하게 뉘어서 차량에 적재한다.

㉯ 충전장에서 차량을 정차할 때에는 시동을 끄고 차량바퀴 고정목을 설치한다.

㉰ 적재량 3톤 이상을 운반 시에는 운반책임자를 동승시킨다.

㉭ 빈 용기를 운반할 경우 충전용기와 같이 조심스럽게 취급하여야 한다.

해설 LP 가스 충전용기는 차량에 적재 시 고무링을 씌우거나 적재함에 세워서 운반할 것

19 LPG 충전기의 충전호스의 길이는 몇 m 이내로 하여야 하는가?

㉮ 2m 이내   ㉯ 3m 이내

㉰ 5m 이내   ㉭ 7m 이내

해설 LPG 충전기의 충전호스 길이는 5m 이내로 한다.

20 액화석유가스 설비의 가스안전사고 방지를 위하여 기밀시험을 하고자 한다. 이때 사용할 수 없는 가스는?

㉮ 공기   ㉯ 탄산가스

㉰ 질소   ㉭ 산소

해설 기밀시험시 : 산소나 가연성가스의 투입은 금물이다.

21 액화석유가스 배관을 LPG 충전소 내에 매설할 경우 지면으로부터 얼마 이상의 깊이로 매설하여야 하는가?

㉮ 0.5m   ㉯ 1.0m

㉰ 1.5m   ㉭ 2.0m

해설 지하매설(LPG)
① 공동주택부지 내 : 0.6m 이상
② 차량통행 도로 : 1.2m 이상
③ ①과 ②에 해당되지 않는 곳 : 1m 이상

22 20kg의 LPG가 누출하여 폭발할 경우 TNT 폭발 위력으로 환산하면 TNT 몇 kg에 해당하는가? (단, 가스의 발열량 : 12,000kcal/kg, TNT의 연소열 : 1,100kcal/kg, 폭발효율 : 3%이다.)

㉮ 0.6kg   ㉯ 6.5kg

㉰ 16.2kg   ㉭ 26.6kg

해설 $\dfrac{20kg \times 12,000kcal/kg}{1,100kcal/kg} \times 0.03 = 6.545kg$

23 LP 가스(C_3/C_4mol 비 =1)의 폭발하한이 공기 중에서 1.8vol%라면 높이가 2m이고 넓이가 9m²인 부엌(20℃로 유지)에 몇 g 이상의 가스가 유출되면 폭발할 가능성이 있는가? (단, 이상기체로 가정한다.)

㉮ 782   ㉯ 688

㉰ 593   ㉭ 405

해설 용적 =2×9=18m³
18×1,000=18,000L,
$\left(18,000 \times \dfrac{273+20}{273}\right) \times \dfrac{44}{22.4} \times 0.018 = 683g$

정답 17.㉭ 18.㉮ 19.㉰ 20.㉭ 21.㉯ 22.㉯ 23.㉯

24 표준상태에서 2,000L의 체적을 갖는 가스 상태 부탄의 질량은?

㉮ 4,000g ㉯ 4,579g

㉰ 5,179g ㉱ 5,500g

해설 $C_4H_{10} = 58g = 22.4L$

$$\frac{2,000}{22.4} \times 58 = 5,179g$$

25 액화석유가스 저장탱크를 지하에 묻는 경우의 설치기준으로 옳지 않은 것은?

㉮ 저장탱크를 묻는 곳의 주위에는 경계선을 지상에 표시한다.

㉯ 지면으로부터 저장탱크의 정상부까지의 깊이는 60cm 이상으로 한다.

㉰ 저장탱크가 2개 이상 설치될 때 탱크 사이의 간격은 2m 이상의 거리를 유지한다.

㉱ 저장탱크실을 만들 때는 30cm 이상의 두께로 방수조치한 철근콘크리트로 한다.

해설 지하 저장탱크는 2개 이상 인접하여 설치하는 경우 1m 이상의 거리를 요한다.

26 가스사고가 발생하게 되면 허가를 받은 액화석유가스충전사업자는 한국가스안전공사에 통보하게 되어 있다. 다음 중 가스사고발생시 사업자가 서면으로 통보해야 할 사항이 아닌 것은?

㉮ 사고발생일시 ㉯ 사고발생장소

㉰ 사고내용 ㉱ 사고원인

27 액화석유가스 조정압력이 3.3kPa 이하인 조정기의 안전장치 작동표준압력은?

㉮ 3kPa ㉯ 5kPa

㉰ 7kPa ㉱ 10kPa

해설 $3kPa = 0.03kg/cm^2 = 23mmHg$

$7kPa = 0.07kg/cm^2 = 54mmHg$

조정압력이 330mmH$_2$O(3.3kPa) 이하이면 조정기의 조정압력은 700mmH$_2$O 작동표준압력이다.

28 부취제의 구비 조건으로 옳지 않은 것은?

㉮ 독성이 없을 것

㉯ 부식성이 없고 화학적으로 안정할 것

㉰ 수용성으로 토양에 대한 투과성이 좋을 것

㉱ 완전연소 후 유해가스 발생이 없고 응축되지 않을 것

해설 부취제는 수용성이 아닐 것(물에 용해되지 말 것)

29 다음 중 LPG가 가장 많이 생산되는 곳은?

㉮ 유정

㉯ 정유공장

㉰ 석유화학공장

㉱ 천연가스 합성

해설 LPG(액화석유가스)는 유정에서 가장 많이 생산된다.

30 액화석유가스의 특성에 대한 설명으로 옳지 않은 것은?

㉮ 액체는 물보다 가볍고, 기체는 공기보다 무겁다.

㉯ 액체의 온도에 의한 부피변화가 작다.

㉰ 일반적으로 LNG보다 발열량이 크다.

㉱ 연소 시 다량의 공기가 필요하다.

해설 액화석유가스는 액체의 온도에 의한 부피변화가 크다.

31 LP가스용 금속플렉시블호스에 대한 설명으로 옳은 것은?

㉮ 호스 이음쇠는 플레어 또는 유니온의 접속 기능을 갖추어야 한다.

㉯ 호스의 길이는 한쪽 이음쇠의 끝에서 다른 쪽 이음쇠까지로 하며 길이허용 오차는 +4%, −3% 이내로 한다.

㉰ 스테인리스강은 튜브의 재료로 사용하여서는 아니 된다.

㉱ 호스의 내열성시험은 100±2℃에서 30분간 유지 후 균열 등의 이상이 없어야 한다.

32 부탄가스의 완전연소방정식을 다음과 같이 나타낼 때 화학양론 농도(Cst)는? (단, 공기 중 산소는 21%이다.)

$$C_4H_{10} + 6.5O_2 \rightarrow 4CO_2 + 5H_2O$$

㉮ 1.8%

㉯ 3.1%

㉰ 5.5%

㉱ 8.9%

33 LP 가스 용기에 그림과 같이 차광시설을 할 때 완전히 밀폐하여서는 안 되는 부분은?

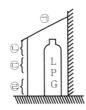

㉮ ㉠

㉯ ㉡

㉰ ㉢

㉱ ㉣

해설 LPG는 공기보다 비중이 무거워 가스누설 시를 대비하여 ㉣부분은 밀폐시키지 않는다.

34 액화석유가스를 지상에 설치시 저장능력이 몇 톤 이상인 경우 방류둑을 설치하여야 하는가?

㉮ 2,000톤

㉯ 500톤

㉰ 1,000톤

㉱ 3,000톤

해설 LPG의 저장탱크가 1,000톤 이상이면 방류둑이 필요하다.

35 액화석유가스 사용시설의 충전용 주관에 설치된 압력계의 점검 주기는?

㉮ 월 1회 이상

㉯ 분기 1회 이상

㉰ 6월 1회 이상

㉱ 연 1회 이상

해설 ① 충전용 주관의 압력계 : 매월 1회 이상 기능검사
② 기타의 압력계 : 3월에 1회 이상 기능검사

36 액화석유가스의 사용시설 설치기준으로 옳지 않은 것은?

㉮ 용기저장능력이 100kg 초과 시에는 용기보관실을 설치해야 한다.

㉯ 배관이음부와 전기계량기와는 60cm 이상 이격해야 한다.

㉰ 가스온수기는 목욕탕에 설치하고 배기가 용이하도록 배기통을 설치한다.

㉱ 사이펀 용기는 기화장치가 설치되어 있는 시설에서만 사용한다.

해설 습기가 많거나 사람이 많이 모여 있는 목욕탕에 가스 온수기 설치는 위험하다.

정답 | 31.㉮ 32.㉯ 33.㉱ 34.㉰ 35.㉮ 36.㉰

37 액화석유가스의 자동차 용기 충전시설 기준으로 옳지 않은 것은?

㉮ 가스주입기는 투터치형으로 할 것

㉯ 충전기의 충전호스의 길이는 5m 이내로 할 것

㉰ 충전호스에 과도한 인장력이 가해졌을 때 충전기와 가스 주입기가 분리될 수 있는 안전장치를 설치할 것

㉱ 정전기를 유효하게 제거할 수 있는 정전기 제거장치를 설치할 것

해설 자동차 용기 충전 시는 가스주입기가 원터치형이 요구된다.

38 액화석유가스 사용시설 중 배관을 움직이지 아니하도록 고정, 부착하는 조치로 1m마다 고정장치를 하여야 하는 관경은?

㉮ 관경 13mm 이상 33mm 미만의 것

㉯ 관경 13mm 미만의 것

㉰ 관경 33mm 미만의 것

㉱ 관경 33mm 이상의 것

해설 관경 13mm 미만의 가스배관에는 1m마다 고정장치를 한다.

39 LPG 판매 사업소의 시설 기준으로 옳지 않은 것은?

㉮ 가스누출경보기는 용기보관실에 설치하되 일체형으로 설치한다.

㉯ 용기보관실의 전기설비 스위치는 용기보관실 외부에 설치한다.

㉰ 용기보관실의 실내온도는 40℃ 이하로 유지하여야 한다.

㉱ 용기보관실 및 사무실은 동일부지 내에 구분하여 설치한다.

해설 가스누출경보기는 용기본관실에 설치하되 분리형으로 설치한다.

40 액화석유가스 저장탱크의 설치기준이 틀린 것은?

㉮ 저장탱크에 설치한 안전밸브는 지면으로부터 2m 이상의 높이의 방출구에 있는 가스방출관을 설치할 것

㉯ 저장탱크를 2개 이상 인접설치하는 경우 상호 간에 1m 이상의 거리를 유지할 것

㉰ 저장탱크의 지면으로부터 저장탱크의 정상부까지의 깊이는 60cm 이상으로 할 것

㉱ 저장탱크의 일부를 지하에 설치한 경우 지하에 묻힌 부분이 부식되지 않도록 조치할 것

해설 저장탱크에 설치한 안전밸브는 지면에서 5m 이상 또는 그 저장탱크의 정상부로부터 2m 이상의 높이 중 높은 위치에 설치할 것

41 액화석유가스의 일반적인 특징으로 옳지 않은 것은?

㉮ LP 가스는 공기보다 무겁다.

㉯ 액상의 LP 가스는 물보다 가볍다.

㉰ 기화하면 체적이 커진다.

㉱ 증발잠열이 작다.

해설 액화석유가스 증발잠열이 크다.
① 프로판 : 1.2kcal/kg
② 부탄 : 92kcal/kg

42 용기 보관실을 설치한 후 액화석유가스를 사용하여야 하는 시설은?

㉮ 저장능력 500kg 이상

㉯ 저장능력 300kg 이상

㉰ 저장능력 2,500kg 이상

㉱ 저장능력 100kg 이상

해설 액화석유가스의 저장능력이 100kg 이상이면 보관실이 필요하다.

정답 | 37.㉮ 38.㉯ 39.㉮ 40.㉮ 41.㉱ 42.㉱

43 액화석유가스 특정사용자의 안전관리에 관계되는 업무를 행하는 자는 안전교육을 받아야 하는데, 정기교육기간으로 옳은 것은?

㉮ 안전관리자 선임 후 매 2년마다
㉯ 안전관리자 선임 후 매 1년마다
㉰ 신규종사 후 6월 이내
㉱ 신규종사 후 1월 이내

해설 신규종사자의 안전교육의 정기교육기간 : 신규종사 후 6개월 이내

44 액화석유가스 충전사업자가 가스공급시마다 실시하는 안전점검 기준으로 점검하지 않아도 되는 것은?

㉮ 충전용기의 설치위치
㉯ 가스용품의 관리 및 작동상태
㉰ 충전용기와 화기와의 거리
㉱ 충전량 표시 증지의 부착 여부 확인

해설 액화석유가스(LPG) 충전사업자가 가스공급 시 안전점검 기준
① 충전용기의 설치위치
② 가스용품의 관리 및 작동상태
③ 충전용기와 화기와의 거리

45 가스용 폴리에틸렌관의 설치에 따른 안전관리방법이 잘못 설명된 것은?

㉮ 관은 매몰하여 시공하여야 한다.
㉯ 관의 굴곡허용반경은 외경의 30배 이상으로 한다.
㉰ 관의 매설위치를 지상에서 탐지할 수 있는 로케팅과 표지판 등을 설치한다.
㉱ 관은 40℃ 이상이 되는 장소에 설치하지 않아야 한다.

해설 관의 굴곡허용반격은 가스용 폴리에틸렌관의 경우 외경의 20배 이상으로 한다.

정답 43.㉰ 44.㉱ 45.㉯

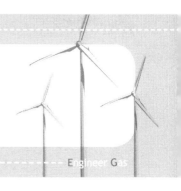

CHAPTER 03 도시가스사업법

Engineer Gas

「도시가스사업법」

제1조(목적) 이 법은 도시가스사업을 합리적으로 조정·육성하여 사용자의 이익을 보호하고 도시가스사업의 건전한 발전을 도모하며, 가스공급시설과 가스사용시설의 설치·유지 및 안전관리에 관한 사항을 규정함으로써 공공의 안전을 확보함을 목적으로 한다. [전문개정 2007.12.21.]

제2조(정의) 이 법에서 사용하는 용어의 뜻은 다음과 같다. 〈개정 2008.2.29., 2009.3.25., 2010.1.27., 2013.3.23., 2013.8.13., 2014.1.21., 2016.12.2., 2019.12.10., 2020.2.4.〉

1. "도시가스"란 천연가스(액화한 것을 포함한다. 이하 같다), 배관(配管)을 통하여 공급되는 석유가스, 나프타부생(副生)가스, 바이오가스 또는 합성천연가스로서 대통령령으로 정하는 것을 말한다.

1의2. "도시가스사업"이란 수요자에게 도시가스를 공급하거나 도시가스를 제조하는 사업(「석유 및 석유대체연료 사업법」에 따른 석유정제업은 제외한다)으로서 가스도매사업, 일반도시가스사업, 도시가스충전사업, 나프타부생가스·바이오가스제조사업 및 합성천연가스제조사업을 말한다.

2. "도시가스사업자"란 제3조에 따라 도시가스사업의 허가를 받은 가스도매사업자, 일반도시가스사업자, 도시가스충전사업자, 나프타부생가스·바이오가스제조사업자 및 합성천연가스제조사업자를 말한다.

3. "가스도매사업"이란 일반도시가스사업자 및 나프타부생가스·바이오가스제조사업자 외의 자가 일반도시가스사업자, 도시가스충전사업자, 선박용천연가스사업자 또는 산업통상자원부령으로 정하는 대량수요자에게 도시가스를 공급하는 사업을 말한다.

4. "일반도시가스사업"이란 가스도매사업자 등으로부터 공급받은 도시가스 또는 스스로 제조한 석유가스, 나프타부생가스, 바이오가스를 일반의 수요에 따라 배관을 통하여 수요자에게 공급하는 사업을 말한다.

4의2. "도시가스충전사업"이란 가스도매사업자 등으로부터 공급받은 도시가스 또는 스스로 제조한 나프타부생가스, 바이오가스를 용기, 저장탱크 또는 자동차에 고정된 탱크에 충전하여 공급하는 사업으로서 산업통상자원부령으로 정하는 사업을 말한다.

4의3. "나프타부생가스·바이오가스제조사업"이란 나프타부생가스·바이오가스를 스스로 제조하여 자기가 소비하거나 제8조의3제1항 각 호의 어느 하나에 해당하는 자에게 공급하는 사업(「고압가스 안전관리법」 제4조에 따른 제조허가를 받아 나프타부생가스를 제조하여 전용배관을 통해 산업통상자원부령으로 정하는 시설에 직접 공급하는 경우를 제외한다)을 말한다.

4의4. "합성천연가스제조사업"이란 합성천연가스를 스스로 제조하여 자기가 소비하거나, 가스도매사업자에게 공급하거나, 해당 합성천연가스제조사업자의 주식 또는 지분의 과반수를 소유한 자로서 해당 합성천연가스를 공급받아 자기가 소비하려는 자에게 공급하는 사업을 말한다.

5. "가스공급시설"이란 도시가스를 제조하거나 공급하기 위한 시설로서 산업통상자원부령으로 정하는 가스제조시설, 가스배관시설, 가스충전시설, 나프타부생가스·바이오가스제조시설 및 합성천연가스제조시설을 말한다.

6. "가스사용시설"이란 가스공급시설 외의 가스사용자의 시설로서 산업통상자원부령으로 정하는 것을 말한다.

7. "천연가스수출입업"이란 천연가스를 수출하거나 수입하는 사업을 말한다.

8. "천연가스수출입업자"란 제10조의2제1항에 따라 등록을 하고 천연가스수출입업을 하는 자를 말한다.

9. "자가소비용직수입자"란 자기가 발전용·산업용 등 대통령령으로 정하는 용도로 소비할 목적으로 천연가스를 직접 수입하는 자를 말한다.

9의2. "천연가스반출입업"이란 「관세법」 제154조에 따른 보세구역 내에 설치된 저장시설을 이용하여 천연가스를 반출하거나 반입하는 사업을 말한다.

9의3. "천연가스반출입업자"란 제10조의2제3항에 따라 신고를 하고 천연가스반출입업을 하는 자를 말한다.

9의4. "액화천연가스냉열이용자"란 제3호에 따른 대량수요자 중 액화천연가스를 기화시키는 과정에서 발생하는 에너지(이하 "냉열"이라 한다)를 이용하는 자를 말한다.

9의5. "선박용천연가스사업"이란 천연가스를 「선박안전법」 제2조 제1호에 따른 선박(건조 또는 수리 중인 선박을 포함한다)에 선박연료(건조검사 또는 선박검사를 받을 때 공급하는 천연가스를 포함한다)로 공급하는 사업을 말한다.

9의6. "선박용천연가스사업자"란 제10조의11 제1항에 따라 등록을 하고 선박용천연가스사업을 하는 자를 말한다.

10. "정밀안전진단"이란 가스안전관리 전문기관이 도시가스사고를 방지하기 위하여 장비와 기술을 이용하여 가스공급시설의 잠재된 위험요소와 원인을 찾아내는 것을 말한다.[전문개정 2007.12.21.]

제4조(결격 사유) 다음 각 호의 어느 하나에 해당하는 자는 도시가스사업의 허가를 받을 수 없다.〈개정 2014.1.21., 2016.1.6.〉

1. 피성년후견인

2. 파산선고를 받고 복권되지 아니한 자

3. 제174조(제164조 제1항, 제165조 및 제166조 제1항, 제165조 및 제166조 제1항의 죄를 범할 목적), 「고압가스 안전관리법」, 「액화석유가스의 안전관리 및 사업법」 또는 이 법을 위반하여 금고 이상의 실형을 선고받고 그 집행이 종료(집행이 종료된 것으로 보는 경우를 포함한다)되거나 집행이 면제된 날부터 2년이 지나지 아니한 자

4. 제3호에 따른 죄를 범하여 금고 이상의 형의 집행유예를 선고받고 그 유예기간 중에 있는 자

5. 제9조에 따라 허가가 취소(제1호 또는 제2호의 결격사유에 해당하여 허가가 취소된 경우는 제외한다)된 후 2년이 지나지 아니한 자

6. 대표자가 제1호부터 제5호까지의 규정 중 어느 하나에 해당하는 법인[전문개정 2007.12.21.]

제7조(사업의 승계 등) ① 다음 각 호의 어느 하나에 해당하는 자로서 도시가스사업자의 지위를 승계하려는 자는 산업통상자원부령으로 정하는 바에 따라 산업통상자원부장관, 시·도지사 또는 시장·군수·구청장에게 신고하여야 한다.

1. 도시가스사업자가 그 사업의 전부 또는 일부를 양도한 경우 그 양수인(讓受人)

2. 법인인 도시가스사업자가 다른 법인과 합병한 경우 합병 후 존속하는 법인이나 합병에 따라 설립된 법인

② 다음 각 호의 어느 하나에 해당하는 절차에 따라 도시가스사업자의 가스공급시설의 전부를 인수한 자가 종전의 도시가스사업자의 지위를 승계하려는 경우에는 산업통상자원부령으로 정하는 바에 따라 산업통상자원부장관, 시·도지사 또는 시장·군수·구청장에게 신

고하여야 한다.

1. 「민사집행법」에 따른 경매

2. 「채무자 회생 및 파산에 관한 법률」에 따른 환가(換價)

3. 「국세징수법」, 「관세법」 또는 「지방세징수법」에 따른 압류재산의 매각

4. 그 밖에 제1호부터 제3호까지의 규정에 준하는 절차

③ 도시가스사업자가 사망한 경우 그 상속인이 도시가스사업자의 지위를 승계하려면 피상속인이 사망한 날부터 30일 이내에 산업통상자원부령으로 정하는 바에 따라 산업통상자원부장관, 시·도지사 또는 시장·군수·구청장에게 신고하여야 한다.

④ 산업통상자원부장관, 시·도지사 또는 시장·군수·구청장은 제1항부터 제3항까지에 따른 신고를 받은 경우 그 내용을 검토하여 이 법에 적합하면 신고를 수리하여야 한다. 다만, 도시가스사업자의 지위를 승계하려는 자가 제4조 각 호의 어느 하나의 결격사유에 해당하면 신고를 수리하여서는 아니 된다.

⑤ 제1항 또는 제2항에 따른 신고가 수리된 경우에는 양수인, 합병으로 설립되거나 합병 후 존속하는 법인 또는 도시가스사업자의 가스공급시설의 전부를 인수한 자는 그 양도일, 합병일 또는 인수일부터 종전의 도시가스사업자의 지위를 승계한다.

⑥ 제3항에 따른 신고가 수리된 경우에는 상속인은 피상속인의 도시가스사업자로서의 지위를 승계하며, 피상속인이 사망한 날부터 신고가 수리된 날까지의 기간 동안은 피상속인에 대한 도시가스사업의 허가를 상속인에 대한 도시가스사업의 허가로 본다. [전문개정 2022.2.3.]

제8조(사업의 개시 등의 신고) ① 도시가스사업자가 그 사업을 개시하려는 경우 및 사업의 전부 또는 일부를 휴업하거나 폐업하려는 경우에는 산업통상자원부장관, 시·도지사 또는 시장·군수·구청장에게 그 사실을 신고하여야 한다.〈개정 2008.2.29., 2010.1.27., 2013.3.23., 2022.2.3.〉

② 산업통상자원부장관, 시·도지사 또는 시장·군수·구청장은 제1항에 따른 신고를 받은 경우 그 내용을 검토하여 이 법에 적합하면 신고를 수리하여야 한다. 〈신설 2022.2.3.〉[전문개정 2007.12.21.][제목개정 2010.1.27.]

제8조의3(나프타부생가스·바이오가스제조사업자 등의 처분제한) ① 나프타부생가스·바이오가스제조사업자는 스스로 제조한 도시가스를 다음 각 호에 규정된 자 외의 자에게 공급할 수 없다.

1. 가스도매사업자

2. 일반도시가스사업자

3. 일반도시가스사업자의 공급권역 외의 지역에서 도시가스를 사용하려는 자

4. 일반도시가스사업자의 공급권역에서 도시가스를 사용하려는 자 중 정당한 사유로 일반도시가스사업자로부터 도시가스를 공급받지 못하는 자

5. 월 최대 공급량 합계가 산업통상자원부령으로 정하는

규모 이하인 나프타부생가스 · 바이오가스제조사업자로부터 직접 도시가스를 공급받아 사용하려는 자

② 합성천연가스제조사업자는 스스로 제조한 도시가스를 제2조 제4호의4에 따른 공급 이외의 방법으로 제3자에게 처분할 수 없다.

③ 제2항에도 불구하고 합성천연가스제조사업자는 합성천연가스의 수급안정과 효율적인 처리나 그 밖에 대통령령으로 정하는 사유에 해당하는 경우 대통령령으로 정하는 처분 절차 및 방법에 따라 합성천연가스를 제3자에게 처분할 수 있다.[본조신설 2014.1.21.]

제10조의10(천연가스 비축의무) ① 가스도매사업자는 도시가스의 수급 안정을 위하여 대통령령으로 정하는 바에 따라 천연가스를 비축하여야 한다.

② 가스도매사업자는 도시가스의 수급상 필요한 경우에는 제1항에 따라 비축한 천연가스를 대통령령으로 정하는 바에 따라 사용할 수 있다.

③ 제1항에도 불구하고 가스도매사업자가 해외에서 가스전을 직접 개발하여 수입하면서 대통령령으로 정하는 요건에 해당하는 경우에는 천연가스 비축의무를 면제 또는 감경할 수 있다.

④ 제3항에 따른 천연가스 비축의무의 면제 또는 감경에 필요한 사항은 대통령령으로 정한다.[본조신설 2013.8.13.][시행일 : 2016.8.14.]

제19조(도시가스사업자의 공급 의무) ① 가스도매사업자는 공급규정에서 별도로 정한 사유나 그 밖에 정당한 사유 없이 일반도시가스사업자, 도시가스충전사업자 또는 산업통상자원부령으로 정하는 대량수요자에게 공급하기로 한 천연가스의 공급을 거절하거나 공급이 중단되게 하여서는 아니 된다. 다만, 액화천연가스냉열이용자가 제8조의4를 위반하여 천연가스를 처분하는 경우에는 해당 액화천연가스냉열이용자에 대하여 천연가스 공급을 중단할 수 있다.〈신설 2013.8.13., 2019.12.10〉

② 제1항에도 불구하고 가스도매사업자는 산업통상자원부장관에게 제출하는 가스공급계획에 공급의무가 반영된 경우 외에는 자가소비용직수입자에 대한 천연가스 공급의무를 부담하지 아니한다.〈신설 2013.8.13.〉

③ 일반도시가스사업자는 다음 각 호의 어느 하나에 해당하는 경우를 제외하고는 그 허가받은 공급권역에 있는 가스사용자에게 도시가스의 공급을 거절하거나 공급이 중단되게 하여서는 아니 된다.〈개정 2013.8.13.〉

1. 가스공급시설의 설치가 필요한 지역으로 가스공급을 신청하는 가구 수가 시 · 도 고시로 정하는 수 미만인 경우

2. 철도 · 고속철도, 상 · 하수도, 하천, 암반 등 지형이 특수하여 가스공급시설 설치가 기술적으로 곤란하거나 시설의 안전확보가 곤란한 경우

3. 지리, 환경 등 지역여건을 감안할 때 가스공급이 부적절하다고 대통령령으로 정한 경우

4. 다른 법령에서 정하는 바에 따라 가스공급시설에 대한 공사가 제한되어 있는 경우

5. 그 밖의 정당한 사유가 있는 경우[전문개정 2010. 1.27.][제목개정 2013.8.13.]

제19조의2(가스공급시설 설치비용의 분담) ① 일반도시가스사업자는 가스공급시설 설치비용의 전부 또는 일부를 도시가스의 공급 또는 가스공급에 관한 계약의 변경을 요청하는 자에게 분담하게 할 수 있다.

② 일반도시가스사업자가 제1항에 따라 가스공급시설 설치비용을 분담하게 할 때에는 다음 각 호의 기준에 따라야 한다.

1. 가스 소비량

2. 취사용 · 주택난방용 · 영업용 및 산업용 등 가스 소비의 유형

3. 가스의 배관 · 공급설비 및 그 부속설비의 규모

③ 일반도시가스사업자가 제1항 및 제2항에 따라 가스공급시설 설치비용을 분담하게 할 때에는 분담금액, 분담금을 산정한 기준 및 방법, 납부방법 및 납부기한 등을 분담받는 자에게 서면으로 통지하여야 한다.

④ 제2항 및 제3항에 따른 설치비용 분담금의 산정 기준에 관한 세부사항, 분담의 방법, 분담금의 납부절차, 그 밖에 필요한 사항은 산업통상자원부령으로 정한다.〈개정 2013.3.23.〉

제20조(공급규정) ① 가스도매사업자는 도시가스의 요금이나 그 밖의 공급조건에 관한 공급규정(이하 "공급규정"이라 한다)을 정하여 산업통상자원부장관의 승인을 받아야 한다. 승인을 받은 사항을 변경하려는 경우에도 또한 같다.〈개정 2008.2.29., 2009.3.25., 2013.3.23., 2014.1.21.〉

② 일반도시가스사업자는 공급규정을 정하여 시 · 도지사의 승인을 받아야 한다. 승인을 받은 사항을 변경하려는 경우에도 또한 같다.〈신설 2014.1.21.〉

③ 산업통상자원부장관 또는 시 · 도지사는 공급규정이 다음의 기준에 적합한 경우에만 승인하여야 한다.〈개정 2008.2.29., 2013.3.23., 2014.1.21.〉

1. 요금이 적절할 것

2. 요금이 정률(定率)이나 정액(定額)으로 명확하게 규정되어 있을 것

3. 가스공급자와 공급을 받는 자 또는 가스사용자 간의 책임과 가스공급시설 및 가스사용시설에 대한 비용의 부담액이 적절하고 명확하게 정하여질 것

4. 특정사업자나 특정인을 부당하게 차별하는 것이 아닐 것

④ 가스도매사업자 또는 일반도시가스사업자는 제1항 또는 제2항에 따라 승인받은 공급규정에 따라 도시가스를 공급하여야 한다.〈개정 2014.1.21.〉

⑤ 제3항에 따른 승인기준에 관한 세부적인 사항은 산업통상자원부령으로 정한다.〈개정 2008.2.29., 2013.3.

23., 2014.1.21.〉

⑥ 산업통상자원부장관은 일반도시가스사업자의 공급규
정 중 도시가스 요금과 공급조건 및 비용의 부담에 관
한 사항이 적절하지 못하여 도시가스의 수급 불균형을
초래할 우려가 있거나 가스사용자의 보호를 위하여 이
를 개선할 필요가 있다고 인정되면 시·도지사에게 공
급규정의 내용변경을 위한 필요한 조치를 하게 하여야
한다.〈개정 2008.2.29., 2009.3.25., 2013.3.23., 2014.
1.21.〉

⑦ 산업통상자원부장관 또는 시·도지사는 공급규정이 사
회적·경제적 사정의 변동으로 적절하지 못하게 되어 공
공의 이익 증진에 지장을 가져올 염려가 있다고 인정되
면 가스도매사업자 또는 일반도시가스사업자에게 적절
한 기간을 정하여 그 공급규정의 변경승인을 신청할 것을
명할 수 있다.〈개정 2008.2.29., 2013.3.23., 2014.1.21.〉

⑧ 산업통상자원부장관은 시·도지사 또는 일반도시가스
사업자에 대하여 제2항에 따라 시·도지사가 승인한
공급규정에 따른 도시가스 요금의 산정, 요금의 납부
방법, 비용의 부담에 관한 자료의 제출을 요구할 수 있
다.〈신설 2014.1.21.〉[전문개정 2007.12.21.]

제24조(가스사용의 제한 등) ① 산업통상자원부장관은 일시
적인 도시가스의 공급부족으로 인하여 긴급히 가스사용을
제한하지 아니하면 국민생활에 지장을 주거나 공공의 이
익을 해칠 우려가 현저하다고 인정될 경우에는 필요한 범
위에서 다음 각 호의 사항을 정하여 가스사용자에게 도시
가스의 사용을 제한할 수 있다.〈개정 2008.2.29., 2009.
3.25., 2013.3.23.〉

　1. 사용량의 한도

　2. 사용 용도

　3. 사용 제한 기간

② 산업통상자원부장관은 도시가스사업자에게 제1항에 따
른 제한에 필요한 범위에서 가스 공급을 제한하도록 명
할 수 있다.〈개정 2008.2.29., 2013.3.23.〉[전문개정
2007.12.21.]

제25조의2(도시가스의 품질검사) ① 가스도매사업자, 석유가
스를 제조하는 일반도시가스사업자, 도시가스충전사업자,
나프타부생가스·바이오가스제조사업자, 합성천연가스제
조사업자, 자가소비용직수입자 및 액화천연가스냉열이용자
(자가소비 또는 제8조의4 제3호의 경우는 제외한다)는 도시
가스를 공급·소비하려는 경우 제25조 제1항에 따른 도시가
스 품질기준에 맞는지를 확인하기 위하여 대통령령으로 정하
는 도시가스 품질검사기관으로부터 품질검사를 받아야 한
다.〈개정 2014.1.21., 2017.12.12., 2019.12.10.〉

② 산업통상자원부장관, 시·도지사 또는 시장·군수·구청
장은 도시가스의 품질 유지를 위하여 필요하면 도시가스
사업자와 자가소비용직수입자가 공급·소비하거나 공
급·소비할 목적으로 저장·운송 또는 보관하는 도시가스
에 대하여 품질검사를 할 수 있다.〈개정 2013.3.23.〉

③ 제1항 및 제2항에 따른 품질검사의 방법과 절차 등에
필요한 사항은 산업통상자원부령으로 정한다.〈개정
2013.3.23.〉[본조신설 2011.7.25.]

제5장 안전관리

제26조(안전관리규정) ① 도시가스사업자는 그 사업 개시
전에 가스공급시설과 가스사용시설의 안전유지에 관한
안전관리규정을 정하여 산업통상자원부장관, 시·도지
사 또는 시장·군수·구청장에게 제출하여야 한다. 이
경우 한국가스안전공사의 의견서를 첨부하여야 한다.
〈개정 2008.2.29., 2010.1.27., 2013.3.23.〉

② 제1항에 따른 안전관리규정에는 경영방침, 조직관리,
자료·정보관리, 시설관리 등 전체 경영활동에서 안전
을 우선으로 하고 이를 통하여 종합적으로 안전이 확보
될 수 있도록 하기 위하여 필요한 사항을 포함하여야
한다.

③ 산업통상자원부장관, 시·도지사 또는 시장·군수·구
청장은 안전을 확보하기 위하여 필요하다고 인정하면
제1항에 따른 안전관리규정을 변경하도록 명할 수 있
다.〈개정 2008.2.29., 2010.1.27., 2013.3.23.〉

④ 도시가스사업자 및 제28조 제1항에 따른 가스사용시설
안전관리업무 대행자와 그 각각의 종사자는 안전관리
규정을 지키고 그 실시기록을 작성·보존하여야 한다.

⑤ 산업통상자원부장관, 시·도지사 또는 시장·군수·구
청장은 산업통상자원부령으로 정하는 바에 따라 도시
가스사업자 및 제28조 제1항에 따른 가스사용시설 안
전관리업무 대행자와 그 각각의 종사자가 제1항에 따
른 안전관리규정을 지키고 있는지를 확인하고 이를 평
가하여야 한다.〈개정 2008.2.29., 2010.1.27., 2013.
3.23.〉

⑥ 제1항에 따른 안전관리규정의 작성요령과 한국가스안
전공사의 의견표시에 필요한 사항은 산업통상자원부령
으로 정한다.〈개정 2008.2.29., 2013.3.23.〉[전문개정
2007.12.21.]

제27조(가스시설의 개선명령 등) ① 산업통상자원부장관 또
는 시장·군수·구청장은 가스공급시설이나 가스사용시
설이 제12조 제2항에 따른 시설별 시설기준과 기술기준에
적합하지 아니하다고 인정하면 대통령령으로 정하는 바에
따라 해당 도시가스사업자나 가스사용자에게 그 기준에
적합하도록 가스공급시설이나 가스사용시설의 수리·개
선·이전을 명하거나 도시가스의 공급중지·제한, 가스공
급시설이나 가스사용시설의 사용정지·제한 등 위해를 방
지하기 위하여 필요한 조치를 명할 수 있다.〈개정 2008.
2.29., 2009.3.25., 2013.3.23.〉

② 산업통상자원부장관 또는 시장·군수·구청장은 공공
의 안전을 유지하기 위하여 긴급·부득이하다고 인정
하면 도시가스사업자에게 그 가스공급시설의 이전, 사
용의 정지 또는 제한을 명하거나 가스공급시설 안에 있

는 도시가스의 폐기를 명할 수 있다. 이 경우 도시가스사업자에게 발생한 손실에 대하여는 천재지변·전쟁, 그 밖의 불가항력의 사유로 인한 경우 외에는 대통령령으로 정하는 바에 따라 정당한 보상을 하여야 한다. 〈개정 2008.2.29., 2009.3.25., 2013.3.23.〉[전문개정 2007.12.21.]

제29조(안전관리자) ① 도시가스사업자 및 다음 각 호의 어느 하나에 해당하는 특정가스사용시설의 사용자(이하 이 조, 제30조 제2항, 제53조 제5호·제6호 및 제54조 제1항 제16호에서 같다)는 가스공급시설이나 특정가스사용시설의 안전 유지 및 운용에 관한 직무를 수행하게 하기 위하여 사업 개시 또는 사용 전에 안전관리자를 선임하여야 한다. 이 경우 「산업안전보건법」 제17조에 따라 선임된 안전관리자는 이 법에 따라 선임된 안전관리자로 본다. 〈개정 2016.1.6., 2019.1.15.〉

1. 건축물의 소유자
2. 특정가스사용시설의 관리업무를 위탁한 경우에는 그 시설관리업무를 위탁받은 자
3. 시장·군수·구청장이 주소 또는 거소의 불명, 그 밖의 사유로 부득이 특정가스사용시설의 사용자가 안전관리자를 선임하기 어렵다고 인정하는 경우에는 건축물의 임차인 또는 점유자

② 제1항에 따라 안전관리자를 선임한 자는 안전관리자를 선임 또는 해임하거나 안전관리자가 퇴직한 경우에는 산업통상자원부령으로 정하는 바에 따라 지체 없이 산업통상자원부장관, 시·도지사 또는 시장·군수·구청장에게 신고하고, 안전관리자가 해임되거나 퇴직한 날부터 30일 이내에 다른 안전관리자를 선임하여야 한다. 다만, 그 기간 내에 선임할 수 없으면 산업통상자원부장관, 시·도지사 또는 시장·군수·구청장의 승인을 받아 그 기간을 연장할 수 있다. 〈개정 2008.2.29., 2013.3.23.〉

③ 제1항에 따라 안전관리자를 선임한 자는 다음 각 호의 어느 하나에 해당하는 경우에는 대통령령으로 정하는 바에 따라 대리자를 지정하여 일시적으로 안전관리자의 직무를 대행하게 하여야 한다. 〈개정 2016.12.2.〉

1. 안전관리자가 여행·질병이나 그 밖의 사유로 일시적으로 그 직무를 수행할 수 없는 경우
2. 안전관리자의 해임 또는 퇴직과 동시에 다른 안전관리자가 선임되지 아니한 경우

④ 안전관리자는 그 직무를 성실히 수행하여야 하며, 제1항에 따라 안전관리자를 선임한 자와 그 종사자는 안전관리자의 안전에 관한 의견을 존중하고 권고에 따라야 한다.

⑤ 산업통상자원부장관, 시·도지사 또는 시장·군수·구청장은 대통령령으로 정하는 안전관리자가 그 직무를 성실히 수행하지 아니하면 그 안전관리자를 선임한 도시가스사업자나 특정가스사용시설의 사용자에게 그 안전관리자를 해임하도록 요구할 수 있다. 〈개정 2008.2.29., 2013.3.23.〉

⑥ 시·도지사 또는 시장·군수·구청장은 제5항에 따라 안전관리자의 해임을 요구한 경우에는 그 안전관리자가 그 직무를 성실히 수행하지 아니한 사실을 산업통상자원부장관에게 통보하여야 한다. 〈개정 2008.2.29., 2013.3.23.〉

⑦ 제2항에 따른 신고가 신고서의 기재사항 및 첨부서류에 흠이 없고, 법령 등에 규정된 형식상의 요건을 충족하는 경우에는 신고서가 접수기관에 도달된 때에 신고된 것으로 본다. 〈신설 2022.2.3.〉

⑧ 안전관리자의 종류·자격·수(數)·직무범위 및 안전관리자의 대리자의 대행기간, 그 밖에 필요한 사항은 대통령령으로 정한다. 〈개정 2022.2.3.〉[전문개정 2007.12.21.]

제30조의4(가스안전 영향평가) ① 도시가스사업이 허가된 지역에서 굴착공사를 하려는 자 중 대통령령으로 정하는 자는 가스안전 영향평가에 관한 서류(이하 "평가서"라 한다)를 작성하여 시장·군수 또는 구청장에게 제출하여야 한다. 이 경우 평가서에는 한국가스안전공사의 의견서를 첨부하여야 한다.

② 평가서를 작성하는 자는 굴착공사로 인하여 영향을 받는 도시가스배관을 관리하는 도시가스사업자의 의견을 평가서의 내용에 포함시켜야 한다. 〈개정 2009.3.25.〉

③ 시장·군수 또는 구청장은 평가서를 보완할 필요가 있다고 인정하면 그 평가서를 제출한 자에게 보완하게 할 수 있다.

④ 제1항에 따라 평가서를 제출한 자(제3항에 따라 평가서를 보완한 자를 포함한다)는 그 평가서의 내용에 따라 굴착공사를 하여야 한다.

⑤ 평가서의 작성요령 등에 필요한 사항은 산업통상자원부령으로 정한다. 〈개정 2008.2.29., 2013.3.23.〉[전문개정 2007.12.21.]

제39조의2(시설공사계획의 승인 등) ① 도시가스사업자 외의 가스공급시설설치자(도시가스사업자·자가소비용직수입자·천연가스반출입업자·선박용천연가스사업자와 가스공급시설의 이용에 관한 계약을 체결하여 그 가스공급시설을 설치하는 자 및 자가소비용직수입자·천연가스반출입업자·선박용천연가스사업자로서 가스공급시설을 설치하는 자를 말한다. 이하 같다)는 산업통상자원부령으로 정하는 가스공급시설의 설치공사나 변경공사를 하려면 그 공사계획에 대하여 산업통상자원부령으로 정하는 바에 따라 시설·기술 기준, 인력기준 등의 요건을 모두 갖추어 다음 각 호의 구분에 따라 승인을 받아야 한다. 승인을 받은 사항 중 산업통상자원부령으로 정하는 중요 사항을 변경하려는 경우에도 또한 같다. 〈개정 2013.8.13., 2014.1.21., 2020.2.4.〉

1. 제2호를 제외한 가스공급시설 : 산업통상자원부장관
2. 일반도시가스사업자의 배관에 연결하는 가스배관시설 : 시·도지사

② 도시가스사업자 외의 가스공급시설설치자는 산업통상자원부령으로 정하는 가스공급시설의 설치공사나 변경공사 중 산업통상자원부령으로 정하는 공사를 하려면 산업통상자원부령으로 정하는 바에 따라 그 공사계획을 제1항 각 호의 구분에 따라 산업통상자원부장관 또는 시·도지사에게 신고하여야 한다. 신고한 사항 중 산업통상자원부령으로 정하는 중요 사항을 변경하려는 경우에도 또한 같다. 〈개정 2008.2.29., 2013.3.23., 2013.8.13.〉

③ 산업통상자원부장관 또는 시·도지사는 제2항에 따른 신고 또는 변경신고를 받은 경우 그 내용을 검토하여 이 법에 적합하면 신고를 수리하여야 한다. 〈신설 2022.2.3.〉

④ 제1항에 따른 공사계획의 승인 또는 변경승인을 받거나 제2항에 따른 공사계획의 신고 또는 변경신고를 하려면 그 공사계획에 대하여 한국가스안전공사의 의견을 들어야 한다. 〈개정 2022.2.3.〉

⑤ 산업통상자원부장관 또는 시·도지사는 제1항에 따라 공사계획에 대하여 승인 또는 변경승인을 하려면 산업통상자원부령으로 정하는 바에 따라 그 공사계획상의 가스공급시설과 연결되는 가스배관시설을 보유한 도시가스사업자의 의견을 들어야 한다. 〈개정 2008.2.29., 2013.3.23., 2013.8.13., 2022.2.3.〉

⑥ 산업통상자원부장관은 제1항에 따른 공사계획의 승인 또는 변경승인을 하거나 제2항에 따른 공사계획의 신고 또는 변경신고를 받으면 해당 가스공급시설의 공사계획을 관할하는 시·도지사에게 그 승인내용이나 신고내용을 통보하여야 한다. 〈개정 2008.2.29., 2013.3.23., 2022.2.3.〉 [전문개정 2007. 12. 21.]

제39조의7(금지행위) ① 가스배관시설을 보유한 가스도매사업자는 가스배관시설의 이용을 제공함에 있어서 나프타부생가스·바이오가스제조사업자, 합성천연가스제조사업자, 자가소비용직수입자 또는 선박용천연가스사업자가 제39조의8 제1항에 따른 배관시설이용규정으로 정하는 이용조건을 위반하는 경우를 제외하고는 그 배관시설의 이용 제공을 거부하거나 지연하여서는 아니 된다. 〈개정 2014.1.21., 2020.2.4.〉

② 산업통상자원부장관은 가스도매사업자가 제1항을 위반하는 것으로 인정되면 그 행위의 중지를 명할 수 있다.〈개정 2008.2.29., 2013.3.23.〉[본조신설 2007.12.21.]

제40조의3(지도·감독) 산업통상자원부장관은 도시가스의 공급 및 사용과 관련한 공공의 안전 또는 위해 발생의 방지를 위하여 가스공급시설이나 가스사용시설의 각종검사 등 안전관리업무에 대하여 대통령령으로 정하는 바에 따라 시·도지사 또는 시장·군수·구청장을 지도·감독한다.〈개정 2008.2.29., 2009.3.25., 2013.3.23.〉[전문개정 2007.12.21.]

제41조(보고 등) ① 산업통상자원부장관은 대통령령으로 정하는 바에 따라 시·도지사, 시장·군수·구청장, 도시가스사업자, 자가소비용직수입자·선박용천연가스사업자에게 필

요한 보고를 하게 할 수 있다. 〈개정 2008.2.29., 2013.3.23., 2013.8.13., 2020.2.4.〉

② 시·도지사 또는 시장·군수·구청장은 산업통상자원부령으로 정하는 바에 따라 일반도시가스사업자, 나프타부생가스·바이오가스제조사업자에게 그 사업에 관한 보고를 하게 할 수 있다. 〈개정 2008.2.29., 2013. 3.23., 2014.1.21.〉

③ 도시가스사업자는 가스공급시설 및 그가 공급하는 가스의 사용시설과 관련하여 다음 각 호의 어느 하나의 사고가 발생하면 산업통상자원부령으로 정하는 바에 따라 즉시 한국가스안전공사에 통보하여야 하며, 통보를 받은 한국가스안전공사는 이를 산업통상자원부장관, 시·도지사 또는 시장·군수·구청장에게 보고하여야 한다.〈개정 2008.2.29., 2013.3.23.〉

　1. 사람이 사망한 사고

　2. 사람이 부상당하거나 중독된 사고

　3. 가스누출에 의한 폭발 또는 화재사고

　4. 가스시설이 손괴되거나 가스누출로 인하여 인명대피나 공급중단이 발생한 사고

　5. 그 밖에 가스시설이 손괴되거나 가스가 누출된 사고로서 산업통상자원부령으로 정하는 사고

④ 제3항에 따른 통보를 받은 한국가스안전공사는 사고재발 방지나 그 밖의 도시가스사고 예방을 위하여 필요하다고 인정하면 그 원인·경위 등 사고에 관한 조사를 할 수 있다. 〈개정 2009.3.25.〉[전문개정 2007.12.21.]

제45조(권한의 위임·위탁) ① 이 법에 따른 산업통상자원부장관 또는 시·도지사의 권한은 그 일부를 대통령령으로 정하는 바에 따라 시·도지사 또는 시장·군수·구청장에게 위임할 수 있다.〈개정 2008.2.29., 2013.3.23.〉

② 이 법에 따른 산업통상자원부장관, 시·도지사 또는 시장·군수·구청장의 권한 중 다음 각 호의 업무는 대통령령으로 정하는 바에 따라 한국가스안전공사에 위탁할 수 있다. 다만, 제5호의 업무는 중대한 위해(危害)가 발생하였거나 위해의 발생이 긴박하여 긴급하고 부득이하다고 인정할 때에만 위탁할 수 있다.〈개정 2008. 2.29., 2010.1.27., 2013.3.23.〉

　1. 제14조 제3항에 따른 완공도면 사본의 접수

　2. 제15조 제1항 본문(제39조의5에서 준용하는 경우를 포함한다), 같은 조 제5항 및 제6항에 따른 시공감리, 중간검사 및 완성검사

　3. 제17조 제1항 본문(제39조의5에서 준용하는 경우를 포함한다)에 따른 정기검사 및 수시검사

　4. 제26조 제5항(제39조의5에서 준용하는 경우를 포함한다)에 따른 안전관리규정의 준수 여부 확인 및 평가

　5. 제27조 제1항에 따른 위해방지 조치 명령

　6. 제30조 제1항(제39조의5에서 준용하는 경우를 포함한다)에 따른 안전교육의 실시

③ 이 법에 따른 시·도지사 또는 시장·군수·구청장의 권한 중 제17조 제1항 본문에 따른 특정가스사용시설에 대한 정기검사에 관한 업무는 대통령령으로 정하는 바에 따라 한국가스안전공사 또는 「고압가스 안전관리법」 제35조에 따른 검사기관에 위탁할 수 있다.[전문개정 2007.12.21.]

제48조(벌칙) ① 도시가스사업자의 가스공급시설 중 가스제조시설과 가스배관시설을 손괴(損壞)하거나 그 기능에 장애를 입혀 도시가스 공급을 방해한 자는 1년 이상 10년 이하의 징역 또는 1억5천만원 이하의 벌금에 처한다.

② 도시가스사업자의 가스공급시설 중 가스충전시설, 나프타부생가스·바이오가스제조시설 또는 합성천연가스제조시설을 손괴하거나 그 기능에 장애를 입혀 도시가스 공급을 방해한 자는 5년 이하의 징역 또는 5천만원 이하의 벌금에 처한다.〈개정 2014.1.21.〉

③ 도시가스사업자 외의 가스공급시설설치자의 가스공급시설을 손괴하거나 그 기능에 장애를 입혀 도시가스 공급을 방해한 자는 10년 이하의 징역 또는 1억원 이하의 벌금에 처한다.

④ 가스사용자의 도시가스배관을 손괴하거나 그 기능에 장애를 입혀 도시가스 공급을 방해한 자는 4년 이하의 징역 또는 4천만원 이하의 벌금에 처한다.〈신설 2014.12.30.〉

⑤ 업무상 과실이나 중대한 과실로 인하여 제1항의 죄를 범한 자는 7년 이하의 금고(禁錮) 또는 2천만원 이하의 벌금에 처한다.〈개정 2014.12.30.〉

⑥ 업무상 과실이나 중대한 과실로 인하여 제2항의 죄를 범한 자는 2년 이하의 금고 또는 2천만원 이하의 벌금에 처한다.〈개정 2014.12.30.〉

⑦ 업무상 과실이나 중대한 과실로 인하여 제3항의 죄를 범한 자는 3년 이하의 금고 또는 1천만원 이하의 벌금에 처한다.〈개정 2014.12.30.〉

⑧ 업무상 과실이나 중대한 과실로 인하여 제4항의 죄를 범한 자는 1년 이하의 금고 또는 1천만원 이하의 벌금에 처한다.〈신설 2014.12.30.〉

⑨ 제5항부터 제8항까지의 죄를 범하여 가스를 누출시키거나 폭발하게 함으로써 사람을 상해에 이르게 한 경우에는 10년 이하의 금고 또는 1억원 이하의 벌금에, 사망에 이르게 한 경우에는 1년 이상 10년 이하의 금고 또는 1억5천만원 이하의 벌금에 처한다.〈개정 2014.12.30.〉

⑩ 도시가스사업자 또는 도시가스사업자 외의 가스공급시설설치자의 승낙 없이 가스공급시설을 조작하여 도시가스 공급을 방해한 자는 1년 이하의 징역 또는 1천만원 이하의 벌금에 처한다.〈개정 2014.12.30.〉

⑪ 도시가스사업 또는 도시가스사업 외의 가스공급시설에 종사하는 자가 정당한 사유 없이 도시가스 공급에 장애를 발생하게 한 경우에는 제10항의 형(刑)과 같다.〈개정 2014.12.30.〉

⑫ 도시가스사업자 또는 도시가스사업자 외의 가스공급시설설치자의 승낙 없이 가스공급시설을 변경한 자는 500만원 이하의 벌금에 처한다.〈개정 2014.12.30.〉

⑬ 제1항부터 제4항까지 및 제10항의 미수범은 처벌한다.〈개정 2014.12.30.〉[전문개정 2010.1.27.]

제49조(벌칙) 다음 각 호의 어느 하나에 해당하는 자는 3년 이하의 징역 또는 3천만원 이하의 벌금에 처하거나 이를 병과할 수 있다.〈개정 2010.1.27., 2020.2.4.〉

1. 허가를 받지 아니하고 가스도매사업 또는 일반도시가스사업을 영위한 자
2. 등록 또는 변경등록을 하지 아니하고 천연가스수출입업을 영위한 자(제10조의11 제3항을 위반하여 등록 또는 변경등록을 하지 아니한 자를 포함한다)
3. 제10조의11 제1항을 위반하여 등록 또는 변경등록을 하지 아니하고 선박용천연가스사업을 영위한 자
[전문개정 2007.12.21.]

제50조(벌칙) 다음 각 호의 어느 하나에 해당하는 자는 2년 이하의 징역 또는 2천만원 이하의 벌금에 처한다.〈개정 2009.3.25., 2010.1.27., 2011.7.25., 2014.1.21.〉

1. 변경허가를 받지 아니하고 허가받은 사항을 변경한 자
1의2. 허가를 받지 아니하고 도시가스충전사업을 영위한 자
1의3. 허가를 받지 아니하고 나프타부생가스·바이오가스제조사업 또는 합성천연가스제조사업을 영위한 자
2. 승인 또는 변경승인을 받지 아니하고 천연가스의 수입계약·수출계약 또는 수송계약을 체결한 자
3. 승인 또는 변경승인을 받지 아니하고 가스공급시설의 설치공사 또는 변경공사를 한 도시가스사업자 또는 도시가스사업자 외의 가스공급시설설치자
4. 적합판정(제16조 제1항에 따른 임시사용을 포함한다)을 받지 아니하고 가스공급시설을 사용한 도시가스사업자 또는 도시가스사업자 외의 가스공급시설설치자
5. 제15조 제6항을 위반하여 완성검사를 받지 아니하거나 불합격하고 가스충전시설을 사용한 도시가스충전사업자나 특정가스사용시설을 사용한 자
5의2. 품질기준에 맞지 아니한 도시가스를 공급·소비하거나 공급·소비할 목적으로 저장·운송 또는 보관한 자
5의3. 품질검사를 받지 아니하거나 품질검사를 거부·방해·기피한 자
6. 명령을 이행하지 아니한 도시가스사업자, 가스사용자 또는 도시가스사업자 외의 가스공급시설설치자
7. 명령을 이행하지 아니한 도시가스사업자 또는 도시가스사업자 외의 가스공급시설설치자

8. 도시가스배관 매설상황의 확인요청을 하지 아니하고 굴착공사를 한 자 또는 도시가스사업자 외의 가스공급시설설치자

9. 평가서를 제출하지 아니하고 굴착공사를 한 자

10. 협의를 하지 아니하고 굴착공사를 하거나 정당한 사유 없이 제30조의5 제1항 본문에 따른 협의 요청에 응하지 아니한 자

11. 도시가스사업자와 굴착공사의 시행자 간에 협의된 내용을 지키지 아니한 도시가스사업자, 굴착공사의 시행자 또는 도시가스사업자 외의 가스공급시설설치자

12. 합동감시 체제를 구축하지 아니하거나 정기적으로 순회점검을 하지 아니한 도시가스사업자, 굴착공사의 시행자 또는 도시가스사업자 외의 가스공급시설설치자

13. 기준에 따르지 아니하고 굴착작업을 한 자

14. 도시가스배관에 관한 도면을 작성·보존하지 아니하거나 거짓으로 작성·보존한 도시가스사업자 또는 도시가스사업자 외의 가스공급시설설치자

15. 조정 및 사업 통폐합 명령을 이행하지 아니한 자
[전문개정 2007.12.21.]

제51조(벌칙) 다음 각 호의 어느 하나에 해당하는 자는 1년 이하의 징역 또는 1천만원 이하의 벌금에 처한다. 다만, 제1호의3에 해당하는 자 중 도시가스충전사업자, 나프타부생가스·바이오가스제조사업자 또는 합성천연가스제조사업자는 300만원 이하의 벌금에 처한다. 〈개정 2010.1.27., 2011.3.30., 2013.8.13., 2014.1.21., 2016.1.6., 2022.2.3.〉

1. 제3조제3항 후단을 위반하여 변경허가를 받지 아니하고 허가받은 사항을 변경한 자

1의2. 제3조제4항 후단 또는 같은 조 제5항 후단을 위반하여 변경허가를 받지 아니하고 허가받은 사항을 변경한 자

1의3. 제8조제1항에 따른 신고를 하지 아니하고 사업을 개시, 휴업하거나 폐업한 자

1의4. 제10조의2제3항에 따른 신고 또는 변경신고를 하지 아니하고 천연가스반출입업을 영위한 자

2. 제10조의6을 위반하여 천연가스를 처분한 자

3. 제12조제2항에 따른 시설별 시설기준과 기술기준에 적합하지 아니하게 시공·관리를 한 시공자

3의2. 제15조제5항에 따른 중간검사를 받지 아니한 도시가스충전사업자

4. 제17조제1항(제39조의5에서 준용하는 경우를 포함한다)에 따른 정기검사 또는 수시검사를 받지 아니한 도시가스사업자, 특정가스사용시설의 사용자 또는 도시가스사업자 외의 가스공급시설설치자

5. 제17조의2제1항에 따른 정밀안전진단 또는 안전성평가를 받지 아니한 자

5의2. 제17조의4제1항에 따라 수행계획서를 제출하지 아니한 자

5의3. 제17조의4제3항에 따라 수행계획서를 이행하지 아니한 자

5의4. 제17조의4제5항에 따라 정기적 확인을 받지 아니한 자

6. 제19조를 위반하여 도시가스의 공급을 거절하거나 공급이 중단되게 한 자

6의2. 제19조의4제1항에 따른 안전점검을 실시하지 아니한 도시가스충전사업자

7. 제20조제1항 또는 제2항에 따른 공급규정의 승인을 받지 아니한 도시가스사업자

8. 제26조의2(제39조의5에서 준용하는 경우를 포함한다)를 위반하여 가스공급시설을 시설별 시설기준과 기술기준에 적합하도록 유지하지 아니한 도시가스사업자 또는 도시가스사업자 외의 가스공급시설설치자

9. 제30조의3제3항(제39조의5에서 준용하는 경우를 포함한다)에 따른 도시가스배관 매설상황 확인을 하여 주지 아니한 도시가스사업자 또는 도시가스사업자 외의 가스공급시설설치자

10. 제30조의3제4항(제39조의5에서 준용하는 경우를 포함한다) 각 호의 조치를 하지 아니한 굴착공사자, 도시가스사업자 또는 도시가스사업자 외의 가스공급시설설치자

11. 제30조의3제5항을 위반하여 굴착공사 개시통보를 받기 전에 굴착공사를 한 굴착공사자

12. 제30조의4제4항에 따른 평가서의 내용을 지키지 아니하고 굴착공사를 시행한 자

13. 제39조의7제2항에 따른 명령을 이행하지 아니한 자

14. 제39조의8제1항에 따른 승인 또는 변경승인을 받지 아니한 자

15. 제40조의2에 따라 회계 처리를 하지 아니한 자
[전문개정 2007. 12. 21.]

제53조의2(벌칙) 특정가스사용시설을 시설별 시설기준과 기술기준에 적합하도록 유지하지 아니한 특정가스사용시설의 사용자는 500만원 이하의 벌금에 처한다. [본조신설 2013.8.13.][종전 제53조의2는 제53조의3으로 이동 〈2013.8.13.〉]

제54조(과태료) ① 다음 각 호의 어느 하나에 해당하는 자에게는 3천만원 이하의 과태료를 부과한다. 〈개정 2013.8.13., 2014.1.21., 2014.12.30., 2016. 1.6., 2020.2.4., 2021.6.15.〉

1. 제10조의5제2항·제3항 또는 제5항에 따른 신고 또는 변경신고를 하지 아니하거나 거짓으로 신고한 자

2. 제10조의5제4항에 따른 사전통보를 하지 아니하거나 거짓으로 통보한 자

2의2. 제10조의10을 위반하여 천연가스를 비축하지 아니한 자

2의3. 제10조의13제1항을 위반하여 신고 또는 변경신고를 하지 아니하거나 거짓으로 신고한 자

2의4. 제10조의13제2항을 위반하여 사전통보를 하지 아

니하거나 거짓으로 통보한 자

3. 제11조제2항 또는 제39조의2제2항에 따른 신고 또는 변경신고를 하지 아니하고 가스공급시설의 설치공사 또는 변경공사를 한 도시가스사업자 또는 도시가스사업자 외의 가스공급시설설치자

4. 제11조제2항 또는 제39조의2제2항을 위반하여 거짓으로 신고 또는 변경신고를 하고 가스공급시설의 설치공사 또는 변경공사를 한 도시가스사업자 또는 도시가스사업자 외의 가스공급시설설치자

5. 제11조의2에 따른 비상공급시설을 설치한 후 이를 신고하지 아니하거나 거짓으로 신고한 도시가스사업자

5의2. 제17조의2제4항에 따른 가스공급시설 개선 등의 명령을 이행하지 아니한 자

5의3. 제17조의4제2항에 따른 수행계획서 변경 명령을 이행하지 아니한 자

5의4. 제17조의4제3항에 따른 수행계획서 이행 결과를 작성·보존하지 아니한 자

5의5. 제17조의4제4항에 따른 보고를 하지 아니한 자

5의6. 제17조의4제6항에 따른 명령을 이행하지 아니한 자

6. 제18조제1항을 위반한 일반도시가스사업자

7. 제18조제2항 및 제39조의4에 따른 가스의 공급계획이나 수급계획을 작성하지 아니하거나 제출하지 아니한 도시가스사업자 또는 자가소비용직수입자

7의2. 제18조제3항을 위반하여 가스의 공급계획을 작성하지 아니하거나 제출하지 아니한 나프타부생가스·바이오가스제조사업자

8. 제18조제4항에 따른 보고를 하지 아니하거나 거짓으로 보고한 도시가스사업자

9. 제20조제6항에 따른 시·도지사의 조치명령을 이행하지 아니한 일반도시가스사업자

10. 제21조를 위반하여 가스공급량 측정의 적정성 확보 의무를 이행하지 아니한 일반도시가스사업자

11. 제26조제1항(제39조의5에서 준용하는 경우를 포함한다)에 따른 안전관리규정을 제출하지 아니한 도시가스사업자 또는 도시가스사업자 외의 가스공급시설설치자

12. 제26조제3항(제39조의5에서 준용하는 경우를 포함한다)에 따른 안전관리규정의 변경명령을 이행하지 아니한 도시가스사업자 또는 도시가스사업자 외의 가스공급시설설치자

13. 제26조제4항(제39조의5에서 준용하는 경우를 포함한다)에 따른 안전관리규정을 지키지 아니하거나 그 실시 기록을 작성 또는 보존하지 아니하거나 거짓으로 작성한 도시가스사업자 및 가스사용시설 안전관리업무 대행자와 그 각각의 종사자 또는 도시가스사업자 외의 가스공급시설설치자 및 그 종사자

13의2. 제26조제5항(제39조의5에서 준용하는 경우를 포함한다)에 따른 확인을 거부·방해 또는 기피한 자

13의3. 제28조의3제1항을 위반하여 도시가스사업자에게 공사계획을 알려주지 아니한 건축물 공사의 시행자

14. 제29조제3항(제39조의5에서 준용하는 경우를 포함한다)을 위반한 자

15. 삭제 〈2013.8.13.〉

16. 제30조제2항(제39조의5에서 준용하는 경우를 포함한다)에 따른 안전교육을 받게 하지 아니한 도시가스사업자, 시공자, 특정가스사용시설의 사용자 또는 도시가스사업자 외의 가스공급시설설치자

17. 제43조제1항(제39조의5에서 준용하는 경우를 포함한다)을 위반하여 보험에 가입하지 아니한 도시가스사업자, 특정가스사용시설의 사용자, 시공자 또는 도시가스사업자 외의 가스공급시설 설치자

② 다음 각 호의 어느 하나에 해당하는 자에게는 2천만원 이하의 과태료를 부과한다. 〈개정 2008.2.29., 2009.3.25., 2013.3.23., 2014.12.30., 2022.2.3.〉

1. 신고를 하지 아니하거나 거짓으로 신고한 승계자

2. 도시가스사업자에게 공사의 시공내용을 알려주지 아니한 시공자

3. 시공자 및 도시가스를 사용하고자 하는 자에게 시공할 내용에 대한 검토결과를 알려주지 아니한 도시가스사업자

4. 시공기록등을 작성 또는 보존하지 아니하거나 거짓으로 작성한 시공자

5. 시공기록등의 사본을 도시가스사업자, 특정가스사용시설의 사용자 또는 도시가스사업자 외의 가스공급시설설치자에게 내주지 아니한 시공자

6. 완공도면의 사본을 산업통상자원부장관 또는 시장·군수·구청장에게 제출하지 아니한 도시가스사업자 또는 도시가스사업자 외의 가스공급시설설치자

7. 책임감리에 관한 사항을 통보하지 아니하거나 거짓으로 통보한 도시가스사업자 또는 도시가스사업자 외의 가스공급시설설치자

8. 제16조 제2항을 위반하여 가스공급시설을 사용한 도시가스사업자

8의2. 안전조치를 하지 아니한 도시가스사업자 또는 시행자

9. 사고발생 사실을 한국가스안전공사에 통보하지 아니하거나 거짓으로 통보한 도시가스사업자 또는 도시가스사업자 외의 가스공급시설설치자

③ 다음 각 호의 어느 하나에 해당하는 자에게는 1천만원 이하의 과태료를 부과한다. 〈개정 2010.1.27., 2014.1.21., 2014.12.30., 2020.2.4., 2022.2.3.〉

1. 신고를 하지 아니하거나 거짓으로 신고한 자

1의2. 제10조의12를 위반하여 신고를 하지 아니하거나 거짓으로 신고한 자

2. 통지를 하지 아니한 시공자

2의2. 자료를 제출하지 아니하거나 거짓으로 제출한

일반도시가스사업자

2의 3. 공급규정을 비치하지 아니하거나 가스사용자의 요구가 있음에도 공급규정의 사본을 교부하여 열람할 수 있게 하지 아니한 자

3. 보고를 하지 아니하거나 거짓으로 보고를 한 자 또는 검사를 거부·방해·기피한 자

4. 시정명령에 응하지 아니한 일반도시가스사업자

4의2. 자료를 제출하지 아니하거나 거짓으로 제출한 가스사용시설 안전관리업무 대행자

5. 협의서를 작성하지 아니하거나 거짓으로 작성한 자

④ 안전점검기록을 작성·보존하지 아니한 도시가스충전사업자에게는 500만원 이하의 과태료를 부과한다.〈신설 2013.8.13.〉

⑤ 다음 각 호의 어느 하나에 해당하는 자에게는 300만원 이하의 과태료를 부과한다.〈개정 2013.8.13.〉

1. 시설을 개선하도록 권고하지 아니한 도시가스충전사업자

2. 안전교육을 받지 아니한 자

⑥ 안전조치를 하지 아니한 일반도시가스사업자, 시공자 또는 가스사용자에게는 200만원 이하의 과태료를 부과한다.〈신설 2009.3.25., 2010.1.27., 2013.8.13., 2014.12.30.〉

⑦ 제1항부터 제6항까지의 규정에 따른 과태료는 대통령령으로 정하는 바에 따라 산업통상자원부장관, 시·도지사 또는 시장·군수·구청장이 부과·징수한다.〈개정 2008.2.29., 2009.3.25., 2010.1.27., 2013.3.23., 2013.8.13.〉[전문개정 2007.12.21.]

「도시가스사업법 시행령」

제1조의2(도시가스의 종류) 「도시가스사업법」(이하 "법"이라 한다) 제2조 제1호에 따른 도시가스는 다음 각 호와 같다.〈개정 2013.3.23., 2014.7.21.〉

1. 천연가스(액화한 것을 포함한다. 이하 같다) : 지하에서 자연적으로 생성되는 가연성 가스로서 메탄을 주성분으로 하는 가스

2. 천연가스와 일정량을 혼합하거나 이를 대체하여도 가스공급시설 및 가스사용시설의 성능과 안전에 영향을 미치지 않는 것으로서 산업통상자원부장관이 정하여 고시하는 품질기준에 적합한 다음 각 목의 가스 중 배관(配管)을 통하여 공급되는 가스

가. 석유가스 : 「액화석유가스의 안전관리 및 사업법」 제2조 제1호에 따른 액화석유가스 및 「석유 및 석유대체연료 사업법」 제2조 제2호 나목에 따른 석유가스를 공기와 혼합하여 제조한 가스

나. 나프타부생(副生)가스 : 나프타 분해공정을 통해 에틸렌, 프로필렌 등을 제조하는 과정에서

부산물로 생성되는 가스로서 메탄이 주성분인 가스 및 이를 다른 도시가스와 혼합하여 제조한 가스

다. 바이오가스 : 유기성(有機性) 폐기물 등 바이오매스로부터 생성된 기체를 정제한 가스로서 메탄이 주성분인 가스 및 이를 다른 도시가스와 혼합하여 제조한 가스

라. 합성천연가스 : 석탄을 주원료로 하여 고온·고압의 가스화 공정을 거쳐 생산한 가스로서 메탄이 주성분인 가스 및 이를 다른 도시가스와 혼합하여 제조한 가스

마. 그 밖에 메탄이 주성분인 가스로서 도시가스 수급 안정과 에너지 이용 효율 향상을 위해 보급할 필요가 있다고 인정하여 산업통상자원부령으로 정하는 가스[본조신설 2009.9.21.]

제1조의4(자가소비용직수입 천연가스의 용도) 법 제2조 제9호에서 "발전용·산업용 등 대통령령으로 정하는 용도"란 다음 각 호의 용도를 말한다.

1. 발전용 : 전기(電氣)를 생산하는 용도

2. 산업용 : 산업통상자원부령으로 정하는 제조업의 제조공정용 원료 또는 연료(제조부대시설의 운영에 필요한 연료를 포함한다)로 사용하는 용도

3. 열병합용 : 전기와 열을 함께 생산하는 용도

4. 열 전용(專用) 설비용 : 열만을 생산하는 용도[본조신설 2014.2.11.][제1조의3에서 이동 〈2014.7.21.〉]

제13조(가스시설의 개선기간 등) ① 산업통상자원부장관 또는 시장·군수·구청장은 법 제27조 제1항에 따른 가스시설의 수리·개선·이전명령 또는 도시가스의 공급중지 등 위해방지조치 명령을 하려면 1년 이내의 범위에서 가스시설의 수리·개선 등에 필요한 기간(이하 이 조에서 "개선기간"이라 한다)을 정하여야 한다.〈개정 2009.9.21., 2013.3.23.〉

② 제1항에 따른 명령을 받은 자가 천재지변이나 그 밖의 부득이한 사유로 개선기간 이내에 명령받은 조치를 완료할 수 없는 경우에는 그 기간이 종료되기 전에 산업통상자원부장관 또는 시장·군수·구청장에게 6개월 이내의 범위에서 개선기간의 연장을 신청할 수 있으며, 산업통상자원부장관 또는 시장·군수·구청장은 정당한 사유가 있다고 인정되는 경우에는 개선기간을 연장할 수 있다.〈개정 2013.3.23.〉

제14조의2(공사계획의 통보가 필요 없는 건축물 공사) 법 제28조의3 제1항 단서에서 "대통령령으로 정하는 공사"란 다음 각 호의 어느 하나에 해당하는 공사를 말한다.

1. 건축물 공사의 시행자가 도시가스 사용자 및 도시가스사업자와 미리 협의하여 도시가스배관에 대한 안전조치를 한 건축물 공사

2. 건축물 일부[벽, 기둥, 바닥, 보 또는 지붕틀(「건축법 시행령」 제2조 제16호에 따른 한옥의 경우에는

지붕틀의 범위에서 서까래는 제외한다)을 말한다. 이하 이 조에서 같다]의 철거 작업이 수반되지 아니하는 건축물의 증축·대수선 공사

3. 건축물 일부의 철거 작업이 수반되는 건축물의 증축·개축·대수선 공사로서 다음 각 목의 요건을 모두 갖춘 공사

가. 철거 부분에 도시가스배관이 없거나 도시가스 공급이 없을 것

나. 주변 가스배관시설의 손상 우려가 없을 것[본조신설 2015.6.30.]

제15조(안전관리자의 종류 및 자격 등) ① 안전관리자의 종류는 다음 각 호와 같다.

1. 안전관리 총괄자
2. 안전관리 부총괄자
3. 안전관리 책임자
4. 안전관리원
5. 안전점검원

② 안전관리 총괄자는 도시가스사업자(법인인 경우에는 그 대표자), 도시가스사업자 외의 가스공급시설설치자(법인인 경우에는 그 대표자) 또는 특정가스사용시설의 사용자(법인인 경우에는 그 대표자)로 하며, 안전관리 부총괄자는 해당 가스공급시설을 직접 관리하는 최고 책임자로 한다.

③ 안전관리자의 자격과 선임 인원은 별표 1과 같다.

제16조(안전관리자의 업무) ① 안전관리자는 다음 각 호의 업무를 수행한다.〈개정 2010.7.26., 2014.2.11.〉

1. 가스공급시설 또는 특정가스사용시설의 안전유지
2. 법 제17조에 따른 정기검사 또는 수시검사 결과 부적합 판정을 받은 시설의 개선
3. 법 제19조의4에 따른 안전점검의무의 이행확인
4. 법 제26조 제4항에 따른 안전관리규정 실시기록의 작성·보존
5. 종업원에 대한 안전관리를 위하여 필요한 사항의 지휘·감독
6. 정압기·도시가스배관 및 그 부속설비의 순회점검, 구조물의 관리, 원격감시시스템의 관리, 검사업무 및 안전에 대한 비상계획의 수립·관리
7. 본관·공급관의 누출검사 및 전기방식시설의 관리
8. 사용자 공급관의 관리
9. 공급시설 및 사용시설의 굴착공사의 관리
10. 배관의 구멍 뚫기 작업
11. 그 밖의 위해 방지 조치

② 삭제〈2010.7.26.〉

③ 안전관리 책임자, 안전관리원 및 안전점검원은 이 영에 특별한 규정이 있는 경우를 제외하고는 제1항 각 호의 직무 외의 다른 일을 맡아서는 아니 된다.〈개정 2010. 7.26.〉

④ 안전관리자의 업무는 다음 각호의 구분에 따른다.〈개

정 2010.7.26.〉

1. 안전관리 총괄자: 가스공급시설 또는 특정가스사용시설의 안전에 관한 업무의 총괄 관리
2. 안전관리 부총괄자: 안전관리 총괄자를 보좌하여 해당 가스공급시설의 안전에 대한 직접 관리
3. 안전관리 책임자: 안전관리 부총괄자(특정가스사용시설의 경우에는 안전관리 총괄자)를 보좌하여 사업장의 안전에 관한 기술적인 사항의 관리 및 안전관리원 또는 안전점검원에 대한 지휘·감독
4. 안전관리원: 안전관리 책임자의 지시에 따라 안전관리자의 직무를 수행하고 안전점검원을 지휘·감독
5. 안전점검원 : 안전관리 책임자 또는 안전관리원의 지시에 따라 안전관리자의 직무 수행

⑤ 법 제29조제1항에 따라 안전관리자를 선임한 자는 안전관리자가 같은 조 제3항 각 호의 어느 하나에 해당하는 경우에는 다음 각 호의 구분에 따른 기간 동안 대리자를 지정하여 그 직무를 대행하게 하여야 한다.〈개정 2017.5.29.〉

1. 법 제29조 제3항 제1호에 해당하는 경우 : 직무를 수행할 수 없는 30일 이내의 기간
2. 법 제29조 제3항 제2호에 해당하는 경우 : 다른 안전관리자가 선임될 때까지의 기간

⑥ 법 제29조제3항과 이 조 제5항에 따라 안전관리자의 직무를 대행하게 할 경우에는 다음 각 호의 구분에 따른 자가 그 직무를 대행하도록 하여야 한다.〈개정 2009.9.21., 2010.7.26., 2017.5.29.〉

1. 안전관리 총괄자 및 안전관리 부총괄자의 직무대행 : 각각 그를 직접 보좌하는 직무를 하는 자
2. 안전관리 책임자의 직무대행 : 안전관리원. 다만, 별표 1에 따라 안전관리원을 선임하지 아니할 수 있는 시설의 경우에는 해당 사업소의 종업원으로서 도시가스 관련 업무에 종사하고 있는 사람 중 가스안전관리에 관한 지식이 있는 사람으로 한다.
3. 안전관리원의 직무대행 : 안전점검원. 다만, 별표 1에 따라 안전점검원을 선임하지 아니할 수 있는 시설의 경우에는 해당 사업소의 종업원으로서 도시가스 관련 업무에 종사하고 있는 사람 중 가스안전관리에 관한 지식이 있는 사람으로 한다.
4. 안전점검원의 직무대행 : 해당 사업소의 종업원으로서 도시가스 관련 업무에 종사하고 있는 사람 중 가스안전관리에 관한 지식이 있는 사람

제17조(도시가스배관 매설상황의 확인이 필요 없는 공사) "대통령령으로 정하는 공사"란 다음 각 호의 어느 하나에 해당하는 공사를 말한다.〈개정 2009.9.21., 2013.3.23.〉

1. 토지의 소유자 또는 점유자가 수작업으로 하는 굴착공사
2. 「농지법」 제2조 제1호에 따른 농지에서 경작을 위하여 하는 깊이 450밀리미터 미만의 굴착공사

3. 도시가스사업자가 법 제30조의2에 따른 굴착공사정
보지원센터로부터 도시가스배관 매설상황을 통보받
고 그 도시가스배관의 위치를 확인하기 위하여 수작
업으로 하는 굴착공사
4. 그 밖에 산업통상자원부장관이 도시가스배관 파손사
고의 우려가 없다고 인정하여 고시하는 굴착공사[제
목개정 2009.9.21.]

제20조(조정명령) ① 산업통상자원부장관은 법 제40조제1
항에 따라 도시가스사업자에게 다음 각 호의 조정명령을
할 수 있다. 〈개정 2009.9.21., 2013.3.23., 2014.2.11.〉
1. 가스공급시설 공사계획의 조정
2. 가스공급계획의 조정
3. 둘 이상의 특별시·광역시·특별자치시·도 및 특별
자치도를 공급지역으로 하는 경우 공급지역의 조정
4. 도시가스 요금 등 공급조건의 조정
5. 도시가스의 열량·압력 및 연소성의 조정
6. 가스공급시설의 공동이용에 관한 조정
7. 천연가스 수출입 물량의 규모·시기 등의 조정
8. 삭제 〈2022.2.8.〉
② 산업통상자원부장관은 제1항제1호부터 제6호까지의 규
정에 따른 조정명령을 할 때에는 필요한 경우 시·도지
사의 의견을 들어야 한다. 〈개정 2013.3.23.〉
③ 산업통상자원부장관은 법 제40조제1항에 따라 자가소
비용직수입자에게 다음 각 호의 조정을 명할 수 있다.
〈신설 2022.2.8.〉
1. 가스공급시설 공사계획의 조정
2. 가스공급시설 공동이용에 관한 조정
3. 천연가스의 수출입 물량의 규모·시기 등의 조정
4. 가스도매사업자에 대한 판매·교환에 관한 조정
5. 선박용천연가스사업자와의 교환에 관한 조정
④ 산업통상자원부장관은 제3항 각 호의 조정을 명하려는
경우에는 미리 자가소비용직수입자의 의견을 들어야
한다. 〈신설 2022.2.8.〉
⑤ 산업통상자원부장관 또는 시·도지사가 법 제40조제2
항 및 제3항에 따른 가스공급권역의 조정 및 사업의 통
폐합을 명할 때에는 미리 해당 일반도시가스사업자의
의견을 들어야 한다. 〈개정 2013.3.23., 2022.2.8.〉

[별표 1]

〈개정 2022.8.9.〉

안전관리자의 자격과 선임 인원(제15조제3항 관련)

사업 구분	저장능력 또는 처리능력	안전관리자의 종류별 선임 인원 및 자격	
		선임 인원	자격
가스도매사업 (도시가스 사업자 외의 가스공급시설 설치자를 포함한다)	–	안전관리 총괄자 : 1명	–
		안전관리 부총괄자 : 사업장마다 1명	–
		안전관리 책임자 : 사업장마다 1명	1. 가스기술사 2. 가스산업기사 이상의 자격을 가진 사람으로서 가스관계 업무에 종사한 실무 경력(자격 취득 전의 경력을 포함한다)이 5년 이상인 사람
		안전관리원 : 사업장마다 10명 이상	가스기능사 이상의 자격을 가진 사람 또는 한국가스안전공사가 산업통상자원부장관의 승인을 받아 실시하는 도시가스시설안전관리자 양성교육(이하 "안전관리자 양성교육"이라 한다)을 이수한 사람
		안전점검원 : 배관 길이 15킬로미터를 기준으로 1명. 다만, 가스도매사업자가 가스배관의 안전관리를 위하여 전액 출자한 기관에 업무를 위탁한 경우에는 그 대행기관의 안전점검원을 가스도매사업자의 안전점검원으로 본다.	가스기능사 이상의 자격을 가진 사람, 안전관리자 양성교육을 이수한 사람 또는 한국가스안전공사가 산업통상자원부장관의 승인을 받아 실시하는 안전점검원 양성교육(이하 "안전점검원 양성교육"이라 한다)을 이수한 사람
일반도시 가스사업	–	안전관리 총괄자 : 1명	–
		안전관리 부총괄자 : 사업장마다 1명	–
		안전관리 책임자 : 사업장마다 1명 이상	가스산업기사 이상의 자격을 가진 사람
		안전관리원 : 1. 배관 길이가 200킬로미터 이하인 경우에는 5명 이상 2. 배관길이가 200킬로미터 초과 1천킬로미터 이하인 경우에는 5명에 200킬로미터마다 1명씩 추가한 인원 이상 3. 배관 길이가 1천킬로미터를 초과하는 경우에는 10명 이상	가스기능사 이상의 자격을 가진 사람 또는 안전관리자 양성교육을 이수한 사람
		안전점검원 : 배관 길이 15킬로미터를 기준으로 1명	가스기능사 이상의 자격을 가진 사람, 안전관리자 양성교육을 이수한 사람 또는 안전점검원 양성교육을 이수한 사람
도시가스 충전사업	저장능력 500톤 초과 또는 처리능력 1시간당 2,400 세제곱미터 초과	안전관리 총괄자 : 1명	–
		안전관리 부총괄자 : 1명	–
		안전관리 책임자 : 1명	가스산업기사 이상의 자격을 가진 사람
		안전관리원 : 2명 이상	가스기능사 또는 안전관리자 양성교육을 이수한 사람

사업 구분	저장능력 또는 처리능력	안전관리자의 종류별 선임 인원 및 자격	
		선임 인원	자격
도시가스 충전사업	저장능력 100톤 초과 500톤 이하 또는 처리능력 1시간당 480세제곱미터 초과 2,400세제곱미터 이하	안전관리 총괄자 : 1명	−
		안전관리 부총괄자 : 1명	−
		안전관리 책임자 : 1명	가스산업기사 이상의 자격을 가진 사람
		안전관리원 : 1명 이상	가스기능사 또는 안전관리자 양성교육을 이수한 사람
	저장능력 100톤 이하 또는 처리능력 1시간당 480세제곱미터 이하	안전관리 총괄자 : 1명	−
		안전관리 부총괄자 : 1명	−
		안전관리 책임자 : 1명	가스기능사 이상의 자격을 가진 사람 또는 안전관리자 양성교육을 이수한 사람
나프타부생가스·바이오가스 제조사업	저장능력 500톤 초과 또는 처리능력 1시간당 2,400세제곱미터 초과	안전관리 총괄자 : 1명	−
		안전관리 부총괄자 : 1명	−
		안전관리 책임자 : 1명	가스산업기사 이상의 자격을 가진 사람
		안전관리원 : 2명 이상	가스기능사 이상의 자격을 가진 사람 또는 안전관리자 양성교육을 이수한 사람
	저장능력 100톤 초과 500톤 이하 또는 처리능력 1시간당 480세제곱미터 초과 2,400세제곱미터 이하	안전관리 총괄자 : 1명	−
		안전관리 부총괄자 : 1명	−
		안전관리 책임자 : 1명	가스산업기사 이상의 자격을 가진 사람
		안전관리원 : 1명 이상	가스기능사 이상의 자격을 가진 사람 또는 안전관리자 양성교육을 이수한 사람
	저장능력 5톤 이상 100톤 이하 또는 처리능력 1시간당 50세제곱미터 이상 480세제곱미터 이하	안전관리 총괄자 : 1명	−
		안전관리 부총괄자 : 1명	−
		안전관리 책임자 : 1명	가스기능사 이상의 자격을 가진 사람 또는 안전관리자 양성교육을 이수한 사람
합성천연가스 제조사업	−	안전관리 총괄자 : 1명	−
		안전관리 부총괄자 : 1명	−
		안전관리 책임자 : 사업장 마다 1명	1. 가스기술사 2. 가스산업기사 이상의 자격을 가진 사람으로서 가스 관계 업무에 종사한 실무 경력(자격 취득 전의 경력을 포함한다)이 5년 이상인 사람
		안전관리원 : 사업장마다 5명 이상	가스기능사 이상의 자격을 가진 사람 또는 안전관리자 양성교육을 이수한 사람
특정가스 사용시설	−	안전관리 총괄자 : 1명	
		안전관리 책임자(월 사용 예정량이 4천세제곱미터를 초과하는 경우에만 선임하고, 자동차 연료장치의 가스사용시설은 제외한다) : 1명 이상	가스기능사 이상의 자격을 가진 사람 또는 한국가스안전공사가 산업통상자원부장관의 승인을 받아 실시하는 사용시설안전관리자 양성교육(이하 "사용시설안전관리자 양성교육"이라 한다)을 이수한 사람

비 고

1. 안전관리자는 해당 분야의 상위자격자로 할 수 있다. 이 경우 가스기술사·가스기능장·가스기사·가스산업기사·가스기능사의 순서로 먼저 규정한 자격을 상위자격으로 본다.
2. 자격 구분 중 안전관리 책임자의 자격을 가진 사람은 안전관리원 또는 안전점검원의 자격을 가진 것으로 본다.
3. 안전관리 총괄자 또는 안전관리 부총괄자가 안전관리 책임자의 기술자격을 가지고 있으면 안전관리 책임자를 겸할 수 있다.
4. 고압가스기계기능사보·고압가스취급기능사보 및 고압가스화학기능사보의 자격 소지자는 위 표의 자격 구분에 있어서 안전관리자 양성교육, 안전점검원 양성교육 또는 사용시설안전관리자 양성교육을 이수한 것으로 본다.
5. 가스도매사업자로부터 도시가스를 공급받아 수요자에게 공급하는 일반도시가스사업의 경우에는 안전관리원의 선임 인원 수를 위 표에서 규정된 인원 수에서 2명을 뺀 수로 할 수 있다.
6. 도시가스사업자 외의 가스공급시설설치자의 가스시설 중 액화천연가스 저장탱크를 1기 이상 5기 이하로 설치·운영 중인 경우에는 위 표에 규정된 안전관리원 선임 인원에서 5명을 뺀 인원을 선임할 수 있으며, 액화천연가스 저장탱크를 설치·운영하고 있지 않은 경우(가스배관시설만을 설치·운영 중인 경우를 말한다)에는 위 표에 규정된 안전관리원 선임 인원에서 9명을 뺀 인원을 선임할 수 있다.
7. 나프타부생가스·바이오가스제조사업자 및 합성천연가스제조사업자가 수요자 등에게 도시가스를 공급하기 위한 배관을 사업소 밖에 설치하는 경우에는 위 표에 규정된 사업소 내의 안전관리자 선임 인원 외에 일반도시가스사업의 안전점검원의 선임 인원 및 자격기준을 준용하여 안전점검원을 추가로 선임하여야 한다.
8. 도시가스사업자 또는 도시가스사업자 외의 가스공급시설설치자가 동일한 사업장에 나프타부생가스·바이오가스제조사업 또는 합성천연가스제조사업을 하는 경우에는 해당 나프타부생가스·바이오가스제조사업 또는 합성천연가스제조사업의 안전관리원 선임 인원에서 1명을 뺀 인원을 선임할 수 있다. 다만, 나프타부생가스·바이오가스제조사업의 안전관리원 선임 인원이 1명일 경우에는 그러하지 아니하다.
9. 안전관리원과 안전점검원의 선임기준이 되는 배관 길이를 계산하는 방법은 다음 각 목과 같다.
   가. 안전관리원 : 본관 및 공급관(사용자공급관은 제외한다. 이하 나목에서 같다) 길이의 총 길이로 한다.
   나. 안전점검원 : 본관 및 공급관 길이의 총 길이로 한다. 다만, 가스사용자가 소유하거나 점유하고 있는 토지에 설치된 본관 및 공급관은 포함하지 아니하고, 하나의 도로(「도로교통법」에 따른 도로를 말한다)에 2개 이상의 배관이 나란히 설치되어 있으며 그 배관 바깥측면 간의 거리가 3미터 미만인 것은 하나의 배관으로 계산한다.
10. 산업통상자원부장관은 도시가스사업자의 도시가스시설의 현대화 및 과학화의 정도에 따라 산업통상자원부령으로 정하는 바에 따라 위 표에서 정한 선임 인원 수의 15퍼센트의 범위에서 더하거나 뺄 수 있다. 이 경우 안전점검원의 배치기준 등에 관하여 필요한 사항은 산업통상자원부령으로 정한다.
11. 이 표에서 특정가스사용시설의 "월 사용 예정량"이란 특정가스사용시설에 설치된 연소기 각각의 소비량을 더하여 산정하되, 공장 등 산업용은 1일 8시간, 음식점 등 영업용은 1일 3시간을 기준으로 하여 30일간 사용하는 총소비가스량을 말한다.
12. 사업소 안에 특정가스사용시설이 「고압가스 안전관리법」에 따른 특정고압가스 사용신고시설 또는 「액화석유가스의 안전관리 및 사업법」에 따른 액화석유가스 사용신고시설과 함께 설치되어 있는 경우 「고압가스 안전관리법」 또는 「액화석유가스의 안전관리 및 사업법」에 따라 안전관리자를 선임한 때에는 특정가스사용시설을 위한 안전관리 책임자를 선임한 것으로 본다.

「도시가스사업법 시행규칙」

제2조(정의) ① 이 규칙에서 사용하는 용어의 뜻은 다음과 같다.〈개정 2009.9.25., 2010.7.28., 2013.3.23., 2013. 7.25., 2014.8.8.〉

1. "배관"이란 도시가스를 공급하기 위하여 배치된 관(管)으로써 본관, 공급관, 내관 또는 그 밖의 관을 말한다.
2. "본관"이란 다음 각 목의 것을 말한다.
   가. 가스도매사업의 경우에는 도시가스제조사업소(액화천연가스의 인수기지를 포함한다. 이하 같다)의 부지 경계에서 정압기지(整壓基地)의 경계까지 이르는 배관. 다만, 밸브기지 안의 배관은 제외한다.
   나. 일반도시가스사업의 경우에는 도시가스제조사업소의 부지 경계 또는 가스도매사업자의 가스시설 경계에서 정압기(整壓器)까지 이르는 배관
   다. 나프타부생가스·바이오가스제조사업의 경우에는 해당 제조사업소의 부지 경계에서 가스도매사업자 또는 일반도시가스사업자의 가스시설 경계 또는 사업소 경계까지 이르는 배관
   라. 합성천연가스제조사업의 경우에는 해당 제조사업소의 부지 경계에서 가스도매사업자의 가스시설 경계 또는 사업소 경계까지 이르는 배관
3. "공급관"이란 다음 각 목의 것을 말한다.
   가. 공동주택, 오피스텔, 콘도미니엄, 그 밖에 안전관리를 위하여 산업통상자원부장관이 필요하다고 인정하여 정하는 건축물(이하 "공동주택등"이라 한다)에 도시가스를 공급하는 경우에는 정압기에서 가스사용자가 구분하여 소유하거나 점유하는 건축물의 외벽에 설치하는 계량기의 전단밸브(계량기가 건축물의 내부에 설치된 경우에는 건축물의 외벽)까지 이르는 배관
   나. 공동주택등 외의 건축물 등에 도시가스를 공급하는 경우에는 정압기에서 가스사용자가 소유하거나 점유하고 있는 토지의 경계까지 이르는 배관
   다. 가스도매사업의 경우에는 정압기지에서 일반도시가스사업자의 가스공급시설이나 대량수요자의 가스사용시설까지 이르는 배관
   라. 나프타부생가스·바이오가스제조사업 및 합성천연가스제조사업의 경우에는 해당 사업소의 본관 또는 부지 경계에서 가스사용자가 소유하거나 점유하고 있는 토지의 경계까지 이르는 배관
4. "사용자공급관"이란 제3호가목에 따른 공급관 중 가스사용자가 소유하거나 점유하고 있는 토지의 경계에서 가스사용자가 구분하여 소유하거나 점유하는 건축물의 외벽에 설치된 계량기의 전단밸브(계량기가 건축물의 내부에 설치된 경우에는 그 건축물의 외벽)까지 이르는 배관을 말한다.
5. "내관"이란 가스사용자가 소유하거나 점유하고 있는 토지의 경계(공동주택등으로서 가스사용자가 구분하여 소유하거나 점유하는 건축물의 외벽에 계량기가 설치된 경우에는 그 계량기의 전단밸브, 계량기가 건축물의 내부에 설치된 경우에는 건축물의 외벽)에서 연소기까지 이르는 배관을 말한다.
6. "고압"이란 1메가파스칼 이상의 압력(게이지압력을 말한다. 이하 같다)을 말한다. 다만, 액체상태의 액화가스는 고압으로 본다.
7. "중압"이란 0.1메가파스칼 이상 1메가파스칼 미만의 압력을 말한다. 다만, 액화가스가 기화되고 다른 물질과 혼합되지 아니한 경우에는 0.01메가파스칼 이상 0.2메가파스칼 미만의 압력을 말한다.
8. "저압"이란 0.1메가파스칼 미만의 압력을 말한다. 다만, 액화가스가 기화(氣化)되고 다른 물질과 혼합되지 아니한 경우에는 0.01메가파스칼 미만의 압력을 말한다.
9. "액화가스"란 상용의 온도 또는 섭씨 35도의 온도에서 압력이 0.2메가파스칼 이상이 되는 것을 말한다.
10. "보호시설"이란 제1종보호시설 및 제2종보호시설로서 별표 1에서 정하는 것을 말한다.
11. "저장설비"란 도시가스를 저장하기 위한 설비로서 저장탱크 및 충전용기 보관실을 말한다.
12. "처리설비"란 압축·액화나 그 밖의 방법으로 도시가스를 처리할 수 있는 설비로서 도시가스의 충전에 필요한 압축기, 기화기 및 펌프를 말한다.
13. "압축가스설비"란 압축기를 통해 압축된 가스를 저장하기 위한 설비로서 압력용기를 말한다.
14. "충전설비"란 용기, 고압가스용기가 적재된 바퀴가 달린 자동차(이하 "이동충전차량"이라 한다) 또는 차량에 고정된 탱크에 도시가스를 충전하기 위한 설비로서 충전기 및 그 부속설비를 말한다.
15. "처리능력"이란 처리설비 또는 감압설비에 따라 압축·액화나 그 밖의 방법으로 1일 처리할 수 있는 도시가스의 양(온도 섭씨 0도, 게이지압력 0파스칼의 상태를 기준으로 한다)을 말한다.
16. "정압기지"란 도시가스의 압력을 조정하기 위한 시설로서 정압설비, 계량설비, 가열설비, 불순물제거장치, 방산탑(放散塔), 배관 또는 그 부대설비가 설치된 기지를 말한다.
17. "밸브기지"란 도시가스의 흐름을 차단하기 위한 시설로서 가스차단 장치, 방산탑, 배관 또는 그 부대설비가 설치된 기지를 말한다.
18. "전처리설비"란 바이오가스제조설비 중 가스품질 향상설비 전단(前段)의 설비로서 포집(捕執)된 가스의 1차적인 탈황(脫黃)·탈수 등을 위한 처리설비(포집 설비는 제외한다)를 말한다.

19. "가스품질향상설비"란 나프타부생가스·바이오가스제조설비 및 합성천연가스제조설비 중 도시가스로의 품질 향상을 위한 설비로서 정제설비, 압력조정설비, 열량조정설비, 품질모니터링설비, 압축설비, 계량설비 및 부취제(腐臭劑) 주입설비를 말한다.

③ 법 제2조제4호의2에서 "산업통상자원부령으로 정하는 사업"이란 다음 각 호의 사업을 말한다. 〈신설 2010.7.28., 2011.11.4., 2013.3.23., 2014.10.7., 2020.8.5., 2020.8.25.〉

1. 고정식 압축도시가스 자동차 충전사업 : 배관 또는 저장탱크를 통하여 공급받은 도시가스를 압축하여 자동차에 충전하는 사업

2. 이동식 압축도시가스 자동차 충전사업 : 이동충전차량을 통하여 공급받은 압축도시가스를 자동차에 충전하는 사업

3. 고정식 압축도시가스 이동충전차량 충전사업 : 배관 또는 저장탱크를 통하여 공급받은 도시가스를 압축하여 이동충전차량에 충전하는 사업

4. 액화도시가스 자동차 충전사업 : 배관 또는 저장탱크를 통하여 공급받은 액화도시가스를 자동차「항만법 시행령」별표 5 제8호에 따른 야드 트랙터(이하 "야드 트랙터"라 한다)를 포함한다]에 충전하는 사업

5. 이동식 액화도시가스 야드 트랙터 충전사업 : 자동차에 고정된 탱크를 이용하여 액화도시가스를 야드 트랙터에 충전하는 사업

④ 법 제2조제4호의3에서 "산업통상자원부령으로 정하는 시설"이란 「고압가스 안전관리법 시행령」제3조제1항제1호에 따라 고압가스 특정제조 허가를 받은 시설을 말한다. 〈신설 2017.6.2.〉

⑤ 법 제2조제5호에서 "산업통상자원부령으로 정하는 가스제조시설, 가스배관시설, 가스충전시설, 나프타부생가스·바이오가스제조시설 및 합성천연가스제조시설"이란 다음 각 호의 시설을 말한다. 〈개정 2009.9.25., 2010.7.28., 2013.3.23., 2014.8.8., 2017.6.2.〉

1. 가스제조시설 : 도시가스의 하역·저장·기화·송출 시설 및 그 부속설비

2. 가스배관시설 : 도시가스제조사업소로부터 가스사용자가 소유하거나 점유하고 있는 토지의 경계(공동주택등으로서 가스사용자가 구분하여 소유하거나 점유하는 건축물의 외벽에 계량기가 설치된 경우에는 그 계량기의 전단밸브, 계량기가 건축물의 내부에 설치된 경우에는 건축물의 외벽)까지 이르는 배관·공급설비 및 그 부속설비

3. 가스충전시설 : 도시가스충전사업소 안에서 도시가스를 충전하기 위하여 설치하는 저장설비, 처리설비, 압축가스설비, 충전설비 및 그 부속설비

4. 나프타부생가스 제조시설 : 나프타부생가스제조사업소 안에서 나프타부생가스를 제조하기 위하여 설치하는 가스품질향상설비, 저장설비, 기화설비, 송출설비 및 그 부속설비

5. 바이오가스제조시설 : 바이오가스제조사업소 안에서 바이오가스를 제조하기 위하여 설치하는 전처리설비, 가스품질향상설비, 저장설비, 기화설비, 송출설비 및 그 부속설비

6. 합성천연가스제조시설 : 합성천연가스제조사업소 안에서 합성천연가스를 제조하기 위하여 설치하는 제조설비, 가스품질향상설비, 저장설비, 기화설비, 송출설비 및 그 부속설비

⑥ 법 제2조제6호에서 "가스공급시설 외의 가스사용자의 시설로서 산업통상자원부령으로 정하는 것"이란 다음 각 호와 같다. 〈개정 2011.11.4., 2013.3.23., 2014.10.7., 2017.6.2., 2020.8.5.〉

1. 내관·연소기 및 그 부속설비. 다만, 선박(「선박안전법」제2조제1호에 따른 선박을 말한다. 이하 같다)에 설치된 것은 제외한다.

2. 공동주택등의 외벽에 설치된 가스계량기

3. 도시가스를 연료로 사용하는 자동차

4. 자동차용 압축천연가스 완속충전설비

⑦ 「도시가스사업법 시행령」(이하 "영"이라 한다) 제1조의4 제2호에서 "산업통상자원부령으로 정하는 제조업"이란 「통계법」제22조에 따라 통계청장이 고시하는 한국표준산업분류에서 정한 제조업을 말한다. 〈신설 2014.2.21., 2017.6.2., 2020.3.24.〉[전문개정 2008.7.11.]

제10조의6(천연가스수출입업의 등록신청 등) ① 천연가스수출입업의 등록을 하려는 자는 천연가스의 최초 수입통관 예정일 30일 이전에 별지 제10호서식의 천연가스수출입업 등록신청서(전자문서로 된 신청서를 포함한다. 이하 같다)에 사업계획서를 첨부하여 산업통상자원부장관에게 제출하여야 한다. 〈개정 2013.3.23.〉

② 천연가스반출입업의 신고를 하려는 자는 천연가스의 최초 반입 또는 반출 예정일 30일 이전에 별지 제10호의2서식의 천연가스반출입업 신고서(전자문서로 된 신청서를 포함한다)에 사업계획서를 첨부하여 산업통상자원부장관에게 제출하여야 한다. 〈신설 2014.8.8.〉

③ 제1항 및 제2항에 따른 신청을 받은 산업통상자원부장관은 「전자정부법」제36조 제1항에 따른 행정정보의 공동이용을 통하여 법인 등기사항증명서(법인인 경우만 해당한다)를 확인하여야 한다. 〈개정 2009.9.25., 2010.7.28., 2013.3.23., 2014.8.8.〉

④ 제1항의 사업계획서에는 다음 각 호의 사항이 포함되어야 한다. 〈개정 2014.8.8.〉

1. 천연가스 저장시설의 현황, 건설 또는 보유 계획(소재지 및 저장능력을 포함한다)

2. 천연가스 수입연도 이후 5년간의 천연가스 수급계획(수출입 및 판매·사용계획을 포함한다)

⑤ 제2항의 사업계획서에는 다음 각 호의 사항이 포함되어야 한다. 〈신설 2014.8.8.〉

1. 보세구역 현황(명칭 및 소재지를 포함한다)
2. 천연가스 저장시설의 현황, 건설 또는 임차 계획(소재지 및 저장능력을 포함한다)
3. 증발가스의 처분계획

[본조신설 2008.7.11.][제목개정 2014.8.8.][제10조의5에서 이동, 종전 제10조의6은 제10조의7로 이동 〈2014.8.8.〉]

제12조(공사계획의 승인 신청 등) ① 공사계획의 승인 또는 변경승인을 받으려는 자는 별지 제13호서식의 신청서를 산업통상자원부장관 또는 시장·군수·구청장에게 제출하여야 하며, 법 제11조제2항 및 제4항에 따라 공사계획의 신고 또는 변경신고를 하려는 자는 그 공사를 시작하기 3일 전까지 별지 제14호서식의 신고서를 산업통상자원부장관 또는 시장·군수·구청장에게 제출해야 한다.〈개정 2010.7.28., 2013.3.23., 2022.5.23.〉

② 제1항에 따른 신청을 받은 산업통상자원부장관 또는 시장·군수·구청장은 「전자정부법」 제36조 제1항에 따른 행정정보의 공동이용을 통하여 「건설산업기본법」 제9조의2 제1항에 따른 건설업등록증을 확인하여야 한다. 다만, 신청인이 담당 공무원의 확인에 동의하지 아니하는 경우에는 그 사본을 첨부하도록 하여야 한다.〈신설 2009.9.25., 2010.7.28., 2013.3.23.〉

③ 제1항에 따른 신청서나 신고서에는 다음 각 호의 서류를 첨부하여야 한다.〈개정 2009.9.25.〉
1. 공사계획서
2. 공사공정표
3. 공사계획을 변경하는 경우에는 변경사유서
4. 제7항에 따른 기술검토서
5. 삭제〈2009.9.25.〉
6. 시공관리자(「건설산업기본법」 제40조에 따른 건설기술자를 말한다. 이하 같다)의 자격을 증명할 수 있는 사본
7. 공사 예정금액 명세서 등 해당 공사의 공사 예정금액을 증명할 수 있는 서류 사본

④ 산업통상자원부장관 또는 시장·군수·구청장이 공사계획의 승인 또는 변경승인을 하거나 공사계획의 신고 또는 변경신고를 받았을 때에는 별지 제41호서식의 가스공급시설 공사계획 (변경)승인·신고대장에 기록하고, 별지 제42호서식의 공사계획 (변경)승인서 또는 공사계획(변경)신고증명서를 내주어야 하며, 이를 한국가스안전공사에 통보하여야 한다.〈개정 2010.7.28., 2013.3.23.〉

⑤ "산업통상자원부령으로 정하는 가스공급시설의 설치공사나 변경공사"란 다음 각 호의 공사를 말한다.〈신설 2009.9.25., 2013.3.23., 2014.10.7., 2020.8.25., 2022.5.23.〉
1. 최고사용압력이 저압인 사용자공급관을 50미터 이상 설치하거나 변경하는 공사. 다만, 다음 각 목의 어느 하나에 해당하는 공사는 제외한다.
　가. 호칭지름 50밀리미터(KS M 3514에 따른 가스용폴리에틸렌관의 경우에는 공칭외경 63밀리미터를 말한다. 이하 같다) 이하인 저압의 공급관에 연결되는 사용자공급관의 설치공사 또는 변경공사
　나. 제7항에 따라 한국가스안전공사로부터 기술검토서를 받은 공사의 범위를 변경하는 것으로서 배관의 길이를 줄이거나 배관의 길이를 10분의 1 이내 또는 50미터 미만으로 증설하는 공사
2. 정압기지 또는 정압기에 대한 공사로서 다음 각 목의 어느 하나에 해당하는 공사
　가. 안전밸브 종류의 변경공사
　나. 압력조정기의 용량 또는 기종의 변경공사
　다. 계량설비의 설치공사 또는 변경공사(유량 또는 기종의 변경공사만 해당한다)
　라. 가열설비의 설치공사 또는 변경공사

⑥ 한국가스안전공사의 의견을 들으려는 자는 별지 제15호서식의 기술검토 신청서에 다음 각 호의 서류를 첨부하여 한국가스안전공사에 제출해야 한다.〈개정 2009.9.25., 2022.5.23.〉
1. 시설의 설치계획서(시설 변경의 경우에는 그 변경 부분만 해당한다)
2. 시설기준과 기술기준에 관한 설명서(시설 변경의 경우에는 그 변경 부분만 해당한다)
3. 도면(배관의 경우에는 별표 5 제3호 가목 1) 가)에 따라 작성한 것이어야 하며, 시설 변경의 경우에는 그 변경 부분만 해당한다)

⑦ 한국가스안전공사는 제6항에 따른 기술검토 신청을 받았을 때에는 다음 각 호의 구분에 따른 기간 이내에 기술검토서를 작성하여 그 신청인에게 발급하여야 한다.〈개정 2009.9.25., 2013.7.25.〉
1. 도시가스제조사업소의 경우 : 15일
2. 공급소, 정압기지, 밸브기지 및 도시가스충전사업소의 경우 : 7일
3. 배관, 정압기 및 특정가스사용시설의 경우 : 5일

[전문개정 2008.7.11.]

제13조의2(비상공급시설의 설치신고) 비상공급시설을 설치한 자는 지체 없이 별지 제12호서식의 비상공급시설 설치신고서에 다음 각 호의 서류를 첨부하여 산업통상자원부장관 또는 시장·군수·구청장에게 제출해야 한다.〈개정 2013.3.23., 2022.5.23.〉
1. 비상공급시설의 설치사유서
2. 비상공급시설에 의한 공급권역을 명시한 도면
3. 설치위치 및 주위 상황도
4. 안전관리자의 배치 현황[전문개정 2008.7.11.]

제20조(시공기록 및 완공도면의 보존 방법 등) ① 시공자는 다음 각 호의 시공기록(「건설산업기본법 시행령」 제7조에 따른 제3종 가스시설시공업을 등록한 자의 경우에는 가스보일러설치·시공 및 보험가입 확인서로 대신할 수 있다)

및 완공도면(온수보일러, 온수기 및 그 부대시설의 경우에는 시공내용을 확인할 수 있는 사진으로 할 수 있다)을 작성·보존하여야 하며, 그 사본을 도시가스사업자와 제20조의2 제1항(제2호 가목은 제외한다)에 따른 특정가스용시설의 사용자에게 그 시설 공사를 완료한 날부터 7일 이내에 내주어야 한다.〈개정 2013.7.25.〉

1. 비파괴검사에 관한 기록 및 성적서(폴리에틸렌관의 경우에는 용융접합에 관한 기록 및 성적서)
2. 비파괴검사(용융접합)에 따른 도면
3. 비파괴검사 필름
4. 전기부식 방지시설의 전위측정에 관한 결과서
5. 장애물 및 암반 등 특별관리가 필요한 지점의 공사에 관한 사진

② 시공자는 제1항에 따른 완공도면과 같은 항 제3호에 따른 비파괴검사 필름(전산보조기억장치에 입력된 경우에는 그 입력된 자료)을 5년간 보존하고, 도시가스사업자와 특정가스사용시설의 사용자는 완공도면 사본(전산보조기억장치에 입력된 경우에는 그 입력된 자료)을 영구히 보존하여야 한다.〈개정 2009.9.25.〉

③ 도시가스사업자는 시공자로부터 시공기록 등의 사본을 받은 날부터 다음 각 호의 구분에 따른 시기까지 그 시설의 완공도면(전산보조기억장치에 입력된 경우에는 그 입력된 자료로 할 수 있다)을 한국가스안전공사에 제출하여야 한다. 다만, 제21조 제1항 및 제4항에 따른 시공감리나 완성검사 때 한국가스안전공사에 완공도면을 제출한 경우에는 그러하지 아니하다.〈개정 2010.7.28., 2013.7.25., 2014.10.7., 2020.8.25.〉

1. 공급시설 : 최초로 정기검사를 받는 해의 정기검사 신청 시
2. 가스사용시설[제20조의2 제1항(제2호 가목은 제외한다)에 따른 특정가스사용시설만을 말한다] : 7일 이내[전문개정 2008.7.11.]

제21조(시공감리·중간검사 및 완성검사의 대상 등) ① 시공감리의 대상이 되는 가스공급시설의 설치공사 또는 변경공사는 다음 각 호의 공사로 한다.〈개정 2009.9.25., 2010.7.28., 2014.2.21.〉

1. 별표 2의 공사계획 승인대상에 해당되는 공사
2. 별표 3의 공사계획 신고대상에 해당되는 공사
3. 별표 2의 공사계획 승인대상에서 제외되는 다음 각 목의 어느 하나에 해당하는 가스공급시설의 설치 또는 변경 공사
   가. 본관
   나. 최고사용압력이 중압 이상인 공급관
   다. 정압기지 내 배관
   라. 밸브기지 내 배관
4. 별표 3의 공사계획 신고대상에서 제외되는 공급관의 설치 또는 변경 공사. 다만, 다음 각 목의 어느 하나에 해당하는 경우에는 그러하지 아니하다.

가. 호칭지름 50밀리미터를 초과하는 저압의 공급관 중 길이 20미터 미만인 공급관
나. 호칭지름 50밀리미터 이하인 저압의 공급관
다. 호칭지름 50밀리미터 이하인 저압의 공급관에 연결되는 사용자공급관
라. 길이 50미터 미만인 사용자공급관

5. 공사계획의 승인을 받았거나 신고를 한 공사로서 그 공사의 구간에서 배관 길이를 10분의 1 이내 또는 20미터 미만으로 증감하여 변경하는 공사

② "산업통상자원부령으로 정하는 자"란 제20조의2 제1항 제3호 및 제4호의 특정가스사용시설에서 도시가스를 사용하는 자를 말한다.〈신설 2010.7.28., 2013.3.23.〉

③ 중간검사 대상이 되는 도시가스충전시설의 중간검사 공정은 다음 각 호와 같다.〈신설 2010.7.28.〉

1. 가스설비 또는 배관의 설치가 완료되어 기밀시험 또는 내압시험을 할 수 있는 상태의 공정
2. 저장탱크를 지하에 매설하기 직전의 공정
3. 배관을 지하에 설치하는 경우 한국가스안전공사가 지정하는 부분을 매몰하기 직전의 공정
4. 한국가스안전공사가 지정하는 부분의 비파괴시험을 하는 공정
5. 방호벽 또는 저장탱크의 기초설치 공정
6. 내진설계(耐震設計) 대상 설비의 기초설치 공정

④ 완성검사의 대상이 되는 가스충전시설 및 특정가스용시설의 설치공사 또는 변경공사는 다음 각 호와 같다.〈개정 2009.9.25., 2010.7.28.〉

1. 가스충전시설의 설치공사
2. 특정가스사용시설의 설치공사
3. 제4조 제2항 제1호부터 제8호까지의 규정에 해당하는 가스충전시설의 변경에 따른 공사
4. 다음 각 목의 어느 하나에 해당하는 특정가스사용시설의 변경공사
   가. 도시가스 사용량의 증가로 인하여 특정가스사용시설로 전환되는 가스사용시설의 변경공사
   나. 특정가스사용시설로서 호칭지름 50밀리미터 이상인 배관을 증설·교체 또는 이설(移設)하는 것으로서 그 전체 길이가 20미터 이상인 변경공사
   다. 특정가스사용시설의 배관을 변경하는 공사로서 월 사용예정량을 500 세제곱미터 이상 증설하거나 월 사용예정량이 500 세제곱미터 이상인 시설을 이설하는 변경공사
   라. 특정가스사용시설의 정압기나 압력조정기를 증설·교체(동일 용량으로 교체하는 경우는 제외한다) 또는 이설하는 변경공사

⑤ 제4항에 따른 특정가스사용시설의 설치공사나 변경공사를 하려는 자는 그 공사계획에 대하여 미리 한국가스안전공사의 기술검토를 받아야 한다. 다만, 특정가스사

용시설(제20조의2 제1항 제2호 가목에 따른 가스사용시설은 제외한다) 중 월 사용예정량이 500 세제곱미터 미만인 시설의 설치공사나 변경공사는 그러하지 아니하다.〈개정 2010.7.28., 2014.2.21.〉

⑥ 제5항에 따른 기술검토에 관하여는 제12조 제6항 및 제7항을 준용한다.〈개정 2009.9.25., 2010.7.28.〉

⑦ 한국가스안전공사는 건설사업관리에 관한 사항을 통보받은 경우 가스공급시설의 설치공사나 변경공사가「건설기술관리법」에 따라 책임 감리가 되고 있는지를 확인하여야 한다.〈개정 2010.7.28., 2020.3.24.〉

⑧ 특정가스사용시설 사용자가「자동차관리법」제35조의7에 따라 내압용기장착검사를 받은 경우 또는「건설기계관리법」제13조 제1항에 따른 검사를 받은 경우에는 법 제15조 제6항에 따른 완성검사를 받은 것으로 본다.〈신설 2013.7.25., 2020.8.25.〉
[전문개정 2008.7.11.][제목개정 2010.7. 28.]

제27조(정기검사의 면제) 정기검사의 전부 또는 일부를 면제받으려는 자는 별지 제24호서식의 정기검사 면제신청서에 다음 각 호의 서류를 첨부하여 산업통상자원부장관 또는 시장·군수·구청장에게 제출하여야 한다.〈개정 2013.3.23.〉

1. 최근 2년간의 안전관리규정에 대한 실시기록
2. 최근 2년간 정기검사를 받은 실적
3. 안전성에 관한 한국가스안전공사의 검토의견서
[전문개정 2008.7.11.]

제28조(가스공급계획 등) 일반도시가스사업자, 가스도매사업자, 합성천연가스제조사업자 및 나프타부생가스·바이오가스제조사업자가 작성하여야 하는 가스공급계획에는 다음 각 호의 사항이 포함되어야 한다.〈개정 2014.8.8.〉

1. 공급권역에 대한 연도별·행정구역별 가스공급계획서(합성천연가스제조사업자 또는 나프타부생가스·바이오가스제조사업자의 경우에는 연도별 가스 생산 및 공급 계획서를 말한다)
2. 가스공급시설의 현황 및 확충 계획
3. 전년도에 제출한 가스공급계획과 다른 경우에는 그 사유서
4. 시설투자계획
5. 그 밖에 가스공급에 필요한 사항

제33조의2(공급규정의 세부 승인기준) 공급규정에는 다음 각 호에 관한 사항이 적정하고 명확하게 규정되어 있어야 한다.〈개정 2009.9.25., 2010.7.28., 2012.1.26., 2014.8.8.〉

1. 도시가스 공급량의 측정 방법 및 소비 유형별 요금 산정
2. 요금의 납부 및 정산 방법
3. 가스공급자의 공급 의무와 가스사용자의 계약 준수 의무
4. 도시가스의 공급중지·사용제한 및 그 해제, 계약 해지에 관한 사유

5. 수급 안정을 위한 제도적 장치
6. 도시가스의 성분·열량 및 압력
7. 가스공급 지점의 증설 및 개설에 관한 기준
[전문개정 2008.7.11.]

제47조(가스사용시설 안전관리업무 대행자의 자격) "산업통상자원부령으로 정하는 자격을 갖춘 자"란 다음 각 호의 요건을 모두 갖춘 자를 말한다. 이 경우 다음 각 호에 따른 안전관리 책임자, 사용시설점검원, 제1종 또는 제2종 가스시설시공업 등록을 위한 자격소지자를 각각 갖추어야 한다.〈개정 2010.7.28., 2013.3.23.〉

1. 안전관리 책임자(「국가기술자격법」에 따른 가스기능사 이상의 기술자격을 소지하거나 별표 14 제4호 다목 1)의 교육을 이수한 자를 말한다)가 1명 이상일 것
2. 사용시설점검원(별표 14 제4호 나목 2) 또는 같은 호 다목2)의 교육을 이수한 자를 말한다)이 가스사용시설 안전관리 수요자 3천 가구 또는 사업체마다 1명 이상일 것. 다만, 다음 각 목의 어느 하나에 해당하는 경우에는 그 가구 또는 사업체를 기준으로 할 수 있다.
   가. 공동주택등인 경우에는 가스사용시설 안전관리 수요자 4천 가구 또는 사업체
   나. 다기능 가스안전계량기(원격 가스차단, 원격 일산화탄소 검지·차단 및 지진 감지·차단 등의 안전기능이 되어 있는 계량기를 말한다)가 설치된 경우에는 가스사용시설 안전관리 수요자 6천 가구 또는 사업체
3. 「건설산업기본법 시행령」제13조에 따른 제1종 또는 제2종 가스시설시공업에 등록한 자일 것
[전문개정 2008.7.11.]

제48조의2(건축물 공사에 따른 안전조치 등) ① 도시가스배관이 설치된 건축물을 증축·개축·대수선·철거하는 공사의 시행자는 도시가스를 공급하고 있는 도시가스사업자에게 법 제28조의3 제1항에 따라 다음 각 호의 사항을 포함한 공사계획을 알려주어야 한다.

1. 건축물 공사 발주자의 인적사항
2. 건축물 공사 시행자의 회사명 및 공사 담당자의 인적사항
3. 건축물 공사의 종류·내용·위치 및 공사 예정일자에 관한 사항
4. 제2항에 따른 안전조치 계획에 관한 사항

② "가스차단밸브 잠금조치, 배관 내의 잔류가스 제거 등 산업통상자원부령으로 정하는 안전조치"란 다음 각 호와 같다.〈개정 2022.1.21.〉

1. 안전조치에 관한 협의
   가. 건축물 공사 시행자와 도시가스사업자는 주변 도시가스배관 등의 손상과 가스사고를 예방하기 위하여 도시가스사업자의 공사 현장 참관 여부를 포함한 별지 제34호서식에 따른 안전조

치 협의서(이하 "안전조치 협의서"라 한다)를 작성할 것

　나. 안전조치 협의서는 2부를 작성하여 건축물 공사 시행자와 도시가스사업자가 각 1부씩 보유할 것

2. 건축물 공사 시행자의 안전조치

　가. 안전조치 협의서의 내용대로 안전조치를 이행할 것

　나. 안전조치 협의서에 따른 안전조치가 완료된 것을 확인한 후 공사를 시행할 것

3. 도시가스사업자의 안전조치

　가. 건축물에 공급되는 도시가스배관의 가스차단밸브 잠금(차단)조치 또는 막음조치를 할 것

　나. 건축물 부지 내 가스배관시설 및 가스사용시설 내의 잔류가스 제거 등의 조치를 할 것

　다. 안전조치 협의서의 내용을 이행할 것

[본조신설 2015.7.1.]

제49조(안전관리자의 선임신고 등) 법 제29조 제2항에 따른 안전관리자의 선임·해임·퇴직의 신고는 별지 제35호서식의 안전관리자 선임·해임·퇴직 신고서에 따른다.

[전문개정 2020.8.25.]

제52조(도시가스배관 매설상황 확인 등) ① 굴착공사자는 법 제30조의3제1항에 따라 도시가스배관이 묻혀 있는지에 관하여 굴착공사를 시작하기 24시간 전까지 법 제30조의2에 따른 굴착공사정보지원센터(이하 "정보지원센터"라 한다)에 확인을 요청해야 한다. 이 경우 토요일 및 「관공서의 공휴일에 관한 규정」 제2조에 따른 공휴일은 요청시간에 포함하지 않는다. 〈신설 2020.8.25.〉

② 굴착공사자는 제1항에 따른 확인을 요청할 때에는 다음 각 호의 사항이 포함된 굴착계획을 정보지원센터에 통보하여야 한다. 〈개정 2020.8.25.〉

1. 굴착공사 발주자의 회사명

2. 굴착공사자의 회사명 및 공사 담당자의 인적사항

3. 굴착공사의 종류·위치 및 공사 예정일자

4. 가스사용자가 소유하거나 점유하는 토지에서 굴착공사를 하는 경우에는 가스사용자(공동주택의 경우에는 「공동주택관리법」 제2조제1항제10호에 따른 관리주체를, 집합건물의 경우에는 「집합건물의 소유 및 관리에 관한 법률」 제24조제1항에 따른 관리인을 말한다)의 인적사항 및 시설명

③ 제2항에 따라 굴착계획을 통보하려는 자가 「도로법」 제61조에 따른 도로점용 허가를 받은 경우로서 그 허가관청이 굴착계획에 관한 정보를 정보지원센터에 제공한 경우에는 굴착공사자가 굴착계획을 통보한 것으로 본다. 〈개정 2015.7.1., 2020.8.25.〉

④ 정보지원센터는 제2항에 따라 굴착계획을 통보받으면 굴착공사자에게 접수번호를 내주어야 한다. 다만, 제3항에 따라 허가관청이 굴착계획에 관한 정보를 정보지원센

터에 제공한 경우에는 정보통신망에 접수번호를 부여하여 굴착공사자가 정보통신망을 통하여 이를 확인하게 할 수 있다. 〈개정 2020.8.25.〉

⑤ 정보지원센터는 법 제30조의3제2항에 따라 굴착공사자로부터 굴착계획을 통보받으면 즉시 정보통신망을 통하여 그 통보내용을 해당 도시가스사업자에게 알려주어야 한다. 〈개정 2020.8.25.〉

⑥ 도시가스사업자는 법 제30조의3제3항에 따라 정보지원센터로부터 굴착계획의 통보내용을 통지받은 때에는 그 때부터 24시간 이내에 매설된 배관이 있는지를 확인하고 그 결과를 정보지원센터에 통지하여야 한다. 이 경우 토요일 및 「관공서의 공휴일에 관한 규정」 제2조에 따른 공휴일은 통지시간에 포함하지 아니한다. 〈개정 2020.8.25.〉

⑦ 제2항에 따라 통보된 굴착계획의 유효기간은 15일로 하고, 굴착계획을 정보지원센터에 통보한 날 또는 굴착공사 예정일로부터 15일이 지난날까지 제52조의2에 따라 굴착공사 현장 위치 및 도시가스배관 매설 위치를 표시하지 아니한 경우 굴착공사자는 굴착계획을 다시 통보하여야 한다. 〈개정 2009.9.25., 2020.8.25.〉

[전문개정 2008.7.11.]

제58조의2(도시가스배관에 대한 안전조치 등) ① 도시가스사업자가 할 수 있는 안전조치는 다음 각 호와 같다. 〈개정 2009.9.25.〉

1. 굴착공사장별 안전관리 전담자의 지정·운영

2. 굴착공사자에 대한 배관 매설 위치 등이 표시된 도면의 제공

3. 도시가스배관 매설상황 확인, 가스안전 영향평가, 굴착공사 협의 및 순회점검 등 도시가스배관 보호를 위한 제도의 지도 및 자문

4. 그 밖에 별표 16 제2호에서 정하는 사항

② 도시가스배관에 관한 도면에는 다음 각 호의 사항이 포함되어야 한다. 〈개정 2009.9.25., 2013.3.23.〉

1. 배관 및 그 부속시설의 매설 위치

2. 도시가스배관의 압력·호칭지름 및 재질

3. 시공자 및 시공 연월일

4. 그 밖에 산업통상자원부장관이 필요하다고 인정하여 정하는 사항

[전문개정 2008.7.11.][제목개정 2009.9.25.]

[별표 1]
〈개정 2013.7.25〉

보호시설(제2조제1항제10호 관련)

1. 제1종보호시설
   가. 다음 중 어느 하나에 해당하는 건축물(4)의 경우에는 공작물을 포함한다)
      1) 「초・중등교육법」 제2조에 따른 학교 및 「고등교육법」 제2조에 따른 학교
      2) 「유아교육법」 제2조 제2호에 따른 유치원
      3) 「영유아보육법」 제2조 제3호에 따른 어린이집
      4) 「어린이놀이시설 안전관리법」 제2조 제2호에 따른 어린이놀이시설
      5) 「노인복지법」 제36조 제1항 제2호에 따른 경로당
      6) 「청소년활동진흥법」 제10조 제1호에 따른 청소년수련시설
      7) 「학원의 설립・운영 및 과외교습에 관한 법률」 제2조 제1호에 따른 학원
      8) 「의료법」 제3조 제2항 제1호 및 제3호에 따른 의원급 의료기관 및 병원급 의료기관
      9) 「도서관법」 제2조 제1호에 따른 도서관
      10) 「전통시장 및 상점가 육성을 위한 특별법」 제2조 제1호에 따른 전통시장
      11) 「공중위생관리법」 제2조 제1항 제2호 및 제3호에 따른 숙박업 및 목욕장업의 시설
      12) 「영화 및 비디오물의 진흥에 관한 법률」 제2조 제10호에 따른 영화상영관
      13) 「건축법 시행령」 별표 1 제6호에 따른 종교시설
      14) 「장사 등에 관한 법률」 제29조 제1항에 따른 장례식장
   나. 사람을 수용하는 건축물(「건축법」 제2조 제1항 제2호에 따른 건축물을 말하며, 가설건축물과 「건축법 시행령」 별표 1 제18호 가목에 따른 창고는 제외한다)로서 사실상 독립된 부분의 연면적이 1천m² 이상인 것
   다. 「건축법 시행령」 별표 1 제5호 가목・나목 및 라목에 따른 공연장・예식장 및 전시장에 해당하는 건축물, 그 밖에 이와 유사한 시설로서 「소방시설 설치유지 및 안전관리에 관한 법률 시행령」 별표 4에 따라 산정된 수용인원이 300명 이상인 건축물
   라. 「사회복지사업법」 제2조 제4호에 따른 사회복지시설로서 사회복지시설 신고증에 따른 수용 정원이 20명 이상인 건축물
   마. 「문화재보호법」 제2조 제2항에 따른 지정문화재로 지정된 건축물
2. 제2종보호시설
   가. 「건축법 시행령」 별표 1 제1호 및 제2호에 따른 단독주택 및 공동주택
   나. 사람을 수용하는 건축물(「건축법」 제2조 제1항 제2호에 따른 건축물을 말하며, 가설건축물과 「건축법 시행령」 별표 1 제18호 가목에 따른 창고는 제외한다)로서 사실상 독립된 부분의 연면적이 100m² 이상 1천m² 미만인 것

[별표 2]
〈개정 2022.1.21〉

공사계획의 승인대상(제11조제1항 및 제62조의2제1항 관련)

1. 제조소
   가. 제조소의 신규 설치공사와 다음의 어느 하나에 해당하는 설비의 설치공사
      1) 가스발생설비 또는 가스정제설비
      2) 가스홀더
      3) 배송기 또는 압송기
      4) 저장탱크 또는 액화가스용 펌프
      5) 최고사용압력이 고압인 열교환기
      6) 가스압축기, 공기압축기 또는 송풍기
      7) 냉동설비(기름분리기 · 응축기 및 수액기만을 말한다)
      8) 배관(최고사용압력이 중압 또는 고압인 배관으로서 호칭지름이 150㎜ 이상이고 그 길이가 20m 이상인 것만을 말한다)
   나. 다음 어느 하나에 해당하는 변경공사
      1) 가스발생설비 또는 가스정제설비
         가) 종류 또는 형식의 변경
         나) 원료의 변경에 따른 설비의 변경
         다) 가스혼합기 또는 가스정제설비의 능력 변경 또는 제어방식의 변경
      2) 가스홀더
         가) 형식의 변경
         나) 최고사용압력의 변경에 따른 설비의 변경
      3) 배송기 또는 압송기
         가) 최고사용압력의 변경을 수반하는 것으로서 변경된 후의 최고사용압력이 고압 또는 중압으로 되는 것
         나) 능력변경에 따른 설비의 변경
      4) 액화가스용 저장탱크
         최고사용압력 또는 최저사용온도의 변경에 따른 설비의 변경
      5) 액화가스용 펌프, 열교환기, 가스압축기, 공기압축기 및 송풍기
         최고사용압력의 변경을 수반하는 것으로서 변경 후의 최고사용압력이 고압 또는 중압이 되는 것
      6) 냉동설비(기름분리기, 응축기 및 수액기만을 말한다)
         최고사용압력 또는 최저사용온도의 변경에 따른 설비의 변경
2. 공급소
   가. 공급소의 신규 설치공사와 다음의 어느 하나에 해당하는 설비의 설치공사
      1) 가스홀더
      2) 압송기
      3) 정압기
      4) 배관(최고사용압력이 중압 또는 고압인 배관으로서 호칭지름이 150mm 이상인 것만을 말한다)
   나. 다음 어느 하나에 해당하는 변경공사
      1) 가스홀더
         가) 형식의 변경

　나) 최고사용압력의 변경에 따른 설비의 변경
　2) 배송기 또는 압송기
　　가) 최고사용압력의 변경을 수반하는 것으로서 변경된 후의 최고사용압력이 고압 또는 중압으로 되는 것
　　나) 능력변경에 따른 설비의 변경
　3) 정압기의 위치 변경공사
3. 사업소(제조소 및 공급소를 말한다. 이하 같다) 외의 가스공급시설
　가. 배관
　　1) 본관 또는 최고사용압력이 중압 이상인 공급관을 20m 이상 설치하는 공사
　　2) 다음의 어느 하나에 해당하는 변경공사. 다만, 공사계획의 승인을 받은 공사로서 해당 공사 구간 안에서 배관의 길이를 줄이거나 배관의 길이를 10분의 1 이내 또는 20m 미만으로 증설하는 공사는 제외한다.
　　　가) 본관 또는 최고사용압력이 중압 이상인 공급관을 20m 이상 변경하는 공사
　　　나) 최고사용압력의 변경을 수반하는 공사(최고사용압력만을 올리는 것을 포함한다. 이하 나)에서 같다)로서 공사 후의 최고사용압력이 고압 또는 중압이 되는 공사
　나. 정압기지(정압기)
　　1) 설치공사[계량설비, 가열설비 및 방산탑(벤트스택)의 설치공사는 제외한다]
　　2) 위치변경공사[가열설비 및 방산탑(벤트스택)의 위치변경공사는 제외한다]
　　3) 배관공사(최고사용압력이 중압 또는 고압인 배관을 20m 이상 설치·증설·교체 또는 이설하는 공사만을 말한다)
　다. 밸브기지
　　1) 설치공사
　　2) 위치변경공사
　　3) 배관공사(최고사용압력이 중압 또는 고압인 배관을 20m 이상 설치·증설·교체 또는 이설하는 공사만을 말한다)

[별표 3]
〈개정 2022.1.21.〉

공사계획의 신고대상(제11조제2항 및 제62조의2제2항 관련)

1. 제조소
　가. 다음 어느 하나에 해당하는 설비의 위치 변경공사
　　1) 가스발생설비 또는 가스정제설비
　　2) 가스홀더
　　3) 배송기 또는 압송기
　　4) 저장탱크
　　5) 가스압축기
　　6) 냉동설비(기름분리기·응축기 및 수액기만을 말한다)
　나. 다음 어느 하나에 해당하는 설비의 안전장치의 변경공사
　　1) 가스발생설비 또는 가스정제설비
　　2) 가스홀더

3) 저장탱크

4) 열교환기

2. 공급소

가. 다음 어느 하나에 해당하는 설비의 위치 변경공사

1) 가스홀더

2) 압송기

3) 삭제 〈2011.11.4〉

나. 다음 어느 하나에 해당하는 변경공사

1) 가스홀더 및 정압기의 안전장치의 변경공사

2) 정압기의 용량 변경공사

3. 사업소 외의 가스공급시설

가. 배관

사용자공급관을 제외한 공급관 중 최고사용압력이 저압인 공급관을 20m 이상 설치하거나 변경하는 공사. 다만, 다음의 어느 하나에 해당하는 공사를 제외한다.

1) 호칭지름이 50mm 이하인 저압의 공급관을 설치하거나 변경하는 공사

2) 공사계획의 신고를 한 공사로서 해당 공사구간 안에서 배관의 길이를 줄이거나 배관의 길이를 10분의 1 이내 또는 20m 미만으로 증설하는 공사

나. 정압기지(정압기)

1) 삭제 〈2014.10.7.〉

2) 방산탑(벤트스텍)의 설치공사 또는 변경공사

3) 배관공사(최고사용압력이 저압인 배관을 20m 이상 설치·증설·교체 또는 이설하는 공사만을 말한다)

4) 삭제 〈2009.9.25〉

[별표 5]
〈개정 2022.1.21.〉

가스도매사업의 가스공급시설의 시설 · 기술 · 검사 · 정밀안전진단 · 안전성평가의 기준
(제12조제6항제3호, 제17조제1호, 제23조제2항제1호, 제25조제2항제1호, 제26조제3항제1호 및 제27조의3제8항 관련)

1. 제조소 및 공급소

가. 시설기준

1) 배치기준

가) 액화석유가스의 저장설비와 처리설비는 그 외면으로부터 보호시설까지 30m 이상의 거리를 유지할 것. 다만, 산업통상자원부장관이 필요하다고 인정하는 지역의 경우에는 이 기준 외에 거리를 더하여 정할 수 있다.

나) 제조소 및 공급소에 설치하는 도시가스(저압의 것으로서 지면에 체류할 우려가 없는 것은 제외한다)가 통하는 가스공급시설(배관은 제외한다)은 그 외면으로부터 화기(그 설비 안의 것은 제외한다)를 취급하는 장소까지 8m 이상의 우회거리를 유지하고, 그 가스공급시설과 화기를 취급하는 장소와의 사이에는 그 가스공급시설에서 누출된 도시가스가 유동하는 것을 방지하기 위한 시설을 설치할 것

다) 액화천연가스(기화된 천연가스는 포함한다)의 저장설비와 처리설비(1일 처리능력이 5만2천500m³ 이하인 펌프·압축기·응축기·기화장치는 제외한다)는 그 외면으로부터 사업소경계[사업소경계가 바다·호수·하천(「하천법」에 따른 하천을 말한다. 이하 같다)·연못 등의 경우에는 이들의 반대편 끝을 경계로 본다]까지 다음 계산식에 따라 얻은 거리(그 거리가 50m 미만인 경우에는 50m) 이상을 유지할 것

$$L = C \times \sqrt[3]{143,000\,W}$$

이 계산식에서 L, C 및 W는 각각 다음의 수치를 표시한다.

여기서, L : 유지하여야 하는 거리(단위 : m)

C : 저압 지하식 저장탱크는 0.240, 그 밖의 가스저장설비와 처리설비는 0.576

W : 저장탱크는 저장능력(단위 : 톤)의 제곱근, 그 밖의 것은 그 시설 안의 액화천연가스의 질량(단위 : 톤)

라) 고압의 가스공급시설은 안전구획 안에 설치하고 그 안전구역의 면적은 2만m² 미만일 것. 다만, 공정상 밀접한 관련을 가지는 가스공급시설로서 두개 이상의 안전구역을 구분함에 따라 그 가스공급시설의 운영에 지장을 줄 우려가 있는 경우에는 그러하지 아니하다.

마) 안전구역 안의 고압인 가스공급시설[배관은 제외하나 고압인 가스공급시설과 같은 제조설비에 속하는 가스설비는 포함한다. 이하 마)에서 같다]은 그 외면으로부터 다른 안전구역 안에 있는 고압인 가스공급시설의 외면까지 30m 이상의 거리를 유지할 것

바) 두 개 이상의 제조소가 인접하여 있는 경우의 가스공급시설은 그 외면으로부터 다른 제조소의 경계까지 20m 이상의 거리를 유지할 것

사) 액화천연가스의 저장탱크는 그 외면으로부터 처리능력이 20만m³ 이상인 압축기까지 30m 이상의 거리를 유지할 것

아) 제조소 및 공급소에는 안전조업에 필요한 공지를 확보하여야 하며, 가스공급시설은 안전조업에 지장이 없도록 배치할 것

2) 기초기준

저장탱크·가스홀더·압축기·펌프·기화기·열교환기·냉동설비의 지지구조물과 기초는 지진에 견딜 수 있도록 설계하고 지진의 영향으로부터 안전한 구조로 할 것. 다만, 다음 각 호의 어느 하나에 해당하는 시설은 내진 설계 대상에서 제외한다.

가) 건축법령에 따라 내진 설계를 하여야 하는 것으로서 같은 법령이 정하는 바에 따라 내진설계를 한 시설

나) 저장능력이 3톤(압축가스의 경우에는 300m³) 미만인 저장탱크 또는 가스홀더

다) 지하에 설치되는 시설

3) 저장설비기준

가) 저장탱크와 다른 저장탱크 또는 가스홀더와의 사이에는 두 저장탱크의 최대지름을 더한 길이의 4분의 1 이상에 해당하는 거리(두 저장탱크의 최대지름을 더한 길이의 4분의 1이 1m 미만인 경우에는 1m 이상의 거리)를 유지(저장탱크 상호 간에 물분무장치를 설치한 경우에는 제외한다)하는 등 하나의 저장탱크에서 발생한 위해요소가 다른 저장탱크로 전이되지 아니하도록 하고, 저장탱크를 지하나 실내에 설치하는 경우에는 그 저장탱크 설치실 안에서 가스폭발을 방지하기 위하여 필요한 조치를 마련할 것

나) 저장탱크에는 폭발방지장치, 액면계, 물분무장치, 방류둑, 긴급차단장치 등 저장탱크의 안전을 확보하기 위하여 필요한 설비를 설치하고, 압력저하 방지조치 등 저장탱크의 안전을 확보하기 위하여 필요한 조치를 마련할 것. 다만, 다음 각 호의 어느 하나를 설치한 경우에는 폭발방지장치를 설치한 것으로 볼 수 있다

① 물분무장치(살수장치는 포함한다)와 소화전을 설치하는 저장탱크

② 저온저장탱크(2중각 단열구조의 것을 말한다)로서 그 단열재의 두께가 해당 저장탱크 주변의 화

재를 고려하여 설계 · 시공된 저장탱크

③ 지하에 매몰하여 설치하는 저장탱크

다) 저장설비는 도시가스를 안전하게 저장할 수 있는 적절한 성능을 가지는 것으로 할 것

4) 가스설비기준

가) 가스설비[가스발생설비, 가스기화설비 및 가스정제설비는 제외한다. 이하 4)에서 같다]의 재료는 그 도시가스의 취급에 적합한 기계적 성질과 화학적 성분을 가지는 것일 것

나) 가스설비의 구조와 강도는 도시가스를 안전하게 제조 · 공급할 수 있는 적절한 것일 것

다) 가스발생설비, 가스기화설비 및 가스정제설비의 재료와 구조는 그 가스설비의 안전 확보에 적절한 것일 것

라) 가스설비, 가스발생설비, 가스기화설비 및 가스정제설비는 도시가스를 안전하게 취급할 수 있는 적절한 성능을 가지는 것으로 할 것

5) 배관설비기준

배관설비는 제3호가목1) 중 나)부터 바)까지, 사)①㉮, 사)⑤, 아)부터 카)까지를 준용할 것

6) 사고예방설비기준

가) 가스발생설비, 가스정제설비, 가스홀더 및 부대설비로서 제조설비에 속하는 것 중 최고사용압력이 고압이나 중압인 것에는 그 설비 안의 압력이 허용압력을 초과하는 경우 즉시 그 압력을 허용압력 이하로 되돌릴 수 있는 적절한 조치를 강구할 것

나) 제조소 및 공급소의 가스공급시설에서 도시가스가 누출되어 체류할 우려가 있는 장소에는 도시가스가 누출될 경우 이를 신속히 검지하여 효과적으로 대응할 수 있도록 필요한 조치를 마련할 것

다) 제조소 및 공급소의 가스공급시설의 도시가스가 통하는 부분에 직접 액체를 옮겨 넣는 가스발생설비(액화석유가스를 원료로 하는 것은 제외한다)와 가스정제설비에는 액체의 역류를 방지하기 위한 장치를 설치할 것

라) 제조소에는 사용 중 발생할 수 있는 재해나 이상이 발생할 경우에 도시가스나 액화가스의 송출 또는 유입을 신속하게 차단하고, 해당 설비 안의 내용물을 설비 밖으로 신속하고 안전하게 이송할 수 있도록 적절한 조치를 마련할 것

마) 제조소 또는 그 제조소에 속하는 계기를 장치한 회로에는 정상적인 도시가스의 제조 조건에서 벗어나는 것을 방지하기 위하여 제조설비 안 도시가스의 제조를 제어하는 장치(이하 "인터록기구"라 한다)를 설치할 것

바) 도시가스가 통하는 가스공급시설의 부근에 설치하는 전기설비에는 그 전기설비가 누출된 도시가스의 점화원이 되는 것을 방지하기 위하여 필요한 조치를 마련할 것

사) 가스공급시설을 설치한 곳에는 누출된 도시가스가 머물지 않도록 필요한 조치를 마련할 것

아) 저장탱크에는 그 저장탱크가 부식되는 것을 방지하기 위하여 필요한 조치를 마련할 것

자) 액화가스가 통하는 가스공급시설에는 그 설비에서 발생한 정전기가 점화원으로 되는 것을 방지하기 위하여 필요한 조치를 마련할 것

차) 제조소에는 누출된 도시가스를 신속히 감지하여 사고의 확대를 방지하기 위하여 공기 중의 혼합비율의 용량이 1천분의 1의 상태에서 감지할 수 있는 냄새가 나는 물질(이하 "냄새가 나는 물질"이라 한다)을 혼합하기 위한 장치를 설치할 것

카) 그 밖에 제3호 제조소 및 공급소 밖의 배관 기준의 가. 시설기준 중2) 사고예방설비기준을 준용할 것

7) 피해저감설비기준

액화가스 저장탱크의 저장능력이 500톤 이상(서로 인접하여 설치된 것은 그 저장능력의 합계)인 것의 주위에는 액상의 도시가스가 누출된 경우에 그 유출을 방지하기 위한 조치를 마련할 것

8) 부대설비기준

　가) 제조소 및 공급소에는 이상사태가 발생하는 것을 방지하고 이상사태가 발생할 때 그 확대를 방지하기 위하여 액면계, 비상전력, 통신시설, 안전용 불활성가스 설비, 계기실, 열량조정장치, 플레어스택, 벤트스택 및 조명설비 등 필요한 설비를 설치할 것

　나) 가스공급시설이 손상되거나 재해발생으로 인해 비상공급시설을 설치하는 경우에는 다음 기준에 따라 설치할 것

　　① 비상공급시설의 주위는 인화성 물질이나 발화성 물질을 저장·취급하는 장소가 아닐 것

　　② 비상공급시설에는 접근을 금지하는 내용의 경계표지를 할 것

　　③ 고압이나 중압의 비상공급시설은 내압성능을 가지도록 할 것

　　④ 비상공급시설 중 도시가스가 통하는 부분은 기밀성능을 가지도록 할 것

　　⑤ 비상공급시설은 그 외면으로부터 제1종보호시설까지의 거리가 15m 이상, 제2종보호시설까지의 거리가 10m 이상이 되도록 할 것

　　⑥ 비상공급시설의 원동기에는 불씨가 방출되지 않도록 하는 조치를 할 것

　　⑦ 비상공급시설에는 그 설비에서 발생하는 정전기를 제거하는 조치를 할 것

　　⑧ 비상공급시설에는 소화설비와 재해발생방지를 위한 응급조치에 필요한 자재 및 용구 등을 비치할 것

　　⑨ 이동식 비상공급시설은 엔진을 정지시킨 후 주차제동장치를 걸어 놓고, 자동차 바퀴를 고정목 등으로 고정시킬 것

　다) 삭제 〈2009.9.25〉

　라) 그 밖에 제3호가목4) 중 가) 및 다)를 준용할 것

9) 표시기준

　가) 저장탱크(국가보안목표시설로 지정된 것은 제외한다)의 외부에는 은색·백색 도료를 바르고 주위에서 보기 쉽도록 도시가스의 명칭을 붉은 글씨로 표시할 것

　나) 제조소 및 공급소의 안전을 확보하기 위하여 필요한 곳에는 도시가스를 취급하는 시설이거나 일반인의 출입을 제한하는 시설이라는 것을 명확하게 알아볼 수 있도록 경계표지를 하고, 외부인의 출입을 통제할 수 있도록 경계책을 설치할 것

　다) 그 밖에 제3호가목5)를 준용할 것

10) 그 밖의 기준

　제3호가목6)을 준용할 것

나. 기술기준

1) 도시가스를 안전하게 제조·공급하기 위하여 저장탱크의 기초(침하상태)를 정기적으로 점검할 것

2) 물분무장치 등은 매월 1회 이상 확실하게 작동하는지를 확인하고 그 기록을 유지할 것

3) 긴급차단장치는 1년에 1회 이상 밸브 몸체의 누출검사와 작동검사를 실시하여 누출양이 안전 확보에 지장이 없는 양(量) 이하이고, 원활하며 확실하게 개폐될 수 있는 작동기능을 가졌음을 확인할 것

4) 비상전력은 그 기능을 정기적으로 검사하여 사용하는데 지장이 없도록 할 것

5) 냄새가 나는 물질을 첨가할 때에는 그 특성을 고려하여 적정한 농도로 주입할 것

6) 제조소 및 공급소에 설치된 가스누출경보기는 1주일에 1회 이상 작동상황을 점검하고, 작동이 불량할 때는 즉시 교체하거나 수리하여 항상 정상적인 작동이 되도록 할 것

7) 인터록기구는 그 기능에 따라 적절한 관리가 되도록 할 것

8) 제조소 및 공급소에 설치하는 냉동설비의 설치·운영 및 검사에 관한 사항은 「고압가스 안전관리법」에 따른 냉동제조시설의 기술기준에 따를 것

다. 검사기준

1) 시공감리·정기검사 및 수시검사의 항목은 제조소 시설이 적합하게 설치 또는 유지·관리되고 있는지를 확인하기 위하여 다음의 검사항목으로 할 것

검사 종류	검사항목
가) 시공감리	가목의 시설기준에 규정된 항목
나) 정기검사 · 수시검사	① 가목의 시설기준에 규정된 항목 중 법 제17조의3제1항에 따른 상세기준(이하 "상세기준"이라 한다)에서 규정한 항목 ② 나목의 기술기준에 규정된 항목 중 상세기준에서 규정한 항목

2) 시공감리 · 정기검사 및 수시검사는 시설이 검사항목에 적합한지를 명확하게 판정할 수 있는 방법으로 실시할 것

라. 진단 · 평가기준 및 사후관리

1) 진단 및 평가항목

가) 정밀안전진단은 제조소의 안전성을 확인하기 위하여 다음의 구분에 따른 분야별 진단 항목에 대하여 실시할 것

(1) 액화천연가스인수기지[(2)에 따른 액화천연가스저장탱크는 제외한다]에 대한 정밀안전진단 분야와 진단 항목

진단 분야	진단항목
(가) 일반 분야	안전장치 관리실태, 공정안전관리 실태, 저장탱크 운영 실태, 입하 · 출하 설비의 운영 실태
(나) 장치 분야	외관검사, 배관 두께 측정, 배관 경도(硬度: 단단한 정도) 측정, 배관 용접부 결함검사, 배관 내면 · 외면 부식상태, 보온 · 보냉 상태
(다) 전기 · 계장(計裝) 분야	가스시설과 관련된 전기설비의 운전 중 열화상 · 절연저항 측정, 계측설비 유지관리 실태, 방폭(防爆) 설비 유지 · 관리 실태, 방폭 지역 구분의 적정성

(2) 액화천연가스저장탱크에 대한 정밀안전진단 분야와 진단 항목

진단 분야	진단항목
(가) 자료수집 및 분석 분야	저장탱크 설계도면, 저장탱크 시공 및 수리 등 변경 이력, 저장탱크 운전 정보 · 운전이력 및 유지 · 보수 관련 사항
(나) 현장조사 분야	지반 침하 · 변형 등 지반 조사, 저장탱크 외면 균열 및 콘크리트 박리 상태 등 저장탱크 외관 및 구조물 조사, 콘크리트 내부 철근 부식 유무(탱크 외부진단 결과 필요한 경우에만 해당한다), 레이저메탄가스디텍터 등 정밀 누출장비에 의한 가스누출조사(필요한 경우에는 비파괴검사를 추가로 실시할 수 있다)
(다) 안전성 분석 및 보수 · 보강조치 분야	저장탱크 종합 평가(자료 및 현장에 대한 조사결과를 토대로 평가한 것을 말한다) 및 저장탱크 보수 · 보강 방법에 관한 사항

나) 안전성평가는 위험성인지(認知), 사고발생 빈도분석, 사고피해 영향분석, 위험의 해석 및 판단의 평가항목에 대하여 할 것

2) 진단 및 평가방법

정밀안전진단 및 안전성평가는 그 진단 및 평가 대상 항목의 기술기준에 적합한지를 명확하게 판정할 수 있는 적절한 방법으로 할 것

3) 진단 및 평가의 사후관리

정밀안전진단 및 안정성평가 결과 개선사항이 있을 경우 이에 대한 이행실태를 기술검토, 시공감리, 정기검사 또는 수시검사 때에 확인할 것. 다만, 한국가스안전공사가 시설관리주체로부터 개선사항에 대하여 조치완료 되었음을 통보받은 때에는 그 이전이라도 시설관리주체와 협의하여 정한 시기에 확인할 수 있다.

4) 1)부터 3)까지에서 정한 사항 외에 정밀안전진단의 절차, 방법 등 세부사항은 산업통상자원부장관이 정하여 고시하는 바에 따를 것

2. 정압기(지) 및 밸브기지

가. 시설기준

1) 배치기준

정압기지 및 밸브기지는 급경사 지역이나 붕괴할 위험이 있는 지역 안에 설치하지 아니할 것

2) 배관설비기준

정정압기(지) 및 밸브기지의 배관설비기준은 제3호를 따를 것

3) 정압기지(밸브기지)기준

가) 정압기실 및 밸브실은 그 정압기 및 밸브의 보호, 정압기실 및 밸브실 안에서의 작업성 확보와 위해 발생 방지를위하여 적절한 구조를 가지도록 하고, 예비정압기를 설치하는 등 안전 확보에 필요한 조치를 마련할 것

나) 정압기지에는 가스공급시설 외의 시설물을 설치하지 아니할 것. 다만, 태양광 설비 및 감압(減壓) 이용 발전 설비는 안전의 위해가 없는 경우 설치할 수 있다.

다) 가열설비·계량설비·정압설비의 지지구조물과 기초는 내진설계기준에 따라 설계하고 이에 연결되는 배관은 안전하게 고정할 것

라) 정압기는 도시가스를 안전하고 원활하게 수송할 수 있도록 하기 위하여 적절한 기밀성능을 가지도록 할 것

4) 사고예방설비기준

정압기지 및 밸브기지에는 압력감시장치·지진감지장치·누출된 도시가스를 검지하여 이를 안전관리자가 상주하는 곳에 통보할 수 있는 설비·불순물제거장치·안전밸브 등 그 정압기와 밸브의 보호 및 위해발생 방지와 도시가스의 안정공급을 위하여 필요한 설비를 설치하고, 전기설비의 방폭조치·동결방지조치 등 적절한 조치를 할 것

5) 피해저감설비기준

가) 지상에 설치하는 정압기실의 벽은 그 정압기를 보호하기 위하여 방호벽으로 하고, 지붕은 가벼운 난연 이상의 재료로 할 것

나) 정압기의 입구에는 압력이 이상 변동할 때 자동차단 및 원격조작이 가능한 긴급차단장치를 설치하고, 출구에는 원격조작이 가능한 차단장치를 설치할 것

다) 정압기지 및 밸브기지에는 도시가스 방출을 위하여 벤트스택을 설치할 것

6) 부대설비기준

정압기지 및 밸브기지에는 비상전력·조명설비·전기설비·통신설비 또는 압력기록장치 등 그 정압기와 밸브의 기능을 유지하는 데 필요한 설비를 설치할 것

7) 표시기준

정압기지 및 밸브기지의 안전을 확보하기 위하여 필요한 곳에는 도시가스를 취급하는 시설이거나 일반인의 출입을 제한하는 시설이라는 것을 명확하게 알아볼 수 있도록 경계표지를 하고, 외부사람의 출입을

통제할 수 있도록 경계책을 설치할 것

8) 그 밖의 기준

정압기지 및 밸브기지에 설치하는 특정설비와 가스용품이 「고압가스 안전관리법」 및 「액화석유가스의 안전관리 및 사업법」에 따른 검사대상에 해당될 경우에는 검사에 합격한 것일 것

나. 기술기준

1) 정압기는 설치 후 2년에 1회 이상 분해점검을 실시할 것. 다만, 예비 용도로만 사용되는 정압기로서 월 1회 이상 작동점검을 실시하는 정압기는 설치 후 3년에 1회 이상 분해점검을 실시할 수 있다.

2) 정압기, 그 안전관리설비 및 안정공급설비 중 도시가스의 안전을 확보하기 위하여 필요한 시설이나 설비에 대하여는 작동상황을 주기적으로 점검하고, 이상이 있을 경우에는 그 시설이나 설비가 정상적으로 작동될 수 있도록 필요한 조치를 할 것

다. 검사기준

1) 시공감리 · 정기검사 및 수시검사의 항목은 정압기(지) 및 밸브기지 시설이 적합하게 설치 또는 유지 · 관리되고 있는지를 확인하기 위하여 다음 검사항목으로 할 것

검사종류	대상시설	검사항목
가) 시공감리	정압기(지)	가목의 시설기준에 규정된 항목
	밸브기지	가목의 시설기준에 규정된[3) 중 예비정압기 · 압력기록장치에 관한 사항, 4) 중 지진감지장치 · 압력이 이상 변동할 때 자동차단 및 원격조작이 가능한 긴급차단장치 · 불순물제거장치 · 동결방지조치에 관한 사항 및 5)가) 및 나)는 제외한다] 항목
나) 정기검사 · 수시검사	정압기(지)	① 가목의 시설기준에 규정된 항목 중 상세기준에서 규정한 항목 ② 나목의 기술기준에 규정된 항목 중 상세기준에서 규정한 항목
	밸브기지	① 가목의 시설기준에 규정된[3) 중 예비정압기 · 압력기록장치에 관한 사항, 4) 중 지진감지장치 · 압력이 이상 변동할 때 자동차단 및 원격조작이 가능한 긴급차단장치 · 불순물제거장치 · 동결방지조치에 관한 사항 및 5)가) 및 나)는 제외한다] 항목 중 상세기준에서 규정한 항목 ② 나목의 기술기준에 규정된 항목 중 상세기준에서 규정한 항목

2) 시공감리 · 정기검사 및 수시검사는 시설이 검사항목에 적합한지를 명확하게 판정할 수 있는 방법으로 할 것

3. 제조소 및 공급소 밖의 배관

가. 시설기준

1) 배관설비기준

가) 배관의 안전한 시공과 유지관리를 위하여 배관의 위치, 배관의 축척 등 배관에 관한 필요한 정보가 포함되도록 설계도면을 작성할 것

나) 배관등(배관, 관이음매 및 밸브를 말한다. 이하 같다)의 재료와 두께는 그 배관등의 안전성을 확보하기 위하여 사용하는 도시가스의 종류 및 압력, 사용하는 온도 및 환경에 적절한 것일 것

다) 배관등의 구조는 수송되는 도시가스의 중량, 배관등의 내압, 배관등 및 그 부속설비의 자체무게, 토압(土壓 : 땅의 압력), 수압, 열차하중, 자동차하중, 부력 그 밖의 주하중과 풍하중(바람으로 인하여 구조물에 발생하는 하중), 설하중, 온도변화의 영향, 진동의 영향, 배닻으로 인한 충격의 영향, 파도와 조류의 영향, 설치할 때 하중의 영향, 다른 공사로 인한 영향, 그 밖의 종하중에 따라 생기는 응력

(압축, 인장, 굽힘, 비틀림, 열 등의 외력 등이 작용할 때, 그 크기에 대응하여 재료 내에 생기는 저항력)에 대한 안전성이 있는 것으로 하고 지진의 영향으로부터 안전한 구조일 것

라) 배관은 그 배관의 강도 유지와 수송하는 도시가스의 누출 방지를 위하여 적절한 방법으로 접합하고, 이를 확인하기 위하여 중압 이상의 용접부(도시가스용 폴리에틸렌관은 제외한다)와 저압의 용접부(도시가스용 폴리에틸렌관, 노출된 사용자공급관 및 호칭지름 80mm 미만인 저압 배관은 제외한다)에 대하여 비파괴시험을 하여야 하며, 접합부의 안전을 유지하기 위하여 필요한 경우에는 응력제거를 할 것

마) 배관에 나쁜 영향을 미칠 정도의 신축이 생길 우려가 있는 부분에는 그 신축을 흡수하는 조치를 할 것

바) 배관장치(배관 및 그 배관과 일체가 되어 도시가스의 수송용으로 사용되는 압축기·펌프·밸브 및 이들의 부속설비를 포함한다. 이하 같다)에는 안전 확보를 위하여 필요한 경우에는 지지물 및 그 밖의 구조물로부터 절연시키고 절연용(전류 차단용) 물질을 삽입할 것

사) 배관은 그 배관의 유지관리에 지장이 없고, 그 배관에 대한 위해의 우려가 없도록 설치하되, 설치환경에 따라 다음과 같은 적절한 안전조치를 마련할 것

① 배관을 매설하는 경우에는 설치환경에 따라 다음 기준에 따른 적절한 매설 깊이나 설치 간격을 유지할 것. 다만, 하천을 횡단하여 매설된 배관에 대하여 나목4)에 따라 조치한 경우 ㉮ 본문에 따른 기준에 적합한 것으로 본다.

㉮ 배관을 지하에 매설하는 경우에는 지표면으로부터 배관의 외면까지의 매설깊이는 산이나 들에서는 1m 이상, 그 밖의 지역에서는 1.2m 이상. 다만, 방호구조물 안에 설치하는 경우에는 그러하지 아니하다.

㉯ 배관의 외면으로부터 도로의 경계까지 수평거리 1m 이상, 도로 밑의 다른 시설물과는 0.3m 이상

㉰ 배관을 시가지의 도로 노면 밑에 매설하는 경우에는 노면으로부터 배관의 외면까지 1.5m 이상. 다만, 방호구조물 안에 설치하는 경우에는 노면으로부터 그 방호구조물의 외면까지 1.2m 이상

㉱ 배관을 시가지 외의 도로 노면 밑에 매설하는 경우(시가지 외에서 시가지로 변경된 구간에서 500m 이하의 배관이설공사를 시행하는 경우를 포함한다)에는 노면으로부터 배관의 외면까지 1.2m 이상

㉲ 배관을 포장되어 있는 차도에 매설하는 경우에는 그 포장부분의 지반(차단층이 있는 경우에는 그 차단층을 말한다. 이하 같다)의 밑에 매설하고 배관의 외면과 지반의 최하부와의 거리는 0.5m 이상

㉳ 배관을 인도·보도 등 노면 외의 도로 밑에 매설하는 경우에는 지표면으로부터 배관의 외면까지 1.2m 이상. 다만, 방호구조물 안에 설치하는 경우에는 그 방호구조물의 외면까지 0.6m(시가지의 노면 외의 도로 밑에 매설하는 경우에는 0.9m) 이상

㉴ 배관을 철도부지에 매설하는 경우에는 배관의 외면으로부터 궤도 중심까지 4m 이상, 그 철도부지 경계까지는 1m 이상의 거리를 유지하고, 지표면으로부터 배관의 외면까지의 깊이를 1.2m 이상

㉵ 하천구역(「하천법」 제10조제1항에 따른 하천구역 중 제방 이외의 하심측(河心側)의 토지를 말한다. 이하 같다), 소하천, 수로 등을 횡단하여 매설하는 경우 배관의 외면과 계획하상높이(계획하상높이가 가장 깊은 하상높이보다 높은 경우에는 가장 깊은 하상높이를 말한다)와의 거리는 다음의 구분에 따른 거리 이상. 다만, 한국가스안전공사로부터 안전성평가를 받은 경우에는 안전성평가 결과에서 제시된 거리 이상으로 하되, 최소 1.2m 이상이 되어야 한다.

(1) 하천구역 : 4m 이상. 다만, 하천구역의 폭이 배관 바깥지름의 30배보다 좁은 경우나 최

고사용압력이 중압 이하인 배관을 하상폭(정비가 완료된 하천의 경우에는 양쪽 저수호 안의 상부 사이의 폭을, 정비가 완료되지 아니한 하천의 경우에는 하천구역의 폭을 말한 다) 20m 이하인 하천에 매설하는 경우로서 하상폭 양 끝단으로부터 보호시설과의 거리 가 다음의 계산식에서 산출한 수치 이상인 경우에는 2.5m 이상으로 한다.

$$L = 220 \cdot d$$

    L : 하상폭 양 끝단으로부터 보호시설까지의 이격거리(m)

    P : 사용 압력(MPa)

    d : 배관 직경(m)

(2) 소하천 및 수로(용수로 · 개천 또는 이와 유사한 것을 포함한다) : 2.5m 이상

(3) 그 밖의 좁은 수로 : 1.2m 이상

(4) (1)부터 (3)까지에도 불구하고 하천의 바닥이 암반으로 이루어진 경우에는 배관의 외면과 하천바닥면의 암반 상부와의 거리 : 1.2m 이상

② 하상을 제외한 하천구역에 하천과 병행하여 배관을 설치하는 경우에는 다음의 기준에 적합하게 할 것

    ㉮ 정비가 완료된 하천으로서 산업통상자원부장관 또는 시장 · 군수 · 구청장이 하천구역 외에 는 배관을 설치할 장소가 없다고 인정하는 경우일 것

    ㉯ 배관은 견고하고 내구력을 갖는 방호구조물 안에 설치할 것

    ㉰ 배관의 외면으로부터 2.5m 이상의 매설깊이를 유지할 것

    ㉱ 배관손상으로 인한 도시가스 누출 등 위급한 상황이 발생한 때에 그 배관에 유입되는 도시가 스를 신속히 차단할 수 있는 장치를 설치할 것. 다만, 고압배관으로서 매설된 배관이 포함된 구간의 도시가스를 30분 이내에 화기 등이 없는 안전한 장소로 방출할 수 있는 장치를 설치 한 경우에는 그러하지 아니하다.

③ 배관을 「하천법」에 따른 연안구역에 매설하는 경우에는 하천제방과 하천관리를 고려하여 필요한 거리를 유지할 것

④ 배관을 해저 · 수중 및 해상에 설치하는 경우에는 선박 · 파도 등에 영향을 받지 아니하는 곳에 설치할 것

⑤ 배관을 지상에 설치하는 경우에는 주택, 학교, 병원, 철도, 그 밖의이와 유사한 시설과 안전 확보 에 필요한 수평거리와 배관의 양측에 안전을 위하여 필요한 공지의 폭을 유지할 것

아) 자동차등의 충돌로 배관이나 그 지지물이 손상을 받을 우려가 있는 경우에는 단단하고 내구력이 있는 방호설비를 적절한 위치에 설치할 것

자) 가스용 폴리에틸렌관은 노출배관으로 사용하지 아니할 것. 다만, 지상배관과 연결을 위하여 금속관 을 사용하여 보호조치를 한 경우로서 지면에서 30㎝ 이하로 노출하여 시공하는 경우에는 노출배관 으로 사용할수 있다.

차) 배관을 옥외의 공동구(전기 · 가스 · 수도 등의 공급설비, 통신시설, 하수도시설 등 지하매설물을 공 동 수용하는 지하 설치 시설물)에 설치하는 경우에는 다음 기준에 따를 것

① 환기장치가 있을 것

② 전기설비가 있는 것은 그 전기설비가 방폭 구조일 것

③ 배관은 벨로즈형 신축이음매나 주름관 등으로 온도변화에 따른 신축을 흡수하는 조치를 할 것

④ 옥외 공동구벽을 관통하는 배관의 관통부와 그 부근에는 배관의 손상방지를 위한 조치를 할 것

카) 배관은 도시가스를 안전하게 수송할 수 있도록 하기 위하여 내압성능과 기밀성능을 가지도록 할 것

2) 사고예방설비기준

가) 배관장치에는 그 배관장치의 작동 상황과 운영 상태를 감시하기 위하여 운영상태 감시장치 · 안전제

어장치·가스누출 검지경보장치·안전용 접지장치 등 안전 확보와 정상 작동에 필요한 장치를 설치하고, 피뢰설비 설치 등 안전 확보에 필요한 조치를 할 것

나) 지하에 매설하거나 수중에 설치하는 강관에는 그 강관이 부식되는 것을 방지하기 위하여 필요한 설비를 설치할 것

다) 중압 이상의 배관에는 굴착공사로 인한 배관손상을 방지하기 위하여 보호조치를 강구할 것

3) 피해저감설비기준

가) 시가지·주요하천·호수 등을 횡단하거나 도로·농경지·시가지등을 따라 매설되는 배관에는 사고가 발생하는 등의 경우에 가스공급을 긴급히 차단할 수 있도록 원격조작에 의한 긴급차단장치나 이와 동등 이상의 효과가 있는 장치를 설치할 것

나) 고압이나 중압 배관에서 분기되는 배관에는 그 분기점 부근 그 밖에 배관의 유지관리에 필요한 곳에는 위급한 때에 도시가스를 신속히 차단할 수 있는 장치를 설치할 것. 다만, 분기하여 설치하는 배관의 길이가 50m 이하인 것으로서 다)에 따라 가스차단장치를 설치하는 경우는 제외한다.

다) 도로와 평행하여 매설되어 있는 배관으로부터 도시가스의 사용자가 소유하거나 점유한 토지에 이르는 배관으로서 호칭지름 65mm(KS M 3514에 따른 가스용폴리에틸렌관의 경우에는 공칭외경 75밀리미터를 말한다)를 초과하는 것에는 위급한 때에 도시가스를 신속히 차단시킬 수 있는 장치를 도로 또는 가스사용자의 동의를 얻어 그 토지 안의 경계선 가까운 곳에 설치할 것.

라) 지하실·지하도 그 밖의 지하에 도시가스가 체류될 우려가 있는 장소(이하 "지하실등"이라 한다)에 도시가스를 공급하는 배관에는 그 지하실등의 부근에 위급한 때 그 지하실등으로 가스공급을 지상에서 용이하게 차단시킬 수 있는 장치를 설치(지하실등의 외벽으로부터 50m 이내에 그 지하실등으로 가스공급을 지상에서 쉽게 차단할 수 있는 장치가 있는 경우는 제외한다)하고, 지하실등에서 분기되는 배관에는 도시가스가 누출될 때에 이를 차단할 수 있는 장치를 설치할 것

4) 부대설비기준

가) 배관장치에는 배관의 유지관리와 도시가스의 안정적인 공급을 위하여 비상전력, 내용물제거장치설치 등의 조치를 할 것

나) 순회감시 자동차를 보유하고, 필요한 경우에는 안전을 위한 기자재의 창고 등을 설치할 것

다) 물이 체류할 우려가 있는 배관에는 수취기를 콘크리트 등의 박스에 설치할 것. 다만, 수취기의 기초와 주위를 튼튼히 하여 수취기에 연결된 수취배관의 안전 확보를 위한 보호박스를 설치한 경우에는 콘크리트 등의 박스에 설치하지 아니할 수 있다.

5) 표시 기준

가) 배관의 안전을 확보하기 위하여 매설된 배관의 주위에는 그 배관이 매설되어 있음을 명확하게 알수 있도록 표시할 것

나) 배관의 외부에 사용가스명, 최고사용압력 및 도시가스의 흐름방향을 표시할 것. 다만, 지하에 매설하는 경우에는 흐름방향을 표시하지 아니할 수 있다.

다) 도시가스배관의 표면색상은 지상배관은 황색으로, 매설배관은 최고사용압력이 저압인 배관은 황색·중압인 배관은 적색으로 할 것. 다만, 지상배관 중 건축물의 내·외벽에 노출된 것으로서 바닥(2층 이상 건물의 경우에는 각 층의 바닥을 말한다)으로부터 1m의 높이에 폭 3cm의 황색띠를 2중으로 표시한 경우에는 표면색상을 황색으로 하지 아니할 수 있다.

6) 그 밖의 기준

가) 배관에 설치하는 특정설비와 가스용품이 「고압가스 안전관리법」 및 「액화석유가스의 안전관리 및 사업법」에 따른 검사대상에 해당할 경우에는 검사에 합격한 것일 것

나) 가스용폴리에틸렌관은 제50조제1항 별표14 제4호다목8)에 따른 폴리에틸렌용착원 양성교육을 이수한 자가 시공하도록 할 것

나. 기술기준

1) 법 제29조제2항 및 규칙 제49조에 따라 안전관리자 선임·해임·퇴직 신고를 해야 하는 자는 영 제15조
제1항에 따른 안전관리 책임자로 한다.

2) 도시가스사업자는 가스공급시설을 효율적으로 관리할 수 있도록 다음 기준에 따라 안전점검원을 배치할 것
가) 안전점검원의 증감인원산출은 다음 표의 증감항목별 산출방법에 따른다.

구분	항목	세부항목	산출방법
도시가스 시설 현대화	1. 배관망 전산화		$\dfrac{전산화\ 실적}{총\ 공급배관\ 길이} \times 2$
	2. 관리개선 대상 시설	깊이미달 배관	$\dfrac{개선\ 배관길이}{대상\ 배관길이(전년말\ 기준)} \times 0.4$
		하수도 관통 배관	$\dfrac{이설개소}{대상개소(전년말\ 기준)} \times 0.4$
		학교 부지 안 정압기	$\dfrac{이전개소}{대상개소(전년말\ 기준)} \times 0.4$
		고가도로 밑 정압기	$\dfrac{이전개소}{대상개소(전년말\ 기준)} \times 0.4$
	3. 원격감시 및 차단장치		$\dfrac{원격차단밸브\ 설치개소}{대상개소} \times 1$
	4. 노후배관 교체 실적		$\dfrac{교체실적}{교체대상배관\ 총길이} \times 2$
	5. 도시가스 사고 발생빈도	배관, 정압기	$\dfrac{전년도\ 사고건수 - 전전년도\ 사고건수}{전전년도\ 사고건수} \times (-4)$ ※ 사고가 증가한 경우에만 적용하고, 전전년도 의 사고건수가 1건 이하인 경우에는 '전년도 사고건수/4×(-4)'로 산출한다.
안전성 제고를 위한 과학화	6. 시공감리 실시 배관		$\dfrac{시공감리실시배관}{총\ 공급배관\ 길이} \times 2$
	7. 배관순찰 자동차		$\dfrac{보유순찰차량}{안전점검\ 선임인원 \div 2} \times 1$
	8. 노출 배관		(노출배관 500m마다 0.1씩 가산치)×(-4)
	9. 주민 모니터링제		$\dfrac{모니터선정인원}{총\ 공급배관길이(㎞) \div 5(㎞)} \times 0.4$
	10. 매설배관의 설치 위치		$\dfrac{농로설치배관}{총\ 공급배관\ 길이} \times (-2)$

비 고

1. 원격밸브 설치대상 : 환상배관망(일반도시가스사업자), 정압기지 또는 밸브기지(가스도매사업자)

2. 사고건수 : 한국가스안전공사에서 매년 공식 발행하는 사고연감을 기준으로 한다.

3. 시공감리 미실시 배관: 1996년 3월 11일 이전에 설치된 공급관 중 완성검사(20%) 대상에서 제외되는 배관

4. 농로: 「농지법」 제2조에 따른 농지에 농기계 및 농업인 등의 통행을 위해 설치된 전용도로를 말한다.

5. 증감인원 산출방법

    가. 계산식

        증감인원＝－(총 선임인원×[(각 항목 합산치)/10)×0.15]

    나. 산출방법에 따라 계산할 경우 가중치를 제외한 최대값은 1을 초과할 수 없다.

    다. 2호의 관리개선 대상시설에서 세부항목별 개선대상이 없는 경우에는 세부항목별 최고점수로 산출하며, 학교 부지 안과 고가도로 밑 정압기의 이전개소에는 매몰형정압기로 교체한 경우를 포함한다.

    라. 삭제 〈2009.9.25〉

  나) 도시가스사업자는 전년 말을 기준으로 안전점검원의 배치계획서를 해당 연도 1월까지 작성하고 계획서에 따라 안전점검원을 배치하며 그 결과를 비치·보관할 것

  다) 안전점검원의 배치는 다음 사항을 고려하여 배관(사용자공급관 및 내관은 제외한다)길이 60km 이하의 범위에서 나)에 따른 안전점검원의 배치계획에 따라 배치할 것

    ① 배관의 매설지역(도심지역, 시 외곽지역 등)

    ② 시설의 특성(배관의 설치년도, 배관의 재질, 사용압력, 매설깊이 등)

    ③ 배관의 노출 유무, 굴착공사 빈도 등

    ④ 안전장치의 설치 유무(원격차단밸브, 전기방식 등)

    ⑤ 그 밖에 필요한 사항

3) 굴착공사로 인한 배관손상을 예방하기 위하여 굴착공사장에 위치한 배관에 대해서는 위해가 미치지 않도록 다음 기준에 따른 조치를 할 것

  가) 굴착으로 주위가 노출된 고압배관의 길이가 100m 이상인 것은 배관 손상으로 인한 도시가스 누출 등 위급한 상황이 발생한 때에 그 배관에 유입되는 도시가스를 신속히 차단할 수 있도록 노출된 배관 양 끝에 차단장치를 설치할 것. 다만, 노출된 배관 안의 도시가스를 30분 이내에 화기 등이 없는 안전한 장소로 방출할 수 있는 장치를 설치하거나 노출된 배관의 안전관리를 위하여 안전점검원의 사격을 가진 사를 상주 배치한 경우에는 차단장치를 설치한 것으로 본다.

  나) 중압 이하의 배관(호칭지름이 100mm 미만인 저압배관은 제외한다)으로서 노출된 부분의 길이가 100m 이상인 것은 위급한 때에 그 부분에 유입되는 도시가스를 신속히 차단할 수 있도록 노출부분 양 끝으로부터 300m 이내에 차단장치를 설치하거나 500m 이내에 원격조작이 가능한 차단장치를 설치할 것

  다) 굴착으로 인하여 20m 이상 노출된 배관에 대하여는 20m 마다 누출된 도시가스가 체류하기 쉬운 장소에 가스누출경보기를 설치할 것

  라) 노출부분의 양끝은 지반붕괴의 우려가 없는 땅에 지지되어 있을 것. 다만, 부득이한 사유로 마)의 조치를 한 경우에는 그러하지 아니하다.

  마) 노출부분이 다음 표에 따른 길이를 초과하는 경우와 노출 부분에 수취기·가스차단장치·정압기나 불순물을 제거하는 장치 또는 용접외의 방법으로 둘 이상의 접합부가 있는 경우에는 방호 또는 받침 방호조치를 할 것

노출된 부분의 상황	양끝부의 상황	
	단단한 땅에 양끝이 지지된 경우	그 밖의 경우
강관으로서 접합부가 없는 것 또는 접합부의 접합방법이 용접으로 된 것	6.0m	3.0m
그 밖의 것	5.0m	2.5m

  바) 그 밖에 노출배관에 위해가 미치지 않도록 필요한 조치를 할 것

4) 도시가스사업자는 하천의 하상변동으로 인해 하천을 횡단하여 매설된 배관에 위해가 미치지 않도록 다음 기준에 따른 조치를 할 것
  가) 가목1)사)①㉮ 단서에 따른 안전성평가 결과에서 제시된 거리 이상으로 설치된 배관의 경우 안전성평가 결과에서 제시된 유지 및 관리방법에 따를 것
  나) 하천을 횡단하여 매설된 배관상부 하상의 변동을 주기적으로 조사할 것
  다) 주기적 조사결과 배관의 외면과 가장 깊은 하상과의 거리가 가목1)사)①㉮에 따른 거리보다 1/2 이상 줄어든 경우에는 다음의 수리평가를 실시한 결과와 검토의견에 따라 유지 및 관리할 것. 이 경우에도 최소 거리는 1.2m 이상으로 유지해야 한다.
    ① 수리평가는 「엔지니어링산업 진흥법」 제21조제1항 따라 신고한 엔지니어링사업자(수자원개발 분야를 전문분야로 신고한 자에 한한다) 또는 「기술사법」 제6조제1항에 따라 개설등록한 기술사(수자원개발 분야를 전문분야로 하는 자에 한한다)가 수행할 것
    ② 수리평가 결과에 따른 유지관리 세부 실행계획의수립과 시행은 한국가스안전공사의 검토의견에 따를 것

다. 검사기준
  1) 시공감리·정기검사 및 수시검사의 항목은 배관이 적합하게 설치 또는 유지·관리되고 있는지를 확인하기 위하여 다음의 검사항목으로 할 것

검사 종류	검사항목
가) 시공감리	가목의 시설기준에 규정된 항목
나) 정기검사·수시검사	① 가목의 시설기준에 규정된 항목 중 상세기준에서 규정한 항목 ② 나목의 기술기준에 규정된 항목 중 상세기준에서 규정한 항목

  2) 시공감리·정기검사 및 수시검사는 시설이 검사항목에 적합한지를 명확하게 판정할 수 있는 방법으로 할 것

라. 진단기준 및 사후관리
  1) 진단항목
    정밀안전진단은 배관의 안전성을 확인하기 위하여 분야별로 필요한 진단항목에 대하여 실시할 것

진단 분야	진단항목
가) 기계분야	도시가스 누출 여부, 긴급차단장치의 정상작동 여부, 배관피복손상 여부, 배관 취약부분의 두께감소량 측정
나) 전기·계장분야	방식전위(부식 방지에 사용하는 전위) 측정, 측정단자의 적정관리 여부, 계측기기의 관리실태
다) 그 밖의 분야	라인마크·표지판의 적정설치 여부, 도면의 정확성

  2) 진단방법
    정밀안전진단은 배관이 그 진단 대상 항목의 기술기준에 적합한지를 명확하게 판정할 수 있는 적절한 방법으로 할 것
  3) 사후관리
    정밀안전진단 결과 개선사항이 있을 경우 이에 대한 이행실태를 정기검사 또는 수시검사 때에 확인할 것. 다만, 한국가스안전공사가 시설관리주체로부터 개선사항에 대하여 조치완료되었음을 통보받은 때에는 그 이전이라도 시설관리주체와 협의하여 정한 시기에 확인할 수 있다.

[별표 6]
〈개정 2022.1.21.〉

일반도시가스사업의 가스공급시설의 시설 · 기술 · 검사 · 정밀안전진단기준
(제5조제5호, 제17조제2호, 제23조제2항제2호 제23조제3항, 제25조제2항제1호, 제26조제3항제2호 및 제27조의3제8항 관련)

1. 제조소 및 공급소
  가. 시설기준
    1) 배치기준
      가) 가스혼합기 · 가스정제설비 · 배송기 · 압송기 그 밖에 가스공급시설의 부대설비(배관은 제외한다)는 그 외면으로부터 사업장의 경계까지의 거리를 3m 이상 유지할 것. 다만, 최고사용압력이 고압인 것은 그 외면으로부터 사업장의 경계까지의 거리를 20m 이상, 제1종보호시설(사업소 안에 있는 시설은 제외한다)까지의 거리를 30m 이상으로 할 것
      나) 가스발생기와 가스홀더는 그 외면으로부터 사업장의 경계(사업장의 경계가 바다 · 하천 · 호수 · 연못 등으로 인접되어 있는 경우에는 이들의 반대편 끝을 경계로 본다. 이하 같다)까지 최고사용압력이 고압인 것은 20m 이상, 최고사용압력이 중압인 것은 10m 이상, 최고사용압력이 저압인 것은 5m 이상의 거리를 각각 유지할 것
      다) 그 밖에 별표 5에 따른 가스도매사업의 가스공급시설의 시설 · 기술 · 검사 · 정밀안전진단 · 안전성평가의 기준 제1호가목1) 중 나) 및 아)를 적용한다.
    2) 기초기준
      기초는 별표 5제1호가목2)를 적용한다.
    3) 저장설비기준
      저장설비는 별표 5제1호가목3)을 적용한다.
    4) 가스설비기준
      가스설비는 별표 5제1호가목4)을 적용한다.
    5) 배관설비기준
      배관설비는 별표 5제1호가목5)을 적용한다.
    6) 사고예방설비기준
      사고예방설비는 별표 5제1호가목6)를 적용한다.
    7) 피해저감설비기준
      저장탱크를 지상에 설치하는 경우 저장능력 1천톤 이상의 저장설비 주위에는 액상의 액화석유가스가 누출된 경우에 그 유출을 방지할 수 있는 방류둑이나 이와 동등 이상의 효과가 있는 시설을 설치할 것
    8) 부대설비기준
      부대설비는 별표 5제1호가목8)[내용물제거장치는 제외한다]를 적용한다.
    9) 표시기준
      표시는 별표 5제1호가목9)를 적용한다.
    10) 예비시설 기준(제5조 제5호 관련)
      가) "예비시설"이란 천연가스를 가스도매사업자의 배관으로부터 공급받지 않는 도시가스사업자가 공급중단 등 비상사태에 대응하여 이미 공급 중인 도시가스 성질 및 상태와 상호 호환성이 있는 도시가스를 안정적으로 공급할 수 있는 시설을 말하며, 예비시설의 종류와 범위는 다음과 같다.
        ① 가스제조설비 : 액화석유가스와 공기의 혼합(LPG/Air)시설, 납사분해시설, 액화천연가스(LNG)제조시설
        ② 가스저장설비 : 가스홀더

나) 가)①에 따른 가스제조설비로 도시가스를 공급하는 도시가스사업자는 해당 연도 연 최대수요를 공급할 수 있는 가스제조설비 능력의 20% 이상을 예비시설로 보유할 것. 이 경우 해당 연도 연 최대수요를 공급할 수 있는 가스제조설비 능력의 산출은 다음 방식으로 할 것

$$해당연도\ 최대\ 수요\ 월의\ 일\ 평균수요 \times \frac{전년도\ 일\ 최대수요}{전년도\ 최대\ 수요월의\ 일\ 평균수요} - 가스저장설비의\ 이용능력$$

11) 그 밖의 기준
　별표 5 제3호가목6)을 준용할 것

나. 기술기준
　기술기준은 별표 5제1호나목을 적용한다.

다. 검사기준
　1) 시공감리·정기검사 및 수시검사의 항목은 제조소 시설이 적합하게 설치 또는 유지·관리되고 있는지를 확인하기 위하여 다음의 검사항목으로 할 것

검사 종류	검사항목
가) 시공감리	가목의 시설기준에 규정된 항목
나) 정기검사·수시검사	① 가목의 시설기준에 규정된 항목 중 상세기준에서 규정한 항목 ② 나목의 기술기준에 규정된 항목 중 상세기준에서 규정한 항목

　2) 시공감리·정기검사 및 수시검사는 시설이 검사항목에 적합한지를 명확하게 판정할 수 있는 방법으로 할 것

2. 정압기
　가. 시설기준
　　1) 배치기준
　　　정압기는 그 정압기의 유지관리에 지장이 없고, 그 정압기 및 배관에 대한 위해의 우려가 없도록 설치하되, 원칙적으로 건축물(건축물 외부에 설치된 정압기실은 제외한다)의 내부 또는 기초 밑에 설치하지 아니할 것. 다만, 다음 중 어느 하나에 해당하는 경우에는 건축물 내부에 설치할 수 있다.
　　　가) 단독사용자에게 도시가스를 공급하기 위한 정압기로서 부득이하게 건축물 외부에 설치할 수 없는 경우로서 외부와 환기가 잘 되는 지상층에 설치하거나 외부와 환기가 잘 되고 기계환기설비를 갖춘 지하층에 설치하는 경우
　　　나) 건축물 내부에 설치된 도시가스사업자의 정압기로서 가스누출경보기와 연동하여 작동하는 기계환기설비를 설치하고, 1일 1회 이상 안전점검을 실시하는 경우
　　2) 배관설비기준
　　　정압기(실)의 배관설비기준은 3. 제조소 및 공급소 밖의 배관기준을 따를 것
　　3) 정압기(실)기준
　　　가) 정압기실은 그 정압기의 보호, 정압기실 안에서의 작업성 확보 및 위해발생 방지를 위하여 적절한 구조를 가지도록 할 것
　　　나) 정압기의 분해점검과 고장에 대비하여 예비정압기를 설치하고, 이상 압력이 발생할 때에는 자동으로 기능이 전환되는 구조일 것
　　　다) 정압기는 도시가스를 안전하고 원활하게 수송할 수 있도록 하기 위하여 적절한 기밀성능을 가지도록 할 것
　　4) 사고예방설비기준
　　　가) 정압기에는 안전밸브 및 가스방출관을 설치하고 가스방출관의 방출구는 주위에 불 등이 없는 안전

한 위치로서 지면으로부터 5m 이상의 높이에 설치할 것. 다만, 전기시설물과의 접촉 등으로 사고의 우려가 있는 장소에서는 3m 이상으로 할 수 있다.

나) 정압기실에는 누출된 도시가스를 검지하여 이를 안전관리자가 상주하는 곳에 통보할 수 있는 설비를 갖출 것

다) 정압기 출구의 배관에는 도시가스 압력이 비정상적으로 상승한 경우 안전관리자가 상주하는 곳에 이를 통보할 수 있는 경보장치를 설치할 것

라) 정압기의 입구에는 수분 및 불순물 제거장치를 설치할 것.

마) 도시가스 중 수분의 동결로 정압 기능을 해칠 우려가 있는 정압기에는 동결방지조치를 할 것

바) 전기설비에는 방폭조치를 할 것

5) 피해저감설비기준

가) 정압기의 입구와 출구에는 가스차단장치를 설치할 것

나) 지하에 설치되는 정압기의 경우에는 가)의 가스차단장치 외에 정압기실 외부의 가까운 곳에 가스차단장치를 추가로 설치할 것. 다만, 정압기실의 외벽으로부터 50m 이내에 그 정압기로 가스공급을 지상에서 쉽게 차단할 수 있는 장치가 있는 경우에는 제외한다.

6) 부대설비기준

가) 정압기에는 비상전력, 압력기록장치 등 그 정압기의 기능을 유지하는데 필요한 설비를 설치할 것

나) 지하에 설치하는 정압기에는 정압기의 조작을 안전하고 확실하게 하기 위하여 필요한 조명도를 확보할 것

다) 삭제 〈2014.10.7.〉

7) 표시기준

정압기의 안전을 확보하기 위하여 필요한 곳에는 도시가스를 취급하는 시설이거나 일반인의 출입을 제한하는 시설이라는 것을 명확하게 알아볼 수 있도록 경계표지를 하고, 외부사람의 출입을 통제할 수 있도록 경계울타리를 설치할 것

8) 그 밖의 기준

정압기에 설치하는 특정설비와 가스용품이 「고압가스 안전관리법」 및 「액화석유가스의 안전관리 및 사업법」에 따른 검사대상에 해당할 경우에는 그 검사에 합격한 것일 것

나. 기술기준

1) 환상 배관망에 설치되는 정압기 중 1개 이상의 정압기에는 다른 정압기의 안전밸브보다 작동압력을 낮게 설정하여 이상 압력이 발생할 때 위해의 우려가 없는 안전한 장소에서 도시가스를 우선적으로 방출할 수 있도록 할 것.

2) 정압기는 설치 후 2년에 1회 이상 분해점검을 실시하고 1주일에 1회 이상 작동상황을 점검하며, 필터는 가스공급개시 후 1개월 이내 및 가스공급개시 후 매년 1회 이상 분해점검을 실시할 것

3) 도시가스사업자는 정압기의 안전을 확보하기 위하여 그 설비의 작동상황을 주기적으로 점검하고, 이상이 있을 때에는 지체 없이 보수 등 필요한 조치를 할 것

다. 검사기준

1) 시공감리 · 정기검사 및 수시검사의 항목은 정압기가 적합하게 설치 또는 유지 · 관리되고 있는지를 확인하기 위하여 다음의 검사항목으로 할 것

검사 종류	검사항목
가) 시공감리	가목의 시설기준에 규정된 항목
나) 정기검사 · 수시검사	① 가목의 시설기준에 규정된 항목 중 상세기준에서 규정한 항목 ② 나목의 기술기준에 규정된 항목 중 상세기준에서 규정한 항목

2) 시공감리 · 정기검사 및 수시검사는 시설이 검사항목에 적합한지를 명확하게 판정할 수 있는 방법으로 할 것

3. 제조소 및 공급소 밖의 배관
 가. 시설기준
  1) 가스설비기준
   가) 공동주택등에 압력조정기를 설치하는 경우에는 적절한 방법으로 다음의 경우에만 설치할 것. 다만,
     한국가스안전공사의 안전성평가를 받고 그 결과에 따라 안전관리 조치를 하는 경우에는 ① 및 ②에
     서 규정하는 전체 세대수를 2배로 할 수 있다.
     ① 공동주택등에 공급되는 도시가스 압력이 중압 이상으로서 전체 세대수가 150세대 미만인 경우
     ② 공동주택등에 공급되는 도시가스 압력이 저압으로서 전체 세대수가 250세대 미만인 경우
   나) 정압기의 설치가 어려운 소규모 구역에 도시가스를 공급하기 위한 압력조정기(이하 "구역압력조정기"
     라 한다)를 설치하는 경우에는 다음의 기준에 적합하게 할 것
     ① 시장·군수·구청장이 정압기의 설치가 어렵다고 인정하는 구역일 것
     ② 공급 가능한 전체 세대수는 가)에서 정한 기준을 따를 것
     ③ 구역압력조정기는 유지관리에 지장이 없고, 그 구역압력조정 및 배관에 대한 위해의 우려가 없는
       안전한 장소에 설치할 것
     ④ 구역압력조정기는 작업성 확보가 가능하고 위해발생 시 충분히 견딜 수 있는 안전한 구조로 제작
       또는 설치된 구역압력조정기 외부상자 안에 설치할 것
     ⑤ 구역압력조정기의 입구 및 출구에는 가스차단밸브를 설치할 것
     ⑥ 도시가스압력이 비정상적으로 상승할 경우 안전을 확보하기 위한 긴급차단장치와 안전밸브 및
       가스방출관을 설치하고, 구역압력조정기 외함에는 가스누출경보기를 설치할 것
     ⑦ 구역압력조정기 외함에는 통풍구를 설치하고, 차량의 추돌 등 위험으로부터 보호하기 위한 조치
       를 마련할 것
     ⑧ 구역압력조정기 외함 외면에는 주변 환경을 고려하여 적절한 색상으로 도장을 하고, 비상사태
       발생 시 연락처 등이 표시된 경계표지와 자물쇠장치를 할 것
     ⑨ 구역압력조정기는 설치 후 3년에 1회 이상 분해점검을 실시하고, 3개월에 1회 이상 작동상황을 점
       검하며, 필터는 가스공급개시 후 1개월 이내 및 가스공급개시 후 매년 1회 이상 점검을 실시할 것
  2) 배관설비기준
   가) 배관의 최고사용압력은 중압 이하일 것. 다만, 다음의 어느 하나에 해당하는 배관으로서 별표 5
     제3호에 따른 기준에 적합하고, 한국가스안전공사가 실시하는 안전성평가 결과에 따라 안전관리조
     치를 하여 설치하는 배관의 경우에는 4메가파스칼 이하로 할 수 있다.
     ①「집단에너지사업법」제9조제1항에 따라 집단에너지 사업의 허가를 받은 자에게 도시가스를 공급
       하기 위한 배관
     ② 산업체 원료용(동일 산업체 안에서 연료용으로 사용하는 것을 포함한다)으로 도시가스를 공급하
       기 위한 배관
     ③ 수소를 제조할 목적으로「고압가스 안전관리법」제4조제1항에 따라 고압가스 제조허가를 받은
       자에게 도시가스를 공급하기 위한 배관
   나) 중압 이하의 배관과 고압배관을 매설하는 경우 서로간의 거리를 2m 이상으로 할 것. 다만, 기존에
     설치된 배관의 지반침하·손상 등을 방지하기 위하여 철근콘크리트 방호구조물 안에 설치하는 경우에는
     1m 이상으로, 중압 이하의 배관과 고압배관의 관리주체가 같은 경우에는 0.3m 이상으로 할 수 있다.
   다) 본관과 공급관은 건축물의 기초 밑에 설치하지 아니할 것
   라) 도시가스를 공급하기 위한 저압의 공급관을 건축물 내부에 설치하는 경우에는 다음에 적합하게 설
     치할 것
     ① 배관은 배관에 위해의 우려가 없는 안전한 장소에 설치할 것
     ② 배관, 밸브 및 배관이음매의 재료는 그 배관의 안전성을 확보하기 위하여 도시가스의 압력, 사용

하는 온도 및 환경에 적절한 기계적 성질과 화학적 성분을 갖는 것일 것

③ 배관의 접합은 도시가스의 누출을 방지할 수 있도록 확실한 방법으로 하고, 이를 확인하기 위하여 필요한 경우에는 비파괴시험을 할 것

④ 배관을 피트(지상 또는 지하의 구조물을 말한다. 이하 같다) 또는 파이프 덕트 안에 설치하는 경우 피트 또는 파이프 덕트의 재료 및 구조는 도시가스를 안전하게 공급할 수 있는 적절한 것일 것

⑤ 배관은 공급하는 도시가스의 특성 및 설치 환경조건을 고려하여 위해의 우려가 없도록 설치하고, 배관의 안전한 유지ㆍ관리를 위하여 입상관 차단밸브 등 필요한 설비를 설치하거나 필요한 조치를 할 것

마) 입상관이 화기가 있을 가능성이 있는 주위를 통과할 경우에는 불연성재료로 차단조치를 하고, 입상관의 밸브는 바닥으로부터 1.6m 이상 2m 이내에 설치할 것. 다만, 보호 상자에 설치하는 경우에는 그러하지 아니하다.

바) 배관은 움직이지 않도록 건축물에 고정 부착하는 조치를 하되, 그 호칭지름이 13mm 미만의 것에는 1m마다, 13mm 이상 33mm 미만의 것에는 2m마다, 33mm 이상의 것에는 3m마다 고정 장치를 설치할 것

사) 배관의 이음매(용접이음매는 제외한다)와 전기계량기 및 전기개폐기와의 거리는 60cm 이상, 전기점멸기 및 전기접속기와의 거리는 30cm 이상, 절연전선과의 거리는 10cm 이상, 절연조치를 하지 않은 전선 및 단열조치를 하지 않은 굴뚝(배기통을 포함한다)과의 거리는 15cm 이상의 거리를 유지할 것

아) 배관은 그 배관의 유지관리에 지장이 없고, 그 배관에 대한 위해의 우려가 없도록 설치하되, 설치환경에 따라 다음과 같은 적절한 안전조치를 마련할 것

① 배관을 매설하는 경우에는 설치 환경에 따라 다음 기준에 따른 적절한 매설 깊이나 설치간격을 유지할 것. 다만, 하천을 횡단하여 매설된 배관에 대하여 나목3)에 따라 조치할 경우에는 ㉱ 본문에 따른 기준에 적합한 것으로 본다.

㉮ 공동주택등의 부지 안에서는 0.6m 이상

㉯ 폭 8m 이상의 도로에서는 1.2m 이상. 다만, 도로에 매설된 최고사용압력이 저압인 배관에서 횡으로 분기하여 수요가에게 직접 연결되는 배관의 경우에는 1m 이상으로 할 수 있다.

㉰ 폭 4m 이상 8m 미만인 도로에서는 1m 이상. 다만, 다음 어느 하나에 해당하는 경우에는 0.8m 이상으로 할 수 있다.

(1) 호칭지름이 300mm(KS M 3514에 따른 가스용폴리에틸렌관의 경우에는 공칭외경 315mm를 말한다) 이하로서 최고사용압력이 저압인 배관

(2) 도로에 매설된 최고사용압력이 저압인 배관에서 횡으로 분기하여 수요가에게 직접 연결되는 배관

㉱ 배관을 철도부지에 매설하는 경우에는 배관의 외면으로부터 궤도 중심까지 4m 이상, 그 철도부지 경계까지는 1m 이상의 거리를 유지하고, 지표면으로부터 배관의 외면까지의 깊이를 1.2m 이상

㉲ 하천구역(「하천법」 제10조제1항에 따른 하천구역 중 제방 이외의 하심측(河心側)의 토지를 말한다. 이하 같다), 소하천, 수로 등을 횡단하여 매설하는 경우 배관의 외면과 계획하상높이(계획하상높이가 가장 깊은 하상높이보다 높은 경우에는 가장 깊은 하상높이를 말한다)와의 거리는 다음의 구분에 따른 거리 이상. 다만, 한국가스안전공사로부터 안전성평가를 받은 경우에는 안전성평가 결과에서 제시된 거리 이상으로 하되, 최소 1.2m 이상은 되어야 한다.

(1) 하천구역 : 4m 이상. 다만, 하천구역의 폭이 배관 바깥지름의 30배보다도 좁은 경우나 최고사용압력이 중압 이하인 배관을 하상폭(정비가 완료된 하천의 경우에는 양쪽 저수 호안(기슭ㆍ둑 침식 방지시설)의 상부 사이의 폭을, 정비가 완료되지 아니한 하천의 경우에는 하천구역의 폭을 말한다) 20m 이하인 하천에 매설하는 경우로서 하상폭 양 끝단으로부터 보호시설과의 거리가 다음의 계산식에서 산출한 수치 이상인 경우에는 2.5m 이상으로 한다.

$$L = 220 \sqrt{P} \cdot d$$

L : 하상폭 양 끝단으로부터 보호시설까지의 거리(m)

P : 사용 압력(MPa)

d : 배관 안지름(m)

(2) 소하천 및 수로(용수로·개천 또는 이와 유사한 것을 포함한다) : 2.5m 이상

(3) 그 밖의 좁은 수로 : 1.2m 이상

(4) (1)부터 (3)까지에도 불구하고 하천의 바닥이 암반으로 이루어진 경우에는 배관의 외면과 하천바닥면의 암반 상부와의 거리 : 1.2m 이상

㉣ ㉮ 부터 ㉢까지에 해당되지 아니하는 곳은 0.8m 이상. 다만, 다음 어느 하나에 해당하는 경우에는 0.6m 이상으로 할 수 있다.

(1) 폭 4m 미만인 도로에 매설하는 배관

(2) 암반·지하매설물 등으로 매설 깊이의 유지가 곤란하다고 시장·군수·구청장이 인정하는 경우

㉤ 배관을 지하에 매설하는 경우에는 배관의 외면과 상수도관·하수관거·통신케이블 등 다른 시설물과는 배관의 안전 확보에 필요한 간격을 유지할 것

② 매설되어 있는 배관 외의 배관(옥외공동구에 설치된 것과 굴착으로 주위가 노출된 것은 제외한다)은 온도변화에 따른 신축을 흡수하는 조치를 할 것

자) 그 밖에 별표 5 제3호가목1)[(마) 및 사)①·③부터 ⑤까지는 제외한다]을 적용한다

3) 사고예방설비기준

별표 5 제3호가목2)를 적용한다.

4) 피해저감설비기준

가) 사업장에 설치하는 배관에는 지진이나 대형 도시가스 누출로 인한 긴급사태에 대비하여 구역별로 가스공급을 차단할 수 있는 원격조작에 의한 긴급차단장치나 이와 동등 이상의 효과가 있는 장치를 설치할 것

나) 그 밖에 별표 5 제3호가목3)를 적용한다.

5) 부대설비기준

별표 5 제3호가목4)를 적용한다.

6) 표시기준

별표 5 제3호가목5)를 적용한다.

7) 그 밖의 기준

별표 5 제3호가목6)를 적용한다.

나. 기술기준

1) 도시가스사업자는 가스공급시설을 효율적으로 관리하기 위하여 배관·정압기등의 설치도면·시방서(호칭지름 및 재질 등에 관한 사항을 기재한다)·시공자·시공연월일등을 전산화할 것

2) 도시가스공급시설에 설치된 압력조정기는 매 6개월에 1회 이상(필터나 스트레이너의 청소는 매 2년에 1회 이상) 압력조정기의 유지·관리에 적합한 방법으로 안전점검을 실시할 것

3) 도시가스사업자는 하천의 하상변동으로 인해 하천을 횡단하여 매설된 배관에 위해가 미치지 않도록 다음 기준에 따른 조치를 할 것

가) 가목2)아)①㉢ 단서에 따른 안전성평가 결과에서 제시된 거리 이상으로 설치된 배관의 경우 안전성평가 결과에서 제시된 유지 및 관리방법에 따를 것

나) 하천을 횡단하여 매설된 배관상부 하상의 변동을 주기적으로 조사할 것

다) 주기적 조사결과 배관의 외면과 가장 깊은 하상과의 거리가 가목2)아)①㉢에 따른 거리보다 1/2 이상 줄어든 경우에는 다음의 수리평가를 실시한 결과와 검토의견에 따라 유지 및 관리할 것. 이 경우에도 최소 거리는 1.2m 이상으로 유지할 것

① 수리평가는 「엔지니어링산업 진흥법」 제21조제1항 따라 신고한 엔지니어링사업자(수자원개발

분야를 전문분야로 신고한 자에 한한다) 또는 「기술사법」 제6조제1항에 따라 개설등록한 기술사 (수자원개발 분야를 전문분야로 하는 자에 한한다)가 수행할 것

    ② 수리평가 결과에 따른 유지관리 세부 실행계획의 수립과 시행은 한국가스안전공사의 검토의견에 따를 것

4) 그 밖에 별표 5 제3호나목[3)가)는 제외한다]을 적용한다.

다. 검사기준

  1) 시공감리·정기검사 및 수시검사의 항목은 배관이 적합하게 설치 또는 유지·관리되고 있는지를 확인하기 위하여 다음의 검사항목으로 할 것

검사 종류	검사항목
가) 시공감리	가목의 시설기준에 규정된 항목
나) 정기검사·수시검사	① 가목의 시설기준에 규정된 항목 중 상세기준에서 규정한 항목 ② 나목의 기술기준에 규정된 항목 중 상세기준에서 규정한 항목

  2) 시공감리·정기검사 및 수시검사는 시설이 검사항목에 적합한지를 명확하게 판정할 수 있는 방법으로 할 것

  3) 주요공정 시공감리

    일반도시가스사업자의 가스공급시설 중 배관을 시공할 때 다음에 해당하는 시공 과정이나 공정에 대하여 공사현장에서 확인·감리할 것

    가) 해당 공사를 시공하는 공사관계자의 자격, 인적사항 등의 적정 여부

    나) 시공자가 유지·보존하는 각 공정별 시공기록의 적정 여부

    다) 배관의 재료를 확인하는 공정

    라) 배관의 매설깊이를 확인하는 공정

    마) 배관·가스차단장치 등의 설치상태를 확인하는 공정

    바) 배관의 접합부를 확인하는 공정

    사) 내압시험이나 기밀시험을 하는 공정

    아) 그 밖에 시공 후 매몰되거나 사후 확인이 곤란한 공정

라. 진단기준 및 사후관리

  1) 진단항목 : 정밀안전진단은 배관의 안전성을 확인하기 위하여 분야별로 필요한 진단항목에 대하여 실시할 것

진단 분야	진단항목
가) 기계분야	도시가스 누출 여부, 긴급차단장치의 정상작동 여부, 배관피복손상 여부, 배관 취약부분의 두께감소량 측정
나) 전기·계장분야	방식전위(부식 방지에 사용하는 전위) 측정, 측정단자의 적정관리 여부, 계측기기의 관리실태
다) 그 밖의 분야	라인마크·표지판의 적정설치 여부, 도면의 정확성

  2) 진단방법 : 정밀안전진단은 배관이 그 진단항목의 기술기준에 적합한 지를 명확하게 판정할 수 있는 적절한 방법으로 할 것

  3) 사후관리 : 정밀안전진단 결과 개선사항이 있을 경우 이에 대한 이행실태를 정기검사 또는 수시검사 시에 확인할 것

  4) 1)부터 3)까지 이외에 정밀안전진단의 절차, 방법 등 시행에 따른 세부 사항은 산업통상자원부장관이 정하여 고시하는 바에 따를 것

[별표 6의2]
〈개정 2020.8.25〉

도시가스충전사업의 가스충전시설의 시설 · 기술 · 검사의 기준
(제17조제3호, 제23조제2항제3호, 제25조제2항제3호 및 제26조제3항제3호 관련)

1. 고정식 압축도시가스 자동차 충전시설
   가. 시설기준
   1) 배치기준
      가) 처리설비 및 압축가스설비로부터 30m 이내에 보호시설(사업소에 있는 보호시설 및 전용공업지역에 있는 보호시설은 제외한다)이 있는 경우에는 처리설비 및 압축가스설비의 주위에 도시가스폭발에 따른 충격을 견딜 수 있는 철근콘크리트제 방호벽을 설치할 것. 다만, 처리설비 주위에 방류둑 설치 등 액확산방지조치를 한 경우에는 그러하지 아니하다.
      나) 저장설비는 그 외면으로부터 보호시설(사업소에 있는 보호시설 및 전용공업지역에 있는 보호시설은 제외한다)까지 다음 표에 따른 거리(시장 · 군수 또는 구청장이 필요하다고 인정하는 지역은 보호시설과의 거리에 일정 거리를 더한 거리) 이상을 유지할 것

저장능력(x)	제1종 보호시설	제2종 보호시설
1만 이하	17m	12m
1만 초과 2만 이하	21m	14m
2만 초과 3만 이하	24m	16m
3만 초과 4만 이하	27m	18m
4만 초과 5만 이하	30m	20m
5만 초과 99만 이하	30m[「고압가스 안전관리법 시행규칙」 제2조 제1항 제10호에 따른 가연성가스 저온저장탱크(이하 "가연성가스 저온저장탱크"라 한다)는 $\frac{3}{25}\sqrt{X+10,000}\,\text{m}$]	20m(가연성가스 저온저장탱크는 $\frac{2}{25}\sqrt{X+10,000}\,\text{m}$)
99만 초과	30m(가연성가스 저온저장탱크는 120m)	20m(가연성가스 저온저장탱크는 80m)

비 고

1. 이 표에서 저장능력(x)을 산정하는 계산식은 다음과 같다.

$q = (10p+1) \times v_1$

$w = 0.9d \times v_2$

위 계산식에서 q, p, v_1, w, d 및 v_2는 각각 다음과 같다.

   q : 압축도시가스 저장능력(단위 : m³)

   p : 35℃에서의 최고충전압력(단위 : MPa)

   v_1 : 내용적(단위 : m³)

   w : 액화도시가스 저장능력(단위 : kg)

   d : 상용온도에서의 액화도시가스의 비중(단위 : kg/L)

   v_2 : 내용적(단위 : L)

2. 한 사업소에 2개 이상의 저장설비가 있는 경우에는 그 저장능력별로 각각 안전거리를 유지하여야 한다.

다) 저장설비·처리설비·압축가스설비 및 충전설비의 외면과 전선, 화기(그 설비 안의 것은 제외한다)를 취급하는 장소 및 인화성물질 또는 가연성물질 저장소와의 사이에는 그 화기가 처리설비·압축가스설비 및 충전설비에 악영향을 미치지 아니하도록 적절한 거리를 유지할 것

라) 저장설비, 처리설비, 압축가스설비 및 충전설비는 그 외면으로부터 사업소경계(버스차고지에 설치한 경우 차고지 경계를 사업소 경계로 보며, 사업소 경계가 바다·호수·하천·도로 등의 경우에는 그 반대편 끝을 경계로 본다)까지 10m 이상의 안전거리를 유지할 것. 다만, 처리설비(액확산방지시설에 설치된 처리설비는 제외한다) 및 압축가스설비의 주위에 철근콘크리트제 방호벽을 설치하는 경우에는 5m 이상의 안전거리를 유지할 수 있다.

마) 충전설비는 「도로법」에 따른 도로경계까지 5m 이상의 거리를 유지할 것

바) 저장설비·처리설비·압축가스설비 및 충전설비는 철도까지 30m 이상의 거리를 유지할 것

2) 기초 기준

저장설비·압축가스설비 및 그 부속설비의 기초는 지반침하로 인하여 그 설비에 유해한 영향을 끼치지 아니하도록 필요한 조치를 할 것. 이 경우 저장탱크(저장능력 100m³ 또는 1톤 이상의 것만 해당한다)의 받침대는 동일한 기초 위에 설치할 것

3) 저장설비 기준

가) 저장탱크(가스홀더를 포함한다)의 구조는 저장탱크를 보호하고 저장탱크로부터 도시가스가 누출되는 것을 방지하기 위하여 저장탱크에 저장하는 도시가스의 종류·온도·압력 및 저장탱크의 사용환경에 따라 적절한 것으로 하고, 저장능력 5톤 또는 500m³ 이상인 저장탱크 및 압력용기(반응·분리·정제·증류를 위한 탑류로서 높이 5m 이상인 것만 해당한다)에는 지진발생 시 저장탱크를 보호하기 위하여 내진성능 확보를 위한 조치 등 필요한 조치를 하며, 5m³ 이상의 도시가스를 저장하는 것에는 가스방출장치를 설치할 것

나) 저장설비는 원칙적으로 지상에 설치하되 저장탱크(저장능력이 300m³ 또는 3톤 이상인 탱크만 해당한다)와 다른 가연성가스 저장탱크 또는 산소저장탱크 사이에는 두 저장탱크 최대지름을 더한 길이의 4분의 1 이상의 거리를 유지하는 등 하나의 저장탱크에서 발생한 위해요소가 다른 저장탱크로 전이되지 않도록 하고, 저장탱크를 지하 또는 실내에 설치하는 경우에는 그 저장탱크 설치실에서의 도시가스폭발을 방지하기 위하여 필요한 조치를 할 것

다) 저장탱크에는 그 저장탱크를 보호하기 위하여 부압파괴방지 조치, 과충전 방지 조치 등 필요한 조치를 할 것

4) 가스설비 기준

가) 처리설비·압축가스설비 및 충전설비의 재료는 해당 도시가스를 취급하기에 적합한 기계적 성질 및 화학적 성분을 가지는 것일 것

나) 가스설비의 강도 및 두께는 그 도시가스를 안전하게 취급할 수 있는 적절한 것일 것

다) 처리설비·압축가스설비 및 충전설비는 원칙적으로 지상에 설치할 것

라) 가스충전시설에 설치하는 처리설비·압축가스설비·충전설비·압축장치·기화장치 및 고정식펌프 등은 사용하는 도시가스의 압력 및 환경에 적절한 성능과 구조를 가진 것으로 하고, 위해의 우려가 없도록 설치할 것

마) 가스설비의 성능은 그 도시가스를 안전하게 취급할 수 있는 적절한 것일 것

5) 배관설비 기준

가) 배관의 재료는 도시가스의 취급에 적합한 기계적 성질 및 화학적 성분을 가지는 것일 것

나) 배관은 안전율이 4 이상이 되도록 설계할 것

다) 배관은 수송하는 도시가스의 특성 및 설치 환경조건을 고려하여 위해의 염려가 없도록 설치하고, 배관의 안전한 유지·관리를 위하여 필요한 설비를 설치하거나 필요한 조치를 할 것

라) 사업소에 설치하는 배관은 수송하는 도시가스의 특성 및 설치 환경조건을 고려하여 위해의 염려가 없

도록 설치하고, 배관의 안전한 유지 · 관리를 위하여 필요한 설비를 설치하거나 필요한 조치를 할 것

마) 배관의 성능은 그 도시가스를 안전하게 수송할 수 있는 적절한 것일 것

6) 사고예방설비 기준

가) 저장설비, 완충탱크, 처리설비, 압축장치의 각 단계의 출구측 및 압축가스설비에는 그 설비 안의 압력이 상용압력을 초과하는 경우 즉시 그 압력을 상용압력 이하로 되돌릴 수 있는 안전장치를 설치하는 등 필요한 조치를 할 것

나) 가스충전시설에는 도시가스가 누출될 경우 이를 신속히 검지하여 효과적으로 대응할 수 있도록 하기 위하여 필요한 조치를 할 것

다) 가스충전시설에는 충전설비 근처 및 충전설비로부터 5m 이상 떨어진 장소에서 긴급 시 도시가스의 누출을 효과적으로 차단할 수 있는 조치를 할 것

라) 압축가스설비의 인입배관 및 압축장치의 입구측 배관 등 위험성이 높은 도시가스 설비 사이에는 긴급 시 도시가스가 역류되는 것을 효과적으로 차단할 수 있는 조치를 할 것

마) 가스충전시설에는 자동차의 오발진으로 인한 충전기 및 충전호스의 파손을 방지하기 위하여 적절한 조치를 할 것

바) 가스설비실 및 저장설비실에는 누출된 도시가스가 체류하지 아니하도록 환기구를 갖추는 등 필요한 조치를 할 것

사) 사업소에는 사업소에서 긴급사태가 발생하는 것을 방지하고 긴급사태 발생 시 그 확대를 방지하기 위하여 압력조정기 · 압력계 · 통신시설 · 전기방폭설비 · 냄새가나는 물질 첨가장치 · 소화기 · 호스 · 조명등 등 필요한 설비를 설치하고, 부식방지 · 정전기제거 조치 등 필요한 조치를 할 것

7) 피해저감설비 기준

가) 저장설비와 사업소의 보호시설과의 사이, 압축장치와 충전설비 사이, 압축가스설비와 충전설비 사이에는 도시가스폭발에 따른 충격에 견딜 수 있는 방호벽을 설치하고, 그 한 쪽에서 발생하는 위해요소가 다른 쪽으로 전이되는 것을 방지하기 위하여 필요한 조치를 할 것

나) 저장탱크 또는 배관에는 그 저장탱크 또는 배관을 보호하기 위하여 온도상승 방지조치 등 필요한 조치를 할 것

8) 표시 기준

충전시설의 안전을 확보하기 위하여 필요한 곳에는 도시가스를 취급하는 시설 또는 일반인의 출입을 제한하는 시설이라는 것을 명확하게 알아볼 수 있도록 경계표지, 식별표지 및 위험표지 등 적절한 표지를 하고, 외부인의 출입을 통제할 수 있도록 적절한 경계책을 설치할 것

9) 그 밖의 기준

가) 충전시설에 설치 · 사용하는 제품이 「고압가스 안전관리법」 제17조 또는 「액화석유가스의 안전관리 및 사업법」 제39조에 따라 검사를 받아야 하는 것인 경우에는 그 검사에 합격한 것일 것

나) 저장탱크에 대하여는 「고압가스 안전관리법 시행규칙」 별표 8 제1호가목의 시설기준을 따를 것

나. 기술기준

1) 안전유지 기준

가) 가스충전시설 중 진동이 심한 곳에 설치되는 고압의 가스설비에는 진동을 최소한도로 줄일 수 있는 조치를 할 것

나) 도시가스설비를 이음쇠로 접속할 때에는 그 이음쇠와 접속되는 부분에 잔류응력이 남지 아니하도록 조립하고 이음쇠밸브류를 나사로 조일 때에는 무리한 하중이 걸리지 아니하도록 하여야 하며, 상용압력이 19.6MPa 이상이 되는 곳의 나사는 나사게이지로 검사한 것일 것

다) 안전밸브 또는 방출밸브에 설치된 스톱밸브는 그 밸브의 수리 등을 위하여 특별히 필요한 때를 제외하고는 항상 완전히 열어 놓을 것

라) 화기를 취급하는 곳이나 인화성의 물질 또는 발화성의 물질이 있는 곳 및 그 부근에서는 도시가스를 용기에 충전하지 않을 것

마) 도시가스설비 주위에는 가연성 액체 등의 위험물을 두지 않을 것
　　　바) 사업소에는 휴대용 가스누출검지기를 갖출 것
　2) 충전 기준
　　　가) 자동차에 압축도시가스를 충전할 때에는 엔진을 정지시켜야 하고, 자동차의 수동브레이크를 채울 것
　　　나) 이동충전차량의 용기 및 압축도시가스 자동차의 용기는 통상 온도에서 설계압력 이상으로 충전하지 않으며, 용기의 사용압력에 적합하게 충전할 것
　　　다) 충전을 마친 후 충전설비를 분리할 경우에는 충전호스 안의 도시가스를 제거할 것
　3) 점검 기준
　　　충전시설의 사용개시 전과 사용종료 후에는 반드시 그 충전시설에 속하는 설비의 이상 유무를 점검하는 것 외에 1일 1회 이상 충전설비의 작동상황에 대하여 점검·확인을 하고 이상이 있을 때에는 그 설비의 보수 등 필요한 조치를 할 것
　4) 수리 및 청소 기준
　　　가스설비를 수리·청소 및 철거할 때에는 그 작업의 안전 확보를 위하여 필요한 안전수칙을 지키고, 수리 및 청소 후에는 그 설비의 성능유지와 작동성 확인 등 안전 확보를 위하여 필요한 조치를 할 것
　5) 그 밖의 기준
　　　저장탱크에 대하여는「고압가스 안전관리법 시행규칙」별표 8 제1호 나목의 기술기준을 따를 것
다. 검사 기준
　1) 중간검사·완성검사·정기검사 및 수시검사의 검사 항목은 시설이 적합하게 설치 또는 유지·관리되고 있는지 확인하기 위하여 다음의 검사 항목으로 할 것

검사종류	검사항목
가) 중간검사	가목의 시설기준에 규정된 항목 중 1)가)(방호벽의 기초설치 공정만 해당함), 2)(저장탱크의 기초설치 공정만 해당함), 3)가)(내진설계 내상 설비의 기초설치 공정만 해당함), 3)나)저장탱크를 지하에 매설하기 직전의 공정만 해당함), 4)마)(가스설비의 설치가 완료되어 기밀 또는 내압 시험을 할 수 있는 상태의 공정만 해당함), 5)라)(배관을 지하에 매설하는 경우 한국가스안전공사가 지정하는 부분을 매몰하기 직전의 공정만 해당함) 및 5)마)(배관의 설치가 완료되어 기밀 또는 내압 시험을 할 수 있는 상태의 공정만 해당함)
나) 완성검사	가목의 시설기준에 규정된 항목. 다만, 중간검사에서 확인된 검사항목은 제외할 수 있다.
다) 정기검사	① 가목의 시설 기준에 규정된 항목 중 해당 사항 ② 나목의 기술 기준에 규정된 항목(1)나), 1)바)는 제외한다) 중 해당 사항
라) 수시검사	시설별 정기검사 항목 중에서 다음에서 열거한 안전장치의 유지·관리 상태 중 필요한 사항과 법 제26조에 따른 안전관리규정 이행 실태 ① 안전밸브 ② 긴급차단장치 ③ 가스누출 검지경보장치 ④ 물분무장치(살수장치포함) 및 소화전 ⑤ 강제환기시설 ⑥ 안전제어장치 ⑦ 안전용 접지기기, 방폭전기기기 ⑧ 그 밖에 안전관리상 필요한 사항

　2) 중간검사·완성검사·정기검사 및 수시검사는 시설이 검사항목에 적합한지 여부를 명확하게 판정할 수 있는 방법으로 할 것

2. 이동식 압축도시가스 자동차 충전

가. 시설기준

　　1) 이동충전차량 및 충전설비로부터 30m 이내에 보호시설(사업소에 있는 보호시설 및 전용공업지역에 있는 보호시설은 제외한다)이 있는 경우에는 이동충전차량 주위에 방호벽을 설치할 것

　　2) 가스배관구(이동충전차량의 압축도시가스를 충전설비로 이입하기 위하여 충전시설에 설치한 배관을 말한다. 이하 같다)와 가스배관구 사이 또는 이동충전차량과 충전설비 사이에는 8m 이상의 거리를 유지할 것. 다만, 가스배관구와 가스배관구 사이 또는 이동충전차량과 충전설비 사이에 방호벽을 설치할 경우에는 8m 이상의 거리를 유지하지 아니할 수 있다.

　　3) 이동충전차량 및 충전설비는 그 설비로부터 사업소 경계(버스차고지에 설치한 경우 차고지 경계를 사업소 경계로 보며, 사업소 경계가 바다·호수·하천·도로·임야·논밭 등의 경우에는 그 반대편 끝을 경계로 본다. 다만, 임야·전답이 주거지역 등으로 용도 변경되는 경우에는 그러하지 아니하다)까지 10m 이상의 안전거리를 유지할 것. 다만, 이동충전차량 외부에 방화판을 설치하거나 충전설비 주위에 방호벽을 설치하는 경우에는 5m 이상의 안전거리를 유지할 수 있다.

　　4) 사업소에서 주정차 또는 충전작업을 하는 이동충전차량의 설치대수는 3대 이하로 하고, 이동충전차량 보유수량이 동시에 주차할 수 있는 공간을 확보할 것

　　5) 이동충전차량을 구성하는 각각의 용기에는 그 설비의 압력이 상용압력을 초과하는 경우 즉시 그 압력을 상용압력 이하로 되돌릴 수 있는 조치를 할 것

　　6) 가스충전시설에는 충전설비 근처 및 충전설비로부터 5m 이상 떨어진 장소에서 긴급 시 도시가스의 누출을 효과적으로 차단할 수 있는 조치를 할 것

　　7) 집합용기에 도시가스를 이입하는 관에는 긴급 시 도시가스가 역류되는 것을 효과적으로 차단할 수 있는 조치를 할 것

　　8) 충전설비는 「도로법」에 따른 도로경계로부터 5m(방호벽을 설치하는 경우에는 2.5m) 이상의 거리를 유지할 것

　　9) 이동충전차량 및 충전설비는 철도에서부터 15m 이상의 거리를 유지할 것

　　10) 그 밖에 이동식 압축도시가스 자동차 충전의 시설기준은 제1호가목(1)가)·1)나)·1)라)·1)마)·1)바)·2)·3)가)·3)나)·3)다)·6)가)·6)라)·6)바)·7)가)·7)나)는 제외한다)의 시설기준을 따를 것. 이 경우 제1호가목의 기준 중 "압축가스설비"를 "이동충전차량"으로 본다.

나. 기술 기준

　　1) 이동충전차량은 사업소의 지정된 장소에 정차하여야 하며, 충전 중에는 정지목 등을 설치하여 이동충전차량이 움직이지 않도록 고정할 것

　　2) 이동충전차량에 의한 이송작업 또는 충전작업은 반드시 사업소에서 실시하고, 이동하는 경우를 제외하고는 이동충전차량을 사업소 외의 지역에 주정차하지 않을 것

　　3) 그 밖에 이동식 압축도시가스 자동차 충전의 기술기준은 제1호 나목의 기술기준을 따를 것. 이 경우 "자동차"를 "자동차 또는 이동충전차량"으로 본다.

다. 검사 기준

　　1) 중간검사·완성검사·정기검사 및 수시검사의 검사 항목은 시설이 적합하게 설치 또는 유지·관리되고 있는지 확인하기 위하여 다음의 검사 항목으로 할 것

검사종류	검사항목
가) 중간검사	① 제1호가목의 시설기준에 규정된 항목 중 5)다)(배관을 지하에 매설하는 경우 한국가스안전공사가 지정하는 부분을 매몰하기 직전의 공정만 해당함) 및 5)마)(가스설비의 설치가 완료되어 기밀 또는 내압 시험을 할 수 있는 상태의 공정만 해당함) ② 가목의 시설 기준에 규정된 항목 중 1)(방호벽의 기초설치 공정만 해당함), 2)(방호벽의 기초설치 공정만 해당함) 및 3)(방호벽의 기초설치 공정만 해당함)
나) 완성검사	가목의 시설기준에 규정된 항목. 다만, 중간검사에서 확인된 검사항목은 제외할 수 있다.
다) 정기검사	① 가목의 시설 기준에 따른 항목 중 해당 사항 ② 나목의 기술 기준에 따른 항목(제1호나목의 기준 중 1)나), 1)바)는 제외한다) 중 해당 사항
라) 수시검사	시설별 정기검사 항목 중에서 다음에서 열거한 안전장치의 유지·관리 상태 중 필요한 사항과 법 제26조에 따른 안전관리규정 이행 실태 ① 안전밸브 ② 긴급차단장치 ③ 가스누출 검지경보장치 ④ 물분무장치(살수장치포함) 및 소화전 ⑤ 강제환기시설 ⑥ 안전제어장치 ⑦ 안전용 접지기기, 방폭전기기기 ⑧ 그 밖에 안전관리상 필요한 사항

2) 중간검사·완성검사·정기검사 및 수시검사는 시설이 검사항목에 적합한지 여부를 명확하게 판정할 수 있는 방법으로 실시할 것

3. 고정식 압축도시가스 이동충전차량 충전
  가. 시설 기준
   1) 이동충전차량 충전설비 사이에는 8m 이상의 거리를 유지할 것. 다만, 이동충전차량 충전설비 사이에 방호벽을 설치한 경우에는 그러하지 아니하다.
   2) 이동충전차량 충전설비 수량에 1을 더한 수량의 이동충전차량을 주정차할 수 있는 충분한 공간을 확보할 것
   3) 가스충전시설에는 이동충전차량 충전설비 근처 및 이동충전차량 충전설비로부터 5m 이상 떨어진 장소에 긴급 시 도시가스의 누출을 효과적으로 차단할 수 있는 조치를 할 것
   4) 압축장치와 이동충전차량 충전설비 사이, 압축가스설비와 이동충전차량 충전설비 사이에는 도시가스폭발에 따른 충격에 견딜 수 있는 방호벽을 설치하거나, 그 한 쪽에서 발생하는 위해요소가 다른 쪽으로 전이되는 것을 방지하기 위하여 필요한 조치를 할 것
   5) 이동충전차량의 원활한 충전 및 운행을 위하여 이동충전차량 충전설비는 그 외면으로부터 이동충전차량의 진입구 및 진출구까지 12m 이상의 거리를 유지할 것
   6) 이동충전차량 충전설비에는 그 설비가 이동충전차량 충전설비임을 알 수 있도록 표시하고, 이동충전차량 충전장소에는 지면에 정차위치와 진입 및 진출의 방향을 표시할 것
   7) 그 밖에 고정식 압축도시가스 이동충전차량 충전의 시설기준은 제1호 가목의 시설기준을 따를 것
  나. 기술 기준
   1) 이동충전차량은 사업소의 지정된 장소에 정차하여야 하며, 충전 중에는 정지목 등을 설치하여 이동충전차량이 움직이지 않도록 고정할 것
   2) 이동충전차량에 의한 이송작업 또는 충전작업은 반드시 사업소에서 실시하고, 이동하는 경우를 제외하고는 이동충전차량을 사업소 외의 지역에 주정차하지 않을 것

3) 이동충전차량의 사업소 외에서 이동충전차량에 충전을 하지 말 것

4) 그 밖에 이동식 압축도시가스자동차 충전의 기술기준은 제1호 나목의 기술기준을 따를 것. 이 경우 "자동차"는 "자동차 또는 이동충전차량"으로 본다.

다. 검사 기준

1) 중간검사 · 완성검사 · 정기검사 및 수시검사의 검사 항목은 시설이 적합하게 설치 또는 유지 · 관리되고 있는지 확인하기 위하여 다음의 검사 항목으로 할 것

검사종류	검사항목
가) 중간검사	① 제1호가목의 시설기준에 규정된 항목 중 1)가)(방호벽의 기초설치 공정만 해당함), 1)라)(방호벽의 기초설치 공정만 해당함), 2)(저장탱크의 기초설치 공정만 해당함), 3)가)(내진설계 대상 설비의 기초설치 공정만 해당함), 3)나)(저장탱크를 지하에 매설하기 직전의 공정만 해당함), 4)마)(가스설비의 설치가 완료되어 기밀 또는 내압 시험을 할 수 있는 상태의 공정만 해당함), 5)다)(배관을 지하에 매설하는 경우 한국가스안전공사가 지정하는 부분을 매몰하기 직전의 공정만 해당함) 및 5)마)(가스설비의 설치가 완료되어 기밀 또는 내압 시험을 할 수 있는 상태의 공정만 해당함) ② 가목의 시설 기준에 규정된 항목 중 1)(방호벽의 기초설치 공정만 해당함) 및 4)(방호벽의 기초설치 공정만 해당함)
나) 완성검사	가목의 시설기준에 규정된 항목. 다만, 중간검사에서 확인된 검사항목은 제외할 수 있다.
다) 정기검사	① 가목의 시설 기준에 따른 항목 중 해당 사항 ② 나목의 기술 기준에 따른 항목(제1호나목의 기준 중 1)나), 1)바)는 제외한다) 중 해당 사항
라) 수시검사	시설별 정기검사 항목 중에서 다음에서 열거한 안전장치의 유지 · 관리 상태 중 필요한 사항과 법 제26조에 따른 안전관리규정 이행 실태 ① 안전밸브 ② 긴급차단장치 ③ 가스누출 검지경보장치 ④ 물분무장치(살수장치포함) 및 소화전 ⑤ 강제환기시설 ⑥ 안전제어장치 ⑦ 안전용 접지기기, 방폭전기기기 ⑧ 그 밖에 안전관리상 필요한 사항

2) 중간검사 · 완성검사 · 정기검사 및 수시검사는 시설이 검사항목에 적합한지 여부를 명확하게 판정할 수 있는 방법으로 실시할 것

4. 액화도시가스 자동차 충전

가. 시설 기준

1) 액화도시가스 충전시설 중 저장설비는 그 외면으로부터 사업소 경계(버스차고지에 설치한 경우 차고지 경계를 사업소 경계로 보며, 사업소 경계가 바다 · 호수 · 하천 · 도로 등의 경우에는 그 반대편 끝을 경계로 본다. 이하 같다)까지 다음의 표에 따른 거리 이상의 안전거리를 유지할 것

저장탱크의 저장능력(w)	사업소 경계와의 안전거리
25톤 이하	10m
25톤 초과 50톤 이하	15m
50톤 초과 100톤 이하	25m
100톤 초과	40m

비 고
1. 이 표의 저장능력(w)을 산정하는 계산식은 다음과 같다.

$w = 0.9d \times v$

　　여기서, w : 저장탱크의 저장능력(단위 : kg)

　　　　　d : 상용온도에서의 액화도시가스 비중(단위 : kg/L)

　　　　　v : 저장탱크의 내용적

2. 한 사업소에 2개 이상의 저장설비가 있는 경우에는 각각 사업소 경계와의 안전거리를 유지하여야 한다.

2) 처리설비 및 충전설비는 그 외면으로부터 사업소 경계까지 10m 이상의 안전거리를 유지할 것. 다만, 처리설비 및 충전설비 주위에 방호벽(방류둑이 높이 2m 이상, 두께 12cm 이상의 철근콘크리트인 경우에는 방류둑을 방호벽으로 본다)을 설치하는 경우에는 5m 이상의 안전거리를 유지할 수 있다.

3) 가스설비의 재료는 그 도시가스의 취급에 적합한 기계적 성질 및 화학적 성분을 가지는 것일 것

4) 가스설비의 강도 및 두께는 그 도시가스를 안전하게 취급할 수 있는 적절한 것일 것

5) 그 밖에 액화도시가스자동차 충전의 시설기준은 제1호 가목 (1) 라), 5) 나), 6) 라), 6) 사), 7) 가)는 제외한다)의 시설기준을 따를 것. 이 경우 제1호 가목 1) 나)의 "저장설비" 및 "저장능력"은 각각 "처리설비 또는 저장설비"로, "1일간 처리능력 또는 저장능력"으로 보고, 저장설비를 지하에 설치하는 경우의 보호시설까지의 거리는 제1호 가목 1) 나)의 표에 따른 거리의 2분의 1로 할 수 있다.

나. 기술 기준

1) 안전유지 기준

가) 가스설비의 주위에는 가연성 액체 등의 위험물과 같은 연소하기 쉬운 물질을 두지 아니할 것

나) 가스설비 중 진동이 심한 곳에는 진동을 최소한도로 줄일 수 있는 조치를 할 것

다) 가스설비를 이음쇠로 접속할 때에는 그 이음쇠와 접속되는 부분에 잔류응력이 남지 않도록 조립하고, 관이음 또는 밸브류를 나사로 조일 때에는 무리한 하중이 걸리지 아니하도록 할 것

라) 차량에 고정된 탱크(내용적이 5,000L 이상의 것만을 말한다)로부터 액화도시가스를 이입하는 경우에는 탱크가 고정된 차량을 차량 정지목 등으로 고정할 것

마) 탱크가 고정된 차량은 저장탱크의 외면으로부터 3m 이상 떨어져 정지할 것. 다만, 저장탱크와 차량에 고정된 탱크와의 사이에 방호책 등을 설치한 경우에는 그러하지 아니하다.

바) 가스설비에 설치한 밸브 또는 콕(조작스위치에 의하여 그 밸브 또는 콕을 개폐하는 경우에는 그 조작스위치를 말한다. 이하 "밸브등"이라 한다)에는 다음의 기준에 따라 종업원이 그 밸브등을 적절히 조작할 수 있도록 조치할 것

① 밸브등에는 그 밸브등의 개폐방향(조작스위치에 의하여 그 밸브등이 설치된 설비에 안전상 중대한 영향을 미치는 밸브등에는 그 밸브등의 개폐상태를 포함한다)이 표시되도록 할 것

② 밸브등(조작스위치로 개폐하는 것은 제외한다)이 설치된 배관에는 그 밸브등의 가까운 부분에 쉽게 식별할 수 있는 방법으로 도시가스의 종류 및 방향이 표시되도록 할 것

③ 조작함으로써 그 밸브등이 설치된 설비에 안전상 영향을 미치는 밸브등 중에서 항상 사용하는 것이 아닌 밸브등(긴급 시에 사용하는 것은 제외한다)에는 자물쇠의 채우거나 봉인하여 두는 등의 조치를 할 것

④ 밸브등을 조작하는 장소에는 그 밸브등의 기능 및 사용빈도에 따라 그 밸브등을 확실히 조작하는데 필요한 발판과 조명도를 확보할 것

사) 배관에는 그 온도를 항상 40℃ 이하로 유지할 수 있는 조치를 할 것
아) 충전기앞(옆)노면에 충전할 자동차용 주정차선과 입구 및 출구방향을 표시할 것
자) 가스설비의 기밀시험이나 시운전을 할 때에는 불활성가스를 사용할 것. 다만, 부득이하게 공기를 사용하는 경우에는 그 설비 중에 있는 도시가스를 방출한 후에 실시해야 하며, 온도를 그 설비에 사용하는 윤활유의 인화점 이하로 유지할 것
차) 가스누출검지기와 휴대용손전등은 방폭형일 것
카) 저장설비 및 가스설비의 외면으로부터 8m 이내의 곳에서 화기(담뱃불을 포함한다)를 취급하지 않도록 할 것
타) 안전밸브 또는 방출밸브에 설치된 스톱밸브는 항상 완전히 열어 놓을 것. 다만, 안전밸브 또는 방출밸브의 수리·청소 등을 위하여 특히 필요한 경우에는 그러 하지 아니하다.

2) 충전 기준
가) 차량에 고정된 탱크로부터 액화도시가스를 이입하는 경우에는 배관접속 부분의 도시가스누출 여부를 확인해야 하고, 이입을 한 후에는 그 배관에 남아 있는 액화도시가스로 인한 위해가 발생하지 않도록 조치할 것
나) 액화도시가스를 자동차용기에 충전하는 경우에는 용기에 유해한 양의 수분 및 유화물이 포함되지 않도록 할 것
다) 액화도시가스의 충전이 끝난 후에는 접속 부분을 완전히 분리시킨 후에 액화도시가스자동차를 움직이도록 할 것
라) 저장탱크에 도시가스를 충전할 때에는 도시가스의 용량이 상용의 온도에서 저장탱크 내용적의 90%를 넘지 않을 것
마) 도시가스를 충전할 때에는 충전설비에서 발생하는 정전기를 제거하는 조치를 할 것
바) 충전설비에서 도시가스충전작업을 할 때에는 그 외부로부터 보기 쉬운 곳에 충전작업 중임을 알리는 표시를 할 것
사) 도시가스를 용기에 충전하기 위하여 밸브 또는 충전용 지관을 가열할 필요가 있을 때에는 열습포 또는 40℃ 이하의 물을 사용할 것
아) 화기를 취급하는 곳이나 인화성 물질 또는 발화성 물질이 있는 곳 및 그 부근에서는 도시가스를 용기에 충전하지 않을 것

3) 점검 기준
가) 슬립튜브식 액면계의 패킹을 주기적으로 점검하고 이상이 있을 때에는 교체할 것
나) 충전설비는 사용개시 전과 사용개시 후에 반드시 그 충전설비에 속하는 설비의 이상 유무를 점검하는 것 외에 1일 1회 이상 충전설비의 작동상황에 대하여 점검·확인을 하고 이상이 있을 때에는 보수 등 필요한 조치를 할 것
다) 충전용주관의 압력계는 매월 1회 이상, 그 밖의 압력계는 3개월에 1회 이상 「국가표준기본법」에 따라 교정을 받은 압력계로 그 기능을 검사할 것
라) 안전밸브는 1년에 1회 이상 적절한 조건의 압력에서 작동하도록 조정할 것

4) 수리 및 청소 기준
가스설비를 수리·청소 및 철거하는 때에는 그 작업의 안전 확보를 위하여 필요한 안전수칙을 준수하고, 수리 및 청소 후에는 그 설비의 성능유지와 작동성 확인 등 안전 확보를 위하여 필요한 조치를 할 것

다. 검사 기준
1) 중간검사·완성검사·정기검사 및 수시검사의 검사 항목은 시설이 적합하게 설치 또는 유지·관리되고 있는지 확인하기 위하여 다음의 검사 항목으로 할 것

검사종류	검사항목
가) 중간검사	① 제1호가목의 시설 기준에 규정된 항목 중 1)가)(방호벽의 기초설치 공정만 해당함), 2)(저장탱크의 기초설치 공정만 해당함), 3)가)(내진설계 대상 설비의 기초설치 공정만 해당함), 3)나)(저장탱크를 지하에 매설하기 직전의 공정만 해당함), 4)마)(가스설비의 설치가 완료되어 기밀 또는 내압 시험을 할 수 있는 상태의 공정만 해당함), 5)라)(배관을 지하에 매설하는 경우 한국가스안전공사가 지정하는 부분을 매몰하기 직전의 공정만 해당함), 5)마)(배관을 지하에 매설하는 경우 한국가스안전공사가 지정하는 부분을 매몰하기 직전의 공정만 해당함) ② 가목의 시설기준에 규정된 항목 중 2)(방호벽의 기초설치 공정만 해당함)
나) 완성검사	가목의 시설기준에 규정된 항목. 다만, 중간검사에서 확인된 검사항목은 제외할 수 있다.
다) 정기검사	① 가목의 시설 기준에 따른 항목 중 해당 사항 ② 나목의 기술 기준에 따른 항목 중 해당 사항
라) 수시검사	시설별 정기검사 항목 중에서 다음에서 열거한 안전장치의 유지·관리 상태 중 필요한 사항과 법 제26조에 따른 안전관리규정 이행 실태 ① 안전밸브 ② 긴급차단장치 ③ 가스누출 검지경보장치 ④ 물분무장치(살수장치포함) 및 소화전 ⑤ 강제환기시설 ⑥ 안전제어장치 ⑦ 안전용 접지기기, 방폭전기기기 ⑧ 그 밖에 안전관리상 필요한 사항

2) 중간검사·완성검사·정기검사 및 수시검사는 시설이 검사항목에 적합한지 여부를 명확하게 판정할 수 있는 방법으로 실시할 것

5. 이동식 액화도시가스 야드 트랙터 충전

　가. 시설기준

　　1) 배치기준

　　　가) 사업소는 「항만법」 제2조제4호에 따른 항만구역 중 육상구역에 설치할 것

　　　나) 충전장소[지면에 표시한 탱크가 고정된 차량(이하 이 호에서 "충전차량"이라 한다)의 주정차 위치를 말한다. 이하 같다]는 그 외면으로부터 제1종 보호시설(사업소 안에 있는 보호시설은 제외한다. 이하 같다)까지 20m 이상, 제2종 보호시설까지 14m 이상의 거리를 유지할 것

　　　다) 처리설비로부터 30m 이내에 보호시설(사업소 안에 있는 보호시설 및 전용공업지역 안에 있는 보호시설은 제외한다)이 있는 경우에는 처리설비의 주위에 도시가스폭발에 따른 충격을 견딜 수 있는 철근콘크리트제 방호벽을 설치할 것. 다만, 처리설비 주위에 방류둑 설치 등 액확산방지조치를 한 경우에는 그렇지 않다.

　　　라) 충전장소, 처리설비 및 충전설비의 외면과 전선, 화기(그 설비 안의 것은 제외한다)를 취급하는 장소 및 인화성물질 또는 가연성물질 저장소와의 사이에는 그 화기가 자동차에 고정된 탱크, 처리설비 및 충전설비에 악영향을 미치지 않도록 적절한 거리를 유지할 것

　　　마) 충전장소의 중심으로부터 사업소경계(「항만법」 제2조제1호에 따른 항만의 경계를 사업소경계로 본다. 이하 이 호에서 같다)까지 10m 이상의 거리를 유지할 것. 다만, 충전장소 주위에 방호벽을 설치하는 경우에는 5m 이상의 거리를 유지할 수 있다.

바) 처리설비 및 충전설비는 그 외면으로부터 사업소경계까지 10m 이상의 안전거리를 유지할 것. 다만, 처리설비 및 충전설비 주위에 방호벽(높이 2m 이상, 두께 12cm 이상의 철근콘크리트 방류둑을 설치한 경우에는 그 방류둑을 방호벽으로 본다)을 설치하는 경우에는 5m 이상의 안전거리를 유지할 수 있다.

사) 충전설비는 「도로법」에 따른 도로경계까지 5m 이상의 거리를 유지할 것

아) 처리설비·충전설비 및 충전장소의 중심으로부터 철도까지는 30m 이상의 거리를 유지할 것

자) 액화도시가스를 야드 트랙터에 충전하기 위한 충전차량의 설치대수는 1대로 할 것

2) 기초기준

처리설비·충전설비 및 충전장소의 기초는 지반침하로 인하여 그 설비 및 충전차량에 유해한 영향을 끼치지 않도록 필요한 조치를 할 것

3) 저장설비 기준

가) 자동차에 고정된 탱크에는 그 탱크를 보호하기 위하여 부압파괴방지 조치 등 필요한 조치를 할 것

나) 자동차에 고정된 탱크에는 야드 트랙터에 의한 충격 등으로부터 보호할 수 있는 조치를 할 것. 다만, 철근콘크리트제 방호벽 또는 방류둑 설치 등 액확산방지조치를 한 경우에는 그렇지 않다.

4) 가스설비 기준

가) 처리설비와 충전설비는 환기가 양호한 곳에 설치할 것

나) 가스설비 및 충전설비의 재료는 그 도시가스의 취급에 적합한 기계적 성질 및 화학적 성분을 가지는 것일 것

다) 가스설비의 강도 및 두께는 그 도시가스를 안전하게 취급할 수 있는 적절한것일 것

라) 가스충전시설에 설치하는 처리설비·충전설비·기화장치 및 펌프 등은 사용하는 도시가스의 압력 및 환경에 적절한 성능과 구조를 가진 것으로 하고, 위해의 우려가 없도록 설치할 것

마) 가스설비의 성능은 그 도시가스를 안전하게 취급할 수 있는 적절한 것일 것

5) 배관설비 기준

가) 배관의 재료는 도시가스의 취급에 적합한 기계적 성질 및 화학적 성분을 가지는 것일 것

나) 배관은 수송하는 도시가스의 특성 및 설치 환경조건을 고려하여 위해의 염려가 없도록 설치하고, 배관의 안전한 유지·관리를 위하여 필요한 설비를 설치하거나 필요한 조치를 할 것

다) 배관의 성능은 그 도시가스를 안전하게 수송할 수 있는 적절한 것일 것

6) 사고예방설비 기준

가) 자동차에 고정된 탱크 및 처리설비에는 그 설비 안의 압력이 상용압력을 초과하는 경우 즉시 그 압력을 상용압력 이하로 되돌릴 수 있는 안전장치를 설치하는 등 필요한 조치를 할 것

나) 가스충전시설에는 화염 및 누출된 도시가스를 신속히 검지하여 효과적으로 대응할 수 있도록 하기 위하여 필요한 조치를 할 것

다) 가스충전시설에는 충전설비 근처및 충전설비로부터 5m 이상 떨어진 장소에서 긴급 시 도시가스의 누출을 효과적으로 차단할 수 있는 조치를 할 것

라) 펌프 등 위험성이 높은 가스설비에는 역류를 효과적으로 차단할 수 있는 조치를 할 것

마) 가스충전시설에는 충전차량의 위치 및 충전상태를 모니터링하는 장치를 설치할 것

바) 가스충전시설에는 야드 트랙터의 오발진으로 인한 충전기 및 충전호스의 파손으로 가스가 누출되는 것을 방지하기 위하여 적절한 조치를 할 것

사) 가스충전시설에 설치·사용하는 전기설비는 누출된 가스의 점화원이 되는 것을 방지하기 위하여 적절한 방폭성능을 갖도록 할 것

아) 사업소에는 사업소에서 긴급사태가 발생하는 것을 방지하기 위하여 부식방지·정전기제거 조치 등 필요한 조치를 할 것

자) 가스충전시설에는 충전 중 야드 트랙터 등 항만 이동설비의 충돌로 자동차에 고정된 탱크, 충전설비 및 가스설비가 손상되지 않도록 충돌방지봉 설치 등 적절한 조치를 할 것

      차) 충전차량에 설치된 충전기에는 허가된 충전장소 외에서는 가스공급을 차단하는 인터록장치를 설치할 것

      카) 충전차량에는 충전원 이외의 자가 충전할 수 없도록 적절한 신원확인 시스템을 설치할 것

  7) 피해저감설비 기준

      가) 가스충전시설에는 자동차에 고정된 탱크로부터 가스가 누출되는 경우 재해 확대를 방지하기 위하여 액확산방지조치 등 적절한 조치를 할 것

      나) 배관에는 배관을 보호하기 위하여 온도상승 방지조치 등 필요한 조치를 할 것

      다) 사업소에는 사업소에서 긴급사태가 발생하는 것을 방지하고 긴급사태 발생 시 그 확대를 방지하기 위하여 압력계ㆍ액면계ㆍ비상전력설비ㆍ통신설비ㆍ소화기 등 필요한 설비를 설치할 것

  8) 표시 기준

      가) 충전시설의 안전을 확보하기 위하여 필요한 곳에는 도시가스를 취급하는 시설 또는 일반인의 출입을 제한하는 시설이라는 것을 명확하게 알아볼 수 있도록 경계표지, 식별표지 및 위험표지 등 적절한 표지를 할 것

      나) 충전장소의 지면에는 충전차량의 주정차위치와 진입 및 진출 방향을 표시하고 눈에 잘 띄는 곳에 "액화도시가스 충전장소"라는 표시를 할 것

      다) 충전장소의 주위에는 황색바탕에 흑색문자로 "충전 중 엔진정지"라는 표시를 한 게시판을 설치할 것

      라) 가스충전시설에는 눈에 잘 띄는 곳에 충전순서, 충전 작업 준수사항 등을 포함한 안전수칙을 명시한 표지판을 설치할 것

      마) 충전기앞(옆) 노면에 충전할 야드 트랙터 주정차선과 입구 및 출구 방향을 표시할 것

  9) 그 밖의 기준

    충전시설에 설치ㆍ사용하는 제품이 「고압가스 안전관리법」 제17조 또는 「액화석유가스의 안전관리 및 사업법」 제39조에 따라 검사를 받아야 하는 것인 경우에는 그 검사에 합격한 것일 것

나. 기술기준

  1) 충전차량은 사업소의 지정된 장소에 주정차해야 하며, 충전작업 전에 충전차량이 움직이지 못하도록 견인차량을 분리하고 확실하게 고정할 것

  2) 충전차량에 의한 충전작업은 반드시 사업소에서 실시하고, 이동하는 경우를 제외하고는 충전차량을 사업소 외의 지역에 주정차하지 않을 것

  3) 충전작업은 「항만법」 제33조에 따라 시설장비의 검사를 받은 야드 트랙터에만 실시할 것

  4) 충전작업 중 야드 트랙터의 이동을 방지하기 위해 충전작업 전에 야드 트랙터의 엔진정지 및 정차상태를 확인할 것

  5) 충전 중에는 충전차량으로부터 5m 이내에 다른 야드 트랙터의 접근을 금지할 것

  6) 충전 중에는 충전장소 및 야드 트랙터 주위에 충전작업 관련자 이외의 자의 출입을 금할 것

  7) 그 밖의 안전유지 기준, 충전 기준, 점검 기준, 수리 및 청소 기준에 관하여는 제4호 나목[1)라)ㆍ1)마)ㆍ1)아)ㆍ2)가)ㆍ2)라)는 제외한다]의 기술기준을 따를 것

다. 검사기준

  1) 중간검사ㆍ완성검사ㆍ정기검사 및 수시검사의 검사 항목은 이동식 액화도시가스 야드 트랙터 충전시설이 적합하게 설치 또는 유지ㆍ관리되고 있는지 확인하기 위하여 다음의 검사항목으로 할 것

검사종류	검사항목
가) 중간검사	가목의 시설 기준에 규정된 항목 중 1)(방호벽의 기초설치 공정만 해당함), 3)(방호벽의 기초설치 공정만 해당함) 4)(가스설비의 설치가 완료되어 기밀 또는 내압 시험을 할 수 있는 상태의 공정만 해당함), 5)(배관을 지하에 매설하는 경우 한국가스안전공사가 지정하는 부분을 매몰하기 직전의 공정 및 배관의 설치가 완료되어 기밀 또는 내압 시험을 할 수 있는 상태의 공정만 해당함)
나) 완성검사	가목의 시설기준에 규정된 항목
다) 정기검사	① 가목의 시설 기준에 따른 항목 중 해당 사항 ② 나목의 기술 기준에 따른 항목 중 해당 사항
라) 수시검사	시설별 정기검사 항목 중에서 다음에서 열거한 안전장치의 유지 · 관리 상태 중 필요한 사항과 법 제26조에 따른 안전관리규정 이행 실태 ① 안전밸브 ② 긴급차단장치 ③ 화염 및 가스누출 검지경보장치 ④ 소화기 또는 소화안전장치 ⑤ 안전제어장치 ⑥ 안전용 접지기기, 방폭전기기기 ⑦ 그 밖에 안전관리상 필요한 사항

2) 중간검사 · 완성검사 · 정기검사 및 수시검사는 이동식 액화도시가스 야드 트랙터 충전시설이 검사항목에 적합한지 여부를 명확하게 판정할 수 있는 방법으로 할 것
   라. 그 밖의 기준
   이동식 액화도시가스 야드 트랙터 충전과 관련하여 이 기준에서 규정하지 않은 사항은 「고압가스 안전관리법」을 적용할 것
6. 그 밖의 도시가스 충전시설에 대하여는 산업통상자원부장관이 정하여 고시하는 바에 따를 것

[별표 6의5]

〈신설 2014.8.8〉

합성천연가스제조사업의 가스공급시설의 시설 · 기술 · 검사 · 정밀안전진단의 기준

1. 제조소
   가. 시설기준
   1) 배치기준
      가) 가스혼합기, 가스품질향상설비, 배송기, 압송기, 그 밖에 가스공급시설의 부대설비(배관은 제외한다)는 다음의 구분에 따른 안전거리를 유지할 것
         ① 최고사용압력이 중압인 것 : 그 설비의 외면으로부터 사업장의 경계(사업자의 경계가 바다 · 하천 · 호수 · 연못 · 도로 등으로 인접되어 있는 경우에는 이들의 반대편 끝을 경계로 본다. 이하 같다)까지 3m 이상
         ② 최고사용압력이 고압인 것 : 그 설비의 외면으로부터 사업장의 경계까지 20m 이상
         ③ 최고사용압력이 고압인 것 : 그 설비의 외면으로부터 제1종보호시설(사업소 안에 있는 시설은 제외한다. 이하 같다)까지 30m 이상. 다만, 그 설비의 외면으로부터 제1종보호시설 까지 30m 이상의 거리를 유지하지 못할 경우에는 그 설비의 주위에 도시가스 폭발에 따른 충격을 견딜 수 있는 철근콘크리트제 방호벽을 설치하여야 한다.
      나) 가스발생기, 가스홀더 및 저장탱크는 그 외면으로부터 사업장의 경계까지 최고사용압력이 고압인 것은 20m 이상, 최고사용압력이 중압인 것은 10m 이상, 최고사용압력이 저압인 것은 5m 이상의 거리를 각각 유지할 것
      디) 그 밖에 별표 5 제1호가목1)나) 및 아)를 적용한다.
   2) 기초기준
      정제설비, 저장탱크, 가스홀더, 압축기, 펌프, 기화기, 열교환기, 냉동설비 및 부취제 주입설비의 지지구조물과 기초는 지진에 견딜 수 있도록 설계하고 지진의 영향으로부터 안전한 구조로 할 것. 다만, 다음 각 호의 어느 하나에 해당하는 시설은 내진 설계 대상에서 제외한다.
      가) 건축법령에 따라 내진 설계를 하여야 하는 것으로서 같은 법령이 정하는 바에 따라 내진설계를 한 시설
      나) 저장능력이 3톤(압축가스의 경우에는 300m³) 미만인 저장탱크 또는 가스홀더
      다) 지하에 설치되는 시설
   3) 저장설비기준
      저장설비를 설치하는 경우 그 설치에 따른 기준은 별표 5 제1호가목3)을 적용한다.
   4) 가스설비기준
      가스설비의 재료, 구조와 강도 및 성능에 관하여는 별표 5 제1호가목4)를 적용한다.
   5) 배관설비기준
      배관설비의 설치 및 안전관리에 관하여는 별표 5 제1호가목5)를 적용한다.
   6) 사고예방설비기준
      사고예방설비의 설치 등에 관하여는 별표 5 제1호가목6)을 적용한다.
   7) 피해저감설비기준
      액화가스 저장탱크의 피해저감설비의 설치에 관하여는 별표 5 제1호가목7)을 적용한다.
   8) 부대설비기준
      부대설비는 별표 5 제1호가목8)을 적용한다.

9) 표시기준

저장탱크의 표시, 경계책 및 경계표지에 관하여는 별표 5 제1호가목9)를 적용한다.

10) 그 밖의 기준

그 밖의 배관설치에 관하여는 별표 5 제3호가목6)을 적용한다.

나. 기술기준

기술기준에 관하여는 별표 5 제1호나목의 기준을 적용한다.

다. 검사기준

1) 시공감리 · 정기검사 및 수시검사는 제조소 시설이 적합하게 설치 또는 유지 · 관리되고 있는지를 확인하기 위하여 다음의 구분에 따른 항목을 검사할 것

검사종류	검사항목
가) 시공감리	가목에 따른 항목
나) 정기검사 · 수시검사	가목 및 나목에 따른 항목 중 상세기준에서 정하는 항목

2) 시공감리 · 정기검사 및 수시검사는 제조소 시설이 검사항목에 적합한지를 명확하게 판정할 수 있는 방법으로 할 것

2. 정압기

정압기를 설치하는 경우 시설기준, 기술기준 및 검사기준은 별표 6 제2호를 적용한다.

3. 제조소 밖의 배관

제조소 밖의 배관의 시설기준, 기술기준, 검사기준, 진단기준 및 사후관리는 별표 5 제3호를 적용한다. 다만, 주요공정 시공감리 기준은 별표 6 제3호다목3)을 적용한다.

[별표 7]
〈개정 2020.8.25.〉

가스사용시설의 시설 · 기술 · 검사기준

(제17조제7호, 제20조의2제2항, 제23조제2항제7호, 제25조제2항제7호 및 제26조제3항제7호 관련)

1. 배관 및 배관설비
   가. 시설기준
     1) 배치기준
       가) 가스계량기는 다음 기준에 적합하게 설치할 것
         ① 가스계량기와 화기(그 시설 안에서 사용하는 자체화기는 제외한다) 사이에 유지하여야 하는 거리 : 2m 이상
         ② 설치 장소 : 다음의 요건을 모두 충족하는 곳. 다만, ㉑의 요건은 주택의 경우에만 적용한다.
           ㉮ 가스계량기의 교체 및 유지 관리가 용이할 것
           ㉯ 환기가 양호할 것
           ㉰ 직사광선이나 빗물을 받을 우려가 없을 것. 다만, 보호상자 안에 설치하는 경우에는 그러하지 아니하다.
           ㉱ 가스사용자가 구분하여 소유하거나 점유하는 건축물의 외벽. 다만, 실외에서 가스사용량을 검침을 할 수 있는 경우에는 그러하지 아니하다.
         ③ 설치금지 장소 : 「건축법 시행령」 제46조 제4항에 따른 공동주택의 대피공간, 방·거실 및 주방 등으로서 사람이 거처하는 곳 및 가스계량기에 나쁜 영향을 미칠 우려가 있는 장소
       나) 가스계량기(30m³/hr 미만인 경우만을 말한다)의 설치높이는 바닥으로부터 1.6m 이상 2m 이내에 수직·수평으로 설치하고 밴드·보호 가대 등 고정 장치로 고정시킬 것. 다만, 격납상자에 설치하는 경우, 기계실 및 보일러실(가정에 설치된 보일러실은 제외한다)에 설치하는 경우와 문이 달린 파이프 덕트 안에 설치하는 경우에는 설치 높이의 제한을 하지 아니한다.
       다) 가스계량기와 전기계량기 및 전기개폐기와의 거리는 60cm 이상, 굴뚝(단열조치를 하지 아니한 경우만을 말한다)·전기점멸기 및 전기접속기와의 거리는 30cm 이상, 절연조치를 하지 아니한 전선과의 거리는 15cm 이상의 거리를 유지할 것
       라) 입상관과 화기(그 시설 안에서 사용하는 자체화기는 제외한다) 사이에 유지해야 하는 거리는 우회거리 2m 이상으로 하고, 환기가 양호한 장소에 설치해야 하며 입상관의 밸브는 바닥으로부터 1.6m 이상 2m 이내에 설치할 것. 다만, 보호 상자에 설치하는 경우에는 그러하지 아니하다.
     2) 가스설비기준
       가) 가스사용시설에는 그 가스사용시설의 안전 확보와 정상작동을 위하여 지하공급차단밸브, 압력조정기, 가스계량기, 중간밸브, 호스 등 필요한 설비와 장치를 적절하게 설치할 것
       나) 가스사용시설은 안전을 확보하기 위하여 기밀성능을 가지도록 할 것
     3) 배관설비기준
       가) 배관 등(배관, 관이음매 및 밸브를 말한다)의 재료와 두께는 그 배관 등의 안전성을 확보하기 위하여 사용하는 도시가스의 종류 및 압력, 사용하는 온도 및 환경에 적절한 것일 것
       나) 배관은 그 배관의 강도 유지와 수송하는 도시가스의 누출방지를 위하여 적절한 방법으로 접합하여야 하고, 이를 확인하기 위하여 용접부(가스용 폴리에틸렌관, 호칭지름 80mm 미만인 저압 배관 및 노출된 저압배관은 제외한다)에 대하여 비파괴시험을 하여야 하며, 접합부의 안전을 유지하기 위하

여 필요한 경우에는 응력 제거를 할 것

다) 배관은 그 배관의 유지관리에 지장이 없고, 그 배관에 대한 위해의 우려가 없도록 설치하며, 배관의 말단에는 막음조치를 하는 등 설치환경에 따라 적절한 안전조치를 마련할 것

라) 배관을 지하에 매설하는 경우에는 지면으로부터 0.6m 이상의 거리를 유지할 것. 다만, 하천부지에 배관을 매설하는 경우에는 별표 6 제3호가목2)사)①⑪를 준용할 것

마) 배관을 실내에 노출하여 설치하는 경우에는 다음 기준에 적합하게 할 것

① 배관은 누출된 도시가스가 체류(滯留)되지 않고 부식의 우려가 없도록 안전하게 설치할 것

② 배관의 이음부(용접이음매는 제외한다)와 전기계량기 및 전기개폐기, 전기점멸기 및 전기접속기, 절연전선(가스누출자동차단장치를 작동시키기 위한 전선은 제외한다), 절연조치를 하지 않은 전선 및 단열조치를 하지 않은 굴뚝(배기통을 포함한다) 등과는 적절한 거리를 유지할 것

바) 배관을 실내의 벽·바닥·천정 등에 매립 또는 은폐 설치하는 경우에는 다음 기준에 적합하게 할 것

① 배관은 못 박음 등 외부 충격 등에 의한 위해의 우려가 없는 안전한 장소에 설치할 것

② 배관 및 배관이음매의 재료는 그 배관의 안전성을 확보하기 위하여 도시가스의 압력, 사용하는 온도 및 환경에 적절한 기계적 성질과 화학적 성분을 갖는 것일 것

③ 배관은 수송하는 도시가스의 특성 및 설치 환경조건을 고려하여 위해의 우려가 없도록 설치하고, 배관의 안전한 유지·관리를 위하여 필요한 조치를 할 것

④ 매립 설치된 배관에서 가스가 누출될 경우 매립배관 내부의 가스 누출을 감지하여 자동으로 가스 공급을 차단하는 안전장치나 다기능가스안전계량기(「액화석유가스의 안전관리 및 사업법 시행규칙」 별표 4 제11호에 따른 것을 말한다)를 설치할 것

사) 배관은 움직이지 않도록 고정 부착하는 조치를 하되 그 호칭지름이 13mm 미만의 것에는 1m마다, 13mm 이상 33mm 미만의 것에는 2m마다, 33mm 이상의 것에는 3m마다 고정 장치를 설치할 것(배관과 고정 장치 사이에는 절연조치를 할 것). 다만, 호칭지름 100mm 이상의 것에는 적절한 방법에 따라 3m를 초과하여 설치할 수 있다.

아) 배관은 도시가스를 안전하게 사용할 수 있도록 하기 위하여 내압성능과 기밀성능을 가지도록 할 것

자) 배관은 안전을 확보하기 위하여 배관임을 명확하게 알아볼 수 있도록 다음 기준에 따라 도색 및 표시를 할 것

① 배관은 그 외부에 사용가스명, 최고사용압력 및 도시가스 흐름방향을 표시할 것. 다만, 지하에 매설하는 배관의 경우에는 흐름방향을 표시하지 아니할 수 있다.

② 지상배관은 부식방지도장 후 표면색상을 황색으로 도색하고, 지하매설배관은 최고사용압력이 저압인 배관은 황색으로, 중압 이상인 배관은 붉은색으로 할 것. 다만, 지상배관의 경우 건축물의 내·외벽에 노출된 것으로서 바닥(2층 이상의 건물의 경우에는 각 층의 바닥을 말한다)에서 1m의 높이에 폭 3cm의 황색띠를 2중으로 표시한 경우에는 표면색상을 황색으로 하지 아니할 수 있다.

차) 가스용 폴리에틸렌관은 그 배관의 유지관리에 지장이 없고 그 배관에 대한 위해의 우려가 없도록 설치하되, 폴리에틸렌관을 노출배관용으로 사용하지 아니할 것. 다만, 지상배관과 연결을 위하여 금속관을 사용하여 보호조치를 한 경우로서 지면에서 30cm 이하로 노출하여 시공하는 경우에는 노출배관용으로 사용할 수 있다.

카) 고압배관은 별표 5 제3호가목1)나)·라)·마)·사)①⑦ 및 5)가)를 준용하여 설치하며, 매설배관은 보호판으로 안전조치를 할 것

타) 배관은 건축물의 기초 밑에 설치하지 않을 것

4) 사고예방설비기준

가) 특정가스사용시설·「식품위생법」에 따른 식품접객업소로서 영업장의 면적이 100m² 이상인 가스사용시설이나 지하에 있는 가스사용시설(가정용 가스사용시설은 제외한다)의 경우에는 가스누출경보차단장치나 가스누출자동차단기를 설치하여야 하며, 차단부는 건축물의 외부나 건축물 벽에서 가장 가까운 내부의 배관 부분에 설치할 것. 다만, 다음 중 어느 하나에 해당하는 경우에는 가스누출경보차단장치나 가스누출자동차단기를 설치하지 아니할 수 있다.

① 월 사용예정량 2,000m³ 미만으로서 연소기가 연결된 각 배관에 퓨즈콕·상자콕 또는 이와 같은 수준 이상의 성능을 가지는 안전장치(이하 "퓨즈콕등"이라 한다)가 설치되어 있고, 각 연소기에 소화안전장치가 부착되어 있는 경우

② 도시가스의 공급이 불시에 차단될 경우 재해와 손실이 막대하게 발생될 우려가 있는 도시가스사용시설

③ 가스누출경보기 연동차단기능의 다기능가스안전계량기를 설치하는 경우

  나) 지하에 매설하는 강관에는 부식을 방지하기 위하여 필요한 설비를 설치할 것

5) 그 밖의 기준

  도시가스 사용을 위한 가스용품이 「액화석유가스의 안전관리 및 사업법」에 따른 검사대상에 해당할 경우에는 검사에 합격한 것일 것

나. 기술기준

1) 가스사용자는 가스사용시설의 안전을 확보하기 위하여 그 설비의 작동상황을 주기적으로 점검하고, 이상이 있을 때에는 지체 없이 보수 등 필요한 조치를 할 것

2) 가스사용시설에 설치된 압력조정기는 매 1년에 1회 이상(필터나 스트레이너의 청소는 설치 후 3년까지는 1회 이상, 그 이후에는 4년에 1회 이상) 압력조정기의 유지·관리에 적합한 방법으로 안전점검을 실시할 것

3) 폴리에틸렌관은 규칙 제50조 제1항 별표14 제4호 다목 8)에 따른 폴리에틸렌융착원 양성교육을 이수한 사람이 시공할 것

4) 법 제29조 제2항 및 규칙 제49조에 따라 안전관리자의 선임·해임·퇴직 신고를 하여야 하는 자는 영 제15조 제1항에 따른 안전관리 책임자로 한다.

다. 검사기준

1) 완성검사 및 정기검사의 항목은 가스사용시설이 적합하게 설치 또는 유지·관리되고 있는지를 확인하기 위하여 다음의 검사항목으로 할 것

검사 종류	검사항목
가) 완성검사	① 가목의 시설기준에 규정된 항목 ② 나목의 기술기준에 규정된 항목 중 3)
나) 정기검사·수시검사	① 가목의 시설기준에 규정된 항목 중 상세기준에서 규정한 항목 ② 나목의 기술기준에 규정된 항목 중 상세기준에서 규정한 항목

2) 완성검사 및 정기검사는 가스사용시설이 검사항목에 적합한지를 명확하게 판정할 수 있는 방법으로 할 것

2. 정압기

가. 시설기준

1) 배치기준

  정압기는 그 정압기의 유지관리에 지장이 없고, 그 정압기 및 배관에 대한 위해의 우려가 없도록 설치하되, 원칙적으로 건축물(건축물 외부에 설치된 정압기실은 제외한다)의 내부나 기초 밑에 설치하지 아니할 것. 다만, 부득이하게 건축물 외부에 설치할 수 없는 경우로서 외부와 환기가 잘 되는 지상층에 설치하거나 외부와 환기가 잘 되고 기계환기설비를 갖춘 지하층에 설치하는 경우에는 건축물 내부에 설치할 수 있다.

2) 가스설비기준

  가) 정압기실은 그 정압기의 보호, 정압기실 안에서의 작업성 확보와 위해발생 방지를 위하여 적절한 구조를 가지도록 하고, 안전 확보에 필요한 조치를 마련할 것

  나) 정압기는 도시가스를 안전하고 원활하게 수송할 수 있도록 하기 위하여 적절한 기밀성능을 가지도록 할 것

3) 사고예방설비기준

  가) 정압기에는 안전밸브와 가스방출관을 설치하고 가스방출관의 방출구는 주위에 불 등이 없는 안전한

위치로서 지면으로부터 5m 이상의 높이에 설치할 것. 다만, 전기시설물과의 접촉 등으로 사고의 우려가 있는 장소에서는 3m 이상으로 할 수 있다.

나) 정압기실에는 누출된 도시가스를 검지하여 이를 안전관리자가 상주하는 곳에 통보할 수 있는 설비를 갖출 것

다) 정압기 출구의 배관에는 도시가스 압력이 비정상적으로 상승한 경우 안전관리자가 상주하는 곳에 이를 통보할 수 있는 경보장치를 설치할 것

라) 정압기의 입구에는 수분 및 불순물 제거장치를 설치할 것. 다만, 다른 정압기로 수분 및 불순물이 충분히 제거되는 경우에는 생략할 수 있다.

마) 도시가스 중 수분의 동결로 정압기능을 저해할 우려가 있는 정압기에는 동결방지조치를 할 것

바) 전기설비에는 방폭조치를 할 것

4) 피해저감설비기준

가) 정압기의 입구와 출구에는 가스차단장치를 설치할 것

나) 지하에 설치되는 정압기의 경우에는 가)의 가스차단장치 외에 정압기실 외부의 가까운 곳에 가스차단장치를 설치할 것. 다만, 정압기실의 외벽으로부터 50m 이내에 그 정압기실로 가스공급을 지상에서 쉽게 차단할 수 있는 장치가 있는 경우는 제외한다.

5) 부대설비기준

가) 정압기에 바이패스관을 설치하는 경우에는 밸브를 설치하고 그 밸브에 잠금 조치를 할 것

나) 도시가스의 안정공급을 위하여 정압기의 출구에는 도시가스의 압력을 측정·기록할 수 있는 장치를 설치할 것

6) 그 밖의 기준

도시가스 사용을 위한 가스용품이 「액화석유가스의 안전관리 및 사업법」에 따른 검사대상에 해당할 경우에는 검사에 합격한 것일 것

나. 기술기준

1) 가스사용자는 가스사용시설의 안전을 확보하기 위하여 그 설비의 작동상황을 주기적으로 점검하고, 이상이 있을 때에는 지체 없이 보수 등 필요한 조치를 할 것

2) 정압기와 필터의 경우에는 설치 후 3년까지는 1회 이상, 그 이후에는 4년에 1회 이상 분해점검을 실시하고, 사고예방설비 중 도시가스의 안전을 확보하기 위하여 필요한 시설이나 설비에 대하여는 분해 및 작동상황을 주기적으로 점검하고, 이상이 있을 경우에는 그 시설이나 설비가 정상적으로 작동될 수 있도록 필요한 조치를 할 것

다. 검사기준

1) 완성검사 및 정기검사의 항목은 가스사용시설이 적합하게 설치 또는 유지·관리되고 있는지를 확인하기 위하여 다음의 검사항목으로 할 것

검사 종류	검사항목
가) 완성검사	가목의 시설기준에 규정된 항목
나) 정기검사·수시검사	① 가목의 시설기준에 규정된 항목 중 상세기준에서 규정한 항목 ② 나목의 기술기준에 규정된 항목 중 상세기준에서 규정한 항목

2) 완성검사 및 정기검사는 가스사용시설이 검사항목에 적합한지를 명확하게 판정할 수 있는 방법으로 할 것

3. 연소기

가. 시설기준

1) 연소기는 화재, 폭발 및 중독 등의 사고를 방지하기 위하여 사용시설의 안전 확보와 정상 작동이 가능하도록 설치할 것

2) 가스보일러 또는 가스온수기는 다음 기준에 따라 설치할 것. 다만, 개방식 가스온수기(실내에서 연소용 공기를 흡입하고 폐가스를 실내로 방출하는 가스온수기를 말한다)는 설치할 수 없다.

가) 가스보일러 또는 가스온수기는 목욕탕이나 환기가 잘되지 않는 곳에 설치하지 아니할 것. 다만, 밀폐식 가스보일러 또는 가스온수기로서 중독사고가 일어나지 않도록 적절한 조치를 한 경우에는 그러하지 아니하다.

나) 가스보일러 또는 가스온수기는 전용보일러실(보일러실 안의 가스가 거실로 들어가지 아니하는 구조로서 보일러실과 거실 사이의 경계벽이 출입구를 제외하고는 내화구조의 벽으로 한 것을 말한다. 이하 같다)에 설치할 것. 다만, 중독사고가 일어나지 않도록 적절한 조치를 한 경우에는 그러하지 아니하다.

다) 배기통의 재료는 스테인리스강판이나 배기가스 및 응축수에 내열·내식성이 있는 것일 것

라) 일산화탄소 경보기(「화재예방, 소방시설 설치·유지 및 안전관리에 관한 법률」제36조제3항에 따른 제품검사를 받은 일산화탄소 가스누설경보기를 말한다. 이하 같다)는 가스보일러의 배기가스에 의한 중독사고를 예방하기 위해 그 배기가스가 누출될 경우 이를 신속히 검지하여 알려줄 수 있도록 가스보일러 주변 또는 적절한 장소에 설치할 것. 다만, 다음 (1) 또는 (2)에 해당하는 경우에는 설치하지 않을 수 있다.

(1) 가스보일러를 옥외에 설치한 경우

(2) 가스보일러가 「액화석유가스의 안전관리 및 사업법 시행규칙」제71조의2제2항제1호에 따른 가스용품에 해당하지 않는 경우

마) 가)부터 라)까지의 기준 이외에도 가스보일러 또는 가스온수기는 화재, 폭발 및 중독 등의 사고를 방지하기 위하여 사용시설의 안전 확보와 정상 작동이 가능하도록 적절하게 설치하고 필요한 조치를 할 것

바) 가스보일러 또는 가스온수기를 설치·시공한 자는 그가 설치·시공한 시설이 가)부터 마)까지에 적합한 때에는 사용자·시공자·보일러가 설치된 건축물·보일러 시공내역·시공 확인사항 등과 관련된 정보가 기록된 가스보일러 또는 가스온수기 설치 시공확인서를 작성하여 5년간 보존하여야 하며 그 사본을 가스보일러 또는 가스온수기 사용자에게 교부하고 작동요령에 대한 교육을 실시할 것

3) 도시가스 사용을 위한 가스용품이 「액화석유가스의 안전관리 및 사업법」에 따른 검사대상에 해당할 경우에는 검사에 합격한 것일 것

4) 도시가스 소비량이 232.6kW(20만kcal/h)를 초과하는 가스보일러 또는 가스온수기 또는 다음 각 호의 조건을 모두 만족하는 가스보일러 또는 가스온수기는 2)의 기준을 따르지 아니할 수 있다.

가) 영 별표 1에 따른 안전관리 책임자 또는 「에너지이용합리화법」제40조제1항에 따른 검사대상기기조종자가 관리하는 가스보일러

나) 사용연료가 다른 연소기 또는 도시가스 소비량이 232.6kW(20만kcal/h)를 초과하는 연소기와 함께 같은 실에 설치한 가스보일러

다) 가동 및 정지 중에 배기가스가 역류하지 아니하도록 역류방지장치를 설치한 가스보일러

5) 가스사용시설에 설치하는 연료전지는 2)의 기준에 따라 설치할 것. 다만, 도시가스 소비량이 232.6kW(20만 kcal/h)를 초과하는 경우에는 2)의 기준을 따르지 아니할 수 있다.

나. 기술기준

가스사용자는 가스사용시설의 안전을 확보하기 위하여 그 설비의 작동상황을 주기적으로 점검하고, 이상이 있을 때에는 지체 없이 보수 등 필요한 조치를 할 것

다. 검사기준

1) 완성검사 및 정기검사의 항목은 가스사용시설이 적합하게 설치 또는 유지·관리되고 있는지를 확인하기 위하여 다음의 검사항목으로 할 것

검사 종류	검사항목
가) 완성검사	가목의 시설기준에 규정된 항목
나) 정기검사 · 수시검사	① 가목의 시설기준에 규정된 항목 중 상세기준에서 규정한 항목 ② 나목의 기술기준에 규정된 항목 중 상세기준에서 규정한 항목

    2) 완성검사 및 정기검사는 가스사용시설이 검사항목에 적합한지를 명확하게 판정할 수 있는 방법으로 할 것

4. 삭제 〈2014.10.7.〉

5. 자동차용 압축천연가스 완속충전설비

  가. 시설기준

    1) 완속충전설비는 옥외에 설치하거나 기계환기설비를 갖춘 실내에 설치할 것. 이 경우 마주보는 두 방향의 벽면이 없는 건물 내와 완속충전설비의 특성, 압축 가능한 도시가스의 양 및 건물의 넓이 등을 고려하여 환기를 위한 충분한 면적을 갖고 두 방향 이상의 개구부(開口部)를 갖는 건물 내는 옥외로 본다.

    2) 완속충전설비는 「소음 · 진동관리법」에 따른 소음의 규제수치를 만족하는 장소에 설치할 것

    3) 완속충전설비는 완속충전설비 내의 환기에 지장이 없도록 건물 및 그 밖의 설비(다른 완속충전설비를 포함한다. 이하 같다)와 필요한 간격을 유지하도록 설치할 것

    4) 완속충전설비는 완속충전설비 및 부속설비 등의 보수에 지장이 없도록 건물 및 그 밖의 설비와 충분한 간격을 유지하도록 설치할 것

    5) 가스설비는 그 도시가스의 취급에 적합한 기계적 성질 및 화학적 성질을 가지는 재료로 제조되고, 그 도시가스를 안전하게 취급할 수 있는 적절한 구조 · 강도 · 두께 및 성능을 갖는 것일 것

    6) 배관의 재료는 그 도시가스의 취급에 적합한 기계적 성질 및 화학적 성분을 가지는 것일 것

    7) 배관은 수송하는 도시가스의 특성 및 설치 환경조건을 고려하여 위해의 염려가 없도록 설치하고, 배관의 안전한 유지 · 관리를 위하여 필요한 설비를 설치하거나 필요한 조치를 마련할 것

    8) 과압안전장치의 방출구는 방출되는 도시가스가 체류하지 않도록 옥외의 안전한 장소에 설치할 것

    9) 완속충전설비 또는 압축도시가스자동차가 실내에 있는 경우에는 그 실내에서 도시가스가 누출될 경우 이를 신속히 검지하여 효과적으로 대응할 수 있도록 하기 위하여 필요한 조치를 마련할 것

    10) 완속충전설비에는 긴급시 도시가스를 효과적으로 차단할 수 있는 조치를 마련할 것

    11) 완속충전설비에는 그 설비에서 발생한 정전기가 점화원으로 되는 것을 방지하기 위하여 필요한 조치를 마련할 것

    12) 완속충전설비에 설치하는 제품이 「고압가스 안전관리법」 제17조에 따라 검사를 받아야 하는 것인 경우에는 그 검사에 합격한 것일 것

  나. 기술기준

    1) 완속충전설비의 사용개시 전 및 사용종료 후에는 반드시 그 설비의 이상 유무를 점검하는 외에 1일 1회 이상 작동상황에 대하여 점검 · 확인을 하고 이상이 있을 때에는 그 설비의 보수 등 필요한 조치를 할 것

    2) 완속충전설비의 외관 · 기초 · 충전호스 · 기능 및 성능에 대해서는 1년에 1회 이상 점검을 하고 점검 후 점검구 등에 잠금 또는 봉인을 할 것

  다. 검사기준

    1) 완성검사 및 정기검사의 검사항목은 가스사용시설이 적합하게 설치 또는 유지 · 관리되고 있는지 확인하기 위하여 다음의 검사항목으로 할 것

검사 종류	검사항목
가) 완성검사	가목의 시설기준에 규정된 항목
나) 정기검사	가목의 시설기준에 규정된 항목 중 해당사항

2) 완성검사 및 정기검사는 가스사용시설이 검사항목에 적합한지 여부를 명확하게 판정할 수 있는 방법으로 할 것

6. 그 밖의 기준

가. 월 사용예정량의 산정기준

제20조의2에 따른 특정가스사용시설에 해당 여부의 판단기준이 되는 월사용예정량은 그 가스사용시설의 설치 환경에 따라 그 가스사용시설에 설치된 연소기의 도시가스 소비량을 기초로 다음 기준에 따라 산출할 것

1) 가스사용시설의 월사용예정량은 다음 계산식에 따라 산출할 것

$$Q= \{(A \times 240) + (B \times 90)\}/11,000$$

위 계산식에서 사용한 기호는 각각 다음과 같은 사항을 표시한다.

Q : 월 사용예정량(단위 : m³)

A : 산업용으로 사용하는 연소기의 명판에 적힌 도시가스 소비량의 합계(단위 : kcal/h)

B : 산업용이 아닌 연소기의 명판에 적힌 도시가스 소비량의 합계(단위 : kcal/h)

2) 1)에서 "도시가스 소비량의 합계"는 다음 방법에 따를 것. 다만, 가정용으로 사용하는 연소기의 도시가스 소비량은 합산대상에서 제외한다.

가) 소유주가 1명인 단위건물의 경우에는 그 단위건물 안에 설치된 모든 연소기의 도시가스 소비량 합계로 한다.

나) 단위건물이 분양으로 소유주가 2명 이상인 경우에는 각 소유주가 구분하여 소유하는 건물 안에 설치된 모든 연소기의 도시가스 소비량 합계로 한다. 다만, 같은 실내에서 2명 이상의 소유주가 도시가스를 사용하는 경우에는 그 실내에 설치된 모든 연소기의 도시가스 소비량 합계로 한다.

다) 가스보일러 본체에 표시된 소비량과 버너에 표시된 소비량이 다를 경우에는 보일러 본체에 표시된 소비량으로 한다.

나. 고압가스특정제조시설 안의 가스사용시설에 관한 특례

「고압가스 안전관리법 시행령」 제3조제1항제1호에 따른 고압가스특정제조시설 안에 제조공정 용도로 설치하는 가스사용시설에 대하여는 제1호가목2)·3)나) 및 사)·5), 제2호가목2)·6), 제3호가목3)에도 불구하고 용접부 비파괴시험, 내압 및 기밀시험, 가스용품사용에 대하여는 「고압가스 안전관리법 시행규칙」 별표 4에서 정하는 고압가스의 해당기준을 따를 수 있다.

다. 액화천연가스 저장탱크 설치·사용시설의 기준

1) 가스 누출을 감지할 수 있도록 냄새가 나는 물질을 혼합하기 위한 장치를 설치할 것

2) 냄새가 나는 물질이 법 제25조제1항에 따른 품질기준에 적합하게 혼합되었는지 확인할 것

[별표 7의3]
〈신설 2014.2.21〉

안전관리수준평가에 따른 정기검사와 안전관리규정 준수 여부의 확인 · 평가 주기
(제27조의4제5항 관련)

1. 법 제17조의3 제3항에 따라 산업통상자원부장관, 시 · 도지사 또는 시장 · 군수 · 구청장이 안전관리수준평가 결과를 고려하여 달리 정할 수 있는 법 제17조 제1항에 따른 정기검사 및 법 제26조 제5항에 따른 안전관리규정 준수 여부의 확인 · 평가를 받아야 하는 다음 시기까지의 기간(이하 "주기"라 한다)은 다음과 같다.

평가등급	정기검사 주기	안전관리규정 확인 · 평가 주기
우수	3년	3년
양호	2년	2년
보통	1년	1년
미흡	6개월	6개월

2. 위 표에서 우수, 양호, 보통 및 미흡은 별표 7의2 제4호 가목에 따른 평가 등급을 말한다.

[별표 8의2]
〈개정 2014.2.21〉

도시가스충전사업자의 안전점검자의 자격 등(제31조의2제3항 관련)

1. 안전점검자의 자격 및 인원

안전점검자	자격	인원
충전원	별표 14 제4호 나목 4)의 교육을 받은 사람	충전 필요인원
수요자시설 점검원	안전관리책임자로부터 수요자시설에 관한 안전교육을 10시간 이상 받은 사람	점검 필요인원

2. 점검장비
   가. 가스누출 검지기
   나. 가스누출 검지액(檢知液)
   다. 그 밖에 점검에 필요한 시설 및 기구
3. 점검기준
   가. 충전용기 및 배관의 설치상태(수요자가 요청하는 경우만 해당한다)
   나. 충전구 및 압력계 연결부에서 도시가스누출 여부
4. 점검시기 : 도시가스를 충전하는 때마다 점검실시

[별표 9]

〈개정 2012.1.26〉

공급규정에 포함되어야 하는 사항(제32조제3항 관련)

1. 공급규정을 적용하는 공급권역
2. 도시가스 요금 및 그 산정방법
3. 사용자의 가스공급시설 및 가스사용시설의 설치 · 유지 · 관리 및 교체에 필요한 비용 부담에 관한 사항. 이 경우 공동주택경계 안의 사용자공급관의 설치 · 유지 · 관리 및 교체에 필요한 비용은 사용자의 부담으로 하며, 별표 5 제3호 가목 3) 다)에 따라 가스사용자의 토지 안에 설치한 가스차단장치와 별표 6 제3호 가목 1) 단서에 따라 같은 목 1) 가) 및 나)에서 규정하는 전체세대수를 초과하는 압력조정기의 설치 · 유지 · 관리 및 교체에 수반되는 비용은 공급자의 부담으로 한다.
4. 도시가스 요금 및 제3호의 부담금 외에 가스사용자가 부담하는 것이 있을 경우 부담 내용, 부담 금액 및 그 금액 산출근거
5. 도시가스 사용량과 측정 방법
6. 도시가스 요금 그 밖에 가스사용자가 부담하여야 하는 금액의 징수방법
7. 공급하는 도시가스의 열량의 최저치 및 월별 산술평균열량의 최저치
8. 도시가스 성분에 관한 사항
9. 연소기 콕 입구에서 도시가스 압력의 최고치 및 최저치
10. 사용자에게 공급하는 도시가스의 연소속도의 종류 · 최고웨베지수 및 최저웨베지수
11. 도시가스 사용신청의 방법
12. 가스사용시설에 관한 공급자와 사용자 간의 안전책임에 관한 사항
13. 가스공급의 정지 또는 사용 폐지에 관한 사항
14. 공급규정의 유효기간을 정하는 경우에는 그 기간
15. 시행일
16. 그 밖에 도시가스의 공급조건에 관한 사항이 있을 경우에는 그 사항

비 고

가스도매사업자의 경우에는 제7호, 제9호 및 제10호의 사항을 제외한다.

[별표 10]
〈개정 2020.3.24.〉

도시가스 품질검사의 방법과 절차 등(제35조제1항 관련)

1. 품질검사 시기 등
   가. 가스도매사업자 : 도시가스제조사업소 이후 최초 정압기지와 액화천연가스 출하장소 등의 도시가스에 대해서는 월 1회 이상, 정압기지(도시가스제조사업소 이후 최초 정압기지는 제외한다)와 가스도매사업자가 공급하는 도시가스충전사업소의 도시가스에 대해서는 분기별 1회 이상
   나. 일반도시가스사업자(도시가스를 스스로 제조하는 일반도시가스사업자만 해당한다) : 도시가스제조사업소에서 제조한 도시가스에 대해서는 월 1회 이상
   다. 도시가스충전사업자 : 충전기 후단의 도시가스에 대해서는 반기별 1회 이상
   라. 나프타부생가스 · 바이오가스제조사업자 : 도시가스제조사업소 내 품질향상설비(품질향상설비가 없는 경우에는 전처리 설비로 한다. 이하 이 호에서 같다) 후단의 도시가스에 대해서는 월 1회 이상, 가스도매사업자 또는 일반도시가스사업자의 공급시설에 혼입되는 가장 가까운 지점의 도시가스에 대해서는 분기별 1회 이상
   마. 합성천연가스제조사업자 : 도시가스제조사업소내 품질향상설비 후단의 도시가스에 대해서는 월 1회 이상, 가스도매사업자의 공급시설에 혼입되는 가장 가까운 지점의 도시가스에 대해서는 분기별 1회 이상
   바. 자가소비용직수입자 : 도시가스제조사업소에서 제조한 도시가스에 대해서는 월 1회 이상, 도시가스를 소비하는 도시가스사용시설의 도시가스에 대해서는 분기별 1회 이상
   사. 액화천연가스냉열이용자 : 가스도매사업자 또는 일반도시가스사업자의 공급시설에 혼입되는 가장 가까운 지점의 도시가스에 대해서는 월 1회 이상
2. 시료채취와 검사방법
   가. 시료채취
   「산업표준화법」 제12조에 따른 한국산업표준(이하 "한국산업표준"이라 한다)의 도시가스 시료채취방법에 따른다.
   나. 검사방법
   1) 한국산업표준에서 정한 시험방법에 따른다. 다만, 한국산업표준에서 정한 것보다 개선된 시험방법이 있는 경우에는 그 시험방법에 따를 수 있다.
   2) 한국산업표준에 시험방법이 정해져 있지 않은 경우에는 산업통상자원부장관이 정하여 고시하는 검사방법에 따른다.
   3) 산업통상자원부장관, 시 · 도지사 또는 시장 · 군수 · 구청장은 법 제25조의2 제2항에 따른 품질검사를 실시할 경우 영 제12조의2에 따른 품질검사기관의 협조를 받아 할 수 있다.
3. 품질검사결과의 처리
   가. 법 제25조의2 제1항에 따른 품질검사결과의 처리
   1) 가스도매사업자, 석유가스를 제조하는 일반도시가스사업자, 나프타부생가스 · 바이오가스제조사업자, 합성천연가스제조사업자, 자가소비용직수입자 및 액화천연가스냉열이용자의 경우 : 품질검사기관은 도시가스 품질검사 결과 도시가스가 법 제25조 제2항에 따른 품질기준(이하 2)에서 "품질기준"이라 한다)에 맞는 경우에는 합격으로, 맞지 않는 경우에는 불합격으로 각각 판정하고, 그 결과를 해당 사업자에게 알려야 한다.
   2) 도시가스충전사업자의 경우 : 품질검사기관으로부터 도시가스 품질검사를 받은 결과 품질기준에 맞지 않는 경우 해당 사업자는 15일 이내에 이를 보완하여 재검사를 받아야 하고, 재검사 결과 품질기준에 맞지 않는 경우 15일 이내에 이를 보완하여 최종검사를 받아야 한다. 품질검사기관은 최종검사 결과 품질기준에 맞는 경우에는 합격으로, 맞지 않는 경우에는 불합격으로 각각 판정하고, 그 결과를 해당 사업자에게 알려야 한다.

3) 품질검사기관으로부터 불합격 판정을 통보받은 자는 보관 중인 도시가스에 대하여 품질보정 등의 조치를 강구해야 한다.

나. 법 제25조의2 제2항에 따른 품질검사결과의 처리

도시가스가 법 제25조 제2항에 따른 품질기준에 맞는 경우에는 정상으로, 품질기준에 미달되는 경우에는 품질저하로 각각 판정한다.

4. 그 밖의 사항

제1호부터 제3호까지에 따른 품질검사에 필요한 세부 사항은 산업통상자원부장관이 정하여 고시하는 바에 따른다.

[별표 11]

〈개정 2022.1.21〉

안전관리규정의 작성요령(제36조 관련)

1. 법 제26조 제1항에 따른 도시가스사업자가 작성하여야 하는 안전관리규정에는 다음의 사항이 포함되어야 한다.

가. 목적

나. 인전관리자의 직무 · 조직 및 책임에 관한 사항

다. 사업소 시설의 공사 · 유지 및 공급자의무 이행 사항에 관한 사항

라. 가스공급시설에 대한 자율적인 검사(산업통상자원부장관이 정하여 고시한 검사인력 및 검사장비를 갖추고 있지 않은 자는 한국가스안전공사나 「고압가스 안전관리법 시행규칙」 제58조 제4항 및 같은 법 시행규칙 별표 36에 따른 특정설비의 재검사기관에서 실시하는 검사로 한다) 및 유지에 관한 사항

마. 가스사용시설의 점검기준 · 점검요령 · 점검결과 · 기록유지에 관한 사항

바. 차량에 고정된 탱크의 운반에 관한 사항

사. 종업원의 교육과 훈련에 관한 사항

아. 위해발생시의 소집방법 · 조치 · 훈련에 관한 사항

자. 검사장비와 점검요원의 관리에 관한 사항

차. 가스사용시설 안전관리업무대행자의 업무범위 · 책임 및 의무에 관한 사항(일반도시가스사업자 중 가스사용시설 안전관리업무를 대행하게 하는 자만을 말한다)

카. 배관의 공정검사 · 검사표 등에 관한 사항

타. 외부인과 외부하청업자 등의 안전관리규정 적용에 관한 사항

파. 안전관리규정 위반행위자에 대한 조치에 관한 사항

하. 가스사용시설에 대한 공급자와 수요자 간의 안전책임에 관한 사항

거. 도시가스사업자 상호 간의 연락 · 공사 · 유지 등에 관한 사항

너. 온수보일러 및 그 부대시설에 도시가스를 처음 공급하는 경우 시공자의 보험가입 여부에 대한 확인에 관한 사항(도시가스충전사업자는 제외한다)

더. 사업의 휴업 · 폐업 또는 재개업에 따른 안전관리에 관한 사항(도시가스충전사업자만 해당한다)

러. 그 밖에 안전관리유지에 관한 사항

2. 법 제26조제2항에 따라 도시가스사업자(도시가스충전사업자 및 나프타부생가스 · 바이오가스제조사업자는 제외한다)는 왼쪽 난의 구분에 따라 오른쪽 난에 적힌 사항을 포함시켜 작성해야 하며, 이 경우 제1호의 내용이 포함될 수 있도록 안전관리규정을 작성하여야 한다.

구분	안전관리규정에 포함시켜야 할 사항
가. 안전관리에 관한 경영방침	1) 경영이념에 관한 사항 2) 안전관리 목표에 관한 사항 3) 안전투자에 관한 사항 4) 안전문화에 관한 사항
나. 안전관리조직	1) 안전조직의 구성에 관한 사항 2) 안전관리조직의 권한과 책임에 관한 사항
다. 안전관리에 관한 정보 · 기술	1) 정보관리 체계에 관한 사항 2) 시설 · 장치자료에 관한 사항 3) 안전기술 자료에 관한 사항 4) 인적요소에 관한 사항 5) 변경관리에 관한 사항 6) 안전기술 향상에 관한 사항
라. 가스시설의 안전성 평가	1) 안전성평가 절차에 관한 사항 2) 안전성평가 기법에 관한 사항 3) 안전성평가 결과조치에 관한 사항
마. 시설관리	1) 설계품질보증에 관한 사항 2) 구매품질보증에 관한 사항 3) 시공품질보증에 관한 사항 4) 보수품질보증에 관한 사항 5) 안전점검과 진단에 관한 사항
바. 작업관리	1) 시공관리에 관한 사항 2) 운전관리에 관한 사항 3) 보수관리에 관한 사항 4) 화기작업관리에 관한 사항
사. 협력업체관리	1) 협력업체 선정에 관한 사항 2) 협력업체 관리감독에 관한 사항 3) 협력업체의 의무 및 책임에 관한 사항
아. 타공사관리(도시가스충전사업자는 제외한다)	1) 배관 정보관리에 관한 사항 2) 타공사 정보관리에 관한 사항 3) 타공사 현장관리에 관한 사항

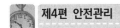

구분	안전관리규정에 포함시켜야 할 사항
자. 수요자관리	1) 시설의 안전점검에 관한 사항 2) 안전홍보에 관한 사항 3) 액화석유가스에서 도시가스로 연료를 전환한 수요자의 액화석유가스 사용시설 철거, 막음조치 및 연소기의 열량변경 등 안전조치에 관한 사항(도시가스충전사업자는 제외한다) 4) 가스사용시설 안전관리업무대행자의 업무범위·책임 및 의무에 관한 사항(일반도시가스사업자 중 가스사용시설 안전관리업무를 대행하게 하는 자만을 말한다)
차. 교육·훈련	1) 교육훈련계획에 관한 사항 2) 교육성과분석에 관한 사항 3) 협력업체 종사자 교육에 관한 사항
카. 비상조치 및 사고 관리	1) 비상조치계획에 관한 사항 2) 비상훈련에 관한 사항 3) 사고조사와 사후관리에 관한 사항
타. 안전감사	1) 안전관리시스템 감사에 관한 사항 2) 공정 안전성 평가에 관한 사항

3. 제1호 및 제2호에 따른 안전관리규정의 항목별 세부작성기준은 산업통상자원부장관이 정하여 고시하는 바에 따른다.

[별표 16]
〈개정 2022.1.21.〉

도시가스배관의 안전조치 및 손상방지기준
(제52조의2, 제54조제1항제6호, 제58조 및 제58조의2제1항제4호 관련)

1. 도시가스배관의 안전조치
  가. 굴착공사 현장위치 표시 및 도시가스배관 매설위치 표시와 표시사실의 통지
    1) 도시가스사업자는 굴착공사자에게 연락하여 굴착공사 현장 위치와 매설배관 위치를 굴착공사자와 공동으로 표시할 것인지 각각 단독으로 표시할 것인지를 결정하고, 굴착공사 담당자의 인적사항 및 연락처, 굴착공사 개시예정일시가 포함된 결정사항을 정보지원센터에 통지할 것. 다만, 다음 각 호의 어느 하나에 해당하는 굴착공사(이하 "대규모굴착공사"라 한다)는 공동으로 표시할 것
      가) 매설배관이 통과하는 지점에서 도시철도(지하에 설치하는 것만을 말한다)·지하보도·지하차도·지하상가를 건설하기 위한 굴착공사
      나) 굴착공사 예정지역에서 매설된 도시가스배관의 길이가 100m 이상인 굴착공사
    2) 1)에 따라 굴착공사 현장위치와 매설배관 위치를 공동으로 표시하기로 결정한 경우 굴착공사자와 도시가스사업자가 준수하여야 할 조치사항은 다음과 같다.
      가) 굴착공사자는 굴착공사 예정지역의 위치를 흰색 페인트로 표시할 것
      나) 도시가스사업자는 굴착예정 지역의 매설배관 위치를 굴착공사자에게 알려주어야 하며, 굴착공사자는 매설배관 위치를 매설배관 직상부의 지면에 황색 페인트로 표시할 것
      다) 대규모굴착공사, 긴급굴착공사 등으로 인해 페인트로 매설배관 위치를 표시하는 것이 곤란한 경우에는 가)와 나)에도 불구하고 표시 말뚝·표시 깃발·표지판 등을 사용하여 표시할 수 있다.
      라) 도시가스사업자는 나)와 다)에 따른 표시 여부를 확인해야 하며, 표시가 완료된 것이 확인되면 즉시 그 사실을 정보지원센터에 통지할 것
    3) 1)에 따라 굴착공사 현장위치와 매설배관 위치를 각각 단독으로 표시하기로 결정한 때 굴착공사자와 도시가스사업자가 준수하여야 할 조치사항은 다음과 같다.
      가) 굴착공사자는 굴착공사 예정지역의 위치를 흰색 페인트로 표시하고, 그 결과를 정보지원센터에 통지할 것
      나) 정보지원센터는 가)에 따라 통지받은 사항을 도시가스사업자에게 통지할 것
      다) 도시가스사업자는 나)에 따라 통지를 받은 후 48시간 이내에 매설배관의 위치를 매설배관 직상부의 지면에 황색 페인트로 표시하고, 그 사실을 정보지원센터에 통지할 것
  나. 도면의 제공
    1) 도시가스사업자는 법 제30조의3 제1항에 따른 도시가스배관 매설상황 확인업무를 수행하는 데 필요한 도시가스사업이 허가된 지역과 도시가스가 공급되는 지역에 관한 정보를 정보지원센터에 제공할 것
    2) 굴착공사자는 필요한 경우 도시가스사업자에게 굴착예정 지역의 매설배관 도면을 요구할 수 있으며, 이 경우 도시가스사업자는 그 도면을 제공할 것
2. 도시가스배관의 손상방지
  가. 굴착공사 준비
    1) 굴착공사로 인한 배관손상을 예방하기 위하여 도시가스배관 주위에서 굴착공사를 하려는 자는 배관에 위해가 미치지 않도록 안전하고 확실하게 준비·작업 및 복구할 것
    2) 굴착공사자는 다음 기준에 따른 시기 및 필요한 경우 도시가스사업자에게 입회를 요청하여야 하며, 요청받은 도시가스사업자는 입회하여 필요한 사항을 확인할 것
      가) 시험 굴착 및 본 굴착 시

나) 가스공급시설에 근접하여 파일, 토류판 설치 시

다) 도시가스배관의 수직·수평 위치 측량 시

라) 노출배관 방호공사 시

마) 고정조치 완료 시

바) 도시가스배관 되메우기 직전

사) 도시가스배관 되메우기 시

아) 도시가스배관 되메우기 작업 완료 후

3) 「산업안전보건법」 제14조에 따른 관리감독자는 다음 기준에 따라 업무를 수행할 것

가) 도시가스사업자가 지정한 굴착공사 안전관리전담자(이하 "안전관리전담자"라 한다)와 연락방법을 사전 확인하고 공사 진행에 따른 공동 입회 및 공동 확인에 필요한 공사의 공정을 협의할 것

나) 주위의 굴착공사는 안전관리전담자의 입회 아래 실시할 것

다) 현장의 모든 굴착공사와 천공작업(보링, 파일박기)·발파작업·차수공사 등 도시가스배관에 영향을 줄 수 있는 공사를 파악하고 관리할 것

라) 도시가스배관 주위의 굴착공사 전에 굴착에 참여하는 건설기계조종사, 굴착작업자 등에게 다음 사항에 대한 교육·훈련을 실시하고, 교육·훈련내용을 작성·보존할 것

① 도시가스배관 매설위치와 손상방지를 위한 준수사항

② 비상시 긴급조치사항 및 대처방안

③ 가상시나리오에 따른 교육 및 훈련

4) 도시가스사업자와 굴착공사자는 굴착공사로 인하여 도시가스배관이 손상되지 않도록 다음 기준에 따라 도시가스배관의 위치표시를 실시할 것

가) 굴착공사자는 굴착공사 예정지역의 위치를 흰색 페인트로 표시하며, 페인트로 표시하는 것이 곤란한 경우에는 굴착공사자와 도시가스사업자가 굴착공사 예정지역임을 인지할 수 있는 적절한 방법으로 표시할 것

나) 도시가스사업자는 굴착공사로 인하여 위해를 받을 우려가 있는 매설배관의 위치를 매설배관 직상부의 지면에 페인트로 표시하며, 페인트로 표시하는 것이 곤란한 경우에는 표시 말뚝·표시 깃발·표지판 등을 사용하여 적절한 방법으로 표시할 것

다) 공사 진행 등으로 도시가스배관 표시물이 훼손될 경우에도 지속적으로 표시할 것

5) "도시가스배관 손상방지 기준"의 기준은 굴착공사장에 비치·부착하고 굴착공사관계자는 항상 휴대·숙지할 것

나. 굴착공사 시행

굴착공사자는 공사 중 다음 사항을 이행할 것

1) 규칙 제53조에 따른 가스안전영향평가대상 굴착공사 중 도시가스배관의 수직·수평 변위와 지반침하의 우려가 있는 경우에는 도시가스배관 변형 및 지반침하 여부를 확인할 것

2) 계절 온도변화에 따라 와이어로프 등의 느슨해짐을 수정하고 가설구조물의 변형유무를 확인할 것

3) 도시가스배관 주위에서는 중장비의 배치 및 작업을 제한할 것

4) 굴착공사로 노출된 도시가스배관과 가스안전영향평가대상범위 안의 도시가스배관은 일일 안전점검을 실시하고 점검표에 기록할 것

5) 가목에 따른 도시가스배관 변형 및 지반침하 여부는 다음 기준에 따라 확인할 것

가) 줄파기 공사로 배관이 노출될 때 수직·수평 측량을 통해 최초 위치를 확인·기록하고 공사 중에도 계속 측량하여 배관변형 유무를 확인할 것

나) 매몰된 배관의 침하 여부는 침하관측공을 설치하고 관측할 것

　　　　다) 침하관측공은 줄파기를 하는 때에 설치하고 침하 측정은 매 10일에 1회 이상을 원칙으로 하되, 큰 충격을 받았거나 변형 양(量)이 있는 경우에는 1일 1회씩 3일간 연속하여 측정한 후 이상이 없으면 10일에 1회 측정할 것

　　　　라) 도시가스배관 변형과 지반침하 여부 확인은 해당 도시가스회사 직원과 시공자가 서로 확인하고 그 기록을 각각 1부씩 보관할 것

　다. 굴착공사 종류별 작업방법

　　1) 파일박기 및 빼기작업

　　　　가) 공사착공 전에 도시가스사업자와 현장 협의를 통하여 공사 장소, 공사 기간 및 안전조치에 관하여 서로 확인할 것

　　　　나) 도시가스배관과 수평 최단거리 2m 이내에서 파일박기를 하는 경우에는 도시가스사업자의 입회 아래 시험굴착으로 도시가스배관의 위치를 정확히 확인할 것

　　　　다) 도시가스배관의 위치를 파악한 경우에는 도시가스배관의 위치를 알리는 표지판을 설치할 것

　　　　라) 도시가스배관과 수평거리 30cm 이내에서는 파일박기를 하지 말 것

　　　　마) 항타기는 도시가스배관과 수평거리가 2m 이상 되는 곳에 설치할 것. 다만, 부득이하여 수평거리 2m 이내에 설치할 때에는 하중진동을 완화할 수 있는 조치를 할 것

　　　　바) 파일을 뺀 자리는 충분히 메울 것

　　2) 그라우팅 · 보링작업

　　　　가) 1)의 가)부터 다)까지를 준용할 것. 이 경우 "파일박기"는 "그라우팅 · 보링작업"으로 본다.

　　　　나) 시험굴착을 통하여 도시가스배관의 위치를 확인한 후 보링비트가 도시가스배관에 접촉할 가능성이 있는 경우에는 가이드파이프를 사용하여 직접 접촉되지 아니하도록 할 것

　　3) 터파기 · 되메우기 및 포장작업

　　　　가) 1)의 가)부터 다)까지를 준용할 것. 이 경우 "파일박기"는 "터파기"로 본다.

　　　　나) 도시가스배관 주위를 굴착하는 경우 도시가스배관의 좌우 1m 이내 부분은 인력으로 굴착할 것

　　　　다) 도시가스배관에 근접하여 굴착하는 경우로서 주위에 도시가스배관의 부속시설물(밸브, 수취기, 전기방식용 리드선 및 터미널 등)이 있을 때에는 작업으로 인한 이탈 그 밖에 손상방지에 주의할 것

　　　　라) 도시가스배관이 노출될 경우 배관의 코팅부가 손상되지 아니하도록 하고, 코팅부가 손상될 때에는 도시가스사업자에게 통보하여 보수를 한 후 작업을 진행할 것

　　　　마) 도시가스배관 주위에서 발파작업을 하는 경우에는 도시가스사업자의 입회아래 충분한 대책을 강구한 후 실시할 것

　　　　바) 도시가스배관 주위에서 다른 매설물을 설치할 때에는 30cm 이상 이격할 것

　　　　사) 도시가스배관 주위를 되메우기 하거나 포장할 경우 배관주위의 모래 채우기, 보호판 · 보호포 및 라인마크 설치 및 도시가스배관 부속시설물의 설치 등은 굴착 전과 같은 상태가 되도록 할 것

　　　　아) 되메우기를 할 때에는 나중에 도시가스배관의 지반이 침하되지 않도록 필요한 조치를 할 것

3. 그 밖의 기준

　굴착공사로 인한 배관손상을 예방하기 위하여 가스안전영향평가를 받으려는 자는 가스안전영향평가서에 굴착공사의 영향 범위, 계획변경 방법 및 안전관리체계 등 필요한 내용이 포함되도록 가스안전영향평가서를 작성할 것

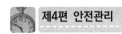

[별표 17]

〈개정 2013.3.23〉

사고의 통보 방법 등(제63조제2항 관련)

1. 사고의 종류별 통보 방법과 통보 기한은 다음과 같다.

사고의 종류	통보 방법	통보 기한	
		속보	상보
가. 사람이 사망한 사고	전화 또는 팩스를 이용한 통보(이하 "속보"라 한다) 및 서면으로 제출하는 상세한 통보(이하 "상보"라 한다)	즉시	사고발생 후 20일 이내
나. 사람이 부상당하거나 중독된 사고	속보 및 상보	즉시	사고발생 후 10일 이내
다. 도시가스 누출로 인한 폭발이나 화재 사고 (가목 및 나목의 경우는 제외한다)	속보	즉시	
라. 가스시설이 손괴되거나 도시가스 누출로 인하여 인명대피나 공급중단이 발생한 사고 (가목부터 다목까지의 경우는 제외한다)	속보	즉시	
마. 도시가스제조사업소의 액화천연가스용 저장탱크에서 도시가스 누출의 범위, 도시가스 누출 여부 판단방법 등에 관하여 산업통상자원부장관이 정하여 고시하는 기준에 해당하는 도시가스 누출이 발생한 사고(가목부터 라목까지의 경우는 제외한다)	속보	즉시	

비 고

한국가스안전공사가 법 제41조 제4항에 따라 사고조사를 실시한 때에는 상보를 하지 아니할 수 있다.

2. 제1호에 따른 사고 통보를 할 때에는 다음 각 목의 사항이 통보 내용에 포함되어야 한다. 다만, 속보인 경우에는 마목 및 바목의 내용을 생략할 수 있다.

가. 통보자의 소속·직위·성명 및 연락처

나. 사고발생 일시

다. 사고발생 장소

라. 사고내용

마. 시설현황

바. 피해현황(인명 및 재산)

03 연습문제

Industrial Engineer Gas

01 자기압력기록계로 최고사용압력이 중압인 도시가스배관의 기밀시험을 하고자 한다. 배관의 용적이 15m³일 때 기밀유지 시간은 몇 분 이상이어야 하는가?

㉮ 24분

㉯ 36분

㉰ 240분

㉱ 360분

해설 저압, 중압에서 10m³ 이상~300m³ 미만에서 압력계 또는 자기압력기록계 기밀유지시간은 (24×V분 =24×15=360분)

02 도시가스 지하배관에는 전기방식조치를 하여야 하며, 전위를 측정하기 위한 터미널(T/B)을 설치하여야 한다. 전위측정용 터미널 설치간격으로 옳은 것은?

㉮ 희생양극법에 의한 배관은 500m 이내

㉯ 배류법에 의한 배관은 300m 이내

㉰ 외부전원법에 의한 배관은 300m 이내

㉱ 전위측정용 터미널은 전기방식 종류 및 배관길이에 관계없이 1개소만 설치

해설 ㉮는 300m 이내
㉯는 300m 이내
㉰는 500m 이내
㉱는 300~500m 이내마다 1개씩

03 구내에서 발생한 대형 도시가스 사고 중 대구 도시가스 폭발사고의 주원인은 무엇인가?

㉮ 내관 부식

㉯ 내관의 응력부족

㉰ 부적절한 매설

㉱ 타 공사시 도시가스 배관 손상

04 도시가스 배관의 굴착으로 20m 이상 노출된 배관에 대하여는 누출된 가스가 체류하기 쉬운 장소에 가스누출경보기를 설치하는데, 설치 간격은?

㉮ 5m ㉯ 10m

㉰ 15m ㉱ 20m

해설 도시가스 배관의 굴착으로 20m 이상 노출된 배관에서는 20m마다 가스누출경보기를 누출된 가스가 체류하기 쉬운 장소에 설치한다.

05 도시가스의 총발열량이 10,500kcal/m³이고 도시가스의 비중이 0.66인 경우 도시가스의 웨버지수(W.I)는?

㉮ 17,500 ㉯ 12,925

㉰ 10,500 ㉱ 6,300

해설 $WI = \dfrac{H}{\sqrt{d}} = \dfrac{10,500}{\sqrt{0.66}} = 12,925$

정답 01.㉱ 02.㉯ 03.㉱ 04.㉱ 05.㉯

06 도시가스용 납사의 가스화 원료로서의 특성에 대한 설명으로 옳은 것은?

㉮ 파라핀계 탄화수소가 많다.

㉯ 카본의 석출이 많다.

㉰ 저장, 취급이 비교적 복잡하다.

㉱ 증열용 원료로서 그대로 기화혼입이 불가능하다.

해설 ① 도시가스의 액체연료는 LNG, LPG, 납사가 있다.
② 나프타는 비점 200℃ 이하의 유분이다.
③ P : 파라핀계 탄화수소
　O : 올레핀계 탄화수소
　N : 나프탄계 탄화수소
　A : 방향족 탄화수소

07 도시가스 사용시설 중 가스누출경보차단 장치 또는 가스누출자동차단기의 설치 대상이 아닌 것은?

㉮ 특정가스사용시설

㉯ 지하에 있는 음식점의 가스사용시설

㉰ 식품접객업소로서 영업장면적이 100m³ 이상인 가스사용시설

㉱ 가스보일러가 설치된 가정용 가스사용시설

해설 가정용 가스보일러실에는 가스누출경보차단 장치 등은 설치하지 않아도 된다.

08 일반도시가스공급시설인 정압기의 분해 점검 주기는?

㉮ 1주일에 1회 이상

㉯ 1월에 1회 이상

㉰ 1년에 1회 이상

㉱ 2년에 1회 이상

해설 도시가스의 정압기 분해 점검주기는 2년에 1회 이상이다.

09 도시가스제조공정에서 원료 중에 함유되어 있는 황은 열분해 등으로 가스 중에 불순물로서 혼입하여 온다. 혼입하여 오는 황분을 제거하는 방법으로 건식탈황법에서 사용하는 탈황제는?

㉮ 탄산나트륨(Na_2CO_3)

㉯ 산화철($Fe_2O_3 \cdot 3H_2O$)

㉰ 암모니아수(NH_4OH)

㉱ 염화칼슘($CaCl_2$)

해설 황화합물 제거
① 건식탈황법 : 산화철, 산화아연 사용
② 습식탈황법 : 탄산소다흡수법, 카아보토올법, 타이록스법, 알카티드법

10 도시가스사업법상 배관 구분 시 사용되지 않는 용어는?

㉮ 본관　　　　　　㉯ 사용자 공급관

㉰ 가정관　　　　　㉱ 공급관

해설 도시가스 배관 구분
① 본관　　　② 공급관
③ 사용자 공급관

11 도시가스제조시설에 설치하는 벤트스택의 설치에 대한 설명 중 틀린 것은?

㉮ 벤트스택 높이는 방출된 가스의 착지 농도가 폭발상한계값 미만이 되도록 설치한다.

㉯ 벤트스택에는 액화가스가 함께 방출되지 않도록 하는 조치를 한다.

㉰ 벤트스택 방출구는 작업원이 통행하는 장소로부터 5m 이상 떨어진 곳에 설치한다.

㉱ 벤트스택에 연결된 배관에는 응축액의 고임을 제거할 수 있는 조치를 하여야 한다.

해설 벤트스택 높이는 방출된 가스의 착지농도가 폭발상한계 값 이상이 되도록 하면 안전하다.

정답 06.㉮　07.㉱　08.㉱　09.㉯　10.㉰　11.㉮

12 도시가스배관을 지하에 설치시 되메움 재료는 3단계로 구분하여 포설한다. 이때 "침상재료"라 함은?

㉮ 배관침하를 방지하기 위해 배관하부에 포설하는 재료

㉯ 배관에 작용하는 하중을 분산시켜주고 도로의 침하를 방지하기 위해 포설하는 재료

㉰ 배관기초에서부터 노면까지 포설하는 배관주위 모든 재료

㉱ 배관에 작용하는 하중을 수직방향 및 횡방향에서 지지하고 하중을 기초 아래로 분산하기 위한 재료

해설 도시가스 배관을 지하에 설치시 되메움 침상재료라 함은 배관에 작용하는 하중을 수직방향 및 횡방향에서 지지하고 하중을 기초 아래로 분산하기 위한 재료이다.

13 도시가스사용시설의 배관에 대한 가장 옳은 설명은?

㉮ 입상관은 화기와 1m 이상의 우회거리를 유지하여야 한다.

㉯ 관경 50mm인 저압배관은 비파괴시험을 실시하지 않아도 된다.

㉰ 배관의 접합은 모두 용접 시공하여야 한다.

㉱ 배관의 이음부와 전기계량기와는 30cm 이상의 거리를 유지하여야 한다.

해설 도시가스 본관 및 용접부에서 가스용 폴리에틸렌관, 저압으로서 노출된 사용자 공급관 및 80mm 미만의 저압의 매설배관은 방사선 투과시험을 제외한다.

14 도시가스의 제조방식 중 가열방식에 의한 분류가 아닌 것은?

㉮ Cycle식   ㉯ 자열식

㉰ 외열식   ㉱ 부분연소식

해설 도시가스 제조방식의 가열방식
① 외열식   ② 축열식(내열식)
③ 부분연소식   ④ 자열식

15 연소기구에 접속된 염화비닐호스가 1mm의 구멍이 뚫려 280mmH₂O의 압력으로 LP가스가 5시간 유출하였을 경우 분출량은 몇 L인가?
(단, LP가스의 비중 : 1.7)

㉮ 487L   ㉯ 577L

㉰ 678L   ㉱ 760L

해설 $L = 0.009D^2 \sqrt{\dfrac{H}{d}}$

$\therefore 0.009 \times (1)^2 \times \sqrt{\dfrac{280}{1.7}} \times 5 = 0.57752m^3 = 577.52L$

16 사람이 사망한 도시가스 사고발생시 사업자의 한국가스안전공사에 상보(서면으로 제출하는 상세한 통보) 기한은 며칠 이내인가?

㉮ 사고발생 후 5일

㉯ 사고발생 후 7일

㉰ 사고발생 후 14일

㉱ 사고발생 후 20일

17 산업용 공장에서 사용하는 연소기의 명판에 표시된 용량이 6,000kcal/h인 경우 사용시설의 월 사용예정량(m³)은?

㉮ 50m³   ㉯ 72.6m³

㉰ 88.9m³   ㉱ 130.9m³

해설 ① 산업용 $= \dfrac{(A \times 240)}{11,000} = \dfrac{(6,000 \times 240)}{11,000}$

$= 130.9m^3$

② 산업용 외 $= \dfrac{(B \times 90)}{11,000}$

정답 12.㉱   13.㉯   14.㉮   15.㉯   16.㉱   17.㉱

18 도시가스사업법에서 정하고 있는 공급시설이 아닌 것은?

㉠ 본관   ㉡ 공급관

㉢ 사용자 공급관   ㉣ 내관

> **해설** 도시가스사업의 공급시설
> ① 본관
> ② 공급관
> ③ 사용자 공급관

19 정압기를 선정할 때 고려해야 할 특성이 아닌 것은?

㉠ 정특성

㉡ 동특성

㉢ 유량특성

㉣ 공급압력 자동승인특성

> **해설** 정압기의 특성
> ① 정특성
> ② 유량특성
> ③ 동특성

20 도시가스배관을 도로매설시 배관의 외면으로부터 도로경계까지 얼마 이상의 수평거리를 유지하여야 하는가?

㉠ 1.5m   ㉡ 0.8m

㉢ 1.0m   ㉣ 1.2m

21 도시가스를 지하에 매설할 경우 배관은 그 외면으로부터 지하의 다른 시설물과 얼마 이상의 거리를 유지하여야 하는가?

㉠ 0.3m   ㉡ 0.5m

㉢ 1m   ㉣ 1.5m

> **해설** 지하의 도시가스 매설시 그 외면으로부터 다른 시설물과는 0.3m 이상의 거리를 유지한다.

22 도시가스배관의 접합부분에 대한 원칙적인 연결방법은?

㉠ 용접접합   ㉡ 플랜지접합

㉢ 기계적 접합   ㉣ 나사접합

> **해설** 용접접합이 강도상 가장 유리하다.

23 도시가스사업자는 공급가스에 대하여 다음 사항을 측정하여 그 기록을 1년간 보존하여야 한다. 다음 중 측정항목에 해당되지 않는 것은?

㉠ 유해성분 측정

㉡ 온도 측정

㉢ 압력 측정

㉣ 연소성 측정

> **해설** 1년간 기록보존 사항
> ① 유해성분 측정
> ② 압력 측정
> ③ 연소성 측정

정답 18.㉣ 19.㉣ 20.㉢ 21.㉠ 22.㉠ 23.㉡

CHAPTER 04 고압가스 통합고시 요약

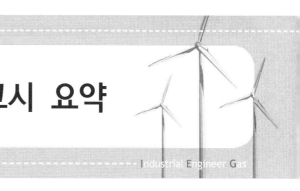

4-1 경계표지

1. 사업소 등의 경계표지

① 사업소의 경계표지는 사업소 출구(경계울타리, 담 등) 외부에서 보기 쉬운 곳에 게시한다.
② 당해시설이 명확하게 구분될 수 있는 곳에 설치한다.

○ ○ 가 스 지 하 저 장 소

고 압 가 스 제 조 사 업 소	프 레 온 ○ ○ 냉 동 시 설
○ ○ 가 스 충 전 소	암 모 니 아 냉 동 시 설
출 입 금 지	냉 동 (냉장, 냉방) 기 계 실
화 기 절 대 엄 금	○ ○ 가 스 냉 동 차

○ ○ 가 스 저 장 소

○ ○ 가 스 기 계 실

▲ 여러 가지 경계표지의 예

2. 용기보관소 또는 보관실의 경계표지

① 경계표지는 당해 용기보관소 또는 보관실의 출입구 등 외부로부터 보기 쉬운 곳에 게시하고 출입문이 여러 방향일 경우 그 장소마다 설치한다.

② 표지는 외부사람이 용기보관소 또는 용기보관실이라는 것을 명확히 식별할 수 있는 크기로 하여야 하며, 용기에 충전되어 있는 가스를 성질에 따라 가연성 가스일 경우에는 "연", 독성가스일 경우에는 "독"자를 표시한다.

○ ○ 가 스 용 기 보 관 소(실)○
○ ○ 가 스 용 기 보 관 소(실)○
충 전 용 기 보 관 소
잔 가 스 용 기 보 관 소

▲ 용기보관장소 표지의 예

3. 고압가스를 운반하는 차량의 경계표지

① 경계표지는 차량앞뒤에서 명확하게 볼수 있도록 위험고압가스라 표시하고 삼각기를 운전석 외부의 보기 쉬운 곳에 게시한다.
② 경계표지 크기의 가로는 차체폭의 30% 이상, 세로는 가로치수의 20% 이상으로 직사각형으로 하고, 그 면적은 600cm² 이상으로 한다.
③ 문자는 KSM5334(발광도료) 또는 KSA3507(보안용반사시트)를 사용하고, 삼각기는 적색바탕에 글자색은 황색, 경계표지는 적색글씨로 표시한다.

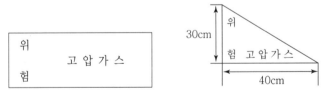

▲ 차량 경계표지의 예

4. 용기에 가스를 충전하거나 저장탱크 또는 용기 상호 간 경계표지

① 가스를 충전하거나 이입 작업하는 고압가스설비 주변에는 경계표지를 한다.
② 표지에는 고압가스제조(충전, 이입) 작업 중이라는 것 및 화기사용을 절대금지한다.

고 압 가 스 충 전 중
화기절대엄금

▲ 가스충전 표지의 예

5. 배관의 표지판

① 표지판은 배관이 설치되어 있는 경로에 따라 배관의 위치를 정확히 알 수 있도록 설치할 것
② 지하에 설치된 배관은 500m 이하, 지상에 설치된 배관은 1,000m 이하의 간격으로 각각 설치한다.
③ 표지판에는 고압가스의 종류, 설치 구역명, 배관 설치 위치, 신고처, 회사명 및 연락처를 기재한다.

4-2 독성가스의 식별조치 및 위험표시

1. 독성가스 제조시설이라는 것을 쉽게 식별할 수 있도록 식별표지를 게시한다.

① 가스 명칭은 적색으로 기재한다.
② 문자와의 크기는 가로·세로 10cm 이상으로 하고, 30m 이상 떨어진 위치에서도 알 수 있어야 한다.
③ 식별표지의 바탕색은 백색, 글씨는 흑색으로 한다.
④ 문자는 가로 또는 세로로 쓸 수 있다.
⑤ 식별표지에는 다른 법령에 의한 지시사항 등을 병기할 수 있다.

독 성 가 스 (○ ○) 제 조 시 설

독 성 가 스 (○ ○) 저 장 소

▲ 독성가스 식별표지의 예

2. 독성가스가 누출할 우려가 있는 부분에는 위험표지를 게시한다.

① 문자의 크기는 가로, 세로 5cm 이상으로 하고, 10m 이상 떨어진 위치에서 알 수 있도록 한다.
② 위험표지는 바탕색은 백색, 글씨는 흑색(주의는 적색)으로 한다.
③ 위험표지는 다른 법령에 의한 지시사항을 병기할 수 있다.

독 성 가 스 누 설 주 의 부 분

▲ 독성가스 위험표지의 예

4-3 저장실 등의 경계책 등

① 저장설비·처리설비 및 감압설비를 설치하는 장소주위에는 높이 1.5m 이상의 철책 또는 철망 등의 경계책을 설치하여 일반인의 출입을 통제한다.
② 경계책 주위에는 외부사람이 무단출입을 금하는 내용의 경계표지를 부착한다.
③ 경계책 안에는 누구도 화기, 발화 또한 발화되기 쉬운 물질을 휴대하고 들어가서는 안 된다.

4-4 누출된 가연성가스의 유동방지 시설 기준

① 가연성가스의 가스설비 등에서 누출된 가연성가스와 화기를 취급하는 장소로 유동을 방지하기 위한 시설은 높이 2m 이상의 내화벽으로 한다.
② 가스설비와 화기를 취급하는 장소와의 사이는 우회수평거리로 8m 이상 유지한다.
③ 건축물의 개구부는 방화문 또는 망입유리를 사용하여 폐쇄하고 사람이 출입하는 출입문은 2중문으로 한다.

4-5 가스설비의 내진 설계기준

1. 적용 범위 기준

① 고압가스안전관리법에 적용받는 5톤(비가연성, 비독성은 10톤) 또는 500m³(비가연성, 비독성은 1,000m³) 이상의 저장탱크 및 압력용기, 지지구조물 및 기초와 이것들의 연결부
② 고압가스안전관리법에 적용받는 세로방향으로 설치한 동체의 길이가 5m 이상인 원통형 응축기 및 내용적이 5,000L 이상인 수액기, 지지구조물 및 기초와 이것들의 연결부

2. 내진 설계의 용어 구분

① 제1종 독성가스라 함은 독성가스 중 염소, 시안화수소, 이산화질소, 불소, 포스겐과 허용농도가 1ppm 이하인 것을 말한다.
② 제2종 독성가스라 함은 독성가스중 염화수소, 삼불화붕소, 이산화유황, 불화수소, 브롬화메틸, 황화수소와 허용농도가 1ppm 초과 10ppm 이하인 것을 말한다.

③ 제3종 독성가스라 함은 제1종 및 제2종 독성가스 이외의 것을 말한다.

④ 내진 특등급이라 함은 그 설비의 손상이나 기능상실이 사업소경계 밖에 있는 공공의 생명과 재산에 막대한 피해를 초래할 수 있을 뿐만 아니라 사회의 정상적인 기능 유지에 심각한 지장을 가져올 수 있는 것을 말한다.

⑤ 내진 1등급이라 함은 그 설비의 손상이나 기능상실이 사업소경계 밖에 있는 공공의 생명과 재산에 막대한 피해를 초래할 수 있는 것을 말한다.

⑥ 내진 2등급이라 함은 그 설비의 손상이나 기능상실이 사업소경계 밖에 있는 공공의 생명과 재산에 경미한 피해를 초래할 수 있는 것을 말한다.

 ## 4-6 고압가스 안전설비

1. 내부 반응 감시장치

① 온도감시장치
② 압력감시장치
③ 유량감시장치
④ 가스의 밀도, 조성 등의 감시장치

2. 긴급이송설비에 부속된 처리설비의 처리방법

① 플레어스택에서 안전하게 연소시켜야 한다.
② 안전한 장소에 설치되어 저장탱크 등에 임시 이송할 수 있어야 한다.
③ 벤트스택에서 안전하게 방출시킬 수 있어야 한다.
④ 독성가스는 제독조치 후 안전하게 폐기시킬 것

3. 벤트스택에 관한 기준

① 벤트스택 높이는 방출된 가스의 착지농도가 폭발하한계 미만이 되고, 독성가스의 경우 허용농도 미만이 되도록 한다.
② 독성가스는 제독조치를 한 후 방출할 것
③ 방출구의 위치는 작업원이 통행하는 장소로부터 긴급벤트스택은 10m 이상(일반은 5m) 떨어진 곳에 설치할 것

④ 액화가스가 방출되거나 급랭의 우려가 있는 곳에는 기액분리기를 설치할 것

⑤ 벤트스택에는 정전기 또는 낙뢰 등에 의한 착화를 방지하는 조치를 하고 만일 착화된 경우에는 즉시 소화할 수 있는 조치를 강구할 것

⑥ 벤트스택에 연결된 배관에는 응축액의 고임을 제거 또는 방지하는 조치를 강구할 것

4. 플레어스택에 관한 기준

1) 플레어스택의 설치위치 및 높이는 플레어스택의 바로 밑의 지표면에 미치는 복사열이 4,000kcal/m²·hr 이하가 되도록 한다. 다만 4,000kcal/m²·hr 초과하는 경우로서 출입이 통제된 경우는 제외한다.

2) 플레어스택의 구조는 이송된 가스를 연소시켜 대기로 안정하게 방출시킬 수 있도록 다음의 조치를 한다.

① 파일럿버너 또는 항상 작동할 수 있는 자동점화장치를 설치하고 파일럿버너가 꺼지지 않도록 하거나, 자동점화장치의 기능이 완전하게 유지되도록 하여야 한다.

② 역화 및 공기 등과의 혼합폭발을 방지하기 위하여 당해제조시설의 가스의 종류 및 시설의 구조에 따라 다음 각호 중에서 하나 또는 둘 이상을 갖추어야 한다.

㉠ Liquid Seal의 설치

㉡ Flame Arresstor의 설치

㉢ Vapor Seal의 설치

㉣ Purge Gas(N_2, Off Gas 등)의 지속적인 주입 등

㉤ Molecular Seal의 설치

4-7 가스누출 검지경보장치의 설치기준

1. 가스누출 검지경보장치 기능은 다음의 성능을 갖추어야 한다.

① 검지경보장치는 접촉연소방식, 격막갈바니전지방식, 반도체방식 그밖의 방식에 의하여 검지엘리먼트의 변화를 전기적신호에 의해 설정해 놓은 가스의 농도에서 자동경보할 것

② 경보농도는 검지경보장치의 설치장소, 주위의 분위기 온도에 따라 가연성가스는 폭발한계의 1/4 이하, 독성가스는 허용농도 이하로 할 것(다만, 암모니아는 50ppm으로 한다.)

③ 경보기의 정밀도는 경보농도 설정치에 대하여 가연성가스는 ±25% 이하, 독성가스는 ±30% 이하로 할 것

④ 검지경보장치의 검지에서 발신까지 걸리는 시간은 경보농도의 1.6배 농도에서 30초 이내일 것(다만, 암모니아, 일산화탄소 등에 있어서는 1분 이내로 한다.)

⑤ 전원의 전압 등 변동이 ±10% 정도일 때에도 경보정밀도가 저하되지 않을 것

⑥ 지시계의 눈금은 가연성가스용은 0~폭발하한계 값, 독성가스는 0~허용농도의 3배 값(다만, 암모니아는 150ppm)으로 눈금의 범위를 지시할 것

⑦ 경보를 발신한 후에는 원칙적으로 분위기 중 가스농도가 변화하여도 계속 경보를 울릴 것

2. 검지경보장치의 구조

① 충분한 강도를 지니며 취급 및 정비가 쉬울 것

② 가스에 접촉하는 부분은 내식성의 재료 또는 충분한 부식방지 처리한 재료를 사용한다.

③ 가연성가스(암모니아를 제외)의 검지경보장치는 방폭성능을 갖는 것일 것

④ 수신회로가 작동상태에 있는 것을 쉽게 식별할 수 있을 것

⑤ 경보는 램프의 점등 또는 점멸과 동시에 경보를 울리는 것일 것

3. 검지경보장치의 검출부 설치장소와 개수

① 건축물 내에 설치된 압축기, 펌프, 저장탱크, 감압설비, 판매시설 등 가스가 누출하여 체류하기 쉬운 곳에는 바닥면 둘레 10m에 1개 이상의 비율로 계산한 수

② 건축물 밖에 설치된 고압가스설비는 누출하여 체류하기 쉬운 곳에는 바닥면 둘레 20m에 1개 이상의 비율로 계산한 수

③ 특수 반응설비로서 누출하여 체류하기 쉬운 곳에는 바닥면 둘레 10m에 1개 이상의 비율로 계산한 수

④ 가열로 등 발화원이 있는 제조설비 주위에 누출하여 체류하기 쉬운 곳에는 바닥면 둘레 20m에 1개 이상의 비율로 계산한 수

⑤ 계기실 내부에 1개 이상

⑥ 독성가스의 충전용 접속구 군의 주위에 1개 이상

⑦ 방류둑 내에 설치된 저장탱크의 경우에는 당해 저장탱크마다 1개 이상

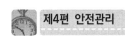
 4-8 전기설비의 방폭성능 기준의 적용

1. 방폭전기기기의 분류

① 내압(耐壓)방폭구조 : 방폭전기기기의 용기 내부에서 가연성가스의 폭발이 발생할 경우 그 용기가 폭발압력에 견디고, 접합면, 개구부 등을 통하여 외부의 가연성가스에 인화되지 아니하도록 한 구조를 말한다.

② 유입(油入)방폭구조 : 용기 내부에 절연유를 주입하여 불꽃·아크 또는 고온발생부분이 기름 속에 잠기게 함으로써 기름면 위에 존재하는 가연성가스에 인화되지 아니하도록 한 구조를 말한다.

③ 압력(壓力)방폭구조 : 용기 내부에 보호가스(신선한 공기 또는 불활성가스)를 압입하여 내부압력을 유지함으로써 가연성가스가 용기 내부로 유입되지 아니하도록 한 구조를 말한다.

④ 안전증방폭구조 : 정상운전 중에 가연성가스의 점화원이 될 전기불꽃·아크 또는 고온부분 등의 발생을 방지하기 위하여 기계적·전기적 구조상 또는 온도상승에 대하여 특히 안전도를 증가시킨 구조를 말한다.

⑤ 본질안전방폭구조 : 정상시 및 사고 시에 발생하는 전기불꽃·아크 또는 고온부에 의하여 가연성가스가 점화되지 아니하는 것이 점화시험, 기타 방법에 의하여 확인된 구조를 말한다.

⑥ 특수방폭구조 : 방폭구조로서 가연성가스에 점화를 방지할 수 있다는 것이 시험, 기타 방법에 의하여 확인된 구조를 말한다.

〈방폭전기기기의 구조별 표시방법〉

방폭전기기기의 구조별 표시방법	표시방법
내압방폭구조	d
유입방폭구조	o
압력방폭구조	p
안전증방폭구조	e
본질안전방폭구조	ia 또는 ib
특수방폭구조	s

2. 위험장소의 분류

① 1종장소 : 상용상태에서 가연성가스가 체류하여 위험하게 될 우려가 있는 장소, 정비보수 또는 누출 등으로 인하여 종종 가연성가스가 체류하여 위험하게 될 우려가 있는 장소를 말한다.

② 2종장소
  ㉠ 밀폐된 용기 또는 설비 내에 밀봉된 가연성가스가 그 용기 또는 설비의 사고로 인해 파손되거나 오조작의 경우에만 누출할 위험이 있는 장소
  ㉡ 확실한 기계적 환기조치에 의하여 가연성가스가 체류하지 않도록 되어 있으나 환기장치에 이상이나 사고가 발생한 경우에는 가연성가스가 체류하여 위험하게 될 우려가 있는 장소
  ㉢ 1종장소의 주변 또는 인접한 실내에서 위험한 농도의 가연성가스가 종종 침입할 우려가 있는 장소

③ 0종 장소 : 상용의 상태에서 가연성가스의 농도가 연속해서 폭발하한계 이상으로 되는 장소(폭발상한계를 넘는 경우에는 폭발한계 내로 들어갈 우려가 있는 경우를 포함한다.)를 말한다.

3. 가연성가스의 발화 온도범위와 방폭전기기기의 온도 등급 분류

⟨발화 온도범위에 따른 방폭전기기기 등급표시⟩

가연성가스의 발화도(℃) 범위	방폭전기기기의 온도등급
450 초과	T1
300 초과 450 이하	T2
200 초과 300 이하	T3
135 초과 200 이하	T4
100 초과 135이하	T5
85 초과 100 이하	T6

4-9 통신시설

사업소 내에서 긴급사태 발생시 연락을 신속히 할 수 있도록 통신시설을 구비하여야 한다.

〈구분별 설치할 통신설비〉

사항별(통신범위)	설치(구비)하여야 할 통신설비	비고
1. 안전관리자가 상주하는 사업소와 현장사업소와의 사이 또는 현장사무소 상호 간	1. 구내전화 2. 구내방송설비 3. 인터폰 4. 페이징설비	사무소가 동일한 위치에 있는 경우에는 제외한다.
2. 사업소 내 전체	1. 구내방송설비 2. 사이렌 3. 휴대용 확성기 4. 페이징설비 5. 메가폰	
3. 종업원 상호 간(사업소 내 임의의 장소)	1. 페이징설비 2. 휴대용 확성기 3. 트랜시버(계기 등에 대하여 영향이 없는 경우에 한한다.) 4. 메가폰	사무소가 동일한 위치에 있는 경우에는 제외한다.

 1. 사항별 2, 3의 메가폰은 당해 사업소 내 면적이 1,500m³ 이하인 경우에 한한다.
   2. 위의 표 중 통신설비는 사업소의 규모에 적합하도록 1가지 이상을 구비하여야 한다.

4-10 정전기의 제거기준

가연성가스 제조설비는 접지저항의 총합이 100Ω(피뢰설비를 설치한 것은 총합 10Ω) 이상시 정전기 제거조치를 다음과 같이 한다.
① 탑류, 저장탱크, 열교환기, 회전기계, 벤트스택 등은 단독으로 정전기 제거조치를 한다.
② 벤딩용 접속선 및 접지접속선은 단면적 5.5mm² 이상인 것을 사용한다.
③ 접지저항치는 총합 100Ω(피뢰설비를 설치한 것은 총합 10Ω) 이하로 하여야 한다.

4-11 제독설비 및 제독제

1. 제독설비

제독설비는 제조시설 등의 상황 및 가스의 종류에 따라 다음의 설비 또는 이와 동등 이상의 기능을 가진 것일 것
① 가압식, 동력식 등에 의하여 작동하는 제독제 살포장치 또는 살수장치
② 가스를 흡인하여 이를 흡수 · 중화제와 접속시키는 장치

2. 제독제의 보유량

제독제는 독성가스의 종류에 따라 다음 표 중 적합한 흡수 · 중화제 1가지 이상의 것 또는 이와 동등 이상의 제독효과가 있는 것으로서 다음 표 중 우란의 수량(용기보관실에는 그의 1/2로 하고, 가성소다수용액 또는 탄산소다수용액은 가성소다 또는 탄산소다를 100%로 환산한 수량을 표시한다.) 이상 보유하여야 한다.

〈독성가스별 제독제 보유량 기준〉

가스별	제독제	보유량
염소	가성소다수용액	670kg[저장탱크 등이 2개 이상 있을 경우 저장탱크에 관계되는 저장탱크의 수의 제곱근의 수치, 그 밖의 제조설비와 관계되는 저장설비 및 처리설비(내용적이 5m² 이상의 것에 한한다.) 수의 제곱근의 수치를 곱하여 얻은 수량, 이하 염소에 있어서는 탄산소다수용액 및 소석회에 대하여도 같다.
	탄산소다수용액	870kg
	소석회	620kg
포스겐	가성소다수용액	390kg
	소석회	360kg
황화수소	가성소다수용액	1,140kg
	탄산소다수용액	1,500kg
시안화수소	가성소다수용액	250kg
아황산가스	가성소다수용액	530kg
	탄산소다수용액	700kg
암모니아 산화에틸렌 염화메탄	물	다량

3. 제독제의 보관

흡수장치 등에 사용되는 제독제 중 그 주변에 살포하여 사용하는 것은 관리하기가 용이한 당해 제조설비의 부근으로서 긴급 시 독성가스를 쉽게 흡수·중화시킬 수 있는 장소에 분산 보관하여야 한다.

4. 보호구의 종류

① 공기호흡기 또는 송기식 마스크(전면형)
② 격리식 방독마스크(농도에 따라 전면 고농도형, 중농도형, 저농도형 등)
③ 보호장갑 및 보호장화(고무 또는 비닐제품)

4-12 고압가스 설비 및 배관의 두께산정 기준

① 상용압력의 2배 이상의 압력에서 항복을 일으키지 아니하는 고압가스 설비 및 배관의 두께로 산정한다.
② 상용압력이 29.4MPa 이하인 고압가스 설비의 두께계산은 KSB6733(압력용기기반규격)에 의할 수 있다.
③ 상용압력이 98MPa 이하인 고압가스 설비의 두께계산은 다음 식에 의한다.
  ㉠ 원동형의 것

고압가스설비의 부분		동체외경과 내경의 비가 1.2 미만인 것	동체외경과 내경의 비가 1.2 이상인 것
동판		$t = \dfrac{PD}{0.5f\eta - P} + C$	$t = \dfrac{D}{2}\left(\sqrt{\dfrac{0.25f\eta + P}{0.25f\eta - P}} - 1\right) + C$
경판	접시형의 경우	$t = \dfrac{PDW}{f\eta - P} + C$	
	반타원체형의 경우	$t = \dfrac{PDV}{f\eta - P} + C$	
	원주형의 경우	$t = \dfrac{PD}{0.5f\eta\cos a - P} + C$	
	그 밖의 경우	$t = d\sqrt{\dfrac{KP}{0.25f\eta}} + C$	

> **참고** 위의 표에서 "반타원체형"이라 함은 내면의 장축부 길이와 단축부 길이의 비가 2.6 이하인 반타원체형을 말한다.

ⓛ 구형의 것

$$t = \frac{PD}{f\eta - P} + C$$

위의 ㉠ 및 ㉡의 산식에서 t, P, D, W, V, d, K, f, η, a 및 C는 각각 다음의 수치를 표시한다.

t : 두께(단위 : mm)의 수치

P : 상용압력(단위 : MPa)의 수치. 다만, 가운데가 볼록한 경판은 그 1.67배의 압력수치

D : 원동력의 경우 동판은 동체의 내경, 접시형 경판은 그 중앙만곡부의 내경, 반타원체형 경판은 반타원체 내면의 장축부 길이, 원추형 경판은 그 단곡부의 내경에서 그리고 구형의 경우에는 내경에서 각각 부식여부에 상당하는 부분을 뺀 부분의 수치(단위 : mm)

W : 접시형 경판의 형상에 따른 계수로서 다음 산식에 의하여 계산한 수치

$$\frac{3 + \sqrt{n}}{4}$$

위의 산식에서 n은 경관중앙만곡부의 내경과 단곡부 내경과의 비를 표시한다.

V : 반타원형 경판의 형상에 따른 계수로서 다음 산식에 의하여 계산한 수치

$$\frac{2 + m^2}{3}$$

위의 산식에서 m은 반타원체형 내면의 장축부길이와 단축부길이의 비를 표시한다.

d : 부식여유에 상당하는 부분을 제외한 동체의 내경(단위 : mm). 다만, K에 관한 표중 d에 대하여 따로 정한 경우에는 그 수치(단위 : mm)

K : 경판의 부착방법에 따른 계수로서 다음 표의 게기한 부착방법에 따라서 각각 동표의 게기한 수치

〈경판 부착 계수〉

부착방법					
	경판이 리벳 또는 볼트로 부착된 경우	경판이 동판과 일체로 되어 있고, d가 600mm 이하이고 또한 t가 0.05d 이상인 경우	경판이 동판에 용접되고 d가 600mm 이하이고 또한 t가 0.05d 이상인 경우	경판이 동판과 일체로 되어 있고 또한 단곡부 내면의 반지름이 동판두께(ts)의 3배 이상인 경우	경판이 동판에 용접되고 또한 단곡부 내면의 반지름이 동판두께(ts)의 3배 이상인 경우
K의 수치		0.162		0.250	

ⓒ 배관의 두께 계산은 다음 식에 의한다.

ⓐ 외경과 내경의 비가 1.2 미만인 경우

$$t = \frac{PD}{2\dfrac{f}{S} - P} + C$$

ⓑ 외경과 내경의 비가 1.2 이상인 경우

$$t = \frac{D}{2}\left(\sqrt{\frac{\dfrac{f}{s} + P}{\dfrac{f}{s} - P}} - 1\right) + C$$

위의 산식에서 t, P, D, f, C 및 S는 각각 다음 수치를 표시한다.

t : 배관두께(단위 : mm)의 수치

P : 상용압력(단위 : MPa)의 수치

D : 내경에서 부식여유에 상당하는 부분을 뺀 부분(단위 : mm)의 수치

f : 재료의 인장강도(단위 : N/mm²) 규격 최소치이거나 항복점(단위 : N/mm²) 규격 최소치의 1.6배

C : 관내면의 부식여유의 수치(단위 : mm)

S : 안전율로서 다음 표에 게기하는 환경의 구분에 따라 각각 동표의 우란에 게기하는 수치

〈환경구분에 따른 안전율〉

구분	환경	안전율
A	공로 및 가옥에서 100m 이상의 거리를 유지하고 지상에 가설되는 경우와 공로 및 가옥에서 50m 이상의 거리를 유지하고 지하에 매설되는 경우	3.0
B	공로 및 가옥에서 50m 이상 100m 미만의 거리를 유지하고 지상에 가설되는 경우와 공로 및 가옥에서 50m 미만의 거리를 유지하고 지하에 매설되는 경우	3.5
C	공로 및 가옥에서 50m 미만의 거리를 유지하고 지상에 가설되는 경우와 지하에 매설되는 경우	4.0

4-13 전기방식 조치기준

1) 전기방식의 조치기준에 사용되는 용어

① 전기방식(電氣防蝕) : 배관 등의 외면에 전류를 유입시켜 양극반응을 저지함으로써 배관 등의 전기적 부식을 방지하는 것을 말한다.

② 희생양극법(犧牲陽極法) : 지중 또는 수중에 설치된 양극금속과 매설배관 등을 전선으로 연결하여 양극금속과 매설배관 등 사이의 전지작용에 의하여 전기적 부식을 방지하는 방법을 말한다.

③ 외부전원법(外部電源法) : 외부직류전원장치의 양극(+)은 매설배관 등이 설치되어 있는 토양이나 수중에 설치한 외부전원용 전극에 접속하고, 음극(−)은 매설배관 등에 접속시켜 전기적 부식을 방지하는 방법을 말한다.

④ 배류법(俳流法) : 매설배관 등의 전위가 주위의 타 금속구조물의 전위보다 높은 장소에서 매설배관 등과 주위의 타 금속구조물을 전기적으로 접속시켜 매설배관 등에 유입된 누출전류를 복귀시킴으로써 전기적 부식을 방지하는 방법을 말한다.

2) 전기방식의 설치기준

(1) 전기방식방법의 선택

① 직류전철 등에 의한 누출전류의 영향이 없는 경우에는 외부전원법 또는 희생양극법으로 할 것

② 직류전철 등에 의한 누출전류의 영향을 받는 배관 등에는 배류법으로 하되, 방식효과가 충분하지 않을 경우에는 외부전원법 또는 희생양극법을 병용할 것

(2) 전기방식시설의 시공

① 전기방식시설의 유지관리를 위하여 전위측정용 터미널을 설치하되, 희생양극법·배류법은 배관길이 300m 이내의 간격으로 외부전원법은 배관길이 500m 이내의 간격으로 설치한다.

② 교량 및 횡단배관의 양단부. 다만, 외부전원법 및 배류법에 의해 설치된 것으로 횡단길이가 500m 이하인 배관과 희생양극법에 의해 설치된 것으로 횡단길이가 50m 이하인 배관은 제외한다.

③ 전기방식전류가 흐르는 상태에서 토양 중에 있는 배관 등의 방식전위는 포화황산동 기준전극으로 −5V 이상, −0.85V 이하(황산염환원 박테리아가 번식하는 토양에서는 −0.95V 이하)일 것

④ 전기방식전류가 흐르는 상태에서 자연전위와의 전위변화가 최소한 −300mV 이하일 것. 다만, 다른 금속과 접촉하는 배관 등은 제외한다.

⑤ 전기방식시설의 관대지전위(管對地電位) 등을 1년에 1회 이상 점검하여야 한다.

⑥ 외부전원법에 의한 전기방식시설은 외부전원점 관대지전위, 정류기의 출력, 전압, 전류, 배선의 접속상태 및 계기류 확인 등을 3개월에 1회 이상 점검하여야 한다.

4-14 압축천연가스 자동차연료장치의 구조 등에 관한 기준

① 용기검사에 합격한 것으로 천연가스자동차용 연료저장 이외의 목적으로 사용하지 말 것

② 용기는 보기 쉬운 위치에 "자동차용"이라 표시할 것

③ 용기밸브 및 안전밸브는 용기의 최고충전압력에 대하여 내압성능을 갖는 것일 것

④ 안전밸브로부터 방출된 가스는 외부의 안전한 장소로 방출될 수 있도록 할 것

⑤ 밀폐된 곳에 용기를 격납하는 경우에는 안전밸브에서 분출되는 가스를 차 밖으로 방출할 수 있는 구조일 것

⑥ 용기밸브 또는 그 부근에는 일정량 이상의 가스가 흐를 때 자동으로 가스의 통로를 차단하는 과류방지밸브가 설치되어 있을 것. 다만, 전기작동식 용기밸브와 같이 용기밸브가 과류방지기능을 갖는 경우에는 그러하지 아니한다.

⑦ 연료가스의 압력차에 의해 자동적으로 연료가스를 차단하는 기계방식의 과류방지 밸브의 경우에는 균압노즐방식 또는 수동식 복귀장치를 갖춘 것일 것

⑧ 상용압력의 1.5배 이상의 내압성능(그 구조상 물에 의한 내압시험이 곤란한 경우 공기·질소 등의 기체에 의해 1.25배 이상의 압력으로 내압시험을 실시할 수 있다.)을 가지며, 사용압력 이상에서 기밀성능을 갖는 것. 다만, 기체로 내압시험을 하는 경우 기밀시험은 생략한다.

⑨ 감압밸브를 가열할 경우에는 열원으로서 엔진의 배기가스를 직접 사용하지 않을 것

⑩ 감압밸브는 상용압력의 1.5배 이상의 내압성능을 가지며, 상용압력 이상에서 기밀성능을 갖는 것일 것

⑪ 배관 및 접합부는 최소 60cm마다 차체에 고정되어 진동 및 충격으로부터 보호할 것

⑫ 배관 및 접합부는 사용조건에 대하여 충분한 내식성을 갖는 재료일 것

⑬ 배관 및 접합부는 상용압력의 1.5배 이상의 내압성능을 가지며, 상용압력 이상에서 기밀성능을 갖는 것일 것

⑭ 용기 등은 열에 의한 손상을 방지하기 위하여 배기판 및 소음기로부터 10cm 이상 떨어진 곳에 부착할 것. 다만, 당해 용기 및 용기부속품에 적당한 방열조치가 설치된 경우에는 4cm 이상 떨어진 곳에 부착할 수 있다.

⑮ 용기 등은 불꽃이 발생할 수 있는 노출된 전기단자 및 전기개폐기로부터 20cm 이상, 배기판 출구로부터 30cm 이상 떨어진 곳에 부착할 것

⑯ 가스충전구 부근에 다음 각 호의 사항이 쉽게 지워지지 않는 방법으로 표시할 것

    ㉠ 충전하는 연료의 종류(압축천연가스)

    ㉡ 가스용기 등의 충전유효기한(년/월)

    ㉢ 차량에 충전가능한 최고 충전압력(MPa)

⑰ 주밸브는 충돌 등에 의한 충격을 받을 우려가 있는 장소에 있어서 손상을 최소화하기 위하여 자동차의 후단부로부터 30cm 이상의 떨어진 곳에 부착할 것

⑱ 주밸브는 충돌 등에 의한 충격을 받을 우려가 있는 장소에 있어서 손상을 최소화하기 위하여 자동차의 외측(후단부를 제외한다.)으로부터 20cm 이상 떨어진 곳에 부착할 것

4-15 안전성평가 및 안전성향상계획서에 대한 용어의 정의

① 위험성평가기법 : 사업장 내에 존재하는 위험에 대하여 정성적 또는 정량적으로 위험성 등을 평가하는 방법으로서 체크리스트 기법, 상대위험순위 결정기법, 작업자 실수 분석기법, 사고예상 질문 분석기법, 위험과 운전분석기법, 이상위험도 분석기법, 결함수 분석기법, 사건수 분석기법, 원인결과 분석기법, 예비위험 분석기법, 공정위험 분석기법 등을 말한다.

② 체크리스트(Checklist)기법 : 공정 및 설비의 오류, 결함상태, 위험상황 등을 목록화한 형태로 작성하여 경험적으로 비교함으로써 위험성을 정성적으로 파악하는 안전성평가기법을 말한다.

③ 상대위험순위결정(Dow And Mond Indices)기법 : 설비에 존재하는 위험에 대하여 수치적으로 상대위험순위를 지표화하여 그 피해 정도를 나타내는 상대적 위험 순위를 정하는 안전성평가기법을 말한다.

④ 작업자 실수분석(Human Error Analysis ; HEA)기법 : 설비의 운전원, 정비보수원, 기술자 등의 작업에 영향을 미칠만한 요소를 평가하여 그 실수의 원인을 파악하고 추적하여 정량적으로 실수의 상대적 순위를 결정하는 안전성평가기법을 말한다.

⑤ 사고예상질문분석(WHAT–IF)기법 : 공정에 잠재하고 있으면서 원하지 않는 나쁜 결과를 초래할 수 있는 사고에 대하여 예상질문을 통해 사전에 확인함으로써 그 위험과 결과 및 위험을 줄이는 방법을 제시하는 정성적 안전성평가기법을 말한다.

⑥ 위험과운전 분석(HAZard And OPerablity Studies ; HAZOP)기법 : 공정에 존재하는 위험요소들과 공정의 효율을 떨어뜨릴 수 있는 운전상의 문제점을 찾아내어 그 원인을 제거하는 정성적인 안전성평가기법을 말한다.

⑦ 이상위험도 분석(Failure Modes, Effects, and Criticality Analysis ; FMECA)기법 : 공정 및 설비의 고장의 형태 및 영향, 고장형태별 위험도 순위 등을 결정하는 기법을 말한다.

⑧ 결함수분석(Fault Tree Analysis ; FTA)기법 : 사고를 일으키는 장치의 이상이나 운전사 실수의 조합을 연역적으로 분석하는 정량적 안전성평가기법을 말한다.

⑨ 사건수분석(Event Tree Analysis ; ETA)기법 : 초기사건으로 알려진 특정한 장치의 이상 이나 운전자의 실수로부터 발생되는 잠재적인 사고결과를 평가하는 정량적 안전성평가기 법을 말한다.

⑩ 원인결과분석(Cause-Consequence Analysis ; CCA)기법 : 잠재된 사고의 결과와 이러한 사고의 근본적인 원인을 찾아내고 사고 결과와 원인의 상호관계를 예측·평가하는 정량적 안전성평가기법을 말한다.

⑪ 예비위험분석(Preliminary Hazard Analysis ; PHA)기법 : 공정 또는 설비 등에 관한 상세 한 정보를 얻을 수 없는 상황에서 위험물질과 공정 요소에 초점을 맞추어 초기위험을 확인 하는 방법을 말한다.

⑫ 공정위험분석(Process Hazard Review ; PHR)기법 : 기존설비 또는 안전성향상계획서를 제출·심사 받은 설비에 대하여 설비의 설계·건설·운전 및 정비의 경험을 바탕으로 위험 성을 평가·분석하는 방법을 말한다.

4-16 고압가스설비와 배관의 내압시험방법

① 내압시험에 종사하는 사람의 수는 작업에 필요한 최소인원으로 하고, 관측 등을 하는 경우 에는 적절한 방호시설을 설치하고 그 뒤에서 할 것

② 내압시험을 하는 장소 및 그 주위는 잘 정돈하여 긴급한 경우 대피하기 좋도록 하고 2차적 으로 인체에 피해가 발생하지 않도록 할 것

③ 내압시험은 내압시험압력에서 팽창, 누설 등의 이상이 없을 때 합격으로 할 것

④ 내압시험을 공기 등의 기체의 압력에 의해 하는 경우에는 먼저 상용압력의 50%까지 승압 하고 그 후에는 상용압력의 10%씩 단계적으로 승압하여 내압시험압력에 달하였을 때 누설 등의 이상이 없고, 그 후 압력을 내려 상용압력으로 하였을 때 팽창, 누설 등의 이상이 없으 면 합격으로 할 것

⑤ 사업소 경계 밖에 설치되는 배관의 내압시험 시 시공관리자는 시험이 시작되는 때부터 끝 날 때까지 시험구간을 순회점검하고 이상유무를 확인한다.

4-17 고압가스설비와 배관의 기밀시험방법

① 기밀시험은 원칙적으로 공기 또는 위험성이 없는 기체의 압력에 의하여 실시할 것
② 기밀시험은 그 설비가 취성 파괴를 일으킬 우려가 없는 온도에서 할 것
③ 기밀시험압력은 상용압력 이상으로 하되, 0.7MPa을 초과하는 경우 0.7MPa 압력 이상으로 한다. 이 경우 다음 표와 같이 시험할 부분의 용적에 대응한 기밀유지시간 이상을 유지하고 처음과 마지막 시험의 측정압력차가 압력측정기구의 허용오차 내에 있는 것을 확인한다.(처음과 마지막 시험의 온도차가 있는 경우에는 압력차에 대하여 보정한다.)

〈압력측정기구 기밀유지기준〉

압력측정기구	용적	기밀유지시간
압력계 또는 자기압력기록계	1m³ 미만	48분
	1m³ 이상 10m³ 미만	480분
	10m³ 이상	48×V분(다만, 2,880분을 초과한 경우는 2,880분으로 할 수 있다.)

(비고) V는 피시험부분의 용적(단위 : m³)이다.

④ 검사의 상황에 따라 위험이 없다고 판단되는 경우에는 당해 고압가스설비에 의해 저장 또는 처리되는 가스를 사용하여 기밀시험을 할 수 있다. 이 경우 압력은 단계적으로 올려 이상이 없음을 확인하면서 승압할 것
⑤ 기밀시험은 기밀시험압력에서 누설 등의 이상이 없을 때 합격으로 할 것

4-18 용기밸브 검사기준의 시험의 종류 및 방법

1. 내가스성 시험

밸브패킹, 안전밸브패킹, 연결구 씰, 그 밖에 가스가 접촉되는 부분에 사용하는 고무 및 합성수지 부품은 −10℃의 액화부탄가스액, 40℃의 액화부탄 가스액 및 −10℃의 공기 중에서 각각 24시간 방치한 후 팽윤 및 수축에 대한 체적변화량은 시험 전 체적의 20% 이내이고, 가스누출의 우려가 있는 취화 및 연화 등이 없을 것

2. 내압시험

밸브몸통은 2.6MPa 이상의 압력으로 2분간 유지하여 누출 또는 변형이 없을 것

3. 기밀시험

밸브시트의 기밀시험은 0.7MPa의 압력으로 1분간 유지하여 누출이 없을 것

4. 안전밸브 분출량 시험

안전밸브의 분출유량은 다음 식에 의한 계산값보다 클 것

$$Q = 0.0278PW$$

여기서, Q : 분출유량(m^3/min)
P : 작동절대압력(MPa)
W : 용기내용적(L)

5. 안전밸브 작동시험

안전밸브는 2.0MPa 이상 2.2MPa 이하에서 작동하여 분출개시되어야 하고 1.7MPa 이상에서 분출이 정지되는 것일 것

6. 진동시험

기밀시험 압력을 가한 상태에서 진동수 매분 2,000회, 전진폭 2mm로 임의의 한쪽 방향으로 30분간 진동시험을 한 후 누출, 기타의 이상이 없을 것

7. 내구성 시험

밸브시트와 연결구 씰은 밸브를 5만 회 반복개폐 조작한 후 누출이 발생하거나 기계적인 결함이 없을 것

8. 충격시험

밸브를 용기네크링이나 유사한 고정장치에 정확히 연결하고 경화된 강철추를 3m/s 이상의 속도로 몸통의 윗부분(네크링으로부터 약 2/3 위쪽의 몸통)에 밸브의 축 직각 방향에서 100J 충격치를 가하였을 때 용기부착부 나사에서 분당 4기포(기포지름 3.5mm) 이상의 누출이 없을 것

4-19 아세틸렌 충전용기의 용해제 및 다공도 기준

1. 품 질

① 다공질물에 침윤시키는 아세톤의 품질은 KS M 1665(아세톤)에 의한 종류 1호 또는 이와 동등 이상의 품질이어야 한다.

② 다공질물에 침윤시키는 디메틸포름아미드의 품질은 품위 1급 또는 이와 동등 이상의 품질 이어야 한다.

2. 충전량

① 아세톤의 최대충전량은 용기내용적, 다공질물의 다공도에 따라서 다음 표와 같다.

〈다공도에 따른 아세톤 최대 충전량〉

다공질물의 다공도(%) 용기구분	내용적 10L 이하	내용적 10L 초과
90 이상 92 미만	41.8% 이하	43.4% 이하
87 이상 90 미만	–	42.0% 이하
83 이상 90 미만	38.5% 이하	–
80 이상 83 미만	37.1% 이하	–
75 이상 87 미만	–	40.0% 이하
75 이상 80 미만	34.8% 이하	–

② 디메틸포름아미드의 최대충전량은 용기내용적, 다공질물의 다공도에 따라 다음 표와 같다.

〈다공도에 따른 디메틸포름아미드의 최대 충전량〉

다공질물의 다공도(%) 용기구분	내용적 10L 이하	내용적 10L 초과
90 이상 92 미만	43.5% 이하	43.7% 이하
85 이상 90 미만	41.1% 이하	42.8% 이하
80 이상 85 미만	38.7% 이하	40.3% 이하
75 이상 80 미만	36.3% 이하	37.8% 이하

 참고 위의 가목·나목의 표 중 우란의 %는 용제의 충전용량과 용기의 내용적에 대한 백분율임(20℃ 기준)

3. 다공질물의 다공도 측정

다공질물을 용기에 충전한 상태로 온도 20℃에 있어서의 아세톤, 디메틸포름아미드 또는 물의 흡수량으로 측정한다.

4. 다공질물

1) 아세틸렌을 충전하는 용기는 밸브 바로 밑의 가스 취입·취출부분을 제외하고 다공질물을 빈틈없이 채운 것으로서 다음의 다공질물 성능시험에 합격한 것일 것. 다만, 다공질물이 고형일 경우에는 아세톤 또는 디메틸포름아미드를 충전한 다음 용기벽을 따라 용기 직경의 1/200 또는 3mm를 초과하지 아니하는 틈이 있는 것은 무방하다.

2) 다공질물은 아세톤, 디메틸포름아미드 또는 아세틸렌에 의해 침식되는 성분이 포함되지 아니할 것

3) 다공질물 성능시험(다공도시험)

(1) 시험용기

동일제조소에서 제조된 다공질물의 다공도, 조성, 제조방법이 동일하고 아세톤 또는 디메틸포름아미드를 침윤시킨 다공질물을 채운 100개의 용기에 온도 15℃에서 압력이 1.5MPa이 되도록 아세틸렌을 충전한 것 중에서 임의로 5개 이상을 시험용으로 채취한다.

(2) 진동시험

① 다공도가 80% 이상인 다공질물에 대하여는 용기 내의 가스를 방출한 후 용기를 콘크리트 바닥에 놓은 강괴 위에 7.5cm 이상의 높이에서 동체의 축이 수직이 되도록 하여 1,000회 이상 반복 낙하시키는 방법으로 시험하여 시험 후 용기를 세로 방향으로 절단하여 다공질물의 침하·공동·갈라짐 등이 없는 것을 합격으로 한다.

② 다공도가 80% 미만인 다공질물에 대하여는 용기 내의 가스를 방출한 후 이것을 평평한 나무 토막 위에 5.0cm 이상의 높이에서 동체의 축이 수직이 되도록 하여 1,000회 이상 반복 낙하시키는 방법으로 시험하며 시험 후 용기를 세로 방향으로 절단하여 다공질물에 공동이 없고 침하량이 3mm 이하인 것을 합격으로 한다.

4-20 단열성능시험 및 기밀시험

1. 시험용 가스

단열성능시험은 액화질소, 액화산소 또는 액화알곤(이하 "시험용 가스"라 한다.)을 사용하여 실시한다.

2. 시험방법

초저온용기에 시험용 가스를 충전하고, 기상부에 접속된 가스방출밸브를 완전히 열고 다른 모든 밸브는 잠그며, 초저온용기에서 가스를 대기 중으로 방출하여 기화가스량이 거의 일정하게 될 때까지 정지한 후 가스방출밸브에서 방출된 기화량을 중량계(저울) 또는 유량계를 사용하여 측정한다.

3. 시험 시의 충전량

시험용 가스의 충전량은 충전한 후 기화가스량이 거의 일정하게 되었을 때 시험용 가스의 용적이 초저온용기 내용적의 1/3 이상 1/2 이하가 되도록 충전한다.

4. 침입열량의 계산

침입열량은 다음 산식에 의한다.

$$Q = \frac{Wq}{H \cdot \Delta t \cdot V}$$

여기서, Q : 침입열량(kcal/hr · ℃ · L)

W : 기화된 가스량(kg)

q : 시험용 가스의 기화잠열(kcal/kg)

H : 측정기간(hr)

Δt : 시험용 가스의 비점과 대기온도와의 온도차(℃)

V : 초저온용기의 내용적(L)

〈시험가스의 비점과 기화잠열〉

시험용 가스의 종류	비점(℃)	기화잠열(kcal/kg)
액화질소	-196	48
액화산소	-183	51
액화알곤	-186	38

5. 판정

침입열량이 0.0005kcal/hr · ℃ · L(내용적이 1,000L 이상인 초저온용기는 0.002kcal/hr · ℃ · L) 이하의 경우를 합격으로 한다.

6. 재시험방법

단열성능시험에 합격하지 않은 초저온용기는 단열재를 교체하여 재시험을 행할 수 있다.

7. 초저온용기의 기밀시험방법

① 초저온용기의 기밀시험은 외동, 단열재, 밸브 등을 부착한 상태로 실시한다.
② 기밀시험압력은 최고 충전압력의 1.1배의 압력으로 한다.
③ 시험방법은 초저온용기를 상온 부근까지 가열 후 공기 또는 가스로 기밀시험압력 이상이 되도록 가압하여 30분 이상 방치한 후 압력계의 지침이 변화하는 것에 의해 "누출유무"를 확인하여 이상이 없는 것을 합격으로 한다.

4-21 고압가스용기의 표시방법 기준

① 고압가스용기에 사용하는 문자의 색상은 다음과 같다.

〈고압가스용기 표시색상과 문자〉

가스의 종류	문자의 색상		가스의 종류	문자의 색상	
	공업용	의료용		공업용	의료용
액화석유가스	적색	–	질소	백색	백색
수소	백색	–	아산화질소	백색	백색
아세틸렌	흑색	–	헬륨	백색	백색

가스의 종류	문자의 색상		가스의 종류	문자의 색상	
	공업용	의료용		공업용	의료용
액화암모니아	흑색	–	에틸렌	백색	백색
액화염소	백색	–	사이클로프로판	백색	백색
산소	백색	녹색	그 밖의 가스	백색	–
액화탄산가스	청색	백색			

② 용기에 사용하는 문자의 크기, 의료용 때의 표시방법은 다음과 같다(다만, 내용적 20 미만 용기의 문자크기는 1 이상으로 한다).

㉠ 일반 · 공업용

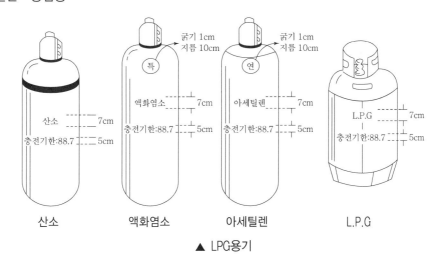

▲ LPG용기

㉡ 의료용

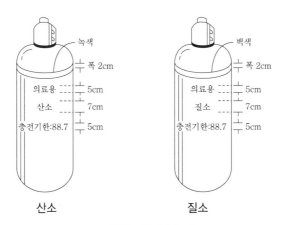

▲ 일반고압가스용기

③ 가연성 및 독성가스에 각각 표시하는 "연" 및 "독" 자는 적색으로 하되, 수소는 백색으로 한다.

④ 유통 중인 고압가스용기는 가스명 표시부분 아래에 적색으로 그 충전기한을 표시하여야 한다.

⑤ 용기의 재검사 합격표시는 다음 그림과 같다.

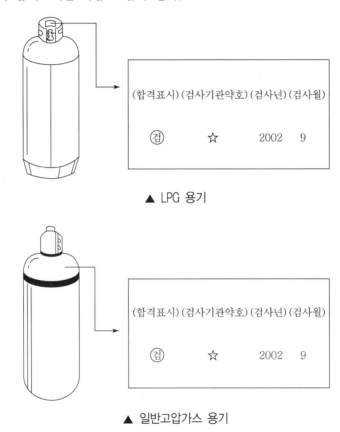

▲ LPG 용기

▲ 일반고압가스 용기

물분무장치의 설치기준

1. 적용시설

가연성가스저장탱크(액화가스는 3Ton, 압축가스는 300m³ 이상)가 상호 인접한 경우 또는 산소저장탱크와 인접된 경우로서 상호 간 거리가 1m 또는 그 저장탱크의 최대 직경의 1/4 중큰 거리를 유지하지 못한 경우에 적용한다.

2. 설치기준

적용면적에 대하여 다음 표와 같이 설치한다.

〈물분무장치의 설치기준〉

설비 구분	저장탱크내화 구조상 구분	노출된 경우	내화구조 저장탱크	준내화구조 저장탱크	비고
산소탱크와 가연성가스 탱크의 상호 인접 시	물분무장치의 저장탱크 표면적 1m²당 분사량	8L/min	4L/min	6.5L/min	소화전 ① 위치 : 40m 이내 ② 호스끝수압 : 0.35MPa 이상 ③ 방수능력 : 400L/min ④ 수원 : 최대수량 30분 이상 연속 방사 수원 ⑤ 조작위치 : 저장탱크 외면 15m 이상 떨어진 곳
	소화전 1개당 설치할 저장탱크 표면적	30m²	60m²	38m²	
가연성가스탱크와 가연성가스탱크의 상호 인접 시	물분무장치의 저장탱크 표면적 1m²당 분사량	7L/min	2L/min	4.5L/min	
	소화전 1개당 설치할 저장탱크 표면적	35m²	125m²	55m²	

4-23 저장탱크의 내열구조 및 냉각살수장치 등의 기준

■ 적용범위

저장탱크에 대하여 강구하여야 할 내열구조 및 냉각살수장치 등과 저장탱크에 부속된 펌프, 압축기 등이 설치된 가스설비 및 탱크로리이입, 충전장소에 설치하여야 할 냉각살수장치에 적용한다.

〈내열구조 및 냉각살수장치 등의 기준〉

살수장치 구분	내화구조 저장탱크	준내화구조 저장탱크	비고
물분무장치의 저장탱크 표면적 1m²당 분사량	5L/min	2.5L/min	소화전 ① 위치 : 40m 이내
소화전 1개당 설치할 저장탱크 표면적	40m²	85m²	② 호스끝수압 : 0.25MPa 이상 ③ 방수능력 : 350L/min ④ 수원 : 최대수량 30분 이상 연속방사 수원
기타	① 높이 1m 이상의 지주에는 50mm 이상의 내화 콘크리트로 피복하거나, 분부장지 또는 소화전을 지주에 대하여 살수할 것 ② 분무장치와 소화전은 매월 1회 이상 작동상황을 점검하고 기록할 것		

4-24 방류둑 설치기준

1. 방류둑 기준

저장탱크 내의 액화가스가 액체상태로 유출되는 것을 방지하기 위하여 설치하는 것으로 다음의 경우 방류둑을 설치한 것으로 본다.
① 저장탱크 등의 저부가 지하에 있고 주위피트상 구조로 되어 있는 것으로 그 용량 이상인 것
② 지하에 묻은 저장탱크 등으로서 그 저장탱크 내의 액화가스가 전부 유출된 경우에 그 액면이 지면보다 낮도록 된 구조인 것
③ 저장탱크 등의 주위에 충분한 안전용 공지가 확보된 경우

2. 적용 범위

① 고압가스 제조시설의 가연성 및 산소의 액화가스 저장능력이 1,000톤(독성가스는 5톤) 이 상일 경우
② 냉동제조시설의 독성가스를 냉매로 사용하는 수액기의 내용적 10,000L 이상인 경우
③ 액화석유가스 저장시설의 LPG 저장능력이 1,000톤 이상인 경우
④ 도시가스시설 중 가스도매사업에서 LPG 저장능력이 500톤(일반도시가스는 1,000톤) 이상 인 경우

3. 방류둑 용량

① 저장탱크의 저장능력에 상당하는 용적 이상으로 한다.(단, 액화산소는 저장능력의 상당용 량의 60% 이상으로 한다.)
② 2기 이상의 저장탱크를 집합방류둑 내에 설치한 저장탱크에는 당해 저장탱크 중 최대 저장 탱크의 저장능력 상당용적에 잔여저장탱크의 총 저장능력 상당용량 10%를 합하여 산정한 다.(이때, 칸막이가 있을 경우 칸막이 높이는 방류둑보다 10cm 낮게 한다.)
③ 액화석유가스의 종류 및 저장능탱크 내의 압력구분에 따라 기화하는 액화석유가스의 용적 을 저장능력 상당용적에서 다음 표에 의해 감한 용적으로 할 수 있다.

〈프로판 저장탱크의 경우〉

압력 범위	0.2MPa 이상~ 0.4MPa 미만	0.4MPa 이상~ 0.7MPa 미만	0.7MPa 이상~ 1.1MPa 미만	1.1MPa 이상
감한 용량	90%	80%	70%	60%

〈부탄 저장탱크의 경우〉

압력 범위	0.1MPa 이상~0.25MPa 미만	0.25MPa 이상
감한 용량	90%	80%

4. 방류둑의 구조 및 기준

① 방류둑의 재료는 철근콘크리트, 철골·철근콘크리트, 금속, 흙 또는 이들을 혼합한 액밀한 구조일 것
② 액이 체류하는 표면적은 가능한 한 적게 할 것(대기와 접하는 부분이 많으면 기화량 증대)
③ 높이에 상당하는 당해 가스의 액두압에 견딜 수 있을 것

④ 배관관통부의 틈새로부터 누설방지 및 방식조치를 할 것

⑤ 금속재료는 당해 가스에 부식되지 않게 방식 및 방청조치를 할 것

⑥ 방류둑 내에 고인 물을 외부에 배출하기 위한 배수조치를 할 것

⑦ 가연성 및 독성 또는 가연성과 조연성의 액화가스 방류둑을 혼합배치하지 말 것

⑧ 방류둑의 내면과 그 외면으로부터 10[m] 이내에는 저장 탱크 부속설비 이외의 것을 설치하지 아니할 것

⑨ 성토는 수평에 대하여 45[°] 이하의 구배를 가지고 성토한 정상부의 폭은 30[cm] 이상일 것

⑩ 방류둑의 계단 및 사다리는 출입구 둘레 50[m]마다 1개 이상 설치하고 그 둘레가 50[m] 미만일 경우는 2개소 이상 분산 설치할 것

⑪ 저장탱크를 건물 내에 설치한 경우에는 그 건물구조가 방류둑의 구조를 갖는 것일 것

4-25 액화석유가스의 배관의 설치

1) 지상 노출되는 배관은 차량 등에 추돌 위험이 없는 안전한 장소로 다음의 기준으로 한다.

① "ㄷ" 형태로 가공한 방호철판에 의한 방호구조물은 다음 기준에 의한다.

    ㉠ 방호철판의 두께는 4mm 이상이고 재료는 KS D 3503(일반구조용압연강재) 또는 이와 동등 이상의 기계적 강도가 있는 것일 것

    ㉡ 방호철판은 부식을 방지하기 위한 조치를 할 것

    ㉢ 방호철판 외면에는 야간식별이 가능한 야광테이프 또는 야광페인트에 의해 가스배관임을 알려주는 경계표지를 할 것

    ㉣ 방호철판의 크기는 1m 이상으로 하고 앵커볼트 등에 의해 건축물 외벽에 견고하게 고정 설치할 것

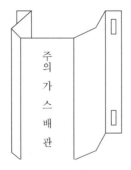

▲ 가스배관 방호철판 표시 예

ⓜ 방호철판과 배관은 서로 접촉되지 않도록 설치하고 필요한 경우에는 접촉을 방지하기 위한 조치를 할 것

② 파이프를 "ㄷ" 형태로 가공한 강관제 구조물에 의한 방호구조물은 다음 기준에 의한다.

　ⓐ 방호파이프는 호칭지름 50A 이상으로 하고 재료는 KS D 3507(배관용탄소강관) 또는 이와 동등 이상의 기계적 강도가 있는 것일 것

　ⓑ 강관제 구조물은 부식을 방지하기 위한 조치를 할 것

　ⓒ 강관제 구조물 외면에는 야간식별이 가능한 야광테이프 또는 야광페인트에 의해 가스배관임을 알려주는 경계표지를 할 것

　ⓓ 그 밖에 강관재 구조물의 크기 및 설치방법은 ①의 ⓓ 및 ⓜ의 기준에 따른다.

③ "ㄷ" 형태의 철근콘크리트재 방호구조물은 다음 기준에 의한다.

　ⓐ 철근콘크리트재는 두께 10cm 이상, 높이 1m 이상으로 할 것

　ⓑ 철근콘크리트재 구조물 외면에는 야간식별이 가능한 야광테이프 또는 야광페인트에 의해 가스배관임을 알려주는 경계표지를 할 것

　ⓒ 철근콘크리트재 구조물은 건축물 외벽에 견고하게 고정 설치할 것

　ⓓ 철근콘크리트에 의한 방호구조물과 배관은 서로 접촉되지 않도록 설치하고 필요한 경우에는 접촉을 방지하기 위한 조치를 할 것

2) 배관을 지하에 매설할 경우 다음의 기준으로 한다.

① 배관은 지면으로부터 최소한 1m 이상의 깊이에 매설할 것이며 공로의 지하에 있어서는 그 위를 통과하는 차량의 교통량 및 배관의 관경 등을 고려하여 더 깊은 곳에 매설하여야 한다.

② 차량의 교통량의 특히 많은 공로의 횡단부 지하에 있어서는 지면으로부터 1.2m 이상의 깊이에 매설하여야 한다.

③ 정한 깊이에 매설할 수 없는 경우에는 커버플레이트, 케이싱 등을 사용 또는 배관의 두께를 증가시키는 조치를 하여야 한다.

④ 철도의 횡단부 지하에는 지면으로부터 1.2m 이상인 깊이에 매설하고 또한 강재의 케이싱을 사용하여 보호하여야 한다.

⑤ 되메움(Backfill)은 다음과 같다.

　ⓐ 배관에 작용하는 하중을 분산시켜주고 도로의 침하 등을 방지하기 위하여 침상재료 상단에서 도로노면까지 포설하는 재료를 말한다.

　ⓑ 되메움재는 암편이나 굵은 돌이 포함되지 않은 양질의 흙을 사용할 것. 다만, 유기질토(이탄 등)·실트·점토질 등 연약한 흙은 제외한다.

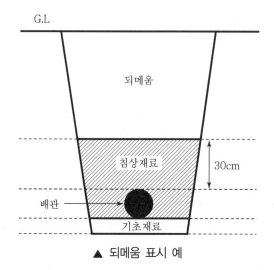

▲ 되메움 표시 예

ⓒ 배관상단으로부터 30cm마다 다짐을 실시한다.

4-26 잔가스제거장치 기준

액화석유가스 충전소의 용기보수 설비의 잔가스제거장치는 다음의 기준으로 한다.

1) 용기에 잔류하는 액화석유가스를 회수할 수 있는 용기전도대를 갖추어야 한다.

2) 다음 기준에 적합한 압축기 또는 액송용펌프를 갖추어야 한다.

　① 압축기는 유분리기 및 응축기가 부착되어 있고 0MPa 이상 0.05MPa 이하의 압력 범위에서 자동으로 정지할 것

　② 액송용 펌프에는 잔류가스에 포함된 이물질을 제거할 수 있는 스트레이너(strainer)를 부착할 것

3) 회수한 잔가스를 저장하기 위한 전용 저장탱크를 다음 기준에 적합하도록 설치하여야 한다.

　① 저장탱크의 내용적은 1,000L 이상일 것

　② 압축기를 사용하는 경우에는 가목에서 규정하는 저장탱크를 2기 이상 설치할 것. 다만, 열교환기(응축기를 포함한다)를 사용하는 경우에는 당해 열교환기가 분리탱크로서의 기능을 만족시킬 수 있는 경우에는 1기로 할 수 있다.

4) 다음 기준에 적합한 잔가스배출관 또는 잔가스연소장치를 갖추어야 한다.

⑴ 잔가스배출관

① 잔가스배출관은 방출량에 따라 화기취급시설 외면으로부터 다음 거리를 유지할 것

방출량	유지하여야 할 거리
30g/분 이상	8m 이상
60g/분 이상	10m 이상
90g/분 이상	12m 이상
120g/분 이상	14m 이상
150g/분 이상	16m 이상

② 배출관의 높이는 지상 5m 이상으로서 그 주변건물의 높이보다 높고 상향으로 개구되어 있는 것일 것

③ 용기와 잔가스배출관 사이에는 배출하는 잔가스의 탈취를 위한 설비가 설치되어 있을 것. 다만, 주위의 상황에 따라 위해 요인이 없다고 명백히 인정되는 경우에는 그러하지 아니하다.

⑵ 잔가스연소장치

잔가스를 회수 또는 배출하는 설비(용기 내부를 물로 세척하는 설비를 포함한다.)로부터 8m 이상의 거리를 유지하는 장소에 설치한 것일 것

 4-27 **가스용 폴리에틸렌관 설치기준**

1) 가스용 폴리에틸렌관 설치기준은 다음과 같다.

① 관은 매몰하여 시공하여야 한다. 다만, 지상배관의 연결을 위하여 금속관을 사용하여 보호조치를 한 경우에는 지면에서 30cm 이하로 노출하여 시공할 수 있다.

② 관의 굴곡허용반경은 외경의 20배 이상으로 하여야 한다. 다만, 굴곡반경이 외경의 20배 미만일 경우에는 엘보를 사용한다.

③ 관의 매설위치를 지상에서 탐지할 수 있는 탐지형 보호포·로케팅와이어(굵기는 6mm² 이상) 등을 설치한다.

④ 관은 온도가 40℃ 이상이 되는 장소에 설치하지 아니하여야 한다. 다만, 파이프슬리브 등을 이용하여 단열조치를 한 경우에는 그러하지 아니하다.

⑤ 폴리에틸렌융착원 양성교육을 이수한 자가 한다.

2) 폴리에틸렌관 압력범위에 따른 두께관을 사용한다.

SDR	압력
11 이하	0.4MPa 이하
17 이하	0.25MPa 이하
21 이하	0.2MPa 이하

여기서, SDR(Standard Dimension Ration)=D(외경)/t(최소두께)

3) 폴리에틸렌관의 열융착이음은 다음과 같다.

① 열융착이음은 다음 각 호의 기준에 적합하게 실시한다.

㉠ 맞대기 융착(Butt Fusion)은 관경 75mm 이상의 직관과 이음관 연결에 적용하되 다음 기준에 적합할 것

ⓐ 비드(Bead)는 좌·우 대칭형으로 둥글고 균일하게 형성되어 있을 것

ⓑ 비드의 표면은 매끄럽고 청결할 것

ⓒ 접합면의 비드와 비드 사이의 경계부위는 배관의 외면보다 높게 형성될 것

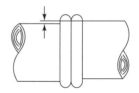

▲ 맞대기 융착 이음부 연결오차

ⓓ 이음부의 연결오차(v)는 배관 두께의 10% 이하일 것

ⓔ 호칭지름별 비드폭은 원칙적으로 다음 식에 의해 산출한 최소치 이상 최대치 이하이고 산출 예는 다음 표와 같다.

[식] 최소=3+0.5t, 최대=5+0.75t(t=배관두께)

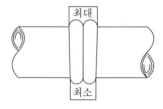

▲ 비드폭 구분

〈호칭지름에 따른 비드폭〉

호칭지름	비드폭(mm)		
	제1호관	제2호관	제3호관
75	7~11	–	–
100	8~13	6~10	–
125	–	7~11	–
150	11~16	8~12	7~11
175	–	9~13	8~12
200	13~20	9~15	8~13

ⓛ 소켓융착(Socket Fusion)은 다음 기준에 적합하게 실시한다.

ⓐ 용융된 비드는 접합부 전면에 고르게 형성되고 관 내부로 밀려나오지 않도록 할 것

ⓑ 배관 및 이음관의 접합은 수평을 유지할 것

ⓒ 비드 높이(h)는 이음관의 높이(H) 이하일 것

▲ 소켓 융착

ⓓ 융착작업은 홀더(Holder) 등을 사용하고 관의 용융부위는 소켓 내부 경계턱까지 완전히 삽입되도록 할 것

ⓔ 시공이 불량한 융착이음부는 절단하여 제거하고 재시공할 것

ⓒ 새들 융착(Saddle Fusion)은 다음 기준에 적합하게 실시한다.

ⓐ 접합부 전면에는 대칭형의 둥근형상 이중비드가 고르게 형성되어 있을 것

ⓑ 비드의 표면은 매끄럽고 청결할 것

ⓒ 접합된 새들은 배관과 수직 및 수평을 유지할 것

ⓓ 비드의 높이(h)는 이음관 높이(H) 이하일 것

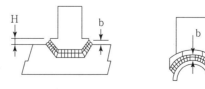

▲ 새들 융착

ⓔ 시공이 불량한 융착이음부는 절단하여 제거하고 재시공할 것

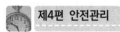
 4-28 가스누출경보차단장치의 제조

1) 경보장치는 차단방식에 따라 다음과 같이 분류한다.

① 핸들작동식 : 밸브핸들을 움직여 차단하는 방식
② 밸브직결식 : 차단부와 밸브스템이 직접 연결되는 방식
③ 전자밸브식 : 차단부를 솔레노이드 밸브로 사용한 방식
④ 플런저작동식 : 차단부가 유압액추에이터로 구동되는 방식

2) 경보차단장치의 제조기술기준은 다음과 같다.

① 경보차단장치는 차단부의 사용압력에 따라 다음과 같이 구분한다.

〈가스누설 경보차단장치 구분〉

종류	사용압력
중압용	0.1MPa 이상
준저압용	0.01MPa~0.1MPa 미만
저압용	0.01MPa 미만

② 경보차단장치는 검지부, 제어부 및 차단부로 구성되어 있는 구조로서, 원격개폐가 가능하고 누출된 가스를 검지하여 경보를 울리면서 자동으로 가스통로를 차단하는 구조이어야 한다.
③ 제어부는 벽 등에 나사못 등으로 확실하게 고정시킬 수 있는 구조이어야 한다.
④ 차단부 및 옥외용 제어부는 사용상태에서 빗물이나 눈 등이 들어가지 않는 구조이어야 한다.
⑤ 검지부는 방수구조(가정용은 제외)로서 소방법에 의한 검정품이고, 다음과 같은 사항이 표시된 것이어야 한다.
　㉠ 용도 및 사용가스명
　㉡ 제조연월(또는 제조번호)
　㉢ 품질보증기간(설치한 날로부터 가정용 3년, 영업용 2년)
　㉣ 제조자명 및 A/S 연락처(전화번호)
⑥ 교류전원을 사용하는 경보차단장치는 전압이 정격전압의 90% 이상 110% 이하일 때 사용상 지장이 없는 것이어야 한다.
⑦ 교류전압을 사용하는 경보차단장치는 충전부와 비충전 금속부와의 사이 및 변압기의 선로상호 간의 절연저항이 직류 500V를 가했을 때 5MΩ 이상이어야 한다.

⑧ 제어부는 −10℃ 이하 및 40℃(상대습도 90% 이상)에서 각각 1시간 이상 유지한 후 10분 이내에 작동시험을 실시하여 이상이 없어야 한다.

⑨ 차단부를 연상태로 −30℃ 및 75℃에서 각각 30분간 방치한 후 10분 이내에 작동시험 및 기밀시험을 실시하여 이상이 없어야 한다.

⑩ 차단부는 중압용에 대하여는 3MPa, 준저압용에 대하여는 0.8MPa, 저압용에 대하여는 0.3MPa의 수압으로 1분간 내압시험을 할 때 누출 및 파손 등이 없어야 한다. 다만, 차단부의 구조상 물을 사용하는 것이 곤란한 경우에는 공기 또는 질소 등의 기체로 가압시험을 실시할 수 있다.

⑪ 차단부는 다음 표의 압력으로 기밀시험을 하여 외부누출이 없고, 내부누출량이 1시간당 0.55L 이하이어야 한다.

〈경보차단장치 기밀시험 압력〉

종류		시험압력
중압용		1.8MPa 이상
준저압용		0.15MPa 이상
저압용	외부누출	0.035MPa 이상
	내부누출	8.4MPa 이상

⑫ 차단부의 유량은 표시치의 ±5% 이내일 것

04 연습문제

01 LP가스 용기를 제작하여 분체도료(폴리에스테르계) 도장을 하려 한다. 최소 도장 두께와 도장 횟수는?

㉮ 25μm, 1회 이상

㉯ 25μm, 2회 이상

㉰ 60μm, 1회 이상

㉱ 60μm, 2회 이상

해설 폴리에스테르계 : 최소 도장 두께 60μm 이상, 도장 횟수 1회 이상

02 위험평가는 크게 정성적 위험평가와 정량적 위험평가로 구분할 수 있다. 정량적 위험평가의 대표적인 기법으로, 하나의 특정한 사고에 집중한 연역적 기법으로 사건의 원인을 결정하는 위험평가기법은?

㉮ HAZOP

㉯ FTA

㉰ ETA

㉱ FMEA

해설 FTA(결함수분석) 기법 : 정량적 안전성 평가기법이다.

03 산소저장탱크의 주위에는 액상의 가스가 누출된 경우에 대비하여 방류둑을 설치해야 하는데, 저장능력이 얼마 이상일 때인가?

㉮ 5톤 이상

㉯ 500톤 이상

㉰ 1,000톤 이상

㉱ 3,000톤 이상

해설 ① 산소나 LPG 가스의 탱크 저장량이 1,000톤 이상이면 방류둑이 필요하다.
② 가연성 가스는 500톤 이상, 독성 가스는 5톤 이상이면 방류둑 설치

04 고압가스 제조판매자가 실시하는 용기의 안전점검 및 유지관리 기준이 아닌 것은?

㉮ 운전 중 기계장치의 온습도 상승 여부

㉯ 용기 내·외면의 부식, 금, 주름 여부

㉰ 용기도색 여부

㉱ 밸브 개폐조작이 쉬운 핸들부착 여부

해설 용기의 안전점검 및 유지관리에서 기계장치의 온습도 상승 여부와는 관련성이 없는 내용이다.

05 후부취출식 탱크에서 탱크 주밸브 및 긴급 차단장치에 속하는 밸브와 차량의 뒤범퍼와의 수평거리는 규정상 얼마나 되는가?

㉮ 20cm 이상

㉯ 30cm 이상

㉰ 40cm 이상

㉱ 60cm 이상

해설 ① 후부취출식 : 40cm 이상
② 후부취출식 외의 것 : 30cm 이상
③ 범퍼와의 거리 : 20cm 이상

06 독성가스의 가스설비에 관한 배관 중 2중관으로 하여야 하는 가스는?

㉮ 염화메탄

㉯ 이황화탄소

㉰ 일산화탄소

㉱ 벤젠

해설 독성배관의 2중관 배관 고압가스의 종류
① 아황산가스 ② 암모니아
③ 염소 ④ 염화메탄
⑤ 산화에틸렌 ⑥ 시안화수소
⑦ 포스겐 ⑧ 황화수소

정답 01.㉰ 02.㉯ 03.㉰ 04.㉮ 05.㉰ 06.㉮

07 기업활동 전반을 시스템으로 보고 시스템 운영 규정을 작성·시행하여 사업장에서의 사고 예방을 위한 모든 형태의 활동 및 노력을 효과적으로 수행하기 위한 체계적이고 종합적인 안전관리체계를 의미하는 것은?

㉮ MMS   ㉯ SMS
㉰ CRM   ㉱ SSS

해설 SMS : 종합적인 안전관리체계

08 다음 중 공정 및 설비의 오류, 결함상태, 위험상황 등을 목록화한 형태로 작성하여 경험적으로 비교함으로써 위험성을 정성적으로 파악하는 안전성평가기법은?

㉮ 체크리스트(Checklist) 기법
㉯ 작업자 실수분석(Human Error Analysis : HEA) 기법
㉰ 사고예상질문 분석(WHAT - IF) 기법
㉱ 위험과 운전분석(Hazard And Operablity Studies : HAZOP) 기법

해설 체크리스트 기법이란 경험적으로 비교하여 위험성을 정성적으로 파악하는 안전성 평가기법이다.

09 특수강제조 시 탄화물을 생성시키는 원소가 아닌 것은?

㉮ W   ㉯ Ti
㉰ V   ㉱ Cr

해설 텅스텐(W) : 고온에서 인장강도 및 경도성 증가용 특수강으로 첨가한다.

10 방류둑의 구조기준으로 옳지 않은 것은?

㉮ 성토의 수평에 대한 기울기는 30° 이하로 한다.
㉯ 방류둑은 그 높이에 상당하는 액화가스의 액두압에 견딜 수 있어야 한다.
㉰ 방류둑은 액밀한 것이어야 한다.
㉱ 성토 윗부분의 폭은 30cm 이상으로 한다.

해설 방류둑의 구조기준은 성토의 수평에 대한 기울기는 45° 이하

11 분출압력 20kg/cm^2 · g에서 작동되는 스프링식 안전밸브가 있다. 밸브 지름이 5cm이면 스프링의 힘은 얼마인가?

㉮ 392.5kg   ㉯ 395.3kg
㉰ 398.4kg   ㉱ 401.3kg

해설 $A = \dfrac{\pi}{4}D^2 = \dfrac{3.14}{4} \times (5)^2 = 19.625\,cm^2$
$\therefore 20 \times 19.625 = 392.5\,kg$

12 독성가스 누출을 대비하기 위하여 충전설비에 제해설비를 한다. 제해설비를 하지 아니하여도 되는 독성가스는?

㉮ 아황산가스   ㉯ 암모니아
㉰ 염소   ㉱ 사염화탄소

해설 아황산가스, 암모니아, 염소, 염화메탄, 산화에틸렌, 시안화수소, 포스겐, 황화수소의 충전설비에는 재해설비를 갖출 것

정답 07.㉯ 08.㉮ 09.㉮ 10.㉮ 11.㉮ 12.㉱

13 내용적 50L인 용기에 40kg/cm²의 수압을 걸었더니 내용적이 50.8L가 되었고 압력을 제거하여 대기압으로 하였을 때 내용적이 50.02L가 되었다면 이 용기의 항구증가율은 얼마이며, 이 용기는 사용이 가능한가?

㉮ 1.6%, 가능   ㉯ 1.6%, 불능

㉰ 2.5%, 가능   ㉱ 2.5%, 불능

해설 50.8 − 50 = 0.8L
50.02 − 50 = 0.02L
∴ $\frac{0.02}{0.8} \times 100 = 2.5\%$

14 고압가스제조시설로서 정밀안전검진을 받아야 하는 노후시설은 최초의 완성검사를 받은 날부터 얼마를 경과한 시설을 말하는가?

㉮ 7년   ㉯ 10년

㉰ 15년   ㉱ 20년

해설 고압가스제조시설로서 15년 경과한 노후시설은 정밀안전검진이 필요하다.

15 도시가스배관은 지진발생 시 피해규모에 따라 내진등급을 구분하고 있다. 내진1등급 배관을 옳게 나타낸 것은?

㉮ 최고사용압력이 0.5MPa 이상인 배관

㉯ 최고사용압력이 3MPa 이상인 배관

㉰ 최고사용압력이 5MPa 이상인 배관

㉱ 최고사용압력이 6.9MPa 이상인 배관

해설 도시가스의 배관 내진 1등급은 5kg/cm²(0.5MPa) 이상의 배관에 적용한다.

16 독성 가스의 배관 중 2중관의 외층관 내경은 내층관 외경의 몇 배로 하여야 하는가?

㉮ 1.2배 이상   ㉯ 1.5배 이상

㉰ 2.0배 이상   ㉱ 2.5배 이상

해설 독성가스 2중관의 외층관 내경은 내층관 외경의 1.2배 이상이다.

17 다음 독성가스 중 허용농도가 가장 낮은 가스는?

㉮ 암모니아   ㉯ 염소

㉰ 산화에틸렌   ㉱ 포스겐

해설 독성 허용농도
① 암모니아 : 25ppm
② 염소 : 1ppm
③ 산화에틸렌 : 50ppm
④ 포스겐 : 0.1ppm(독성이 가장 크다.)

18 외경이 20[cm]이고 구경의 두께가 5[mm]인 강관이 내압 10[kg/cm²]을 받았을 때, 관에 생기는 원주방향 응력은?

㉮ 190[kg/cm²]   ㉯ 200[kg/cm²]

㉰ 100[kg/cm²]   ㉱ 95[kg/cm²]

해설 내경(D) = 20cm − (0.5×2) = 19cm

$$\sigma_2 = \frac{P \cdot D}{2t} = \frac{10 \times 19}{2 \times \frac{5}{10}} = 190 \text{kg/cm}^2$$

여기서, t(cm) : 두께
P(kg/cm²) : 압력
D(cm) : 내경
σ_2(kg/cm²) : 원주인장응력

19 가스소비량이 200,000kcal/h 이하인 온수보일러의 성능기준에서 최대가스 소비량은 표시치의 얼마 이내이어야 하는가?

㉮ ±10% 이내

㉯ ±5% 이내

㉰ ±3% 이내

㉱ ±1% 이내

정답 13.㉰ 14.㉰ 15.㉮ 16.㉮ 17.㉱ 18.㉮ 19.㉮

20 가연성가스를 차량에 고정된 탱크에 의하여 운반할 때 갖추어야 할 소화기의 능력단위 및 비치개수가 옳게 짝지어진 것은?

㉮ ABC용, B-12 이상 – 차량 좌우에 각각 1개 이상

㉯ AB용, B-12 이상 – 차량 좌우에 각각 1개 이상

㉰ ABC용, B-12 이상 – 차량 1개 이상

㉱ AB용, B-12 이상 – 차량 1개 이상

21 위험성평가의 기법 중 정성적 평가에 해당되는 것은?

㉮ Check List법
㉯ FEA법
㉰ FMEA법
㉱ PRA법

해설 체크리스트(Check List) 기법
공정 및 설비의 오류 결함상태, 위험상황 등을 목록화한 형태로 작성하여 경험적으로 비교함으로써 위험성을 정성적으로 파악하는 안정성평가기법이다.

22 독성가스와 그 제독처리제를 짝지은 것 중 옳지 않은 것은?

㉮ NH₃ – 다량의 물
㉯ Cl₂ – 다량의 물, 염화 제2철
㉰ H₂Se – 금속산화물, 염화 제2철, 알칼리 수용액
㉱ H₂S – 금속산화물, 염화 제2철

해설 염소(Cl_2) 제독제 : 소석회, 탄산소다 수용액, 가성소다 수용액

23 물분무장치 등은 저장탱크의 외면에서 몇 m 이상 떨어진 위치에서 조작이 가능하여야 하는가?

㉮ 15m ㉯ 20m
㉰ 10m ㉱ 5m

해설 물분무장치는 저장탱크의 외면에서 15m 이상 떨어진 위치에서 조작이 가능하여야 한다.

24 고압가스 및 유독물질을 처리하는 공정 등에 적용하는 정량적 위험성 평가기법으로 가장 적절한 것은?

㉮ FTA(Fault Tree Analysis)
㉯ PHA(Preliminary Hazard Analysis)
㉰ FMEA(Failure Mode Effect Analysis)
㉱ FMECIA(Failure Mode Effect Criticality Analysis)

해설 ① 작업자 실수 분석(HEA)
② 사고 예상 질문분석(WHAT-IF)
③ 위험과 운전분석(HAZOP)
④ 결함수 분석(FTA)
⑤ 사건수 분석(ETA)
⑥ 원인결과 분석(CCA)

25 독성가스의 재해설비 중 충전설비에 적합한 기준이 아닌 것은?

㉮ 누출된 가스의 확산을 적절히 방지할 것
㉯ 독성가스의 흡입설비는 적절할 것
㉰ 방독마스크 및 보호구는 항상 사용할 수 있는 상태로 유지할 것
㉱ 누출된 가스가 체류하지 않도록 강제 통풍시설을 할 것

해설 ㉮, ㉯, ㉰항은 독성가스의 재해설비 중 충전설비의 기준이다.

정답 20.㉮ 21.㉮ 22.㉯ 23.㉮ 24.㉮ 25.㉱

26 안전성 평가는 안전평가 전문가로 구성된 팀으로부터 안전평가를 실시해야 한다. 다음 안전평가 전문가로 맞지 않는 것은?

㉮ 공정운전 전문가
㉯ 안전성 평가전문가
㉰ 설계전문가
㉱ 기술용역 진단전문가

해설 안전평가 전문가
① 공정운전 전문가
② 안전성 평가전문가
③ 설계전문가

27 도시가스 전기방식시설의 유지관리에 관한 설명 중 잘못된 것은?

㉮ 관대지전위(管帶地電位)는 1년에 1회 이상 점검한다.
㉯ 외부전원법의 정류기출력은 3개월에 1회 이상 점검한다.
㉰ 배류법의 배류기의 출력은 3개월 1회 이상 점검한다.
㉱ 절연부속품, 역전류장치 등은 1년에 1회 이상 점검한다.

해설 절연부속품, 역전류방지장치, 결선(BONE) 및 보호절연체의 효과는 6개월에 1회 이상 점검하여야 한다.

28 도로 밑 도시가스배관 직상단에는 배관의 위치, 흐름방향을 표시한 라인마크(Line Mark)를 설치(표시)하여야 한다. 직선 배관인 경우 라인마크의 설치간격은?

㉮ 2.5m ㉯ 50m
㉰ 100m ㉱ 150m

해설 도시가스에서 도로법에 의해 라인마크는 직선가스배관길이 50m마다 1개 이상. 단, 주요 분기점, 구부러진 지점 내에서는 50m 이내

29 공정에 존재하는 위험요소들과 공정의 효율을 떨어뜨릴 수 있는 운전상의 문제점을 찾아내어 그 원인을 제거하는 정성적인 안전성 평가기법은?

㉮ 위험과 운전 분석기법(HAZOP)
㉯ 이상위험도 분석기법(FMECA)
㉰ 결함수 분석기법(FTA)
㉱ 작업자실수 분석기법(HEA)

해설 HAZOP(위험과 운전분석기법) : 공정에 존재하는 위험요소들과 공정의 효율을 떨어뜨릴 수 있는 운전상의 문제점을 찾아내어 그 원인을 제거하는 방법

30 전기기기의 방폭구조 선택은 가연성가스의 발화도와 폭발등급에 의해서 좌우된다. 폭발등급은 가연성가스의 어떤 특성치에 의해서 구별되는가?

㉮ 발화온도 ㉯ 최소 발화에너지
㉰ 폭발한계 ㉱ 최대안전틈새

해설 ① 폭발 1등급 안전틈새 간격 : 0.6mm 초과
② 폭발 2등급 안전틈새 간격 : 0.4 초과~0.6 이하
③ 폭발 3등급 안전틈새 간격 : 0.4mm 이하

31 연료용 가스에 주입하는 부취제(냄새가나는 물질)의 측정방법으로 볼 수 없는 것은?

㉮ 오더(Oder)미터법
㉯ 주사기법
㉰ 무취실법
㉱ 시험가스 주입법

해설 부취제 측정법
① 오더미터법
② 무취실법
③ 주사기법

정답 26.㉱ 27.㉱ 28.㉯ 29.㉮ 30.㉱ 31.㉱

32 차량에 고정된 탱크를 운행할 경우에 휴대하여야 할 안전 운행서류철에 포함사항이 아닌 것은?

㉮ 탱크 테이블

㉯ 안전성향상계획서

㉰ 차량등록증

㉱ 고압가스 이동계획서

33 액화석유가스 공급시설에 사용되는 기화기 설치의 장점에 대한 설명 중 가장 거리가 먼 것은?

㉮ 가스조성이 일정하다.

㉯ 공급압력이 일정하다.

㉰ 연속공급이 가능하다.

㉱ 한랭시에도 공급이 가능하다.

해설 기화기는 액화가스를 기화시키는 데 필요한 기기이다.

과년도 기출문제

2017년 3월 5일 시행

제1과목 : 연소공학

01 부피로 Hexane 0.8v%, Methane 2.0v%, Ethylene 0.5v%로 구성된 혼합가스의 LFL을 계산하면 약 얼마인가? (단, Hexane, Methane, Ethy-lene의 폭발하한계는 각각 1.1v%, 5.0v%, 2.7v%라고 한다.)

① 2.5%
② 3.0%
③ 3.3%
④ 3.9%

해설 혼합가스 폭발하한계(LFL)

$$LFL = \frac{0.8+2.0+0.5}{\left(\frac{0.8}{1.1}\right)+\left(\frac{2.0}{5.0}\right)+\left(\frac{0.5}{2.7}\right)} = 2.5\%$$

02 수소의 연소반응식이 다음과 같을 경우 1mol의 수소를 일정한 압력에서 이론산소량으로 완전연소시켰을 때의 온도는 약 몇 K인가? (단, 정압비열은 10cal/mol · K, 수소와 산소의 공급온도는 25℃, 외부로의 열손실은 없다.)

$$H_2 + \frac{1}{2}O_2 \rightarrow H_2O(g) + 57.8kcal/mol$$

① 5,780
② 5,805
③ 6,053
④ 6,078

해설 이론연소가스온도 계산(T)

$$T_2 = \frac{Hl}{G_o \cdot C_p}, \quad \Delta H = C_p \cdot \Delta t = C_p(T_2 - T_1)$$

T_2(연소 후 온도)

$$= (273+25) + \frac{57.8 \times 10^3}{10} = 6,078K$$

• 1kcal = 10^3cal

03 표준상태에서 질소가스의 밀도는 몇 g/L인가?

① 0.97
② 1.00
③ 1.07
④ 1.25

해설 밀도(ρ) $= \frac{질량}{부피} = \frac{28g}{22.4L} = 1.25g/L$

• 1몰 22.4L = 분자량값(질소 = 28)

04 프로판(C_3H_8)과 부탄(C_4H_{10})의 혼합가스가 표준상태에서 밀도가 2.25kg/m³이다. 프로판의 조성은 약 몇 %인가?

① 35.16
② 42.72
③ 54.28
④ 68.53

해설 밀도 $= \frac{질량}{부피}$ (kg/m³)

프로판 몰수가 x라면 부탄 몰수는 $(1-x)$가 된다.
C_3H_8 22.4m³=44kg, C_4H_{10} 22.4m³=58kg

$\frac{44}{22.4} = 1.964kg/m^3, \quad \frac{58}{22.4} = 2.589kg/m^3$

$1.964x + 2.589(1-x) = 2.25$

∴ $x = 0.5424(54.24\%)$

05 열전도율 단위는 어느 것인가?

① kcal/m · h · ℃
② kcal/m² · h · ℃
③ kcal/m² · ℃
④ kcal/h

해설 ① 열전도율
② 열관류율, 열전달률
④ 발생열량 또는 손실열량

정답 1.① 2.④ 3.④ 4.③ 5.①

06 연소의 3요소 중 가연물에 대한 설명으로 옳은 것은?

① 0족 원소들은 모두 가연물이다.
② 가연물은 산화반응 시 발열반응을 일으키며 열을 축적하는 물질이다.
③ 질소와 산소가 반응하여 질소산화물을 만드므로 질소는 가연물이다.
④ 가연물은 반응 시 흡열반응을 일으킨다.

해설
- 가연물 : 발열반응
- 0족 원소 : 불활성 기체
- 가연물 : 산화 시 발열반응
- 질소 : 불연성 가스

07 액체 시안화수소를 장기간 저장하지 않는 이유는?

① 산화폭발하기 때문에
② 중합폭발하기 때문에
③ 분해폭발하기 때문에
④ 고결되어 장치를 막기 때문에

해설 액체 시안화수소(HCN)
오래된 시안화수소는 소량의 수분(2%) 등이 혼합하면 중합폭발을 일으킨다.(독성농도가 강하고 폭발범위가 6~41%이며, 가연성 독성가스이다.)

08 대기 중에 대량의 가연성 가스나 인화성 액체가 유출되어 발생 증기가 대기 중의 공기와 혼합하여 폭발성인 증기운을 형성하고 착화 폭발하는 현상은?

① BLEVE
② UVCE
③ Jet Fire
④ Flash Over

해설
① BLEVE : 비등액체 팽창 증기 폭발
② UVCE : 증기운 폭발
③ Jet Fire : 고속화염
④ Flash Over : 발화원 위치점

09 다음 보기에서 설명하는 소화제의 종류는?

[보기]
㉠ 유류 및 전기화재에 적합하다.
㉡ 소화 후 잔여물을 남기지 않는다.
㉢ 연소반응을 억제하는 효과와 냉각소화 효과를 동시에 가지고 있다.
㉣ 소화기의 무게가 무겁고, 사용 시 동상의 우려가 있다.

① 물
② 할론
③ 이산화탄소
④ 드라이케미컬분말

10 기체연료의 예혼합연소에 대한 설명 중 옳은 것은?

① 화염의 길이가 길다.
② 화염이 전파하는 성질이 있다.
③ 연료와 공기의 경계에서 주로 연소가 일어난다.
④ 연료와 공기의 혼합비가 순간적으로 변한다.

해설 기체연료의 연소방법에는 확산연소, 예혼합연소 2가지가 있으며, 가스와 공기를 사전에 혼합하는 예혼합연소는 역화 발생 우려 및 화염 전파 성질이 있다.

11 연료의 구비조건이 아닌 것은?

① 발열량이 클 것
② 유해성이 없을 것
③ 저장 및 운반 효율이 낮을 것
④ 안전성이 있고 취급이 쉬울 것

해설 연료의 구비조건
저장이 간편하고 운반이 용이해야 하며, 열효율이 높아야 한다.

정답 6.② 7.② 8.② 9.③ 10.② 11.③

12 불활성화에 대한 설명으로 틀린 것은?

① 가연성 혼합가스에 불활성 가스를 주입하여 산소의 농도를 최소산소농도 이하로 낮게 하는 공정이다.
② 이너트 가스로는 질소, 이산화탄소 또는 수증기가 사용된다.
③ 이너팅은 산소농도를 안전한 농도로 낮추기 위하여 이너트 가스를 용기에 처음 주입하면서 시작한다.
④ 일반적으로 실시되는 산소농도의 제어점은 최소산소농도보다 10% 낮은 농도이다.

해설 ④ 최고산소농도보다 10% 낮은 농도이다.

13 연소 및 폭발에 대한 설명 중 틀린 것은?

① 폭발이란 주로 밀폐된 상태에서 일어나며 급격한 압력상승을 수반한다.
② 인화점이란 가연물이 공기 중에서 가열될 때 그 산화열로 인해 스스로 발화하게 되는 온도를 말한다.
③ 폭굉은 연소파의 화염 전파속도가 음속을 돌파할 때 그 선단에 충격파가 발달하게 되는 현상을 말한다.
④ 연소란 적당한 온도의 열과 일정비율의 산소와 연료와의 결합반응으로 발열 및 발광현상을 수반하는 것이다.

해설 ②는 착화점(발화점)에 해당하는 내용이다.(인화점은 불씨에 의해 불이 점화되는 최소온도)

14 연소속도를 결정하는 가장 중요한 인자는 무엇인가?

① 환원반응을 일으키는 속도
② 산화반응을 일으키는 속도
③ 불완전 환원반응을 일으키는 속도
④ 불완전 산화반응을 일으키는 속도

해설 연소속도＝산화 반응속도

15 "기체분자의 크기가 0이고 서로 영향을 미치지 않는 이상기체의 경우, 온도가 일정할 때 가스의 압력과 부피는 서로 반비례한다."와 관련이 있는 법칙은?

① 보일의 법칙
② 샤를의 법칙
③ 보일 - 샤를의 법칙
④ 돌턴의 법칙

해설 보일의 법칙
가스의 압력과 부피는 서로 반비례한다.
(고압＝부피는 소량, 저압＝부피는 대량)

16 공기와 혼합하였을 때 폭발성 혼합가스를 형성할 수 있는 것은?

① NH_3 ② N_2
③ CO_2 ④ SO_2

해설 NH_3(암모니아) 가스는 가연성 가스이며 폭발범위는 15∼28%이다.

정답 12.④ 13.② 14.② 15.① 16.①

17 상온, 상압하에서 에탄(C_2H_6)이 공기와 혼합되는 경우 폭발범위는 약 몇 %인가?

① 3.0~10.5   ② 3.0~12.5
③ 2.7~10.5   ④ 2.7~12.5

해설 에탄가스 폭발범위
3.0~12.5%

18 가연성 가스의 폭발범위에 대한 설명으로 옳은 것은?

① 폭굉에 의한 폭풍이 전달되는 범위를 말한다.
② 폭굉에 의하여 피해를 받는 범위를 말한다.
③ 공기 중에서 가연성 가스가 연소할 수 있는 가연성 가스의 농도범위를 말한다.
④ 가연성 가스와 공기의 혼합기체가 연소하는 데 혼합기체의 필요한 압력범위를 말한다.

19 다음 기체 가연물 중 위험도(H)가 가장 큰 것은?

① 수소   ② 아세틸렌
③ 부탄   ④ 메탄

해설 위험도(H) $= \dfrac{U-L}{L}$ (폭발범위에서 구한다.)

① 수소(H_2) $= \dfrac{75-4}{4} = 17.75$

② 아세틸렌(C_2H_2) $= \dfrac{81-2.5}{2.1} = 31.4$

③ 부탄(C_4H_{10}) $= \dfrac{8.4-1.8}{1.8} = 3.67$

④ 메탄(CH_4) $= \dfrac{15-5}{5} = 2$

20 방폭구조의 종류에 대한 설명으로 틀린 것은?

① 내압 방폭구조는 용기 외부의 폭발에 견디도록 용기를 설계한 구조이다.
② 유입 방폭구조는 기름면 위에 존재하는 가연성 가스에 인화될 우려가 없도록 한 구조이다.
③ 본질안전 방폭구조는 공적기관에서 점화시험 등의 방법으로 확인한 구조이다.
④ 안전증 방폭구조는 구조상 및 온도의 상승에 대하여 특별히 안전도를 증가시킨 구조이다.

해설 내압 방폭구조
용기 내부에서 가연성 가스의 폭발이 발생할 때 그 용기가 폭발압력에 견디고 외부의 가연성 가스에 인화되지 않도록 한 구조이다.

제2과목 : 가스설비

21 공기액화분리장치의 폭발원인으로 가장 거리가 먼 것은?

① 공기 취입구로부터의 사염화탄소의 침입
② 압축기용 윤활유의 분해에 따른 탄화수소의 생성
③ 공기 중에 있는 질소 화합물(산화질소 및 과산화질소 등)의 흡입
④ 액체 공기 중의 오존의 흡입

해설 CCl4(사염화탄소)
공기액화분리기에서 폭발방지를 위하여 1년에 1회 정도 장치를 세척하는 세정제이다.

정답 17.② 18.③ 19.② 20.① 21.①

22 원통형 용기에서 원주 방향 응력은 축 방향 응력의 얼마인가?

① 0.5 ② 1배
③ 2배 ④ 4배

해설 응력비=2 : 1

23 포스겐의 제조 시 사용되는 촉매는?

① 활성탄 ② 보크사이트
③ 산화철 ④ 니켈

해설 포스겐($COCl_2$)=Cl_2+CO
포스겐 촉매제 : 활성탄

24 대용량의 액화가스저장탱크 주위에는 방류둑을 설치하여야 한다. 방류둑의 주된 설치목적은?

① 테러범 등 불순분자가 저장탱크에 접근하는 것을 방지하기 위하여
② 액상의 가스가 누출될 경우 그 가스를 쉽게 방류하기 위하여
③ 빗물이 저장탱크 주위로 들어오는 것을 방지하기 위하여
④ 액상의 가스가 누출된 경우 그 가스의 유출을 방지하기 위하여

25 아세틸렌 제조설비에서 정제장치는 주로 어떤 가스를 제거하기 위해 설치하는가?

① PH_3, H_2S, NH_3
② CO_2, SO_2, CO

③ H_2O(수증기), NO, NO_2, NH_3
④ $SiHCl_3$, SiH_2Cl_2, SiH_4

해설 C2H2 가스 제조 시 불순물
O_2, N_2, H_2, NH_3, CH_4, CO, PH_3, H_2S, SiH_4 등
※ 청정제로는 에퓨렌, 리카솔, 카타리솔 등이 있다.

26 발열량이 10,000kcal/Sm³, 비중이 1.2인 도시가스의 웨버지수는?

① 8,333 ② 9,129
③ 10,954 ④ 12,000

해설 도시가스 웨버지수=$\dfrac{Hg}{\sqrt{d}}=\dfrac{10,000}{\sqrt{1.2}}=9,129$

27 스테인리스강의 조성이 아닌 것은?

① Cr ② Pb
③ Fe ④ Ni

해설 Pb(납) : 연관제조

28 기화장치의 구성이 아닌 것은?

① 검출부 ② 기화부
③ 제어부 ④ 조압부

해설 검출부
압력계, 온도계, 유량계 등의 측정부위

29 산소제조 장치설비에 사용되는 건조제가 아닌 것은?

① NaOH ② SiO_2
③ $NaClO_3$ ④ Al_2O_3

정답 22.③ 23.① 24.④ 25.① 26.② 27.② 28.① 29.③

해설 건조제
- NaOH(수산화나트륨 : 가성소다)
- Al_2O_3(활성 알루미나)
- SiO_2(실리카겔)
- 소바비드 및 몰레큘러시브

30 피셔(Fisher)식 정압기에 대한 설명으로 틀린 것은?

① 로딩형 정압기이다.
② 동특성이 양호하다.
③ 정특성이 양호하다.
④ 다른 것에 비하여 크기가 크다.

해설 피셔식 정압기는 레이놀드식보다 크기가 작다.
- 고압 → 중압, 중압 A → 중압 B 전환
- 중압 A → 저압 변환용

31 제1종 보호시설은 사람을 수용하는 건축물로서 사실상 독립된 부분의 연면적이 얼마 이상인 것에 해당하는가?

① 100m²   ② 500m²
③ 1,000m²   ④ 2,000m²

해설 제1종 보호시설
사람을 수용하는 건축물로서 사실상 독립된 부분의 연면적이 1천 m² 이상인 것

32 공기냉동기의 표준사이클은?

① 브레이튼 사이클
② 역브레이튼 사이클
③ 카르노 사이클
④ 역카르노 사이클

해설 공기냉동기 표준사이클
역브레이튼 사이클
(증발기 → 압축기 → 응축수 → 팽창밸브 → 증발기)

33 3단 압축기로 압축비가 다같이 3일 때 각 단의 이론 토출압력은 각각 몇 MPa·g인가? (단, 흡입압력은 0.1MPa이다.)

① 0.2, 0.8, 2.6
② 0.2, 1.2, 6.4
③ 0.3, 0.9, 2.7
④ 0.3, 1.2, 6.4

해설
- 제1단=0.1×3=0.3MPa(0.2MPa · g)
- 제2단=0.3×3=0.9MPa(0.9−0.1)=0.8MPa · g
- 제3단=0.9×3=2.7MPa(2.7−0.1)=2.6MPa · g

34 압축기에서 압축비가 커짐에 따라 나타나는 영향이 아닌 것은?

① 소요 동력 감소
② 토출가스 온도 상승
③ 체적 효율 감소
④ 압축 일량 증가

해설 $압축비 = \dfrac{응축입력}{증발압력} = \dfrac{고압}{저압}$
(압축비가 크면 소요 동력이 증가한다.)

35 배관 내 가스 중의 수분 응축 또는 배관의 부식 등으로 인하여 지하수가 침입하는 등의 장애 발생으로 가스의 공급이 중단되는 것을 방지하기 위해 설치하는 것은?

① 슬리브   ② 리시버 탱크
③ 솔레노이드   ④ 후프링

해설 리시버 탱크 : 배관 내 가스 중의 수분이 응축되거나 관의 부식으로 지하수가 침입하여 가스 공급이 중단되는 것을 방지하는 탱크이다.

정답 30.④ 31.③ 32.② 33.① 34.① 35.②

36 최고 사용온도가 100℃, 길이(L)가 10m인 배관을 상온(15℃)에서 설치하였다면 최고온도로 사용 시 팽창으로 늘어나는 길이는 약 몇 mm인가? (단, 선팽창계수 a는 12×10^{-6}m/m℃이다.)

① 5.1
② 10.2
③ 102
④ 204

해설 관의 온도 변화 시 팽창길이(L)
$$L = 10\text{m} \times (100-15)℃ \times (12 \times 10^{-6})$$
$$= 0.0102\text{m}(10.2\text{mm})$$

37 다음은 수소의 성질에 대한 설명이다. 옳은 것으로만 나열된 것은?

> Ⓐ 공기와 혼합된 상태에서의 폭발범위는 4.0~65%이다.
> Ⓑ 무색, 무취, 무미이므로 누출되었을 경우 색깔이나 냄새로 알 수 없다.
> Ⓒ 고온, 고압하에서 강(鋼) 중의 탄소와 반응하여 수소취성을 일으킨다.
> Ⓓ 열전달률이 아주 낮고, 열에 대하여 불안정하다.

① Ⓐ, Ⓑ
② Ⓐ, Ⓒ
③ Ⓑ, Ⓒ
④ Ⓑ, Ⓓ

해설 수소(H2) 가스
• 폭발범위 : 4~75%
• 열전도율이 크고 열에 대하여 안정하다.

38 일정 압력 이하로 내려가면 가스분출이 정지되는 안전밸브는?

① 가용전식
② 파열식
③ 스프링식
④ 박판식

해설 스프링식 안전밸브
설정압력 초과 시 가스가 분출되고 설정압력에 도달하면 가스의 분출이 정지된다.

39 피스톤 펌프의 특징으로 옳지 않은 것은?

① 고압, 고점도의 소유량에 적당하다.
② 회전수에 따른 토출 압력 변화가 많다.
③ 토출량이 일정하므로 정량토출이 가능하다.
④ 고압에 의하여 물성이 변화할 수 가 있다.

해설 피스톤 펌프
왕복동식 펌프(실린더 내 피스톤의 왕복운동에 의한 펌프이다.)

40 수격작용(Water Hammering)의 방지법으로 적합하지 않은 것은?

① 관 내의 유속을 느리게 한다.
② 밸브를 펌프 송출구 가까이 설치한다.
③ 서지 탱크(Surge Tank)를 설치하지 않는다.
④ 펌프의 속도가 급격히 변화하는 것을 막는다.

해설 수격작용을 방지하려면 ①, ②, ④ 외에도 서지탱크 시설을 설치한다.

제3과목 : 가스안전관리

41 저장능력이 20톤인 암모니아 저장탱크 2기를 지하에 인접하여 매설할 경우 상호 간에 최소 몇 m 이상의 이격거리를 유지하여야 하는가?

① 0.6m
② 0.8m
③ 1m
④ 1.2m

해설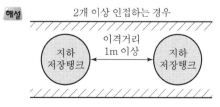

정답 36.② 37.③ 38.③ 39.② 40.③ 41.③

42 공업용 액화염소를 저장하는 용기의 도색은?

① 주황색   ② 회색

③ 갈색   ④ 백색

> **해설** 액화염소 용기 도색
> 갈색(독성가스 : 독자 표시)

43 가스사용시설에 퓨즈콕 설치 시 예방 가능한 사고 유형은?

① 가스레인지 연결호스 고의절단사고

② 소화안전장치고장 가스누출사고

③ 보일러 팽창탱크과열 파열사고

④ 연소기 전도 화재사고

> **해설** 가스레인지 연결호스 절단사고 등을 예방하기 위하여 퓨즈콕을 설치한다.

44 고압가스 안전관리법에서 정하고 있는 특정고압가스가 아닌 것은?

① 천연가스   ② 액화염소

③ 게르만   ④ 염화수소

> **해설** 특정고압가스
> ①, ②, ③의 가스를 포함하여 총 11개가 있다.
> (고압가스법 시행령 제16조)

45 액화석유가스의 특성에 대한 설명으로 옳지 않은 것은?

① 액체는 물보다 가볍고, 기체는 공기보다 무겁다.

② 액체의 온도에 의한 부피 변화가 작다.

③ 일반적으로 LNG보다 발열량이 크다.

④ 연소 시 다량의 공기가 필요하다.

> **해설** 액화가스는 온도 변화 시 부피의 변화가 크다.
> (항상 40℃ 이하로 유지한다.)

46 고온, 고압 시 가스용기의 탈탄작용을 일으키는 가스는?

① C_3H_8 ② SO_3

③ H_2 ④ CO

> **해설** 탈탄작용(강철용기의 취화 발생) : 일명 수소취성
> $$Fe_3C + 2H_2 \xrightarrow{\text{고온, 고압}} CH_4 + 3Fe$$
> ※ 수소취성 방지제 : Cr, Ti, V, W, Mo, Nb

47 독성의 액화가스 저장탱크 주위에 설치하는 방류둑의 저장능력은 몇 톤 이상의 것에 한하는가?

① 3톤   ② 5톤

③ 10톤   ④ 50톤

> **해설** 방류둑 기준
> • 가연성 : 저장능력 500톤 이상
> • 독성 : 저장능력 5톤 이상
> • 산소 : 저장능력 1천 톤 이상

48 가스설비가 오조작되거나 정상적인 제조를 할 수 없는 경우 자동적으로 원재료를 차단하는 장치는?

① 인터록기구   ② 원료제어밸브

③ 가스누출기구   ④ 내부반응 감시기구

> **해설** 인터록기구
> 자동적 원재료 차단기구(사고 발생 방지용)

49 액화암모니아 70kg을 충전하여 사용하고자 한다. 충전정수가 1.86일 때 안전관리상 용기의 내용적은?

① 27L   ② 37.6L

③ 75L   ④ 131L

정답 | 42.③   43.①   44.④   45.②   46.③   47.②   48.①   49.④

해설 $W(질량) = \dfrac{V}{C}$, $V = W \times C = 70 \times 1.86 = 131L$

50 고압가스 안전관리법상 가스저장탱크 설치 시 내진설계를 하여야 하는 저장탱크는?

(단, 비가연성 및 비독성인 경우는 제외한다.)

① 저장능력이 5톤 이상 또는 500m³ 이상인 저장탱크

② 저장능력이 3톤 이상 또는 300m³ 이상인 저장탱크

③ 저장능력이 2톤 이상 또는 200m³ 이상인 저장탱크

④ 저장능력이 1톤 이상 또는 100m³ 이상인 저장탱크

해설 가스저장탱크 설치 시 내진설계 기준
가연성, 독성가스의 경우 저장능력 5톤 이상 또는 500m³ 이상인 저장탱크

51 차량에 혼합 적재할 수 없는 가스끼리 짝 지어져 있는 것은?

① 프로판, 부탄
② 염소, 아세틸렌
③ 프로필렌, 프로판
④ 시안화수소, 에탄

해설 차량에 혼합 적재가 불가능한 가스
염소, 아세틸렌, 암모니아, 수소

52 압력방폭구조의 표시방법은?

① p   ② d
③ ia   ④ s

해설
• p : 압력방폭구조
• d : 내압방폭구조
• ia : 본질안전방폭구조
• s : 특수방폭구조

53 저장량 15톤의 액화산소 저장탱크를 지하에 설치할 경우 인근에 위치한 연면적 300m²인 교회와 몇 m 이상의 거리를 유지하여야 하는가?

① 6m   ② 7m
③ 12m   ④ 14m

해설 산소저장탱크(지하용)
4만 톤 초과 시(100m² 이상~1,000m² 이하는 제2종)

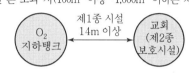

(단, 지하는 $\dfrac{1}{2}$, ∴ $14 \times \dfrac{1}{2} = 7m$ 이상)

54 냉동기의 냉매설비에 속하는 압력용기의 재료는 압력용기의 설계압력 및 설계온도 등에 따른 적절한 것이어야 한다. 다음 중 초음파탐상 검사를 실시하지 않아도 되는 재료는?

① 두께가 40mm 이상인 탄소강

② 두께가 38mm 이상인 저합금강

③ 두께가 6mm 이상인 9% 니켈강

④ 두께가 19mm 이상이고 최소인장강도가 568.4N/mm² 이상인 강

55 아세틸렌용 용접용기 제조 시 내압시험 압력이란 최고압력 수치의 몇 배의 압력을 말하는가?

① 1.2   ② 1.5
③ 2   ④ 3

해설 아세틸렌 용접용기 제조 시 내압시험압력은 최고 충전압력의 3배 압력이다.

정답 50.① 51.② 52.① 53.② 54.① 55.④

56 용기보관실을 설치한 후 액화석유가스를 사용하여야 하는 시설기준은?

① 저장능력 1,000kg 초과
② 저장능력 500kg 초과
③ 저장능력 300kg 초과
④ 저장능력 100kg 초과

해설 저장능력 100kg 초과 시 LPG가스 용기보관실을 반드시 설치해야 한다.

57 고압가스 제조설비에서 기밀시험용으로 사용할 수 없는 것은?

① 질소 ② 공기
③ 탄산가스 ④ 산소

해설 기밀시험에 사용이 불가능한 가스
• 가연성
• 독성
• 산소 등 산화성 가스

58 아세틸렌가스 충전 시 희석제로 적합한 것은?

① N_2 ② C_3H_8
③ SO_2 ④ H_2

해설 아세틸렌가스 분해폭발 방지용 희석제
• 사용 가능 가스 : N_2, C_2H_4, CH_4, CO
• 사용 부적합 가스 : H_2, C_3H_8, CO_2

59 액화석유가스 사업자 등과 시공자 및 액화석유가스 특정사용자의 안전관리 등에 관계되는 업무를 하는 자는 시도지사가 실시하는 교육을 받아야 한다. 교육대상자의 교육내용에 대한 설명으로 틀린 것은?

① 액화석유가스 배달원으로 신규 종사하게 될 경우 특별교육을 1회 받아야 한다.
② 액화석유가스 특정사용시설의 안전관리책임자로 신규 종사하게 될 경우 신규 종사 후 6개월 이내 및 그 이후에는 3년이 되는 해마다 전문교육을 1회 받아야 한다.
③ 액화석유가스를 연료로 사용하는 자동차의 정비작업에 종사하는 자가 한국가스안전공사에서 실시하는 액화석유가스 자동차 정비 등에 관한 전문교육을 받은 경우에는 별도로 특별교육을 받을 필요가 없다.
④ 액화석유가스 충전시설의 충전원으로 신규 종사하게 될 경우 6개월 이내 전문교육을 1회 받아야 한다.

해설 ④ 신규 종사 시 특별교육 1회만 받으면 된다.

60 정전기로 인한 화재·폭발 사고를 예방하기 위해 취해야 할 조치가 아닌 것은?

① 유체의 분출 방지
② 절연체의 도전성 감소
③ 공기의 이온화 장치 설치
④ 유체 이·충전 시 유속의 제한

해설 ② 절연체는 도전성이 없다.

제4과목 : 가스계측

61 토마스식 유량계는 어떤 유체의 유량을 측정하는 데 가장 적당한가?

① 용액의 유량 ② 가스의 유량
③ 석유의 유량 ④ 물의 유량

정답 56.④ 57.④ 58.① 59.④ 60.② 61.②

62 크로마토그램에서 머무름 시간이 45초인 어떤 용질을 길이 2.5m인 칼럼에서 바닥에서의 너비를 측정하였더니 6초였다. 이론단수는 얼마인가?

① 800　　　　② 900
③ 1,000　　　④ 1,200

해설 이론단수(N)

$$16\times\left(\frac{T_r}{W}\right)^2 = 16\times\left(\frac{2.5\times10^3/6}{2.5\times10^3/45}\right)^2 = 900$$

63 제어량의 종류에 따른 분류가 아닌 것은?

① 서보기구　　② 비례제어
③ 자동조정　　④ 프로세서 제어

해설 비례동작
자동제어의 연속동작으로 P동작이라고도 한다.(잔류편차 발생)

64 전기저항식 온도계에 대한 설명으로 틀린 것은?

① 열전대 온도계에 비하여 높은 온도를 측정하는 데 적합하다.
② 저항선의 재료는 온도에 의한 전기저항의 변화(저항, 온도계수)가 커야 한다.
③ 저항 금속재료는 주로 백금, 니켈, 구리가 사용된다.
④ 일반적으로 금속은 온도가 상승하면 전기저항값이 올라가는 원리를 이용한 것이다.

해설 전기저항식 온도계
-200~400℃의 낮은 온도에 사용된다.(열전대는 접촉식에서 가장 고온용 측정)

65 자동제어에 대한 설명으로 틀린 것은?

① 편차의 정(+), 부(-)에 의하여 조작신호가 최대, 최소가 되는 제어를 on-off 동작이라고 한다.
② 1차 제어장치가 제어량을 측정하여 제어명령을 하고 2차 제어장치가 이 명령을 바탕으로 제어량을 조절하는 것을 캐스케이드 제어라고 한다.
③ 목표값이 미리 정해진 시간적 변화를 할 경우의 수치제어를 정치제어라고 한다.
④ 제어량 편차의 과소에 의하여 조작단을 일정한 속도로 정작동, 역작동 방향으로 움직이게 하는 동작을 부동제어라고 한다.

해설 ③ 추종제어에 대한 설명이다.

66 가스미터에 다음과 같이 표시되어 있었다. 다음 중 그 의미에 대한 설명으로 가장 옳은 것은?

> 0.6[L/rev], MAX 1.8[m³/hr]

① 기준실 10주기 체적이 0.6L, 사용 최대 유량은 시간당 1.8m³이다.
② 계량실 1주기 체적이 0.6L, 사용 감도 유량은 시간당 1.8m³이다.
③ 기준실 10주기 체적이 0.6L, 사용 감도 유량은 시간당 1.8m³이다.
④ 계량실 1주기 체적이 0.6L, 사용 최대 유량은 시간당 1.8m³이다.

해설 • 0.6L/rev : 계량실 1주기 체적
• MAX 1.8m³/h : 시간당 사용 최대 유량값

정답 62.② 63.② 64.① 65.③ 66.④

67 유량의 계측 단위가 아닌 것은?

① kg/h

② kg/s

③ Nm³/s

④ kg/m³

해설 밀도의 단위(비중량) : kg/m³

68 가스미터에 공기가 통과 시 유량이 300m³/h 라면 프로판 가스를 통과하면 유량은 약 몇 kg/h 로 환산되겠는가? (단, 프로판의 비중은 1.52, 밀도는 1.86kg/m3)

① 235.9

② 373.5

③ 452.6

④ 579.2

해설 공기비중=1, 밀도=1.293kg/m³

$(300 \times 1.293 = 387.9 kg/h)$

$300 \times \left(\dfrac{44}{29}\right) = 455 kg/h$

※ 분자량(프로판 : 44, 공기 : 29)

69 가스누출경보차단장치에 대한 설명 중 틀린 것은?

① 원격개폐가 가능하고 누출된 가스를 검지하여 경보를 울리면서 자동으로 가스통로를 차단하는 구조이어야 한다.

② 제어부에서 차단부의 개폐상태를 확인할 수 있는 구조이어야 한다.

③ 차단부가 검지부의 가스검지 등에 의하여 닫힌 후에는 복원조작을 하지 않는 한 열리지 않는 구조이어야 한다.

④ 차단부가 전자밸브인 경우에는 통전의 경우에는 닫히고, 정전의 경우에는 열리는 구조이어야 한다.

해설 전자밸브
• 통전 : 열림
• 정전 : 닫힘

70 탐사침을 액 중에 넣어 검출되는 물질의 유전율을 이용하는 액면계는?

① 정전용량형 액면계

② 초음파식 액면계

③ 방사선식 액면계

④ 전극식 액면계

해설 정전용량형 액면계
간접식으로 유전율에 의해 유체의 액면을 측정한다.

71 일반적으로 장치에 사용되고 있는 부르동관 압력계 등으로 측정되는 압력은?

① 절대압력

② 게이지압력

③ 진공압력

④ 대기압

해설 ㉠ 압력계 지시치 : 게이지압력 측정
㉡ 절대압력
• 게이지압력 + 대기압력
• 대기압력 – 진공압력

72 측정 범위가 넓어 탄성체 압력계의 교정용으로 주로 사용되는 압력계는?

① 벨로스식 압력계

② 다이어프램식 압력계

③ 부르동관식 압력계

④ 표준 분동식 압력계

73 습공기의 절대습도와 그 온도와 동일한 포화공기의 절대습도의 비를 의미하는 것은?

① 비교습도

② 포화습도

③ 상대습도

④ 절대습도

정답 67.④ 68.③ 69.④ 70.① 71.② 72.④ 73.①

74 일반적으로 기체 크로마토그래피 분석방법으로 분석하지 않는 가스는?

① 염소(Cl_2)

② 수소(H_2)

③ 이산화탄소(CO_2)

④ 부탄($n-C_4H_{10}$)

해설 기체 크로마토그래피 가스분석기는 2원자분자인 N_2, O_2, H_2, Cl_2, 단원자분자인 He, Ar 등의 분석이 불가능하다.

75 가스크로마토그래피에서 사용하는 검출기가 아닌 것은?

① 원자방출검출기(AED)

② 황화학발광검출기(SCD)

③ 열추적검출기(TTD)

④ 열이온검출기(TID)

해설 가스크로마토그래피 분석기에는 ①, ②, ④ 외 TCD, FID, ECD, FPD, FTD가 있다.

76 계량에 관한 법률의 목적으로 가장 거리가 먼 것은?

① 계량의 기준을 정함

② 공정한 상거래 질서유지

③ 산업의 선진화 기여

④ 분쟁의 협의 조정

해설 분쟁의 협의 조정은 계량에 관한 법률과는 관련성이 없다.

77 실측식 가스미터가 아닌 것은?

① 터빈식 가스미터 ② 건식 가스미터

③ 습식 가스미터 ④ 막식 가스미터

해설 터빈식 가스미터는 추측식 가스미터다.

78 시료 가스를 각각 특정한 흡수액에 흡수시키고 흡수 전후의 가스체적을 측정하여 가스의 성분을 분석하는 방법이 아닌 것은?

① 오르자트(Orsat)법

② 헴펠(Hempel)법

③ 적정(滴定)법

④ 게겔(Gockel)법

해설 적정법

화학적 가스분석법으로, 옥소법, 중화 적정법, 킬레이트 적정법이 있다.

79 관이나 수로의 유량을 측정하는 차압식 유량계는 어떠한 원리를 응용한 것인가?

① 토리첼리(Torricelli's) 정리

② 패러데이(Faraday's) 법칙

③ 베르누이(Bernoulli's) 정리

④ 파스칼(Pascal's) 원리

80 다음 가스 분석법 중 흡수분석법에 해당되지 않는 것은?

① 헴펠법 ② 게겔법

③ 오르자트법 ④ 우인클러법

해설 흡수분석법
- 헴펠법
- 게겔법
- 오르자트법

정답 74.① 75.③ 76.④ 77.① 78.③ 79.③ 80.④

2017년 5월 7일 시행

제1과목 : 연소공학

01 압력이 0.1MPa, 체적이 3m³인 273.15K의 공기가 이상적으로 단열 압축되어 그 체적이 1/3로 되었다. 엔탈피의 변화량은 약 몇 kJ인가? (단, 공기의 기체상수는 0.287kJ/kg · K, 비열비는 1.4이다.)

① 480　　　　　② 580

③ 680　　　　　④ 780

해설 단열변화 엔탈피$(dh) = C_P dT$

$\Delta h = C_P(T_2 - T_1) = -A_w$ (엔탈피 변화 = 공업일량)

$\quad = m \times \dfrac{KR}{K-1}(T_2 - T_1)$

$\dfrac{T_2}{T_1} = \left(\dfrac{V_1}{V_2}\right)^{K-1}$

$T_2 = 273.15 \times \left(\dfrac{1}{\left(\dfrac{1}{3}\right)}\right)^{1.4-1} = 423.89\text{K}$

정적비열$(C_P) - C_V = R$, $C_P = K \cdot C_V$

정압비열$(C_P) = \dfrac{K \cdot R}{K-1} = \dfrac{1.4 \times 0.287}{1.4-1} = 1.0045$

$C_V = \dfrac{R}{K-1} = \dfrac{0.287}{1.4-1} = 0.7175$

비열비$(K) = \dfrac{C_P}{C_V} = \dfrac{1.0045}{0.7175} = 1.4$

∴ 엔탈피 변화

$(\Delta h) = 3.83 \times \dfrac{1.4 \times 0.287}{1.4-1} \times (423.89 - 273.15)$

$\quad = 580\text{kJ}$

※ 질량$(m) = \dfrac{P_1 V_1}{RT_1} = \dfrac{0.1 \times 3 \times 10^3}{0.287 \times 273.15} = 3.83\text{kg}$

02 다음 중 연소와 관련된 식으로 옳은 것은?

① 과잉공기비＝공기비$(m) - 1$

② 과잉공기량＝이론공기량$(A_0) + 1$

③ 실제공기량＝공기비$(m) +$ 이론공기량(A_0)

④ 공기비＝(이론산소량 / 실제공기량) － 이론공기량

해설 ・ 과잉공기비＝$(m-1)$

・ 공기비$(m) = \dfrac{\text{실제공기량}}{\text{이론공기량}}$

・ 과잉공기량＝실제공기량 － 이론공기량

03 다음 중 폭굉(Detonation)의 화염전파속도는?

① 0.1~10m/s　　　② 10~100m/s

③ 1,000~3,500m/s　④ 5,000~10,000m/s

해설 폭굉(Detonation)

화염전파속도는 1,000~3,500m/s이다.

04 다음 중 착화온도가 낮아지는 이유가 되지 않는 것은?

① 반응활성도가 클수록

② 발열량이 클수록

③ 산소농도가 높을수록

④ 분자구조가 단순할수록

해설 분자구조가 복잡하면 착화온도가 낮아진다.

05 단원자 분자의 정적비열(C_V)에 대한 정압비열(C_P)의 비인 비열비(k) 값은?

① 1.67 ② 1.44
③ 1.33 ④ 1.02

해설 비열비(k)는 원자 수에 의한 기체분자의 자유도(ν)에 따라서 정해진다.

• 단원자 기체 $\nu=3$, $\therefore k=\dfrac{5}{3}=1.66$

• 2원자 기체 $\nu=5$, $\therefore k=\dfrac{7}{5}=1.4$

• 3원자 기체 $\nu=6$, $\therefore k=\dfrac{8}{6}=1.33$

06 증기운 폭발에 영향을 주는 인자로서 가장 거리가 먼 것은?

① 방출된 물질의 양
② 증발된 물질의 분율
③ 점화원의 위치
④ 혼합비

해설 증기운 폭발
액화가스나 가연성액이 들어 있는 용기가 과열로 파괴되어 다량의 가연성 증기가 급격히 방출되어 폭발하는 것이며 그 영향 인자는 ①, ②, ③항이다.

07 시안화수소는 장기간 저장하지 못하도록 규정되어 있다. 가장 큰 이유는?

① 분해폭발하기 때문에
② 산화폭발하기 때문에
③ 분진폭발하기 때문에
④ 중합폭발하기 때문에

해설 시안화수소(HCN)를 소량의 수분과 장기간 저장 시 H_2O와 중합이 촉진되어 중합폭발이 일어난다.

08 다음 중 물리적 폭발에 속하는 것은?

① 가스폭발 ② 폭발적 증발
③ 디토네이션 ④ 중합폭발

해설 ①, ③, ④항은 화학적 폭발이다.

09 유동층 연소의 장점에 대한 설명으로 가장 거리가 먼 것은?

① 부하변동에 따른 적응력이 좋다.
② 광범위하게 연료에 적용할 수 있다.
③ 질소산화물의 발생량이 감소된다.
④ 전열면적이 적게 소요된다.

해설

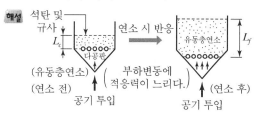

10 0.5atm, 10L인 기체 A와 1.0atm, 5L인 기체 B를 전체부피 15L의 용기에 넣을 경우, 전압은 얼마인가? (단, 온도는 항상 일정하다.)

① 1/3atm ② 2/3atm
③ 1.5atm ④ 1atm

해설
• $A=10\times0.5=5L$
• $B=1.0\times5=5L$
• $AB=5+5=10L$

전압은 $\dfrac{10}{15}=\dfrac{2}{3}$atm

11 다음 가연성 가스 중 폭발하한 값이 가장 낮은 것은?

① 메탄 ② 부탄
③ 수소 ④ 아세틸렌

해설 폭발범위(연소범위)
• 메탄(5~15%) • 부탄(1.8~8.4%)
• 수소(4~15%) • 아세틸렌(2.5~81%)

정답 5.① 6.④ 7.④ 8.② 9.① 10.② 11.②

12 피크노미터는 무엇을 측정하는 데 사용되는가?

① 비중
② 비열
③ 발화점
④ 열량

해설 피크노미터(Pycnometer)
마개를 하여 가는 구멍으로부터 넘치는 분량을 버리고 일정한 온도로 질량을 측정한 후 온도가 같은 비중병의 물의 질량으로 이 측정값을 나누면 비중이 측정된다.(비중계)

13 피스톤과 실린더로 구성된 어떤 용기 내에 들어 있는 기체의 처음 체적은 0.1m³이다. 200kPa의 일정한 압력으로 체적이 0.3m³으로 변했을 때의 일은 약 몇 kJ인가?

① 0.4
② 4
③ 40
④ 400

해설 $_1W_2 = P(V_2 - V_1) = 200 \times (0.3 - 0.1) = 40kJ$

14 미연소혼합기의 흐름이 화염 부근에서 층류에서 난류로 바뀌었을 때의 현상으로 옳지 않은 것은?

① 확산연소일 경우는 단위면적당 연소율이 높아진다.
② 적화식 연소는 난류 확산연소로서 연소율이 높다.
③ 화염의 성질이 크게 바뀌며 화염대의 두께가 증대한다.
④ 예혼합연소일 경우 화염전파속도가 가속된다.

해설 적화식 연소
연소에 필요한 공기의 모두를 2차 공기로 취하고 1차 공기는 취하지 않는다. 단순히 가스를 공기 중에 분출하여 연소시키는 순간온수기, 파일럿 버너 등이며(가스가 공기와 완전히 접촉 반응하지 못하여 불꽃이 적색이며 불꽃온도는 비교적 900℃ 정도이다.) 매연이 발생하고 연소효율이 낮다.

15 어떤 반응물질이 반응을 시작하기 전에 반드시 흡수하여야 하는 에너지의 양을 무엇이라 하는가?

① 점화에너지
② 활성화 에너지
③ 형성엔탈피
④ 연소에너지

해설 활성화 에너지
어떤 반응물질이 반응을 시작하기 전에 반드시 흡수하여야 하는 에너지의 양이다.

16 압력 2atm, 온도 27℃에서 공기 2kg의 부피는 약 몇 m³인가? (단, 공기의 평균분자량은 29이다.)

① 0.45
② 0.65
③ 0.75
④ 0.85

해설 공기 1kmol(22.4m³=29kg)

$$PV = GRT, \quad V = \frac{GRT}{P}$$

$$\therefore V = \frac{2 \times \left(\frac{848}{29}\right) \times (27 + 273)}{2 \times 10^4} = 0.87m^3$$

• $\overline{R} = 848kg \cdot m/kmol \cdot K$

17 정상동작 상태에서 주변의 폭발성 가스 또는 증기에 점화하지 않고 점화할 수 있는 고장이 유발되지 않도록 한 방폭구조는?

① 특수방폭구조
② 비점화방폭구조
③ 본질안전방폭구조
④ 몰드방폭구조

해설 비점화방폭구조
주변의 폭발성 가스 또는 증기에 점화하지 않고 점화할 수 있는 고장이 유발되지 않도록 한 방폭구조

정답 12.① 13.③ 14.② 15.② 16.④ 17.②

18 고부하 연소 중 내연기관의 동작과 같은 흡입, 연소, 팽창, 배기를 반복하면서 연소를 일으키는 것은?

① 펄스연소

② 에멀션연소

③ 촉매연소

④ 고농도산소연소

해설 펄스연소

고부하 연소 중 내연기관의 동작과 같은 흡입, 연소, 팽창, 배기를 반복하면서 연소를 일으키는 것

19 연소에서 사용되는 용어와 그 내용에 대하여 가장 바르게 연결된 것은?

① 폭발 – 정상연소

② 착화점 – 점화 시 최대에너지

③ 연소범위 – 위험도의 계산기준

④ 자연발화 – 불씨에 의한 최고 연소시작 온도

해설 가연성 가스의 위험도(H)

$$H = \frac{\text{폭발상한계} - \text{폭발하한계}}{\text{폭발하한계}} \text{ (값이 크면 위험하다.)}$$

• 폭발 : 비정상연소

• 착화점 : 점화 시 최소에너지 및 불씨에 의한 최소연소온도

20 버너 출구에서 가연성 기체의 유출속도가 연소속도보다 큰 경우 불꽃이 노즐에 정착되지 않고 꺼져버리는 현상을 무엇이라 하는가?

① Boil over

② Flash back

③ Blow off

④ Back fire

해설 블로 오프(선화현상)

노즐 블로 오프(선화 현상)

연소속도보다 가스의 분출속도가 빠른 현상이며 반대의 현상은 백파이어 (Back fire)이다.

제2과목 : 가스설비

21 용기 충전구에 "V"홈의 의미는?

① 왼나사를 나타낸다.

② 독성 가스를 나타낸다.

③ 가연성 가스를 나타낸다.

④ 위험한 가스를 나타낸다.

해설 용기 충전구에 있는 V홈의 의미

충전구 나사가 왼나사임을 표시(가연성 가스 용기용)한다.

22 LP가스를 이용한 도시가스 공급방식이 아닌 것은?

① 직접 혼입방식 ② 공기 혼합방식

③ 변성 혼입방식 ④ 생가스 혼합방식

해설 LP가스 강제 기화방식

• 생가스 공급방식(직접 혼입방식)

• 공기 혼합방식

• 변성가스 혼입방식

23 고압가스 설비 설치 시 지반이 단단한 점토질 지반일 때의 허용 지지력도는?

① 0.05MPa ② 0.1MPa

③ 0.2MPa ④ 0.3MPa

해설 단단한 점토질 지반의 지지력도(10t/m2)

$$= \frac{10 \times 10^3 (\text{kg/t})}{10^4 \text{cm}^2/\text{m}^2} = 1\text{kg/cm}^2 = 0.1\text{MPa}$$

24 가스온수기에 반드시 부착하지 않아도 되는 안전장치는?

① 정전안전장치 ② 역풍방지장치

③ 전도안전장치 ④ 소화안전장치

정답 18.① 19.③ 20.③ 21.① 22.④ 23.② 24.③

해설 전도안전장치
쓰러지지 못하게 하는 안전장치

25 폴리에틸렌관(Polyethylene pipe)의 일반적인 성질에 대한 설명으로 틀린 것은?

① 인장강도가 작다.

② 내열성과 보온성이 나쁘다.

③ 염화비닐관에 비해 가볍다.

④ 상온에는 유연성이 풍부하다.

해설 PE 폴리에틸렌관의 특성
①, ③, ④항 외에
- 비중이 염화비닐관의 약 2/3로 가볍다.
- 유연성이 있고 약 90℃에서 연화한다.(200℃에서 용해)
- 저온에 강하고 −60℃에도 견딘다.
- 내열성과 보온성이 PVC관보다 우수하다.

26 실린더의 단면적 50cm², 피스톤 행정 10cm, 회전수 200rpm, 체적효율 80%인 왕복압축기의 토출량은 약 몇 L/min인가?

① 60

② 80

③ 100

④ 120

해설 실린더 가스용량 $= 50 \times 10 = 500 cm^3$

$\therefore$ 토출량 $= \dfrac{500 \times 200 \times 0.8}{10^6} = 80 L/min$

$1L = 1,000 cm^3$, $1m^3 = 1,000L(1,000 \times 1,000 = 10^6)$

27 철을 담금질하면 경도는 커지지만 탄성이 약해지기 쉬우므로 이를 적당한 온도로 재가열했다가 공기 중에서 서랭하는 열처리 방법은?

① 담금질(Quenching)

② 뜨임(Tempering)

③ 불림(Normalizing)

④ 풀림(Annealing)

해설 뜨임 : 철을 담금질한 후 공기 중에서 서랭한다.(담금질 강재에 연성이나 인성을 부여하고 내부응력을 제거한다.) A_1 온도 이하, 즉 550~700℃ 고온뜨임이며 구상 펄라이트 조직이다.

28 금속의 시험편 또는 제품의 표면에 일정한 하중으로 일정 모양의 경질 압자를 압입하든가 또는 일정한 높이에서 해머를 낙하시키는 등의 방법으로 금속재료를 시험하는 방법은?

① 인장시험

② 굽힘시험

③ 경도시험

④ 크리프시험

해설 금속재료 경도시험
- 브리넬 경도(H_B)
- 비커스 경도(H_V)
- 로크웰 경도(H_R)
- Scratch 경도
- 반발경도(H_S)
- 쇼어 경도

29 전기방식 방법의 특징에 대한 설명으로 옳은 것은?

① 전위차가 일정하고 방식 전류가 적어 도복장의 저항이 작은 대상에 알맞은 방식은 희생양극법이다.

② 매설배관과 변전소의 부극 또는 레일을 직접 도선으로 연결해야 하는 경우에 사용하는 방식은 선택배류법이다.

③ 외부전원법과 선택배류법을 조합하여 레일의 전위가 높아도 방식전류를 흐르게 할 수가 있는 방식은 강제배류법이다.

④ 전압을 임의적으로 선정할 수 있고 전류의 방출을 많이 할 수 있어 전류구배가 작은 장소에 사용하는 방식은 외부전원법이다.

해설 ① 도복장의 저항이 큰 전기방식
② 매설배관과 전철의 레일을 접속한 것
④ 전류구배가 큰 방식법이다.

정답 25.② 26.② 27.② 28.③ 29.③

30 고압가스 용기 및 장치 가공 후 열처리를 실시하는 가장 큰 이유는?

① 재료표면의 경도를 높이기 위하여

② 재료의 표면을 연화하여 가공하기 쉽도록 하기 위하여

③ 가공 중 나타난 잔류응력을 제거하기 위하여

④ 부동태 피막을 형성시켜 내산성을 증가시 키기 위하여

> **해설** 용기 가공 후 열처리 목적은 가공 중 나타난 가공 경화, 즉 잔류응력을 제거하기 위함이다.

31 원유, 중유, 나프타 등의 분자량이 큰 탄화수소 원료를 고온(800~900℃)으로 분해하여 고열량의 가스를 제조하는 방법은?

① 열분해 프로세스

② 접촉분해 프로세스

③ 수소화분해 프로세스

④ 대체 천연가스 프로세스

> **해설** 열분해 프로세스
> 800~900℃에서 분해하여 10,000kcal/Nm³ 정도의 고열량 가스를 제조한다.(원유, 중유, 나프타 등 분 자량이 큰 탄화수소 사용)

32 고압가스용 기화장치 기화통의 용접하는 부분에 사용할 수 없는 재료의 기준은?

① 탄소함유량이 0.05% 이상인 강재 또는 저 합금 강재

② 탄소함유량이 0.10% 이상인 강재 또는 저 합금 강재

③ 탄소함유량이 0.15% 이상인 강재 또는 저 합금 강재

④ 탄소함유량이 0.35% 이상인 강재 또는 저 합금 강재

> **해설** 탄소강
> 탄소(C)를 1.7% 이하 함유하는 강이다.
> • 저탄소강 : 0.12~0.2% 강
> • 중탄소강 : 0.2~0.45% 강(반연강, 반경강)
> • 고탄소강 : 0.45~0.8% 강
> • 최경강 : 0.8~1.7% 강

33 내용적 70L의 LPG 용기에 프로판가스를 충전할 수 있는 최대량은 몇 kg인가?

① 50   ② 45

③ 40   ④ 30

> **해설** 프로판가스 분자량 C_3H_8=44kg/kmol
> 1kmol=22.4m³, 1mol=22.4L
> 액화 프로판 액비중=0.509
> 액화가스 저장량$(w)=0.9 \cdot d \cdot V_2$
> $= 0.9 \times 0.509 \times 70$
> $=$ 약 33kg

34 물을 전양정 20m, 송출량 500L/min로 이송할 경우 원심펌프의 필요동력은 약 몇 kW인가? (단, 펌프의 효율은 60%이다.)

① 1.7   ② 2.7

③ 3.7   ④ 4.7

> **해설** 필요동력$=\dfrac{r \cdot \theta \cdot H}{75 \times 60 \times \eta}(PS)=\dfrac{r \cdot \theta \cdot H}{102 \times 60 \times \eta}$(kW)
> $=\dfrac{1,000 \times (\frac{500}{1,000}) \times 20}{102 \times 60 \times 0.6}=2.723$kW
> • 물 1m³=1,000kg=1,000L, 1kW=102kg · m/s

35 펌프에서 발생하는 캐비테이션의 방지법 중 옳은 것은?

① 펌프의 위치를 낮게 한다.

② 유효흡입수두를 작게 한다.

③ 펌프의 회전수를 많게 한다.

④ 흡입관의 지름을 작게 한다.

> **정답** 30.③ 31.① 32.④ 33.④ 34.② 35.①

해설 펌프의 설치 위치를 낮추면 위치수두가 높아지고 압력이 저하하여 캐비테이션(공동현상)의 발생이 많아진다.
공동현상 : 물이 기화하여 펌프의 동력을 증가시키거나 저항을 증가시킨다.

36 저온장치용 금속재료에서 온도가 낮을수록 감소하는 기계적 성질은?

① 인장강도　　　② 연신율

③ 항복점　　　　④ 경도

해설 저온장치용 금속재료의 온도가 낮아질수록 금속의 연신율도 감소한다.

37 LP가스용 조정기 중 2단 감압식 조정기의 특징에 대한 설명으로 틀린 것은?

① 1차용 조정기의 조정압력은 25kPa이다.
② 배관이 길어도 전 공급지역의 압력을 균일하게 유지할 수 있다.
③ 입상배관에 의한 압력손실을 적게 할 수 있다.
④ 배관구경이 작은 것으로 설계할 수 있다.

해설 2단 감압식 조정기

38 펌프에서 발생하는 수격현상의 방지법으로 틀린 것은?

① 서지(Surge) 탱크를 관 내에 설치한다.
② 관내의 유속흐름 속도를 가능한 한 느리게 한다.
③ 플라이 휠을 설치하여 펌프의 속도가 급변하는 것을 막는다.
④ 밸브는 펌프 주입구에 설치하고 밸브를 적당히 제어한다.

해설 펌프에서의 수격현상 방지를 위해서는 펌프 주입구에 공기실을 설치한다.(밸브는 출구에 부착)

39 내압시험압력 및 기밀시험압력의 기준이 되는 압력으로서 사용상태에서 해당설비 등의 각 부에 작용하는 최고사용압력을 의미하는 것은?

① 설계압력　　　② 표준압력

③ 상용압력　　　④ 설정압력

해설 상용압력
사용상태의 해당 설비 최고 사용압력을 말한다.

40 레이놀즈(Reynolds)식 정압기의 특징인 것은?

① 로딩형이다.
② 콤팩트이다.
③ 정특성, 동특성이 양호하다.
④ 정특성은 극히 좋으나 안정성이 부족하다.

해설 레이놀즈식 정압기 특성
　㉠ 언로딩(unloading)형이다.
　㉡ 타 정압기에 비해 크다.
　㉢ 정특성이 좋다.
　　• 피셔식(비교적 콤팩트형)
　　• 엑셀 플로식(극히 콤팩트하다.)

제3과목 : 가스안전관리

41 냉동용 특정설비 제조시설에서 냉동기 냉매설비에 대하여 실시하는 기밀시험 압력의 기준으로 적합한 것은?

① 설계압력 이상의 압력
② 사용압력 이상의 압력
③ 설계압력의 1.5배 이상의 압력
④ 사용압력의 1.5배 이상의 압력

해설 냉동기 냉매 설비 기밀시험 기준
설계압력 이상

정답 36.② 37.① 38.④ 39.③ 40.④ 41.①

42 아세틸렌에 대한 다음 설명 중 옳은 것으로만 나열된 것은?

> ㉠ 아세틸렌이 누출되면 낮은 곳으로 체류한다.
> ㉡ 아세틸렌은 폭발범위가 비교적 광범위하고, 아세틸렌 100%에서도 폭발하는 경우가 있다.
> ㉢ 발열화합물이므로 압축하면 분해 폭발할 수 있다.

① ㉠

② ㉡

③ ㉡, ㉢

④ ㉠, ㉡, ㉢

해설 아세틸렌의 특성
- 폭발범위 : 2.5~81%(100%에서도 가능)
- 누설하면 위로 상승(분자량 : 26, 공기 : 29)
- 흡열화합물반응에서 분해폭발 발생

43 밀폐식 보일러에서 사고원인이 되는 사항에 대한 설명으로 가장 거리가 먼 것은?

① 전용보일러실에 보일러를 설치하지 아니한 경우

② 설치 후 이음부에 대한 가스누출 여부를 확인하지 아니한 경우

③ 배기통이 수평보다 위쪽을 향하도록 설치한 경우

④ 배기통과 건물의 외벽 사이에 기밀이 완전히 유지되지 않는 경우

해설 ①항 내용은 밀폐식 가스보일러의 사고원인으로 다소 거리가 멀다.(밀폐식은 전용보일러 실외 설치 가능)

44 용기의 보관장소에 대한 설명 중 옳지 않은 것은?

① 산소충전용기 보관실의 지붕은 콘크리트로 견고히 한다.

② 독성가스용기 보관실에는 가스누출검지 경보장치를 설치한다.

③ 공기보다 무거운 가연성 가스의 용기보관실에는 가스누출검지경보장치를 설치한다.

④ 용기보관장소의 경계표지는 출입구 등 외부로부터 보기 쉬운 곳에 게시한다.

해설 용기보관장소의 보관실 지붕은 가벼운 재료로 설치한다.

45 다음 가스의 치환방법으로 가장 적당한 것은?

① 아황산가스는 공기로 치환할 필요 없이 작업한다.

② 염소는 제해(제거)하고 허용농도 이하가 될 때까지 불활성 가스로 치환한 후 작업한다.

③ 수소는 불활성 가스로 치환한 즉시 작업한다.

④ 산소는 치환할 필요도 없이 작업한다.

해설 아황산가스(SO_2)는 불연성, 독성 가스이다. 염소독성 가스 누설 시 독성 제해제로 쓰이는 것은 가성소다수용액, 탄산소다수용액, 다량의 물이다.(염소는 허용농도 이하까지 치환한 후 작업)

46 산소, 아세틸렌 및 수소를 제조하는 자가 실시하여야 하는 품질검사의 주기는?

① 1일 1회 이상

② 1주 1회 이상

③ 월 1회 이상

④ 연 2회 이상

해설 가스 품질검사(1일 1회 이상) 기준
- 산소 : 99.5% 이상
- 아세틸렌 : 98% 이상
- 수소 : 98.5% 이상

47 내용적이 50L인 용기에 프로판가스를 충전하는 때에는 얼마의 충전량(kg)을 초과할 수 없는가? (단, 충전상수 C는 프로판의 경우 2.35이다.)

① 20

② 20.4

③ 21.3

④ 24.4

정답 42.② 43.① 44.① 45.② 46.① 47.③

해설 $W = \dfrac{V}{C} = \dfrac{50}{2.35} = 21.3\text{kg}$

48 액화석유가스 제조시설 저장탱크의 폭발 방지장치로 사용되는 금속은?

① 아연
② 알루미늄
③ 철
④ 구리

해설 액화석유가스 제조시설의 폭발방지장치 금속 알루미늄

49 운반책임자를 동승하여 운반해야 되는 경우에 해당되지 않는 것은?

① 압축산소 : 100m³ 이상
② 독성압축가스 : 100m³ 이상
③ 액화산소 : 6,000kg 이상
④ 독성액화가스 : 1,000kg 이상

해설 압축가스의 운반책임자 동승기준
• 압축가연성 가스 : 300m³ 이상
• 압축조연성 가스(산소 등) : 600m³ 이상

50 염소의 성질에 대한 설명으로 틀린 것은?

① 화학적으로 활성이 강한 산화제이다.
② 녹황색의 자극적인 냄새가 나는 기체이다.
③ 습기가 있으면 철 등을 부식시키므로 수분과 격리해야 한다.
④ 염소와 수소를 혼합하면 냉암소에서도 폭발하여 염화수소가 된다.

해설 Cl_2(염소) 폭명기 - 폭발(직사광선에 의해)
$Cl_2 + H_2 \xrightarrow{\text{햇빛}} 2HCl + 44\text{kcal}$

51 다음 각 고압가스를 용기에 충전할 때의 기준으로 틀린 것은?

① 아세틸렌은 수산화나트륨 또는 디메틸포름 아미드를 침윤시킨 후 충전한다.
② 아세틸렌을 용기에 충전한 후에는 15℃에서 1.5MPa 이하로 될 때까지 정치하여 둔다.
③ 시안화수소는 아황산가스 등의 안정제를 첨가하여 충전한다.
④ 시안화수소는 충전 후 24시간 정치한다.

해설 아세틸렌 침윤제
아세톤, 디메틸포름아미드

52 이동식 부탄연소기용 용접용기의 검사방법에 해당하지 않는 것은?

① 고압가압검사   ② 반복사용검사
③ 진동검사   ④ 충수검사

해설 이동식 부탄연소기용 용접용기 검사법
• 고압가압검사   • 빈복사용검사
• 진동검사

53 LP가스용 염화비닐 호스에 대한 설명으로 틀린 것은?

① 호스의 안지름치수의 허용차는 ±0.7mm로 한다.
② 강선보강층은 직경 0.18mm 이상으로 강선을 상하로 겹치도록 편조하여 제조한다.
③ 바깥층의 재료는 염화비닐을 사용한다.
④ 호스는 안층과 바깥층이 잘 접착되어 있는 것으로 한다.

해설 염화비닐(CH_2) → CHCl
아세틸렌과 염소를 원료로 해서 만드는 화합물(바깥층의 재료는 강선으로 보관한다. 기타 자바라 보강재도 있으며 강도상은 자바라 보강재가 우수하나 가격이 강선보강보다 비싸다.)

정답 48.② 49.① 50.④ 51.① 52.④ 53.③

2017년 5월 7일 시행

54 도시가스 사용시설에 설치하는 가스누출 경보기의 기능에 대한 설명으로 틀린 것은?

① 가스의 누출을 검지하여 그 농도를 지시함과 동시에 경보를 울리는 것으로 한다.

② 미리 설정된 가스농도에서 60초 이내에 경보를 울리는 것으로 한다.

③ 담배연기 등 잡가스에 경보가 울리지 아니하는 것으로 한다.

④ 경보가 울린 후 주위의 가스농도가 기준 이하가 되면 멈추는 구조로 한다.

해설 가스누출경보기의 기능은 ①, ②, ③항이다. 경보농도는 기타 암모니아나 일산화탄소는 1분 이내로 하고, 가연성은 폭발한계의 $\frac{1}{4}$ 이하로 한다.

55 이동식 부탄연소기의 올바른 사용 방법은?

① 바람의 영향을 줄이기 위해서 텐트 안에서 사용한다.

② 효율을 높이기 위해서 두 대를 나란히 연결하여 사용한다.

③ 사용하는 그릇은 연소기의 삼발이보다 폭이 좁은 것으로 한다.

④ 연소기 운반 중에는 용기를 연소기 내부에 보관한다.

해설 이동식 부탄 연소기에서 사용하는 그릇은 연소기의 삼발이보다 폭이 좁은 것으로 한다.

56 고압가스 용기의 파열사고의 큰 원인 중 하나는 용기 내압(內壓)의 이상상승이다. 이상 상승의 원인으로 가장 거리가 먼 것은?

① 가열   ② 일광의 직사

③ 내용물의 중합반응   ④ 적정 충전

해설 가스 적정 충전은 용기의 내압 이상상승 원인이 아니다.

57 액화석유가스 자동차용 충전시설의 충전호스의 설치기준으로 옳은 것은?

① 충전호스의 길이는 5m 이내로 한다.

② 충전호스에 과도한 인장력을 가하여도 호스와 충전기는 안전하여야 한다.

③ 충전호스에 부착하는 가스주입기는 더블터치형으로 한다.

④ 충전기와 가스주입기는 일체형으로 하여 분리되지 않도록 하여야 한다.

해설 충전호스 길이 기준
• 충전 호스용 : 5m 이내
• 사용자 호스 : 3m 이내

58 고압가스 특정제조시설의 특수반응 설비로 볼 수 없는 것은?

① 암모니아 2차 개질로

② 고밀도 폴리에틸렌 분해 중합기

③ 에틸렌 제조시설의 아세틸 렌수첨탑

④ 시클로헥산제조시설의 벤젠수첨반응기

해설 ②항에서는 저밀도 폴리에틸렌 분해 중합기가 특수반응 설비이다.

59 독성가스용기 운반 등의 기준으로 옳지 않은 것은?

① 충전용기를 운반하는 가스운반 전용차량의 적재함에는 리프트를 설치한다.

② 용기의 충격을 완화하기 위하여 완충판 등을 비치한다.

③ 충전용기를 용기 보관장소로 운반할 때에는 가능한 손수레를 사용하거나 용기의 밑부분을 이용하여 운반한다.

④ 충전용기를 차량에 적재할 때에는 운행 중의 동요로 인하여 용기가 충돌하지 않도록 눕혀서 적재한다.

정답 54.④ 55.③ 56.④ 57.① 58.② 59.④

해설 고압가스 충전용기는 밸브의 손상을 방지하기 위해 항상 세워서 적재한다.

60 액화석유가스 설비의 가스안전사고 방지를 위한 기밀시험 시 사용이 부적합한 가스는?

① 공기　　　　　② 탄산가스
③ 질소　　　　　④ 산소

해설 조연성인 산소나 가연성 가스는 LPG 등 가연성 가스의 기밀시험에는 사용하지 않는다.

제4과목 : 가스계측

61 가스계량기의 검정 유효기간은 몇 년인가? (단, 최대유량 10m³/h 이하이다.)

① 1년　　　　　② 2년
③ 3년　　　　　④ 5년

해설 가스유량 최대(10m³/h=10,000L/h) 이하의 가스계량기 검정 유효기간 : 5년

62 헴펠식 분석장치를 이용하여 가스 성분을 정량하고자 할 때 흡수법에 의하지 않고 연소법에 의해 측정하여야 하는 가스는?

① 수소
② 이산화탄소
③ 산소
④ 일산화탄소

해설 화학적 가스 분석계 중 연소열법에서 수소(H_2), CO, C_mH_n(중탄화수소) 등의 가스를 분석하며 선택성이 좋은 편이다.

63 공업용 액면계(액위계)로서 갖추어야 할 조건으로 틀린 것은?

① 연속측정이 가능하고, 고온·고압에 잘 견디어야 한다.
② 지시기록 또는 원격측정이 가능하고 부식에 약해야 한다.
③ 액면의 상·하한계를 간단히 계측할 수 있어야 하며, 적용이 용이해야 한다.
④ 자동제어장치에 적용이 가능하고, 보수가 용이해야 한다.

해설 공업용 액면계는 부식에 강해야 한다.

64 산소(O_2) 중에 포함되어 있는 질소(N_2) 성분을 가스크로마토그래피로 정량하는 방법으로 옳지 않은 것은?

① 열전도도검출기(TCD)를 사용한다.
② 캐리어가스로는 헬륨을 쓰는 것이 바람직하다.
③ 산소(O_2)의 피크가 질소(N_2)의 피크보다 먼저 나오도록 칼럼을 선택한다.
④ 산소제거트랩(Oxygen trap)을 사용하는 것이 좋다.

해설 가스크로마토그래피 물리적 가스분석기(흡착식, 분배식)
• 검출기 종류 : FID, TCD, ECD 등
• 흡착력이 강한 가스가 이동속도가 느리다.
• 산소분자량 : 32
• 질소분자량 : 28

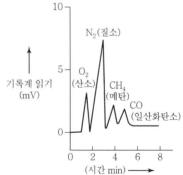

65 수은을 이용한 U자관식 액면계에서 그림과 같이 높이가 70cm일 때 P_2는 절대압으로 약 얼마인가?

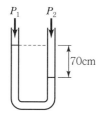

① 1.92kg/cm²   ② 1.92atm

③ 1.87bar   ④ 20.24mH₂O

해설 $76cmHg = 1.03kg/cm^2 = 1atm$

절대압(abs) = 대기압 + 게이지 압력

$$\therefore \ 1 + \left(1.03 \times \frac{70}{76}\right) = 1.92atm$$

66 오리피스 플레이트 설계 시 일반적으로 반영되지 않아도 되는 것은?

① 표면 거칠기   ② 에지 각도

③ 베벨 각   ④ 스월

해설 스월(Swirl)

입형 응축기 등에서 윗부분에 설치하여 상부에서 하부로 흐르는 냉각수를 선회시켜 관벽을 따라 흐르게 하거나 연소실 속에서 흡인 때 생기는 소용돌이 현상으로 적당하면 착화나 연소효율이 향상된다.

67 기체의 열전도율을 이용한 진공계가 아닌 것은?

① 피라니 진공계   ② 열전쌍 진공계

③ 서미스터 진공계   ④ 매클라우드 진공계

해설 매클라우드 진공계(McLeod)

진공에 대한 폐관식 압력계이다. 측정하려고 하는 기체를 압축하여 수은주로 읽어 체적변화로부터 원래의 압력을 정한다.

68 게이지 압력(gauge pressure)의 의미를 가장 잘 나타낸 것은?

① 절대압력 0을 기준으로 하는 압력

② 표준대기압을 기준으로 하는 압력

③ 임의의 압력을 기준으로 하는 압력

④ 측정위치에서의 대기압을 기준으로 하는 압력

해설 게이지 압력(atg)

측정위치에서의 대기압을 기준 0으로 측정하는 압력

69 아르키메데스의 원리를 이용한 것은?

① 부르동관식 압력계

② 침종식 압력계

③ 벨로우즈식 압력계

④ U자관식 압력계

해설 침종식 압력계(단종식, 복종식)

아르키메데스의 원리를 이용한 압력계

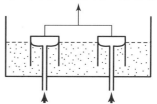

차압에 의한 부력은 배로 증가하고 감도가 높아진다.

70 H₂와 O₂ 등에는 감응이 없고 탄화수소에 대한 감응이 아주 우수한 검출기는?

① 열이온(TID) 검출기

② 전자포획(ECD) 검출기

③ 열전도도(TCD) 검출기

④ 불꽃이온화(FID) 검출기

해설 불꽃이온화 검출기 가스크로마토그래피(수소이온화 검출기)

가연성 가스인 탄화수소에서는 감도가 최고이지만 H_2, O_2, CO, CO_2, SO_2 가스 등에는 감도가 없다.

정답 65.② 66.④ 67.④ 68.④ 69.② 70.④

71 다음 가스분석법 중 물리적 가스분석법에 해당하지 않는 것은?

① 열전도율법

② 오르자트법

③ 적외선흡수법

④ 가스크로마토그래피법

해설 흡수분석법
  • 오르자트법   • 헴펠법   • 게겔법

72 가스누출경보기의 검지방법으로 가장 거리가 먼 것은?

① 반도체식   ② 접촉연소식

③ 확산분해식   ④ 기체 열전도식

해설 가스누출경보기 검지방법
  • 반도체식
  • 접촉연소식
  • 기체 열전도식(열선형)

73 측정지연 및 조절지연이 작을 경우 좋은 결과를 얻을 수 있으며 제어량의 편차가 없어질 때까지 동작을 계속하는 제어동작은?

① 적분동작   ② 비례동작

③ 평균2위치동작   ④ 미분동작

해설 • 적분동작(I연속동작) : 제어량의 잔류편차 제거
  • 비례동작(P연속동작) : 잔류편차(오프셋) 발생

74 기체 크로마토그래피(Gas Chromatography)의 일반적인 특성에 해당하지 않는 것은?

① 연속분석이 가능하다.

② 분리능력과 선택성이 우수하다.

③ 적외선 가스 분석계에 비해 응답속도가 느리다.

④ 여러 가지 가스 성분이 섞여 있는 시료가스 분석에 적당하다.

해설 기체 크로마토그래피는 칼럼(분리관), 검출기, 기록계 등으로 구성되며 흡착력의 차이에 따라 시료 가스의 분석에 널리 사용된다.(응답속도가 다소 느리고 분리능력과 선택성은 우수하지만 1회에 한 번씩 가스분석이 된다.

75 오리피스, 플로노즐, 벤투리 유량계의 공통점은?

① 직접식

② 열전대 사용

③ 압력강하 측정

④ 초음속 유체만의 유량측정

해설 오리피스 등 차압식 유량계의 공통점은 유량계 전후의 유체 압력강하를 이용하여 유량을 측정한다는 것이다.

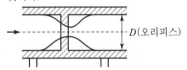

76 시료가스 채취장치를 구성하는 데 있어 다음 설명 중 틀린 것은?

① 일반 성분의 분석 및 발열량·비중을 측정할 때, 시료가스 중의 수분이 응축될 염려가 있을 때는 도관 가운데에 적당한 응축액 트랩을 설치한다.

② 특수 성분을 분석할 때, 시료가스 중의 수분 또는 기름 성분이 응축되어 분석 결과에 영향을 미치는 경우는 흡수장치를 보온하든가 또는 적당한 방법으로 가온한다.

③ 시료가스에 타르류, 먼지류를 포함하는 경우는 채취관 또는 도관 가운데에 적당한 여과기를 설치한다.

④ 고온의 장소로부터 시료가스를 채취하는 경우는 도관 가운데에 적당한 냉각기를 설치한다.

정답 71.② 72.③ 73.① 74.① 75.③ 76.②

해설 응고 시 보온이나 가온하지 않고 냉각한 후 제거한다.

77 가스미터의 구비조건으로 틀린 것은?

① 내구성이 클 것
② 소형으로 계량용량이 작을 것
③ 감도가 좋고 압력손실이 적을 것
④ 구조가 간단하고 수리가 용이할 것

해설 가스미터기는 소형이면서 계량 용량이 클수록 좋다.

78 계통적 오차에 대한 설명으로 옳지 않은 것은?

① 계기오차, 개인오차, 이론오차 등으로 분류된다.
② 참값에 대하여 치우침이 생길 수 있다.
③ 측정조건 변화에 따라 규칙적으로 생긴다.
④ 오차의 원인을 알 수 없어 제거할 수 없다.

해설 우연오차
오차의 원인을 알 수 없어 제거할 수가 없다.

79 산소농도를 측정할 때 기전력을 이용하여 분석하는 계측기기는?

① 세라믹 O_2계
② 연소식 O_2계
③ 자기식 O_2계
④ 밀도식 O_2계

해설 세라믹 산소계
산소가스 분석 시 기전력을 이용하여 분석하는 가스분석계이다.(지르코니아를 주원료로 한 세라믹의 온도를 높여주면 산소이온만 통과시킨다.)

80 루츠미터(Roots Meter)에 대한 설명 중 틀린 것은?

① 유량이 일정하거나 변화가 심한 곳, 깨끗하거나 건조하거나에 관계없이 많은 가스 타입을 계량하기에 적합하다.
② 액체 및 아세틸렌, 바이오가스, 침전가스를 계량하는 데에는 다소 부적합하다.
③ 공업용에 사용되고 있는 이 가스미터는 칼만(Karman)식과 스월(Swirl)식의 두 종류가 있다.
④ 측정의 정확도와 예상수명은 가스 흐름 내에 먼지의 과다 퇴적이나 다른 종류의 이물질에 따라 다르다.

해설 • 스월식, 델타식, 카르만식 : 와류식 유량계
• 루츠미터 : 용적식 유량계(대용량 가스미터기)

2017년 9월 23일 시행

제1과목 : 연소공학

01 1kg의 공기를 20℃, 1kgf/cm²인 상태에서 일정 압력으로 가열 팽창시켜 부피를 처음의 5배로 하려고 한다. 이때 온도는 초기온도와 비교하여 몇 ℃ 차이가 나는가?

① 1,172   ② 1,292

③ 1,465   ④ 1,561

해설 $T_1 = 20 + 273 = 293K$

$T_2 = 293 \times 5 = 1,465K$

$1kg \times \dfrac{22.4m^3}{29} = 0.7724m^3$

∴ 온도차 $= (1,465 - 273) - 20 = 1,172℃$

02 95℃의 온수를 100kg/h 발생시키는 온수보일러가 있다. 이 보일러에서 저위발열량이 45MJ/Nm³인 LNG를 1m³/h 소비할 때 열효율은 얼마인가? (단, 급수의 온도는 25℃이고, 물의 비열은 4.184kJ/kg · K이다.)

① 60.07%   ② 65.08%

③ 70.09%   ④ 75.10%

해설 온수의 현열(Q) $= G \times C_p \times \Delta t$

$= 100 \times 4.184 \times (95 - 25)$

$= 29,288kJ/h$

공급열 $= 45MJ \times 10^6 = 45,000,000J/h = 45,000kJ/h$

∴ 열효율(η) $= \dfrac{29,288}{45,000} \times 100 = 65.08(\%)$

03 완전기체에서 정적비열(C_v), 정압비열(C_p)의 관계식을 옳게 나타낸 것은? (단, R은 기체상수이다.)

① $C_p / C_v = R$ ② $C_p - C_v = R$

③ $C_v / C_p = R$ ④ $C_p + C_v = R$

해설 • 비열비(K) $= \dfrac{C_p}{C_v}$

• 기체상수(R) $= C_p - C_v$

04 다음 중 열역학 제2법칙에 대한 설명이 아닌 것은?

① 열은 스스로 저온체에서 고온체로 이동할 수 없다.

② 효율이 100%인 열기관을 제작하는 것은 불가능하다.

③ 자연계에 아무런 변화도 남기지 않고 어느 열원의 열을 계속해서 일로 바꿀 수 없다.

④ 에너지의 한 형태인 열과 일은 본질적으로 서로 같고, 열은 일로, 일은 열로 서로 전환이 가능하며, 이때 열과 일 사이의 변환에는 일정한 비례관계가 성립한다.

해설 ④항의 내용은 열역학 제1법칙(에너지 보존의 법칙)과 관계된다.

• 일의 열상당량(A) $= \dfrac{1}{427}$ (kcal/kg · m)

• 열의 일상당량(J) $= 427$(kg · m/kcal)

$Q = AW, \quad W = \dfrac{1}{A}Q = JQ$

$1PS = 75kg \cdot m/s, \quad 1kW = 102kg \cdot m/s$

정답 1.① 2.② 3.② 4.④

05 프로판 5L를 완전연소시키기 위한 이론공기량은 약 몇 L인가?

① 25 　　　　　　　② 87

③ 91 　　　　　　　④ 119

해설 프로판 연소반응식

$$\dfrac{C_3H_8}{1} + \dfrac{5O_2}{5} = \dfrac{3CO_2}{3} + \dfrac{4H_2O}{4}$$

이론공기량 = 이론산소량 $\times \dfrac{1}{0.21}$

$\therefore \ 5(L) \times 5(O_2) \times \dfrac{1}{0.21} = 119(L)$

06 이상기체를 일정한 부피에서 냉각하면 온도와 압력의 변화는 어떻게 되는가?

① 온도 저하, 압력 강하

② 온도 상승, 압력 강하

③ 온도 상승, 압력 일정

④ 온도 저하, 압력 상승

해설 이상기체(일정 부피에서 냉각 시)
- 온도 저하(부피 감소)
- 압력 강하

07 가연성 물질을 공기로 연소시키는 경우에 공기 중의 산소 농도를 높게 하면 연소속도와 발화온도는 어떻게 되는가?

① 연소속도는 느리게 되고, 발화온도는 높아진다.

② 연소속도는 빠르게 되고, 발화온도는 높아진다.

③ 연소속도는 빠르게 되고, 발화온도는 낮아진다.

④ 연소속도는 느리게 되고, 발화온도는 낮아진다.

해설 가연성 물질+산소농도 증가(반응)
- 연소속도 증가
- 발화온도 저하(착화점이 낮아진다.)

08 프로판과 부탄이 각각 50% 부피로 혼합되어 있을 때 최소산소농도(MOC)의 부피 %는?

(단, 프로판과 부탄의 연소하한계는 각각 2.2v%, 1.8v%이다.)

① 1.9% 　　　　　　② 5.5%

③ 11.4% 　　　　　④ 15.1%

해설 $C_3H_8 + 5O_2 \rightarrow 3CO_2 + 4H_2O$ (프로판)

$C_4H_{10} + 6.5O_2 \rightarrow 4CO_2 + 5H_2O$ (부탄)

산소량 = $(5 \times 0.5) + (6.5 \times 0.5) = 5.75O_2$

$\therefore \ MOC = \left(\left(5 \times 0.5 \times \dfrac{2.2}{100} \right) + \left(6.5 \times 0.5 \times \dfrac{1.8}{100} \right) \right)$

$\qquad \times 100 \ = 11.4(\%)$

$MOC = \left(\dfrac{\text{연료몰수}}{\text{연료몰수 + 공기몰수}} \right) \times \left(\dfrac{\text{산소몰수}}{\text{연료몰수}} \right)$

09 방폭 구조 및 대책에 관한 설명으로 옳지 않은 것은?

① 방폭대책에는 예방, 국한, 소화, 피난 대책이 있다.

② 가연성 가스의 용기 및 탱크 내부는 제2종 위험장소이다.

③ 분진폭발은 1차 폭발과 2차 폭발로 구분되어 발생한다.

④ 내압방폭구조는 내부폭발에 의한 내용물 손상으로 영향을 미치는 기기에는 부적당하다.

해설 제2종 장소
밀폐된 용기 또는 설비 내에 밀봉된 가연성 가스가 그 용기 또는 설비의 사고로 인해 파손되거나 오조작의 경우에만 누출될 위험이 있는 장소이다.

정답 5.④ 6.① 7.③ 8.③ 9.②

10 "압력이 일정할 때 기체의 부피는 온도에 비례하여 변화한다."라는 법칙은?

① 보일(Boyle)의 법칙

② 샤를(Charles)의 법칙

③ 보일-샤를의 법칙

④ 아보가드로의 법칙

해설 샤를의 법칙
압력이 일정할 때 기체의 부피는 온도에 비례한다.

11 다음 가스 중 공기와 혼합될 때 폭발성 혼합가스를 형성하지 않는 것은?

① 아르곤 ② 도시가스

③ 암모니아 ④ 일산화탄소

해설 희가스(불활성 가스) 종류
He, Ne, Ar(아르곤), Kr, Xe, Rn
주기율표 0족에 속하며 비활성이므로 다른 원소와 화합하지 않는다.

12 액체 연료를 수 μm 에서 수백 μm 으로 만들어 증발 표면적을 크게 하여 연소시키는 것으로서 공업적으로 주로 사용되는 연소방법은?

① 액면연소 ② 등심연소

③ 확산연소 ④ 분무연소

해설

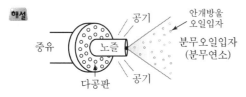

13 폭굉이 발생하는 경우 파면의 압력은 정상연소에서 발생하는 것보다 일반적으로 얼마나 큰가?

① 2배 ② 5배

③ 8배 ④ 10배

해설 폭굉(Detonation)
• 화염전파속도 : 1,000~3,500m/s
• 정상연소 시보다 온도가 10~20% 상승
• 정상연소보다 압력은 2배 상승, 밀폐공간에서는 7~8배, 반응 종류에 따라 5~35배까지 상승

14 메탄 80vol%와 아세틸렌 20vol%로 혼합된 혼합가스의 공기 중 폭발하한계는 약 얼마인가? (단, 메탄과 아세틸렌의 폭발 하한계는 5.0%와 2.5%이다.)

① 6.2% ② 5.6%

③ 4.2% ④ 3.4%

해설 폭발하한계 $= \dfrac{100}{L} = \dfrac{100}{\left(\dfrac{80}{5.0}\right)+\left(\dfrac{20}{2.5}\right)} = 4.2\%$

15 연소부하율에 대하여 가장 바르게 설명한 것은?

① 연소실의 염공면적당 입열량

② 연소실의 단위체적당 열발생률

③ 연소실의 염공면적과 입열량의 비율

④ 연소혼합기의 분출속도와 연소속도의 비율

해설 • 연소실 열부하율=kcal/m³h
• 화격자 연소율=kg/m²h

16 열분해를 일으키기 쉬운 불안전한 물질에서 발생하기 쉬운 연소로 열분해로 발생한 휘발분이 자기점화온도보다 낮은 온도에서 표면연소가 계속되기 때문에 일어나는 연소는?

① 분해연소 ② 그을음연소

③ 분무연소 ④ 증발연소

정답 10.② 11.① 12.④ 13.① 14.③ 15.② 16.②

해설 그을음연소

열분해를 일으키기 쉬운 불안전한 물질에서 휘발분이 자기점화온도보다 낮은 온도에서 표면연소가 지속되기 때문에 일어나는 유리탄소 연소

17 다음 [보기]는 가연성 가스의 연소에 대한 설명이다. 이 중 옳은 것으로만 나열된 것은?

[보기]
㉠ 가연성 가스가 연소하는 데에는 산소가 필요하다.
㉡ 가연성 가스가 이산화탄소와 혼합할 때 잘 연소된다.
㉢ 가연성 가스는 혼합하는 공기의 양이 적을 때 완전연소한다.

① ㉠, ㉡   ② ㉡, ㉢
③ ㉠   ④ ㉢

해설 가연성 가스 연소화학 반응식

메탄$(CH_4) + 2O_2 \rightarrow CO_2 + 2H_2O$
㉠ 산소량=2(산소하에 연소가 가능하다.)
㉡ 공기량=$2 \times \dfrac{1}{0.21} = 9.52$

18 자연발화온도(AIT ; Auto-Ignition Temperature)에 영향을 주는 요인 중에서 증기의 농도에 관한 사항이다. 가장 바르게 설명한 것은?

① 가연성 혼합기체의 AIT는 가연성 가스와 공기의 혼합비가 1 : 1일 때 가장 낮다.
② 가연성 증기에 비하여 산소의 농도가 클수록 AIT는 낮아진다.
③ AIT는 가연성 증기의 농도가 양론 농도보다 약간 높을 때 가장 낮다.
④ 가연성 가스와 산소의 혼합비가 1 : 1일 때 AIT는 가장 낮다.

해설 • 자연발화온도(AIT)영향 : 자연발화온도에서 가연성 증기의 농도가 양론 농도보다 약간 높을 때 가장 낮다.
• 양론농도 : 화학반응에서 질량 및 에너지에 관하여 연구하는 것
• 양론농도계수(반응물질−생성물질)
화학양론농도$(C_3H_8 + 5O_2 \rightarrow 3CO_2 + 4H_2O)$
• 양론농도계수$= (1+5) - (3+4) = -1$

19 가스를 연료로 사용하는 연소의 장점이 아닌 것은?

① 연소의 조절이 신속, 정확하며 자동제어에 적합하다.
② 온도가 낮은 연소실에서도 안정된 불꽃으로 높은 연소효율이 가능하다.
③ 연소속도가 커서 연료로서 안전성이 높다.
④ 소형 버너를 병용 사용하여 노내 온도분포를 자유로이 조절할 수 있다.

해설 가스기체연료는 연소속도가 크고 폭발범위에 의해 연소가 지속되므로 취급이나 연소 시 안전성이 낮아서 안전장치에 각별히 신경써야 한다.

20 액체 프로판(C_3H_8) 10kg이 들어 있는 용기에 가스미터가 설치되어 있다. 프로판 가스가 전부 소비되었다고 하면 가스미터에서의 계량값은 약 몇 m^3로 나타나 있겠는가? (단, 가스미터에서의 온도와 압력은 각각 $T = 15℃$와 $P_g = 200mmHg$이고 대기압은 0.101MPa이다.)

① 5.3   ② 5.7
③ 6.1   ④ 6.5

해설 $C_3H_8(1mol) = 22.4m^3 = 44kg$

$10kg \times \dfrac{22.4}{44} = 5.0909\,Nm^3$

$\therefore 5.0909 \times \dfrac{15+273}{273} = 5.3m^3$

정답 17.③ 18.③ 19.③ 20.①

제2과목 : 가스설비

21 연소기의 이상연소 현상 중 불꽃이 염공 속으로 들어가 혼합관 내에서 연소하는 현상을 의미하는 것은?

① 황염　　　　　　② 역화

③ 리프팅　　　　　④ 블로 오프

해설 역화

연소기의 이상현상 중 불꽃이 염공 속으로 들어가 혼합관 내에서 연소하며 그 이유는 가스의 분출속도가 연소속도보다 느리기 때문이다.

22 양정[H] 20m, 송수량[Q] 0.25m³/min, 펌프효율[η] 0.65인 2단 터빈 펌프의 축동력은 약 몇 kW인가?

① 1.26　　　　　　② 1.37

③ 1.57　　　　　　④ 1.72

해설 동력$(kW) = \dfrac{r \cdot Q \cdot H}{60 \times 102 \times \eta}$

$= \dfrac{1,000 \times 0.25 \times 20}{60 \times 102 \times 0.65} = 1.26$

1분$(min) = 60$초$(s), 0.25m^3 = 250kg(250L)$

23 고압가스 충전 용기의 가스 종류에 따른 색깔이 잘못 짝지어진 것은?

① 아세틸렌 : 황색

② 액화암모니아 : 백색

③ 액화탄산가스 : 갈색

④ 액화석유가스 : 회색

해설 ㉠ 액화탄산가스 도색 구분 : CO_2는 기타 가스에 해당하므로 청색에 속한다(공업용).

㉡ 액화탄산가스가 의료용일 경우 용기의 도색은 회색이다.

24 용기의 내압시험 시 항구증가율이 몇 % 이하인 용기를 합격한 것으로 하는가?

① 3　　　　　　　② 5

③ 7　　　　　　　④ 10

해설 용기항구증가율 $= \dfrac{영구증가량}{전증가량} \times 100(\%)$

(신규 검사 시 항구증가율 10% 이하는 합격이다.)

25 금속재료에서 어느 온도 이상에서 일정 하중이 작용할 때 시간의 경과와 더불어 그 변형이 증가하는 현상을 무엇이라고 하는가?

① 크리프　　　　　② 시효경과

③ 응력부식　　　　④ 저온취성

해설 크리프(Creep) 현상

금속재료에서 어느 온도 이상에서 일정 하중이 작용하면 시간의 경과와 더불어 그 변형이 점차 증가하는 현상

26 도시가스 배관공사 시 주의사항으로 틀린 것은?

① 현장마다 그 날의 작업공정을 정하여 기록한다.

② 작업현장에는 소화기를 준비하여 화재에 주의한다.

③ 현장 감독자 및 작업원은 지정된 안전모 및 완장을 착용한다.

④ 가스의 공급을 일시 차단할 경우에는 사용자에게 사전 통보하지 않아도 된다.

해설 가스의 공급을 일시 차단할 경우 도시가스 시공자는 사용자에게 반드시 사전에 공지하여야 한다.

정답 21.② 22.① 23.③ 24.④ 25.① 26.④

27 지름 150mm, 행정 100mm, 회전수 800rpm, 체적효율 85%인 4기통 압축기의 피스톤 압출량은 몇 m³/h인가?

① 10.2
② 28.8
③ 102
④ 288

해설 단면적 $= \dfrac{3.14}{4} \times (0.15)^2 = 0.0176625\text{m}^2$

용량$= 0.0176625 \times 0.1 = 0.00176625\text{m}^3$

압축기압축량(Q)
$= 0.00176625 \times 800 \times 4 \times 60 = 339.12\text{m}^3/\text{h}$

∴ $339.12 \times 0.85 = 288\text{m}^3/\text{h}$

28 가정용 LP가스 용기로 일반적으로 사용되는 것은?

① 납땜용기
② 용접용기
③ 구리용기
④ 이음새 없는 용기

해설 LP가스는 40℃에서 최고압력이 약 15.6kg/cm²의 저압이므로 용기는 용접용기(계목용기)로도 제작이 가능하다(고압의 압축가스는 무계목용기 사용).

29 도시가스 제조설비에서 수소화 분해(수첨분해)법의 특징에 대한 설명으로 옳은 것은?

① 탄화수소의 원료를 수소기류 중에서 열분해 혹은 접촉분해로 메탄을 주성분으로 하는 고열량의 가스를 제조하는 방법이다.

② 탄화수소의 원료를 산소 또는 공기 중에서 열분해 혹은 접촉분해로 수소 및 일산화탄소를 주성분으로 하는 가스를 제조하는 방법이다.

③ 코크스를 원료로 하여 산소 또는 공기 중에서 열분해 혹은 접촉분해로 메탄을 주성분으로 하는 고열량의 가스를 제조하는 방법이다.

④ 메탄을 원료로 하여 산소 또는 공기 중에서 부분연소로 수소 및 일산화탄소를 주성분으로 하는 저열량의 가스를 제조하는 방법이다.

해설 도시가스 제조 가스화 방식
　㉠ 수소화 분해
　㉡ 접촉분해 공정

30 냉동장치에서 냉매의 일반적인 구비조건으로 옳지 않은 것은?

① 증발열이 커야 한다.
② 증기의 비체적이 작아야 한다.
③ 임계온도가 낮고, 응고점이 높아야 한다.
④ 증기의 비열은 크고, 액체의 비열은 작아야 한다.

해설 냉매는 임계온도가 높고 응고점이 낮을수록 유리한 냉매이다.

31 대기 중에 10m 배관을 연결할 때 중간에 상온스프링을 이용하여 연결하려 한다면 중간 연결부에서 얼마의 간격으로 하여야 하는가?
(단, 대기 중의 온도는 최저 −20℃, 최고 30℃이고, 배관의 열팽창계수는 7.2×10-5/℃이다.)

① 18mm
② 24mm
③ 36mm
④ 48mm

해설 10m/1m×1,000mm=10,000mm

온도차 $= (30 - (-20)) = 50$℃

상온스프링 $\times \dfrac{1}{2} \times$ 신축량

∴ $(10,000 \times 7.2 \times 10^{-5} \times 50) \times \dfrac{1}{2} = 18\text{mm}$

정답 27.④　28.②　29.①　30.③　31.①

32 펌프의 운전 중 공동현상(Cavitation)을 방지하는 방법으로 적합하지 않은 것은?

① 흡입양정을 크게 한다.
② 손실수두를 작게 한다.
③ 펌프의 회전수를 줄인다.
④ 양흡입 펌프 또는 두 대 이상의 펌프를 사용한다.

해설 펌프의 운전 중 공동현상(캐비테이션)의 방지법은 ②, ③, ④항 외 흡입양정을 작게 한다.

33 표면은 견고하게 하여 내마멸성을 높이고, 내부는 강인하게 하여 내충격성을 향상한 이중조직을 가지게 하는 열처리는?

① 불림   ② 담금질
③ 표면경화   ④ 풀림

해설 표면경화 열처리법
금속의 표면을 견고하게 하고 내마멸성을 높여 내부를 강인하게 함으로써 내충격성을 향상하는 열처리

34 다음 중 신축조인트 방법이 아닌 것은?

① 루프(Loop)형
② 슬라이드(Slide)형
③ 슬립-온(Slip-On)형
④ 벨로스(Bellows)형

해설 관의 신축 조인트 방법
• 루프형
• 슬리브형(슬라이드형)
• 벨로스형
• 스위블형

35 왕복 압축기의 특징이 아닌 것은?

① 용적형이다.
② 효율이 낮다.
③ 고압에 적합하다.
④ 맥동현상을 갖는다.

해설 왕복형 압축기는 압축효율이 높으며 그 특징은 ①, ③, ④항 외 용량 조정범위가 넓으며 접촉부가 많으므로 보수 및 점검이 복잡하다.

36 다음 지상형 탱크 중 내진설계 적용대상 시설이 아닌 것은?

① 고법의 적용을 받는 3톤 이상의 암모니아 탱크
② 도법의 적용을 받는 3톤 이상의 저장탱크
③ 고법의 적용을 받는 10톤 이상의 아르곤 탱크
④ 액법의 적용을 받는 3톤 이상의 액화석유가스 저장탱크

37 액화석유가스 지상 저장탱크 주위에는 저장능력이 얼마 이상일 때 방류둑을 설치하여야 하는가?

① 6톤   ② 20톤
③ 100톤   ④ 1,000톤

해설 방류둑 크기 용량(액화가스)
• 가연성 : 500톤 이상
• 독성 : 5톤 이상
• 산소 : 1,000톤 이상
• 액화석유가스 : 1,000톤 이상

정답 32.① 33.③ 34.③ 35.② 36.① 37.④

38 다음과 같이 작동되는 냉동장치의 성적계수(ε_R)는?

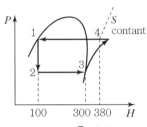

① 0.4   ② 1.4

③ 2.5   ④ 3.0

해설 성적계수(COP) = $\dfrac{증발능력}{압축기일의 열상당량}$

$$= \dfrac{300-100}{380-300} = 2.5$$

39 기계적인 일을 사용하지 않고 고온도의 열을 직접 적용시켜 냉동하는 방법은?

① 증기압축식 냉동기 ② 흡수식 냉동기
③ 증기분사식냉 동기 ④ 역브레이튼냉동기

해설 흡수식 냉동기

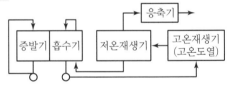

40 특정고압가스이면서 그 성분이 독성가스인 것으로 나열된 것은?

① 산소, 수소
② 액화염소, 액화질소
③ 액화암모니아, 액화염소
④ 액화암모니아, 액화석유가스

해설 TWA 기준 독성가스 허용농도(ppm)
• 액화암모니아 : 25
• 액화염소 : 1

제3과목 : 가스안전관리

41 다음 중 독성가스의 제독조치로서 가장 부적당한 것은?

① 흡수제에 의한 흡수
② 중화제에 의한 중화
③ 국소배기장치에 의한 포집
④ 제독제 살포에 의한 제독

해설 독성가스의 제독은 ①, ②, ④항이 기본조치이다.

42 사람이 사망한 도시가스 사고 발생 시 사업자가 한국가스안전공사에 상보(서면으로 제출하는 상세한 통보)를 할 때 그 기한은 며칠 이내인가?

① 사고 발생 후 5일
② 사고 발생 후 7일
③ 사고 발생 후 14일
④ 사고 발생 후 20일

해설 사망사고 서면 통보기간
사고 발생 후 20일 이내

43 20kg의 LPG가 누출되어 폭발할 경우 TNT 폭발 위력으로 환산하면 TNT 약 몇 kg에 해당하는가? (단, LPG의 폭발효율은 3%이고 발열량은 12,000kcal/kg, TNT의 연소열은 1,100kcal/kg이다.)

① 0.6   ② 6.5
③ 16.2   ④ 26.6

해설 • LPG가스 폭발발생열량
= 20kg×12,000(kcal/kg) = 240,000(kcal)
• 폭발효율에 의한 발생열량
= 240,000×0.03 = 7,200(kcal)
∴ TNT환산 = $\dfrac{7,200}{1,100}$ = 6.5(kg)

정답   38.③   39.②   40.③   41.③   42.④   43.②

44 고압가스 안전관리법에서 정한 특정설비가 아닌 것은?

① 기화장치　　　　② 안전밸브
③ 용기　　　　　　④ 압력용기

> **해설** 특정설비는 ①, ②, ④항 외에도 긴급차단장치, 독성가스 배관용 밸브, 자동차용 가스자동주입기, 역화방지장치, 냉동용 특정설비, 특정고압가스 실린더 캐비닛, LPG 잔류가스 회수장치, 자동차용 압축천연가스 완속충전설비가 있다.

45 소비 중에는 물론 이동, 저장 중에도 아세틸렌 용기를 세워두는 이유는?

① 정전기를 방지하기 위해서
② 아세톤의 누출을 막기 위해서
③ 아세틸렌이 공기보다 가볍기 때문에
④ 아세틸렌이 쉽게 나오게 하기 위해서

> **해설** 아세틸렌(C_2H_2) 가스의 분해폭발방지용 용제
> • 아세톤[$(CH_3)_2CO$]
> • 디메틸포름아미드[$HCON(CH_3)_2$]
> 용기를 세워서 저장하여야 아세톤 누출을 방지할 수 있다.

46 도시가스 압력조정기의 제품성능에 대한 설명 중 틀린 것은?

① 입구 쪽은 압력조정기에 표시된 최대입구압력의 1.5배 이상의 압력으로 내압시험을 하였을 때 이상이 없어야 한다.
② 출구 쪽은 압력조정기에 표시된 최대출구압력 및 최대 폐쇄압력의 1.5배 이상의 압력으로 내압시험을 하였을 때 이상이 없어야 한다.
③ 입구 쪽은 압력조정기에 표시된 최대입구압력 이상의 압력으로 기밀시험하였을 때 누출이 없어야 한다.

④ 출구 쪽은 압력조정기에 표시된 최대출구압력 및 최대 폐쇄압력의 1.5배 이상의 압력으로 기밀시험하였을 때 누출이 없어야 한다.

> **해설** 도시가스 압력조정기의 일반적인 시험은 출구 측의 최대 최고사용압력의 1.1배로 하는 것이 통상적이다.

47 고압가스의 운반기준에서 동일 차량에 적재하여 운반할 수 없는 것은?

① 염소와 아세틸렌　② 질소와 산소
③ 아세틸렌과 산소　④ 프로판과 부탄

> **해설** 운반 불가능(동일 차량) 가스
> ㉠ 염소와 수소
> ㉡ 염소와 아세틸렌
> ㉢ 염소와 암모니아

48 물분무장치 등은 저장탱크의 외면에서 몇 m 이상 떨어진 위치에서 조작이 가능하여야 하는가?

① 5m　　　　　② 10m
③ 15m　　　　　④ 20m

> **해설** 물분무장치 이격거리
>

49 고압가스 특정제조시설에서 고압가스 배관을 시가지 외의 도로 노면 밑에 매설하고자 할 때 노면으로부터 배관 외면까지의 매설깊이는?

① 1.0m 이상　　② 1.2m 이상
③ 1.5m 이상　　④ 2.0m 이상

 정답 44.③　45.②　46.④　47.①　48.③　49.②

해설 시가지 외의 도로 노면 밑에 매설

특정제조시설 고압가스 배관 ↕1.2m 이상

---

50 국내에서 발생한 대형 도시가스 사고 중 대구 도시가스 폭발사고의 주 원인은?

① 내부 부식

② 배관의 응력 부족

③ 부적절한 매설

④ 공사 중 도시가스 배관 손상

해설 대구 도시가스 폭발사고 원인
공사 중 도시가스 배관 손상

51 초저온 용기 제조 시 적합 여부에 대하여 실시하는 설계단계 검사항목이 아닌 것은?

① 외관검사   ② 재료검사

③ 마멸검사   ④ 내압검사

해설 초저온 용기(영하 50℃ 이하의 액화가스 용기)의 제조 시 설계단계 검사항목 : 외관검사, 재료검사, 내압검사 등을 실시한다.

52 우리나라는 1970년부터 시범적으로 동부 이촌동의 3,000가구를 대상으로 LPG/AIR 혼합방식의 도시가스를 공급하기 시작하여 사용한 적이 있다. LPG에 AIR를 혼합하는 주된 이유는?

① 가스의 가격을 올리기 위해서

② 공기로 LPG 가스를 밀어내기 위해서

③ 재액화를 방지하고 발열량을 조정하기 위해서

④ 압축기로 압축하려면 공기를 혼합해야 하므로

해설 ㉠ LPG 공급방식 : 자연기화방식, 강제기화방식
㉡ 공기혼합가스 공급방식(강제기화방식)의 목적
　• 재액화 방지
　• 발열량 조절
　• 연소효율 증대
　• 누설 시 체류 및 누설손실 감소

53 도시가스 사용시설의 압력조정기 점검 시 확인하여야 할 사항이 아닌 것은?

① 압력조정기의 A/S 기간

② 압력조정기의 정상작동 유무

③ 필터 또는 스트레이너의 청소 및 손상 유무

④ 건축물 내부에 설치된 압력조정기의 경우는 가스 방출구의 실외 안전장소 설치 여부

해설 도시가스 사용시설의 압력조정기 점검 시 압력조정기의 A/S 기간은 제외된다.

54 가연성 가스 및 독성 가스의 충전용기 보관실의 주위 몇 m 이내에서는 화기를 사용하거나 인화성 물질 또는 발화성 물질을 두지 말아야 하는가?

① 1   ② 2

③ 3   ④ 5

해설

55 가연성 가스를 운반하는 경우 반드시 휴대하여야 하는 장비가 아닌 것은?

① 소화설비   ② 방독마스크

③ 가스누출검지기   ④ 누출방지공구

정답 50.④ 51.③ 52.③ 53.① 54.② 55.②

해설 독성가스 운반 시 보호구
방독마스크, 공기호흡기, 보호의, 보호장갑, 보호장화 등

56 독성 가스 저장탱크를 지상에 설치하는 경우 몇 톤 이상일 때 방류둑을 설치하여야 하는가?

① 5   ② 10
③ 50   ④ 100

해설 방류둑 설치 규격(저장탱크 기준)
• 독성 가스 : 5톤 이상
• 가연성 가스 : 500톤 이상
• 산소 : 1,000톤 이상

57 다량의 고압가스를 차량에 적재하여 운반할 경우 운전상의 주의사항으로 옳지 않은 것은?

① 부득이한 경우를 제외하고는 장시간 정차해서는 아니 된다.
② 차량의 운반책임자와 운전자가 동시에 차량에서 이탈하지 아니하여야 한다.
③ 300km 이상의 거리를 운행하는 경우에는 중간에 충분한 휴식을 취한 후 운행하여야 한다.
④ 가스의 명칭·성질 및 이동 중의 재해방지를 위하여 필요한 주의사항을 기재한 서면을 운반책임자 또는 운전자에게 교부하고 운반 중에 휴대를 시켜야 한다.

해설 운반책임자는 200km 이상의 운행거리에는 중간에 충분한 휴식을 취한 후 운행하여야 한다.

58 시안화수소를 충전, 저장하는 시설에서 가스 누출에 따른 사고예방을 위하여 누출검사 시 사용하는 시험지(액)는?

① 묽은 염산용액
② 질산구리벤젠지
③ 수산화나트륨용액
④ 묽은 질산용액

해설
• 시안화수소(HCN) 독성 가스 중화제 가성소다 수용액 250kg 보유
• 누설 시 질산구리 벤젠지(초산벤젠지)시험지에서 청색변화 반응

59 특정 설비의 부품을 교체할 수 없는 수리 자격자는?

① 용기제조자
② 특정설비제조자
③ 고압가스제조자
④ 검사기관

해설 용기제조자의 수리범위
• 용기몸체 용접
• C_2H_2 가스다공물질 교체
• 스커트, 프로텍터, 넥크링 교체 및 가공
• 용기부속품 교체, 저온 및 초저온용기 단열재 교체 등

60 다음 중 불연성 가스가 아닌 것은?

① 아르곤   ② 탄산가스
③ 질소   ④ 일산화탄소

해설 일산화탄소
• 가연성(폭발범위 : 12.5~74%)
• 연소반응 = $CO + \frac{1}{2}(O_2) \rightarrow CO_2$

정답 56.① 57.③ 58.② 59.① 60.④

제4과목 : 가스계측

61 물의 화학반응을 통해 시료의 수분 함량을 측정하며 휘발성 물질 중의 수분을 정량하는 방법은?

① 램프법

② 칼피셔법

③ 메틸렌블루법

④ 다트와이라법

해설 칼피셔법(Karl-Fischer method)
물의 화학반응을 통해 시료의 수분 함량을 측정하며 휘발성 물질 중의 수분을 정량하는 방법이다.
(시약 : 요오드, 이산화황 및 피리딘 등을 무수메탄올 용액으로 한 것)

62 25℃, 1atm에서 0.21mol%의 O_2와 0.79mol%의 N_2로 된 공기혼합물의 밀도는 약 몇 kg/m³인가?

① 0.118 　　　　② 1.18

③ 0.134 　　　　④ 1.34

해설 산소(O_2)=1kmol=32kg
질소(N_2)=1kmol=28kg

$1kmol(22.4m^3) \times \dfrac{273+25}{273} = 24.46m^3$

$\therefore$ 혼합밀도$(\rho) = \dfrac{(32 \times 0.21 + 28 \times 0.79)}{24.46}$

$\qquad = 1.18 kg/m^3$

63 압력에 대한 다음 값 중 서로 다른 것은?

① 101,325N/m² 　　② 1,013.25hPa

③ 76cmHg 　　　④ 10,000mmAq

해설 1atm(76cmHg)=10.332mAq=10,332mmAq
$\qquad\qquad\qquad$ =101,325N/m²=1,013.25hPa

64 이동상으로 캐리어가스를 이용, 고정상으로 액체 또는 고체를 이용해서 혼합성분의 시료를 캐리어가스로 공급하여, 고정상을 통과할 때 시료 중의 각 성분을 분리하는 분석법은?

① 자동오르자트법

② 화학발광식 분석법

③ 가스크로마토그래피법

④ 비분산형 적외선 분석법

해설 가스크로마토그래피법 가스분석기
캐리어가스를 이용한다.
• 캐리어가스(전개제) : Ar, He, H_2, N_2 등
• 종류 : FID, TCD, ECD 검출기 사용
• 구성 : 컬럼(분리관), 검출기, 기록계

65 감도(感度)에 대한 설명으로 틀린 것은?

① 감도는 측정량의 변화에 대한 지시량의 변화의 비로 나타낸다.

② 감도가 좋으면 측정시간이 길어진다.

③ 감도가 좋으면 측정범위는 좁아진다.

④ 감도는 측정 결과에 대한 신뢰도의 척도이다.

해설 감도
측정량의 변화에 대해 계측기가 받는 지시변화의 양(지시량의 변화를 측정량의 변화로 나눈 값)

④항의 내용은 정확도(accuracy)에 대한 설명이다.

$\therefore$ 감도 = $\dfrac{\text{지시량의 변화}}{\text{측정량의 변화}}$

66 400K는 약 몇 °R인가?

① 400 　　　　② 620

③ 720 　　　　④ 820

해설 °R=°F+460=K×1.8
K=(°R/1.8)
$\therefore$ 400×1.8=720°R

정답 61.② 62.② 63.④ 64.③ 65.④ 66.③

67 되먹임 제어계에서 설정한 목표값을 되먹임 신호와 같은 종류의 신호로 바꾸는 역할을 하는 것은?

① 조절부
② 조작부
③ 검출부
④ 설정부

해설 되먹임 제어(피드백 제어) 설정부
설정한 목표값을 되먹임 신호와 같은 종류의 신호로 바꾸는 역할

68 어느 수용가에 설치한 가스미터의 기차를 측정하기 위하여 지시량을 보니 100m³를 나타내었다. 사용공차를 ±4%로 한다면 이 가스미터에는 최소 얼마의 가스가 통과되었는가?

① 40m³
② 80m³
③ 96m³
④ 104m³

해설 가스통과량 최소량
$100 \times 0.04 = 4m^3$
$\therefore 100 - 4 = 96m^3$

69 가스계량기의 구비조건이 아닌 것은?

① 감도가 낮아야 한다.
② 수리가 용이하여야 한다.
③ 계량이 정확하여야 한다.
④ 내구성이 우수해야 한다.

해설 가스계량기(가스미터기)는 감도(지시량의 변화/측정량의 변화)가 높아야 한다. 감도가 좋으면 측정시간이 길어지고 측정범위가 좁아진다.

70 가스크로마토그래피 분석계에서 가장 널리 사용되는 고체 지지체 물질은?

① 규조토
② 활성탄
③ 활성알루미나
④ 실리카겔

해설 규조토(Diatomite)
가스분석기인 가스크로마토그래피 분석계에서 가장 널리 사용되는 고체 지지체 물질이다.

71 자동제어계의 일반적인 동작순서로 맞는 것은?

① 비교 → 판단 → 조작 → 검출
② 조작 → 비교 → 검출 → 판단
③ 검출 → 비교 → 판단 → 조작
④ 판단 → 비교 → 검출 → 조작

해설 자동제어계 동작순서
검출 → 비교 → 판단 → 조작

72 가스누출 검지기의 검지(Sensor) 부분에서 일반적으로 사용하지 않는 재질은?

① 백금
② 리튬
③ 동
④ 바나듐

해설 가스누출 검지기의 센서부분에서는 일반적으로 동(구리)은 사용하지 않는다. 동은 온도검출부에서 많이 사용한다.

73 제어계의 상태를 교란하는 외란의 원인으로 가장 거리가 먼 것은?

① 가스 유출량
② 탱크 주위의 온도
③ 탱크의 외관
④ 가스 공급압력

해설 가스 탱크 외관은 제어계의 상태를 교란하는 외란의 원인으로 거리가 멀다.(단 가스 내 유체의 출구 압력이나 온도는 외란의 원인이 된다.)

정답 67.④ 68.③ 69.① 70.① 71.③ 72.③ 73.③

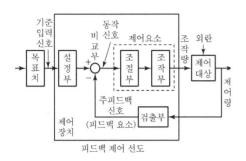

피드백 제어 선도

74 수소의 품질검사에 사용되는 시약은?

① 네슬러시약　　　② 동·암모니아

③ 요오드화칼륨　　④ 하이드로설파이트

> **해설** 수소가스 품질검사 시약(순수 98.5% 이상 검사 시 합격)
> - 피로카롤
> - 하이드로설파이트시약

75 나프탈렌의 분석에 가장 적당한 분석방법은?

① 중화적정법

② 흡수평량법

③ 요오드적정법

④ 가스크로마토그래피법

> **해설** 나프탈렌 가스분석방법 계측기
> 가스크로마토그래피법

76 다음 ( ) 안에 들어갈 말로 알맞은 것은?

> "가스미터(최대유량 10m³/h 이하)의 재검정 유효기간은 ( )년이다. 재검정의 유효기간은 재검정을 완료한 날의 다음 달 1일부터 기산한다."

① 1　　　　　　　② 2

③ 3　　　　　　　④ 5

> **해설** 최대유량 10m³/h 이하의 가스미터 재검정 유효기간은 5년이다.

77 유속이 6m/s인 물 속에 피토(Pitot)관을 세울 때 수주의 높이는 약 몇 m인가?

① 0.54　　　　　② 0.92

③ 1.63　　　　　④ 1.83

> **해설** 유속$(V) = \sqrt{2gh} = \sqrt{2 \times 9.8 \times h} = 6m$
> $$h = \frac{V^2}{2g} = \frac{6^2}{2 \times 9.8} = 1.83m$$

78 회로의 두 접점 사이의 온도차로 열기전력을 일으키고 그 전위차를 측정하여 온도를 알아내는 온도계는?

① 열전대온도계　　② 저항온도계

③ 광고온도계　　　④ 방사온도계

> **해설** 열전대온도계
> 회로의 두 접점 사이의 온도차로 열기전력(제베크효과)을 이용하여 그 전위차로 온도를 측정한다.

열전대온도계의 종류별 특징

종류	온도 측정 범위	사용금속		온도계 특성
		(+)극	(−)극	
백금-백금로듐 (P−R= R형)	0~ 1,600℃	Pt(87%) Rh(13%)	Pt	• 산화성 분위기에 강하다. • 환원성 분위기에 약하다. • 정도가 높고 안정적이며 고온 측정에 유리하다.
크로멜-알루멜 (C−A= K형)	0~ 1,200℃	(크로멜) Ni(90%) Cr(10%)	(알루멜) Ni(94%) Al(3%) Mn(2%) Si(1%)	• 가격이 싸고 특성이 안정하다. • 기전력이 크고(온도-기전력선이 거의 직선적이다.)
철-콘스탄탄 (I−C= J형)	−200~ 800℃	(철) Fe(100%)	(콘스탄탄) Cu(55%) Ni(45%)	• 환원성 분위기에 강하다. • 산화성 분위기에는 약하다. • 열기전력이 높고 가격이 싸다.
구리-콘스탄탄 (C−C= T형)	−200~ 350℃	(구리) Cu(100%)	(콘스탄탄)	• 열기전력이 크다. • 저항 및 온도계수가 작아 저온용으로 사용한다.

정답 74.④　75.④　76.④　77.④　78.①

79 증기압식 온도계에 사용되지 않는 것은?

① 아닐린 ② 알코올

③ 프레온 ④ 에틸에테르

해설 • 증기압식 온도계 : 프로판, 에틸알코올, 에테르, 아
닐린, 질소, 헬륨, 프레온 등 사용
• 액주식 온도계 : 알코올, 수은, 물 등 사용

80 가스분석용 검지관법에서 검지관의 검지
한도가 가장 낮은 가스는?

① 염소 ② 수소

③ 프로판 ④ 암모니아

해설 검지한도
• 염소(0~0.004%)
• 수소(0~1.5%)
• 프로판(0~5%)
• 암모니아(0~25.0%)

2018년 3월 4일 시행

제1과목 : 연소공학

01 메탄의 완전연소 반응식을 옳게 나타낸 것은?

① $CH_4 + 2O_2 \rightarrow CO_2 + 2H_2O$

② $CH_4 + 3O_2 \rightarrow 2CO_2 + 2H_2O$

③ $CH_4 + 3O_2 \rightarrow 2CO_2 + 3H_2O$

④ $CH_4 + 5O_2 \rightarrow 3CO_2 + 4H_2O$

해설 메탄(CH_4)의 연소반응식

$CH_4 + 2O_2 \rightarrow CO_2 + 2H_2O$

$C + O_2 \rightarrow CO_2,\ H_2 + \dfrac{1}{2}O_2 \rightarrow H_2O$

02 최소발화에너지(MIE)에 영향을 주는 요인 중 MIE의 변화를 가장 작게 하는 것은?

① 가연성 혼합 기체의 압력

② 가연성 물질 중 산소의 농도

③ 공기 중에서 가연성 물질의 농도

④ 양론 농도하에서 가연성 기체의 분자량

해설 최소점화(발화)에너지(MIE) : 폭발성 혼합가스, 또는 폭발성 분진을 발화시키는 데 필요한 최소한의 에너지로 착화원의 불꽃이다.

$E = \dfrac{1}{2}CV^2$

• 최소 점화 에너지가 작을수록 위험하다.
• E(방전에너지), C(방전전극과 병렬연결한 축전기의 전용량), V(불꽃전압)
• MIE에 영향을 주는 요인 중 변화를 가장 작게 하는 요인은 ④항이다.

03 에탄의 공기 중 폭발범위가 3.0~12.4%라고 할 때 에탄의 위험도는?

① 0.76　　　　　② 1.95

③ 3.13　　　　　④ 4.25

해설 에탄(C_2H_6)의 위험도(H)

$H = \dfrac{U-L}{L} = \dfrac{12.4-3.0}{3.0} = 3.13$

04 액체연료의 연소형태 중 램프등과 같이 연료를 심지로 빨아올려 심지의 표면에서 연소시키는 것은?

① 액면연소　　　② 증발연소

③ 분무연소　　　④ 등심연소

해설 등심연소
액체연료의 연소형태로서. 램프등과 같이 연료를 심지로 빨아올려 심지의 표면에서 연소시킨다.

05 가스의 특성에 대한 설명 중 가장 옳은 내용은?

① 염소는 공기보다 무거우며 무색이다.

② 질소는 스스로 연소하지 않는 조연성이다.

③ 산화에틸렌은 분해폭발을 일으킬 위험이 있다.

④ 일산화탄소는 공기 중에서 연소하지 않는다.

해설 ㉠ 염소(Cl_2) : 황록색의 기체(공기보다 무겁다.)
　　㉡ 질소(N_2) : 불연성 가스

　　㉢ $CO + \dfrac{1}{2}O_2 \rightarrow CO_2$　(CO : 가연성 가스)

　　㉣ 산화에틸렌(C_2H_4O) : 화학폭발, 중합폭발, 분해폭발 발생(분해폭발 원인 : 화염, 전기스파크, 충격, 아세틸드의 분해)

정답 01.①　02.④　03.③　04.④　05.③

06 메탄 50v%, 에탄 25v%, 프로판 25v%가 섞여 있는 혼합기체의 공기 중에서의 연소하한계(v%)는 얼마인가? (단, 메탄, 에탄, 프로판의 연소하한계는 각각 5v%, 3v%, 2.1v%이다.)

① 2.3   ② 3.3

③ 4.3   ④ 5.3

해설 연소하한계 $=\dfrac{100}{L}=\dfrac{100}{\dfrac{50}{5}+\dfrac{25}{3}+\dfrac{25}{2.1}}$

$=\dfrac{100}{30.238}=3.30$

07 연료가 구비하여야 할 조건으로 틀린 것은?

① 발열량이 클 것

② 구입하기 쉽고 가격이 저렴할 것

③ 연소 시 유해가스 발생이 적을 것

④ 공기 중에서 쉽게 연소되지 않을 것

해설 연료는 공기나 산소 중에서 쉽게 연소가 이루어져야 한다.
메탄(CH_4) $+2O_2 \rightarrow CO_2+2H_2O$

08 다음 연료 중 표면연소를 하는 것은?

① 양초   ② 휘발유

③ LPG   ④ 목탄

해설 표면연소 : 숯, 목탄 등(1차 건류된 물질)

09 자연발화를 방지하는 방법으로 옳지 않은 것은?

① 통풍을 잘 시킬 것

② 저장실의 온도를 높일 것

③ 습도가 높은 것을 피할 것

④ 열이 축적되지 않게 연료의 보관방법에 주의할 것

해설 ㉠ 자연발화 종류 : 분해열, 중합열, 산화열, 발효열, 흡착열 등
㉡ 자연발화를 방지하려면 저장실의 온도를 80℃ 이하로 낮추어야 한다.

10 연소의 3요소가 바르게 나열된 것은?

① 가연물, 점화원, 산소

② 수소, 점화원, 가연물

③ 가연물, 산소, 이산화탄소

④ 가연물, 이산화탄소, 점화원

해설 연소의 3대 구성 요소
㉠ 가연물
㉡ 점화원
㉢ 산소

11 연료발열량(H_L) 10,000kcal/Kg, 이론공기량 11m³/kg, 과잉공기율 30%, 이론습가스량 11.5m³Kg, 외기온도 20℃일 때의 이론연소온도는 약 몇 ℃인가? (단, 연소가스의 평균비열은 0.31kcal/m³℃이다.)

① 1,510   ② 2,180

③ 2,200   ④ 2,530

해설 실제공기량 = 이론공기량×공기비

공기비 $=\dfrac{100+30}{100}=1.3$

연소온도$(t)=\dfrac{H_L}{G\times CP}$

연소가스량$(G)=G_0+(m-1)A_0$
$=11.5+(1.3-1)\times 11 = 14.8 Nm^3/Nm^3$

$\therefore t = \dfrac{10,000}{14.8\times 0.31}+20 = 2,200℃$

12 다음 [보기] 중 산소농도가 높을 때 연소의 변화에 대하여 올바르게 설명한 것으로만 나열한 것은?

정답 06.② 07.④ 08.④ 09.② 10.① 11.③ 12.②

[보기]
Ⓐ 연소속도가 느려진다.
Ⓑ 화염온도가 높아진다.
Ⓒ 연료 kg당의 발열량이 높아진다.

① Ⓐ   ② Ⓑ
③ Ⓐ, Ⓑ   ④ Ⓑ, Ⓒ

해설 산소농도 증가 시 변화
    ㉠ 완전연소 가능
    ㉡ 화염온도 상승
    ㉢ 연소속도 증가

13 가스화재 소화대책에 대한 설명으로 가장 거리가 먼 것은?

① LNG에 착화할 때에는 노출된 탱크, 용기 및 장비를 냉각시키면서 누출원을 막아야 한다.
② 소규모 화재 시 고성능 포말소화액을 사용하여 소화할 수 있다.
③ 큰 화재나 폭발로 확대된 위험이 있을 경우에는 누출원을 막지 않고 소화부터 해야 한다.
④ 진화원을 막는 것이 바람직하다고 판단되면 분말소화약제, 탄산가스, 하론소화기를 사용할 수 있다.

해설 가스화재 시 가스의 누출방지를 가장 먼저 조치한 후 소화를 해야 한다.

14 폭발의 정의를 가장 잘 나타낸 것은?

① 화염의 전파속도가 음속보다 큰 강한 파괴작용을 하는 흡열반응
② 화염이 음속 이하의 속도로 미반응물질 속으로 전파되어가는 발열반응

③ 물질이 산소와 반응하여 열과 빛을 발생하는 현상
④ 물질을 가열하기 시작하여 발화할 때까지의 시간이 극히 짧은 반응

해설 폭발 : 화염이 음속 이하의 속도로 미반응물질 속으로 전파되어가는 발열반응이다.

15 프로판(C_3H_8)의 표준 총발열량이 $-530{,}600$ cal/gmol일 때 표준 진발열량은 약 몇 cal/gmol인가? (단, $H_2O(L) \rightarrow H_2O(g)$, $\Delta H = 10{,}519$cal/gmol 이다.)

① $-530{,}600$ ② $-488{,}524$
③ $-520{,}081$ ④ $-430{,}432$

해설 $C_3H_8 + 5O_2 \rightarrow 3CO_2 + 4H_2O$
H_L(진발열량) = 총발열량 $-$ H_2O 기화열
$\therefore H_L = -530600 - (-10519 \times 4)$
      $= -488{,}524$(cal/gmol)

16 이상기체를 정적(등적)하에서 가열하면 압력과 온도의 변화는 어떻게 되는가?

① 압력 증가, 온도 상승
② 압력 일정, 온도 일정
③ 압력 일정, 온도 상승
④ 압력 증가, 온도 일정

해설 이상기체 정적(등적)하에서 가열 시 나타나는 현상
• 압력은 증가하고 온도는 상승한다.
    등적 : 1 → 2 과정은 체적의 변화가 없다.

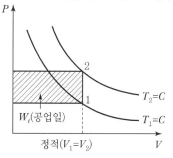

정답   13.③   14.②   15.②   16.①

17 가연물질이 연소하는 과정 중 가장 고온일 경우의 불꽃색은?

① 황적색 　　　　② 적색

③ 암적색 　　　　④ 회백색

해설 ㉠ 암적색 : 600℃
　　　㉡ 적색 : 800℃
　　　㉢ 황적색 : 1,000℃
　　　㉣ 오렌지색 : 1,200℃
　　　㉤ 회백색 : 1,500℃

18 연소에 대한 설명 중 옳은 것은?

① 착화온도와 연소온도는 항상 같다.

② 이론연소온도는 실제연소온도보다 높다.

③ 일반적으로 연소온도는 인화점보다 상당히 낮다.

④ 연소온도가 그 인화점보다 낮게 되어도 연소는 계속된다.

해설 이론연소온도는 실제연소온도보다 높다.
- 이론연소온도(t)

$$t - t_0 = \frac{H_L}{C}$$

t_0 : 상온에서 대개 0℃로 한다.
H_L : 저위발열량
C : 연소가스의 열용량(비열)

$$t = \frac{H_L}{G_0 \times C_p} + t_a$$

t_a : 기준온도
G_0 : 이론연소가스량

19 폭굉유도거리에 대한 올바른 설명은?

① 최초의 느린 연소가 폭굉으로 발전할 때까지의 거리

② 어느 온도에서 가열, 발화, 폭굉에 이르기까지의 거리

③ 폭굉 등급을 표시할 때의 안전간격을 나타내는 거리

④ 폭굉이 단위시간당 전파되는 거리

해설 폭굉유도거리(Detonation Induction Distance)
최초의 느린 연소가 폭굉으로 발전할 때까지의 거리이다. 정상연소속도가 큰 혼합가스일수록 DID가 짧아진다.

20 어떤 혼합가스가 산소 10mol, 질소 10mol, 메탄 5mol을 포함하고 있다. 이 혼합가스의 비중은 약 얼마인가? (단, 공기의 평균분자량은 29이다.)

① 0.88 　　　　② 0.94

③ 1.00 　　　　④ 1.07

해설 가스분자량=산소(32), 질소(28), 메탄(16)
평균분자량
$$= \frac{(32 \times 10) + (28 \times 10) + (16 \times 5)}{10 + 10 + 5} = 27.2$$

$$\therefore \text{비중} = \frac{27.2}{29} = 0.94$$

제2과목 : 가스설비

21 다단압축기에서 실린더 냉각의 목적으로 옳지 않은 것은?

① 흡입효율을 좋게 하기 위하여

② 밸브 및 밸브스프링에서 열을 제거하여 오손을 줄이기 위하여

③ 흡입 시 가스에 주어진 열을 가급적 높이기 위하여

④ 피스톤링에 탄소산화물이 발생하는 것을 막기 위하여

해설 다단압축기에서 실린더 냉각목적은 ① ② ④항 외 흡입가스에 주어진 열을 가급적 제거하기 위함이다.

정답 17.④　18.②　19.①　20.②　21.③

22 도시가스용 압력조정기에서 스프링은 어떤 재질을 사용하는가?

① 주물   ② 강재

③ 알루미늄합금   ④ 다이캐스팅

해설 도시가스용 압력조정기   (R)
스프링 재질 : 강재

23 강의 열처리 중 일반적으로 연화를 목적으로 적당한 온도까지 가열한 다음 그 온도에서 서서히 냉각하는 방법은?

① 담금질   ② 뜨임

③ 표면경화   ④ 풀림

해설 풀림열처리(소둔 : Annealing)
열처리 과정 중 경화된 재료 및 가공경화된 재료를 연화시키거나 가공 중에 발생한 잔류응력을 제거한다.

24 외부의 전원을 이용하여 그 양극을 땅에 접속시키고 땅 속에 있는 금속체에 음극을 접속함으로써 매설된 금속체로 전류를 흘러보내 전기부식을 일으키는 전류를 상쇄하는 방법이다. 전식방지방법으로 매우 유효한 수단이며 압출에 의한 전식을 방지할 수 있는 이 방법은?

① 희생양극법   ② 외부전원법

③ 선택배류법   ④ 강제배류법

해설 전기방식 강제배류법(외부전원법＋선택배류법)
㉠ 선택배류법에서 전식의 피해를 방지할 수 없을 때 실시한다.
㉡ 간섭이나 과방식에 대한 배려가 필요하다.
㉢ 선택배류법보다 가격이 높다.
㉣ 대용량의 외부 전원법보다는 가격이 싸다.
㉤ 외부전원을 이용하여 양극을 땅에 접속, 땅속의 금속체에 음극을 접속시킨다.

25 고압장치의 재료로 구리관의 성질과 특징으로 틀린 것은?

① 알칼리에는 내식성이 강하지만 산성에는 약하다.

② 내면이 매끈하여 유체저항이 적다.

③ 굴곡성이 좋아 가공이 용이하다.

④ 전도 및 전기절연성이 우수하다.

해설 구리의 특징은 ① ② ③항 외에 열전도가 높고 전기전도성이 양호하다.

26 소비자 1호당 1일 평균가스 소비량 1.6 kg/day, 소비호수 10호 자동절체조정기를 사용하는 설비를 설계하려면 용기는 몇 개가 필요한가? (단, 액화석유가스 50kg 용기 표준가스 발생능력은 1.6kg/hr이고, 평균가스 소비율은 60%, 용기는 2계열 집합으로 사용한다.)

① 3개   ② 6개

③ 9개   ④ 12개

해설 가스소비량 $= (1.6 \times 0.6) \times 10 = 9.6$kg
[10호 소비량 $= 1.6$kg $\times 60\%$, 2계열]

$\therefore$ 용기 수 $= \dfrac{50\text{kg}}{9.6\text{kg}} = 6$개

$\therefore 6 \times 2 = 12$개

27 도시가스에 첨가하는 부취제로서 필요한 조건으로 틀린 것은?

① 물에 녹지 않을 것

② 토양에 대한 투과성이 좋을 것

③ 인체에 해가 없고 독성이 없을 것

④ 공기 혼합비율 1/200의 농도에서 가스냄새가 감지될 수 있을 것

해설 부취제
① ② ③항 외에 석탄가스냄새(TH), 양파 썩는냄새(TBM), 마늘냄새(DMS) 중에서 일상생활의 냄새와 명확히 구분되는 것으로 가스제조량의 $\dfrac{1}{1,000}$ 을 혼입시킨다.

정답   22.②   23.④   24.④   25.④   26.④   27.④

28 액화석유가스 압력조정기 중 1단 감압식 준저압 조정기의 입구압력은?

① 0.07~1.56MPa

② 0.1~1.56MPa

③ 0.3~1.56MPa

④ 조정압력 이상~1.56MPa

해설 액화석유가스 압력조정기(1단 감압식 준저압 조정기)

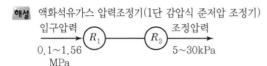

29 고압가스설비를 운전하는 중 플랜지부에서 가연성 가스가 누출하기 시작할 때 취해야할 대책으로 가장 거리가 먼 것은?

① 화기 사용 금지

② 가스 공급 즉시 중지

③ 누출 전, 후단 밸브 차단

④ 일상적인 점검 및 정기점검

해설

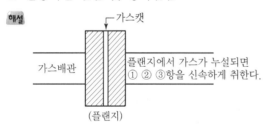

30 배관의 자유팽창을 미리 계산하여 관의 길이를 약간 짧게 절단하여 강제배관을 함으로써 열팽창을 흡수하는 방법은?

① 콜드 스프링   ② 신축이음

③ U형 밴드   ④ 파열이음

해설 콜드 스프링

배관의 자유 팽창을 미리 계산하여 설비시공 시 관의 길이를 약간 짧게 절단하고 강제배관을 하여 열팽창을 흡수한다.

31 성능계수가 3.2인 냉동기가 10ton을 냉동하기 위해 공급하여야 할 동력은 약 몇 kW인가?

① 10   ② 12

③ 14   ④ 16

해설 성능계수 $= \dfrac{증발열}{동력소비열}$, 1냉동톤 $= 3,320(kcal/h)$

동력소비 $= \dfrac{10 \times 3320}{3.2} = 10,375(kcal/h)$

$\therefore \dfrac{10,375}{860} = 12(kW)$

• $1kW - h = 860(kcal)$

32 터보압축기에 대한 설명이 아닌 것은?

① 유급유식이다.

② 고속회전으로 용량이 크다.

③ 용량 조정이 어렵고 범위가 좁다.

④ 연속적인 토출로 맥동현상이 적다.

해설 터보압축기(비용적식 : Centrifugal) : 윤활유를 사용하지 않는 무급유식이므로 토출가스에 기름 혼입이 없다.

33 산소 압축기의 내부 윤활제로 주로 사용되는 것은?

① 물   ② 유지류

③ 석유류   ④ 진한 황산

해설 산소압축기 윤활유

㉠ 물

㉡ 10% 이하의 묽은 글리세린수

34 −5℃에서 열을 흡수하여 35℃에 방열하는 역카르노 사이클에 의해 작동하는 냉동기의 성능계수는?

① 0.125   ② 0.15

③ 6.7   ④ 9

정답 28.② 29.④ 30.① 31.② 32.① 33.① 34.③

해설 $T_1 = -5 + 273 = 268K$, $T_2 = 75 + 273 = 308K$

성능계수(COP) = $\dfrac{T_1}{T_2 - T_1} = \dfrac{268}{308 - 268} = 6.7$

35 가연성 가스 및 독성 가스 용기의 도색 구분이 옳지 않은 것은?

① LPG – 회색
② 액화암모니아 – 백색
③ 수소 – 주황색
④ 액화염소 – 청색

해설 액화염소 용기의 도색은 갈색이다.

36 고압가스 제조장치의 재료에 대한 설명으로 틀린 것은?

① 상온, 건조 상태의 염소가스에서는 탄소강을 사용할 수 있다.
② 암모니아, 아세틸렌의 배관재료에는 구리재를 사용한다.
③ 탄소강에 나타나는 조직의 특성은 탄소(C)의 양에 따라 달라진다.
④ 암모니아 합성탑 내통의 재료에는 18-8 스테인리스강을 사용한다.

해설 ㉠ C_2H_2가스와 구리(Cu) 혼합 폭발
C_2H_2가스와 구리(Cu) → Cu_2C_2(동아세탈라이드)+H_2
㉡ NH_3가스와 Cu, Zn, Ag, Al, Co등을 혼합하여 착이온을 만든다.

37 저온 및 초저온 용기의 취급 시 주의사항으로 틀린 것은?

① 용기는 항상 누운 상태를 유지한다.
② 용기를 운반할 때는 별도 제작된 운반용구를 이용한다.
③ 용기를 물기나 기름이 있는 곳에 두지 않는다.
④ 용기 주변에서 인화성 물질이나 화기를 취급하지 않는다.

해설 ㉠ 저온용기 : 액화가스 충전용기(용기 내의 온도가 상용온도를 초과하지 않도록 하는 용기)
㉡ 초저온 용기 : –50℃ 이하의 액화가스 충전용기
※ 용기는 항상 세워서 저장한다.

38 웨베지수에 대한 설명으로 옳은 것은?

① 정압기의 동특성을 판단하는 중요한 수치이다.
② 배관 관경을 결정할 때 사용되는 수치이다.
③ 가스의 연소성을 판단하는 중요한 수치이다.
④ LPG 용기 설치본수 산정 시 사용되는 수치로 지역별 기화량을 고려한 값이다.

해설 도시가스 웨버지수(WI)
$WI = \dfrac{Hg(도시가스\ 총\ 발열량 : kcal/m^3)}{\sqrt{도시가스\ 비중}}$
※ 웨버지수는 가스의 연소성 판단에 매우 중요한 수치이다.

39 두 개의 다른 금속이 접촉되어 전해질 용액 내에 존재할 때 다른 재질의 금속 간 전위차에 의해 용액 내에서 전류가 흐르는 데, 이에 의해 양극부가 부식이 되는 현상을 무엇이라 하는가?

① 공식
② 침식 부식
③ 갈바닉 부식
④ 농담 부식

해설 갈바닉 부식
재질이 다른 금속 간 전위차에 의해 용액 내에서 전류가 흘러 양극부위가 부식되는 현상

40 고압장치 배관에 발생된 열응력을 제거하기 위한 이음이 아닌 것은?

① 루프형
② 슬라이드형
③ 벨로우즈형
④ 플랜지형

해설 플랜지, 유니언 이음
관의 해체나 수리, 관의 교체를 위한 이음

정답 35.④ 36.② 37.① 38.③ 39.③ 40.④

제3과목 : 가스안전관리

41 염소가스 취급에 대한 설명 중 옳지 않은 것은?

① 재해제로 소석회 등이 사용된다.
② 염소압축기의 윤활유는 진한 황산이 사용된다.
③ 산소와 염소폭명기를 일으키므로 동일 차량에 적재를 금한다.
④ 독성이 강하여 흡입하면 호흡기가 상한다.

해설 염소가스(Cl_2)의 폭명기(염소＋수소)

$$Cl_2 + H_2 (수소) \xrightarrow{직사광선} 2HCl + (44)kcal \ 발생$$

42 가연성 가스의 폭발등급 및 이에 대응하는 내압방폭구조 폭발등급의 분류기준이 되는 것은?

① 폭발범위
② 발화온도
③ 최대안전틈새 범위
④ 최소점화전류비 범위

해설 안전간격

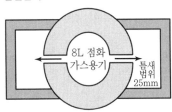

43 액화석유가스의 안전관리 및 사업법에서 규정한 용어의 정의 중 틀린 것은?

① "방호벽"이란 높이 1.5미터, 두께 10센티미터의 철근콘크리트 벽을 말한다.
② "충전용기"란 액화석유가스 충전 질량의 2

분의 1 이상이 충전되어 있는 상태의 용기를 말한다.
③ "소형저장탱크"란 액화석유가스를 저장하기 위하여 지상 또는 지하에 고정 설치된 탱크로서 그 저장능력이 3톤 미만인 탱크를 말한다.
④ "가스설비"란 저장설비 외의 설비로서 액화석유가스가 통하는 설비(배관은 제외한다)와 그 부속설비를 말한다.

해설 방호벽

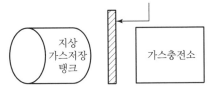

44 동절기의 습도 50% 이하인 경우에는 수소용기 밸브의 개폐를 서서히 하여야 한다. 주된 이유는?

① 밸브 파열　　　　② 분해 폭발
③ 정전기 방지　　　④ 용기압력 유지

해설 동절기에는 가스저장실이나 취급장소의 습도가 낮고 건조하여 정전기 발생이 심하다.

45 LPG 압력조정기를 제조하고자 하는 자가 반드시 갖추어야 할 검사설비가 아닌 것은?

① 유량측정설비
② 내압시험설비
③ 기밀시험설비
④ 과류차단성능시험설비

해설 ㉠ 허가대상가스용품 압력조정기(용접 절단기용 액화석유가스 압력조정기 포함)

정답 41.③　42.③　43.①　44.③　45.④

ⓒ 과류차단 성능시험설비 : 가스저장탱크나 용기에 충전시설을 제조하는 데 필요한 검사설비이다.

46 동일 차량에 적재하여 운반할 수 없는 가스는?

① C_2H_4와 HCN
② C_2H_4와 NH_3
③ CH_4와 C_2H_2
④ Cl_2와 C_2H_2

해설 염소 및 아세틸렌, 암모니아, 수소가스는 동일 차량에 적재하여 운반할 수 없다.

47 액화석유가스 자동차 충전소에 설치할 수 있는 건축물 또는 시설은?

① 액화석유가스충전사업자가 운영하고 있는 용기를 재검사하기 위한 시설
② 충전소의 종사자가 이용하기 위한 연면적 200m² 이하의 식당
③ 충전소를 출입하는 사람을 위한 연면적 200m² 이하의 매점
④ 공구 등을 보관하기 위한 연면적 200m² 이하의 창고

해설 액화석유가스 자동차 충전소 시설
액화석유가스 충전사업자가 운영하고 있는 용기를 재검사하기 위한 시설이다.

48 가스보일러 설치 후 설치·시공확인서를 작성하여 사용자에게 교부하여야 한다. 이때 가스보일러 설치·시공 확인사항이 아닌 것은?

① 사용교육의 실시 여부
② 최근의 안전점검 결과
③ 배기가스 적정 배기 여부
④ 연통의 접속부 이탈 여부 및 막힘 여부

해설 가스보일러(232.6kW 이하) 설치 후 설치시공확인서는 5년간 보존하여야 하며 설치시공 확인사항은 ① ③ ④항이다.

49 냉동기에 반드시 표기하지 않아도 되는 기호는?

① RT
② DP
③ TP
④ DT

해설 ㉠ RT(냉동톤)
ⓒ DT(설계온도)
ⓒ TP(내압시험)
ⓔ DP(설계압력)

50 액화 염소가스를 운반할 때 운반책임자가 반드시 동승하여야 할 경우로 옳은 것은?

① 100kg 이상 운반할 때
② 1,000kg 이상 운반할 때
③ 1,500kg 이상 운반할 때
④ 2,000kg 이상 운반할 때

해설 염소가스 운반책임자 동승기준
㉠ 100m³ 이상
ⓒ 1,000kg 이상

51 충전설비 중 액화석유가스의 안전을 확보하기 위하여 필요한 시설 또는 설비에 대하여는 작동상황을 주기적으로 점검, 확인하여야 한다. 충전설비의 경우 점검주기는?

① 1일 1회 이상
② 2일 1회 이상
③ 1주일 1회 이상
④ 1월 1회 이상

해설 가스충전설비 점검주기 : 1일 1회 이상

정답 46.④ 47.① 48.② 49.④ 50.② 51.①

52 시안화수소는 충전 후 며칠이 경과되기 전에 다른 용기에 옮겨 충전하여야 하는가?

① 30일　　　　　② 45일
③ 60일　　　　　④ 90일

> **해설** 시안화수소 농도가 98% 미만인 경우 60일이 경과되기 전에 다른 용기에 옮겨 담아 충전한다.(수분에 의한 중합 폭발 방지를 위하여)

53 액체염소가 누출된 경우 필요한 조치가 아닌 것은?

① 물 살포
② 소석회 살포
③ 가성소다 살포
④ 탄산소다 수용액 살포

> **해설** 액체 염소 누출 시 제독제
> ㉠ 가성소다 수용액
> ㉡ 탄산소다수용액
> ㉢ 소석회

54 고압가스용기의 취급 및 보관에 대한 설명으로 틀린 것은?

① 충전용기와 잔가스용기는 넘어지지 않도록 조치한 후 용기보관장소에 놓는다.
② 용기는 항상 40℃ 이하의 온도를 유지한다.
③ 가연성 가스 용기보관장소에는 방폭형 손전등 외의 등화를 휴대하고 들어가지 아니한다.
④ 용기보관장소 주위 2m 이내에는 화기 등을 두지 아니한다.

> **해설** 충전용기와 잔가스용기는 구분하여 저장

55 액화석유가스의 일반적인 특징으로 틀린 것은?

① 증발잠열이 적다.
② 기화하면 체적이 커진다.
③ LP가스는 공기보다 무겁다.
④ 액상의 LP가스는 물보다 가볍다.

> **해설** ㉠ 액화석유가스(LPG)의 증발잠열은 큰 편이다.
> * 프로판[C_3H_8] : 101.8(kcal/kg)
> * 부탄[C_4H_{10}] : 92(kcal/kg)
> ㉡ 기화 시 부피 증가(C_3H_8 : 250배, C_4H_{10} : 230배)
> ㉢ 액상의 액비중은 0.5(kg/l)이다.

56 용기내장형 가스난방기용으로 사용하는 부탄 충전용기에 대한 설명으로 옳지 않은 것은?

① 용기 몸통부의 재료는 고압가스 용기용 강판 및 강대이다.
② 프로텍터의 재료는 일반구조용 압연강재이다.
③ 스커트의 재료는 고압가스 용기용 강판 및 강대이다.
④ 네크링의 재료는 탄소함유량이 0.48% 이하인 것으로 한다.

> **해설** 네크링 재료(KSD 3752 기계구조용 탄소 강재)는 탄소(C) 함량이 0.28(%) 이하인 것으로 한다.

57 내용적이 50L인 가스용기에 내압시험압력 3.0MPa의 수압을 걸었더니 용기의 내용적이 50.5L로 증가하였고 다시 압력을 제거하여 대기압으로 하였더니 용적이 50.002L가 되었다. 이 용기와 영구증가율을 구하고 합격인지 불합격인지 판정한 것으로 옳은 것은?

① 0.2%, 합격　　　② 0.2%, 불합격
③ 0.4%, 합격　　　④ 0.4%, 불합격

> **정답** 52.③ 53.① 54.① 55.① 56.④ 57.③

해설 증가율 $= 50.5L - 50L = 0.5(L)$
영구(항구)증가율 $= 0.5 - (50.002 - 50) = 0.498(L)$
$\therefore$ 항구증가율 $= \dfrac{50.002 - 50}{0.498} \times 100 = 0.4(\%)$
(영구증가율이 10% 이내이므로 용기검사 합격)

58 호칭지름 25A 이하이고 상용압력 2.94MPa 이하의 나사식 배관용 볼밸브는 10회/min 이하의 속도로 몇 회 개폐동작 후 기밀시험에서 이상이 없어야 하는가?

① 3,000회   ② 6,000회
③ 30,000회   ④ 60,000회

해설 25A 이하 나사식 배관용 볼 밸브 기밀시험
10회/분당 개폐동작 6,000회 이상 하였을 때 누출이 없어야 한다.

59 암모니아 저장탱크에는 가스용량이 저장탱크 내용적의 몇 %를 초과하는 것을 방지하기 위하여 과충전 방지조치를 하여야 하는가?

① 65%   ② 80%
③ 90%   ④ 95%

해설 액화가스저장탱크 내용적은 가스팽창의 우려 때문에 90% 이상 과충전을 방지한다.

60 다음 물질 중 아세틸렌을 용기에 충전할 때 침윤제로 사용되는 것은?

① 벤젠   ② 아세톤
③ 케톤   ④ 알데히드

해설 C_2H_2 가스 용기 내 다공질 침윤제
   ㉠ 아세톤
   ㉡ 디메틸 포름아미드

제4과목 : 가스계측

61 전기저항 온도계에서 측온 저항체의 공칭 저항치는 몇 ℃의 온도일 때 저항소자의 저항을 의미하는가?

① $-273℃$ ② $0℃$
③ $5℃$ ④ $21℃$

해설 전기저항온도계(구리, 니켈, 백금, 더미스터)
측온저항체, 도선, 지시계가 3대 구성요소이며 0℃의 온도에서 저항소자를 기준한다.

62 적외선 흡수식 가스분석계로 분석하기에 가장 어려운 가스는?

① CO_2 ② CO
③ CH_4 ④ N_2

해설 ㉠ 질소(N_2)분석 $= 100 - (CO_2 + O_2 + CO)$ (%)
㉡ 질소는 2원자 분자로서 적외선 가스분석계로 분석이 불가하다.

63 기준 입력과 주피드백 양의 차로 제어동작을 일으키는 신호는?

① 기준입력 신호   ② 조작신호
③ 동작신호   ④ 주피드백 신호

해설 동작신호
기준입력과 주피드백 양의 차로 제어동작을 일으키는 신호

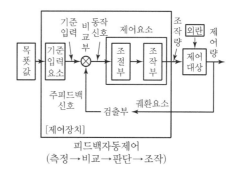

[제어장치]
피드백자동제어
(측정→비교→판단→조작)

정답   58.②   59.③   60.②   61.②   62.④   63.③

64 가스미터의 구비조건으로 옳지 않은 것은?

① 감도가 예민할 것
② 기계오차 조정이 쉬울 것
③ 대형이며 계량용량이 클 것
④ 사용가스량을 정확하게 지시할 수 있을 것

해설 가스미터기는 소형이면서 계량용량이 커야 이상적이다.

65 물체에서 방사된 빛의 강도와 비교된 필라멘트의 밝기가 일치되는 점을 비교 측정하여 약 3,000℃ 정도의 고온도까지 측정이 가능한 온도계는?

① 광고온도계
② 수은온도계
③ 베크만온도계
④ 백금저항온도계

해설 비접촉식 온도계
  ㉠ 광고온도계(700~3000℃)
  ㉡ 방사온도계(60~3000℃)
  ㉢ 색온도계(600~3000℃)

66 가스누출 검지경보장치의 기능에 대한 설명으로 틀린 것은?

① 경보농도는 가연성 가스인 경우 폭발하한계의 1/4 이하 독성 가스인 경우 TLV-TWA 기준농도 이하로 할 것
② 경보를 발신한 후 5분 이내에 자동적으로 경보정지가 되어야 할 것
③ 지시계의 눈금은 독성 가스인 경우 0~TLV-TWA 기준 농도 3배 값을 명확하게 지시하는 것일 것
④ 가스검지에서 발신까지의 소요시간은 경보 농도의 1.6배 농도에서 보통 30초 이내일 것

해설 ① 가스누출 자동차단장치 구성
  ㉠ 검지부
  ㉡ 차단부
  ㉢ 제어부
② 가스누출 검지경보장치 설치기준은 ① ③ ④항에 따른다.

67 상대습도가 '0'이라 함은 어떤 뜻인가?

① 공기 중에 수증기가 존재하지 않는다.
② 공기 중에 수증기가 760mmHg만큼 존재한다.
③ 공기 중에 포화상태의 습증기가 존재한다.
④ 공기 중에 수증기압이 포화증기압보다 높음을 의미한다.

해설 상대습도
상대습도가 0이면 공기 중 H_2O가 존재하지 않는다.

68 가스크로마토그래피(Gas chromatography)에서 전개제로 주로 사용되는 가스는?

① He
② CO
③ Rn
④ Kr

해설 전개제 : He, H_2, Ar, N_2 등(캐리어 가스)

69 다음 중 전자유량계의 원리는?

① 옴(Ohm)의 법칙
② 베르누이(Bernoulli)의 법칙
③ 아르키메데스(Archimedes)의 원리
④ 패러데이(Faraday)의 전자유도법칙

해설 전자식 유량계
Faraday의 전자유도법칙을 이용한 유량계이다. 자장을 형성시키고 기전력을 측정하여 유량을 측정한다.(단, 도전성 액체의 유량에만 측정된다.)

70 초음파 유량계에 대한 설명으로 옳지 않은 것은?

① 정확도가 아주 높은 편이다.
② 개방수로에는 적용되지 않는다.
③ 측정체가 유체와 접촉하지 않는다.
④ 고온, 고압, 부식성 유체에도 사용이 가능하다.

정답 | 64.③ 65.① 66.② 67.① 68.① 69.④ 70.②

해설 초음파 유량계 : 도플러 효과를 이용하여 유체속도에 따라 초음파의 전파속도 차로부터 유속을 알아내는 싱어라운드법과 위상차를 이용하는 위상차법 및 시간차를 이용하는 시간차법 등이 있다.

71 계측계통의 특성을 정특성과 동특성으로 구분할 경우 동특성을 나타내는 표현과 가장 관계가 있는 것은?

① 직선성(Linerity)
② 감도(Sensitivity)
③ 히스테리시스(Hysteresis) 오차
④ 과도응답(Transient response)

해설 과도응답
계측계통의 특성을 정특성과 동특성으로 구분할 경우 동특성을 나타내는 표현이며 입력신호가 정상상태에서 다른 정상상태로 변화할 때의 응답

72 가스미터 설치 시 입상배관을 금지하는 가장 큰 이유는?

① 균열에 따른 누출방지를 위하여
② 고장 및 오차 발생 방지를 위하여
③ 겨울철 수분 응축에 따른 밸브, 밸브시트 동결방지를 위하여
④ 계량막 밸브와 밸브시트 사이의 누출방지를 위하여

해설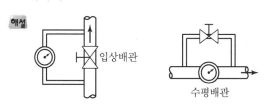

73 가스크로마토그래피 캐리어가스의 유량이 70mL/min에서 어떤 성분시료를 주입하였더니 주입점에서 피크까지의 길이가 18cm였다. 지속용량이 450mL라면 기록지의 속도는 약 몇 cm/min인가?

① 0.28
② 1.28
③ 2.8
④ 3.8

해설 기록지 속도(V)

$$V = \frac{70\text{mL/min} \times 18\text{cm}}{450\text{mL}} = 2.8\text{cm/min}$$

74 방사성 동위원소의 자연붕괴 과정에서 발생하는 베타입자를 이용하여 시료의 양을 측정하는 검출기는?

① ECD
② FID
③ TCD
④ TID

해설 ECD(전자 포획 이온화 검출기)
방사성 동위원소의 자연붕괴 과정에서 발생하는 베타입자를 이용하여 시료량을 검출하며 할로겐 및 산소화합물에서 감응이 최고이나 탄화수소 성분 감도가 별로 좋지 않다.

75 막식 가스미터에서 계량막의 파손, 밸브의 탈락, 밸브와 밸브시트 간격에서의 누설이 발생하여 가스는 미터를 통과하나 지침이 작동하지 않는 고장형태는?

① 부동
② 누출
③ 불통
④ 기차불량

해설 ㉠ 부동

가스 통과(미터지침의 작동불량)

㉡ 불통

가스의 가스미터기 통과 불량

㉢ 기차불량 : 부품의 마모 등에 의해 사용공차가 4% 이내로 오차 발생

정답 71.④ 72.③ 73.③ 74.① 75.①

76 계량기의 감도가 좋으면 어떠한 변화가 오는가?

① 측정시간이 짧아진다.
② 측정범위가 좁아진다.
③ 측정범위가 넓어지고, 정도가 좋다.
④ 폭 넓게 사용할 수가 있고, 편리하다.

해설 계량기의 감도가 좋을 때의 변화
ㄱ 측정시간이 길어진다.
ㄴ 측정범위가 좁아진다.

77 온도 25℃, 노점 19℃인 공기의 상대습도를 구하면? (단, 25℃ 및 19℃에서의 포화수증기압은 각각 23.76mmHg 및 16.47mmHg이다.)

① 56%
② 69%
③ 78%
④ 84%

해설 상대습도$(\phi) = \dfrac{수증기압}{포화수증기압} \times 100$

$\therefore \phi = \dfrac{16.47}{23.76} \times 100 = 69(\%)$

78 50mL의 시료가스를 CO_2, O_2, CO 순으로 흡수시켰을 때 이 때 남은 부피가 각각 32.5mL, 24.2mL, 17,8mL이었다면 이들 가스의 조성 중 N_2의 조성은 몇 % 인가? (단, 시료 가스는 CO_2, O_2, CO, N_2로 혼합되어 있다.)

① 24.2%
② 27.2%
③ 34.2%
④ 35,6%

해설 N_2(질소)$= 100 - (CO_2 + O_2 + CO)$ (%)
• $CO_2 = 50 - 32.5 = 17.5$
• $O_2 = 32.5 - 24.2 = 8.3$
• $CO = 24.2 - 17.8 = 6.4$
$\therefore N_2 = \dfrac{50 - (17.5 + 8.3 + 6.4)}{50} \times 100 = 35.6(\%)$

79 오리피스유량계의 유량계산식은 다음과 같다. 유량을 계산하기 위하여 설치한 유량계에서 유체를 흐르게 하면서 측정해야 할 값은? (단, C : 오리피스계수, A_2 : 오리피스 단면적, H : 마노미터액주계 눈금, γ_1 : 유체의 비중량이다.)

$$Q = C \times A_2 \left(2gH\left[\frac{\gamma_1 - 1}{\gamma}\right]\right)^{0.5}$$

① C
② A_2
③ H
④ γ_1

해설 oriffice 차압식 유량계(오리피스)

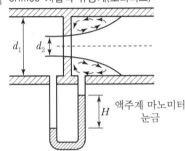

80 목표치가 미리 정해진 시간적 순서에 따라 변할 경우의 추치제어방법의 하나로서 가스크로마토그래피의 오븐 온도제어 등에 사용되는 제어방법은?

① 정격치 제어
② 비율제어
③ 추종제어
④ 프로그램 제어

해설 자동제어방법
ㄱ 정치제어
ㄴ 추치제어
• 추종제어(목푯값 변화)
• 비율제어(목푯값과 다른 양과의 일정한 비율)
• 프로그램 제어(목푯값 일정)
• 캐스케이드 제어(1, 2차 2개의 제어계 조합)
ㄷ 제어량의 성질에 의한 분류
• 프로세스 제어
• 다변수 제어
• 서보 기구

정답 76.② 77.② 78.④ 79.③ 80.④

2018년 4월 28일 시행

제1과목 : 연소공학

01 방폭구조 중 점화원이 될 우려가 있는 부분을 용기 내에 넣고 신선한 공기 또는 불연성 가스 등의 보호기체를 용기의 내부에 넣음으로써 용기 내부에는 압력이 형성되어 외부로부터 폭발성 가스 또는 증기가 침입하지 못하도록 한 구조는?

① 내압방폭구조   ② 안전증방폭구조
③ 본질안전방폭구조   ④ 압력방폭구조

해설 압력방폭구조

외부 폭발성 가스나
증기침입 방지

가연성 가스	← 불연성 가스 보호기체 압력 형성

02 화염전파속도에 영향을 미치는 인자와 가장 거리가 먼 것은?

① 혼합기체의 농도
② 혼합기체의 압력
③ 혼합기체의 발열량
④ 가연 혼합기체의 성분 조성

해설 화염의 전파속도와 혼합기체의 발열량과는 무관하다.

03 기체연료가 공기 중에서 정상연소할 때 정상연소속도의 값으로 가장 옳은 것은?

① 0.1~10m/s   ② 11~20m/s
③ 21~30m/s   ④ 31~40m/s

해설 ㉠ 기체연료의 정상연소속도 : 0.1~10m/s 이내
㉡ 폭굉 : 1,000~3,500m/s
㉢ 폭연 : 340m/s 이하

04 발화 지연에 대한 설명으로 가장 옳은 것은?

① 저온, 저압일수록 발화지연은 짧아진다.
② 화염의 색이 적색에서 청색으로 변하는 데, 걸리는 시간을 말한다.
③ 특정 온도에서 가열하기 시작하여 발화 시까지 소요되는 시간을 말한다.
④ 가연성 가스와 산소의 혼합비가 완전 산화에 근접할수록 발화지연은 길어진다.

해설 발화 지연
특정 온도에서 가연물이 가열하기 시작하여 발화시간까지 소요되는 시간

05 다음 중 가스 연소 시 기상 정지반응을 나타내는 기본반응식은?

① $H + O_2 \rightarrow OH + O$
② $O + H_2 \rightarrow OH + H$
③ $OH + H_2 \rightarrow H_2O + H$
④ $H + O_2 + M \rightarrow HO_2 + M$

해설 가스 기상 정지반응 : $H_2 + O_2 + M \rightarrow H_2O_2 + M$
정지반응 : 연쇄반응에 있어서 연쇄운반체가 재결합 반응 등에 따라 소실, 반응의 진행이 정지하는 현상
• $2H^+ \rightarrow H_2$
• $2Cl \rightarrow Cl_2$
• $H + Cl \rightarrow HCl$
• $Cl + X \rightarrow \frac{1}{2}Cl_2 + X$

정답 01.④ 02.③ 03.① 04.③ 05.④

06 비중(60/60°F)이 0.95인 액체연료의 API 도는?

① 15.45　　　　② 16.45
③ 17.45　　　　④ 18.45

해설 API 비중계산

$$= \frac{141.5}{(60/60°F)} - 131.5 = \frac{141.5}{0.95} - 131.5 = 17.45$$

07 메탄을 공기비 1.1로 완전 연소시키고자 할 때 메탄 1Nm³당 공급해야 할 공기량은 약 몇 Nm³인가?

① 2.2　　　　② 6.3
③ 8.4　　　　④ 10.5

해설 메탄$(CH_4) + 2O_2 \rightarrow CO_2 + 2H_2O$
A_0(이론공기량)

$$= 이론산소량 \times \frac{1}{0.21} = 2 \times \frac{1}{0.21} = 9.52(\mathrm{Nm^3/Nm^3})$$

실제공기량$(A) = A_0 \times 공기비(m)$
$$= 9.52 \times 1.1 = 10.5(\mathrm{Nm^3/Nm^3})$$

08 연소범위에 대한 설명 중 틀린 것은?

① 수소가스의 연소범위는 약 4~75v%이다.
② 가스의 온도가 높아지면 연소범위는 좁아진다.
③ 아세틸렌은 자체분해폭발이 가능하므로 연소상한계를 100%로도 볼 수 있다.
④ 연소범위는 가연성 기체의 공기와의 혼합에 있어 점화원에 의해 연소가 일어날 수 있는 범위를 말한다.

해설 ㉠ 아세틸렌가스(C_2H_2) 폭발범위 : 2.5~81% 자체분해 폭발 시 연소상한계는 100% 가능
㉡ 가스는 온도가 높아지면 일반적으로 연소범위는 증가

09 BLEVE(Boiling Liquid Expanding Vapour Explosion) 현상에 대한 설명으로 옳은 것은?

① 물이 점성이 있는 뜨거운 기름 표면 아래서 끓을 때 연소를 동반하지 않고 overflow되는 현상
② 물이 연소유(oil)의 뜨거운 표면에 들어갈 때 발생되는 overflow 현상
③ 탱크바닥에 물과 기름의 에멀션이 섞여 있을 때 기름의 비등으로 인하여 급격하게 overflow되는 현상
④ 과열상태의 탱크에서 내부의 액화가스가 분출, 일시에 기화되어 착화, 폭발하는 현상

해설 BLEVE(증기폭발)
가연성 액화가스 저장탱크 주위에서 화재 등이 발생하여 기상부와 탱크 강판이 국부적으로 가열되어 그 부분의 강도가 약해져서 그로 인한 탱크가 파열되어 이때 내부의 가열된 액화가스가 급속히 유출 팽창함으로써 화구(Fire Ball)를 형성하여 폭발하는 밀폐형 폭발이다.
(UVCE : 증기운 폭발)

10 다음 반응식을 이용하여 메탄(CH_4)의 생성열을 계산하면?

> • $C + O_2 \rightarrow CO_2$,　　　$\Delta H = -97.2\mathrm{kcal/mol}$
>
> • $H_2 + \frac{1}{2}O_2 \rightarrow H_2O$,　$\Delta H = -57.6\mathrm{kcal/mol}$
>
> • $CH_4 + 2O_2 \rightarrow CO_2 + 2H_2O$,
> 　$\Delta H = -194.4\mathrm{kcal/mol}$

① $\Delta H = -17\mathrm{kcal/mol}$
② $\Delta H = -18\mathrm{kcal/mol}$
③ $\Delta H = -19\mathrm{kcal/mol}$
④ $\Delta H = -20\mathrm{kcal/mol}$

해설 생성열 : $CH_4 + 2O_2 \rightarrow CO_2 + 2H_2O$
$$-57.6 \times 2 = -115.2\mathrm{kcal}$$
$$\therefore \{-97.2 + (-115.2)\} - (-194.4) = -18(\mathrm{kcal/mol})$$

정답 06.③　07.④　08.②　09.④　10.②

11 공기 중 폭발한계의 상한 값이 가장 높은 가스는?

① 프로판   ② 아세틸렌

③ 암모니아   ④ 수소

해설 폭발범위(연소범위 하한값, 상한값)
- ㉠ 프로판(C_3H_8) : 2.1~9.4%
- ㉡ 아세틸렌(C_2H_2) : 2.5~81%
- ㉢ 암모니아(NH_3) : 5~15%
- ㉣ 수소(H_2) : 4~74%

12 폭발에 관한 가스의 일반적인 성질에 대한 설명 중 틀린 것은?

① 안전간격이 클수록 위험하다.

② 연소속도가 클수록 위험하다.

③ 폭발범위가 넓은 것이 위험하다.

④ 압력이 높아지면 일반적으로 폭발범위가 넓어진다.

해설 ㉠ 안전간격이 작은 가스(수소, 아세틸렌, 이황화탄소, 수성가스 등)가 위험한 가스이다.
㉡ 폭발 3등급(안전간격 틈이 0.4mm 이하에서 화염이 전달 가능한 가스)

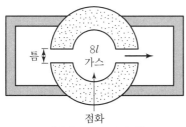

점화
[안전간격 측정범위]

13 기체혼합물의 각 성분을 표현하는 방법에는 여러 가지가 있다. 혼합가스의 성분비를 표현하는 방법 중 다른 값을 갖는 것은?

① 몰분율   ② 질량분율

③ 압력분율   ④ 부피분율

해설 혼합물 기체성분 표현
- ㉠ 몰분율
- ㉡ 압력분율
- ㉢ 부피분율

14 공기비(m)에 대한 가장 옳은 설명은?

① 연료 1kg당 실제로 혼합된 공기량과 완전 연소에 필요한 공기량의 비를 말한다.

② 연료 1kg당 실제로 혼합된 공기량과 불완전 연소에 필요한 공기량의 비를 말한다.

③ 기체 1m³당 실제로 혼합된 공기량과 완전 연소에 필요한 공기량의 차를 말한다.

④ 기체 1m³당 실제로 혼합된 공기량과 불완전 연소에 필요한 공기량의 차를 말한다.

해설 공기비(과잉공기계수 : m)
$$= \frac{\text{실제공기량}}{\text{이론공기량}} = m > 1$$

15 기체연료의 연소에서 일반적으로 나타나는 연소의 형태는?

① 확산연소   ② 증발연소

③ 분무연소   ④ 액면연소

해설 기체연료 연소방식
- ㉠ 확산연소
- ㉡ 예혼합연소

16 아세톤, 톨루엔, 벤젠이 제4류 위험물로 분류되는 주된 이유는?

① 공기보다 밀도가 큰 가연성 증기를 발생시키기 때문에

② 물과 접촉하여 많은 열을 방출하여 연소를 촉진시키기 때문에

③ 니트로기를 함유한 폭발성 물질이기 때문에

④ 분해 시 산소를 발생하여 연소를 돕기 때문에

정답   11.②   12.①   13.②   14.①   15.①   16.①

해설
- 아세톤(CH_2COCH_3)
- 벤젠(C_6H_6)
- 톨루엔($C_6H_5CH_3$)
- 공기보다 밀도가 매우 무거워서 제4류 위험물로 분류된다.(밀도=kg/m^3)

17 다음 중 조연성 가스에 해당하지 않는 것은?

① 공기 ② 염소
③ 탄산가스 ④ 산소

해설 탄산가스(CO_2), 질소, H_2O, SO_2 등은 불연성 가스이다.

18 다음 중 연소의 3요소에 해당하는 것은?

① 가연물, 산소, 점화원
② 가연물, 공기, 질소
③ 불연재, 산소, 열
④ 불연재, 빛, 이산화탄소

해설 연소가연물의 3대 조건
ㄱ 가연물
ㄴ 산소
ㄷ 점화원

19 표준상태에서 고발열량(총발열량)과 저발열량(진발열량)과의 차이는 얼마인가? (단, 표준상태에서 물의 증발잠열은 540kcal/kg이다.)

① 540kcal/kg−mol ② 1,970kcal/kg−mol
③ 9,720kcal/kg−mol ④ 15,400kcal/kg−mol

해설 저위발열량=고위발열량−물의 증발잠열
물 1kg−mol=22.4m^3=18kg(H_2O)
∴ 고위, 저위발열량 차이= 540×18=9,720(kcal/kg−mol)

20 아세틸렌(C_2H_2, 연소범위 : 2.5~81%)의 연소범위에 따른 위험도는?

① 30.4 ② 31.4
③ 32.4 ④ 33.4

해설 위험도(H)= $\dfrac{U-L}{L}$ = $\dfrac{81-2.5}{2.5}$ = 31.4

제2과목 : 가스설비

21 용기종류별 부속품의 기호가 틀린 것은?

① 초저온용기 및 저온용기의 부속품−LT
② 액화석유가스를 충전하는 용기의 부속품−LPG
③ 아세틸렌을 충전하는 용기의 부속품−AG
④ 압축가스를 충전하는 용기의 부속품−LG

해설 압축가스용기 기호 : PG (P : 압력, G : 가스)

22 펌프에서 공동현상(Cavitation)의 발생에 따라 일어나는 현상이 아닌 것은?

① 양정효율이 증가한다.
② 진동과 소음이 생긴다.
③ 임펠러의 침식이 생긴다.
④ 토출량이 점차 감소한다.

해설 펌프작동 시 캐비테이션(공동현상) 발생 시 양정(리프트) 효율이 감소한다.

23 황화수소(H_2S)에 대한 설명으로 틀린 것은?

① 각종 산화물을 환원시킨다.
② 알칼리와 반응하여 염을 생성한다.
③ 습기를 함유한 공기 중에는 대부분 금속과 작용한다.
④ 발화온도가 약 450℃ 정도로서 높은 편이다.

정답 17.③ 18.① 19.③ 20.② 21.④ 22.① 23.④

해설 황화수소(H_2S) 발화온도 : 260℃ 정도
비점 : -61.8℃, 비중 : 1.17, 폭발범위 : 4.3~45%

24 LPG 이송설비 중 압축기를 이용한 방식의 장점이 아닌 것은?

① 펌프에 비해 충전시간이 짧다.
② 재액화현상이 일어나지 않는다.
③ 사방밸브를 이용하면 가스의 이송방향을 변경할 수 있다.
④ 압축기를 사용하기 때문에 베이퍼록 현상이 생기지 않는다.

해설 LPG 이송설비
㉠ 압축기 방식(충전시간이 짧고 부탄은 재액화 우려 발생)
㉡ 펌프방식(충전시간이 길고 베이퍼록 현상 우려 발생)
㉢ 차압방식(탱크로리와 저장탱크 압력차 이용)

25 탱크에 저장된 액화프로판(C_3H_8)을 시간당 50kg씩 기체로 공급하려고 증발기에 전열기를 설치했을 때 필요한 전열기의 용량은 약 몇 kW인가? (단, 프로판의 증발열은 3,740cal/gmol, 온도변화는 무시하고, 1cal는 $1.163×10^{-6}$kW이다.)

① 0.2 ② 0.5
③ 2.2 ④ 4.9

해설 1몰=22.4L(프로판 1몰=44g=분자량 값)
3,740cal=3.74kcal/44g
$\frac{50kg×10^3}{44}×3,740×(1.163×10^{-6})=4.94kW$

26 LPG 공급, 소비설비에서 용기의 크기와 개수를 결정할 때 고려할 사항으로 가장 거리가 먼 것은?

① 소비자 가구수
② 피크 시의 기온
③ 감압방식의 결정
④ 1가구당 1일의 평균가스 소비량

해설 감압기호(레귤레이터)
가스 입구압 → Ⓡ → 출구압(저압가스)
압력조정기(230~330mmH₂O로 감압시켜 연소기구에 공급되는 가스의 압력을 일정하게 유지시킨다.)

27 저온, 고압 재료로 사용되는 특수강의 구비조건이 아닌 것은?

① 크리프 강도가 작을 것
② 접촉 유체에 대한 내식성이 클 것
③ 고압에 대하여 기계적 강도를 가질 것
④ 저온에서 재질의 노화를 일으키지 않을 것

해설 ㉠ 강철은 크리프 강도가 커야 한다.
㉡ 크리프 강도 : 물체에 외력을 가했을 때 물체가 순간적으로 변하지 않고 비틀림의 증가가 시간적으로 지연할 때의 강도

28 LPG 배관의 압력손실 요인으로 가장 거리가 먼 것은?

① 마찰저항에 의한 압력손실
② 배관의 이음류에 의한 압력손실
③ 배관의 수직 하향에 의한 압력손실
④ 배관의 수직 상향에 의한 압력손실

해설 배관은 LPG(공기보다 무거운 가스)가 수직 하향 관에서는 압력손실이 없다.

29 고압가스용 안전밸브에서 밸브 몸체를 밸브시트에 들어올리는 장치를 부착하는 경우에는 안전밸브 설정압력의 얼마 이상일 때 수동으로 조작되고 압력 해지 시 자동으로 폐지되는가?

정답 24.② 25.④ 26.③ 27.① 28.③ 29.②

① 60%　　　　② 75%

③ 80%　　　　④ 85%

해설 고압가스용 안전밸브에서 밸브 몸체를 밸브시트에 들어올리는 장치 부착 시 안전밸브 설정압력 75% 이상 시 수동조작이 가능하도록 한다.

30 정압기의 부속설비가 아닌 것은?

① 수취기

② 긴급차단장치

③ 불순물 제거설비

④ 가스누출검지 통보설비

해설 수취기

산소나 천연메탄을 수송하는 배관과 이에 접속하는 압축기 사이에 설치하여 H_2O를 제거시킨다.

31 구형(spherical type) 저장탱크에 대한 설명으로 틀린 것은?

① 강도가 우수하다.

② 부지면적과 기초공사가 경제적이다.

③ 드레인이 쉽고 유지관리가 용이하다.

④ 동일 용량에 대하여 표면적이 가장 크다.

해설

구형 가스탱크

※ 구형탱크는 동일 용량의 가스나 액화가스 저장 시 표면적이 적다.

32 매설관의 전기방식법 중 유전양극법에 대한 설명으로 옳은 것은?

① 타 매설물에의 간섭이 거의 없다.

② 강한 전식에 대해서도 효과가 좋다.

③ 양극만 소모되므로 보충할 필요가 없다.

④ 방식전류의 세기(강도) 조절이 자유롭다.

해설 ㉠ 유전양극법(희생양극법) : 애노우드는 부식하는 한편 금속은 캐소우드로 되어 방식되는 방법으로 전위차가 일정하나 비교적 방식이 간단하여 값이 싸고 타 매설물에 간섭이 거의 없다.

㉡ 선택배려법과 강제배류법은 간섭 및 과방식에 대한 배려가 필요하다.

33 오토클레이브(autoclave)의 종류 중 교반 효율이 떨어지기 때문에 용기벽에 장애판을 설치하거나 용기 내에 다수의 볼을 넣어 내용물의 혼합을 촉진시켜 교반효과를 올리는 형식은?

① 교반형　　　　② 정치형

③ 진탕형　　　　④ 회전형

해설 ㉠ 회전형 오토클레이브는 다수의 볼을 이용하지만 타 방식에 의해 교반효과가 좋지 않다.

㉡ 오토클레이브 종류 : 교반형, 진탕형, 회전형, 가스교반형

34 배관의 관경을 50cm에서 25cm로 변화시키면 일반적으로 압력손실은 몇 배가 되는가?

① 2배　　　　② 4배

③ 16배　　　　④ 32배

해설 배관 내 압력손실은 관내경의 5승에 반비례한다.

내경이 $\frac{1}{2}$이면 압력손실은 32배이다. $\left(\frac{1}{0.5}\right)^5 = 32$배

35 부탄의 C/H 중량비는 얼마인가?

① 3　　　　　　② 4

③ 4.5　　　　④ 4.8

해설 부탄 1몰=22.4L=58g(C_4H_{10})

$\therefore$ 중량비 $= \frac{12 \times 4(48)}{1 \times 10(10)} = 4.8$배

36 도시가스 제조에서 사이클링식 접촉분해 (수증기 개질)법에 사용하는 원료에 대한 설명으로 옳은 것은?

정답 30.① 31.④ 32.① 33.④ 34.④ 35.④ 36.④

① 메탄만 사용할 수 있다.

② 프로판만 사용할 수 있다.

③ 석탄 또는 코크스만 사용할 수 있다.

④ 천연가스에서 원유에 이르는 넓은 범위의 원료를 사용할 수 있다.

해설 도시가스 접촉분배(수증기 개질) 공정에서 사이클 링식 접촉분해 공정에서 사용하는 원료는 천연가스에서 원유에 이르는 넓은 범위의 원료 사용이 가능한 도시가스 제조법이다.

37 다음 중 암모니아의 공업적 제조방식은?

① 수은법　　　　② 고압합성법

③ 수성가스법　　④ 앤드류소법

해설 암모니아 공업적 해법
㉠ 합성법(하이버 보시법) : 고압법, 중압법, 저압법
㉡ 질소법(석회질소법)
㉢ 석탄건류법

38 케이싱 내에 모인 임펠러가 회전하면서 기체가 원심력 작용에 의해 임펠러의 중심부에서 흡입되어 외부로 토출하는 구조의 압축기는?

① 회전식 압축기　　② 축류식 압축기

③ 왕복식 압축기　　④ 원심식 압축기

해설 원심식 압축기
임펠러의 원심력 작용에 의한 비용적식법

39 아세틸렌 용기의 다공물질의 용적이 30L, 침윤 잔용적이 6L일 때 다공도는 몇 %이며 관련법상 합격 여부의 판단으로 옳은 것은?

① 20%로서 합격이다.

② 20%로서 불합격이다.

③ 80%로서 합격이다.

④ 80%로서 불합격이다.

해설 C_2H_2가스 다공도 : 75% 이상~92% 미만
$30L - 6L = 24L$
∴ 다공도$= \dfrac{24}{30} \times 100 = 80\%$(75% 이상에서는 합격)

40 저압배관의 관경 결정 공식이 다음 [보기]와 같을 때 ( )에 알맞은 것은? (단, H : 압력손실, Q : 유량, L : 배관길이, D : 배관관경, S : 가스비중, K : 상수)

$$H = (Ⓐ) \times S \times (Ⓑ) / K^2 \times (Ⓒ)$$

① Ⓐ : Q^2, Ⓑ : L, Ⓒ : D^5

② Ⓐ : L, Ⓑ : D^5, Ⓒ : Q^2

③ Ⓐ : D^5, Ⓑ : L, Ⓒ : Q^2

④ Ⓐ : L, Ⓑ : Q^5, Ⓒ : D^2

해설 저압배관 관경 결정
$$Q = K\sqrt{\dfrac{D^5 \cdot h}{S \cdot L}} \, (\mathrm{m^3/h})$$
$$D^5 = \dfrac{Q_2 \cdot S \cdot L}{K^2 \cdot h} \, (\mathrm{cm})$$

제3과목 : 가스안전관리

41 에어졸의 충전기준에 적합한 용기의 내용적은 몇 L 이하여야 하는가?

① 1　　　　　② 2

③ 3　　　　　④ 5

해설 에어졸
용기내용적은 1L 미만일 것이며 내용적이 $100\mathrm{cm^3}$ 이상 초과이면 용기재료는 강이나 경금속이어야 한다.

42 최고사용압력이 고압이고 내용적이 5$\mathrm{m^3}$인 일반 도시가스 배관의 자기압력기록계를 이용한 기밀시험 시 기밀유지시간은?

① 24분 이상　　② 240분 이상

③ 48분 이상　　④ 480분 이상

해설 자기압력기록계 기밀시험(내용적 5㎥) 시 도시가스의 경우 480분 이상 유지시간이 필요하다.

정답 37.② 38.④ 39.③ 40.① 41.① 42.④

43 산화에틸렌의 제독제로 적당한 것은?

① 물 　　　　　② 가성소다수용액
③ 탄산소다수용액 　④ 소석회

해설 산화에틸렌 가스(C_2H_4O), 암모니아(NH_3), 염화메탄(CH_3Cl) 등의 독성가스 제독제 : 물(H_2O)

44 고압가스안전관리법에 적용받는 고압가스 중 가연성가스가 아닌 것은?

① 황화수소
② 염화메탄
③ 공기 중에서 연소하는 가스로서 폭발한계의 하한이 10% 이하인 가스
④ 공기 중에서 연소하는 가스로서 폭발한계의 상한 하한의 차가 20% 미만인 가스

해설 (폭발한계 상한 − 폭발한계 하한)의 차이가 20% 이상이면 가연성 가스이다.

45 고압가스를 운반하는 차량의 안전 경계 표지 중 삼각기의 바탕과 글자색은?

① 백색 바탕 − 적색글씨
② 적색 바탕 − 황색글씨
③ 황색 바탕 − 적색글씨
④ 백색 바탕 − 청색글씨

해설 바탕은 적색 삼각기(글씨는 황색)

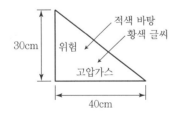

46 수소의 특성에 대한 설명으로 옳은 것은?

① 가스 중 비중이 큰 편이다.
② 냄새는 있으나 색깔은 없다.
③ 기체 중에서 확산속도가 가장 빠르다.
④ 산소, 염소와 폭발반응을 하지 않는다.

해설 ㉠ 수소(H_2)
- 비중 $= \dfrac{분자량}{29} = \left(\dfrac{2}{29} = 0.069\right)$
- 무색이며 무취이다.
- 염소폭명기($Cl_2 + H_2 \longrightarrow 2HCl + 44kcal$)
- 수소폭명기($O_2 + 2H_2 \longrightarrow 2H_2O + 136.6kcal$)
- 수소는 산소보다 확산속도가 4배
㉡ 가스의 확산속도비(수소 − 산소)
$$\frac{U_0}{U_H} = \sqrt{\frac{M_H}{M_0}} = \sqrt{\frac{2}{32}} = \sqrt{\frac{1}{16}} = 4:1$$

47 가연성 및 독성가스의 용기 도색 후 그 표기 방법으로 틀린 것은?

① 가연성 가스는 빨간색 테두리에 검은색 불꽃모양이다.
② 독성 가스는 빨간색 테두리에 검은색 해골모양이다.
③ 내용적 2L 미만의 용기는 그 제조자가 정한 바에 의한다.
④ 액화석유가스 용기 중 프로판가스를 충전하는 용기는 프로판가스임을 표시하여야 한다.

해설 표시사항
- 가연성 가스 표시 ㉭
- 독성 가스 ㉲
- 프로판가스(가연성 표시 = ㉭)

48 차량에 고정된 탱크에 의하여 가연성 가스를 운반할 때 비치하여야 할 소화기의 종류와 최소 수량은? (단, 소화기의 능력단위는 고려하지 않는다.)

정답 43.① 44.④ 45.② 46.③ 47.④ 48.②

① 분말소화기 1개 　② 분말소화기 2개

③ 포말소화기 1개 　④ 포말소화기 2개

해설 차량에 고정된 탱크에 가연성가스 운반의 경우 소화기는 분말소화기 2개 이상이 비치된다.

49 유해물질의 사고 예방대책으로 가장 거리가 먼 것은?

① 작업의 일원화

② 안전보호구 착용

③ 작업시설의 정돈과 청소

④ 유해물질과 발화원 제거

해설 작업의 일원화는 생산성 및 경제활동에 관계된다.

50 고압가스 특정제조시설의 저장탱크 설치 방법 중 위해방지를 위하여 고압가스 저장 탱크를 지하에 매설할 경우 저장탱크 주위에 무엇으로 채워야 하는가?

① 흙 　　　　② 콘크리트

③ 모래 　　　④ 자갈

해설

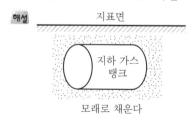

지표면

지하 가스 탱크

모래로 채운다

51 고압가스의 처리시설 및 저장시설기준으로 독성가스와 1종 보호시설의 이격거리를 바르게 연결한 것은?

① 1만 이하-13m 이상

② 1만 초과 2만 이하-17m 이상

③ 2만 초과 3만 이하-20m 이상

④ 3만 초과 4만 이하-27m 이상

해설 독성가스의 경우 보호시설 안 거리(m)

처리능력	제1종	제2종
3만 초과 ~ 4만 이하	27	18

52 초저온 용기의 정의로 옳은 것은?

① 섭씨 −30℃ 이하의 액화가스를 충전하기 위한 용기

② 섭씨 −50℃ 이하의 액화가스를 충전하기 위한 용기

③ 섭씨 −70℃ 이하의 액화가스를 충전하기 위한 용기

④ 섭씨 −90℃ 이하의 액화가스를 충전하기 위한 용기

해설 초저온 용기는 섭씨 −50℃ 이하의 액화가스 충전용기를 말한다.

53 용기의 파열사고의 원인으로서 가장 거리가 먼 것은?

① 염소용기는 용기의 부식에 의하여 파열사고가 발생할 수 있다.

② 수소용기는 산소와 혼합충전으로 격심한 가스폭발에 의하여 파열사고가 발생할 수 있다.

③ 고압 아세틸렌가스는 분해폭발에 의하여 파열사고가 발생할 수 있다.

④ 용기 내 수증기 발생에 의해 파열사고가 발생할 수 있다.

해설 수증기 발생은 보일러 동 내부 사항이거나 압력용기에서 발생(가스용 고압가스 용기나 탱크와는 별개의 문제이다.)

54 고압가스용 이음매 없는 용기의 재검사는 그 용기를 계속 사용할 수 있는지 확인하기 위하여 실시한다. 재검사 항목이 아닌 것은?

정답 49.① 50.③ 51.④ 52.② 53.④ 54.②

① 외관검사　　　② 침입검사

③ 음향검사　　　④ 내압검사

해설 침입검사

초저온 용기의 단열성능검사에서 침입열량 계산 시 시행한다.(1천리터 미만 : 0.0005kcal/h℃, 1,000L 이상 : 0.002kcal/h · ℃ 이하를 합격으로 한다.)

55 의료용 산소 가스용기를 표시하는 색깔은?

① 갈색　　　② 백색

③ 청색　　　④ 자색

해설 의료용 용기 산소(O_2) : 용기색상(백색)

56 차량에 고정된 탱크로 고압가스를 운반할 때의 기준으로 틀린 것은?

① 차량의 앞뒤 보기 쉬운 곳에 붉은 글씨로 "위험고압가스"라는 경계표지를 한다.

② 액화가스를 충전하는 탱크는 그 내부에 방파판을 설치한다.

③ 산소탱크의 내용적은 1만 8천L를 초과하지 아니하여야 한다.

④ 염소탱크의 내용적은 1만 5천 L를 초과하지 아니하여야 한다.

해설 ㉠ 염소(독성가스) 등의 자동차 운반기준

㉡ 독성가스 운반기준 : 1만 2천 L를 초과하지 않는다.

㉢ 가연성 가스 · 산소탱크 운반기준 : 1만 8천 L를 초과하지 않는다.

57 액화석유가스에 주입하는 부취제(냄새나는 물질)의 측정방법으로 볼 수 없는 것은?

① 무취실법　　　② 주사기법

③ 시험가스 주입법　　　④ 오더(Odor) 미터법

해설 액화석유가스의 냄새측정방법(1000분의 1의 상태에서 감지할 수 있는 냄새 측정)

① ② ④항 외 냄새주머니법 등을 활용한다.

58 시안화수소(HCN)에 첨가되는 안정제로 사용되는 중합방지제가 아닌 것은?

① NaOH　　　② SO_2

③ H_2SO_4　　　④ $CaCl_2$

해설 시안화수소 안정제 : ② ③ ④ 외에도 인산, 오산화인, 동망 등을 사용

• SO_2 : 아황산가스

• H_2SO_4 : 진한 황산

• $CaCl_2$: 염화칼슘)

59 내용적이 50리터인 이음매 없는 용기 재검사 시 용기에 깊이가 0.5mm를 초과하는 점부식이 있을 경우 용기의 합격 여부는?

① 등급분류 결과 3급으로서 합격이다.

② 등급분류 결과 3급으로서 불합격이다.

③ 등급분류 결과 4급으로서 불합격이다.

④ 용접부 비파괴시험을 실시하여 합격 여부를 결정한다.

해설 이음매 없는 용기, 용기재검사(내용적 50L) 기준 0.5mm 초과 점부식 : 4급등급(불합격)

60 다음 중 가장 무거운 기체는?

① 산소　　　② 수소

③ 암모니아　　　④ 메탄

해설 분자량이 크면 무거운 기체

㉠ 산소(32)

㉡ 수소(2)

㉢ 암모니아(17)

㉣ 메탄(16)

정답 55.② 56.④ 57.③ 58.① 59.③ 60.①

제4과목 : 가스계측

61 아르키메데스 부력의 원리를 이용한 액면계는?

① 기포식 액면계
② 차압식 액면계
③ 정전용량식 액면계
④ 편위식 액면계

해설 편위식 간접식 액면계
아르키메데스의 부력원리를 이용한 액면계(플로트가 회전각에 의해 변화하여 액위를 지시한다.)

62 건습구 습도계에 대한 설명으로 틀린 것은?

① 통풍형 건습구 습도계는 연료 탱크 속에 부착하여 사용한다.
② 2개의 수은 유리온도계를 사용한 것이다.
③ 자연 통풍에 의한 간이 건습구 습도계도 있다.
④ 정확한 습도를 구하려면 3~5m/s 정도의 통풍이 필요하다.

해설 건습구 습도계 특싱
㉠ 건습구 습도계는 3~5m/s의 통풍이 필요하다.
㉡ 습도계 내부에는 물(H_2O)이 필요하다.
㉢ 구조가 간단하고 휴대가 편리하고 가격이 싸나 상대습도는 바로 나타내지는 않는다.

63 가스크로마토그래피와 관련이 없는 것은?

① 컬럼
② 고정상
③ 운반기체
④ 슬릿

해설 가스크로마토그래피 구성
항온조, 유량계, 검출기, 기록계 등이 필요하며 기타 컬럼, 고정상, 운반기체, 즉 캐리어가스, 분리관(컬럼) 등이 필요로 한다.

64 도시가스 제조소에 설치된 가스누출검지 경보장치는 미리 설정된 가스농도에서 자동적으로 경보를 울리는 것으로 하여야 한다. 이때 미리 설정된 가스농도란?

① 폭발하한계 값
② 폭발상한계 값
③ 폭발하한계의 1/4 이하 값
④ 폭발하한계의 1/2 이하 값

해설 가스누출검지 경보장치의 경보에서 설정된 가스농도 : 가연성 가스의 폭발하한계의 $\frac{1}{4}$ 이하 값

65 연속동작 중 비례동작(P동작)의 특징에 대한 설명으로 좋은 것은?

① 잔류편차가 생긴다.
② 사이클링을 제거할 수 없다.
③ 외란이 큰 제어계에 적당하다.
④ 부하 변화가 적은 프로세스에는 부적당하다.

해설 비례동작(P)=동작신호 Z(t)와 조작량 y(t)의 관계
∴ y(t)=KZ(t)
K=정수(비례감도)이며 잔류편차(offset)가 크게 나타남

66 압력의 종류와 관계를 표시한 것으로 옳은 것은?

① 전압=동압－정압
② 전압=게이지압＋동압
③ 절대압=대기압＋진공압
④ 절대압=대기압＋게이지압

해설 ㉠ 전압=동압＋정압
㉡ 게이지압=절대압－대기압
㉢ 절대압=게이지압＋대기압

67 가스분석에서 흡수분석법에 해당하는 것은?

① 적정법
② 중량법
③ 흡광광도법
④ 헴펠법

정답 61.④ 62.① 63.④ 64.③ 65.① 66.④ 67.④

해설 흡수분석법
ㄱ Hampel 법
ㄴ Orsat 법
ㄷ Gockel 법

68 가스설비에 사용되는 계측기기의 구비조건으로 틀린 것은?

① 견고하고 신뢰성이 높을 것
② 주위 온도, 습도에 민감하게 반응할 것
③ 원거리 지시 및 기록이 가능하고 연속 측정이 용이할 것
④ 설치방법이 간단하고 조작이 용이하며 보수가 쉬울 것

해설 가스설비 계측기
정확성을 기하기 위하여 주위, 온도, 습도 등에 둔하게 반응할 것

69 차압식 유량계 중 벤투리식(Venturi type)에서 교축기구 전후의 관계에 대한 설명으로 옳지 않은 것은?

① 유량은 유량계수에 비례한다.
② 유량은 차압의 평방근에 비례한다.
③ 유량은 관지름의 제곱에 비례한다.
④ 유량은 조리개 비의 제곱에 비례한다.

해설 차압식 유량계 : 유량은 차압의 평방근에 비례한다.
(종류 : 오리피스식, 플로우 노즐식, 벤투리식)
조리개의 입구 압력은 증가, 출구압력은 감소한다.

70 HCN 가스의 검지반응에 사용하는 시험지와 반응색이 좋게 짝지어진 것은?

① KI 전분지 – 청색
② 질산구리벤젠지 – 청색
③ 염화파라듐지 – 적색
④ 염화 제일구리착염지 – 적색

해설 ㄱ 염소(Cl_2) : 시험지(KI 전분지 : 누설 시 청색)
ㄴ 시안화수소(HCN) : 시험지(질산구리벤젠지 : 누설 시 청색)
ㄷ 일산화탄소(CO) : 시험지(염화파라듐지 : 누설 시 흑색)
ㄹ 아세틸렌(C_2H_2) : 시험지(염화제일구리 착염지 : 누설 시 적색)

71 2가지 다른 도체의 양끝을 접합하고 두 접점을 다른 온도로 유지할 경우 회로에 생기는 기전력에 의해 열전류가 흐르는 현상을 무엇이라고 하는가?

① 제백효과
② 존슨효과
③ 스테판-볼츠만 법칙
④ 스케링 삼승근 법칙

해설 열전대 온도계
기전력을 이용한 제백효과 이용 온도계(백금-백금 로듐, 크로멜-알루멜, 철-콘스탄탄, 구리-콘스탄탄)

72 고속회전이 가능하므로 소형으로 대유량의 계량이 가능하나 유지관리로서 스트레이너가 필요한 가스미터는?

① 막식 가스미터
② 베인미터
③ 루트미터
④ 습식 미터

해설 루트미터 가스미터기
ㄱ 대용량 가스 측정이 가능
ㄴ 설치스페이스가 적다.
ㄷ 스트레이너 설치 및 설치 후 유지관리가 필요
ㄹ 소유량 측정 시에서는 부동의 우려가 있다.

정답 68.② 69.④ 70.② 71.① 72.③

73 신호의 전송방법 중 유압전송방법의 특징에 대한 설명으로 틀린 것은?

① 전송거리가 최고 300m이다.
② 조작력이 크고 전송지연이 적다.
③ 파일럿밸브식과 분사관식이 있다.
④ 내식성, 방폭이 필요한 설비에 적당하다.

해설 전기식 신호 전송법
방폭이 요구되는 지점은 방폭시설이 필요하다.

74 파이프나 조절밸브로 구성된 계는 어떤 공정에 속하는가?

① 유동공정   ② 1차계 액위공정
③ 데드타임공정   ④ 적분계 액위공정

해설 파이프, 조절밸브로 구성된 계 : 유동공정(흐름공정)

75 시험대상인 가스미터의 유량이 350m³/h이고 기준 가스미터의 지시량이 330m³/h일 때 기준 가스미터의 기차는 약 몇 %인가?

① 4.4%   ② 5.7%
③ 6.1%   ④ 7.5%

해설 350 – 330 = 20m³/h 오차

∴ 계측기기 오차(기차) = $\frac{20}{350} \times 100 = 5.7(\%)$

76 다음 중 유량의 단위가 아닌 것은?

① m³/s   ② ft³/h
③ m²/min   ④ L/s

해설 ㉠ m² : 면적, min : 60초
㉡ 유량(Q) = 단면적(m²) × 유속(m/s)

77 습식 가스미터의 계량 원리를 가장 바르게 나타낸 것은?

① 가스의 압력 차이를 측정
② 원통의 회전수를 측정
③ 가스의 농도를 측정
④ 가스의 냉각에 따른 효과를 이용

해설 습식 가스미터기
㉠ 계량이 정확하다.
㉡ 사용 중 기차의 변동이 거의 없다.
㉢ 사용 중 수위 조정의 관리가 필요하다.
㉣ 설치 시 스페이스가 크다.
㉤ 원통의 회전수 측정으로 가스가 계량된다.

78 시정수(time constant)가 10초인 1차 지연형 계측기의 스텝응답에서 전체 변화의 95%까지 변화시키는 데 걸리는 시간은?

① 13초   ② 20초
③ 26초   ④ 30초

해설 $\frac{L(낭비시간)}{T(시정수)}$ 가 커지면 제어하기가 어렵다.

시정수 : 1차 지연 요소에서 출력이 최대 출력의 63.2%에 도달할 때까지의 시간

1차 지연형 계측기의 스텝응답 표시 식

$y_T - y_0 = (x_0 - y_0)(1 - e^{\frac{-t}{T}})$에서 $\frac{y_T - y_0}{x_0 - y_0} = 0.95$,

$t = nT$라 하면
$1 - e^{-n} = 0.95$ 즉 $e^{-n} = 0.05$
따라서 양변에 대수를 취하면
$-n = \log_e 0.05 = 2.303 \log 0.05$
$= 2.303 \times 2.6990 = 2.303 \times (1 - 1.3010)$
$= -3.00$
∴ $n = 3.00$배이므로
10초 × 3.00배 = 30초

79 화학공장 내에서 누출된 유독가스를 현장에서 신속히 검지할 수 있는 방식으로 가장 거리가 먼 것은?

① 열선형
② 간섭계형
③ 분광광도법
④ 검지관법

해설 분광광도법

가스 분자의 진동 중 진동에 의하여 적외선의 흡수가 일어나는 것을 이용하여 (H_2, O_2, Cl_2, N_2 등의 2원자 가스는 적외선을 흡수하지 않아 측정 불가) 가스를 분석한다.

80 압력계 교정 또는 검정용 표준기로 사용되는 압력계는?

① 기준 분동식
② 표준 침종식
③ 기준 박막식
④ 표준 부르동관식

해설 기준분동식 압력계

• 압력계의 눈금 교정 및 연구실용 표준기이다.
 (일명 자유 피스톤식과 비슷한 압력계이다.)
• 경유, 스핀들유, 피마자유, 모빌유 등이 사용된다.

2018년 9월 15일 시행

제1과목 : 연소공학

01 어떤 기체가 열량 80kJ을 흡수하여 외부에 대하여 20kJ의 일을 하였다면 내부에너지 변화는 몇 kJ인가?

① 20　　　　　　② 60
③ 80　　　　　　④ 100

해설

흡수 80kJ → (60kJ 의 내부에너지 변화) → 일량 20kJ

02 가스화재 시 밸브 및 콕을 잠그는 소화 방법은?

① 질식소화　　　　② 냉각소화
③ 억제소화　　　　④ 제거소화

해설 제거소화 : 가스밸브, 가스 콕을 잠그는 소화

03 어떤 연료의 저위발열량은 9,000kcal/kg 이다. 이 연료 1kg을 연소시킨 결과 발생한 연소열은 6,500kcal/kg이었다. 이 경우의 연소효율은 약 몇 %인가?

① 38%　　　　　② 62%
③ 72%　　　　　④ 138%

해설 연소효율$= \dfrac{연소열}{공급열} \times 100 = \dfrac{6,500}{9,000} \times 100 = 72(\%)$

04 연소에 대하여 가장 적절하게 설명한 것은?

① 연소는 산화반응으로 속도가 느리고, 산화열이 발생한다.
② 물질의 열전도율이 클수록 가연성이 되기 쉽다.
③ 활성화 에너지가 큰 것은 일반적으로 발열량이 크므로 가연성이 되기 쉽다.
④ 가연성 물질이 공기 중의 산소 및 그 외의 산소원의 산소와 작용하여 열과 빛을 수반하는 산화작용이다.

해설 연소
가연성 물질이 공기 중의 산소 및 그 외의 산소원의 조연성인 O_2와 작용하여 착화 후에 열과 빛을 동시에 수반하는 작용이다.

05 파열의 원인이 될 수 있는 용기 두께 축소의 원인으로 가장 거리가 먼 것은?

① 과열　　　　　② 부식
③ 침식　　　　　④ 화학적 침해

해설 용기 과열 : 두께 팽창의 원인이 된다.

06 1kg의 공기가 100℃에서 열량 25kcal를 얻어 등온팽창할 때 엔트로피의 변화량은 약 몇 kcal/K인가?

① 0.038　　　　② 0.043
③ 0.058　　　　④ 0.067

정답 01.② 02.④ 03.③ 04.④ 05.① 06.④

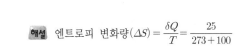

해설 엔트로피 변화량$(\Delta S) = \dfrac{\delta Q}{T} = \dfrac{25}{273 + 100}$
$$= 0.067(\text{kcal/K})$$

07 목재, 종이와 같은 고체 가연성 물질의 주된 연소형태는?

① 표면연소   ② 자기연소

③ 분해연소   ④ 확산연소

해설 ㉠ 고체연료의 연소형태 : 분해연소
ㄴ 자기연소(자체 산소공급 연소) : 셀룰로이드류, 질산에스테르류, 히드라진(제5류 위험물)
ㄷ 확산연소 : 기체연료
ㄹ 표면연소 : 숯, 목탄, 코크스

08 탄소(C) 1g을 완전 연소시켰을 때 발생되는 연소가스 CO_2는 약 몇 g 발생하는가?

① 2.7g   ② 3.7g

③ 4.7g   ④ 8.9g

해설 $\dfrac{C}{12g} + \dfrac{O_2}{32g} \rightarrow \dfrac{CO_2}{44g}$
$$\therefore \frac{44}{12} = 3.7g(CO_2)$$

09 일반 기체상수의 단위를 바르게 나타낸 것은?

① kg · m/kg · K   ② kcal/kmol

③ kg · m/kmol · K   ④ kcal/kg · ℃

해설 기체상수$(R) = \dfrac{848}{분자량} = (\text{kg} \cdot \text{m/kmol} \cdot \text{k})$

10 실제 기체가 완전 기체의 특성 식을 만족하는 경우는?

① 고온, 저압   ② 고온, 고압

③ 저온, 고압   ④ 저온, 저압

해설 실제 기체가 고온, 저압이 되면 이상기체 성질과 비슷해진다.

11 LPG에 대한 설명 중 틀린 것은?

① 포화탄화수소화합물이다.

② 휘발유 등 유기용매에 용해된다.

③ 액체 비중은 물보다 무겁고 기체 상태에서는 공기보다 가볍다.

④ 상온에서는 기체이나 가압하면 액화된다.

해설 LPG(액화석유가스) 액비중(프로판 0.51, 부탄 0.58)
LPG(가스비중) 기체비중(프로판 1.53, 부탄 2)
물의 비중은 1이다. , 공기비중은 1이다.

12 이상기체에 대한 설명이 틀린 것은?

① 실제로는 존재하지 않는다.

② 체적이 커서 무시할 수 없다.

③ 보일의 법칙에 따르는 가스를 말한다.

④ 분자 상호 간에 인력이 작용하지 않는다.

해설 이상기체
기체의 분자력과 크기도 무시되며 분자 간의 충돌은 완전탄성체이다.(분자 간의 크기나 용적이 없다.)

13 상온, 상압 하에서 메탄-공기의 가연성 혼합기체를 완전 연소시킬 때 메탄 1kg을 완전연소시키기 위해서는 공기 약 몇 kg이 필요한가?

① 4   ② 17

③ 19   ④ 64

해설 메탄 연소반응식$(CH_4 + 2O_2 \rightarrow CO_2 + 2H_2O)$
메탄 분자량 16(16kg=22.4Nm³), 산소분자량 32
중량당공기량=이론산소량$\times \dfrac{1}{0.232}$
$$= \frac{(2 \times 32)}{16} \times \frac{1}{0.232} = 17(\text{kg})$$
• 공기중 산소는 중량당 23.2% 함유

정답 | 07.③ 08.② 09.③ 10.① 11.③ 12.② 13.②

14 다음 중 중합폭발을 일으키는 물질은?

① 히드라진   ② 과산화물
③ 부타디엔   ④ 아세틸렌

해설 부타디엔(C_4H_6) 가스는 상온에서 공기 중 산소와 반응하여 중합성의 과산화물을 생성한다.(폭발범위는 2~12%, 분자량 54, 독성허용농도 TLV-TEV 1,000ppm)

15 다음 반응식을 이용하여 메탄(CH_4)의 생성열을 구하면?

> (1) $C + O_2 \rightarrow CO_2$ $\Delta H = -97.2 \text{kcal/mol}$
>
> (2) $H_2 + \dfrac{1}{2}O_2 \rightarrow H_2O$, $\Delta H = -57.6 \text{kcal/mol}$
>
> (3) $CH_4 + 2O_2 \rightarrow CO_2 + 2H_2O$, ΔH
> $= -194.4 \text{kcal/mol}$

① $\Delta H = -20 \text{kcal/mol}$
② $\Delta H = -18 \text{kcal/mol}$
③ $\Delta H = 18 \text{kcal/mol}$
④ $\Delta H = 20 \text{kcal/mol}$

해설 반응열
화학반응에 수반되어 발생이나 흡수되는 에너지의 양이나 생성열과 분해열이 있다.
- CO_2의 생성열 : -97.2(kcal/mol)
- H_2O의 생성열 : -57.6(kcal/mol)
$-194.4 = -97.2 - 2 \times 57.6 + Q$
$\therefore \ Q = 97.2 + 2 \times 57.6 - 194.4 = 18$
$\therefore \ \Delta H = -18$(kcal/mol)

16 다음은 폭굉의 정의에 관한 설명이다. ( )에 알맞은 용어는?

> 폭굉이란 가스의 화염(연소)( )가(이) ( ) 보다 큰 것으로 파면선단의 압력파에 의해 파괴작용을 일으키는 것을 말한다.

① 전파속도 – 음속
② 폭발파 – 충격파
③ 전파온도 – 충격파
④ 전파속도 – 화염온도

해설 폭굉
전파속도의 화염이 음속(340m/s)보다 크다. 1,000~3,500m/s의 강력한 화염의 전파속도 발생(파면선단의 압력파에 의해 파괴작용 발생)

17 화재나 폭발의 위험이 있는 장소를 위험장소라 한다. 다음 중 제1종 위험장소에 해당하는 것은?

① 상용 상태에서 가연성 가스의 농도가 연속해서 폭발하한계 이상으로 되는 장소
② 상용 상태에서 가연성 가스가 체류해 위험해질 우려가 있는 장소
③ 가연성 가스가 밀폐된 용기 또는 설비의 사고로 인해 파손되거나 오조작의 경우에만 누출될 위험이 있는 장소
④ 환기장치에 이상이나 사고가 발생한 경우에 가연성 가스가 체류하여 위험하게 될 우려가 있는 장소

해설 ①항 : 제0종 장소   ②항 : 제1종 장소
③항 : 제2종 장소   ④항 : 제2종 장소

18 연소가스의 폭발 및 안전에 대한 다음 내용은 무엇에 관한 설명인가?

> 두 면의 평행판 거리를 좁혀가며 화염이 전파하지 않게 될 때의 면간거리

① 안전간격   ② 한계직경
③ 소염거리   ④ 화염일주

정답 14.③   15.②   16.①   17.②   18.③

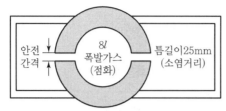

안전간격 등급
- 폭발1등급 : 0.6mm 초과
- 폭발2등급 : 0.4mm 초과 0.6mm 이하
- 폭발3등급 : 0.4mm 미만(가장 위험한 가스이다.)

제2과목 : 가스설비

21 카르노 사이클 기관이 27℃와 −33℃ 사이에서 작동될 때 이 냉동기의 열효율은?

① 0.2　　　　　② 0.25

③ 4　　　　　④ 5

해설 $T_1 = 27 + 273 = 300(K)$, $T_2 = -33 + 273 = 240(K)$

냉동기 효율$(\eta) = 1 - \dfrac{240}{300} = 0.2(20\%)$

19 다음 중 가연성 가스만으로 나열된 것은?

Ⓐ 수소	Ⓑ 이산화탄소
Ⓒ 질소	Ⓓ 일산화탄소
Ⓔ LNG	Ⓕ 수증기
Ⓖ 산소	Ⓗ 메탄

① Ⓐ, Ⓑ, Ⓔ, Ⓗ

② Ⓐ, Ⓓ, Ⓔ, Ⓗ

③ Ⓐ, Ⓓ, Ⓕ, Ⓗ

④ Ⓑ, Ⓓ, Ⓔ, Ⓗ

해설 가연성 가스(폭발범위 하한계, 상한계가 있는 가스)
- 수소 : 4~75%
- CO : 12.5~74%
- LNG : 5~15%
- 메탄 : 5~15%
- CO_2 : 불연성
- O_2 : 조연성

22 다음은 용접용기의 동판두께를 계산하는 식이다. 이 식에서 S는 무엇을 나타내는가?

$$t = \frac{PD}{2S\eta - 1.2P} + C$$

① 여유두께　　　② 동판의 내경

③ 최고충전압력　④ 재료의 허용응력

해설

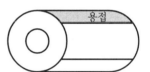

여기서, P : 하중, η : 용접효율
S : 허용응력, C : 부식여유치

23 강을 열처리하는 주된 목적은?

① 표면에 광택을 내기 위하여

② 사용시간을 연장하기 위하여

③ 기계적 성질을 향상시키기 위하여

④ 표면에 녹이 생기지 않게 하기 위하여

해설 • 열처리
- 뜨임(템퍼링)
- 풀림(어닐링)
- 불림(노멀라이징)
- 담금질(퀜칭)

• 강의 열처리 목적은 기계적 성질 개선이다.

20 폭발하한계가 가장 낮은 가스는?

① 부탄　　　　　② 프로판

③ 에탄　　　　　④ 메탄

해설 가연성 가스 폭발범위(하~상한계)
- 부탄(1.8~8.4%)
- 프로판(2.1~9.5%)
- 에탄(3~12.5)

정답 19.② 20.① 21.① 22.④ 23.③

24 고압가스 냉동기의 발생기는 흡수식 냉동설비에 사용하는 발생기에 관계되는 설계온도가 몇 ℃를 넘는 열교환기를 말하는가?

① 80℃
② 100℃
③ 150℃
④ 200℃

해설 흡수식 냉동기의 발생기(150℃ 이상~200℃ 이하에서 사용)

25 물을 양정 20m, 유량 2m³/min으로 수송하고자 한다. 축동력 12.7PS를 필요로 하는 원심펌프의 효율은 약 몇 %인가?

① 65%
② 70%
③ 75%
④ 80%

해설
$$축동력(PS) = \frac{rQH}{75 \times 60 \times \eta} = 12.7 = \frac{1,000 \times 2 \times 20}{75 \times 60 \times \eta}$$
$$\therefore \eta = \frac{1,000 \times 2 \times 20}{75 \times 60 \times 12.5} = 0.7(70\%)$$

26 공기액화장치에 들어가는 공기 중 아세틸렌 가스가 혼입되면 안 되는 가장 큰 이유는?

① 산소의 순도가 저하된다.
② 액체 산소 속에서 폭발을 일으킨다.
③ 질소와 산소의 분리작용에 방해가 된다.
④ 파이프 내에서 동결되어 막히기 때문이다.

해설 $C_2H_2 + O_2(2.5) \rightarrow 2CO_2 + H_2O$(가스폭발 발생)

27 다음 중 신축이음이 아닌 것은?

① 벨로즈형 이음
② 슬리브형 이음
③ 루프형 이음
④ 턱걸이형 이음

해설

턱걸이이음(⟵)

28 냉간가공의 영역 중 약 210~360℃에서 기계적 성질인 인장강도는 높아지나 연신이 갑자기 감소하여 취성을 일으키는 현상을 의미하는 것은?

① 저온메짐
② 뜨임메짐
③ 청열메짐
④ 적열메짐

해설 강의 냉간가공 청열메짐 : 210℃~360℃ 사이에서 온도가 상승되면 인장강도 상승, 연신율 하강(취성 발생)

29 원심펌프는 송출 구경을 흡입구경보다 작게 설계한다. 이에 대한 설명으로 틀린 것은?

① 흡인구경보다 와류실을 크게 설계한다.
② 회전차에서 빠른 속도로 송출된 액체를 갑자기 넓은 와류실에 넣게 되면 속도가 떨어지기 때문이다.
③ 에너지 손실이 커져서 펌프효율이 저하되기 때문이다.
④ 대형 펌프 또는 고양정의 펌프에 적용된다.

해설
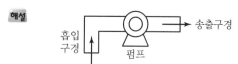
※ 원심식 터보형 펌프는 흡입관보다 토출관 지름이 적다.

30 용접장치에서 토치에 대한 설명으로 틀린 것은?

① 아세틸렌 토치의 사용압력은 0.1MPa 이상에서 사용한다.
② 가변압식 토치를 프랑스식이라 한다.
③ 불변압식 토치는 니들밸브가 없는 것으로 독일식이라 한다.
④ 팁의 크기는 용접할 수 있는 판 두께에 따라 선정한다.

정답 24.④ 25.② 26.② 27.④ 28.③ 29.① 30.①

해설 가스용접용 토치(Torch)
- 저압식 : 0.07kg/cm²용(아세틸렌가스 : 0.02MPa 미만용)
- 가변압식(A형 : 독일식, B형 : 프랑스식)
- 중압식
- 불변압식

31 고압가스 용기의 안전밸브 중 밸브 부근의 온도가 일정 온도를 넘으면 퓨즈 메탈이 녹아 가스를 전부 방출시키는 방식은?

① 가용전식　　　② 스프링식
③ 파열판식　　　④ 수동식

해설

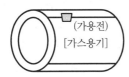

(가용전)
[가스용기]

가용전
용기 내의 온도가 일정 온도 이상 상승 시 퓨즈메탈이 용해하여 가스를 외부로 방출한 후 용기파열을 방지한다.(합금성분 : Bi, Cd, Sn, Pb 등)
- 용융온도 : 62~68℃

32 정압기의 이상감압에 대처할 수 있는 방법이 아닌 것은?

① 필터 설치
② 정압기 2계열 설치
③ 저압배관의 loop화
④ 2차 측 압력 감시장치 설치

해설
- 필터는 가스 내의 불순물을 제거한다.(가스미터기 전단에 설치)
- 정압기 등의 전단에 설치한다.

33 도시가스의 저압공급방식에 대한 설명으로 틀린 것은?

① 수요량의 변동과 거리에 무관하게 공급압력이 일정하다.

② 압송비용이 저렴하거나 불필요하다.
③ 일반수용가를 대상으로 하는 방식이다.
④ 공급계통이 간단하므로 유지관리가 쉽다.

해설 제①항은 무수식 가스홀더의 특징이다.

34 액화 암모니아 용기의 도색 색깔로 옳은 것은?

① 밝은 회색　　　② 황색
③ 주황색　　　　④ 백색

해설
㉠ 밝은회색 : LPG
㉡ 주황색 : 수소
㉢ 황색 : 도시가스
㉣ 백색 : 액화 암모니아

35 가스시설의 전기방식에 대한 설명으로 틀린 것은?

① 전기방식이란 강재배관 외면에 전류를 유입시켜 양극반응을 저지함으로써 배관의 전기적 부식을 방지하는 것을 말한다.
② 방식전류가 흐르는 상태에서 토양 중에 있는 방식전위는 포화황산동 기준전극으로 -0.85V 이하로 한다.
③ "희생양극법"이란 매설배관의 전위가 주위의 타 금속 구조물의 전위보다 높은 장소에서 매설배관과 주위의 타 금속구조물을 전기적으로 접속시켜 매설 배관에 유입된 누출전류를 전기회로적으로 복귀시키는 방법을 말한다.
④ "외부전원법"이란 외부직류 전원장치의 양극은 매설배관이 설치되어 있는 토양에 접속하고, 음극은 매설배관에 접속시켜 부식을 방지하는 방법을 말한다.

정답 31.① 32.① 33.① 34.④ 35.③

해설 희생양극법(유전양극 전기방식)
지하매설배관은 Mg(마그네슘)과 연결하여 접속하여 방식한다. 비교적 방식이 간단하여 가격이 싸다.(도복장의 저항이 큰 대상에 적합하다.)

36 특수강에 내식성, 내열성 및 자경성을 부여하기 위하여 주로 첨가하는 원소는?

① 니켈　　　　　② 크롬
③ 몰리브덴　　　④ 망간

해설 ㉠ 니켈(Ni) : 인성 부여, 저온에서 충격치 저하
㉡ 몰리브덴(Mo) : 뜨임취성 방지, 고온에서 인장강도 경도 증가
㉢ 망간(Mn) : 적열취성방지, 강의 점성증대, 고온가공 용이, 담금질 효과를 높이나 연성은 감소, 강도, 경도, 강인성 증가

37 직경 5m 및 7m인 두 구형 가연성 고압가스 저장탱크가 유지해야 할 간격은? (단, 저장탱크에 물분무장치는 설치되어 있지 않음)

① 1m 이상　　　② 2m 이상
③ 3m 이상　　　④ 4m 이상

해설 탱크 간 유지 거리＝탱크 합산 지름×$\frac{1}{4}$

$$\therefore (5+7)\times\frac{1}{4}=3m \text{ 이상}$$

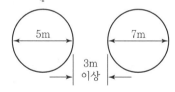

38 그림은 가정용 LP가스 소비시설이다. R_1에 사용하는 조정기의 종류는?

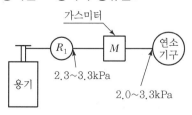

① 1단 감압식 저압조정기
② 1단 감압식 준저압조정기
③ 2단 감압식 1차용 조정기
④ 2단 감압식 2차용 조정기

해설 ・R_1 : 1단(단단) 감압식 저압조정기 기호
・M : 가스미터기 기호

39 부식에 대한 설명으로 옳지 않은 것은?

① 혐기성 세균이 번식하는 토양 중의 부식속도는 매우 빠르다.
② 전식 부식은 주로 전철에 기인하는 미주 전류에 의한 부식이다.
③ 콘크리트와 흙이 접촉된 배관은 토양 중에서 부식을 일으킨다.
④ 배관이 점토나 모래에 매설된 경우 점토보다 모래중의 관이 더 부식되는 경향이 있다.

해설 배관의 부식은 배수가 잘 되는 모래보다 점토에서 부식이 심하다.

40 공기액화 분리장치의 폭발원인과 대책에 대한 설명으로 옳지 않은 것은?

① 장치 내에 여과기를 설치하여 폭발을 방지한다.
② 압축기의 윤활유에는 안전한 물을 사용한다.
③ 공기 취입구에서 아세틸렌의 침입으로 폭발이 발생한다.
④ 질화화합물의 혼입으로 폭발이 발생한다.

해설 ・공기압축기 윤활유 : 양질의 광유(디젤엔진유)
・산소압축기 : 물 또는 10% 이하 묽은 글리세린수

정답 36.② 37.③ 38.① 39.④ 40.②

제3과목 : 가스안전관리

41 소형 저장탱크의 가스방출구의 위치를 지면에서 5m 이상 또는 소형 저장탱크 정상부로부터 2m 이상 중 높은 위치에 설치하지 않아도 되는 경우는?

① 가스방출구의 위치를 건축물 개구부로부터 수평거리 0.5m 이상 유지하는 경우
② 가스방출구의 위치를 연소기의 개구부 및 환기용 공기흡입구로터 각각 1m 이상 유지하는 경우
③ 가스방출구의 위치를 건축물 개구부로부터 수평거리 1m 이상 유지하는 경우
④ 가스방출구의 위치를 건축물 연소기의 개구부 및 환기용 공기흡입구로부터 각각 1.2m 이상 유지하는 경우

해설

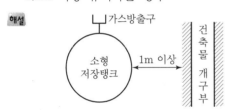

※ 이 경우에는 가스방출구의 위치기준을 생략할 수 있다.

42 다음은 고압가스를 제조하는 경우 품질검사에 대한 내용이다. ( ) 안에 들어갈 사항을 알맞게 나열한 것은?

> 산소, 아세틸렌 및 수소를 제조하는 자는 일정한 순도 이상의 품질유지를 위하여 (Ⓐ) 이상 적절한 방법으로 품질검사를 하여 그 순도가 산소의 경우에는 (Ⓑ)%, 아세틸렌의 경우에는 (Ⓒ)%, 수소의 경우에는 (Ⓓ)% 이상이어야 하고 그 검사결과를 기록할 것

① Ⓐ 1일 1회 Ⓑ 99.5 Ⓒ 98 Ⓓ 98.5
② Ⓐ 1일 1회 Ⓑ 99 Ⓒ 98.5 Ⓓ 98
③ Ⓐ 1주 1회 Ⓑ 99.5 Ⓒ 98 Ⓓ 98.5
④ Ⓐ 1주 1회 Ⓑ 99 Ⓒ 98.5 Ⓓ 98

해설 Ⓐ : 1일 1회 이상(품질검사 횟수)
Ⓑ : 99.5% 이상(O_2)
Ⓒ : 98% 이상(C_2H_2)
Ⓓ : 98.5% 이상(H_2)

43 아세틸렌의 품질검사에 사용하는 시약으로 알맞는 것은?

① 발연황산시약
② 구리, 암모니아 시약
③ 피로카롤 시약
④ 하이드로 설파이드 시약

해설 품질시약
• 산소(동·암모니아 시약)
• 아세틸렌(발연황산 시약)
• 수소(피로카롤 시약, 하이드로 설파이드 시약)

44 저장탱크에 의한 액화석유가스 사용시설에서 배관이음부와 절연조치를 한 전선과의 이격거리는?

① 10cm 이상   ② 20cm 이상
③ 30cm 이상   ④ 60cm 이상

해설 LPG가스 배관이음부 이격거리(전기설비)
• 계량기, 개폐기 : 60cm 이상
• 굴뚝, 점멸기, 접속기 : 30cm 이상
• 절연조치 미필 전선 : 15cm 이상
  (절연조치전선 : 10cm 이상)

정답 41.③ 42.① 43.① 44.①

45 고압가스 사용상 주의할 점으로 옳지 않은 것은?

① 저장탱크의 내부압력이 외부압력보다 낮아짐에 따라 그 저장탱크가 파괴되는 것을 방지하기 위하여 긴급차단 장치를 설치한다.
② 가연성 가스를 압축하는 압축기와 오토크레이브 사이의 배관에 역화방지 장치를 설치해두어야 한다.
③ 밸브, 배관, 압력게이지 등의 부착부로부터 누출(leakage) 여부를 비눗물, 검지기 및 검지액 등으로 점검한 후 작업을 시작해야 한다.
④ 각각의 독성에 적합한 방독마스크, 가급적이면 송기식 마스크, 공기 호흡기 및 보안경 등을 준비해 두어야 한다.

해설 제①항 안전장치 : 부압방지장치 설치

46 이동식 부탄연소기 및 접합용기(부탄캔) 폭발사고의 예방대책이 아닌 것은?

① 이동식 부탄연소기보다 큰 과대 불판을 사용하지 않는다.
② 접합용기(부탄캔)내 가스를 다 사용한 후에는 용기에 구멍을 내어 내부의 가스를 완전히 제거한 후 버린다.
③ 이동식 부탄연소기를 사용하여 음식물을 조리한 경우에는 조리 완료 후 이동식 부탁연소기의 용기 체결 홀더 밖으로 접합용기(부탄캔)를 분리한다.
④ 접합용기(부탄캔)는 스틸이므로 가스를 다 사용한 후에는 그대로 재활용 쓰레기통에 버린다.

해설 캔용 부탄은 비중이 2이므로 사용이 끝나도 재활용 쓰레기통에 버리지 않고 주의사항을 철저하게 한다. 재료는 스틸보다는 알루미늄을 많이 사용한다.

47 독성 가스의 처리설비로서 1일 처리능력이 15,000m³인 저장시설과 21m 이상 이격하지 않아도 되는 보호시설은?

① 학교
② 도서관
③ 수용능력이 15인 이상인 아동복지시설
④ 수용능력이 300인 이상인 교회

해설 제③항에서는 기준이 300명 이상 수용시설이(독성 가스의 경우 1만 초과~2만 이하에서는) 1종 보호시설이므로 이격거리 21m(2종의 보호시설은 14m 이상)이나 15인 이상은 300인 미만인 아동복지시설이므로 21m 이상에서 제외된다.

48 고압호스 제조 시설설비가 아닌 것은?

① 공작기계   ② 절단설비
③ 동력용조립설비   ④ 용접설비

해설 용접설비 : 고압용기 제조시설 설비

49 차량에 고정된 탱크로 고압가스를 운반하는 차량의 운반기준으로 적합하지 않은 것은?

① 액화가스를 충전하는 탱크에는 그 내부에 방파판을 설치한다.
② 액화가스 중 가연성 가스, 독성 가스 또는 산소가 충전된 탱크에는 손상되지 아니하는 재료로 된 액면계를 사용한다.
③ 후부취출식 외의 저장탱크는 저장탱크 후면과 차량 위 범퍼와의 수평거리가 20cm 이상 유지하여야 한다.
④ 2개 이상의 탱크를 동일한 차량에 고정하여 운반하는 경우에는 탱크마다 탱크의 주 밸브를 설치한다.

정답 45.① 46.④ 47.③ 48.④ 49.③

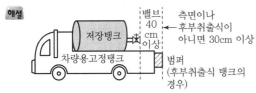

해설

저장탱크 / 차량용고정탱크

밸브
40
cm
이상

측면이나
후부취출식이
아니면 30cm 이상

범퍼
(후부취출식 탱크의
경우)

※ 측면이나 후부취출식이 아니면 30cm 이상

50 공기의 조성 중 질소, 산소, 아르곤, 탄산가스 이외의 비활성기체에서 함유량이 가장 많은 것은?

① 헬륨　　　　　② 크립톤
③ 제논　　　　　④ 네온

해설 희가스 성분
　　㉠ 알곤(0.93%)　　　㉡ 네온(0.0018%)
　　㉢ 헬륨(0.0005%)　　㉣ 크립톤(0.0001%)
　　㉤ 크세논(0.000009%)　㉥ 라돈(0%)

51 가스렌지를 점화시키기 위하여 점화동작을 하였으나 점화가 이루어지지 않았다. 다음 중 조치방법으로 가장 거리가 먼 내용은?

① 가스용기 밸브 및 중간 밸브가 완전히 열렸는지 확인한다.
② 버너캡 및 버너바디를 바르게 조립한다.
③ 창문을 열어 환기시킨 다음 다시 점화동작을 한다.
④ 점화플러그 주위를 깨끗이 닦아준다.

해설 가스의 누설이 염려스러운 가스용기 사용 시에만 창문을 열어 환기시킨다.

52 고압가스 충전 용기의 운반 기준 중 운반책임자가 동승하지 않아도 되는 경우는?

① 가연성 압축가스 400m³을 차량에 적재하여 운반하는 경우
② 독성 압축가스 90m³을 차량에 적재하여 운반하는 경우
③ 조연성 액화가스 6,500kg을 차량에 적재하여 운반하는 경우
④ 독성 액화가스 1,200kg을 차량에 적재하여 운반하는 경우

해설 독성가스 충전용기 운반차량 동승자 기준
　　• 압축가스 : 100m³ 이상
　　• 액화가스 : 1,000kg 이상

53 특정고압가스 사용시설기준 및 기술상 기준으로 옳은 것은?

① 산소의 저장설비 주위 20m 이내에는 화기취급을 하지 말 것
② 사용시설은 당해 설비의 작동상황을 연 1회 이상 점검할 것
③ 액화가스의 저장능력이 300kg 이상인 고압가스설비에는 안전밸브를 설치할 것
④ 액화가스저장량이 10kg 이상인 용기보관실의 벽은 방호벽으로 할 것

해설 특정고압가스 사용시설기준
　　㉠ 특정고압가스(포스핀, 셀렌화수소, 게르만, 디실란, 오불화 비소, 오불화인, 삼불화인, 삼불화질소, 삼불화붕소, 사불화유황, 사불화규소)
　　㉡ 제①항에서는 5m 이상
　　㉢ 제④항에서는 300kg 이상

54 특정고압가스 사용시설의 기준에 대한 설명 중 옳은 것은?

① 산소 저장설비 주위 8m 이내에는 화기를 취급하지 않는다.
② 고압가스 설비는 상용압력 2.5배 이상의 내압시험에 합격한 것을 사용한다.
③ 독성가스 감압 설비와 당해 가스반응 설비 간의 배관에는 역류방지장치를 설치한다.
④ 액화가스 저장량이 100kg 이상인 용기보관실에는 방호벽을 설치한다.

정답 50.④　51.③　52.②　53.③　54.③

해설 제①항 : 5m 이내 해당

제②항 : 1.5배 이상 해당

제④항 : 300kg 이상 해당

55 다음 액화가스 저장탱크 중 방류둑을 설치하여야 하는 것은?

① 저장능력이 5톤인 염소 저장탱크

② 저장능력이 8백톤인 산소 저장탱크

③ 저장능력이 5백톤인 수소 저장탱크

④ 저장능력이 9백톤인 프로판 저장탱크

해설 가스일반제조 방류둑 기준
- 가연성 가스(1,000톤 이상 저장)
- 독성 가스(5톤 이상)
- 산소(1,000톤 이상)
- 프로판(1,000톤 이상 저장)

56 고압가스 저장설비에 설치하는 긴급차단장치에 대한 설명으로 틀린 것은?

① 저장설비의 내부에 설치하여도 된다.

② 조작 버튼(Button)은 저장설비에서 가장 가까운 곳에 설치한다.

③ 동력원(動力源)은 액압, 기압, 전기 또는 스프링으로 한다.

④ 간단하고 확실하며 신속히 차단되는 구조로 한다.

해설 긴급차단장치는 저장설비 5m 이상 떨어진 위치에서 조작이 가능한 버튼이 필요하다.

57 1일 처리능력이 60,000m³인 가연성 가스 저온저장탱크와 제2종 보호시설과의 안전거리의 기준은?

① 20.0m

② 21.2m

③ 22.0m

④ 30.0m

해설 5만 초과~99만 이하의 경우

- 제1종 $= \dfrac{3}{25}\sqrt{X+10,000\text{m}}$

- 제2종 $= \dfrac{2}{25}\sqrt{X+10,000\text{m}}$

  $= \dfrac{2}{25}\sqrt{60,000+10,000} = 21.2\text{m}$

58 독성가스 누출을 대비하기 위하여 충전설비에 재해설비를 한다. 재해설비를 하지 않아도 되는 독성가스는?

① 아황산가스　　② 암모니아

③ 염소　　　　　④ 사염화탄소

해설 독성가스 중 재해설비가 필요한 가스

염소, 포스겐, 황화수소, 시안화수소, 아황산가스, 암모니아, 산화에틸렌, 염화메탄

59 공기액화 분리장치의 폭발 원인이 아닌 것은?

① 이산화탄소와 수분 제거

② 액체공기 중 오존의 혼입

③ 공기취입구에서 아세틸렌 혼입

④ 윤활유 분해에 따른 탄화수소 생성

해설 탄산가스 흡수탑에서 공기 중에 포함된 CO_2를 가성소다(NaOH) 용액으로 흡수하여 고체탄산 드라이아이스가 되는 것을 방지한다.

$2NaOH + CO_2 \rightarrow Na_2CO_3 + H_2O$

- CO_2 1g당 가성소다(NaOH)1.8g 소비

60 액화석유가스 판매사업소 용기보관실의 안전사항으로 틀린 것은?

① 용기는 3단 이상 쌓지 말 것

② 용기보관실 주위의 2m 이내에는 인화성 및 가연성 물질을 두지 말 것

정답 55.① 56.② 57.② 58.④ 59.① 60.①

③ 용기보관실 내에서 사용하는 손전등은 방폭형일 것

④ 용기보관실에는 계량기 등 작업에 필요한 물건 이외에 두지 말 것

해설 LPG 용기는 2단 이상으로 쌓지 아니할 것(다만 30L 미만의 용접용기는 2단으로 쌓을 수 있다.)

제4과목 : 가스계측

61 표준전구의 필라멘트 휘도와 복사에너지의 휘도를 비교하여 온도를 측정하는 온도계는?

① 광고온도계

② 복사온도계

③ 색온도계

④ 더미스터(thermister)

해설 광고온도계
표준전구의 필라멘트 휘도와 복사에너지의 휘도를 비교하여 700℃∼3,000℃까지 온도를 측정하는 비접촉식 온도계(특정 파장은 보통 적색의 0.65μ의 복사에너지의 빛을 이용)

62 일산화탄소 검지 시 흑색반응을 나타내는 시험지는?

① KI 전분지　　　② 연당지

③ 하리슨 시약　　④ 염화파라듐지

해설 • KI 전분지 : 염소분석
• 연당지 : 황화수소 측정
• 하리슨시약 : 포스겐 분석
• 염화파라듐지 : 일산화탄소(CO) 분석

63 가스분석법 중 흡수분석법에 해당하지 않는 것은?

① 헴펠법　　　　② 산화구리법

③ 오르자트법　　④ 게겔법

해설 산화구리법(산화동법)
분별 연소법이며 CH_4가스 분석법

64 정밀도(Precision degree)에 대한 설명 중 옳은 것은?

① 산포가 큰 측정은 정밀도가 높다.

② 산포가 적은 측정은 정밀도가 높다.

③ 오차가 큰 측정은 정밀도가 높다.

④ 오차가 적은 측정은 정밀도가 높다.

해설 우연오차(산포), 즉 정밀도가 적은 것은 산포가 크고 산포가 적으면 정밀도가 높다.

65 가연성 가스검출기의 종류가 아닌 것은?

① 안전동형　　　② 간섭계형

③ 광조사형　　　④ 열선형

해설 가연성 가스 검출기는 ① ② ④항을 이용한다.

66 액면계의 구비조건으로 틀린 것은?

① 내식성 있을 것

② 고온, 고압에 견딜 것

③ 구조가 복잡하더라도 조작은 용이할 것

④ 지시, 기록 또는 원격 측정이 가능할 것

해설 액면을 측정하는 액면계는 구조가 간단하여야 한다.

67 어느 가정에 설치된 가스미터의 기차를 검사하기 위해 계량기의 지시량을 보니 100m³이었다. 다시 기준기로 측정하였더니 95m³이었다면 기차는 약 몇 %인가?

① 0.05　　　　　② 0.95

③ 5　　　　　　④ 95

정답 61.① 62.④ 63.② 64.② 65.③ 66.③ 67.③

해설 $100 - 95 = 5\text{m}^3(기차)$

$\therefore \dfrac{5}{100} \times 100 = 5(\%)$

68 Roots 가스미터에 대한 설명으로 옳지 않은 것은?

① 설치 공간이 적다.
② 대유량 가스 측정에 적합하다.
③ 중압가스의 계량이 가능하다.
④ 스트레이너의 설치가 필요 없다.

해설 루트식 가스미터(대량수용가용 : $100\sim5,000\text{m}^3/\text{h}$)는 여과기의 설치 및 설치 후의 청소 등 유지관리가 필요하다.

69 국제단위계(SI 단위) 중 압력단위에 해당되는 것은?

① Pa
② bar
③ atm
④ kgf/cm²

해설 SI 단위의 압력 : Pa(1atm=76cmHg=10,125Pa)

70 가스분석계 중 화학반응을 이용한 측정방법은?

① 연소열법
② 열전도율법
③ 적외선흡수법
④ 가시광선 분광광도법

해설 연소열법(연소분석법)
• 폭발법
• 분별 연소법
• 완만 연소법

71 오리피스 유량계의 측정원리로 옳은 것은?

① 패닝의 법칙
② 베르누이의 원리
③ 아르키메데스의 원리
④ 하이젠 포아제의 원리

해설 오리피스 차압식 유량계 : 베르누이의 원리를 이용한 유량계

베르누이(Bernoulli) 전수두(H)

$$= Z_1 + \dfrac{P_1}{r} + \dfrac{V_1^2}{2g} = Z_2 + \dfrac{P_2}{r} + \dfrac{V_2^2}{2g}$$

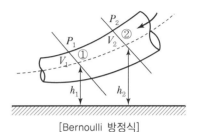

[Bernoulli 방정식]

72 다음 [그림]과 같이 시차 액주계의 높이 H가 60mm일 때 유속(V)은 약 몇 m/s인가? (단, 비중 γ와 γ'는 1과 13.6이고, 속도계수는 1, 중력가속도는 9.8m/s²이다.)

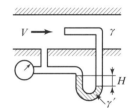

① 1.1
② 2.4
③ 3.8
④ 5.0

해설 유속(V) $= \sqrt{2gh} = \sqrt{2g\dfrac{s_0 - s}{s}h}$

$H = 60\text{mmH}_2\text{O} = 0.06\text{m}$

$\therefore V = \sqrt{2 \times 9.8\left(\dfrac{13.6-1}{1}\right) \times 0.06} = 3.8(\text{m/s})$

73 일반적인 계측기의 구조에 해당하지 않는 것은?

① 검출부
② 보상부
③ 전달부
④ 수신부

정답 68.④ 69.① 70.① 71.② 72.③ 73.②

해설 보상부는 열전대 온도계나 방사온도계 등 특별한 계측기에서만 이용된다.

74 건습구 습도계에서 습도를 정확히 하려면 얼마 정도의 통풍속도가 가장 적당한가?

① 3~5m/sec
② 5~10m/sec
③ 10~15m/sec
④ 30~50m/sec

해설 건습구 습도계(2개의 수은 온도계 이용)
습도, 온도, 상대습도 측정, 노점 측정

$$수증기압(e) = 포화수증기압 - \frac{1}{2}(건구온도 - 습구$$

$$온도) \times \frac{기체압력}{755}(mmHg)$$

이상적인 통풍속도(3~5m/s)

75 차압식 유량계의 교축기구로 사용되지 않는 것은?

① 오리피스
② 피스톤
③ 플로 노즐
④ 벤투리

해설 피스톤
압력계(분동식, 피스톤식)로 사용이 가능하다.

76 Dial gauge는 다음 중 어느 측정방법에 속하는가?

① 비교측정
② 절대측정
③ 간접측정
④ 직접측정

해설 다이얼 게이지(치환법)
지시량과 미리 알고 있는 다른 양으로부터 측정량을 나타내는 치환법에 사용된다. 따라서 비교측정이다.

77 다음 중 막식 가스미터는?

① 그로바식
② 루트식
③ 오리피스식
④ 터빈식

해설

```
                        ┌ 막식 ┬ 독립내기식
              ┌ 건식 ┤       └ 그로바식
       ┌ 실측식 ┤      └ 회전식 ┬ 루츠식
       │      │             ├ 로터리식
가스미터 ┤      └ 습식         └ 오벌식
       │
       │              ┌ 오리피스식
       └ 추측식(간접식) ┤ 터빈식
                      └ 선근차식
```

78 다음 [그림]은 불꽃이온화 검출기(FID)의 구조를 나타낸 것이다. ①~④의 명칭으로 부적당한 것은?

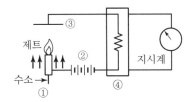

① 시료가스
② 직류전압
③ 전극
④ 가열부

해설 불꽃이온화 검출기
수소염이온화 검출기이며 탄화수소의 감도는 최고이나 H_2, O_2, CO_2, SO_2 등의 검지는 불가능하다. 검지감도는 검지계 중 가장 높고 약 1ppm의 가스농도도 검지가 가능하다.
• ④의 명칭 : 분리관

79 공정제어에서 비례미분(PD) 제어동작을 사용하는 주된 목적은?

① 안정도
② 이득
③ 속응성
④ 정상특성

해설 $PD동작(Y) = K_p\left(e + T_D\frac{de}{dt}\right)$, 미분시간$(T_D) = \frac{K_D}{K_P}$

여기서, Y : 조작량
e : 동작신호
• 미분동작 : 제어의 안정성을 높인다. 그러나 off

정답 74.① 75.② 76.① 77.① 78.④ 79.③

set에 대한 직접적인 효과는 없다.

• 비례동작(P) : $Y = K_p \cdot \varepsilon$ (K_p : 비례정수)

• 미분동작(D) : $Y = K_p \dfrac{d\varepsilon}{dt}$ (ε : 편차), 단독사용보다 P동작과 결합하여 사용한다.

• 비례동작(P)에 미분동작(D)을 결합하면 속응성이 높아진다.

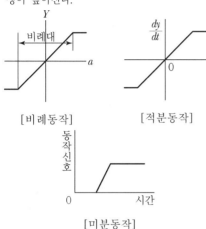

[비례동작]   [적분동작]

[미분동작]

• $x = \dfrac{h}{\sin\theta}$(m)

• $P_2 = $ mmH$_2$O

• P_1(대기압) $=$ mmH$_2$O

• $\theta = $ 관의 경사각

• $r = $ 액체비중량(kg/m^3)

• $P_1 - P_2 = r \cdot x \sin\theta$

• $h = x \cdot \sin\theta$

ⓒ 측정범위 : 10~50mmH$_2$O

ⓒ 측정 정도 : 0.01~0.05mmH$_2$O(정밀측정 가능)

ⓔ 유입액 : 물, 알코올 등

ⓜ 경사관의 지름 : 2~3mm

ⓗ 통풍계로 사용이 가능하다.

80 다음 보기에서 설명하는 액주식 압력계의 종류는?

[보기]
– 통풍계로도 사용한다.
– 정도가 0.01~0.05mmH$_2$O로서 아주 좋다.
– 미세압 측정이 가능하다.
– 측정범위는 약 10~50mmH$_2$O 정도이다.

① U자관 압력계   ② 단관식 압력계
③ 경사관식 압력계   ④ 링밸런스 압력계

해설

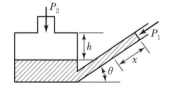

경사관식 1차 액주식 압력계
ⓐ $P_2 = P_1 + rx\sin\theta$

2019년 3월 3일 시행

제1과목 : 연소공학

01 (CO₂)max는 어느 때의 값인가?

① 실제 공기량으로 연소시켰을 때

② 이론 공기량으로 연소시켰을 때

③ 과잉 공기량으로 연소시켰을 때

④ 부족 공기량으로 연소시켰을 때

해설 $CO_2 max$(탄산가스 확대 배출량)의 값이 가장 클 경우는 이론 공기량으로 연소시켰을 때이다.

02 배관 내 혼합가스의 한 점에서 착화되었을 때 연소파가 일정거리를 진행한 후 급격히 화염전파속도가 증가되어 1,000~3,500m/s에 도달하는 경우가 있다. 이와 같은 현상을 무엇이라 하는가?

① 폭발(Explosion)

② 폭굉(Detonation)

③ 충격(Shock)

④ 연소(Combustion)

해설 폭굉(디토네이션) 파가 발생하면 화염의 전파속도가 1,000~3,500m/s이다.

03 폭굉을 일으킬 수 있는 기체가 파이프 내에 있을 때 폭굉 방지 및 방호에 대한 설명으로 틀린 것은?

① 파이프 라인에 오리피스 같은 장애물이 없도록 한다.

② 공정 라인에서 회전이 가능하면 가급적 완만한 회전을 이루도록 한다.

③ 파이프의 지름대 길이의 비는 가급적 작게 한다.

④ 파이프 라인에 장애물이 있는 곳은 관경을 축소한다.

해설 폭굉을 방지하려면 파이프 라인에 장애물이 있는 곳은 관경을 확대하여 가스흐름을 용이하게 한다.

04 동일 체적의 에탄, 에틸렌, 아세틸렌을 완전 연소시킬 때 필요한 공기량의 비는?

① 3.5 : 3.0 : 2.5

② 7.0 : 6.0 : 6.0

③ 4.0 : 3.0 : 5.0

④ 6.0 : 6.5 : 5.0

해설 연소반응식

㉠ 에탄 : $C_2H_6 + 3.5O_2 \rightarrow 2CO_2 + 3H_2O$

㉡ 에틸렌 : $C_2H_4 + 3O_2 \rightarrow 2CO_2 + 2H_2O$

㉢ 아세틸렌 : $C_2H_2 + 2.5O_2 \rightarrow 2CO_2 + H_2O$

05 이상기체에 대한 설명 중 틀린 것은?

① 이상기체는 분자 상호 간의 인력을 무시한다.

② 이상기체에 가까운 실제 기체로는 H₂, He 등이 있다.

③ 이상기체는 분자 자신이 차지하는 부피를 무시한다.

④ 저온, 고압일수록 이상기체에 가까워진다.

해설 실제 기체는 고온, 저압에서 이상기체에 가까워진다.

정답 01.② 02.② 03.④ 04.① 05.④

06 가연물의 연소형태를 나타낸 것 중 틀린 것은?

① 금속분 – 표면연소   ② 파라핀 – 증발연소

③ 목재 – 분해연소   ④ 유황 – 확산연소

해설 유황(S) + O_2 → SO_2 (가연성분의 산화반응)

07 층류 연소속도에 대한 설명으로 옳은 것은?

① 미연소 혼합기의 비열이 클수록 층류 연소속도는 크게 된다.

② 미연소 혼합기의 비중이 클수록 층류 연소속도는 크게 된다.

③ 미연소 혼합기의 분자량이 클수록 층류 연소속도는 크게 된다.

④ 미연소 혼합기의 열전도율이 클수록 층류 연소속도는 크게 된다.

해설 미연소 혼합기의 열전도율이 작을수록 층류 연소속도가 크게 된다.(열손실이 감소되기 때문이다.)

08 수소가스의 공기 중 폭발범위로 가장 가까운 것은?

① 2.5~81%   ② 3~80%

③ 4.0~75%   ④ 12.5~74%

해설 폭발범위

ㄱ 아세틸렌 : 2.5~81%

ㄴ 산화에틸렌 : 3~80%

ㄷ 수소 : 4~75%

ㄹ CO : 12.5~74%

09 기체 연료 중 수소가 산소와 화합하여 물이 생성되는 경우에 있어 H_2 : O_2 : H_2O의 비례 관계는?

① 2 : 1 : 2   ② 1 : 1 : 2

③ 1 : 2 : 1   ④ 2 : 2 : 3

해설

$$2H_2 + O_2 → 2H_2O$$
$$\quad 2 \quad : \quad 1 \quad : \quad 2$$

10 액체 연료가 공기 중에서 연소하는 현상은 다음 중 어느 것에 해당하는가?

① 증발연소   ② 확산연소

③ 분해연소   ④ 표면연소

해설 액체 연료의 연소현상

분해연소, 증발연소

11 기상폭발에 대한 설명으로 틀린 것은?

① 반응이 기상으로 일어난다.

② 폭발상태는 압력에너지의 축적상태에 따라 달라진다.

③ 반응에 의해 발생하는 열에너지는 반응기 내 압력상승의 요인이 된다.

④ 가연성 혼합기를 형성하면 혼합기의 양에 관계없이 압력파가 생겨 압력상승을 기인한다.

해설 기상폭발(gas explosion)의 종류

혼합가스폭발, 가스분해폭발, 분진폭발 등(혼합기의 양에 따라서 압력파, 압력상승 기인)

12 임계상태를 가장 올바르게 표현한 것은?

① 고체, 액체, 기체가 평형으로 존재하는 상태

② 순수한 물질이 평형에서 기체 – 액체로 존재할 수 있는 최고 온도 및 압력 상태

③ 액체상과 기체상이 공존할 수 있는 최소한의 한계상태

④ 기체를 일정한 온도에서 압축하면 밀도가 아주 작아져 액화가 되기 시작하는 상태

정답 06.④ 07.④ 08.③ 09.① 10.① 11.④ 12.②

해설 임계상태

순수한 액체상과 기체상 물질이 평형에서 존재할 수 있는 최고 온도 및 압력 상태

13 에틸렌(Ethylene) 1m³를 완전 연소시키는 데 필요한 산소의 양은 약 몇 m³인가?

① 2.5
② 3
③ 3.5
④ 4

해설 에틸렌(C_2H_4) 연소식

$$\underset{1m^3}{C_2H_4} + \underset{3m^3}{3O_2} \rightarrow \underset{2m^3}{2CO_2} + \rightarrow \underset{2m^3}{2H_2O}$$

14 폭발에 관련된 가스의 성질에 대한 설명으로 틀린 것은?

① 폭발범위가 넓은 것은 위험하다.
② 압력이 높게 되면 일반적으로 폭발범위가 좁아진다.
③ 가스의 비중이 큰 것은 낮은 곳에 체류할 염려가 있다.
④ 연소 속도가 빠를수록 위험하다.

해설 CO 가스 외에 거의 대부분의 가스는 압력이 높게 되면 폭발범위가 크게 되어 위험해진다.

15 다음 중 연소속도에 영향을 미치지 않는 것은?

① 관의 단면적
② 내염표면적
③ 염의 높이
④ 관의 염경

해설 염(불꽃, 화염)의 높이는 연소속도와는 관련성이 없다.

16 가스의 성질을 바르게 설명한 것은?

① 산소는 가연성이다.
② 일산화탄소는 불연성이다.

③ 수소는 불연성이다.
④ 산화에틸렌은 가연성이다.

해설 ㉠ 산소 : 조연성 가스
㉡ CO : 가연성 가스
㉢ H_2 : 가연성 가스
㉣ 산화에틸렌 : 가연성 가스

17 휘발유의 한 성분인 옥탄의 완전연소반응식으로 옳은 것은?

① $C_8H_{18}+O_2 \rightarrow CO_2+H_2O$
② $C_8H_{18}+25O_2 \rightarrow CO_2+18H_2O$
③ $2C_8H_{18}+25O_2 \rightarrow 16CO_2+18H_2O$
④ $2C_8H_{18}+O_2 \rightarrow 16CO_2+H_2O$

해설 옥탄($2C_8H_{18}$) 연소식
• $C+O_2 \rightarrow CO_2$
• $H_2+1/2(O_2) \rightarrow H_2O$
∴ $2C_8H_{18}+25O_2 \rightarrow 16CO_2+18H_2O$

18 다음 탄화수소 연료 중 착화온도가 가장 높은 것은?

① 메탄
② 가솔린
③ 프로판
④ 석탄

해설 착화온도가 높으면 안정한 가스이다.
㉠ 메탄 : 450℃ 초과(550℃)
㉡ 가솔린 : 200℃ 초과~300℃ 이하
㉢ 프로판 : 450℃ 초과(500℃)
㉣ 석탄 : 300℃ 내외

19 메탄 80v%, 프로판 5v%, 에탄 15v%인 혼합가스의 공기 중 폭발하한계는 약 얼마인가?

① 2.1%
② 3.3%
③ 4.3%
④ 5.1%

정답 13.② 14.② 15.③ 16.④ 17.③ 18.① 19.③

해설 폭발하한계 $= \dfrac{100}{L} = \dfrac{V_1}{L_1} + \dfrac{V_2}{L_2} + \dfrac{V_3}{L_3}$

$= \dfrac{100}{\dfrac{80}{5} + \dfrac{5}{2.1} + \dfrac{15}{3}} = \dfrac{100}{23.38} = 4.3(\%)$

20 착화온도가 낮아지는 조건이 아닌 것은?

① 발열량이 높을수록
② 압력이 작을수록
③ 반응활성도가 클수록
④ 분자구조가 복잡할수록

해설 압력이 높을수록 착화온도가 낮아진다.

제2과목 : 가스설비

21 전기방식을 실시하고 있는 도시가스 매몰배관에 대하여 전위측정을 위한 기준 전극으로 사용되고 있으며, 방식전위 기준으로 상한값 −0.85V 이하를 사용하는 것은?

① 수소 기준전극
② 포화 황산동 기준전극
③ 염화은 기준전극
④ 칼로멜 기준전극

해설 전기방식전류 방식전위
포화 황산동 기준전극으로 −0.85V 이하이어야 한다.(단, 황산염 환원 박테리아가 번식하는 토양에서는 −0.95V 이하일 것)

22 냉간가공과 열간가공을 구분하는 기준이 되는 온도는?

① 끓는 온도
② 상용 온도
③ 재결정 온도
④ 섭씨 0도

해설 금속의 재결정 온도
냉간가공과 열간가공을 구분하는 기준온도

23 냉동기의 성적(성능)계수를 ε_R로 하고 열펌프의 성적계수를 ε_H로 할때 ε_R과 ε_H 사이에는 어떠한 관계가 있는가?

① $\varepsilon_R < \varepsilon_H$
② $\varepsilon_R = \varepsilon_H$
③ $\varepsilon_R > \varepsilon_H$
④ $\varepsilon_R > \varepsilon_H$ 또는 $\varepsilon_R < \varepsilon_H$

해설 열펌프(히트펌프)의 성능계수(COP)
COP = 냉동기 성적계수$+1 = \varepsilon_R < \varepsilon_H$

24 다층 진공 단열법에 대한 설명으로 틀린 것은?

① 고진공 단열법과 같은 두께의 단열재를 사용해도 단열효과가 더 우수하다.
② 최고의 단열성능을 얻기 위해서는 높은 진공도가 필요하다.
③ 단열층이 어느 정도의 압력에 잘 견딘다.
④ 저온부일수록 온도분포가 완만하여 불리하다.

해설 ㉠ 단열법
• 고진공법
• 분말진공법
• 다층진공법
㉡ 다층진공 단열법은 저온부일수록 온도분포가 완만하여 단열법이 우수하다.

25 1단 감압식 저압조정기의 최대 폐쇄압력 성능은?

① 3.5kPa 이하
② 5.5kPa 이하
③ 95kPa 이하
④ 조정압력의 1.25배 이하

해설 1단 감압식 저압조정기 최대 폐쇄압력
3.5kPa(350mm H_2O) 이하

정답 20.② 21.② 22.③ 23.① 24.④ 25.①

26 LPG 용기의 내압시험 압력은 얼마 이상이어야 하는가? (단, 최고충전압력은 1.56MPa이다.)

① 1.56MPa ② 2.08MPa
③ 2.34MPa ④ 2.60MPa

해설 LPG 용기 내압시험(TP)

$$= 최고충전압력(FP) \times \frac{5}{3} 배$$

$$\therefore 1.56 \times \frac{5}{3} = 2.60(MPa)$$

27 LPG 충전소 내의 가스사용시설 수리에 대한 설명으로 옳은 것은?

① 화기를 사용하는 경우에는 설비 내부의 가연성 가스가 폭발하한계의 1/4 이하인 것을 확인하고 수리한다.
② 충격에 의한 불꽃에 가스가 인화할 염려는 없다고 본다.
③ 내압이 완전히 빠져 있으면 화기를 사용해도 좋다.
④ 볼트를 조일 때는 한쪽만 잘 조이면 된다.

해설 LPG 충전소 내에서 화기를 사용하는 경우 설비 내부의 가연성 가스 존재 시 폭발하한계의 $\frac{1}{4}$ 이하에서 수리한다.

28 소형저장탱크에 대한 설명으로 틀린 것은?

① 옥외에 지상설치식으로 설치한다.
② 소형저장탱크를 기초에 고정하는 방식은 화재 등의 경우에도 쉽게 분리되지 않는 것으로 한다.
③ 건축물이나 사람이 동행하는 구조물의 하부에 설치하지 아니한다.
④ 동일 장소에 설치하는 소형저장탱크의 수는 6기 이하로 한다.

해설 소형저장탱크(250kg 이상)를 기초에 고정하는 방식은 화재 등의 긴급한 상황에서 쉽게 분리가 가능하도록 설치한다.

29 냉동설비에 사용되는 냉매가스의 구비조건으로 틀린 것은?

① 안전성이 있어야 한다.
② 증기의 비체적이 커야 한다.
③ 증발열이 커야 한다.
④ 응고점이 낮아야 한다.

해설 냉매는 비체적이 적어야 냉매관의 지름을 작게 할 수 있다.(비체적 : m^3/kg)

30 용기 내압시험 시 뷰렛의 용적은 300mL이고 전증가량은 200mL, 항구증가량은 15mL일 때 이 용기의 항구증가율은?

① 5% ② 6%
③ 7.5% ④ 8.5%

해설 항구증가율 $= \dfrac{항구증가량}{전증가량} \times 100$

$$= \frac{15}{200} \times 100 = 7.5(\%)$$

31 내진 설계 시 지반의 분류는 몇 종류로 하고 있는가?

① 6 ② 5
③ 4 ④ 3

해설 지반의 종류
S_1 : 암반지반
S_2 : 얕고 단단한 지반
S_3 : 얕고 연약한 지반
S_4 : 깊고 단단한 지반
S_5 : 깊고 연약한 지반
S_6 : 부지 고유의 특성평가 및 지반응답해석이 요구되는 지반

정답 26.④ 27.① 28.② 29.② 30.③ 31.①

32 LPG 저장탱크에 가스를 충전하려면 가스의 용량이 상용온도에서 저장탱크 내용적의 얼마를 초과하지 아니하여야 하는가?

① 95% ② 90%
③ 85% ④ 80%

해설 LPG 액화가스 충전량(상용온도)
(온도 상승, 가스 팽창량 대비)

33 고압 산소 용기로 가장 적합한 것은?

① 주강용기 ② 이중용접용기
③ 이음매 없는 용기 ④ 접합용기

해설 고압용기는 튼튼한 용기가 필요하므로 이음매 없는 무계목용기로 제작한다.

34 산소 또는 불활성가스 초저온 저장탱크의 경우에 한정하여 사용이 가능한 액면계는?

① 평형반사식 액면계
② 슬립튜브식 액면계
③ 환형유리제 액면계
④ 플로트식 액면계

해설 산소, 초저온 저장탱크, 불활성가스에 한정하여 사용이 가능한 액면계는 환형유리제 액면계가 사용된다.

35 고압가스 일반제조시설에서 고압가스설비의 내압시험압력은 상용압력의 몇 배 이상으로 하는가?

① 1 ② 1.1
③ 1.5 ④ 1.8

해설 고압가스 일반제조시설 내압시험 : 상용압력×1.5배

36 유체가 흐르는 관의 지름이 입구 0.5m, 출구 0.2m이고, 입구유속이 5m/s라면 출구유속은 약 몇 m/s인가?

① 21 ② 31
③ 41 ④ 51

해설

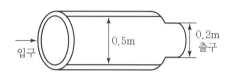

$$유속(m/s) = \frac{유량(m^3/s)}{단면적(m^2)}$$

$$출구유속(V_1) = \frac{A_1}{A_2} \times V$$

$$= \frac{\frac{3.14 \times (0.5)^2}{4}}{\frac{3.14}{4} \times (0.2)^2} \times 5 = 31.25 (m/s)$$

37 압축기 실린더 내부 윤활유에 대한 설명으로 틀린 것은?

① 공기 압축기에는 광유(鑛油)를 사용한다.
② 산소 압축기에는 기계유를 사용한다.
③ 염소 압축기에는 진한 황산을 사용한다.
④ 아세틸렌 압축기에는 양질의 광유(鑛油)를 사용한다.

해설 산소 압축기의 윤활유
㉠ 물
㉡ 10% 이하의 묽은 글리세린수

38 저온장치에서 CO_2와 수분이 존재할 때 그 영향에 대한 설명으로 옳은 것은?

① CO_2는 저온에서 탄소와 산소로 분리된다.
② CO_2는 저장장치에서 촉매 역할을 한다.
③ CO_2는 가스로서 별로 영향을 주지 않는다.

정답 32.② 33.③ 34.③ 35.③ 36.② 37.② 38.④

④ CO_2는 드라이아이스가 되고 수분은 얼음이 되어 배관 밸브를 막아 흐름을 저해한다.

> **해설** • 저온장치(공기액화 분리장치)에서 CO_2는 드라이아이스가 되고 수분은 얼음이 되어 배관 밸브를 막아 흐름을 저해한다.
> • 수분건조제 : 입상가성소다, 실리카겔, 활성알루미나, 소바비드, 몰레큘러시브 등

39 알루미늄(Al)의 방식법이 아닌 것은?

① 수산법 ② 황산법
③ 크롬산법 ④ 메타인산법

> **해설** 메타인산
> 무색투명한 유리상 고체로서 보일러 청정제, 인쇄제판, 무두질 등의 방면제로 사용한다.

40 탄소강에 대한 설명으로 틀린 것은?

① 용도가 다양하다.
② 가공 변형이 쉽다.
③ 기계적 성질이 우수하다.
④ C의 양이 적은 것은 스프링, 공구강 등의 재료로 사용된다.

> **해설** 탄소(C)강에서 C의 양이 많으면 경도가 높아지고 C가 0.77%에 도달하면 강도가 최대가 된다. 탄소가 많아지면 연신율이 감소한다. 그러나 스프링, 공구강 등을 제작할 수는 있다.

제3과목 : 가스안전관리

41 액화 프로판을 내용적이 4,700L인 차량에 고정된 탱크를 이용하여 운행 시 기준으로 적합한 것은? (단, 폭발방지장치가 설치되지 않았다.)

① 최대 저장량이 2,000kg이므로 운반책임자 동승이 필요 없다.
② 최대 저장량이 2,000kg이므로 운반책임자

동승이 필요하다.
③ 최대 저장량이 5,000kg이므로 200km 이상 운행 시 운반책임자 동승이 필요하다.
④ 최대 저장량이 5,000kg이므로 운행거리에 관계없이 운반책임자 동승이 필요 없다.

> **해설** 액체 프로판 1L=0.509(kg)
> 4,700×0.509=2,393(kg)
> 액화가스 중 가연성 가스의 경우 3,000kg 이상만 운반동승자가 필요하다.

42 가연성 액화가스 저장탱크에서 가스누출에 의해 화재가 발생했다. 다음 중 그 대책으로 가장 거리가 먼 것은?

① 즉각 송입 펌프를 정지시킨다.
② 소정의 방법으로 경보를 울린다.
③ 즉각 저조 내부의 액을 모두 플로다운(flow down)시킨다.
④ 살수 장치를 작동시켜 저장탱크를 냉각한다.

> **해설** 가연성 가스(액화가스)의 경우 누출로 저장탱크(저조) 내부에 화재발생 시 가스액을 외부로 내보내면 화재를 오히려 활성화시키는 요인이 되므로 삼가야 한다.

43 고압가스 저장시설에서 가스누출 사고가 발생하여 공기와 혼합하여 가연성, 독성가스로 되었다면 누출된 가스는?

① 질소 ② 수소
③ 암모니아 ④ 아황산가스

> **해설** 암모니아 가연성 가스의 폭발범위
> 15~28%, 독성허용농도 25ppm(TWA 기준)

정답 39.④ 40.④ 41.① 42.③ 43.③

44 가스사용시설에 상자콕 설치 시 예방 가능한 사고유형으로 가장 옳은 것은?

① 연소기 과열 화재사고
② 연소기 폐가스 중독 질식사고
③ 연소기 호스 이탈 가스 누출사고
④ 연소기 소화안전장치 고장 가스 폭발사고

> **해설** 상자콕
> 커플러 안전기구 및 과류차단 안전기구가 부착된 것으로 배관과 커플러를 연결하는 기기이다.
> 상자콕 설치 시 연소기 호스이탈 가스 누출사고 피해를 예방할 수 있다.

45 LP가스 용기를 제조하여 분체도료(폴리에스테르계) 도장을 하려 한다. 최소 도장 두께와 도장 횟수는?

① $25\mu m$, 1회 이상   ② $25\mu m$, 2회 이상
③ $60\mu m$, 1회 이상   ④ $60\mu m$, 2회 이상

> **해설** LP가스 폴리에스테르계 도장 시 최소 도료 도장 두께는 $60\mu m$ 이상, 도장횟수 1회 이상이 필요하다.

46 도시가스사업법상 배관 구분 시 사용되지 않는 것은?

① 본관   ② 사용자 공급관
③ 가정관   ④ 공급관

> **해설** 도시가스 배관구분 : 본관, 공급관, 사용자 공급관

47 포스핀(PH_3)의 저장과 취급 시 주의사항에 대한 설명으로 가장 거리가 먼 것은?

① 환기가 양호한 곳에서 취급하고 용기는 40℃ 이하를 유지한다.
② 수분과의 접촉을 금지하고 정전기 발생 방지시설을 갖춘다.
③ 가연성이 매우 강하여 모든 발화원으로부터 격리한다.
④ 방독면을 비치하여 누출 시 착용한다.

> **해설** ⊙ 포스핀(PH_3) : 특정고압가스이며 반도체 및 플라스틱 산업, 난연제 생산 및 저장곡물의 살충제로 사용한다.
> ⓛ 포스핀 저장 시 무색기체이며 유독하고 특유한 냄새가 나므로 제독제인 염화제2철, 과망간칼륨을 함유한 흡착제를 사용한다. 폭발성이므로 주의한다.

48 고압가스 특정설비 제조자의 수리범위에 해당되지 않는 것은?

① 단열재 교체
② 특정설비의 부품 교체
③ 특정설비의 부속품 교체 및 가공
④ 아세틸렌 용기 내의 다공질물 교체

> **해설** C_2H_2 가스는 수리범위가 용기의 제조등록을 한 자에 해당되는 내용(특정설비 제조자 수리범위와는 무관함)

49 저장능력 18,000㎥인 산소 저장시설은 전시장, 그 밖에 이와 유사한 시설로서 수용능력이 300인 이상인 건축물에 대하여 몇 m의 안전거리를 두어야 하는가?

① 12m   ② 14m
③ 16m   ④ 18m

> **해설** 수용능력 300인 이상 건축물은 제1종 보호시설에 해당(1만 초과~2만 이하는 14m 이상, 제2종이라면 9m 이상)

50 고압가스 용기의 파열사고 주 원인은 용기의 내압력 부족에 기인한다. 내압력 부족의 원인으로 가장 거리가 먼 것은?

① 용기내벽의 부식   ② 강재의 피로
③ 적정 충전   ④ 용접 불량

> **해설** 용기의 적정 충전 시에는 파열사고가 발생하지 않는다.

정답 44.③ 45.③ 46.③ 47.④ 48.④ 49.② 50.③

51 고압가스 용기(공업용)의 외면에 도색하는 가스 종류별 색상이 바르게 짝지어진 것은?

① 수소 – 갈색

② 액화염소 – 황색

③ 아세틸렌 – 밝은 회색

④ 액화암모니아 – 백색

> **해설** 공업용 용기 도색
> ㉠ 수소 : 주황색
> ㉡ 액화염소 : 갈색
> ㉢ 아세틸렌 : 황색

52 산소, 수소 및 아세틸렌의 품질검사에서 순도는 각각 얼마 이상이어야 하는가?

① 산소 : 99.5%, 수소 : 98.0%, 아세틸렌 : 98.5%

② 산소 : 99.5%, 수소 : 98.5%, 아세틸렌 : 98.0%

③ 산소 : 98.0%, 수소 : 99.5%, 아세틸렌 : 98.5%

④ 산소 : 98.5%, 수소 : 99.5%, 아세틸렌 : 98.0%

> **해설** 가스품질검사(1인 1회 이상)
> ㉠ 산소(동암모니아시약) : 99.5% 이상
> ㉡ 수소(피로갈롤용액) : 98.5% 이상
> ㉢ 아세틸렌(발열황산시약) : 98% 이상

53 액화석유가스의 안전관리 및 사업법에 의한 액화석유가스의 주성분에 해당되지 않는 것은?

① 액화된 프로판   ② 액화된 부탄

③ 기화된 프로판   ④ 기화된 메탄

> **해설** 메탄(LNG의 주성분) : 현재 도시가스의 주성분이다.

54 액화석유가스 집단공급사업 허가 대상인 것은?

① 70개소 미만의 수요자에게 공급하는 경우

② 전체 수용가구수가 100세대 미만인 공동주택의 단지 내인 경우

③ 시장 또는 군수가 집단공급사업에 의한 공급이 곤란하다고 인정하는 공공주택단지에 공급하는 경우

④ 고용주가 종업원의 후생을 위하여 사원주택·기숙사 등에게 직접 공급하는 경우

> **해설** 집단공급사업 허가 조건
> ㉠ 70개소 이상의 수요자로서 공동주택단지의 경우에는 전체 가구수가 70가구 이상인 경우
> ㉡ 70개소 미만의 수요자로서 산업통상자원부령으로 정하는 수요자

55 다음 [보기]에서 고압가스 제조설비의 사용 개시 전 점검사항을 모두 나열한 것은?

> [보기]
> ㉠ 가스설비에 있는 내용물의 상황
> ㉡ 전기, 물 등 유틸리티 시설의 준비상황
> ㉢ 비상전력 등의 준비사항
> ㉣ 회전 기계의 윤활유 보급상황

① ㉠, ㉢   ② ㉡, ㉢

③ ㉠, ㉡, ㉢   ④ ㉠, ㉡, ㉢, ㉣

> **해설** 고압가스 제조설비의 사용 전(개시 전) 점검사항은 ㉠, ㉡, ㉢, ㉣ 모두 포함한다.

56 시안화수소를 저장하는 때에는 1일 1회 이상 다음 중 무엇으로 가스의 누출 검사를 실시하는가?

① 질산구리벤젠지   ② 묽은 질산은 용액

③ 묽은 황산 용액   ④ 염화파라듐지

정답 51.④ 52.② 53.④ 54.② 55.④ 56.①

해설 시안화수소(HCN)
ⓐ 폭발범위 : 6~41%
ⓑ 독성범위 : 10ppm(TWA기준)
ⓒ 가스누출지 : 질산구리벤젠지(초산벤젠지)

57 고압가스 특정제조시설에서 고압가스 설비의 수리 등을 할 때의 가스치환에 대한 설명으로 옳은 것은?

① 가연성 가스의 경우 가스의 농도가 폭발하한계의 1/2에 도달할 때까지 치환한다.
② 가스 치환 시 농도의 확인은 관능법에 따른다.
③ 불활성 가스의 경우 산소의 농도가 16%이하에 도달할 때까지 공기로 치환한다.
④ 독성가스의 경우 독성가스의 농도가 TLV - TWA 기준농도 이하로 될 때까지 치환을 계속한다.

해설 가스의 치환
ⓐ 불활성 가스 : 산소 농도 18~21%까지 치환
ⓑ 독성 가스 : 기준농도가 허용농도 이하가 될 때까지 치환

58 일반도시가스사업제조소의 가스홀더 및 가스발생기는 그 외면으로부터 사업장의 경계까지 최고사용압력이 중압인 경우 몇 m 이상의 안전거리를 유지하여야 하는가?

① 5m   ② 10m
③ 20m   ④ 30m

해설

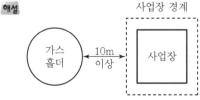

59 저장탱크에 부착된 배관에 유체가 흐르고 있을 때 유체의 온도 또는 주위의 온도가 비정상적으로 높아진 경우 또는 호스커플링 등의 접속이 빠져 유체가 누출될 때 신속하게 작동하는 밸브는?

① 온도조절밸브   ② 긴급차단밸브
③ 감압밸브   ④ 전자밸브

해설 긴급차단밸브
저장탱크가스 배관에 유체의 온도, 주위 온도가 상승하여 비정상적 상태에서 호스커플링 접속이 빠져 액화가스 유출 시 신속히 차단하는 안전장치

60 냉매설비에는 안전을 확보하기 위하여 액면계를 설치하여야 한다. 가연성 또는 독성가스를 냉매로 사용하는 수액기에 사용할 수 없는 액면계는?

① 환형유리관 액면계 ② 정전용량식 액면계
③ 편위식 액면계   ④ 회전튜브식 액면계

해설 환형액면계 : 산소, 불활성가스, 초저온 탱크의 액면계로 사용한다.

제4과목 : 가스계측

61 액위(level)측정 계측기기의 종류 중 액체용 탱크에 사용되는 사이트글라스(Sight Glass)의 단점에 해당하지 않는 것은?

① 측정범위가 넓은 곳에서 사용이 곤란하다.
② 동결방지를 위한 보호가 필요하다.
③ 파손되기 쉬우므로 보호대책이 필요하다.
④ 내부 설치 시 요동(Turbulence)방지를 위해 Stilling Chamber 설치가 필요하다.

해설 ⓐ 액화가스 저장탱크 방파방지판(요동방지)
ⓑ Stilling은 정지시킨다는 의미이며, Chamber는 유체의 공간을 뜻한다.

정답 57.④ 58.② 59.② 60.① 61.④

62 열전도형 진공계 중 필라멘트의 열전대로 측정하는 열전대 진공계의 측정 범위는?

① $10^{-5} \sim 10^{-3}$torr
② $10^{-3} \sim 0.1$torr
③ $10^{-3} \sim 1$torr
④ $10 \sim 100$torr

해설 열전도형 진공계 중 필라멘트의 열전대로 진공을 측정하는 진공측정범위는 $10^{-3} \sim 1$torr이다.

63 제어동작에 따른 분류 중 연속되는 동작은?

① On – Off 동작
② 다위치 동작
③ 단속도 동작
④ 비례 동작

해설 ㉠ 연속동작 : 비례동작, 적분동작, 미분동작, PID 동작
㉡ 불연속동작 : On – Off 동작, 다위치 동작, 단속도 동작

64 다음 [보기]에서 설명하는 열전대 온도계는?

[보기]
· 열전대 중 내열성이 가장 우수하다.
· 측정온도 범위가 0~1,600℃ 정도이다.
· 환원성 분위기에 약하고 금속 중기 등에 침식하기 쉽다.

① 백금 – 백금·로듐 열전대
② 크로멜 – 알루멜 열전대
③ 철 – 콘스탄탄 열전대
④ 동 – 콘스탄탄 열전대

해설 측정온도 범위
㉠ 백금 – 백금로듐 열전대 : 0~1,600℃
㉡ 크로멜 – 알루멜 열전대 : 0~1,200℃
㉢ 철 – 콘스탄탄 열전대 : −200~800℃
㉣ 구리 – 콘스탄탄 열전대 : −200~350℃

65 가스 사용시설의 가스누출 시 검지법으로 틀린 것은?

① 아세틸렌 가스누출 검지에 염화제1구리착 염지를 사용한다.
② 황화수소 가스누출 검지에 초산납시험지를 사용한다.
③ 일산화탄소 가스누출 검지에 염화파라듐지를 사용한다.
④ 염소 가스누출 검지에 묽은 황산을 사용한다.

해설 염소 가스누출 검지
KI전분지 사용(요오드화칼륨시험지로 누설검사)

66 차압식 유량계로 유량을 측정하였더니 교축기구 전후의 차압이 20.25Pa일 때 유량이 25㎥/h이었다. 차압이 10.50Pa일 때의 유량은 약 몇 ㎥/h인가?

① 13
② 18
③ 23
④ 28

해설
$$Q = \sqrt{\frac{\Delta P_2}{\Delta P_1}} = 25 \times \sqrt{\frac{10.50}{20.25}} = 18\,(\text{m}^3/\text{h})$$

67 오르자트 분석법은 어떤 시약이 CO를 흡수하는 방법을 이용하는 것이다. 이때 사용하는 흡수액은?

① 수산화나트륨 25% 용액
② 암모니아성 염화 제1구리용액
③ 30% KOH 용액
④ 알칼리성 피로갈롤용액

해설 CO(일산화탄소) 흡수용액
암모니아성 염화제1구리용액으로 성분을 분석한다.

정답 62.③ 63.④ 64.① 65.④ 66.② 67.②

68 계량이 정확하고 사용 기차의 변동이 크지 않아 발열량 측정 및 실험실의 기준 가스미터로 사용되는 것은?

① 막식 가스미터　　② 건식 가스미터
③ Roots 미터　　　 ④ 습식 가스미터

해설 습식 가스미터(용적식)는 기차의 변동이 크지 않아서 발열량 측정 및 실험실의 기준 가스미터기로 사용한다.

69 가스는 분자량에 따라 다른 비중 값을 갖는다. 이 특성을 이용하는 가스분석기기는?

① 자기식 O_2 분석기기
② 밀도식 CO_2 분석기기
③ 적외선식 가스분석기기
④ 광화학 발광식 NOx 분석기기

해설 밀도(kg/m^3) 계산
　㉠ 공기의 밀도 $= \dfrac{29}{22.4} = 1.293$
　㉡ CO_2 밀도 $= \dfrac{44}{22.4} = 1.964$
　• 밀도 $= \dfrac{분자량}{22.4}$

70 화학공장에서 누출된 유독가스를 신속하게 현장에서 검지 정량하는 방법은?

① 전위적정법　　② 흡광광도법
③ 검지관법　　　④ 적정법

해설 검지관법
　내경 2~4mm 정도의 유리관을 사용하며 유독가스 검지법이다.

71 다음 중 기본단위가 아닌 것은?

① 킬로그램(kg)　　② 센티미터(cm)
③ 캘빈(K)　　　　 ④ 암페어(A)

해설 기본단위
　kg, K, A, mol, cd, m, s의 7가지가 있다.

72 다음 중 정도가 가장 높은 가스미터는?

① 습식 가스미터　　② 벤투리 미터
③ 오리피스 미터　　④ 루트 미터

해설 습식 가스미터(실측식)
　계량이 정확하고 사용 중 오차의 변동이 거의 없다. 기준 실험용이다.

73 도시가스로 사용하는 NG의 누출을 검지하기 위하여 검지기는 어느 위치에 설치하여야 하는가?

① 검지기 하단은 천장면의 아래쪽 0.3m 이내
② 검지기 하단은 천장면의 아래쪽 3m 이내
③ 검지기 상단은 바닥면의 위쪽으로 0.3m 이내
④ 검지기 상단은 바닥면의 위쪽으로 3m 이내

해설
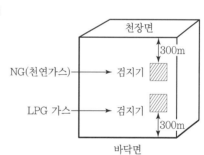

74 제어기기의 대표적인 것을 들면 검출기, 증폭기, 조작기기, 변화기로 구분되는데 서보전동기(servo motor)는 어디에 속하는가?

① 검출기　　　　② 증폭기
③ 변환기　　　　④ 조작기기

해설 서보전동기는 제어기기의 조작기기이다.

75 다음 온도계 중 가장 고온을 측정할 수 있는 것은?

① 저항 온도계
② 서미스터 온도계
③ 바이메탈 온도계
④ 광고온계

해설 온도계의 측정범위
㉠ 저항 온도계 : $-200 \sim 500℃$
㉡ 서미스터 저항온도계 : $-100 \sim 300℃$
㉢ 바이메탈 온도계 : $-50 \sim 500℃$
㉣ 광고온계 : $700 \sim 3,000℃$

76 온도 49℃, 압력 1atm의 습한 공기 205kg이 10kg의 수증기를 함유하고 있을 때 이 공기의 절대습도는? (단, 49℃에서 물의 증기압은 88mmHg이다.)

① 0.025kg H₂O/kg dryair
② 0.048kg H₂O/kg dryair
③ 0.051kg H₂O/kg dryair
④ 0.25kg H₂O/kg dryair

해설 ㉠ 절대습도$(X) = \dfrac{수증기\ 중량}{건공기\ 중량}$

$\therefore X = \dfrac{10}{205-10} = 0.051\,(kg\ H_2O/kg\ dryair)$

㉡ 상대습도$(\phi) = \dfrac{수증기분압}{포화증기압}$

77 시안화수소(HCN)가스 누출 시 검지지와 변색상태로 옳은 것은?

① 염화파라듐지 - 흑색
② 염화제1구리착염지 - 적색
③ 연당지 - 흑색
④ 초산(질산) 구리벤젠지 - 청색

해설 ㉠ CO가스 : 염화파라듐지(흑색)
㉡ C₂H₂가스 : 염화제1구리착염지(적색)
㉢ H₂S가스 : 연당지(초산납시험지)(흑색)

78 피드백(Feed back) 제어에 대한 설명으로 틀린 것은?

① 다른 제어계보다 판단·기억의 논리기능이 뛰어나다.
② 입력과 출력을 비교하는 장치는 반드시 필요하다.
③ 다른 제어계보다 정확도가 증가된다.
④ 제어대상 특성이 다소 변하더라도 이것에 의한 영향을 제어할 수 있다.

해설 피드백 제어는 ②, ③, ④ 외에도 감대폭의 증가, 발진을 일으키고 불안정한 상태로 되어가는 경향성, 비선형성과 왜형에 대한 효과의 감소, 계의 특성변화에 대한 입력 대 출력비의 감도 감소 등의 특징이 있다.

79 최대 유량이 10m³/h인 막식 가스미터기를 설치하여 도시가스를 사용하는 시설이 있다. 가스레인지 2.5m³/h를 1일 8시간 사용하고 가스보일러 6m³/h를 1일 6시간 사용했을 경우 월 가스 사용량은 약 몇 m³인가?

① 1,570
② 1,680
③ 1,736
④ 1,950

해설 가스 사용량
㉠ $2.5 \times 8 = 20(m^3)$
㉡ $6 \times 6 = 36(m^3)$
∴ 월 사용량 $= (20 \times 36) \times 31 = 1,736(m^3)$

80 면적유량계의 특징에 대한 설명으로 틀린 것은?

① 압력손실이 아주 크다.
② 정밀 측정용으로는 부적당하다.
③ 슬러지 유체의 측정이 가능하다.
④ 균등 유량 눈금으로 측정치를 얻을 수 있다.

해설 면적식 로터미터 유량계
순간유량측정계는 측정유체의 압력손실이 작고 고점도, 소유량 측정이 가능하다(단, 진동에 약하다).

정답 75.④ 76.③ 77.④ 78.① 79.③ 80.①

2019년 4월 27일 시행

제1과목 : 연소공학

01 가연성 물질의 인화 특성에 대한 설명으로 틀린 것은?

① 비점이 낮을수록 인화위험이 커진다.

② 최소점화에너지가 높을수록 인화위험이 커진다.

③ 증기압을 높게 하면 인화위험이 커진다.

④ 연소범위가 넓을수록 인화위험이 커진다.

해설 ㉠ 최소점화에너지가 높을수록 가연물질의 인화의 위험이 감소한다.
ㄴ 점화에너지 : 단위는 줄(J)이다.
ㄷ C_2H_2가스는 공기 중 0.02J, 산소 중 0.0003J이다.

02 프로판 1kg을 완전연소시키면 약 몇 kg의 CO_2가 생성되는가?

① 2kg

② 3kg

③ 4kg

④ 5kg

해설
$$C_3H_8 + 5O_2 \rightarrow 3CO_2 + 4H_2O$$
44kg   5×32kg → 3×44kg

$$\therefore 3 \times 44 \times \frac{1}{44} = 3(kg/kg)$$

(분자량 : $C_3H_8 = 44$, $O_2 = 32$, $CO_2 = 44$, $H_2O = 18$)

03 분진폭발은 가연성 분진이 공기 중에 분산되어 있다가 점화원이 존재할 때 발생한다. 분진폭발이 전파되는 조건과 다른 것은?

① 분진은 가연성이어야 한다.

② 분진은 적당한 공기를 수송할 수 있어야 한다.

③ 분진의 농도는 폭발범위를 벗어나 있어야 한다.

④ 분진은 화염을 전파할 수 있는 크기로 분포해야 한다.

해설 분진의 폭발이 전파되는 조건은 ①, ②, ④항 외 농도가 폭발범위 내에 있어야 한다.

04 오토사이클에서 압축비(ε)가 10일 때 열효율은 약 몇 %인가? (단, 비열비[k]는 1.4이다.)

① 58.2

② 59.2

③ 60.2

④ 61.2

해설 오토사이클(η_0)
$$\eta_0 = 1 - \left(\frac{1}{\varepsilon}\right)^{k-1} = 1 - \left(\frac{1}{10}\right)^{1.4-1} = 0.602$$

05 가연성 고체의 연소에서 나타나는 연소현상으로 고체가 열분해되면서 가연성 가스를 내며 연소열로 연소가 촉진되는 연소는?

① 분해연소

② 자기연소

③ 표면연소

④ 증발연소

해설 ㉠ 고체연료 열분해 과정 : 분해연소
ㄴ 표면연소 : 숯, 코크스 등 건류연료
ㄷ 증발연소, 심지연소 : 액체연료
ㄹ 가스연료 : 확산연소, 예혼합연소

정답 01.② 02.② 03.③ 04.③ 05.①

06 완전가스의 성질에 대한 설명으로 틀린 것은?

① 비열비는 온도에 의존한다.

② 아보가드로의 법칙에 따른다.

③ 보일-샤를의 법칙을 만족한다.

④ 기체의 분자력과 크기는 무시된다.

해설 기체비열비$(k) = \dfrac{C_p(\text{정압비열})}{C_v(\text{정적비열})} => 1\,(\text{항상 1보다 크다})$

07 용기의 내부에서 가스폭발이 발생하였을 때 용기가 폭발압력을 견디고 외부의 가연성가스에 인화되지 않도록 한 구조는?

① 특수(特殊) 방폭구조

② 유입(油入) 방폭구조

③ 내압(耐壓) 방폭구조

④ 안전증(安全增) 방폭구조

해설 내압방폭구조
용기의 내부에서 가스폭발이 발생하였을 때 용기가 폭발압력을 견디고 외부의 가연성가스에 인화되지 않도록 하는 방폭구조이다.

08 혼합기체의 온도를 고온으로 상승시켜 자연착화를 일으키고, 혼합기체의 전부분이 극히 단시간 내에 연소하는 것으로서 압력상승의 급격한 현상을 무엇이라 하는가?

① 전파연소

② 폭발

③ 확산연소

④ 예혼합연소

해설 폭발 : 단시간 내에 연소하여 압력이 급격히 상승하는 현상이다.

09 가스 용기의 물리적 폭발의 원인으로 가장 거리가 먼 것은?

① 누출된 가스의 점화

② 부식으로 인한 용기의 두께 감소

③ 과열로 인한 용기의 강도 감소

④ 압력 조정 및 압력 방출 장치의 고장

해설 누출된 가스가 공기와의 산화반응에 의해 점화가 되는 것은 화학적인 가스폭발이다. 즉, 산화폭발이다.(보일러 증기압 폭발 등은 물리적 폭발)

10 $CO_{2max}[\%]$는 어느 때의 값인가?

① 실제공기량으로 연소시켰을 때

② 이론공기량으로 연소시켰을 때

③ 과잉공기량으로 연소시켰을 때

④ 부족공기량으로 연소시켰을 때

해설 탄산가스 최대양 $CO_{2max}(\%)$는 이론공기량으로 연소과정에서 발생된다.

11 다음 혼합가스 중 폭굉이 발생되기 가장 쉬운 것은?

① 수소 - 공기　　　② 수소 - 산소

③ 아세틸렌 - 공기　④ 아세틸렌 - 산소

해설 C_2H_2 가스는 폭발범위 하한치가 2.5%이므로 조연성가스인 산소와 화합 시 폭굉(디토네이션)이 발생하기 용이한 조건이다.

폭굉조건
㉠ $C_2H_2 + (O_2)$　3.5~92%
㉡ $H_2 + (O_2)$　15~90%
㉢ $NH_3 + (O_2)$　25.4~75%
㉣ $C_3H_8 + (O_2)$　2.5~42.5%

12 프로판가스 1kg을 완전연소시킬 때 필요한 이론공기량은 약 몇 Nm^3/kg인가? (단, 공기 중 산소는 21v%이다.)

① 10.1　　　　　② 11.2

③ 12.1　　　　　④ 13.2

정답 06.① 07.③ 08.② 09.① 10.② 11.④ 12.③

해설 이론공기량＝이론산소량$\times \dfrac{100}{21}$

$$\underset{44\text{kg}}{C_3H_8} + \underset{5\times22.4\text{m}^3}{5O_2} \rightarrow 3CO_2 + 4H_2O$$

$\therefore$ 이론공기량$= \dfrac{5 \times 22.4}{44} \times \dfrac{100}{21} = 12.1\,(Nm^3/Nm^3)$

13 자연발화를 방지하기 위해 필요한 사항이 아닌 것은?

① 습도를 높여준다.

② 통풍을 잘 시킨다.

③ 저장실 온도를 낮춘다.

④ 열이 쌓이지 않도록 주의한다.

해설 습도를 높여주면 정전기 발생이 감소한다.

14 불완전 연소의 원인으로 가장 거리가 먼 것은?

① 불꽃의 온도가 높을 때

② 필요량의 공기가 부족할 때

③ 배기가스의 배출이 불량할 때

④ 공기와의 접촉 혼합이 불충분할 때

해설 불꽃(화염)의 온도가 높아지면 노내 온도상승으로 완전연소가 가능하다.

- $C + \dfrac{1}{2}O_2 \rightarrow CO$(불완전연소)

- $C + O_2 \rightarrow CO_2$(완전연소)

15 연소 및 폭발 등에 대한 설명 중 틀린 것은?

① 점화원의 에너지가 약할수록 폭굉유도거리는 길어진다.

② 가스의 폭발범위는 측정조건을 바꾸면 변화한다.

③ 혼합가스의 폭발한계는 르샤트리에 식으로 계산한다.

④ 가스 연료의 최소점화에너지는 가스농도에 관계없이 결정되는 값이다.

해설 ㉠ 연소 및 폭발에서 가스의 농도에 따라 최소점화에너지 값이 달라진다.

㉡ 최소점화에너지 전기불꽃(E)

$$E = \dfrac{1}{2}CV^2 = \dfrac{1}{2}QV$$

16 고체연료의 성질에 대한 설명 중 옳지 않은 것은?

① 수분이 많으면 통풍불량의 원인이 된다.

② 휘발분이 많으면 점화가 쉽고, 발열량이 높아진다.

③ 착화온도는 산소량이 증가할수록 낮아진다.

④ 회분이 많으면 연소를 나쁘게 하여 열효율이 저하된다.

해설 고체(석탄, 장작 등)연료는 휘발분이 많으면 점화가 용이하고 고정탄소가 많으면 점화가 어려우며 발열량은 증가한다.

17 물질의 화재 위험성에 대한 설명으로 틀린 것은?

① 인화점이 낮을수록 위험하다.

② 발화점이 높을수록 위험하다.

③ 연소범위가 넓을수록 위험하다.

④ 착화에너지가 낮을수록 위험하다.

해설 연료가 발화점이 높으면 안정된 연료이다.

- 메탄 : 450℃ 초과

- 부탄 : 300~450℃

- 이황화탄소 : 100~135℃

18 열역학 제1법칙을 바르게 설명한 것은?

① 열평형에 관한 법칙이다.

② 제2종 영구기관의 존재 가능성을 부인하는 법칙이다.

정답 13.① 14.① 15.④ 16.② 17.② 18.④

③ 열은 다른 물체에 아무런 변화도 주지 않고, 저온 물체에서 고온 물체로 이동하지 않는다.

④ 에너지 보존법칙 중 열과 일의 관계를 설명한 것이다.

> **해설** 열역학 제1법칙
> ㉠ 에너지 보존의 법칙
> ㉡ 일의 열당량 $\left(\dfrac{1}{427}\text{kcal/kg·m}\right)$
> ㉢ 열의 일당량(427kg·m/kcal)

19 다음 반응에서 평형을 오른쪽으로 이동시켜 생성물을 더 많이 얻으려면 어떻게 해야 하는가?

$$CO + H_2O \rightleftharpoons H_2 + CO_2 + Q\text{kcal}$$

① 온도를 높인다.　② 압력을 높인다.
③ 온도를 낮춘다.　④ 압력을 낮춘다.

> **해설** 도시가스제조 CO가스의 변성반응
> ㉠ 반응온도 : 발열반응이므로 저온이 유리하다. 보통 400℃ 전후에서 촉매를 사용한다.
> ㉡ 반응압력 : 반응 전후에 기체몰 수의 변화가 없으므로 평형에 영향이 없다.
> ㉢ 수증기 분압이 상승하면 CO 변성이 촉진된다.

20 탄소 2kg을 완전연소시켰을 때 발생된 연소가스(CO_2)의 양은 얼마인가?

① 3.66kg　　② 7.33kg
③ 8.89kg　　④ 12.34kg

> **해설**
> $$\underset{12\text{kg}}{C} + \underset{32\text{kg}}{O_2} \rightarrow \underset{44\text{kg}}{CO_2}$$
> $$\therefore CO_2 = 44 \times \frac{2}{12} = 7.33\text{kg}$$
> (분자량 : C=12, O_2=32, CO_2=44)

제2과목 : 가스설비

21 도시가스 제조공정 중 촉매 존재하에 약 400~800℃의 온도에서 수증기와 탄화수소를 반응시켜 CH_4, H_2, CO, CO_2 등으로 변화시키는 프로세스는?

① 열분해 프로세스
② 부분연소 프로세스
③ 접촉분해 프로세스
④ 수소화분해 프로세스

> **해설** 접촉분해 프로세스 : 도시가스 제조공정이며 촉매하에 400~800℃의 온도에서 H_2O와 탄화수소를 반응시켜 CH_4(메탄), H_2, CO, CO_2 등으로 변화시킨다.

22 직류전철 등에 의한 누출전류의 영향을 받는 배관에 적합한 전기방식법은?

① 회생양극법　　② 교호법
③ 배류법　　　　④ 외부전원법

> **해설** 선택배류법, 강제배류법의 방식 : 직류전철 등에 의한 누출전류의 영향을 받는 배관에 적합한 전기방식법이다.

23 전양정이 54m, 유량이 1.2㎥/min인 펌프로 물을 이송하는 경우, 이 펌프의 축동력은 약 몇 PS인가? (단, 펌프의 효율은 80%, 물의 밀도는 1g/cm³이다.)

① 13　　② 18
③ 23　　④ 28

> **해설** 축동력(PS) $= \dfrac{\gamma \cdot Q \cdot H}{75 \times 60 \times \eta}$
> $$\therefore \frac{1,000 \times 1.2 \times 54}{75 \times 60 \times 0.8} = 18(\text{PS})$$
> 물의 비중량(1,000kg/m³), 1분(60초)

정답 19.③　20.②　21.③　22.③　23.②

24 LNG 수입기지에서 LNG를 NG로 전환하기 위하여 가열원을 해수로 기화시키는 방법은?

① 냉열기화
② 중앙매체식기화기
③ Open Rack Vaporizer
④ Submerged Conversion Vaporizer

해설 기화장치 오픈랙 : 합금제의 핀튜브 내부에 LNG를, 외부에는 바닷물을 스프레이하여 기화시키는 구조의 LNG 기화기이다.

25 Vapor-Rock 현상의 원인과 방지 방법에 대한 설명으로 틀린 것은?

① 흡입관 지름을 작게 하거나 펌프의 설치위치를 높게 하여 방지할 수 있다.
② 흡입관로를 청소하여 방지할 수 있다.
③ 흡입관로의 막힘, 스케일 부착 등에 의해 저항이 증대했을 때 원인이 된다.
④ 액 자체 또는 흡입배관 외부의 온도가 상승될 때 원인이 될 수 있다.

해설 베이퍼-록현상 : 펌프작동 등에서 순간의 압력저하로 액이 기화하는 현상이다. 방지법으로는 흡입관 지름을 크게 하거나 펌프설치 위치를 낮게 한다.

26 저압 가스 배관에서 관의 내경이 1/2로 되면 압력손실은 몇 배가 되는가? (단, 다른 모든 조건은 동일한 것으로 본다.)

① 4
② 16
③ 32
④ 64

해설 배관 내의 압력손실은 관내경의 5승에 반비례한다.(내경이 $\frac{1}{2}$이면 압력손실은 32배)

$$\therefore H = \frac{1}{\left(\frac{1}{2}\right)^5} = 32배 \text{ 증가}$$

27 사용압력이 60kg/cm², 관의 허용응력이 20kg/mm²일 때의 스케줄 번호는 얼마인가?

① 15
② 20
③ 30
④ 60

해설 스케줄 번호$(sch) = 10 \times \frac{P}{S} = 10 \times \frac{60}{20} = 30$

28 도시가스 배관 등의 용접 및 비파괴검사 중 용접부의 육안검사에 대한 설명으로 틀린 것은?

① 보강 덧붙임은 그 높이가 모재 표면보다 낮지 않도록 하고, 3mm 이상으로 할 것
② 외면의 언더컷은 그 단면이 V자형으로 되지 않도록 하며, 1개의 언더컷 길이 및 깊이는 각각 30mm 이하 및 0.5mm 이하일 것
③ 용접부 및 그 부근에는 균열, 아크 스트라이크, 위해하다고 인정되는 지그의 흔적, 오버랩 및 피트 등의 결함이 없을 것
④ 비드 형상이 일정하며, 슬러그, 스패터 등이 부착되어 있지 않을 것

해설 육안외관검사의 용접부 검사
보강덧붙임(Reinforcement of weld)은 그 높이가 모재 표면보다 낮지 않도록 하고 3mm 이하를 원칙으로 한다.(단, 알루미늄 재료는 제외한다.)

29 기화장치의 성능에 대한 설명으로 틀린 것은?

① 온수가열방식은 그 온수의 온도가 80℃ 이하이어야 한다.
② 증기가열방식은 그 온수의 온도가 120℃ 이하이어야 한다.
③ 기화통 내부는 밀폐구조로 하며 분해할 수 없는 구조로 한다.
④ 액유출방지장치로서의 전자식 밸브는 액화가스 인입부의 필터 또는 스트레이너 후단에 설치한다.

정답 24.③ 25.① 26.③ 27.③ 28.① 29.③

해설 ㉠ 기화장치부속구조 : 밸브류, 계기류, 안전장치, 연결관, 캐비닛 등이 있다.
㉡ 기화통 내부는 분해가 가능한 구조로 하여야 한다.
㉢ 가스기화기 종류 : 다관식, 코일식, 캐비닛식

30 동일한 펌프로 회전수를 변경시킬 경우 양정을 변화시켜 상사 조건이 되려면 회전수와 유량은 어떤 관계가 있는가?

① 유량에 비례한다.
② 유량에 반비례한다.
③ 유량의 2승에 비례한다.
④ 유량의 2승에 반비례한다.

해설 펌프의 상사법칙
㉠ 유량 : 회전수 변화에 비례
㉡ 양정 : 회전수 변화에 2승비례
㉢ 동력 : 회전수 변화에 3승비례

31 도시가스 정압기 출구 측의 압력이 설정압력보다 비정상적으로 상승하거나 낮아지는 경우에 이상 유무를 상황실에서 알 수 있도록 알려 주는 설비는?

① 압력기록장치
② 이상압력통보설비
③ 가스 누출 경보장치
④ 출입문 개폐통보장치

해설 정압기 이상압력통보설비 : 도시가스 정압기에서 출구 측의 압력이 설정압력보다 비정상적으로 상승할 경우 그 유무를 상황실에 알려주는 설비이다.

32 가연성가스를 충전하는 차량에 고정된 탱크 및 용기에 부착되어 있는 안전밸브의 작동압력으로 옳은 것은?

① 상용압력의 1.5배 이하
② 상용압력의 10분의 8 이하

③ 내압시험 압력의 1.5배 이하
④ 내압시험 압력의 10분의 8 이하

해설 안전밸브 작동압력 : 내압시험의 $\frac{8}{10}$ 이하에서 작동해야 한다.

33 자연기화와 비교한 강제기화기 사용 시 특징에 대한 설명으로 틀린 것은?

① 기화량을 가감할 수 있다.
② 공급가스의 조성이 일정하다.
③ 설비장소가 커지고 설비비는 많이 든다.
④ LPG 종류에 관계없이 한랭 시에도 충분히 기화된다.

해설 강제기화기는 자연기화방식보다 설비장소가 작아진다.

34 재료의 성질 및 특성에 대한 설명으로 옳은 것은?

① 비례 한도 내에서 응력과 변형은 반비례한다.
② 안전율은 파괴강도와 허용응력에 각각 비례한다.
③ 인장시험에서 하중을 제거시킬 때 변형이 원상태로 되돌아가는 최대 응력값을 탄성 한도라 한다.
④ 탄성한도 내에서 가로와 세로 변형률의 비는 재료에 관계없이 일정한 값이 된다.

해설 ㉠ 탄성계수 : 완전탄성영역에서 응력과 변형률의 비이다.
㉡ 탄성한도 : 물체에 작용하고 있는 응력이 일정한도 이상이 되면 응력을 제거하더라도 변형이 없어지지 않고 영구변형으로 남으면서 영구변형이 발생하지 않는 응력의 한도이다.
㉢ 안전율 : 인장강도/허용응력
㉣ 비례한도 : 물체에 하중을 가하면 변형하여 응력과 변형을 일으킨다. 이때 응력이 어떤 값에 도

정답 30.③ 31.② 32.④ 33.③ 34.④

달할 때까지는 정비례한다. 이 정비례가 유지되는 한도이다.

35 펌프에서 일어나는 현상 중, 송출압력과 송출유량 사이에 주기적인 변동이 일어나는 현상은?

① 서징현상
② 공동현상
③ 수격현상
④ 진동현상

해설 서징현상 : 펌프에서 작동 중 송출압력과 송출유량 사이에 주기적으로 한숨을 쉬는 것 같은 변동이 일어나는 현상이다. 일종의 맥동현상을 말한다.

36 냉동기에 대한 옳은 설명으로만 모두 나열된 것은?

Ⓐ CFC 냉매는 염소, 불소, 탄소만으로 화합된 냉매이다.
Ⓑ 물은 비체적이 커서 증기 압축식 냉동기에 적당하다.
Ⓒ 흡수식 냉동기는 서로 잘 용해하는 두 가지 물질을 사용한다.
Ⓓ 냉동기의 냉동효과는 냉매가 흡수한 열량을 뜻한다.

① Ⓐ, Ⓑ
② Ⓑ, Ⓒ
③ Ⓐ, Ⓓ
④ Ⓐ, Ⓒ, Ⓓ

해설 ㉠ 물은 비압축성이므로 압축이 불가능하다.
㉡ 물의 비체적 : $0.001(m^3/kg)$
㉢ 물의 비중량 : $1,000(kg/m^3)$

37 정류(Rectification)에 대한 설명으로 틀린 것은?

① 비점이 비슷한 혼합물의 분리에 효과적이다.
② 상층의 온도는 하층의 온도보다 높다.
③ 환류비를 크게 하면 제품의 순도는 좋아진다.

④ 포종탑에서는 액량이 거의 일정하므로 접촉효과가 우수하다.

해설 정류 : 증류작업에서 순도를 더욱 높이기 위한 작업으로 정류된 일부분을 환류시키는 조작을 말하며 이 탑이 정류탑이다. 정류에서 상층과 하층의 농도는 다르다.

38 고압가스 설비에 설치하는 압력계의 최고 눈금은?

① 상용압력의 2배 이상, 3배 이하
② 상용압력의 1.5배 이상, 2배 이하
③ 내압시험 압력의 1배 이상, 2배 이하
④ 내압시험 압력의 1.5배 이상, 2배 이하

해설 고압가스 설비 압력계 눈금은 상용압력의 1.5배 이상, 2배 이하이어야 한다.

39 천연가스의 비점은 약 몇 ℃인가?

① -84
② -162
③ -183
④ -192

해설 천연가스(NG)의 주성분은 메탄(CH_4)이며 비점은 약 -162℃이다.

40 가스용기재로의 구비조건으로 가장 거리가 먼 것은?

① 내식성을 가질 것
② 무게가 무거울 것
③ 충분한 강도를 가질 것
④ 가공 중 결함이 생기지 않을 것

해설 가스용기의 재료는 무게가 가벼울수록 이상적이다. 구비조건은 ①, ③, ④항의 내용이다.(계목용기, 무계목용기)

정답 35.① 36.④ 37.② 38.② 39.② 40.②

제3과목 : 가스안전관리

41 고압가스 용기의 보관에 대한 설명으로 틀린 것은?

① 독성가스, 가연성가스 및 산소용기는 구분한다.

② 충전용기 보관은 직사광선 및 온도와 관계없다.

③ 잔가스 용기와 충전용기는 구분한다.

④ 가연성가스 용기보관장소에는 방폭형 휴대용 손전등 외의 등화를 휴대하지 않는다.

해설 고압가스 충전용기는 항상 40℃ 이하로 유지하여야 하므로 직사광선은 피하는 것이 좋다.

42 고압가스 분출 시 정전기가 가장 발생하기 쉬운 경우는?

① 가스의 온도가 높을 경우

② 가스의 분자량이 적을 경우

③ 가스 속에 액체 미립자가 섞여 있을 경우

④ 가스가 충분히 건조되어 있을 경우

해설 가스속에 액체 미립자가 섞여 있는 경우 그 진동이나 충격에 의해 정전기가 발생하여 용기내부 가스 폭발이 발생할 수가 있다.

43 냉동기를 제조하고자 하는 자가 갖추어야 할 제조설비가 아닌 것은?

① 프레스 설비   ② 조립설비

③ 용접설비   ④ 도막측정기

해설 도막측정기는 용기의 제조자가 갖추어야 할 설비이다.

44 일반도시가스사업제조소의 도로 밑 도시가스배관 직상단에는 배관의 위치, 흐름방향을 표시한 라인마크(Line Mark)를 설치(표시)하여야 한다. 직선 배관인 경우 라인마크의 최소 설치 간격은?

① 25m   ② 50m

③ 100m   ④ 150m

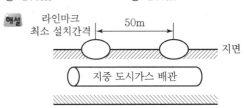

45 액화석유가스 저장탱크에는 자동차에 고정된 탱크에서 가스를 이입할 수 있도록 로딩암을 건축물 내부에 설치할 경우 환기구를 설치하여야 한다. 환기구 면적의 합계는 바닥면적의 얼마 이상을 기준으로 하는가?

① 1%   ② 3%

③ 6%   ④ 10%

해설 건축물 내부에 로딩암 설치의 경우 액화석유가스 저장탱크실의 총 환기구 면적은 바닥면적의 6% 이상을 요한다.

46 가연성가스를 충전하는 차량에 고정된 탱크에 설치하는 것으로, 내압시험 압력의 10분의 8 이하의 압력에서 작동하는 것은?

① 역류방지밸브   ② 안전밸브

③ 스톱밸브   ④ 긴급차단장치

해설 가연성가스 충전차량에 고정된 탱크의 안전밸브 분출압력은 탱크 내압시험 압력의 $\frac{8}{10}$ 이하에서 작동하여야 하도록 조정한다.

정답 41.② 42.③ 43.④ 44.② 45.③ 46.②

47 차량에 고정된 탱크의 운반기준에서 가연성가스 및 산소탱크의 내용적은 얼마를 초과할 수 없는가?

① 18,000L   ② 12,000L

③ 10,000L   ④ 8,000L

해설 차량탱크내용적
   ㉠ 가연성, 산소 : 18,000(L) 이하
   ㉡ 독성 : 12,000(L) 이하(단, 암모니아는 제외한다.)

48 공기액화분리장치의 액화산소 5L 중에 메탄 360mg, 에틸렌 196mg이 섞여 있다면 탄화수소 중 탄소의 질량(mg)은 얼마인가?

① 438   ② 458

③ 469   ④ 500

해설 메탄분자량(16), 에틸렌분자량(C_2H_4 : 28), 탄소원자량=12, 수소원자량=1
  ∴ 탄소합계량
- CH_4 $360 \times \dfrac{12}{16} = 270g$
- C_2H_4 $196 \times \dfrac{24}{28} = 168g$

  $270 + 168 = 438(g)$

49 산소 용기를 이동하기 전에 취해야 할 사항으로 가장 거리가 먼 것은?

① 안전밸브를 떼어 낸다.

② 밸브를 잠근다.

③ 조정기를 떼어 낸다.

④ 캡을 확실히 부착한다.

해설 안전밸브는 수리 시나 교체주기 외는 항상 용기에 부착되어 있어야 한다.

50 고압가스 용기 파열사고의 주요 원인으로 가장 거리가 먼 것은?

① 용기의 내압력(耐壓力) 부족

② 용기밸브의 용기에서의 이탈

③ 용기내압(內壓)의 이상상승

④ 용기 내에서의 폭발성혼합가스의 발화

해설 고압가스 용기에서 용기밸브가 이탈하면 가스의 누출원인이 된다.

51 내용적이 25,000L인 액화산소 저장탱크의 저장능력은 얼마인가? (단, 비중은 1.04이다.)

① 26,000kg   ② 23,400kg

③ 22,780kg   ④ 21,930kg

해설 액화가스 저장능력(W)
  $W = 0.9dV_2$
    $= 0.9 \times 1.04 \times 25,000 = 23,400(kg)$

52 다음 중 독성가스와 그 제독제가 옳지 않게 짝지어진 것은?

① 아황산가스 : 물

② 포스겐 : 소석회

③ 황화수소 : 물

④ 염소 : 가성소다수용액

해설 황화수소(H_2S) 제독제 : 가성소다수용액, 탄산소다수용액

53 용기에 의한 액화석유가스 사용시설에서 과압안전장치 설치대상은 자동절체기가 설치된 가스설비의 경우 저장능력의 몇 kg 이상인가?

① 100kg   ② 200kg

③ 400kg   ④ 500kg

해설 액화석유가스(LPG) 사용시설에서 자동절체기가 설치된 경우 가스설비 저장능력이 500kg 이상이면 과압안전장치가 필요하다.

정답 | 47.① 48.① 49.① 50.② 51.② 52.③ 53.④

54 용접부의 용착상태의 양부를 검사할 때 가장 적당한 시험은?

① 인장시험　　　② 경도시험

③ 충격시험　　　④ 피로시험

> **해설** 용접부의 용착상태 양부를 검사하는 데는 인장시험이 가장 적당하다.

55 수소의 성질에 관한 설명으로 틀린 것은?

① 모든 가스 중에 가장 가볍다.

② 열전달률이 아주 작다.

③ 폭발범위가 아주 넓다.

④ 고온, 고압에서 강제 중의 탄소와 반응한다.

> **해설** 수소(H_2)가스는 열전달률이 크고 열에 대하여 매우 안정한 가스이다.

56 일정 기준 이상의 고압가스를 적재 운반 시에는 운반책임자가 동승한다. 다음 중 운반책임자의 동승기준으로 틀린 것은?

① 가연성 압축가스 : $300m^3$ 이상

② 조연성 압축가스 : $600m^3$ 이상

③ 가연성 액화가스 : 4,000kg 이상

④ 조연성 액화가스 : 6,000kg 이상

> **해설** 가연성가스에서 액화가스의 경우 가스운반 시 3,000kg 이상일 때 운반책임자 동승이 필요하다.

57 다음 중 특정고압가스에 해당하는 것만으로 나열된 것은?

① 수소, 아세틸렌, 염화수소, 천연가스, 포스겐

② 수소, 산소, 액화석유가스, 포스핀, 압축 디보레인

③ 수소, 염화수소, 천연가스, 포스겐, 포스핀

④ 수소, 산소, 아세틸렌, 천연가스, 포스핀

> **해설** 특정고압가스 종류 : 압축모노실란, 압축디보레인, 액화알진, 포스핀, 셀렌화수소, 게르만, 디실란, 오불화비소, 오불화인, 삼불화인, 삼불화질소, 삼불화붕소, 사불화유황, 사불화규소, 액화염소, 암모니아, 천연가스, 수소, 산소 아세틸렌 등

58 아세틸렌가스를 2.5MPa의 압력으로 압축할 때 첨가하는 희석제가 아닌 것은?

① 질소　　　　　② 메탄

③ 일산화탄소　　④ 산소

> **해설** C_2H_2 가스 희석제 : N_2, CH_4, CO 등

59 LP가스 사용시설의 배관 내용적이 10L인 저압배관에 압력계로 기밀시험을 할 때 기밀시험 압력 유지시간은 얼마인가?

① 5분 이상　　　② 10분 이상

③ 24분 이상　　　④ 48분 이상

> **해설** LPG 기밀시험 압력유지시간(압력계 또는 자기압력기록계)
> (0.3MPa 이하의 경우)
> ㉠ 10(L) 이하 : 5분
> ㉡ 10(L) 초과~50(L) 이하 : 10분
> ㉢ 50(L) 초과~1(m^3) 미만 : 24분
> ㉣ 1(m^3) 이상~10(m^3) 미만 : 240분
> ㉤ 10(m^3) 이상~300(m^3) 미만 : 24×V분. 다만, 1,440분을 초과할 시에는 1,440분으로 한다.

60 액화염소 2,000kg을 차량에 적재하여 운반할 때 휴대하여야 할 소석회는 몇 kg 이상을 기준으로 하는가?

① 10　　　　　　② 20

③ 30　　　　　　④ 40

정답 54.① 55.② 56.③ 57.④ 58.④ 59.① 60.④

해설 제독제 소석회 적재기준
ㄱ 액화가스질량 1,000kg 미만의 경우 : 20(kg) 이상
ㄴ 액화가스질량 1,000kg 이상의 경우 : 40(kg) 이상

제4과목 : 가스계측

61 바이메탈 온도계에 사용되는 변환 방식은?

① 기계적 변환　　　② 광학적 변환
③ 유도적 변환　　　④ 전기적 변환

해설 접촉식 바이메탈 선팽창계수 온도계
ㄱ 기계적 변환온도계
ㄴ 측정범위 : −50~500℃

62 계량, 계측기의 교정이라 함은 무엇을 뜻하는가?

① 계량, 계측기의 지시값과 표준기의 지시값과의 차이를 구하여 주는 것
② 계량, 계측기의 지시값을 평균하여 참값과의 차이가 없도록 가산하여 주는 것
③ 계량, 계측기의 지시값과 참값과의 차를 구하여 주는 것
④ 계량, 계측기의 지시값을 참값과 일치하도록 수정하는 것

해설 계량 계측기의 교정 : 계량, 계측기의 지시값을 참값과 일치하도록 수정하는 것

63 주로 기체연료의 발열량을 측정하는 열량계는?

① Richter 열량계　　② Scheel 열량계
③ Junker 열량계　　④ Thomson 열량계

해설 융커스식 유수형 발열량계, 시그마 발열량계 : 기체연료의 발열량 측정계

64 염소(Cl_2)가스 누출 시 검지하는 가장 적당한 시험지는?

① 연당지　　　　　② KI-전분지
③ 초산벤젠지　　　④ 염화제일구리착염지

해설 염소가스 시험지 : 요오드칼륨 시험지(KI 전분지) 선택 (누설 시 시험지가 청색으로 변색)

65 전기식 제어방식의 장점으로 틀린 것은?

① 배선작업이 용이하다.
② 신호전달 지연이 없다.
③ 신호의 복잡한 취급이 쉽다.
④ 조작속도가 빠른 비례 조작부를 만들기 쉽다.

해설 전기식 신호조절기 : 조작속도가 빠른 비례조작부를 만들기가 곤란한 단점이 있으나 전송에 시간지연은 없고 복잡한 신호에 용이하다.

66 오리피스로 유량을 측정하는 경우 압력차가 4배로 증가하면 유량은 몇 배로 변하는가?

① 2배 증가　　　　② 4배 증가
③ 8배 증가　　　　④ 16배 증가

해설 차압식(오리피스) 유량계 : 유량은 관지름의 제곱에 비례하고 또한 차압의 제곱근에 비례한다.
∴ $\sqrt{4} = 2$배

67 내경 50mm의 배경에서 평균유속 1.5m/s의 속도로 흐를 때의 유량(m^3/h)은 얼마인가?

① 10.6　　　　　　② 11.2
③ 12.1　　　　　　④ 16.2

해설 유량(Q) = 단면적×유속(m^3/s)
∴ $\frac{3.14}{4} \times (0.05)^2 \times 1.5 \times 3,600 = 10.6(m^3/h)$

50mm=0.05m, 1시간=3,600sec

정답 61.① 62.④ 63.③ 64.② 65.④ 66.① 67.①

68 습증기의 열량을 측정하는 기구가 아닌 것은?

① 조리개 열량계　　② 분리 열량계

③ 과열 열량계　　④ 봄베 열량계

해설 봄베식 : 고체연료의 발열량계(단열식, 비단열식이 있다.)

69 가스크로마토그래피에 사용되는 운반기체의 조건으로 가장 거리가 먼 것은?

① 순도가 높아야 한다.

② 비활성이어야 한다.

③ 독성이 없어야 한다.

④ 기체 확산을 최대로 할 수 있어야 한다.

해설 운반가스(캐리어가스)는 기체 확산을 최소로 할 수 있어야 하고 시료와 반응하지 않는 불활성기체이어야 한다.(He, H_2, Ar, N_2 등)

70 막식 가스미터 고장의 종류 중 부동(不動)의 의미를 가장 바르게 설명한 것은?

① 가스가 크랭크축이 녹슬거나 밸브와 밸브시트가 타르(tar)접착 등으로 통과하지 않는다.

② 가스의 누출로 통과하나 정상적으로 미터가 작동하지 않아 부정확한 양만 측정된다.

③ 가스가 미터는 통과하나 계량막의 파손, 밸브의 탈락 등으로 계량기지침이 작동하지 않는 것이다.

④ 날개나 조절기에 고장이 생겨 회전장치에 고장이 생긴 것이다.

해설 부동(가스 통과, 지침이 작동하지 않음)

71 오르자트 가스분석기에서 CO 가스의 흡수액은?

① 30% KOH 용액

② 염화제1구리 용액

③ 피로갈롤 용액

④ 수산화나트륨 25% 용액

해설 ①항의 가스 : CO_2
②항의 가스 : CO
③항의 가스 : O_2

72 1kΩ 저항에 100V의 전압이 사용되었을 때 소모된 전력은 몇 W인가?

① 5　　　　　　② 10

③ 20　　　　　④ 50

해설 전력$(P) = \dfrac{\text{저항}}{\text{전압}} = \dfrac{1 \times 10^3}{100} = 10\,(W)$

73 공업용 계측기의 일반적인 주요 구성으로 가장 거리가 먼 것은?

① 전달부　　　　② 검출부

③ 구동부　　　　④ 지시부

해설 계측기기에서 구동부는 주요 구성요소가 아니며 구동부는 유량계 등에서, 제어장치에서 사용된다.

74 다음 [그림]과 같은 자동제어 방식은?

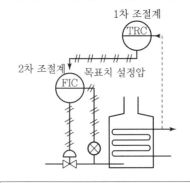

정답 68.④ 69.④ 70.③ 71.② 72.② 73.③ 74.③

① 피드백제어　　② 시퀀스제어

③ 캐스케이드제어　　④ 프로그램제어

해설　㉠ 캐스케이드제어 : 1차, 2차 조절계가 필요한 자
동제어이다.
　　㉡ 목표치에 따른 제어분류
　　　• 정치제어
　　　• 추치제어
　　　• 캐스케이드제어

75 가스의 자기성(磁氣性)을 이용하여 검출하는 분석기기는?

① 가스크로마토그래피

② SO_2계

③ O_2계

④ CO_2계

해설　자기식 O_2계 : 자장을 가진 측정실 내에서 시료가스 중의 산소에 자기풍을 일으키고 이것을 검출하여 구하는 방식으로 자화율이 큰 (O_2)분석계를 사용한다.

76 가스미터의 종류 중 정도(정확도)가 우수하여 실험실용 등 기준기로 사용되는 것은?

① 막식 가스미터　　② 습식 가스미터

③ Roots 가스미터　　④ Orifice 가스미터

해설　습식 가스미터기 : 정도가 우수하여 실험이나 기준기로 사용하는 가스미터기이다.

77 후크의 법칙에 의해 작용하는 힘과 변형이 비례한다는 원리를 적용한 압력계는?

① 액주식 압력계

② 점성 압력계

③ 부르동관식 압력계

④ 링밸런스 압력계

해설　탄성식 부르동관 압력계 : 후크의 법칙에 의해 작용하는 힘과 변형이 비례한다는 원리를 적용한 탄성식 압력계이다.

78 루트 가스미터에서 일반적으로 일어나는 고장의 형태가 아닌 것은?

① 부동　　② 불통

③ 감도　　④ 기차불량

해설　㉠ 감도 : 계측기기가 측정량의 변화에 민감한 정도를 말하며 측정량의 변화에 대한 지시량의 변화 (지시량의 변화/측정량의 변화)의 비로 나타낸다.
　　㉡ 감도가 좋으면 측정시간이 길어지고 측정범위가 좁아진다.

79 수분 흡수제로 사용하기에 가장 부적당한 것은?

① 염화칼륨　　② 오산화인

③ 황산　　④ 실리카겔

해설　㉠ 염화칼슘 : 수분흡수제로 사용
　　㉡ 염화칼륨 : 칼륨과 염소의 이온결합으로 이루어진 화합물이다. KCl이며 비료, 염료, 사료첨가제, 황산가리제조용

80 다음 중 계통오차가 아닌 것은?

① 계기오차　　② 환경오차

③ 과오오차　　④ 이론오차

해설　계통적 오차(편위에 의한 오차)는 원인을 알 수 있고 보정에 의해 오차의 제거가 가능하다.

오차분류
㉠ 계기오차
㉡ 환경오차
㉢ 개인 판단오차
㉣ 이론적 방법오차

2019년 9월 21일 시행

제1과목 : 연소공학

01 수소 25v%, 메탄 50v%, 에탄 25v%인 혼합가스가 공기와 혼합된 경우 폭발하한계(v%)는 약 얼마인가? (단, 폭발하한계는 수소 4v%, 메탄 5v%, 에탄 3v%이다.)

① 3.1 ② 3.6
③ 4.1 ④ 4.6

해설 평균혼합가스

$$폭발하한계 = \frac{100}{L} = \frac{V_1}{L_1} + \frac{V_2}{L_2} + \frac{V_3}{L_3}$$

$$= \frac{100}{\left(\frac{25}{4}\right) + \left(\frac{50}{5}\right) + \left(\frac{25}{3}\right)} = 4.1(\%)$$

02 $C_m H_n$ $1Sm^3$을 완전 연소시켰을 때 생기는 H_2O의 양은?

① $\frac{n}{2} Sm^3$ ② $n \, Sm^3$
③ $2n \, Sm^3$ ④ $4n \, Sm^3$

해설 $C_m H_n + \left(m + \frac{n}{4}\right)O_2 \rightarrow mCO_2 + \frac{n}{2}H_2O + Q$

03 실제가스가 이상기체 상태방정식을 만족하기 위한 조건으로 옳은 것은?

① 압력이 낮고, 온도가 높을 때
② 압력이 높고, 온도가 낮을 때
③ 압력과 온도가 낮을 때
④ 압력과 온도가 높을 때

해설 실제기체는 압력이 낮고 온도가 높으면 이상기체에 근접한다.

04 0℃, 1atm에서 2L의 산소와 0℃, 2atm에서 3L의 질소를 혼합하여 1L로 하면 압력은 약 몇 atm이 되는가?

① 1 ② 2
③ 6 ④ 8

해설

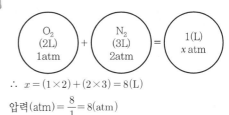

$$\therefore \; x = (1 \times 2) + (2 \times 3) = 8(L)$$

$$압력(atm) = \frac{8}{1} = 8(atm)$$

05 가연성 가스의 위험성에 대한 설명으로 틀린 것은?

① 폭발범위가 넓을수록 위험하다.
② 폭발범위 밖에서는 위험성이 감소한다.
③ 일반적으로 온도나 압력이 증가할수록 위험성이 증가한다.
④ 폭발범위가 좁고 하한계가 낮은 것은 위험성이 매우 적다.

해설 폭발범위가 크고 폭발범위 하한계가 낮은 가스는 매우 위험하다.

정답 01.③ 02.① 03.① 04.④ 05.④

06 메탄을 이론공기로 연소시켰을 때 생성물 중 질소의 분압은 약 몇 kPa인가? (단, 메탄과 공기는 100kPa, 25℃에서 공급되고 생성물의 압력은 100kPa이다.)

① 36   ② 71

③ 81   ④ 92

해설 표준상태에서 압력 $= 100 \times \dfrac{273+0}{273+25} = 91(\text{atm})$

공기 중 질소값은 79(%)

∴ 질소분압 $= 91 \times 0.79 = 71(\text{kPa})$

07 아세틸렌 가스의 위험도(H)는 약 얼마인가?

① 21   ② 23

③ 31   ④ 33

해설 위험도(H) $= \dfrac{U-L}{L}$

C_2H_2 폭발범위 : 2.5~81(%)

∴ $H = \dfrac{81-2.5}{2.5} = 31.4$(위험도가 큰 가스일수록 더 위험하다)

08 물질의 상변화는 일으키지 않고 온도만 상승시키는 데 필요한 열을 무엇이라고 하는가?

① 잠열   ② 현열

③ 증발열   ④ 융해열

해설
- 현열 : 물질의 상변화는 없고 물질의 온도만 변화시키는 데 필요한 열
- 잠열(증발열), 융해열, 승화열 : 물질의 온도는 변화가 없고 상변화만 일어날 때 필요한 열

09 불꽃 중 탄소가 많이 생겨서 황색으로 빛나는 불꽃을 무엇이라 하는가?

① 휘염   ② 층류염

③ 환원염   ④ 확산염

해설 휘염
불꽃 중 탄소가 많이 생겨서 황색으로 빛나는 불꽃염

10 전 폐쇄 구조인 용기 내부에서 폭발성 가스의 폭발이 일어났을 때, 용기가 압력을 견디고 외부의 폭발성 가스에 인화할 우려가 없도록 한 방폭구조는?

① 안전증 방폭구조   ② 내압 방폭구조

③ 특수 방폭구조   ④ 유입 방폭구조

해설 내압 방폭구조
전 폐쇄 구조인 용기 내부에서 폭발성 가스의 폭발이 일어났을 때 용기가 압력을 견디고 외부의 폭발성 가스에 인화할 우려가 없도록 한 방폭구조이다.

11 공기 중에서 압력을 증가시켰더니 폭발범위가 좁아지다가 고압 이후부터 폭발범위가 넓어지기 시작했다. 이는 어떤 가스인가?

① 수소   ② 일산화탄소

③ 메탄   ④ 에틸렌

해설 수소 가스
공기 중 압력을 증가시키면 폭발범위가 좁아지다가 10(atm) 이상의 고압에서부터는 반대로 폭발범위가 증가하는 가스이다.

12 일정온도에서 발화할 때까지의 시간을 발화지연이라 한다. 발화지연이 짧아지는 요인으로 가장 거리가 먼 것은?

① 가열온도가 높을수록

② 압력이 높을수록

③ 혼합비가 완전산화에 가까울수록

④ 용기의 크기가 작을수록

해설 가스용기의 크기가 작을수록 발화온도 시간이 짧아진다.(발화지연 단축)

정답 06.②   07.③   08.②   09.①   10.②   11.①   12.④

13 다음 중 공기비를 옳게 표시한 것은?

① $\dfrac{\text{실제공기량}}{\text{이론공기량}}$

② $\dfrac{\text{이론공기량}}{\text{실제공기량}}$

③ $\dfrac{\text{사용공기량}}{1-\text{이론공기량}}$

④ $\dfrac{\text{이론공기량}}{1-\text{사용공기량}}$

> **해설**
> • $\dfrac{\text{실제공기량}}{\text{이론공기량}}=$ 공기비(과잉공기계수)
> • $\dfrac{\text{실제공기량}}{\text{공기비}}=$ 이론공기량
> • 실제공기량 $=$ 공기비 $\times$ 이론공기량

14 B, C급 분말소화기의 용도가 아닌 것은?

① 유류 화재
② 가스 화재
③ 전기 화재
④ 일반 화재

> **해설**
> • 일반 화재 : A급 화재
> • 오일 화재(유류 화재) : B급 화재
> • 전기 화재 : C급 화재

15 기체동력 사이클 중 가장 이상적인 이론 사이클로, 열역학 제2법칙과 엔트로피의 기초가 되는 사이클은?

① 카르노 사이클(Carnot cycle)
② 사바테 사이클(Sabathe cycle)
③ 오토 사이클(Otto cycle)
④ 브레이턴 사이클(Brayton cycle)

> **해설** 카르노 사이클
> 이상적인 사이클이다.(열역학 제2법칙과 엔트로피의 기초가 되는 사이클이다.)

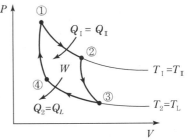

• ①→②(등온팽창) • ②→③(단열팽창)
• ③→④(등온압축) • ④→①(단열압축)

16 가스의 연소속도에 영향을 미치는 인자에 대한 설명으로 틀린 것은?

① 연소속도는 주변 온도가 상승함에 따라 증가한다.
② 연소속도는 이론혼합기 근처에서 최대이다.
③ 압력이 증가하면 연소속도는 급격히 증가한다.
④ 산소농도가 높아지면 연소범위가 넓어진다.

> **해설** ㉠ 고온, 고압의 가스일수록 폭발범위가 증가한다.
> ㉡ CO 가스는 고압일수록 폭발범위가 감소한다.
> ㉢ H_2 가스는 압력 10atm까지는 폭발범위가 감소한다.

17 난류확산화염에서 유속 또는 유량이 증대할 경우 시간이 지남에 따라 화염의 높이는 어떻게 되는가?

① 높아진다.
② 낮아진다.
③ 거의 변화가 없다.
④ 어느 정도 낮아지다가 높아진다.

> **해설** 난류확산화염
> 화염의 유속이나 유량이 증대할 경우 시간이 지남에 따라 화염의 높이는 거의 변화가 없다.

정답 13.① 14.④ 15.① 16.③ 17.③

18 층류 연소속도 측정법 중 단위화염 면적당 단위시간에 소비되는 미연소 혼합기체의 체적을 연소속도로 정의하여 결정하며, 오차가 크지만 연소속도가 큰 혼합기체에 편리하게 이용되는 측정 방법은?

① Slot 버너법

② Bunsen 버너법

③ 평면 화염 버너법

④ Soap Bubble법

해설 분젠버너법

층류 연소속도 측정법 중 단위화염 면적당 단위시간에 소비되는 미연소 혼합기체의 체적을 연소속도로 정의하여 결정하며, 오차가 크지만 연소속도가 큰 혼합기체에서 편리하다.

19 최소 점화 에너지에 대한 설명으로 옳은 것은?

① 유속이 증가할수록 작아진다.

② 혼합기 온도가 상승함에 따라 작아진다.

③ 유속 20m/s까지는 점화 에너지가 증가하지 않는다.

④ 점화 에너지의 상승은 혼합기 온도 및 유속과는 무관하다.

해설 최소 점화 에너지는 혼합기의 온도가 상승할수록 작아진다.

전기불꽃 에너지(방전 에너지)(E)$= \dfrac{1}{2}CV^2 = \dfrac{1}{2}QV$

여기서, C : 전기용량, V : 방전전압, Q : 전기량

20 분젠버너에서 공기의 흡입구를 닫았을 때의 연소나 가스라이터의 연소 등 주변에 볼 수 있는 전형적인 기체연료의 연소형태로서 화염이 전파하는 특징을 갖는 연소는?

① 분무연소   ② 확산연소

③ 분해연소   ④ 예비혼합연소

해설 기체연료의 연소형태

㉠ 예비혼합연소

㉡ 확산연소

• 분젠버너의 확산연소 : 공기흡입구 차단 시 연소나 가스라이터의 연소 등 주변에서 볼 수 있는 전형적인 기체 연료의 연소형태이다.

제2과목 : 가스설비

21 펌프의 토출량이 6m³/min이고, 송출구의 안지름이 20cm일 때 유속은 약 몇 m/s인가?

① 1.5   ② 2.7

③ 3.2   ④ 4.5

해설 유속(V) $= \dfrac{유량(\mathrm{m}^3/\mathrm{s})}{단면적(\mathrm{m}^2)} \cdot \min(60초)$

$\therefore\ V = \dfrac{6}{60 \times \left\{ \dfrac{3.14}{4} \times (0.2)^2 \right\}} = 3.2(\mathrm{m/s})$

22 탄소강에서 탄소 함유량의 증가와 더불어 증가하는 성질은?

① 비열   ② 열팽창율

③ 탄성계수   ④ 열전도율

해설 탄소강은 탄소(C) 함유량이 많아질수록 비열(W/m℃)이 증가한다.

23 탱크로리로부터 저장탱크로 LPG 이송 시 잔가스 회수가 가능한 이송방법은?

① 압축기 이용법

② 액송펌프 이용법

③ 차압에 의한 방법

④ 압축가스 용기 이용법

정답 18.② 19.② 20.② 21.③ 22.① 23.①

해설 압축기 이송방법의 특성
㉠ 잔가스 회수가 가능하다.
㉡ 충전시간이 펌프에 의한 이송보다 짧다.
㉢ 베이퍼록 현상이 없다.
㉣ 조작이 간단하다.
㉤ 부탄가스의 경우 재액화 우려가 있다.

24 메탄가스에 대한 설명으로 옳은 것은?

① 담청색의 기체로서 무색의 화염을 낸다.
② 고온에서 수증기와 작용하면 일산화탄소와 수소를 생성한다.
③ 공기 중에 30%의 메탄가스가 혼합된 경우 점화하면 폭발한다.
④ 올레핀계 탄화수소로서 가장 간단한 형의 화합물이다.

해설 • $CH_4 + 2O_2 \rightarrow CO_2 + 2H_2O$

• $CH_4 + H_2O \xrightarrow[고온]{Ni} CO + 3H_2 - 49.3(kcal)$

• 메탄가스 폭발범위 : 5~15%

25 조정압력이 3.3kPa 이하이고 노즐 지름이 3.2mm 이하인 일반용 LP가스 압력조정기의 안전장치 분출용량은 몇 L/h 이상이어야 하는가?

① 100
② 140
③ 200
④ 240

해설 LP가스분출량 $(Q) = 0.009D^2 \sqrt{\dfrac{P}{d}}$

$= 0.009 \times (3.2)^2 \times \sqrt{\dfrac{3.3}{1.51}}$

$\fallingdotseq 0.14 m^3/h = 140(L/h)$

26 시간당 50,000kcal를 흡수하는 냉동기의 용량은 약 몇 냉동톤인가?

① 3.8
② 7.5
③ 15
④ 30

해설 증기압축식 냉동기 1RT : 3,320(kcal/h)

$\therefore RT = \dfrac{50,000}{3,320} = 15(RT)$

27 메탄염소화에 의해 염화메틸(CH_3Cl)을 제조할 때 반응 온도는 얼마 정도로 하는가?

① 100℃
② 200℃
③ 300℃
④ 400℃

해설 $CH_3Cl + H_2O \rightarrow HCl + CH_3OH$

$CH_3OH + HCl \rightarrow CH_3Cl + H_2O$

• 반응온도 : 400℃

28 동관용 공구 중 동관 끝을 나팔형으로 만들어 압축이음 시 사용하는 공구는?

① 익스펜더
② 플레어링 툴
③ 사이징 툴
④ 리머

해설 플레어링 툴
동관 20A 이하에서 동관의 끝을 나팔형태로 만들어 이음하는 압축이음공구이다.

29 원심펌프의 회전수가 1,200rpm일 때 양정 15m, 송출유량 2.4m³/min, 축동력 10PS이다. 이 펌프를 2,000rpm으로 운전할 때의 양정(H)은 약 몇 m가 되겠는가? (단, 펌프의 효율은 변하지 않는다.)

① 41.67
② 33.75
③ 27.78
④ 22.72

해설 펌프양정은 회전수 증가의 자승에 비례한다.

$\therefore$ 양정$(H) = 15 \times \left(\dfrac{2,000}{1,200}\right)^2 = 41.67(m)$

정답 24.② 25.② 26.③ 27.④ 28.② 29.①

30 금속의 열처리에서 풀림(annealing)의 주된 목적은?

① 강도 증가

② 인성 증가

③ 조직의 미세화

④ 강을 연하게 하여 기계 가공성을 향상

해설 풀림 열처리(어니얼링)

소둔이라 하며 가공경화된 재료를 열화시키거나 가공 중에 발생한 잔류응력을 제거한다.

31 기밀성 유지가 양호하고 유량조절이 용이하지만 압력손실이 비교적 크고 고압의 대구경 밸브로는 적합하지 않은 특징을 가지는 밸브는?

① 플러그 밸브　　② 글로브 밸브

③ 볼 밸브　　　　④ 게이트 밸브

해설 글로브 밸브

유량조절이 용이하나 압력손실이 크다.

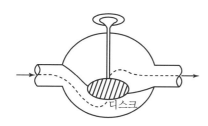

디스크

32 가스 배관의 구경을 산출하는 데 필요한 것으로만 짝지어진 것은?

㉠ 가스유량	㉡ 배관길이
㉢ 압력손실	㉣ 배관재질
㉤ 가스의 비중	

① ㉠, ㉡, ㉢, ㉣

② ㉠, ㉢, ㉣, ㉤

③ ㉠, ㉡, ㉢, ㉤

④ ㉠, ㉡, ㉣, ㉤

해설 가스배관구경 산출식

$$D^5 = \frac{Q^2 \cdot S \cdot L}{K^2(P_1^2 - P_2^2)}$$

여기서, Q : 가스유량(m³/h)

　　　　D : 관의 지름(cm)

　　　　L : 관의 길이

　　　　S : 가스비중

　　　　P : 가스압력

33 LPG 소비설비에서 용기의 개수를 결정할 때 고려사항으로 가장 거리가 먼 것은?

① 감압방식

② 1가구당 1일 평균가스 소비량

③ 소비자 가구수

④ 사용가스의 종류

해설 용기의 개수 결정 시 고려사항

㉠ 1가구당 1일 평균가스 소비량

㉡ 소비자 가구수

㉢ 사용가스의 종류

34 밀폐식 가스연소기의 일종으로 시공성은 물론 미관상도 좋고, 배기가스 중독사고의 우려도 적은 연소기 유형은?

① 자연배기(CF)식　　② 강제배기(FE)식

③ 자연급배기(BF)식　④ 강제급배기(FF)식

해설 FF식 가스보일러

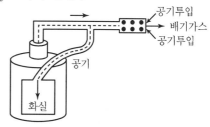

공기투입

배기가스

공기투입

공기

화실

35 가스 충전구의 나사방향이 왼나사이어야 하는 것은?

① 암모니아　　　② 브롬화메틸
③ 산소　　　　　④ 아세틸렌

> **해설** 가스 충전구(왼나사 : 가연성 가스 표시)
> ㉠ A형 : 충전구가 수나사
> ㉡ B형 : 충전구가 암나사
> ㉢ C형 : 충전구에 나사가 없는 것

36 펌프의 공동현상(cavitation) 방지방법으로 틀린 것은?

① 흡입양정을 짧게 한다.
② 양흡입 펌프를 사용한다.
③ 흡입 비교 회전도를 크게 한다.
④ 회전차를 물속에 완전히 잠기게 한다.

> **해설** 펌프가 1단일 때 비교회전도(N_s)
> $$N_s = \frac{N\sqrt{Q}}{H^{3/4}}$$
> 회전수를 일정하게 하면 고양정, 소유량인 펌프회전차는 비속도의 값이 작아지고 출구경에 대하여 폭이 좁다.

37 공기 액화장치 중 수소, 헬륨을 냉매로 하며 2개의 피스톤이 한 실린더에 설치되어 팽창기와 압축기의 역할을 동시에 하는 형식은?

① 캐스케이드식
② 캐피자식
③ 클라우드식
④ 필립스식

> **해설** 필립스식 공기액화 저온장치
> 수소 – 헬륨을 냉매로 하며 2개의 피스톤이 한 실린더에 설치되어 팽창기와 압축기의 역할을 하는 공기액화 분리장치이다.

38 가스액화 분리장치의 구성이 아닌 것은?

① 한랭 발생장치
② 불순물 제거장치
③ 정류(분축, 흡수)장치
④ 내부연소식 반응장치

> **해설** 가스액화 분리장치 구성
> 한랭 발생장치, 불순물 제거장치, 정류장치

39 강제 급배기식 가스온수보일러에서 보일러의 최대 가스소비량과 각 버너의 가스소비량은 표시치의 얼마 이내인 것으로 하여야 하는가?

① ±5%　　　　② ±8%
③ ±10%　　　④ ±15%

> **해설** 강제 급배기식(FF) 가스보일러(온수)에서 최대 가스소비량과 각 버너의 가스소비량은 표시치의 10(%) 이내이어야 한다.

40 공기 액화 분리장치의 폭발 원인이 될 수 없는 것은?

① 공기 취입구에서 아르곤 혼입
② 공기 취입구에서 아세틸렌 혼입
③ 공기 중 질소화합물(NO, NO_2) 혼입
④ 압축기용 윤활유의 분해에 의한 탄화수소의 생성

> **해설** 아르곤(Ar) 가스는 불활성 가스이므로 화합이 불가하여 폭발의 발생은 일어나지 않는다.

정답 35.④　36.③　37.④　38.④　39.③　40.①

제3과목 : 가스안전관리

41 다음의 액화가스를 이음매 없는 용기에 충전할 경우 그 용기에 대하여 음향검사를 실시하고 음향이 불량한 용기는 내부조명검사를 하지 않아도 되는 것은?

① 액화프로판　　　② 액화암모니아

③ 액화탄산가스　　④ 액화염소

해설 프로판가스의 기화 시 압력(kgf/cm²)
ㄱ −30℃ : 0.6
ㄴ 0℃ : 3.9
ㄷ 30℃ : 9.9
ㄹ 40℃ : 13.2
• 액화프로판가스는 기화압력이 낮아서 이음매 있는 용기(계목용기)에 충전하므로 내부조명검사를 하지 않아도 된다.

42 고압가스 냉동제조시설에서 해당 냉동설비의 냉동능력에 대응하는 환기구의 면적을 확보하지 못하는 때에는 그 부족한 환기구 면적에 대하여 냉동능력 1ton당 얼마 이상의 강제환기장치를 설치해야 하는가?

① 0.05m³/분　　　② 1m³/분

③ 2m³/분　　　　④ 3m³/분

해설 냉동설비의 냉동능력당 환기구 면적을 확보하지 못하면 냉동능력 1ton당 강제환기는 2m³/분을 기준으로 한다.

43 산소와 혼합가스를 형성할 경우 화염온도가 가장 높은 가연성 가스는?

① 메탄　　　　　② 수소

③ 아세틸렌　　　④ 프로판

해설 화염온도
ㄱ CH₄ : 2,066℃　　ㄴ H₂ : 2,210℃
ㄷ C₂H₂ : 2,632℃　　ㄹ C₃H₈ : 2,116℃

44 신규검사 후 경과연수가 20년 이상된 액화석유가스용 100L 용접용기의 재검사 주기는?

① 1년마다　　　　② 2년마다

③ 3년마다　　　　④ 5년마다

해설 500L 미만의 액화가스(LPG) 재검사기간
ㄱ 20년 미만 : 5년마다
ㄴ 20년 이상 : 2년마다

45 용기에 의한 액화석유가스 사용시설에서 호칭지름이 20mm인 가스배관을 노출하여 설치할 경우 배관이 움직이지 않도록 고정장치를 몇 m마다 설치하여야 하는가?

① 1m　　　　　② 2m

③ 3m　　　　　④ 4m

해설 가스배관 고정장치 거리

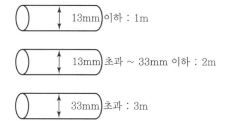

46 기업활동 전반을 시스템으로 보고 시스템 운영 규정을 작성 시행하여 사업장에서의 사고 예방을 위하여 모든 형태의 활동 및 노력을 효과적으로 수행하기 위한 체계적이고 종합적인 안전관리체계를 의미하는 것은?

① MMS　　　　② SMS

③ CRM　　　　④ SSS

해설 SMS
기업활동 전반 시스템에서 사업장의 사고 예방을 위하여 효과적으로 수행하기 위한 체계적이고 종합적인 안전관리체계이다.

정답 41.① 42.③ 43.③ 44.② 45.② 46.②

47 도시가스용 압력조정기란 도시가스 정압기 이외에 설치되는 압력조정기로서 입구 쪽 호칭지름과 최대표시유량을 각각 바르게 나타낸 것은?

① 50A 이하, 300Nm^3/h 이하

② 80A 이하, 300Nm^3/h 이하

③ 80A 이하, 500Nm^3/h 이하

④ 100A 이하, 500Nm^3/h 이하

> **해설** 도시가스용 압력조정기
> 도시가스 정압기 이외에 설치되는 압력조정기로서 그 기준은 입구 쪽 호칭 50A 이하(300Nm^3/h 최대표시유량)이다.

48 일반도시가스설에서 배관 매설 시 사용하는 보호포의 기준으로 틀린 것은?

① 일반형 보호포와 내압력형 보호포로 구분한다.

② 잘 끊어지지 않는 재질로 직조한 것으로 두께는 0.2mm 이상으로 한다.

③ 최고 사용압력이 중압 이상인 배관의 경우에는 보호판의 상부로부터 30cm 이상 떨어진 곳에 보호포를 설치한다.

④ 보호포는 호칭지름에 10cm를 더한 폭으로 설치한다.

> **해설** • 보호포 종류 : 일반형, 탐지형
> • 보호포 재질 : 폴리에틸렌수지, 폴리프로필렌수지

49 용기의 각인 기호에 대해 잘못 나타낸 것은?

① V : 내용적

② W : 용기의 질량

③ TP : 기밀시험압력

④ FP : 최고충전압력

> **해설** TP
> 용기내압시험압력(MPa)

50 공업용 용기의 도색 및 문자표시의 색상으로 틀린 것은?

① 수소 – 주황색으로 용기도색, 백색으로 문자표기

② 아세틸렌 – 황색으로 용기도색, 흑색으로 문자표기

③ 액화암모니아 – 백색으로 용기도색, 흑색으로 문자표기

④ 액화염소 – 회색으로 용기도색, 백색으로 문자표기

> **해설** 액화염소 용기의 도색, 문자 표시
> ㉠ 용기 : 갈색
> ㉡ 문자 : 백색

51 차량에 고정된 탱크의 내용적에 대한 설명으로 틀린 것은?

① 액화천연가스 탱크의 내용적은 1만 8천L를 초과할 수 없다.

② 산소 탱크의 내용적은 1만 8천L를 초과할 수 없다.

③ 염소 탱크의 내용적은 1만 2천L를 초과할 수 없다.

④ 암모니아 탱크의 내용적은 1만 2천L를 초과할 수 없다.

> **해설** 차량탱크의 내용적 운반기준
> ㉠ 가연성 가스 : 1만 8천(L)
> ㉡ 산소 : 1만 8천(L)
> ㉢ 독성가스 : 1만 2천(L)
> (단, 가연성에서 LPG나 독성에서 암모니아 가스는 제외된다.)

정답 47.① 48.① 49.③ 50.④ 51.④

52 액화석유가스의 안전관리 및 사업법상 허가대상이 아닌 콕은?

① 퓨즈콕
② 상자콕
③ 주물연소기용 노즐콕
④ 호스콕

해설 액화석유가스의 안전관리 및 사업법상 허가대상품목
퓨즈콕, 상자콕, 주물연소기용 노즐콕

53 가스안전성평가기법 중 정성적 안전성 평가기법은?

① 체크리스트 기법
② 결함수분석 기법
③ 원인결과분석 기법
④ 작업자실수분석 기법

해설 • 결함수분석 기법(정량적 안전성 평가기법)
• 체크리스트 기법(정성적 안전성 평가기법)

54 다음 중 가연성 가스가 아닌 것은?

① 아세트알데히드
② 일산화탄소
③ 산화에틸렌
④ 염소

해설 염소(Cl_2)
㉠ 독성 가스(TLV-TWA 기준 1ppm)
㉡ 조연성 가스

55 용기에 의한 액화석유가스 사용시설에서 저장능력이 100kg을 초과하는 경우에 설치하는 용기보관실의 설치기준에 대한 설명으로 틀린 것은?

① 용기는 용기보관실 안에 설치한다.
② 단층구조로 설치한다.

③ 용기보관실의 지붕은 무거운 방염재료로 설치한다.
④ 보기 쉬운 곳에 경계표지를 설치한다.

해설 용기보관실의 지붕재 재료는 가벼운 불연성 재료를 사용한다.(가스폭발 시를 대비하여)

56 안전관리규정의 실시기록은 몇 년간 보존하여야 하는가?

① 1년　　　② 2년
③ 3년　　　④ 5년

해설 안전관리규정 실시기록 보존기간은 5년이다.

57 다음 중 특정고압가스가 아닌 것은?

① 수소　　　② 질소
③ 산소　　　④ 아세틸렌

해설 질소(N_2)
㉠ 일반 가스
㉡ 불연성 가스

58 사람이 사망하거나 부상, 중독 가스사고가 발생하였을 때 사고의 통보 내용에 포함되는 사항이 아닌 것은?

① 통보자의 인적사항
② 사고발생 일시 및 장소
③ 피해자 보상 방안
④ 사고내용 및 피해현황

해설 사망사고, 부상, 가스중독 시 사고의 통보내용 사항
㉠ 통보자의 인적사항
㉡ 사고발생일시 및 장소
㉢ 사고내용 및 피해현황

정답 52.④ 53.① 54.④ 55.③ 56.④ 57.② 58.③

59 고압가스 일반제조시설의 설치기준에 대한 설명으로 틀린 것은?

① 아세틸렌의 충전용 교체밸브는 충전하는 장소에서의 격리하여 설치한다.

② 공기액화분리기로 처리하는 원료공기의 흡입구는 공기가 맑은 곳에 설치한다.

③ 공기액화분리기의 액화공기탱크와 액화산소증발기 사이에는 석유류, 유지류 그 밖의 탄화수소를 여과, 분리하기 위한 여과기를 설치한다.

④ 에어졸제조시설에는 정압충전을 위한 레벨장치를 설치하고 공업용 제조시설에는 불꽃길이 시험장치를 설치한다.

해설 공기액화분리기에는 여과기보다는 C_2H_2 흡착기, 열교환기, 건조기, 수분리기, CO_2 흡수탑이 필요하다. 다만, 원료공기만은 여과기에서 분진을 제거한다.

60 저장탱크에 의한 액화석유가스 저장소에서 지상에 설치하는 저장탱크, 그 받침대, 저장탱크에 부속된 펌프 등이 설치된 가스설비실에는 그 외면으로부터 몇 m 이상 떨어진 위치에서 조작할 수 있는 냉각장치를 설치하여야 하는가?

① 2m ② 5m
③ 8m ④ 10m

해설

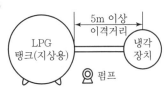

제4과목 : 가스계측

61 가스누출검지기 중 가스와 공기의 열전도도가 다른 것을 측정원리로 하는 검지기는?

① 반도체식 검지기
② 접촉연소식 검지기
③ 서머스테드식 검지기
④ 불꽃이온화식 검지기

해설 서머스테드식 : 온도변화 조정기

62 렌즈 또는 반사경을 이용하여 방사열을 수열판으로 모아 고온 물체의 온도를 측정할 때 주로 사용하는 온도계는?

① 열전온도계
② 저항온도계
③ 열팽창 온도계
④ 복사온도계

해설 복사온도계
렌즈나 반사경을 이용하여 방사열을 수열판으로 모아서 고온물체의 온도를 측정할 때 사용하는 비접촉식 온도계
•측정범위 : 50~3,000℃

63 계량기 형식 승인 번호의 표시방법에서 계량기의 종류별 기호 중 가스미터의 표시 기호는?

① G ② M
③ L ④ H

해설 건식(막식형) 가스미터기
㉠ 독립내기식(T형, H형)
㉡ 클로버식(B형)

정답 59.④ 60.② 61.③ 62.④ 63.④

64 화씨[°F]와 섭씨[°C]의 온도눈금 수치가 일치하는 경우의 절대온도[K]는?

① 201
② 233
③ 313
④ 345

해설 섭씨 $-40°C$ 일 때
$$°F = \frac{9}{5} \times °C + 32 = \frac{9}{5} \times -40 + 32 = -40(°F)$$
$$\therefore \ T = 273 - 40 = 233(K)$$

65 가스계량기의 1주기 체적의 단위는?

① L/min
② L/hr
③ L/rev
④ cm^3/g

해설 가스계량기 1주기 체적 단위 : L/rev

66 오리피스로 유량을 측정하는 경우 압력차가 2배로 변했다면 유량은 몇 배로 변하겠는가?

① 1배
② $\sqrt{2}$ 배
③ 2배
④ 4배

해설 오리피스 차압식 유량계
유량은 차압의 평방근에 비례한다.
유량(G) = $A\sqrt{2gh}$

67 기체크로마토그래피의 측정 원리로서 가장 옳은 설명은?

① 흡착제를 충전한 관 속에 혼합시료를 넣고, 용제를 유동시키면 흡수력 차이에 따라 성분의 분리가 일어난다.
② 관 속을 지나가는 혼합기체 시료가 운반기체에 따라 분리가 일어난다.
③ 혼합기체의 성분이 운반기체에 녹는 용해도 차이에 따라 성분의 분리가 일어난다.
④ 혼합기체의 성분은 관 내에 자기장의 세기에 따라 분리가 일어난다.

해설 기체크로마토그래피 기기분석법
㉠ 흡착제를 충전한 관속에 혼합시료를 넣고 용제를 유동시키면 흡수력 차이에 따라 성분이 분석된다.
㉡ 캐리어가스(수소, 질소, 헬륨, 아르곤)를 이용한다.
㉢ 종류 : TCD, FID, ECD, TCD 등

68 압력계와 진공계 두 가지 기능을 갖춘 압력 게이지를 무엇이라고 하는가?

① 전자압력계
② 초음파압력계
③ 부르동관(Bourdon tube)압력계
④ 컴파운드게이지(Compound gauge)

해설 컴파운드게이지
압력계와 진공압력계 2가지 기능을 갖춘 압력계이다.

69 전기세탁기, 자동판매기, 승강기, 교통신호기 등에 기본적으로 응용되는 제어는?

① 피드백 제어
② 시퀀스 제어
③ 정치제어
④ 프로세스 제어

해설 시퀀스 정성적 제어 응용기
전기세탁기, 신호등, 승강기, 커피자판기 등

70 다음 중 기기분석법이 아닌 것은?

① Chromatography
② Iodometry
③ Colorimetry
④ Polarography

해설 Iodometry(아이오딘 적정)
산화환원적정이며 정량적 화학분석법으로 약한 산화제인 아이오딘의 표준용액을 이용한다.

정답 64.② 65.③ 66.② 67.① 68.④ 69.② 70.②

71 루트미터에 대한 설명으로 가장 옳은 것은?

① 설치면적이 작다.

② 실험실용으로 적합하다.

③ 사용 중에 수위 조정 등의 유지 관리가 필요하다.

④ 습식가스미터에 비해 유량이 정확하다.

해설 루트미터(실측식 회전자형 가스미터기)는 건식가스미터기로 소형이면서 대용량(100~5,000m³/h)에 사용이 가능하다. 여과기나 설치 후에 유지관리가 필요하다.

72 가스 누출 시 사용하는 시험지의 변색 현상이 옳게 연결된 것은?

① H_2S : 전분지 → 청색

② CO : 염화파라듐지 → 적색

③ HCN : 하리슨씨 시약 → 황색

④ C_2H_2 : 염화제일동 착염지 → 적색

해설 가스 누출 시 시험지 변색
 ㉠ H_2S : 연당지 → 흑색
 ㉡ CO : 염화파라듐지 → 흑색
 ㉢ HCN : 초산벤젠지 → 청색

73 목표치에 따른 자동제어의 종류 중 목표값이 미리 정해진 시간적 변화를 행할 경우 목표값에 따라서 변동하도록 한 제어는?

① 프로그램 제어   ② 캐스케이드 제어

③ 추종제어   ④ 프로세스 제어

해설 프로그램 제어
 목표치에 따른 자동제어의 종류 중 목표값이 미리 정해진 시간적 변화를 행할 경우 목표값에 따라서 변동하도록 한 제어이다.

74 도로에 매설된 도시가스가 누출되는 것을 감지하여 분석한 후 가스누출 유무를 알려 주는 가스검출기는?

① FID   ② TCD

③ FTD   ④ FPD

해설 FID(수소이온화검출기)
 탄화수소(가연성 가스에서 감도가 최고), H_2, O_2, CO, CO_2, SO_2 등에서는 감도가 없어서 감지가 불가함

75 다음 중 유체에너지를 이용하는 유량계는?

① 터빈유량계   ② 전자기유량계

③ 초음파유량계   ④ 열유량계

해설 용적식 유량계
 케이스와 회전자 사이의 공간으로 일정량의 유체를 연속적으로 유입시키고 유출되는 양을 회전자가 회전하는 회전수에 비례하여 적산유량을 계산한다. 가스미터기, 가정용 수도미터, 임펠러형 터빈미터, 프로펠러형 터빈미터기 등이 있다.

76 오르자트 가스분석계에서 알칼리성 피로갈롤을 흡수액으로 하는 가스는?

① CO   ② H_2S

③ CO_2 ④ O_2

해설 O_2
 알칼리성 피로갈롤 용액으로 흡수분석한다.

77 고압으로 밀폐된 탱크에 가장 적합한 액면계는?

① 기포식   ② 차압식

③ 부자식   ④ 편위식

정답 71.① 72.④ 73.① 74.① 75.① 76.④ 77.②

해설 차압식 액면계

탱크 내의 일정한 액면의 위치를 유지하고 있는 기준기의 정압과 탱크 내의 유체의 부압과의 차를 차압계에 의해서 유체의 액면을 측정한다.(고압 밀폐 탱크의 측정에 가장 적합하다.)

78 출력이 일정한 값에 도달한 이후의 제어계의 특성을 무엇이라고 하는가?

① 스텝응답
② 과도특성
③ 정상특성
④ 주파수응답

해설 정상특성

자동제어에서 출력이 일정한 값에 도달한 이후의 제어계의 특성이다.

79 공업용 액면계가 갖추어야 할 조건으로 옳지 않은 것은?

① 자동제어장치에 적용 가능하고, 보수가 용이해야 한다.
② 지시, 기록 또는 원격측정이 가능해야 한다.
③ 연속측정이 가능하고 고온, 고압에 견디어야 한다.
④ 액위의 변화속도가 느리고 액면의 상, 하한계의 적용이 어려워야 한다.

해설 공업용 액면계는 액위의 변화 속도가 빠르고 액면의 상·하한계의 한계치를 간단히 할 수 있는 액면계이어야 한다.(요구정도를 만족하게 얻을 수 있어야 한다.)

80 감도에 대한 설명으로 옳지 않은 것은?

① 지시량 변화/측정량 변화로 나타낸다.
② 측정량의 변화에 민감한 정도를 나타낸다.
③ 감도가 좋으면 측정시간은 짧아지고 측정범위는 좁아진다.
④ 감도의 표시는 지시계의 감도와 눈금너비로 표시한다.

해설 ㉠ 감도 $= \dfrac{\text{지시량의 변화}}{\text{측정량의 변화}}$

㉡ 감도가 좋으면 측정시간이 길어지고 측정범위가 좁아진다.

㉢ 감도의 표시는 지시계의 감도와 눈금너비 또는 눈금량으로 표시된다.

통합 1 · 2회 2020년 6월 13일 시행

제1과목 : 연소공학

01 등심연소 시 화염의 길이에 대하여 옳게 설명한 것은?

① 공기온도가 높을수록 길어진다.
② 공기온도가 낮을수록 길어진다.
③ 공기유속이 높을수록 길어진다.
④ 공기유속 및 공기온도가 낮을수록 길어진다.

해설 등심연소
공급되는 공기의 유속이 낮거나 공급공기의 온도가 높으면 화염의 높이나 길이가 길어진다.

02 메탄올 96g과 아세톤 116g을 함께 진공상태의 용기에 넣고 기화시켜 25℃의 혼합기체를 만들었다. 이때 전압력은 약 몇 mmHg인가? (단, 25℃에서 순수한 메탄올과 아세톤의 증기압 및 분자량은 각각 96.5mmHg, 56mmHg 및 32, 58이다.)

① 76.3　　　　　② 80.3
③ 152.5　　　　④ 170.5

해설 메탄올(96/32)=3몰, 아세톤(116/58)=2몰,
3+2=5몰

$$\therefore \text{전압력}(P) = P_1 + P_2 = \frac{(96.5 \times 3) + (56 \times 2)}{5}$$
$$= 80.3 \text{mmHg}$$

03 완전연소의 구비조건으로 틀린 것은?

① 연소에 충분한 시간을 부여한다.
② 연료를 인화점 이하로 냉각하여 공급한다.
③ 적정량의 공기를 공급하여 연료와 잘 혼합한다.
④ 연소실 내의 온도를 연소 조건에 맞게 유지한다.

해설 완전연소의 조건은 연료를 인화점 이상으로 가열하여 공급하고 기타 ①, ③, ④항에 따른다.

04 위험성평가기법 중 공정에 존재하는 위험요소들과 공정의 효율을 떨어뜨릴 수 있는 운전상의 문제점을 찾아내어 그 원인을 제거하는 정성적인 안전성평가기법은?

① What–if　　　② HEA
③ HAZOP　　　④ FMECA

해설 ① What–if : 사고예상 질문분석법(정성적 안전성 평가기법)
② HEA : 작업자 실수기법(안전성 평가기법)
③ HAZOP : 위험과 운전분석기법(정성적 안전성 평가기법)
④ FMECA : 이상위험도 분석기법

05 중유의 저위발열량이 10,000kcal/kg의 연료 1kg을 연소시킨 결과 연소열은 5,500kcal/kg이었다. 연소효율은 얼마인가?

① 45%　　　　　② 55%
③ 65%　　　　　④ 75%

해설 $\text{연소효율}(\eta) = \dfrac{\text{연소열}}{\text{발열량}} \times 100 = \dfrac{5,500}{10,000} \times 100 = 55\%$

정답 01.① 02.② 03.② 04.③ 05.②

06 연소 반응이 일어나기 위한 필요 충분 조건으로 볼 수 없는 것은?

① 점화원   ② 시간

③ 공기   ④ 가연물

해설 ㉠ 연소의 3대조건 : 가연물, 점화원, 산소공급원
㉡ 연소반응의 조건에서 충분한 시간은 완전연소의 구비조건이다.

07 기체연료－공기혼합기체의 최대연소속도(대기압, 25℃)가 가장 빠른 가스는?

① 수소   ② 메탄

③ 일산화탄소   ④ 아세틸렌

해설 기체의 확산속도 및 산소와의 혼합이 좋으면 연소속도가 빨라진다(기체의 확산속도는 분자량의 제곱근에 비례하므로 분자량이 작은 기체는 확산속도가 반대로 커진다).

㉠ 확산속도비 $= \dfrac{U_o}{U_H} = \dfrac{M_o}{M_H} = \sqrt{\dfrac{분자량(가스)}{분자량(산소)}}$

㉡ 분자량(수소 : 2, 메탄 : 16, 일산화탄소 : 28, 아세틸렌 : 26)

08 일반적인 연소에 대한 설명으로 옳은 것은?

① 온도의 상승에 따라 폭발범위는 넓어진다.

② 압력 상승에 따라 폭발범위는 좁아진다.

③ 가연성가스에서 공기 또는 산소의 농도 증가에 따라 폭발범위는 좁아진다.

④ 공기 중에서보다 산소 중에서 폭발범위는 좁아진다.

해설 • 압력이 증가하면 폭발범위 증가
• 산소의 농도가 증가하면 폭발범위 증가

09 이상기체에 대한 설명으로 틀린 것은?

① 이상기체 상태 방정식을 따르는 기체이다.

② 보일－샤를의 법칙을 따르는 기체이다.

③ 아보가드로 법칙을 따르는 기체이다.

④ 반 데르 발스 법칙을 따르는 기체이다.

해설 실제기체의 상태식(반 데르 발스식)

$$\left(P + \frac{a}{V^2}\right)(V-b) = RT(1몰당)$$

$$\left(P + \frac{n^2 a}{V^2}\right)(V-nb) = nRT(n몰당)$$

10 이산화탄소로 가연물을 덮는 방법은 소화의 3대 효과 중 다음 어느 것에 해당하는가?

① 제거효과   ② 질식효과

③ 냉각효과   ④ 촉매효과

해설 질식효과
CO_2 등으로 가연물을 차단하는 효과이다.

11 표면연소란 다음 중 어느 것을 말하는가?

① 오일표면에서 연소하는 상태

② 고체연료가 화염을 길게 내면서 연소하는 상태

③ 화염의 외부표면에 산소가 접촉하여 연소하는 현상

④ 적열된 코크스 또는 숯의 표면 또는 내부에 산소가 접촉하여 연소하는 상태

해설 표면연소란 숯, 목판, 코크스 등 한번 건류된 물질이 표면에서 내부로 연소가 진행되는 것으로 그 특징은 ④항과 같다.

12 화재와 폭발을 구별하기 위한 주된 차이는?

① 에너지 방출속도   ② 점화원

③ 인화점   ④ 연소한계

해설 화재와 폭발을 구별하는 주된 차이 : 에너지 방출속도

정답 06.② 07.① 08.① 09.④ 10.② 11.④ 12.①

13 시안화수소의 위험도(H)는 약 얼마인가?

① 5.8 　　　　② 8.8

③ 11.8 　　　　④ 14.8

해설 위험도(H) $= \dfrac{U-L}{L} = \dfrac{41-6}{6} = 5.8$

　　　가연성가스 HCN(시안화수소) 폭발범위 : 6~41%

14 폭굉유도거리(DID)에 대한 설명으로 옳은 것은?

① 관경이 클수록 짧다.

② 압력이 낮을수록 짧다.

③ 점화원의 에너지가 약할수록 짧다.

④ 정상연소 속도가 빠른 혼합가스일수록 짧다.

해설 폭굉유도거리가 짧아지는 조건

　　　④항 및 관 속에 방해물이 있을 때, 관경이 클수록, 점화원의 에너지가 강할수록, 압력이 높을수록 등이다.

　　　※ 폭굉(DID) : 최초의 완만한 연소에서 격렬한 폭발로 발전할 때까지의 거리 또는 시간을 말하며 폭굉유도거리가 짧을수록 위험한 가스이다.

15 최소점화에너지(MIE)에 대한 설명으로 틀린 것은?

① MIE는 압력의 증가에 따라 감소한다.

② MIE는 온도의 증가에 따라 증가한다.

③ 질소농도의 증가는 MIE를 증가시킨다.

④ 일반적으로 분진의 MIE는 가연성가스보다 큰 에너지 준위를 가진다.

해설 최소점화에너지(MIE)

$$E = \frac{1}{2}CV^2$$

　　　여기서, E : 방전에너지, C : 축전기용량, V : 불꽃전압

　　　• 최소점화에너지가 작을수록 위험성은 크다.

　　　• MIE는 온도의 증가에 따라 감소한다.

　　　• 연소속도가 크거나 열전도율이 작거나 산소농도가 높을수록 MIE는 감소한다.

16 프로판 1Sm³를 완전연소시키는 데 필요한 이론공기량은 몇 Sm³인가?

① 5.0 　　　　② 10.5

③ 21.0 　　　　④ 23.8

해설 프로판(C_3H_8)의 연소반응식

　　　$C_3H_8 + 5O_2 \rightarrow 3CO_2 + 4H_2O$

　　　이론공기량(A_0) = 이론산소량 $\times \dfrac{1}{0.21}$

　　　$\therefore A_0 = 5 \times \dfrac{1}{0.21} = 23.8 \,\text{Sm}^3/\text{Sm}^3$

17 증기운폭발에 영향을 주는 인자로서 가장 거리가 먼 것은?

① 혼합비 　　　　② 점화원의 위치

③ 방출된 물질의 양 　④ 증발된 물질의 분율

해설 증기운폭발(Vapor cloud explosion)

　　　가연성가스의 누출로 대기 중 구름형태로 모여 점화원에 의해 순간적으로 모든 가스가 동시에 폭발을 일으키는 것이며 폭발에 영향을 주는 인자는 ②, ③, ④항이나.

18 다음 기체연료 중 CH_4 및 H_2를 주성분으로 하는 가스는?

① 고로가스 　　　　② 발생로가스

③ 수성가스 　　　　④ 석탄가스

해설 석탄가스는 석탄을 코크스화하는 과정에서 발생하는 기체로서 주성분은 메탄, 수소, 가스 등이며, 발열량은 5,500~7,500kcal/m³ 정도이다.

19 메탄 85v%, 에탄 10v%, 프로판 4v%, 부탄 1v%의 조성을 갖는 혼합가스의 공기 중 폭발하한계는 약 얼마인가?

① 4.4% 　　　　② 5.4%

③ 6.2% 　　　　④ 7.2%

정답 13.① 14.④ 15.② 16.④ 17.① 18.④ 19.①

해설 가연성가스 폭발하한계(르 – 샤틀리에 공식)

$$\frac{100}{L} = \frac{V_1}{L_1} + \frac{V_2}{L_2} + \frac{V_3}{L_3} + \frac{V_4}{L_4}$$

가스의 폭발범위

ⓐ 메탄(CH_4) : 5~15%

ⓑ 에탄(C_2H_6) : 3~12.5%

ⓒ 프로판(C_3H_8) : 2.1~9.5%

ⓓ 부탄(C_4H_{10}) : 1.8~8.4%

$$\frac{100}{\left(\frac{85}{5}\right) + \left(\frac{10}{3}\right) + \left(\frac{4}{2.1}\right) + \left(\frac{1}{1.8}\right)} = \frac{100}{22.8} = 4.4$$

20 LPG를 연료로 사용할 때의 장점으로 옳지 않은 것은?

① 발열량이 크다.

② 조성이 일정하다.

③ 특별한 가압장치가 필요하다.

④ 용기, 조정기와 같은 공급설비가 필요하다.

해설 LPG 중 프로판, 부탄의 비점은 $-42.1℃$, $-0.5℃$이므로 액화하기 용이하여 특별한 가압장치가 불필요하다.

제2과목 : 가스설비

21 아세틸렌가스를 2.5MPa의 압력으로 압축할 때 주로 사용되는 희석제는?

① 질소   ② 산소

③ 이산화탄소   ④ 암모니아

해설 C_2H_2가스의 저장 시 희석제

에틸렌, 메탄, 일산화탄소, 질소 등이 있다. 그 이유는 2.5MPa 이상 압축 시 분해폭발을 방지하기 때문이다.

※ 분해폭발 : $2C + H_2 \rightarrow C_2H_2 - 54.2kcal$

22 2개의 단열과정과 2개의 등압과정으로 이루어진 가스터빈의 이상 사이클은?

① 에릭슨 사이클   ② 브레이턴 사이클

③ 스털링 사이클   ④ 아트킨슨 사이클

해설 브레이턴 가스터빈 사이클(정압연소 사이클)

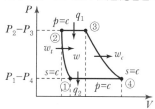

ⓐ ①→②(가역단열압축)

ⓑ ②→③(가역정압가열)

ⓒ ③→④(가역단열팽창)

ⓓ ④→①(가역정압배기)

23 전기방식에 대한 설명으로 틀린 것은?

① 전해질 중 물, 토양, 콘크리트 등에 노출된 금속에 대하여 전류를 이용하여 부식을 제어하는 방식이다.

② 전기방식은 부식 자체를 제거할 수 있는 것이 아니고 음극에서 일어나는 부식을 양극에서 일어나도록 하는 것이다.

③ 방식전류는 양극에서 양극반응에 의하여 전해질로 이온이 누출되어 금속표면으로 이동하게 되고 음극 표면에서는 음극반응에 의하여 전류가 유입되게 된다.

④ 금속에서 부식을 방지하기 위해서는 방식전류가 부식전류 이하가 되어야 한다.

해설 ⓐ 전기방식 : 유전양극법, 외부전원법, 선택배류법, 강제배류법

ⓑ 전기방식의 특징 : ②, ③, ④항 외에도 금속에서 부식을 방지하기 위해서는 방식전류가 부식전류 이상이 되어야 한다.

정답 20.③ 21.① 22.② 23.④

24 암모니아 압축기 실린더에 일반적으로 워터재킷을 사용하는 이유가 아닌 것은?

① 윤활유의 탄화를 방지한다.
② 압축소요일량을 크게 한다.
③ 압축효율의 향상을 도모한다.
④ 밸브 스프링의 수명을 연장시킨다.

해설 암모니아 압축기 실린더에 일반적으로 워터재킷(냉각수 흐름으로 과열방지)을 사용하는 이유는 압축소요일량을 적게 하기 위함이다.

25 일반도시가스사업자의 정압기에서 시공 감리 기준 중 기능검사에 대한 설명으로 틀린 것은?

① 2차 압력을 측정하여 작동압력을 확인한다.
② 주정압기의 압력변화에 따라 예비정압기가 정상작동 되는지 확인한다.
③ 가스차단장치의 개폐상태를 확인한다.
④ 지하에 실치된 정압기실 내부에 100Lux 이상의 조명도가 확보되는지 확인한다.

해설 지하 정압기실 내부 밝기
150Lux 이상의 조명도가 필요하다.

26 금속재료에 대한 풀림의 목적으로 옳지 않은 것은?

① 인성을 향상시킨다.
② 내부응력을 제거한다.
③ 조직을 조대화하여 높은 경도를 얻는다.
④ 일반적으로 강의 경도가 낮아져 연화된다.

해설 금속의 열처리
　㉠ 담금질 : 소입(Quenching)은 강의 경도, 강도 증가
　㉡ 뜨임 : 소려(Tempering)는 경도 감소, 인성 증가
　㉢ 풀림 : 소둔(Annealing)은 가공경화된 재료를 연화시킨다.
　㉣ 불림 : 소준(Normalizing)은 강의 조직 표준화, 내부 응력을 제거한다.

27 LPG를 탱크로리에서 저장탱크로 이송 시 작업을 중단해야 하는 경우로서 가장 거리가 먼 것은?

① 누출이 생긴 경우
② 과충전이 된 경우
③ 작업 중 주위에 화재 발생 시
④ 압축기 이용 시 베이퍼록 발생 시

해설 압축기 사용 LPG 탱크로리에서 저장탱크로 이송 시 부탄의 경우 재액화 우려가 있고, 펌프이송 시 베이퍼록(기화) 발생이 염려된다.

28 발열량 10,500kcal/㎥인 가스를 출력 12,000 kcal/h인 연소기에서 연소효율 80%로 연소시켰다. 이 연소기의 용량은?

① 0.70m^3/h
② 0.91m^3/h
③ 1.14m^3/h
④ 1.43m^3/h

해설 연소기용량 $= \dfrac{\text{가스출력}}{\text{발열량} \times \text{연소효율}}$

$= \dfrac{12,000}{10,500 \times 0.8} = 1.43\text{m}^3/\text{h}$

29 액화프로판 400kg을 내용적 50L의 용기에 충전 시 필요한 용기의 개수는?

① 13개
② 15개
③ 17개
④ 19개

해설 프로판(C_3H_8) 1kmol = 44kg(22.4m^3)
액화프로판 : 0.509kg/l, 액화부탄 : 0.582kg/l
용기 1개당 충전량 = 0.9dV
∴ $\dfrac{400}{0.9 \times 0.509 \times 50}$ ≒19개

정답 24.② 25.④ 26.③ 27.④ 28.④ 29.④

30 조정압력이 3.3kPa 이하인 액화석유가스 조정기의 안전장치 작동정지압력은?

① 7kPa
② 5.04~8.4kPa
③ 5.6~8.4kPa
④ 8.4~10kPa

해설 안전장치 압력
　㉠ 작동표준압력 : 7kPa
　㉡ 작동개시압력 : 5.6~8.4kPa
　㉢ 작동정지압력 : 5.04~8.4kPa

31 도시가스 저압배관의 설계 시 반드시 고려하지 않아도 되는 사항은?

① 허용 압력손실
② 가스 소비량
③ 연소기의 종류
④ 관의 길이

해설 가스 저압배관설계 가스유량(Q)

$$Q = K\sqrt{\frac{D^5 \cdot h}{S \cdot L}}, \quad D^5 = \frac{Q_2 \cdot S \cdot L}{K^2 \cdot h}$$

여기서, K : 0.707
　　　 D : 관지름(cm)
　　　 h : 허용압력손실(mmH$_2$O)
　　　 S : 가스기체비중
　　　 L : 관의 길이(m)

32 유수식 가스홀더의 특징에 대한 설명으로 틀린 것은?

① 제조설비가 저압인 경우에 사용한다.
② 구형 홀더에 비해 유효 가동량이 많다.
③ 가스가 건조하면 물탱크의 수분을 흡수한다.
④ 부지면적과 기초공사비가 적게 소요된다.

해설 가스홀더(유수식)
구형 가스홀더에 비해 유효가동량이 많고 많은 물을 필요로 하기 때문에 기초비가 많이 들고, 한랭지에서는 물의 동결방지가 필요하다.

33 정압기(Governor)의 기본구성 중 2차 압력을 감지하고 변동사항을 알려주는 역할을 하는 것은?

① 스프링
② 메인밸브
③ 다이어프램
④ 웨이트

해설 정압기(Governor)
레이놀즈식, 피셔식, 엑셀플로우식이 있다. 정압기의 기본구조는 다이어프램, 스프링, 메인밸브가 있고 파일럿에서 2차 압력의 작은 변화를 증폭해서 메인정압기를 작동시키므로 오프셋은 적어진다.

34 LP가스를 이용한 도시가스 공급방식이 아닌 것은?

① 직접 혼입방식
② 공기 혼합방식
③ 변성 혼입방식
④ 생가스 혼합방식

해설 ㉠ LP가스 도시가스 공급방식 : 직접 혼입방식, 공기혼합방식, 변성가스 공급방식
　　 ㉡ LP가스 강제기화식 : 생가스 공급방식, 공기혼합 공급방식, 변성가스 공급방식

35 Loading형으로 정특성, 동특성이 양호하며 비교적 콤팩트한 형식의 정압기는?

① KRF식 정압기
② Fisher식 정압기
③ Reynolds식 정압기
④ Axial-flow식 정압기

해설 피셔식 정압기
　㉠ 로딩형이다.
　㉡ 정특성, 동특성이 양호하다.
　㉢ 비교적 콤팩트하다.

정답 30.② 31.③ 32.④ 33.③ 34.④ 35.②

36 염소가스 압축기에 주로 사용되는 윤활제는?

① 진한 황산　　② 양질의 광유
③ 식물성유　　④ 묽은 글리세린

해설 압축기용 윤활제
ㄱ 진한 황산(염소압축기)
ㄴ 양질의 광유(수소압축기)
ㄷ 식물성유(LPG압축기)
ㄹ 묽은 글리세린(산소압축기)

37 캐비테이션 현상의 발생 방지책에 대한 설명으로 가장 거리가 먼 것은?

① 펌프의 회전수를 높인다.
② 흡입 관경을 크게 한다.
③ 펌프의 위치를 낮춘다.
④ 양흡입 펌프를 사용한다.

해설 캐비테이션(공동현상)은 펌프운전 시 발생하며 펌프의 회전수를 낮추면 완화된다.

38 가스용 폴리에틸렌 관의 장점이 아닌 것은?

① 부식에 강하다.
② 일광, 열에 강하다.
③ 내한성이 우수하다.
④ 균일한 단위제품을 얻기 쉽다.

해설 가스용 폴리에틸렌 관(PE관 : XL관)은 일광이나 열에 약하다.

39 어떤 냉동기에서 0℃의 물로 0℃의 얼음 2톤을 만드는 데 50kW·h의 일이 소요되었다. 이 냉동기의 성능계수는? (단, 물의 응고열은 80kcal/kg이다.)

① 3.7　　② 4.7
③ 5.7　　④ 6.7

해설 1kW·h=860kcal, 50×860=43,000kcal
2톤=2,000kg, 응고열=2000×80=160,000kcal
∴ 냉동기성능계수

$$= \frac{소요열량}{압축기 일의 열당량} = \frac{160,000}{43,000} = 3.7$$

40 터보형 펌프에 속하지 않는 것은?

① 사류 펌프　　② 축류 펌프
③ 플런저 펌프　　④ 센트리퓨걸 펌프

해설 왕복동 펌프
ㄱ 워싱턴 펌프
ㄴ 웨어 펌프
ㄷ 플런저 펌프

제3과목 : 가스안전관리

41 액화석유가스 자동차에 고정된 용기충전의 시설에 설치되는 안전밸브 중 압축기의 최종단에 설치된 안전밸브의 작동조정의 최소 주기는?

① 6월에 1회 이상　　② 1년에 1회 이상
③ 2년에 1회 이상　　④ 3년에 1회 이상

해설 압축기 최종단에 설치된 안전밸브 작동조정 최소주기 1년에 1회 이상

42 특정설비에 대한 표시 중 기화장치에 각인 또는 표시해야 할 사항이 아닌 것은?

① 내압시험압력
② 가열방식 및 형식
③ 설비별 기호 및 번호
④ 사용하는 가스의 명칭

정답 36.① 37.① 38.② 39.① 40.③ 41.② 42.③

해설 특정설비

안전밸브, 긴급차단장치, 기화장치, 독성가스 배관용 밸브, 자동차용 가스자동주입기, 역화방지기, 압력용기, 특정고압가스용 실린더 캐비닛, 자동차용 압축 천연가스 완속충전설비, 액화석유가스용 용기 잔류가스 회수장치(기화기 각인 표시사항 : 내압시험압력, 가열방식 및 형식, 사용하는 가스의 명칭 등)

43 고압가스특정제조시설에서 안전구역 안의 고압가스설비는 그 외면으로부터 다른 안전구역 안에 있는 고압가스설비의 외면까지 몇 m 이상의 거리를 유지하여야 하는가?

① 10m ② 20m
③ 30m ④ 50m

해설 고압가스 특정 제조시설

안전구역 안의 고압가스설비	30m 이격거리	다른 안전구역 안의 고압가스설비

44 고압가스 운반차량의 운행 중 조치사항으로 틀린 것은?

① 400km 이상 거리를 운행할 경우 중간에 휴식을 취한다.
② 독성가스를 운반 중 도난당하거나 분실한 때에는 즉시 그 내용을 경찰서에 신고한다.
③ 독성가스를 운반하는 때는 그 고압가스의 명칭, 성질 및 이동 중의 재해방지를 위하여 필요한 주의사항을 기재한 서류를 운전자 또는 운반책임자에게 교부한다.
④ 고압가스를 적재하여 운반하는 차량은 차량의 고장, 교통사정, 운전자 또는 운반책임자가 휴식할 경우 운반책임자와 운전자가 동시에 이탈하지 아니한다.

해설 고압가스 운반차량의 운행 중 중간에 휴식이 필요한 운행거리 : 200km 이상

45 고압가스안전성평가기준에서 정한 위험성 평가기법 중 정성적 평가기법에 해당되는 것은?

① Check List 기법
② HEA 기법
③ FTA 기법
④ CCA 기법

해설 ㉠ Check List : 정성적 안전성 평가기법
㉡ HAZOP : 정성적 안전성 평가기법
㉢ FTA : 정량적 안전성 평가기법
㉣ CCA : 정량적 안전성 평가기법
㉤ HEA : 정량적 안전성 평가기법

46 일반적인 독성가스의 제독제로 사용되지 않는 것은?

① 소석회 ② 탄산소다 수용액
③ 물 ④ 암모니아 수용액

해설 ㉠ 염소 제독제 : 소석회, 탄산소다 수용액
㉡ 황화수소 제독제 : 탄산소다, 가성소다 수용액
㉢ 암모니아 제독제 : 물

47 암모니아 저장탱크에는 가스의 용량이 저장탱크 내용적의 몇 %를 초과하는 것을 방지하기 위한 과충전 방지조치를 강구하여야 하는가?

① 85% ② 90%
③ 95% ④ 98%

해설 NH_3가스 가스저장용량

10% 공간구역
온도상승 시 팽창을 우려하여 90% 저장

정답 43.③ 44.① 45.① 46.④ 47.②

48 고압가스용 이음매 없는 용기 제조 시 탄소함유량은 몇 % 이하를 사용하여야 하는가?

① 0.04
② 0.05
③ 0.33
④ 0.55

해설 이음매 없는 용기의 제조 시 화학성분기준
  ㉠ 탄소 : 0.55% 이하(용접용기 : 0.33% 이하)
  ㉡ 인 : 0.04% 이하(용접용기 : 0.04% 이하)
  ㉢ 황 : 0.05% 이하(용접용기 : 0.05% 이하)

49 가스를 충전하는 경우에 밸브 및 배관이 얼었을 때의 응급조치 방법으로 부적절한 것은?

① 열습포를 사용한다.
② 미지근한 물로 녹인다.
③ 석유 버너 불로 녹인다.
④ 40℃ 이하의 물로 녹인다.

해설 가스를 충전하는 경우 밸브나 배관이 얼었을 때 조치방법은 ①, ②, ④항에 따른다.

50 고압가스 일반제조의 시설기준에 대한 설명으로 옳은 것은?

① 산소 초저온 저장탱크에는 환형유리관 액면계를 설치할 수 없다.
② 고압가스설비에 장치하는 압력계는 상용압력의 1.1배 이상 2배 이하의 최고눈금이 있어야 한다.
③ 공기보다 가벼운 가연성가스의 가스설비실에는 1방향 이상의 개구부 또는 자연환기설비를 설치하여야 한다.
④ 저장능력이 1000톤 이상인 가연성 액화가스의 지상 저장탱크의 주위에는 방류둑을 설치하여야 한다.

해설 고압가스 일반제조의 시설기준
  ㉠ 가연성가스 저장탱크 방류둑기준 : 1000톤이상이면 설치한다.
  ㉡ 압력계의 최소눈금 : 상용압력의 1.5배 이상~2배 이하
  ㉢ 가스설비개구부, 자연환기설비 : 공기보다 무거운 가스의 설비는 ③항에 따른다.
  ㉣ 산소나 초저온 저장탱크의 액면계 : 환형액면계 설치가 가능하다.

51 포스겐가스($COCl_2$)를 취급할 때의 주의사항으로 옳지 않은 것은?

① 취급 시 방독마스크를 착용할 것
② 공기보다 가벼우므로 환기시설은 보관장소의 위쪽에 설치할 것
③ 사용 후 폐가스를 방출할 때에는 중화시킨 후 옥외로 방출시킬 것
④ 취급장소는 환기가 잘 되는 곳일 것

해설 ㉠ 포스겐($COCl_2$)의 분자량 : 99
  ㉡ 포스겐의 비중 : $\dfrac{99}{29} = 3.42$ 공기보다 무겁다
  ∴ 환기시설은 보관장소 하부에 설치한다.
  ㉢ 독성허용농도 : 포스겐은 염화카보닐로서 TLV, TWA 기준 0.01ppm인 맹독성 가스이다.

52 초저온 용기의 재료로 적합한 것은?

① 오스테나이트계 스테인리스강 또는 알루미늄합금
② 고탄소강 또는 Cr강
③ 마텐자이트계 스테인리스강 또는 고탄소강
④ 알루미늄합금 또는 Ni-Cr강

해설 ㉠ 초저온 용기의 금속재료 : 오스테나이트계 스테인리스강, 알루미늄 합금 등
  ㉡ 초저온 용기 : 섭씨 -50℃ 이하의 액화가스 충전용기(단열재 피복 요함)

정답 48.④ 49.③ 50.④ 51.② 52.①

53 지름이 각각 8m인 LPG 지상 저장탱크 사이에 물분무장치를 하지 않은 경우 탱크사이에 유지해야 되는 간격은?

① 1m
② 2m
③ 4m
④ 8m

해설 저장탱크 이격거리 = 탱크지름 $\times \dfrac{1}{4}$ m

8m + 8m = 16m $\quad \therefore \ 16 \times \dfrac{1}{4} = 4m$

54 고압가스 일반제조시설에서 저장탱크 및 처리설비를 실내에 설치하는 경우의 기준으로 틀린 것은?

① 저장탱크실과 처리설비실은 각각 구분하여 설치하고 강제환기시설을 갖춘다.
② 저장탱크실의 천장, 벽 및 바닥의 두께는 20cm 이상으로 한다.
③ 저장탱크를 2개 이상 설치하는 경우에는 저장탱크실을 각각 구분하여 설치한다.
④ 저장탱크에 설치한 안전밸브는 지상 5m 이상의 높이에 방출구가 있는 가스방출관을 설치한다.

해설
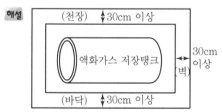
방수처리가 필요한 철근콘크리트로 만든다.

55 액화가스 저장탱크의 저장능력을 산출하는 식은?

[단, Q : 저장능력(m^3)

　　W : 저장능력(kg)

　　V : 내용적(L)

P : 35℃에서 최고충전압력(MPa)

d : 상용온도 내에서 액화가스 비중(kg/L)

C : 가스의 종류에 따른 정수이다.]

① $W = \dfrac{V}{C}$
② $W = 0.9dV$
③ $Q = (10P + 1)V$
④ $Q = (P + 2)V$

해설 ㉠ 액화가스 저장탱크 저장능력(W)
$W = 0.9dV$(10% 안전공간이 필요하다.)

㉡ 액화가스 저장용기(W) = $\dfrac{V}{C}$

㉢ 압축가스 저장용기(Q) = $(P+1)V$
（압축가스는 기체상태로 저장한다.)

56 폭발 및 인화성 위험물 취급 시 주의하여야 할 사항으로 틀린 것은?

① 습기가 없고 양지바른 곳에 둔다.
② 취급자 외에는 취급하지 않는다.
③ 부근에서 화기를 사용하지 않는다.
④ 용기는 난폭하게 취급하거나 충격을 주어서는 아니 된다.

해설 가연성가스의 폭발 및 인화성물질 취급 시 주의사항 습기가 없는 음지에 둔다. 양지바른 곳에서 일광으로 가스온도가 40℃ 이상이 되면 팽창하여 위험성이 따른다(다만, 너무 건조하면 정전기가 발생한다).

57 폭발예방 대책을 수립하기 위하여 우선적으로 검토하여야 할 사항으로 가장 거리가 먼 것은?

① 요인분석
② 위험성 평가
③ 피해예측
④ 피해보상

해설 폭발 시 피해보상은 우선대책이 아닌 차후대책에 해당한다.

정답 53.③ 54.② 55.② 56.① 57.④

58 아세틸렌용 용접용기 제조 시 내압시험 압력이란 최고충전압력 수치의 몇 배의 압력을 말하는가?

① 1.2   ② 1.8

③ 2   ④ 3

해설 내압시험압력(압축가스)
    ㉠ C_2H_2 가스 : 최고충전압력의 3배(MPa)
    ㉡ C_2H_2 가스 외의 가스 : 최고충전압력의 5/3배

59 질소 충전용기에서 질소가스의 누출 여부를 확인하는 방법으로 가장 쉽고 안전한 방법은?

① 기름 사용

② 소리 감지

③ 비눗물 사용

④ 전기스파크 이용

해설 가스충전용기 누출 여부를 확인하는 가장 간단하고 안전한 방법은 비눗물 사용법이다.

60 2단 감압식 1차용 액화석유가스조정기를 제조할 때 최대 폐쇄압력은 얼마 이하로 해야 하는가? (단, 입구압력이 0.1MPa∼1.56MPa이다.)

① 3.5kPa

② 83kPa

③ 95kPa

④ 조정압력의 2.5배 이하

해설 액화석유가스 2단 감압식
    ㉠ 1차 조정기 최대 폐쇄압력 : 95kPa 이하
    ㉡ 2차 조정기 최대 폐쇄압력 : 3.5kPa 이하

제4과목 : 가스계측

61 되먹임제어에 대한 설명으로 옳은 것은?

① 열린 회로제어이다.

② 비교부가 필요 없다.

③ 되먹임이란 출력신호를 입력신호로 다시 되돌려 보내는 것을 말한다.

④ 되먹임제어시스템은 선형 제어시스템에 속한다.

해설

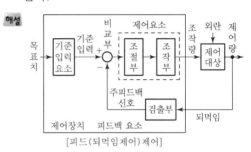

[피드(되먹임제어)제어]

62 He 가스 중 불순물로서 N_2 : 2%, CO : 5%. CH_4 : 1%. H_2 : 5%가 들어 있는 가스를 가스크로마토그래피로 분석하고자 한다. 다음 중 가장 적당한 검출기는?

① 열전도검출기(TCD)

② 불꽃이온화검출기(FID)

③ 불꽃광도검출기(FPD)

④ 환원성가스검출기(RGD)

해설 검출기의 종류
    ㉠ FID : 수소이온화 검출기
    ㉡ ECD : 전자포획이온화 검출기
    ㉢ TCD : 열전도도형 검출기
    ㉣ RGD : 환원성가스 검출기
    ※ 가스크로마토그래피 캐리어(전개제) 가스 : Ar, He, H_2, N_2

정답 58.④ 59.③ 60.③ 61.③ 62.①

63 다음 가스 분석법 중 흡수분석법에 해당 되지 않는 것은?

① 헴펠법   ② 게겔법
③ 오르자트법 ④ 우인클러법

> **해설** 흡수분석법(흡수액 : CO_2, O_2, CO, NaCl)
> ㉠ 헴펠법
> ㉡ 오르자트법
> ㉢ 게겔법

64 Block 선도의 등가변환에 해당하는 것만 으로 짝지어진 것은?

① 전달요소 결합, 가합점 치환, 직렬 결합, 피 드백 치환
② 전달요소 치환, 인출점 치환, 병렬 결합, 피 드백 결합
③ 인출점 치환, 가합점 결합, 직렬 결합, 병렬 결합
④ 전달요소 이동, 가합점 결합, 직렬 결합, 피 드백 결합

> **해설**
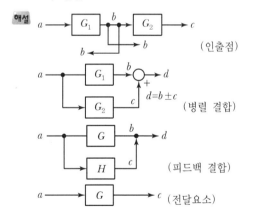

65 가스센서에 이용되는 물리적 현상으로 가장 옳은 것은?

① 압전효과   ② 조셉슨효과
③ 흡착효과   ④ 광전효과

66 접촉식 온도계의 종류와 특징을 연결한 것 중 틀린 것은?

① 유리 온도계 – 액체의 온도에 따른 팽창을 이용한 온도계
② 바이메탈 온도계 – 바이메탈이 온도에 따라 굽히는 정도가 다른 점을 이용한 온도계
③ 열전대 온도계 – 온도 차이에 의한 금속의 열상승 속도의 차이를 이용한 온도계
④ 저항 온도계 – 온도 변화에 따른 금속의 전 기저항 변화를 이용한 온도계

> **해설** 열전대 온도계
> 두 가지의 서로 다른 금속선을 결합시켜 양접점에 서 온도를 서로 다르게 하면 열기전력이 생기는데, 이것을 제벡(Seebeck) 효과라고 한다.

67 여과기(strainer)의 설치가 필요한 가스미터는?

① 터빈 가스미터 ② 루트 가스미터
③ 막식 가스미터 ④ 습식 가스미터

> **해설**
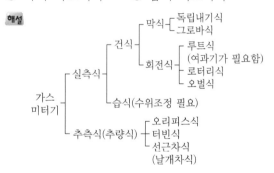

68 초음파 유량계에 대한 설명으로 틀린 것은?

① 압력손실이 거의 없다.
② 압력은 유량에 비례한다.
③ 대구경 관로의 측정이 가능하다.
④ 액체 중 고형물이나 기포가 많이 포함되어 있어도 정도가 좋다.

정답   63.④   64.②   65.③   66.③   67.②   68.④

해설 액체 중에 고형물이나 기포가 많으면 측정값의 오차가 커진다.

69 외란의 영향으로 인하여 제어량이 목표치인 50L/min에서 53L/min으로 변하였다면 이때 제어편차는 얼마인가?

① +3L/min
② −3L/min
③ +6.0%
④ −6.0%

해설 제어량 50L/min, 변화 후 53L/min
오버량 $= 53 - 50 = 3$L/min
∴ 3L/min 감소가 필요하다(-3L/min).

70 가스미터의 원격계측(검침) 시스템에서 원격계측방법으로 가장 거리가 먼 것은?

① 제트식
② 기계식
③ 펄스식
④ 전자식

해설 가스미터기의 원격계측시스템에서 원격계측방법 종류(분류)
㉠ 기계식
㉡ 펄스식
㉢ 전자식

71 전극식 액면계의 특징에 대한 설명으로 틀린 것은?

① 프로브 형성 및 부착위치와 길이에 따라 정전용량이 변화한다.
② 고유저항이 큰 액체에는 사용이 불가능하다.
③ 액체의 고유저항 차이에 따라 동작점의 차이가 발생하기 쉽다.
④ 내식성이 강한 전극봉이 필요하다.

해설 전극식 액면계
전도성 액체 내부에 전극을 설치하고 낮은 전압을 이용하여 급수나 배수의 액면을 측정한다.
①항의 내용은 정전용량식 액면계의 특징이다.

72 가스보일러에서 가스를 연소시킬 때 불완전연소로 발생하는 가스에 중독될 경우 생명을 잃을 수도 있다. 이때 이 가스를 검지하기 위하여 사용하는 시험지는?

① 연당지
② 염화파라듐지
③ 하리슨씨 시약
④ 질산구리벤젠지

해설 가스검지기
㉠ 연당지 : 황화수소
㉡ 하리슨시약 : 포스겐
㉢ 질산구리벤젠지 : 시안화수소
㉣ 염화파라듐지 : CO 가스

73 헴펠(Hempel)법에 의한 분석순서가 바른 것은?

① $CO_2 \rightarrow C_m H_n \rightarrow O_2 \rightarrow CO$
② $CO \rightarrow C_m H_n \rightarrow O_2 \rightarrow CO_2$
③ $CO_2 \rightarrow O_2 \rightarrow C_m H_n \rightarrow CO$
④ $CO \rightarrow O_2 \rightarrow C_m H_n \rightarrow CO_2$

해설 흡수분석법(헴펠법)
㉠ CO_2 : 33KOH 용액
㉡ $C_m H_n$: 발연황산
㉢ O_2 : 알칼리성 피로카롤 용액
㉣ CO : 암모니아성 염화제1동 용액

74 실측식 가스미터가 아닌 것은?

① 터빈식
② 건식
③ 습식
④ 막식

해설 추측식 가스미터 : 오리피스, 터빈식, 선근차식

정답 69.② 70.① 71.① 72.② 73.① 74.①

75 아르키메데스의 원리를 이용하는 압력계는?

① 부르동관 압력계 ② 링밸런스식 압력계
③ 침종식 압력계 ④ 벨로스식 압력계

해설

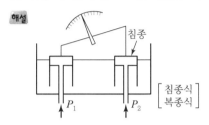

[침종식
복종식]

76 습식 가스미터의 특징에 대한 설명으로 옳지 않은 것은?

① 계량이 정확하다.
② 설치 공간이 작다.
③ 사용 중에 기차의 변동이 거의 없다.
④ 사용 중에 수위 조정 등의 관리가 필요하다.

해설 습식 가스미터(실측식)기는 설치 스페이스가 크고 사용 중에 수위조정 등의 관리가 필요하다. 또한 실험용이며 0.2~3000m³/h에서 사용한다.

77 전기저항식 습도계의 특징에 대한 설명 중 틀린 것은?

① 저온도의 측정이 가능하고, 응답이 빠르다.
② 고습도에 장기간 방치하면 감습막이 유동한다.
③ 연속기록, 원격측정, 자동제어에 주로 이용된다.
④ 온도계수가 비교적 작다.

해설 전기저항식 습도계는 응답이 빠르고 온도계수가 크다. 기타 특징은 ①, ②, ③항 등이며, 경년변화가 있는 결점이 있다.

78 반도체 스트레인 게이지의 특징이 아닌 것은?

① 높은 저항 ② 높은 안정성
③ 큰 게이지상수 ④ 낮은 피로수명

해설 반도체 스트레인 게이지

- 전기저항 스트레인 게이지의 일종으로 충격측정, 진동측정용의 변환기로 사용한다.
- 높은 저항, 높은 안정성, 큰 게이지상수, 높은 피로수명이 특징이다.

79 평균유속이 3m/s인 파이프를 25L/s의 유량이 흐르도록 하려면 이 파이프의 지름을 약 몇 mm로 해야 하는가?

① 88mm ② 93mm
③ 98mm ④ 103mm

해설 유량$(Q) = $단면적$(A) \times$유속(m/s)

단면적$= \left(\dfrac{25 \times 10^{-3}}{3} \right) = 0.00833\text{m}^3$

지름$(d) = \sqrt{\dfrac{4Q}{\pi V}} = \sqrt{\dfrac{4 \times 25 \times 10^{-3}}{\pi \times 3}} = 0.103\text{m}$
$= 103\text{mm}$

80 계측에 사용되는 열전대 중 다음 [보기]의 특징을 가지는 온도계는?

[보기]
- 열기전력이 크고 저항 및 온도계수가 작다.
- 수분에 의한 부식에 강하므로 저온측정에 적합하다.
- 비교적 저온의 실험용으로 주로 사용한다.

① R형 ② T형
③ J형 ④ K형

해설

형	열전대	측정범위(℃)
R	백금-백금로듐	0~1,600
K	크로멜-알루멜	−20~1,200
J	철-콘스탄탄	−20~800
T	구리-콘스탄탄	−200~350(저온 측정)

정답 75.③ 76.② 77.④ 78.④ 79.④ 80.②

3회 2020년 8월 23일 시행

제1과목 : 연소공학

01 연소열에 대한 설명으로 틀린 것은?

① 어떤 물질이 완전연소할 때 발생하는 열량이다.

② 연료의 화학적 성분은 연소열에 영향을 미친다.

③ 이 값이 클수록 연료로서 효과적이다.

④ 발열반응과 함께 흡열반응도 포함한다.

해설 연소열

어떤 물질이 완전연소할 때 발생하는 열량을 말하며 기타 ②, ③항을 의미한다. 즉, 물질 1몰이 완전히 연소할 때의 반응열이다.

$C(s) + O_2(g) \rightarrow CO_2(g) + 94kcal$

C(탄소)의 연소열 : $94kcal/mol$

$2CO(g) + O_2(g) \rightarrow 2CO_2(g) + 136kcal$

CO의 연소열 : $\dfrac{136}{2} = 68kcal/mol$

※ 반응열(발열반응, 흡열반응) : 화학반응에서 물질 1몰이 반응할 때 방출·흡수되는 열량이다.

02 연소가스량 $10m^3/kg$, 비열 $0.325kcal/m^3 \cdot ℃$인 어떤 연료의 저위발열량이 $6,700kcal/kg$이었다면 이론연소온도는 약 몇 ℃인가?

① 1,962℃
② 2,062℃
③ 2,162℃
④ 2,262℃

해설 이론연소온도$(T) = \dfrac{발열량}{연소가스량 \times 가스비열}$

$= \dfrac{6,700}{10 \times 0.325} = 2,062(℃)$

03 황(S) 1kg이 이산화황(SO_2)으로 완전연소할 경우 이론산소량(kg/kg)과 이론공기량(kg/kg)은 각각 얼마인가?

① 1, 4.31
② 1, 8.62
③ 2, 4.31
④ 2, 8.62

해설 황(S)의 연소반응식

$S + O_2 \rightarrow SO_2 (32kg + 32kg \rightarrow 64kg)$

이론산소량$(O_0) = \dfrac{32}{32} = 1(kg/kg)$

이론공기량$(A_0) = 이론산소량 \times \dfrac{1}{0.232}$

$= 1 \times \dfrac{1}{0.232} = 4.31(kg/kg)$

※ 공기 중 산소는 질량당 23.2% 함유

04 메탄 60v%, 에탄 20v%, 프로판 15v%, 부탄 5v%인 혼합가스의 공기 중 폭발하한계(v%)는 약 얼마인가? (단, 각 성분의 폭발하한계는 메탄 5.0v%, 에탄 3.0v%, 프로판 2.1v%, 부탄 1.8v%로 한다.)

① 2.5
② 3.0
③ 3.5
④ 4.0

해설 가연성가스 폭발하한계$\left(\dfrac{100}{L_1}\right)$

$= \dfrac{100}{\dfrac{V_1}{L_1} + \dfrac{V_2}{L_2} + \dfrac{V_3}{L_3} + \dfrac{V_4}{L_4}}$

$= \dfrac{100}{\dfrac{60}{5.0} + \dfrac{20}{3.0} + \dfrac{15}{2.1} + \dfrac{5}{1.8}}$

$= \dfrac{100}{28.59} = 3.5(\%)$

정답 01.④ 02.② 03.① 04.③

05 기체연료의 확산연소에 대한 설명으로 틀린 것은?

① 확산연소는 폭발의 경우에 주로 발생하는 형태이며 예혼합연소에 비해 반응대가 좁다.

② 연료가스와 공기를 별개로 공급하여 연소하는 방법이다.

③ 연소형태는 연소기기의 위치에 따라 달라지는 비균일 연소이다.

④ 일반적으로 확산과정은 화학반응이나 화염의 전파과정보다 늦기 때문에 확산에 의한 혼합속도가 연소속도를 지배한다.

해설 기체연료의 확산연소방식은 예혼합연소방식에 비하여 반응대가 좋지 않아서 불완전연소 발생이 우려된다.

06 프로판 가스의 분자량은 얼마인가?

① 17   ② 44

③ 58   ④ 64

해설 ㉠ 분자량

　　C : 12, H_2 : 2

　　㉡ 원자량

　　C : 12, H : 1

　　∴ C_3H_8 분자량 : $12 \times 3 + 2 \times 8 = 44$

07 0℃, 1기압에서 C_3H_8 5kg의 체적은 약 몇 m³인가? (단, 이상기체로 가정하고, C의 원자량은 12, H의 원자량은 1이다.)

① 0.6   ② 1.5

③ 2.5   ④ 3.6

해설 프로판(C_3H_8) 44kg=22.4Nm³=1kmol

　　∴ $22.4 \times \dfrac{5}{44} = 2.545$kg

08 다음 보기의 성질을 가지고 있는 가스는?

[보기]
• 무색, 무취, 가연성기체
• 폭발범위 : 공기 중 4~75vol%

① 메탄   ② 암모니아

③ 에틸렌   ④ 수소

해설 수소가스(H_2)
• 폭발범위가 4~75%인 가연성가스이다.
• 무색, 무취의 가스로서 비중은 $\dfrac{2}{29} = 0.07$이다.

09 공기비가 적을 경우 나타나는 현상과 가장 거리가 먼 것은?

① 매연발생이 심해진다.

② 폭발사고 위험성이 커진다.

③ 연소실 내의 연소온도가 저하된다.

④ 미연소로 인한 열손실이 증가한다.

해설 과잉공기량 투입이 지나치면 연소실 내의 연소온도가 하강하고 배기가스량이 많아지며 질소산화물 발생이 심하고 열손실이 증가한다.

10 1atm, 27℃의 밀폐된 용기에 프로판과 산소가 1 : 5 부피비로 혼합되어 있다. 프로판이 완전연소하여 화염의 온도가 1,000℃가 되었다면 용기 내에 발생하는 압력은 약 몇 atm인가?

① 1.95atm   ② 2.95atm

③ 3.95atm   ④ 4.95atm

해설 $T_1 = 27 + 273 = 300$K

　　$T_2 = 1,000 + 273 = 1,273$K

　　연소반응($C_3H_8 + 5O_2 \rightarrow 3CO_2 + 4H_2O$)

　　연소물($C_3H_8 + 5O_2 \rightarrow 6$)

　　생성물($3CO_2 + 4H_2O = 7$)

　　∴ $P_2 = P_1 \times \dfrac{n_2 T_2}{n_1 T_1} = 1 \times \dfrac{7 \times (1,273)}{6 \times (300)} = 4.95$atm

정답 05.① 06.② 07.③ 08.④ 09.③ 10.④

11 기체상수 R을 계산한 결과 1.987이었다. 이 때 사용되는 단위는?

① cal/mol · K

② erg/kmol · K

③ Joule/mol · K

④ L · atm/mol · K

[해설] 일반기체상수(일반 $\overline{R}$) : $0.08205l$ · atm/gmol · K, 848kg · m/kmol · K, 62.36m³ · mmHg/kmol · K, 1.987kcal/kmol · K, 8.314×10⁷erg/gmol · K, 8.314kJ/kmol · K

12 분진폭발과 가장 관련이 있는 물질은?

① 소백분

② 에테르

③ 탄산가스

④ 암모니아

[해설] 분진폭발
소백분, 알루미늄미분말, 마그네슘분말, 가릿트 등의 폭발이다(가연성 고체의 미분이다).

13 폭굉이란 가스 중의 음속보다 화염 전파 속도가 큰 경우를 말하는데 마하수 약 얼마를 말하는가?

① 1~2

② 3~12

③ 12~21

④ 21~30

[해설] 마하수(M) = $\dfrac{속도(V)}{음속(C)}$

(폭굉이 일어나는 마하수는 3~12 정도)
※ 폭굉 : 폭발유속이 1,000~3,500m/s

14 다음 중 자기연소를 하는 물질로만 나열된 것은?

① 경유, 프로판

② 질화면, 셀룰로이드

③ 황산, 나프탈렌

④ 석탄, 플라스틱(FRP)

[해설] 자기연소
제5류 위험물인 셀룰로이드, 질산에스테르류, 히드라진 등 가연성 고체 내에 산소를 함유한 물질이다.

15 가연물의 위험성에 대한 설명으로 틀린 것은?

① 비등점이 낮으면 인화의 위험성이 높아진다.

② 파라핀 등 가연성 고체는 화재 시 가연성액체가 되어 화재를 확대한다.

③ 물과 혼합되기 쉬운 가연성 액체는 물과 혼합되면 증기압이 높아져 인화점이 낮아진다.

④ 전기전도도가 낮은 인화성 액체는 유동이나 여과 시 정전기를 발생시키기 쉽다.

[해설] 가연성물질은 수분함량이 적어 건조도가 높아야 한다(압력이 증가하면 비점이 상승하므로 증기발생이 어렵다).

16 정전기를 제어하는 방법으로서 전하의 생성을 방지하는 방법이 아닌 것은?

① 접속과 접지(Bonding and Grounding)

② 도전성 재료 사용

③ 침액파이프(Dip pipes) 설치

④ 첨가물에 의한 전도도 억제

[해설] ④항에서는 접촉전위차가 작은 재료를 선택한다.

17 어떤 반응물질이 반응을 시작하기 전에 반드시 흡수하여야 하는 에너지의 양을 무엇이라 하는가?

① 점화에너지

② 활성화에너지

③ 형성엔탈피

④ 연소에너지

[정답] 11.① 12.① 13.② 14.② 15.③ 16.④ 17.②

해설 활성화에너지
어떤 반응물질이 반응을 시작하기 전에 반드시 흡수하여야 하는 에너지의 양이다.

18 연료의 발열량 계산에서 유효수소를 옳게 나타낸 것은?

① $\left(H + \dfrac{O}{8}\right)$ ② $\left(H - \dfrac{O}{8}\right)$

③ $\left(H + \dfrac{O}{16}\right)$ ④ $\left(H - \dfrac{O}{16}\right)$

해설 $H_2 + \dfrac{1}{2}O_2 \rightarrow H_2O$

$2kg + \dfrac{32}{2}kg \rightarrow 18kg$

$1kg + 8kg \rightarrow 9kg$

수소성분 중 주위에 산소가 있으면 수소 1kg : 산소 8kg으로 반응하여 H_2O이 생성되므로 실제 연소가 가능한 수소만을 유효수소$\left(H - \dfrac{O}{8}\right)$라고 한다.

19 표준상태에서 기체 1m³는 약 몇 몰인가?

① 1 ② 2
③ 22.4 ④ 44.6

해설 $1m^3 = 1,000L$
$1mol = 22.4L$

$\therefore \dfrac{1,000}{22.4} = 44.6mol$

20 다음 중 열전달계수의 단위는?

① kcal/h ② kcal/m² · h · ℃
③ kcal/m · h · ℃ ④ kcal/℃

해설 ㉠ 열전달계수, 열전달률 단위 : kcal/m²h℃
㉡ 열전도율 단위 : kcal/mh℃

제2과목 : 가스설비

21 조정기 감압방식 중 2단 감압방식의 장점이 아닌 것은?

① 공급압력이 안정하다.
② 장치와 조작이 간단하다.
③ 배관의 지름이 가늘어도 된다.
④ 각 연소기구에 알맞은 압력으로 공급이 가능하다.

해설 2단 감압방식
설비가 복잡하고 검사방법이 복잡하다.

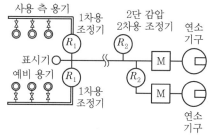

22 지하 도시가스 매설배관에 Mg과 같은 금속을 배관과 전기적으로 연결하여 방식하는 방법은?

① 회생양극법 ② 외부전원법
③ 선택배류법 ④ 강제배류법

해설 전기방식(회생양극법)
매설가스배관과 마그네슘(Mg) 금속과 연결

23 고압가스설비 내에서 이상사태가 발생한 경우 긴급이송설비에 의하여 이송되는 가스를 안전하게 연소시킬 수 있는 안전장치는?

① 벤트스택 ② 플레어스택
③ 인터록기구 ④ 긴급차단장치

정답 18.② 19.④ 20.② 21.② 22.① 23.②

해설 플레어스택
가스설비에서 이상사태 발생의 경우 긴급이송설비에 이송되는 가스를 안전하게 연소시키는 장치이다.
※ 벤트스택 : 가스방출설비

24 도시가스시설에서 전기방식효과를 유지하기 위하여 빗물이나 이물질의 접촉으로 인한 절연의 효과가 상쇄되지 아니하도록 절연이음매 등을 사용하여 절연한다. 절연조치를 하는 장소에 해당되지 않는 것은?

① 교량횡단 배관의 양단
② 배관과 철근콘크리트 구조물 사이
③ 배관과 배관지지물 사이
④ 타 시설물과 30cm 이상 이격되어 있는 배관

해설 전기방식효과 유지 절연조치 장소는 ①, ②, ③항 외에 타 시설물과 접근 교차지점이 해당된다.(다만, 타 시설물과 30cm 이상 이격 설치된 경우에는 제외한다.)

25 원심 펌프를 병렬로 연결하는 것은 무엇을 증가시키기 위한 것인가?

① 양정
② 동력
③ 유량
④ 효율

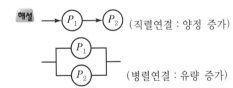

해설
(직렬연결 : 양정 증가)

(병렬연결 : 유량 증가)

26 저온장치에서 저온을 얻을 수 있는 방법이 아닌 것은?

① 단열교축팽창
② 등엔트로피팽창
③ 단열압축
④ 기체의 액화

해설 단열압축을 하면 온도가 상승하고 용적은 감소한다.

27 두께 3mm, 내경 20mm, 강관에 내압이 2kgf/cm²일 때, 원주방향으로 강관에 작용하는 응력은 약 몇 kgf/cm²인가?

① 3.33
② 6.67
③ 9.33
④ 12.67

해설 ㉠ 원주방향 응력$(\sigma_A) = \dfrac{PD}{2t}$

㉡ 축방향 응력$(\sigma_B) = \dfrac{PD}{4t}$

$\therefore \ \sigma_A = \dfrac{2 \times 20}{2 \times 3} = 6.67 \mathrm{kgf/cm^2}$

28 용적형 압축기에 속하지 않는 것은?

① 왕복 압축기
② 회전 압축기
③ 나사 압축기
④ 원심 압축기

해설 터보형(비용적식) 압축기
㉠ 원심식
㉡ 축류식
㉢ 혼류식

29 비교회전도 175, 회전수 3,000rpm, 양정 210m인 3단 원심펌프의 유량은 약 몇 m³/min인가?

① 1
② 2
③ 3
④ 4

해설

$$비교회전도(N_s) = \dfrac{N\sqrt{Q}}{\left(\dfrac{H}{n}\right)^{\frac{3}{4}}}, \ 175 = \dfrac{3,000\sqrt{Q}}{\left(\dfrac{210}{3}\right)^{\frac{3}{4}}}$$

$\therefore$ 유량$(Q) = 2\mathrm{m^3/min}$

정답 24.④ 25.③ 26.③ 27.② 28.④ 29.②

30 고압고무호스의 제품성능 항목이 아닌 것은?

① 내열성능 ② 내압성능
③ 호스부성능 ④ 내이탈성능

해설 고압고무호스의 제품성능 항목
ㄱ 내압성능
ㄴ 호스부성능
ㄷ 내이탈성능

31 이중각식 구형 저장탱크에 대한 설명으로 틀린 것은?

① 상온 또는 −30℃ 전후까지의 저온의 범위에 적합하다.
② 내구에는 저온 강재, 외구에는 보통 강판을 사용한다.
③ 액체산소, 액체질소, 액화메탄 등의 저장에 사용된다.
④ 단열성이 아주 우수하다.

해설 이중각식 구형 탱크

9% Ni 강 혹은 Al 합금
내부탱크

LNG −162℃

탄소강 외부탱크

방류둑

32 저온(T_2)으로부터 고온(T_1)으로 열을 보내는 냉동기의 성능계수 산정식은?

① $\dfrac{T_2}{T_1}$ ② $\dfrac{T_2}{T_1 - T_2}$

③ $\dfrac{T_1}{T_1 - T_2}$ ④ $\dfrac{T_1 - T_2}{T_1}$

해설 역카르노사이클(냉동사이클) 성능계수 COP

$$COP = \frac{q_2}{A_w} = \frac{T_2}{T_1 - T_2} = \frac{q_2}{q_1 - q_2}$$
$$= \frac{냉동효과}{압축기 유효일의 열당량}$$

33 액화석유가스를 소규모 소비하는 시설에서 용기수량을 결정하는 조건으로 가장 거리가 먼 것은?

① 용기의 가스 발생능력
② 조정기의 용량
③ 용기의 종류
④ 최대 가스 소비량

해설 LPG 용기수량 결정조건
ㄱ 용기의 가스 발생능력
ㄴ 용기의 종류
ㄷ 최대 가스 소비량

34 LPG 용기 충전설비의 저장설비실에 설치하는 자연환기설비에서 외기에 면하여 설치된 환기구의 통풍가능면적의 합계는 어떻게 하여야 하는가?

① 바닥면적 $1m^2$마다 $100cm^2$의 비율로 계산한 면적 이상
② 바닥면적 $1m^2$마다 $300cm^2$의 비율로 계산한 면적 이상
③ 바닥면적 $1m^2$마다 $500cm^2$의 비율로 계산한 면적 이상
④ 바닥면적 $1m^2$마다 $600cm^2$의 비율로 계산한 면적 이상

해설 LPG 용기 충전시설의 자연환기(통풍가능면적)

바닥면적 $1m^2$당 $300cm^2$ 비율

정답 30.① 31.① 32.② 33.② 34.②

35 정압기를 사용압력별로 분류한 것이 아닌 것은?

① 단독사용자용 정압기
② 중압 정압기
③ 지역 정압기
④ 지구 정압기

> **해설** 도시가스 정압기
> ㉠ 단독사용자용
> ㉡ 지역용
> ㉢ 지구용

36 액화 사이클 중 비점이 점차 낮은 냉매를 사용하여 저비점의 기체를 액화하는 사이클은?

① 린데 공기액화사이클
② 가역가스 액화사이클
③ 캐스케이드 액화사이클
④ 필립스 공기액화사이클

> **해설** 가스액화사이클
> • 린데의 공기액화사이클
> • 클라우드의 공기액화사이클
> • 캐피자의 공기액화사이클
> • 필립스의 공기액화사이클
> • 캐스케이드 액화사이클(다원액화사이클)
> ※ 캐스케이드 사이클 : 비점이 점차 낮은 냉매사용, 저비점의 기체 액화사이클

37 추의 무게가 5kg이며, 실린더의 지름이 4cm일 때 작용하는 게이지 압력은 약 몇 kg/cm²인가?

① 0.3 　② 0.4
③ 0.5 　④ 0.6

> **해설** 게이지 압력(atg) $= \dfrac{\text{추의 무게}}{\text{단면적}}$
> $= \dfrac{5}{\dfrac{3.14}{4} \times (4)^2} = 0.4 \text{kgf/cm}^2$

38 시안화수소를 용기에 충전하는 경우 품질검사 시 합격 최저 순도는?

① 98%
② 98.5%
③ 99%
④ 99.5%

> **해설** 가스의 품질검사 순도
> ㉠ 산소 : 99.5% 이상
> ㉡ 수소 : 98.5% 이상
> ㉢ 아세틸렌 : 98% 이상

39 용적형(왕복식) 펌프에 해당하지 않는 것은?

① 플런저 펌프
② 다이어프램 펌프
③ 피스톤 펌프
④ 제트 펌프

> **해설** 특수 펌프
> ㉠ 제트 펌프(디퓨저 사용)
> ㉡ 기포 펌프
> ㉢ 수격 펌프

40 조정기의 주된 설치 목적은?

① 가스의 유속 조절
② 가스의 발열량 조절
③ 가스의 유량 조절
④ 가스의 압력 조절

> **해설** 가스조정기 기능
> 가스의 압력조절

정답 35.② 36.③ 37.② 38.① 39.④ 40.④

제3과목 : 가스안전관리

41 고압가스 저장탱크를 지하에 묻는 경우 지면으로부터 저장탱크의 정상부까지의 깊이는 최소 얼마 이상으로 하여야 하는가?

① 20cm
② 40cm
③ 60cm
④ 1m

해설

42 동일 차량에 적재하여 운반이 가능한 것은?

① 염소와 수소
② 염소와 아세틸렌
③ 염소와 암모니아
④ 암모니아와 LPG

해설 동일 차량에 적재운반이 불가능한 가스 종류
ㄱ 염소, 수소
ㄴ 염소, 아세틸렌
ㄷ 염소, 암모니아

43 고압가스 제조 시 압축하면 안 되는 경우는?

① 가연성가스(아세틸렌, 에틸렌 및 수소를 제외) 중 산소용량이 전용량의 2%일 때
② 산소 중의 가연성가스(아세틸렌, 에틸렌 및 수소를 제외)의 용량이 전용량의 2%일 때
③ 아세틸렌, 에틸렌 또는 수소 중의 산소용량이 전용량의 3%일 때
④ 산소 중 아세틸렌, 에틸렌 및 수소의 용량 합계가 전용량의 1%일 때

해설
• ①항은 4% 이상에서 압축금지
• ②항은 4% 이상에서 압축금지
• ④항은 2% 이상에서 압축금지

44 액화석유가스의 특성에 대한 설명으로 옳지 않은 것은?

① 액체는 물보다 가볍고, 기체는 공기보다 무겁다.
② 액체의 온도에 의한 부피변화가 작다.
③ LNG보다 발열량이 크다.
④ 연소 시 다량의 공기가 필요하다.

해설 액화가스는 용기나 탱크에서 온도가 상승하면 부피가 팽창하므로 탱크나 용기 상부에 안전공간을 확보하여야 한다.

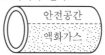

45 자기압력기록계로 최고사용압력이 중압인 도시가스배관에 기밀시험을 하고자 한다. 배관의 용적이 15m³일 때 기밀 유지시간은 몇 분 이상이어야 하는가?

① 24분
② 36분
③ 240분
④ 360분

해설 자기유지압력기록계 중압도시가스 기밀시험시간
저압이나 중압의 경우 용적이 10~300m³ 미만의 경우 $24 \times V$
∴ 24분 × 15m³ = 360분

46 차량에 고정된 탱크 운행 시 반드시 휴대하지 않아도 되는 서류는?

① 고압가스 이동계획서
② 탱크 내압시험 성적서
③ 차량등록증
④ 탱크용량 환산표

정답 41.③ 42.④ 43.③ 44.② 45.④ 46.②

해설 안전운행 서류철 사항

①, ③, ④항 외에도 운전면허증, 탱크테이블(용량환산표), 차량운행일지, 고압가스 관련 자격증 등이 필요하다.

47 이동식 부탄연소기와 관련되 사고가 액화석유가스 사고의 약 10% 수준으로 발생하고 있다. 이를 예방하기 위한 방법으로 가장 부적당한 것은?

① 연소기에 접합용기를 정확히 장착한 후 사용한다.

② 과대한 조리기구를 사용하지 않는다.

③ 잔가스 사용을 위해 용기를 가열하지 않는다.

④ 사용한 접합용기는 파손되지 않도록 조치한 후 버린다.

해설 이동식 부탄 연소기는 사고예방을 위하여 사용한 접합용기는 파손한 후에 버린다.

48 액화석유가스사용시설의 시설기준에 대한 안전사항으로 다음 ( ) 안에 들어갈 수치가 모두 바르게 나열된 것은?

- 가스계량기와 전기계량기와의 거리는 (㉠) 이상, 전기점멸기와의 거리는 (㉡) 이상 절연조치를 하지 아니한 전선과의 거리는 (㉢) 이상의 거리를 유지할 것
- 주택에 설치된 저장설비는 그 설비 안의 것을 제외한 화기 취급장소와 (㉣) 이상의 거리를 유지하거나 누출된 가스가 유동되는 것을 방지하기 위한 시설을 설치할 것

① ㉠ 60cm, ㉡ 30cm, ㉢ 15cm, ㉣ 8m

② ㉠ 30cm, ㉡ 20cm, ㉢ 15cm, ㉣ 8m

③ ㉠ 60cm, ㉡ 30cm, ㉢ 15cm, ㉣ 2m

④ ㉠ 30cm, ㉡ 20cm, ㉢ 15cm, ㉣ 2m

해설

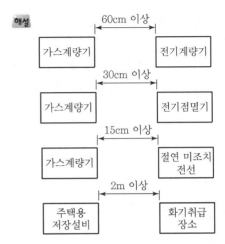

49 독성가스 용기 운반 등의 기준으로 옳은 것은?

① 밸브가 돌출한 운반용기는 이동식 프로텍터 또는 보호구를 설치한다.

② 충전용기를 차에 실을 때에는 넘어짐 등으로 인한 충격을 고려할 필요가 없다.

③ 기준 이상의 고압가스를 차량에 적재하여 운반할 경우 운반책임자가 동승하여야 한다.

④ 시·도지사가 지정한 장소에서 이륜차에 적재할 수 있는 충전용기는 충전량이 50kg 이하이고 적재 수는 2개 이하이다.

해설 독성가스 운반 시 기준량 이상이면 차량에 적재하여 운반하는 경우 운반책임자가 동승하여야 한다.

50 독성가스이면서 조연성가스인 것은?

① 암모니아　　　② 시안화수소

③ 황화수소　　　④ 염소

해설 독성 및 조연성 가스

염소, 오존, 불소, 산화질소, 아산화질소

정답 47.④　48.③　49.③　50.④

51 다음 각 용기의 기밀시험 압력으로 옳은 것은?

① 초저온가스용 용기는 최고 충전압력의 1.1배의 압력

② 초저온가스용 용기는 최고 충전압력의 1.5배의 압력

③ 아세틸렌용 용접용기는 최고 충전압력의 1.1배의 압력

④ 아세틸렌용 용접용기는 최고 충전압력의 1.6배의 압력

> **해설** 용기의 기밀시험 압력
> ㉠ 초저온용기 : 최고 충전압력의 1.1배
> ㉡ 아세틸렌용 용기 : 최고 충전압력의 1.8배

52 LPG용 가스렌지를 사용하는 도중 불꽃이 치솟는 사고가 발생하였을 때 가장 직접적인 사고 원인은?

① 압력조정기 불량

② T관으로 가스 누출

③ 연소기의 연소 불량

④ 가스누출자동차단기 미작동

> **해설** LPG 가스렌지 사용 도중 불꽃이 치솟는 사고가 발생하는 경우의 가장 직접적인 원인은 압력조정기 불량이다.

53 고압가스용 이음매 없는 용기에서 내용적 50L인 용기에 4MPa의 수압을 걸었더니 내용적이 50.8L가 되었고 압력을 제거하여 대기압으로 하였더니 내용적이 50.02L가 되었다면 이 용기의 영구증가율은 몇 %이며, 이 용기는 사용이 가능한지를 판단하면?

① 1.6%, 가능

② 1.6%, 불능

③ 2.5%, 가능

④ 2.5%, 불능

> **해설** 수압시험 용기팽창량 $= 50.8 - 50 = 0.8L$
> 수압의 압력제거 후 영구팽창량
> $= 50.02 - 50 = 0.02L$
> ∴ 영구증가율 $= \dfrac{0.02}{0.8} \times 100 = 2.5\%$
> (영구증가율이 10% 이내이므로 사용 가능하다)

54 산소와 함께 사용하는 액화석유가스 사용시설에서 압력조정기와 토치 사이에 설치하는 안전장치는?

① 역화방지기

② 안전밸브

③ 파열판

④ 조정기

> **해설**
>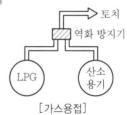
> [가스용접]

55 아세틸렌을 2.5MPa의 압력으로 압축할 때 첨가하는 희석제가 아닌 것은?

① 질소

② 에틸렌

③ 메탄

④ 황화수소

> **해설** C_2H_2 가스 희석제
> ①, ②, ③ 가스 외 CO 가스, 프로판, 이산화탄소 등

56 LPG 충전기의 충전호스의 길이는 몇 m 이내로 하여야 하는가?

① 2m

② 3m

③ 5m

④ 8m

> **해설** LPG 가스 충전기의 충전호스 길이는 5m 이내로 한다.

> **정답** 51.① 52.① 53.③ 54.① 55.④ 56.③

57 염소 누출에 대비하여 보유하여야 하는 제독제가 아닌 것은?

① 가성소다 수용액 　② 탄산소다 수용액
③ 암모니아 수용액 　④ 소석회

> **해설** 암모니아 제독제는 다량의 물이다.

58 가스설비가 오조작되거나 정상적인 제조를 할 수 없는 경우 자동적으로 원재료를 차단하는 장치는?

① 인터록기구 　② 원료제어밸브
③ 가스누출기구 　④ 내부반응 감시기구

> **해설** 인터록기구
> 가스설비가 오조작되거나 정상적인 제조가 불가능한 경우 자동적으로 원재료를 차단하는 안전장치이다.

59 도시가스사업법에서 정한 가스 사용시설에 해당되지 않는 것은?

① 내관
② 본관
③ 연소기
④ 공동주택 외벽에 설치된 가스계량기

> **해설** 본관은 도시가스사업법에서 공급시설에 해당된다.

60 도시가스 사용시설에서 입상관은 환기가 양호한 장소에 설치하며 입상관의 밸브는 바닥으로부터 몇 m 이내에 설치하는가?

① 1m 이상~1.3m 이내
② 1.3m 이상~1.5m 이내
③ 1.5m 이상~1.8m 이내
④ 1.6m 이상~2m 이내

> **해설** 입상관의 밸브 설치 높이
> 바닥으로부터 1.6m 이상~2m 이내에 설치한다.

제4과목 : 가스계측

61 다음 중 기본단위가 아닌 것은?

① 길이 　② 광도
③ 물질량 　④ 압력

> **해설** 기본단위
>
> | 기본량 | 길이 | 질량 | 시간 | 온도 | 전류 | 광도 | 물질량 |
> |---|---|---|---|---|---|---|---|
> | 기본단위 | m | kg | s | K | A | cd | mol |

62 기체크로마토그래피를 이용하여 가스를 검출할 때 반드시 필요하지 않은 것은?

① Column 　② Gas Sampler
③ Carrier gas 　④ UV detector

> **해설** 기체크로마토그래피 가스검출기
> ㉠ 칼럼(분리관)
> ㉡ 캐리어가스(수소, 헬륨, 아르곤, 질소)
> ㉢ 가스샘플
> ㉣ 검출기, 기록계

63 적분동작이 좋은 결과를 얻기 위한 조건이 아닌 것은?

① 불감시간이 적을 때
② 전달지연이 적을 때
③ 측정지연이 적을 때
④ 제어대상의 속응도(速應度)가 적을 때

> **해설** 자동제어 연속 동작에서 적분동작이 좋은 결과를 얻기 위한 조건
> 불감시간이 적을 때, 전달지연이 적을 때, 측정지연이 적을 때, 제어대상의 속응도가 클 때 등이다.

정답 57.③　58.①　59.②　60.④　61.④　62.④　63.④

64 보상도선의 색깔이 갈색이며 매우 낮은 온도를 측정하기에 적당한 열전대 온도계는?

① PR 열전대　　② IC 열전대

③ CC 열전대　　④ CA 열전대

해설 CC 열전대
저항 및 온도계수가 작아 저온용에 적합하다. 보상도선의 색깔이 갈색이며 매우 낮은 온도를 측정한다.

65 측정기의 감도에 대한 일반적인 설명으로 옳은 것은?

① 감도가 좋으면 측정시간이 짧아진다.

② 감도가 좋으면 측정범위가 넓어진다.

③ 감도가 좋으면 아주 작은 양의 변화를 측정할 수 있다.

④ 측정량의 변화를 지시량의 변화로 나누어 준 값이다.

해설 계측 측정기 감도가 좋으면 아주 작은 양의 변화를 측정할 수 있다.

66 가스누출 확인 시험지와 검지가스가 옳게 연결된 것은?

① KI 전분지 – CO

② 연당지 – 할로겐가스

③ 염화파라듐지 – HCN

④ 리트머스시험지 – 알칼리성 가스

해설 가스누출 확인 시험지
㉠ KI 전분지 – 염소
㉡ 연당지 – 황화수소
㉢ 염화파라듐지 – 일산화탄소
㉣ 리트머스시험지 – 염기성 알칼리성 가스

67 시료 가스를 각각 특정한 흡수액에 흡수시켜 흡수 전후의 가스체적을 측정하여 가스의 성분을 분석하는 방법이 아닌 것은?

① 적정(滴定)법　　② 게겔(Gockel)법

③ 헴펠(Hempel)법　　④ 오르자트(Orsat)법

해설 적정법
화학분석법으로 요오드적정법, 중화적정법, 킬레이드 적정법 등이 있으며, 일종의 정량을 구하는 방법이다.

68 가연성가스 누출검지기에는 반도체 재료가 널리 사용되고 있다. 이 반도체 재료로 가장 적당한 것은?

① 산화니켈(NiO)

② 산화주석(SnO_2)

③ 이산화망간(MnO_2)

④ 산화알루미늄(Al_2O_3)

해설 가연성가스 누출검지기 반도체 재료 : 산화주석
※ 가연성가스 누출검지기의 종류
㉠ 간섭계형
㉡ 안전등형
㉢ 열선형(연소식, 열전도식)

69 접촉식 온도계 중 알코올 온도계의 특징에 대한 설명으로 옳은 것은?

① 열전도율이 좋다.

② 열팽창계수가 작다.

③ 저온측정에 적합하다.

④ 액주의 복원시간이 짧다.

해설 알코올 온도계(액주식 저온 측정 온도계)의 특징
㉠ 열전도율이 나쁘다.
㉡ $-100℃ \sim 100℃$ 정도이다.
㉢ 액주의 복원시간이 길다.
㉣ 열팽창계수가 크다.
㉤ 표면장력이 작아 모세관 현상이 크다.

정답 64.③　65.③　66.④　67.①　68.②　69.③

70 계량이 정확하고 사용 중 기차의 변동이 거의 없는 특징의 가스미터는?

① 벤투리미터
② 오리피스미터
③ 습식 가스미터
④ 로터리 피스톤식 미터

> **해설** 습식 가스미터
> 계량이 정확하고 사용 중 기차의 변동이 거의 없는 가스미터이며 연구실 실험용이다.

71 전기저항식 습도계의 특징에 대한 설명으로 틀린 것은?

① 자동제어에 이용된다.
② 연속기록 및 원격측정이 용이하다.
③ 습도에 의한 전기저항의 변화가 적다.
④ 저온도의 측정이 가능하고, 응답이 빠르다.

> **해설** 전기저항식 습도계
> ㉠ 특징은 ①, ②, ④항이다.
> ㉡ 기체의 습도에 전기저항이 변화하는 것을 이용하여 상대습도를 측정한다.
> ㉢ 구조나 측정회로가 간단하여 저습도 측정에 적합하다.

72 FID 검출기를 사용하는 기체크로마토그래피는 검출기의 온도가 100℃ 이상에서 작동되어야 한다. 주된 이유로 옳은 것은?

① 가스소비량을 적게 하기 위하여
② 가스의 폭발을 방지하기 위하여
③ 100℃ 이하에서는 점화가 불가능하기 때문에
④ 연소 시 발생하는 수분의 응축을 방지하기 위하여

> **해설** FID(전자포획이온화 검출기)의 온도가 100℃ 이상에서 작동되는 그 이유는 연소 시 발생하는 응축을 방지하기 위함이다.

73 가스시험지법 중 염화제일구리 착염지로 검지하는 가스 및 반응색으로 옳은 것은?

① 아세틸렌 – 적색
② 아세틸렌 – 흑색
③ 할로겐화물 – 적색
④ 할로겐화물 – 청색

> **해설** ㉠ 아세틸렌 가스누출 시험지 : 염화제1구리 착염지(적갈색)
> ㉡ 할로겐족원소 : 염소, 불소, 브롬, 요오드

74 탄성식 압력계에 속하지 않는 것은?

① 박막식 압력계
② U자관형 압력계
③ 부르동관식 압력계
④ 벨로스식 압력계

> **해설** U자관형 압력계 : 액주식 압력계
> ㉠ $P_1 - P_2 = \gamma h$
> ㉡ 측정압력 : 10~2,000mmH$_2$O

75 도시가스 사용압력이 2.0kPa인 배관에 설치된 막식 가스미터의 기밀시험 압력은?

① 2.0kPa 이상
② 4.4kPa 이상
③ 6.4kPa 이상
④ 8.4kPa 이상

> **해설** 도시가스 사용압력 막식가스미터기 기밀시험압력은 10kPa 정도로서 작동압력은 1bar, 계측범위는 0.016~160m³/h이다(막식은 8.4kPa 이상~10kPa 미만).

76 가스계량기의 검정 유효기간은 몇 년인가? (단, 최대유량은 10m³/h 이하이다.)

① 1년
② 2년
③ 3년
④ 5년

> **정답** 70.③ 71.③ 72.④ 73.① 74.② 75.④ 76.④

해설 가스계량기 검정유효기간
  ㉠ 5년
  ㉡ LPG용 : 3년
  ㉢ 기준용 : 2년

77 습한 공기 200kg 중에 수증기가 25kg 포함되어 있을 때의 절대습도는?

① 0.106　　　　　② 0.125
③ 0.143　　　　　④ 0.171

해설 건조공기 = 200 − 25 = 175kg

절도습도 = $\frac{25}{175}$ = 0.143

$$\left\{ 절대습도(X) = \left(\frac{수증기\ 중량}{마른\ 공기\ 중량} \right) \right\}$$

78 계측기의 원리에 대한 설명으로 가장 거리가 먼 것은?

① 기전력의 차이로 온도를 측정한다.
② 액주높이로부터 압력을 측정한다.
③ 초음파속도 변화로 유량을 측정한다.
④ 정전용량을 이용하여 유속을 측정한다.

해설 정전용량식
  유체의 액면계이며 원통형의 전극을 비전도성인 액체 속에 넣어서 두 원통 사이의 정전용량을 이용하여 액위를 측정한다.

79 전기 저항식 온도계에 대한 설명으로 틀린 것은?

① 열전대 온도계에 비하여 높은 온도를 측정하는 데 적합하다.
② 저항선의 재료는 온도에 의한 전기저항의 변화(저항 온도계수)가 커야 한다.
③ 저항 금속재료는 주로 백금, 니켈, 구리가 사용된다.

④ 일반적으로 금속은 온도가 상승하면 전기 저항값이 올라가는 원리를 이용한 것이다.

해설 전기 저항식 온도계
  특성은 ②, ③, ④항이며 그 종류는 백금, 니켈, 구리, 서미스터가 있다. 열전대 온도계보다는 낮은 온도측정(−200℃~500℃)이 가능하다. 자동제어나 자동기록이 가능한 온도계(접촉식 온도계)이다.

80 평균유속이 5m/s인 배관 내에 물의 질량유속이 15kg/s가 되기 위해서는 관의 지름을 약 몇 mm로 해야 하는가?

① 42　　　　　② 52
③ 62　　　　　④ 72

해설 • 물의 비중량 = 1,000kgf/m³, 1kgf/l
  15kg/s = 0.015m³/s

  • 관의 면적(A) = $\frac{\pi}{4}d^2$(m²)

  • 유량(m³/s) = 단면적 × 유속

  0.015 = A × 5, A = $\frac{0.015}{5}$ = 0.003m²

  ∴ 관의 지름(d) = $\sqrt{\frac{4Q}{\pi V}}$ = $\sqrt{\frac{4 \times 0.015}{3.14 \times 5}}$
  = 0.062m (62mm)

※ 가스산업기사는 2020년 4회 시험부터 CBT(Computer −Based Test)로 전면 시행됩니다.

정답　77.③　78.④　79.①　80.③

CBT 실전모의고사

CBT 실전모의고사 1회

제1과목 : 연소공학

01 공기압축기의 흡입구로 빨려 들어간 가연성 증기가 압축되어 그 결과로 큰 재해가 발생하였다. 이 경우 가연성 증기에 작용한 기계적인 발화원으로 볼 수 있는 것은?

① 충격 ② 마찰
③ 단열압축 ④ 정전기

02 다음 중 연소속도에 영향을 미치지 않는 것은?

① 관의 단면적
② 내염표면적
③ 염의 높이
④ 관의 염공

03 고체연료에 있어 탄화도가 클수록 발생하는 성질은?

① 휘발분이 증가한다.
② 매연 발생이 많아진다.
③ 연소속도가 증가한다.
④ 고정탄소가 많아져 발열량이 커진다.

04 폭발에 대한 설명으로 틀린 것은?

① 폭발한계란 폭발이 일어나는 데 필요한 농도의 한계를 의미한다.
② 온도가 낮을 때는 폭발 시의 방열속도가 느려지므로 연소 범위는 넓어진다.
③ 폭발 시의 압력을 상승시키면 반응속도는 증가한다.
④ 불활성 기체를 공기와 혼합하면 폭발범위는 좁아진다.

05 다음 [보기]는 가스의 폭발에 관한 설명이다. 옳은 내용으로만 짝지어진 것은?

[보기]
㉮ 안전간격이 큰 가스일수록 위험하다.
㉯ 폭발 범위가 넓을수록 위험하다.
㉰ 가스압력이 커지면 통상 폭발 범위는 넓어진다.
㉱ 연소속도가 크면 안정하다.
㉲ 가스비중이 큰 것은 낮은 곳에 체류할 위험이 있다.

① ㉰, ㉱, ㉲
② ㉯, ㉰, ㉱, ㉲
③ ㉯, ㉰, ㉲
④ ㉮, ㉯, ㉰, ㉲

06 메탄 50v%, 에탄 25v%, 프로판 25v%가 섞여 있는 혼합기체의 공기 중에서의 연소하한 계(v%)는 얼마인가? (단, 메탄, 에탄, 프로판의 연소하한계는 각각 5v%, 3v%, 2.1v%이다.)

① 2.3　　　　　　② 3.3
③ 4.3　　　　　　④ 5.3

07 활성화에너지가 클수록 연소반응속도는 어떻게 되는가?

① 빨라진다.
② 활성화에너지와 연소반응속도는 관계가 없다.
③ 느려진다.
④ 빨라지다가 점차 느려진다.

08 액체연료의 연소에 있어서 1차 공기란?

① 착화에 필요한 공기
② 연료의 무화에 필요한 공기
③ 연소에 필요한 계산상 공기
④ 화격자 아래쪽에서 공급되어 주로 연소에 관여하는 공기

09 열역학법칙 중 '어떤 계의 온도를 절대온도 0K까지 내릴 수 없다'에 해당하는 것은?

① 열역학 제0법칙　　② 열역학 제1법칙
③ 열역학 제2법칙　　④ 열역학 제3법칙

10 이산화탄소 40v%, 질소 40v%, 산소 20v%로 이루어진 혼합기체의 평균분자량은 약 얼마인가?

① 17　　　　　　② 25
③ 35　　　　　　④ 42

11 정상운전 중에 가연성 가스의 점화원이 될 전기불꽃, 아크 등의 발생을 방지하기 위하여 기계적·전기적 구조상 또는 온도상승에 대해서 안전도를 증가시킨 방폭구조는?

① 내압방폭구조
② 압력방폭구조
③ 안전증방폭구조
④ 본질안전방폭구조

12 시안화수소의 위험도(H)는 약 얼마인가?

① 5.8　　　　　　② 8.8
③ 11.8　　　　　④ 14.8

13 이상연소 현상인 리프팅(Lifting)의 원인이 아닌 것은?

① 버너 내의 압력이 높아져 가스가 과다 유출될 경우
② 가스압이 이상 저하한다든지 노즐과 콕 등이 막혀 가스량이 극히 적게 될 경우
③ 공기 및 가스의 양이 많아져 분출량이 증가한 경우
④ 버너가 낡고 염공이 막혀 염공의 유효면적이 작아져 버너 내압이 높게 되어 분출속도가 빠르게 되는 경우

14 내용이 5m³인 탱크에 압력 6kg/cm², 건성도 0.98의 습윤 포화증기를 몇 kg 충전할 수 있는가? (단, 이 압력에서의 건성포화증기의 비용적은 0.278m³/kg이다.)

① 3.67　　　　　② 11.01
③ 14.68　　　　④ 18.35

15 상온, 표준대기압하에서 어떤 혼합기체의 각 성분에 대한 부피가 각각 CO_2 : 20%, N_2 : 20%, O_2 : 40%, Ar : 20%이면 이 혼합기체 중 CO_2 분압은 약 몇 mmHg인가?

① 152　　　　　　② 252
③ 352　　　　　　④ 452

16 연료 1kg을 완전 연소시키는 데 소요되는 건공기의 질량은 $0.232kg = \dfrac{O_0}{A_0}$으로 나타낼 수 있다. 이때 A_0가 의미하는 것은?

① 이론산소량　　　② 이론공기량
③ 실제산소량　　　④ 실제공기량

17 기체의 압력이 클수록 액체 용매에 잘 용해된다는 것을 설명한 법칙은?

① 아보가드로　　　② 게이뤼삭
③ 보일　　　　　　④ 헨리

18 이상기체에서 정적비열(C_V)과 정압비열(C_P)의 관계로 옳은 것은?

① $C_P - C_V = R$　　② $C_P + C_V = R$
③ $C_P + C_V = 2R$　④ $C_P - C_V = 2R$

19 액체연료의 연소형태 중 램프 등과 같이 연료를 심지로 빨아올려 심지의 표면에서 연소시키는 것은?

① 액면연소　　　　② 증발연소
③ 분무연소　　　　④ 등심연소

20 다음 중 강제점화가 아닌 것은?

① 가전(加電)점화
② 열면점화(Hot Surface Ignition)
③ 화염점화
④ 자기점화(Self Ignition, Auto Ignition)

제2과목 : 가스설비

21 비중이 1.5인 프로판이 입상 30m일 경우의 압력손실은 약 몇 Pa인가?

① 130　　　　　　② 190
③ 256　　　　　　④ 450

22 고압원통형 저장탱크의 지지방법 중 횡형탱크의 지지방법으로 널리 이용되는 것은?

① 새들형(Saddle형)
② 지주형(Leg형)
③ 스커트형(Skirt형)
④ 평판형(Flat Plate형)

23 정압기의 기본구조 중 2차 압력을 감지하여 그 2차 압력의 변동을 메인밸브로 전하는 부분은?

① 다이어프램
② 조정밸브
③ 슬리브
④ 웨이트

24 1단 감압식 준저압조정기의 입구압력과 조정압력으로 맞는 것은?

① 입구압력 : 0.07~1.56MPa, 조정압력 : 2.3~ 3.3kPa

② 입구압력 : 0.07~1.56MPa, 조정압력 : 5~ 30kPa 이내에서 제조자가 설정한 기준압 력의 ±20%

③ 입구압력 : 0.1~1.56MPa, 조정압력 : 2.3~ 3.3kPa

④ 입구압력 : 0.1~1.56MPa, 조정압력 : 5~30 kPa 이내에서 제조자가 설정한 기준압력의 ±20%

25 단면적이 300mm²인 봉을 매달고 600kg의 추를 그 자유단에 달았더니 재료의 허용인장응력에 도달하였다. 이 봉의 인장강도가 400kg/cm² 라면 안전율은 얼마인가?

① 1   ② 2

③ 3   ④ 4

26 가연성 고압가스 저장탱크 외부에는 은백색 도료를 바르고 주위에서 보기 쉽도록 가스의 명칭을 표시한다. 가스명칭 표시의 색상은?

① 검은색   ② 녹색

③ 적색   ④ 황색

27 고압가스설비에 대한 설명으로 옳은 것은?

① 고압가스 저장탱크에는 환형 유리관 액면계를 설치한다.

② 고압가스 설비에 장치하는 압력계의 최고 눈금은 상용압력의 1.1배 이상 2배 이하이어야 한다.

③ 저장능력이 1,000톤 이상인 액화산소 저장탱크의 주위에는 유출을 방지하는 조치를 한다.

④ 소형저장탱크 및 충전용기는 항상 50℃ 이하를 유지한다.

28 전용보일러실에 반드시 설치해야 하는 보일러는?

① 밀폐식 보일러

② 반밀폐식 보일러

③ 가스보일러를 옥외에 설치하는 경우

④ 전용 급기구 통을 부착하는 구조로 검사에 합격한 강제 배기식 보일러

29 탱크로리에서 저장 탱크로 LP 가스 이송시 잔가스 회수가 가능한 이송법은?

① 차압에 의한 방법

② 액송펌프 이용법

③ 압축기 이용법

④ 압축가스 용기 이용법

30 3톤 미만의 LP가스 소형 저장탱크에 대한 설명으로 틀린 것은?

① 동일 장소에 설치하는 소형 저장탱크의 수는 6기 이하로 한다.

② 화기와의 우회거리는 3m 이상을 유지한다.

③ 지상 설치식으로 한다.

④ 건축물이나 사람이 통행하는 구조물의 하부에 설치하지 아니한다.

31 원심펌프의 유량 1m³/min, 전양정 50m, 효율이 80%일 때, 회전수를 10% 증가시키려면 동력은 몇 배가 필요한가?

① 1.22 ② 1.33

③ 1.51 ④ 1.73

32 다음 중 정특성, 동특성이 양호하며 중압용으로 주로 사용되는 정압기는?

① Fisher식 ② KRF식

③ Reynolds식 ④ ARF식

33 고압가스 용기 충전구의 나사가 왼나사인 것은?

① 질소 ② 암모니아

③ 브롬화메탄 ④ 수소

34 고압가스 배관의 최소두께 계산 시 고려하지 않아도 되는 것은?

① 관의 길이 ② 상용압력

③ 안전율 ④ 재료의 인장강도

35 매설배관의 경우에는 유기물질 재료를 피복재로 사용하는 방식이 이용된다. 이 중 타르 에폭시 피복재의 특성에 대한 설명 중 틀린 것은?

① 저온에서도 경화가 빠르다.

② 밀착성이 좋다.

③ 내마모성이 크다.

④ 토양응력에 강하다.

36 재료 내·외부의 결함 검사방법으로 가장 적당한 방법은?

① 침투탐상법 ② 유침법

③ 초음파탐상법 ④ 육안검사법

37 고압가스 설비 및 배관의 두께 산정 시 용접이음매의 효율이 가장 낮은 것은?

① 맞대기 한 면 용접

② 맞대기 양면 용접

③ 플러그 용접을 하는 한 면 전두께 필렛 겹치기 용접

④ 양면 전두께 필렛 겹치기 용접

38 도시가스의 원료로서 적당하지 않은 것은?

① LPG ② Naphtha

③ Natural Gas ④ Acetylene

39 외경(D)이 216.3mm, 구경 두께가 5.8mm인 200A의 배관용 탄소강관이 내압 0.99MPa을 받았을 경우에 관에 생기는 원주방향 응력은 약 몇 MPa인가?

① 8.8 ② 17.5

③ 26.3 ④ 35.1

40 고압가스 관이음으로 통상적으로 사용되지 않는 것은?

① 용접 ② 플랜지

③ 나사 ④ 리베팅

제3과목 : 가스안전관리

41 액체염소가 누출된 경우 필요한 조치가 아닌 것은?

① 물 살포
② 가성소다 살포
③ 탄산소다 수용액 살포
④ 소석회 살포

42 고압가스 제조허가의 종류가 아닌 것은?

① 고압가스 특정제조
② 고압가스 일반제조
③ 고압가스 충전
④ 독성가스 제조

43 저장탱크의 설치방법 중 위해방지를 위하여 저장탱크를 지하에 매설할 경우 저장탱크의 주위를 무엇으로 채워야 하는가?

① 흙
② 콘크리트
③ 마른 모래
④ 자갈

44 다음 중 2중관으로 하여야 하는 독성가스가 아닌 것은?

① 염화메탄
② 아황산가스
③ 염화수소
④ 산화에틸렌

45 고압가스 용기보관 장소에 대한 설명으로 틀린 것은?

① 용기보관 장소는 그 경계를 명시하고, 외부에서 보기 쉬운 장소에 경계표시를 한다.
② 가연성 가스 및 산소 충전용기 보관실은 불연재료를 사용하고 지붕은 가벼운 재료로 한다.
③ 가연성 가스의 용기보관실은 가스가 누출될 때 체류하지 아니하도록 통풍구를 갖춘다.
④ 통풍이 잘되지 아니하는 곳에는 자연환기시설을 설치한다.

46 액화석유가스 저장탱크에는 자동차에 고정된 탱크에서 가스를 이입할 수 있도록 로딩암을 건축물 내부에 설치할 경우 환기구를 설치하여야 한다. 환기구 면적의 합계는 바닥면적의 얼마 이상으로 하여야 하는가?

① 1%
② 3%
③ 6%
④ 10%

47 산소가스 설비를 수리 또는 청소할 때는 안전관리상 탱크 내부의 산소 농도가 몇 % 이하로 될 때까지 계속 치환하여야 하는가?

① 22%
② 28%
③ 31%
④ 35%

48 액화가스 저장탱크의 저장능력을 산출하는 식은? [단, Q : 저장능력(m^3), W : 저장능력(kg), P : 35℃에서 최고충전압력(MPa), V : 내용적(L), d : 상용 온도 내에서 액화가스 비중(kg/L), C : 가스의 종류에 따르는 정수이다.]

① $W = \dfrac{V}{C}$
② $W = 0.9dV$
③ $Q = (10P+1)V$
④ $Q = (P+2)V$

49 국내에서 발생한 대형 도시가스 사고 중 대구 도시가스 폭발사고의 주원인은 무엇인가?

① 내부 부식
② 배관의 응력 부족
③ 부적절한 매설
④ 공사 중 도시가스 배관 손상

50 다음 [보기]의 가스 중 분해폭발을 일으키는 것을 모두 고른 것은?

[보기]
㉠ 이산화탄소   ㉡ 산화에틸렌
㉢ 아세틸렌

① ㉡   ② ㉢
③ ㉠, ㉡   ④ ㉡, ㉢

51 압축기는 그 최종단에, 그 밖의 고압가스 설비에는 압력이 상용압력을 초과한 경우에 그 압력을 직접 받는 부분마다 각각 내압시험 압력의 10분의 8 이하의 압력에서 작동되게 설치하여야 하는 것은?

① 역류방지밸브
② 안전밸브
③ 스톱밸브
④ 긴급차단장치

52 차량에 고정된 고압가스 탱크에 설치하는 방파판의 개수는 탱크 내용적의 얼마 이하마다 1개씩 설치해야 하는가?

① $3m^3$ ② $5m^3$
③ $10m^3$ ④ $20m^3$

53 액화석유가스 제조설비에 대한 기밀시험 시 사용되지 않는 가스는?

① 질소   ② 산소
③ 이산화탄소   ④ 아르곤

54 지상에 설치하는 액화석유가스 저장탱크의 외면에는 어떤 색의 도료를 칠하여야 하는가?

① 은백색   ② 노란색
③ 초록색   ④ 빨간색

55 고압가스 충전용기의 운반기준으로 틀린 것은?

① 밸브가 돌출한 충전 용기는 캡을 부착하여 운반한다.
② 원칙적으로 이륜차에 적재하여 운반이 가능하다.
③ 충전용기와 위험물안전관리법에서 정하는 위험물과는 동일 차량에 적재, 운반하지 않는다.
④ 차량의 적재함을 초과하여 적재하지 않는다.

56 이동식 부탄연소기의 올바른 사용방법은?

① 바람의 영향을 줄이기 위해서 텐트 안에서 사용한다.
② 효율을 높이기 위해서 두 대를 나란히 연결하여 사용한다.
③ 사용하는 그릇은 연소기의 삼발이보다 폭이 좁은 것을 사용한다.
④ 연소기 운반 중에는 용기를 내부에 보관한다.

57 고압가스용 차량에 고정된 초저온 탱크의 재검사 항목이 아닌 것은?

① 외관검사
② 기밀검사
③ 자분탐상검사
④ 방사선투과검사사

58 액화석유가스 저장탱크의 설치기준으로 틀린 것은?

① 저장탱크에 설치한 안전밸브는 지면으로부터 2m 이상의 높이에 방출구가 있는 가스방출관을 설치한다.
② 지하저장탱크를 2개 이상 인접하여 설치하는 경우 상호 간에 1m 이상의 거리를 유지한다.
③ 저장탱크의 지면으로부터 지하저장탱크의 정상부까지의 깊이는 60cm 이상으로 한다.
④ 저장탱크의 일부를 지하에 설치한 경우 지하에 묻힌 부분이 부식되지 않도록 조치한다.

59 고압가스 일반제조의 시설기준 및 기술기준으로 틀린 것은?

① 가연성 가스 제조시설의 고압가스설비 외면으로부터 다른 가연성 가스 제조시설의 고압가스설비까지의 거리는 5m 이상으로 한다.
② 저장설비 주위 5m 이내에는 화기 또는 인화성 물질을 두지 않는다.
③ 5m³ 이상의 가스를 저장하는 곳에는 가스방출장치를 설치한다.
④ 가연성 가스 제조시설의 고압가스설비 외면으로부터 산소 제조시설의 고압가스설비까지의 거리는 10m 이상으로 한다.

60 아세틸렌을 용기에 충전하는 때의 다공도는?

① 65% 이하
② 65~75%
③ 75~92%
④ 92% 이상

제4과목 : 가스계측

61 가스미터 중 실측식에 속하지 않는 것은?

① 건식
② 회전식
③ 습식
④ 오리피스식

62 다음 중 온도측정범위가 가장 좁은 온도계는?

① 알루멜 – 크로멜
② 구리 – 콘스탄탄
③ 수은
④ 백금 – 백금 · 로듐

63 습도를 측정하는 가장 간편한 방법은?

① 노점 측정
② 비점 측정
③ 밀도 측정
④ 점도 측정

64 가스미터 설치 시 입상배관을 금지하는 가장 큰 이유는?

① 겨울철 수분 응축에 따른 밸브, 밸브시트의 동결 방지를 위하여
② 균열에 따른 누출 방지를 위하여
③ 고장 및 오차 발생 방지를 위하여
④ 계량막 밸브와 밸브시트 사이의 누출 방지를 위하여

65 적외선분광분석계로 분석이 불가능한 것은?

① CH_4
② Cl_2
③ $COCl_2$
④ NH_3

66 LPG의 성분분석에 이용되는 분석법 중 저온분류법에 의해 적용될 수 있는 것은?

① 관능기의 검출
② Cis, Trans의 검출
③ 방향족 이성체의 분리정량
④ 지방족 탄화수소의 분리정량

67 벨로스식 압력계로 압력 측정 시 벨로스 내부에 압력이 가해질 경우 원래 위치로 돌아가지 않는 현상을 의미하는 것은?

① Limited 현상
② Bellows 현상
③ End All 현상
④ Hysteresis 현상

68 비중이 0.8인 액체의 압력이 $2kg/cm^2$일 때 액면높이(Head)는 약 몇 m인가?

① 16
② 25
③ 32
④ 40

69 분별연소법 중 산화구리법에 의하여 주로 정량할 수 있는 가스는?

① O_2
② N_2
③ CH_4
④ CO_2

70 검지가스와 누출 확인 시험지가 옳은 것은?

① 해리슨 시험지 : 포스겐
② KI전분지 : CO
③ 염화파라듐지 : HCN
④ 연당지 : 할로겐

71 깊이 5.0m인 어떤 밀폐탱크 안에 물이 3.0m 채워져 있고 $2kgf/cm^2$의 증기압이 작용하고 있을 때 탱크 밑에 작용하는 압력은 몇 kgf/cm^2인가?

① 1.2
② 2.3
③ 3.4
④ 4.5

72 편차의 크기에 비례하여 조절요소의 속도가 연속적으로 변하는 동작은?

① 적분동작
② 비례동작
③ 미분동작
④ 뱅뱅동작

73 자동제어장치를 제어량의 성질에 따라 분류한 것은?

① 프로세스제어
② 프로그램제어
③ 비율제어
④ 비례제어

74 블록선도의 구성요소로 이루어진 것은?

① 전달요소, 가합점, 분기점
② 전달요소, 가감점, 인출점
③ 전달요소, 가합점, 인출점
④ 전달요소, 가감점, 분기점

75 계측기기의 감도(Sensitivity)에 대한 설명으로 틀린 것은?

① 감도가 좋으면 측정시간이 길어진다.
② 감도가 좋으면 측정범위가 좁아진다.
③ 계측기가 측정량의 변화에 민감한 정도를 말한다.
④ 측정량의 변화를 지시량의 변화로 나누어 준 값이다.

76 흡수분석법 중 게겔법에 의한 가스분석의 순서로 옳은 것은?

① CO_2, O_2, C_2H_2, C_2H_4, CO
② CO_2, C_2H_2, C_2H_4, O_2, CO
③ CO, C_2H_2, C_2H_4, O_2, CO_2
④ CO, O_2, C_2H_2, C_2H_4, CO_2

77 서보기구에 해당되는 제어로서 목표치가 임의의 변화를 하는 제어로 옳은 것은?

① 정치제어   ② 캐스케이드제어
③ 추치제어   ④ 프로세스제어

78 크로마토그래피의 피크가 그림과 같이 기록되었을 때 피크의 넓이(A)를 계산하는 식으로 가장 적합한 것은?

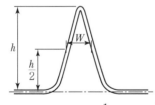

① $\frac{1}{4} Wh$ ② $\frac{1}{2} Wh$

③ Wh ④ $2 Wh$

79 액면계로부터 가스가 방출되었을 때 인화 또는 중독의 우려가 없는 장소에 주로 사용하는 액면계는?

① 플로트식 액면계
② 정전용량식 액면계
③ 슬립튜브식 액면계
④ 전기저항식 액면계 액면계

80 다이어프램 가스미터의 최대유량이 $4m^3/h$일 경우 최소유량의 상한값은?

① 4L/h   ② 8L/h
③ 16L/h   ④ 25L/h

CBT 실전모의고사 1회 정답/해설

1	2	3	4	5	6	7	8	9	10
③	③	④	②	③	②	③	②	④	③
11	12	13	14	15	16	17	18	19	20
③	①	②	④	①	②	④	①	④	④
21	22	23	24	25	26	27	28	29	30
②	①	①	④	②	③	③	②	③	②
31	32	33	34	35	36	37	38	39	40
②	①	④	①	①	③	③	④	②	④
41	42	43	44	45	46	47	48	49	50
①	④	④	④	③	③	①	②	④	④
51	52	53	54	55	56	57	58	59	60
②	②	②	①	②	③	④	②	②	③
61	62	63	64	65	66	67	68	69	70
④	③	①	①	②	④	④	②	③	①
71	72	73	74	75	76	77	78	79	80
②	①	①	③	④	②	③	③	③	④

제1과목 : 연소공학

01 단열압축 발화원
공기압축기 내 가연성 증기의 기계적 발화원

02 염(불꽃)의 높이는 연소속도에 영향을 미치지 않는다.

03 고체연료에서는 탄화도(탄소/수소)가 크면 고정탄소가 많아져서 발열량이 증가하는 반면, 휘발분·매연·연소속도 등은 감소한다.

04 온도가 높으면 폭발 시의 방열속도가 빨라져서 연소 범위가 증가한다.

05
- 안전간격이 작은 가스일수록 위험하다.
- 연소속도가 커지면 불안정하다.
- 가스의 비중이 큰 것은 낮은 곳에 체류한다.

06
- 하한계
$$\frac{V}{L} = \frac{100}{\left(\frac{50}{5}\right)+\left(\frac{25}{3}\right)+\left(\frac{25}{2.1}\right)} = \frac{100}{30.13} = 3.3$$

- 상한계
$$\frac{V}{L} = \frac{100}{\left(\frac{50}{\text{상한계}}\right)+\left(\frac{25}{\text{상한계}}\right)+\left(\frac{25}{\text{상한계}}\right)}$$

07 활성화에너지가 클수록 연소반응속도는 느려진다.

08 액체 중질유 연소
1차 공기가 연료의 무화(안개방울 미립자)에 소비되는 공기이다.

09 열역학 제3법칙
어떤 계의 온도를 절대온도 0K(-273℃)까지 내릴 수 없다는 열역학 법칙

10 가스분자량 : ($CO_2=44$, $N_2=28$, $O_2=32$)
∴ 평균분자량 = $(44×0.4)+(28×0.4)+(32×0.2)$
$= 17.6+11.2+6.4 = 35.2$

11 문제에서 말하고 있는 방폭구조는 안전증방폭구조에 해당된다.(안전증방폭구조 표시방법 : e)

12 가연성 가스의 위험도(H)
$$H = \frac{U-L}{L} = \frac{41-6}{6} = 5.8$$
※ 시안화수소(HCN) 폭발범위 : 6~41%

13 리프팅(선화) 현상
가스 노즐의 염공(불꽃구멍)으로부터 가스 유출속도가 연소의 연소속도보다 크게 될 때, 화염이 노즐 선단 염공을 떠나서 공간에서 연소하는 현상

14 $\dfrac{5\mathrm{m}^3}{0.278\mathrm{m}^3/\mathrm{kg}}=17.98\mathrm{kg}(건포화증기)$

$\therefore\ 습윤포화증기=\dfrac{17.98}{0.98}=18.35\mathrm{kg}$

15 표준대기압(1atm)=760mmHg

$CO_2\ 백분율=\dfrac{20}{20+20+40+20}=0.2(20\%)$

$\therefore\ CO_2\ 분압=760\times0.2=152\mathrm{mmHg}$

16 • O_0 : 이론산소량
• A_0 : 이론공기량
• A : 실제공기량

17 헨리의 법칙
기체의 압력이 클수록 액체 용매에 잘 용해된다는 것을 설명한 법칙이다.(온도가 낮으면 용해가 잘 된다.)

18 ㉠ 정압비열$(C_P)=C_V+R=\dfrac{KR}{K-1}$

㉡ 가스기체상수$(R)=C_P-C_V=KC_V-C_V$

㉢ 정적비열$(C_V)=\dfrac{R}{K-1}$

㉣ 비열비$(K)=\dfrac{C_P}{C_V}$

19 등심연소
램프 등의 심지로 액체연료(등유, 경유 등)를 빨아 올려 심지의 표면에서 연소시키는 것

20 강제점화의 종류
㉠ 화염점화, ㉡ 열면점화, ㉢ 가전점화

제2과목 : 가스설비

21 입상관의 압력손실$(H)=1.293(S-1)h$
$H=1.293(1.5-1)\times30=19\mathrm{mmH_2O}$
공기의 밀도 : $1.293\mathrm{kg/m^3}$, $1\mathrm{mmH_2O}=1\mathrm{Pa}$

1atm=101,325Pa=10,332mmH₂O
$\therefore\ 19\times(101,325/10,332)=190\mathrm{Pa}$

22
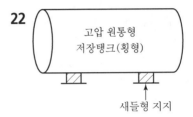

23 ㉠ 다이어프램 : 가스정압기(Governor)의 기본구조 중 2차 압력(출구압력)을 감지하여 그 2차 압력의 변동을 메인밸브로 전한다.
㉡ 정압기 : 피셔식, 엑셀–플로식, 레이놀즈식

24 액화석유가스(LPG, 1단 감압식 준저압조정기)
㉠ 입구압력 : 0.1~1.56MPa
㉡ 조정압력 : 5~30kPa

25 ㉠ 허용안전율
$=\dfrac{인장응력(극한강도)}{허용응력}=\dfrac{인장파괴응력}{인장응력}$

㉡ 안전율$=\dfrac{400}{200}=2$

㉢ 인장응력$=\dfrac{정하중}{단면적}=\dfrac{600}{3}=200\mathrm{kg/cm^2}$

• $300\mathrm{mm^2}=3\mathrm{cm^2}$

26
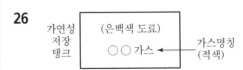

27 ㉠ 가스는 40℃ 이하 유지
㉡ 압력계 눈금 : 1.5배 이상~2배 이하
㉢ 산소방류둑 : 1천 톤 이상 저장 시 설치(단, 독성은 5톤 이상)
㉣ 고압가스 저장탱크에는 환형유리관이 아닌 평형 반사식 등의 액면계 설치

28 반밀폐식 가스보일러는 실내환기 불량이 많아서 전용보일러실에 설치하여야 한다.

29 압축기 이용법의 특징
㉠ 충전시간이 길다.
㉡ 잔가스 회수가 가능하다.
㉢ 베이퍼록 현상이 없다.
㉣ 부탄의 경우 비점이 높아서 저온에서 재액화할 우려가 있다.

30 소형 저장탱크
LPG 저장능력 3톤 미만(주위 5m 이내에서는 화기 사용금지)

31 동력=회전수 증가의 3제곱에 의한다.
$$P_s' = P_s \times \left(\frac{N_2}{N_1}\right)^3 = 1 \times \left(\frac{100+10}{100}\right)^3 = 1.33배$$

32 피셔식 정압기(Fisher Governor)의 특징
㉠ 로딩형(Loading)이다.
㉡ 고압 → 중압 A, 중압 A-A, 중압 B에 사용
㉢ 비교적 콤팩트하고 정특성, 동특성이 양호하다.

33 ㉠ 가연성 가스 충전구 나사 : 왼나사(단, NH₃와 CH₃Br은 제외)
㉡ 오른나사용 가스 : NH₃, 브롬화메탄(CH₃Br) 및 불연성 가스, 조연성 가스
㉢ 수소(H₂) 가스는 폭발범위가 4~75%인 가연성 가스

34 배관의 최소두께 계산 시 관의 길이는 고려대상이 아니다.

35 타르 에폭시의 특징
에폭시수지와석탄에서 나오는 타르의 혼합이다. (가스강관이나 덮개에 사용된다.)
㉠ 타르의 혼합이므로 경화가 늦다.
㉡ 사용이 중한 방식용, 바닥제로 사용한다.

36 초음파 탐상법
㉠ 투상 반향법
㉡ 공진법
㉢ 재료의 내·외부의 결함, 불균일층의 존재 여부 파악

37 ㉠ 플랫용접(Flat Position, 아래보기 용접자세) : 겹치기 용접 시 용접효율이 낮다.
㉡ 플러그 용접 : 접합하는 부재 한쪽에 구멍을 뚫고 판의 표면까지 가득하게 용접하고, 다른 쪽 부재와 접합하는 용접

38 도시가스 원료
㉠ LPG
㉡ 천연가스(NG)
㉢ 나프타
※ 아세틸렌(Acetylene) : 용접, 절단용 가스

39

원주방향응력
$$(\sigma) = \frac{P \cdot D}{2 \cdot t} = \frac{0.99 \times 200}{2 \times 5.8} = 17.06\text{MPa}$$

40 고압가스의 배관이음
㉠ 용접이음
㉡ 플랜지이음
㉢ 나사이음
※ 리베팅 : 원통형 제작

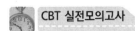

제3과목 : 가스안전관리

41 독성가스 염소의 제독제
㉠ 가성소다 수용액
㉡ 탄산소다 수용액
㉢ 소석회

42 고압가스 제조
㉠ 특정제조, 용기 및 차량 탱크 충전
㉡ 저장시설
㉢ 자동차 충전

43
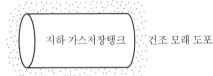
지하 가스저장탱크   건조 모래 도포

44 2중관이 필요한 독성가스
• 염소
• 포스겐
• 불소
• 아크릴알데히드
• 아황산가스
• 시안화수소
• 황화수소

45 고압가스 용기보관 장소
통풍이 잘되지 않으면 배풍기로 강제 환기를 해야
한다.

46 LPG가스 이입 시 건축물 내 로딩암을 설치하는 경우
환기구 면적 : 바닥면적의 6% 이상

47 산소가스 설비의 수리 및 청소 시에는 산소량이 100%
에서 22% 이하(18~21%)가 될 때까지 치환해야
한다.

48 액화가스저장능력(kg)
=0.9×액화가스비중×탱크 내 용적=$0.9dV$

49 대구 도시가스 폭발사고의 원인
지하공사 중 도시가스 배관 손상

50 분해폭발
㉠ 아세틸렌(C_2H_2)
$$C_2H_2 \xrightarrow{\text{압축}} 2C + H_2 + 54.2\text{kcal}$$
㉡ 산화에틸렌(C_2H_4O)
산화에틸렌 증기는 화염, 전기스파크, 충격, 아
세틸드의 분해에 의한 폭발 위험이 있다.

51 안전밸브 분출압력
내압시험 압력의 $\dfrac{8}{10}$ 이하에서 작동하도록 조절한다.

52

고압가스 액화가스 저장탱크   차량
[내용적 5m³ 이하마다 방파판 (액화가스 흔들림 방지용) 1개씩 설치]

53 프로판, 부탄가스 등 가연성 가스의 연소를 도와주
는 조연성 가스인 산소(O_2)는 기밀시험에서 사용
하지 않는다.

54

LPG 저장탱크 (은백색의 도료) 외면 도색   지상

55 이륜차(오토바이 등)는 LPG 용기(액화석유가스
용기)의 운반만 가능하다.

56 이동식 부탄연소기 사용 시 주의사항
사용하는 그릇은 연소기의 삼발이보다 폭이 좁아야
가스폭발을 방지할 수 있다.

57 초저온 탱크(차량에 고정된 탱크)의 재검사 항목
㉠ 외관검사
㉡ 기밀검사
㉢ 자분탐상검사

58 저장탱크 안전밸브 가스방출관 위치
지면에서 5m 이상인 높이에 설치한다.

59
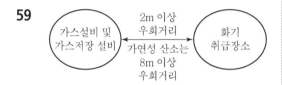

60 C_2H_2(아세틸렌) 다공물질의 다공도
75% 이상~92% 미만
※ 다공물질 : 분해폭발방지용으로서 규조토, 점토,
목탄, 석회, 산화철 등

제4과목 : 가스계측

61 가스미터기 추측식(추량식)
㉠ 오리피스식, ㉡ 터빈식, ㉢ 선근차식

62 온도측정범위
① 알루멜 – 크로멜 : $-200~1,200℃$
② 구리 – 콘스탄탄 : $-180~350℃$
③ 수은 : $-35~360℃$
④ 백금 – 백금 · 로듐 : $0~1,600℃$

63 습도 측정
노점을 측정하여 간단하게 측정할 수 있다. 습도 측
정기의 종류에는 전기식 건습구 습도계, 전기저항
식 습도계, 듀셀 전기 노점계 등이 있다.

64 가스미터 설치 시 입상배관의 금지 이유
겨울철 수분 응축에 따른 밸브, 밸브시트의 동결 방
지를 위하여

65 적외선분광분석계
어떤 파장폭에서 적외선을 흡수하는 원리를 이용하
여 2원자분자가스(H_2, O_2, Nv, Cl_2 등)를 제외한 거
의 모든 가스(CH_4, CO, CO_2, NH_3, $COCl_2$ 등)를 분
석하는 가스분석계를 말한다.

66 액화석유가스 성분분석법 중 저온분류법 적용
지방족 탄화수소의 분리정량(탄소가 사슬 모양으
로 연결되거나 혹은 이에 사슬 모양의 가지를 갖는
탄화수소)

67 히스테리시스 현상(Hysteresis)
벨로스식 압력계로 압력 측정 시 벨로스 내부에 압
력이 가해질 경우 원래 위치로 돌아가지 않는 현상
을 의미한다.

68 물의 비중 $1(1,000kg/m^3)$로서 $10mH_2O=1kg/cm^2$
액면높이 $= 1 : 10 = 0.8 : x$
$$x = 10 \times \frac{1}{0.8} = 12.5m$$
$\therefore 12.5 \times 2 = 25m$

69 분별연소법(연소분석법)
2종 이상의 동족 탄화수소와 수소(H_2)가 혼합되어
있는 시료가스에 사용되는 분석법으로(H_2, CO만을
분별적으로 완전 산화시키며 파라듐관연소법, 산화
동법이 있다.

70 ② KI전분지 : 염소분석 시험지
③ 염화파라듐지 : CO가스 분석 시험지
④ 연당지(초산납 시험지) : H_2S(황화수소) 분석
시험지

71

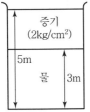

물 $10mH_2O = 1kg/cm^2$
물 $3.0mH_2O = 0.3kg/cm^2$
∴ 전압(P) $= 2 \times 10 + 3$
   $= 23m$
   $= 2.3kg/cm^2$

72 ㉠ 적분동작(I) : 편차(오프셋)의 크기에 비례하여
조절요소의 속도가 연속적으로 변하는 동작(편
차가 제거된다.)
$Y = K_p \int \epsilon dt$(여기서, K_p : 비례상수, ε : 편차)
㉡ 미분동작(D) : 편차의 변화속도에 비례하는 관
계로 편차가 일어날 때 초기상태에서 큰 수정동
작을 한다. P 또는 PI동작과 결합하여 사용한다.

73 (1) 자동제어 제어량의 성질에 따른 분류
      ㉠ 서보기구
      ㉡ 프로세스 제어
      ㉢ 자동조정
(2) 목푯값에 따른 자동제어 : 정치제어, 캐스케이
   드 제어, 추치제어(추종제어, 프로그램제어, 비
   율제어)

74

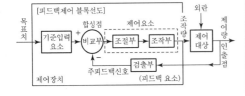

75 계측기의 감도
지시량의 변화를 측정량의 변화로 나눈 값이다.

76 게겔법
㉠ 주로 저급탄화수소를 분석하는데 사용
㉡ 가스분석 순서 : CO_2 → C_2H_2 → 프로필렌 →
   노르말부틸렌 → 에틸렌(C_2H_4) → O_2 → CO

77 ㉠ 서보기구 : 주로 물체의 위치, 방위, 자세 등의
   기계적 변위를 제어량으로 하는 제어계
㉡ 추치 제어 : 목푯값이 시간적으로 변화하는 자동
   제어(73번 문제 해설 참고)

78 가스분석 시 피크의 넓이(A) 계산 : $W \times h$
(여기서, W : 바탕선의 길이)

79 슬립튜브식 액면계
액면계로부터 가스가 방출되었을 때 인화 또는 중
독의 우려가 없는 장소에 설치가 가능한 액면계

80 다이어프램(막식) 가스미터기
㉠ $4m^3 = 4,000L$(최대유량)
㉡ $25L$(최소유량값)
∴ $25L/h \sim 4,000L/h$

CBT 실전모의고사 2회

제1과목 : 연소공학

01 다음에서 설명하는 법칙은?

"임의의 화학반응에서 발생(또는 흡수)하는 열은 변화 전과 변화 후의 상태에 의해서 정해지며 그 경로는 무관하다."

① Dalton의 법칙
② Henry의 법칙
③ Avogadro의 법칙
④ Hess의 법칙

02 수소가 완전연소 시 발생되는 발열량은 약 몇 kcal/kg인가? (단, 수증기 생성열은 57.8kcal/mol이다.)

① 12,000
② 24,000
③ 28,900
④ 57,800

03 전 폐쇄 구조인 용기 내부에서 폭발성 가스의 폭발이 일어났을 때 용기가 압력에 견디고 외부의 폭발성 가스에 인화할 우려가 없도록 한 방폭구조는?

① 안전증 방폭구조
② 내압 방폭구조
③ 특수 방폭구조
④ 유입 방폭구조

04 밀폐된 용기 속에 3atm, 25℃에서 프로판과 산소가 2 : 8의 몰비로 혼합되어 있으며 이것이 연소하면 다음 식과 같이 된다. 연소 후 용기 내의 온도가 2,500K로 되었다면 용기 내의 압력은 약 몇 atm이 되는가?

$$2C_3H_8 + 8O_2 \rightarrow 6H_2O + 4CO_2 + 2CO + 2H_2$$

① 3
② 15
③ 25
④ 35

05 메탄 50%, 에탄 40%, 프로판 5%, 부탄 5%인 혼합가스의 공기 중 폭발하한값(%)은? (단, 폭발하한값은 메탄 5%, 에탄 3%, 프로판 2.1%, 부탄 1.8%이다.)

① 3.51
② 3.61
③ 3.71
④ 3.81

06 분진폭발에 대한 설명 중 틀린 것은?

① 분진은 공기 중에 부유하는 경우 가연성이 된다.
② 분진은 구조물 위에 퇴적하는 경우 불연성이다.
③ 분진이 발화, 폭발하기 위해서는 점화원이 필요하다.
④ 분진폭발 과정에서 입자표면에 열에너지가 주어져 표면온도가 상승한다.

07 탄화도가 커질수록 연료에 미치는 영향이 아닌 것은?

① 연료비가 증가한다.
② 연소속도가 늦어진다.
③ 매연발생이 상대적으로 많아진다.
④ 고정탄소가 많아지고 발열량이 커진다.

08 폭굉유도거리를 짧게 하는 요인에 해당하지 않는 것은?

① 관경이 클수록
② 압력이 높을수록
③ 연소열량이 클수록
④ 연소속도가 클수록

09 연소 시 배기가스 중의 질소산화물(NOx)의 함량을 줄이는 방법으로 가장 거리가 먼 것은?

① 굴뚝을 높게 한다.
② 연소온도를 낮게 한다.
③ 질소함량이 적은 연료를 사용한다.
④ 연소가스가 고온으로 유지되는 시간을 짧게 한다.

10 수소의 연소반응은 '$H_2 + \frac{1}{2}O_2 \rightarrow H_2O$'로 알려져 있으나 실제로는 수많은 연소반응이 연쇄적으로 일어난다고 한다. 다음은 무슨 반응에 해당하는가?

$$OH + H_2 \rightarrow H_2O + H$$
$$O + HO_2 \rightarrow O_2 + OH$$

① 연쇄창시반응
② 연쇄분지반응
③ 기상정지반응
④ 연쇄이동반응

11 설치장소의 위험도에 대한 방폭구조의 선정에 관한 설명 중 틀린 것은?

① 0종 장소에서는 원칙적으로 내압방폭구조를 사용한다.
② 2종 장소에서 사용하는 전선관용 부속품은 KS에서 정하는 일반품으로서 나사접속의 것을 사용할 수 있다.
③ 두 종류 이상의 가스가 같은 위험장소에 존재하는 경우에는 그중 위험등급이 높은 것을 기준으로 하여 방폭전기기기의 등급을 선정하여야 한다.
④ 유입방폭구조는 1종 장소에서는 사용을 피하는 것이 좋다.

12 유황(S)의 완전연소 시 발생하는 SO_2의 양을 구하는 식은?

① $4.31 \times SNm^3$
② $3.33 \times SNm^3$
③ $0.7 \times SNm^3$
④ $4.38 \times SNm^3$

13 아세틸렌(C_2H_2) 가스의 위험도는 얼마인가? (단, 아세틸렌의 폭발한계는 2.51~81.2%이다.)

① 29.15
② 30.25
③ 31.35
④ 32.45

14 LPG가 완전연소될 때 생성되는 물질은?

① CH_4, H_2
② CO_2, H_2O
③ C_3H_8, CO_2
④ C_4H_{10}, H_2O

15 디토네이션(Detonation)에 대한 설명으로 옳지 않은 것은?

① 발열반응으로서 연소의 전파속도가 그 물질 내에서 음속보다 느린 것을 말한다.
② 물질 내에 충격파가 발생하여 반응을 일으키고 또한 반응을 유지하는 현상이다.
③ 충격파에 의해 유지되는 화학반응현상이다.
④ 디토네이션은 확산이나 열전도의 영향을 거의 받지 않는다.

16 불꽃 중 탄소가 많이 생겨서 황색으로 빛나는 불꽃은?

① 휘염　　　　　② 층류염
③ 환원염　　　　④ 확산염

17 가스연료와 공기의 흐름이 난류일 때의 연소상태에 대한 설명으로 옳은 것은?

① 화염의 윤곽이 명확하게 된다.
② 층류일 때보다 연소가 어렵다.
③ 층류일 때보다 열효율이 저하된다.
④ 층류일 때보다 연소가 잘되며 화염이 짧아진다.

18 프로판 1몰 연소 시 필요한 이론공기량은 약 얼마인가? (단, 공기 중 산소량은 21v%이다.)

① 16mol
② 24mol
③ 32mol
④ 44mol

19 다음은 고체연료의 연소과정에 관한 사항이다. 보통 기상에서 일어나는 반응이 아닌 것은?

① $C+CO_2 \rightarrow 2CO$
② $CO+\frac{1}{2}O_2 \rightarrow CO_2$
③ $H_2+\frac{1}{2}O_2 \rightarrow H_2O$
④ $CO+H_2O \rightarrow CO_2+H_2$

20 위험성 평가기법 중 공정에 존재하는 위험요소들과 공정의 효율을 떨어뜨릴 수 있는 운전상의 문제점을 찾아내어 그 원인을 제거하는 정성적인 안전성 평가기법은?

① What – if
② HEA
③ HAZOP
④ FMECA

제2과목 : 가스설비

21 고온·고압상태의 암모니아 합성탑에 대한 설명으로 틀린 것은?

① 재질은 탄소강을 사용한다.
② 재질은 18 – 8 스테인리스강을 사용한다.
③ 촉매로는 보통 산화철에 CaO를 첨가한 것이 사용된다.
④ 촉매로는 보통 산화철에 K_2O 및 Al_2O_3를 첨가한 것이 사용된다.

22 정압기의 정특성에 대한 설명으로 옳지 않은 것은?

① 정상상태에서의 유량과 2차 압력의 관계를 뜻한다.
② Lock-up이란 폐쇄압력과 기준유량일 때의 2차 압력과의 차를 뜻한다.
③ 오프셋값은 클수록 바람직하다.
④ 유량이 증가할수록 2차 압력은 점점 낮아진다.

23 가스의 압축방식이 아닌 것은?

① 등온압축
② 단열압축
③ 폴리트로픽압축
④ 감열압축

24 액화석유가스 저장소의 저장탱크는 몇 ℃ 이하의 온도를 유지하여야 하는가?

① 20℃
② 35℃
③ 40℃
④ 50℃

25 전기방식방법 중 희생양극법의 특징에 대한 설명으로 틀린 것은?

① 시공이 간단하다.
② 과방식의 우려가 없다.
③ 방식효과 범위가 넓다.
④ 단거리 배관에 경제적이다.

26 고압 산소 용기로 가장 적합한 것은?

① 주강용기
② 이중용접용기
③ 이음매 없는 용기
④ 접합용기

27 기화장치의 성능에 대한 설명으로 틀린 것은?

① 온수가열방식은 그 온수의 온도가 80℃ 이하이어야 한다.
② 증기가열방식은 그 온수의 온도가 120℃ 이하이어야 한다.
③ 가연성 가스용 기화장치의 접지 저항치는 100Ω 이상이어야 한다.
④ 압력계는 계량법에 의한 검사 합격품이어야 한다.

28 염화비닐호스에 대한 규격 및 검사방법에 대한 설명으로 맞는 것은?

① 호스의 안지름은 1종, 2종, 3종으로 구분하며 2종의 안지름은 9.5mm이고 그 허용오차는 ±0.8mm이다.
② -20℃ 이하에서 24시간 이상 방치한 후 지체 없이 10회 이상 굽힘시험을 한 후에 기밀시험에 누출이 없어야 한다.
③ 3MPa 이상의 압력으로 실시하는 내압시험에서 이상이 없고 4MPa 이상의 압력에서 파열되지 아니하여야 한다.
④ 호스의 구조는 안층·보강층·바깥층으로 되어 있고 안층의 재료는 염화비닐을 사용하며, 인장강도는 65.6N/5mm 폭 이상이다.

29 냄새가 나는 물질(부취제)의 구비조건으로 옳지 않은 것은?

① 부식성이 없어야 한다.
② 물에 녹지 않아야 한다.
③ 화학적으로 안정하여야 한다.
④ 토양에 대한 투과성이 낮아야 한다.

30 배관의 온도변화에 의한 신축을 흡수하는 조치로 틀린 것은?

① 루프이음
② 나사이음
③ 상온스프링
④ 벨로스형 신축이음매

31 1단 감압식 저압조정기 출구로부터 연소기입구까지의 허용압력손실로 옳은 것은?

① 수주 10mm를 초과해서는 아니 된다.
② 수주 15mm를 초과해서는 아니 된다.
③ 수주 30mm를 초과해서는 아니 된다.
④ 수주 50mm를 초과해서는 아니 된다.

32 안지름 10cm의 파이프를 플랜지에 접속하였다. 이 파이프 내에 40kgf/cm²의 압력으로 볼트 1개에 걸리는 힘을 400kgf 이하로 하고자 할 때 볼트는 최소 몇 개가 필요한가?

① 7개
② 8개
③ 9개
④ 10개

33 아세틸렌을 용기에 충전하는 경우 충전 중의 압력은 온도에 불구하고 몇 MPa 이하로 하여야 하는가?

① 2.5
② 3.0
③ 3.5
④ 4.0

34 수동교체 방식의 조정기와 비교한 자동 절체식 조정기의 장점이 아닌 것은?

① 전체 용기 수량이 많아져서 장시간 사용할 수 있다.
② 분리형을 사용하면 1단 감압식 조정기의 경

우보다 배관의 압력손실을 크게 해도 된다.
③ 잔액이 거의 없어질 때까지 사용이 가능하다.
④ 용기 교환주기의 폭을 넓힐 수 있다.

35 다음 중 LP가스의 성분이 아닌 것은?

① 프로판
② 부탄
③ 메탄올
④ 프로필렌

36 직경 50mm의 강재로 된 둥근 막대가 8,000 kgf의 인장하중을 받을 때의 응력은 약 몇 kgf/mm²인가?

① 2
② 4
③ 6
④ 8

37 가스설비 공사 시 지반이 점토질 지반일 경우 허용지지력도(MPa)는?

① 0.02
② 0.05
③ 0.5
④ 1.0

38 압축기 실린더 내부 윤활유에 대한 설명으로 옳지 않은 것은?

① 공기압축기에는 광유(鑛油)를 사용한다.
② 산소압축기에는 기계유를 사용한다.
③ 염소압축기에는 진한 황산을 사용한다.
④ 아세틸렌 압축기에는 양질의 광유(鑛油)를 사용한다.

39 용접장치에서 토치에 대한 설명으로 틀린 것은?

① 불변압식 토치는 니들밸브가 없는 것으로 독일식이라 한다.

② 팁의 크기는 용접할 수 있는 판 두께에 따라 선정한다.

③ 가변압식 토치를 프랑스식이라 한다.

④ 아세틸렌 토치의 사용압력은 0.1MPa 이상에서 사용한다.

40 가로 15cm, 세로 20cm의 환기구에 철재 갤러리를 설치한 경우 환기구의 유효면적은 몇 cm^2인가? (단, 개구율은 0.3이다.)

① 60　　　　② 90

③ 150　　　④ 300

제3과목 : 가스안전관리

41 도시가스배관을 도로매설 시 배관의 외면으로부터 도로 경계까지 얼마 이상의 수평거리를 유지하여야 하는가?

① 0.8m　　　② 1.0m

③ 1.2m　　　④ 1.5m

42 에어졸의 충전 기준에 적합한 용기의 내용적은 몇 L 이하이어야 하는가?

① 1　　　　② 2

③ 3　　　　④ 5

43 내용적 20,000L의 저장탱크에 비중량이 0.8kg/L인 액화가스를 충전할 수 있는 양은?

① 13.6톤

② 14.4톤

③ 16.5톤

④ 17.7톤

44 기업활동 전반을 시스템으로 보고 시스템 운영 규정을 작성·시행하여 사업장에서의 사고 예방을 위한 모든 형태의 활동 및 노력을 효과적으로 수행하기 위한 체계적이고 종합적인 안전관리체계를 의미하는 것은?

① MMS

② SMS

③ CRM

④ SSS

45 특수가스의 하나인 실란(SiH_4)의 주요 위험성은?

① 상온에서 쉽게 분해된다.

② 분해 시 독성물질을 생성한다.

③ 태양광에 의해 쉽게 분해된다.

④ 공기 중에 누출되면 자연발화한다.

46 에어졸 충전시설에는 온수시험탱크를 갖추어야 한다. 충전용기의 가스누출시험 온도는?

① 26℃ 이상 30℃ 미만

② 30℃ 이상 50℃ 미만

③ 46℃ 이상 50℃ 미만

④ 50℃ 이상 66℃ 미만

47 LPG 판매 사업소의 시설기준으로 옳지 않은 것은?

① 가스누출경보기는 용기보관실에 설치하되 일체형으로 한다.

② 용기보관실의 전기설비 스위치는 용기보관실 외부에 설치한다.

③ 용기보관실의 실내온도는 40℃ 이하로 유지한다.

④ 용기보관실 및 사무실은 동일 부지 내에 구분하여 설치한다.

48 최대지름이 6m인 고압가스 저장탱크 2기가 있다. 이 탱크에 물분무장치가 없을 때 상호유지되어야 할 최소 이격거리는?

① 1m

② 2m

③ 3m

④ 4m

49 산화에틸렌(C_2H_4O)에 대한 설명으로 틀린 것은?

① 휘발성이 큰 물질이다.

② 독성이 없고 화염속도가 빠르다.

③ 사염화탄소, 에테르 등에 잘 녹는다.

④ 물에 녹으면 안정된 수화물을 형성한다.

50 액화석유가스 저장설비 및 가스설비실의 통풍구조 기준에 대한 설명으로 옳은 것은?

① 사방을 방호벽으로 설치하는 경우 한 방향으로 2개소의 환기구를 설치한다.

② 환기구의 1개소 면적은 2,400cm² 이하로 한다.

③ 강제통풍 시설의 방출구는 지면에서 2m 이상의 높이에 설치한다.

④ 강제통풍 시설의 통풍능력은 1m²마다 0.1m³/분 이상으로 한다.

51 도시가스를 지하에 매설할 경우 배관은 그 외면으로부터 지하의 다른 시설물과 얼마 이상의 거리를 유지하여야 하는가?

① 0.3m

② 0.5m

③ 1m

④ 1.5m

52 암모니아의 성질에 대한 설명으로 틀린 것은?

① 20℃에서 약 8.5기압의 가압으로 액화할 수 있다.

② 암모니아를 물에 계속 녹이면 용액의 비중은 물보다 커진다.

③ 액체 암모니아가 피부에 접촉하면 동상에 걸려 심한 상처를 입게 된다.

④ 암모니아 가스는 기도, 코, 인후의 점막을 자극한다.

53 고압가스 특정제조시설에 설치되는 가스누출 검지경보장치의 설치기준에 대한 설명으로 옳은 것은?

① 경보농도는 가연성 가스의 경우 폭발한계의 1/2 이하로 하여야 한다.

② 검지에서 발신까지 걸리는 시간은 경보농도의 1.2배 농도에서 보통 20초 이내로 한다.

③ 경보기의 정밀도는 경보농도 설정치에 대하여 가연성 가스용은 ±25% 이하이어야 한다.

④ 검지경보장치의 경보정밀도는 전원의 전압 등 변동이 ±20% 정도일 때에도 저하되지 아니하여야 한다.

54 LPG 저장설비 주위에는 경계책을 설치하여 외부인의 출입을 방지할 수 있도록 해야 한다. 경계책의 높이는 몇 m 이상이어야 하는가?

① 0.5m
② 1.5m
③ 2.0m
④ 3.0m

55 독성가스 충전시설에서 다른 제조시설과 구분하여 외부로부터 독성가스 충전시설임을 쉽게 식별할 수 있도록 설치하는 조치는?

① 충전표지
② 경계표지
③ 위험표지
④ 안전표지

56 고압가스 특정제조의 기술기준으로 옳지 않은 것은?

① 가연성 가스 또는 산소의 가스설비 부근에는 작업에 필요한 양 이상의 연소하기 쉬운 물질을 두지 아니할 것
② 산소 중의 가연성 가스의 용량이 전 용량의 3% 이상의 것은 압축을 금지할 것
③ 석유류 또는 글리세린은 산소압축기의 내부윤활제로 사용하지 말 것
④ 산소 제조 시 공기액화분리기 내에 설치된 액화산소통 내의 액화산소는 1일 1회 이상 분석할 것한다.

57 수소용기의 외면에 칠하는 도색의 색깔은?

① 주황색
② 적색
③ 황색
④ 흑색

58 용기 파열사고의 원인으로서 가장 거리가 먼 것은?

① 염소용기는 용기의 부식에 의하여 파열사고가 발생할 수 있다.
② 수소용기는 산소와 혼합충전으로 격심한 가스폭발에 의한 파열사고가 발생할 수 있다.
③ 고압아세틸렌가스는 분해폭발에 의한 파열사고가 발생될 수 있다.
④ 용기 내 과다한 수증기 발생에 의한 폭발로 용기파열이 발생할 수 있다.

59 LP가스 용기저장소를 그림과 같이 설치할 때 자연환기시설의 위치로서 가장 적당한 곳은?

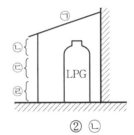

① ㉠
② ㉡
③ ㉢
④ ㉣

60 LPG용 가스레인지를 사용하는 도중 불꽃이 치솟는 사고가 발생하였을 때 가장 직접적인 사고 원인은?

① 압력조정기 불량
② T관으로 가스누출
③ 연소기의 연소불량
④ 가스누출자동차단기 미작동

제4과목 : 가스계측

61 액면계의 종류로만 나열된 것은?

① 플로트식, 퍼지식, 차압식, 정전용량식
② 플로트식, 터빈식, 액비중식, 광전관식
③ 퍼지식, 터빈식, Oval식, 차압식
④ 퍼지식, 터빈식, Roots식, 차압식

62 가연성 가스 검지방식으로 가장 적합한 것은?

① 격막전극식
② 정전위전해식
③ 접촉연소식
④ 원자흡광광도법

63 가스미터 출구 측 배관을 수직배관으로 설치하지 않는 가장 큰 이유는?

① 설치면적을 줄이기 위하여
② 화기 및 습기 등을 피하기 위하여
③ 검침 및 수리 등의 작업이 편리하도록 하기 위하여
④ 수분응축으로 밸브의 동결을 방지하기 위하여

64 도플러 효과를 이용한 것으로, 대유량을 측정하는 데 적합하며 압력손실이 없고, 비전도성 유체도 측정할 수 있는 유량계는?

① 임펠러 유량계
② 초음파 유량계
③ 코리올리 유량계
④ 터빈 유량계

65 도로에 매설된 도시가스가 누출되는 것을 감지하여 분석한 후 가스누출 유무를 알려주는 가스검출기는?

① FID
② TCD
③ FTD
④ FPD

66 30℃는 몇 °R(Rankine)인가?

① 528°R
② 537°R
③ 546°R
④ 555°R

67 연소분석법 중 2종 이상의 동족 탄화수소와 수소가 혼합된 시료를 측정할 수 있는 것은?

① 폭발법, 완만연소법
② 산화구리법, 완만연소법
③ 분별연소법, 완만연소법
④ 파라듐관 연소법, 산화구리법

68 제어기기의 대표적인 것을 들면 검출기, 증폭기, 조작기기, 변환기로 구분되는데 서보전동기(Servo Motor)는 어디에 속하는가?

① 검출기
② 증폭기
③ 변환기
④ 조작기기

69 가스크로마토그래피의 구성요소가 아닌 것은?

① 분리관(컬럼)
② 검출기
③ 유속조절기
④ 단색화 장치

70 그림과 같은 조작량의 변화는 어떤 동작인가?

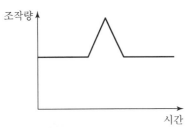

① I동작　　　② PD동작
③ D동작　　　④ PI동작

71 가스크로마토그래피의 불꽃이온화검출기에 대한 설명으로 옳지 않은 것은?

① N_2 기체는 가장 높은 검출한계를 갖는다.
② 이온의 형성은 불꽃 속에 들어온 탄소 원자의 수에 비례한다.
③ 열전도도 검출기보다 감도가 높다.
④ H_2, NH_3 등 비탄화수소에 대하여는 감응이 없다.

72 공업용으로 사용될 수 있는 LP가스미터기의 용량을 가장 정확하게 나타낸 것은?

① 1.5m^3/h 이하
② 10m^3/h 초과
③ 20m^3/h 초과
④ 30m^3/h 초과

73 MAX 1.0m^3/h, 0.5L/rev로 표기된 가스미터가 시간당 50회전 하였을 경우 가스 유량은?

① 0.5m^3/h　　② 25L/h
③ 25m^3/h　　④ 50L/h

74 염소(Cl_2)가스 누출 시 검지하는 가장 적당한 시험지는?

① 연당지
② KI전분지
③ 초산벤젠지
④ 염화제일구리착염지

75 복사에너지의 온도와 파장의 관계를 이용한 온도계는?

① 열선 온도계　　② 색 온도계
③ 광고온계　　　④ 방사 온도계

76 동특성 응답이 아닌 것은?

① 과도 응답　　② 임펄스 응답
③ 스텝 응답　　④ 정오차 응답

77 1차 제어장치가 제어량을 측정하여 제어명령을 발하고 2차 제어장치가 이 명령을 바탕으로 제어량을 조절하는 측정제어는?

① 비율제어
② 자력제어
③ 캐스케이드 제어
④ 프로그램 제어

78 기본단위가 아닌 것은?

① 전류(A)　　　② 온도(K)
③ 속도(V)　　　④ 질량(kg)

79 기계식 압력계가 아닌 것은?

① 환상식 압력계
② 경사관식 압력계
③ 피스톤식 압력계
④ 자기변형식 압력계

80 공업계기의 구비조건으로 가장 거리가 먼 것은?

① 구조가 복잡해도 정밀한 측정이 우선이다.
② 주변 환경에 대하여 내구성이 있어야 한다.
③ 경제적이며 수리가 용이하여야 한다.
④ 원격조정 및 연속 측정이 가능하여야 한다.

CBT 실전모의고사 2회 정답/해설

1	2	3	4	5	6	7	8	9	10
④	③	②	④	①	②	③	①	①	④
11	12	13	14	15	16	17	18	19	20
①	③	③	②	①	①	④	②	①	③
21	22	23	24	25	26	27	28	29	30
①	③	④	③	③	③	③	전항 정답	④	③
31	32	33	34	35	36	37	38	39	40
③	②	①	①	③	②	①	②	④	②
41	42	43	44	45	46	47	48	49	50
②	①	②	②	④	③	①	③	②	②
51	52	53	54	55	56	57	58	59	60
①	②	③	②	③	②	①	④	④	①
61	62	63	64	65	66	67	68	69	70
①	③	④	②	①	③	④	④	④	②
71	72	73	74	75	76	77	78	79	80
①	④	②	②	②	④	③	③	④	①

제1과목 : 연소공학

01 헤스의 법칙
임의의 화학반응에서 발생하는 열은 변화 전과 변화 후의 상태에 의해서 정해지며 그 경로는 무관하다.

02
$$H_2 + \frac{1}{2}O_2 \rightarrow H_2O\,(1몰 = 22.4L = 2g)$$

1kg = 1,000g
1kmol = 1,000mol
57.8 × 1,000 = 57,800kcal/kmol(2kg)
$$\therefore \frac{57,800}{2} = 28,900\text{kcal/kg}$$

03 내압 방폭구조
전 폐쇄 구조인 용기 내부에서 폭발성 가스의 폭발이 일어난 경우 용기가 압력에 견디고 외부의 폭발성 가스에 인화할 우려가 없도록 한 구조

04
$$P_1 V_1 = n_1 R_1 T_1, \quad P_2 V_2 = n_2 R_2 T_2$$

$V_1 = V_2$와 $R_1 = R_2$는 같다. $\dfrac{P_2}{P_1} = \dfrac{n_2}{n_1} \times \dfrac{T_2}{T_1}$

$$P_2 = \frac{n_2}{n_1} \times \frac{T_2}{T_1} \times P_1$$
$$= \frac{(6+4+2+2)}{(2+8)} \times \left(\frac{2,500}{273+25}\right) \times 3 = 35\text{atm}$$

05
$$\frac{100}{L} = \frac{V_1}{L_1} + \frac{V_2}{L_2} + \frac{V_3}{L_3} + \frac{V_4}{L_4}$$

• 하한계$\left(\dfrac{100}{L}\right)$

$$= \frac{100}{\left(\frac{50}{5}\right) + \left(\frac{40}{3}\right) + \left(\frac{5}{2.1}\right) + \left(\frac{5}{1.8}\right)} = 3.51$$

06 분진은 구조물 위에 퇴적하는 경우 점화의 조건이 주어지면 가연성이 된다.

07 탄화도가 적고 휘발분의 농도가 클수록 매연발생이 낮아지며 섬화는 용이하나, 탄화도(고정탄소/휘발분)가 크면 ①, ②, ④의 특성이 나타난다.

08 관 속에 방해물이 있거나 관경이 작을수록 폭굉유도거리(DID)가 짧아져서 위험하다.

09 굴뚝을 높게 하면 통풍력이 커진다.

10 연쇄이동반응
$$O + HO_2 \rightarrow O_2 + OH$$
$$OH + H_2 \rightarrow H_2O + H$$

11 제0종 장소
본질안전방폭구조(ia 또는 ib)를 사용한다.

12 $S + O_2 \rightarrow SO_2$, 황의 분자량 : 32

$32kg + 22.4Nm^3 \rightarrow 22.4Nm^3$

아황산가스$(SO_2) = \dfrac{22.4}{32} = 0.7SNm^3/kg$

13 아세틸렌 가스의 위험도(H)

$H = \dfrac{U-L}{L} = \dfrac{81.2 - 2.51}{2.51} = 31.35$

14 $LPG(C_3H_8 + C_8H_{10})$

㉠ 프로판$(C_3H_8 + 5O_2 \rightarrow 3CO_2 + 4H_2O)$

㉡ 부탄$(C_4H_{10} + 6.5O_2 \rightarrow 4CO_2 + 5H_2O)$

15 디토네이션(폭굉 = DID)

화염의 전파속도$(1,000 \sim 3,500m/s)$가 음속보다 빠르면 파면선단에 충격파라고 하는 큰 압력파가 생겨 격렬한 파괴작용을 일으키는 현상

16 휘염

불꽃 중 탄소가 많이 생겨서 황색으로 빛나는 불꽃이다.

17 난류흐름에서 연소상태

층류흐름보다 화염의 윤곽이 흐리고 연소가 잘되며 화염이 짧아진다.

18 $C_3H_8 + 5O_2 \rightarrow 3CO_2 + 4H_2O$

이론공기량 = 이론산소량 $\times \dfrac{1}{0.21}$

$= 5 \times \dfrac{1}{0.21} = 24mol$

19 $C + O_2 \rightarrow CO_2$(탄산가스)

$C + \dfrac{1}{2}O_2 \rightarrow CO$(일산화탄소)

20 ① What - if : 사고예상 질문분석기법
② HEA : 작업자 실수분석기법

③ HAZOP : 위험과 운전분석 정성적 평가기법
④ FMECA : 이상 위험도 분석기법

제2과목 : 가스설비

21 암모니아 합성탑의 종류
㉠ 고압합성법$(60 \sim 100MPa)$
㉡ 중압합성법$(30MPa)$
㉢ 저압합성법$(15MPa)$

22 오프셋(Off Set) : 편찻값
유량변화 시 2차 압력과 기준 압력의 차이(오프셋 값이 작을수록 바람직하다.)

23 가스압축의 종류
①, ②, ③ 외 정압압축이 있다.

24 모든 가스는 40℃ 이하의 온도를 유지해야 한다.

25 전기방식 중 희생양극법(유전양극법)은 방식효과 범위가 좁다.(양극재료 : Mg, Zn 등)

26 산소는 비점$(-183℃)$이 낮아 액화가스화 하기가 어려워서 고압의 압축가스로 저장하므로 이음매가 없는 용기(무계목 용기)를 사용한다.

27 가연성 가스용 기화장치 접지 저항치 : 10Ω 이하일 것

28 ㉠ 허용오차 : ±0.7mm로 한다.
㉡ 기밀시험 : 0.2MPa 이하 압력에서 누출이 없을 것

29 가스에 사용되는 냄새용 부취제(TBM, THT, DMS)는 물에 잘 녹지 않고 토양에 대하여 투과성이 커야 한다.

30 관의 접합방법
배관용 나사이음, 용접이음, 플랜지이음, 소켓이음 등은 관의 접합방법이다.

31 1단 감압식 저압조정기

허용압력손실은 수주 30mm를 초과하지 않는다.

32 단면적$(A) = \dfrac{\pi}{4}d^2 = \dfrac{3.14}{4} \times 10^2 = 78.5\text{cm}^2$

$\therefore$ 볼트 개수 $= \dfrac{40 \times 78.5}{400} \fallingdotseq 8$개

33 아세틸렌 가스 용기저장 시 충전 중의 압력은 온도에 불구하고 2.5MPa 이하로 충전한다.

34 액화석유가스용 자동절체식 조정기는 전체 용기 수량이 수동교체식보다 적어도 된다.

35 메탄올(CH3OH)의 특징
㉠ 분자량 : 32(독성이 있다.)
㉡ 비점 : 64.5℃
㉢ 폭발범위 : 7.3~36%(가연성 가스, 독성 가스)
㉣ 목정(목재 건류에 의해서도 얻는다.)
　　$CO + 2H_2 \rightarrow CH_3OH$

36 단면적 $= \dfrac{3.14}{4} \times 50^2 = 1{,}962.5\text{mm}^2$

$\therefore$ 응력 $= \dfrac{8{,}000}{1{,}962.5} = 4\text{kgf/mm}^2$

37 ㉠ 점토질 지반 허용지지력도 : 0.02MPa(t/m²)
㉡ 조밀한 모래질 지반 지지력도 : 0.05MPa(t/m²)
㉢ 단단한 롬 지지력도 : 1.0MPa(t/m²)

38 산소압축기 윤활제
㉠ 물
㉡ 10% 이하인 묽은 글리세린 수

39 가스용접 토치의 종류
㉠ 저압식(0.07kg/cm² 이하)
㉡ 중압식(0.07~0.4kg/cm²)
㉢ 고압식(1.05kg/cm² 이상)

40 환기구 유효면적 = 면적×개구율
　　　　　　　 $= (15 \times 20) \times 0.3 = 90\text{cm}^2$

제3과목 : 가스안전관리

41

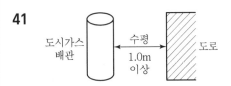

42 에어졸 충전 용기 내용적 : 1L 이하(내용적 100cm³ 초과 용기는 그 재료가 강 또는 경금속일 것)

43 액화가스 충전량 = 20,000×0.8 = 16,000kg
(탱크에는 전체 용기의 90%까지만 충전)
16,000×0.9 = 14,400kg(14.4톤)

44 SMS(종합적 안전관리체계)
㉠ 시스템 운영 규정 작성, 시행
㉡ 사업장 사고예방을 위한 모든 형태의 활동 및 노력
㉢ 효과적 수행을 위한 체계적 종합관리

45 특수가스
압축모노실란, 압축디보레인, 액화알진, 포스핀, 세렌화수소, 게르만, 실란(SiH_4) 등 특수한 반도체의 세정에 사용되는 특수고압가스로 실란은 공기 중에 누출되면 자연 발화한다.

46 에어졸 충전용기의 온수탱크에서 가스누출시험 온도 : 46℃ 이상~50℃ 미만 사용

47 가스누출경보기의 종류
접촉연소방식, 격막갈바니 전지방식, 반도체방식
(LPG 판매시설의 용기보관실 가스누출 경보기는 효과적 대응을 위해 분리형을 설치한다.)

48
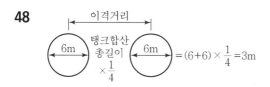

$$= (6+6) \times \frac{1}{4} = 3m$$

49 산화에틸렌가스의 독성 허용농도 : TLV – TWA 기준 50ppm 독성가스(무색의 가연성 가스로 폭발범위는 3~80%)

50 LPG가스 통풍구조
㉠ 바닥면적 : 1m²당 300cm² 비율(1개소 환기구 면적은 2,400cm² 이하)
㉡ 통풍능력 : 바닥면적 1m²당 0.5m³/min 이상
㉢ 배기가스 방출구 : 지면에서 5m 이상의 높이

51

52 암모니아는 물 1cc당 800cc가 용해되고 (NH_3 분자량=17) LC 기준 독성허용농도가 7,338ppm이며 비점은 −33.4℃로 액화가 용이하다.

53 ① 1/4 이하
② 1.6배 농도, 30초 이내
④ ±10% 정도

54 LPG(액화석유가스 저장설비) 경계책 높이 : 1.5m 이상

55 위험표지 예시문

독성가스 누출 주의 부분

56 ② 3% 이상이 아닌 4% 이상일 때 압축을 금지한다.

57 가스용기 도색 색상
㉠ 수소 : 주황색
㉡ 아세틸렌 : 황색

58 수증기(H_2O) 발생은 용기파열과는 관련성이 없다.

59 LP가스(액화석유가스)는 주성분이 프로판(비중 : 1.53), 부탄(비중 : 2) 등으로, 누설 시 공기보다 무거워서 하부로 고이므로 자연환기시설의 위치는 바닥인 ㉣이 이상적이다.

60 LPG용 압력조정기 불량에 따른 사고
가스레인지 사용 도중 불꽃이 치솟는 사고 발생(직접적인 사고원인)

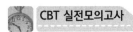

제4과목 : 가스계측

61 액면계의 종류
ⓐ 직접식 : 플로트식, 검척식, 유리관식
ⓑ 간접식 : 퍼지식(기포식), 차압식, 정전용량식, 방사선식

62 가연성 가스 검지경보장치의 종류
ⓐ 접촉연소방식
ⓑ 격막 갈바니 전지방식
ⓒ 반도체 방식

63 가스미터 출구 측 배관을 수직으로 하지 않고 수평관으로 하는 이유는 수분응축에 따른 밸브의 동결을 방지하기 위함이다.

64 초음파 유량계
도플러 효과를 이용한 대유량 측정용 유량계이다.
ⓐ 압력손실이 없다.
ⓑ 비전도성 유체도 측정이 가능하다.

65 FID 가스크로마토그래프(수소이온화 검출기)
ⓐ 탄화수소(도시가스 등)에서 감도가 최고
ⓑ H_2, O_2, CO, CO_2, SO_2 등에는 감도 측정 불가

66 $°R = °F(화씨) + 460$
$°F = 1.8 × ℃ + 32 = 1.8 × 30 + 32 = 86°F$
∴ $86 + 460 = 546°R$

67 연소분석법의 종류
ⓐ 폭발법 : 가연성 가스 분석
ⓑ 분별연소법(파라듐관 연소법, 산화동법) : 2종 이상의 동족 탄화수소와 H_2가스가 혼합되어 있는 성분 분석

68 조작기기의 종류
ⓐ 조작기기(전기계) : 전자밸브, 전동밸브, 2상서보모터, 직류서보모터, 필스모터
ⓑ 조작기기(기계계) : 클러치, 다이어프램밸브, 밸브 포지셔너, 유압식 조작기

69 가스크로마토그래피의 구성요소
분리관, 검출기, 유속조절기, 항온도

70 ⓐ P동작 : 비례동작
ⓑ I동작 : 적분동작
ⓒ D동작 : 미분동작
$$PD동작(Y) = K_p\left(\varepsilon + T_D\frac{d\varepsilon}{dt}\right)$$
여기서, K_p : 비례감도
$T_D\dfrac{d\varepsilon}{dt}$: 미분시간

71 가스크로마토그래피 검출기의 종류
ⓐ 염열이온화검출기(FTD) : 유기인화합물, 질소화합물에 고감도이다.
ⓑ 불꽃이온화검출기(FPD) : 유기인·유기황화합물에 고감도 분석이 된다.

72 LP가스미터기 공업용 용량범위 : $30m^3/h$ 초과

73 ⓐ 가스미터 최대 사용 표시량 : $1.0m^3/h$
ⓑ 1회전 시 가스 소비량 : 0.5L/rev(분당)
∴ 시간당 가스유량 = $0.5 × 50 = 25L/h$

74 ⓐ 연당지 : 황화수소가스 검지
ⓑ 초산벤젠지(질산구리 벤젠지) : 시안화수소가스 검지
ⓒ 염화제일구리(Cu)착염지 : 아세틸렌가스 검지

75 색 온도계

복사에너지 온도와 파장의 관계를 이용한 온도계

㉠ 600℃ : 어두운 색

㉡ 800℃ : 적색

㉢ 1,000℃ : 오렌지색

㉣ 1,200℃ : 노란색

㉤ 1,500℃ : 눈부신 황백색

㉥ 2,000℃ : 매우 눈부신 황색

㉦ 2,500℃ : 푸른 기가 있는 흰백색

76 자동제어 동특성 응답의 종류

㉠ 과도 응답

㉡ 임펄스 응답

㉢ 스텝 응답

77 캐스케이드 제어

1차 제어장치가 제어량을 측정하여 제어명령을 발하고 2차 제어장치가 이 명령을 바탕으로 제어량을 조절하는 측정장치

78 ㉠ 유도단위 : 속도, 체적, 가속도, 일, 열량, 유량, 점도, 밀도, 주파수, 소음, 힘 등

㉡ 기본단위 : 길이, 질량, 시간, 온도, 전류, 광도, 물질량

79 기계식 압력계 : 환상천평식, 경사관식, 피스톤식, 열전대식 등의 압력계

80 공업계기의 구비조건

②, ③, ④항 외에도 다음의 조건이 있다.

㉠ 구조가 간단하여야 한다.

㉡ 견고하고 신뢰성이 있어야 한다.

CBT 실전모의고사 3회

제1과목 : 연소공학

01 고압가스설비의 퍼지(Purging) 방법 중 한쪽 개구부에 퍼지가스를 가하고 다른 개구부로 혼합가스를 대기 또는 스크러버로 빼내는 공정은?

① 진공 퍼지(Vacuum Purging)
② 압력 퍼지(Pressure Purging)
③ 사이펀 퍼지(Siphon Purging)
④ 스위프 퍼지(Sweep–through Purging)

02 메탄(CH_4)에 대한 설명으로 옳은 것은?

① 고온에서 수증기와 작용하면 일산화탄소와 수소를 생성한다.
② 공기 중 메탄 성분이 60% 정도 함유되어 있는 혼합기체는 점화되면 폭발한다.
③ 부취제와 메탄을 혼합하면 서로 반응한다.
④ 조연성 가스로서 유기화합물을 연소시킬 때 발생한다.

03 다음 중 산소 공급원이 아닌 것은?

① 공기
② 산화제
③ 환원제
④ 자기연소성 물질

04 연소에 대한 설명으로 옳지 않은 것은?

① 착화온도는 인화온도보다 항상 낮다.
② 인화온도가 낮을수록 위험성이 크다.
③ 착화온도는 물질의 종류에 따라 다르다.
④ 기체의 착화온도는 산소의 함유량에 따라 달라진다.

05 메탄(CH_4)의 기체 비중은 약 얼마인가?

① 0.55 ② 0.65
③ 0.75 ④ 0.85

06 상온, 상압에서 프로판–공기의 가연성 혼합기체를 완전 연소시킬 때 프로판 1kg을 연소시키기 위하여 공기는 약 몇 kg이 필요한가? (단, 공기 중 산소는 23.15wt%이다.)

① 13.6 ② 15.7
③ 17.3 ④ 19.2

07 다음 중 폭발 범위가 가장 좁은 것은?

① 이황화탄소
② 부탄
③ 프로판
④ 시안화수소

08 1atm, 27℃의 밀폐된 용기에 프로판과 산소가 1 : 5의 부피비로 혼합되어 있다. 프로판이 완전 연소하여 화염의 온도가 1,000℃가 되었다면 용기 내에 발생하는 압력은?

① 1.95atm
② 2.95atm
③ 3.95atm
④ 4.95atm

09 LPG 저장탱크의 배관이 파손되어 가스로 인한 화재가 발생하였을 때 안전관리자가 긴급차단장치를 조작하여 LPG 저장탱크로부터의 LPG 공급을 차단하여 소화하는 방법은?

① 질식소화
② 억제소화
③ 냉각소화
④ 제거소화

10 어떤 기체가 168kJ의 열을 흡수하면서 동시에 외부로부터 20kJ의 열을 받으면 내부에너지의 변화는 약 얼마인가?

① 20kJ
② 148kJ
③ 168kJ
④ 188kJ

11 프로판(C_3H_8) 가스 $1Sm^3$를 완전 연소시켰을 때의 건조 연소가스양은 약 몇 Sm^3인가? (단, 공기 중 산소의 농도는 21vol%이다.)

① 19.8
② 21.8
③ 23.8
④ 25.8

12 연소로(燃燒爐) 내의 폭발에 의한 과압을 안전하게 방출하여 노의 파손에 의한 피해를 최소화하기 위해 폭연벤트(Deflagration Vent)를 설치한다. 이에 대한 설명으로 옳지 않은 것은?

① 가능한 한 곡절부에 설치한다.

② 과압으로 손쉽게 열리는 구조로 한다.
③ 과압을 안전한 방향으로 방출할 수 있는 장소를 선택한다.
④ 크기와 수량은 노의 구조와 규모 등에 의해 결정한다.

13 가연물의 위험성에 대한 설명으로 틀린 것은?

① 비등점이 낮으면 인화의 위험성이 높아진다.
② 파라핀 등 가연성 고체는 화재 시 가연성 액체가 되어 화재를 확대한다.
③ 물과 혼합되기 쉬운 가연성 액체는 물과 혼합되면 증기압이 높아져 인화점이 낮아진다.
④ 전기전도도가 낮은 인화성 액체는 유동이나 여과 시 정전기를 발생시키기 쉽다.

14 연소에 대한 설명으로 옳지 않은 것은?

① 열, 빛을 동반하는 발열반응이다.
② 반응에 의해 발생하는 열에너지가 반자발적으로 반응을 계속하는 현상이다.
③ 활성물질에 의해 자발적으로 반응이 계속되는 현상이다.
④ 분자 내 반응에 의해 열에너지를 발생하는 발열 분해 반응도 연소의 범주에 속한다.

15 용기 내부에 공기 또는 불활성 가스 등의 보호가스를 압입하여 용기 내의 압력이 유지됨으로써 외부로부터 폭발성 가스 또는 증기가 침입하지 못하도록 한 방폭구조는?

① 내압방폭구조
② 압력방폭구조
③ 유입방폭구조
④ 안전증방폭구조

16 공기와 연료의 혼합기체의 표시에 대한 설명 중 옳은 것은?

① 공기비(Excess Air Ratio)는 연공비의 역수와 같다.

② 연공비(Fuel Air Ratio)라 함은 가연 혼합기 중의 공기와 연료의 질량비로 정의된다.

③ 공연비(Air Fuel Ratio)라 함은 가연 혼합기 중의 연료와 공기의 질량비로 정의된다.

④ 당량비(Equivalence Ratio)는 이론연공비 대비 실제연공비로 정의한다.

17 석탄이나 목재가 연소 초기에 화염을 내면서 연소하는 형태는?

① 표면연소　　　　② 분해연소

③ 증발연소　　　　④ 확산연소

18 연소가스양 10Nm³/kg, 비열 0.325kcal/Nm³·℃인 어떤 연료의 저위발열량이 6,700kcal/kg이었다면 이론연소온도는 약 몇 ℃인가?

① 1,962℃　　　　② 2,062℃

③ 2,162℃　　　　④ 2,262℃

19 자연발화(自然發火)의 원인으로 옳지 않은 것은?

① 건초의 발효열

② 활성탄의 흡수열

③ 셀룰로이드의 분해열

④ 불포화유지의 산화열

20 발화지연시간(Ignition Delay Time)에 영향을 주는 요인으로 가장 거리가 먼 것은?

① 온도　　　　　　② 압력

③ 폭발하한값　　　④ 가연성 가스의 농도

제2과목 : 가스설비

21 20kg 용기(내용적 47L)를 3.1MPa의 수압으로 내압시험한 결과 내용적이 47.8L로 증가하였다. 영구(항구) 증가율은 얼마인가? (단, 압력을 제거하였을 때 내용적은 47.1L이었다.)

① 8.3%　　　　　② 9.7%

③ 11.4%　　　　　④ 12.5%

22 LiBr－H₂O계 흡수식 냉동기에서 가열원으로서 가스가 사용되는 곳은?

① 증발기　　　　　② 흡수기

③ 재생기　　　　　④ 응축기

23 용기내장형 LP가스 난방기용 압력조정기에 사용되는 다이어프램의 물성시험에 대한 설명으로 틀린 것은?

① 인장강도는 12MPa 이상인 것으로 한다.

② 인장응력은 3.0MPa 이상인 것으로 한다.

③ 신장영구 늘음률은 20% 이하인 것으로 한다.

④ 압축영구 줄음률은 30% 이하인 것으로 한다.

24 배관의 부식과 그 방지에 대한 설명으로 옳은 것은?

① 매설되어 있는 배관에 있어서 일반적인 강관이 주철관보다 내식성이 좋다.

② 구상흑연 주철관의 인장강도는 강관과 거의 같지만 내식성은 강관보다 나쁘다.

③ 전식이란 땅속으로 흐르는 전류가 배관으로 흘러 들어간 부분에 일어나는 전기적인 부식을 한다.

④ 전식은 일반적으로 천공성 부식이 많다.

25 안지름 10cm의 파이프를 플랜지에 접속하였다. 이 파이프 내에 40kgf/cm²의 압력으로 볼트 1개에 걸리는 힘을 300kgf 이하로 하고자 할 때 볼트는 최소 몇 개가 필요한가?

① 7개   ② 11개
③ 15개   ④ 19개

26 다음은 압력조정기의 기본 구조이다. 옳은 것으로만 나열된 것은?

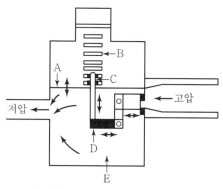

① A : 다이어프램, B : 안전장치용 스프링

② B : 안전장치용 스프링, C : 압력조정용 스프링

③ C : 압력조정용 스프링, D : 레버

④ D : 레버, E : 감압실

27 구형 저장탱크의 특징이 아닌 것은?

① 모양이 아름답다.

② 기초구조를 간단하게 할 수 있다.

③ 동일 용량, 동일 압력의 경우 원통형 탱크보다 두께가 두껍다.

④ 표면적이 다른 탱크보다 작으며 강도가 높다.

28 다음 [보기]의 특징을 가진 오토클레이브는?

[보기]
- 가스 누설의 가능성이 적다.
- 고압력에서 사용할 수 있고 반응물의 오손이 없다.
- 뚜껑판에 뚫린 구멍에 촉매가 끼어 들어갈 염려가 없다.

① 교반형   ② 진탕형
③ 회전형   ④ 가스교반형

29 도시가스 정압기의 일반적인 설치 위치는?

① 입구밸브와 필터 사이

② 필터와 출구밸브 사이

③ 차단용 바이패스밸브 앞

④ 유량조절용 바이패스밸브 앞

30 도시가스 공급방식에 의한 분류방법 중 저압공급 방식이란 어떤 압력을 뜻하는가?

① 0.1MPa 미만

② 0.5MPa 미만

③ 1MPa 미만

④ 0.1MPa 이상 1MPa 미만

31 도시가스 제조공정 중 가열방식에 의한 분류로, 원료에 소량의 공기와 산소를 혼합하여 가스발생의 반응기에 넣어 원료의 일부를 연소시켜 그 열을 열원으로 이용하는 방식은?

① 지열식　　　　② 부분연소식
③ 축열식　　　　④ 외열식

32 정압기의 유량 특성에서 메인밸브의 열림(스트로크 리프트)과 유량의 관계를 말하는 유량특성에 해당되지 않는 것은?

① 직선형　　　　② 2차형
③ 3차형　　　　④ 평방근형

33 배관 설비에 있어서 유속을 5m/s, 유량을 20m³/s이라고 할 때 관경의 직경은?

① 175cm　　　　② 200cm
③ 225cm　　　　④ 250cm

34 정류(Rectification)에 대한 설명으로 틀린 것은?

① 비점이 비슷한 혼합물의 분리에 효과적이다.
② 상층의 온도는 하층의 온도보다 높다.
③ 환류비를 크게 하면 제품의 순도는 좋아진다.
④ 포종탑에서는 액량이 거의 일정하므로 접촉효과가 우수하다.

35 시안화수소를 용기에 충전하는 경우 품질검사 시 합격 최저 순도는?

① 98%　　　　② 98.5%
③ 99%　　　　④ 99.5%

36 왕복식 압축기의 특징에 대한 설명으로 틀린 것은?

① 기체의 비중에 영향이 없다.
② 압축하면 맥동이 생기기 쉽다.
③ 원심형이어서 압축 효율이 낮다.
④ 토출압력에 의한 용량 변화가 적다.

37 고온·고압 장치의 가스배관 플랜지 부분에서 수소가스가 누출되기 시작하였다. 누출 원인으로 가장 거리가 먼 것은?

① 재료 부품이 적당하지 않았다.
② 수소 취성에 의한 균열이 발생하였다.
③ 플랜지 부분의 개스킷이 불량하였다.
④ 온도의 상승으로 이상 압력이 되었다.

38 도시가스 배관의 굴착으로 인하여 20m 이상 노출된 배관에 대하여 누출된 가스가 체류하기 쉬운 장소에 설치하는 가스누출경보기는 몇 m마다 설치하여야 하는가?

① 10　　　　② 20
③ 30　　　　④ 50

39 가스충전구가 왼나사 구조인 가스밸브는?

① 질소용기　　　　② LPG 용기
③ 산소용기　　　　④ 암모니아 용기

40 금속재료에 대한 충격시험의 주된 목적은?

① 피로도 측정　　　　② 인성 측정
③ 인장강도 측정　　　④ 압축강도 측정

제3과목 : 가스안전관리

41 다음 [보기] 중 용기 제조자의 수리범위에 해당하는 것이 옳게 나열된 것은?

> [보기]
> Ⓐ 용기 몸체의 용접
> Ⓑ 용기 부속품의 부품 교체
> Ⓒ 초저온 용기의 단열재 교체
> Ⓓ 아세틸렌 용기 내의 다공질물 교체

① Ⓐ, Ⓑ
② Ⓒ, Ⓓ
③ Ⓐ, Ⓑ, Ⓒ
④ Ⓐ, Ⓑ, Ⓒ, Ⓓ

42 가연성 가스와 공기혼합물의 점화원이 될 수 없는 것은?

① 정전기
② 단열압축
③ 융해열
④ 마찰

43 고압가스특정제조시설에서 안전구역 안의 고압가스설비는 그 외면으로부터 다른 안전구역 안에 있는 고압가스설비의 외면까지 몇 m 이상의 거리를 유지하여야 하는가?

① 10m
② 20m
③ 30m
④ 50m

44 공기액화분리에 의한 산소와 질소 제조시설에 아세틸렌 가스가 소량 혼입되었다. 이때 발생 가능한 현상으로 가장 유의하여야 할 사항은?

① 산소에 아세틸렌이 혼합되어 순도가 감소한다.
② 아세틸렌이 동결되어 파이프를 막고 밸브를 고장낸다.

③ 질소와 산소 분리 시 비점차이의 변화로 분리를 방해한다.
④ 응고되어 이동하다가 구리 등과 접촉하면 산소 중에서 폭발할 가능성이 있다.

45 이동식 부탄연소기와 관련된 사고가 액화석유가스 사고의 약 10% 수준으로 발생하고 있다. 이를 예방하기 위한 방법으로 가장 부적당한 것은?

① 연소기에 접합용기를 정확히 장착한 후 사용한다.
② 과대한 조리기구를 사용하지 않는다.
③ 잔가스 사용을 위해 용기를 가열하지 않는다.
④ 사용한 접합용기는 파손되지 않도록 조치한 후 버린다.

46 다음 중 고압가스 충전용기 운반 시 운반책임자의 동승이 필요한 경우는? (단, 독성 가스는 허용농도가 100만분의 200을 초과한 경우이다.)

① 독성 압축가스 100m³ 이상
② 독성 액화가스 500kg 이상
③ 가연성 압축가스 100m³ 이상
④ 가연성 액화가스 1,000kg 이상

47 독성 가스 충전용기를 운반하는 차량의 경계표지 크기의 가로 치수는 차체 폭의 몇 % 이상으로 하는가?

① 5%
② 10%
③ 20%
④ 30%

48 가연성 가스에 대한 정의로 옳은 것은?

① 폭발한계의 하한 20% 이하, 폭발범위 상한과 하한의 차가 20% 이상인 것
② 폭발한계의 하한 20% 이하, 폭발범위 상한과 하한의 차가 10% 이상인 것
③ 폭발한계의 하한 10% 이하, 폭발범위 상한과 하한의 차가 20% 이상인 것
④ 폭발한계의 하한 10% 이하, 폭발범위 상한과 하한의 차가 10% 이상인 것

49 용기에 의한 액화석유가스 사용시설에서 용기보관실을 설치하여야 할 기준은?

① 용기 저장능력 50kg 초과
② 용기 저장능력 100kg 초과
③ 용기 저장능력 300kg 초과
④ 용기 저장능력 500kg 초과

50 가스안전사고를 방지하기 위하여 내압시험압력이 25MPa인 일반가스용기에 가스를 충전할 때는 최고충전압력을 얼마로 하여야 하는가?

① 42MPa
② 25MPa
③ 15MPa
④ 12MPa

51 허가를 받아야 하는 사업에 해당되지 않는 자는?

① 압력조정기 제조사업을 하고자 하는 자
② LPG 자동차 용기 충전사업을 하고자 하는 자
③ 가스난방기용 용기 제조사업을 하고자 하는 자
④ 도시가스용 보일러 제조사업을 하고자 하는 자

52 고압가스용 용접용기 제조의 기준에 대한 설명으로 틀린 것은?

① 용기동판의 최대두께와 최소두께의 차이는 평균두께의 20% 이하로 한다.
② 용기의 재료는 탄소, 인 및 황의 함유량이 각각 0.33%, 0.04%, 0.05% 이하인 강으로 한다.
③ 액화석유가스용 강제용기와 스커트 접속부의 안쪽 각도는 30도 이상으로 한다.
④ 용기에는 그 용기의 부속품을 보호하기 위하여 프로텍터 또는 캡을 부착한다.

53 고압가스 사업소에 설치하는 경계표지에 대한 설명으로 틀린 것은?

① 경계표지는 외부에서 보기 쉬운 곳에 게시한다.
② 사업소 내 시설 중 일부만이 같은 법의 적용을 받더라도 사업소 전체에 경계표지를 한다.
③ 충전용기 및 잔가스 용기 보관장소는 각각 구획 또는 경계선에 따라 안전확보에 필요한 용기상태를 식별할 수 있도록 한다.
④ 경계표지는 법의 적용을 받는 시설이란 것을 외부사람이 명확히 식별할 수 있어야 한다.

54 냉장고 수리를 위하여 아세틸렌 용접작업 중 산소가 떨어지자 산소에 연결된 호스를 뽑아 얼마 남지 않은 것으로 생각되는 LPG 용기에 연결하여 용접 토치에 불을 붙이자 LPG 용기가 폭발하였다. 그 원인으로 가장 가능성이 높을 것으로 예상되는 경우는?

① 용접열에 의한 폭발
② 호스 속의 산소 또는 아세틸렌이 역류되어 역화에 의한 폭발
③ 아세틸렌과 LPG가 혼합된 후 반응에 의한 폭발
④ 아세틸렌 불법제조에 의한 아세틸렌 누출에 의한 폭발

① 액체 팽창으로 인한 탱크의 파열을 방지하기 위하여
② 온도 상승으로 인한 탱크의 취약 방지를 위하여
③ 등적 팽창으로 인한 온도 상승 방지를 위하여
④ 탱크 내부의 부압(Negative Pressure) 발생 방지를 위하여

55 다음 그림은 LPG 저장탱크의 최저부이다. 이는 어떤 기능을 하는가?

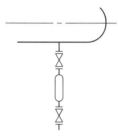

① 대량의 LPG가 유출되는 것을 방지한다.
② 일정압력 이상 시 압력을 낮춘다.
③ LPG 내의 수분 및 불순물을 제거한다.
④ 화재 등에 의해 온도 상승 시 긴급 차단한다.

56 자동차 용기 충전시설에서 충전용 호스의 끝에 반드시 설치하여야 하는 것은?

① 긴급차단장치
② 가스누출경보기
③ 정전기 제거장치
④ 인터록 장치

57 액화석유가스 저장탱크에 가스를 충전할 때 액체 부피가 내용적의 90%를 넘지 않도록 규제하는 가장 큰 이유는?

58 액화석유가스 집단공급시설의 점검기준에 대한 설명으로 옳은 것은?

① 충전용주관의 압력계는 매 분기 1회 이상 국가표준기본법에 따른 교정을 받은 압력계로 그 기능을 검사한다.
② 안전밸브는 매월 1회 이상 설정되는 압력 이하의 압력에서 작동하도록 조정한다.
③ 물분무장치, 살수장치와 소화전은 매월 1회 이상 작동상황을 점검한다.
④ 집단공급시설 중 충전설비의 경우에는 매월 1회 이상 작동상황을 점검한다.

59 용기의 각인 기호에 대해 잘못 나타낸 것은?

① V : 내용적
② W : 용기의 질량
③ TP : 기밀시험압력
④ FP : 최고충전압력

60 다음 가스안전성 평가기법 중 정성적 안전성 평가기법은?

① 체크리스트 기법
② 결함수 분석 기법
③ 원인결과 분석 기법
④ 작업자실수 분석 기법

제4과목 : 가스계측

61 최대 유량이 10m³/h인 막식 가스미터기를 설치하고 도시가스를 사용하는 시설이 있다. 가스레인지 2.5m³/h를 1일 8시간 사용하고, 가스보일러 6m³/h를 1일 6시간 사용했을 경우 월 가스 사용량은 약 몇 m³인가? (단, 1개월은 31일이다.)

① 1,570
② 1,680
③ 1,736
④ 1,950

62 가스는 분자량에 따라 다른 비중값을 갖는다. 이 특성을 이용하는 가스분석기기는?

① 자기식 O_2 분석기기
② 밀도식 CO_2 분석기기
③ 적외선식 가스분석기기
④ 광화학 발광식 NO_x 분석기기

63 가스폭발 등 급속한 압력변화를 측정하는 데 가장 적합한 압력계는?

① 다이어프램 압력계
② 벨로스 압력계
③ 부르동관 압력계
④ 피에조 전기압력계

64 직접적으로 자동제어가 가장 어려운 액면계는?

① 유리관식
② 부력검출식
③ 부자식
④ 압력검출식

65 압력계의 부품으로 사용되는 다이어프램의 재질로서 가장 부적당한 것은?

① 고무
② 청동
③ 스테인리스
④ 주철

66 오리피스 유량계는 어떤 형식의 유량계인가?

① 용적식
② 오벌식
③ 면적식
④ 차압식

67 열전도형 진공계 중 필라멘트의 열을 열전대로 측정하는 열전대 진공계의 측정 범위는?

① $10^{-5} \sim 10^{-3}$torr
② $10^{-3} \sim 0.1$torr
③ $10^{-3} \sim 1$torr
④ $10 \sim 100$torr

68 자동조정의 제어량에서 물리량의 종류가 다른 것은?

① 전압
② 위치
③ 속도
④ 압력

69 습도에 대한 설명으로 틀린 것은?

① 상대습도는 포화증기량과 습가스 수증기의 중량비이다.
② 절대습도는 습공기 1kg에 대한 수증기 양의 비율이다.
③ 비교습도는 습공기의 절대습도와 포화증기의 절대습도의 비이다.
④ 온도가 상승하면 상대습도는 감소한다.

70 전자밸브(Solenoid Valve)의 작동 원리는?

① 토출압력에 의한 작동
② 냉매의 과열도에 의한 작동
③ 냉매 또는 유압에 의한 작동
④ 전류의 자기작용에 의한 작동

71 다음 식에서 나타내는 제어동작은? (단, Y : 제어출력신호, P_s : 전 시간에서의 제어 출력신호, K_c : 비례상수, ε : 오차를 나타낸다.)

$$Y = P_s + K_c \cdot \varepsilon$$

① O동작 ② D동작
③ I동작 ④ P동작

72 가스미터 선정 시 고려할 사항으로 틀린 것은?

① 가스의 최대사용유량에 적합한 계량능력인 것을 선택한다.
② 가스의 기밀성이 좋고 내구성이 큰 것을 선택한다.
③ 사용 시 기차가 커서 정확하게 계량할 수 있는 것을 선택한다.
④ 내열성·내압성이 좋고 유지 관리가 용이한 것을 선택한다.

73 메탄, 에틸알코올, 아세톤 등을 검지하고자 할 때 가장 적합한 검지법은?

① 시험지법 ② 검지관법
③ 흡광광도법 ④ 가연성 가스검출기법

74 가스 크로마토그래피에 사용되는 운반기체의 조건으로 가장 거리가 먼 것은?

① 순도가 높아야 한다.
② 비활성이어야 한다.
③ 독성이 없어야 한다.
④ 기체 확산을 최대로 할 수 있어야 한다.

75 차압유량계의 특징에 대한 설명으로 틀린 것은?

① 액체, 기체, 스팀 등 거의 모든 유체의 유량 측정이 가능하다.
② 관로의 수축부가 있어야 하므로 압력손실이 비교적 높은 편이다.
③ 정확도가 우수하고, 유량측정 범위가 넓다.
④ 가동부가 없어 수명이 길고 내구성도 좋으나 마모에 의한 오차가 있다.

76 가스미터의 원격계측(검침) 시스템에서 원격계측 방법으로 가장 거리가 먼 것은?

① 제트식
② 기계식
③ 펄스식
④ 전자식

77 적외선분광분석법으로 분석이 가능한 가스는?

① N_2 ② CO_2
③ O_2 ④ H_2

78 오르자트 분석기에 의한 배기가스의 성분을 계산하고자 한다. 다음은 어떤 가스의 함량 계산식인가?

$$\frac{\text{암모니아성 염화제일구리 용액 흡수량}}{\text{시료 채취량}} \times 100$$

① CO_2 ② CO
③ O_2 ④ N_2

79 어떤 잠수부가 바닷속 15m 아래 지점에서 작업을 하고 있다. 이 잠수부가 바닷물에 의해 받는 압력은 몇 kPa인가? (단, 해수의 비중은 1.025이다.)

① 46   ② 102
③ 151   ④ 252

80 루트미터에서 회전자는 회전하고 있으나 미터의 지침이 작동하지 않는 고장의 형태로서 가장 옳은 것은?

① 부동   ② 불통
③ 기차불량   ④ 감도불량

CBT 실전모의고사 3회 정답/해설

1	2	3	4	5	6	7	8	9	10
④	①	③	①	①	②	②	④	④	④
11	12	13	14	15	16	17	18	19	20
②	①	③	②	④	②	④	②	②	③
21	22	23	24	25	26	27	28	29	30
④	③	②	④	②	④	③	②	②	①
31	32	33	34	35	36	37	38	39	40
②	③	③	③	①	③	④	②	②	②
41	42	43	44	45	46	47	48	49	50
④	③	③	④	④	①	④	③	②	③
51	52	53	54	55	56	57	58	59	60
③	①	②	②	③	③	①	③	③	①
61	62	63	64	65	66	67	68	69	70
③	②	④	①	④	④	③	①	②	④
71	72	73	74	75	76	77	78	79	80
④	③	④	④	④	③	①	②	②	③	①

제1과목 : 연소공학

01 스위프 퍼지
가스설비 퍼지방법으로, 한쪽 개구부에 퍼지가스를 가하고 다른 개구부로 혼합가스를 대기 또는 스크 러버로 **빼내는** 공정이다.

02 메탄(CH_4)의 특징
㉠ 공기 중 5~15% 사이에 점화되면 폭발한다.
㉡ 가연성 가스이다.
㉢ 부취제와 메탄은 혼합 시 반응하지 않는다.
㉣ 고온에서 산소, 수증기를 반응시키면 CO와 H_2의 혼합가스를 생성한다.

03 환원제는 산소(O_2)가 부족한 반응제이다.

04 연료는 항상 착화온도(주위 산화열에 의해 불이 붙는 최저온도)가 인화온도(불씨에 의해 점화되는 최저온도)보다 높다.

05 메탄(CH_4)의 기체 비중
㉠ 비중$= \dfrac{\text{가스 분자량}}{\text{분자량(공기)}} = \dfrac{16}{29} = 0.55$
$\therefore$ 0.55
㉡ 연소반응식
$CH_4 + 2O_2 \rightarrow CO_2 + 2H_2O$

06 프로판(C_3H_8)의 연소반응식
$$\underline{C_3H_8} + \underline{5O_2} \rightarrow \underline{3CO_2} + \underline{4H_2O}$$
44kg   5×32kg   3×44kg   4×18kg

이론공기량$=$이론산소량$\times \dfrac{1}{0.2315} \times \dfrac{1}{44}$
$\qquad = 15.70\text{kg/kg}$
※ 분자량(프로판 : 44, 산소 : 32, CO_2 : 44, H_2O : 18)

07 가연성 가스의 폭발범위
① 이황화탄소 : 1.25~44%
② 부탄 : 1.8~8.4%
③ 프로판 : 2.1~9.5%
④ 시안화수소 : 6~41%

08
$$P_1 V_1 = P_2 V_2, \quad P_2 = P_1 \times \dfrac{T_2}{T_1} \times \dfrac{V_1}{V_2}$$
$$\dfrac{P_1}{P_2} = \dfrac{n_1}{n_2} \times \dfrac{T_1}{T_2}, \quad P_2 = \dfrac{P_1 n_2 T_2}{n_1 T_1}$$
$$\underset{\underset{6몰}{\underline{\quad\quad\quad}}}{\underline{C_3H_8}_{\;1} + \underline{5O_2}_{\;5}} \rightarrow \underset{\underset{7몰}{\underline{\quad\quad\quad}}}{\underline{3CO_2}_{\;3} + \underline{4H_2O}_{\;4}}$$
$$\therefore P_2 = \left\{ \dfrac{(3+4) \times (273+1,000)}{(1+5) \times (27+273)} \right\} = 4.95\text{atm}$$

09 LPG 등 가연성을 차단하는 소화방법
제거소화

10 u(내부에너지 변화)

'분자의 운동에너지＋위치에너지(그 물체의 전체 에너지에서 역학적 에너지를 제외한 에너지)'로서 과거의 상태와는 관계없고 현재의 상태에 의해서만 정해지는 상태량이다.

비엔탈피(h)＝$u+PV$(kJ/kg)

∴ 168＋20＝188kJ(내부에너지)

11 ㉠ 프로판 가스의 연소반응식

$C_3H_8 + 5O_2 \rightarrow 3CO_2 + 4H_2O$

㉡ 습연소가스양(G_{ow})

＝$(1-0.21)A_0 + CO_2 + H_2O$

㉢ 건연소가스양(G_{od})＝$(1-0.21)A_0 + CO_2$

㉣ 이론공기량(A_0)＝이론산소량/0.21

∴ $G_{od} = (1-0.21) \times \dfrac{5}{0.21} + 3 = 21.8 Sm^3/Sm^3$

12 폭연벤트

연소로 내의 폭발에 의한 과압을 안전하게 방출하여 노의 파손에 의한 피해를 최소화하기 위해 설치한다.(설치위치는 ②, ③, ④항에 의하고 가능한 한 곡절부가 아닌 곳에 설치한다.)

13 액체 가연물은 물과 혼합하여 증기압이 낮아져서 인화점이 높아지고 가스는 압력이 높을수록 발화온도가 낮아진다.

14 연소는 반응에 의해 발생하는 열에너지가 반자발적이 아닌 자발적 반응을 계속하는 현상이다.

15 압력방폭구조

용기 내부에 공기 또는 불활성 가스 등의 보호가스를 압입하여 용기 내의 압력이 유지됨으로써 외부로부터 폭발성 가스 또는 증기가 침입하지 못하도록 한 방폭구조이다.

16 ㉠ 공기비＝$\dfrac{실제공기량}{이론공기량}$

㉡ 연공비＝$\dfrac{연료몰수}{공기몰수}$

㉢ 공연비＝$\dfrac{공기몰수}{연료몰수}$

㉣ 등가비＝$\dfrac{1}{공기비}$

17 분해연소

석탄이나 목재가 연소 초기에 화염을 내면서 연소하는 형태

18 이론연소온도(T)＝$\dfrac{연료의 저위발열량}{연소가스양 \times 가스비열}$

＝$\dfrac{6,700}{10 \times 0.325} = 2,062℃$

19 활성탄은 흡수열에 의해 자연발화를 방지한다.

20 발화의 발생원인

㉠ 온도

㉡ 조성(농도)

㉢ 압력

㉣ 용기의 형태

제2과목 : 가스설비

21 내압시험＝47.8L－47＝0.8L 증가

영구 증가＝47.1L－47L＝0.1L

∴ 영구 증가율＝$\dfrac{0.1}{0.8} \times 100 = 12.5\%$

22 리튬브로마이드(LiBr)－수증기(H_2O)계 흡수식 냉동기 가열원으로 가스 오일버너가 부착된 곳은 고온재생기이다. 고온재생기에서는 LiBr과 물(냉매, H_2O)을 분리한다.

23 LP 압력조정기 다이어프램의 물성시험 기준은 ①, ③, ④항이다.

24 전기에 의한 부식(전식)
전해질(흙) 속에 어떠한 이유로 전류가 흐르고 있을 때 흙 속의 금속에 전류의 일부가 유입되어 있다가 이것이 유출되는 부위에서 일어나는 부식이다.
※ 천공성 부식은 국부 부식에 의한 발생이 많다.

25 ㉠ 단면적$(A) = \frac{\pi}{4}d^2 = \frac{3.14}{4} \times 10^2 = 78.5\text{cm}^2$

　㉡ 전압력$(P) = 78.5 \times 40 = 3,140\text{kgf}$

　∴ 볼트 수$(E) = \frac{3,140}{300} = 11$개

26　• A : 다이어프램(격막)
　• B : 스프링(압력조정용)
　• C : 스프링 안전장치
　• D : 레버
　• E : 감압실

27
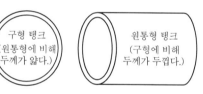

28 진탕형 오토클레이브(고압 반응기)
가장 많이 사용하는 반응기이다. 가스 누설의 우려가 없고 고압에 적당하며, 반응물의 오손이 없다.

29 도시가스 정압기의 일반적인 설치 위치
가스필터 → 정압기 → 출구밸브

30 도시가스 공급 방식
　㉠ 고압식 : 1MPa 이상
　㉡ 중압식 : 0.1MPa 이상~1MPa 미만
　㉢ 저압식 : 0.1MPa 미만

31 부분연소식
도시가스 제조공정 중 가열방식에 의한 분류로, 원료에 소량의 공기와 산소를 혼합하여 가스발생의 반응기에 넣어 원료의 일부를 연소시켜 그 열을 열원으로 이용하는 방식이다.

32 정압기의 유량 특성
　㉠ 직선형(개구부의 모양이 장방형의 Slit)
　㉡ 2차형(개구부의 모양이 V자형)
　㉢ 평방근형(접시형의 메인밸브)

33 d(관 직경)$= \sqrt{\frac{4Q}{\pi V}} = \sqrt{\frac{4 \times 20}{3.14 \times 5}}$
　　　　　　$= 2.25\text{m}(225\text{cm})$

34 정류
　㉠ 상부탑 : 압력이 낮다(온도가 낮음).
　㉡ 하부탑 : 압력이 높다(온도가 높음).

35 가스 품질검사 시 합격 최저 순도
　㉠ 시안화수소(HCN) : 순도 98% 이상
　㉡ 산소 : 99.5% 이상
　㉢ 아세틸렌 : 98% 이상
　㉣ 수소 : 98.5% 이상

36　㉠ 원심형 압축기 : 터보형 압축기(대용량 압축기)이며 일반적으로 효율이 낮고 높은 압축비를 얻을 수 없다.
　㉡ 용적식 압축기 : 왕복식, 회전식, 스크루식, 다이어프램식

37 플랜지 부분에서 가스의 누출원인은 ①, ②, ③항이다.

38 건축물 밖의 가스누출경보기는 가스가 체류하기 쉬운 장소에 20m마다 설치한다.

39 충전구 나사
㉠ 왼나사 : 가연성 가스 [NH₃와 CH₃Br(브롬화메탄) 제외]
㉡ 오른나사 : NH₃, CH₃Br 및 조연성 가스, 불연성 가스

40 금속재료의 충격시험 목적 : 재료의 인성 측정

제3과목 : 가스안전관리

41 Ⓐ, Ⓑ, Ⓒ, Ⓓ는 고압가스 안전관리법 시행규칙 별표 13에 의한 용기의 제조등록을 한 자의 수리범위에 해당한다.

42 얼음의 융해(잠)열
80kcal/kg(0℃ 얼음을 0℃의 물로 만든다.)

43

고압가스 특정 제조시설 안전구역 안의 고압가스 설비 외면	30m 이상 이격거리	다른 안전구역 안에 있는 고압가스설비 외면

44 공기액화분리장치에 아세틸렌 가스가 소량 혼입되면 응고되어 이동하다가 구리 등과 접촉하면 산소 중에서 폭발할 가능성이 있다.
[(C₂H₂+2Cu → Cu₂C₂(동아세틸라이드) + H₂)]

45 이동식 부탄연소기는 사고예방을 위하여 사용한 접합용기를 파손하여 조치 후 버린다.

46 운반책임자 동승기준(시행규칙 별표 30 기준) : 허용농도의 100만분의 200을 초과하는 경우
㉠ 독성 압축가스 : 100m³ 이상
㉡ 독성 액화가스 : 1,000kg 이상
㉢ 가연성 압축가스 : 300m³ 이상
㉣ 가연성 액화가스 : 3,000kg 이상

47 (고시령)

		세로치수
경계표지		
위험 고압가스		
가로 치수		

㉠ 가로 치수 : 차체 폭의 30% 이상
㉡ 세로 치수 : 가로 치수의 20% 이상

48 가연성 가스의 정의
㉠ 하한치와 상한치 차가 20% 이상 되는 가스
㉡ 폭발하한계 값이 10% 이하에 해당되는 가스
㉢ C₂H₂ : 2.5~81%, CO : 12.5~74%, CH₄ : 5~15%

49 액화석유가스(LPG) 용기 사용시설(용기보관실) 설치조건 : 용기 저장능력이 100kg 초과일 경우

50 FP(최고 충전압력) : 내압시험압력 × $\frac{3}{5}$ 배

∴ $FP = 25 \times \frac{3}{5} = 15$MPa

51 고압가스 안전관리법 시행령 제3조에 따라 ①, ②, ④항은 허가대상 조건이다.

52 고압가스용 충전용기 중 용접용기의 제조기준은 ②, ③, ④항을 따른다.

53 고압가스 사업소에서 경계표지는 법 적용을 받는 부위에만 한다.

54 아세틸렌 용기 호스를 LPG 용기에 연결시 산소나 아세틸렌이 역화할 경우에 철저히 대비한다.

55 LPG 저장탱크 최저부의 기능
LPG(액화석유가스) 내의 수분(H₂O) 및 불순물을 제거한다.

56 자동차 용기 충전시설에서 충전용 호스 끝에는 반드시 정전기 제거장치를 설치해야 한다.

57 액화가스 팽창에 따른 탱크의 파열을 방지하기 위하여 가스는 내용적 90%를 넘지 않게 저장한다.

58 액화석유가스 집단공급시설 점검기준에 의하면 물분무장치, 살수장치, 소화전은 매월 1회 이상 작동상황을 점검해야 한다.
①: 매월 1회 이상
②: 압축기 최종단용은 1년에 1회 이상
④: 1일 1회 이상

59 TP: 내압시험압력

60 ㉠ 정성적 안전성 평가기법: Checklist(체크리스트)
㉡ 정량적 안전성 평가기법: ②, ③, ④항

제4과목 : 가스계측

61 가스사용량 = (2.5×8×31) + (6×6×31) = 1,736m³

62 CO_2는 밀도[(44/22.4) = 1.964g/L]가 크며 이 원리를 이용한 가스분석기가 밀도식이다(CO_2 1kmol = 44kg = 22.4Nm³).

63 피에조 전기압력계(압전기식)
수정이나 전기석 또는 로셀염을 이용하고 이 결정체에 압력을 가하면 기전력이 발생하며 발생한 전기량은 압력에 비례한다. 가스폭발이나 급격한 압력변화 측정에 사용된다.

64 유리관식 액면계(직접식)는 직접 자동제어에 이용되기가 어려운 액면계이다.

65 다이어프램 압력계(격막식 압력계)
천연고무, 합성고무, 특수고무, 테플론, 가죽, 인청동, 구리, 스테인리스강 등의 재질로 이루어진 2차 압력계이며 탄성식 압력계이다.

66 오리피스 차압식 유량계
압력손실이 크나 구조가 간단하고 제작이 용이하며 협소한 장소에도 설치가 가능하다.

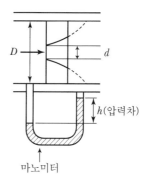

마노미터

67 열전도형 진공계
㉠ 종류: 피라니형, 서미스터형, 열전대형
㉡ 측정범위: $10^{-3} \sim 1torr$

68 ㉠ 자동조정 물리량: 위치, 속도, 압력
㉡ 전압, 속도 검출기: 자동 조정용 검출기

69 X(절대습도)
건공기 1kg에 대한 H_2O 양의 비율이다.
$$X = (kg/kg') = \frac{수증기\ 중량}{건공기\ 중량}$$

70 전자밸브(솔레노이드 밸브)의 작동원리
전류의 자기작용에 의한 작동을 하는 밸브이다.

71 연속동작(P동작, 비례동작)
$Y = P_s + K_c \cdot \varepsilon$(잔류 편차가 발생한다.)

72
- 가스미터기는 사용 시 기차가 작은 미터기로 가스사용량을 측정하는 것을 선택한다.
- 습식 가스미터기는 계량이 정확하며, 일반수용가용으로는 저렴한 막식이 사용된다.

73
- 메탄, 에틸알코올, 아세톤 등은 가연성 가스나 가연성 증기이다.
- 종류 : 안전등형, 간섭계형, 열선형(접촉연소식), 반도체식 등이 있다.

74
ⓐ 운반기체[캐리어 가스(전개제)] : 수소, 헬륨, 아르곤, 질소 등 운반기체는 시료가스와 반응성이 낮은 불활성 기체이어야 한다. 즉, 기체 확산을 최소로 하여야 한다.
ⓑ 가스 크로마토그래피 : 가스기기 분석법(TCD, FID, ECD, FPD, FTD 등이 있다.)

75
차압식 유량계(오리피스, 플로노즐, 벤투리미터)는 간접식 유량계로, 베르누이 방정식을 이용하며 정확도가 적고 유량 측정 범위가 좁다.

76
가스미터기 원격검침방법
ⓐ 기계식
ⓑ 펄스식
ⓒ 전자식

77
기기분석 적외선 분광법으로 분석이 불가능한 가스
ⓐ 단원자 분자 : He, Ne, Ar 등
ⓑ 대칭 2원자 분자 : H_2, O_2, N_2, Cl_2 등

78
① CO_2 : KOH 30% 수용액
③ O_2 : 알칼리성 피로카롤 용액
④ N_2 : $100-(CO_2+O_2+CO)$

79
$10mH_2O=98kPa(1kg/cm^2)$
$$\therefore\ P=15m\times\frac{98}{10}\times1.025=151kPa$$

80
① 부동 : 가스미터(루트미터)에서 회전자는 회전하나 미터기의 지침이 작동하지 않는 고장
② 불통 : 회전자의 회전이 정지하여 가스가 통과하지 못하는 것
③ 기차불량 : 사용공차를 초과하는 불량

저자약력

권오수
- 한국가스기술인협회 회장
- 한국에너지관리자격증연합회 회장
- 한국기계설비유지관리자협회 회장
- 한국보일러사랑재단 이사장
- 한국가스학회 부회장 역임

권영승
- 한국폴리텍대학 산업설비과 외래교수
- 가스기능장 / 직업능력개발 훈련교사
- 강원도시가스 기술부 주임 역임
- 한국가스안전공사 가스안전교육원 강사 역임
- 행정안전부 안전교육 전문강사

권혁채
- 서울 중앙열관리기술학원 고압가스 강사 역임
- 서울 제일열관리기술학원 고압가스 강사 역임
- 한국가스기술인협회 사무총장 역임
- 올원에듀 가스분야 동영상 강사
- 가스분야 동영상 전문강사

가스산업기사 필기

발행일 | 2011. 1. 10 초판 발행
2012. 1. 10 개정1판1쇄
2013. 2. 10 개정2판1쇄
2014. 1. 15 개정3판1쇄
2015. 1. 20 개정4판1쇄
2016. 1. 30 개정5판1쇄
2017. 2. 10 개정6판1쇄
2018. 2. 10 개정7판1쇄
2019. 2. 10 개정8판1쇄
2020. 1. 10 개정9판1쇄
2021. 1. 15 개정10판1쇄
2023. 1. 10 개정11판1쇄
2024. 1. 10 개정12판1쇄
2025. 1. 10 개정13판1쇄

저　자 | 권오수 · 권혁채 · 권영승
발행인 | 정용수
발행처 | 예문사

주　소 | 경기도 파주시 직지길 460(출판도시) 도서출판 예문사
T E L | 031) 955 – 0550
F A X | 031) 955 – 0660
등록번호 | 11 – 76호

정가 : 35,000원

ISBN 978–89–274–5499–1 13570